汽车先进技术译丛　汽车技术经典手册

电气工程手册（原书第2版）

电力电子·电机驱动

［美］博格丹·M. 维拉穆夫斯基（Bogdan M. Wilamowski）　编著
J. 大卫·欧文（J. David Irwin）

翟　丽　译

机械工业出版社

本书讲述了工业电子领域常用的电力电子技术，电气工程信息化技术，可靠性技术、环境技术和电磁兼容，电气测量和仪器仪表，电机，变压器、电抗器和电容器，开关保护设备，自动控制，电气传动，通信，火力发电、水力发电、核能发电、太阳能和风力发电、化学能和其他能源发电，电力系统，以及汽车用电系统等。

译　者　序

　　电力电子技术和电机驱动技术在现代工业、交通、国防、能源、机器人、信息通信等各个领域广泛应用。中国制造 2025、互联网＋、新能源汽车等国家战略将带来一轮新的科技革命和产业变革，对电力电子和电机驱动技术提出了更多更高的要求。因此，熟悉和掌握现代电力电子和电机驱动技术成为电气技术人员的一个基本要求。

　　本书由该领域国际知名专家撰写，通过精心的选材和组织，密切跟踪 *IEEE Transactions on Industrial Electronics* 公开的电力电子和电机驱动技术研究现状和发展趋势。

　　本书介绍四个方面的内容，包括：工业半导体器件、电机、功率变换和电机驱动，具体涉及低压/高压功率半导体器件；各种类型的电机、电机热效应、电机振动与噪声、交流电机转矩脉动；AC—DC、AC—DC—AC、DC—DC、DC—AC、AC—AC 变换器及控制基本原理、不间断电源、多电平逆变器、谐振变换器；感应电机驱动控制、磁场定向控制、驱动自适应控制、带弹性联轴器的驱动系统、基于多标量模型的交流电机控制系统；此外，本书还涵盖电力电子和电机驱动技术在照明、太阳能转换、新能源汽车、三相电力系统、无线电能传输、智能电网等领域的应用。

　　本书可作为从事电力电子和电机驱动技术的科研人员和工程技术人员的参考书，也可作为电气工程、机械工程、信息与电子工程等相关专业本科生和研究生的参考书。

　　本书由北京理工大学机械与车辆学院翟丽翻译，在此感谢研究生宋超、林立文、黄鸿、章涛、冯惠源、曹玉、侯如非、钟广缘、王泽达、胡桂兴、侯宇涵在本书翻译过程中所做的工作，翟丽负责全书的统稿。感谢北京理工大学电动车辆国家工程实验室各位同事给予的帮助和提出的宝贵意见或建议。感谢孙力教授、张丹云博士等人对本书翻译过程中提供的无私帮助。

　　本书是电力电子和电机驱动技术领域的专业著作，涉及诸多内容，译者的学识有限，书中难免有不妥甚至错误之处，恳切希望广大读者批评指正。

　　本书的出版得到了国家自然科学基金（项目号：51475045）和十三五装备预研项目的资助。

译　者

前　言

工业电子领域涵盖了许多在工业实践中必须解决的问题。电子系统控制着许多进程，从相对简单的设备（如电动机）控制，到更复杂的设备（如机器人）控制，再到整个制造过程的控制。工业电子工程师可以解释许多物理现象以及用于测量它们的传感器。因此，这种类型的工程师所需要了解的不仅有传统电子产品相关的知识，而且还要有关于专门的电子产品的知识，例如大功率应用所需的电子产品的知识。电子电路的重要性远远超过它们作为最终产品的用途，因为它们也是大系统中的重要组成部分，因此工业电子工程师还必须掌握控制和机电一体化领域的知识。大多数制造工艺相对复杂，因此使用通信系统在其内在要求，不仅要连接工业过程的各个要素，还要为特定的工业环境量身定做。最后，工厂的有效控制和监督要求将智能系统应用于分层结构，以满足生产过程中所有组件的需求。这种需求是通过使用诸如神经网络、模糊系统和演化方法的智能系统来完成的。

本书编著者竭尽全力确保本手册尽可能是最新、最前沿的。因此，这本书密切关注当前在《IEEE 工业电子学报》中可以找到的应用研究和趋势。该杂志不仅是世界上最大的工程出版物之一，也是最受尊敬的工程刊物之一。在评估该期刊的所有技术类别中，其全球排名是第一位或第二位。本手册由该领域世界领先的研究人员撰写，介绍了这个普遍被称为工业电子的领域的全球趋势。

世界各地的大学通常提供电子学相关领域的优秀教育；然而，他们通常关注传统的低功耗电子产品。相反，在工业环境中，除了通常用于模拟和数字系统的低功率电子设备之外，还需要用于控制机电系统的大功率电子设备。为了解决这个问题，本书第一部分着重介绍了特殊的大功率半导体器件。电子系统和移动机械系统之间最常见的接口是电机。电机有多种类型和尺寸，因此，为了有效地驱动电机，工程师必须全面了解要控制的对象。所以，第二部分不仅描述了各种类型的电机及其运行原理，而且还阐述了它们的局限性。由于电力设备可以采用交流或直流供电，因此需要搭配在这些不同类型的设备之间进行必要转换的大效率装置。第三部分介绍了这些装置。电动机代表了行业的灵魂，它们在我们的日常生活中起着重要的作用。它们占据的这个卓越的位置是由于大部分电能被电动机消耗的直接结果。因此，这些电动机是电力转换成机械动力的高效转换器，并且驱动机构也是高效的。第四部分致力于介绍用于高效控制电动机的非常专业化的电子电路。除了用于电动机之外，电力电子还有许多其他应用，如照明、可再生能源转换和汽车电子等，这些主题将在第五部分中介绍。最后，第六部分涉及电力电子被用于能量传输的大功率的电力系统。

编辑委员会

V

主要作者简介

博格丹·M. 维拉穆夫斯基（**Bogdan M. Wilamowski**） 于 1966 年获得计算机工程
硕士学位，1970 年获得神经计算科学博士学位，并获得
哈比勒博士学位。1977 年，他被波兰总统授予正教授职
称。他曾任电子研究所所长（1979—1981），在波兰格但
斯克工业大学任固态电子系主任（1987—1989）。1989—
2000 年，他担任怀俄明大学拉勒米分校的教授。2000—
2003 年，他担任莫斯科爱达荷大学微电子研究和通信研
究所的副主任，同时担任同一所大学的电子和计算机工
程系教授以及计算机科学系教授。目前，他是奥本
ANMSTC – Alabama 纳米/微型科学技术中心的主任，以
及亚拉巴马州奥本大学电气和计算机工程系的校友教授。维拉穆夫斯基博士曾在日本东
北大学传播学院（1968—1970）工作，在日本仙台半导体研究所工作了一年（1975—
1976）。他也是奥本大学（1981—1982 和 1995—1996）的访问学者，也是图森亚利桑那
大学的客座教授（1982—1984）。他是 4 本教科书、300 多份参考出版物的作者，拥有
27 项专利。他是约 130 名研究生的首席教授。他的主要研究领域包括半导体器件和传感
器，混合信号和模拟信号处理以及计算智能。

维拉穆夫斯基博士曾担任 IEEE 计算智能学会副主席（2000—2004），IEEE 工业电
子学会主席（2004—2005）。他曾担任 IEEE Transactions on Neural Networks，IEEE Trans-
actions on Education，IEEE Transactions on Industrial Electronics，Journal of Intelligent and
Fuzzy Systems，Journal of Computing，以及 International Journal of Circuit Systems 和 IES Ne-
wsletter 的副主编。现任 IEEE 工业电子学报主编。

维拉穆夫斯基教授是匈牙利科学院的 IEEE 研究员和荣誉成员。2008 年，他被波兰
共和国总统授予波兰共和国十字勋章，以表彰他在国际科学合作领域的杰出贡献，以及
在微电子学和计算机科学方面取得的成就。

J. 大卫·欧文（**J. David Irwin**） 于 1961 年获得亚
拉巴马州奥本大学的 BEE 学位，于 1962 年和 1967 年在
诺克斯维尔田纳西大学分别获得硕士和博士学位。

1967 年，他加入新泽西州霍尔德尔的贝尔电话实验
室，担任技术人员，1968 年成为一名主管。1969 年，他
加入奥本大学，担任电气工程助理教授；1972 年任副教
授；1973 年任副教授兼系主任；1976 年任教授和院长。
1973—2009 年，他一直担任电机与计算机工程系主任。
1993 年，他被任命为 Earle C. Williams 杰出学者和学科带
头人。1982—1984 年，他还是计算机科学与工程系主任。他目前是奥本电子和计算机工

程的 Earle C. Williams 著名学者。

欧文教授作为教育委员会成员和计算机教育编辑,曾任东南电机工程学会会长,全国电机工程学会会长,现任 IEEE 工业电子学会会长,IEEE 教育学会会长。他是 IEEE 工业电子学会管理委员会(AdCom)的终身会员,并曾担任海洋工程学会 AdCom 会员。他曾担任 IEEE 工业电子学报编辑两年。在东南电气工程教育中心执行委员会任职,1983—1984 年任该组织主席。他曾担任 ABET 认证小组的 IEEE Adhoc 访问者。他还曾担任 IEEE 教育活动委员会成员,并于 1989 年担任 IEEE 的认证协调员。他曾担任多个 IEEE 委员会的成员,包括 Lamme 奖章委员会、研究员委员会、提名和任命委员会以及录取和提拔委员会。他曾担任 IEEE 出版社的董事会成员。他还担任陆军美国预备役军官训练营(ROTC)事务咨询委员会秘书的成员,成为全国电气工程部门负责人协会的提名主席,IEEE 教育学会 McGraw – Hill/Jacob Millman 奖委员会成员。他还担任 IEEE 本科和研究生教学奖委员会主席。他是欧洲经委会荣誉协会 Eta Kappa Nu 的董事会成员和前任主席。他一直并将继续参与由 IEEE 工业电子学会主办的几次国际会议的管理,并担任 IECON'05 的普通联合主席。

欧文博士是许多出版物、论文、专利申请和演示文稿的作者和合著者,其中包括 John Wiley&Sons 出版的第 9 版《基础工程电路分析》,这是他的 16 本教科书之一。他编著的教材被多家出版社大范围发行,如 Macmillan 出版公司、Prentice Hall 图书公司、John Wiley & Sons 图书公司和 IEEE 出版社。他还是 CRC 出版社出版的大型手册的主编,也是 CRC 出版社工业电子手册的编辑。

欧文博士是美国科学促进会、美国工程教育协会及电气和电子工程师协会的成员。他于 1984 年获得 IEEE 百年奖章,并于 1985 年被美国军事工程师学会授予"布利斯奖章"。1986 年他获得了 IEEE 工业电子学会的 Anthony J. Hornfeck 杰出服务奖,并被授予 IEEE Region Ⅲ(美国东南大学)1989 年杰出工程教育家;1991 年,他获得了 IEEE 教育活动委员会优秀服务奖,IEEE 工业电子学会 1991 年度 Eugene Mittelmann 成就奖,IEEE 教育学会 1991 年度成就奖;1992 年,他被任命为杰出的奥本工程师;1993 年,他获得了 IEEE 教育学会的 McGraw – Hill/Jacob Millman 奖;1998 年,他获得了 IEEE 本科教学奖;2000 年,他获得了 IEEE 第三千年奖章和 IEEE 理查德·M. 艾伯森奖;2001 年,他获得了美国工程教育学会(ASEE)ECE 杰出教育家奖;2004 年,他获得了中国科学院半导体研究所荣誉教授职称;2005 年,他获得了 IEEE 教育学会优秀服务奖;2006 年,他获得了 IEEE 教育活动委员会副主席总统奖表彰;2007 年,他获得了希腊帕特雷大学荣誉学位;2008 年,他获得了 IEEE IES 技术委员会颁发的工厂自动化终身成就奖;2010 年,他被授予电气和计算机工程系主任的 Robert M. Janowiak 杰出领导力和服务奖。此外,他还是以下荣誉社团的成员:Sigma Xi, Phi Kappa Phi, Tau Beta Pi, Eta Kappa Nu, Pi Mu Epsilon 和 Omicron Delta Kappa。

其他供稿者

Ayman A. Alabduljabbar
King Abdul Aziz City for Science
    and Technology
Riyadh, Saudi Arabia

Kamal Al-Haddad
École de Technologie Supérieure
Montreal, Quebec, Canada

Francisco Javier Azcondo
Electronics Technology System and Automation
    Engineering Department
School of Industrial and Telecommunications
    Engineering
University of Cantabria
Santander, Spain

Pavol Bauer
Department of Electrical Sustainable Energy
Delft University of Technology
Delft, the Netherlands

Nicola Bianchi
Department of Electrical Engineering
Universita of Padova
Padova, Italy

Elżbieta Bogalecka
Faculty of Electrical and Control Engineering
Gdańsk University of Technology
Gdańsk, Poland

Aldo Boglietti
Dipartimento di Ingegneria Elettrica
Politecnico di Torino
Torino, Italy

Jean-François Brudny
Faculté des Sciences Appliquées
Laboratoire Systèmes Electrotechniques
    et Environnement
Univ Lille Nord de France
UArtois, Béthune, France

Jian Cao
Electrical and Computer Engineering Department
Illinois Institute of Technology
Chicago, Illinois

Bertrand Cassoret
Laboratoire Systèmes Electrotechniques
    et Environnement
Université d'Artois
Bethune, France

Andrea Cavagnino
Dipartimento di Ingegneria Elettrica
Politecnico di Torino
Torino, Italy

Henry Chung
Department of Electronic Engineering
City University of Hong Kong
Hong Kong, China

Jorge Duarte
Electromechanics and Power Electronics Group
Eindhoven University of Technology
Eindhoven, Netherlands

Ali Emadi
Electrical and Computer Engineering Department
Illinois Institute of Technology
Chicago, Illinois

Babak Fahimi
Department of Electrical Engineering
University of Texas at Arlington
Arlington, Texas

Leopoldo Garcia Franquelo
Electronics Engineering Department
University of Sevilla
Sevilla, Spain

K. Gopakumar
Centre for Electronics Design and Technology
Indian Institute of Science
Bangalore, India

Charles A. Gross
Department of Electrical and Computer
    Engineering
Auburn University
Auburn, Alabama

Josep M. Guerrero
Department of Automatic Control Systems
    and Computer Engineering
Technical University Catalonia
Barcelona, Spain

Shu-Yuen (Ron) Hui
Department of Electronic Engineering
City University of Hong Kong
Hong Kong , China

and

Department of Electrical and Electronic
    Engineering
Imperial College London
London, United Kingdom

Grzegorz Iwański
Institute of Control and Industrial Electronics
Warsaw University of Technology
Warsaw, Poland

Marek Jasiński
Institute of Control and Industrial Electronics
Warsaw University of Technology
Warsaw, Poland

Hadi Y. Kanaan
Department of Electrical Engineering
St. Joseph University
Mar Roukoz, Lebanon

Marian P. Kazmierkowski
Institute of Control and Industrial Electronics
Warsaw University of Technology
Warsaw, Poland

Włodzimierz Koczara
Institute of Control and Industrial Electronics
Warsaw University of Technology
Warsaw, Poland

Samir Kouro
Department of Electrical and Computer
    Engineering
Ryerson University
Toronto, Ontario, Canada

Mahesh Krishnamurthy
Electrical and Computer Engineering Department
Illinois Institute of Technology
Chicago, Illinois

Zbigniew Krzemiński
Faculty of Electrical and Control Engineering
Gdańsk University of Technology
Gdańsk, Poland

Friederich Kupzog
Institute of Computer Technology
Vienna University of Technology
Vienna, Austria

Mario Lazzari
Dipartimento di Ingegneria Elettrica
Politecnico di Torino
Torino, Italy

Jean-Philippe Lecointe
Laboratoire Systèmes Electrotechniques
    et Environnement
Université d'Artois
Bethune, France

José I. León
Electronics Engineering Department
University of Sevilla
Sevilla, Spain

Emil Levi
School of Engineering
Liverpool John Moores University
Liverpool, United Kingdom

Xin Li
P. D. Ziogas Power Electronics Laboratory
Department of Electrical and Computer
    Engineering
Concordia University
Montreal, Quebec, Canada

Elena Lomonowa
Electromechanics and Power Electronics Group
Eindhoven University of Technology
Eindhoven, Netherlands

Leo Lorenz
Infineon Technologies
Neubiberg, Germany

Mariusz Malinowski
Institute of Control and Industrial Electronics
Warsaw University of Technology
Warsaw, Poland

Anton Mauder
Infineon Technologies
Neubiberg, Germany

Jovica V. Milanović
School of Electrical and Electronic Engineering
The University of Manchester
Manchester, United Kingdom

Artur Moradewicz
Electrotechnical Institute
Warsaw, Poland

István Nagy
Department of Automation and Applied
    Informatics
Budapest University of Technology
    and Economics
Budapest, Hungary

Franz Josef Niedernostheide
Infineon Technologies
Neubiberg, Germany

Teresa Orłowska-Kowalska
Institute of Electrical Machines, Drives
    and Measurements
Wroclaw University of Technology
Wroclaw, Poland

Peter Palensky
Austrian Institute of Technology
Vienna, Austria

Igor Papič
Faculty of Electrical Engineering
University of Ljubljana
Ljubljana, Slovenia

Giovanni Petrone
Dipartimento di Ingegneria dell'Informazione
    ed Ingegneria Elettrica
Università di Salerno
Fisciano, Italy

M.A. Rahman
Faculty of Engineering and Applied Science
Memorial University of Newfoundland
St. John's, Newfoundland and Labrador, Canada

Salem Rahmani
High Institute of Medical Technologies
École de Technologie Supérieure
Montreal, Quebec, Canada

José Rodríguez
Electronics Engineering Department
Universidad Tecnica Federico Santa Maria
Valparaiso, Chile

Raphael Romary
Faculté des Sciences Appliquées
Laboratoire Systèmes Electrotechniques
    et Environnement
Univ Lille Nord de France
UArtois, Béthune, France

Roland Rupp
Infineon Technologies
Neubiberg, Germany

Hans Joachim Schulze
Infineon Technologies
Neubiberg, Germany

Christoph Sonntag
Electromechanics and Power Electronics Group
Eindhoven University of Technology
Eindhoven, Nertherlands

Giovanni Spagnuolo
Dipartimento di Ingegneria dell'Informazione
ed Ingegneria Elettrica
Università di Salerno
Fisciano, Italy

Zoltán Sütö
Department of Automation and Applied
Informatics
Budapest University of Technology
and Economics
Budapest, Hungary

Krzysztof Szabat
Institute of Electrical Machines, Drives
and Measurements
Wroclaw University of Technology
Wroclaw, Poland

Juan C. Vasquez
Department of Automatic Control Systems
and Computer Engineering
Technical University Catalonia
Barcelona, Spain

Patrick Wheeler
Department of Electrical and Electronic
Engineering
University of Nottingham
Nottingham, United Kingdom

Sheldon S. Williamson
P. D. Ziogas Power Electronics Laboratory
Department of Electrical and Computer
Engineering
Concordia University
Montreal, Quebec, Canada

Bin Wu
Department of Electrical and Computer
Engineering
Ryerson University
Toronto, Ontario, Canada

Yan Zhang
ABB Corporate Research
Baden, Switzerland

目　　录

第一部分　半导体器件

第二部分　电机

第六部分　电力系统

第一部分　半导体器件

第1章　功率开关电子器件：促进电力电子系统发展的技术

1.1　引言

功率半导体开关主要用于控制能量源和负载之间的电能流动，并以极高的精度、极快的控制时间和低的耗散功率来实现。集成电路技术在先进的功率半导体器件中的应用，使得先进器件拥有低功耗、驱动特性简单、控制动态性能良好的特点，并且使开关功率等级延伸到兆瓦级。

功率半导体开关和控制集成电路是电力电子系统的关键部件，尽管在很多应用上它们的成本比整体系统成本要小得多。随着它们功能的增加会改善其特性，可以减少系统成本，并且为新领域的应用创造了机会。新系统正朝着高开关频率、减小或消除笨重的铁氧体和电解质以及更高效和低谐波的软开关拓扑的趋势发展。

在电能传输时，通常要求电子器件处于"开关模式"，这意味着它们应该有类似理想开关的特性：它们看起来像短路导通电流，在导通状态下带有最小的电压降；另一方面，通过提供全电源电压来阻断电流的流动，这看起来像是在关断状态下的开路。电子器件运行模式与功放器件不同，功放器件可以根据与输入信号的线性关系进行功率传输，例如音频放大。在开关运行模式下，电控制信号用于接通开关和关断器件。对于目前的器件，典型控制信号的电压为 5 ~ 12V，而电源电压可以在 20V ~ 8kV 之间。

固态开关模式器件已用于控制电能传输超过 50 年。在过去的 50 年里，对能源合理利用、电子系统的小型化以及电子功率管理系统的需求成为功率半导体器件革命性发展的驱动力[1]。

如图 1-1 所示，功率半导体开关覆盖了功率范围内的所有应用，从手机电池充电所需的 1W，到输电线［高压直流输电线路（HVDC）］所需的吉瓦级别。正如图 1-1 所指，双极型器件［如晶闸管、集成门极换流晶闸管（IGCT）］是超高功率系统的关键技术，而 MOS 控制器件［如绝缘栅双极型晶体管（IGBT），包含智能电力系统的功率场效应晶体管］是中低功率电子变换系统的驱动器件。在最顶端高功率应用中，开关频率低于几百赫兹；在中功率应用中，开关频率主要在 10kHz 范围内；但低功率系统的开关频率达到几百千赫兹。

在过去三四十年里，电力电子系统的发展有五个重要的发明。在最高功率范围应用的光触发晶闸管和集成门极换流晶闸管、在中高功率范围应用的绝缘栅双极型晶体管、在低功率范围应用的功率场效应晶体管，以及用于单片集成系统上的智能电力系统，它们主要应用于汽车电源。双极型晶体管和门极关断（GTO）晶闸管没有在当前发展中发挥重要作用。因此，这类器件不在本章的重点讨论中。

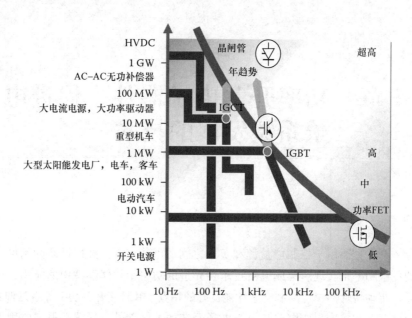

图 1-1　功率半导体器件开关频率应用的关键领域

1.2　关键功率半导体器件的简要历史和基础

1.2.1　双极型器件：晶闸管

40 年前，经过许多重要的发展阶段后第一个硅晶闸管器件出现了。它具有一种四层 p – n – p – n 结构，在导通时具有非常低的电阻，并且能够在关断状态下阻断高达 10kV 的电压。一旦结构中的其中一个 pn 结被接通，它对电流积累具有正反馈机制。这通常通过注入控制电流来实现。晶闸管的主要缺点是它不能通过施加控制信号来关闭。控制晶闸管电流流动的同一正反馈机制只能通过"自然换向"来中止，也就是：当连接晶闸管电路的工作条件使通过器件的电流反向时，针对晶闸管已经开发出了一种基于向辅助电路短时传递电流的可控关断机制。然而，它们并不适合快速 ON/OFF 开关模式操作。但是由于其优异的导通状态特性，它们被广泛地用于低频开关应用中。它们仍然作为 HVDC 电力传输应用的整流器和逆变器使用，并且作为电网功率因数优化的静止 VAR 补偿器的固态控制元件。对于高压直流输电系统，高达 1000kV 的额定电压是通过额定电压为 8 ~ 10kV 的单个器件串联获得的。类似地，额定电流通过大量器件并联获得，每个器件额定电流值通常高达 6kA[2,3]。

1.2.2　单极型器件：功率 MOSFET

在 20 世纪 70 年代中期，能够维持高电压的全电压可控固态器件的出现，给电力传输的开关模式控制带来了一场革命。这就是功率 MOSFET。

电流从漏极垂直流过，通过与主电流流动通路成直角、位于顶部表面上的反向通道进入源极。它的主要控制特点是通过施加栅极电压导通器件和去除栅极电压关断器件来控制电流。当然，对于低电压 MOSFET，在 20 世纪 70 年代中期已经建立了将栅极电压施加到金属氧化物半导体（MOS）结构以产生导电沟道的控制原理，并且针对集成电路开发了可靠的栅极制造技术。

功率 MOSFET 的扩展则是双扩散沟道结构，其中沟道是在扩散体区域中而不是在衬底中产生，这使器件具有 pn 结阻挡区，以支持关断状态时的大电压。然而，功率开关在导通状态需要较高的导通电流。功率 MOSFET 是通过复制数百万的图 1-2 所示的单元来实现的。

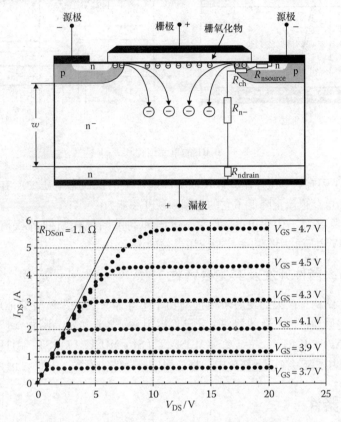

图 1-2 功率 MOSFET 的单元结构和 $I-V$ 特性

功率 MOSFET 是单极型器件，并且其电流仅由单极性的电荷载流子（n 沟道器件的电子和 p 沟道器件的空穴）承载，因此可以非常快速地开关（类似电阻）。这也使得功率 MOSFET 非常适合高频开关。

然而，其主要限制还是源自于电流流动的单极性，特别是较长的低掺杂漂移区也必须随着掺杂浓度的降低而增加。设计参数中的这些变化都倾向于根据 $R_{on}-V_{max}^{2.5}$ 之间的关系，增加功率 MOSFET 开关的通态电阻。然而，如果通态电压高，则开关中的静态损耗是不可接受的。因为这个原因，图 1-2 所示的功率 MOSFET 器件不适用于额定电压超过 800V 的功率开关。然而，它可以在高达 5MHz 的频率下开关。

1.2.3 MOS 控制双极型功率器件 IGBT

绝缘栅双极型晶体管（IGBT）具有与功率 MOSFET 的 MOS 栅极控制结构相同的结构。唯一的区别在于功率 MOSFET 的 n^+ 漏极接触层由 IGBT 中的 p^+ 少数载流子注入层代替（图 1-3）。

使用这种简单而优雅的调整方式，在 20 世纪 80 年代初开发出了针对功率开关的全新的混合型 MOS 双极固态器件。当 MOS 沟道导通时，高压端（阳极）处的二极管 pn 结导通，并且少数载流子（空穴）注入 n 漂移区中。这是经典的电导调制效应，可以通过承载电流的两个极性的电荷载流子实现。因此，IGBT 漂移区中的通态电阻比 MOSFET 中的通态电阻低得多。原则上，

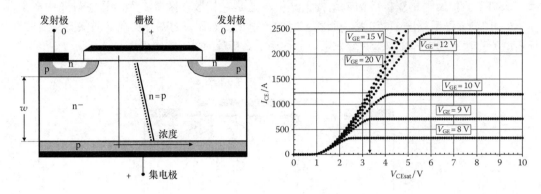

图 1-3　IGBT 的单元结构和 $I - V$ 特性

IGBT 具有 MOSFET 固有的电压控制，以及双极导通产生的低通态电压的所有优点。然而，n 漂移区中大量存储的电荷也严重降低了它的高频和硬开关能力。

过去 20 年主要致力于优化 IGBT 低通态电阻和高关断损耗之间的权衡。通过努力得出，IGBT 是 600 ～ 6500V 电压的所有功率控制应用器件的选择。

1.2.4　关键功率器件开发及其主要特性

源于这些基本结构，巨大的发展步伐推动功率半导体开关成为所有节能电力电子系统发展的技术。基于这些原理，许多新的器件系列已经可用，例如光触发晶闸管（LTT）、功率二极管、非穿通型 IGBT（NPT – IGBT）、超结功率 MOSFET（SJ – MOSFET）、SiC 器件（基于碳化硅的器件）和 SMART 电力系统。在以下部分中，将说明这些器件的概念，并将讨论它们的特性。

1.3　双极型器件

1.3.1　晶闸管和 LTT

晶闸管是一个四层的 $p^+ - n - p - n^+$ 器件。由于三个 pn 结串联连接，晶闸管能够阻断施加在阳极（p^+ 层）和阴极（n^+ 层）之间的负电压（反向阻断模式）以及正电压（正向阻断模式）。对于阳极至阴极之间的正电压，通过在内部 p 层中馈送短电流脉冲，可以切换高于 10kV 的电压和高达几千安的电流。这种触发电流可以由第三个电门极端子或通过使用光脉冲提供（图 1-4）。在使用光脉冲情况下，光入射到器件产生电子 – 空穴对，它们在反向偏置的内部 pn 结的空间电荷区中被分离。流向阴极层的空穴电流用于触发晶闸管。由于光耦合和电流隔离是光触发晶闸管系统的固有特征，光触发晶闸管在串联连接晶闸管的应用中非常有优势。

为了尽量减小触发晶闸管所需的导通电流，一些辅助晶闸管（放大门极结构）通常连接在晶闸管的中心触发区（门极端子或光敏区）和主阴极之间。图 1-4 分别示出了用于电触发和光触发晶闸管的两个和四个这种放大门极（AG）结构。每个放大门极的触发灵敏度易于调整，例如通过调节其 n^+ 发射区的宽度和或调节 p 基底的电阻率低于同一值。作为经验法则，两个连续放大门极的最小触发电流的因子不同，一般为 3 ～ 10。

大功率晶闸管的典型正向阻断和通态电流 – 电压特性如图 1-5 所示。通态特性中的滞后是由于电流必须在导通之后分布在延伸的主阴极表面而引起的。在这里研究的 5in 晶闸管中，电流分布在整个阴极表面上，直到电流大约超过 3kA。可以通过几种措施来控制导通过程中的电流扩展

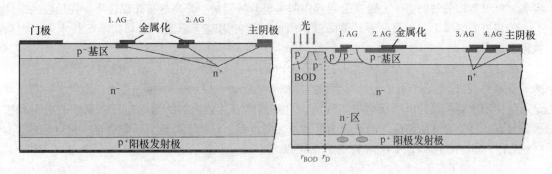

图1-4　电触发（左）晶闸管和光触发（右）晶闸管

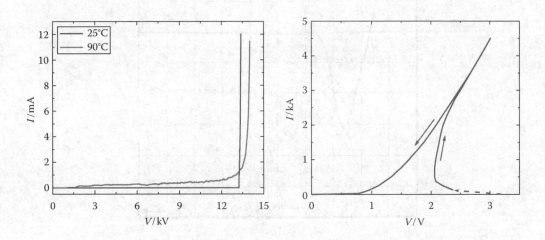

图1-5　13kV 晶闸管的正向阻断电流特性（左）和高压晶闸管的典型导通状态（右）
（Niedernostheide，F. –J 等人的数据，13kV 整流器：二极管和不对称晶闸管的研究，
Proceedings of the ISPSD03，Cambridge，U. K.，pp. 122 –125，2003）

和最终的通态电压 V_T：对于大面积的晶闸管，最外面的 AG 通常以这种方式设计，即主阴极区沿着优选扩散区触发，形成分布在晶闸管表面上的 AG 结构（图1-6）。此外，电流扩展受晶闸管中的发射极短路和电荷载流子寿命的影响。发射极短路是因为分布在主阴极区的局部电阻连接引起的，并提供了发射结的旁路。这种发射极短路是降低主阴极 dV/dt 灵敏度所必需的。然而，在有效区域上以高密度分布的扩展发射极短路降低了电流扩展速度，并导致更高的通态电压。在设计发射极短路时，必须仔细综合考虑这些折中关系。这对于减小电荷载流子寿命、提高 dV/dt 能力以及减小电路换向关断周期 t_q（在晶闸管强制换向关断之后，在能承受正偏置电压脉冲之前，所必需的最小时间延迟）也是有

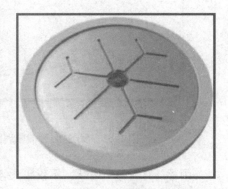

图1-6　光触发晶闸管的俯视图，
覆盖主阴极表面的空白线条图案表示
分布在最外侧的 AG 的形状

效的，以便减小电流扩展速度和增加通态电压 V_T。通过创建复合中心，可以非常精确地调整电荷载流子寿命。这可以通过重金属如金或铂的扩散或者通过电子或光离子辐照产生辐照缺陷来

实现。由于金相关的陷阱中心通常会引起高漏电流，特别是在升高的工作温度下。在低注入条件下，铂相关的陷阱中心的复合率显著降低，因此最近使用基于辐照-诱导缺陷的技术调整电荷载流子寿命。

最佳的电荷载流子寿命对于优化关断行为也是特别重要的（图1-7）。要减少反向恢复电荷 Q_{rr}，关断损耗 E_{off} 是必不可少的，因为标准晶闸管不能通过控制信号主动关闭。相反，关断通常是通过使阳极至阴极的电压换向来实现的。只要晶闸管达到施加的反向电压，剩余的电荷载流子就只有通过复合才能消失。因此，为了加速关断过程，短的电荷载流子寿命是非常有利的。图1-8说明了典型的 $t_q - V_T$ 和 $Q_{rr} - V_T$ 之间的关系。

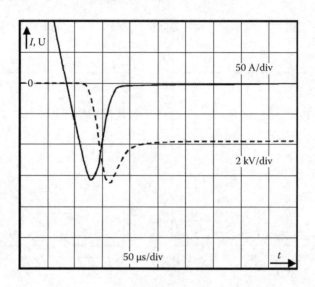

图 1-7　高压晶闸管强制换向关断的典型关断特性

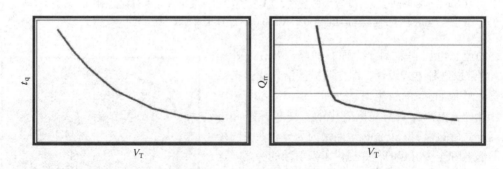

图 1-8　高压晶闸管的原理图 $t_q - V_T$ 关系（左）和 $Q_{rr} - V_T$ 关系（右）

晶闸管具有高阻断电压，不仅可用于总阻断电压高达 1MV 的高压直流（HVDC）传输中，而且可用于各种脉冲功率应用中，如加速器、电缆分析系统、撬棍应用（例如速调管保护）、电容式和感应式存储器的放电（例如串联电容器保护）、电磁成型、备用点火器、食品和医疗仪器的消毒或开关装置。目前的商用晶闸管的最大额定电流可达几千安培，浪涌电流可达几十千安，阻断电压高于 8kV，器件面积可达 6in。

对于许多应用，晶闸管需要防止各种故障模式的保护。例如，必须保护晶闸管免受过电压脉冲或超过最大额定上升率的电压的破坏。此外，对于 HVDC 传输应用，必须避免在电路换向关断期间施加正向电压脉冲时器件过早地导通，因为直到电荷载流子等离子体从 n 基区完全去除时，晶闸管才能承受具有额定阻断电压的正向电压脉冲或额定最大 dV/dt 值。这种保护可以通过实施广泛的监控和电气保护电路来实现。然而，晶闸管开关的最新进展旨在通过将相应的保护功能直接集成到晶闸管芯片[5,6]中来减少外部电气保护电路，如下所述：

① 通过在光触发晶闸管的光敏区加入击穿二极管（BOD）（图 1-4），可以实现过电压保护功能的集成。过电压保护功能被激活的电压等级 V_{BOD} 可以通过半径 r_{BOD} 的中心 p 区与内半径 r_P 的同心 p 环之间的距离来调节。对于较大的距离，击穿电压基本上由中心 p 区的曲率决定。距离的减小会使给定电压下的 BOD 的中心处的电场强度降低。对于足够小的距离，击穿电压接近均匀 pn^- 结的值[7]。

② 通过设计最内部的 AG，其 dV/dt 灵敏度高于其他 AG 和主阴极，确保了当电压上升率高于最内部 AG 的阈值 dV/dt 变化率时，器件从最内部的 AG 开始安全导通。通过这种方式，除了过电压保护功能之外，还能将 dV/dt 保护功能集成到器件中。除了 AG 的几何尺寸外，p 基区的电阻率是调整 AGs 的 dV/dt 灵敏度的重要参数。

③ 为了保护晶闸管在电路关断期间不被破坏，晶闸管应在电路换向关断期间施加正向电压脉冲时，通过 AG 区以可控的方式导通。然而，由于 AG 结构通常比主阴极区提前关断，与主阴极区相比，AG 结构下面的自由电荷载流体通常较少。可以采取两种措施来解决这个问题：首先，应改变电荷载流子寿命的径向分布，使得与 AG 区相比，器件的主阴极区减小。其次，当将反向电压施加到器件时，在内部 AG 结构中的 p 发射极实现的"磷岛"（图 1-4 右）形成本地 npn 型晶体管的发射极，因此当正向电压脉冲施加到器件时，为 AG 区的再触发提供了进一步支持。这些岛的载流子注入可以通过其尺寸和掺杂特性来控制。

这三种保护功能的集成提供了一种完全自保护的直接光触发晶闸管，确保了可靠的运行，大大减少了监控和保护电路。

1.3.2　门极关断晶闸管和集成门极换流晶闸管

1.3.2.1　GTO 晶闸管

门极关断（GTO）晶闸管是一种特殊类型的晶闸管。与普通晶闸管相反，GTO 晶闸管是完全可控的开关，可以通过第三根引线，即门极引线，接通和断开。普通晶闸管只能通过将通态电流降低到保持电流以下来关闭。因此，普通晶闸管不适用于直流电源。GTO 晶闸管可以通过门极信号导通，也可以通过负极性的门极信号关断。

导通是通过门极和阴极端子之间的正电压脉冲来实现的。典型的门极电压在 15V 的范围内。然而，GTO 晶闸管的导通现象不如普通晶闸管那样可靠，即使在导通之后也必须保持小的正门极电流以提高可靠性。对晶闸管导通非常有帮助的放大门极结构在 GTO 晶闸管中也不能实现。

关断是由施加在门极和阴极端子之间的负电压脉冲引起的。正向电流的一部分（$\frac{1}{5} \sim \frac{1}{3}$）用于感应出阴极 - 门极电压，这导致正向电流的降低，并使 GTO 晶闸管关断。通常，必须通过创建明确定义的复合中心来减少基区中的载流子寿命，以缩短尾相并保持较低的关断损耗。这些复合中心可以通过电子或氦照射产生，从而产生晶体缺陷，影响带隙的深层次结构。

GTO 晶闸管的横截面和俯视图如图 1-9 所示。沿着器件分布有许多小的发射极台面结构，其宽度和长度相同，以保证关断电流相对均匀地流动。在关断周期中的电流的均匀性是一个非常关键的因素，因为这样的非均匀性会形成电流丝[9]，并且在动态雪崩中发生。由此产生的局部自发热效应可能会很强烈，从而使器件烧坏。因此，最大电流可以在不破坏器件的情况下关断，并可以通过关断电流引起的不均匀性来显著地减小，例如载流子寿命在 n 基区中的不均匀分布，p 基区电阻的不均匀分布，n 发射极/p 基区结的穿透深度的不均匀分布，或金属与半导体之间的接触电阻的不均匀分布。此外，机械应力效应也可以发挥重要作用。因此，保证清洁加工[10]和均质掺杂工艺是非常重要的。

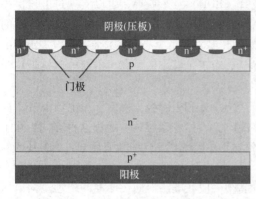 

图 1-9   具有台面阴极结构的 GTO 晶闸管的横截面（左）和俯视图（右）

为了保证由动态雪崩引起的电场强度尽可能低，必须非常仔细地选择晶体管增益 α_{pnp}。为此，p 发射极的空穴注入必须受到限制，例如，通过垂直非均匀载流子寿命降低，在 p 型发射极下方具有高复合率，或通过 p 发射极的相对小的掺杂浓度来限制发射极效率。

GTO 晶闸管具有长的关断时间，因此在正向电流下降之后，存在很长的尾流时间。在此期间剩余电流继续流动，直到器件的所有剩余电荷被带走。这个长时间的尾流电流将最大开关频率限制在大约 1kHz。然而，可以注意到，可比较的对称可控整流器（SCR）的关断时间约为 GTO 晶闸管的关断时间的 10 倍。因此，GTO 晶闸管的开关频率比 SCR 更好。这种 GTO 晶闸管主要应用在变速电机驱动器、大功率逆变器和牵引设备上。

GTO 晶闸管具有或不具有反向阻断能力。由于需要具有厚的低掺杂基区，反向阻断能增大正向压降和动态损耗。具有反向阻断功能的 GTO 晶闸管称为对称 GTO 晶闸管。通常，反向阻断电压额定值和正向阻断电压额定值大致相同。对称 GTO 晶闸管的典型应用是电流源型逆变器。

不能阻断反向电压的 GTO 晶闸管称为不对称 GTO 晶闸管。它们通常具有几十伏或更小的反向击穿额定值。通过阳极短路，由于晶体管电流增益 α_{pnp} 的降低，器件的正向阻断能力得到了提高，特别是对于高温工作。不对称 GTO 晶闸管一般使用在以下环境中：并联应用反向导通二极管（例如，在电压源型逆变器中），或者不会出现反向电压时（例如，在开关电源或 DC 牵引斩波器中）。不对称 GTO 晶闸管可以在同一封装中采用反向导通二极管制造。这些称为反向导通（RC）GTO 晶闸管。

与 IGBT 不同，GTO 晶闸管需要外部器件来形成导通和关断电流，以此防止器件损坏。在开启期间，器件具有限制电流上升的最大 dI/dt 额定值。这是为了在全电流达到之前允许整个器件达到导电状态。如果超过此额定值，则器件最接近门极触点的区域将过热，并因过电流而熔化。通常通过加入饱和电抗器来控制 dI/dt 的变化率。饱和电抗器的复位通常对基于 GTO 晶闸管的电路提出了最小关断时间的要求。

在关断期间，必须限制器件的正向电压，直到电流变小。这个限制通常约为正向阻断额定电压的 20%。如果在关断期间电压上升得太快时，并不是所有的器件都会关闭，并且会产生电流细丝，这样 GTO 晶闸管会被由高压和集中作用在器件一小部分上的电流引起的自发热效应而破坏。因此，器件周围必须添加大量缓冲电路，以限制关断时电压的上升。复位缓冲电路通常会对基于GTO晶闸管的电路提出最小接通时间的要求。

通过在最低和最高占空比之间使用可变开关频率，可以在直流电机斩波电路中处理最短开启和关闭时间。这在牵引应用中是可以观察到的，随着电动机起动，频率将上升，然后频率在大部分速度范围内保持恒定，最后在最高转速下频率降到零。

1.3.2.2 IGCT

集成门极换流晶闸管（IGCT）是一种GTO晶闸管，像GTO晶闸管一样，是一个完全可控的电源开关。它可以通过门极信号来开启和关断，与GTO晶闸管相比具有较低的导通损耗，可以承受更高的电压上升速率（dV/dt），并且在大多数应用中不需要缓冲电路。它主要应用在可变频率逆变器、驱动器和牵引装置上。

IGCT的结构与GTO晶闸管非常相似。在IGCT中，门极关断电流大于阳极电流。这使得关闭时间更短。IGCT与GTO晶闸管相比，主要的区别在于单元尺寸的减小，以及大量坚固的门极连接，这也导致门极驱动电路和驱动电路连接中的电感更小。非常高的门极电流和非常快的门极电流上升速率dI/dt意味着不能使用常规导线将门极驱动器连接到IGCT。驱动电路印制电路板（PCB）集成到了器件的封装中。驱动电路围绕该器件，并且使用大圆形导体附接到IGCT管芯边缘。大的接触面积和短距离减小了连接的电感和电阻。

与GTO晶闸管相比，IGCT的关断时间要短得多，可以在更高的频率下工作，在很短的时间内可达几千赫兹。然而，由于高开关损耗，典型的工作频率达到500Hz。

IGCT可以具有或不具有反向阻断能力。能够阻断反向电压的IGCT被称为对称IGCT。对称IGCT的典型应用是电流源型逆变器。不能阻断反向电压的IGCT被称为不对称IGCT。它们通常具有几十伏或更小的反向击穿额定电压。这样的IGCT用于并联反向导通二极管或者不会产生反向电压的地方。不对称IGCT可以与反向导通二极管制造在同一封装里。这些称为反向导通（RC）IGCT。

1.3.3 功率二极管

电力电子系统中的功率二极管有三个主要用途：电源整流器、吸收二极管和续流二极管。它们对二极管的电气特性有不同的要求。

电源整流器允许在所加正弦电压的一个半波期间流过电流，并且在电压的下一个（例如负的）半波期间阻止电流流过。低的正向压降是基本要求，这样整流器就有较低的正向损耗和承受在系统接通时产生的大浪涌电流的能力。另一方面，这些电源整流器必须限制电源的峰值电压以及一些由其他负载的瞬态变化引起的峰值电压。从正向导通到阻断操作相当缓慢的，这取决于电源频率（通常为50或60Hz）和峰值电压。即使在几千伏范围内的高峰值电压下，电压斜率也在几伏/微秒以下。

p-i-n结构可以支持对同一器件的高阻断电压和高阻断电流能力的要求。从技术上讲，这些器件经常使用略微n掺杂的材料，如图1-10所示。电压维持层的宽度和掺杂浓度可以被调整到所需的阻断能力。根据经验，电压维持层的厚度为每100V的阻断电压是$10\mu m$，例如1000V器件电压维持层的厚度为$100\mu m$。电压维持层的最大掺杂浓度大约低于$10^{17} cm^3$/阻断电压（V）。

在正向操作期间，电压维持层被来自阳极和阴极发射体的电子和空穴淹没，形成了比本底掺杂高得多载流子浓度的电荷等离子体，因此降低了电源整流器的串联电阻。电源整流器需要坚固的阳极和阴极的发射极结构，以产生大量过剩电荷来使器件实现低串联电阻和低导通损耗。

在电源整流器可以从正向导通转入阻断操作之前，必须去除存储在电压维持层中的过剩电荷。因此，多的过剩电荷会引起二极管的关断能量损失较高。但是因为工作频率低，所以总的损耗仍然由正向运行时的导通损耗决定。

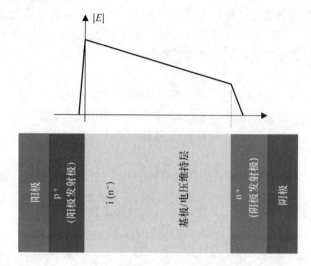

图 1-10   p－i－n 二极管的截面和阻断操作中电场的分布

pn 结的阈值决定正向压降的下限。对于基于硅的二极管，正向电压降最小值约为 0.7V。

与电源整流器相比，吸收二极管和续流二极管在更高频率（100Hz～20kHz）下工作，并且在二极管从正向导通切换到阻断运行时，在换向过程具有较高的电压斜率。这些二极管的关断损耗不能忽略，因此必须根据工作频率找到最佳工作点。

在功率开关（例如 GTO）和吸收网络的电容器的连接中使用吸收二极管，当关闭功率开关时可以减少电感产生的峰值电压。吸收二极管在接通时应具有高电流导通能力，在施加反向电压之前还应具有较低的过剩电荷。

为了减少静态运行期间的过剩电荷，在二极管的基区引入了复合中心。当减少载流子寿命时，正向脉冲期间的载流子浓度降低。另一方面，强阳极发射极和阴极发射极使吸收二极管具有所需的高浪涌电流能力。当功率开关两端的峰值电压终止时，正向电流自动下降，因此吸收二极管的关断行为并不重要。

与其他二极管相反，对于续流二极管，关断特性是非常重要的。开关特性由芯片[11]正向工作时的载流子分布和电压维持层的掺杂分布决定。为了减少开关损耗，电子设计人员需要努力减少二极管的开关时间。续流二极管一般应用在例如 GTO 和 IGBT 开关联合使用的转换器中。

然而，更快的开关导致反向电流的强制切断，这是不希望的。第二，换向期间二极管的应力是至关重要的。当高反向电流提取二极管的过剩电荷时，二极管端子上已经有相当大的反向电压。当然，应力不能超过续流二极管的承受能力。

软开关和更强的鲁棒性可以减少二极管动态损耗。近年来，续流二极管具有了许多软开关功能[12]。此外，通过对鲁棒性的理解，显著地改善了鲁棒性[13-15]，对于高达 6.5kV 阻断电压的地方也是如此。

对于更高频率的应用，例如在二极管整流频率达 300kHz 的开关电源（SMPS），使用两个串联的二极管在技术上和经济上都是有利的，每个二极管具有所需的阻断能力，因为二极管的关断损耗随着阻断电压而近似二次方增长。缺点为串联的两个二极管的电压是阈值电压的 2 倍。在较高开关频率的工作频率下，基于宽禁带半导体的肖特基二极管（它们在换向时表现得像小电容器），与具有相同静态正向电流和阻断能力的普通硅器件相比，它们的损耗更低，因此系统成本降低。

1.4　双极型 MOS 控制模式器件

类似于单极型 MOS 控制器件，双极型 MOS 控制器件的阻断能力在施加阻断电压时随着空间电荷区域的厚度的增加而增加。然而，单极型器件导通状态下的电荷载流子浓度主要取决于该区域的掺杂浓度，在双极型器件中，浓度还可以被提高到更高的值。因此，开关损耗和开关特性的优化可以在很大程度上不依靠双极型 MOS 控制器件的漂移区域的掺杂浓度。最成功的 MOS 控制双极型开关是 IGBT，适用于 300V ~ 6.5kV 电压范围内的各种应用中。

1.4.1　IGBT

1.4.1.1　基础概念

图 1-11 显示了借助于平面 DMOS 单元的三种垂直 IGBT 设计。类似于 MOSFET，阻断电压是由 p 型区体结构和弱掺杂 n 基区形成的 pn 结来维持。MOSFET 和 IGBT 之间的区别在于，n 掺杂漏极被能够将空穴注入 n 基区的 p 掺杂的背面集电极所代替。当栅极电压超过阈值电压时，n 基区将被从 n 掺杂源极通过 n 沟道注入的电子和来自 p 掺杂背面层的空穴淹没。因此，电荷载流子等离子体在 n 基区中产生。该等离子体（ $> 10^{16} cm^{-3}$ ）中的电荷载流子浓度通常比弱掺杂的 n 基区的掺杂浓度（ $< 10^{14} cm^{-3}$ ）高几个数量级。因此，尽管在关断状态下维持高阻断电压所需低的n 基区掺杂浓度，但是对于给定电流，由于 n 基区的电导调制效应，IGBT 的导通电压的电压降可以保持低于具有相同阻断电压能力的 MOSFET。

图 1-11 所示的三个 IGBT 结构各自具有特定的优点：非穿通（NPT）IGBT 的特征是具有厚的轻 n 掺杂漂移区。漂移区宽度选择较长，在任何工作条件下电场强度在该漂移区内的值非常小，即使在发射极和集电极触点之间施加最大额定电压时的情况下。饱和电压和关断损耗之间的所期平衡可以很容易地通过背面发射极的注入量来调节，而不需要额外地降低电荷载流子寿命。此外，NPT IGBT 的开关损耗仅取决于它的工作温度。

穿通（PT）IGBT 中的漂移区域与 NPT IGBT 相比要短得多，这使得它具有较低的导通电压。然而，为了确保 PT IGBT 具有相同的阻断能力，在漂移区和厚 p 衬底之间需要一个附加 n 掺杂缓冲层。PT IGBT 的一个主要缺点是需要通过缓冲层或附加的电荷载流子寿命的缩短来调整背面发射极效率。

场截止的概念[16,17]或类似的方法如轻穿通[18]、软穿通[19]或受控穿通[20]，结合了 NPT 和 PT IGBT 的优点。场截止层的设计参数主要决定阻断电压能力和关断行为。现如今一个主要的挑战仍然是如何处理大面积薄晶圆片，通过标准的注入工艺可以独立调整背面发射极的效率。近年来，针对此已经开发了尖端的技术工艺，例如，可以用 8in 晶圆片制造成厚度远低于 $70 \mu m$ 的600V IGBT。

降低通态损耗和开关损耗的另一个重要步骤（图 1-11）可以通过单元结构和拓展沟槽单元来实现。沿着正面的 n 沟道的水平位置变为垂直位置，其从平面设计到沟槽结构转变，为芯片面积的缩小提供了可能。然而，同样重要的是沟槽结构对阴极和阳极触点之间的垂直电荷 – 载流子分布的影响（图 1-12）。沟槽作为从背面阳极触点向阴极流动的空穴的一个瓶颈，使得阴极附近的浓度急剧增加。对于正确设计的沟槽结构，沟槽区附近的空穴浓度的增加可能变得相当大，使得沿着整个漂移区的空穴浓度超过可比较的平面单元的空穴浓度。由于电荷呈中性，电子分布也发生了类似的变化。因为大约 3/4 的总负载电流是由电子电流承载的，所以沟道单元的通态损耗

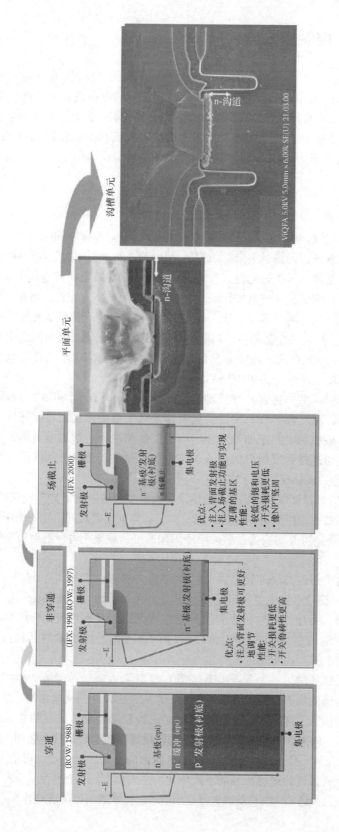

图 1-11 IGBT 开发中垂直结构（左）和单元结构（右）的演变

（数据来自 Laska, T. et al, Review of power semiconductor switches for hybrid and fuel cell automotive applications, Proceedings of the APE2006, Berlin, Germany, CD – ROM, 2006）

可以显著降低，对开关损耗的影响相对较小，与平面单元结构相比[16]，$E_{off}-V_{CEsat}$ 之间的关系有所改进。

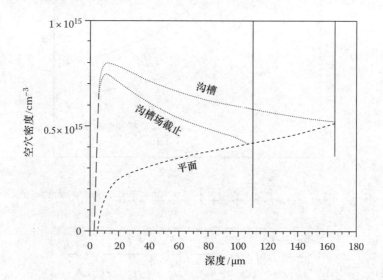

图 1-12　从发射极到与不同单元结构 IGBT 阴极接触点之间空穴分布的垂直截面图
（背面发射极位于沟槽和平面单元的 165μm 深度处，对于沟槽场截止设计位于约 110μm）（数据来自 Laska, T. et al, Review of power semiconductor switches for hybrid and fuel cell automotive applications, Proceedings of the APE2006, Berlin, Germany, CD – ROM, 2006)
注：原书数据为 5×10^{15}，译者改为 0.5×10^{15}。

因此，降低芯片厚度和改善单元设计都是减小有效芯片面积的关键因素。过去几年 IGBT 的芯片厚度和芯片面积的演变如图 1-13 所示。改善 $E_{off}-V_{CEsat}$ 之间折中关系的另一重要方面涉及单元密度。因为通过沟道的电子电流充当 IGBT 的 pnp 型晶体管的基极驱动器，所以减小沟道电阻会导致从阳极注入更强的空穴，因此引起较低的通态电压。沟道电阻随沟道宽度的减小而减小，单元密度的增加显著改善了 $E_{off}-V_{CEsat}$ 的关系（图 1-14）。75A 1200V IGBT 的典型输出特性如图 1-15 所示。

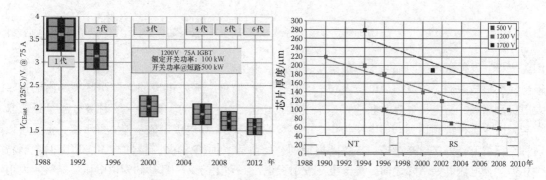

图 1-13　IGBT 开发过程中芯片面积和 V_{CEsat}（左）以及芯片厚度（右）的演变
（数据来自 Laska, T. et al, Review of power semiconductor switches for hybrid and fuel cell automotive applications, Proceedings of the APE2006, Berlin, Germany, CD – ROM, 2006)

沟槽场截止 IGBT 的关断特性如图 1-16 所示。在关断周期的初始阶段，IGBT 处于导通状态，

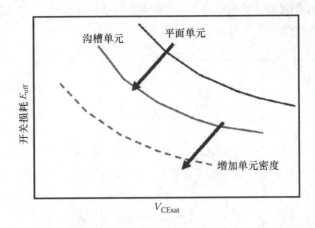

图 1-14 $E_{\text{off}} - V_{\text{CEsat}}$ 关系示意图：不同单元设计的比较和单元密度的影响

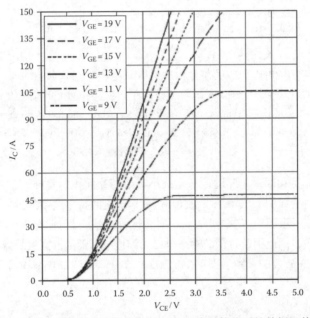

图 1-15 在 125℃ 下 75A 1200V IGBT 的典型输出特性（英飞凌科技公司的数据，德国 Neubiberg，数据表）

因为栅极 – 发射极电压明显高于阈值电压。因此，集电极 – 发射极电压降非常小（ < 2V）。集电极电流受负载限制。一旦栅极电位 V_{GE} 从 15V 变化到 – 15V，栅极电流的上升实际上是由栅极 – 发射极和栅极 – 集电极电容并联连接造成的输入电容放电形成的。栅极 – 发射极电压呈近似指数衰减会一直持续到达到阈值电压为止。由于负载呈感性，集电极电流不能立即下降，但是可以通过电荷载流子的提取来维持。在关断周期的初始阶段，IGBT 的关断特性与 MOSFET 的关断特性相似。在电流开始下降之前，集电极 – 发射极电压必须上升。一旦达到阈值电压，栅极 – 发射极电压最初是恒定的（米勒平坦区），因为需要几乎整个栅极电流来使栅极 – 集电极电容放电。因为该电容会随着集电极电压的增加而减小，所以栅极电流可以开始再次使栅极 – 发射极电容放电（米勒平坦区的尾部），这就使得栅极 – 发射极电位进一步下降。随之而来的电压过冲是由负载电路中的杂散电感由于集电极电流减小而引起的。与 MOSFET 的关断行为相比，明显的差异在于关断阶段结束时 IGBT 会出现所谓的尾电流。这种尾电流是由于在 IGBT 中存在单极型

MOSFET 中所没有的过剩载流子而引起的。

厚度对 IGBT 关断特性的影响如图 1-16 所示。两个具有不同芯片厚度的 IGBT 在负载电路中带有额外的杂散电感 400nH。较薄的 IGBT 储存的过剩载流子较少。因此，与较厚的 IGBT 相比，它关断更快。然而，在关断阶段结束时，较薄的 IGBT 中的过剩载流子密度太低而不能支持负载电流，使得电流突然减小，造成 IGBT 的杂散电感 L 和电容 C 形成的 LC 谐振电路产生的电压振荡和电流振荡。然而，较厚的 IGBT 中较高的过剩电荷会产生软关断，所以不产生任何振荡。

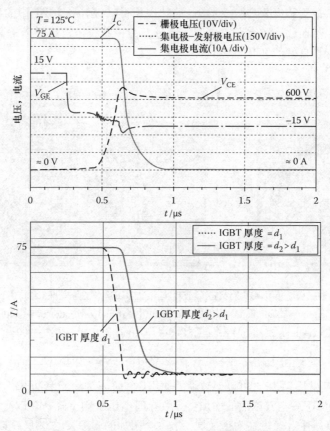

图 1-16 标称条件（上图）下，在 125℃ 时，75A 1200V IGBT 的关断特性 $V_{GE}(t)$、$V_{CE}(t)$ 和 $I_C(t)$，以及具有不同器件厚度在 25℃ 具有 400nH 附加杂散电感的两个 IGBT 的关断电流 $I_C(t)$（下图）（使用模块进行测量，使得测量的栅极信号不代表 IGBT 的栅极电位，而是通过模块内的欧姆电阻的电位降来变化）

IGBT 的一个重要特征是能够在一定的时间间隔内承受短路。现如今的 IGBT 通常能够承受 $10\mu s$ 的短路。这段时间为检测故障并通过外部监控电路关闭 IGBT 提供了足够的时间。短路电流通常远高于额定电流。因此，如果在短路期间将标称电压施加到器件，则在 IGBT 中将产生巨大的能量耗散，导致器件产生较强的自发热。如果器件没有被足够快地关断，电流将以不再可控的方式增加，这是由于源极、p 体区、n 漂移区和 p 发射极形成的寄生晶闸管激活引起的，使得器件最终被破坏。

1.4.1.2 先进概念

1.4.1.2.1 反向导通 IGBT

在 RC - IGBT 中，二极管被单片集成在 IGBT 芯片中。对于批量生产来说，这个概念首先是在 600V[22,23] 和 1200V 等级[24] 的软开关应用中（如灯镇流器或感应加热应用）优化实现的。同时，还在 NPT 技术的基础上开发了用于硬开关应用的 RC - IGBT，如工业逆变器或驱动应用[25-27]。

图 1-17 显示了基于沟槽场截止 IGBT 的 RC - IGBT 的截面。背面的 n 掺杂区充当阴极发射极，而靠近正面的 IGBT 的 p 体区和高 p 掺杂的反锁闭区则充当集成二极管的阳极发射极。因此，即使当集电极 - 发射极 - 电压的极性被反向偏置时，IGBT 也能够导通电流。RC - IGBT 生产的主要挑战是，尤其对于薄晶片，需要背面光刻工艺；特别是对于较高的负载电流二极管，需要具有鲁棒性。此外，将二极管和 IGBT 集成到同一芯片中使得二极管和 IGBT 中的电荷载流子分布的独立调整变得困难。然而，已经有研究表明，通过寿命控制技术可以显著提高二极管的 $Q_{rr} - V_f$ 之间的关系，从而保持良好的 IGBT 性能。

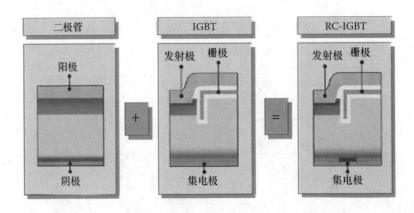

图 1-17　二极管和 IGBT 的集成形成反向导通 IGBT（数据来自 Laska，T. et al，Review of power semiconductor switches for hybrid and fuel cell automotive applications，Proceedings of the APE2006，Berlin，Germany，CD - ROM，2006）

1.4.1.2.2　载流子存储式沟槽栅型双极晶体管 IGBT

如上所述，在沟槽 IGBT 中，可以通过调整 IGBT 电荷 - 载流子分布来优化导通状态和开关损耗。例如，沟槽 IGBT 中空穴浓度的增加会导致导通电压急剧下降。在载流子存储式沟槽栅型双极晶体管（CSTBT）中，通过在沟道区域下方一个附加的 n 掺杂层，进一步增强空穴浓度（图 1-18）。n 掺杂层在空穴从阳极流向阴极的过程中形成一个屏障，导致了载流子浓度的增加。如果合理设计掺杂浓度，则 IGBT 的阻断能力不会显著降低。

CSTBT 示意图中的条形沟槽设计通常具有栅极容量大、短路电流高的特点。通过使沟槽的一部分无效（inactive）可以避免这些缺点。这样无效（inactive）沟槽就可以很容易地实现，例如，通过将各个沟槽不连接到栅极接触点而是连接到发射极接触点上（图 1-18）。

1.4.1.2.3　组合式 IGBT

为了不降低 CSTBT 的阻断能力，n 掺杂层的最大掺杂浓度以及带来的载流子浓度的增加是有限的。组合式 IGBT（CIGBT）通过在 n 掺杂层正下方附加的 p 阱来将该限制转移到较高的掺杂浓度值（图 1-19[28]）。CIGBT 可以构建成为平面或沟槽 IGBT。浮动 p 阱是由阳极、n 漂移、p 阱和 n 阱形成的内部晶闸管的一部分。在图 1-19 中，CIGBT 的单栅触点被分为两部分，以阐明器件的功能：CIGBT 的导通基本上由栅极 -2 控制。如果栅极电压超过阈值电压，则 n 漂移区和 n 阱区连接到源极电位，浮动 p 阱的电位随阳极正电压的升高而上升。一旦 p 阱电位超过由 p 阱和 n 阱形成的 pn 结的内置电压，则内部晶闸管就会不经过回跳而直接导通。在此操作模式下，CIGBT 的负载电流由栅极 -1 的电位控制。如果在该条件下阳极电压增加，则电压的主要部分在

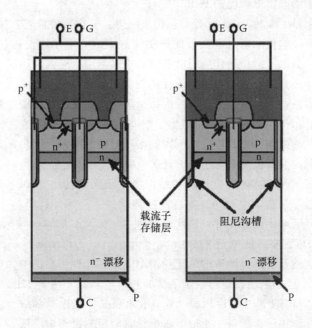

图 1-18　CSTBT（左）和无效沟槽的 CSTBT（右）（数据来自 Nakamura, S. et al. ,
Advanced wide cell pitch CSTBTs having light punch – through（LPT）structure, Proceedings of the1SPSD02,
Santa Fe, NM, 2002, pp. 277 – 280）

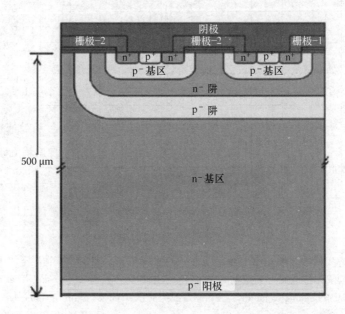

图 1-19　3. 3kV 平面 CIGBT（数据来自 Sweet, M. et al. , Experimental Demostration of 3. 3kV
Planar CIGBT in NPT technology, Proceedings of the ISPSD08, Orlando, FL, 2008, pp. 48 – 51）

由 p 区基极和 n 阱形成的 pn 结上下降。CIGBT 的关断是通过将栅极电压降至零从而使内部晶闸
管的电子电流中断来实现的。

具有过电压自保护动态钳位功能的 IGBT

近来，已经做了大量工作使 IGBT 具有动态钳位能力，使得器件能够在关断期间将其电压调节到接近额定电压等级。这种动态过电压自保护功能的集成为电压钳位提供了充分的外部控制和保护电路，并为用户提供了选择最佳的门极电阻的更多自由。然而，确保动态钳位在所有可能的操作条件下正常工作一直都是一项具有挑战性的任务。可用于增强场截止 IGBT 的动态钳位能力的重要设计参数是场截止层和背面 p 发射极的掺杂剂量。降低场截止层的掺杂剂量并增加背面 p - 发射极的剂量都能更好地实现动态钳位能力。然而，这些剂量不能随意调整，而不会降低器件的其他特性。例如，减少场截止剂量受到所需的击穿电压的限制。因为在关断期间必须去除更多的载流子，更高的背面发射极剂量对于快速开关 IGBT 是尤其关键的。

此外，通过适当的单元和结终端设计将初始击穿从结终端转移到沟槽单元区域，来避免接近端区域的单元区的破坏是非常重要的。实现这种移动的一种可能性是将不同几何形状的沟槽用于结终端附近和单元区域中。另一种可能性是通过在 p 体和 n 漂移区域形成的 pn 结附近增加 n 掺杂漂移区的掺杂浓度，来降低单元区域中的击穿电压。也可以将结终端区域暴露于光离子照射中，以此将结终端区域及其附近的沟槽单元的击穿电压移动到更高的值。

图 1-20 阐述了一个成功的动态钳位的例子，关断电流是额定电流 1200A 的两倍。该模块具有 16 个 75A 1200V 沟槽 IGBT 芯片并联构成，受具有 400nH 杂散电感的应力。即使在这种困难条件下，集成动态钳位功能仍可靠运行，钳位电压也没有明显超过额定电压。

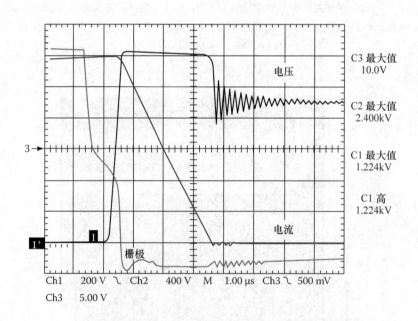

图 1-20 直流链路电压为 900V，在环境温度为 125℃时，带有估计的最差情况下的 400nH 杂散电感，1200A 1200V 模块的过电流（额定电流的两倍）关断行为（数据来自 Laska, T. et al. , Field stop IGBTS with dynamic clamping capability – A new degree of freedom for future inverter designs, EPE 2005, 11th European Conference on Power and Electronics Applications, Dresden, Germany, CD – ROM, 2005）

同时，已经报道了关于电压等级 1.2 ~ 6.5kV 的具有动态钳位功能的 IGBT（例如文献［30 - 33］）的研究。值得注意的是，CIGBT 也可以具有自钳位功能：如果合理地设计由 p 基区和 n 阱区形成的 pn 结，则在一定一阳极电压下穿通将会产生电压钳位。

1.5　单极型器件

1.5.1　高压功率 MOSFET

在某些应用中，减少变压器和其他感应装置的体积、重量以及成本是通过增加功率器件的工作或开关频率来实现的。许多消费者或信息技术设备中使用的 SMPS 就是这些应用中的一个示例。这里，开关频率在 30 ~ 300kHz 是最常见的，开关的阻断能力在 200 ~ 1000V 之间。例如，IGBT 可以在这些频率下的工作，但是会产生相当高的动态损耗。与具有相同芯片面积的 IGBT 相比，功率 MOSFET 具有更高的通态电阻，但是它们也没有电荷等离子体，这会产生更低的关断损耗。另一方面，如图 1-21 所示，每个芯片面积的通态电阻将随着阻断能力的增加而增加。

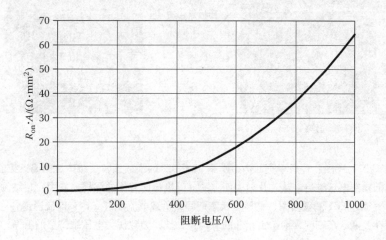

图 1-21　阻断电压 MOSFET 与串联电阻的相关性

这个现象意味着更高的阻断电压要求较厚的电压维持层和较低的掺杂。因为负载电流直接流经该电压维持层，所以形成串联电阻，至少对于高于 200V 的高压功率 MOSFET 来说，该电阻远远超过了器件的总电阻。

例如，对于给定的应用，选择具有低通态电阻的 500V MOSFET 会使器件的芯片面积大且昂贵。大的芯片面积具有大的杂散电容，在器件的每个导通和关断期间必须充电和放电，因此产生比较慢的开关瞬变。这些缓慢的开关瞬变将有助于减少主要由不良布局产生的电磁干扰（EMI）和振铃。但另一方面，由于较高的开关频率，缓慢的开关瞬变浪费了开关能量，从而降低了设计的效率。效率更低会直接导致功率开关和散热器的尺寸过大，以解决热问题。

专业系统设计人员将努力实现符合 EMI 的布局，并使用快速开关器件，以最低的成本获得高效和紧凑的解决方案。

器件制造商的主要任务是提供具有较小开关损耗的高压功率晶体管，每个芯片面积具有更小的寄生电容和更低的通态电阻。这两个目标都可以通过减小特定面积的通态电阻来实现，因为具有相同标称通态电阻的较小芯片也具有较小的寄生电容。

实际上，电压维持层的较高掺杂将导致更多载流子可用于电流传输。另一方面，这种器件将导致较低的阻断电压能力。走出这个困境的方法是引入了与当前承载路径掺杂接近的相反类型的掺杂[34,35]，由于补偿从而具有了局部高电导性和全局低掺杂。到成功地使用了这种方法[36,37]的第一批器件可以商业化使用，花费了几年时间。从那时起，掺杂补偿器件成为使用不同制造方法和优化目标的改进型高压 MOSFET 的开发途径。

除了所有这些发展之外，图 1-22 右侧展示了与普通功率 MOSFET（左侧）相同的基本结构。两个器件在芯片前侧基本上具有相同的结构，具有一个栅极控制反向通道结构。

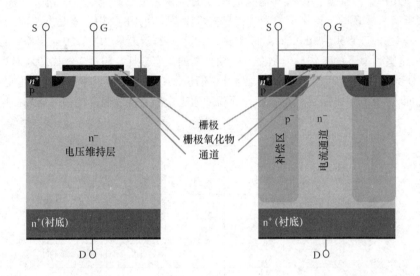

图 1-22　左图：普通垂直 n 沟道功率 MOSFET 的横截面，负载电流由栅极控制，
并通过低掺杂电压维持，从芯片前表面上的 n 源极反向到背面的漏极。右图：超结垂直功率
MOSFET 的截面图，在导通状态期间，负载电流流过 n 掺杂电流通道，
而在关断状态期间，掺杂由相邻的 p 沟道补偿，导致作为电压维持层的低净掺杂

这里，电压维持层由位于两个单独区域中的供体（n）和受体（p）掺杂组成。对于阻断操作，供体和受体掺杂的差异决定了阻断电压。这种净掺杂与普通功率 MOSFET 电压维持层的非常低的掺杂相当。与标准 MOSFET 相比，大多数现代器件的供体掺杂可以增加 15 倍或更多，因此通态电阻降低了 7.5 倍或更高。

因为阻断特性由相对较高的供体掺杂和受体掺杂的差异决定的，所以控制这种净掺杂成为最具挑战性的任务。

当在闭合通道处建立阻断电压时，空间电荷区开始从交叠的 pn 结延伸到 p 耗尽层并进入 n 电流路径。如图 1-23 所示，该绝缘区的宽度随着阻断电压的上升而增大。与阻断能力相比，在漏极和源极之间施加相当低的阻断电压，几乎整个电流通道和补偿区都被耗尽。

一个主要优点是补偿器件的寄生电容会减小，特别是在较高的漏源电压下，如图 1-24 所示。这会导致较低的控制功率需求和更快的开关，从而降低总动态损耗。漏源电容的不均匀曲线源自随着漏极和源极之间阻断电压的增加，隔离空间电荷区的建立如图 1-23 所示。

预计基于补偿原理的功率 MOSFET 在应用中将取代标准 MOSFET，建立新的"标准"：提高能源效率也将吸引消费者和促进低成本信息技术器件的开发；使用新一代具有速度更快开关损失更低的补偿器件的压力也将增加。这将导致使用专业的布局，也用于低成本的解决方案，因为它们已经普遍用于高端电源。

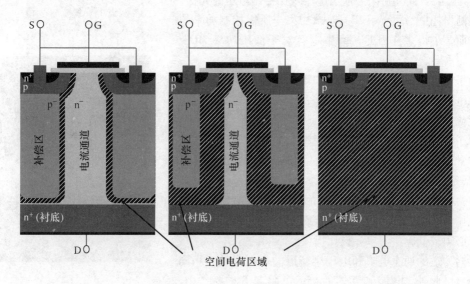

图 1-23 从左到右：阻断电压的增加和空间电荷区的增长。对于具有 600V 阻断
能力的器件，在右侧图中几乎完全耗尽的情况下已经达到低于 100V

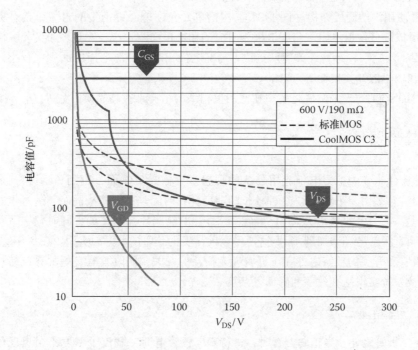

图 1-24 具有 190mΩ 通态电阻的标准 MOSFET 和英飞凌 CoolMOS 的比较

1.5.2 低压功率 MOSFET

低压功率 MOSFET 广泛用作开关晶体管，例如在 AC-DC 变换器或 DC-DC 变换器中应用。特别是在后一种情况下，它们在高于 0.5MHz 的高频下工作，使其寄生电容对于高压功率 MOS-

FET 更为重要。此外，因为输出电压仅比控制电压高几伏，所以控制损耗更为重要，开关输出功率与所需控制功率的关系反而要小得多。因此，寄生电容对于低压功率 MOSFET 至关重要。

为了比较不同低压功率 MOSFET 的性能，使用品质因数通态电阻乘以栅极电荷还是乘以总电荷，这取决于对控制损耗或开关损耗的关注。

由于使用相当低的电压，应用板和晶体管封装的杂散电感非常重要。快速开关会引起小杂散电感两端出现显著电压降，这将影响器件的性能。

与由电压维持层中传导损耗占主导作用的高压器件相比，低压功率 MOSFET 对通态损耗分布更为均匀。总的阻抗水平必须较低，这为单元设计提供了不同的方法。

反向沟道的通态电阻和电压维持层的电压降处于相同的数量级。此外，封装和互连的杂散电阻起着重要作用，形成具有较少寄生效应的新封装概念；同时减小了杂散电感。

与控制高压 MOSFET 的平面栅极结构相比，低压功率

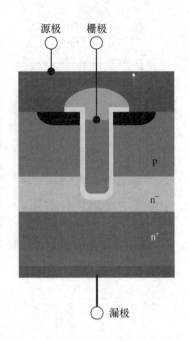

图 1-25 现代低压晶体管的横截面

MOSFET 最常使用沟槽栅极结构（图 1-25）。沟槽单元允许单元更密集的封装，具有更高的沟道宽度，从而可以降低沟道电阻。与漏电极相对应的栅电极面积较小，产生较小的栅 – 漏电容，因此反馈（Miller 效应）较小，开关速度更快。与漏电极相对应的源电极的面积也较小，产生较小的输出电容和较小的开关损耗。

低功率 MOSFET 的未来发展将集中在使用更精细的结构来提高品质因数 $R_{on} Q_{total}$。

1.6 宽禁带器件

SiC 是数十年来作为电力电子应用公认的理想半导体[38]；然而，直到 2001 年，第一个基于 SiC 的商业器件才被引入市场[39]。这种较长的前期开发时间是由于基板晶圆制造过程非常困难造成的。事实上，第一台商用 SiC 器件已经在 2in 直径的晶圆片上制造的，同时仅在 7 年后，生产中使用的晶圆直径就已经增加到 4in。这使得以前昂贵的 SiC 技术更加实用。在 600V 及以上范围内，SiC 二极管和开关的独特之处在于可实现无损耗的开关，同时具有良好的导电特性，从而使现代电力变换系统实现基准效率和降低复杂度。

1.6.1 SiC 肖特基二极管

除了 pn 二极管之外，当正向偏置时，肖特基二极管电荷 – 载流子密度不会出现任何动态变化，如图 1-26 所示，因此当偏置改变符号时，也不需要"反向恢复"。图 1-26 显示了与快速开关硅二极管相比的 SiC 肖特基二极管的动态特性。

基于这一原理，SiC 肖特基二极管的等效模型非常简单。它由一个理想的二极管组成，具有温度相关的结电势和差分电阻，没有开关损耗、与耗尽电容并联。当关断单极二极管时，只能看到电容器的位移电流，而不是典型的双极反向恢复波形。如预期的那样，这种电容性"恢复"电荷（Q_c）与温度、正向电流或 di/dt 也不相关[40,41]。当然，这种肖特基二极管也可以在硅中实

现，但是在额定电压大于 150V 的电压下，它们都受到非常高的通态电阻和漏电流的影响。与超快硅二极管相比，Si 二极管损耗很大程度上取决于 di/dt、电流水平和温度；SiC 二极管没有这些限制。

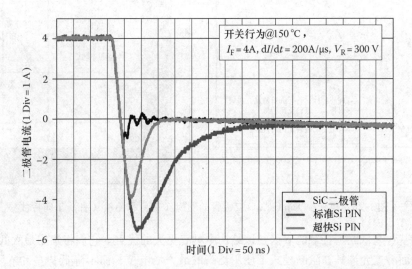

图 1-26　SiC 二极管（600V，黑色）与超快开关硅二极管（灰色是串联连接的两个 300V 二极管的电流，深灰色是一个 600V 二极管的电流）的开关波形比较

普通肖特基二极管的结构简单，如图 1-27a 所示。这种简单器件的缺点之一是承受浪涌电流的能力非常有限。由于其正向特性的欧姆斜率完全由电荷载流子（通过 $1/T^2$ 对温度 T 的依赖）的迁移率控制，在增加电流→增加功耗→增加 R→增加 V_f→增加功耗……之间存在较强的正反馈机制，最终导致器件在 10ms 内浪涌电流只比额定电流高 3 倍的情况下发生热破坏。

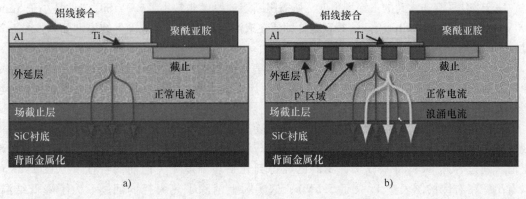

图 1-27　普通肖特基二极管 a) 和合并 PN – 肖特基概念 b) 的示意图。正向电压 >3V 的载流子注入使浪涌电流能力增加。外延层（EPi）负责器件的阻断能力

如何在对开关行为没有危害的基础上避免这个问题？解决方案如图 1-27b 所示，称为合并 pn – 肖特基二极管[42]。这个概念利用了 SiC 的宽禁带材料特性。该合并的 SiC 肖特基二极管和 SiC pn 二极管的正向特性如图 1-28 所示。在正常工作条件下，SiC 的 pn 高结电位（约 3V）阻止了 pn 结的导通。只有在浪涌电流条件下，才能达到正向电压，并且 pn 结构将为漂移区域的电导调制提供额外的载流子注入。

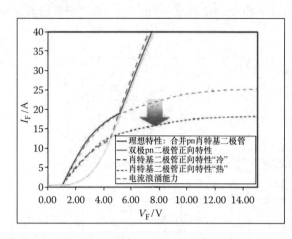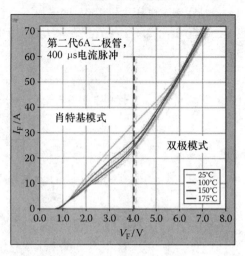

图 1-28　英飞凌 ThinQ® 2G 二极管的理想（左）和测量（右）正向特性

与肖特基势垒低欧姆接触的 p 区在该结构中具有更大的优点。它们将集中最大的电场远离肖特基势垒表面。这允许其在阻断模式下使用更高的最大场电位，而不降低势垒和 p 阱区的补偿。这也提供了一个真实一致的雪崩击穿特性，这是由具有普通肖特基势垒结构的竞争器件所不能实现的。如图 1-28 所示，正常工作（无过载）时，SiC 肖特基二极管的正向压降为 <1.5V，过载时（例如，$I_L > 5I_N$），二极管的正向特性遵循 SiC pn 二极管结构。根据该特性，出现在任何 pn 二极管的浪涌电流工作中的过载性能都是已知的。

即使图 1-27b 所示的 p 区消耗一定的面积，但正向特性的欧姆斜率并没有增加，因为这种效应是由单元结构的导电性的提高而引起的。因此，承受浪涌电流能力的显著改善没有受到任何危害。

由于 SiC 具有非常高的击穿场强度，所需阻断层的厚度非常小（600V SiC 器件是小于 5μm，600V 硅二极管是 40 ~ 60μm）。这甚至允许即使在浪涌电流模式下也能确保纯容性开关。图 1-29 显示了电流为额定电流 10 倍时的二极管换向。

剩余的非常小的容性开关损耗直接与二极管有效面积相关，这意味着 SiC 二极管的尺寸过大会增加动态损耗——与这种情况相反，大多数设计人员所看到的硅二极管的开关损耗很大程度上取决于电流密度和由自热而形成的 T 形上升。

是什么限制了从 SiC 二极管获得的能量？随着电流的上升，由于二极管的欧姆特性，满载时的传导损耗将会增加。耗散功率不允许驱动器件进入热失控，也不得超过最大结温额定值。通过合并 pn 肖特基概念，我们已经得到几乎与温度无关的前向特性（从图 1-28 可以看出，在右侧的图表中 V_f 大于 5.5V），这实际上消除了热失控的问题。为了降低结温，需要适当的安装技术，它消除了通常用于将功率器件安装在分立封装中的 60 ~ 80μm 厚的焊层的热阻。

实际上，SiC 极好的导热性现在可以直接耦合到 TO 封装的大型导热性良好的铜引线框架上。传统的焊层被只有 2μm 宽的极薄的扩散区代替。这将带来稳态热电阻 R_{th} 和瞬态热阻抗 Z_{th} 的显著改善。

当然，SiC 肖特基二极管不限于 600V。由于所需的阻断层（"漂移层"）的电阻率相对较低，与其硅二极管相比，1200V 和 1700V 肖特基二极管具有非常吸引人的性能。对于 600V 电平，开关损耗只是最小的，这是由于电容位移电流引起的。事实上，由于漂移层中的掺杂浓度较低，具

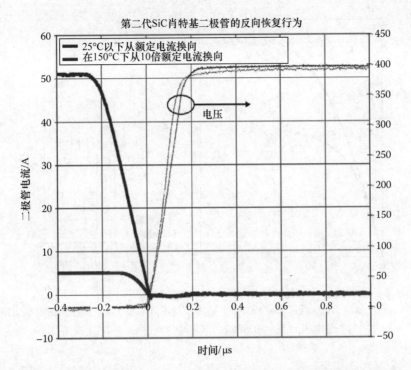

图 1-29　合并 pn 肖特基二极管在 150℃下从 10 倍浪涌电流的换向导致与在室温下从额定电流换向
具有类似的低开关损耗。此外，这完全独立于 dV/dt 和 dI/dt

有一定有效面积的 1200V 的体积甚至比 600V 器件的体积更小。因此，这些二极管是用于现代超快 Si – IGBT 的续流二极管的理想器件。

1.6.2　SiC 功率开关

即使在 SiC 二极管商业化 9 年之后，市场上仍然没有 SiC 功率开关。原因不是这样的器件没有足够的应用效益。这在 1000V 及以上的电压范围内尤其如此，像 Si – MOSFET 这样的单极型开关器件非常罕见，性能也不太理想（类型最好的分立器件通常具有几个欧姆电阻）。在这种电压范围内的主要竞争来自 IGBT 类器件，它们在开关损耗和最高频率方面都有众所周知的限制。因此，许多应用工程师正在寻找基于 SiC 的替代品，应用于太阳能变换器、UPS、混合动力汽车和高精度驱动器等。

近年来，SiC 开关相关研究取得了大量的成果，但没有产品实现。造成这种现象的原因是多方面的，但肯定的一个主要问题是 SiC 氧化物界面的质量较差。SiC MOSFET 不仅受到低沟道迁移率的影响，在很大程度上补偿 SiC 物理性能的优势，而且对于所谓的外部（早期）故障，SiC MOS 系统的可靠性仍然值得怀疑。

然而，目前有一种具有优势的器件，即 SiC 结型场效应晶体管（JFET）功率开关，它不需要栅极氧化物，并且在许多应用方面提供了优越的耐用性（例如 ESD、静电放电 ESD、雪崩、短路等）。然而，当目标是最佳成本/性能时，该器件通常处于导通状态（无栅极电压导通）。借助于采用低压 MOSFET 的共源共栅结构，可以解决此特性，从而在 MOSFET 源极 – 漏极路径上产生必要的电压降，以夹断 JFET。该原理如图 1-30 所示。对于 SiC – JFET，已经实现了非常有吸引力的电阻面积比：对于具有 1200V 阻断的器件，面积电阻 $<6M\Omega \cdot cm^2$。

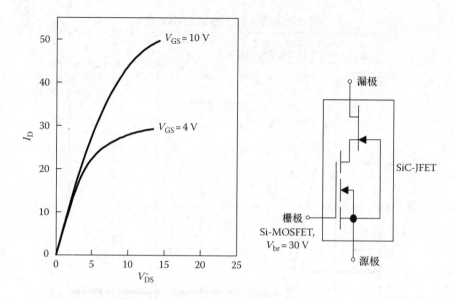

图1-30　高压SiC-JFET/低压Si-MOSFET结构示意图（右图）。该共源共栅的输出特性等同于低电压的Si-MOSFET，而阻断特性由SiC-JFET决定

1.7　智能电力系统

系统工程师经常面临的挑战是器件选择、控制功能和沿着SOA图（节省工作区）的优化操作，以及在功率半导体组件中实现保护和诊断功能。这个问题已经用IC兼容的功率开关（所谓的SMART-Power系统）来解决。这些新一代功率半导体开关将所有的控制保护和诊断功能与芯片上的通信接口集成在一起。根据额定功率（电压等级和电流放大倍数）、电路复杂度以及安全隔离的要求，有多种实现方法，例如在SMART电力技术（SPT）或绝缘体上的硅技术（SOI），片上芯片（CoC），相邻片上芯片（CbC）或基板载体上的多芯片组装[43]。

在新一代器件中，微电子和电力电子技术在系统和制造业中相结合。这开启了电力和微电子系统集成的新领域，朝小型化、更高可靠性、降低功耗以及完全受保护和可通信的电气系统迈出了重要一步。自20世纪80年代中期以来，已经开发了各种各样的用于智能解决方案的各种半导体技术[44]。

1.7.1　高压系统集成

在典型的电力变换系统中，例如电动机控制，必须调整输入电压（由电源供电），通过控制输出来优化电机不同负载条件下的功率传输。家用电器的电机驱动系统需求量很大，以满足能源效率准则的要求。在这样的大众市场消费应用中，通过减少整个电子系统中的电子元件数量，可以实现规模经济。

这些系统解决方案是包括全桥二极管整流器的整个电力电子电路，因此可以集成IGBT变换器和栅极驱动电路。对于这样的集成，必须使用开关器件，例如横向IGBT或功率MOSFET（LD-MOS，图1-31），在表面上具有所有端子。用于这种集成的最有前途的技术是SOI，它可以在功率器件之间实现全静态隔离。图1-31所示为使用沟槽隔离的各种功率器件的集成。

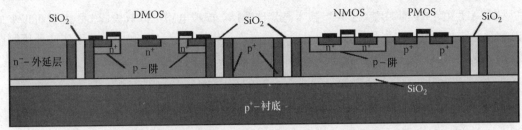

图 1-31 SOI 技术中的 PIC 单元，展示了功率 MOSFET 和标准 CMOS MOSFET

1.7.2 用于低电压集成的 SMART 电源技术

直到 20 世纪 90 年代中期，双极技术才成为功率集成电路（IC）的主要工艺。根据它们的击穿电压，这些工艺只能提供有限的元件密度。双极功率晶体管的基极电流和饱和电压限制了最大功耗。智能电力处理克服了这些局限性。模拟功能可以用双极型晶体管来实现，CMOS 逻辑可进行复杂的逻辑功能，DMOS 功率晶体管的功耗可忽略。应用的技术要求和一般成本考虑限制了最佳过程的选择，例如选择自隔离或结隔离，智能电力技术。

电力输出通道的数量是功率晶体管结构技术的相关方向，并决定技术发展。在单输出的情况下，芯片背面可以作为漏极触点，这代表了自隔离技术。因此，电流垂直流过器件，产生的功率损耗是最佳的。对于多个输出，所有触点通常放置在芯片的顶部，因此，电流横向流动。在这种情况下，结隔离过程是最受欢迎的。

自我隔离技术中的智能电力技术对于大电流器件是首选的，额定电压通常 < 100V。功率 MOSFET 芯片的背面用作单个或多个功率 DMOS 晶体管的公共漏极。

应用单片集成技术或 CoC 技术的元件包含各种保护功能，并有状态输出指示，例如过温、短路、开路负载、过电压和欠电压关断、反极性、抛负载保护、通信执行等（图 1-32）。

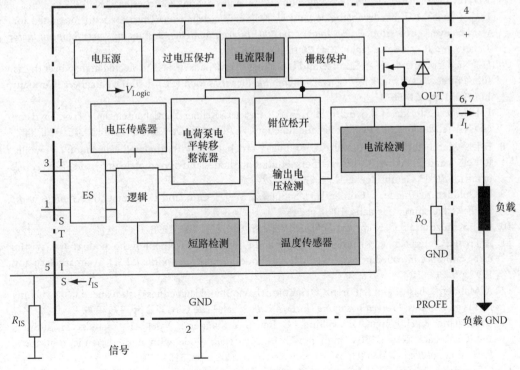

图 1-32 完全保护的高压侧开关框图

对于高度复杂的逻辑功能，CMOS 技术是最佳选择。模拟电路可以双极制造，并且可以集成任意数量的独立 DMOS 功率晶体管。如果应用需要高逻辑密度、多通道（如高压侧或低压侧开关）和适度的输出功率，则结隔离技术是系统集成最合适的方法。

1.8 总结

要实现所有电力电子系统，必须以各种最佳方式主动控制动态功率传输。这只能通过使用优化的电子开关器件来实现。在极高功率应用中，双极型器件，如晶闸管、LTT 和 IGCT，包括其未来发展，是当今和未来几十年的驱动技术。

大功率和中功率系统的发展将主要由 IGBT 主导。本章给出了进一步发展的巨大潜力。所有需要高和超高开关频率的应用由功率 MOSFET 驱动来实现，以使电力电子变换器在高效能工作下最小。对于低电压（＜100V）以及高电压（＞500V），已经取得了很多进展，并开发出了新的一代电力电子器件。

汽车的所有创新将由智能电力系统驱动。该技术包括具有简单逻辑功能的功率开关，可集成到具有低功耗输出级的高度复杂的系统解决方案中。

参 考 文 献

1. L. Lorenz, Key milestone in the development of power semiconductor, *EPE Proceedings*, Dubrovnik, Croatia, 2002.
2. L. Lorenz and G.A. Amaratunga, Electronic devices for power switching and power integration circuits: The enabling technology for clean environment, *VDI/Proceeding*, 2000.
3. L. Lorenz and H. Mitlehner, Key power semiconductor devices concept for the next decade, *IAS/IEEE Proceeding*, 2002.
4. P.D. Taylor, *Thyristor Design and Realization*, John Wiley & Sons, Chichester, U.K., 1987.
5. H.-J. Schulze, F.-J. Niedernostheide, and U. Kellner-Werdehausen, Thyristor with integrated forward recovery protection, *Proceedings of the 2001 International Symposium on Power Semiconductor Devices and IC's*, Osaka, Japan, May 2001, pp. 199–202.
6. F.-J. Niedernostheide, H.-J. Schulze, and U. Kellner-Werdehausen, Self-protected high-power thyristors, *Proceedings of the Power Conversion and Intelligent Motion (PCIM 2001)*, Nürnberg, Germany, June 2001, pp. 51–56.
7. F.-J. Niedernostheide, H.-J. Schulze, H.-P. Felsl, T. Laska, U. Kellner-Werdehausen, and J. Lutz, Thyristors and IGBTs with integrated self-protection functions, *IET Circuits, Devices & Systems*, 1, 315–320, 2007.
8. F.-J. Niedernostheide, H.-J. Schulze, U. Kellner-Werdehausen, R. Barthelmeß, H. Schoof, J. Przybilla, R. Keller, and D. Pikorz, 13-kV rectifiers: Studies on diodes and asymmetric thyristors, *Proceedings of the ISPSD'03*, Cambridge, U.K., 2003, pp. 122–125.
9. H. Güldner, A. Thiede, L. Göhler, H.-J. Schulze, J. Sigg, J. Otto, and D. Metzner, *Proceedings of the ICPE'98*, Duisburg, Germany, 1998, p. 246.
10. H.-J. Schulze and B.O. Kolbesen, *Solid-State Electronics*, 42, 2187, 1998.
11. A. Porst, F. Auerbach, H. Brunner, G. Deboy, and F. Hille, Improvement of the diode characteristics using emitter-controlled principles (EMCON-diode), *Proceedings of the ISPSD*, Weimar, Germany, 1997, pp. 213–216.
12. A. Mauder, T. Laska, and L. Lorenz, Dynamic behaviour and ruggedness of advanced fast switching IGBTs and diodes, *Proceedings of the IEEE IAS 2003*, Salt Lake City, UT, pp. 995–999.
13. J. Biermann, K.-H. Hoppe, O. Schilling, J.G. Bauer, A. Mauder, E. Falck, H.-J. Schulze, H. Rüthing, and G. Achatz, New 3300V high power Emcon-HDR diode with high dynamic robustness, *Proceedings of the PCIM 2003*, Nuremberg, Germany, 2003, pp. 315–320.
14. L. Lorenz, A. Mauder, and J.G. Bauer, Rated overload characteristics of IGBTs for low voltage and

high voltage devices, *IEEE Transactions on Industry Applications*, 40(5), 1273–1280, 2004.

15. M. Domeij, J. Lutz, and D. Silber, Stable and unstable dynamic avalanche in fast silicon power diodes, *Proceedings of the 31th European Solid-State Device Research Conference*, Nuremberg, Germany, September 2001, p. 263.

16. T. Laska, M. Münzer, F. Pfirsch, C. Schaeffer, and T. Schmidt, The field stop IGBT (FS IGBT)—A new power device concept with great improvement potential, *Proceedings of the ISPSD 2000*, Toulouse, France, 2000, pp. 335–358.

17. L. Lorenz, A. Mauder, and J.G. Bauer, Rated overload characteristics of IGBT for low voltage and high voltage devices, *IEEE Transactions on Power Electronics*, 2004.

18. K. Nakamura, S. Kusunoki, H. Nakamura, Y. Ishimura, Y. Tomomatsu, and M. Harada, Advanced wide cell pitch CSTBTs having light punch-through (LPT) structure, *Proceedings of the 14th ISPSD*, Santa Fe, NM, 2002, pp. 277–280.

19. S. Dewar, S. Linder, C. von Arx, A. Mukhitnov, and G. Debled, Soft punch through (SPT)—Setting new standards in 1200V IGBT, *Proceedings of the PCIM Europe*, Nuremberg, Germany, 2000.

20. J. Vobecky, M. Rahimo, A. Kopta, and S. Linder, Exploring the silicon design limits of thin wafer IGBT technology: The controlled punch-through (CPT) IGBT, *Proceedings of the ISPSD'08*, Orlando, FL, 2008, pp. 76–79.

21. T. Laska, M. Münzer, R. Rupp, and H. Rüthing, Review of power semiconductor switches for hybrid and fuel cell automotive applications, *Proceedings of the APE'2006*, Berlin, Germany, CD-ROM, 2006.

22. E. Griebl, O. Hellmund, M. Herfurth, H. Hüsken, and M. Pürschel, *LightMOS - IGBT with Integrated Diode for Lamp Ballast Applications*, Conference on Power Electronics and Intelligent Motion PCIM 2003, 79, 2003.

23. E. Griebl, L. Lorenz, and M. Pürschel, *LightMOS a new power semiconductor concept dedicated for lamp ballast application*, Conference Record of the 2003 IEEE Industry Applications Conference, pp. 768–772, 2003.

24. O. Hellmund, L. Lorenz, and H. Rüthing, *1200V Reverse Conducting IGBTs for Soft-Switching Applications*, China Power Electronics Journal, Edition 5/2005, pp. 20–22, 2005.

25. H. Takahashi, A. Yamamoto, S. Aono, and T. Minato, *1200V Reverse Conducting IGBT*, *Proceedings of the 16th ISPSD*, pp. 133–136, 2004.

26. K. Satoh, T. Iwagami, H. Kawafuji, S. Shirakawa, M. Honsberg, and E. Thal, *A new 3A/600V transfer mold IPM with RC (Reverse Conducting)-IGBT*, Conference for Power Conversion Intelligent Motion PCIM 2006, pp. 73–78, 2006.

27. H. Rüthing, F. Hille, F.-J. Niedernostheide, H.-J. Schulze, and B. Brunner, *600 V Reverse Conducting (RC-)IGBT for Drives Applications in Ultra-Thin Wafer Technology*, *Proceedings of the ISPSD'07*, pp. 89–92, 2007.

28. N. Nakamura, S. Kusunoki, H. Nakamura, Y. Ishimura, Y. Tomomatsu, and M. Harada, *Advanced wide cell pitch CSTBTs having light punch-through (LPT) structure*, *Proceedings of the ISPSD'02*, pp. 277–280, 2002.

29. M. Sweet, N. Luther-King, S.T. Kong, and E.M. Sankara Narayanan, Experimental demonstration of 3.3 kV planar CIGBT in NPT technology, *Proceedings of the ISPSD'08*, Orlando, FL, 2008, pp. 48-51.

30. M. Otsuki, Y. Onozawa, S. Yoshiwatari, and Y. Seki, 1200 V FS-IGBT module with enhanced dynamic clamping capability, *Proceedings of the ISPSD'04*, Kitakyushu, Japan, 2004, pp. 339–342.

31. T. Laska, M. Bässler, G. Miller, C. Schäffer, and F. Umbach, Field stop IGBTS with dynamic clamping capability—A new degree of freedom for future inverter designs, *EPE 2005, 11th European Conference on Power and Electronics Applications*, Dresden, Germany, CD-ROM, 2005.

32. M. Rahimo, A. Kopta, S. Eicher, U. Schlapbach, and S. Linder, Switching-Self-Clamping-Mode "SSCM", a breakthrough in SOA performance for high voltage IGBTs and diode, *Proceedings of the ISPSD'04*, Kitakyushu, Japan, 2004, pp. 437–440.

33. M. Rahimo, A. Kopta, and S. Linder, Novel enhanced-planar IGBT technology rated up to 6.5 kV for

lower losses and higher SOA capability, *Proceedings of the ISPSD'06*, Napoli, Italy, 2006, pp. 33–36.

34. G. Deboy, L. Lorenz, M. Marz, and A. Knapp, CoolMOS—A new milestone in high voltage power MOS, *IEEE-ISPSD-Record 99*, Toronto, Canada.

35. J. David Coe, High voltage semiconductor devices, U.K. Patent Application GB 2 089 119 A, filed December 10, 1980.

36. L. Lorenz, G. Deboy, and I. Zverev, Matched pair of CoolMOS with SiC Schottky diode —Advantages in applications, *IEEE Transactions on Power Electronics*, 2004.

37. G. Deboy, M. März, J.-P. Stengl, H. Strack, J. Tihanyi, and H. Weber, A new generation of high voltage MOSFETs breaks the limit line of silicon, *Proceedings of the IEDM 1998*, San Francisco, CA, 1998, pp. 683–685.

38. B.J. Baliga, *Journal of Applied Physics*, 53, 1759–1764, 1982.

39. H. Kapels, R. Rupp, L. Lorenz, and I. Zverev, SiC Schottky diodes: A milestone in hard switching applications, *Proceedings of the PCIM 2001*, Nuremberg, Germany.

40. J. Hancock and L. Lorenz, Comparison of circuit design approaches in high frequency PFC converters for SiC Schottky diode and high performance silicon diodes, *Proceedings of the PCIM 2001*, Nuremberg, Germany, pp. 192–200.

41. I. Zverev, M. Treu, H. Kapels, O. Hellmund, R. Rupp, and J. Weiss, SiC Schottky rectifiers: performance, reliability and key application, *Proceedings of EPE*, Graz, Austria, 2001.

42. R. Rupp, M. Treu, S. Voss, F. Bjoerk, and T. Reimann, 2nd generation SiC Schottky diodes: A new benchmark in SiC device ruggedness, *Proceedings of the ISPSD*, Naples, Italy, 2006.

43. L. Lorenz, T. Reimann, U. Franke, J. Petzoldt, and R. Krummer, System integration-thermal aspects of chip utilization of power devices and control, *ISPSD Proceedings*, Cambridge, U.K., April 2003.

44. M. Stecher, M. Jensen, M. Denison, R. Rudolf, B. Strzalkowski, M. Muener, and L. Lorenz, Key technologies for system-integration in the automotive and industrial application, *IEEE Transactions on Power Electronics*, 20(3), 537–549, 2005.

第二部分 电机

第 2 章　交流电机绕组

2.1　引言

在交流旋转电机中，有几种分布式绕组。这些绕组放置于定子和/或转子磁性结构中（通常在槽内）中，并且在气隙中会产生适当的磁动势（MMF）波形。绕组通常分布在或宽或窄的气隙圆弧上。交流绕组有很多种，所有绕组类型不可能被全部描述[1-8]。因此，将重点放在对称绕组上，特别是三相绕组（感应电机和同步电机定子绕组）。一般来说，如果分布绕组具有两个正交对称轴的特征，则分布绕组被定义为"对称绕组"。本章的目的是向读者提供绕组理论的基本要素以及一些关于绕组实现的实际问题。

2.2　MMF 和气隙中的磁场波形

2.2.1　简介

在分布绕组中，可以区分所谓的有效长度，以及头部连接成端部绕组。有效长度由正对气隙的导体构成，并且在电机中这些导体通常被布置在与电机轴平行的槽内。这些导体通过与气隙磁场的相互作用从而实现电磁能量的转换。端部绕组仅有闭合线圈的功能，从而使电流从一个有效长度传递到另一个有效长度。通常，端部绕组不直接影响电磁能量的转换。

考虑到垂直于电机的横截面，理想的单相绕组位于由相邻槽构成的两条带内，如图 2-1 所

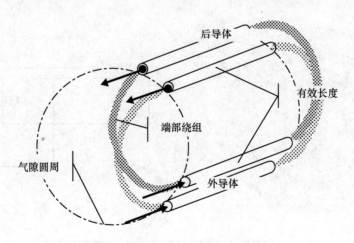

图 2-1　分布式单相绕组的布置

示。在前一个带中，电流流入导体进入截面（外导体）；在后一个带中，电流反向流出（后导体）。从功能的角度来看，一个带内的哪个导体以及如何和另一个带内的导体连接并不重要。相反，沿着气隙圆周有效长度的分布非常重要。事实上，由于磁链的变化，气隙 MMF 的波形和绕组感应电动势的波形（EMF）都取决于有效长度的布置。

在下文中，给出了当有效长度的几何位置已知时，由分布绕组产生的气隙 MMF 波形的方法被提出。首先所提出的方法基于以下假设：

- 气隙的径向厚度随角度的变化是恒定的。
- 叠片磁导率假定为无穷大：由绕组产生的 MMF 仅在气隙中下降。
- 槽开口宽度假定为无穷小：槽内的所有导体可以表示为一个位于槽中心、靠近气隙的单点导体。
- 三相"规则"绕组每相每极具有整数槽数。

在下文中使用的主要符号的含义如下：

^—正弦量的最大值；

~—正弦量的有效值；

α—气隙角坐标；

$A(\alpha)$—气隙 MMF 波形；

P—实际绕组的极对数；

p——一般分布的极对数；

q—每相每极的槽数；

Z_f—每相串联导体数；

r_t—气隙平均半径；

L_a—导体的有效长度（等于槽轴向长度）。

2.2.2 单个整距绕组生成的 MMF 波形

如图 2-2 所示的电磁结构，线圈的 $Z_f/2$ 个外导体和 $Z_f/2$ 个后导体沿径向放置（整距绕组），并且传送电流 I。由于结构对称性，可以绘制如图所示的磁力线。与每条磁力线连接的 MMF 绝对值等于 $0.5Z_f I$。

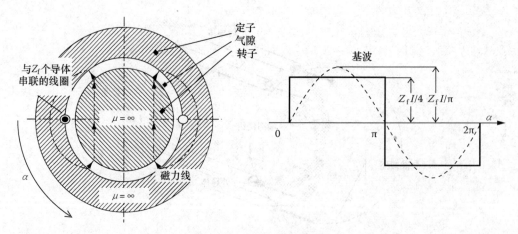

图 2-2 由具有 Z_f 个导体的整距绕组产生的 MMF 波形

对于所有的磁力线，所施加的 MMF 平衡了两个气隙间的磁压降。因此，考虑到磁力线的方向，气隙 MMF 的波形是方波，$\mathrm{sqw}(\alpha)$ 如式（2-1）及图 2-2 的右侧图所示。当磁力线从定子到转子的气隙穿过时，MMF 假定为正。

$$A(\alpha) = \frac{Z_{\mathrm{f}}}{4}I \cdot \mathrm{sqw}(\alpha) \tag{2-1}$$

使用傅里叶级数，分布的 $A(\alpha)$ 可以分解为空间谐波的总和，即

$$A(\alpha) = \sum_{h=1,3,5,7,\cdots} \frac{Z_{\mathrm{f}}}{\pi h}I\sin(h\alpha) \tag{2-2}$$

为了研究旋转电机，MMF 分布的基波特别重要。具有 Z_{f} 个有效长度的整距绕组产生的基波气隙 MMF 波形如下

$$A_{\mathrm{fundamental}}(\alpha) = A_1\sin\alpha \tag{2-3}$$

式中，$A_1 = \dfrac{Z_{\mathrm{f}}}{\pi}I$。

2.2.3　单相分布绕组的 MMF 波形

通常，在旋转电机中，绕组被细分为放置在沿气隙规则地间隔分开的槽内的若干骨架上。例如，图 2-3 展示了用三个相同的整距绕组串联实现的单相绕组。绕组被放置于三个相邻的槽内。

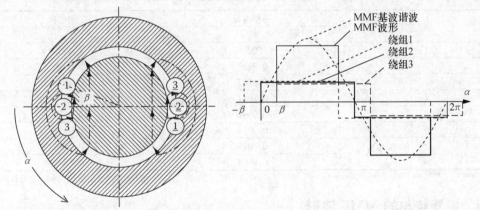

图 2-3　具有三个相同的整距绕组串联的单相分布绕组产生的气隙 MMF 波形

一般来说，定义 β 为两个相邻槽之间的角度，q 为绕组的槽对数，Z_{f} 为有效导体总数。

对于这种结构，由于绕组中流动的电流 I，气隙 MMF 空间分布可以通过角位移 β 的 q 个方波求和来获得。当 $q=3$ 时，如图 2-3 所示。总而言之，所得的 MMF 可以写成

$$A_{\mathrm{bobbin}} = \frac{Z_{\mathrm{f}}}{4q}I; \quad A_{\mathrm{resultant}}(\alpha) = A_{\mathrm{bobbin}}\sum_{i=1}^{q} \mathrm{sqw}(\alpha + i\beta) \tag{2-4}$$

同样，在这种情况下，MMF 分布的最大值等于

$$A_{\max} = \frac{Z_{\mathrm{f}}}{4}I \tag{2-4bis}$$

为了得到由该绕组结构产生的合成 MMF 分布的基波分量的幅值，可以对由每个线圈产生的基波分量进行逐点相加。这些基波分量可以表示为从式（2-4）中计算得到的幅值 A_{bobbin} 的矢量，其正方向与线圈磁轴平行。

通过矢量的和获得 MMF 的幅值，该矢量和由图 2-4 中所示的折线表示。所得合成基波 MMF 的幅值为

$$A_{\mathrm{fundamental}} = 2r\sin\left(q\frac{\beta}{2}\right) = \frac{Z_{\mathrm{f}}I}{\pi}\frac{\sin(q\beta/2)}{q\sin(\beta/2)} \tag{2-5}$$

分布因数

在以角位移 β 的 q 对直径槽中布置 Z_f 个导体的绕组，在气隙中产生的基波 MMF 幅值的通式为

$$A_{\text{fundamental}} = K_d \frac{Z_f I}{\pi} \qquad (2\text{-}6)$$

式中，K_d 是绕组的分布因数。该因数为

$$K_d = \frac{\sin(q\beta/2)}{q\sin(\beta/2)} \qquad (2\text{-}7)$$

在表 2-1 中，给出了两相和三相电机的相绕组分布因数。这些因数是在认为这些槽均匀分布的情况下估计出来的。在这种情况下，根据 $\beta = 2\pi/N_{\text{slot}} = 2\pi/(2Pmq)$ 的关系，角度 β 取决于每极每相槽数（q）和相数（m），在这种情况下认为 $P = 1$（见 2.2.5 节）。

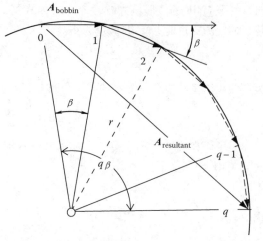

图 2-4 分布绕组的结果合成 MMF 矢量图

表 2-1 分布因数

q	两相电机 K_d	三相电机 K_d
1	1.0000	1.0000
2	0.9239	0.9659
3	0.9107	0.9598
4	0.9061	0.9577
5	0.9040	0.9567
6	0.9029	0.9561
8	0.9018	0.9556
∞	0.9003	0.9549

2.2.4 短距绕组的 MMF 波形

在电机中，实际绕组结构通常比本章前面讨论的整距结构更复杂。不考虑十分不规则的绕组结构，仅将重点放在短距绕组上。在这种绕组方式中，相对于外导体（非直径线圈），一匝绕组的后导体放置在小于 180° 的角度内。该方案能够获得较小的端部绕组长度，并且在气隙空间 MMF 分布中的谐波含量较低（MMF 波低畸变）。

为了分析短距绕组，考虑位于 $2q$ 个槽内典型的整距相绕组（直径节距），每个槽具有 $Z_c = Z_f/(2q)$ 个导体。假设将这个绕组分成仍然位于 $2q$ 个槽中的两个部分（即层），但每个层用 $Z_c/2$ 个导体，如图 2-5a 所示。现在，在两个层之间施加整数个槽（n_r）的相对旋转，获得如图 2-5b 所示的相结构。获得的绕组位于比原整距绕组槽数更多的槽内；由导体占据的槽数是 $2(q + n_r)$，但这些槽不是均匀填充的。这种绕组结构称为短距绕组，n_r 是短节距，以槽数表示。

通过研究这两个"半绕组"，可以对这种不同层放置产生的 MMF 分布进行分析。实际上，如果两个层彼此旋转 n_r 个槽（对应于角度 $n_r\beta$），则由两个层产生的 MMF 基波分量的矢量也将移动相同的角度。

我们将 A_{layer} 定义为由每层产生的 MMF 基波分量的幅值，K_d 作为单层的分布因数。所得 MMF 的幅值为

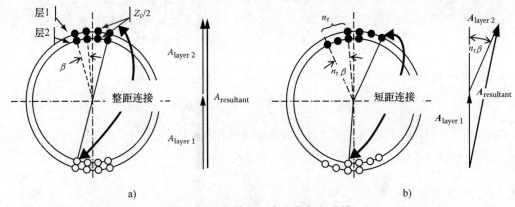

图 2-5 双相绕组（每相每极四个槽）

a）整距结构 b）$n_r = 2$ 的短距结构

$$A_{fundamental} = 2A_{layer} \cos \frac{n_r \beta}{2}$$

式中，$A_{layer} = \frac{1}{2} K_d \frac{Z_f}{\pi} I$。

$$A_{fundamental} = K_d \cos \frac{n_r \beta}{2} \frac{Z_f I}{\pi}$$

$$K_r = \cos \frac{n_r \beta}{2} \qquad (2\text{-}8)$$

系数 K_r 称为绕组的短距因数。当两层在相同的槽（$n_r = 0$）内叠加时，该系数等于 1。显然，在这种情况下，绕组定义为整距绕组。

绕组因数

分布因数和短距因数的乘积通常称为绕组因数 K_a。对于一般的绕组，MMF 基波分布可以写成

$$A_{fundamental} = K_a \frac{Z_f I}{\pi}$$

式中，$K_a = \cos\left(n_r \frac{\beta}{2}\right) \frac{\sin(q\beta/2)}{q\sin(\beta/2)} \qquad (2\text{-}9)$

为了描述由分布绕组引起的磁化效应，式（2-9）特别重要。实际上，通过式（2-9），从生成的基波 MMF 分量的角度来看，任何绕组都可以通过等效匝数 N' 来确定，定义为

$$N' = K_a \frac{Z_f}{\pi} \qquad (2\text{-}9\text{bis})$$

如果匝数 N' 和绕组中的电流 I 的值是已知的，则可以通过如下公式直接计算气隙 MMF 基波的幅值，即

$$A_{fundamental}(\alpha) = N' I \sin\alpha \qquad (2\text{-}10)$$

空间谐波

除基波分量即式（2-10）之外，在位于槽中的分布绕组产生的气隙 MMF 波形中，存在大量的空间谐波。通过傅里叶级数，实际空间谐波与矩形波的奇次谐波有关。事实上，如式（2-2）所示，由单个直径线圈产生的 MMF 方波，可以被认为是研究更复杂绕组结构的基本组成部分。

通常，空间谐波被认为是由绕组产生的磁化过程中的二次效应。这些谐波的存在是不必要

的，而且通常被认为是干扰。从这个角度来看，空间谐波的分析是非常重要的。

对于所得 MMF 分布的每个谐波次数 h，可以根据下式定义谐波绕组系数 $k_{a,h}$，即

$$A_{\mathrm{harmonic},h} = K_{a,h}\frac{Z_fI}{\pi h};\ K_{a,h} = \cos\left(nh\frac{\beta}{2}\right)\frac{\sin(qh\beta/2)}{q\sin(h\beta/2)} \tag{2-11}$$

则绕组产生的 MMF 分布可以写为

$$A(\alpha) = \frac{Z_fI}{\pi}\sum_{h=1,3,5,7,\cdots}\frac{K_{a,h}}{h}\sin(h\alpha) \tag{2-12}$$

以类似于式（2-9bis）的方式定义以下 h 次谐波的等效匝数：

$$N'_h = \frac{K_{a,h}}{h}\frac{Z_f}{\pi}$$

则式（2-12）可以写为

$$A(\alpha) = I\sum_{h=1,3,5,7,\cdots}N'_h\sin(h\alpha) \tag{2-13}$$

如果相绕组是对称的，那么在 MMF 分布谱中只有奇次空间谐波。

例如，图 2-6 显示了 $q=3$，$n_r=1$ 和 $\beta=30°$的对称的、短距双层绕组的 MMF 空间分布。

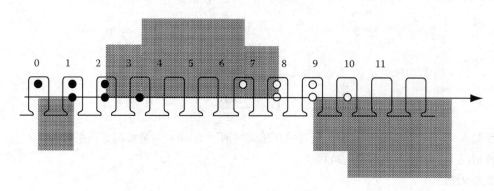

图 2-6　短距绕组的典型 MMF 波形

图 2-7 展示了整距绕组和单槽短距绕组（$q=3$ 和 $\beta=30°$的两个绕组）的谐波绕组因数的对比。

图 2-7 强调了节距缩短以一种适度的方式影响基波 MMF 谐波（$h=1$），并且以更合理的方式影响一些空间谐波的幅值。特别是 5 次谐波和 7 次谐波的振幅明显降低。因此，短距可以被认为是减小 MMF 分布中的一些空间谐波幅值的简便方法。

式（2-11）强调了通用的 h 次谐波次数的绕组因数不取决于 h 的正负。谐波绕组因数相对于谐波次数具有周期性变化趋势。关系式（2-14）证实了 h' 和 h 次的两个空间谐波用相同的绕组因数来表征。

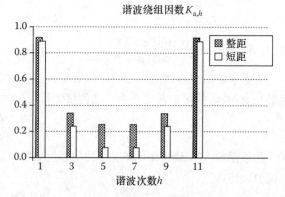

图 2-7　$q=3$、$\beta=30°$的整距绕组与 $q=3$、$\beta=30°$和 $n_r=1$ 的短距绕组的谐波绕组因数的比较

$$h' = \pm h + kN_{\mathrm{slots}} \tag{2-14}$$

因此，如下式的 h' 次数的谐波将具有与基波相同的绕组因数。这些空间谐波通常被称为

"齿谐波"[注]。

$$h' = kN_{\text{slots}} \pm 1 \tag{2-14a}$$

齿谐波通常对空间谐波的频谱具有很大的影响。另外，与其他阶次谐波的情况一样，这些谐波不能用相导体合适的排布来衰减，因为这个方法可能涉及基波分量的降低。可以使用诸如槽的轴向倾斜之类的其他方法，来减少齿谐波的影响。

2.2.5 绕组极性的定义（极对概念）

在目前的分析中，已经考虑了具有直径或准直径匝数的绕组。对于这种类型的结构，气隙 MMF 波形沿着气隙圆周呈独特的正负变化（图 2-6）。换句话说，绕组产生了两个磁极或一对极（北和南）。通常，这些绕组称为两极绕组或具有一个极对的绕组（$p=1$）。

在旋转电机中，通常采用极对数大于 1 的相绕组（$p>1$）。在这些情况下，气隙 MMF 分布在整个圆周上具有更多的正负交替，并且在气隙中产生更多的磁极性。要产生大于 1 的极对数，最简单的方法是沿着气隙圆周以循环方式重复布置基本两极绕组的有效绕组长度，如图 2-8 所示。

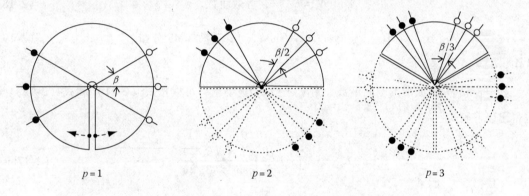

图 2-8 具有不同极对数绕组实现两极绕组变形的理想方法

假设 p 个基本绕组是串联连接的，以便在所有有效长度内具有相同的电流 I，并且将 Z_f 定义为带有 p 对极的绕组中使用的有效导体的总数；那么可以使用式（2-15）来评估具有 p 对极绕组产生的 MMF 波形的基波分量。四极 MMF 分布的一个例子如图 2-9 所示。

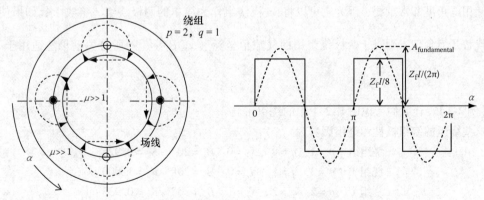

图 2-9 四极（$p=2$）绕组的 MMF 波形和磁力线

[注] "齿谐波"与由沿着气隙存在槽和齿引起的磁性各向异性现象没有任何关系。事实上，这些谐波已经存在于由绕组产生的 MMF 分布中，它们仅取决于槽数。

$$\hat{A}_{\text{fundamental}} = \frac{K_{\text{a}} Z_{\text{f}} I}{\pi p} \tag{2-15}$$

关于绕组因数 K_{a} 的计算，需要注意的是在这种情况下，角度 β 必须以电相位角度来考虑。因此，引入电角度 β_{e} 的概念作为槽节距几何角度和绕组极对数的乘积：

$$\beta_{\text{e}} = p\beta \tag{2-16}$$

以这种方式，$2p$ 极绕组的绕组因数可以通过类似两极绕组（$p = 1$）的方法计算，使用的电角度 β_{e}，而不是几何角 β。另外，由于电角度，描述两极绕组 [参见式（2-9），式（2-9bis）和式（2-10）] 的基波 MMF 分布的方程式，可以用更一般的形式重写，如下所示：

$$K_{\text{a}} = \cos\left(n_{\text{r}} \frac{\beta_{\text{e}}}{2}\right) \frac{\sin\left(q\beta_{\text{e}}/2\right)}{q\sin\left(\beta_{\text{e}}/2\right)}; \quad \text{绕组因数} \tag{2-17}$$

$$N' = K_{\text{a}} \frac{Z_{\text{f}}}{\pi p}; \quad \text{等效匝数} \tag{2-18}$$

$$A_{\text{fundamental}}\ (\alpha)\ = N'I\sin\ (\alpha_{\text{e}}); \quad \text{基波 MMF 分布} \tag{2-19}$$

式中，$\alpha_{\text{e}} = p\alpha$。

参考合成 MMF 波形的空间谐波，对于一般 $2p$ 极绕组，可以按式（2-11）和式（2-12）类推得出以下等式：

$$K_{\text{a},h} = \cos\left(n_{\text{r}}h \frac{\beta_{\text{e}}}{2}\right) \frac{\sin\left(qh\beta_{\text{e}}/2\right)}{q\sin\left(h\beta_{\text{e}}/2\right)} \tag{2-17bis}$$

$$N'_{h} = K_{\text{a},\,h} \frac{Z_{\text{f}}}{\pi p h} \tag{2-18bis}$$

$$A(\alpha)\ = \hat{I} \sum_{h=1,\,3,\,5,\,7,\cdots} N'_{h}\sin(h\alpha_{\text{e}}) \tag{2-19bis}$$

使用电角度非常重要，因为它可以将 $2p$ 极绕组作为简单的两极绕组。事实上，如果使用电角度代替几何角度，则对于两极绕组用的气隙角坐标（α，β 等）的所有关系仍然适用于 $2p$ 极绕组。

【例 2-1】 让我们考虑图 E-2-1 中的绕组布局。

这些绕组的绕组极性和绕组因数为

绕组 A	$p = 1$	$q = 4$	$N_{\text{r}} = 0$	$\beta_{\text{e}} = 20°$	$K_{\text{a}} = 0.925$
绕组 B	$p = 3$	$q = 1$	$N_{\text{r}} = 0$	$\beta_{\text{e}} = 20°$	$K_{\text{a}} = 1.000$
绕组 C	$p = 2$	$q = 2$	$N_{\text{r}} = 1$	$\beta_{\text{e}} = 30°$	$K_{\text{a}} = 0.933$
绕组 D	$p = 1$	$q = 4$	$N_{\text{r}} = 2$	$\beta_{\text{e}} = 15°$	$K_{\text{a}} = 0.925$

2.2.6　单导体的气隙 MMF 波形

在本节中，将分析由单导体产生的 MMF 分布。这种特定的绕组结构可以被认为是理论上存在

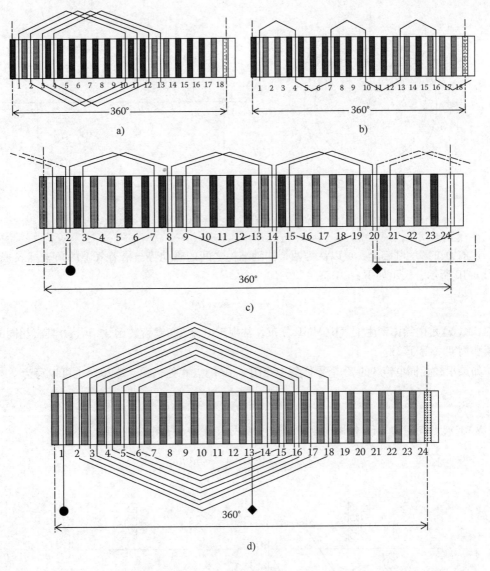

图　E-2-1

的情况，并且可以用作建立非规则绕组结构一般理论的起点，例如通常用于感应电机中的笼型绕组。

如图 2-10 所示的几何情况，展示了两个同轴圆柱形磁性结构。单导体位于气隙（A 点）中，并带有电流 I，并流入绘图平面。由于该电流，磁力线可能存在两种不同路径：

- 路径 1：磁力线仅存在于外部磁结构中。
- 路径 2：磁力线穿过气隙并且在外圆柱和内圆柱磁结构中。

然而，如果磁性材料的磁导率高，大部分磁力线和大部分导体的磁链将在路径 1 中；而路径 2 的磁力线将较弱，因为它们必须穿越气隙。与路径 2 中的磁力线相关联的磁链相对于总磁链可以忽略不计。因此，可以认为沿着外部结构的气隙圆周的磁压降是由于路径 1 中的磁力线而引起的。同样的原因，可以假设在内部磁结构的任何一点上，磁势几乎为零。

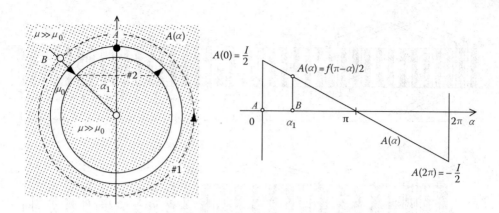

图 2-10　位于具有恒定厚度的圆柱形气隙（A 点）中无限长直线导体产生的磁势分布

在前面讲解的基础上，可以认为两个同轴结构之间的磁动势与沿着气隙的角坐标 α 成比例，如图 2-10 所示，表示如下：

$$A(\alpha) = \frac{I}{2}\text{saw}(\alpha) \qquad (2\text{-}20)$$

式中，$A(\alpha)$ 是由导体产生的气隙 MMF 分布，常规正电流 I 和锯齿波函数 $\text{saw}(\alpha)$ 具有相同的单位幅值和周期（等于 2π）。

如果承载相同电流 I 的 Z_f 个导体集中在图 2-10 的点 A 处，式（2-20）也可以写为

$$A(\alpha) = \frac{Z_f I}{2}\text{saw}(\alpha) \qquad (2\text{-}20\text{bis})$$

MMF 波形周期为 2π，使用傅里叶级数可以表示如下（见图 2-11）：

$$A(\alpha) = \sum_{h=1,2,3,\cdots} \frac{Z_f I}{\pi h}\sin(h\alpha) \qquad (2\text{-}21)$$

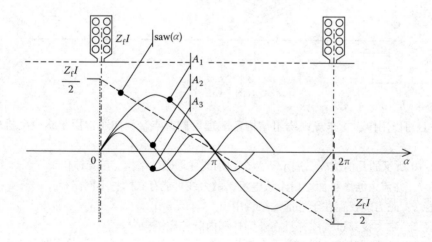

图 2-11　位于单个槽中的 Z_f 个导体产生的气隙 MMF 波形的谐波分解

与直径匝数的情况相反，在分布频谱中，存在奇次和偶次空间谐波。MMF 的基波分量可以使用下列公式计算：

$$A_{\text{fundamental}}(\alpha) = \frac{Z_f}{\pi} I \sin\alpha \qquad (2\text{-}22)$$

比较式（2-22）与式（2-3），对于直径线轴有效，可考虑单导体和直径线轴之间的以下等效：

- 对于基波分量：单导体可以由仅具有一个有效长度（$Z_f = 1$）的虚拟直径线轴代替。
- 对于空间谐波：空间谐波的幅值在两种情况下都与 $1/h$ 成比例，但对于单导体，存在奇次谐波和偶次谐波。

2.2.7　气隙磁通密度波形

当已知由有效绕组系统产生的气隙 MMF 分布时，可以估计磁场波形 $H(\alpha)$ 或磁通密度波形 $B(\alpha) = \mu_0 H(\alpha)$。如果采用以下简化条件，则可以轻松实现：

- 假设不存在饱和现象：在这种情况下，所有的 MMF 分布抵消了气隙中的磁压降。
- 假设磁结构是各向同性的。换句话说，气隙厚度在每个方向上被认为是恒定的。

由于这些假设，可以使用式（2-23）计算沿气隙圆周分布的磁通密度，并且两个波形 $B(\alpha)$ 和 $A(\alpha)$ 的形状相似：

$$B_r(\alpha) = \mu_0 \frac{A(\alpha)}{l_t} \qquad (2\text{-}23)$$

实际上，包含绕组的槽开口宽度不可忽略；因此，不能假定气隙厚度 l_t 相对于角坐标 α 是恒定的。

从这个角度来看，式（2-23）不适合对气隙磁通密度分布进行逐点描述。

与槽口对应的磁场弱于齿部对应的磁场，如图 2-12 所示。

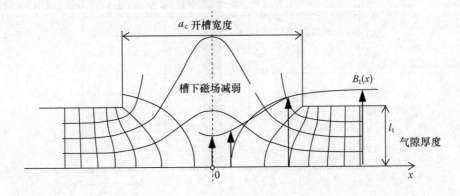

图 2-12　气隙磁通密度开槽效应

假设只有一个气隙表面具有槽，另一个平滑，如果进行以下假设，则可以量化槽口附近的弱磁情况：

- 磁性叠片的磁导率无限大；
- 槽无限深且具有平行边界；
- 表面之间具有恒定磁势差。

在这种情况下，可以确定在气隙磁场的平滑表面处的法向分量的解析表达式。参考图 2-12，定义气隙线性坐标 x 的原点位于槽的中心线上，并具有以下量值：

τ_c：槽距；

a_c：开槽宽度；

l_t：气隙厚度；

A：定子与转子之间的磁势差；

$B_{t,max}$：齿中心线下的磁通密度。

此外，我们定义参数 $\xi_a = a_c/(2L_t)$。平滑表面上的气隙磁通密度 $B_{tn}(x)$ 的法向分量，可以通过 Schwarz – Christoffel 保角变换来计算。其结果可用式（2-24）表示。在该等式中，当坐标 x 从 0 变为 ∞ 时，与保角变换相关的中间变量 w 在 0 ~ 1 的范围内。

$$b(x) = \frac{B_{tn}(x)}{B_{t,max}} = \frac{1}{\sqrt{1 + \xi_a^2(1 - w^2)}};$$

式中，$B_{t,max} = \mu_0 \dfrac{A}{l_t}$。

$$\frac{2x}{a_c} = \frac{2}{\pi}\left[\arcsin\frac{\xi_a w}{\sqrt{1 + \xi_a^2}} + \frac{1}{2\xi_a}\ln\frac{\sqrt{1 + \xi_a^2\ (1 - w^2)} + w}{\sqrt{1 + \xi_a^2\ (1 - w)^2} - w}\right] \tag{2-24}$$

图 2-13 显示了槽附近的磁通密度值 $B_{tn}(x)$ 与没有槽存在的磁通密度值 $B_{t,max}$ 之间的比率 $b(x)$。参考图 2-13 所示的结果，可以得出结论，槽开口处的较低磁通密度减小了穿过气隙的磁通量。由于开槽效应导致的电机轴向单位长度缺失的磁通量定义为 $\Delta\Phi_c$。结合式(2-24)，可以通过以下等式获得 $\Delta\Phi_c$ 的数值：

$$\Delta\Phi_c \cong 2B_{t,max}\frac{l_t}{\pi}\left[2\xi_a\arctan\xi_a - \ln(\xi_a^2 + 1)\right] \tag{2-25}$$

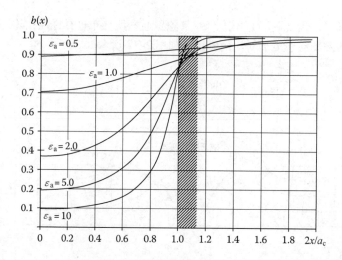

图 2-13　开槽导致的气隙弱磁函数

因此，由 A 点磁势差产生的槽距中的磁通量，可以写成

$$\Phi_d = B_{t,max}\tau_c - \Delta\Phi_c = B_{t,max}\left\{\tau_c - \frac{2}{\pi}l_t\left[2\xi_a\arctan\xi_a - \ln(\xi_a^2 + 1)\right]\right\}$$

式中，$B_{t,max} = \mu_0 \dfrac{A}{l_t}$。

在保证两表面上没有开槽，且 A 点磁动势差相同的条件下，而采用增加的气隙厚度值，可以按如下公式计算出通过气隙的磁通量：

$$l'_t = K_C l_t$$

$$K_C = \frac{\tau_c}{\tau_c - (2/\pi)l_t\left[2\xi_a\arctan\xi_a - \ln(1 + \xi_a^2)\right]}$$

式中，$\xi_a = \dfrac{a_c}{2l_t}$。　　　　　　　　　　　　　　　　　　　　　　　　　　　　(2-26)

增加的系数 K_C 称为卡特系数。为方便起见，该系数的一些值如图 2-14 所示。卡特系数是大于 1 的数，能全面考虑到由于槽而导致的气隙磁场削弱情况。在半闭合槽的情况下，卡特系数的近似方程是

$$K_C \cong \frac{\tau_c}{\tau_c - l_t\left[4\xi_a^2/(5+2\xi_a)\right]}$$　　　　　　　(2-26bis)

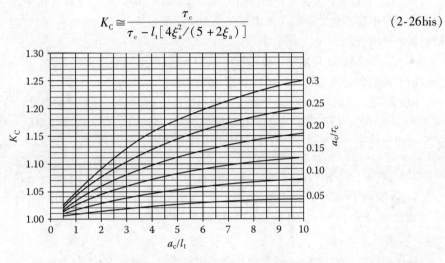

图 2-14　卡特系数

总结一下目前为止考虑的因素，可以得出以下结论：

● 如果要求对磁通密度波形进行逐点描述，式（2-23）是不可行的，可以被以下关系所取代[⊖]：

$$B_t(\alpha) = \mu_0 \frac{A(\alpha)}{l_t} b(\alpha)$$　　　　　　　　　(2-27)

式中，$b(\alpha)$ 是由式（2-24）描述的开槽引起气隙磁通密度的削弱函数，如图 2-13 所示。槽对实际磁通密度波形的影响如图 2-15 所示。

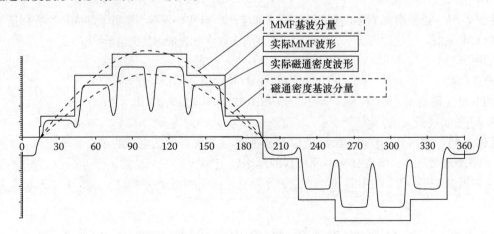

图 2-15　开槽效应对实际气隙磁通密度波形的影响

⊖　实际上，这个公式并不完全正确的，当槽内的导体中存在电流时，应该考虑在槽左右边界之间的磁非平衡态，对其进行。

- 另一方面，如果仅需要计算 MMF 和磁通密度波形基波分量的振幅，则式（2-23）可以按如下方式重写，以便近似地包含开槽效应：

$$\hat{B}_{t,\,fundamental} \cong \mu_0 \frac{\hat{A}_{fundamental}}{K_C l_t} \qquad (2\text{-}28)$$

- 在定子和转子表面均开槽的情况下，卡特系数可以近似计算为由于定子槽和转子槽分别引起的两个卡特系数的乘积（考虑到一个表面开槽而另一个是光滑表面）。对于半闭合槽，这种近似通常是可行的。

- 式（2-28）还可用于计算由气隙 MMF 谐波产生的磁通密度谐波，但在这种情况下，每个谐波的卡特系数必须用式（2-26）和式（2-26bis）以外的等式计算。

【例 2-2】 设想一个有 18 个槽的三相两极旋转磁场电机（即感应电动机）的双层定子绕组，如图 E-2-2 所示。绕组间距为极距（整距绕组），每槽每层有 5 根导体串联。每相绕组结构使用三个槽用于输出有效导体和三个直径槽用于后导体槽，如图所示。

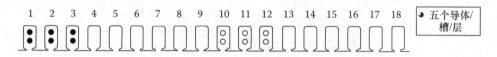

图 E-2-2

当在相绕组中提供 8A（瞬时值）的相电流 I 时，确定 MMF 分布的最大值和 MMF 基波分量的振幅。

每相每极的槽数	$q = 3$
每槽串联的导体数	$Z_c = 10$
MMF 振幅（最大值）	$A_{max} = q Z_c I / 2 = 3 \times 10 \times 8 / 2 \text{A} = 120 \text{A}$
槽距角	$\beta = 360° / 18 = 20°$
分布因数（= 绕组因数）	$K_d = \sin(3 \times 10°) / (3 \sin 10°) = 0.960$
每相串联的导体数	$Z_f = 5 \times 12 = 60$
MMF 基波分量的振幅	$A_{fund} = 0.960 \times 60 \times 8 / 3.14 \text{A} = 146.6 \text{A}$

【例 2-3】 当采用两个槽的短距绕组时，确定产生与前一示例计算出的 MMF 基波分量相同幅值的相电流值。在这种情况下，求绕组产生的 MMF 分布的新的最大值。

短距（槽数）	$n_r = 2$
短距因数	$K_r = \cos(2 \times 10°) = 0.940$
相电流（得到 $A_{fund} = 146.6 \text{A}$）	$I' = 8.0 / 0.940 \text{A} = 8.5 \text{A}$
MMF 振幅（最大值）	$A_{max} = q Z_c I' / 2 = 3 \times 10 \times 8.5 / 2 \text{A} = 127.5 \text{A}$

【例 2-4】 在图 E-2-4 中，给出了有 24 个槽的三相旋转磁场电机的单层定子绕组。每相使用 $Z_f = 96$ 个有效导体，实现具有不同极数的两个绕组结构：一个双极绕组（$p = 1$，图中的 a）和一个四极绕组（$p = 2$，图中的 b）。对于两个结构，如果相电流为 $I = 7 \text{A}$，求 MMF 基波分量的振幅。

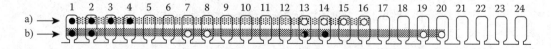

图 E-2-4

极对数	$p = 1$	$p = 2$
槽距角	$\beta_e = 1 \times 360°/24 = 15°$	$\beta_e = 2 \times 360°/24 = 30°$
每相每极的槽数	$q = 4$	$q = 2$
绕组因数	$K_a = 0.958$	$K_a = 0.966$
MMF 基波分量振幅	$A_{fund} = 204.8A$	$A_{fund} = 103.3A$

【例2-5】 对于定子绕组，已知以下数据：18 个槽，每相 $Z_f = 96$ 个导体串联，$q = 3$ 个槽/极/相，$n_r = 2$ 个槽。如图 E-2-5 所示，气隙半径为 $R_t = 45mm$，槽开口宽度为 $a_c = 2.5mm$，气隙厚度为 0.5mm。确定产生气隙基波磁通密度振幅为 $B_{t,max} = 0.857T$ 的相电流值。

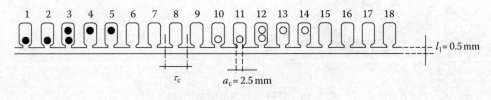

图　E-2-5

槽距角	$\beta = 360°/18 = 20°$
槽距（线性）	$\tau_C = 2\pi \times 45/18 \, mm = 15.7mm$
半槽开口宽度/气隙厚度比	$\xi_a = 2.5/(2 \times 0.5) = 2.5$
卡特系数	$K_C = 15.7/\{15.7 - 2 \times 0.5 \times [2 \times 2.5 \, atn(2.5) - \ln(1 + 2.5^2)]/\pi\} = 1.087$
等效气隙厚度	$l'_t = 1.087 \times 0.5 \, mm = 0.543mm$
分布因数	$K_d = \sin(3 \times 20°/2)/[3\sin(20°/2)] = 0.960$
短距因数	$K_r = \cos(2 \times 20°/2) = 0.940$
绕组因数	$K_a = 0.960 \times 0.940 = 0.902$
等效匝数	$N' = 0.902 \times 96/3.14 = 27.6$
相电流[a]	$I = 0.857 \times 0.543 \times 10^{-3}/(1.256 \times 10^{-6} \times 27.6)A = 13.4A$

[a] 通过气隙基波磁通密度振幅的方程，可以求出相电流，如下所示：

$$B_t = \frac{\mu_0}{l'_t}N'I \rightarrow I = B_t \frac{l'_t}{\mu_0 N'}$$

2.3　旋转磁场

2.3.1　三相绕组的磁场

在交流电机中，例如在交流发电机中，位于定子中的绕组多数是三相绕组。因此，将三相绕组结构视为更通用的多相绕组的特殊情况。

在三相绕组中，为了放置三个相同的单相绕组，并将每相绕组分配在 $2q$ 个直径或准直径槽中，且相对对称轴偏移 120°，定子槽极对数通常为 6 的倍数（$N_s = mq2P = 6qP$），如图 2-16 所示。

如果三个单相绕组（称为相）相同，它们将具有相同的绕组因数 K_a 和相同的等效匝数 N' [见式（2-9）和式（2-9bis）]。

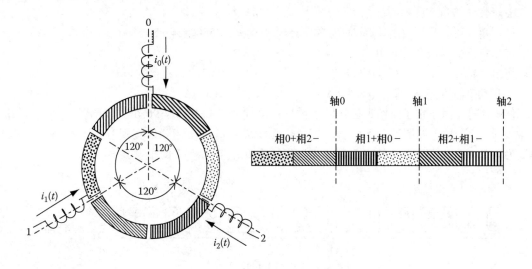

图 2-16   双极三相绕组的典型结构

考虑一个对称相位的三相正弦电流，相位沿气隙的空间分布如图 2-16 所示。

$$i_k(t) = \hat{I}\cos\left(\omega t - k\frac{2\pi}{3}\right); \; k = 0,\, 1,\, 2 \tag{2-29}$$

在这种情况下，忽略空间 MMF 谐波，仅考虑基波分量。

通过适当选择初始角坐标 α 的原点，对于第 k 相，可以写出如下关系：

$$A_k(\alpha,\, t) = N'\sin\left(\alpha - k\frac{2\pi}{3}\right)i_k(t);\; N' = \frac{K_a Z_f}{\pi} \tag{2-30}$$

式（2-30）表示气隙中（在空间中）幅值随时间变化的 MMF 波形，与瞬时值 $i_k(t)$ 成比例。

该空间波形对应第 k 相的对称轴具有最大值，并且如果 ω 是正弦电流的角速度，则波形振幅随时间以 ω 按正弦曲线方式变化。以这种方式，每个单相绕组在相应相绕组位置上产生各自的脉动 MMF 波形。从 MMF 波形的观点来看，气隙合成结果可以通过对每相的单独作用进行求和来获得。气隙磁通密度分布由下式给出：

$$B_{t,3}(\alpha,\, t) = \frac{\mu_0}{l'_t}N'\hat{I}\sum_{k=0,1,2}\sin\left(\alpha - k\frac{2\pi}{3}\right)\cos\left(\omega t - k\frac{2\pi}{3}\right)$$

经过简单的计算，这个关系可以重新改写如下：

$$B_{t,3}(\alpha,\, t) = \frac{3}{2}\frac{\mu_0}{l'_t}N'\hat{I}\sin(\alpha - \omega t) \tag{2-31}$$

式（2-31）将气隙磁通密度波形表述为空间坐标 α 和时间 t 的函数。等式(2-31)仍然是沿着气隙的正弦波，但它没有在空间中固定，其空间相位随着时间以 ωt 的规律变化。式（2-31）描述了旋转磁场的概念。

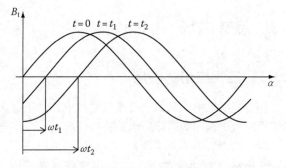

图 2-17   旋转磁场的图形表示

根据以上论述和图 2-17，可以得出结论，脉动速度 ω 的三相对称正弦电流流过三相绕组，产生的磁通密度波形，沿气隙旋转的角速度与电流脉动的角速度相同。

在三相绕组具有 p 对极的情况下，如果使用电角度代替机械角度，则式（2-29）、式（2-30）和式（2-31）仍然有效，并且等效匝数如 2.2.2 节中所述。每相绕组的 MMF 分布和合成的磁通密度波形分别为

$$A_k(\alpha, t) = N'\sin\left(P\alpha - k\frac{2\pi}{3}\right)i_k(t) ; \ N' = \frac{K_a Z_f}{\pi P} \qquad (2\text{-}30\text{bis})$$

$$B_{t,3}(\alpha, t) = \frac{3}{2}\frac{\mu_0}{l'_t}N'\hat{I}\sin(P\alpha - \omega t) \qquad (2\text{-}31\text{bis})$$

特别是式（2-30bis）和式（2-31bis）强调了以下几个方面：

- 对于固定数量的全部相导体，绕组产生的 MMF 波形幅度与极对数成反比。
- 具有 p 对极的三相绕组在气隙中产生的磁场极数与绕组的磁极数相同。
- 合成的磁场波以 ω/p 的角速度沿气隙旋转。

因此，可以说绕组极性定义了旋转磁场的速度，即使通过一个离散的序列。从技术角度来看，这一方面在旋转磁场电机中非常重要。

2.3.2　笼型绕组中的旋转磁场

笼型绕组可以认为是多相绕组的非典型情况，它常被用作感应电机中的转子绕组。事实上，在转子笼的每个导体（或导条）中，电流与其他导条中的电流不同，因此，每个导条可以被认为是相绕组。

从这个角度来看，鼠笼是一个多相绕组，其相数 m 等于导条数 N_R，每一相由一个单一的导体（$Z_f = 1$）构成（图2-18）。

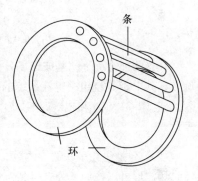

图 2-18　鼠笼绕组

另外，就像传统的分布绕组一样，笼型绕组没有自己的磁极数。此时鼠笼中的电流系统是由另一个具有 p 对极的分布绕组产生的气隙旋转磁场产生的。这种在转子笼中流动的感应电流，自动产生具有相同极对数 p 的 MMF 分布。

在本节中，对于具有两个磁极（$p=1$）的导条电流系统，将分析和讨论由该绕组结构引起的磁效应。

为了得到鼠笼产生的气隙合成 MMF 分布的基波分量，我们考虑在 N_R 导条中采用对称的正弦电流集合：

$$i_k(t) = \hat{I}\cos\left(\omega t - k\frac{2\pi}{N_R}\right); \ k = 0, 1, 2, 3, \cdots, N_R - 1 \qquad (2\text{-}32)$$

如 2.2.6 节所述，每条 MMF 的基波分量可以计算如下，其中从基波 MMF 分布产生的角度来看，N' 是一个条的等效匝数：

$$A_k(\alpha, t) = N'\sin\left(\alpha - k\frac{2\pi}{N_R}\right)i_k(t); \ N' = \frac{1}{\pi} \qquad (2\text{-}33)$$

类似于三相绕组情况下，可以使用以下公式确定整个笼的气隙磁通密度的基波分布：

$$B_{t,N_R}(\alpha, t) = \frac{\mu_0}{l'_t}\frac{1}{\pi}\hat{I}\sum_{k=0,1,2}\sin\left(\alpha - k\frac{2\pi}{N_R}\right)\cos\left(\omega t - k\frac{2\pi}{N_R}\right)$$

经过计算得到

$$B_{t, N_R}(\alpha, t) = \frac{N_R}{2} \frac{\mu_0}{l'_t} \frac{1}{\pi} \hat{I} \sin(\alpha - \omega t) \tag{2-34}$$

方程式（2-34）与式（2-31）类似，这里系数为 $N_R/2$，而三相绕组中系数为 $3N_R/2$。这是合理的，因为鼠笼可以被认为是具有 N_R 相的多相绕组。

如果导条电流系统产生的感应旋转磁场的极对数等于 p，则导条电流系统按如下公式得到：

$$i_k(t) = \hat{I} \cos\left(\omega t - kp \frac{2\pi}{N_R}\right); \quad k = 0, 1, 2, 3, \cdots, N_R - 1 \tag{2-32bis}$$

在这种情况下，鼠笼产生的旋转磁通密度由下式给出：

$$B_{t, N_R}(\alpha, t) = \frac{N_R}{2} \frac{\mu_0}{l'_t} \frac{1}{\pi p} \hat{I} \sin(p\alpha - \omega t) \tag{2-34bis}$$

2.3.3 不同绕组之间的等效性

三相绕组式（2-31bis）和多相笼型绕组式（2-34bis）的气隙旋转磁场的基波分布表达式非常相似。为了方便，这里再次列出这些方程：

$$B_{t, 3}(\alpha, t) = \frac{3}{2} \frac{\mu_0}{l'_t} N' \hat{I} \sin(p\alpha - \omega t); \quad N' = \frac{K_a Z_f}{\pi p} \tag{2-31bis}$$

$$B_{t, N_R}(\alpha, t) = \frac{N_R}{2} \frac{\mu_0}{l'_t} N' \hat{I} \sin(p\alpha - \omega t); \quad N' = \frac{1}{\pi p} \tag{2-34bis}$$

在这两种情况下，基波磁场分布是具有正弦空间分布的波形，其沿着气隙以 ω/p 的角速度旋转，其中 ω 是绕组中电流系统的角速度。

式（2-31bis）和式（2-34bis）推荐了一种具有一般相数 m 的多相绕组的旋转磁场的通用的表达式。

如果 Z_f 是每相串联的导体数，$\hat{I}$ 是 m 相中对称正弦电流的振幅，ω 是角速度，m 相绕组的旋转磁场波形可以按如下公式得到：

$$B_{t, m}(\alpha, t) = \frac{m}{2} \frac{\mu_0}{l'_t} N' \hat{I} \sin(p\alpha - \omega t); \quad N' = \frac{K_a Z_f}{\pi p} \tag{2-35}$$

在式（2-35）的基础上，可以得出以下结论：

① 对于三相绕组，使用 $m = 3$，由式（2-35）计算基波磁场分布。

② 对于笼型绕组，使用 $Z_f = 1$（只是每相串联单一导体），$K_a = 1$（绕组因数）和 $m = N_R$（相数），由式（2-35）获得对应基本磁场分布。

③ 气隙基波磁通密度分布同样可以通过以下条件等效产生。

- $m^{(S)}$ 相的绕组（S），每相串联 $Z_f^{(S)}$ 个导体，振幅为 $I^{(S)}$ 的对称正弦电流；
- $m^{(R)}$ 相的绕组（R），每相串联 $Z_f^{(S)}$ 个导体，振幅为 $I^{(R)}$ 的对称正弦电流；

$$B_t(\alpha, t) = \frac{m^{(S)}}{2} \frac{\mu_0}{l'_t} N'^{(S)} \hat{I}^{(S)} \sin(p\alpha - \omega t); \quad N'^{(S)} = \frac{K_a'^{(S)} Z_f^{(S)}}{\pi p}$$

$$B_t(\alpha, t) = \frac{m^{(R)}}{2} \frac{\mu_0}{l'_t} N'^{(R)} \hat{I}^{(R)} \sin(p\alpha - \omega t); \quad N'^{(R)} = \frac{K_a^{(R)} Z_f^{(R)}}{\pi p} \tag{2-36}$$

④ 用来验证式（2-36）的电流值 $I^{(S)}$ 和 $I^{(R)}$ 可以定义为等效值，这些值之间的比如式（2-37）所示。系数 K_I 可以被认为是将绕组（R）的电流提供给绕组（S）的系数。换句话说，如果验证了式（2-37）中的比，则可以得出结论，从基波磁场产生的观点来看，绕组（R）中的多相电流集合 $I^{(R)}$ 可以等效为绕组（S）的多相电流集合 $I^{(S)}$。

$$K_I = \frac{\hat{I}^{(S)}}{\hat{I}^{(R)}} = \frac{m^{(R)} N'^{(R)}}{m^{(S)} N'^{(S)}} \tag{2-37}$$

【例 2-6】　对于双极整距三相绕组，已知以下数据：每相有 12 个槽和 $Z_f = 132$ 个导体。平均气隙半径为 $R_t = 20mm$，槽开口宽度为 $a_c = 2.5mm$，气隙厚度为 $l_t = 0.5mm$。确定产生 $B_{t,max} = 1T$ 的气隙基波磁通密度振幅的对称三相电流的有效值。

槽距（线性）　　　　　$\tau_c = 2\pi \times 20/12 \, mm = 10.5 mm$

半开槽宽度/气隙厚度　$\zeta_a = 2.5/(2 \times 0.5) = 2.5$

卡特系数　　　　　　$K_C = 10.5/\{10.5 - 2 \times 0.5[2 \times 2.5 \, atn(2.5) - \ln(1 + 2.5^2)]/\pi\}$

　　　　　　　　　　$= 1.137$

等效气隙厚度　　　　$l'_t = 1.137 \times 0.5 mm = 0.568 mm$

槽距角　　　　　　　$\beta = 360°/12 = 30°$

绕组因数　　　　　　$K_a = \sin(2 \times 15°)/(2\sin15°) = 0.966$

等效匝数　　　　　　$N' = 0.966 \times 132/3.14 = 40.6$

相电流[a] 有效值　　$\widetilde{I} = 1.0 \times 1.414 \times 0.568 \times 10^{-3}/(3 \times 1.256 \times 10^{-6} \times 40.6)A = 5.2A$

[a]定义 $\widetilde{I}$ 作为三相电流系统的有效值，由式（2-31bis）可以写出以下关系：

$$\widetilde{I} = \hat{B}_t \frac{\sqrt{2}}{3} \frac{l'_t}{\mu_0 N'}$$

【例 2-7】　旋转磁场电机由以下绕组组成：

（a）$p = 1$，$Z_f = 234$，$q = 3$，$n_r = 0$ 的三相绕组；

（b）带 48 个槽（导条）的笼型绕组。

如果导条电流等于 $150A_{rms}$，计算三相绕组产生与笼型绕组相同的气隙基波磁通密度波形的相电流有效值。

计算（a）三相绕组的绕组因数。

槽距角　　　　　$\beta^{(a)} = 360°/(6 \times 3) = 20°$

绕组因数　　　　$K_a^{(a)} = \sin(3 \times 10°)/(3 \times \sin10°) = 0.960$

等效电流　　　　$\tilde{I}^{(a)} = K_I \tilde{I}^{(b)} = 48 \times 150/(3 \times 324 \times 0.960)A = 7.7A$

2.3.4　气隙分布的矢量表示

由多相绕组产生的基波磁通密度波形，比如沿着气隙的任何正弦分布，都可以通过矢量表示。

我们定义 $\mathbf{B}_t$ 为与磁通密度正弦分布相关的矢量。该矢量的模等于空间波形的振幅，位于正弦分布取得最六值的方向，如图 2-19 所示。

以相同的步骤，可以定义矢量 $\mathbf{A}$，描述产生磁通密度波形的基波 MMF 分布。在磁性线性条件下，以下关系成立：

$$\hat{\mathbf{B}}_t = \frac{\mu_0}{l'_t} \mathbf{A} \tag{2-38}$$

在具有恒定气隙厚度（各向同性磁结构）的电机中，矢量 $\mathbf{A}$ 和 $\mathbf{B}_t$ 是平行的。

通过多相绕组产生的基波 MMF 分布的振幅和位置确定矢量 $\mathbf{A}$ 的振幅和方位。因此，矢量 $\mathbf{A}$ 取决于绕组中对称多相电流系统的振幅和瞬时相位。从这个角度考虑，可以在图 2-19 中将与矢量 $\mathbf{A}$ 同相的矢量 $\mathbf{I}$ 定义为

$$\hat{A} = \frac{m}{2}N'\hat{I} \tag{2-39}$$

I 的含义与 B_t 矢量和 A 矢量的含义不同。事实上，虽然这两个矢量描述了相应量沿气隙的正弦空间分布，但从几何角度来看，矢量 I 可以有不同的解释。特别地，该矢量在每相磁轴上的投影表示各相电流的瞬时值（图 2-19），这产生了由矢量 A 和 B_t 表示的磁效应。

矢量表示可以从全局和综合角度来表示电机气隙中发生的电磁现象，而无须详细描述每个绕组的所有局部方面，这是其主要的优点。换句话说，从产生的效果来看，以前用于旋转磁场理论的实际多相绕组可以用等效的虚构线圈代替。事实上，式（2-38）和式（2-39）可以正确地描述由径向集中线圈产生的基波 MMF 和磁通密度旋转波形，其等效匝数 N' 为

$$N' = \frac{m}{2}\frac{K_a Z_f}{\pi}$$

供给该等效线圈直流电流，并以角速度 ω 旋转，如图 2-20 所示。

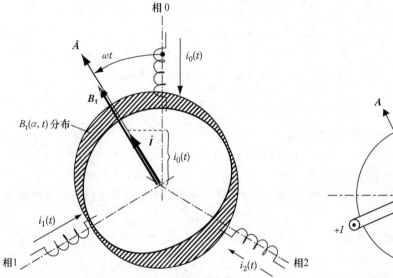

图 2-19　旋转磁场的空间分布及其矢量分布

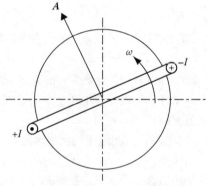

图 2-20　通有直流电流的旋转线圈（该结构与交流电流供电的多相绕组是等效的）

2.3.5　气隙有效磁通

我们定义气隙有效磁通（或极磁通或电机磁通）；由于基波气隙磁通密度波形，表面的磁通与极节距（单极）相对应。

如果 $\hat{B}_t$ 是这个基波分布的振幅，R_t 是气隙半径，L_a 是有效导体的轴向长度，则具有 p 极对的电机气隙有效磁通可以按如下公式计算：

$$\hat{\Phi}_u = \int_0^{\pi/p}\hat{B}_t\sin p\alpha R_t L_a\mathrm{d}\alpha; \Phi_u = \hat{B}_t\frac{2R_t L_a}{p} \tag{2-40}$$

气隙有效磁通在旋转磁场电机研究中是非常重要的量。事实上，因为这种磁通，可以分析电机中的机电转换现象。此外，气隙有效磁通可以用空间矢量 Φ_u 表示。该矢量具有与空间矢量 B_t 相同的方向和相位，如图 2-21 所示。

2.3.6　谐波旋转磁场

在前面分析的旋转磁场理论中，仅考虑了 MMF 和磁通密度的基波分布。事实上，在旋转交

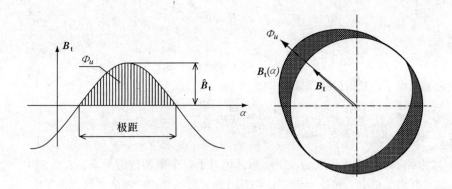

图 2-21　气隙有效磁通定义及其矢量表示

流电机中，"有效的"机电能量转换几乎完全取决于这些基波分布。

在实际情况下，除了基波磁场分布以外，还存在大量空间磁场谐波，如式（2-13）所示。这些谐波的主要影响是导致理想旋转磁场形波失真，在正弦波中加上以不同速度旋转的其他波形。

考虑到 m 个对称单相绕组和两极结构（相移角 $=2\pi/m$），将分析由多相绕组产生的空间谐波对合成旋转磁场的影响。

m 相系统的第 k 相产生的 MMF 分布表示如下，其中 h 是谐波次数，Z_f 是每个单相绕组每相串联的导体数，$K_{a,h}$ 是第 h 次谐波的绕组因数，由式（2-11）定义。

$$A_k(\alpha) = I\sum_h N'_h \sin\left[h\left(\alpha - 2\pi\frac{k}{m}\right)\right] \tag{2-41}$$

式中，$N'_h = \dfrac{K_{a,h}Z_f}{\pi h}$。

重要的是，对于常规的单相绕组，h 值是正奇数（1，3，5，7，…）的集合，而对于笼型绕组，h 值可以为正整数（1，2，3，…）。我们假设以下表示的多相绕组中的正弦电流是对称的：

$$i_k(t) = \hat{I}\cos\left(\omega t - k\frac{2\pi}{m}\right); \quad k = 0, 1, 2, \cdots, m-1 \tag{2-42}$$

式中，k 是相编号。

由 m 相励磁绕组系统产生的合成 MMF 分布可以计算为

$$A_m(\alpha, t) = \hat{I}\sum_h\left\{N'_h\sum_{k=0}^{m-1}\sin\left[h\left(\alpha - k\frac{2\pi}{m}\right)\right]\cos\left[\left(\omega t - k\frac{2\pi}{m}\right)\right]\right\}$$

上述关系可以用以下形式重写：

$$A_m(\alpha, t) = \hat{I}\sum_h\frac{N'_h}{2}\sum_{k=0}^{m-1}\left\{\sin\left[h\alpha - \omega t - (h-1)k\frac{2\pi}{m}\right] + \sin\left[h\alpha + \omega t - (h+1)k\frac{2\pi}{m}\right]\right\}$$

$$\tag{2-43}$$

对应的气隙磁通密度波形等于

$$B_{t,m}(\alpha, t) = \mu_0\frac{A_m(\alpha, t)}{K_C l_t}$$

在式（2-43）中，对于与相数 m 倍数不同的空间 h 阶谐波，第二个项的和（指数 k 从 0 到 $m-1$ 变化）是不同的。

可以得出结论，由多相绕组产生的磁通密度空间谐波可以根据以下条件分为两组：

情况 1：$h = nm + 1$（整数 $n \geqslant 0$）

$$B_h(\alpha, t) = \hat{B}_h \sin(h\alpha - \omega t) \tag{2-44}$$

情况 2：$h = nm - 1$（整数 $n > 0$）

$$B_h(\alpha, t) = \hat{B}_h \sin(h\alpha + \omega t) \tag{2-45}$$

在这两种情况下，获得的结果是

$$B_h = \frac{m}{2}\mu_0 \frac{N'_h I}{K_C l_t}$$

备注：

① 以对称和平衡的方式供电的多相绕组，相对于每个单相绕组而言，在气隙中产生的磁通密度波形的空间谐波更少。相数 m 越多，在基波旋转磁场叠加的畸变谐波含量越低。

② 对应函数 $\sin(h\alpha \pm \omega t)$ 的磁通密度空间谐波为正弦波，极对数等于 h（$2h$ 个磁极）。

③ h 阶的磁通密度波形转速的绝对值为 $\omega_h = \omega/h$，谐波次数 h 越大，速度越低。气隙磁场分布的转速与其极对数成反比规律仍然成立。

④ 磁场波的旋转方向取决于绕组的空间谐波次数 h。特别是：

• 从情况 1 导出的值 h（$h = nm + 1$）定义了与基波同相旋转的谐波（顺时针旋转）；

• 从情况 2 导出的值 $h(h = nm - 1)$ 定义了与基波相反方向旋转的谐波（逆时针旋转）。

在对称的三相绕组中，产生具有 h 次的奇数倍的谐波。对于这些绕组，式（2-44）和式（2-45）可分别由式（2-44bis）和式（2-45bis）给出，如下所示：

情况 1：$h = 6n + 1$（整数 $n \geq 0$）

$$B_h(\alpha, t) = \hat{B}_h \sin(h\alpha - \omega t) \tag{2-44bis}$$

情况 2：$h = 6n - 1$（整数 $n > 0$）

$$B_h(\alpha, t) = \hat{B}_h \sin(h\alpha + \omega t) \tag{2-45bis}$$

由于谐波以不同速度沿着气隙旋转，所以在旋转过程中，合成波形会发生变化，如图 2-22 所示。图 2-22 强调了相对于 20 个导条笼型绕组的三相绕组的波形失真较大。事实上，如前所述，可以将笼型绕组看作是 20 个相绕组。

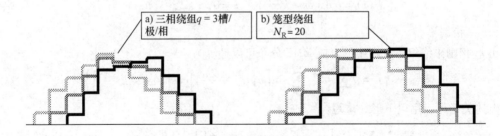

图 2-22　不同时刻的旋转磁场波形
a）每相每极 3 个槽三相绕组　b）20 个导条的笼型绕组

2.3.7　直线交流电机的绕组

直线交流电机描述了传统旋转电机的特殊情况。可将直线电机中使用的分布绕组看作传统绕组来进行分析。

如果对两极电机进行 2.2.5 节介绍的理想变形，直到电机整改为其绕组分布在一条直线上。在这种情况下形成的是直线绕组，如图 2-23 所示。

在直线电机中，气隙磁场不是旋转的，而是具有直线速度 v 的线性运动场。直线绕组的跨度长度 D 如图 2-23 和图 2-24 所示；可以使用理想起动绕组的气隙圆周半径 R_t 进行计算。此时，$D = 2\pi R_t$。

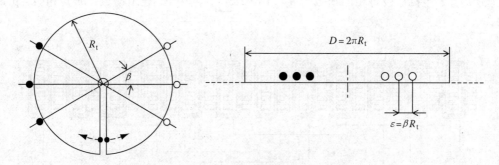

图 2-23　实现直线绕组的理想步骤

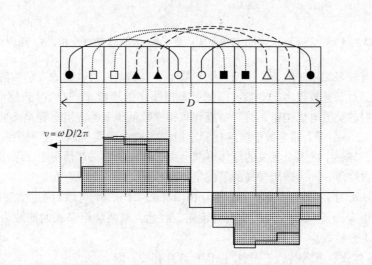

图 2-24　两极三相直线绕组（$q = 2$ 槽/极/相）和两个不同时刻的气隙磁场波形

考虑到等效成旋转磁场绕组，可以计算磁场的线速度。如果 ω 是在绕组中流动的电流 I 的角速度，则经过时间段 $T = 2\pi/\omega$ 之后，磁场将完全旋转一周。在同一时间段 T 内，直线绕组产生的基波气隙磁场覆盖距离为 D。这意味着该磁场的线速度等于

$$v = \frac{D}{T} = \frac{D}{2\pi}\omega \tag{2-46}$$

对于传统旋转磁场多相绕组的其他方面（如空间谐波含量、绕组极性、槽效应等）对于直线绕组而言也是有效的。

2.3.8　分数槽集中绕组

如今，对于每极和每相小于 1（$q < 1$）的非整数槽数的交流绕组的研究明显增多，尤其是在永磁同步电机中。

事实上，这种绕组结构提供了一些技术优点，例如获得非常短的不重叠的端部绕组。尽管相对于传统的分布绕组它们仍有一些缺点；例如，如果没有采用抑制方法，那么它们会产生严重的

MMF 二次谐波（具有低于电机极性数的空间谐波）。在本节中，给出了分数槽集中绕组设计规则的简要总结。这些绕组类型的完整理论描述可以在文献［7］中找到。例如，在图 2-25 中，展示了线圈缠绕在齿周围的三相单层分数槽绕组。

众所周知，电机每极每相的槽数为 $q = N_s/(2pm)$，其中 N_s 表示槽数，m 是相数，p 是极对数。

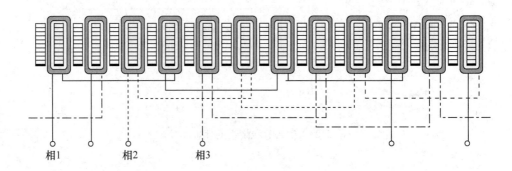

图 2-25　24 槽，28 极，三相分数槽集中绕组（$q = 0.2857$ 槽/极/相，$K_a = 0.9659$）

如果电机具有较多的极对数，N_s 不变，则 q 减小。事实上，当电机的直径和槽节距固定，就能确定槽的数量。对于整数较多极对数 p 限制了每极每相的槽数 q，这会导致感应电动势更差。对于具有大量极对的交流电机构造，有时每极和每相槽数低于 1 的绕组布置是必要的。通过每极每相的槽数小于 1，q 小于 1 的分数槽绕组在固定数量的槽中确实可以产生更多的极数。换句话说，在每个极中，与一个或多个相关的导体可能会失去作用。在某些情况下，采用这种布局可以实现非重叠集中式绕组，同时产生较高的基波绕组因数（见图 2-25）。

实际上，将 q 写为 $b/(2P)$，并将 r 命名为 GCD（b, $2P$），则可以对基波绕组分别进行 r 次重复。基波绕组由 N_s/r 个槽和 $p' = 2p/r$ 极对组成。因此，基波绕组每相的槽数为 $q_r = qp'$。一般来说，q_r 是大于 1 的整数。

分布因数 K_a 与分数槽绕组的工作空间 MMF 谐波有关，即

$$K_a = \frac{1}{q_r} \frac{\sin\left[(\pi p q_r)/N_s\right]}{\sin\left[(\pi p)/N_s\right]} = \frac{1}{2q_r \sin\left[\pi/(6q_r)\right]} \tag{2-47}$$

可以评估提供因数 K_a 最大值的极数 $2p$ 和槽数 N_s 的组合。技术文献中可以找到关于不同分数槽绕组排布的一些对比研究以及集中绕组的绕组因数的综合分析。

2.3.9　交流分布绕组的构造

如 2.2.1 节所述，为了分析由分布绕组产生的气隙 MMF，有效导体是否相互连接并不重要。无论如何，连接有效导体的方法可能与构造条件、相绕组端部的空间定位以及避免存在轴电流有关。由于这些原因，下文简要描述了与绕组实现相关的一些方面[8]。

一般来说，以下几类的连接方案是可行的：

1. 端部绕组布局

① 同心式绕组：在这种解决方案中，端部绕组相互不同（图 2-26a）。

② 交叉式绕组：在这种情况下，端部绕组都是相同且重叠的（图 2-26b）。

2. 相邻极之间的连接

① A 型绕组：在这种情况下，一个极下的所有有效导体与相邻极中的所有相应导体连接。因

此，每相绕组由与极对数 p（图 2-27a）相等的多个线圈组构成。

② B 型绕组：一个极下的有效导体与前一个极相邻极中的导体连接。在这种情况下，线圈组的数量等于极数 $2p$（图 2-27b 和 c）。

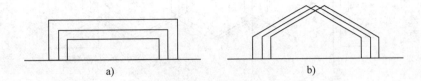

图 2-26　端部绕组布局
a）同心式　b）交叉型

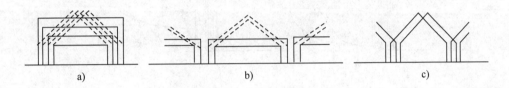

图 2-27　A 型 a）和 B 型绕组 b）和 c）

3. 关于绕组实现

① 线圈组成绕组（圆线或小截面的导条），如图 2-28a 所示。

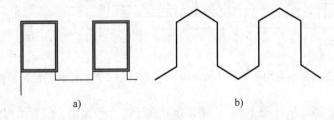

图 2-28　用线圈实现的绕组 a）和波状绕组 b）

② 波状绕组或由导条实现的绕组（槽中单导体单层绕组）：这种绕组用于具有高电流的电机中，以前进的方式从一极连接到另一极，如图 2-28b 所示。

以上每一种情况都可应用于任何分类中。因此，原则上可以用 A 型和 B 型线圈实现同心式或交叉式绕组。也可以用类似的方式实现 A 型和 B 型的波状同心式和波状交叉式绕组。

B 型的同心式和交叉波状绕组在沿圆周方向有两个方向连接，需要一个"回型条"来连接两个方向（图 2-29）。

通常，考虑到整个绕组结构，双层绕组可以认为是 B 型绕组。如图 2-30 所示，单层和双层绕组在轴向方向上的端部绕组形状有较大差异。

在单相绕组中，不能使用 A 型绕组结构，以避免产生轴电压。

对于同心式绕组，每相的端部绕组必须定位在不同的平面上。关于三相绕组可能有以下情况：

① p 为偶数的 A 型绕组（图 2-31）：端部绕组位于两个平面上；每相具有 $p/2$ 个直线线圈和 $p/2$ 个弯曲线圈。

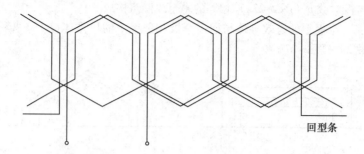

图 2-29　B 型交叉式波状绕组（$2p = 4$ 极，$q = 4$ 槽/极/相）

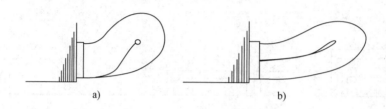

图 2-30　轴向的端部绕组形状
a）单层绕组　b）双层绕组

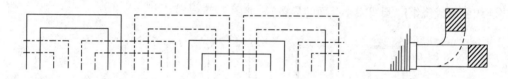

图 2-31　定位在两个平面（$N_S = 24$，$2p = 4$，$q = 2$ 槽/极/相）的端部绕组

② p 为奇数的 A 型绕组（图 2-32）：端部绕组位于两个平面上，但要求弯曲线圈从一个平面穿过到另一个平面。

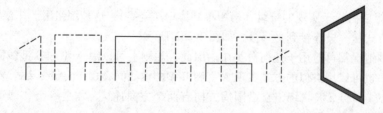

图 2-32　定位在两个平面（$N_S = 18$，$2p = 6$，$q = 1$ 槽/极/相）的端部绕组
（在这种情况下，弯曲线圈是必需的）

③ 弯曲线圈表示的是美式绕组式，其中所有线圈都具有相同的弯曲形状。美式绕组结构可以实现任何交叉绕组类型。

④ B 型绕组（图 2-33）：在这种情况下，端部绕组位于三个不同的平面上（每相一个平面）。

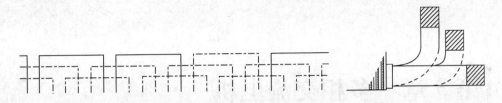

图 2-33 定位在三个平面（$N_S = 24$，$2p = 4$，$q = 2$ 槽/极/相）的端部绕组

参 考 文 献

1. I. Boldea and S. A. Nasar, *The Induction Machine Handbook*, CRC Press, Boca Raton, FL, 2002, ISBN 0-8493-0004-5.
2. M.M. Liwschitz-Garik, *Winding Alternating Current Machines*, Van Nostrand Publications, New York, 1950.
3. W. Schuisky, *Berechnung Elektrischer Maschinen*, 1st edn., Springer-Verlag Publishers, Weinheim, Germany, 1960.
4. H. Sequez, The windings of electrical machines, *A.C. Machines*, vol. 3, Springer Verlag, Vienna, Austria, 1950 (In German).
5. E. Levi, *Polyphase Motors: A Direct Approach to Their Design*, John Wiley & Sons, New York, February 1984, ISBN-13: 978-0471898665.
6. P. L. Alger, *Induction Machines—Their Behavior and Uses*, Gordon and Breach Science Publishers SA, Basel, Switzerland, 1970, ISBN 2-88449-199-6.
7. N. Bianchi, M. Dai Prè, L. Alberti, and E. Fornasiero, Theory and design of fractional-slot PM machines, *IEEE IAS Tutorial Course Notes, Editorial CLEUP Editore*, Seattle, WA, September 2007, ISBN 978-88-6129-122-5.
8. G. Crisci, *Costruzione, schemi e calcolo degli avvolgimenti delle machine rotanti*, Editorial STEM Mucchi, Modena, Italy, 1977 (in Italian).

第3章 多相交流电机

3.1 引言

三相或更多相（$n \geq 3$）的交流电机利用旋转磁场的原理运行⊖。旋转磁场是由沿着电机圆周的各相移动一定角度产生的，移动角度等于给多相绕组供电的多相电压（电流）系统中的相移。多相交流电机分为同步电机和感应电机两种类型。多相电机中的旋转磁场是由电源的基波产生的，以同步速度旋转，受定子绕组频率控制。当转子以与定子磁场相同的速度旋转时，该电机属于同步电机。当转子以不同于定子磁场的速度旋转时，电机被称为异步或感应电机。

20世纪上半叶建立了多相电机的数学建模原理[1-3]。这些原理包括许多不同的数学变换。在这些变换中，使用一些新的虚拟变量替代原始相变量（电压、电流、磁链），主要是为了简化描述多相交流电机的动态方程组。在模型变换的过程中，通常会用到矩阵，特别是矩阵的实数形式。参考文献［4］提出了当今非常受欢迎的一种不同的新方法，利用空间矢量，由 Fortescue 的对称分量（复数）变换推导出[1]。与矩阵方法相比，这种方法的主要优点是生成的模型形式更紧凑（否则是相同的），这也更容易与机械的物理学原理相关联。

在20世纪初，进行了大量与多相电机建模相关工作之后，出版了很多教科书，详细介绍了感应电机和同步电机的模型转换步骤以及这些模型在交流电机瞬态分析中的应用[5-23]。感应电机和同步电机（包括励磁绕组电机、永磁同步电机和同步磁阻电机）的多相电机建模原理、模型转换以及最终模型在本书中以一种紧凑并且易于遵循的方式呈现。虽然大部分的工业电机都是三相电机，在本书中考虑 n 相电机更一般的情况，随后再讨论不同相所需要的具体情况。

多相交流电机的建模通常需要一些简化的假设。比如，假设所有的单相绕组都是相同的，并且多相绕组是对称的。这就意味着任何两个连续相的磁轴之间的空间相位等于 $\alpha = 2\pi/n$ 电角度。此外，绕组分布在定子（转子）的圆周上，并以这样的方式设计磁动势（MMF），因此磁通在气隙圆周分布，可以被认为是正弦规律分布。这就意味着除了基波外，MMF 的所有空间谐波全部都可以被忽略。接下来，忽略了定子（转子）开槽的影响，因此具有圆形截面的定子和转子的电机（感应电机和某些类型的同步电机）的气隙是均匀的。如果转子上有笼型的绕组（如在最常用的感应电机中和某些同步电机中使用），这样的转子绕组的导条以这种方式分布：该绕组的MMF 具有与定子绕组相同的极对数，并且整个绕组可以等效为与定子绕组相数相同的绕组。

一些进一步的假设涉及电机的参数，特别是定子（转子）绕组的电阻假设恒定（趋肤效应引起的相关温度变化和频率变化忽略不计）。漏电感也被认为是恒定的，因此忽略任何漏磁通饱和与频率相关的漏电感变化。忽略铁磁材料的非线性特性，使得磁化特性被认为是线性的。因此，磁化（互）电感是恒定的。最后，由于铁磁材料的磁滞和涡流引起的损失被忽略，同时忽略任何

⊖ 通常称为的两相绕组，在本质上是四相结构，因为各相磁轴之间的空间相位以及相电流之间的相移等于 $\pi/2$。

寄生电容。

以上两段所列的假设能根据相变量建立多相电机的数学模型。这个假设对于正弦 MMF 分布特别重要，其结合假定的铁磁材料的线性特性，使得气隙均匀的电机（定子或转子）多相绕组具有恒定的电感系数。然而，在气隙不均匀的电机中，多相绕组的电感系数由常数项和二次谐波项之和决定，这在模型转换过程中增加了一定的限制。因此，我们只讨论气隙均匀的电机的建模过程和随后的模型推导。我们选择研究多相感应电机，因为获得的动态模型可以很容易地应用到各种类型的同步电机中。这里只研究正功率流的电动转换，因此电流的正方向始终是从电源流到电机的相绕组。为了简单起见，转子条（相）的数量与定子相数 n 保持一致。

3.2　原始相变域中的多相感应电机数学模型

我们考虑一个 n 相的感应电机，根据绕组的空间分布，分别用 $1 \sim n$ 来表示定子和转子的各个相，并用 s 和 r 来分别表示定子和转子。电机的原理图如图 3-1 所示，图中示出了定子绕组的磁轴。我们假定电机的相绕组为星形联结，并且具有单个不接地的中性点。

由于电机的所有绕组都具有电阻电感性质，任何一个定子或转子的相都具有相同的电压平衡方程式，$v = Ri + \mathrm{d}\psi/\mathrm{d}t$。这里，$v$、$i$ 和 ψ 分别代表终端相到中性点的电压、相电流和相磁链的瞬时值，R 为相绕组电阻。由于定子和转子都有 n 相绕组，定子和转子的电压平衡方程式可以写成紧凑矩阵形式

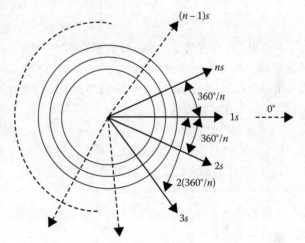

图 3-1　n 相感应电机的示意图，示出了定子相的磁轴（$\alpha = 2\pi/n$）

$$v_\mathrm{s} = \boldsymbol{R}_\mathrm{s} \boldsymbol{i}_\mathrm{s} + \frac{\mathrm{d}\boldsymbol{\varPsi}_\mathrm{s}}{\mathrm{d}t}$$

$$v_\mathrm{r} = \boldsymbol{R}_\mathrm{r} \boldsymbol{i}_\mathrm{r} + \frac{\mathrm{d}\boldsymbol{\varPsi}_\mathrm{r}}{\mathrm{d}t} \tag{3-1}$$

式中，电压、电流和磁链的列矢量定义为

$$v_\mathrm{s} = \begin{bmatrix} V_{1\mathrm{s}} & v_{2\mathrm{s}} & v_{3\mathrm{s}} & \cdots & v_{n\mathrm{s}} \end{bmatrix}^\mathrm{T} \qquad v_\mathrm{r} = \begin{bmatrix} v_{1\mathrm{r}} & v_{2\mathrm{r}} & v_{3\mathrm{r}} & \cdots & v_{n\mathrm{r}} \end{bmatrix}^\mathrm{T}$$

$$\boldsymbol{i}_\mathrm{s} = \begin{bmatrix} i_{1\mathrm{s}} & i_{2\mathrm{s}} & i_{3\mathrm{s}} & \cdots & i_{n\mathrm{s}} \end{bmatrix}^\mathrm{T} \qquad \boldsymbol{i}_\mathrm{r} = \begin{bmatrix} i_{1\mathrm{r}} & i_{2\mathrm{r}} & i_{3\mathrm{r}} & \cdots & i_{n\mathrm{r}} \end{bmatrix}^\mathrm{T}$$

$$\boldsymbol{\varPsi}_\mathrm{s} = \begin{bmatrix} \varPsi_{1\mathrm{s}} & \varPsi_{2\mathrm{s}} & \varPsi_{3\mathrm{s}} & \cdots & \varPsi_{n\mathrm{s}} \end{bmatrix}^\mathrm{T} \quad \boldsymbol{\varPsi}_\mathrm{r} = \begin{bmatrix} \varPsi_{1\mathrm{r}} & \varPsi_{2\mathrm{r}} & \varPsi_{3\mathrm{r}} & \cdots & \varPsi_{n\mathrm{r}} \end{bmatrix}^\mathrm{T} \tag{3-2}$$

$\boldsymbol{R}_\mathrm{s}$ 和 $\boldsymbol{R}_\mathrm{r}$ 是 $n \times n$ 的对角阵，$\boldsymbol{R}_\mathrm{s} = \mathrm{diag}\,(\boldsymbol{R}_\mathrm{s})$，$\boldsymbol{R}_\mathrm{r} = \mathrm{diag}\,\boldsymbol{R}_\mathrm{r}$。由于同步电机（转子存在绕组）和笼型感应电机的转子绕组短路，因此式（3-2）中的转子电压为零，但集电环（绕线转子）感应电机是个特例，其中的转子绕组可以从静止的外界接入，因此转子电压也可以是非零值。

定子（转子）相磁链和定子/转子电流之间的关系可以按如下的紧凑矩阵形式给出：

$$\boldsymbol{\varPsi}_\mathrm{s} = \boldsymbol{L}_\mathrm{s} \boldsymbol{i}_\mathrm{s} + \boldsymbol{L}_\mathrm{sr} \boldsymbol{i}_\mathrm{r}$$

$$\boldsymbol{\varPsi}_\mathrm{r} = \boldsymbol{L}_\mathrm{r} \boldsymbol{i}_\mathrm{r} + \boldsymbol{L}_\mathrm{sr}^\mathrm{T} \boldsymbol{i}_\mathrm{s} \tag{3-3}$$

式中，$\boldsymbol{L}_\mathrm{s}$、$\boldsymbol{L}_\mathrm{r}$ 和 $\boldsymbol{L}_\mathrm{sr}$ 分别代表定子绕组、转子绕组的电感矩阵和定子到转子的互感矩阵。在式

（3-3）中，$L_{rs} = L_{sr}^{T}$。由于假定定子和转子都是完全圆柱形的结构，并且参数恒定，因此定子和转子电感矩阵只包含常数系数：

$$L_s = \begin{bmatrix} L_{11s} & L_{12s} & L_{13s} & \cdots & L_{1ns} \\ L_{21s} & L_{22s} & L_{23s} & \cdots & L_{2ns} \\ L_{31s} & L_{32s} & L_{33s} & \cdots & L_{3ns} \\ \vdots & \vdots & \vdots & \ddots & \vdots \\ L_{n1s} & L_{n2s} & L_{n3s} & \cdots & L_{nns} \end{bmatrix} \quad (3\text{-}4a)$$

$$L_r = \begin{bmatrix} L_{11r} & L_{12r} & L_{13r} & \cdots & L_{1nr} \\ L_{21r} & L_{22r} & L_{23r} & \cdots & L_{2nr} \\ L_{31r} & L_{32r} & L_{33r} & \cdots & L_{3nr} \\ \vdots & \vdots & \vdots & \ddots & \vdots \\ L_{n1r} & L_{n2r} & L_{n3r} & \cdots & L_{nnr} \end{bmatrix} \quad (3\text{-}5a)$$

在这里，定子和转子的绕组相自感矩阵中 $L_{11} = L_{22} = \cdots = L_{nn}$，而对于定子（转子）绕组内的互感而言 $L_{ij} = L_{ji}$，其中 $i \neq j$，$i, j = 1 \cdots n$。例如，在三相绕组中，$L_{12} = L_{13} = L_{21} = L_{31} = L_{23} = L_{32} = M\cos2\pi/3$，由于 $\cos2\pi/3 = \cos4\pi/3$，因此绕组内的所有互感值均相等，$L_{ii} = L_1 + M$，其中 L_1 是漏电感。而在五相绕组中，具有两个不同的互感值，$L_{12} = L_{21} = L_{15} = L_{51} = L_{23} = L_{32} = L_{34} = L_{43} = L_{45} = L_{54} = M\cos2\pi/5$，$L_{13} = L_{31} = L_{14} = L_{41} = L_{24} = L_{42} = L_{35} = L_{53} = L_{52} = L_{25} = M\cos2(2\pi/5)$。一般来说，给定 n 相绕组，由于对称关系，绕组内存在 $(n-1)/2$ 个不同的互感值。

式（3-3）的定子到转子互感矩阵包含时变系数。由于转子的旋转，任意转子相绕组磁轴的位置相对于任意定子相绕组磁轴不断地变化，因此转子位置的瞬时变化间接引起时间变化系数变化。我们设转子相1磁轴相对于定子相1磁轴的瞬时位置为 θ（电角度）。转子电气速度和电气角度有如下关系：

$$\theta = \int \omega dt \quad (3\text{-}5)$$

在假设正弦 MMF 分布下，定子和转子相绕组之间的互感只能用一次谐波项来描述，因此

$$L_{sr} = M \begin{bmatrix} \cos\theta & \cos[\theta-(n-1)\alpha] & \cos[\theta-(n-2)\alpha] & \cdots & \cos(\theta-\alpha) \\ \cos(\theta-\alpha) & \cos\theta & \cos[\theta-(n-1)\alpha] & \cdots & \cos(\theta-2\alpha) \\ \cos(\theta-2\alpha) & \cos(\theta-\alpha) & \cos\theta & \cdots & \cos(\theta-3\alpha) \\ \vdots & \vdots & \vdots & \ddots & \vdots \\ \cos[\theta-(n-1)\alpha] & \cos[\theta-(n-2)\alpha] & \cos[\theta-(n-3)\alpha] & \cdots & \cos\theta \end{bmatrix}$$

$$(3\text{-}6)$$

注意，在式（3-6）中，具有这些关系：$\cos[\theta-(n-1)\alpha] \equiv \cos(\theta-\alpha)$，$\cos[\theta-(n-2)\alpha] \equiv \cos(\theta-2\alpha)$ 等。

式（3-1）~式（3-6）完全描述了多相感应电机的电气部分。由于转子运动只有一个自由度，所以机械运动的方程式是

$$T_e - T_L = J\frac{d\omega_m}{dt} + k\omega_m \quad (3\text{-}7a)$$

式中，J 是旋转惯量；k 是摩擦系数；T_L 是负载转矩；ω_m 是旋转的机械角速度。

式（3-6）的电感是转子电气位置的函数，根据式（3-5），电感是转子电气速度的函数。因此，机械运动方程式（3-7）通常由旋转速度 ω 给出，同时机械旋转速度与磁极对数 p 有关，

$\omega = P\omega_{\mathrm{m}}$。因此

$$T_{\mathrm{e}} - T_{\mathrm{L}} = \frac{J}{p}\frac{\mathrm{d}\omega}{\mathrm{d}t} + \frac{1}{p}k\omega \qquad (3\text{-}7\mathrm{b})$$

无论是使用原始变量还是使用一些新变量,机械运动方程式(3-7)始终保持相同的形式。符号 T_{e} 是从机械领域发展而来的,代表电磁转矩,它在本质上将电磁子系统与机械子系统相关联,并实现机电能量转换。一般来说,电磁转矩为如下形式:

$$T_{\mathrm{e}} = p\,\frac{1}{2}i^{\mathrm{T}}\frac{\mathrm{d}\boldsymbol{L}}{\mathrm{d}\theta}i \qquad (3\text{-}8)$$

式中

$$\boldsymbol{L} = \begin{bmatrix} \boldsymbol{L}_{\mathrm{s}} & \boldsymbol{L}_{\mathrm{sr}} \\ \boldsymbol{L}_{\mathrm{rs}} & \boldsymbol{L}_{\mathrm{r}} \end{bmatrix} \qquad (3\text{-}9\mathrm{a})$$

$$\boldsymbol{i} = \begin{bmatrix} \boldsymbol{i}_{\mathrm{s}}^{\mathrm{T}} & \boldsymbol{i}_{\mathrm{r}}^{\mathrm{T}} \end{bmatrix}^{\mathrm{T}} \qquad (3\text{-}9\mathrm{b})$$

由于式(3-4)给出的定子和转子绕组电感矩阵不包含转子位置相关系数,对于平滑气隙多相电机而言,式(3-8)改写为

$$T_{\mathrm{e}} = P\boldsymbol{i}_{\mathrm{s}}^{\mathrm{T}}\frac{\mathrm{d}\boldsymbol{L}_{\mathrm{sr}}}{\mathrm{d}\theta}\boldsymbol{i}_{\mathrm{r}} \qquad (3\text{-}10)$$

这意味着,在气隙均匀的电机中,电磁转矩仅由定子和转子绕组磁场的相互作用产生。

根据式(3-1)~式(3-8)[或式(3-10)]给出的数学模型,任何感应电机都可以通过相变量(在原始相域中)完全描述。该模型由 $(2n+1)$ 个一阶微分方程式(3-1)和式(3-7)组成,其中 $2n$ 个微分方程为电压平衡方程,第 $(2n+1)$ 个微分方程为机械平衡方程。另外该模型还有 $(2n+1)$ 个代数方程式(3-3)和式(3-8)。前 $2n$ 个代数方程提供了电机的磁链和电流之间的相互关系,第 $(2n+1)$ 个代数方程为转矩方程。最后,模型通过积分方程式(3-5)来实现,其将转子瞬时电位置与旋转角速度相关联。

将式(3-3)的磁链代入电压平衡方程式(3-1)和式(3-10)的电磁转矩中,转换为机械运动方程式(3-7),该过程消除了代数方程,使得电机模型包含 $(2n+1)$ 个有关绕组电流的一阶微分方程,外加一个积分方程式(3-5)。由于式(3-6)的定子-转子互感的变化,所以具有时变系数,因此这是一个非线性微分方程组。在当今计算机的帮助下,我们可以在相变量层面直接解决这个模型,这在 100 年前是行不通的。因此,目前已经研究出了关于基本相变模型的一系列数学变换,其主要目的是为了通过变量变换来简化模型。因此下面我们来讨论模型转换。

在进一步讨论之前,我们需要先明确一点:由于定子和转子的变量和参数一般适用于两个不同的电压,转子绕组通常参考定子绕组电压。原则上与变压器使用的过程基本相同,它基本上使电机的所有绕组具备相同的参考电压(和电流)。在使用笼型转子绕组的所有电机中(感应电机和具有阻尼绕组的同步电机),转子电流和转子参数的实际值无法测量,因此式(3-2)的转子电压默认等于零,因为转子绕组电压的这种变化使得电机在随后的模型分析中没有结果产生。然而,如果在转子绕组侧有励磁,则可以使用集电环感应电机(也可以使用励磁绕组同步电机),在这种情况下,转子绕组电压不为零,值得注意的是,转子电压和电流(以及参数)将在下文中定义为对应于定子绕组的值。这里没有区分对原始转子绕组变量和参数之间的符号以及对应于定子电压下的相应值。事实上,在式(3-1)~式(3-10)的研究中已经隐含地将转子绕组称为定子绕组。

3.3 解耦（克拉克）变换和解耦电机模型

n 相对称感应电机的变量可以看作 n 维空间。由于定子绕组是星形联结的，中性点是隔离的，所以自由度为 $(n-1)$，这同样适用于转子绕组。原始相变形式的电机模型可以使用解耦（克拉克）变换矩阵进行变换，该矩阵用 n 个变量的新集合替换 n 个变量的原始集合。如果相数是偶数，则该变换将原始的 n 维向量空间分解成 $n/2$ 个二维子空间（平面）。如果相数是奇数，则原始空间被分解为 $(n-1)/2$ 个平面加上一个一维向量。转换的主要特征是新的二维子空间是相互垂直的，因此它们之间没有耦合。此外，在每个二维子空间中，沿着两个相互垂直的轴存在一对量。与原来的相变形式相比，这使得模型更加简化，如下所示。

我们将任何一组原始相变量和它的新变量之间的相关性定义为

$$f_{\alpha\beta} = Cf_{1,2,\cdots,n} \tag{3-11}$$

式中，$f_{\alpha\beta}$ 代表变换后定子或转子的电压、电流或磁链列矩阵；$f_{1,2,\cdots,n}$ 是相变量的相应列矩阵；C 是解耦变换矩阵。

C 对于定子和转子多相绕组而言都是相同的，且对于任意的相数 n，它具有如下形式：

$$C = \sqrt{\frac{2}{n}} \begin{array}{c} \alpha \\ \beta \\ x_1 \\ y_1 \\ x_2 \\ y_2 \\ \vdots \\ x_{\frac{n-4}{2}} \\ y_{\frac{n-4}{2}} \\ 0_+ \\ 0_- \end{array} \left[\begin{array}{cccccccc} 1 & \cos\alpha & \cos2\alpha & \cos3\alpha & \cdots & \cos3\alpha & \cos2\alpha & \cos\alpha \\ 0 & \sin\alpha & \sin2\alpha & \sin3\alpha & \cdots & \sin3\alpha & \sin2\alpha & \sin\alpha \\ 1 & \cos2\alpha & \cos4\alpha & \cos6\alpha & \cdots & \cos6\alpha & \cos4\alpha & \cos2\alpha \\ 0 & \sin2\alpha & \sin4\alpha & \sin6\alpha & \cdots & -\sin6\alpha & -\sin4\alpha & -\sin2\alpha \\ 1 & \cos3\alpha & \cos6\alpha & \cos9\alpha & \cdots & \cos9\alpha & \cos6\alpha & \cos3\alpha \\ 0 & \sin3\alpha & \sin6\alpha & \sin9\alpha & \cdots & -\sin9\alpha & -\sin6\alpha & -\sin3\alpha \\ \vdots & \vdots & \vdots & \vdots & \ddots & \vdots & \vdots & \vdots \\ 1 & \cos\left(\frac{n-2}{2}\right)\alpha & \cos2\left(\frac{n-2}{2}\right)\alpha & \cos3\left(\frac{n-2}{2}\right)\alpha & \cdots & \cos3\left(\frac{n-2}{2}\right)\alpha & \cos2\left(\frac{n-2}{2}\right)\alpha & \cos\left(\frac{n-2}{2}\right)\alpha \\ 0 & \sin\left(\frac{n-2}{2}\right)\alpha & \sin2\left(\frac{n-2}{2}\right)\alpha & \sin3\left(\frac{n-2}{2}\right)\alpha & \cdots & -\sin3\left(\frac{n-2}{2}\right)\alpha & -\sin2\left(\frac{n-2}{2}\right)\alpha & -\sin\left(\frac{n-2}{2}\right)\alpha \\ \frac{1}{\sqrt{2}} & \frac{1}{\sqrt{2}} & \frac{1}{\sqrt{2}} & \frac{1}{\sqrt{2}} & \cdots & \frac{1}{\sqrt{2}} & \frac{1}{\sqrt{2}} & \frac{1}{\sqrt{2}} \\ \frac{1}{\sqrt{2}} & \frac{-1}{\sqrt{2}} & \frac{1}{\sqrt{2}} & \frac{-1}{\sqrt{2}} & \cdots & \frac{-1}{\sqrt{2}} & \frac{1}{\sqrt{2}} & \frac{-1}{\sqrt{2}} \end{array} \right]$$

$$\tag{3-12}$$

在式（3-12）中，$\alpha = 2\pi/n$；矩阵前面的系数为 $\sqrt{2/n}$，它与变换后的新电机和原始电机的功率相关。在式（3-12）中，我们选择保持变换⊖下的总功率不变。另外，通过选择换算系数，变换矩阵满足 $C^{-1} = C^T$ 的条件，因此 $f_{1,2,\cdots,n} = C^T f_{\alpha\beta}$。

式（3-12）中的前两行定义的变量将导致基波磁通和转矩产生（$\alpha - \beta$ 分量；定子与转子的耦合仅出现在 $\alpha - \beta$ 分量的方程中）。最后两行定义了两个零序分量，对于所有奇数相 n，省略变换矩阵式（3-12）中的最后一行。在这两者之间，有 $(n-4)/2$［或者为 $(n-3)/2$，对于 $n=$ 奇数］对行定义 $(n-4)/2$［或者为 $(n-3)/2$，对于 $n=$ 奇数］对变量，在 $x-y$ 分量上进一步说明。假设相数 n 为奇数，转子 n 相绕组短路，将式（3-12）结合相变模型式（3-1）~式（3-6）和式（3-10），将得到以下新模型方程式：

⊖ 这是一种经常使用的代替式（3-12）的一种变换形式，就是通过矩阵前面添加系数 $2/n$。在这种情况下，原始电机和新电机的每相功率在变换中保持不变，而不是总功率保持不变。这种变换通常称为功率变量变换，转换后的转矩方程中出现大小为 $n/2$ 换算系数。

$$v_{\alpha s} = R_s i_{\alpha s} + \frac{\mathrm{d}\Psi_{\alpha s}}{\mathrm{d}t} = R_s i_{\alpha s} + (L_{ls} + L_m)\frac{\mathrm{d}i_{\alpha s}}{\mathrm{d}t} + L_m\frac{\mathrm{d}}{\mathrm{d}t}(i_{\alpha r}\cos\theta - i_{\beta r}\sin\theta)$$

$$v_{\beta s} = R_s i_{\beta s} + \frac{\mathrm{d}\Psi_{\beta s}}{\mathrm{d}t} = R_s i_{\beta s} + (L_{ls} + L_m)\frac{\mathrm{d}i_{\beta s}}{\mathrm{d}t} + L_m\frac{\mathrm{d}}{\mathrm{d}t}(i_{\alpha r}\sin\theta + i_{\beta r}\cos\theta)$$

$$v_{xls} = R_s i_{xls} + \frac{\mathrm{d}\Psi_{xls}}{\mathrm{d}t} = R_s i_{xls} + L_{ls}\frac{\mathrm{d}i_{xls}}{\mathrm{d}t}$$

$$v_{yls} = R_s i_{yls} + \frac{\mathrm{d}\Psi_{yls}}{\mathrm{d}t} = R_s i_{yls} + L_{ls}\frac{\mathrm{d}i_{yls}}{\mathrm{d}t} \tag{3-13}$$

$$v_{x[(n-3)/2]s} = R_s i_{x[(n-3)/2]s} + \frac{\mathrm{d}\Psi_{x[(n-3)/2]s}}{\mathrm{d}t} = R_s i_{x[(n-3)/2]s} + L_{ls}\frac{\mathrm{d}i_{x[(n-3)/2]s}}{\mathrm{d}t}$$

$$v_{y[(n-3)/2]s} = R_s i_{y[(n-3)/2]s} + \frac{\mathrm{d}\Psi_{y[(n-3)/2]s}}{\mathrm{d}t} = R_s i_{y[(n-3)/2]s} + L_{ls}\frac{\mathrm{d}i_{y[(n-3)/2]s}}{\mathrm{d}t}$$

$$v_{0s} = R_s i_{0s} + \frac{\mathrm{d}\Psi_{0s}}{\mathrm{d}t} = R_s i_{0s} + L_{ls}\frac{\mathrm{d}i_{0s}}{\mathrm{d}t}$$

$$v_{\alpha r} = 0 = R_r i_{\alpha r} + \frac{\mathrm{d}\Psi_{\alpha r}}{\mathrm{d}t} = R_r i_{\alpha r} + (L_{lr} + L_m)\frac{\mathrm{d}i_{\alpha r}}{\mathrm{d}t} + L_m\frac{\mathrm{d}}{\mathrm{d}t}(i_{\alpha s}\cos\theta + i_{\beta s}\sin\theta)$$

$$v_{\beta r} = 0 = R_r i_{\beta r} + \frac{\mathrm{d}\Psi_{\beta r}}{\mathrm{d}t} = R_r i_{\beta r} + (L_{lr} + L_m)\frac{\mathrm{d}i_{\beta r}}{\mathrm{d}t} + L_m\frac{\mathrm{d}}{\mathrm{d}t}(-i_{\alpha s}\sin\theta + i_{\beta s}\cos\theta)$$

$$v_{x1r} = 0 = R_r i_{x1r} + \frac{\mathrm{d}\Psi_{x1r}}{\mathrm{d}t} = R_r i_{x1r} + L_{lr}\frac{\mathrm{d}i_{x1r}}{\mathrm{d}t}$$

$$v_{y1r} = 0 = R_r i_{y1r} + \frac{\mathrm{d}\Psi_{y1r}}{\mathrm{d}t} = R_r i_{y1r} + L_{lr}\frac{\mathrm{d}i_{y1r}}{\mathrm{d}t} \tag{3-14}$$

$$v_{x[(n-3)/2]r} = 0 = R_r i_{x[(n-3)/2]r} + \frac{\mathrm{d}\Psi_{x[(n-3)/2]}}{\mathrm{d}t} = R_r i_{x[(n-3)/2]r} + L_{lr}\frac{\mathrm{d}i_{x[(n-3)/2]r}}{\mathrm{d}t}$$

$$v_{y[(n-3)/2]r} = 0 = R_r i_{y[(n-3)/2]r} + \frac{\mathrm{d}\Psi_{y[(n-3)/2]r}}{\mathrm{d}t} = R_r i_{y[(n-3)/2]r} + L_{lr}\frac{\mathrm{d}i_{y[(n-3)/2]r}}{\mathrm{d}t}$$

$$v_{0r} = 0 = R_r i_{0r} + \frac{\mathrm{d}\Psi_{0r}}{\mathrm{d}t} = R_r i_{0r} + L_{lr}\frac{\mathrm{d}i_{0r}}{\mathrm{d}t}$$

$$T_e = pL_m[\cos\theta(i_{\alpha r}i_{\beta s} - i_{\beta r}i_{\alpha s}) - \sin\theta(i_{\alpha r}i_{\alpha s} + i_{\beta r}i_{\beta s})] \tag{3-15}$$

式（3-13）~式（3-15）中引入了每相等效电路励磁电感 $L_m = (n/2)M$，符号 L_{ls} 和 L_{lr} 分别代表定子和转子绕组的漏电感。这些参数实质上与在感应电机的等效稳态电路中出现的参数是相同的，并且可以从电机的空载和堵转的测试获得。省略式（3-12）的零序分量的下标 +，因为当相数为奇数时，存在一个这样的分量。

转矩方程式（3-15）表明，转矩与定子/转子 $\alpha-\beta$ 电流分量的相互作用有关，与 $x-y$ 电流分量的值无关。转矩也是从式（3-13）和式（3-14）中的定子和转子的 $\alpha-\beta$ 电压平衡方程得出的，因为通过转子位置角 θ，它们是定子和转子之间仍然存在耦合的唯一的轴分量方程。从转子方程式（3-14）可以看出，因为转子绕组短路并且定子 $x-y$ 分量与转子 $x-y$ 分量解耦，所以关于零序分量方程和转子 $x-y$ 分量的方程可以进一步省略。

这同样适用于定子零序分量方程。注意，零序列取决于所有瞬时相位量的总和。绕组被认为是与中性点不接地的星形联结的，因此定子绕组中的电流中不会流过零序电流（如果相数为偶数，并且 $n \geqslant 6$，若电源电压 v_{0_s} 不为零，则可以流过第二零序 $0\_$ 电流分量）。只要施加去耦变换的电源电压不产生非零的定子电压 $x-y$ 分量，$x-y$ 定子电流分量也将为零。因此，在理想的对称和平衡的正弦多相电压电源下，电磁子系统中必须考虑的方程总数只有 4 个微分方程［式（3-13）和式（3-14）中的两对 $\alpha-\beta$ 方程］，而不是原始相变模型中的 $2n$ 个微分方程。

从式（3-13）和式（3-14）可以看出，通过应用解耦变换，电压平衡方程的基本形式没有改变，它们仍然是 $v = Ri + d\psi/dt$。相比之下，通过将前一节的相变模型与应用解耦变换后获得的相关方程进行比较，显然已经简化许多。另外，不管实际的相数如何，只要电机由平衡对称的 n 相正弦波电源供电，仅需要考虑四个电压平衡方程，而不是 $2n$ 个方程。转矩方程式（3-15）也比式（3-10）中的对应形式简单得多。显而易见，在模型转换过程中方程式（3-5）和式（3-7）不会改变形式。然而，微分方程系统的时变系数和非线性问题尚未得到解决。

3.4 旋转变换

新虚构的 $\alpha-\beta$ 和 $x-y$ 定子和转子绕组仍然牢固地连接在相应的电机构件上，这意味着定子绕组是静止的，而转子绕组与转子一起旋转。为了去除式（3-13）~式（3-15）中的时变电感项，有必要进行一次变换，通常称为旋转变换。这意味着应用解耦变换获得的虚拟的电机绕组现在又被转换成另一组虚构绕组。然而，此时的定子和转子变量的变换不再是一样的。

由于定子与转子的耦合仅存在于 $\alpha-\beta$ 方程中，旋转变换仅应用于这两个方程组。此外，由于 $x-y$ 分量方程不需要变换，所以其用于 n 相电机的形式与三相电机相同。这种变换是以下述的方式定义，即所得到的新的定子和转子绕组集合将取代 $\alpha-\beta$ 绕组以相同的角速度旋转，即所谓的公共参考系的旋转速度。因此，定子和转子绕组之间的相对运动被消除，微分方程的系数全部变为常数。由于在感应电机中气隙是均匀的，式（3-4）中，定子和转子多相绕组内的所有电感都是常数，所以公共参考系的旋转速度选择是任意的。换句话说，可以选择任何方便计算的速度。我们称这样的角速度为公共参考系的任意速度 ω_a。该速度定义了公共参考系的 d 轴相对于静止定子 1 相轴的瞬时位置，其将用于定子量的旋转变换中。

$$\theta_s = \int \omega_a dt \tag{3-16}$$

考虑到转子的旋转，因此转子的 1 相轴相对于定子 1 相轴具有瞬时位置 θ 和公共坐标系的 d 轴和转子 1 相轴之间的角度将用于转子量的转换，由下面的式子确定：

$$\theta_r = \theta_s - \theta = \int (\omega_a - \omega) dt \tag{3-17}$$

与 d 轴垂直的公共参考系的第二个轴通常标记为 q 轴。与式（3-11）类似地定义了在应用解耦变换获得的变量和新的 $d-q$ 变量之间的相关性：

$$f_{dq} = D f_{\alpha\beta} \tag{3-18}$$

然而，这里的旋转变换矩阵 D 对于定子和转子变量是不同的：

$$D_s = \begin{array}{c} ds \\ qs \\ x_{1s} \\ y_{1s} \\ \cdots \\ 0_s \end{array} \begin{bmatrix} \cos\theta_s & \sin\theta_s & 0 & 0 & \cdots & 0 \\ -\sin\theta_s & \cos\theta_s & 0 & 0 & \cdots & 0 \\ 0 & 0 & 1 & 0 & \cdots & 0 \\ 0 & 0 & 0 & 1 & \cdots & 0 \\ \vdots & \vdots & \vdots & \vdots & \ddots & \vdots \\ 0 & 0 & 0 & 0 & \cdots & 1 \end{bmatrix} \tag{3-19}$$

$$\boldsymbol{D}_\mathrm{r} = \begin{array}{c} dr \\ qr \\ x_{1\mathrm{r}} \\ y_{1\mathrm{r}} \\ \cdots \\ 0_\mathrm{r} \end{array} \left[\begin{array}{cccccc} \cos\theta_\mathrm{r} & \sin\theta_\mathrm{r} & 0 & 0 & \cdots & 0 \\ -\sin\theta_\mathrm{r} & \cos\theta_\mathrm{r} & 0 & 0 & \cdots & 0 \\ 0 & 0 & 1 & 0 & \cdots & 0 \\ 0 & 0 & 0 & 1 & \cdots & 0 \\ \vdots & \vdots & \vdots & \vdots & \ddots & 0 \\ 0 & 0 & 0 & 0 & \cdots & 1 \end{array} \right]$$

从式（3-19）可以看出，旋转变换只用于 $\alpha - \beta$ 方程，而 $x - y$ 和零序方程则不改变形式。式（3-18）的逆变换关系式，$\boldsymbol{f}_{\alpha\beta} = \boldsymbol{D}^{-1}\boldsymbol{f}_{\mathrm{dq}}$，仍旧是一个简单的表达式，因为 $\boldsymbol{D}^{-1} = \boldsymbol{D}^{\mathrm{T}}$。电机横截面中各种空间角度如图3-2所示。

当使用式（3-18）和式（3-19）转换具有正弦绕组分布的 n 相感应电机的解耦模型式（3-13）~式（3-15）时，对于具有奇数相数的电机，公共参考系中的电压平衡方程组和磁链方程组以下列形式得出：

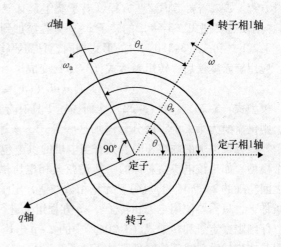

图3-2　感应电机模型的旋转变换中使用的各种角度的图示

$$v_\mathrm{ds} = R_\mathrm{s} i_\mathrm{ds} + \frac{\mathrm{d}\boldsymbol{\Psi}_\mathrm{ds}}{\mathrm{d}t} - \omega_\mathrm{a} \boldsymbol{\Psi}_\mathrm{qs}$$

$$v_\mathrm{qs} = R_\mathrm{s} i_\mathrm{qs} + \frac{\mathrm{d}\boldsymbol{\Psi}_\mathrm{qs}}{\mathrm{d}t} + \omega_\mathrm{a} \boldsymbol{\Psi}_\mathrm{ds}$$

$$v_\mathrm{dr} = 0 = R_\mathrm{r} i_\mathrm{dr} + \frac{\mathrm{d}\boldsymbol{\Psi}_\mathrm{dr}}{\mathrm{d}t} - (\omega_\mathrm{a} - \omega)\boldsymbol{\Psi}_\mathrm{qr}$$

$$v_\mathrm{qr} = 0 = R_\mathrm{r} i_\mathrm{qr} + \frac{\mathrm{d}\boldsymbol{\Psi}_\mathrm{qr}}{\mathrm{d}t} + (\omega_\mathrm{a} - \omega)\boldsymbol{\Psi}_\mathrm{dr} \tag{3-20a}$$

$$v_\mathrm{xls} = R_\mathrm{s} i_\mathrm{xls} + \frac{\mathrm{d}\boldsymbol{\Psi}_\mathrm{xls}}{\mathrm{d}t}$$

$$v_\mathrm{yls} = R_\mathrm{s} i_\mathrm{yls} + \frac{\mathrm{d}\boldsymbol{\Psi}_\mathrm{yls}}{\mathrm{d}t}$$

$$v_\mathrm{x2s} = R_\mathrm{s} i_\mathrm{x2s} + \frac{\mathrm{d}\boldsymbol{\Psi}_\mathrm{x2s}}{\mathrm{d}t}$$

$$v_\mathrm{y2s} = R_\mathrm{s} i_\mathrm{y2s} + \frac{\mathrm{d}\boldsymbol{\Psi}_\mathrm{y2s}}{\mathrm{d}t}$$

$$\vdots$$

$$v_\mathrm{0s} = R_\mathrm{s} i_\mathrm{0s} + \frac{\mathrm{d}\boldsymbol{\Psi}_\mathrm{0s}}{\mathrm{d}t} \tag{3-20b}$$

$$\boldsymbol{\Psi}_\mathrm{ds} = (L_\mathrm{ls} + L_\mathrm{m}) i_\mathrm{ds} + L_\mathrm{m} i_\mathrm{dr}$$

$$\boldsymbol{\Psi}_\mathrm{qs} = (L_\mathrm{ls} + L_\mathrm{m}) i_\mathrm{qs} + L_\mathrm{m} i_\mathrm{qr}$$

$$\boldsymbol{\Psi}_\mathrm{dr} = (L_\mathrm{lr} + L_\mathrm{m}) i_\mathrm{dr} + L_\mathrm{m} i_\mathrm{ds}$$

$$\boldsymbol{\Psi}_\mathrm{qr} = (L_\mathrm{lr} + L_\mathrm{m}) i_\mathrm{qr} + L_\mathrm{m} i_\mathrm{qs} \tag{3-21a}$$

$$\boldsymbol{\Psi}_\mathrm{xls} = L_\mathrm{ls} i_\mathrm{xls}$$

$$\Psi_{y1s} = L_{ls}i_{y1s}$$

$$\Psi_{x2s} = L_{ls}i_{x2s}$$

$$\Psi_{y2s} = L_{ls}i_{y2s}$$

$$\vdots$$

$$\Psi_{0s} = L_{ls}i_{0s} \tag{3-21b}$$

由于转子绕组被认为是短路的，所以式（3-20）和式（3-21）中省略了转子的零序和 $x-y$ 分量方程。如果需要考虑这些方程（转子绕组具有三相以上并且由集电环电机电力电子变换器供电），则仅需要把式（3-14）的转子 $x-y$ 方程添加到模型式（3-20 ）和式（3-21）中，它们与式（3-20b）和式（3-21b）中的形式相同，只需要将 s 替换为 r。

应用旋转变换后，转矩表达式（3-15）变成

$$T_e = pL_m(i_d i_{qs} - i_{ds}i_{qr}) \tag{3-22}$$

模型式（3-20）~式（3-22）全面描述了具有奇数相数的一般 n 相感应电机。如果相数为偶数，则仅需要为第二个零序分量添加这些等式，该等式完全与式（3-20）和式（3-21）中为第一个零序分量添加的内容相同。只有当电机的供电包含产生定子电压 $x-y$ 分量时，才需要考虑整个模型。如果该电机由对称的平衡正弦 n 相电压供电（具有相同的有效值和任何两个连续电压之间精确的 $2\pi/n$ 的相位移），无论相数如何，定子电压 $x-y$ 分量都全为零。这意味着，在这些条件下，只需要使用定子和转子 $d-q$ 方程组来进行 n 相电机的分析，这与三相电机完全相同。

仔细观察定子和转子式（3-20a）中的 $d-q$ 电压平衡方程，会发现在应用旋转变换时，这些方程与在相域的形式不同（即形式不再是 $v = Ri + \mathrm{d}\psi/\mathrm{d}t$）。方程式包含一个附加项，即角速度和相应的磁链分量的乘积。其原因在于，旋转变换改变了绕组的旋转速度。定子和转子的速度不再是原来的零和 ω，形成了新的绕组的转速用 ω_a 表示。新的附加项就是考虑到这种变化，它们代表定子和转子的虚拟 $d-q$ 绕组的旋转感应电动势。

图3-3 显示了应用旋转变换产生的虚拟电机的示意图。假设电机的电源是理想的、对称和平衡的 n 相正弦电源，无论相数如何，电机如图3-3 所示。这意味着，可以用两相电机等效成 n 相电机用于建模。零序列是沿着垂直于 $d-q$ 平面的线（或者，对于偶数相来说，在垂直于 $d-q$ 平面的平面中）。如果电源使得 $x-y$ 定子电压分量不为零，则具有五相或更多相的电机的表示中必须包括 $x-y$ 电压和磁链方程。然而，由于等效的 $x-y$ 绕组位于与图3-3 中的平面垂直的平面中，所以无法将新的绕组进行图形表示。

从式（3-21）可以看出，通过旋转变换消除了时变电感项。因此，电磁转矩方程也不包含这样的时变项。微分方程系统现在是常系数系统。此外，如果将旋转速度视为常数，则方程式（3-20）和式（3-21）成为线性微分方程，可以使用例如拉普拉斯变换进行分析。这仅仅是20世纪初唯一可用的技术，尽管速度恒定，该模型转换能够对瞬态进行初步分析。

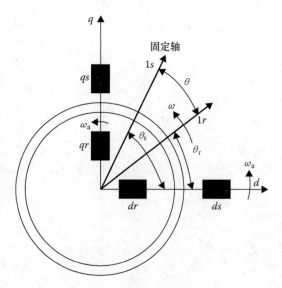

图3-3　使用旋转变换后得到的
定子和转子的虚拟 $d-q$ 绕组

可以通过利用 $d-q$ 轴定子/转子电流与式（3-21）的 $d-q$ 轴定子/转子磁链之间的相关性，以多种方式给出电磁转矩方程式（3-22）。电磁转矩的一些其他形式如下：

$$T_e = p(\Psi_{ds} i_{qs} - \Psi_{qs} i_{ds}) = p \frac{L_m}{L_r}(\Psi_{dr} i_{qs} - \Psi_{qr} i_{ds}) \tag{3-23}$$

如上所述，感应电机中公共参考系的角速度可以自由选择。当然，总有一些选择比其他选择更有利。

为了模拟电源馈电的笼型感应电机的瞬变过程，最适宜的公共参考系是静止参考系，其中 $\omega_a = 0$，$\theta_s = 0$，因此定子变量实际上只涉及解耦变换。应该注意的是，转子变量实际上从来不是笼型感应电机所关注的，因为它们是无法测量的。其他经常使用的参考系是同步参考系，其中公共 $d-q$ 参考系以与定子电源基波角频率相同的角速度旋转。这样的参考系对于例如逆变器供电的感应电机的各种分析研究非常方便。固定在转子上的公共参考系（$\omega_a = \omega$）仅适用于集电环感应电机的情况，且电力电子电源连接到转子绕组。

选择完全不同的公共参考系角速度用于实现具有闭环控制的高性能感应电机驱动器。这种控制方案被称为矢量或磁场定向控制方案，并且选择公共参考系的转速为电机中的一个旋转场（定子、气隙或转子）的旋转速度。

3.5　完整的变换矩阵

由于原始相变量与解耦变换后得到的变量之间的关系由式（3-11）决定，并且 $d-q$ 变量与式（3-18）解耦变换后得到的变量有关，则可以将两个单独变换矩阵合成一个变换矩阵，把相变量 1，2，$\cdots$，n 与 $d-q$ 变量相关联。这里将这样的变换矩阵表示为 $\boldsymbol{T}$。由式（3-11）和式（3-18），我们有 $f_{dq} = DCf_{1,2,\cdots,n}$，因此 $\boldsymbol{T} = \boldsymbol{DC}$。因为旋转变换矩阵对于定子和转子变量是不同的，所以完整转换矩阵也将不同。以三相电机为例，定子变量的解耦/旋转合成变换矩阵将是

$$\boldsymbol{T}_s = \sqrt{\frac{2}{3}} \begin{array}{l} ds \\ qs \\ 0s \end{array} \begin{bmatrix} \cos\theta_s & \cos(\theta_s - \alpha) & \cos(\theta_s + \alpha) \\ -\sin\theta_s & -\sin(\theta_s - \alpha) & -\sin(\theta_s + \alpha) \\ \dfrac{1}{\sqrt{2}} & \dfrac{1}{\sqrt{2}} & \dfrac{1}{\sqrt{2}} \end{bmatrix} \tag{3-24}$$

对于更一般的 n 相电机，不是式（3-24），则是

$$\boldsymbol{T}_s = \sqrt{\frac{2}{n}} \begin{array}{l} ds \\ qs \\ x_{1s} \\ y_{1s} \\ x_{2s} \\ y_{2s} \\ \vdots \\ x_{\frac{n-4}{2}s} \\ y_{\frac{n-4}{2}s} \\ 0_{+s} \\ 0_{-s} \end{array} \begin{bmatrix} \cos\theta_s & \cos(\theta_s-\alpha) & \cos(\theta_s-2\alpha) & \cos(\theta_s-3\alpha) & \cdots & \cos(\theta_s+3\alpha) & \cos(\theta_s+2\alpha) & \cos(\theta_s+\alpha) \\ -\sin\theta_s & -\sin(\theta_s-\alpha) & -\sin(\theta_s-2\alpha) & -\sin(\theta_s-3\alpha) & \cdots & -\sin(\theta_s+3\alpha) & -\sin(\theta_s+2\alpha) & -\sin(\theta_s+\alpha) \\ 1 & \cos2\alpha & \cos4\alpha & \cos6\alpha & \cdots & \cos6\alpha & \cos4\alpha & \cos2\alpha \\ 0 & \sin2\alpha & \sin4\alpha & \sin6\alpha & \cdots & -\sin6\alpha & -\sin4\alpha & -\sin2\alpha \\ 1 & \cos3\alpha & \cos6\alpha & \cos9\alpha & \cdots & \cos9\alpha & \cos6\alpha & \cos3\alpha \\ 0 & \sin3\alpha & \sin6\alpha & \sin9\alpha & \cdots & -\sin9\alpha & -\sin6\alpha & -\sin3\alpha \\ \vdots & \vdots & \vdots & \vdots & \ddots & \vdots & \vdots & \vdots \\ 1 & \cos\left(\frac{n-2}{2}\right)\alpha & \cos2\left(\frac{n-2}{2}\right)\alpha & \cos3\left(\frac{n-2}{2}\right)\alpha & \cdots & \cos3\left(\frac{n-2}{2}\right)\alpha & \cos\left(\frac{n-2}{2}\right)\alpha & \cos\left(\frac{n-2}{2}\right)\alpha \\ 0 & \sin\left(\frac{n-2}{2}\right)\alpha & \sin2\left(\frac{n-2}{2}\right)\alpha & \sin3\left(\frac{n-2}{2}\right)\alpha & \cdots & -\sin3\left(\frac{n-2}{2}\right)\alpha & -\sin\left(\frac{n-2}{2}\right)\alpha & -\sin\left(\frac{n-2}{2}\right)\alpha \\ \frac{1}{\sqrt{2}} & \frac{1}{\sqrt{2}} & \frac{1}{\sqrt{2}} & \frac{1}{\sqrt{2}} & \cdots & \frac{1}{\sqrt{2}} & \frac{1}{\sqrt{2}} & 1/\sqrt{2} \\ \frac{1}{\sqrt{2}} & \frac{-1}{\sqrt{2}} & \frac{1}{\sqrt{2}} & \frac{-1}{\sqrt{2}} & \cdots & \frac{-1}{\sqrt{2}} & \frac{1}{\sqrt{2}} & \frac{-1}{\sqrt{2}} \end{bmatrix}$$

$$\tag{3-25}$$

转子的转换矩阵的形式与定子式（3-24）和式（3-25）的转换矩阵形式相同，只需要用 θ_r 代替转换角 θ_s。

当将电机模型用于仿真时，通常需要在两个方向上应用适当的变换矩阵。例如，考虑由三相电压源供电的三相感应电机，其定子相电压是已知的。对于所选参考系，使用式（3-24）计算相应的 $d-q$ 轴电压分量：

$$v_{ds} = \sqrt{\frac{2}{3}}\left[v_{1s}\cos\theta_s + v_{2s}\cos\left(\theta_s - \frac{2\pi}{3}\right) + v_{3s}\cos\left(\theta_s - \frac{4\pi}{3}\right) \right]$$

$$v_{qs} = -\sqrt{\frac{2}{3}}\left[v_{1s}\sin\theta_s + v_{2s}\sin\left(\theta_s - \frac{2\pi}{3}\right) + v_{3s}\sin\left(\theta_s - \frac{4\pi}{3}\right) \right] \tag{3-26}$$

这些是 $d-q$ 轴模型的输入，包括扰动以及负载转矩。该模型用于求解电磁转矩、转子速度和定子 $d-q$ 轴电流（当然也能得到转子 $d-q$ 电流，不过通常对转子 $d-q$ 电流不感兴趣）。因为需要研究实际的定子相电流，所以 $d-q$ 轴定子电流分量必须使用逆变换将其变换为相域：

$$i_{1s} = \sqrt{\frac{2}{3}}\left(i_{ds}\cos\theta_s - i_{qs}\sin\theta_s \right)$$

$$i_{2s} = \sqrt{\frac{2}{3}}\left[i_{ds}\cos\left(\theta_s - \frac{2\pi}{3}\right) - i_{qs}\sin\left(\theta_s - \frac{2\pi}{3}\right) \right] \tag{3-27}$$

$$i_{3s} = \sqrt{\frac{2}{3}}\left[i_{ds}\cos\left(\theta_s - \frac{4\pi}{3}\right) - i_{qs}\sin\left(\theta_s - \frac{4\pi}{3}\right) \right]$$

注意，由于假定定子绕组是星形联结，具有不接地的中性点，且零序电流不能流过，因此不考虑零序电流分量。

假设定子电压是对称平衡正弦波，并且均方根值为 V，很容易证明，无论选择什么参考系，式（3-26）中 $d-q$ 轴电压分量的幅值等于 $\sqrt{3}V$。这是采用保持功率不变的变换矩阵的结果。通常，对于 n 相电机，振幅为 $\sqrt{n}V$。与此相反，如果变换矩阵中功率是变化的，并且保持每相相变换功率相等［式（3-25）中的系数是 $2/n$ 而不是 $\sqrt{2/n}$］，则不管相数多少，$d-q$ 轴电压分量的振幅始终等于 $\sqrt{2}V$。

3.6 空间矢量建模

因为在应用解耦变换时，在相互垂直的平面中获得成对的轴分量，并且这些成对的轴分量也在相互垂直的轴上，所以可以将所有的平面视为复平面，并且将一个轴分量作为复数的实部，另一个轴分量作为复数的虚部。这样的复数被称为空间矢量，它们与相量（正弦量的复数代表）有很大的不同。首先，空间矢量可以用在正弦和非正弦电源中。第二，空间矢量既可以描述瞬态运行条件下的电机，也可以用于描述稳态运行条件下的电机。在下文中，空间矢量用下划线的符号表示。

考虑解耦变换矩阵式（3-12），可以看出，每两行包含相同角度的正弦和余弦函数。我们引入一个复数算子 $\underline{a}$，令 $\underline{a} = \exp(\mathrm{j}\alpha) = \cos\alpha + \mathrm{j}\sin\alpha$，其中 $\alpha = 2\pi/n$。之后式（3-12）中的每两行就可以定义一个空间矢量，奇数行确定相应复数的实部，偶数行确定复数的虚部。再令 f 表示定子或转子的电压、电流或磁链，则

$$\underline{f}_{\alpha-\beta} = f_\alpha + \mathrm{j}f_\beta = \sqrt{\frac{2}{n}}\left(f_1 + \underline{a}f_2 + \underline{a}^2 f_3 + \cdots + \underline{a}^{(n-1)} f_n \right)$$

$$\underline{f}_{x1-y1} = f_{x1} + jf_{y1} = \sqrt{\frac{2}{n}}(f_1 + \underline{a}^2 f_2 + \underline{a}^4 f_3 + \cdots + \underline{a}^{2(n-1)} f_n)$$

$$\underline{f}_{x2-y2} = f_{x2} + jf_{y2} = \sqrt{\frac{2}{n}}(f_1 + \underline{a}^3 f_2 + \underline{a}^6 f_3 + \cdots + \underline{a}^{3(n-1)} f_n)$$

$$\vdots$$

$$\underline{f}_{x\frac{n-3}{2}-y\frac{n-3}{2}} = f_{x\frac{n-3}{2}} + jf_{y\frac{n-3}{2}} = \sqrt{\frac{2}{n}}(f_1 + \underline{a}^{(n-1)/2} f_2 + \underline{a}^{2[(n-1)/2]} f_3 + \cdots + \underline{a}^{(n-1)^2/2} f_n)$$

$$(3-28)$$

这里再次假设相数是奇数，中性点不接地，使得不存在零序分量。因此，这里不包括零序分量在内，但是通常情况下仍然保留解耦变换矩阵式（3-12）相应的倒数第二行。

由于只对 $\alpha-\beta$ 分量进行旋转变换，所以只有相应的 $\alpha-\beta$ 空间矢量才需要进行进一步的变换，这个变换是式（3-9）的实数形式。当然，对于不同数量的定子和转子量来说，这种变换也是不同的。通过将相应的 $\alpha-\beta$ 空间矢量旋转一定的角度，即定子角度 θ_s 和转子角度 θ_r，则在公共参考系中获得定子和转子电压、电流和磁链空间矢量。这需要通过矢量旋转，对于定子变量而言是 $\exp(-j\theta_s)$，对于转子变量来说通过 $\exp(-j\theta_r)$ 来完成。因此，在任意的公共参考系中描述电机的空间矢量变为如下形式：

$$\underline{f}_{d-q(s)} = f_{ds} + jf_{qs} = (f_{\alpha s} + jf_{\beta s})e^{-j\theta_s} = \sqrt{\frac{2}{n}}(f_{1s} + \underline{a}f_{2s} + \underline{a}^2 f_{3s} + \cdots + \underline{a}^{(n-1)} f_{ns})e^{-j\theta_s}$$

$$\underline{f}_{d-q(r)} = f_{dr} + jf_{qr} = (f_{\alpha s} + jf_{\beta r})e^{-j\theta_r} = \sqrt{\frac{2}{n}}(f_{1r} + \underline{a}f_{2r} + \underline{a}^2 f_{3r} + \cdots + \underline{a}^{(n-1)} f_{nr})e^{-j\theta_r} \quad (3-29)$$

为了从空间矢量方面建立感应电机的模型，需将真实模型式（3-20）和式（3-21）的 $d-q$ 轴方程组合成相应复数方程的实部和虚部。因此，不管相数如何，模型中产生转矩的部分描述如下：

$$\underline{v}_s = R_s \underline{i}_s + \frac{d\underline{\Psi}_s}{dt} + j\omega_a \underline{\Psi}_s$$

$$(3-30)$$

$$\underline{v}_r = 0 = R_r \underline{i}_r + \frac{d\underline{\Psi}_r}{dt} + j(\omega_a - \omega)\underline{\Psi}_r$$

$$\underline{\Psi}_s = (L_{ls} + L_m)\underline{i}_s + L_m \underline{i}_r$$
$$\underline{\Psi}_r = (L_{lr} + L_m)\underline{i}_r + L_m \underline{i}_s \quad (3-31)$$

为简单起见，在式（3-30）和式（3-31）中省略了式（3-29）中用于定义空间矢量的 $d-q$。在式（3-30）和式（3-31）中，空间矢量为 $\underline{v}_s = v_{ds} + jv_{qs}$，$\underline{i}_s = i + ji_{qs}$，$\underline{\psi}_s = \psi_{ds} + j\psi_{qs}$，$v_r = v_{dr} + jv_{qr}$，$\underline{i}_r = i_{dr} + ji_{qr}$，$\underline{\psi}_r = \psi_{dr} + j\psi_{qr}$，转矩方程式（3-22）可以通过空间矢量的形式重新写为

$$T_e = pL_m \mathrm{Im}(\underline{i}_s \underline{i}_r^*) \quad (3-32)$$

式中，＊代表复共轭；Im 表示复数的虚部。

方程式（3-30）～式（3-32）与机械运动方程式（3-7）完整地描述了三相感应电机。如果电机是三相以上的，并且电源不平衡，或者除了基波之外还包含附加的时间谐波（使得 $x-y$ 定子电压分量不为零），则式（3-30）～式（3-32）需要补充附加的描述定子的 $x-y$ 电路的空间矢量方程。再次使用式（3-20）、式（3-21）的模型和式（3-28）中空间矢量的定义，这些附加方程都具有相同的形式，并且对于 $x-y$ 分量 1 到 $(n-3)/2$，存在 $(n-3)/2$ 个电压和磁链方程组：

$$\underline{v}_{x-y(s)} = R_s \underline{i}_{x-y(s)} + \frac{d\underline{\Psi}_{x-y(s)}}{dt}$$

$$\underline{\Psi}_{x-y(s)} = L_{ls}\underline{i}_{x-y(s)} \tag{3-33}$$

式（3-30）和式（3-31）是感应电机的动态模型。若考虑采用对称平衡正弦电源供电的稳态运行，则无论选定的公共参考系如何，在这些条件下，式（3-30）和式（3-31）都会简化为感应电动机的等效电路方程组：

$$\underline{v}_s = R_s\underline{i}_s + j\omega_s(L_s\underline{i}_s + L_m\underline{i}_r) = R_s\underline{i}_s + j\omega_s\left[L_{ls}\underline{i}_s + L_m(\underline{i}_s + \underline{i}_r)\right] \tag{3-34}$$
$$0 = R_r\underline{i}_r + j(\omega_s - \omega)(L_r\underline{i}_r + L_m\underline{i}_s) = R_r\underline{i}_r + j(\omega_s - \omega)\left[L_{lr}\underline{i}_r + L_m(\underline{i}_s + \underline{i}_r)\right]$$

式中，ω_s 代表定子电源的角频率。通过将转差率 s 的标准形式定义为 $(\omega_s - \omega)/\omega_s$，引入电抗作为定子角频率和电感的乘积，并将励磁电流空间矢量定义为 $\underline{i}_m = \underline{i}_s + \underline{i}_r$，这些方程式可简化为标准形式：

$$v_s = R_s\underline{i}_s + jX_{ls}\underline{i}_s + jX_m(\underline{i}_s + \underline{i}_r)$$
$$0 = \left(\frac{R_r}{s}\right)\underline{i}_r + j\left[X_{lr}\underline{i}_r + X_m(\underline{i}_s + \underline{i}_r)\right] \tag{3-35}$$

上述描述了图 3-4 的等效电路。与相量等效电路相比，唯一（但重要的）差异是，图 3-4 电路中的量现在是空间矢量而不是相量，图 3-4 给出了整个多相电机对应的电路而不是电机的每相对应的电路。如果所选择的公共参考系不同，空间矢量也将对时间具有不同依赖性。例如，在静止参考系中 $\underline{v}_s(w_a = 0) = \sqrt{n}V\exp(j\omega_s t)$，而在同步参考系中，$d$ 轴与定子电压空间矢量 $\underline{v}_s(\omega_a = \omega_s) = \sqrt{n}V$ 对齐。

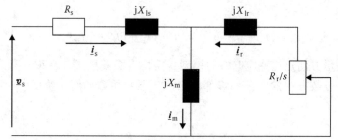

图 3-4　正弦电源稳态运行的感应电机用空间矢量表示的等效电路

对于三相电机，对称正弦电源条件下的定子电压空间矢量如图 3-5 所示。定子电压空间矢量

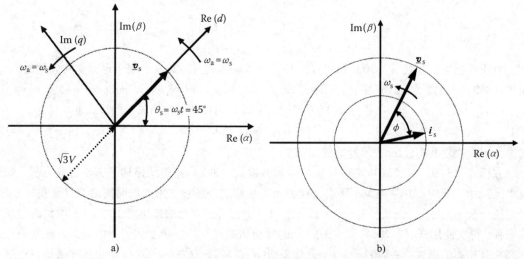

a)　　　　　　　　　　　　　　　b)

图 3-5　对称正弦电源条件下的定子电压和电流空间矢量图

a）定子电压空间矢量　b）定子电压和电流空间矢量

沿着半径等于 $\sqrt{3}V$ 的圆周移动。根据式（3-28）中的定义，空间矢量的实部和虚部表示空间矢量在 α 和 β 轴上的瞬时投影。在应用式（3-29）的矢量旋转器 $\theta_s = \int \omega_s dt = \omega_s t$ 的情况下，定子电压空间矢量与公共旋转参考系的 d 轴对齐，使得 q 分量为零。由于 $d-q$ 轴系旋转，其位置不断变化；因此，图 3-5a 中的图实际上是当角度为 45° 时的图示。由于电机处于稳定状态，定子电流空间矢量本质上由定子电压空间矢量与阻抗的比值决定。定子电压和定子电流空间矢量之间的角度是功率因数角 φ（图 3-5b）。定子电流空间矢量的旋转速度等于电压空间矢量的旋转速度，但是定子电流空间矢量的圆周半径与之是不同的。

　　如果电机有五相或更多相位，并且定子电源不是平衡/对称的，或者它包含一些映射到 $x-y$ 定子电压分量的时间谐波，则需要使用额外的等效电路，每个 $x-y$ 平面有一个等效电路（即五相电机只需要一个附加的等效方程，七相电机需要两个，依次类推）。原则上，$x-y$ 分量的等效电路的形式由式（3-33）决定。然而，由于 $x-y$ 电压可能不止一个频率分量，因此每个频率下都需要单独的等效电路，以用于稳态表示。为了更加清楚说明问题，假定定子 $x-y$ 电压只包含一个单频分量，等效电路如图 3-6 所示。

　　$x-y$ 定子绕组电路是否被完全激励取决于

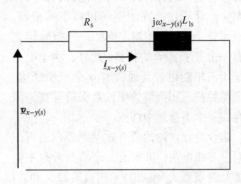

图 3-6　等效电路，适用于具有三相以上电机的每个 $x-y$ 定子电压空间矢量的每个频率分量

定子绕组电源的性质。如果电源是电力电子变换器，其在输出相电压中产生时间谐波，则这些谐波中的一部分将映射到每个 $x-y$ 平面。表 3-1 显示了五相和七相定子绕组的谐波映射特性[24]。可以看出，每相 $x-y$ 平面中的特定时间谐波以粗体显示。这些电源的时间谐波（除了基波以外），可以用于产生平均转矩。这个想法可以增加电机可用的转矩密度，这同样适用于发电机[25] 和电动机[26]。然而，为了实现这种可能，定子绕组必须是集中式的，因此除了基波空间谐波之外，还存在 MMF 的相应低阶空间谐波。简单来说，这意味着 MMF 的空间分布不再被视为正弦波，而是准矩形波。这种电机的建模超出了本文的范围。但可以看出，虽然解耦变换阵保持不变，但旋转变换改变了表征形式。此外，在这种情况下，启动相变模型必须通过适当的谐波电感项考虑低阶空间谐波的存在。在最终模型中，$d-q$ 方程保持不变，但电磁转矩方程和 $x-y$ 电路方程会发生变化。

表 3-1　映射到五相和七相系统中不同平面的谐波 $(j=0，1，2，3，\cdots)$

平面	五相系统	七相系统
$\alpha-\beta$	$10j \pm 1(1, 9, 11, \cdots)$	$14j \pm 1(1, 13, 15, \cdots)$
x_1-y_1	$10j \pm 3(3, 7, 13, \cdots)$	$14j \pm 5(5, 9, 19, \cdots)$
x_2-y_2	—	$14j \pm 3(3, 11, 17, \cdots)$
零序	$5(2j+1)(5, 15, \cdots)$	$7(2j+1)(7, 21, \cdots)$

3.7　多个三相绕组的多相电机的建模

　　在大功率应用中，越来越常见的是使用具有多个三相绕组的电机，而不是使用三相电机。最常见的是六相电机。定子绕组由空间偏移30°的两个三相绕组组成。图3-7给出了感应电机的模型的示意图。由于现在有两个三相绕组，分别用 a、b、c 表示三个相位，用1和2表示两个三相绕组（s 被省略）。从图3-7可以看出，这种空间相移导致定子相磁轴在电机横截面上不再对称。因此，这种类型的多相电机通常称为不对称电机，因为任何两个连续相位之间的空间相移不再相等，并且不受 $2\pi/n$ 的控制。相反，三相绕组之间有一个等于 π/n 的相移。此外，由于电机是基于三相绕组并且通常有 a 个三相绕组，每个单独的三相绕组的中性点保持隔离，因此存在 a 个不接地中性点。

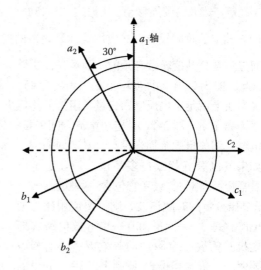

图3-7 非对称六相感应电机，
说明定子相的磁轴位置

迄今为止讨论的所有建模原理也适用于不对称多相电机。事实上，公共参考系中电机的最终模型式（3-20）~式（3-22）和式（3-30）~式（3-33）仍然有效，条件是解耦变换矩阵式（3-12）需要根据图3-7中的绕组布局做一些调整。具体来说，对于文献［27］给出的不对称六相电机，$\underline{C}$ 为

$$\underline{C}=\sqrt{\frac{2}{6}}\begin{array}{c}\alpha\\\beta\\x_1\\y_1\\0_+\\0_-\end{array}\begin{array}{cccccc}a_1&b_1&c_1&a_2&b_2&c_2\\\left[\begin{array}{cccccc}1&\cos(2\pi/3)&\cos(4\pi/3)&\cos(\pi/6)&\cos(5\pi/6)&\cos(9\pi/6)\\0&\sin(2\pi/3)&\sin(4\pi/3)&\sin(\pi/6)&\sin(5\pi/6)&\sin(9\pi/6)\\1&\cos(4\pi/3)&\cos(8\pi/3)&\cos(5\pi/6)&\cos(\pi/6)&\cos(9\pi/6)\\0&\sin(4\pi/3)&\sin(8\pi/3)&\sin(5\pi/6)&\sin(\pi/6)&\sin(9\pi/6)\\1&1&1&0&0&0\\0&0&0&1&1&1\end{array}\right]\end{array} \quad (3\text{-}36)$$

这里，每行中的前三项与第一个三相绕组有关，而后三项与第二个三相绕组有关，如上方转换矩阵的行所示。式（3-36）中最后两行的形式是考虑到两个绕组的中性点不接地。

假设不对称六相电机的相变模型使用式（3-36）解耦，则旋转变换矩阵式（3-19）保持相同，并且在 d-q 公共参考系中得到与对称多相电机相同的方程，这些方程以空间矢量形式表示［当然，式（3-25）的完整变换矩阵必须根据式（3-36）进行修改］。然而，一个重要的注意事项是关于 x-y 方程组的总数。使用单个不接地的中性点意味着，在转换时，将只需要考虑 $(n-a)$ 个电压平衡方程，因为零序电流不能在任何三相绕组中流动。由于 $n=3a$，那么方程的总数为 $2a$。由于第一个方程组总是用于 d-q 分量，所以 x-y 电压方程组的数量只是 $(a-1)$。对于具有三个不接地中性点的不对称九相电机，这归结为一对 d-q 和两对 x-y 方程。如果中性点连接起来，就会有三对 x-y 方程组。

例如，考虑一个不对称的九相电机，定子相磁轴的位置如图3-8所示。任何三相绕组的定子相再次分别标记为 a、b、c，用1、2、3表示三个指定的三相绕组。三相绕组之间的角度为 $\alpha=\pi/n=20°$。绕组可能具有单个中性点或三个隔离的不接地中性点。用单个中性点确定非对称九相绕组的解耦变换矩阵为（变换矩阵的行中的项的顺序对应于图3-8中的相的空间顺序，如变换矩

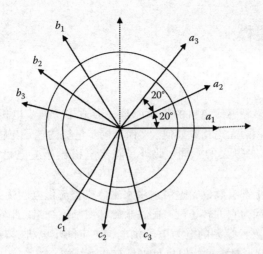

图 3-8　一个不对称的九相定子绕组结构

阵中的行所示）

$$
C = \sqrt{\dfrac{2}{9}}
\begin{array}{c}
\\ \alpha \\ \beta \\ x_1 \\ y_1 \\ x_2 \\ y_2 \\ x_3 \\ y_3 \\ 0
\end{array}
\begin{array}{ccccccccc}
a_1 & a_2 & a_3 & b_1 & b_2 & b_3 & c_1 & c_2 & c_3 \\
1 & \cos(\alpha) & \cos(2\alpha) & \cos(6\alpha) & \cos(7\alpha) & \cos(8\alpha) & \cos(12\alpha) & \cos(13\alpha) & \cos(14\alpha) \\
0 & \sin(\alpha) & \sin(2\alpha) & \sin(6\alpha) & \sin(7\alpha) & \sin(8\alpha) & \sin(12\alpha) & \sin(13\alpha) & \sin(14\alpha) \\
1 & \cos(7\alpha) & \cos(14\alpha) & \cos(6\alpha) & \cos(13\alpha) & \cos(2\alpha) & \cos(12\alpha) & \cos(\alpha) & \cos(8\alpha) \\
0 & \sin(7\alpha) & \sin(14\alpha) & \sin(6\alpha) & \sin(13\alpha) & \sin(2\alpha) & \sin(12\alpha) & \sin(\alpha) & \sin(8\alpha) \\
1 & \cos(13\alpha) & \cos(8\alpha) & \cos(6\alpha) & \cos(\alpha) & \cos(14\alpha) & \cos(12\alpha) & \cos(7\alpha) & \cos(2\alpha) \\
0 & \sin(13\alpha) & \sin(8\alpha) & \sin(6\alpha) & \sin(\alpha) & \sin(14\alpha) & \sin(12\alpha) & \sin(7\alpha) & \sin(2\alpha) \\
1 & \cos(6\alpha) & \cos(12\alpha) & 1 & \cos(6\alpha) & \cos(12\alpha) & 1 & \cos(6\alpha) & \cos(12\alpha) \\
0 & \sin(6\alpha) & \sin(12\alpha) & 0 & \sin(6\alpha) & \sin(12\alpha) & 0 & \sin(6\alpha) & \sin(12\alpha) \\
\frac{1}{\sqrt{2}} & \frac{1}{\sqrt{2}} & \frac{1}{\sqrt{2}} & \frac{1}{\sqrt{2}} & \frac{1}{\sqrt{2}} & \frac{1}{\sqrt{2}} & \frac{1}{\sqrt{2}} & \frac{1}{\sqrt{2}} & \frac{1}{\sqrt{2}}
\end{array}
$$

(3-37)

　　除了 $\alpha-\beta$ 分量和零序分量外，还有三对 $x-y$ 分量。然而，如果三相绕组的中性点不接地，则式（3-37）的解耦变换矩阵变为

$$
C = \sqrt{\dfrac{2}{9}}
\begin{array}{c}
\\ \alpha \\ \beta \\ x_1 \\ y_1 \\ x_2 \\ y_2 \\ 0_1 \\ 0_2 \\ 0_3
\end{array}
\begin{array}{ccccccccc}
a_1 & a_2 & a_3 & b_1 & b_2 & b_3 & c_1 & c_2 & c_3 \\
1 & \cos(\alpha) & \cos(2\alpha) & \cos(6\alpha) & \cos(7\alpha) & \cos(8\alpha) & \cos(12\alpha) & \cos(13\alpha) & \cos(14\alpha) \\
0 & \sin(\alpha) & \sin(2\alpha) & \sin(6\alpha) & \sin(7\alpha) & \sin(8\alpha) & \sin(12\alpha) & \sin(13\alpha) & \sin(14\alpha) \\
1 & \cos(7\alpha) & \cos(14\alpha) & \cos(6\alpha) & \cos(13\alpha) & \cos(2\alpha) & \cos(12\alpha) & \cos(\alpha) & \cos(8\alpha) \\
0 & \sin(7\alpha) & \sin(14\alpha) & \sin(6\alpha) & \sin(13\alpha) & \sin(2\alpha) & \sin(12\alpha) & \sin(\alpha) & \sin(8\alpha) \\
1 & \cos(13\alpha) & \cos(8\alpha) & \cos(6\alpha) & \cos(\alpha) & \cos(14\alpha) & \cos(12\alpha) & \cos(7\alpha) & \cos(2\alpha) \\
0 & \sin(13\alpha) & \sin(8\alpha) & \sin(6\alpha) & \sin(\alpha) & \sin(14\alpha) & \sin(12\alpha) & \sin(7\alpha) & \sin(2\alpha) \\
1 & 0 & 0 & 1 & 0 & 0 & 1 & 0 & 0 \\
0 & 1 & 0 & 0 & 1 & 0 & 0 & 1 & 0 \\
0 & 0 & 1 & 0 & 0 & 1 & 0 & 0 & 1
\end{array}
$$

(3-38)

所以现在只有两对 $x-y$ 分量。

3.8 同步电机的建模

3.8.1 概述

前面部分详细介绍的多相感应电机的建模原理一般适用于同步电机，因为所有同步电机的定子绕组与感应电机相同，而无论相数如何。然而，同步电机的转子与感应电机的转子无论是在绕组配置还是结构方面都有很大的不同。此外，同步电机比感应电机更为通用，并具有多种构造。

大多数同步电机转子上都有励磁，这可以由永磁体或直流供电的励磁（或磁场）绕组提供。但是同步磁阻电机除外，因为它的转子没有配备永磁体或励磁绕组。此外，电机运行是由电源供电还是具有闭环速度（位置）控制的电力电子供电，决定同步电机的转子是否安装笼型短路绕组。最后，转子可以具有圆形横截面，但也可以具有凸极结构。

转子的两个主要几何形状如图3-9所示。图示仅给出了定子多相绕组的一相（1s），并且给出了磁轴的示意图。该转子具有一个励磁绕组，该励磁绕组由一个直流电源供电并产生转子磁场。该磁场相对于转子是静止的并且沿 d 轴作用。但是，由于转子以同步转速旋转，转子磁场也以同步速度在气隙中旋转。通常用于发电机和大功率电动机应用中，转子实际上具有笼型绕组（凸极转子；在图3-9中未示出），或者其表现为好像有一个笼型绕组（圆柱形转子结构）。

如果使用永磁体代替励磁绕组，则它们可以沿着圆柱形转子（表面安装的永磁同步电机，通常简称为 SPMSM）的圆周固定，或者它们可以嵌入（或插入）到转子中（插入 PMSM 或 IPMSM）。如果电机是通过闭环控制进行变速运行，转子将不会有任何绕组。如果电机是用于线性运行，那么转子必须有一个笼型绕组（回想一下，同步电机只能以同步速度产生转矩；因此，如果从主电源供电，除非有笼型绕组，同步电机可以在非同步转速下提供异步转矩，否则无法起动）。

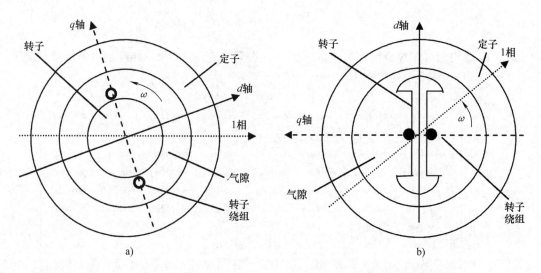

图3-9 具有（a）圆柱形转子和（b）带凸极转子的同步电机的基本结构

第3.3节和第3.4节讨论的式（3.12）和式（3.19）给出的转换在同步电机上具有完全相同的形式。然而，不同之处是同步电机中的气隙不再均匀，因此对转换的影响相当大。这对于图

3-9 的凸极结构是很明显的,但同样对圆柱形转子结构也有影响,因为励磁绕组仅占转子圆周的一部分,使得有效气隙在 d 轴上最低,并且在垂直于 d 轴(即 q 轴)的轴上最高。不均匀气隙长度可以看成定子相绕组上的磁阻,随转子旋转而持续变化。但是,就转子绕组的电感而言,由于定子横截面为圆形(与感应电机相同),所以与感应电机的情况相同。因此,转子绕组电感将全部保持不变,如感应电机中的情况。

就永磁同步电机而言,在磁性方面,IPMSM 对应凸极结构(永磁体的磁导率非常接近空气的磁导率,因此,与只有铁磁材料的转子区域相比,在嵌入了永磁体转子区域中产生相当高的磁阻)。另一方面,SPMSM 与具有圆柱形转子结构的电机相似。因为磁体有效地增加气隙长度并且均匀分布在转子表面上,所以 SPMSM 中沿着 d 轴和 q 轴的磁阻之间的差异非常小,并且通常被忽略。

从定子相绕组的角度来看,磁阻随转子旋转而持续变化。它在两个极值之间变化,分别是沿 d 轴的最小值和沿 q 轴的最大值。因此,可以定义这两个相应的极的定子相绕组自感 L_{sd} 和 L_{sq}。再次假设 MMF 的空间分布是正弦的,可以看出定子相 1 的电感现在满足

$$L_{11s} = \frac{L_{sd} + L_{sq}}{2} + \left[\frac{(L_{sd} - L_{sq})}{2} \right] \cos 2\theta \qquad (3\text{-}39)$$

式中,角度 θ 是转子 d 轴相对于定子相 1 轴的磁轴的瞬时位置。所有其他相的自感与式(3-39)中的形式相同,其适当的位移说明了相对于相 1 特定相的空间相移。在式(3-39)中,例如,$L_{sd} = L_{ls} + M_d$ 和 $L_{sq} = L_{ls} + M_q$,其中 M_d 和 M_q 是沿着两个轴线的定子绕组的互感。

从式(3-39)可以看出,当且仅当沿 d 轴和 q 轴的电感相同且气隙完全均匀时,自感是一个恒定的与位置无关的量。当气隙发生变化时,自感含有转子旋转时连续变化值的二次谐波。式(3-39)的自感将在转子的每个周期内获得两次最大值和最小值(L_{sd} 和 L_{sq})。类似的考虑也适用于多相定子绕组的互感,其现在除了常数值之外还将包含二次谐波。因此,在同步电机中,定子电感矩阵式(3-4a)的所有分量都包含转子位置相关项,这与感应电机是不同的。定子电感矩阵项对转子位置的依赖性也意味着电机的电磁转矩式(3-8)不能再简化成式(3-10)中给出的形式,因为有一个附加项

$$T_e = p \boldsymbol{i}_s^{\mathrm{T}} \frac{\mathrm{d}\boldsymbol{L}_{sr}}{\mathrm{d}\theta} \boldsymbol{i}_r + \left(\frac{p}{2} \right) \boldsymbol{i}_s^{\mathrm{T}} \frac{\mathrm{d}\boldsymbol{L}_s}{\mathrm{d}\theta} \boldsymbol{i}_s \qquad (3\text{-}40)$$

式(3-40)中的第一个转矩分量是定子和转子绕组(基波转矩分量)的相互作用的结果,并且它存在于具有转子励磁的所有同步电机中(使用永磁体或励磁绕组)。然而,第二项纯粹由于可变气隙而产生,称为磁阻转矩分量。在转子上没有励磁的同步磁阻电机中,如果不存在笼型转子绕组,则该转矩分量是唯一可用的分量。

定子绕组中与转子位置相关的电感对建模过程有影响,只要选择固定在转子上的公共参考系,任何同步电机可以用一组常系数微分方程来描述。因此,公共参考系的 d 轴被选择为转子励磁绕组(或永磁体)沿其产生磁通的轴。因此,在式(3-19)中,有 $\theta_s \equiv \theta$,这同时意味着 $\theta_r \equiv 0$。这种变换矩阵在文献中通常被称为 Park 变换。简单来说,这意味着旋转变换只适用于通过解耦变换获得定子虚拟绕组。因此,电机是在转子参考系中建模。如果电机以同步速度运行,则与同步参考系一致。然而,在更一般的情况下,特别是在电动机应用中,需要注意的是,若将参考系固定到转子,必须使用式(3-5)不断重新计算定子变量的变换角,其中旋转速度受式(3-7)控制。

如第 3.2 节末尾所述,重要的是要注意,在具有励磁绕组的同步电机中,定子和励磁绕组具有不同的电压等级。假设励磁绕组[和笼型绕组(如果存在)]具有定子绕组电压电平。另外还

给出了具有励磁绕组的同步电机的模型和永磁同步电机的模型。模型只给出了转矩产生部分，对于定子三相或更多相的所有电机而言是相同的，并且本质上归结为适当地重新排列电机模型方程式（3-20a）、式（3-21a）和式（3-22）。如果电机有三个以上的相，则模型需要补充式（3-20b）和式（3-21b）中定子绕组的 $x-y$ 电压和磁链方程。这些仍然具有与感应电机相同的表达式，因此不再赘述。

3.8.2 励磁绕组同步电机

定子电压平衡方程式（3-20a）原理上与感应电机相同，只是现在 $\omega_a = \omega$。由于 $\omega_a = \omega$，转子短路绕组（阻尼绕组）电压方程也与式（3-20a）中的相同，其中将最后一项设置为零。因此

$$v_{ds} = R_s i_{ds} + \frac{d\Psi_{ds}}{dt} - \omega\Psi_{qs}$$

$$v_{qs} = R_s i_{qs} + \frac{d\Psi_{qs}}{dt} + \omega\Psi_{ds}$$

(3-41a)

$$0 = R_{rd} i_{dr} + \frac{d\Psi_{dr}}{dt}$$

$$0 = R_{rq} i_{qr} + \frac{d\Psi_{qr}}{dt}$$

(3-41b)

沿 d 轴和 q 轴的转子阻尼绕组的电阻不一定相同，在式（3-41b）中考虑到了这一点。定子绕组的零序电压方程与式（3-13）中的相同，不再重复。除了电压不为零外，用 f（除了电压电平参考定子电压电平以外没有进行任何变换）表示的励磁绕组电压平衡方程与阻尼绕组方程相同。

$$v_f = R_f i_f + \frac{d\Psi_f}{dt}$$

(3-41c)

然而，由于气隙不均匀，各种绕组的磁链方程现在涉及励磁电感 L_{md} 和 L_{mq} 的两个不同值。这些电感通过 $L_{md} = (n/2)M_d$ 和 $L_{mq} = (n/2)M_q$ 与相应的相间互感项相关。因此，沿 d 轴和 q 轴的磁链是

$$\Psi_{ds} = (L_{ls} + L_{md})i_{ds} + L_{md}i_{dr} + L_{md}i_f$$

$$\Psi_{qs} = (L_{ls} + L_{mq})i_{qs} + L_{mq}i_{qr}$$

$$\Psi_{dr} = (L_{lrd} + L_{md})i_{dr} + L_{md}i_{ds} + L_{md}i_f$$

$$\Psi_{qr} = (L_{lrq} + L_{mq})i_{qr} + L_{mq}i_{qs}$$

$$\Psi_f = (L_{lf} + L_{md})i_f + L_{md}i_{dr} + L_{md}i_{ds}$$

(3-42)

式中，$L_d = L_{ls} + L_{md}$，$L_q = L_{ls} + L_{mq}$ 是定子 $d-q$ 绕组的自感。在式（3-42）中考虑了励磁绕组仅沿 d 轴产生磁通。通常，d 轴和 q 轴阻尼绕组漏电感可能不同，在式（3-42）中也考虑到了这一点。

应该注意的是，在某些情况下，转子的阻尼绕组除了用两个等效的 q 轴绕组外，还用一个等效的 d 轴绕组［如式（3-41b）和式（3-42）］来建模。在这种情况下，q 轴需要一个电压平衡方程和多个的磁链方程。它们的形式与式（3-41b）和式（3-42）中的 q 轴阻尼绕组表示形式相同，但参数（电阻和漏电感）一般不同。

转换后的电磁转矩方程式（3-40）在转子参考系中具有更简单的形式

$$T_e = p(\Psi_{ds}i_{qs} - \Psi_{qs}i_{ds})$$

(3-43a)

该公式与感应电机的表达公式完全相同［见式（3-23）］。然而，如果使用式（3-42）消除

定子磁通 $d-q$ 轴磁链分量，则由于励磁绕组的存在，以及由于沿两个轴存在不同励磁电感值，由此所得到的方程与感应电机式（3-22）的相应方程不同

$$T_e = p\left[L_{md}(i_{ds} + i_f + i_{dr})i_{qs} - L_{mq}(i_{qs} + i_{qr})i_{ds} \right] \tag{3-43b}$$

式（3-43b）的形式可以重新改写，使得基波转矩分量与磁阻转矩分量无耦合：

$$T_e = p\left[L_{md}(i_f + i_{dr})i_{qs} - L_{mq}i_{qr}i_{ds} \right] + P(L_{md} - L_{mq})i_{ds}i_{qs} \tag{3-43c}$$

这便于对永磁体和同步磁阻电机类型的后续讨论。

式（3-7）的机械运动方程与感应电机相同。原定子相变量与变换后定子 $d-q$ 轴量之间的关系在一般情况和三相情况下分别具有式（3-25）和式（3-24）的表达形式，其中，$\theta_s \equiv \theta = \int \omega dt$。

3.8.3 永磁同步电机

由于永磁同步电机不存在励磁绕组，因此从模型中省略了励磁绕组方程［式（3-41c）和式（3-42）的最后一个方程］。还观察到，永磁体磁链 ψ_m 现在替代 d 轴的磁链方程中的项 $L_{md}i_f$。如果电机有阻尼绕组，则可以用等效的 $dr-qr$ 绕组来表示。因此，永磁电机的电压、磁链和转矩方程可以给出：

$$v_{ds} = R_s i_{ds} + \frac{d\Psi_{ds}}{dt} - \omega\Psi_{qs}$$

$$v_{qs} = R_s i_{qs} + \frac{d\Psi_{qs}}{dt} + \omega\Psi_{ds} \tag{3-44a}$$

$$0 = R_{rd}i_{dr} + \frac{d\Psi_{dr}}{dt}$$

$$0 = R_{rq}i_{qr} + \frac{d\Psi_{qr}}{dt} \tag{3-44b}$$

$$\Psi_{ds} = (L_{ls} + L_{md})i_{ds} + L_{md}i_{dr} + \Psi_m$$

$$\Psi_{qs} = (L_{ls} + L_{mq})i_{qs} + L_{mq}i_{qr} \tag{3-45a}$$

$$\Psi_{dr} = (L_{lrd} + L_{md})i_{dr} + L_{md}i_{ds} + \Psi_m$$

$$\Psi_{qr} = (L_{lrq} + L_{mq})i_{qr} + L_{mq}i_{qs} \tag{3-45b}$$

$$T_e = p\left[\Psi_m i_{qs} + (L_{md}i_{dr}i_{qs} - L_{mq}i_{qr}i_{ds}) \right] + p(L_{md} - L_{mq})i_{ds}i_{qs} \tag{3-46}$$

在转矩方程式（3-46）中，第一和第三项是由定子和转子的相互作用和不均匀磁阻产生的同步转矩，而第二项是异步转矩［同样的结论适用于式（3-43c），适用于具有励磁绕组的同步电机］。该分量仅在速度不同步时存在，由于在同步速度下，在短路的阻尼绕组中不存在电磁感应。

模型式（3-44）~式（3-46）描述了 IPMSM。如果电机没有安装阻尼绕组，则由电力电子变换器供电进行变速运行，只需要从模型式（3-44）~式（3-46）中删除与转子绕组有关的方程。这是由于省略了式（3-44b）和式（3-45b），并且将式（3-45a）和式（3-46）中的转子 $d-q$ 电流设置为零。

如果永磁体是安装在表面的，则通常假设电机具有均匀的气隙，所以 $L_{md} = L_{mq} = L_m$。这使得式（3-45）和式（3-46）中沿两轴的励磁电感相等，因此消除了转矩方程式（3-46）中的磁阻分量。

因此，对于没有阻尼绕组的 SPMSM，可以得到一个非常简单的模型。它由以下等式组成：

$$v_{ds} = R_s i_{ds} + \frac{d\Psi_{ds}}{dt} - \omega\Psi_{qs}$$

$$v_{qs} = R_s i_{qs} + \frac{d\Psi_{qs}}{dt} + \omega\Psi_{ds} \tag{3-47}$$

$$\Psi_{ds} = (L_{ls} + L_m)i_{ds} + \Psi_m$$
$$\Psi_{qs} = (L_{ls} + L_m)i_{qs} \tag{3-48}$$
$$T_e = p\Psi_m i_{qs} \tag{3-49}$$

模型式（3-47）和式（3-48）的电气部分建模通常需要用消除了定子 d–q 轴磁链的形式来表示：

$$v_{ds} = R_s i_{ds} + L_s\frac{di_{ds}}{dt} - \omega L_s i_{qs}$$
$$v_{qs} = R_s i_{qs} + L_s\frac{di_{qs}}{dt} + \omega(\Psi_m + L_s i_{ds}) \tag{3-50}$$

式中，$L_s = L_{ls} + L_m$，永磁磁链对时间的导数为零。无阻尼绕组的永磁电机动态 d–q 轴等效电路如图 3-10 所示。这些适用于 IPMSM；对于 SPMSM，只需要设置 $L_d = L_q = L_s$。如果电机处于稳定状态并且具有正弦相电压，则参考系的速度与同步速度一致，并且式（3-47）[或式（3-50）] 中的 di/dt 项变为零。因此，在平衡对称正弦电源供电的定子绕组的稳态运行中，有适用于 SPMSM 的模型方程：

$$v_{ds} = R_s i_{ds} - \omega L_s i_{qs}$$
$$v_{qs} = R_s i_{qs} + \omega(\Psi_m + L_s i_{ds}) \tag{3-51}$$
$$T_e = p\Psi_m i_{qs}$$

关于定子相和变换变量之间的相关性，与励磁绕组同步电机完全相同。

3.8.4 同步磁阻电机

这种类型的同步电机在转子上没有任何励磁。根据电机是电源供电还是电力电子供电，决定转子具有或不具有笼型绕组。为了获得这种同步电机的模型，只需从 IPMSM 模型中删除与永磁磁通相关的项。因此，由式（3-44）~式（3-46）得到

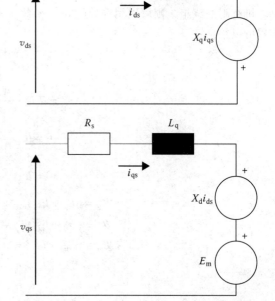

图 3-10 永磁同步电机的等效动态 d–q 电路
（$X_d = \omega L_d$，$X_q = \omega L_q$，$E_m = \omega\psi_m$）

$$v_{ds} = R_s i_{ds} + \frac{d\Psi_{ds}}{dt} - \omega\Psi_{qs} \tag{3-52a}$$
$$v_{qs} = R_s i_{qs} + \frac{d\Psi_{qs}}{dt} + \omega\Psi_{ds}$$
$$0 = R_{rd}i_{dr} + \frac{d\Psi_{dr}}{dt} \tag{3-52b}$$
$$0 = R_{rq}i_{qr} + \frac{d\Psi_{qr}}{dt}$$
$$\Psi_{ds} = (L_{ls} + L_{md})i_{ds} + L_{md}i_{dr} \tag{3-53a}$$
$$\Psi_{qs} = (L_{ls} + L_{mq})i_{qs} + L_{mq}i_{qr}$$

$$\Psi_{dr} = (L_{lrd} + L_{md})i_{dr} + L_{md}i_{ds}$$

$$\Psi_{qr} = (L_{lrq} + L_{mq})i_{qr} + L_{mq}i_{qs} \tag{3-53b}$$

$$T_e = p\left[\left(L_{md}i_{dr}i_{qs} - L_{mq}i_{qr}i_{ds}\right) + \left(L_{md} - L_{mq}\right)i_{ds}i_{qs}\right] \tag{3-54}$$

式中，第一部分是异步转矩；而第二部分是同步转矩。

如果电机在转子上没有笼型绕组，则省略转子电压方程式（3-52b）和转子磁链方程式（3-53b）。因此，这种电机的定子电压方程和电磁转矩呈现非常简单的形式：

$$v_{ds} = R_s i_{ds} + L_d \frac{di_{ds}}{dt} - \omega L_q i_{qs}$$

$$v_{qs} = R_s i_{qs} + L_q \frac{di_{qs}}{dt} + \omega L_d i_{ds} \tag{3-55}$$

$$T_e = p(L_{md} - L_{mq})i_{ds}i_{qs}$$

如果电动势项 $\omega\psi_m$ 设定为零，则 $d - q$ 轴等效电路的形式与图 3-10 相同。

前面已经提到，永磁电机和没有转子阻尼（笼型）同步磁阻电机专门用于电力电子供电和闭环控制，这需要转子瞬时位置的信息。

3.9 结束语

本章对在气隙周围具有正弦 MMF 分布的多相交流电机的建模过程进行了基本回顾，对建模过程进行了系统的描述，不仅包括三相电机，而且包括具有任何相数的电机，包括了所有类型的基于旋转磁场运行的交流电机。这包括各种不同设计的感应电机和同步电机。为简单起见，在引入的假设下，给定的建模过程和各种简化模型在第 3.2 节中依然成立。我们需要做一些适当的总结。

在许多情况下，恒定的电机参数是为了对电机物理上的一些不合理变化进行简化。这些变化有时是由于电机构造引起的，有时是由于考虑到的瞬态现象产生的。例如，参数（电阻和漏电感）随频率的变化在笼型感应电机的转子绕组中是非常重要的，笼型感应电机通常设计为具有深槽绕组，甚至可能存在两个独立的笼型绕组。在这两种情况下，如果将转子表示为具有两个（而不是一个）笼型绕组，则模型的精度会显著提高。在最终模型方面，这取决于扩展方程式（3-20）~式（3-22）［式（3-30）~式（3-32）］，以便表示包含两个转子绕组的电压平衡方程和磁链方程［注意，这也影响转矩方程式（3-22）］。对于更详细的讨论，读者可参考文献［22］。

定子漏感恒定的假设通常是准确的。对于电源供电式感应电机的起动、反向、再接通和类似的瞬态变化等例外情况，定子电流通常可达到定子额定电流的 5 ~ 7 倍。开发了 $d - q$ 轴模型定子漏磁通饱和度的计算方法，这些修改后的模型需要定子漏磁通磁化曲线，这可以从堵转测试中获得。

铁损是磁性损耗，在 $d - q$ 轴模型中它们只能近似表示。通常的处理方式与稳态等效电路相量表示相同。可以在图 3-4 的电路中与励磁支路并联一个等效的铁损电阻。这当然需要用附加方程式来扩展模型，并且对转矩方程进行适当的修改。应该注意的是，只有在电机采用正弦源供电时，这种铁损的描述才相对准确地反映这种现象。

到目前为止，最不充分的假设是磁化特性的线性关系，这使得励磁（互感）电感（或同步电机中的电感）恒定。这适用于感应电机和同步电机。甚至在这样的情况下，这种假设本质上意味着某些运行条件根本无法模拟，例如，单机笼型感应发电机的自励。正是由于这个原因，在过去 30 年里，在感应电机和同步电机的 $d - q$ 轴模型中关于磁通饱和度的研究已经进行了大量的工作。现在可以使用许多改进的电机模型计算磁通量饱和度（并因此利用电机的磁化特性）。参考文献〔14，20，21〕中讨论了一些方法。原则上，电机模型总是变得比忽略主磁通饱和的情况复杂得多。

最后，所有绕组的电阻随工作温度而变化。因为在 $d-q$ 模型中温度不作为变量存在，所以除非将 $d-q$ 模型与适当的电机热模型相结合，否则不考虑这种变化。

参 考 文 献

1. C.L. Fortescue, Method of symmetrical co-ordinates applied to the solution of polyphase networks, *AIEE Transactions, Part II*, 37, 1027–1140, 1918.

2. R.H. Park, Two-reaction theory of synchronous machines—I, *AIEE Transactions*, 48, 716–731, July 1929.

3. E. Clarke, *Circuit Analysis of A-C Power*, Vols. 1 and 2, John Wiley & Sons, New York, 1941 (Vol. 1) and 1950 (Vol. 2).

4. K.P. Kovács and I. Rácz, *Transiente Vorgänge in Wechselstrommaschinen*, Band I und Band II, Verlag der Ungarischen Akademie der Wissenschaften, Budapest, Hungary, 1959.

5. C. Concordia, *Synchronous Machines: Theory and Performance*, John Wiley & Sons, New York, 1951.

6. B. Adkins, *The General Theory of Electrical Machines*, Chapman & Hall, London, U.K., 1957.

7. D.C. White and H.H. Woodson, *Electromechanical Energy Conversion*, John Wiley & Sons, New York, 1959.

8. W.J. Gibbs, *Electric Machine Analysis Using Matrices*, Sir Isaac Pitman & Sons, London, U.K., 1962.

9. S. Seely, *Electromechanical Energy Conversion*, McGraw-Hill, New York, 1962.

10. K.P. Kovács, *Symmetrische Komponenten in Wechselstrommaschinen*, Birkhäuser Verlag, Basel, Switzerland, 1962.

11. M.G. Say, *Introduction to the Unified Theory of Electromagnetic Machines*, Pitman Publishing, London, U.K., 1971.

12. H. Späth, *Elektrische Maschinen*, Springer-Verlag, Berlin/Heidelberg, Germany, 1973.

13. N.N. Hancock, *Matrix Analysis of Electrical Machinery* (2nd edn.), Pergamon Press, Oxford, U.K., 1974.

14. P.M. Anderson and A.A. Fouad, *Power System Control and Stability*, The Iowa State University Press, Ames, IA, 1980.

15. J. Lesenne, F. Notelet, and G. Seguier, *Introduction à l'elektrotechnique approfondie*, Technique et Documentation, Paris, France, 1981.

16. Ph. Barret, *Régimes transitoires des machines tournantes électriques*, Eyrolles, Paris, France, 1982.

17. J. Chatelain, *Machines électriques*, Dunod, Paris, France, 1983.

18. A. Ivanov-Smolensky, *Electrical Machines*, Part 3, Mir Publishers, Moscow, Russia, 1983.

19. I.P. Kopylov, *Mathematical Models of Electric Machines*, Mir Publishers, Moscow, Russia, 1984.

20. K.P. Kovács, *Transient Phenomena in Electrical Machines*, Akadémiai Kiadó, Budapest, Hungary, 1984.

21. P.C. Krause, *Analysis of Electric Machinery*, McGraw-Hill, New York, 1986.

22. I. Boldea and S.A. Nasar, *Electric Machine Dynamics*, Macmillan Publishing, New York, 1986.

23. G.J. Retter, *Matrix and Space-Phasor Theory of Electrical Machines*, Akadémiai Kiadó, Budapest, Hungary, 1987.

24. E. Levi, Multiphase electric machines for variable-speed applications, *IEEE Transactions on Industrial Electronics*, 55(5), 1893–1909, 2008.

25. T.A. Lipo and F.X. Wang, Design and performance of a converter optimized AC machine, *IEEE Transactions on Industry Applications*, 20, 834–844, 1984.

26. D.F. Gosden, An inverter-fed squirrel cage induction motor with quasi-rectangular flux distribution, *Proceedings of the Electric Energy Conference*, Adelaide, Australia, 1987, pp. 240–246.

27. E. Levi, R. Bojoi, F. Profumo, H.A. Toliyat, and S. Williamson, Multiphase induction motor drives—A technology status review, *IET—Electric Power Applications*, 1(4), 489–516, 2007.

第4章 感应电动机

4.1 总则和结构特点

感应电动机的运行基于伽利略·法拉第在 1885 年发现的旋转磁场理论。尼古拉·特斯拉后来首次利用该理论并发明了众所周知的第一台感应电机。旋转磁场由嵌入在固定磁结构（称为定子）里的多相绕组产生。这种定子磁场在旋转磁结构（下面称为转子）内置的多相绕组中产生了电动势（e. m. f.）和电流系统。因为定子和转子之间有恒定气隙，所以感应电动机的磁场结构是各向同性的。定子和转子绕组位于定子和转子叠片中的冲压槽中，如图 4-1 所示。

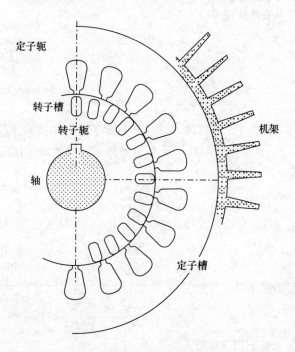

图 4-1 感应电动机横截面图

与定子相数不同，转子绕组可以有多相，但是定子和转子的极数应该是相同的。为了简单起见，以下所述的理论方法将使用一个两极电机作为参考。当一般有效方程要求定义极数时，方程式中必须包含极数。电机供电电压应为三相对称正弦电压。以下采用的电路考虑了相量理论，但是相关方程式仅考虑了相量的幅值。

使用三相正弦电源，定子绕组将会产生一个与定子和转子绕组相互作用的旋转磁场。在单相定子绕组中，将会产生电动势，幅值为 E_s，有

$$E_s = K_s \Phi \omega_s \tag{4-1}$$

式中，K_s 是定子绕组常数；Φ 是磁通量；ω_s 是旋转磁场角速度。

我们考虑转子的绕组是开路的。转子绕组存在于以角速度 ω_s 旋转的旋转磁场中。结果，在转子单相绕组中，转子相电动势可以写成

$$E_r = K_r \Phi \omega_s \tag{4-2}$$

式中，K_r 是转子绕组常数；Φ 是磁通量；ω_s 是旋转磁场角速度。

K_s 和 K_r 是考虑到定转子绕组特性的系数（如匝数、绕组拓扑等）。

在这些条件下，感应电动机可以等效为一个变压器，磁通变化是由于在空间以恒定幅值旋转的正弦磁通引起的。然而传统变压器的磁通在空间上是固定的，但它的幅值会变化。因此，感应电动机的电压比可以近似定义为 $t = K_s/K_r$。

相对于定子相数，转子有不同相数的情况下，感应电动机允许对初级绕组（定子）和次级绕组（转子）之间的电压和相数进行修改。现在，我们考虑转子以机械角速度 ω_m 旋转，并且转子绕组是开路的。转子电动势等于

$$E_r = K_r \Phi (\omega_s - \omega_m) \tag{4-3}$$

两个速度之差 $(\omega_s - \omega_m)$ 是转子相对于定子磁场的速度，定义为绝对转差。绝对转差和旋转磁场速度 ω_s 的比值定义为相对转差（通常简称为转差率），并且它在感应电动机研究中是一个基本量。转差率由以下关系式定义：

$$s = \frac{\omega_s - \omega_m}{\omega_s} \tag{4-4}$$

也可定义为

$$s_\% = \frac{\omega_s - \omega_m}{\omega_s} \times 100\% \tag{4-5}$$

当转子静止时，转差率为 1，而当转子以一个与定子磁场相同的速度旋转时，转差率为 0。现在可以确定转子以 ω_m 的速度旋转时的转子电量的频率。旋转磁场速度（以 r/min 表示），定子电频率 f_s 以及极对数 p 之间的关系为

$$n_s = \frac{60 f_s}{p} \tag{4-6}$$

那么，定子电频率为

$$f_s = \frac{n_s p}{60} \tag{4-7}$$

类似地，转子电量的频率可以写成

$$f_r = \frac{(n_s - n_m) p}{60} \tag{4-8}$$

分子分母同乘以 n_s，得到以下重要的关系式：

$$f_r = \frac{(n_s - n_m) p}{60} \frac{n_s}{n_s} = \frac{n_s - n_m}{n_s} \frac{n_s p}{60} = s f_s \tag{4-9}$$

这表明转子电量的频率取决于定子电量的频率和转差率。当转子静止时，转子电量的频率与定子电量的频率相等，而当转子以定子磁场的速度旋转时，转子电频率为零。现在我们考虑转子静止但转子绕组短路闭合的情况。在这些条件下，根据众所周知的电磁方程，转子电动势能够产生转子电流，与气隙中的磁通密度共同作用下产生机械力。因而，在转子绕组短路的情况下，转子在转矩的作用下跟随定子旋转磁场运动。

如上文所述，感应电动机可以完全等效成一个旋转场变压器，那么，感应电动机的等效电路

拓扑与变压器的电路拓扑相似，次级绕组处于短路状态。单相感应电动机的等效电路如图 4-2 所示。

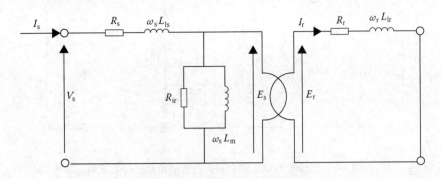

图 4-2 单相感应电动机的等效电路

V_s—定子相电压 　R_s—定子相绕组电阻 　L_{ls}—定子相漏电感 　ω_s—定子的角频率

R_{ir}—铁损等效电阻 　L_m—励磁电感 　E_s—定子电动势 　E_r—转子电动势

R_r—转子相绕组电阻 　L_{lr}—转子相漏电感 　ω_r—转子的角频率

　　关于众所周知的变压器等效电路，要着重强调的是定子和转子电量的频率不同。从理论上看，除了经典的电压变换，图 4-2 所示的理想变压器能够在不同的频率下连接两个电路。这时，理想的变压器被认为是能够改变电压幅度和频率的特殊器件。要着重强调的是，从物理角度来看，理想的变压器可以通过定子和转子之间的气隙将定子的电能转化为转子的机械能。由于在不同频率的系统中，平均功率总是为零，所以在气隙中，这些量必须以相同的频率共同作用。因为，相对于气隙中稳定的参考系，定子以 ω_s 角频率旋转。转子以角速度 ω_m 旋转，而转子量角频率为 ω_r。因此，结果产生 $\omega_r + \omega_m$ 的角频率。如前所示，$\omega_r + \omega_m$ 的和恰好是角频率 ω_s。因此，相对于位于气隙中的参考系，定子和转子具有相同的频率，在定子和转子之间实现能量传递与机电转换。在图 4-2 所示的电路中，由于对转子电气方程的一些简单考虑，不同频率的两个网络可以看成一个单频率电路。转子电动势可以写成

$$E_r = K_r \Phi 2\pi f_r \qquad (4\text{-}10)$$

　　因为转子频率定义为 $f_r = sf_s$，转子电动势可以写成

$$E_r = K_r \Phi 2\pi sf_s \qquad (4\text{-}11)$$

　　现在介绍在单位转差下的转子电动势 E_r（1），即当转子静止，并且转子量与定子量的频率相同时的转子电动势。因此，转子电动势可以写成

$$E_r = sE_r(1) \qquad (4\text{-}12)$$

　　相似的方法可以用于转子漏电抗，实际上它可以定义为

$$X_{lr} = \omega_r L_{lr} = 2\pi f_r L_{lr} = 2\pi sf_s L_{lr} \qquad (4\text{-}13)$$

　　在单位转差率下的漏电抗 X_{lr}（1）（转子静止时的转子漏电抗）可以写为

$$X_{lr} = sX_{lr}(1) \qquad (4\text{-}14)$$

　　随着在 E_r 和 X_{lr} 表达式中引入转差率，所有的转子量现在与定子频率相关，图 4-3 中描绘了对应的新等效电路。为了便于表达，忽略索引（1），转子电路的方程可以被重写为

$$sE_r = R_r I_r + jsX_{lr} I_r \qquad (4\text{-}15)$$

　　假设转差率总是不等于零，所以可以将之前的关系式除以转差率，得到

$$E_r = \frac{R_r}{s} I_r + jX_{lr} I_r \qquad (4\text{-}16)$$

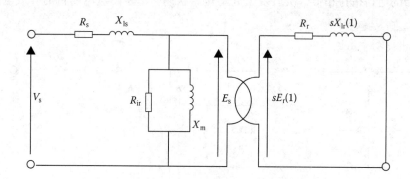

图 4-3　转子量与定子频率相关的感应电动机等效电路

并得到图 4-4 所示的等效电路。

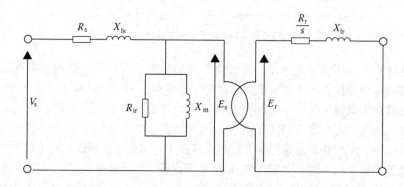

图 4-4　转子电阻为 R_r/s 时的感应电动机等效电路

需要强调的是，在图 4-4 所示的等效电路中，转子笼条中存在的趋肤效应被忽略了。现在可以根据图 4-4 所示的等效电路来写感应电机的功率平衡表达式。定子吸收的有功功率为

$$P_s = 3V_s I_s \cos\varphi_s \tag{4-17}$$

在定子中，定子焦耳损耗 $P_{js} = 3R_s I_s^2$ 和铁损 $P_{Fe} = 3(E_s^2/R_{ir})$ 都是有用功。吸收的电功率和定子损耗之差为定子传递给转子的功率 P_T

$$P_T = P_s - P_{js} - P_{Fe} \tag{4-18}$$

参考图 4-4 的单相等效电路，传输功率决定于电阻 R_r/s，并且可以写成以下关系

$$P_T = 3\frac{R_r}{s}I_r^2 \tag{4-19}$$

从物理的角度来看，因为转子绕组具有实际电阻 R_r，转子焦耳损耗是

$$P_{jr} = 3R_r I_r^2 \tag{4-20}$$

由转子功率平衡表明，传输功率和转子焦耳损耗之差必须转换为机械功率 P_m

$$P_m = P_T - P_{jr} = 3\frac{R_r}{s}I_r^2 - 3R_r I_r^2 = 3\frac{1-s}{s}R_r I_r^2 \tag{4-21}$$

式中，与电阻相关的功率 $(1-s)R_r/s$ 代表机械功率。图 4-5 所示为新的等效电路。

利用之前的方程式，传输功率与转子焦耳损耗之间的关系如下：

$$P_{jr} = sP_T \tag{4-22}$$

这种关系表明，转差率可以被认为是转子焦耳损耗和机械功率之间的传输功率的功率分配器。特别地，在转差为 1 时，所有的传输功率作为焦耳损耗被耗散在转子中；对于值不为 1 的转差率"s"，机械功率由比率 $(1-s)/s$ 定义。

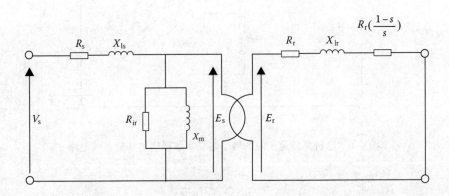

图 4-5 转子电阻 R_r 和机械功率的等效电阻 $R_r(1-s)/s$ 分离后的感应电动机等效电路

4.2 转矩特性测定

基于以前定义的等效电路，可以得到由电机产生的机械转矩和转矩 – 速度特性。在气隙中有效的电磁转矩 T_T 是传输功率与旋转磁场的角速度之比，用以下方程式表示：

$$T_T = \frac{P}{\omega_s} = \frac{3(R_r/s)I_r^2}{\omega_s} \tag{4-23}$$

这个方程式非常重要，因为它证明了转矩和传输功率之间的明确比例。这意味着为了获得转矩，必须将正确的传输功率传递给转子。机械转矩由电阻 $(1-s)R_r/s$ 的电功率和转子角速度之比率定义，正如以下关系式所示：

$$T_m = \frac{P_m}{\omega_r} = \frac{3[(1-s)/s]R_rI_r^2}{\omega_r} \tag{4-24}$$

转子速度和旋转磁场速度通过转差以 $\omega_r = (1-s)\omega_s$ 联系起来，可以获得以下关系：

$$T_m = \frac{P_m}{\omega_r} = \frac{3[(1-s)/s]R_rI_r^2}{\omega_r} = \frac{3[(1-s)/s]R_rI_r^2}{(1-s)\omega_s} = T_T \tag{4-25}$$

前面的等式显示电磁转矩和机械转矩相同。显然，机械转矩包括转子的所有摩擦和风阻损耗。可以从先前确定的机械转矩减去这些损耗来获得净转矩。另外，值得注意的是，当转子静止时（$s=1$），转矩不等于零，这个转矩是电机起动转矩。现在可以将转子参数从转子侧移动到定子侧；这种方式可以避免理想的变压器，因为它总是短路的，并获得图 4-6 的最终等效电路。

参考变压器的典型等效电路，由于励磁电流较大，不可能将空载参数 R_{ir} 和 X_m 移动到定子参数上去。

事实上，在感应电动机中，气隙的存在需要一个励磁电流，它可以是额定电流的 40% ~ 60%，具体多少取决于电机的尺寸。使用以前的等效电路，可以用分析法定义感应电动机的转矩特性。为了简化分析中的电路，可以确定转子的戴维南等效电路。此外，为了使方程式更容易书写，所有的峰值都不会再折算，转子参数值已经折算到定子侧。戴维南转子等效电压可以写为

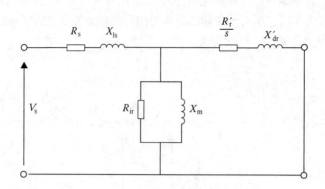

图4-6　已折算到定子侧的转子电气参数感应电动机等效电路

$$V_{\mathrm{eq}} = \frac{V_{\mathrm{s}}}{(R_{\mathrm{s}} + \mathrm{j}X_{\mathrm{ls}}) + Z_{\mathrm{p0}}} z_{\mathrm{p0}} \tag{4-26}$$

式中，Z_{p0} 是铁损的等效电阻 R_{ir} 和励磁电抗 X_{m} 并联得到的阻抗。戴维南等效阻抗为

$$Z_{\mathrm{eq}} = \frac{(R_{\mathrm{s}} + \mathrm{j}X_{\mathrm{ls}})Z_{\mathrm{p0}}}{(R_{\mathrm{s}} + \mathrm{j}X_{\mathrm{ls}}) + Z_{\mathrm{p0}}} = R_{\mathrm{eq}} + X_{\mathrm{eq}} \tag{4-27}$$

新的简化电路如图4-7所示。

转子电流相量的幅值可以很容易地计算出来

$$|I_{\mathrm{r}}| = \frac{V_{\mathrm{eq}}}{\sqrt{(R_{\mathrm{eq}} + R_{\mathrm{r}}/s)^2 + (X_{\mathrm{eq}} + X_{\mathrm{lr}})^2}} \tag{4-28}$$

因此，可以通过以下关系获得传输功率：

$$P_{\mathrm{T}} = 3\frac{R_{\mathrm{r}}}{s}I_{\mathrm{r}}^2 = 3\frac{R_{\mathrm{r}}}{s}\frac{V_{\mathrm{eq}}^2}{(R_{\mathrm{eq}} + R_{\mathrm{r}}/s)^2 + (X_{\mathrm{eq}} + X_{\mathrm{lr}})^2} \tag{4-29}$$

考虑到极对数 p，电磁转矩可写为

$$T_{\mathrm{m}} = 3\frac{p}{\omega_{\mathrm{s}}}V_{\mathrm{eq}}^2\frac{R_{\mathrm{r}}/s}{(R_{\mathrm{eq}} + R_{\mathrm{r}}/s)^2 + (X_{\mathrm{eq}} + X_{\mathrm{lr}})^2} \tag{4-30}$$

显然，转矩和电源电压之间是二次方关系。因此，这意味着转矩对电压变化高度敏感。现在可以从图形角度来确定转矩和转差之间的特性，并考虑转矩 – 转差函数极限，如转差等于零时以及转差等于无穷大时的情况。随着转差趋于0，可以做近似假设 $R_{\mathrm{eq}} \ll R_{\mathrm{r}}/s$ 和 $R_{\mathrm{r}}^2/s^2 \gg (X_{\mathrm{eq}} + X_{\mathrm{lr}})^2$；小转差的转矩关系可以写为

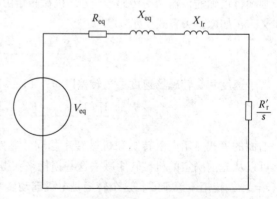

图4-7　图4-6的戴维南等效电路

$$T_{\mathrm{T}}(s \rightarrow 0) \cong 3\frac{p}{\omega_{\mathrm{s}}}V_{\mathrm{eq}}^2\frac{s}{R_{\mathrm{r}}} \tag{4-31}$$

这意味着，对于小转差，转矩特性和转差呈线性关系。当转差趋于无穷大时，可以假定不等式 $R_{\mathrm{eq}} \gg R_{\mathrm{r}}/s$ 成立。

那么，转矩关系式可以写为

$$T_{\mathrm{T}}(s \rightarrow \infty) \cong 3 \frac{p}{\omega_{\mathrm{s}}} V_{\mathrm{eq}}^{2} \frac{R_{\mathrm{r}}/s}{R_{\mathrm{eq}}^{2} + (X_{\mathrm{eq}} + X_{\mathrm{lr}})^{2}} \tag{4-32}$$

这意味着对于无穷大的转差率，转矩特性可以假设为关于转差率的双曲线函数。基于这些考虑，如图 4-8 所示，可以绘制转矩和转差率特性图，其中在转差率范围 $-1 \sim +1$ 中考虑负转差率（制动或发电机运行）和正转差率（电动机运行）。考虑转差率与机械转子转速 $\omega_{\mathrm{m}} = \omega_{\mathrm{s}}(1-s)$ 的关系，可以很快得到转矩和转子转速的关系，如图 4-9 所示。两者的关系是镜像的，当转差率为 1 时，转子速度为 0，而当转差率为 0 时，转子速度等于旋转磁场速度。从机械特性上看，起动转矩（转速等于零时的转矩）和峰值转矩非常明显。

转矩 - 速度特性的稳定部分由峰值转矩和转速 ω_{s} 界定。在转矩特性的基础上，可以证明转子功率平衡，如图 4-10 所示，其中 P_{T} 是矩形区 $T_{\mathrm{L}}\omega_{\mathrm{s}}$，$P_{\mathrm{mech}}$ 是矩形区 $T_{\mathrm{L}}\omega_{\mathrm{mech}}$，$P_{\mathrm{jr}}$ 是矩形区 $P_{\mathrm{T}} - P_{\mathrm{mech}}$。

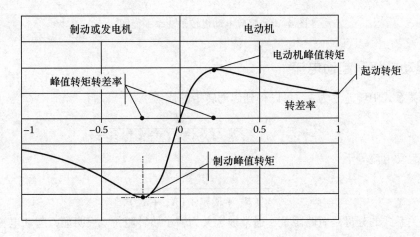

图 4-8　感应电动机转矩与转差率特性图

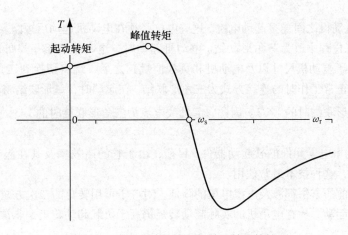

图 4-9　感应电动机转矩与转子转速特性图

那么如上文讨论的，很明显，转差的功能就像转子焦耳损耗 P_{jr} 和被转换的机械能 P_{mech} 之间的传输功率 P_{T} 的分配器。

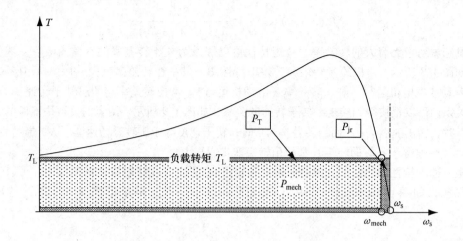

图 4-10 感应电动机转子功率平衡图

4.2.1 起动转矩和起动电流

使转矩关系式中转差率为1，可以得到起动转矩的值为

$$T_{start} = 3 \frac{p}{\omega_s} V_{eq}^2 \frac{R_r}{(R_{eq} + R_r)^2 + (X_{eq} + X_{lr})^2} \tag{4-33}$$

同样，起动电流等于

$$I_{start} = \frac{V_{eq}}{\sqrt{(R_{eq} + R_r)^2 + (X_{eq} + X_{lr})^2}} \tag{4-34}$$

前一个关系式的分母是短路阻抗，通常被定义为转子堵转阻抗。很明显，起动电流对应于堵转转子电流，也称为短路电流。起动电流相对于额定电流的值非常高，这对电动机本身和电动机电源来说是一个严重的问题。可以采用不同的技术来限制起动电流。特别地，以下技术是最常用的：

- 在电源和电动机之间连接起动电抗。这些电抗必须在电动机起动后短路。
- 在起动瞬态过程中改为三角形联结。电动机起动时，电动机绕组呈星形联结，并在规定的时间间隔（取决于电动机尺寸以及电动机和负载惯量）之后，绕组切换到三角形联结。显然，该方法需要电动机正常工作时的连接方式为三角形联结。在起动时，星形联结将使得施加在每一相上的电压为三角形联结时的$1/\sqrt{3}$。因此，起动线电流为三角形联结时的1/3，起动转矩能力也会随之降低。
- 基于固态功率电子元件的软起动器件。目前，由于它的高效率及其在起动瞬态过程中控制起动电流的能力，这种技术最常使用。

显然，所有先前的方法都涉及电源电压的降低，对应于可用转矩的二次方减小。因此，为了保证电动机的正常起动，检查电动机的实际起动转矩仍高于负载起动转矩是非常重要的。

4.2.2 峰值转矩

根据转矩分析表达式，可以确定峰值转矩关系。由于转矩和传输功率之间的线性关系，峰值转矩对应峰值传输功率。在正弦电源中，当电源的等效阻抗值等于负载电阻时，达到有功功率传输的峰值。因此，当以下条件实现时，将获得峰值传输功率：

$$\sqrt{R_{eq}^2 + (X_{eq} + X_{1r})^2} = \frac{R_r}{s} \tag{4-35}$$

与传输功率峰值对应的转差率称为峰值转矩转差率 s_{Tx}，由下式定义：

$$s_{Tx} = \frac{R_r}{\sqrt{R_{eq}^2 + (X_{eq} + X_{1r})^2}} \tag{4-36}$$

因为在感应电动机中，术语 $X_{eq} + X_{1t}$ 实际上等于电动机总漏电抗 X_{1t}，总漏电抗远大于等效电阻（$X_{1t} \gg R_{eq}$），所以可以简化峰值转矩转差率，如以下关系式所示：

$$s_{Tx} \cong \frac{R_r}{X_{1t}}$$

考虑转矩方程式中的简化峰值转矩转差率 s_x，可以获得如下电动机峰值转矩的值：

$$T_x \cong 3\frac{p}{\omega_s}V_{eq}^2 \frac{X_{1t}}{X_{1t}^2 + (R_{eq} + X_{1t})^2} \tag{4-37}$$

此外，因为 $X_{1t} \gg R_{eq}$，最终峰值转矩的简化方程式可以写为

$$T_x \cong 3\frac{p}{\omega_s}V_{eq}^2 \frac{1}{2X_{1t}} \tag{4-38}$$

显然，峰值转矩与总漏电抗成反比。换句话说，在感应电动机的设计过程中，电动机漏电抗是关键参数，因为它决定了电动机产生高峰值转矩的能力。应用于工业的感应电动机的峰值转矩与额定转矩的比值在 1.5 ~ 2.5 的范围内。因此，感应电动机具有良好的转矩过载能力。

4.3　感应电动机铭牌数据

主要的感应电动机铭牌数据如下所示：

额定功率 P_R：电动机轴的机械额定功率。

额定转速 n_R：电动机在额定转矩下工作时的电动机转速。

额定转矩 T_R：可通过额定功率与额定角速度之比获得。

额定电压 V_R：线电压，取决于绕组联结方式。

额定电流 I_R：电动机在额定功率工作时的线电流。

额定功率因数 φ_R：额定条件下的电动机功率因数。

利用上述铭牌数据，可以使用以下关系定义吸收的额定电功率：

$$P_e = \sqrt{3}V_R I_R \cos\varphi_R$$

效率为额定功率和先前定义的额定电功率之间的比率。

此外，在电动机数据表中，总是提供以下三个比值，这些比值对基于负载要求的电机选择非常重要：

- 峰值转矩与额定转矩之比；
- 起动转矩与额定转矩之比；
- 起动电流与额定电流之比。

考虑到损耗分离，定义以下损耗值，并通过之前讨论的等效电路来计算：

- 定子焦耳损耗 $3R_s I_s^2$；
- 转子焦耳损耗 $3R_r I_r^2$；
- 铁损 $3E^2/R_{ir}$；
- 机械损耗、风阻和额外的损耗。

所有等效电路参数、机械损耗、风阻和额外的损耗可以通过国际标准如 IEEE 112 方法 B 定义的空载（no‑load）和堵转（locked‑rotor）试验得到。

4.4 感应电动机拓扑

从电学的角度来看，感应电动机定子由能产生旋转磁场的三相绕组系统构成。在第一次近似中，定子特性不影响电动机转矩 – 速度特性。相反，电动机转矩 – 速度特性在很大程度上取决于所使用的转子类型，可以实现绕线转子和笼型转子的拓扑结构。

4.4.1 绕线转子

转子绕组以和定子相同的方式用铜线绕制。

定子和转子可以具有不同的相数，但它们必须具有相同的极数。转子绕组通常呈星形联结，三个自由端子连接到三环系统（见图 4-11）。显然，实现短路连接或连接可能的外部负载的电刷是必要的。典型的负载是用于限制起动电流和增加起动转矩的三相电阻系统。由于这种电机成本高，现在绕线转子感应电动机几乎已经停产了。绕线转子感应电动机仍然在大功率场合应用（通常是中等功率的兆瓦级电机），因为从经济角度来看，用笼型电机替代是非常费力的。

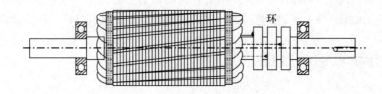

图 4-11　绕线转子感应电动机

4.4.2 笼型转子

笼型转子绕组通过安装在转子槽中的铝或铜条系统实现。导条端连接到两个相同材料的短路环上，如图 4-12 所示。

特别地，铝转子笼是使用压铸工艺构建的，可以同时实现完整的笼（导条加环）。从电学的角度来看，笼本身能够产生一个等效绕组系统，其极数等于定子的极数，相数等于导条数。

4.4.2.1 双笼型转子

可以使用内转子笼和外转子笼构建双笼型转子。由于其在转子层叠中的位置，内笼相对于外笼具有较高的漏电抗。这是因为内笼被转子磁性材料完全包围，这增加了槽漏磁通。相

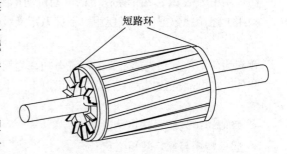

图 4-12　笼型感应电动机转子

反，外笼靠近电机气隙，槽漏磁通较小。当转子电频率与定子的电频率相同时，两个笼的不同漏电抗值在电动机起动时起着重要的作用。两个笼中的电流分布实际上是由两个漏电抗引起的，并且电流从具有较高电抗的内笼移动到具有较低漏电抗的外笼。同时，由于电流从内笼转移到外笼，随着等效转子电阻的增加，总的可用导条的部分将减少。下面简要描述的这种现象是众所

周知的趋肤效应。趋肤效应在起动瞬态过程中引起等效转子电阻的连续变化，起动电流降低和起动转矩增加。换句话说，等效转子电阻随转子电频率（$f_r = sf_s$）的增加而增加；因此，等效转子电阻在转子静止时（$s = 1$）最高，在正常工作条件下（百分之几的转差率是很典型的）最小。很明显，在电动机设计过程中，使用更合适的两个笼的漏电抗和电阻可以获得不同的转矩特性曲线。以这种方式，电动机可以产生转矩与速度特性，从而适应负载转矩与速度。

4.4.2.2　深槽式转子

在中小功率电动机中，可以使用单笼获得趋肤效应，其中槽的深宽比较大，如图4-13所示。

存在趋肤效应是因为槽的下部相对于外部具有更高的漏电抗值。大多数感应电动机都是用深槽式笼型转子制成的。

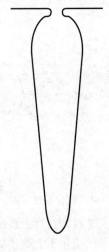

图 4-13　深槽形状的例子

4.5　感应电动机调速

由于转矩－速度特性曲线的稳态部分斜率较大，感应电动机可以被认为是一种近似恒速的电机。因此，负载转矩的变化对转子转速的影响较小。从应用的角度来看，用户一直以来都要求对感应电动机实现调速功能，这通常需要速度有较宽的变化范围。

用于修改或调节感应电动机速度的方式有三种：

① 调节极对数。
② 调节转子电阻。
③ 调节供电频率。

4.5.1　调节极对数

可以使用合适的定子绕组结构来改变电机极数。由于旋转磁场速度（r/min）与极对数（$n_s = 60f/p$）有关，可以用离散的方式改变转子速度。从实际的角度来看，转子速度在两个值之间变化。例如，旧式洗衣机中广泛应用的单相感应电动机中，选择较低速度用于洗涤，选择较高速度用于甩干。

4.5.2　调节转子电阻

因为转子绕组需要连接到外部电阻上，所以这种速度调节只适用于绕线转子电机，如图4-14所示。从峰值转矩、转差率关系 $s_{Tx} = R_r/X_{lr}$ 和峰值转矩方程 $T_x = 3(pV_{eq}^2/\omega_s)[1/(2X_{lt})]$ 可知，显然，在第一次逼近中，转子电阻变化导致了转差率变化，而峰值转矩值没有变化。特别是在转子电阻增加时，会导致转矩－速度特性下滑，如图4-14所示。

因此，在恒定的负载转矩下，转子将根据转子电阻的增加以较低的速度旋转。根据电机功率守恒可以很好地理解这一特征。如前所述，在恒定转矩下，恒定的传输功率将被传递给转子，$P_T = 3 (R_r/s) I_r^2$。因为传输功率与转矩之间的关系为 $P_T = T_T\omega_s$，所以可以将转矩写为

$$T_T = \frac{3}{\omega_s}\frac{R_r}{s}I_r^2 \tag{4-39}$$

该等式表明，当转子电阻和转差率之比不变时，在恒定转矩下，电流也是恒定的。因此，随

着转子电阻的增加，随着被转换的机械功率的减少，随着转子焦耳损耗的增加，大量的传输功率被消耗。在恒定转矩下，这意味着转子转速的降低。

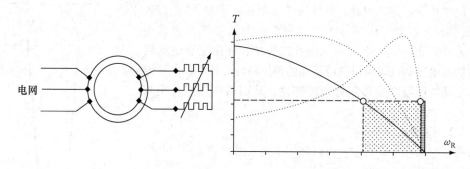

图 4-14　转子电阻对转矩 – 速度特性的影响

这种调速技术在过去被频繁使用，但由于效率低下，现在已经完全不使用了。无论如何，这种速度调节法应用于大型感应电动机，其中由于存在固态功率变换器，传输功率与转换机械功率之差可以在主电源中被回收利用。功率变换器位于转子输出端和电源之间，使以转子频率工作的转子电路与以定子频率工作的主电网连接，如图 4-15 所示。如前所述，这种速度调节仍然可以在大型电机中可以用到，在这些电机中，高动态调速不是强制性的。

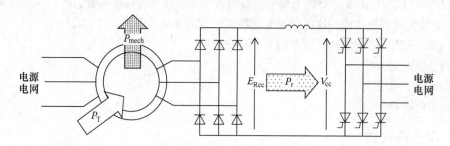

图 4-15　使用转子和电源端口之间的功率变换器的速度调节

4.5.3　调节供电频率

在以前的解决方案中，在恒定的供电频率下进行速度调节，在这种情况下，根据等式 $n_s = 60f/p$ 调节电源频率来获得连续的调速。

为了进行频率调节，需要在电源和感应电动机之间连接变频装置，通常称为变频器。所有的逆变器拓扑结构都不产生正弦电压，但在这种分析中，如果电机由频率调节的理想正弦电压电源供电会很方便。为了更好地了解当电源频率改变时电机中的变化，用以下式子可以便捷地表示定子电动势：

$$E_s = K_s \Phi \omega_s = K_s \Phi 2\pi f_s \tag{4-40}$$

该等式表明，为了具有恒定的电机磁通量，定子电压和频率必须同时改变，如下式所示：

$$\Phi = \frac{E_s}{K_s 2\pi f_s} \tag{4-41}$$

因此，按照图 4-16 所示的线性定律，逆变器必须能够同时调节频率和电压。在这个假设下，磁通是恒定的，转矩与速度特性随频率移动，如图 4-17 所示。这种调整通常仅限制于最大频率和额定电压的情况。

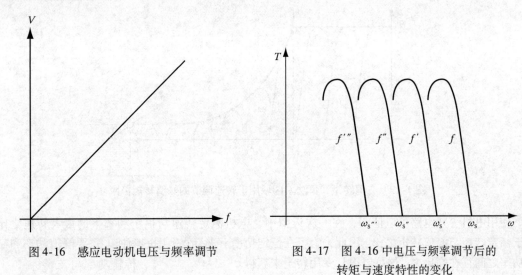

图 4-16　感应电动机电压与频率调节　　　图 4-17　图 4-16 中电压与频率调节后的
转矩与速度特性的变化

为了使转子转速超过额定转速，需要在恒定电压下减少电机磁通以增加频率，且减少在额定电流下产生的转矩，如图 4-18 所示。因此，他励直流电机的速度调节类似，可以在恒转矩和恒功率下定义速度调节。

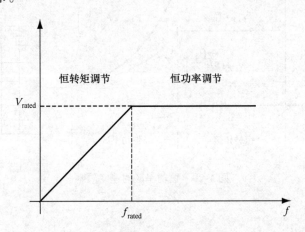

图 4-18　用于感应电动机调速的恒转矩和恒功率区

在整个频率范围内，转矩对速度特性的关系曲线如图 4-19 所示。在恒功率的调速期间，峰值转矩的降低是不可避免的。在一次近似情况下，考虑到恒定电压下的峰值转矩和可变频率的关系，可以分析这一现象。由于总漏电抗为 $X_{lt} = 2\pi f_s L_{lt}$，峰值转矩关系可以表示为

$$T_x = 3p \frac{V_{eq}^2}{\omega_s} \frac{1}{2L_{lt}\omega_s} = 3p \frac{V_{eq}^2}{4\pi L_{lt}f_s^2} \tag{4-42}$$

其中恒定电压和可变频率下的峰值转矩与频率的二次方成反比。考虑到恒功率负载的前提下（负载转矩与速度成反比），峰值转矩曲线和恒功率下的转矩曲线将相交在一个点上，从而确定恒功率下的调速的最大频率（即最大速度），如图 4-20 所示。显然，离开恒功率区域，在峰值转矩下功率曲线呈下降趋势，可以进一步提高速度。然而，这种负载条件是实际中不会遇到的。

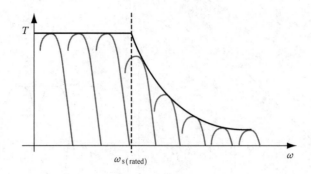

图 4-19　在恒转矩和恒功率区域用于转速调节的峰值转矩极限

使用电机等效电路可以证明，在一次近似中，电机额定转速与恒定功率下的最大转速之比等于额定转矩与峰值转矩之比。因此，为了在恒定功率下进行宽范围的调速，需要峰值功率和额定功率之间存在高比率。这可以设计专用转子来获得。

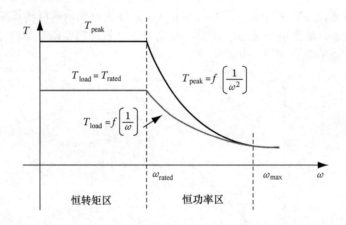

图 4-20　恒功率区的速度限制

4.6　注意事项

本章阐述并不是绝对详尽的，因为为了使方法简单明了，已经做了几次简化。显然，在描述电机理论的电机书籍和描述速度调节的电气驱动相关书籍中可以找到感应电动机的完整分析[1-4]。特别地强调，本章讨论的等效电路的有效性仅限于稳态条件是很重要的。瞬态分析需要一个动态模型，这超出了本章的范围。

参 考 文 献

1. Amin, B., *Induction Motors*, Springer, Berlin/Heidelberg, Germany, 2001.
2. Alger, P. L., *Induction Machines Their Behavior and Uses*, Gordon & Breach Science Publishers, Basel, Switzerland, 1970.
3. Boldea, I. and Nasar, S. A., *The Induction Machine Handbook*, CRC Press, Boca Raton, FL, 2002.
4. Levi, E. E., *Polyphase Motors: A Direct Approach to Their Design*, John Wiley & Sons, New York, February 1984.

第5章 永磁电机

电力电子已经成为现代电机各个方面的关键技术。一般来说，旋转电机有两种类型：直流电机和交流电机。在每个类别中，永磁（PM）材料被广泛地用以获得高效的性能。

电磁能量转换的基本原理是众所周知的。电动势（EMF）简称电压（V），是根据法拉第电磁感应定律在旋转电机中产生的，涉及磁感应强度矢量（B）和速度矢量 lv 的叉积，其中 l 是转子长度，v 是原动机拖动转子的速度。当 B 和 lv 矢量正交时，产生最大电压。同样，电磁转矩在电机中通过安培力（Bli）原理产生，其中 li 是电流矢量。当 B 和 li 矢量被设计成正交时，产生最大的电磁转矩，i 是流过转子导体的电流。在典型的电机中，磁场是径向的，转子中的电流是轴向的，因此产生的电磁力或转矩本质上沿圆周切向。要注意的是，磁感应强度 B 在电压产生和转矩开发中都很常见。在大多数常规电机中，磁场是通过旋转电机磁极结构中的绕组直流电提供的。

在 PM 电机中，直流磁场被具有高磁通密度和高矫顽力的现代硬磁材料所替代。PM 电机包括 PM 发电机和 PM 电动机。近年来 PM 直流发电机很少使用，基于电力电子的 AC – DC 转换器的广泛应用可以满足这种需求。PM 交流发电机的应用有一定局限性，因为大多数大型市政电力发电机组由于各种原因不使用 PM 励磁系统。在建筑工地隔离的标准交流电源中，采用柴油/汽油永磁交流发电机。近年来，PM 交流发电机在汽车中用作标准轿车用起动/交流发电机，最近在混合动力汽车中用于对车载电池模块进行充电。PM 交流发电机也具有特殊的应用类型，最近在风能系统中引入了大功率表面式 PM（SPM）风力发电机。因此，由于 PM 交流发电机的应用范围有限，在 PM 电机章节将不再描述这些。

在过去 30 年中，PM 电机技术取得了重大进展[3]。节能型 PM 电机出现的原因是多方面的[1,2]。广泛地说，PM 电机可以分为三类：PM 直流电机、PM 无刷直流电机和 PM 交流同步电机。PM 直流电机用于控制和一般用途。在某种程度上，它是一种他励直流电机，其中静止部分的直流激励电磁极（场）结构被永磁体替代，使用的 PM 材料从低级钡铁氧体或铝镍钴合金到高级钕硼铁[5]。

转子（电枢）是典型的换向器类型，装有电刷装置组件。与需要两个直流电源的传统他励直流电机不同的是，PM 直流电机是单馈式工业驱动器。多象限交流 – 直流转换器为电枢提供直流电压用于电机运行。直到 20 世纪 90 年代，PM 直流电机在调速驱动领域占主导地位。这种类型的直流电机传统上用于运动控制和工业驱动应用领域。然而，PM 直流电机有一些限制，例如工作速度范围较窄、缺乏鲁棒性、电刷磨损和低负载能力。此外，直流电机的换向器和电刷需要定期维护，使电机工作不可靠，不适合在恶劣环境下工作。这些缺点促使研究人员寻找 PM 直流电机的替代品来实现高性能变速运行，其中高可靠性和最小维护是首要要求。

PM 电机的第二种类型是 PM 无刷直流（BL dc）电机。它本质上是一个电子换向的 PM 同步电机，它通过梯形波三相电压逆变器顺序接通。在无刷直流电机的情况下，显然省去了换向器和电刷装置。PM 无刷直流电机作为高效工业驱动器广泛用于机床、计算机硬盘驱动器和控制应用领域。

众所周知，感应电机具有耐用性、可靠性、简单性、高效率和低成本的优点，成为现代交流工业驱动的主流产品。标准笼型感应电机价格低廉，在国际上大规模生产。然而，感应电机存在一些局限性，这阻碍它们在高性能恒速驱动中应用。感应电机总是在滞后功率因数下带有转差的运行。在恒定的同步速度下不能产生任何转矩。用于感应电机驱动的控制设备的成本和复杂度通常较高。由于转差功率损耗，感应驱动系统的性能较差。现代逆变器馈电感应电机接收的是非正弦电压和电流波形，造成两个不利影响：额外的功率损耗和转矩脉动。感应电机驱动系统的动态控制及其实时实现，除了复杂的控制电路外取决于对电机进行复杂建模和电机参数的估计。对于恒速运行，绕线式直流励磁同步电机传统上用于变功率因数运行，这是交流和直流电源的固有局限性所要求的。

与绕线式同步电机不同，PM 同步电机的转子励磁由 PM 提供。PM 交流同步电机不需要额外的直流电源或励磁绕组来提供转子励磁。因此，在 PM 交流电机中消除了与励磁绕组相关的功率损耗[1,2]。

交流感应电机和传统同步电机驱动克服了单馈 PM 交流电机的局限性。PM 交流电机驱动的控制相当简单。此外，它满足现代高性能工业驱动的所有特性要求。由于它具有高气隙磁通密度、低转子惯性以及速度和磁通的解耦控制特性，PM 交流同步电机的动态性能可以得到相当大的改善。由于其优越的特性如高转矩电流比、高功率重量比、高效率、高功率因数、低噪声和鲁棒性，这些现代节能 PM 交流同步电机在高性能应用中得到广泛认可，以满足优质产品和完善服务的市场竞争需求。

PM 交流同步电机的基本分类如图 5-1 所示。为简单起见，通常也称为 PM 同步电机，省去了字母 ac（交流）。广泛地说，PM 同步电机可以分为定子电源线供电和定子逆变器供电类型。

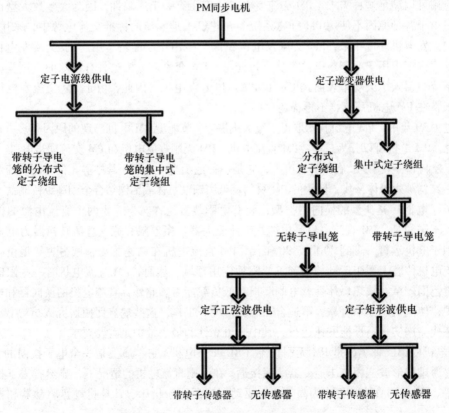

图 5-1　PM 交流同步电机的基本分类

具有转子导电条的定子电源线供电 PM 同步电机采用笼型绕组，提供电机在电源电压和频率下的起动转矩。有笼型转子的定子逆变器供电 PM 同步电机的结构与定子电源线供电的 PM 同步电机的结构相似。有笼型转子的定子逆变器供电的 PM 同步电机可以在可变电压和/或可变频率的开环和闭环条件下工作。无笼型转子的定子逆变器供电的 PM 同步电机使用转子位置传感器反馈，从静止状态平稳起动至稳态运行速度。可以使用绝对式编码器或增量式编码器来检测转子位置，也可以使用无位置传感器方法进行估算。PM 同步电机已经在汽车、空调、航空航天、机床、伺服驱动、船舶推进驱动等各种领域得到应用。具有 3 ~ 10 马力（hp，1hp = 745.7W）功率等级的 PM 同步电机几乎全部用作日本空调高效压缩机驱动电机。最近，成功地设计出了大于 1MW 额定功率的 PM 同步电机，用于海军舰艇的交交变频推进驱动。

基于转子位置传感器的使用，PMSM 驱动可以再次分为两类：①有传感器 PM 同步电机驱动；②无传感器 PM 同步电机驱动。在无传感器驱动中，使用观测器或计算法从电机电流、电压和电机参数估算转子位置。PM 同步电机驱动的无传感器方案的实现可能是困难的，因为它需要复杂的算法来估算转子位置。由于 PM 同步电机驱动在各种运行条件下的参数变化，转子位置估算不准确。

基于永磁体在转子上放置的位置，PM 同步电机可以进一步分为三类：①内置式，其中 PM 埋在转子铁心内部[4,6,36]；②表贴式，其中 PM 安装在转子表面上[11]；③嵌入式，其中 PM 从气隙端部完全或部分插入转子铁心中[7]。内置式 PM（IPM）、表贴式 PM（SPM）和嵌入式 PM 同步电机的横截面分别如图 5-2 ~ 图 5-4 所示。PM 同步电机可以根据 PM 的转子磁场的方向再次分为三种类型。这些包括径向型、切向型和轴向型的 PM 同步电机。每种类型都具有特定应用的相对优势和局限性。通常，PM 的轴向和切向型的 PM 能量效率较低。因此，内置式永磁（IPM）被广泛应用于高效领域[8-10,12-40]。

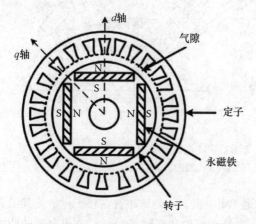

图 5-2　内置式 PM（直线磁体）同步电机的截面

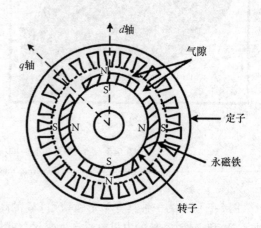

图 5-3　表贴式 PM 同步电机的截面

内置式永磁同步电机（IPMSM）和嵌入式 PM 同步电机的磁场方向主要是径向的。表贴式永磁同步电机（PMSM）的磁场方向也是径向的。图 5-2 ~ 图 5-4 的 PM 同步电机的磁场方向为径向。大多数商用的 PM 同步电机都是在转子铁心内埋入永磁体。这类电机称为 IPM 同步电机。IPM 同步电机转子铁心内部的 PM 布置对电机运行特性有着重要影响。将永磁体埋在 IPMSM 的转子内部形成了机械坚固的转子，因为永磁体在结构上被包含和保护。另一方面，表贴式 PM 同步电机（PMSM）的永磁体在高速运转期间通过黏合剂或高强度非磁性带（套）来持续承受离心力。因此，在高速应用领域，表贴式（PMSM）的转子不如内置式（IPMSM）可靠。表贴式 PM

电机中的 PM 的相对磁导率几乎等于空气的相对磁导率，PMSM 的行为类似隐极同步电机。具有径向磁化的 IPMSM 转子在批量生产上既方便又经济实惠。此外，由于 PM 被埋在 IPMSM 的转子铁心内，所以它在转子气隙处形成光滑表面，并具有均匀的气隙长度。IPMSM 是一种高效电机[18]。

21 世纪前十年，IPMSM 驱动系统的控制和运行成为大规模工业应用的高性能、高效 IPM 电机的核心技术[29-40]。原因是内置式永磁同步电机（IPMSM）是同时产生磁阻转矩和电磁转矩的混合式电机[21]。它本质上是一个凸极型同步电机，因此产生更多的功率。这会产生更大的输出转矩。图 5-5 所示为具有典型定子槽和转子导电笼的四极三相 IPM 电机的转子和横截面，以及 V 形钕铁硼（NdBFe）永磁体[36]。

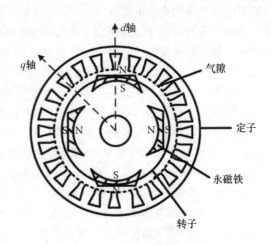

图 5-4　嵌入式 PM 同步电机的截面

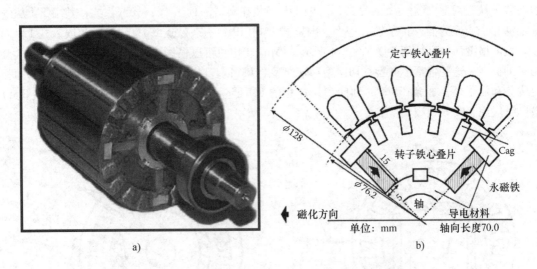

图 5-5　a）转子和 b）四极（V 形）IPM 电机的横截面
（来自 Binn K J 等人，IEE Proc. Part B，125（3），203，1978，经许可）

图 5-5 所示为一种具有 V 形钕铁硼 PM 的高磁通 PM 电机。永磁体布置在转子内，使其沿直轴（d）和交轴（q）的电机电感产生变化。就像一个具有直轴和交轴（$d-q$）电机电感的凸极同步电机。IPM 同步电机设计的主要挑战如下：

- 在不改变气隙的情况下产生 $d-q$ 轴电感变化。
- IPM 永磁体励磁转子的励磁改变和控制。
- 适用于特定应用的最优变化永磁转矩和磁阻转矩。
- 使用智能电力变换器和逆变器模块进行 IPM 驱动。
- 减小 IPM 电机的重量，减少尺寸和成本。

PM 交流同步电机的变化可以通过诺顿等效电路在可变功率因数下运行，可以容易地应用基尔霍夫电流定律。

图5-6 显示了 IPM 电机的诺顿等效电路，
其中 $I_s + I_f = I_m$，I_s 为定子输入相电流，I_f 为
PM 励磁相电流，I_m 为定子励磁相电流。V_p 为
定子输入相电压，X_m 为励磁相电抗。

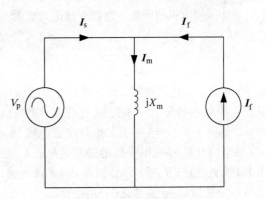

图 5-6 IPM 电机的诺顿等效电路

要注意的是，由于永磁激励，等效励磁电
流 I_f 是恒定的，其幅值不能改变，但是可以控
制电流相量 I_f 和 I_m 之间的夹角 β，使 IPM 电机
在超前、同步、滞后功率因数下运行，如图5-7
所示。

现代 IPM 电机的功率因数也可以通过直轴
电流由正变负容易地控制，其中 IPM 电机的定
子输入电流相量 I_s 被分解为 $d-q$ 轴分量，使得
$I_s = I_q + jI_d$，其中 I_q 为定子电流 q 轴分量或转矩分量，I_d 为定子电流 d 轴分量或磁通分量。图5-8
再次显示了 IPM 电机在超前、同步和滞后功率因数下的运行情况，通过注入定子的 $+v_e$ 或 $-v_e$
直轴分量 I_d，使定子电流的 d 轴或磁通分量的幅值在 v_e、0 和 $-v_e$ 的可变模式下交替变化，用于
电机在超前、同步和滞后功率因数下运行，在不改变定子电流的 q 轴分量或转矩分量的情况下。

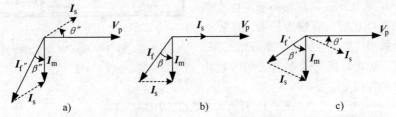

图 5-7 a）超前、b）同步和 c）滞后功率因数下的 IPM 电机的电流相量图

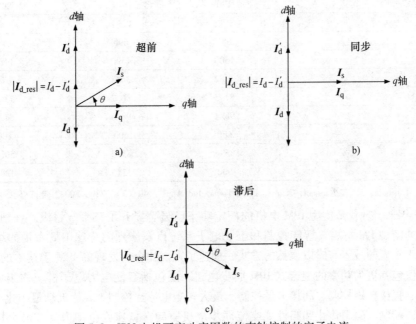

图 5-8 IPM 电机可变功率因数的直轴控制的定子电流
a）超前功率因数运行 b）同步功率因数运行 c）滞后功率因数运行

IPM 同步电机的转矩可以下列形式表示：

$$T_d = \frac{p}{2} \lambda_m i_q + \frac{p}{2} (L_q - L_d) i_d i_q$$

$$A = B + C$$

其中，A 是总的电机转矩；B 是类似他励直流电机产生的电磁转矩，只不过磁通是由 PM 提供的；C 是由于 $d-q$ 轴电感之差与定子电流的 $d-q$ 轴电流分量的乘积产生的磁阻转矩；λ_m 是由 PM 励磁磁链；L_d 和 L_q 分别是 $d-q$ 轴电感；i_d 和 i_q 分别为 $d-q$ 轴电流；p 是极数。

很明显，总和 A 总是大于 B 或 C。

IPMSM 是一种将永磁转矩和磁阻转矩组合在一起的现代单馈混合电机。图 5-9 显示了部分 V 形 IPM 电机三维有限元磁通密度轮廓的 1/4 结构[23,24,36]。

图 5-5 中异步起动 IPM 同步电机的性能见表 5-1。通过 600W IPM 电机和相同额定标准笼型感应电机的性能比较，清楚地表明，在每一性能中 IPM 电机相比感应电机产生更好的结果。值得注意的是，IPM 电机的效率与功率因数比感应电机高出 35% 以上[36]。

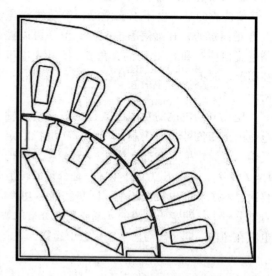

图 5-9　部分 V 形 IPM 电机的 $\frac{1}{4}$ 模型结构

表 5-1　IPM 和感应电机的性能比较

参数	IPM 电机		感应电机
V_i/V	130	140	200
I_i/A	3.11	2.91	3.43
P_i/W	687	696	818
$n/(r/min)$	1500	1500	1434
$T/(N \cdot m)$	3.82	3.82	4.00
$\eta(\%)$	87.3	86.2	73.3
p.f.(%)	98.1	98.6	68.8
P_o/W	600	600	600
$\eta \cdot (p.f.)(\%)$	85.6	85.0	50.4
P_{om}/W	960	1115	1240

资料来源：Kurihara, K. 和 Rahman, M. A., IEEE Trans. Ind. Appl., 40 (3), 789, 2004，经许可。

过去 20 年来，现代节能型 IPM 电机的额定功率已显著提升了三个数量级。仔细研究表明，在高矫顽力的新型 PM 材料、智能控制和工业电子系统以及激烈的全球市场力量的结合等多方面，一些基于知识的技术有时以偶然的方式，加速了人们如今所发现的 IPM 于技术的发展。IPM 电机技术不仅包括更大功率的混合式 IPM 同步电机，还包括智能电力电子模块的集成、可变功率因数控制、直接转矩控制、间接矢量控制、最大转矩电流比控制、转矩波动最小化、使用新智能技术的弱磁控制、磁阻优化和高性能交流同步电机驱动在宽速度范围内具有最小损耗的电磁转矩。

有许多特定应用中需要在现代 IPM 电机驱动系统下进行先进的研究和开发。以下参考文献列表可以提供一个最重要的最新的调查，以过去 55 年时间顺序递增排序而不是按贡献重要程度排序，以供进一步的研究。

参 考 文 献

1. F.M. Merril, Permanent magnet excited synchronous motors, *AIEE Transactions*, 74, 1754–1760, 1955.
2. K.J. Binn, W.R. Barnard, and M.A. Jabbar, Hybrid permanent magnet synchronous motors, *IEE Proceedings, Part B*, 125(3), 203–208, 1978.
3. M.A. Rahman, Permanent magnet synchronous motors—A review of the state of design art, *Proceedings of International Conference on Electric Machines* (ICEM), Vol. 1, Athens, Greece, September 15–17, 1980, pp. 312–319.
4. V.B. Honsinger, Field and parameters of interior type ac permanent magnet motors, *IEEE Transactions on Power Apparatus and System*, 101(4), 867–876, 1981.
5. M.A. Rahman and G.R. Slemon, Promising applications of neodymium boron iron magnets, *IEEE Transactions on Magnetics*, 21(5), 1712–1716, 1985.
6. M.A. Rahman, T.A. Little, and G.R. Slemon, Analytical models for permanent magnet synchronous motors, *IEEE Transactions on Magnetics*, 21(5), 1741–1743, 1985.
7. T. Sebastian, G.R. Slemon, and M.A. Rahman, Modelling of permanent magnet synchronous motors, *IEEE Transactions on Magnetics*, 22(5), 1069–1071, 1986.
8. T.M. Jahns, G.B. Kliman, and T.W. Neumann, Interior PM synchronous motors for adjustable speed drives, *IEEE Transactions on Industry Applications*, 22(4), 738–747, 1986.
9. T.M. Jahns, Flux-weakening regime operation of permanent magnet synchronous motor drive, *IEEE Transactions on Industry Applications*, 23(4), 681–689, 1987.
10. T. Sebastian and G.R. Slemon, Operating limits of inverter driven permanent magnet synchronous motor drives, *IEEE Transactions on Industry Applications*, 23(2), 327–333, 1987.
11. M.A. Rahman, Analytical model of exterior-type permanent magnet synchronous motors, *IEEE Transactions on Magnetics*, 23(5), 3625–3627, September 1987.
12. G.R. Slemon and T. Li, Reduction of cogging torques in permanent magnet synchronous motors, *Transactions on Magnetics*, 4(6), 2901–2903, 1988.
13. M.A. Rahman and A. M. Osheiba, Parameter sensitivity analysis of line start permanent magnet motors, *Electric Machines and Power Systems Journal*, 14(3–4), 195–212, 1988.
14. B.K. Bose and P.M. Szczesny, A microcontroller based control of an advanced IPM synchronous motor drive system for electric vehicle propulsion, *IEEE Transactions on Vehicular Technology*, 35(4), 547–559, 1988.
15. A.M. Osheiba, M.A. Rahman, A.D. Esmail, and M.A. Choudhury, Stability of interior permanent magnet synchronous motors, *Electric Machines and Power Systems Journal*, 16(6), 411–430, 1989.
16. S. Morimoto, Y. Takeda, T. Hirasa, and K. Taniguchi, Expansion of operating limits for permanent magnet motors by optimum flux-weakening, *IEEE Transactions on Industry Applications*, 26(5), 966–971, 1990.
17. M.A. Rahman and A.M. Osheiba, Performance of large line-start permanent magnet synchronous motors, *IEEE Transactions on Energy Conversion*, 5(1), 211–217, 1990.
18. R.F. Schiferl and T.A. Lipo, Power capability of salient pole permanent magnet synchronous motors in variable speed drive applications, *IEEE Transactions on Industry Applications*, 27(1), 115–123, 1991.
19. A.B. Kulkarni and M. Ehsani, A novel position sensor elimination technique for interior permanent magnet motor drive, *IEEE Transactions on Industry Applications*, 28(1), 141–150, 1992.
20. Z.Q. Zhu and D. Howe, Influence of design parameters on cogging torque in permanent magnet machines, *IEEE Transactions on Energy Conversion*, 15(2), 407–412, 1992.

21. M.A. Rahman, Combination hysteresis, reluctance, permanent magnet motor, U.S. Patent 5,187,401, issue date: February 16, 1993.

22. S. Morimoto, M. Sanada, and Y. Takeda, Effects of compensation of magnetic saturation in flux-weakening controlled permanent magnet synchronous motor drives, *IEEE Transactions on Industry Applications*, 30(6), 1632–1637, 1994.

23. Ping Zhou, M.A. Rahman, and M.A. Jabbar, Field and circuit analysis of permanent magnet synchronous machines, *IEEE Transactions on Magnetics*, 30(4), 1350–1359, 1994.

24. M.A. Rahman and P. Zhou, Field circuit analysis of brushless permanent magnet synchronous motors, *IEEE Transactions on Industrial Electronics*, 43(2), 256–267, April 1996.

25. M. Ooshima, A. Chiba, T. Fukao, and M.A. Rahman, Design and analysis of radial force in a permanent magnet type bearingless motor, *IEEE Transactions on Industrial Electronics*, 43(2), 292–299, 1996.

26. M.A. Rahman and M.A. Hoque, On-line adaptive artificial neural network based vector control of permanent magnet synchronous motors, *IEEE Transactions on Energy Conversion*, 13(4), 311–318, 1998.

27. Y. Honda, T. Higaki, S. Morimoto, and Y. Takeda, Rotor design optimization of a multi-layer interior permanent magnet synchronous motor, *IEE Proceedings, Electric Power Applications*, 135(2), 119–124, 1998.

28. S. Vaez, V.I. John, and M.A. Rahman, An on-line loss minimization controller for interior permanent magnet motor drives, *IEEE Transactions on Energy Conversion*, 14(4), 1435–1440, 1999.

29. L. Zhong, M.F. Rahman, W.Y. Hu, K.W. Lim, and M.A. Rahman, Direct torque controller for permanent magnet synchronous motor drive, *IEEE Transactions on Energy Conversion*, 14(3), 637–642, 1999.

30. M.N. Uddin and M.A. Rahman, Fuzzy logic based speed controller for IPM synchronous motor drive, *Journal of Advanced Computational Intelligence*, 4(3), 212–219, 2000.

31. A. Consoli, G. Scarcella, and A. Testa, Industry application of zero-speed sensorless control techniques for PM synchronous motors, *IEEE Transactions on Industry Applications*, 37(2), 513–521, 2001.

32. W.L. Soong and E. Ertugrul, Field weakening performance of interior permanent magnet motors, *IEEE Transactions on Industry Applications*, 38(5), 1251–1258, 2002.

33. M.A. Rahman, M. Vilathgamuwa, M.N. Uddin, and K.J. Tseng, Non-linear control of interior permanent magnet synchronous motor, *IEEE Transactions on Industry Applications*, 39(2), 408–416, 2003.

34. J. He, K. Ide, T. Sawa, and S.K. Sul, Sensorless rotor position estimation of interior permanent magnet motor from initial states, *IEEE Transactions on Industry Applications*, 39(3), 761–767, 2003.

35. M.F. Rahman, L. Zhong, M.E. Haque, and M.A. Rahman, Direct torque controlled interior permanent magnet synchronous motor drive, *IEEE Transactions on Energy Conversion*, 18(1), 17–22, 2003.

36. K. Kurihara and M.A. Rahman, High efficiency line-start interior permanent magnet synchronous motors, *IEEE Transactions on Industry Applications*, 40(3), 789–796, 2004.

37. M.N. Uddin, M.A. Abido, and M.A. Rahman, Development and implementation of a hybrid intelligent controller for interior permanent magnet synchronous motor drive, *IEEE Transaction on Industry Applications*, 40(1), 68–76, 2004.

38. Y. Jeong, R.D. Lorentz, T.M. Jahns, and S.K. Sul, Initial position estimation of an IPM synchronous machine using carrier frequency injection methods, *IEEE Transaction on Industry Applications*, 41(1), 38–45, 2005.

39. M.A. Rahman, T.S. Radwan, R.M. Milasi, C. Lucas, and B.N. Arrabi, Implementation of emotional controller for interior permanent magnet synchronous motor drive, *IEEE Transactions on Industry Applications*, 44(5), 1466–1476, 2008.

40. M.A.S.K. Khan and M.A. Rahman, Implementation of a new wavelet controller for interior permanent magnet motor drives, *IEEE Transactions on Industry Applications*, 44(6), 1957–1965, 2008.

第6章   永磁同步电机

本章介绍了电流控制电压源逆变器供电的永磁（PM）同步电机。它们是由包含 PM 的转子和具有分布式多相绕组（通常为三相绕组）的定子组成的。每相绕组线圈由正弦波电流供电，正弦波电流与由 PM 磁通产生的磁链同步。

使用 PM 体产生电机的主磁通有两个主要优点：首先，PM 体磁化所需的空间小，因此电机设计具有一些自由度；第二，由于没有磁化损失，PM 电机具有高转矩密度和高效率。

人们对 PM 电机的兴趣越来越大，这也是由于现代 PM 体的高能量密度，以及表现出的高剩余磁通密度和高矫顽力。此外，PM 体的特定成本正在下降，使 PM 电机成本可以与其他类型电机竞争。因此，PM 同步电机越来越多地被用于多种应用领域。PM 同步电机的额定功率范围正在扩大，从几瓦特到几百万瓦特。

本章在简要介绍了 PM 特性后，又介绍了 PM 同步电机的主要特点；提出了不同的几何拓扑，包括整体槽和分数槽绕组 PM 电机。最后，描述了一些控制策略，突出了 PM 电机性能与转子结构之间的关系。

6.1   转子结构

PM 同步电动机的定子与感应电动机相同。相反，根据 PM 在转子中的放置，转子可以采取不同的拓扑结构。电机分为三类：表贴式 PM（SPM）电机、嵌入式 PM 电机和内置式 PM（IPM）电机。

图 6-1a 所示为 4 极 24 槽 SPM 电机的横截面，在转子表面上安装有极性交替的四个 PM 体。由于 PM 磁导率接近真空磁导率，转子是各向同性的。图 6-1b 所示为一种 4 极内置 PM 电机，其转子类似于 SPM 转子，不同之处在于每对相邻 PM 之间的铁齿。如在 SPM 电机中，主要的磁通是由 PM 体产生的。转子齿产生适度各向异性。当转子是各向异性时，电机表现出两个转矩分量：PM 转矩和磁阻转矩[1]。图 6-1c 所示为一个 4 极 IPM 电机，转子每极有三个隔磁槽。每极大量的隔磁槽产生高的转子各向异性[2]。两个转矩分量都很高，因此，IPM 电机表现出高转矩密度，非常适合于弱磁运行，直至达到非常高的速度。

转子正方向为逆时针方向。转子位置由与转子固定的 d 轴和 q 轴表示。选择 d 轴作为 PM 体磁通轴，q 轴超前 d 轴 $\pi/2$ 电弧度。d 轴和 q 轴定义同步（旋转）参考系。

就 IPM 电机而言，可以根据转子内部的 PM 体的磁化方向来区分它[3]。它们可以分为

- 切向磁化 PM，如图 6-2a 所示；
- 径向磁化 PM，如图 6-2b 所示。

在第一种结构中，PM 体具有切向磁化和交变极性，即气隙中的磁通对应于两个 PM 体的磁通之和。这种类型的转子通常用大量的磁极来设计，使得两个 PM 体的表面磁通之和大于一个磁极表面，产生集中在气隙里的磁通。为避免漏磁，需要采用非磁性轴。

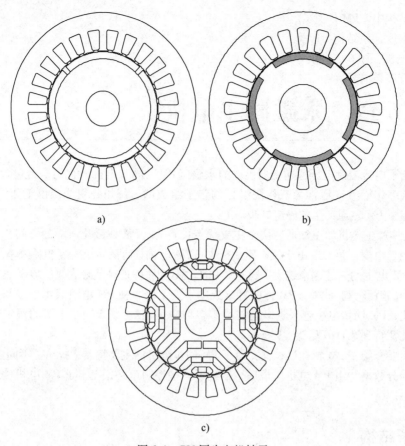

图 6-1　PM 同步电机转子

a）SPM 转子　b）嵌入式 PM 转子　c）IPM 转子

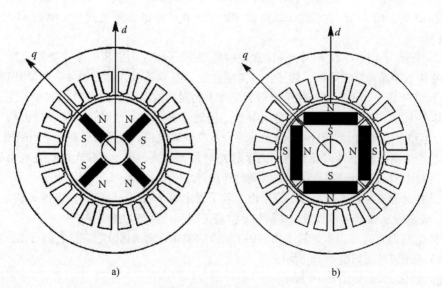

图 6-2　四极 IPM 电机

a）切向和 b）径向磁化 PM（改编自 Bianchi，N.，Analysis of the IPM motor，in Design，Analysis and Control of lnterior PM Synchronous Machines，Tutorial Course Notes，Seattle，WA，October 3，2004）

在第二个结构中，PM 体具有径向磁化和交变极性。PM 体表面低于磁极表面，在气隙中产生较低的磁通密度。该结构可以设计为每极两个或更多的隔磁槽。图 6-3a 显示了每极具有两个隔磁槽的 IPM 电机，图 6-3b 显示了采用轴向叠片转子的 IPM 电机。两个转子都产生的转子各向异性。这种具有高各向异性和中等 PM 磁通的 IPM 电机通常被称为 PM 辅助同步磁阻（PMASR）电机。

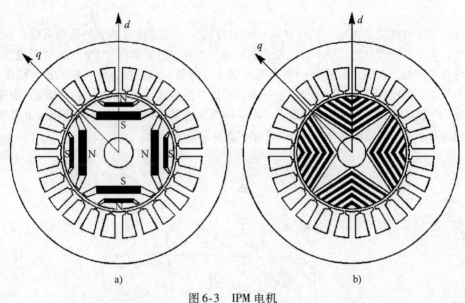

图 6-3 IPM 电机

a）每极两个隔磁槽 b）轴向叠片转子（摘自 Bianchi, N., Analysis of the IPM motor, in Design, Analysis and Control of Interior PM Synchronous Machines, Tutorial Course Notes, Seattle, WA, October 3, 2004）

在图 6-4a 中展示了 8 极切向磁化的 PM 转子的叠片照片。与转子叠片放在一起的 IPM 电机如图 6-4b 所示，每极具有两个隔磁槽。

图 6-4 IPM 电机原型

a）具有切向磁化 PM 转子的叠片 b）具有径向磁化 PM 转子的叠片

所有的 IPM 转子具有不同的磁路，由此可能产生磁阻转矩。由于 PM 的磁导率接近空气磁导率，d 轴磁导率低于 q 轴电感的磁导率，产生 $L_d < L_q$，与常用的绕线转子同步电机相反。凸极率（或各向异性比）定义为 $\xi = L_q/L_d$。

6.2 硬磁材料（永磁）

磁性材料有两种主要类型：软磁材料和硬磁材料[4]。软磁材料易于磁化和退磁，它们用于承载磁通。相反，硬磁材料几乎不能被磁化和退磁，并且它们通常称为 PM 体。它们通常表现出非常宽的磁滞回线，如图 6-5 所示。PM 体在象限 I（或Ⅲ）中磁化，并在象限 Ⅱ（或Ⅳ）中工作。在象限 Ⅱ 上描述特性和性能特征。在图 6-5 中绘制内禀（虚线）和正常（实线）磁滞回线，如大多数 PM 数据表所示。内禀曲线表示 PM 材料产生的附加磁通。正常曲线表示由空气和 PM 组合而成的总磁通[5]。这通常用于确定 PM 电机的实际磁通密度。

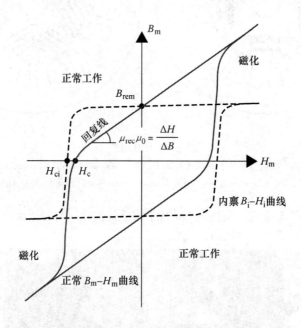

图 6-5 硬磁材料的磁滞回线和特性参数

剩余磁通密度（或剩磁）B_{rem} 和矫顽力 H_c 是退磁曲线的两个重要的参数。PM 体被设计为在 B_{rem} 和 H_c 之间的退磁曲线的线性部分上工作。回复线的不同相对磁导率标记为 μ_{rec}，略高于单位磁导率。这种回复线通常近似为

$$B_m = B_{rem} + \mu_{rec}\mu_0 H_m \tag{6-1}$$

$B_m H_m$ 乘积称为磁能积。最大磁能积 $\{B_m H_m\}_{max}$ 是衡量 PM 强度的相对度量，并且总是列在材料数据表上。

当外部系统分别对 PM 进行退磁或磁化时，工作点分别从 B_{rem} 向 H_c 移动，或从 H_c 向 B_{rem} 移动。只要工作点保持在曲线的线性部分上，磁化和退磁是循环可逆的。相反，如果去磁场变得足够大以至于将工作点移动超过线性区域（即超过由 $H_{knee} B_{knee}$ 点定义的退磁曲线的拐点），则随后的磁化循环会以较低的磁通密度跟随回复线。这意味着 PM 是"不可逆"退磁（在某种意义上说它需要一个新的磁化过程）。

一些常见的 PM 材料的关键属性见表6-1。正常的 PM 材料退磁曲线如图6-6 所示。图6-7 显示了温度对钕铁硼（NdFeB）永磁体退磁曲线的影响。

表 6-1　硬磁材料的主要性能

性能 材料	B_{rem}/T	$H_c/(kA/m)$	居里温度/℃	工作 $T_{max}/℃$	密度/ (kg/m^3)	$\{B_m H_m\}_{max}/(kJ/m^3)$
铁氧体	0.38	250	450	300	4800	30
铝镍钴合金	1.20	50	860	540	7300	45
钐钴	0.85	570	775	250	8300	140
钕铁硼	1.15	880	310	180	7450	260

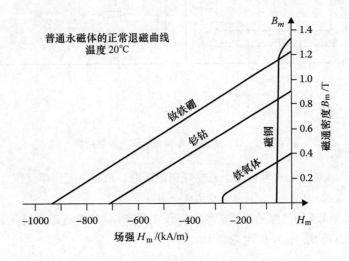

图 6-6　常用 PM 材料的退磁曲线

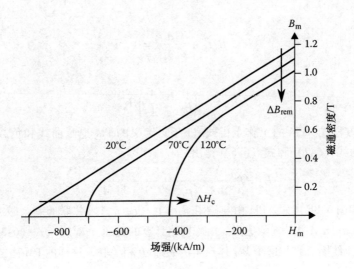

图 6-7　温度对 PM 退磁曲线的影响

6.2.1　带 PM 的磁性装置

图 6-8a 示出了包括铁心、PM 和气隙的磁性装置。虚线周围使用安培定律得

$$H_m t_m + H_g g = 0 \tag{6-2}$$

式中，H_m 和 H_g 分别是 PM 和气隙的磁场强度；相应地，t_m 和 g 分别是 PM 和气隙的厚度。

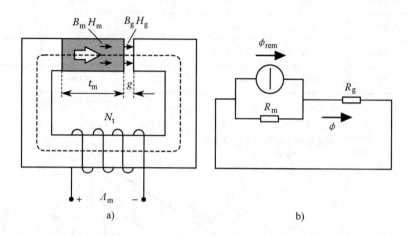

图 6-8　a）磁性装置和 b）等效磁性网络

由于 $\mu_{Fe} \gg \mu_0$，忽略铁心磁性降低。忽略任何漏磁通，由高斯定律得到

$$\Phi B_m A_m = B_g A_g \tag{6-3}$$

式中，B_m 和 B_g 分别是 PM 和气隙的磁通密度；A_m 和 A_g 分别是 PM 和气隙的横截面积。

由空气的本构方程 $B_g = \mu_0 H_g$，可以得出

$$H_m t_m + \frac{B_g}{\mu_0} g = 0 \tag{6-4}$$

或者

$$H_m t_m + \frac{B_m A_m}{\mu_0 A_g} g = 0 \tag{6-5}$$

然后

$$B_m = -\left(\mu_0 \frac{t_m}{g} \frac{A_g}{A_m} \right) H_m \tag{6-6}$$

即 $H_m - B_m$ 的直线方程式。PM 的工作点由式（6-6）定义的 PM 退磁曲线和负载线的交点确定，如图 6-9 所示。由式（6-2）和式（6-6）得出

$$B_m = B_{rem} \frac{1}{1 + (\mu_{rec} g / t_m)(A_m / A_g)} \tag{6-7}$$

等效磁网络如图 6-8b 所示。PM 由与磁阻 $R_m = t_m / (\mu_{rec} \mu_0 A_m)$ 并联的剩余磁通量 $\Phi_{rem} = B_{rem} A_m$ 表示。那么，$R_g = g / (\mu_0 A_m)$ 是气隙磁阻。由磁网络计算的磁通 Φ 对应于式（6-3）的磁通。

装置包含 N_t 匝线圈。它与这个 PM 体产生的磁通 Φ 相关联。这样的 PM 磁链记为 $\Lambda_m = N_t \Phi$。

6.2.2　电流的影响

现在让我们参考图 6-10a 所示的磁性装置，其中 N_t 匝线圈通有电流 I。高斯定律仍然采用式

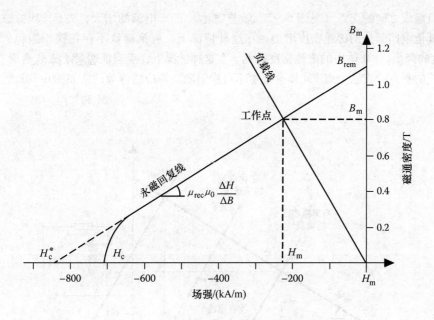

图 6-9　没有电流的 PM 体运行点

（6-3），而安培定律可重写为

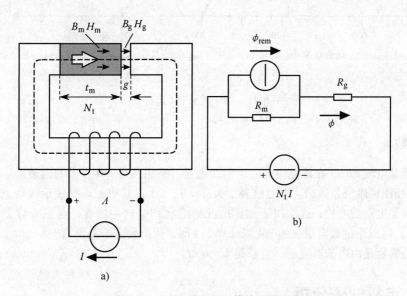

图 6-10　a）磁路和 b）等效磁性网络

$$H_m t_m + H_g g = N_t I \tag{6-8}$$

重新整合方程式，由负载线产生

$$B_m = -\left(\mu_0 \frac{t_m}{g}\frac{A_g}{A_m}\right)H_m + \mu_0 \frac{A_g}{A_m}\frac{N_t I}{g} \tag{6-9}$$

　　它仍然是一条直线，但是它沿着与电流成正比的 ΔH_i 所在的 H_m 轴移动，如图 6-11 所示。根据电流的方向标志，是朝正磁场方向移动（磁化电流，即根据图 6-10a 规定，为正值）或朝负磁场方向移动（退磁电流，即同样根据规定，为负值）。如上所述，PM 的工作点被确定为 PM 退磁曲线和负载线之间的交点（见图6-9）。随着磁化（正）电流的增大，先是 PM 的磁通密度增加，再是其他电路部分的磁通密度增加。在这种情况下，应该确认不存在铁心饱和。随着退磁（负）电流的降低，PM 体中的磁通密度降低。在这种情况下，应当证明最小磁通密度不低于 PM 体退磁曲线的拐点，在这个点 PM 体会发生不可逆退磁。相应的等效网络如图6-10b 所示。

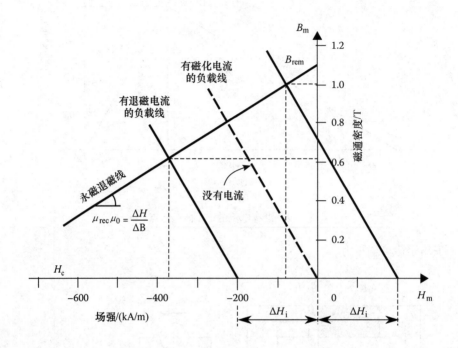

图 6-11 带电流的 PM 运行点

6.2.3 参数

当线圈承载电流 I 时，在磁路中有一个附加磁通，叠加在由 PM 产生的磁通上。因此，由于 PM 和电流，线圈将匝链总磁通。总磁链表示为 $\Lambda = \Lambda_m + \Lambda_i$，其中 $\Lambda_i = LI$ 表示仅由电流 I 产生的磁链。参数 L 是电路的电感；这取决于磁路的几何形状和材料的磁性。电感 L 计算为 $L = (\Lambda - \Lambda_m)/I$。或者，可以通过假定退磁的 PM 来计算 L（即，假设剩余磁通量等于零，$B_{rem} = 0$），所以与线圈匝链的磁通是由电流产生的，且都是 $L = \Lambda_i/I$。

6.3 PM 电机的磁分析

上一节提出的磁分析很容易扩展到 PM 电机研究[6]。这里分别考虑了具有 Q 为 24 个槽和 p 为 2 个对极的两个电机，分别是 SPM 和 IPM 转子。由于电机的对称性，这里只分析了电机的一个极。

图 6-12 显示了 SPM 电机的几何形状。为方便起见，这里用平行于 d 轴（即 PM 磁化轴）的 a 相轴绘制。b 相轴和 c 相轴分别超前 a 相轴 $2\pi/3$ 和 $4\pi/3$ 电弧度。定子绕组每相有 N 个导体，绕组因数等于 k_w。

6.3.1 空载工作（SPM 电机）

图 6-13a 表示空载时的磁通线，即仅与 PM 体
有关。沿着气隙的磁通密度分布如图 6-13b 所示。
该图突出显示了对应于定子槽开口处的磁通密度
的减小。为了避免 PM 体的不可逆去磁，必须验
证 PM 体中的最小磁通密度仍然高于去磁曲线拐
点的磁通密度。

PM 产生的磁通与每个定子绕组匝链。它根据
转子的位置而变化。根据图 6-12，由于 d 轴与 a
相轴对准，a 相连接最大磁通。最大磁链用 Λ_m
表示。

通过对定子槽表面上的矢量磁动势 A_Z 积分可
以计算 PM 磁链，即

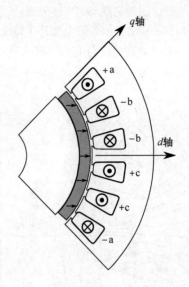

图 6-12 SPM 电机一个磁极的几何图

$$\Lambda_a = L_{stk} \sum_{q=1}^{Q_s} n_{aq} \frac{1}{S_{slot}} \int_{S_{slot}} A_z \, dS \qquad (6\text{-}10)$$

式中，L_{stk} 为电机的叠片长度；S_{slot} 为槽的横截面积；n_{aq} 为定子第 q 个槽内的 a 相导体数。

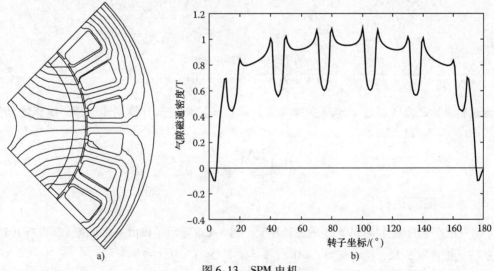

图 6-13 SPM 电机
a) 空载磁通线 b) 气隙磁通密度分布

PM 磁链也可以按下式估计：

$$\Lambda_m = \frac{k_w N}{2} \Phi \qquad (6\text{-}11)$$

其中 Φ 是每极的磁通，由下式给出：

$$\Phi = B_g \frac{\pi D L_{stk}}{2p} \qquad (6\text{-}12)$$

式中，B_g 为每极平均磁通密度；D 为定子内径。

6.3.2 d 轴电流运行

d 轴电流沿 d 轴产生磁通。正 d 轴电流用于磁化，以增加 PM 体产生的磁通。相反，负 d 轴电

流用于退磁，因为它削弱 PM 体磁通。

图 6-14a 显示了由 d 轴电流 I_d（即没有 PM 体）产生的磁通。根据图 6-12，相电流为 $i_a = I_d$，$i_b = i_c = -I_d/2$。磁通线与 PM 的磁通线相似，如图 6-13a 所示。气隙磁通密度分布见图6-14b，用实线表示。为了便于比较，用虚线表示空载时的磁通密度分布。

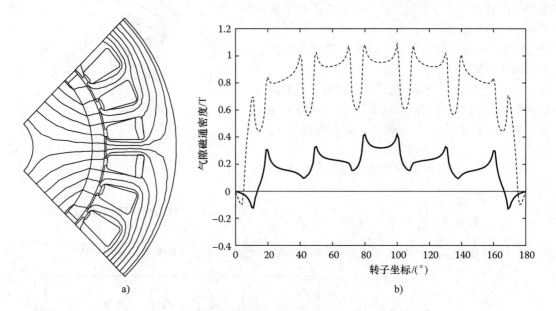

a)　　　　　　　　　　　　　b)

图 6-14　SPM 电机

a）磁通线　b）气隙磁通密度分布（只有 I_d）

通过将 d 轴磁通（通过 abc/dq 变换实现）除以 d 轴电流来计算同步电感。电感的计算表示为

$$L = \frac{3}{\pi}\mu_0 \left(\frac{k_w N}{2p}\right)^2 \frac{DL_{stk}}{g + t_m/\mu_{rec}} \qquad (6\text{-}13)$$

6.3.3　q 轴电流运行

q 轴电流产生的磁通与 PM 产生的磁通正交。图 6-15a 显示了仅由 q 轴电流（即没有 PM）产生的磁通。根据图 6-12，相电流为 $i_a = 0$，$i_b = -\sqrt{3}I_q/2$，$i_c = \sqrt{3}I_q/2$。

图 6-15b 采用实线显示了仅由 q 轴电流产生的气隙磁通密度分布。通过与空载分布（虚线）的比较，我们注意到 q 轴电流的作用是增加一半磁极的磁通密度，并降低另一半磁极的磁通密度。PM 磁导率与真空磁导率 μ_0 相似，在 SPM 电机中，q 轴电感与 d 轴电感几乎相同。

6.3.4　IPM 电机的电感

可以对 IPM 电机进行类似的分析，其几何结构如图 6-16a 所示。图 6-16b 显示了空载时的磁通线，由安装在隔磁槽内的 PM 体决定。

当电机仅由 q 轴电流供电时，如图 6-16c 所示，磁通线穿过转子而不穿过隔磁槽。这意味着隔磁槽不会阻挡 q 轴磁通，使得 q 轴电感 L_q 呈现较高值。这种电感可以通过式（6-13）估计，简单地用 g 代替 $g + t_m/\mu_{rec}$。

相反地，当由 d 轴电流供电时，磁通线穿过隔磁槽，如图 6-16d 所示。在这种情况下，隔磁

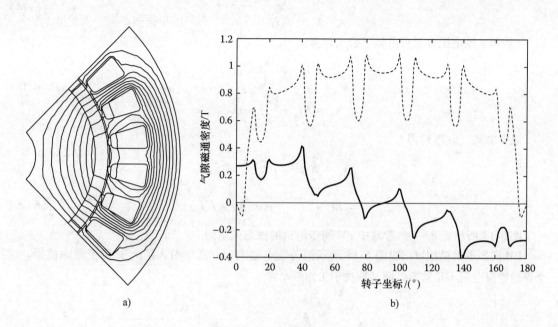

a) 　　　　　　　　　　　　　　　b)

图 6-15　SPM 电机

a）只有 I_q 的磁通线　b）只有 I_q 的气隙磁通密度分布

槽代表磁阻，d 轴电感 L_d 低于 L_q。L_d 的分析计算与隔磁槽的几何形状密切相关[7]。两个电感之间的比例，即 $\xi = L_q/L_d$，称为凸极率[8]。

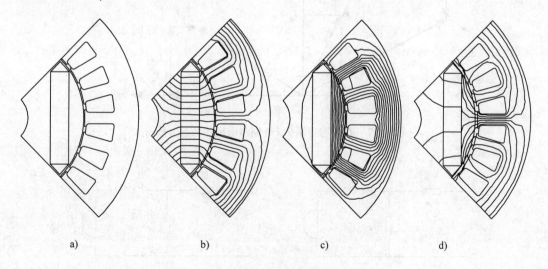

a)　　　　　　b)　　　　　　c)　　　　　　d)

图 6-16　IPM 电机中的磁通线

a）几何形状　b）空载　c）只有 I_q　d）只有 I_d

6.3.5　PM 同步电机的磁路模型

在同步 d-q 参考系（以电角速度 ω 旋转）中，d 轴和 q 轴磁链分量由下式给出：

$$\lambda_d = \Lambda_m + L_d i_d$$

$$\lambda_q = L_q i_q \tag{6-14}$$

d 轴和 q 轴电压分量可由如下公式计算：

$$v_d = Ri_d + \frac{\mathrm{d}\lambda_d}{\mathrm{d}t} - \omega\lambda_q$$

$$v_q = Ri_q + \frac{\mathrm{d}\lambda_q}{\mathrm{d}t} + \omega\lambda_d \tag{6-15}$$

或者由式（6-14）得

$$v_d = Ri_d + L_d\frac{\mathrm{d}i_d}{\mathrm{d}t} - \omega L_q i_q$$

$$v_q = Ri_q + L_q\frac{\mathrm{d}i_d}{\mathrm{d}t} + \omega(\Lambda_m + L_d i_d) \tag{6-16}$$

图 6-17 所示为 $d-q$ 参考系中 PM 同步电机的稳态矢量图[9]。

PM 同步电机模型可以由图 6-18 所示的等效电路表示，其中引入了 R_{Fe}，以便考虑铁损。这个等效铁损电阻不是常数，而是取决于工作频率[10]。

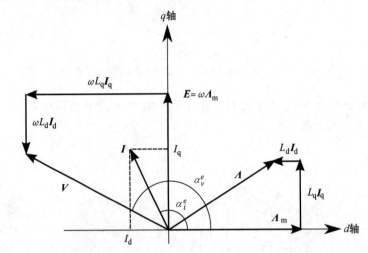

图 6-17　$d-q$ 参考系中 PM 同步电机的稳态矢量图

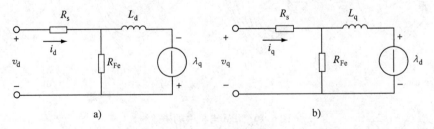

图 6-18　$d-q$ 参考系中 PM 同步电机的等效电路（包括铁损电阻）
a) d 轴电路　b) q 轴电路

6.3.6　饱和效应

当铁心发生饱和时，式（6-14）中的电感随电流而变化，且当电流增加时 d 轴和 q 轴的磁通分量减小。此外，饱和会引起 d 和 q 轴分量之间的相互作用，其为交叉耦合效应。描述 d 轴与 q 轴磁链和电机之间关系的磁场模型更为复杂，其关系是

$$\lambda_d = \lambda_d(i_d, i_q)$$
$$\lambda_q = \lambda_q(i_d, i_q) \tag{6-17}$$

这种模型用于精确估计电机性能，例如精确预测平均转矩、转矩脉动或无传感器检测转子位置的能力。因为假设存储在电磁场中的能量可以由状态函数（方程）来描述[11]，所以在任何情况下，这种关系都被限制为单值函数。

6.4 电机转矩

我们考虑将转子位置 θ_m、d 轴和 q 轴电流 i_d 和 i_q 作为状态变量。在同步参考系中，电机转矩由下式给出：

$$T = \frac{3}{2}p(\lambda_d i_q - \lambda_q i_d) + \frac{\partial W'_m}{\partial \theta_m} \tag{6-18}$$

式中，p 为极对数；W'_m 为磁共能，它必须被认为是状态变量 θ_m、i_d 和 i_q 的状态函数，即 $W'_m = W'_m(\theta_m, i_d, i_q)$ [11]。

式（6-18）等号右侧的第一项被标记为 T_{dq}，即

$$T_{dq} = \frac{3}{2}p(\lambda_d i_q - \lambda_q i_d) \tag{6-19}$$

采用空间相量符号，所以 $\boldsymbol{\lambda} = \lambda_d + j\lambda_q$ 和 $\boldsymbol{i} = i_d + ji_q$，转矩式（6-19）可以重新写为

$$T_{dq} = \frac{3}{2}p(\boldsymbol{\lambda} \times \boldsymbol{i}) \tag{6-20}$$

其中，× 表示矢量叉乘[12]。关系式（6-20）与特定的参考系无关。因此，它不仅局限于同步参考系，而是可以在静止和其他参考系中使用。

使用正弦波电流，d 轴和 q 轴电流随转子相对位置而变化。然后，式（6-18）中带有转子位置的磁共能的偏导数计算为

$$\frac{\partial W'_m}{\partial \theta_m} = \frac{3}{2}p\left(i_d \frac{\partial \lambda_d}{\partial \theta_m} + i_q \frac{\partial \lambda_q}{\partial \theta_m}\right) - \frac{\partial W_m}{\partial \theta_m} \tag{6-21}$$

其中，W_m 是再次必须表示为状态变量函数的磁能，即 $W_m = W_m(\theta_m, i_d, i_q)$。

这里我们指出，λ_d 和 λ_q 都随着 θ_m 而变化，从而可以通过傅里叶级数展开来表达。v 阶磁链谐波的变化率与磁链谐波振幅成比例。磁链 λ_d 和 λ_q 的变化小于式（6-21）中它们的变化率的变化。因此，转矩脉动主要由式（6-21）表示的转矩项描述。相反，方程式（6-19）的转矩项 T_{dq} 受磁链谐波的影响较小，因此适用于计算平均转矩。

在理想的系统中，除了 d 轴和 q 轴电流之外，d 轴和 q 轴的磁链以及磁共能也是恒定的。因此，式（6-21）等于零。电动机转矩是恒定的，与式（6-19）给出的 T_{dq} 完全相同。

6.4.1 齿槽转矩的计算

齿槽转矩是由于 PM 磁通和定子齿之间相互作用而产生的转矩脉动。因为定子电流为零，所以 $T_{dq}=0$，从式（6-18）和式（6-21）得出，齿槽转矩为

$$T_{cog} = \frac{\partial W'_m}{\partial \theta_m} = -\frac{\partial W_m}{\partial \theta_m} \tag{6-22}$$

图 6-19a 显示了图 6-1a 的 SPM 电机的齿槽转矩与转子位置的关系。实线是指采用麦克斯韦应力张量方法进行的转矩计算，这可以由场有限元法直接求解，[13-15]而圆圈由转矩计算式(6-22)求得。参考文献［16］中报道了 SPM 电机的齿槽转矩的预测与测量之间的进一步比较。

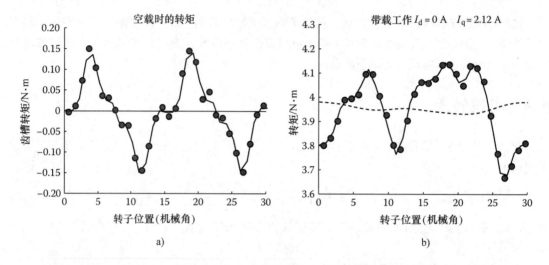

a)   b)

图 6-19   SPM 电机空载（齿槽转矩）和带载下的转矩特性

6.4.2   带负载时的计算（SPM 电机）

图 6-19b 显示了仅由 q 轴电流供电的 SPM 电机的转矩特性与转子位置的关系，而 d 轴电流为零。实线是指麦克斯韦应力张量法计算。圆圈由转矩计算式（6-18）求得。虚线是指由式(6-19)给出的转矩计算得到 T_{dq}。如预期的那样，T_{dq} 的特性是平滑的，接近平均转矩。

6.4.3   带负载时的计算（IPM 电机）

当考虑如图 6-1c 所示的 IPM 电机时，会得到类似的结果。标称电流固定为 $\hat{I}_n = 4.3A$（峰值），电相位角为 $\alpha_i^e = 130°$。图 6-20a 显示了带载下转矩与转子位置的关系。实线是指麦克斯韦应力张量的计算结果，出现了明显的高转矩波动。虚线用转矩计算式（6-19）求得：它非常接近平均转矩，由图 6-20a 中的细线表示。最后，圆圈是式（6-18）计算出的转矩。

图 6-20b 比较了不同 d 轴和 q 轴电流对应的平均电机转矩预测值（实线）和测量值（点）。实线是从有限元仿真得到的恒定转矩曲线。测量曲线和模拟曲线之间的一致是显而易见的。

6.5   减小转矩脉动

许多应用需要电机平稳运行，以避免振动和噪声。在设计 PM 电机时采用不同的技术，以消除或使转矩波动[16,17]最小。特别是，SPM 电机的齿槽转矩和 IPM 电机的转矩波动是特别不受欢迎的。

6.5.1   减少 SPM 电机齿槽转矩

考虑电机齿槽转矩 T_{cog} 作为转子 PM 体的每个侧面与定子槽开口的相互作用的总和，这是非常方便的。它们之间相互独立。图 6-21a 示出了一半 PM 磁极和相对于 PM 体侧面移动的单个开

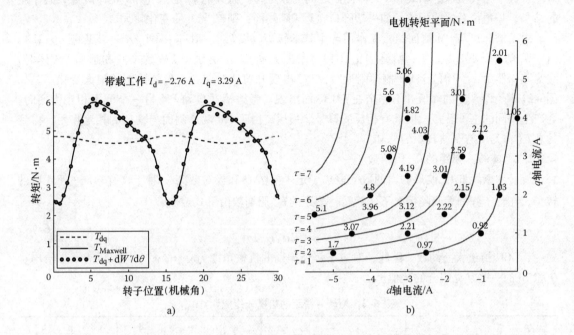

图 6-20　图 6-1c 中的 IPM 电机带载下的转矩与转子位置的关系

a) $\hat{I}_n = 4.3\text{A}$ 和 $\alpha_i^e = 130°$ 时的转矩特性　b) (i_d, i_q) 平面中的 T_{dq} 预测和测量（点）的转矩

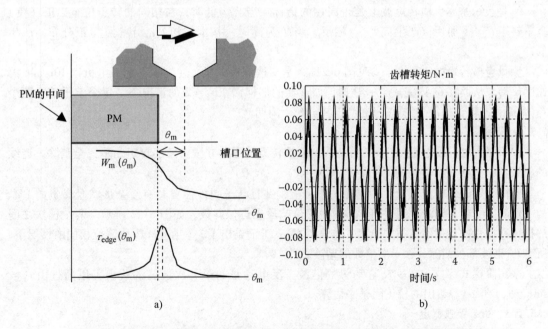

图 6-21　齿槽转矩机构的简化模型，基于 PM 侧面转矩 T_{edge} 叠加，预测的齿槽转矩
（细线）和测量（粗线）的齿槽转矩比较（电机额定转矩为 3N·m）（修改自
Bianchi, N. and Bolognani, S., IEEE Trans. Ind. Appl., 38（5），1259，2002）

口槽，其中θ_m表示槽的轴线和PM体侧面之间的角位移。磁共能W_m是空气和PM体能量共同作用的结果，是角位置θ_m的函数。如果槽开口接近PM侧面，则W_m与θ_m的变化较大。

由于槽开口与PM侧面的相互作用产生基本转矩，即T_{edge}，对应$-\mathrm{d}W_m/\mathrm{d}\theta_m$，见式（6-22）。由于$W_m$随$\theta_m$单调递减，$T_{edge}$始终为正（相对于$\theta_m$方向）。当槽位于PM的中间和远离PM体时，它为零。然后，当槽位于PM侧面附近时，T_{edge}出现峰值，对应含有θ_m的磁能的最大变化率，如图6-21a所示。T_{edge}的峰值并不完全在PM侧面出现。考虑槽开口和PM另一个侧面相互作用时，会产生相同的基波转矩，但具有相反的符号。最后，由于PM两个侧面与槽口的相互作用，得到的总T_{cog}作为所有基波转矩的总和。

6.5.1.1 旋转-槽距的T_{cog}周期数

旋转-槽距的T_{cog}波形的周期数N_p取决于定子槽数Q和极对数$2p$。对于具有相同的PM极的转子，在转子圆周等间隔情况下，旋转-槽距的T_{cog}周期数由下式给出：

$$N_p = \frac{2p}{\mathrm{GCD}\{Q,2p\}} \tag{6-23}$$

式中，GCD指最大公约数。因此，对应于每个周期的机械角度为$\alpha_{\tau_c} = 2\pi/(N_p Q)$。表6-2给出了$Q$和$2p$的一些常见组合的$N_p$值。

表6-2 旋转-槽距的齿槽转矩周期数N_p

$2p$	2	2	2	4	4	4	8	8	8
Q	3	6	9	12	6	9	12	6	9	15
GCD	1	2	1	2	2	1	4	2	1	1
N_p	2	1	2	1	2	4	1	4	8	8

N_p是表示基本齿槽转矩波形是否同相的指标。当N_p为低时，在相同的转子位置，正（负）基本转矩T_{edge}叠加后，产生高T_{cog}。相反，当N_p为高时，基本转矩T_{edge}沿着槽间距分布，产生低T_{cog}。

测量齿槽转矩的一个例子参见图6-21b，是9槽6极电机。在测试期间，电机以10r/min的速度旋转，从而在6s内完成了一整周。如预期的那样，在$N_p = 2$的情况下，每个定子槽有两个T_{cog}周期，即转子的每个完整一周为$2\times9 = 18$个周期。

6.5.1.2 斜极

PM体转子斜极式或者定子斜槽是减少齿槽转矩的经典方法。齿槽转矩几乎完全消除，连续的斜极角θ_{sk}等于齿槽转矩的周期α_{τ_c}，即$\theta_{sk} = 2\pi/(N_p Q)$。

然而，定子斜槽使得自动下线几乎不可能，并且转子斜极需要具有复杂形状且昂贵的PM。为了使转子更容易制造，通过将PM轴向移位N_s段来近似斜极，如图6-22所示。两个模块之间的机械移位角的最优值由下式给出：$\theta_{ss} = \theta_{sk}/N_s$，上面给出了$\theta_{sk}$。在PM模块移位相同的情况下，所有$T_{cog}$谐波都被消除，除了$N_s$倍数的谐波之外。

采用阶梯式移位，减少反电动势的谐波。反电动势的第k次谐波的减小可以通过由$k_{sk} = \sin(kp\theta_{sk})/(kp\theta_{sk})$给出的校正因子来估算。

6.5.1.3 PM极弧宽度

可以设置PM极弧宽度，以减少或消除一些T_{cog}谐波[18]。根据图6-21a所示的简化模型，PM应该跨越几乎整数倍的槽距。以这种方式，每个PM体（例如右手侧）的正转矩由另一侧（例如左手侧）的负转矩来补偿。作为一种认可，在参考文献[18, 19]中，计算出最佳PM的宽度略大于n倍的槽距，即$(n+0.14)$或$(n+0.17)$，其中n是整数。

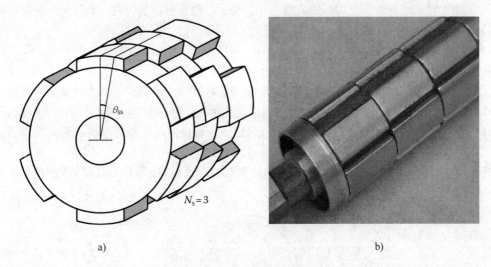

a) 　　　　　　　　　　　　　　　　　　b)

图 6-22　三段式转子斜极（改编自 Bianchi N. 和 Bolognani
S. ，IEEE Trans. Ind. Appl.，38（5），1259，2002）

就反电动势而言，反电动势的每个 k 次谐波通过因子 $k_{pm} = \sin(kp\,\alpha_m)$ 来减小，其中 $2\alpha_m$ 是 PM 极弧角。

6.5.1.4　不同宽度的 PM 极弧

多极的电机可以设计成不同极弧宽度的 PM 形状，如图 6-23a 所示。以这种方式，图 6-21 所示的 T_{edge} 沿着槽距分布，实现总 T_{cog} 的减小。

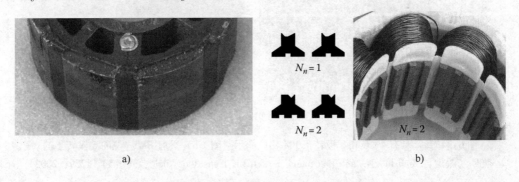

a) 　　　　　　　　　　　　　　　　　　b)

图 6-23　减少齿槽转矩的电机设计策略

a）具有不同极弧宽度的 PM 转子　b）齿中槽口（虚槽）（修改自 Bianchi N. 和 Bolognani S.，
IEEE Trans. Ind.，Appl.，38（5），1259，2002）

6.5.1.5　定子凹槽

减少 T_{cog} 的另一种技术是在定子齿上引入 N_n 个凹槽，形成虚槽[20]。它们的间距相等，与实际槽口宽度一样宽，主要采用 $N_n = 1$ 和 $N_n = 2$，如图 6-23b 所示。这样的结果是转子 PM 和定子槽之间的相互作用增加，齿槽转矩的峰值减小，实际上 N_n 个等间距的凹槽产生额外的齿槽转矩曲线，具有与原始曲线相同的形式，但具有机械角位移 $\varphi_n = 2\pi/Q(N_n + 1)$。通过给原始齿槽转矩添加附加转矩，$(N_n + 1)$ 倍数的谐波同相，因此它们的和变为 $(N_n + 1)$ 倍。相反，其他谐波被消除。所得到的 T_{cog} 具有较高的频率和衰减的峰值。一个等效的策略是在每个槽口中引入虚齿[21]。其效果类似于上述虚槽。

当 GCD$\{(N_n+1), N_p\} = 1$ 时，如文献 [16] 所示，可获得凹槽的适当数量N_n。相反，必须避免$(N_n+1) = N_p$，因为它会增加所有T_{cog}谐波。

6.5.1.6 PM 移位

为了减小T_{cog}，还可以改变转子表面上的 PM 位置：一种类似于阶梯式轴向偏移的"圆周"偏移。参考文献 [18] 首先提出了两个相邻极 PM 的移位以消除二阶T_{cog}谐波的技术，然后在文献 [22] 中对该技术进行了改进和推广。一般规定，在具有$2p$ 极的电机中，第j 个 PM 极必须以角度$\varphi_{sh,j} = 2\pi(j-1)/(2p\,N_p Q)(j = 1,\cdots,2p)$移位。PM 移位对反电动势谐波的影响可以通过在文献 [23] 中计算出的移位因子来估算。

图 6-24a 所示为 4、6 和 8 极电机的 PM 移位示意图，图 6-24b 所示为具有 PM 移位的 6 极转子的两张照片。

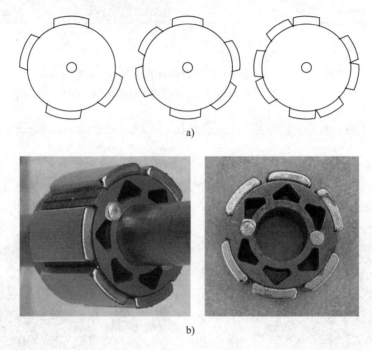

a)

b)

图 6-24 a）具有 4、6 和 8 极转子 PM 移位的示意图 b）具有 PM 移位的 6 极转子的照片（改编自 Bianchi, N. and Bolognani, S., IEEE Trans. Ind. Appl., 38 (5), 1259, 2002）

6.5.2 减少 IPM 电机中的转矩脉动

具有各向异性转子的同步电动机（不仅指 IPM 电机，而且指同步磁阻电机）通常具有高转矩脉动[24]。这里有一个例子如图 6-20a 所示。这种脉动是由电气负载的空间谐波与转子各向异性之间的相互作用引起的。一些减少 SPM 电机转矩波动的技术可以被使用；然而，其中一些还不足以实现转矩的平稳。转子斜极仅减小了部分转矩脉动[25]，同时通过将隔磁槽从其对称位置[22,26]移位来实现转矩谐波的轻微补偿[22,26]。

可以通过适当选择与定子槽数量有关的隔磁槽数量来实现转矩脉动的减小[25]。每个极对（其端部沿转子圆周均匀分布）的转子隔磁槽的建议数量N_{rfb}与定子槽 Q 的数量有关，得到

$$N_{rfb} = \frac{Q}{2p} \pm 1 \tag{6-24}$$

补偿各向异性电机转矩谐波的另一种策略是基于两步设计程序[27,28]：

① 识别一组隔磁槽的几何形状，以消除给定阶次的转矩谐波。这意味着根据转子的几何形状，给定次数的谐波为零。

② 该组一对隔磁槽是组合在一起的，因此一个几何形状的隔磁槽剩余转矩谐波补偿了另一个几何形状。第二步可以通过两种方式实现：用两种不同的叠片形成转子；或通过在同一叠片中采用两种不同几何形状的隔磁槽。

图 6-25 显示了"Romeo and Juliet"转子，由两种不同且不可分离的叠片形式（第一个标记为罗密欧的 R，第二个标记为朱丽叶的 J）。每个叠片都有一个孔，用于将 PM 保持在相同的位置并具有相同的尺寸。

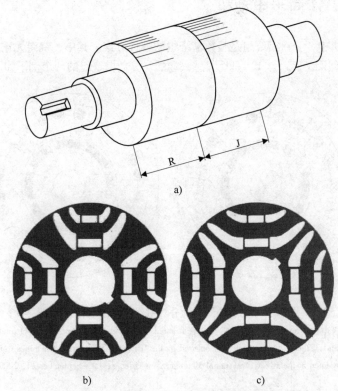

图 6-25　"Romeo and Juliet"叠片的照片

a) 转子的两部分　b) R 叠片　c) J 叠片

（修改自 Bianchi N. , et al. IEEE Trans. Ind. Appl. , 45（3）, 921, 2009）

图 6-26 显示了"Machaon"转子，它由具有不同几何形状的隔磁槽的叠片形成，一大一小，在相邻磁极之间交替布置。这个名字来自一只具有两只大两只小翅膀的蝴蝶。

这种解决方案可以显著降低转矩脉动[76]。表 6-3 显示了在三个 IPM 电机原型机上测量的平均转矩（T_{avg}）和转矩波动（ΔT）之间的比较，每个磁极有两个隔磁槽。

图 6-26　"Machaon"叠片（摘自 Bianchi,
N. et al. , IEEE Trans. Ind. Appl. , 45（3）, 921, 2009）

表 6-3　具有经典几何形状的 IPM 电机与"Romeo and Juliet"（R&J）叠片电机和
"Machaon"叠片电机在不同电流下的转矩比较（实验结果）

I/A	传统 IPM		R&J		Machaon	
	$T_{avg}/N \cdot m$	$\Delta T/T_{avg}$（%）	$T_{avg}/N \cdot m$	$\Delta T/T_{avg}$（%）	$T_{avg}/N \cdot m$	$\Delta T/T_{avg}$（%）
2.64	2.14	13.1	1.96	4.84	2.182	4.757
2.84	2.39	12.2	2.18	4.91	2.430	4.720
5.30	5.02	11.6	4.63	4.92	5.240	5.784

来源：Bianchi N., et al., IEEE Trans. Ind. Appl., 45 (3), 921, May/June 2009.

6.6　分数槽 PM 同步电动机

在 PM 同步电机中，分数槽绕组是整数槽绕组的替代方案。其中，绕组无重叠线圈，即缠绕在单个齿上的线圈（线圈节距 $y_q = 1$）是让人感兴趣的。分数槽绕组的两个例子如图 6-27 所示。

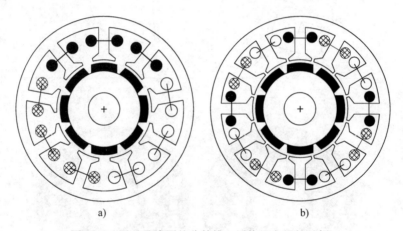

图 6-27　无重叠线圈的分数槽双层绕组电机的示例

a) 9 槽 8 极电机　b) 12 槽 8 极电机（摘自 Bianchi N., et al. Theory and design of fractional – slot
PMmachines, Tutorial Course Notes, sponsored by the IEEE – IAS Electrical Machines Committee,
Presented at the IEEE IAS Annual Meeting, New Orleans, LA, September 23, 2007）

选择这种分数槽 PM 电机有几个原因：

● 减小了端部绕组的长度，因此给定转矩下的铜损和焦耳损耗也降低了。这在高效率要求的应用中起着重要作用[29]。

● 减小了定子槽和转子极之间的周期性，使负载下的齿槽转矩和转矩脉动都较小[20,30]，在各种运行条件下产生平滑的转矩特性[31]。

● 同步电感高于相应的整数槽绕组电机的同步电感。因此，在发生故障的情况下，短路电流受到限制。这在高容错应用中是非常重要的[32,33]。采用单层绕组和低于极数的槽数可实现非常高的电感[34]。

● 分数槽绕组电机非常适合容错电机驱动。在单层绕组中，每个槽仅包含同一相线圈的一边[35]。因此，单层绕组在相与相之间形成物理隔离。此外，一些结构在相间没有出现磁耦合[36]。

然而，分数槽 PM 电机不仅具有优点，事实上还有不足：

● 一些解决方案具有低的绕组系数，这意味着它具有低的转矩密度[29,37]。

● MMF 空间谐波含量大幅度增加，这产生了高应力、高铁饱和度以及不平衡转矩[33,38]。

- 转子损耗将大大增加[39]。然后，必须避免采用电枢 MMF 高谐波含量的方法。

因此，正确选择槽数和极数以及绕组分布是非常重要的。

6.6.1　通过槽星形分布的绕组设计

分数槽绕组是通过槽的星形结构来设计的。这是每个槽的线圈单边产生的 EMF 主要谐波的相量表示，其中"主要"谐波阶次是等于极对数，$v = p$。

令 t 为电机周期，定义为定子槽数 Q 与极对数 p 之间的最大公约数（GCD），即

$$t = \text{GCD}\{Q, p\} \tag{6-25}$$

然后，槽的星形结构的特点如下：

① Q/t 个辐条。

② 每个辐条包含 t 个相量。

两个相邻槽的相量之间的角度是电角度 $\alpha_s^e = p\alpha_s$，α_s 是槽的机械弧度角，即 $\alpha_s = 2\pi/Q$。两个辐条之间的角度为

$$\alpha_{\text{ph}} = \frac{2\pi}{Q/t} = \frac{\alpha_s^e}{p}t \tag{6-26}$$

因为考虑电角度，所以槽的星形结构等效为两极电机。每个相量的数量对应于连续每个定子槽的数量。为了确定将哪个相量分配给每相，槽星形图被划分成 $2m$ 个相等的分区（其中 m 对应于相数）。然后，根据它们所占据的分区，相量和相应的线圈边被分配到各个相[40]。

12 槽 10 极电机的槽星形图如图 6-28a 所示。相应的相线圈如图 6-28b 所示，在图中画出了相线圈。

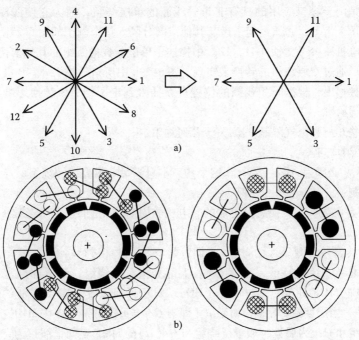

图 6-28　具有 $Q = 12$、$2p = 10$ 的电机；因此 $t = 1$ 为奇数，$Q/t = 12$ 为偶数，$Q/(2t) = 6$ 为偶数　a）槽的星形分布和 b）线圈分布（摘自 Bianchi N.，et al.，Theory and design of fractional – slot PM machines，Tutorial Course Notes，sponsored by the IEEE – IAS Electrical Machines Committee，Presented at the IEEE IAS Annual Meeting，New Orleans，LA，September 23，2007）

6.6.2　绕组因数的计算

绕组因数（主谐波，即 $v=p$）是绕组良好性能的间接指标，因为它与转矩密度成正比。作为分布因数 k_d 乘以节距因数 k_p，即 $k_w = k_d k_p$。

分布因数 k_d 是同相相量的几何和算术和之比。分布因数仅取决于 $q_{ph} = Q/(mt)$ 给出的星形图的每相 q_{ph} 的辐条数。

主谐波的分布因数（$v=p$）可以表示为

$$k_d = \frac{\sin[(q_{ph}/2)(\alpha_{ph}/2)]}{(q_{ph}/2)\sin(\alpha_{ph}/2)};\ q_{ph}\ \text{是偶数}$$

$$k_d = \frac{\sin[(q_{ph})(\alpha_{ph}/4)]}{q_{ph}\sin(\alpha_{ph}/4)};\ q_{ph}\ \text{是奇数}$$

(6-27)

例如，参考图6-27a所示绕组的星形图，$q_{ph}=3$ 和 $\alpha_{ph}=2\pi/9$，使得 $k_d=0.959$。对于图6-27b所示的绕组的星形图，它是 $q_{ph}=1$ 和 $\alpha_{ph}=2\pi/3$，使得 $k_d=1$。

节距因数与槽的星形图无关，并且是从线圈节距计算的。用槽数计算线圈节距 y_q，近似为 $y_q = \text{round}\{Q/(2p)\}$，其中最小值等于1。主谐波的节距因数由下式给出：

$$K_p = \sin\frac{\sigma_w}{2}$$

(6-28)

式中，线圈节距角 $\sigma_w = (2\pi p y_p)/Q$。

6.6.3　双层到单层绕组的转换

最先提出的是用于容错应用的具有非重叠线圈的单层绕组，因为它使线圈之间物理分隔。每个线圈缠绕在单个齿上，并通过定子齿与其他线圈分隔。一个例子如图6-29a所示，对应于图6-28b中的SPM电机。参考文献 [41, 42] 中描述了单层分数槽绕组的其他实例。

单层绕组可以通过双层绕组的转换来实现，图6-29b中所指的是12槽10极SPM电机。双层绕组的每个线圈被移出，根据同相线圈的位置重新插入到定子中。该转换影响绕组的星形图分布，如图6-28a所示。

对转换有一些几何和电气限制[40]。关于几何约束：

① 槽数 Q 必须均匀。

② 线圈节距 y_q 必须是奇数（当然，这个约束本身满足非重叠线圈绕组，$y_q=1$）。

关于电气限制：

① 如果 Q/t 是偶数，则转换总是可能的。电机的周期数 t 是偶数还是奇数，决定了电机不同的性能。

② 如果 Q/t 为奇数，则只有在周期 t 是偶数的情况下才能进行转换。

根据 Q 和 p 总结了绕组特征，见表6-4。上部分指双层绕组，而下部分是指单层绕组。表6-4突出显示了电枢MMF分布的谐波阶次（HO）。对于任何配置，MMF谐波的最低阶次是电机周期数 t。特别地，当周期数 t 等于极对数 p（即当 $Q/p = m$）时，不存在MMF次谐波。

采用双层绕组和 Q/t 为偶数，或单层绕组和 $Q/(2t)$ 的MMF空间谐波仅为奇数阶，因此谐波次数可表示为 $(2n-1)t$ [40,43]。相反，使用其他绕组组合，MMF空间谐波的阶次是奇数和偶数，使得谐波次数表示为 t 的 n 倍。最后，当双层绕组变换为单层绕组并且 Q/t 为奇数时（仅当 t 为偶数时才能进行转换），电机周期数降低到 $t/2$，因此会出现低次谐波（即谐波）。

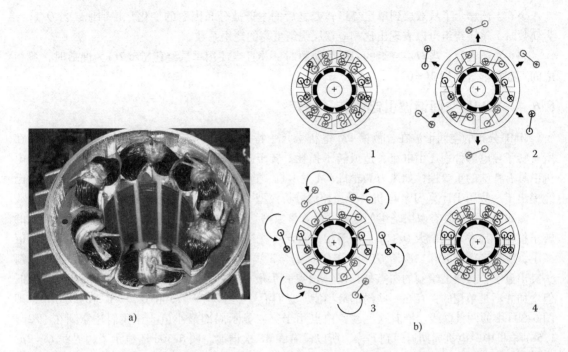

图 6-29　a）非重叠线圈的单层绕组和 b）双层到单层绕组的转换（摘自 Bianchi N.，et al.．Theory and design of fractional – slot PM machines，Tutorial Course Notes，sponsored by the IEEE – IAS Electrical Machines Committee，Presented at the IEEE IAS Annual Meeting，New Orleans，LA，September 23，2007）

表 6-4　在 m 相分数槽 PM 电机中不同组合槽（Q）和极对数（p）的谐波阶次（HO）、分布因数（k_d）和互感（M）

电机周期 $t = \mathrm{GCD}\{Q, p\}$			
可行性：每相辐条数量 $Q/(mt)$ 是整数			
	Q/t 为偶数		Q/t 为奇数
双层	相邻相量是奇数和偶数交替出现 叠加相量都是奇数或偶数 HO：$(2n-1)\,t$ 当 $y_q = 1$ 时互感 $M = 0$ $Q/(2t)$ 为偶数	$Q/(2t)$ 为奇数	叠加的相量是奇数或偶数， 交替出现 HO：nt $M \neq 0$
	相反的相量都是偶数或都是奇数	相反的相量一个是偶数， 另一个是奇数	
从双层到单层绕组的转换（几何约束：Q 为偶数，y_q 为奇数）			
单层	k_d 增加 HO：$(2n-1)\,t$ $M = 0$ 当 $y_q = 1$	k_d 不变 HO：nt $M \neq 0$	（当且仅当 t 是偶数） k_d 不变 HO：$nt/2$ $M \neq 0$

来源：Bianchi N.，et al.．Theory and design of fractional – slot PM machines，Tutorial Course Notes，Sponsored by the IEEE – IAS Electrical Machines Committee，Presented at the IEEE IAS Annual Meeting，New Orleans，LA，September 23，2007.

注释：n 是一个整数。

表6-4还显示了从双层到单层绕组转变之后的主谐波分布因数的变化。特别地，当$Q/(2t)$为偶数时，单层绕组可以表现出比相应双层绕组更高的绕组系数。

表6-4还表明，当双层绕组的Q/t为偶数时，并且当使用单层绕组$Q/(2t)$为偶数时，各相之间不存在耦合（即$M=0$）。

6.6.4 MMF空间谐波引起的转子损耗

MMF分布的空间谐波在分数槽PM电机[31,35]中特别高，并随转子异步旋转。因此，它们在所有转子导电部件中产生电流，造成转子损耗。转子损耗的大小在槽数和极数比较多的大型电机中具有特殊的重要性，如风力涡轮机PM发电机、直接驱动升降应用中的PM电机等。最近已经提出了一些用于计算SPM电机转子损耗的分析模型[39,44,45]。以下是总结的一些结果[46]。

图6-30a是指具有双层绕组的电机。沿着整数槽结构的线，即图6-30a的粗线，找到较低的转子损耗，其中每极槽数$Q/(2p)$等于相数$m=3$。在这些结构中，只有p的奇数倍的谐波幅值减小，没有三次谐波和二次谐波。沿着$Q/(2p)=3$线的所有方向移动，转子损耗增加。白色箭头突出显示，从线上绘制的白点处出发（白点表示最小值）。虽然转子损耗在离开线路时增加，但增加并不是单调的：存在一些局部最小值。它们沿着$Q/(2p)\approx2.5$和$Q/2=1.5$的线分布，即图6-30a中的两条虚线。沿着这些线，白点用于突出显示局部最小值。让我们注意到在$Q/2=1.5$的电机中，电机周期返回到$t=p$，所以没有MMF次谐波。图6-30a还显示了边界线$Q=2p$，该线没有局部最小值。相反，如同穿过线$Q/(2p)=1$的白色箭头所示，当槽数相对于极数减小时，转子损耗继续增加。

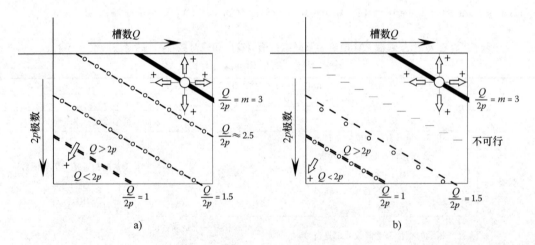

图6-30 具有双层a）和单层b）绕组的转子损耗图（摘自 Bianchi N. , et al. . Theory and design of fractional‐slot PM machines, Tutorial Course Notes, sponsored by the IEEE‐IAS Electrical Machines Committee, Presented at the IEEE IAS Annual Meeting, New Orleans, LA, September 23, 2007）

图6-30b是指具有单层绕组的电机。沿着整数槽结构的线，可以再次发现较低的转子损耗，$Q/2p=3$为粗线。当然，所计算的转子损耗与双层绕组计算的转子损耗相同。如上所述，沿线$Q/2p=3$的所有方向，转子损耗增加（再次使用白色箭头）。这些损耗通常高于使用双层绕组相同极槽配合所计算得到的损耗。图6-30b还强调，存在一些槽极组合不能产生可行的三相绕组。换句话说，从双层到单层绕组的转换是不可行的[40]。沿着$Q/2p=1.5$线，即图6-30b中的虚线（图中用小圆圈绘制）发现了一些局部最小值。最后，仅用单层绕组，其他转子损耗最小值在线

$Q=2p$ 附近（再次用小圆圈突出显示）。然后，如白色箭头所指出的那样，随着槽数相对于极数的减少，转子损耗继续增大。

6.7 PM 电机的矢量控制

为了实现 PM 同步电机的高性能，应用适当的控制策略是非常重要的。因此，通常使用电流调节 PWM 逆变器来控制 PM 同步电动机的电流矢量。主要矢量控制策略总结如下。

电压方程由式（6-16）给出。忽略转矩脉动，转矩近似为式（6-19），其中磁链如式（6-14）所示。转矩是

$$\tau = \frac{3}{2}p[\Lambda_m i_q + (L_d - L_q)i_d i_q] \tag{6-29}$$

式中，第一项表示 PM 转矩，第二项表示磁阻转矩。

图 6-31 显示了电机的关键特性，即图 6-17 中定义的给定转矩和转速下电流矢量角 α_i^e 的函数。使用归一化参数，即单位转矩 $\tau_{pu}=1$、单位速度 $\omega_{pu}=1$ 是固定的。

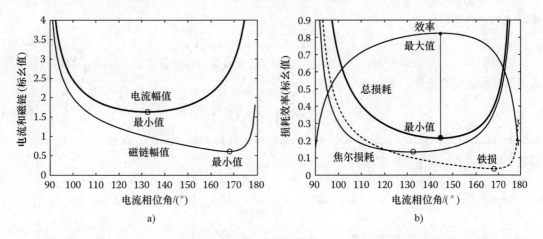

a)
b)

图 6-31 恒定转矩（$\tau_{pu}=1$）和恒速（$\omega_{pu}=1$）条件下定子电流、磁链、损耗和效率与电流矢量角 α_i^e
a）电流和磁链　b）损耗和效率

参数变化影响控制性能，因此 d 和 q 轴电感必须在电流矢量控制算法中作为 d 轴和 q 轴电流 i_d 和 $i_q^{[47]}$ 的函数进行建模，如式（6-17）。然而，在下文中，考虑恒定参数。

6.7.1 最大转矩电流比控制

对于给定的转矩，存在电流最小的最佳工作点，如图 6-31a 所示。因此，存在最大转矩电流比。当任何工作条件下这种比例都达到最大值时，就可以实现最大转矩电流比（MTPA）控制[48]。

转矩电流比 τ/i 相对于电流矢量角 α_i^e 最大时，产生

$$\cos\alpha_i^e = \frac{-\Lambda_m + \sqrt{\Lambda_m^2 - 8(L_d - L_q)^2 i^2}}{4(L_d - L_q)i} \tag{6-30}$$

因此，MTPA 条件的 d 轴和 q 轴电流之间的关系为

$$i_d = \frac{\Lambda_m}{2(L_d - L_q)} - \sqrt{\frac{\Lambda_m^2}{4(L_d - L_q)^2} + i_q^2} \tag{6-31}$$

图 6-32 显示了 $(i_\mathrm{d}, i_\mathrm{q})$ 平面中的 MTPA 轨迹。MTPA 轨迹对应于恒定转矩轨迹和恒定电流圆的切点（例如，图 6-32 中的点 B_1、B_2、B_3）。当考虑电流限制时，通过 MTPA 控制可获得最大可用转矩。特征曲线仅在 $i_\mathrm{d} < 0$ 和 $i_\mathrm{q} > 0$ 的区域中显示，然而每个特征曲线都与 d 轴对称，因此当需要负转矩时，使用 $i_\mathrm{d} < 0$ 和 $i_\mathrm{q} < 0$ 的区域中的电流矢量。

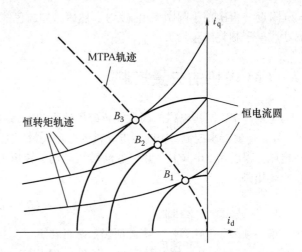

图 6-32　MTPA 控制的电流矢量轨迹

6.7.2　弱磁控制

通过增加电流矢量角 $\alpha_\mathrm{i}^\mathrm{e}$，减小磁链 λ，产生弱磁（FW）控制[49-51]。总磁链 λ 由下式给出：

$$\lambda = \sqrt{(\Lambda_\mathrm{m} + L_\mathrm{d} i_\mathrm{d})^2 + (L_\mathrm{q} i_\mathrm{q})^2} \tag{6-32}$$

d 轴磁链 λ_d 可以通过利用负 d 轴电流产生的磁场来调节。这种技术发展很快。根据内部电压等于其极限值 V_N 的条件，得到以下等式：

$$\left(\frac{V_\mathrm{N}}{\omega}\right)^2 = (\Lambda_\mathrm{m} + L_\mathrm{d} i_\mathrm{d})^2 + (L_\mathrm{q} i_\mathrm{q})^2 \tag{6-33}$$

在 $(i_\mathrm{d}, i_\mathrm{q})$ 平面中，这种关系定义了一系列的电压极限椭圆。它们的大小是电角速度 ω 的函数，它们的中心位于图 6-33 所示的点 $F(-\Lambda_\mathrm{m}/L_\mathrm{d}, 0)$ 处。

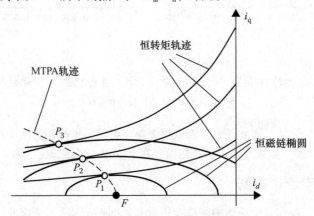

图 6-33　MTPV 控制的电流矢量轨迹

6.7.3　最大转矩电压比控制

对于给定的转矩，存在总磁链 λ 最小的最佳工作点，如图 6-31a 所示。这会引起最大转矩磁链（MTPF）控制，或换句话说，即最大转矩电压比（MTPV）的控制[52]。对于给定的磁链 λ，通过给定的电流矢量来实现 MTPV 控制

$$i_\mathrm{d} = -\frac{\Lambda_\mathrm{m} + \Delta\Lambda_\mathrm{d}}{L_\mathrm{d}} \tag{6-34}$$

$$i_q = \frac{\sqrt{\lambda^2 - \Delta\Lambda_d^2}}{L_q} \tag{6-35}$$

式中

$$\Delta\Lambda_d = \frac{-L_q\Lambda_m + \sqrt{(L_q\Lambda_m)^2 + 8(L_q - L_d)^2\lambda^2}}{4(L_q - L_d)^2} \tag{6-36}$$

d 轴和 q 轴电流之间的关系如图 6-33 所示，显示为 MTPV 轨迹。MTPV 轨迹表示恒转矩轨迹和恒定磁链椭圆的切点（图 6-33 中的点 P_1、P_2、P_3）。当达到最大电压 V_N 时，随着速度的增加，磁链 λ 沿 MTPV 轨迹减小，因为 $\lambda \approx V_N/\omega$。当速度趋于无穷大时，电流矢量趋于椭圆的中心，由 $i_d = -\Lambda_m/L_d$ 和 $i_q = 0$ 定义。

6.7.4 最大效率控制

对于给定的转矩和速度，最小铜损 P_J 对应于 MTPA 的情况，而最小铁损 P_{Fe} 对应于 MTPV 的情况。因此，如图 6-31b 所示，在 MTPA 情况和 MTPF 情况之间的最佳电流矢量角处，总损耗 $P_{loss} = P_J + P_{Fe}$ 最小化，实现最小损耗（或最大效率）控制[10]。

6.7.5 工作区域限制

在电压和电流约束条件下确定最优稳态电流矢量。忽略定子电阻，由它们给出

$$i = \sqrt{i_d^2 + i_q^2} \leqslant I_N \tag{6-37}$$

和

$$\lambda = \sqrt{\lambda_d^2 + \lambda_q^2} \leqslant \frac{V_N}{\omega} \tag{6-38}$$

式中，电流 I_N 是逆变器的最大可用电流。电压限制 V_N 是给定直流电压 V_{dc} 的逆变器的最大可用输出电压。

图 6-34 显示了 (i_d, i_q) 平面上提出的控制策略的图形表示。在这样一个平面上，恒电流轨迹是圆形，恒磁链轨迹是椭圆，而恒转矩轨迹是双曲线。临界条件分别由 (i_d, i_q) 平面中的电流极限圆和电压极限椭圆显示。满足电流和电压两个约束条件的电流矢量必须在电流限制圆和电压限制椭圆内。

根据电压和电流约束，在任意速度下产生最大转矩的最佳电流矢量如下。

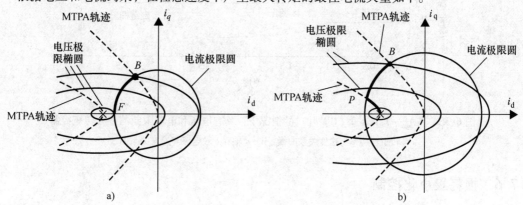

图 6-34 考虑电压和电流约束下产生最大转矩的最佳电流矢量的选择
a) 两个工作区域 b) 三个工作区域

① 区域 I（恒转矩区域）：在基速 ω_B 以下，通过 MTPA 控制产生最大转矩。产生最大转矩的电流矢量从式（6-31）和 $i = I_N$ 导出。该电流矢量对应于图 6-34 中的 B 点。在该区域中，$i = I_N$，$\omega\lambda < V_N$，V 达到其基速 ω_B 下的限制值。

② 区域 II（FW，恒功率区域）：高于基速时，电流矢量由 FW 控制，其中通过利用 d 轴去磁电枢反应将电压保持固定为 $\omega\lambda = V_N$。在速度 $\omega > \omega_B$ 产生最大转矩的最佳电流矢量从式（6-33）导出，幅值 $i = I_N$。

该电流矢量对应于电流极限圆与电压极限椭圆相交点。电流矢量角 α_i^e 随着速度的增加而增加。d 轴电流向负方向增加，q 轴电流减小。电流矢量轨迹沿着电流极限圆（图 6-34a 中的粗线）移动。假设 $\Lambda_m > L_d I_N$，FW 工作持续到最大速度 ω_{max}。当 i_d 达到 $-I_N$ 且 i_q 变为零（图 6-34a 中的点 F）时，得到最小 d 轴磁链，从而 $\Lambda_{dmin} = \Lambda_m - L_d I_N$。转矩和功率变为零，最大速度导致 $\omega_{max} = V_N/\Lambda_{dmin}$。

③ 区域 III（FW，功率下降区域）：如果 $\Lambda_m < L_d I_N$，则电压极限椭圆的中心点位于电流限制圆内，如图 6-34b 所示。电流矢量轨迹沿着电流极限圆移动直到速度达到 ω_p，对应于电流极限圆和 MTPV 轨迹之间的交点 P。在 ω_p 以上，使用 MTPV 控制实现最佳电流矢量。

图 6-35 和图 6-36 显示了当施加最大转矩控制时，转矩、功率以及 d 轴和 q 轴电流分量随速度变化的曲线，这受到电压和电流极限的限制，即 $v < V_N$ 和 $i \leq I_N$。在这里使用归一化参数。两台 IPM 同步电机的参数见表 6-5。

图 6-35 表示 $\Lambda_m - L_d I_N > 0$ 的情况，因此只存在两个工作区域。图 6-36 是指 $\Lambda_m - L_d I_N < 0$ 的情况。在这种情况下，存在三个工作区域。

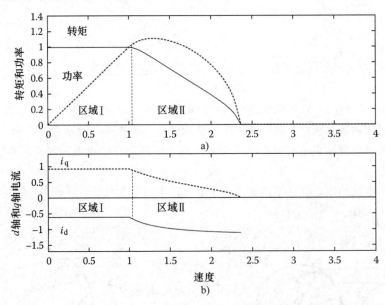

图 6-35　在 $\Lambda_m - L_d I_N > 0$（IPM#1）的情况下，具有电压和电流限制的最大转矩控制
a）转矩和功率与速度关系曲线　b）d 轴和 q 轴电流与速度关系曲线

6.7.6　损耗最小化控制

考虑到铜耗和铁耗，可以得出在任何工作条件下总损耗最小的最佳电流矢量。最佳电流矢量是转矩和转速的函数。在 PWM 逆变器引起的谐波损耗被忽略的情况下，静止时铁损为零，因

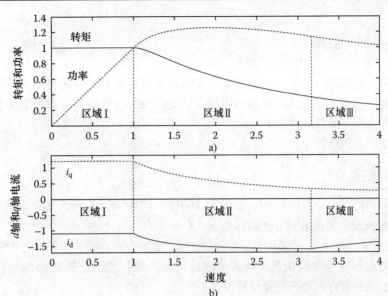

图 6-36　在 $\Lambda_m - L_d I_N < 0$（IPM#2）的情况下，具有电压和电流限制的最大转矩控制

a）转矩和功率与速度关系曲线　b）d 轴和 q 轴电流与速度关系曲线

此在 $\omega = 0$ 时的 LM（损耗最小化）轨迹对应于最小铜损的 MTPA 轨迹。随着速度的增加，LM 轨迹向负 d 轴电流移动，并以无穷大的速度接近 MTPV 轨迹。

表 6-5　IPM 电机参数（标幺值）

	IPM#1	IPM#2
PM 磁链	$\Lambda_m = 0.6$	$\Lambda_m = 0.15$
q 轴电感	$L_q = 0.933$	$L_q = 0.824$
d 轴电感	$L_d = 0.155$	$L_d = 0.206$
凸极率	$\xi = 6$	$\xi = 4$
电　阻	$R = 0.02$	$R = 0.05$
额定电流	$I_N = 1.11$	$I_N = 1.632$

恒定速度下的最佳电流矢量轨迹如图 6-37 所示。当转矩固定时，最佳工作点随着速度的增加而沿恒定转矩轨迹移动（例如，图 6-37 中的点 L_1、L_2、L_3、L_4、L_5）。实际上，通过实验数值计算或搜索最佳的 d 轴和 q 轴电流，然后将它们存储在查找表中或通过适当的函数建模。

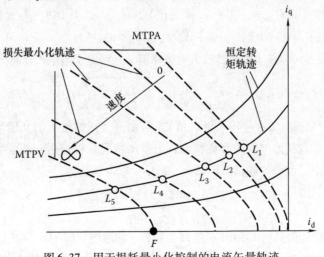

图 6-37　用于损耗最小化控制的电流矢量轨迹

6.8　容错 PM 电机

电机驱动的容错能力对汽车、航空等应用领域具有重要意义[53]。即使不那么严格，由于相关的生产率提高，容错也是在工业环境中得到公认的特性。容错电机是一种能够在不破坏自身和不传播故障的情况下维持故障的电机。

下面给出了一些例子。

6.8.1　短路故障

在三相短路的情况下，$\nu_d = \nu_q = 0$，可由式（6-16）计算 i_d 和 i_q 电流。在下面的示例中，考虑了表 6-5 中报告的 IPM 电机的 IPM#1 的参数。

图 6-38 显示了（i_d，i_q）平面中的 i_d 和 i_q 电流[77]。虚线表示当定子电阻为零时的电流椭圆轨迹。实线是指电阻不等于零的情况。电流从故障之前的工作点给出的初始值 I_{d0} 和 I_{q0}（并由图 6-38 中的圆圈突出显示）向稳态短路值移动，由

$$I_{d,shc} = -\frac{\omega^2 L_q \Lambda_m}{R^2 + \omega^2 L_d L_q} \tag{6-39}$$

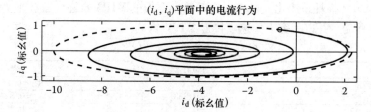

图 6-38　在（i_d，i_q）面的短路电流的轨迹，$\omega = 1$（改编自 Bianchi N.，et al.．IEEE Trans. Veh. Technol.，55（4），1102，2006）

和

$$I_{q,shc} = -\frac{\omega \Lambda_m R}{R^2 + \omega^2 L_d L_q} \tag{6-40}$$

定义。

它对应于图 6-38 中的 $I_{d,shc} = -3.85$（标幺值）和 $I_{q,shc} = -0.083$（标幺值），约为标称电流的 3.5 倍。忽略电阻 R，它减少到 $I_{d,shc} = -\Lambda_m / L_d$ 和 $I_{q,shc} = 0$。

最小 d 轴电流表示可以使 PM 退磁的负电流峰值。忽略定子电阻，计算为

$$I_{d,min} = -\frac{\Lambda_m}{L_d} - \sqrt{\left(I_{d0} + \frac{\Lambda_m}{L_d}\right)^2 + \left(\frac{L_q}{L_d}I_{q0}\right)^2} \tag{6-41}$$

在这个例子中，它是 $I_{d,min} = -10$（标幺值），其幅值是标称电流的 9 倍以上，即高于 $I_{d,shc} = -\Lambda_m / L_d$ 的 2.5 倍。假设初始电流的标称幅值，最差的情况是仅使用 q 轴电流，即 $I_{q0} = I_N$，然后 $I_{d0} = 0$。在这种情况下，理想的椭圆面积最大，最小 d 轴电流变为

$$I_{d,min} = \frac{-\Lambda_m - \sqrt{\Lambda_m^2 + (L_q I_N)^2}}{L_d} \tag{6-42}$$

达到 $I_{d,min} = 11.58$（标幺值）。如果 PM 磁链高于初始 q 轴磁链，即 $\Lambda_m \gg L_d I_N$，则最小 d 轴电流可以近似为 $I_{d,min} \approx -2\Lambda_m / L_d$。反之，在磁阻电机的情况下，$\Lambda_m = 0$，最小 d 轴电流变为 $I_{d,min} =$

$-\xi I_{\mathrm{N}}$。

稳态制动转矩的分析在同步 d–q 参考系中进行。电压方程由式（6-16）表示，不带导数，$\nu_{\mathrm{d}} = \nu_{\mathrm{q}} = 0$。稳态制动转矩[54]等于

$$T_{\mathrm{brk}} = -\frac{3}{2}pR\Lambda_{\mathrm{m}}^2\omega\,\frac{R^2 + \omega^2 L_{\mathrm{q}}^2}{(R^2 + \omega^2 L_{\mathrm{d}}L_{\mathrm{q}})^2} \tag{6-43}$$

并且通过式（6-39）和式（6-40）获得短路电流幅值，从而得到

$$I_{\mathrm{shc}} = \frac{\sqrt{(\omega^2 L_{\mathrm{q}}\Lambda_{\mathrm{m}})^2 + (\omega R\Lambda_{\mathrm{m}})^2}}{R^2 + \omega^2 L_{\mathrm{d}}L_{\mathrm{q}}} \tag{6-44}$$

短路电流总是随速度 ω 增加而增加，接近 $\Lambda_{\mathrm{m}}/L_{\mathrm{d}}$。作为电机转速的函数，制动转矩（在电机惯例中为负）和短路电流的典型特性如图6-39所示。通过使式（6-43）速度 ω 的导数等于零来计算 T_{brk} 的最大幅值。最大制动转矩等于

$$T_{\mathrm{brk}}^* = \frac{3}{2}p\,\frac{\Lambda_{\mathrm{m}}^2}{L_{\mathrm{q}}}f(\xi) \tag{6-45}$$

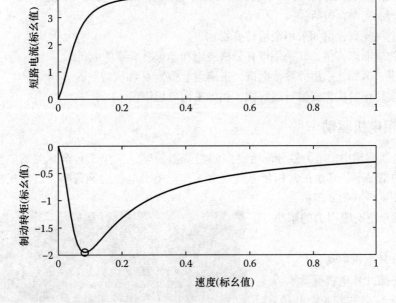

图 6-39 短路电流和制动转矩与速度的关系（改编自 Bianchi N.，et al. . IEEE Trans. Veh. Technol.，45（4），1102，2006）

并且此时速度等于

$$\omega^* = \frac{R}{L_{\mathrm{q}}}\sqrt{\chi} \tag{6-46}$$

函数 $f(\xi)$ 为

$$f(\xi) = \sqrt{\chi}\,\frac{1+\chi}{(1+\chi/\xi)^2} \tag{6-47}$$

且

$$\chi = \frac{1}{2}\left[3(\xi-1) + \sqrt{9(\xi-1)^2 + 4\xi}\right] \tag{6-48}$$

值得注意的是，式（6-47）中的 $f(\xi)$ 只是凸极率 $\xi = L_q / L_d$ 的函数，其行为如图 6-40 所示。在 $\xi = 2$ 和 $\xi = 6$ 之间，这样的函数可以用直线 $f(\xi) \approx \xi - 1$ 近似，即如图 6-40 中的虚线所示。

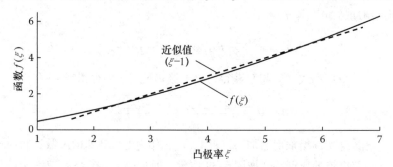

图 6-40　式（6-47）给出的函数 $f(\xi)$ 及其近似直线（改编自
Bianchi N. , et al. . IEEE Trans. Veh. Technol. , 55（4），1102，2006. ）

6.8.2　相间解耦

在设计容错 PM 电机时，必须考虑任何故障不会从故障相传播到其他正常相。然后，提出了相之间的完全解耦[34]，包括：

① 相间电气隔离，例如采用全桥转换器。

② 相间物理隔离，例如，采用带有分槽绕组和非重叠线圈的电机。

③ 磁解耦，例如，采用分数槽电机，正确组合槽数 Q 和极对数 p。

④ 通过模块化解决方案进行热解耦，例如采用单层绕组。

6.8.3　多相电机驱动

在多相电机驱动中，电力被分配给更多的逆变器桥臂，减少了每个开关的电流[55,56]。在一相产生故障的情况下，其他正常相使电机正常工作。提出电流控制策略，以实现高且平滑的转矩[57,58]，即使缺少一相或多相。

其中，两个更有吸引力的解决方案是：

① 五相 PM 电机驱动。

② 两个三相 PM 电机驱动。

可以设计一个五相 PM 电机，以减少故障发生，并在存在故障的情况下无限期地运行[59]。提出了对转矩脉动、噪声[60-62] 和损耗[63] 的影响最小的正确的电流控制策略来应对故障后情况。具有单位节距的双层和单层绕组的两个五相定子如图 6-41 [78] 所示。

五相电机的替代方案由两个三相电机来表示。这样的电机包括由两个逆变器并联供电的两个相同的

图 6-41　具有双层绕组（左侧）和单层绕组（右侧）的
5 相 20 槽定子（改编自 Bianchi N. , et al. . IEEE Trans. Ind.
Appl. , 43（4），960，2007）

三相绕组。在一相故障的情况下，关闭一个逆变器，正常的三相绕组通过另一个逆变器供电，即使功率降低，电机仍然运行。这种解决方案的优点是仅使用标准组件，从而使容错电机驱动变得更便宜。

6.9　无传感器转子位置检测

在 PM 同步电机的无传感器转子位置检测的不同技术中，下文描述的技术基于高频电压信号注入。这种技术严格限制于转子几何形状，需要具有各向异性转子的同步 PM 电机，例如图 6-1c 所示的 IPM 电机或如图 6-1b 所示的 IPM 电机。通过详细阐述同步 PM 电机对高频信号的响应，可在低速和零速度下检测转子位置[64,65]。

当高频定子电压被加到基波电压时，相应的高频定子电流受转子凸极性的影响[66,67]，从电流测量中提取转子位置信息[68,69]。下面简要总结用于通过高频信号注入检测 PM 转子位置的两种主要技术。

令 L_{qh} 和 L_{dh} 为对应于实际工作点的增量电感（也称为动态电感或差分电感），那么

$$L_{avg} = \frac{L_{qh} + L_{dh}}{2} \text{ 和 } L_{dif} = \frac{L_{qh} - L_{dh}}{2} \tag{6-49}$$

是高频电机模型的平均电感和差分电感。转子位置检测的精度取决于转子位置，且它受 d 轴和 q 轴之间的磁耦合及饱和程度影响很大[25,70,71]，必须使用式（6-17）描述的精确磁链模型。

6.9.1　脉动电压矢量技术

在恒定载波频率 ω_h 下沿着估计的 d 轴叠加脉动电压矢量。在估计的同步参考系 $\tilde{d} - \tilde{q}$ 中，给出以下电压矢量：

$$\begin{aligned} \tilde{v}_{dh} &= V_h \cos(\omega_h t) \\ \tilde{v}_{qh} &= 0 \end{aligned} \tag{6-50}$$

式中，上标 ~ 表示矢量在估计的参考系中。相应的高频电流分量可以表示为

$$\tilde{i}_{dh} = \frac{V_h}{\omega_h L_{dh} L_{qh}} [L_{avg} + L_{dif} \cos(2\vartheta_{err}^e)] \sin(\omega_h t)$$

$$\tilde{i}_{qh} = \frac{V_h}{\omega_h L_{dh} L_{qh}} [L_{dif} \sin(2\vartheta_{err}^e)] \sin(\omega_h t) \tag{6-51}$$

为了简单起见，转子转速 $\omega_m^e = 0$ 是固定的。在式（6-51）中，ϑ_{err}^e 是估计的 $\tilde{d} - \tilde{q}$ 与实际的 $d - q$ 同步参考系之间的电角误差。

式（6-51）表示当转子位置角误差为零时，估算的转子参考系中的 q 轴电流的高频分量为零。因此，只能使用低通滤波器（LPF）处理 q 轴分量，获得转子位置估计的误差信号 $\varepsilon(\vartheta_{err}^e)$ 为

$$\begin{aligned} \varepsilon(\vartheta_{err}^e) &= \mathrm{LPF}[\tilde{i}_{qh} \sin(\omega_h t)] \\ &= \frac{V_h}{\omega_h} \frac{L_{dif}}{2 L_{dh} L_{qh}} \sin(2\vartheta_{err}^e) \end{aligned} \tag{6-52}$$

可以注意到，误差信号与转子位置估计误差两倍的正弦函数成正比。另外，信号与微分电感 L_{dif} 成比例。

6.9.2　旋转电压矢量技术

或者，以恒定载波频率ω_h旋转的电压矢量与基波电压重叠。在静止参考系$\alpha-\beta$中，给出这样的电压矢量

$$v_{\alpha\beta h} = V_h e^{j\omega_h t} \tag{6-53}$$

忽略定子电阻，给出相应的高频电流矢量

$$i_{\alpha\beta h} = \frac{L_{avg} v_{\alpha\beta h} - L_{dif} e^{j2\vartheta_m^e} v_{\alpha\beta h}^*}{j\omega_h L_{dh} L_{qh}} \tag{6-54}$$

式中，上标$*$表示复共轭；ϑ_m^e是以电弧度表示的转子位置角。

为了得到与转子位置角相关的信号，电流矢量［式（6-54）］首先乘以$e^{-j\omega_h t}$，所得结果通过高通滤波器（HPF）进行处理，如在超外差方案[72]中产生

$$HPF\left[i_{\alpha\beta h} e^{-j\omega_h t}\right] = j\frac{V_h}{\omega_h}\frac{L_{dif}}{L_{dh} L_{qh}} e^{j2(\vartheta_m^e - \omega_h t)} \tag{6-55}$$

令$\widetilde{\vartheta}_m^e$为估计的转子位置角，信号［式（6-55）］乘以$e^{j2(\omega_h t - \widetilde{\vartheta}_m^e)}$。然后，转子位置估计误差信号$\varepsilon$对应于乘积的实部，其中

$$\varepsilon = -\frac{V_h}{\omega_h}\frac{L_{dif}}{L_{dh} L_{qh}}\sin\left[2(\vartheta_m^e - \widetilde{\vartheta}_m^e)\right] \tag{6-56}$$

同样在这种情况下，转子位置的信息在很大程度上取决于微分电感L_{dif}，使得当$L_{qh} = L_{dh}$时，误差信号消失。

6.9.3　PM 电机无传感器性能预测

精确的电机磁路模型是用来预测电机的无传感器转子位置检测能力的。用于预测误差信号$\varepsilon(\vartheta_{err})$的磁路模型通过一组有限元仿真实现，以便计算作为$d$轴和$q$轴电流函数的$d$轴和$q$轴磁链[73]。然后，对于给定的工作点（由$d$轴和$q$轴基波电流定义），建立一个由增量电感定义的小信号模型：

$$L_{dd} = \frac{\partial \lambda_d}{\partial i_d},\ L_{dq} = \frac{\partial \lambda_d}{\partial i_q}$$

$$L_{qd} = \frac{\partial \lambda_q}{\partial i_d},\ L_{qq} = \frac{\partial \lambda_q}{\partial i_q} \tag{6-57}$$

考虑饱和度和交叉耦合效应。

当沿着方向α_v^e（即，d轴和q轴电压分量分别为$V_h \cos \alpha_v^e$和$V_h \sin \alpha_v^e$）注入高频电压矢量时，由式（6-57）描述的小信号模型可用来计算电流矢量的幅值和角度[79]。相量图如图 6-42 所示，包括基波分量（$\overline{V}_0$和$\overline{I}_0$）和高频分量（$\overline{V}_h$和$\overline{I}_h$）。重复这样的研究，改变电压矢量角α_v^e，以估算转子位置误

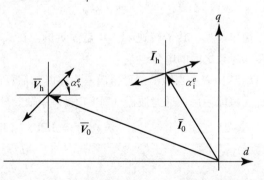

图 6-42　具有稳态和高频分量的相量图（修改自 Bianchi N. 和 Bolognani S.．IEEE Trans. Ind. Appl.，45（4），1249，2009）

差信号 ε。设 I_{max} 和 I_{min} 分别为高频电流的最大值和最小值（用不同电压矢量角度 α_v^e 计算），$\alpha_{I_{max}}^e$ 是取得 I_{max} 时的角度（相对于 d 轴定义的），则计算转子位置估计的误差信号为

$$\varepsilon(\alpha_v^e) = k_{st} \frac{I_{max} - I_{min}}{2} \sin2(\alpha_v^e - \alpha_{I_{max}}^e) \tag{6-58}$$

式中，α_v^e 可以认为是注入角度；$(\alpha_v^e - \alpha_{I_{max}}^e)$ 可以认为是误差信号角度 ϑ_{err}^e；那么，$\alpha_{I_{max}}^e$ 是由于 $d - q$ 轴交叉耦合而产生的角位移。

图 6-43 比较了实验和预测结果，参考图 6-1b 所示的嵌入式电机，其额定电流 $\hat{I} = 2.5\text{A}$。采

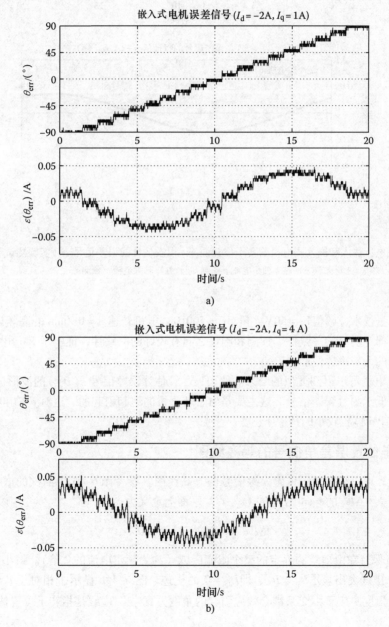

图 6-43　脉动电压注入的嵌入式电机的转子位置误差 e 以及估计的误差信号 ε（实验测试和预测）

a）在 q 轴小电流下测试　b）在 q 轴大电流下测试

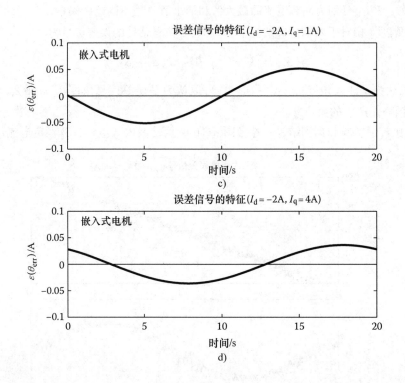

图 6-43   脉动电压注入和嵌入式电机的转子位置误差 e 以及估计的误差信号 ε（实验测试和预测）（续）
c）在 q 轴小电流下预测   d）在 q 轴大电流下预测

用脉动电压矢量技术，幅值 $V_h = 50V$，频率 $f_c = 500Hz$，电机转速 $n = 0r/min$ 的高频电压[74]。在部分负载和满载都有明显的一致性。预测和测量之间有较好的一致性，证实了 PM 电机模型较好地用于预测电机的无传感器性能。

使用 IPM 电机可以得到类似的结果。然而，尽管估计误差信号 $\varepsilon(\vartheta_{err}^e)$ 的波形被正确地预测，但其幅值通常低于测量误差信号。这主要是由于转子桥的饱和引起的，这对 d 轴电感有很大的影响，特别是在 PM 体积较小的情况下。

6.9.4   转子位置误差角信号的等高线图

从上述计算可以得出转子位置误差信号的等高线图。参考图 6-43 中测试的嵌入式电机，图 6-44a 显示了信号 $\Delta I\%$ 的 map 图，在 (i_d, i_q) 平面上定义为

$$\Delta I\% = \frac{I_{max} - I_{min}}{I_{max} + I_{min}} \times 100\% \tag{6-59}$$

信号 $\Delta I\%$ 保持在由虚线圆界定的整个限流区域（约为额定电流的 2 倍）。最小电流变化保持在 10% 以上。虚线突出显示 $L_{qh} = L_{dh}$，即 $L_{dif} = 0$ 的轨迹。图 6-44b 显示了相对于 d 轴的最大电流角度图。这些角度对应于由交叉耦合效应引起的角度失真[75]。虚线是指转子位置估计角度为 45° 的误差。

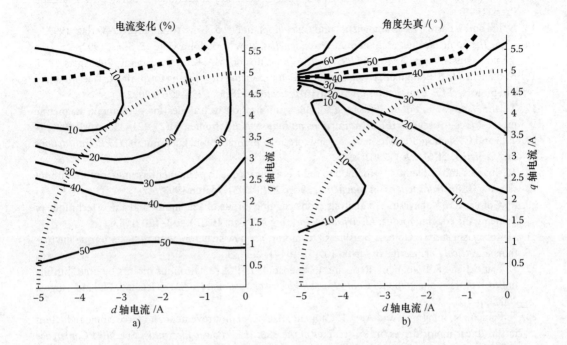

图 6-44 电流信号（嵌入式电机）的信号 $\Delta I\%$ 和角度误差的等高线图

a）电流变化 b）角度失真（修改自 Bianchi N. 和 Bolignani S. . IEEE Trans. Ind. Appl. , 45（4）, 1249, 2009）

参 考 文 献

1. E. Levi, *Polyphase Motors—A Direct Approach to Their Design*. New York: John Wiley & Sons, 1984.

2. V. Honsinger, The fields and parameters of interior type AC permanent magnet machines, *IEEE Transactions on PAS*, 101, 867–876, 1982.

3. J. F. Gieras and M. Wing, *Permanent Magnet Motors Technology*: *Design and Application*, 2nd edn. New York: Marcel Dekker, 2002.

4. R. M. Bozorth, *Ferromagnetism*, ser. IEEE Magnetics Society. New York: IEEE Press, 1993.

5. J. M. D. Coey, *Rare Heart Iron Permanent Magnet—Monographs on the Physics and Chemistry of Materials*, ser. Oxford Science Publications. Oxford, U.K.: Claredon Press, 1996.

6. G. R. Slemon and A. Straughen, *Electric Machines*. New York: Addison-Wesley, 1980.

7. N. Bianchi and T. Jahns (eds.), Design, analysis, and control of interior PM synchronous machines, ser. IEEE IAS Tutorial Course Notes, *IAS'04 Annual Meeting*, CLEUP, Padova, Italy/Seattle, WA, October 3, 2004 (info@cleup.it).

8. T. Miller, *Brushless Permanent-Magnet and Reluctance Motor Drives*, ser. *Monographs in Electrical and Electronic Engineering*. Oxford, U.K.: Claredon Press/Oxford University Press, 1989.

9. I. Boldea and S. A. Nasar, *Electric Drives*, ser. Power Electronics and Applications *Series*. Boca Raton, FL: CRC Press/Taylor & Francis Group, 1999.

10. S. Morimoto, Y. Tong, Y. Takeda, and T. Hirasa, Loss minimization control of permanent magnet synchronous motor drives, *IEEE Transactions on Industry Electronics*, 41(5), 511–517, September–October 1994.

11. D. White and H. Woodson, *Electromechanical Energy Conversion*. New York: John Wiley & sons, 1959.

12. P. Vas, *Vector Control of AC Machines*, ser. Oxford Science Publications. Oxford, U.K.: Claredon Press, 1990.

13. N. Ida and J. Bastos, *Electromagnetics and Calculation of Fields*. New York: Springer-Verlag, 1992.

14. J. Jin, *The Finite Element Method in Electromagnetics*. New York: John Wiley & Sons, 1992.

15. S. Salon, *Finite Element Analysis of Electrical Machine*. Boston, MA: Kluwer Academic Publishers, 1995.

16. N. Bianchi and S. Bolognani, Design techniques for reducing the cogging torque in surface-mounted PM motors, *IEEE Transactions on Industry Applications*, 38(5), 1259–1265, 2002.

17. T. Jahns and W. L. Soong, Pulsating torque minimization techniques for permanent magnet ac motor drives—A review, *IEEE Transactions on Industrial Electronics*, 43(2), 321–330, April 1996.

18. T. Li and G. Slemon, Reduction of cogging torque in permanent magnet motors, *IEEE Transactions on Magnetics*, 24(6), 2901–2903, 1988.

19. T. Ishikawa and G. Slemon, A method to reduce ripple torque in permanent magnet motors without skewing, *IEEE Transactions on Magnetics*, 29(2), 2028–2031, March 1993.

20. M. Goto and K. Kobayashi, An analysis of the cogging torque of a dc motor and a new technique of reducing the cogging torque, *Electrical Engineering in Japan*, 103(5), 113–120, 1983.

21. K. Kobayashi and M. Goto, A brushless DC motor of a new structure with reduced torque fluctuations, *Electrical Engineering in Japan*, 105(3), 104–112, 1985.

22. N. Bianchi and S. Bolognani, Reducing torque ripple in PM synchronous motors by pole shifting, in *Proceedings of International Conference on Electrical Machines* (*ICEM*), Helsinki, Finland, August 2000, pp. 1222–1226.

23. N. Bianchi, S. Bolognani, and A. D. F. Cappello, Back EMF improvement and force ripple reduction in PM linear motor drives, in *Proceedings of the 35th IEEE Power Electronics Specialist Conference* (*PESC'04*), Aachen, Germany, June 20–25, 2004, pp. 3372–3377.

24. A. Fratta, G. Troglia, A. Vagati, and F. Villata, Evaluation of torque ripple in high performance synchronous reluctance machines, in *Records of IEEE Industry Application Society Annual Meeting*, Vol. 1, October 1993, Toronto, Canada, 1993, pp. 163–170.

25. A. Vagati, M. Pastorelli, G. Franceschini, and S. Petrache, Design of low-torque-ripple synchronous reluctance motors, *IEEE Transactions on Industry Application*, 34(4), 758–765, July–August 1998.

26. M. Sanada, K. Hiramoto, S. Morimoto, and Y. Takeda, Torque ripple improvement for synchronous reluctance motor using asymmetric flux barrier arrangement, in *Proceedings of the IEEE Industrial Application Society Annual Meeting*, Salt Lake City, UT, October 12–16, 2003.

27. N. Bianchi, S. Bolognani, D. Bon, and M. D. Pré. Torque harmonic compensation in a synchronous reluctance motor, *IEEE Transactions on Energy Conversion*, 23(2), 466–473, June 2008.

28. N. Bianchi, S. Bolognani, D. Bon, and M. D. Pré. Rotor flux-barrier design for torque ripple reduction in synchronous reluctance and PM assisted synchronous reluctance motors, *IEEE Transactions on Industry Applications*, 45(3), 921–928, 2009.

29. N. Bianchi, S. Bolognani, and P. Frare, Design criteria of high efficiency SPM synchronous motors, *IEEE Transactions on Energy Conversion*, 21(2), 396–404, 2006.

30. Z. Q. Zhu and D. Howe, Influence of design parameters on cogging torque in permanent magnet machines, *IEEE Transactions on Energy Conversion*, 15(4), 407–412, December 2000.

31. P. Salminen, Fractional slot permanent magnet synchronous motor for low speed applications, Dissertation, 198, Lappeenranta University of Technology, Lappeenranta, Finland, 2004, ISBN 951-764-982-5 (pdf).

32. B. Mecrow, A. Jack, D. Atkinson, G. Atkinson, A. King, and B. Green, Design and testing of a four-phase fault-tolerant permanent-magnet machine for an engine fuel pump, *IEEE Transactions on Energy Conversion*, 19(4), 671–678, December 2004.

33. F. Magnussen, P. Thelin, and C. Sadarangani, Performance evaluation of permanent magnet synchronous machines with concentrated and distributed winding including the effect of field weakening, in *Proceedings of the Second IEE International Conference on Power Electronics, Machines and Drives* (*PEMD 2004*), Vol. 2, Edinburgh, U.K., March 31–April 2, 2004, pp. 679–685.

34. B. Mecrow, A. Jack, and J. Haylock, Fault-tolerant permanent-magnet machine drives, *IEE Proceedings—Electrical Power Applications*, 143(6), 437–442, December 1996.

35. N. Bianchi, M. D. Pré, G. Grezzani, and S. Bolognani, Design considerations on fractional-slot fault-tolerant synchronous motors, *IEEE Transactions on Industry Applications*, 42(4), 997–1006, 2006.

36. N. Bianchi, S. Bolognani, and G. Grezzani, Fractional-slot IPM servomotors: Analysis and performance comparisons, in *Proceedings of the International Conference on Electrical Machines (ICEM'04)*, Vol. CD Rom, paper no. 507, Cracow, Poland, September 5–8, 2004, pp. 1–6.

37. F. Magnussen and C. Sadarangani, Winding factors and joule losses of permanent magnet machines with concentrated windings, in *Proceedings of the IEEE International Electric Machines and Drives Conference (IEMDC'03)*, Vol. 1, Madison, WI, June 2–4, 2003, pp. 333–339.

38. A. D. Gerlando, R. Perini, and M. Ubaldini, High pole number, PM synchronous motor with concentrated coil armature windings, in *Proceedings of International Conference on Electrical Machines (ICEM'04)*, CD-Rom, paper no. 58, Cracow, Poland, September 5–8, 2004, pp. 1–6.

39. N. Schofield, K. Ng, Z. Zhu, and D. Howe, Parasitic rotor losses in a brushless permanent magnet traction machine, in *Proceedings of the Electric Machine and Drives Conference (EMD'97)*, I. C. No. 444, Cambridge, U.K., 1997, September 1–3, 1997, pp. 200–204.

40. N. Bianchi and M. D. Pré, Use of the star of slots in designing fractional-slot single-layer synchronous motors, *IEE Proceedings—Electrical Power Applications*, 153(3), 459–466, May 2006 (Online no. 20050284).

41. J. Cros, P. Viarouge, and A. Halila, Brush dc motors with concentrated windings and soft magnetic composites armatures, in *Conference Record of IEEE Industry Applications Annual Meeting (IAS'01)*, Vol. 4, Chicago, IL, September 30–October 4, 2001, pp. 2549–2556.

42. F. Magnussen and H. Lendenmann, Parasitic effects in PM machines with concentrated windings, in *Conference Record of 40th IEEE Industry Applications Annual Meeting (IAS'05)*, Vol. 2, Hong-Kong, China, October 2–6, 2005, pp. 1044–1049.

43. N. Bianchi, S. Bolognani, and M. D. Pré, Magnetic loading of fractional-slot three-phase PM motors with non-overlapped coils, in *Conference Record of the IEEE 41st Industry Applications Society Annual Meeting (IAS'05)*, CD-ROM, Tampa, FL, October 8–12, 2006.

44. H. Polinder and M. J. Hoeijmaker, Eddy current losses in segmented surface-mounted magnets of a PM machine, *IEE Proceedings—Electrical Power Applications*, 146(3), 261–266, May 1999.

45. K. Atallah, D. Howe, P. Mellor, and D. Stone, Rotor loss in permanent-magnet brushless AC machines, *IEEE Transactions on Industry Applications*, 36(6), 1612–1617, November/December 2000.

46. N. Bianchi, S. Bolognani, and E. Fornasiero, A general approach to determine the rotor losses in three-phase fractional-slot PM machines, in *Proceedings of the IEEE International Electric Machines and Drives Conference (IEMDC'07)*, Antalya, Turkey, May 2–5, 2007, pp. 634–641.

47. S. Morimoto, M. Sanada, and Y. Takeda, Effects and compensation of magnetic saturation in flux-weakening controlled permanent magnet synchronous motor drives, *IEEE Transactions on Industry Applications*, 30(6), 1632–1637, November–December 1994.

48. T. Jahns, G. Kliman, and T. Neumann, Interior PM synchronous motors for adjustable speed drives, *IEEE Transactions on Industry Applications*, 22(4), 738–747, July/Aug 1986.

49. T. Jahns, Flux-weakening regime operation of an interior permanent magnet synchronous motor drive, *IEEE Transactions on Industry Applications*, 23(3), 681–689, May 1987.

50. B. E. Donald, D. W. Novotny, and T. A. Lipo, Field weakening in buried permanent magnet ac motor drives, *IEEE Transactions on Industry Applications*, 21(2), 398–407, March–April 1987.

51. B. K. Bose, A high-performance inverter-fed drive system of an interior permanent magnet synchronous machine, *IEEE Transactions on Industry Applications*, 24(5), 987–997, November–December 1988.

52. S. Morimoto, Y. Takeda, T. Hirasa, and K. Taniguchi, Expansion of operating limits for permanent magnet motor by current vector control considering inverter capacity, *IEEE Transactions on Industry Applications*, 26(5), 866–871, September–October 1990.

53. J. Haylock, B. Mecrow, A. Jack, and D. Atkinson, Operation of fault tolerant PM drive for an aerospace fuel pump application, *IEE Proceedings—Electrical Power Applications*, 145(5), 441–448, September 1998.

54. T. Jahns, Design, analysis, and control of interior PM synchronous machines, in N. Bianchi, T.M. Jahns (eds.), IEEE IAS Tutorial Course Notes, *IAS Annual Meeting*, CLEUP, Seattle, WA, October 3, 2005, ch. Fault-mode operation, pp. 10.1–10.21 (info@cleup.it).

55. M. Lazzari and P. Ferrari, Phase number and their related effects on the characteristics of inverter-fed induction motor drives, in *Conference Record of IEEE Industry Applications Annual Meeting* (*IAS'83*), Vol. 1, Mexico, October 1983, pp. 494–502.

56. T. M. Jahns, Improved reliability in solid state ac drives by means of multiple independent phase-drive units, *IEEE Transactions on Industry Applications*, 16(3), 321–331, May 1980.

57. G. Singh and V. Pant, Analysis of a multiphase induction machine under fault condition in a phase-redundant ac drive system, *Electric Machines and Power Systems*, 28(6), 577–590, December 2000.

58. N. Bianchi, S. Bolognani, and M. D. Pré, Design and tests of a fault-tolerant five-phase permanent magnet motor, in *Proceedings of the IEEE Power Electronics Specialist Conference* (*PESC'06*), Jeju, Korea, June 18–22, 2006, pp. 2540–2547.

59. L. Parsa and H. Toliyat, Five-phase permanent-magnet motor drives, *IEEE Transactions on Industry Applications*, 41(1), 30–37, January/February 2005.

60. C. French, P. Acarnley, and A. Jack, Optimal torque control of permanent magnet motors, in *Proceedings of the International Conference on Electrical Machines*, ICEM'94, Vol. 1, Paris, France, September 5–8, 1994, pp. 720–725.

61. T. Gobalarathnam, H. Toliyat, and J. Moreira, Multi-phase fault-tolerant brushless dc motor drives, in *Conference Record of IEEE Industry Applications Annual Meeting* (*IAS'00*), Vol. 2, Rome, Italy, October 8–12, 2000, pp. 1683–1688.

62. J. Wang, K. Atallah, and D. Howe, Optimal torque control of fault-tolerant permanent magnet brushless machines, *IEEE Transactions on Magnetics*, 39(5), 2962–2964, September 2003.

63. J. Ede, K. Atallah, J. Wang, and D. Howe, Effect of optimal torque control on rotor loss of fault-tolerant permanent magnet brushless machines, *IEEE Transactions on Magnetics*, 38(5), 3291–3293, September 2002.

64. S. Ogasawara and H. Akagi, An approach to real-time position estimation at zero and low speed for a PM motor based on saliency, *IEEE Transactions on Industry Applications*, 34(1), 163–168, January–February 1998.

65. N. Bianchi, S. Bolognani, and M. Zigliotto, Design hints of an IPM synchronous motor for an effective position sensorless control, in *Proceedings of the IEEE Power Electronics Specialist Conference* (*PESC'05*), Recife, Brazil, June 12–16, 2005, pp. 1560–1566.

66. M. Harke, H. Kim, and R. Lorenz, Sensorless control of interior permanent magnet machine drives for zero-phase-lag position estimation, *IEEE Transactions on Industry Applications*, 39(12), 1661–1667, November/December 2003.

67. M. Linke, R. Kennel, and J. Holtz, Sensorless speed and position control of synchronous machines using alternating carrier injection, in *Proceedings of International Electric Machines and Drives Conference* (*IEMDC'03*), Madison, WI, June 2–4, 2003, pp. 1211–1217.

68. A. Consoli, G. Scarcella, G. Tutino, and A. Testa, Sensorless field oriented control using common mode currents, in *Proceedings of the IEEE Industrial Applications Society Annual Meeting*, Vol. 3, Rome, Italy, October 8–12, 2000, pp. 1866–1873.

69. J. Jang, S. Sul, and Y. Son, Current measurement issues in sensorless control algorithm using high frequency signal injection method, in *Conference Records of the 38th IEEE Industrial Applications Society Annual Meeting* (*IAS'03*), Salt Lake City, UT, October 12–16, 2003.

70. A. Vagati, M. Pastorelli, G. Franceschini, and F. Scapino, Impact of cross saturation in synchronous reluctance motors of transverse-laminated type, *IEEE Transactions on Industry Application*, 36(4), 1039–1046, July–August 2000.

71. P. Guglielmi, M. Pastorelli, and A. Vagati, Impact of cross-saturation in sensorless control of transverse-laminated synchronous reluctance motors, *IEEE Transactions on Industrial Electronics*, 53(2), 429–439, April 2006.

72. Y. Jeong, R. Lorenz, T. Jahns, and S. Sul, Initial rotor position estimation of an IPM synchronous machine using carrier-frequency injection methods, *IEEE Transactions on Industry Applications*, 40(1), 38–45, January/February 2005.

73. N. Bianchi, *Electrical Machine Analysis using Finite Elements*, ser. Power Electronics and Applications Series. Boca Raton, FL: CRC Press/Taylor & Francis Group, 2005.

74. N. Bianchi, S. Bolognani, J.-H. Jang, and S.-K. Sul, Comparison of PM motor structures and sensorless control techniques for zero-speed rotor position detection, *IEEE Transactions on Power Electronics*, 22(6), 2466–2475, November 2007.

75. F. Briz, M. Degner, A. Diez, and R. Lorenz, Measuring, modeling, and decoupling of saturation-induced saliencies in carrier signal injection-based sensorless ac drives, *IEEE Transactions on Industry Applications*, 37(5), 1356–1364, September–October 2001.

76. N. Bianchi, Dai Pré, M., Alberti, L., and Fornasiero, E., Theory and design of fractional-slot PM machines, Tutorial Course Notes, sponsored by the IEEE-IAS Electrical Machines Committee, Presented at the IEEE IAS Annual Meeting, New Orleans, LA, September 23, 2007.

77. N. Bianchi, S. Bolognani, and M. Dai Pré, Design of a fault-tolerant IPM motor for electric power steering, *IEEE Transactions on VT*, 55(4), 1102–1111, 2006.

78. N. Bianchi, S. Bolognani, and M. Dai Pré, Strategies for the fault-tolerant current control of a five-phase permanent-magnet motor", *IEEE Transactions on Industry Applications*, 43(4), 960–970, 2007.

79. N. Bianchi and S. Bolognani, Sensorless-oriented-design of PM Motors, *IEEE Transactions on Industry Applications*, 45(4), 1249–1257, 2009.

第7章 开关磁阻电机

7.1 引言

在过去的 30 年，开关磁阻电机（SRM）已经应用在可调速电机驱动领域。这主要得益于电力电子、半导体工业和成本效益高的微处理器所相关的技术和设备的发展。另外，SRM 还具有适用于恶劣环境条件和高速应用的坚固结构（见图 7-1），该结构是一种需要最少维护的无刷结构，以及价格合理、具有范围广的恒功率区域，使 SRM 成为生态产业和国内应用的主要候选对象。考虑对可再生能源采集和汽车先进电力驱动的重新关注，SRM 驱动将在未来几年受到更多的关注[1]。本章将为读者介绍简要的历史背景、工作基本原理和控制最新技术。

图 7-1 8/6 SRM 的转子和定子叠片

7.2 历史背景

SRM 历史悠久。19 世纪初已经出现了 SRM 的基本版本。磁阻电机起源于 1824 年由 William Sturgeon 研制的马蹄电磁铁（见图 7-2）以及由 Joseph Henry 开发的改进型马蹄电磁铁。马蹄电磁铁的改进版是尝试将单个运动装置转换成带有连续振荡运动装置的执行器。

许多早期的电机设计都是磁阻电机类型，并受到在同一时期开发的蒸汽机的强烈影响。与现代 SRM 密切相关的那个时期的一些更有趣的电机是 Taylor 和 Davidson 在 1935 年发明的电机（见图 7-3），以及 William Henley 在 1842 年左右为 Charles Wheatstone 研发的电机（见图 7-4）。这些机电转换装置通过空间隔离线圈的顺序通电而工作。然而，电感器的断电问题仍然是一个未解决的挑

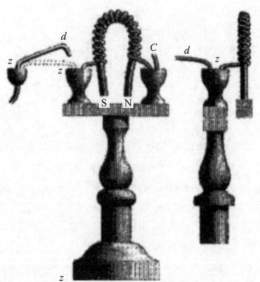

图 7-2 William Sturgeon 提出的
马蹄电磁铁（由 T. J. E. Miller 提供）

战。早期尝试使用机械开关，导致了电弧和火花，这使得磁阻电机变成人们娱乐的谈资。

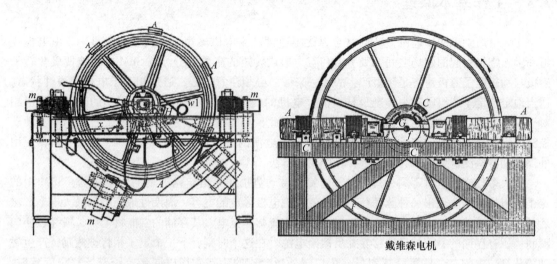

戴维森电机

图 7-3　Taylor 和 Davidson 发明的电机（感谢 T. J. E. Miller 提供）

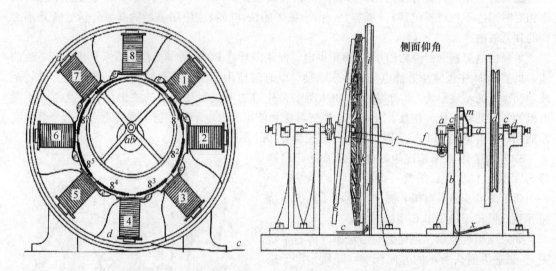

侧面仰角

图 7-4　William Henley 为 Charles Wheatstone 发明的电机（感谢 T. J. E. Miller 提供）

随着 19 世纪后期交流电机和直流电机的出现，SRM 处于次要地位，仅在非常特殊的领域中使用，诸如振铃装置（如电铃）和一些仪表。

几十年后，随着电力电子和微处理器控制的成功发展，人们发明了解决励磁定子极去磁的早期挑战的有效解决方案。新一代 SRM 技术的研究、开发和商业化，使其成为工业和家用驱动器和执行器。与传统和永磁同步电机等交流电机相比，SRM 驱动控制简单，在电子控制调速电机驱动新时代是一个额外优势。

近年来，具有综合外围设备［如高分辨率和超快模 - 数转换器、脉冲宽度调制（PWM）硬件芯片和多个定时器结构以及嵌入式电流和电压传感器、栅极驱动器和半导体器件耦合电路］的高性价比数字信号控制器的开发为 SRM 驱动在高冲击强度应用中创造了新的机会。这些技术改变了所需正弦旋转场常规设计的范式。相反，SRM 的非正弦步进磁场不再视为障碍，因此 SRM 可以与感应和永磁同步电机进行平等竞争，重点是性能，而不是传统的设计实践。

7.3　工作基本原理

作为单边励磁同步电机，SRM 完全靠磁阻原理产生电磁转矩。在大多数电机中，由电枢绕组和励磁绕组引起的磁场之间的吸引力和阻力形成转矩的主要部分。在 SRM 中，迫使极化转子磁极与励磁定子磁极对齐是转矩产生的唯一来源。必须注意的是，通过相对于电机的磁性状态，适当地定位定子绕组励磁来实现最佳性能。电机的磁性状态可以完全由每相中的磁链、磁链相对于时间的变化率及它们各自的电流来定义。因此，对电机的磁性状态的检测成为 SRM 驱动器控制的组成部分。由于定子磁极中的磁通与给定电流的转子位置之间存在一一对应关系，使用外部传感器检测位置已成为大多数开发中用的方法。

与大多数交流电机不同，其中定子的旋转磁动势描述了恒定角速度的恒定磁场，SRM 中的定子绕组的磁场表现出一种脉动行为，类似一对电极形成的电容，周期性地充电到最大电平，然后通过电弧突然放电。事实上，一旦定子相被电流脉冲充电，其存储的磁能将上升，最终在换向瞬间，所有存储的磁能被迅速移除并反馈给电源。在这个时刻，下一个定子相将被激励，产生磁动势从气隙中的一个位置跨越到另一个位置。当合成的旋转磁场以同步定子磁场频率旋转时，从一相到另一相的转变将仅用几微秒。因此，可以想象，SRM 中的旋转场不是正弦变化的（既不相对时间也不相对于位移）。事实上，由于磁场的快速转换，使用磁场的基波分量通常是不准确的和低效的。

单极性电源逆变器通常用于给 SRM 供电，使用滞环或 PWM 型电流控制器来生成目标电流曲线。虽然 SRM 中通常用方波电流脉冲来激励，但有时使用不同最佳电流分布来减轻过大的转矩波动和噪声的不良影响[2]。事实上，SRM 驱动是先进的电机驱动系统的杰出代表，其重点不是电机的复杂几何形状。相反，开发复杂控制算法和使用电力电子转换器实现是重点。近来开发高性能和高性价比的 DSP 控制器，可以促进控制算法的发展。

SRM 的工作原理是磁阻转矩。为了更好地解释 SRM 的工作原理，需要一个更基本的结构，即一个简单的可变磁阻电机。图 7-5 显示了具有单绕组和双凸极转子的简单 C 型磁芯。

如果线圈被激励，则根据安培定律（即右手定则），磁通沿箭头所示的方向流动。随后，定子极面和转子极面将被磁化。相反的磁极相互吸引，尽可能地使它们对齐，以尽量减少系统的磁阻。因此，为了实现这种对齐，在定子和转子极面/角上产生切向/法向力。实际上，作用在转子极侧的切向力可以产生大部分的动力。

这些动力将产生电磁转矩。因为转矩是系统试图达到最小磁阻状态的产物，转矩仅仅由激励源而不是转子线圈或磁体产生，所以称为磁阻转矩。

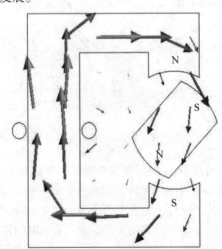

图 7-5　转子在 45°时的简单可变磁阻电机

图 7-6 显示了到达对齐位置后的系统。这是两个平衡点中的一个。第一个平衡点在未对齐位置获得，并且是不稳定的。在没有任何干扰下，转子将保持在这一点；然而，远离未对齐位置的该点上的扰动将导致转子移动到对齐位置。对齐的位置是一个稳定平衡点，因为转子从这个位置受到任何扰动将导致转子最终回到对齐位置。

在理想情况下，SRM 是多个可变磁阻电机的模块化组合，它们是磁性连接，并且高度依赖于复杂的开关算法和 SRM 磁性状态。SRM 可以作为电动机或发电机运行[6-9]。为了实现电动功能，当转子从未对齐位置向对齐位置移动时，定子相被激励。类似地，当转子从对齐位置向未对齐位置转动时，通过激励定子相，实现发电。通过定子相的顺序激励，可以实现连续的旋转。图 7-7 说明了在 8/6 SRM 驱动换向时的磁场分布。值得注意的是，旋转方向与定子励磁的方向相反。在每个电气循环中，电机的背铁中出现较短的磁通路径；反之，这又可能导致转矩产生过程中的不对称性。

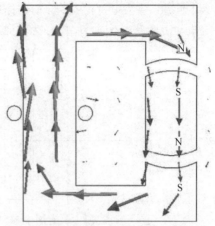

图 7-6　转子在90°时的简易可变磁阻电机

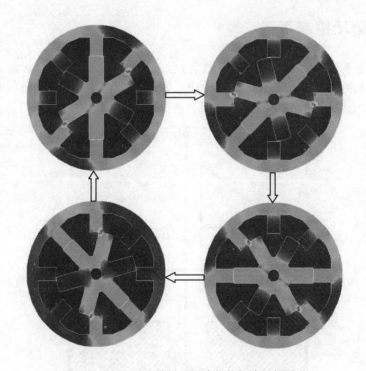

图 7-7　8/6 SRM 的磁通短路径与长路径的图示

定子励磁与转子位置的同步是开发 SRM 驱动最佳控制策略的关键步骤。由于 SRM 的磁特性，例如相电感或相磁链，与转子位置一一对应，因此它们可直接控制。在任何情况下，直接或间接检测转子位置都是 SRM 驱动控制的一个组成部分。

图 7-8 所示的非对称桥是用于 SRM 驱动的最常用的电力电子逆变器。该拓扑具有单极型架构，可在 SRM 驱动器中进行令人满意的运行。如果两个开关闭合，则可用的直流母线电压施加到绕组上。通过打开开关，负直流电压将被施加到绕组，续流二极管保证绕组中的连续电流。显然，通过保持其中一个开关闭合而另一个断开，相应的续流二极管将为电流提供短路路径。该拓扑可以有效地用于实现控制系统要求的 PWM 或滞环电流调节。然而，应该注意到，在高速下，由于绕组中的感应 EMF 占主导地位，不能有效地控制电流波形。因此，电流调节是低速运行模

式涉及的问题。在发电过程中，原动机提供的机械能将转化为由感应电动势（EMF）表示的电能。与电动工作模式不同，EMF 作为增加定子相电流的电压源，从而形成发电。

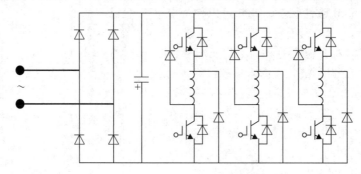

图 7-8   具有用于 3φSRM 驱动器的前端整流器的非对称桥

7.4   SRM 驱动控制基础

电磁转矩的控制是各种类型的可调速电机驱动之间的主要区别因素。在开关磁阻电机驱动中，通过调整换相时刻和相电流来调整电磁转矩。图 7-9 所示为 SRM 驱动换向的基本原理。可以看出，通过适当地调节电流脉冲的位置，可以获得正（电动）或负（发电）的工作模式。

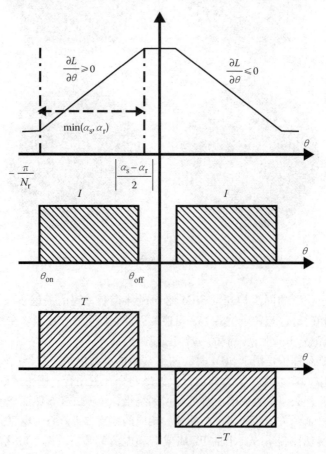

图 7-9   SRM 驱动器换向

SRM 驱动产生的感应电动势和电磁转矩可以在不饱和条件下表示为磁共能，如下所示：

$$E = \frac{\partial^2 W_c}{\partial\theta\partial i}\omega \approx \frac{dL(\theta)}{d\theta}i\omega$$

$$T = \frac{\partial W_c}{\partial\theta} \approx \frac{1}{2}\frac{dL(\theta)}{d\theta}i^2$$

$$(7\text{-}1)$$

式中，W_c、L、θ、i 和 ω 分别表示磁共能、相电感、转子位置角、相电流和角速度。

必须注意的是，磁饱和的非线性效应在这里被忽略了。很明显，仅当电流脉冲位于电感增加区域时，才能实现正转矩。类似地，当励磁位于电感减小区域时，实现发电工作模式。为了提高 SRM 驱动效率，需要将换向时刻（即 θ_{on}、θ_{off}）调整为角速度和相电流的函数。为了实现这一目标，转矩电流比优化是一个有意义的目标。因此，应避免在电感平坦区激励电机。同时，在对齐位置之前，需要很好地去除相电流，以避免产生负转矩。

7.4.1 转矩开环控制策略

通过适当选择控制变量、换向时刻和参考电流，可以设计 SRM 驱动器的开环控制策略。开环控制策略包括以下步骤：

① 检测初始转子位置。
② 根据转矩符号、电流水平和速度计算换向阈值。
③ 监测转子位置和选择励磁相。
④ 低速调节相电流的控制策略。

每个步骤在第 7.4.1.1 ~ 7.4.1.4 节中有详细的说明。

7.4.1.1 检测初始转子位置

静止时的主要任务是检测初始励磁的最适合的相。一旦建立起来，就根据旋转方向确定定子相的励磁顺序。使用市售编码器的主要困难在于它们不提供位置参考。因此，找到电机起动时的转子位置的最简单方法是将其中一个定子相与转子对齐。这可以通过在很短时间内以适当的电流激励任意定子相来实现。一旦转子处于对齐位置，就可以建立初始参考位置。该方法需要转子的初始运动，在一些应用中这是不可能接受的。在这些情况下，在静止状态使用无传感器方案。虽然对于转子位置检测的无传感器控制策略的解释超出了本章的范围，但由于其关键作用，这里解释了静止状态下转子位置的检测。

为了在静止状态下检测转子位置，将一系列持续时间足够短且固定的电压脉冲施加到所有相。通过对所产生的峰值电流的幅值进行比较，选择最合适的导通相。图 7-10 显示了 12/8 SRM 驱动器的一组归一化电感分布曲线。

根据电感的大小，全电气周期被分为六个独立的区域。由于不考虑感应电压和小幅值的电流，可以证明下列测量电流幅值的关系表达式：

$$I_{ABC} = \frac{V_{Bus}\Delta T}{L_{ABC}}$$

$$(7\text{-}2)$$

式中，ΔT、V_{Bus} 和 L_{ABC} 分别代表脉冲持续时间、直流链路电压和相电感。表 7-1 总结了 12/8 SRM 驱动器的检测过程。一旦检测到位置范围，就可以容易地确定起动的适当的相位。此外，在每个区域中都存在一个提供线性电感特性的相。该相可用于使用式（7-2）计算转子位置。

图 7-11 所示的流程图总结了静止状态下的检测过程。

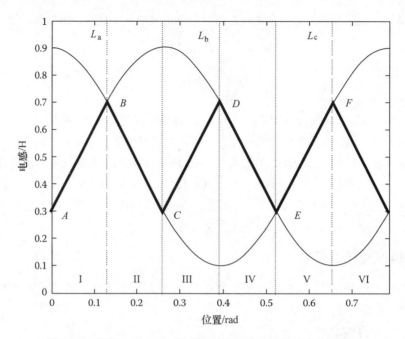

图 7-10　根据 12/8 SRM 驱动器中的电感对各个区域进行分配

表 7-1　静止时最佳激励相的检测

区　域	条　件	转子角度/(°)
I	$I_A < I_B < I_C$	$0 < \theta^* < 7.5$
II	$I_B < I_A < I_C$	$7.5 < \theta^* < 15$
III	$I_B < I_C < I_A$	$15 < \theta^* < 22.5$
IV	$I_C < I_B < I_A$	$22.5 < \theta^* < 30$
V	$I_C < I_A < I_B$	$30 < \theta^* < 37.5$
VI	$I_A < I_C < I_B$	$37.5 < \theta^* < 45$

7.4.1.2　换相阈值的计算

在下一步中，每相的换相角应该被计算并存储在存储器中。如果换向角是固定的，则计算阈值是比较直接的。必须注意的是，在每个电气周期中，每个相位只应激励一次。另外，对称 SRM 相的偏移量为

$$\Delta\theta = \frac{(N_s - N_r)360°}{N_s} \qquad (7\text{-}3)$$

式中，N_s 和 N_r 分别代表定子和转子极数。给定一个转子位置的参考值，例如相位 A 对齐的转子位置，可以计算和存储每相的换向时刻。换向阈值通常被转换为适当的刻度，因此它们可以与跟踪位置传感器的输入脉冲数的计数器的值进行比较。如果一个特定的编码器每机械旋

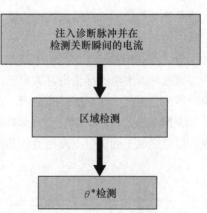

图 7-11　静止时转子位置的检测

转一圈可产生 N 个脉冲，则每个机械角度对应处理器接收的 $4N/360$ 个脉冲（即每个正交脉冲提供四个上升沿和下降沿）。

如果要获得电机的最佳性能，则必须考虑转速和电流的影响。图 7-12 显示了 SRM 驱动器的典型电流脉冲。为了实现最佳控制，需要考虑导通和关断过程中的延迟角度。通过忽略运动反电动势在换相附近的影响，这是一个有效的假设，因为导通和关断时刻分别发生在靠近未对齐和对齐的位置，可以计算延迟角

$$\theta_{导通延迟} = \frac{\omega L_u}{r}\ln\left(\frac{V}{V - rI_{max}}\right)$$

$$\theta_{关断延迟} \approx \theta_{on-delay}\left(\frac{L_a I_{max}}{L_u}\right) \qquad (7-4)$$

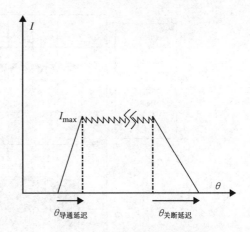

图 7-12　典型的低速电流脉冲

式中，L_u、L_a、ω、V 和 r 分别表示非对齐电感、对齐电感、角速度、总线电压和定子相电阻。对齐位置电感与最大相电流有关，表明了饱和非线性效应，需要加以考虑。随着转速和电流的增加，需要根据式（7-4）采用换相角。可以看出，换相角与角速度是线性相关的，而对最大相电流具有较强的非线性关系。

7.4.1.3　转子位置的监测和励磁相的选择

一旦完成了以前的步骤，就可以从主要控制任务开始，即施加传导带和调节电流。图 7-13 所示的框图显示了典型算法中使用的结构，构成了 SRM 驱动的基本控制策略。使用微控制器监控转子位置是相对容易的任务。对于中断服务程序中的第一个任务，是将转子位置的电流值与换相阈值进行比较，并确定应该导通的相。在下一步骤中，调节使相导通的励磁相电流。

7.4.1.4　低速相电流调节控制策略

在低速下产生的 EMF 小，需要一种用于控制相电流的方法。在没有这种例程的情况下，相电流将呈指数增长，可能损害半导体器件或电机绕组。滞环和 PWM 控制策略通常用于调节低速时的相电流。在更高的速度下，更大的反电动势限制了相电流的增长，并且不需要这种调节方案。调节电流的分布取决于控制目标。在大多数应用中，使用平顶或方波电流脉冲。图 7-14 显示了一个调节电流波形以及在低速区域记录的门极脉冲。为了进行滞环控制，需要检测有效相电流。一旦相

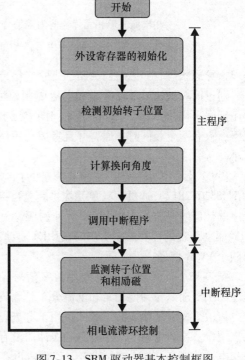

图 7-13　SRM 驱动器基本控制框图

电流被采样，就需要将其转换成数字形式。这可以使用片上模 - 数转换器或外部 A – D 转换器完成。图 7-8 所示的典型的每相两开关逆变器的控制规则如下：

- 如果 $I_{min} \geq I$，则两个开关都导通。在线圈端子上施加母线电压。
- 如果 $I_{max} \leq I$，则两个开关都关断。在线圈端子上施加负母线电压。
- 如果 $I_{min} \leq I \leq I_{max}$，则无需对开关状态进行任何更改（即，如果开关处于导通状态，则它

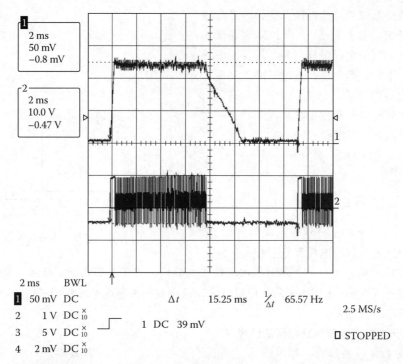

图 7-14　相电流波形和无优化的门控信号 ［参考电流 = 5.5A；导通角 = 180°（电角度）；
运行速度 = 980r/min；输出功率 = 120W］

们保持导通状态，如果它们关断，则它们保持关断状态）。

　　通过简单地比较采样电流和电流限制，可以制定滞环控制策略。因为电流在每个中断服务程序期间采样的，所以中断的时间周期应该足够小，以便进行严格的调节。因为在大多数实际情况下，只有两个相同时导通，并且考虑利用最先进的微控制器的计算速度，中断服务时间应该非常小。

　　PWM 技术也可用于控制 SRM 驱动的相电流。大多数专用数字信号控制器（即来自德州仪器的 TMS320F2812）通过比较单元提供完全可控的 PWM 信号。通过设置两个外设寄存器，可以在程序的任何阶段调整这些 PWM 脉冲的频率和占空比。这个有价值的特性可以很容易满足三相 SRM 驱动系统的控制需求。在四相 SRM 驱动情况下，可以通过使用一个定时器比较输出来产生第四个 PWM 信号。

　　图 7-15 中的框图总结了专用数字信号控制器（如 TMS320LF2407）外设的各种使用步骤。程序的主要输入包括换相角和电流分布。编码器的正交输出用来确定电机的转子位置和角速度。相电流被采样并转换成数字形式，用于电流控制。从通用输入/输出（GPIO）引脚选择门极信号输出端口。接口电路、调理电路和缓冲器没有在本图中显示。在软件中将检测激励相的控制程序和相电流的滞环/PWM 控制组合，以形成最终门控信号。

　　一旦建立了 SRM 驱动基本操作，就可以设计和开发闭环控制。在以下部分中，讨论了 SRM 驱动闭环转矩和速度控制程序，包括驱动器的四象限运行。

7.4.2　SRM 驱动的闭环转矩控制

　　随着 SRM 技术在工业的可行应用，闭环转矩、速度和位置控制下的可靠运行变得越来越有意义。图 7-16 描述了 SRM 驱动的典型级联控制结构。主控制模块负责产生功率开关的门控信

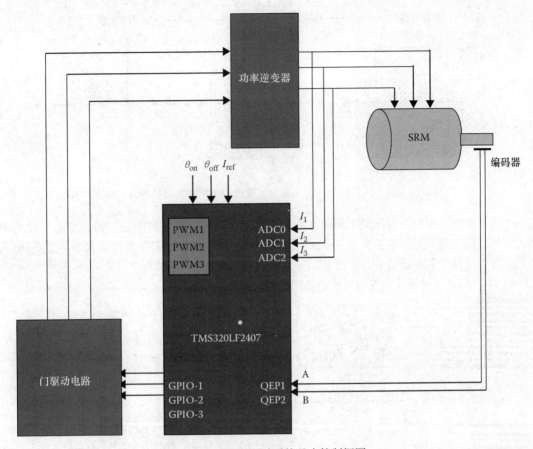

图 7-15　SRM 驱动系统基本控制框图

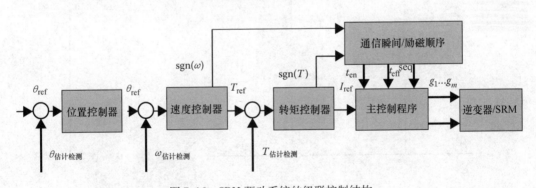

图 7-16　SRM 驱动系统的级联控制结构

号。它还执行电流调节和相位换向功能。为了执行这些任务，它需要参考电流、换相时刻和励磁顺序。转矩控制器提供参考电流，而相关换向信息是从单独的模块获得，该单独的模块用于协调各种控制要求的电动、发电和旋转方向等功能。估计器或传感器可用于生成各种反馈信息。

　　根据应用，可调速电机驱动器可以在转矩/速度平面的各个象限中运行。例如，在用于控制输出压力的水泵应用中，一个象限的转矩控制就足够了，而在集成起动机/交流发电机中，需要四象限的操作。图 7-17 显示了用于执行转矩、速度和位置控制任务的可调速电机驱动器的最低要求。速度控制器发出正（电动）或负（发电）转矩指令来调节速度。以类似的方式，位置控制器要求得到正（顺时针）和负（逆时针）速度命令。这种命令的适用范围将跨越转矩/速度平

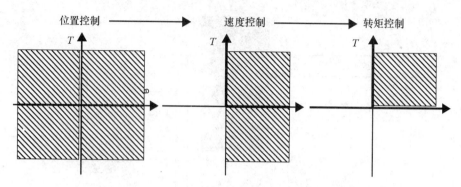

图 7-17　用于执行转矩、速度和位置控制的可调速驱动器的最低要求

面四个运行象限。因此，四象限运行在以转子定位为目标的许多应用中是必需的。为了在 SRM 驱动中实现四象限运行，需要改变气隙磁场的旋转方向。此外，为了在发电模式下产生负转矩，每相导电带应位于负电感斜率的区域。

图 7-18 显示了闭环转矩控制系统的通用框图。该图中的主要模块如下：

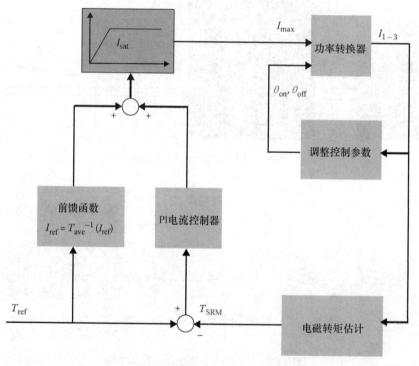

图 7-18　转矩控制系统的通用框图

- 平均/瞬时电磁转矩的估计器。
- 前馈函数，用于转矩指令的快速跟踪和收敛跟踪。
- 计算模块，根据所需转矩的符号和相电流幅值确定换相时刻。

平均/瞬时电磁转矩的估计器是基于式（7-1）设计的。该设计还包含了相电感/磁链的分析模型，如下所示：

$$L(i,\theta) = L_0(i) + L_1(i)\cos(N_r\theta) + L_2(i)\cos(2N_r\theta) \tag{7-5}$$

式中，L_0、L_1 和 L_2 表示反映饱和非线性效应的多项式（上述公式的推导在附录 7. A 中说明）。此外，利用转矩估计器的逆映射构造了前馈函数。在没有转矩传感器/估计器的情况下，该前馈函数可以有效地用于执行转矩的开环控制。使用前馈控制器可加速整个转矩跟踪的收敛。然后通过 PI 控制器补偿参考转矩和估计转矩之间的部分失配。必须注意的是，将测量的转矩引入控制系统需要额外的模 - 数转换。图 7-19 显示了当在闭环控制中对周期斜坡函数响应时，稳定状态下的 12/8 SRM 驱动估计和测量的转矩之间的比较。平均转矩估计器显示出良好的精度。存在 $0.4N \cdot m$ 平均误差，这是由于转矩估计器没有包含铁损耗和杂散损耗。为了进行该试验，在以 800r/min 的相同方向运行的速度控制回路中设定了一个永磁驱动器，可以作为有效负载。

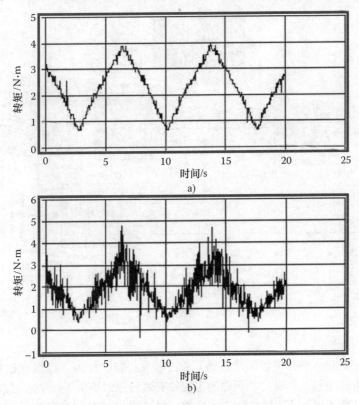

图 7-19 测量值和估计值的比较

a）测量的平均转矩 b）估计的平均转矩

如前所述，在转矩与速度平面四个象限工作是许多应用所要求的。给定对齐转子位置的电感曲线的对称形状，可以预测在恒定的速度下给定的导电带，在电动和发电期间产生的电流波形彼此应该是镜像的。然而，应该注意的是，在发电期间的反电动势用作电压源，使相电流增加，即使在相被关断之后。由高速稳定性引出一些难题。为了改变旋转方向，唯一必要的步骤是改变励磁顺序。值得注意的是，定子相之间的励磁顺序与旋转方向相反。两种模式之间的转变需要快速平稳。在接收到要求改变方向的命令时，需要关断励磁相以避免产生额外的转矩。应同时进行再生制动。需要检测电感分布具有负斜率的相。继续发电模式运行，直到速度衰减为零或接近零的速度。此时，所有相励磁都将被去除，并且可以实现新的励磁顺序。发电过程中的速度反转与通常情况不同，因为旋转方向由原动机决定。在原动机带动 SRM 反转的情况下，需要通知 SRM 控制器。否则，应该有一个用于检测旋转方向的机械装置。这种机械装置可以检测出任意的模式变化，即从电动到发电模式。

7.4.2.1 SRM 驱动闭环速度控制

下一步是开发高性能 SRM 驱动，需要解释速度控制。如图 7-20 所示，可以使用级联类型的控制来执行闭环速度控制。可以使用编码器提供的位置信息来测算速度。因为 SRM 是同步电机，所以出于控制目的，可以选择励磁的电频率。机械和电气角速度之间的关系由下式给出：

$$\omega_e = N_r \omega_m \tag{7-6}$$

式中，N_r 是转子极数。最终，能否成功执行严格调速控制，取决于内部转矩控制系统的性能，如图 7-20 所示。建议使用前馈函数，来减小向转矩控制系统发出命令时的初始瞬变。

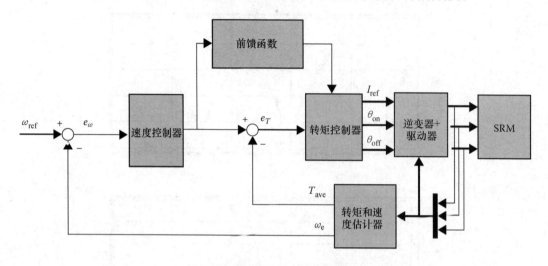

图 7-20　SRM 驱动器的闭环速度控制

7.5　总结

SRM 驱动器正在进入调速电机驱动市场。要充分发挥自身能力，高性能控制策略的发展已成为必要。高性价比的基于 DSP 的控制器的出现以有效的方式提供了一个满足这一需求的机会。成功实施这些方法需要很好地了解转矩产生过程。讨论了 SRM 驱动的基本控制方法。这些方法包括闭环控制策略的设计原则。全球许多研究人员进行了更多先进技术的研究，如无位置传感器和自适应控制[9-12]，在这些领域也取得了很大的进步[3-5]。由于这些努力，预计未来几年 SRM 将会在效率、容错和紧凑性上有更好的发展。

附录 7.A

7.A.1　8/6 SRM 电感曲线的建模

以下动力学方程式描述了相电压、电流和磁链：

$$v = ri + \frac{d\lambda}{dt} \tag{7-A-1}$$

式中，v 表示相电压；r 是绕组电阻；i 是绕组电流；λ 是磁链。

展开方程，忽略互感项时得到如下方程：

$$v = ri + \frac{dL}{d\theta} \frac{d\theta}{dt} i + \frac{di}{dt} L + \frac{dL}{di} \frac{di}{dt} \qquad (7\text{-}A\text{-}2)$$

式中，L 是相绕组的大电感，也称为自感；θ 是转子位置。

用式（7-A-3）替代，以及忽略饱和，可以简化相电压方程，从而消除了相对于相电流的自感 L 的变化率。

$$e = \frac{dL}{d\theta} \frac{d\theta}{dt} i \qquad (7\text{-}A\text{-}3)$$

运动反电动势由 e 表示，e 是相电流、转子速度和相对于转子位置的自感变化率的函数。将式（7-A-3）代入式（7-A-2），相电压方程可以重写为

$$v = ri + e + \frac{di}{dt} L \qquad (7\text{-}A\text{-}4)$$

式（7-A-4）提供了一个更简单的方程，更清楚地说明了自感的作用。自感是一个重要的量，因为它可以用图形描述电机的运行和相对于位置施加的电流脉冲。在下文中，推导出了 8/6 SRM 的自感曲线，并且在自动校准中讨论了其与电机的几何独特性的关系。值得注意的是，相同的方法可以应用于其他电机结构，而不会失去通用性。

图 7-A-1 显示了三个不同转子位置的 8/6 SRM 的基本结构：对齐、中间和未对齐。

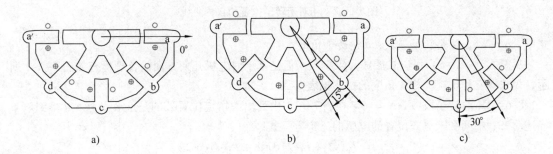

图 7-A-1　三个不同转子位置的 8/6 SRM 的基本结构

a) 对齐位置的相 a　b) 中间对齐位置的相 b 和相 d　c) 未对齐位置的相 c

在图 7-A-1 中，图示为电机轴向图片，反映了定子和转子结构的对称性。从图 7-A-1 可以看出，转子极的中心相对于固定参考位置（以 a 相定子磁极为中心）为 0°。在 a 相对齐的同时，相对于电机的 b 相和 d 相的转子磁极位置为 15°，可以认为位于中间位置。最后，对距离最近的转子磁极的 c 相定子磁极位置的分析表明，c 相为 30°，因此被认为未对齐。8/6 SRM 具有独特的几何形状，使用傅里叶级数可以很容易对自感建模。

由于 8/6 SRM 的几何特性，根据对齐、中间和非对齐位置来描述电感是很有用的。这些电感分别表示为 L_a、L_m、L_u。

图 7-A-2 显示了一个周期内自感与转子位置的关系曲线。

电机单相绕组的电磁转矩与相对于转子角度的电感的导数成比例。因此，从图 7-A-2 的图形分析可以看出，存在两个零转矩区域，即在对齐和未对齐位置。如前所述，单相绕组的电感可以由傅里叶级数表示，如下[13,14]：

$$L(\theta,i) = L_0(i) + L_1(i)f(\theta) + L_2(i)f(2\theta) + \cdots \qquad (7\text{-}A\text{-}5)$$

在这一电感公式中，$f(\theta)$ 由平滑基函数表示，该平滑基函数是傅里叶级数公式典型的余弦函数。此外，级数展开系数取决于电流，从而包含饱和效应。用 $\cos\theta$ 代替 $f(\theta)$ 得到

$$L(\theta,i) = L_0(i) + L_1(i)\cos(\alpha + \varphi) + L_2(i)\cos(2(\alpha + \varphi)) + \cdots \qquad (7\text{-}A\text{-}6)$$

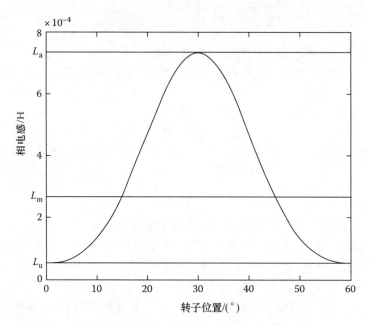

图 7-A-2　相对于转子位置的自感曲线

式中，$\alpha = N_r\theta$，N_r 是转子极数，θ 是转子角度。

尽管式（7-A-6）可以扩展成无限个项，但是基于对电机几何方面的合理检查如图 7-A-1 所示，仅选择三种情况。相关角度的描述见表 7-A-1。

8/6 SRM 的转子极数为 $N_r = 6$。在表 7-A-1 中列出的指定位置处的角度 α 替换 $N_r\theta$ 得到以下描述对齐、中间和未对齐位置的电感的三个方程式：

$$L_a = L_0(i) + L_1(i)\cos\varphi + L_2(i)\cos2\varphi$$
$$L_u = L_0(i) - L_1(i)\cos\varphi + L_2(i)\cos2\varphi \qquad (7\text{-}A\text{-}7)$$
$$L_m = L_0(i) - L_1(i)\cos\varphi - L_2(i)\cos2\varphi$$

如前所述，对齐和未对齐的位置代表零转矩区，并且因为转矩与单相励磁下的相对于转子角度的自感的导数成比例，所以对齐和未对齐电感导数的关系如下：

$$0 = L_1(i)\sin\varphi + 2L_2(i)\sin2\varphi$$
$$0 = L_1(i)\sin\varphi - 2L_2(i)\sin2\varphi \qquad (7\text{-}A\text{-}8)$$

表 7-A-1　指定位置自感的描述

电　感	角　度
L_a = 对齐电感	$\theta = 0°$
L_m = 中间电感	$\theta = 15°$
L_u = 未对齐电感	$\theta = 30°$

通过简化式（7-A-8），可以看出 $\sin\varphi = 0$。φ 的值可以是 0 或 $k\pi$，其中 k 是整数。因此，通过选择 $\varphi = 0$，式（7-A-7）可以简化为以下形式：

$$L_a = L_0(i) + L_1(i) + L_2(i)$$
$$L_u = L_0(i) - L_1(i) + L_2(i)$$
$$L_m = L_0(i) - L_1(i) - L_2(i) \qquad (7\text{-}A\text{-}9)$$

这一推导的最终目的是根据表 7-A-1 中列出的数来确定傅里叶系数 L_0、L_1 和 L_2。考虑到这一点，式（7-A-9）重新形成矩阵形式，随后应用矩阵求逆产生以下关系：

$$\begin{bmatrix} L_0(i) \\ L_1(i) \\ L_2(i) \end{bmatrix} = \begin{bmatrix} \dfrac{1}{4} & \dfrac{1}{2} & \dfrac{1}{4} \\ \dfrac{1}{2} & 0 & -\dfrac{1}{2} \\ \dfrac{1}{4} & -\dfrac{1}{2} & \dfrac{1}{4} \end{bmatrix} \begin{bmatrix} L_a(i) \\ L_m(i) \\ L_u(i) \end{bmatrix} \tag{7-A-10}$$

从式（7-A-10）以及电机物理学来看，未对齐电感 L_u 不依赖于电流，因此可以从单一电流工作的电机上测量和/或通过电感通用公式计算。然而，对齐和中间电感将具有电流依赖性。对于对齐和中间位置的电感，对电流的依赖性由图 7-A-3 和图 7-A-4 表示。图 7-A-5 说明了未对齐电感的电流独立性。

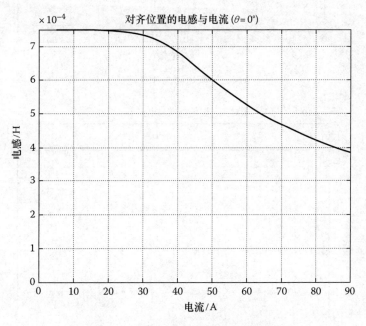

图 7-A-3　对齐位置的电感与相电流的关系

式（7-A-10）中表示电感 L_a 和 L_m 有几种选择。计算高效的一个选择是使用多项式。方程式（7-A-11）是对齐和中间电感的多项式表示。

$$L_a(i) = \sum_{k=0}^{n} a_k i^k$$
$$\tag{7-A-11}$$
$$L_m(i) = \sum_{k=0}^{n} b_k i^k$$

在多项式表示中只用五个项就可以获得非常好的拟合。对齐电感的情况如图 7-A-6 所示，中间电感的情况如图 7-A-7 所示。

分析表明，使用多项式逼近为傅里叶级数系数在表示电感及其电流相关性[15,16]方面提供了非常好的近似。现在可以使用多项式拟合将对齐、中间和未对齐位置的电感写出傅里叶展开系数。将方程式（7-A-11）与式（7-A-10）组合，得到 L_0、L_1 和 L_2 的以下形式：

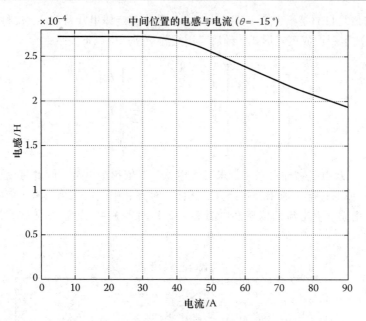

图 7- A-4　中间电感与相电流的关系

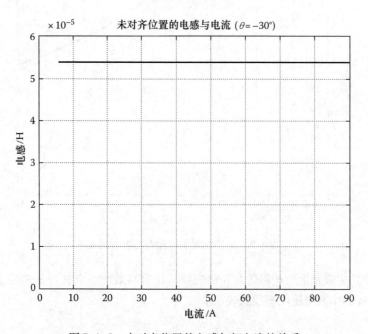

图 7- A-5　未对齐位置的电感与相电流的关系

$$L_0(i) = \left\{ \sum_{k=0}^{n} \left(\frac{1}{4}a_k + \frac{1}{2}b_k \right) i^k \right\} + \frac{1}{4}L_u = \sum_{k=0}^{n} A_k i^k$$

$$L_1(i) = \left\{ \sum_{k=0}^{n} \frac{1}{2}a_k i^k \right\} - \frac{1}{2}L_u = \sum_{k=0}^{n} B_k i^k \qquad (7\text{-}A\text{-}12)$$

$$L_2(i) = \left\{ \sum_{k=0}^{n} \left(\frac{1}{4}a_k - \frac{1}{2}b_k \right) i^k \right\} + \frac{1}{4}L_u = \sum_{k=0}^{n} C_k i^k$$

用式（7-A-12）中得到的结果代替方程式（7-A-6）中的傅里叶系数，得到 SRM 单相自感的简

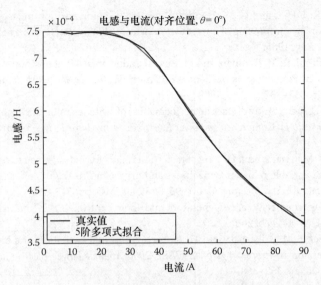

图 7-A-6　对齐位置的测量电感和模拟电感与电流的关系

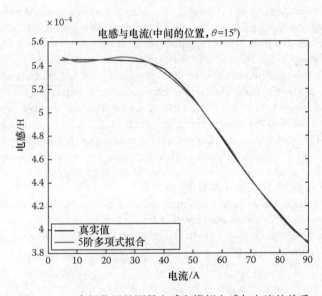

图 7-A-7　中间位置的测量电感和模拟电感与电流的关系

易公式:

$$L(\theta, i) = \sum_{k=0}^{n} \left\{ A_k i^k + B_k i^k \cos(N_r \theta) + C_k i^k \cos(2N_r \theta) \right\} \qquad (7\text{-}A\text{-}13)$$

参 考 文 献

1. K. M. Rahman, B. Fahimi, G. Suresh, A. V. Rajarathnam, and M. Ehsani, Advantages of switched reluctance motor applications to EV and HEV: Design and control issues, *IEEE Transactions on Industry Applications*, 36(1), 119–121, Jan./Feb. 2000.
2. B. Fahimi, G. Suresh, K. M. Rahman, and M. Ehsani, Mitigation of acoustic noise and vibration in switched reluctance motor drive using neural network based current profiling, in *Proceedings of the IEEE 1998 Industry Applications Society Annual Meeting*, St. Louis, MO, Oct. 1998, pp. 715–722.

3. P. P. Acarnley, R. J. Hill, and C. W. Hooper, Detection of rotor position in stepping and switched reluctance motors by monitoring of current waveforms, *IEEE Transactions on Industrial Electronics*, 32(3), 215–222, Aug. 1985.

4. G. Suresh, B. Fahimi, K. M. Rahman, and M. Ehsani, Inductance based position encoding for sensorless SRM drives, in *Proceedings of the 30th IEEE Power Electronics Specialist Conference*, Charleston, SC, July 1999, pp. 832–837.

5. C. C. Chan and Q. Jiang, Study of starting performances of switched reluctance motors, in *Proceedings of the 1995 International Conference on Power Electronics and Motor Drive Systems*, Vol. 1, Singapore, Feb. 1995, pp. 174–179.

6. J. M. Miller, P. J. McClear, and J. H. Lang, Starter-alternator for hybrid electric vehicle: Comparison of induction and variable reluctance machines and drives, in *Proceedings of the 33rd IEEE Industry Application Society Annual Meeting*, Oct. 1998, St. Louis, MO, pp. 513–523.

7. D. A. Torrey, Switched reluctance generators and their control, *IEEE Transactions on Industrial Electronics*, 49(1), 3–14, Feb. 2002.

8. E. Mese, Y. Sozer, J. M. Kokernak, and D. A. Torrey, Optimal excitation of a high speed switched reluctance generator, in *Proceedings of the IEEE 2000 Applied Power Electronics Conference*, New Orleans, LA, 2000, pp. 362–368.

9. B. Fahimi, A. Emadi, and R. B. Sepe, A switched reluctance machine based starter/alternator for more electric cars, *IEEE Transactions on Energy Conversion*, 19(1), 116–124, March 2004.

10. P. Tandon, A. V. Rajarathnam, and M. Ehsani, Self-tuning control of a switched-reluctance motor drive with shaft position sensor, *IEEE Transactions on Industry Applications*, 33(4), 1002–1010, July/Aug. 1997.

11. B. Fahimi, A. Emadi, and R. B. Sepe, Four-quadrant position sensorless control in SRM drives over the entire speed range, *IEEE Transactions on Power Electronics*, 20(1), 154–163, Jan. 2005.

12. M. Ehsani and B. Fahimi, Elimination of position sensors in switched reluctance motor drives: State of the art and future trends, *IEEE Transactions on Industrial Electronics*, 49(1), 40–48, Feb. 2002.

13. B. Fahimi, G. Suresh, J. Mahdavi, and M. Ehsani, A new approach to model switched reluctance motor drive application to dynamic performance prediction, design and control, in *Proceedings of the IEEE Power Electronics Specialists Conference*, Fukuoka, Japan, May 1998, pp. 2097–2102.

14. C. S. Edrington and B. Fahimi, An auto-calibrating model for switched reluctance motor drives: Application to design and control, in *Proceedings of the IEEE 2003 Power Electronics Specialists Conference*, Acapulco, Mexico, June 2003, pp. 409–415.

15. S. Dixon and B. Fahimi, Enhancement of output electric power in switched reluctance generators, in *IEEE International Electric Machines and Drives Conference*, Vol. 2, Madison, WI, June 2003, pp. 849–856.

16. C. S. Edrington, Bipolar excitation of switched reluctance machines, Dissertation at University of Missouri-Rolla, Rolla, MO, 2004.

第8章 热效应

8.1 引言

在电磁器件中，损耗会转变为热能。因此，除了电磁设计之外，还要考虑各种绝缘等级材料施加的热约束，为更好地了解其热极限，对器件进行热分析也非常重要。各种绝缘等级绕组的最高温度见表8-1。

表 8-1 各种绝缘等级绕组的最高温度

绝缘等级	绕组温度极限值/℃
A 级	105
B 级	130
F 级	155
H 级	180

需要强调的是，绕组温度超过绝缘等级规定的最高温度时，会大大降低绝缘材料的使用寿命，如图8-1所示。

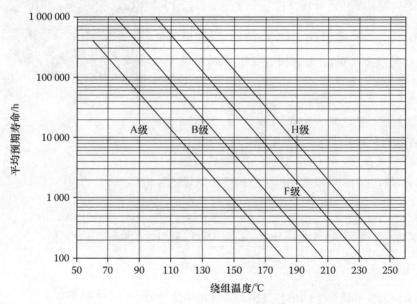

图 8-1 预期绝缘寿命与温度的关系

很明显，正确的热分析对于电磁器件的设计至关重要。特别是热设计和电磁设计必须同时进行，因为电磁性能与热条件直接相关。例如，当绕组电流恒定时，绕组中的温度每升高50℃，电阻增加 20%；而温度升高 135℃时，电阻增加 53%，同时铜损耗增加。对于永磁（PM）电动机，在稀土磁体中，温度升高导致磁通密度降低，为保持相同的输出转矩，则电流增加。因此，相关绕组的损耗将随着绕组电流的二次方而增加。电磁器件的热性能取决于所用的冷却系统。对于旋转电机，冷却系统包括：

① 全封闭自然通风"TENV"（通常用于伺服电机）。

② 全封闭风扇冷却"TEFC"（通常用于工业应用的感应电机）。

③ 防滴漏径向或轴向冷却。

④ 水套冷却系统。

8.2 基本传热和流量分析

热设计要求对电磁器件所涉及的传热现象有很好的了解。本章对传热和流动现象进行了简要总结。热交换是由于传导、辐射、自然对流和强制对流引起的。在下文中，概述了传热的几个主要方面，而在第 8.5 节和第 8.6 节中介绍了旋转电机的具体评估。

8.2.1 传导

传导是由于材料的不同部分之间的温差而导致的固体传热现象，如图 8-2 所示。虽然热对流是液体和气体中的主要传热方式，但是热传导现象也存在于液体和气体中。在传导传热中，由于材料内部分子的振动，热量从较高温度点流向较低温度点。众所周知，良好的导电体也是良好的导热体。

傅里叶定律定义了热传导现象：

$$Q = kA\frac{\mathrm{d}T}{\mathrm{d}x} \qquad (8\text{-}1)$$

式中，Q 为传热速率（W）；A 为横截面积（m^2）；k 是材料热导率［W/（m·℃）］；dT/dx 为温度梯度（℃/m）。

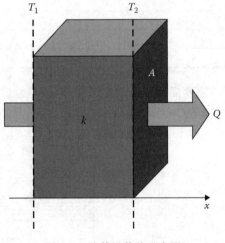

图 8-2　热传导传热示意图

对于金属材料，k 在 10 ~ 400W/（m·℃）的范围内，而固体绝缘材料的 k 值范围为 0.1 ~ 1W/（m·℃）。空气热导率 k_{iar} 等于 0.026W/（m·℃）。当已知均匀固体的几何和物理特性时，可以使用以下公式来计算其热阻（℃/W）：

$$R_{\mathrm{cond}} = \frac{L}{kA} \qquad (8\text{-}2)$$

式中，L 为长度；A 为面积；k 为热导率。L 和 A 可以从组件的几何结构得到。

8.2.2 对流

对流是流体表面和流体之间的传热模式。对流传热可分为两个主要现象：

① 自然对流，其中流体运动是由浮力引起的，因为靠近表面的流体密度发生变化。

② 强制对流，其中流体运动是由外部力引起的（例如由风扇施加的力）。

当流动速度较高时，自然对流和强制对流都能呈现低速层流和高速湍流（见图 8-3）。湍流不仅增加了传热速率，而且增加了流体和接触面之间的摩擦。基于雷诺数定义层流和

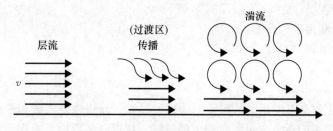

图 8-3　层流和湍流

湍流之间的过渡：

$$Re = \frac{\rho v L}{\mu} \qquad (8\text{-}3)$$

式中，ρ 为流体密度（kg/m³）；μ 为流体动力黏度（kg/s·m）；L 为表面的特征长度（m）；v 为流体速度（m/s）。

牛顿定律对对流传热现象定义如下：

$$Q = h_c A(T_1 - T_2) \qquad (8\text{-}4)$$

式中，Q 为传热速率（W）；A 为表面积（m²）；h_c 为对流传热系数［W/(m²·℃)］；$(T_1 - T_2)$ 为表面和流体之间的温差（℃）。

在对流传热分析中，如何正确定义传热系数 h_c 这一问题是最困难的。几种对流现象的传热系数值的典型范围如下：

① 空气自然对流 $h_c = 5 \sim 25 \mathrm{W}/(\mathrm{m}^2 \cdot ℃)$；

② 空气强制对流 $h_c = 10 \sim 300 \mathrm{W}/(\mathrm{m}^2 \cdot ℃)$；

③ 液体强制对流 $h_c = 50 \sim 5000 \mathrm{W}/(\mathrm{m}^2 \cdot ℃)$。

当系统的几何和物理特性已知时，可以使用以下公式来计算相关热阻（℃/W）：

$$R_{\mathrm{conv}} = \frac{1}{A h_c} \qquad (8\text{-}5)$$

式中，A 为面积（m²）；h_c 为对流传热系数。

由于对流的复杂性，往往不可能直接找到精确的数学解。因此，在实验和测试的基础上，采用量纲分析的经验技术来确定传热系数。事实上，流体表面和流体之间的对流过程是由许多因素决定的，例如固体–流体界面的形状和尺寸、流体流动特性（即湍流）、流体材料的特性等。该方法使用一组无量纲数来获得流动工作条件下 h_c 和主要流体物理特性之间的函数关系。重要强调的是，这些无量纲数允许使用与原始实验不同的流体材料和尺寸。最常用的无量纲数如下：

① 雷诺数：$Re = \rho v L / \mu$，即惯性力/黏性力；

② 格拉晓夫数：$Gr = \beta g \theta \rho^2 L^3 / \mu^2$，即浮力/黏性力；

③ 普朗特数：$Pr = c_p \mu / k$，即流体的动量/热扩散系数；

④ 努塞尔数：$Nu = h L / k$，即流体中的对流传热/热传导。

下面列出了前面的方程组中使用的符号含义：

h：传热系数［W/(m²·℃)］；

μ：流体动力黏度［kg/(s·m)］；

k：流体的热导率［W/(m·℃)］；

c_p：流体的比热容［kJ/(kg·℃)］；

θ：表面和流体之间的温差（℃）；

L：表面特征长度（m）；

β：流体体积膨胀系数（1/℃）；

g：重力加速度（m/s²）；

v：流体速度（m/s）；

ρ：流体密度（kg/m³）。

雷诺数用于预测强制对流系统从层流到湍流的过渡，而格拉晓夫数和普朗特数的乘积用于预测在以自然对流为主的系统中层流向湍流的过渡。在机电装置中，特别是涉及几何结构的电机中，可以在技术文献和热传递相关书籍中找到自然和强制对流传热系数。在自然对流和强制对流都存在的情况下，使用 $h_{\text{mix}}^3 = h_{\text{forced}}^3 \pm h_{\text{natural}}^3$ 关系式，其中符号 ± 是考虑到两种对流方向是否相同。

8.2.3 辐射

辐射是在两个表面之间通过电磁波的形式进行能量传递的传热现象；因此，正是由于辐射现象，热量可以在真空中传播（见图 8-4）。

发射的热量取决于物体的绝对温度。斯忒藩 – 玻尔兹曼（Stefan – Boltzmann）定律定义了热交换现象：

$$Q = \sigma A T^4 \qquad (8\text{-}6)$$

式中，Q 为传热速率（W）；A 为辐射体的表面积（m²）；σ 为斯忒藩 – 玻尔兹曼常数 [W/(m² · K⁴)]，等于 5.669×10^{-8}；T 为绝对表面温度（K）。

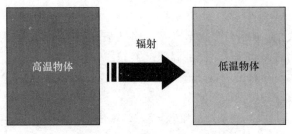

图 8-4　辐射传热

理想的辐射体（技术上定义为"黑体"）在给定温度下发射所有波长的最大可能能量。斯忒藩 – 玻尔兹曼方程定义能量发射而不是能量交换。因为区域 A 也可以吸收其他地方的辐射，所以要正确计算传热，必须考虑发射和吸收特性（称为发射率）以及表面接收另一表面发出辐射的角度（称为角系数）。两个表面之间的辐射交换可以通过以下公式计算：

$$Q = \sigma A_1 \varepsilon_1 F_{1\text{-}2} (T_1^4 - T_2^4) \qquad (8\text{-}7)$$

式中，Q 为传热速率（W）；A_1 为辐射面 1 的面积（m²）；T_1 为表面 1 的绝对温度（K）；T_2 为表面 2 的绝对温度（K）；ε_1 为表面 1 的发射率（$\varepsilon \leqslant 1$）；$F_{1\text{-}2}$ 为角系数 [考虑到表面发出的辐射落到表面 2 上的量（$F_{1\text{-}2} \leqslant 1$）]。

辐射传热系数 h_R 可由下式计算：

$$h_R = \frac{\sigma \varepsilon_1 F_{1\text{-}2} (T_1^4 - T_2^4)}{T_1 - T_2} \qquad (8\text{-}8)$$

因此，由辐射现象引起的热阻 $R_{\text{Rad}} = 1/(A h_R)$。

8.3 热分析和相关热模型

如今，热分析通常基于分析集总电路或数值模型。分析集总电路模型具有优异的计算速度，但正确确定热阻并不是一件简单的任务。数值计算流体动力学（CFD）或数值有限元分析（FEA）软件可用于准确预测复杂区域中的流量和固体成分的温度分布。这两种方法都需要很长的模型设置时间和计算时间，特别是将问题简化到二维（2D）问题几乎是不可能的。

8.4 数值模型

8.4.1 数值计算流体动力学

CFD 用于确定在电磁器件内部和外部以及在冷却通道内的冷却流体的冷却剂流速、速度和压力分布。此外，CFD 分析对于表面传热计算非常有用。这些值可用作活性材料和固体结构中后续温度分析的起始条件。CFD 方法需要市场上现有的 CFD 代码和专门的软件。这些软件主要是基于有限体积法求解 Navier-Stokes 方程，通过选择经过验证的物理模型来求解三维（3D）层流或湍流，并获得高精确度的传热系数。还可以根据需要分析的几何形状，找到相应的 2D 和 3D计算包。使用 3D 模型的 CFD 分析具有非常长的模型设置和计算时间。电机 CFD 分析的典型用途如下：

① 在通风电机中的内部流动，其中通风由风扇驱动或通过转子的自泵送效应，或在 TEFC 电动机和发电机中的内部流动，以评估绕组端部与外部端盖热交换的空气运动。

② TEFC 电动机/发电机的外部流动和外壳周围的流动。

③ 风扇设计和相关性能分析，以优化材料、成本、制造过程、空间或入口限制。事实上，在电机中使用的风扇通常具有非常差的空气动力学效率，并且需要低成本生产。CFD 在改善风扇设计同时考虑到其与冷却回路的相互作用方面具有很大的优势。

④ 支持在电机和电力转换器中的水流冷却系统的分析。

建议对高成本原型机进行复杂仿真时推荐使用 CFD，特别是大型电机或发电机。重要的是使用 CFD 获得的数据可以有效地用于改进 FEM 模型或热阻评估中使用的分析算法。

8.4.2 有限元分析

FEA 现在是电磁分析的标准工具，并且越来越多地用于使用 2D 和 3D 方法的电磁器件设计中。通常用于电磁分析的软件包也包括用于热分析的模块。首先，快速查看 FEA 分析似乎比热网络分析更准确；然而，在诸如对流传热系数和界面间隙的热量定义中也存在相同的问题。FEA 的主要优点是不使用集总参数并能准确计算复杂几何形状中的热交换过程。

8.5 使用热网络的热分析

使用集总热参数的热网络是电磁器件热分析中最常用的方法。该方法基于以下电热等效性：温度对电压、热功率对电流和热阻对电阻。在热网络中，可以将具有相同温度的组件结合在一起，并将这些组件连接在网络中的单个等温节点中。这些节点由表示组件之间的热传递的热阻隔开。在图 8-5 中，给出了用于 TEFC 感应电动机的简化热网络的示例。由于热阻被很好地确定，该方法是准确的。热阻必须表示系统内外的所有热传递现象。因此，必须考虑传导、自然和强制对流以及辐射热阻。但是，这些热阻通常难以确定，这是由于涉及的几何形状和物理现象导致的。由于这些原因，必须使用通常基于设计师经验的分析方程来进行一些热阻测定。用于计算这些热阻的方程式总结如下。重要的是要从热阻测定的角度来看，这些方法具有一般的有效性，并不与热网络的复杂性有直接关系。

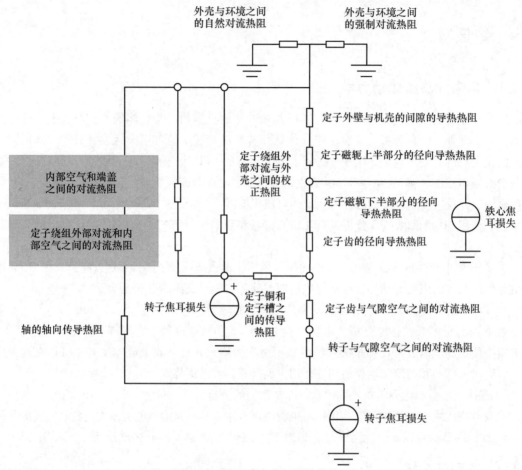

图 8-5 TEFC 感应电机的简化热网

8.5.1 导热热阻

导热热阻可以使用以下公式简单计算：

$$R = \frac{L}{kA} \tag{8-9}$$

式中，L 为路径长度（m）；A 为路径面积（m^2）；k 为材料的热导率 [W/(m·℃)]。

在大多数情况下，L 和 A 可以简单地从组件特征获得，但是由于组件之间的界面间隙，存在热阻时必须特别注意 L 的正确值。导体材料的热导率 k 在 10~400W/(m·℃) 范围内，绝缘材料的热导率在 0.1~1.0W/(m·℃) 的范围内。在表 8-2 中，给出了一些材料的热导率。

表 8-2 某些材料的热导率 k [单位：W/(m·℃)]

材料	热导率	材料	热导率	材料	热导率
铝	237	锌	116	橡胶	0.15
黄铜	111	环氧树脂	0.207	塑料	0.25
铜	401	云母	0.71	聚四氟乙烯	0.22
铁	80	聚酯薄膜	0.19	纸	0.15
铁中硅含量1%	42	尼龙	0.242	空气	0.0262
铁中硅含量5%	19	胶木	0.19	水	0.597

8.5.2 辐射热阻

给定表面的辐射热阻可以使用以下公式进行简单的计算：

$$R = \frac{1}{h_R A} \tag{8-10}$$

式中，A 是表面积（m^2）；h_R 是传热系数 $[W/(m^2 \cdot ℃)]$。

表面积可以从表面的几何结构计算。辐射传热系数可以使用以下公式计算：

$$h_R = \sigma \varepsilon F_{1-2} \frac{T_1^4 - T_2^4}{T_1 - T_2} \tag{8-11}$$

辐射率 ε 是材料与光洁表面的函数，这些数据在大多数工程教科书中都有。对于简单的几何表面（如圆柱体和平板），可以很容易地计算出角系数，但对于复杂的几何形状却很困难，需要传热专业书籍的帮助。

8.5.3 对流热阻

给定表面的对流热阻可以使用以下公式计算：

$$R = \frac{1}{h_C A} \tag{8-12}$$

前面的方程基本上与辐射方程相同，但辐射传热系数被对流传热系数 $h_C [W/(m^2 \cdot ℃)]$ 代替。h_C 的测定并不容易，因为对流传热过程是由于流体运动引起的。在自然对流中，流体运动完全归因于与流体密度变化相关的浮力。在强制对流系统中，流体受外力（例如风扇、鼓风机、泵）而运动。如果流体速度高，则可能存在湍流，并且在这种情况下，随着热传递的增加，热空气和冷空气的混合更有效。然而，湍流会产生较大的压降，使流体体积流量减小。基于无量纲分析的经测验过的经验热传递关系，用于预测 h_C。用于 h_C 测定的方程式可以在通常涉及电机和散热器的对流表面的技术文献中找到。对于简单的几何形状的第一个近似：组合的自然对流，辐射传热系数值在 $12 \sim 14W/(m^2 \cdot ℃)$ 范围内。

8.6 电机热阻

下文提供了关于电机热模型中使用的适当的传热系数或热阻的一些信息。这些值考虑到了一些很复杂的部分，这些不能很容易地被经典的关系确定。

8.6.1 对流换热热阻

参考 TENV 电机，外壳和环境之间的等效热阻（自然对流和辐射）R_0（℃/W）可以近似使用：

$$R_0 = 0.167 A^{1.039} \tag{8-13}$$

式中，A 为包括肋片的外部机壳的总面积（m^2）。这种关系可以用在以低速运行的变速驱动的 TEFC 电机中，其中对流换热克服了强制对流中的换热。

8.6.2 辐射传热

对于电机内部和外部部件，可以使用以下辐射传热系数的平均值：

8.5W/(m² · ℃)	铜铁叠片之间
6.9W/(m² · ℃)	端部绕组与外笼之间
5.7W/(m² · ℃)	外笼与环境之间

8.6.3　绕组与叠片之间的等效热导率

槽内导线的热行为是一个非常复杂的问题，因为热导率 k 的值不容易定义。简化热阻计算的一种可能方法是使用等效热导率 "$k_{cu,ir}$"，同时考虑槽内的浸渍和绝缘系统。这种等效热导率取决于材料和浸渍的质量、浸渍后的残余空气量等几个因素。如果等效热导率 $k_{cu,ir}$ 是已知的，则绕组和定子叠片之间的热阻可以使用前面部分提到的等式计算。当槽填充系数 k_f、槽面积 $A_{slot}(cm^2)$ 和轴心长度 $L_{core}(cm)$ 已知时，可以使用以下关系作为合理的初始值：

$$k_{cu,ir} = 0.2749 \left[(1 - k_f) A_{slot} L_{core} \right]^{-0.4471} \tag{8-14}$$

式中，方括号内的数表示电线/插槽绝缘和浸渍槽内的可用净容积。使用的合理值为 0.04 ~ 0.08W/(m² · ℃)。

8.6.4　端部绕组和端盖之间的强制对流传热系数

由于强制对流引起的电机端部绕组和端盖之间的热阻可以通过先前提到的方程来评估，其中 h_C 的值不是很容易确定。对于全封闭电机，可以使用以下公式对 h_C 的值进行评估：

$$h_C = K_1 (1 + K_2 v^{K_3}) \tag{8-15}$$

式中，v 为电机端盖内的空气的速度（m/s）。三个系数 K_1、K_2 和 K_3 由几位作者提供，见表8-3。

表8-3　用于计算端部绕组和端盖之间的强制对流传热系数

K_1	K_2	K_3
15.5	0.39	1
15	0.4	0.9
20	0.425	0.7
33.2	0.0045	1
40	0.1	1
10	0.3	1
41.2	0.151	1

8.7　使用热网络的瞬态热分析

在传热随时间变化的情况下，必须将比热容加到先前讨论的热阻上。使用相同的电热等效当量，热容量相当于电容，并且可以写出以下热方程式：

$$P_{th} = C_{th} \frac{dT}{dt} \tag{8-16}$$

式中，P_{th} 为热功率（W）；C_{th} 为比热容（J/℃）；T 为温度（℃）；t 为时间（s）。

热容量可以通过以下公式计算：

$$C = \rho V C_{sp} \tag{8-17}$$

式中，ρ 为密度（kg/m³）；V 为所考虑的均匀体积（m³）；C_{sp} 为比热容[J/(kg · ℃)]。

在热瞬变条件下，热网用微分方程表示，可以使用适当的数学方法求解。当设备内部的功率损耗由于负载占空比随时间变化时，瞬态热分析是预测电机、电磁设备和功率转换器结构中的热行为的瞬态热分析的基础。

8.8 注意事项

在本章中，很明显，电气设备的热分析不是一个简单的任务，它需要丰富的经验和技能来合理地管理和使用热关系及相关的热量和系数。因此，为了避免使用不正确或出现错误的结果，有必要学习传热学的相关知识。

参 考 文 献

1. W.S. Janna, *Engineering Heat Transfer*, Van Nostrand Reinhold (International), London, U.K., 1988.

2. A. Boglietti, A. Cavagnino, D. Staton, M. Shanel, M. Mueller, and C. Mejuto, Evolution and modern approaches for thermal analysis of electrical machines, *IEEE Transactions on Industrial Electronics*, 56(3), 871–882, March 2009.

3. A. Boglietti, A. Cavagnino, M. Lazzari, and M. Pastorelli, A simplified thermal model for variable-speed self-cooled industrial induction motor, *IEEE Transactions on Industry Applications*, 39(4), 945–952, July/August 2003.

4. P. Mellor, D. Roberts, and D. Turner, Lumped parameter thermal model for electrical machines of TEFC design, *IEE Proceedings—B*, 138(5), 205–218, September 1991.

5. N. Jaljal, J.-F. Trigeol, and P. Lagonotte, Reduced thermal model of an induction machine for real-time thermal monitoring, *IEEE Transactions on Industrial Electronics*, 55(10), 3535–3542, October 2008.

6. C. Kral, A. Haumer, and T. Bauml, Thermal model and behavior of a totally-enclosed-water-cooled squirrel-cage induction machine for traction applications, *IEEE Transactions on Industrial Electronics*, 55(10), 3555–3564, October 2008.

7. D. Staton, A. Boglietti, and A. Cavagnino, Solving the more difficult aspects of electric motor thermal analysis, *IEEE Transactions on Energy Conversion*, 20(3), 620–628, September 2005.

8. A. Boglietti and A. Cavagnino, Analysis of the endwinding cooling effects in TEFC induction motors, *IEEE Transactions on Industry Applications*, 43(5), 1214–1222, September–October 2007.

9. A. Boglietti, A. Cavagnino, M. Parvis, and A. Vallan, Evaluation of radiation thermal resistances in industrial motors, *IEEE Transactions on Industry Applications*, 42(3), 688–693, May/June 2006.

10. J. Mugglestone, S.J. Pickering, and D. Lampard, Effect of geometry changes on the flow and heat transfer in the end region of a TEFC induction motor, *Ninth IEE International Conference Electrical Machines & Drives*, Canterbury, U.K., September 1999.

11. C. Micallef, S.J. Pickering, K.A. Simmons, and K.J. Bradley, An alternative cooling arrangement for the end region of a totally enclosed fan cooled (TEFC) induction motor, *IEE Conference Record PEMD 08*, April 3–5, 2008, York, U.K.

12. A. Boglietti, A. Cavagnino, D. Staton, M. Popescu, C. Cossar, and M.I. McGilp, End space heat transfer coefficient determination for different induction motor enclosure types, *IEEE Transactions on Industry Applications*, 45(3), 929–937, May/June 2009.

13. C. Micallef, S.J. Pickering, K.A. Simmons, and K.J. Bradley, Improved cooling in the end region of a strip-wound totally enclosed fan-cooled induction electric machine, *IEEE Transactions on Industrial Electronics*, 55(10), 3517–3524, October 2008.

14. M.A. Valenzuela and J.A. Tapia, Heat transfer and thermal design of finned frames for TEFC variable-speed motors, *IEEE Transactions on Industrial Electronics*, 55(10), 3500–3508, October 2008.

15. D.A. Staton and A. Cavagnino, Convection heat transfer and flow calculations suitable for electric machines thermal models, *IEEE Transactions on Industrial Electronics*, 55(10), 3509–3516, October 2008.

16. A. DiGerlando and I. Vistoli, Thermal networks of induction motors for steady state and transient operation analysis, *Conference Record ICEM 1994*, Paris, France, 1994.

17. E. Schubert, Heat transfer coefficients at end winding and bearing covers of enclosed asynchronous machines, *Elektrie*, 22, 160–162, April 1968.

第9章 旋转电机的噪声与振动

9.1 引言

噪声和振动问题对于电机来说很重要。噪声方面的标准越来越严格。对于给定尺寸的电机,功率增加将会导致噪声和振动的增加。这就是为什么需要了解产生噪声现象的原因:不仅要满足设计现代电机的需要,还要分析系统声学和振动问题。

本章重点介绍与电网连接的或者是用可调速驱动器运行的交流旋转电机的噪声问题,特别是电磁噪声。目标是多方面的,主要解决以下问题:振动和噪声之间的联系是什么;如何利用交流电机的声谱;如何预防和避免产生噪声和振动。

第9.2节介绍了旋转电机噪声的各种起因。给出了电机噪声的典型频谱。然后,在第9.3节中,描述了电磁噪声现象。之后提到的解析方法可以用于了解磁通密度谐波对噪声的作用。在第9.4节中,提出了旋转电机的机械和声学解析模型。这些研究是很重要的,因为产生噪声的力,不仅会形成多种振幅和频率的噪声,还会引起机械结构的多种响应。该方法强调了高效声学设计的重要参数。最后,第9.5节提出了一种确定交流电机磁通密度谐波的解析方法。

9.2 旋转电机噪声和振动的来源

9.2.1 机械、气动和电磁噪声

旋转电机的噪声主要有三个来源:电磁、气动和机械[1-3]。

9.2.1.1 机械噪声

机械噪声主要来自轴承。因此,除了磁性轴承,噪声存在于大多数旋转电机中。轴承的噪声水平与摩擦有关,取决于轴承的类型和质量、润滑和转子速度。滑动轴承产生的噪声远低于其他轴承产生的噪声。对于滚动轴承,噪声主要取决于外部谐振频率;这些滚动轴承有时会产生高频噪声,在少量润滑脂注入时,噪声会暂时消失。用油润滑的滚子轴承噪声较小[4]。

还需要考虑电刷的摩擦,特别是具有非光滑集电器的直流电机。由于机械摩擦引起的噪声级别通常随着速度的二次方而增加。因此,机械噪声仅对高速旋转电机十分重要。

9.2.1.2 气动噪声

气动噪声通常比机械噪声更高。空气振动产生噪声,旋转部件产生空气湍流和噪声。这些噪声来源于风扇或者转子的活动部件,这些活动部件起到风扇的作用(例如感应电机转子金属条的端部)。气流中的障碍也是产生噪声的一个原因。通风允许对流冷却,它显著降低了电机的大小,但却产生噪声。因此,对于设计人员来说,选择小型电机或有噪声电机之间的折中方案。气动噪声随速度的五次方增加。1000r/min 下的 80dB 通风噪声在 3000r/min 时达到 104dB。

9.2.1.3 电磁噪声

电磁噪声水平是变化的,因为它取决于设计、负载、速度和电源。对于低速电机,电磁噪声

是主要噪声。它是由定子和转子之间的电磁力产生的。这些噪声产生电机振动，主要是定子振动。当电磁力的频率接近定子的谐振频率时，振动和噪声被放大。通过切断电源，旋转电机的电磁噪声可以很容易地与其他噪声区分开来：电磁噪声立即停止，而气动噪声和机械噪声随速度降低而缓慢下降。从声谱可以看出少量的典型电磁噪声谱线。

9.2.2   旋转电机频谱示例

本章记录了空载运行的几种类型的旋转电机的频谱。它们是用频谱分析仪得到的，显示以下测量信号的 FFT 的结果：

- 传声器，位于离被测电机表面 1m 处，放置在半消声室内。
- 测量定子振动幅度的加速度计。我们需要指出的是加速度计幅度是振动幅度与其角频率二次方的乘积。这就说明了在加速度谱中，高频线有时具有最高的幅度。

9.2.2.1   650W 单相感应电机的频谱示例

这种笼型转子电机通常用在洗衣机中。这里给出两种频谱：一种是电网正常供电时的频谱；另一种是在切断电源后立即测得的频谱。

1. 正常供电的电机频谱

图 9-1 和图 9-2 分别显示了 50Hz 单相电源供电下的电机声谱和振动频谱。在声谱上，可以看到在 336Hz、2016Hz、2160Hz、3264Hz、3920Hz、7550Hz、7650Hz、7750Hz 和 11490Hz 的噪声分量。总噪声为 57dB。在 7550Hz、7650Hz、7750Hz 处，间隔为 100Hz 的三条谱线是典型的电磁噪声。

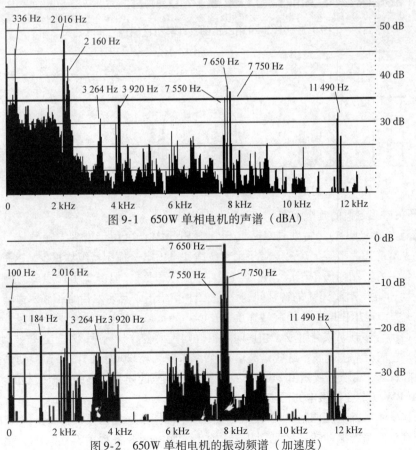

图 9-1   650W 单相电机的声谱（dBA）

图 9-2   650W 单相电机的振动频谱（加速度）

在振动频谱中，仍然可以看出 2016Hz、3264Hz、3920Hz、7550Hz、7650Hz、7750Hz 和 11490Hz 的谱线。由于这个频谱只包括电磁噪声和机械噪声，可以得出 2160Hz 分量是由通风引起的。

2. 切断电源后的电机频谱

图 9-3 显示了当转子仍在旋转时的声谱。它只包括机械噪声和气动噪声。可以看出 2016Hz、3920Hz、7550Hz、7650Hz、7750Hz 和 11490Hz 的谱线消失了。可以得出结论，这些是电磁噪声的来源，而在 336Hz、2160Hz 和 3264Hz 的分量是机械噪声或气动噪声的来源。图 9-4 给出了相应的振动频谱，其仅涉及机械效应。可以推断出 3264Hz 谱线是机械噪声的来源，336Hz 和 2160Hz 可能是气动噪声的来源。因此，该电机具有低机械噪声。

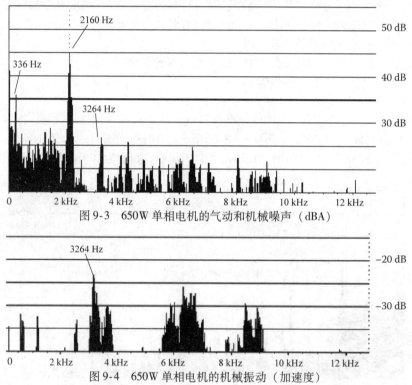

图 9-3　650W 单相电机的气动和机械噪声（dBA）

图 9-4　650W 单相电机的机械振动（加速度）

9.2.2.2　开关磁阻电机的频谱示例

开关磁阻电机（SRM），特别是双凸极 SRM（BDSRM）可用于许多工业领域，例如航空航天、汽车和家庭应用。事实上，由于转子没有绕组和电力电子控制器组件很少，这种电机易于制造并且成本低。除了结构简单坚固，它还具有很高的效率[5]。但由于由径向磁力引起的定子背铁变形，振动和噪声成为 SRM 的特别问题[6,7]。图 9-5 给出了具有八齿定子和六齿转子的 BDSRM 的声谱；它由方波电压供电，转子旋转速度为 1466.6r/min。图 9-6 给出了径向定子机座振动频谱。两个频谱由许多频率成分组成，频率间隔很规则。大多数分量可以用非正弦波形的相电流和电压来解释。它们会产生谐波，这些谐波引起噪声和振动。2200Hz 的谱线在振动频谱上清晰可见；模态分析表示，这条谱线是由 2100Hz 左右的定子机座的固有频率的共振引起的。

9.2.2.3　由 PWM 逆变器供电的同步电机频谱示例

我们考虑一个脉冲宽度调制（PWM）逆变器供电的同步交流电机，它工作在 100Hz 基频下。

用加速度计测量的振动频谱（见图 9-7）给出了频率为开关频率 f_w（3kHz）倍数处的频谱线。因此可以看出，PWM 开关频率对噪声和振动有明显的影响。获得静音电机的最佳方法是选

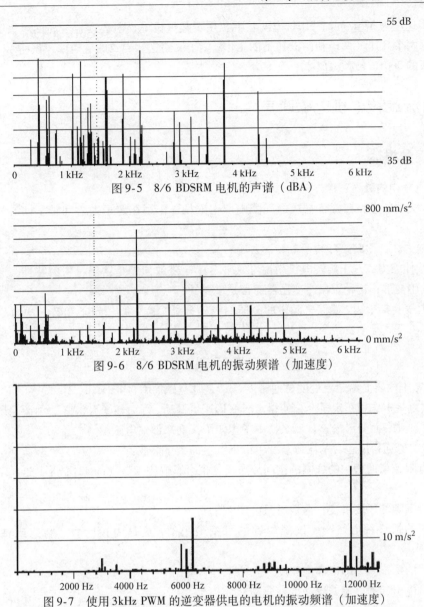

图 9-5　8/6 BDSRM 电机的声谱（dBA）

图 9-6　8/6 BDSRM 电机的振动频谱（加速度）

图 9-7　使用 3kHz PWM 的逆变器供电的电机的振动频谱（加速度）

择高 PWM 频率，使人耳听不到此噪声（如超过 15kHz）；问题是逆变器的损耗随着频率的增加而增加。

9.2.2.4　饱和电机的频谱示例

磁饱和可产生噪声[8]。图 9-8 所示的声谱来自一台具有笼型转子的工业三速三相感应电机。

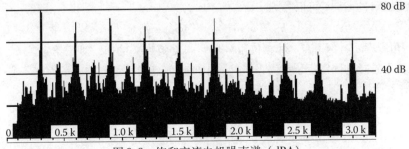

图 9-8　饱和交流电机噪声谱（dBA）

低速（同步速度为 375r/min，50Hz 电网）偶尔用于起重机中，但会产生较高的声级噪声。电机优先设计为两个高速（两极和四极）下的工作；定子磁路饱和导致的噪声如声谱所示，该声谱由具有高声级的 300Hz 倍频组成。

9.3 交流旋转电机电磁噪声

9.3.1 现象描述

9.3.1.1 气隙中的磁通密度

电线中流动的电流在旋转电机的气隙中产生磁场，作用在定子铁心和转子铁心上。出现三种力：

① 切向力，产生转矩和转子旋转。

② 磁致伸缩力，对于旋转电机来说可忽略不计（磁致伸缩是铁磁材料的特性，它们在磁场作用下会发生变形；这种现象对变压器而言是重要的）。

③ 径向麦克斯韦力。磁路气隙中的磁通的径向分量会产生吸引定子和转子的力 F_M。其单位面积的幅度由下式给出：

$$F_M = \frac{b^2}{2\mu_0} \tag{9-1}$$

式中，b 是定子内表面给定点处的磁通密度；μ_0 是真空磁导率（$4\pi \times 10^{-7} H/m$）。

这些磁力基本作用在定子上，使得定子变形产生振动。因为转子有很好的刚性，所以转子变形较小，而且其表面变形最小。那么，不考虑转子振动来评估电磁噪声。

气隙中的磁通密度包含基波分量和由以下产生的大量谐波：

① 在有限数量的槽中的线圈的空间分布，这也会影响磁动势（mmf）波形，这些谐波被称为空间谐波。

② 由于气隙的厚度可变，导致磁阻可变[9,10]。

③ 转子的最终偏心，产生气隙厚度的可变最小值；这是由径向力、制造或轴承老化引起的[11]。

④ 钢片的磁饱和，即齿部饱和度[8]。

⑤ 由供电引起的电流谐波（变速驱动）[12]。

因此，为设计一台静音电机，磁通密度谐波必须最小化。

9.3.1.2 力波

我们考虑一个 p 对极电机。磁通密度 b 可表示为

$$b = \sum_h b_h \tag{9-2}$$

式中，极对数为 hp 的谐波 b_h 可以写为

$$b_h = \hat{b}_h \cos(\omega_h t - hp\alpha - \psi_h) \tag{9-3}$$

幅值 b_h、角频率 ω_h（频率 f_h）和相位角 ψ_h 是 h 的复函数（例如，对于给定的 h，ω_h 可以取几个值）。对于任意选择的固定定子参考系；气隙中的任何点的角位置被表示为 α。式（9-1）给出的 F_M 由以下关系产生：

$$F_M = \sum_m f_{mM} = \frac{(\sum_h b_h)^2}{2\mu_0} \tag{9-4}$$

为了表达f_{mM}，我们引入具有$h'p$对极的磁通密度分量，可以区分不同的项。式（9-4）变为

$$F_M = \frac{1}{2\mu_0} \Big[\sum_h \hat{b}_h^2 \cos^2(\omega_h t - hp\alpha - \psi_h) + \sum_h \sum_{h'} \hat{b}_h \hat{b}_{h'} \cos(\omega_h t - hp\alpha - \psi_h)\cos(\omega_h t - h'p\alpha - \psi_{h'}) \Big]$$

$$(9-5)$$

考虑到第二项（双乘积），h'和h必须取所有值，但是h必须与h'不同。则F_M推导为

$$F_M = \frac{1}{4\mu_0} \Big\{ \sum_h \hat{b}_h^2 [1 + \cos(2\omega_h t - 2hp\alpha - 2\psi_h)] + $$

$$\sum_h \sum_{h'} \hat{b}_h \hat{b}_{h'} \{ \cos[(\omega_h + \omega_{h'})t - (h + h')p\alpha - (\psi_h - \psi_{h'})] + $$

$$\cos[(\omega_h - \omega_{h'})t - (h - h')p\alpha - (\psi_h - \psi_{h'})]\} \Big\}$$

$$(9-6)$$

首先二次方项会产生恒定压力f_{hM}：$f_{hM} = b_h^2/4\mu_0$。该量不会影响噪声定义，因为只有非平稳压力分量产生电磁噪声。我们需要注意f_{hM}分量，它的一般形式为

$$f_{mM} = \hat{f}_{mA} \cos(\omega_m t - m\alpha - \psi_m)$$

$$(9-7)$$

式中，m是力的极对数，称为模数；f_m是力频率；$\omega_m = 2\pi f_m$是相应的角频率；f_{mM}是力分量幅值（N/m²）；ψ_m是空间角。

磁动势（准确地说是压力波）以ω_m/m角速度旋转。它们在位于外部定子区域给定点处产生振动，随后产生引起噪声的可变空气压力。

式（9-6）显示了两种力分量f_{mM}：由于b_h^2引起的力分量和由$b_h \hat{b}_{h'}$乘积引起的力分量。第一项的角频率比相应的磁场角频率高2倍。第二项的角频率是各分量角频率之和或之差的结果。磁噪声一般主要是由第二个力分量引起的[3]。

9.3.2　变形模式

需要认真考虑参数m，因为它影响定子的机械响应。

① 对于$m = 0$，定子和转子之间的吸引力沿气隙是均匀的。定子以频率f_m沿其圆周均匀振动，如图9-9所示：静止的定子用实线绘制，当吸引力最大时用虚线绘制。

② $m = 1$是很特别的，因为定子和转子之间的吸引力在这一点处是最大的。此时，转子偏离中心位置，如图9-10所示。最大吸引点以角速度ω_m旋转，产生一个不平衡的质量，产生危险的噪声和振动。该偏心度导致气隙厚度和磁通密度变化。这种情况很少见。

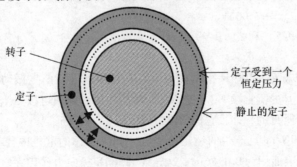

转子

定子

定子受到一个恒定压力

静止的定子

图9-9　$m = 0$时定子的变形情况

③ 对于$m \geq 2$，定子和转子之间出现最大吸引力的m个吸引点会引起$2m$极的定子变形，该定子以角速度ω_m/m旋转。图9-11给出了$m = 2$和3时的变形情况。如下文所述，变形幅度与m^4成反比。

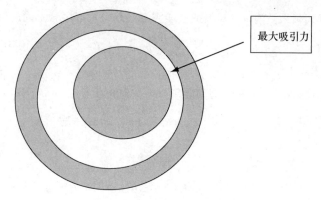

图 9-10　$m = 1$ 时转子的位移

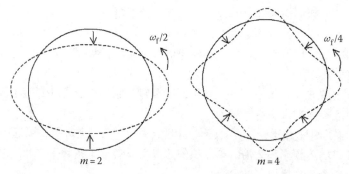

图 9-11　$m = 2$ 时定子的变形情况

9.3.3　示例

9.3.3.1　15kW 的感应电机

我们来考虑一个由 50Hz 电网供电的 15kW、$p = 3$ 感应电机。对于这个例子，为确定 b [见式 (9-2)]，仅需要考虑两个分量：

① 第一个对应于 $h = 1$ 时的基波：$\hat{b}_h = 0.7T$，$f_h = 50Hz$。

② 第二个描述了磁通密度谐波，比如当 $h' = -1$ 时：$\hat{b}'_h = 0.005T$（$\hat{b}_h$ 的 0.71%），$f'_h = 3370Hz$；恒定压力取值：$\hat{f}_{hM} = 97500N/m^2$，$\hat{f}_{h'M} = 5N/m^2$。

表 9-1 中给出了式 (9-5) 和式 (9-6) 中的变量数值，是非平稳力分量的特征（不考虑相位角）。

$5N/m^2$ 的 f_{hM} 分量可以忽略。100Hz 频率的力具有高振幅，可以产生振动，但没有太大的噪声，因为它的频率低于人耳的听觉频率。$1400N/m^2$ 幅值的最后两项可以产生噪声，因为它们的幅值足够高，其频率是可听见的，并且它们的模数（0 和 6）较低。

我们考虑由 $\hat{b}_h$（$97500N/m^2$）产生的恒定压力 f_{hM}。如果考虑的电机内径为 0.118m，铁心长度为 0.16m，则内部定子表面积为 $0.1186m^2$；这导致 11560N 径向力作用在定子上。由于额定转速为 950r/min，额定转矩约为 $150N \cdot m$，导致切向力接近 1270N。因此，可以看出径向力远远大于这些力，允许转子旋转。

9.3.3.2　PWM 逆变器供电的同步电机

我们考虑 PWM 频率为 $f_w = 3kHz$ 和工作频率为 50Hz 的 $p = 4$ 的三相同步电机。这样做的目的是确定 5900Hz、6000Hz 和 6100Hz 噪声谱线处的 m 值（见图 9-12）。定子电流分析给出了

5950Hz 和 6050Hz 的主要三相谐波电流，分别对应于顺时针和逆时针系统（这种逆变器的经典结果）。它们中的每一个都会产生四个密度波，其中最重要的分量对应于基波项，因此是四极对波。

表 9-1　压力波的示例

振幅，$\hat{f}_{mM}$	$\dfrac{\hat{b}_h^2}{4\mu_0} = 97500\mathrm{N/m^2}$	$\dfrac{b_{h'}^2}{4\mu_0} = 5\mathrm{N/m^2}$	$\dfrac{\hat{b}_h^2 \times b_{h'}^2}{2\mu_0} = 1400\mathrm{N/m^2}$	
频率，f_m	$2f_h = 100\mathrm{Hz}$	$2f_{h'} = 6740\mathrm{Hz}$	$f_h + f_{h'} = 3420\mathrm{Hz}$	$f_h - f_{h'} = 3370\mathrm{Hz}$
模数，m	$2h \times p = 6$	$2h' \times p = 6$	$p(h+h') = 0$	$p(h-h') = 6$

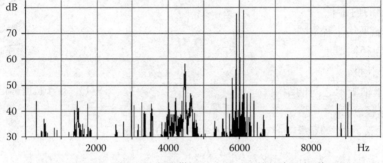

图 9-12　由 3kHz PWM 逆变器供电的电机 1m 处的声压级谱（dBA）

引入与 h' 类似的量 h''，用以下三个分量定义 b：

$$h = 1, \quad f_h = 50\mathrm{Hz}, \quad \hat{b}_h = 0.7\mathrm{T}$$
$$h' = 1, \quad f_{h'} = 5950\mathrm{Hz}, \quad \hat{b}_{h'} \approx 0.01 \times \hat{b}_h = 0.007\mathrm{T}$$
$$h'' = -1, \quad f_{h''} = 6050\mathrm{Hz}, \quad \hat{b}_{h''} \approx 0.01 \times \hat{b}_h = 0.007\mathrm{T} \tag{9-8}$$

可以推导出恒定压力：$f_{hM} = 97500\mathrm{N/m^2}$，$f_{h'M} = f_{h''M} = 9.75\mathrm{N/m^2}$。

由二次方项产生的 f_{hM} 量具有以下特征：

$$\left.\begin{array}{l} h = 1, f_m = 100\mathrm{Hz}, \quad \hat{f}_{mM} = 97500\mathrm{N/m^2}, \quad m = 8 \\ h' = 1, f_m = 11900\mathrm{Hz}, \quad \hat{f}_{mM} = 9.75\mathrm{N/m^2}, \quad m = 8 \\ h'' = 1, f_m = 12100\mathrm{Hz}, \quad \hat{f}_{mM} = 9.75\mathrm{N/m^2}, \quad m = -8 \end{array}\right\} \tag{9-9}$$

由 $b_h \hat{b}_h$ 乘积产生的 f_{mM} 分量在表 9-2 中列出。5900Hz 和 6100Hz 压力波似乎有一个 0 模数。6000Hz 分量为 $m = 8$ 模数；它通过添加两个压力波获得。观察到的噪声谱线可能是由表 9-2 的压力波产生的。

表 9-2　由 PWM 逆变器供电的电机的压力波

	h, h'	h, h''	h', h''
振幅，$\hat{f}_{mM}$	1950，1950	1950，1950	19.5，19.5
频率，f_m	6000，5900	6000，6100	12000，100
模数，m	8，0	8，0	0，8

9.4　机械和声学建模

力 f_{mM} 分量的特征和定子设计使得估计振动幅度和相应的噪声成为可能。首先，计算静态变形的幅度 Y_{ms}；其次，通过考虑机械共振频率，来确定振动幅度 Y_{md}；最后，估计噪声。大多数给定的机械表达式都来自梁理论[2,3]。

9.4.1 静态变形的幅值

9.4.1.1 静态变形

对于给定的 $\hat{f}_{mM}$，Y_{ms} 的关系式取决于 m 值。对于 $m = 0$、1 和 $m \geq 2$，Y_{ms} 分别由式（9-10）、式（9-11）和式（9-12）给出。这些公式用到了以下符号（见图9-13）：

- R，定子的内半径。
- R_y，磁轭平均半径。
- T_y，磁轭径向厚度。
- L，铁心长度。
- L_s，转子轴支承之间的距离。
- d，轴直径。
- E，弹性系数或杨氏模量；对于铁，$E = 2.1 \times 10^{11} \mathrm{N/m}^2$。

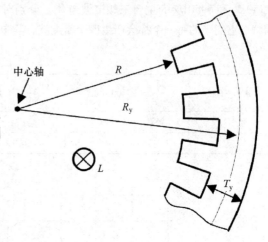

图 9-13　定子机座标记

$$Y_{0s} = \frac{RR_y\hat{f}_{mM}}{ET_y} \tag{9-10}$$

$$Y_{1s} = \frac{4RL_s^3L\hat{f}_{mM}}{4Ed^4} \tag{9-11}$$

$$Y_{ms} = \frac{12RR_y^3\hat{f}_{mM}}{ET_y^3(m^2-1)^2} \tag{9-12}$$

对于 $m \geq 2$，Y_{ms} 随 m^4 的增加而减小。高模数的力难以产生振动和噪声。实际上，考虑模态数大于8的力是没有用的。

9.4.1.2 关于极对数的考虑

一般来说，交流电机的磁轭宽度与 p 成反比。Ph. L. Alger 简略地给出了式（9-13）和式（9-14）[13]：

$$T_y \approx \frac{2R}{5p} \tag{9-13}$$

$$R_y \approx 1.4R \tag{9-14}$$

替换式（9-10）和式（9-11）中 T_y 和 R_y 后：

$$Y_{0s} = \frac{3.5Rp\hat{f}_{mM}}{E} \tag{9-15}$$

$$Y_{ms} = \frac{514.5Rp^3\hat{f}_{mM}}{E(m^2-1)^2} \tag{9-16}$$

可以看出静态变形幅度与 R 和 p 或 p^3 成比例。众所周知，高极数的电机具有较大的 R。我们直接假定在最好的情况：R 是常数不随 p 改变，则当 $m = 0$ 时变形幅度直接与 p^3 相关，当 $m \geq 2$ 时，变形幅度与 p^3 相关。这意味着在一个 $p = 2$ 电机中，与 $p = 1$ 电机相比，具有相同特性的力波产生至少八倍的变形。对于 $p = 3$、4 和 5，变形分别至少高达 27、64 和 125 倍。

具有高极数的电机直径大，轭宽小，因此刚度较低，可以更容易地产生振动和噪声。

9.4.2 共振频率和振幅

每台电机都有很多自身的频率；其中每一个都与振型有关。只有一次锤击可以激发这些振型。锤击产生噪声，这个噪声由许多不同频率成分组成，这些不同频率对应于固有共振频率。因此，如果力频率接近谐振频率，则振幅增大。机械现象特别复杂，很难找到简单准确的解析方程。约旦和蒂马尔[2,3]给出了共振频率的关系。这些通用定律不是非常准确的，但它们可以很容易地在频谱上确定危险区域的位置。这些定律是基于梁理论[14]。提出的方程式将电机视为完美的圆柱体，而不考虑其他元件，比如会改变电机固有频率的支脚[15-17]。

9.4.2.1　共振频率

可以根据 $m = 0$ ［见式（9-17）］或 $m \geqslant 2$ ［见式（9-18）］来区分两种共振频率，即f_m^{s*}，其通常涉及径向振动。

$$f_0^{s*} = \frac{837.5}{R_y \sqrt{\Delta}} \qquad (9\text{-}17)$$

$$f_m^{s*} = \frac{f_0^{s*} T_y m(m^2 - 1)}{2\sqrt{3} R_y \sqrt{m^2 + 1}} \qquad (9\text{-}18)$$

式中，$\Delta =$ （轭部重量 + 齿部重量）/轭部重量。难以估计齿部和轭部的重量，但是通过估计水平机座截面上构件的表面，很容易计算 Δ。

具有高 p 的电机具有大的半径，因此共振频率低。

9.4.2.2　振幅

通过将Y_{ms}乘以放大系数 η_m（该系数大小取决于频率）获得动态振动的幅度Y_{md}：

$$Y_{md} = \eta_m Y_{ms} \qquad (9\text{-}19)$$

引入 $\Delta_f = f_m / f_m^{s*}$，则$\eta_m$定义如下：

$$\eta_m = \left[(1 - \Delta_f^2)^2 + (2\xi_a \Delta_f)^2 \right]^{-0.5} \qquad (9\text{-}20)$$

ξ_a 是很难确定的吸收系数。通常，对于感应电动机，$0.01 < \xi_a < 0.04$。它的值很低，经常被忽略，因为只有当力频率接近共振频率时，它才会受到影响。实际上，ξ_a 使得η_m和振动幅度不可能趋于无穷大，这在物理上是不可能的。如果该结构在锤击后继续振动很长时间，那么系数ξ_a会较小，例如钟的吸收系数很低。

对于低f_m值（$f_m \ll f_m^{s*}$），$\eta_m \to 1$，对于高f_m值（$f_m \gg f_m^{s*}$），$\eta_m \to 0$。所以低f_m^{s*}值似乎更好，但是它们出现在大型电机上，并且处于可听频率范围。磁叠片周围的外部支架可以稍微改变所有方程式，但在第一种方法中可以忽略。

9.4.3　电机的声辐射

9.4.3.1　声学概念

1. 声压

物体的振动产生空气粒子的振动，继而引起空气压力的变化。如果空气粒子振动是振幅为$\hat{y}_a$和频率为f_a（角频率ω_a）的时间正弦波 $y_a = \hat{y}_a \sin(\omega_a t)$。瞬时速度由$v_a = \omega_a \hat{y}_a \cos(\omega_a t)$ 给出。速度的方均根值为$v_a = \omega_a \hat{y}_a / \sqrt{2}$。瞬时值$p_a$和方均根值$P_a$的气压变化（称为声压）与$v_a$相关 ［见式（9-21）］，$v_a$ 单位为 m/s，其中$\underline{Z}$是复声阻抗。在空气中，自由场（没有声音反射的空间）的$\underline{Z}$是一个实数项，例如 $Z \approx 415 \text{kg}/(\text{m}^2 \cdot \text{s})$（在 20℃，大气压为 101kPa）：

$$p_a = Z v_a \qquad (9\text{-}21)$$

粒子的振动以声速c（声波传播）传播给下一个粒子。在 20℃空气中，$c = 344 \text{m/s}$，波长 $\lambda_a = c / f_a$。

2. 声强

空气粒子的压力和速度可以有不同的方向，可以改变声波的传播。声强是矢量，它定义了声音的振幅以及方向。声强是单位面积的声能通量，它是垂直于声音传播方向的，通过单位面积传播的声能的平均速率。该矢量的模用 I_a 表示，单位为 W/m^2：

$$I_a = \frac{1}{T_a} \int_0^{T_a} p_a \times v_a \, dt \tag{9-22}$$

在空气中，考虑到 $T_a = 1/f_a$，通过替换 Z，I_a 变为

$$I_a = 2\pi^2 Z f_a^2 \hat{y}_a^2 \approx 8200 f_a^2 \hat{y}_a^2 \tag{9-23}$$

I_a 也可以用 V_a 的函数表示：$I_a = Z V_a^2$。因此，声强与速度方均根值的二次方成正比。

3. 声功率

以瓦特计量的声功率定义了声源，而不依赖于环境。而声压或声强则依赖于环境，如果电机在反射室或室外时，则在噪声电机的一定距离处测量的声压或声强也是不同的。标准给定了电机的最大声功率。在声源周围通过在表面 S 对 I_a 积分得到声功率 W_a：

$$W_a = \int_S \boldsymbol{I_a} d\boldsymbol{S} \tag{9-24}$$

4. 分贝使用

在人耳可以听到的最低压力变量 P_{a0}（方均根值）（约 $20\mu Pa$）和疼痛点（约 $100 Pa$）之间存在显著差异。声音以分贝为单位，以 P_{a0} 为参考。声压级 $L(P_a)$ 定义为

$$L(P_a) = 10\log\left(\frac{P_a}{P_{a0}}\right)^2 = 20\log\left(\frac{P_a}{P_{a0}}\right) \tag{9-25}$$

声强级 $L(I_a)$ 的大小定义为

$$L(I_a) = 10\log\left(\frac{I_a}{I_{a0}}\right) \tag{9-26}$$

$I_{a0} = 10^{-12} W/m^2$ 是人耳的感知阈值。在自由场中，声压级和声强级大小相同。声源的声功率级 $L(W_a)$ 的大小由下式给出：

$$L(W_a) = 10\log\left(\frac{W_a}{W_{a0}}\right) \tag{9-27}$$

式中，$W_{a0} = 10^{-12} W$，它是面积为 $1m^2$ 的声强均匀（大小为 $I_{a0} = 10^{-12} W/m^2$）的表面所具有的源功率。

5. 人耳

以上方程式中选择系数为常数 10，那么 25% 的压力变化（人耳的最小可听变化）会导致 $1dB$ 的变化。

当许多具有不同频率的声音一起出现时，产生的声压是每个声压平方之和的平方根。然后，如果两个频率不同但声压级相同的声音出现，产生的声压级比每个声音高 $3dB$。但是，人耳并不是对每个频率的声音都听得很清楚。人耳的听力带宽为 $20 \sim 16000Hz$。人耳最佳的听觉频率在 $1000 \sim 5000Hz$ 之间。年轻人可以听到比老年人更高的频率。声学测量系统可以通过 A、B、C 或 D 曲线考虑这些现象，并且单位为 dBA、dBB、dBC 或 dBD，其中最常见的是 dBA。

9.4.3.2 电机的声辐射

确定 f_m 和 Y_{md} 后，可以估计声功率和声强。式（9-28）表示电机表面 S_e 处的声强 $I_{a(S)}$，考虑模数 m 的一个力分量：

$$I_{a(S)m} = 8200 \sigma_m f_m^2 Y_{md}^2 \tag{9-28}$$

式中，σ_m 表示电机的容量，与电机尺寸有关；λ_{am} 是一个好的扬声器所发射的声音波长。一个功率较大的扬声器可以更好地辐射低频。σ_m 很难估计。一些作者认为电机类似于球体[3]或圆柱

体[13]。σ_m 以简化的方式可以表示为

$$\sigma_m = 1 - \exp\left(\frac{-\pi D_e}{\lambda_{am}}\right) \tag{9-29}$$

式中，D_e 为电机外径。当 D_e 远大于 λ_{am} 时，σ_m 趋向于 1。

声功率 $W_{a(S)m}$ 是由 $I_{a(S)m}$ 乘以 S_e 的结果：

$$W_{a(S)m} = I_{a(S)m} S_e \tag{9-30}$$

以分贝为单位，声功率级大小为

$$LW_{a(S)m} = 10\log\left(\frac{8200\sigma_m f_m^2 Y_{md}^2 S_e}{10^{-12}}\right) \tag{9-31}$$

为了计算距声源 x 距离处的声强 $I_{a(S)m}$，可以考虑自由场中的振动球体。半径为 x 的球体表面积为 $4\pi x^2$，则可以得到

$$L_{a(S)m} = \frac{W_{a(S)m}}{4\pi x^2} = \frac{8200\sigma_m f_m^2 Y_{md}^2 S_e}{4\pi x^2} \tag{9-32}$$

可以推导出以 dB 为单位的对应声强级大小为

$$LI_{a(x)m} = 10\log\left(\frac{I_{a(x)m}}{10^{-12}}\right) = 159.14 + 20\log(f_m Y_{md}) + 10\log\sigma_m + 10\log\left(\frac{S_e}{4\pi x^2}\right) \tag{9-33}$$

9.5　交流电机的磁通密度谐波

如前所述，磁通密度谐波的组合产生磁噪声。可以用不同的方式来确定这些谐波，目前是通过有限元软件或解析法来估计。下一段我们介绍交流电机的解析法。

气隙磁通密度的径向分量 b 可以通过施加到气隙的磁动势 ε 乘以单位面积气隙磁导率 Λ 得到：

$$b = \Lambda\varepsilon \tag{9-34}$$

当铁的磁导率无穷大且偏心率被忽略不计时，ε 的测定不是问题。难点在于确定 Λ。各类文献中长期以来都是近似表达。Timar[2] 给出了一个表达式，忽略了定子和转子槽之间的相互作用。Alger[13] 只考虑到与基波分量相关的项。多种情况表明，某些效应，如磁噪声[18]，通常是传递定子和转子槽之间相互作用产生的高阶分量的一部分。1980 年建立的 Λ[19] 中考虑到了这些效应。完整的理论方法在文献 [10] 中给出。需要指出的是，在 1992 年的文献 [9] 中，通过考虑单位槽深度，提出了 Λ 的类似表达式。

9.5.1　磁动势谐波

我们考虑一个 1 对极三相定子，每相有一个线圈，如图 9-14 所示。

绕组连接到三相电网。每个单独的线圈通过气隙产生磁通形成旋转磁场。mmf 是气隙中的磁动势差（安匝几乎被消耗）。

- 对于电流 i^s 来说，具有 z^s 匝的每个线圈沿气隙产生一个 mmf ε^s，其幅值为 $\pm z^s i^s/2$，如图 9-15 所示，其中 α 是沿着气隙的角位置，h^s 表示谐波阶数（h^s 只有奇数值），相应的幅值为 $4 z^s i^s/2 h^s\pi$。

为了限制谐波幅值，电机设计者将总共 z^s 匝以 z^s/m^s 分配给 m^s 个线圈（m^s 为每极和每相的槽数）。然后，mmf 使矩形波叠加，当 $m^s = 2$ 时，如图 9-16 所示。$K_{h^s}^s$ 是绕组分布因数，定义每个谐波的减少。对于三相电机，$K_{h^s}^s$ 由式（9-35）给出：

$$K_{h^s}^s = \frac{\sin(h^s\pi/6)}{m^s\sin[h^s\pi/(6m^s)]} \tag{9-35}$$

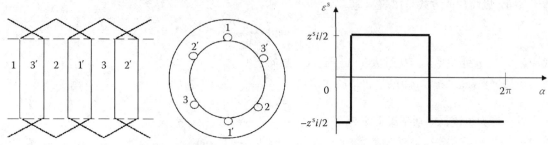

图 9-14　三相电机定子绕组　　　　　　图 9-15　单个线圈的磁动势

由于每极和每相的槽数不能为无穷大（m^s 通常在 2 和 4 之间），存在 mmf 谐波，称为空间谐波。如果有 p 极对，则将 i^s 替换为 $I^s\sqrt{2}\cos(\omega t)$，单相产生的 mmf 表示为

$$\sum_{h^s}\frac{4}{h^s\pi}\frac{z'}{2}K_{h^s}^s I^s \sqrt{2}\cos(\omega t)\cos(h^s p\alpha)$$

加上每个绕组产生的 mmf，并考虑其空间分布（$2\pi/3$），则由单层定子绕组产生的气隙 mmf 表示为

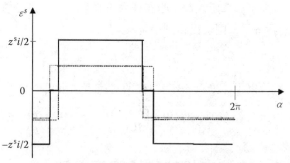

图 9-16　单极单相两槽磁动势

$$\varepsilon^s(\alpha)\ =\ H^s I^s \sum_{h^s} G_{h^s}^s \cos(\omega t\ -\ h^s p\alpha) \tag{9-36}$$

式中

$$G_{h^s}^s\ =\ (-1)^{(h^s-1)/2}\frac{K_{h^s}^s}{h^s}$$

$$H^s\ =\ \frac{3\sqrt{2}z^s}{\pi}$$

计算表明，3 的 h^s 倍数的相关项为零，因此 $h^s \in [1,-5,7,-11,13,-17,19,-23,\cdots]$。我们需要指出的是，$G_1^s \cong 1$；而 $h^s \neq 1$ 时，则 $|G_{h^s}^s \ll 1|$。

9.5.2　气隙磁导谐波

磁导率等于空气磁导率的定子绕线位于定子槽中。绕线式转子感应电机配有转子槽（见图 9-17）。对于带有笼型转子的电机，转子上的孔可以被视为具有低磁导率的槽。也可以为同步电机或开关磁阻电机定义等效槽[20]。

因此，气隙的厚度不是恒定的，等于最小气隙宽度 g。实际槽的结构相当复杂，图 9-18[10,21] 给出了简化模型。

该模型假设磁通线是径向方向。磁导率与气隙厚度成反比。通过傅里叶级数展开，获得每单位面积的磁导率 $\Lambda(\alpha,\theta)$ [见式（9-37）][10]：

$$\Lambda(\alpha,\theta) = \mu_0 A_{00} + 2\mu_0 A_{s0}\sum_{K_s=1}^{\infty} f(k_s)\cos(k_s N_t^s\alpha) + 2\mu_0 A_{0r}\sum_{k_r=1}^{\infty} f(k_r)\cos(k_r N_t^r\alpha - k_r N_t^r\theta) +$$

$$2\mu_0 A_{sr}\sum_{k_s=1}^{\infty}\sum_{k_r=1}^{\infty} f(k_s)f(k_r)\{\cos[(k_s N_t^s - k_r N_t^r)\alpha + k_r N_t^r\theta] +$$

$$\cos[(k_s N_t^s + k_r N_t^r)\alpha - k_r N_t^r\theta]\} \tag{9-37}$$

式中，w_e^s，w_d^s 分别是一个定子槽和一个定子齿的宽度；d_s^s 是单个定子槽的虚拟深度，文献 [13，22] 定义为：$d_s^s = w_e^s/5$；r_t^s 是定子开槽率，$r_t^s = w_d^s/(w_e^s + w_d^s)$；$f(k_s)$ 是定子开槽函数，$f(k_s) = (\sin k_s r_t^s \pi)/(2k_s)$；$w_e^r$，$w_d^r$，$d_s^r$，$r_t^r$，$f(k_r)$ 为与转子相应的量；k_s、k_r 为 $-\infty \rightarrow +\infty$ 之间的所有整数；g 为最小气隙厚度；g_M 为最大气隙虚拟厚度，$g_M = g + d_s^s + d_s^r$；g^s、g^r 为中间虚拟气隙厚度，分别为 $g + d_s^s$ 和 $g + d_s^r$；N_t^s、N_t^r 分别为定子和转子槽（或导条）的总数；θ 为定子和转子之间的角度，这取决于时间 t。例如，对于感应电机：$\theta = (1-s)\omega t/p + \theta_0$（$s$ 为转差率，θ_0 取决于电机的负载状态）。

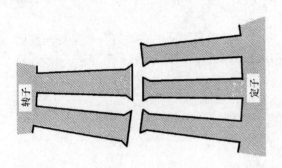

图 9-17　绕线式转子感应电机的定子和转子槽

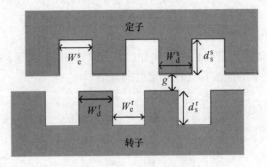

图 9-18　简化的槽模型

表示开槽效果的几何参数由下式给出：

$$
\left.
\begin{aligned}
A_{00} &= \frac{\left[1 + d_s^s r_t^s/g^r + d_s^r r_t^s/g^s + d_s^s d_s^r (g + g_M) r_t^s r_t^r/(g g^s g^r)\right]}{g_M} \\[2mm]
A_{s0} &= \frac{2 d_s^s \left[1 + d_s^r (g + g_M) r_t^r/(g g^s)\right]}{\pi g_M g^r} \\[2mm]
A_{0r} &= \frac{2 d_s^r \left[1 + d_s^s (g + g_M) r_t^s/(g d^r)\right]}{\pi g_M g^s} \\[2mm]
A_{sr} &= \frac{4 d_s^s d_s^r (g_M + g)}{\pi^2 g g^s g^r g_M}
\end{aligned}
\right\}
\tag{9-38}
$$

磁导率表达式（9-37）中包含四项：

① 取决于 A_{00} 常数项（等于 $1/g$，具有恒定的气隙）。

② 取决于 A_{s0} 项，与定子槽有关。

③ 取决于 A_{0r} 项，与转子槽有关。

④ 取决于 A_{sr} 项，与定子和转子槽之间的相互作用有关。

为了定性地估计不同项的相对重要性，给出以下不等式：$A_{s0} \cong A_{0r}$；$A_{00} > A_{s0}$ 或 A_{0r}；A_{s0} 或 $A_{0r} > A_{sr}$。

磁导率表达式（9-37）可用于所有交流电机（感应、同步或开关磁阻电机）。从定性的角度来看，知道槽的数量足以得到所有的谐波。从定量的角度来看，槽尺寸必须进行一定调整。

9.5.3　磁通密度谐波

气隙中的定子径向磁通密度波由 $\Lambda(\alpha,\theta)\varepsilon^s(\alpha)$ 的乘积产生。以相同的方法给出了转子的径向磁通密度波。在此我们介绍每个极对的槽数：$N^r = N_t^r/p$，$N^s = N_t^s/p$。

9.5.3.1 定子磁通密度谐波

获得四种类型的定子磁通密度谐波：与转子（与A_{00}和A_{s0}相关）无关的定子磁通密度谐波和取决于转子（与A_{0r}和A_{sr}相关）的定子磁通密度谐波。

1. 与转子无关的定子谐波

它们来源于 mmf 谐波（称为空间谐波）和定子槽：

$$b_{h^s0}^s(\alpha, t) = \hat{b}_{h^s0}^s \cos(\omega t - h^s p \alpha) \tag{9-39}$$

$$\hat{b}_{h^s0}^s = H^s \Gamma^s \mu_0 \left\{ A_{00} G_{h^s}^s + A_{s0} \sum_{\substack{k_s = -\infty \\ k_s \neq 0}}^{+\infty} G_{h^s_*}^s f(k_s), \ h^s_* = h^s + k_s N^s \right\} \tag{9-40}$$

那些与 mmf（1，−5，7，−11，13，−17，19，…）次数相同的谐波有一个重要的幅值，取决于定子槽数。例如，具有$N_t^s = 36$个定子槽的两极对电机，其阶数为−17，19，−35，37，… 的谐波具有特别重要的幅值。

2. 与转子相关的定子谐波

它们来自转子槽和两个齿之间的相互作用：

$$b_{h^s k_r}^s(\alpha, t) = \hat{b}_{h^s k_r}^s k_r \cos\left\{[1 - k_r N^r(1-s)]\omega t - (h^s - k_r N^r)p\alpha - pk_r N^r \theta_0\right\} \tag{9-41}$$

$$\hat{b}_{h^s k_r}^s = H^s \Gamma^s \mu_0 f(k_r) \left(A_{0r} G_{h^s}^s + A_{sr} \sum_{\substack{k_s = -\infty \\ k_s \neq 0}}^{+\infty} G_{h^s_* f(k_s)}^s, \ h^s_* = h^s + k_s N^s \right) \tag{9-42}$$

这些谐波的角频率$[1 - k_r N^r(1-s)]\omega$不是电网角频率：它与转子槽数量有关，并且与感应电机的转差率有关（与转子速度相关；对于同步电机，s 等于 0）。一般来说，这些幅值低于独立于转子的定子磁通密度谐波的幅值。

9.5.3.2 转子磁通密度谐波

对于同步或开关磁阻电机，只有考虑由定子的磁通密度分量，才能较好地表示气隙谐波。

在具有绕线式转子的感应电机中，由转子产生的谐波具有与定子相同的阶数和频率。因此，通过仅考虑定子磁通密度分量，可以较好地定性表示气隙磁通密度。

对于具有笼型转子的感应电机，转子谐波阶数可能与定子不同，转子要产生新的磁通密度谐波，这一点必须考虑[23,24]。存在两种类型的转子磁通密度谐波，一类谐波与定子无关（与A_{00}和A_{s0}相关），另一类依赖于定子（与A_{0r}和A_{sr}相关）。为了获得良好的精度，应考虑由基波电流和谐波转子电流产生的磁通密度。然而，本段仅考虑由转子基波电流（由定子磁通密度的基波分量产生，对应于$h^s = 1$）产生的最重要的磁通密度谐波。

1. 与定子（笼式转子感应电机）无关的转子谐波

它们由 mmf 谐波（称为空间谐波）和转子槽而形成：

$$b_{h^r0}^r(\alpha, t) = \hat{b}_{h^r0}^r \cos\left\{[1 + iN^r(1-s)]\omega t - h^r p \alpha + iN^r p \theta_0 - \frac{\pi}{2} - \text{Arg}(\bar{Z}_1)\right\} \tag{9-43}$$

$$\hat{b}_{h^r0}^r = H^r I_1 \mu_0 \left\{ A_{00} G_{h^r}^r + A_{0r} \sum_{\substack{k_r = -\infty \\ k_r \neq 0}}^{+\infty} G_{h^r}^r f(k_r), h^r_* = h^r + k_r N^r \right\}$$

$$H^r = \frac{N_t^r}{\pi \sqrt{2}}$$

$$G_{h^r}^r = \frac{(-1)^{(h^r-1)/N^r}}{h^r p}$$

$$\left. \right\} \tag{9-44}$$

$$h^r = iN^r + 1 \quad (i = 0, \pm 1, \pm 2, \pm 3, \pm 4, \cdots) \tag{9-45}$$

式中，I_1是转子基波电流的有效值，随着负载和$\text{Arg}(\bar{Z}_1)$的相位角而变化。

式（9-45）表明转子导条的数量对笼型转子谐波的影响，所以槽数的选择对避免磁噪声非常重要[25,26]。例如，如果转子条数为 34，$p = 2$，则第一转子谐波的阶数 h^r 为 -16 和 18。它们会干扰 -17 和 19 一次定子谐波，并产生模数为 2 的力波，如式（9-6）中的描述。

2. 与定子相关的转子谐波（笼型转子感应电机）

这些谐波与定子槽、以及定子和转子槽之间的相互作用有关：

$$b_{h^r k_s}^r (\alpha, t) = \hat{b}_{h^r k_s}^r \cos \left\{ \left[1 + i N^r (1 - s) \right] \omega t - (h^r - k_s N^s) p\alpha + i N^r p\theta_0 - \frac{\pi}{2} - \text{Arg}(\bar{Z}_1) \right\}$$

(9-46)

$$\hat{b}_{h^r k_s}^r = H^r I_1^r \mu_0 f(k_s) \left[A_{s0} G_{h'}^r + A_{sr} \sum_{\substack{k_r = -\infty \\ k_r \neq 0}}^{+\infty} G_{h'_*}^r f(k_r) \right], \quad h_*^r = h^r + k_r N^r$$

(9-47)

h^r 由式（9-45）给出。更多细节参见参考文献 [18]。通常，这些幅值小于与定子无关的转子磁通密度谐波的幅值。

9.6 结论

电机的噪声通常是由高速电机的空气动力现象造成的。在这种情况下，很难避免噪声。电磁噪声通常在高极对数，或电机由 PWM 逆变器供电时产生。但也可能因为没有正确选择槽数。设计人员必须考虑本章所述的现象。给出的方程能够在理论上估计振动和噪声，从而进一步避免它。对于给定的电机，可以估计所有的空间谐波和槽谐波。查找那些可以产生声频、重要振幅和低模数的压力波是必要的。

然后，可以避免重要的磁噪声和磁振动[27]。当制造的电机噪声较大时，可以采用主动降噪的方法降低噪声[20,28]。

参 考 文 献

1. W.R. Finley. Noise in induction motors—Causes and treatments. *IEEE Transactions on Industry Applications*, 27(6), 1204–1213, November/December.

2. P.L. Timar, A. Fazekas, J. Kiss, A. Miklos, and S.J. Yang. *Noise and Vibration of Electrical Machines*. Elsevier, Amsterdam, the Netherlands, 1989.

3. H. Jordan. *Geräuscharme elektromotoren*. W. Girardet, Essen, Germany, 1950.

4. J. Bonal. *Utilisation industrielle des moteurs à courant alternatif*. Technique & Documentation, Paris, France, 2001.

5. C.-Y. Wu and C. Pollock. Acoustic noise cancellation techniques for switched reluctance drives. *IEEE Transactions on Industry Applications*, 33(2), 477–484, March/April 1997.

6. D.E. Cameron, J.H. Lang, and S.D. Umans. The origin and reduction of acoustic noise in doubly salient variable-reluctance motors. *IEEE Transactions on Industry Applications*, 28(6), 1250–1255, November/December 1992.

7. R.S. Colby, F.M. Mottier, and T.J.E. Miller. Vibration modes and acoustic noise in a four-phase switched reluctance motor. *IEEE Transactions on Industry Applications*, 32(6), 1357–1364, November/December 1996.

8. J.C. Moreira and T.A. Lipo. Modeling of saturated AC machines including airgap flux harmonic components. *IEEE Transactions on Industry Applications*, 28(2), 343–349, March-April 1992.

9. H. Hesse. Air gap permeance in doubly slotted asynchronous machines. *IEEE Transactions on Energy Conversion*, 7(3), 491–499, September 1992.

10. J.F. Brudny. Modelling of induction machine slotting: Resonance phenomenon. *Journal de Physique III*, JP, III, 1009–1023, Mai 1997.

11. S. Ayari, M. Besbes, M. Lecrivain, and M. Gabsi. Effects of the airgap eccentricity on the SRM vibrations. *International Conference on Electric Machines and Drives 1999 (IEMD'99)*, Seattle, WA, May 1999, pp. 138–140.

12. R.J.M. Belmans, D. Verdyck, W. Geysen, and R.D. Findlay. Electro-mechanical analysis of the audible noise of an inverter-fed squirrel cage induction motor. *IEEE Transactions on Industry Applications*, 27(3), 539–544, May/June 1991.

13. Ph.L. Alger. *The Nature of Induction Machines*, 2nd edn. Gordon & Breach Publishers, New York, 1970.

14. S.P. Timoshenko and J.N. Goodier. *Theory of Elasticity*, 3rd edn., International Student Edition, McGraw Hill, New York, 1970.

15. J.Ph. Lecointe, R. Romary, and J.F. Brudny. A contribution to determine natural frequencies of electrical machines. Influence of stator foot fixation, in S. Wiak, M. Dems, and K. Komęza (eds.) *Recent Developments of Electrical Drives*, Springer, Dordrecht, the Netherlands, 2006, pp. 225–236.

16. S. Wanatabe, S. Kenjo, K. Ide, F. Sato, and M. Yamamoto. Natural frequencies and vibration behaviour of motor stators. *IEEE Transactions on Power Apparatus and Systems*, 102(4), 949–956, April 1983.

17. S.P. Verma and A. Balan. Measurements techniques for vibrations and acoustic noise of electrical machines. *Sixth International Conference on Electrical Machines and Drives*, IEE, London, U.K., 1993, pp. 546–551.

18. B. Cassoret, R. Corton, D. Roger, and J.F. Brudny. Magnetic noise reduction of induction machines. *IEEE Transactions on Power Electronics*, 18(2), 570–579, March 2003.

19. J.F. Brudny. Etude quantitative des harmoniques de couple du moteur asynchrone triphasé d'induction. Habilitation thesis, Lille, France, 1991, No. H29.

20. J.Ph. Lecointe, R. Romary, J.F. Brudny, and M. McClelland. Analysis and active reduction of vibration and acoustic noise in the switched reluctance motor. *IEEE Proceedings on Electric Power Applications*, 151(6), 725–733, November 2004.

21. D. Belkhayat, J.F. Brudny, and Ph. Delarue. Fictitous slot model for more precise determination of asynchronous machine torque harmonics. *Proceedings of the IMACS MCTS*, Lille, France, May 1991, pp. 230–235.

22. F.W. Carter. Air-gap induction. *Electrical World and Engineer*, 38(22), 884–888, November 1901.

23. M. Poloujadoff. General rotating m.m.f. theory of the squirrel-cage induction machines with non uniform air-gap and several non sinusoidally distributed windings. *IEEE Transactions on Power Apparatus and Systems*, 95, 583–591, 1982.

24. S. Nandi. Modeling of induction machines including stator and rotor slot effects. *IEEE Transactions on Industry Applications*, 40(4), 1058–1065, July–August 2004.

25. G. Kron. Induction motor slot combinations: Rules to predetermine crawlin, vibration, noise and hooks in the speed torque curves. *AIEE Transactions*, 50, 757–768, 1931.

26. R.P. Bouchard and G. Olivier. *Conception de moteurs asynchrones triphasés*. Presses Internationale Polytechnique, Montreal, Canada, 1997.

27. R. Corton, B. Cassoret, and J.F. Brudny. Prediction and reduction of magnetic noise in induction electrical motors. *Euro-Noise 98*, Vol. 2, Munchen, Germany, October 1998, pp. 1065–1069.

28. B. Cassoret. Active reduction of magnetic noise from induction machines directly connected to the network. PhD thesis, Artois University, Arras, France, 1996.

第 10 章　交流电机转矩谐波

10.1　引言

　　电机产生的电磁噪声是电机自身的一种现象，因为它直接来源于气隙中作用于定子铁心的力所产生的定子径向振动[1]。由于切向振动可以传递到机械负载，电磁转矩时间变化引起的转矩谐波可能会引起更大的扰动，因此，对转矩谐波影响的分析更加复杂，它需要考虑与电机相关的机械负载特性，特别是整个结构的谐振频率[2]。在径向振动的研究中，机械建模更容易，因为它只涉及定子结构。这就是为什么对转矩谐波的研究一般是涉及机械激励，而不涉及振动分析。

　　电机磁噪声的计算需要知道定子内表面径向力重新分配[3]。因此，这些磁力的局部计算可以确定每个力分量的模式。可以利用转子周向切向力的积分来获得电磁转矩。这些力与气隙磁通密度的切向分量相关，这是分析模型没有给出的。可以采用不同的方法来确定这些力，从而确定电磁转矩[4-7]。在本文中，将采用更简单的全局方法，如磁能量推导法[8-9]。此外，如果与电磁变量的空间相量变换相关联，则可以简化该方法[10-11]。

　　本章的第一部分涉及空间相量变换的介绍。第二部分将这一概念应用于描述各种三相系统：平衡、不平衡或非正弦系统。第三部分在假设铁磁导率无限大的条件下，给出了利用空间相量变量对交流旋转电机进行建模。第四部分涉及感应电机的建模。第五部分介绍了如何确定平滑气隙电机的非正弦供电情况下的转矩谐波。第六部分涉及由可变磁阻效应产生的转矩谐波。在最后两部分中，将数值计算的结果与使用空间矢量进行全局建模的结果进行比较，以描述电机运行的稳态特征。

10.2　空间矢量定义

　　假设一个平滑的气隙、两极旋转电机。外部固定部件和内部旋转部件分别定义为定子和转子。为了区分相对于定子和相对于转子的变量，上部索引标记为 "s" 或 "r"。根据空间矢量定义，假设定子用三相定子对称绕组供电。每相 q 绕组（$q = 1$，2 或 3）由 n^s 匝对角线圈组成。为了不与相 1 轴混淆，将定子空间参量定为 d^s。

10.2.1　只有一个定子相通电的情况

　　我们考虑只有相 q 由电流 i_q^s 供电。该相沿 d^s 空间移动 $\Delta_q = (q-1)2\pi/3$，导致气隙磁通产生磁动势（mmf）。在与 d^s 相关的参考系中，定义 f_q^s 基波气隙 mmf，由下式给出：

$$f_q^s = K^s i_q^s \cos(\alpha^s - \Delta_q) \tag{10-1}$$

式中，α^s 表示气隙中任意点 M 相对于 d^s 的角位置；K^s 为一个系数，$K^s = 2\,n_e^s/\pi$，其中 n_e^s 是通过将 n^s 乘以定子基波分布因数而得到的有效线圈数。

b_q^s 对应气隙磁通密度波，$b_q^s = \lambda_{00} f_q^s$，$\lambda_{00}$ 是单位面积的气隙磁导率 $\lambda_{00} = \mu_0/g$，其中 μ_0 是真空磁导率（$4\pi\, 10^{-7}\text{H/m}$），g 表示气隙厚度。所以，对于平滑气隙的电机，b_q^s 和 f_q^s 为一个常数。

我们引入 $\boldsymbol{f}_q^s$ 矢量来表示 f_q^s 的正弦函数。该矢量的模 $K^s |i_q^s|$ 沿着与相 2 有关相 q 轴方向，如图 10-1 所示。该矢量显示产生的气隙磁场的北部位置。M 点上的 f_q^s 值是将 $\boldsymbol{f}_q^s$ 投影到经过 M 点在 Ox 轴上获得的。在图 10-1 中，mmf 由 OB 给出。相应的磁通密度等于 $\lambda_{00} OB$。

$\boldsymbol{f}_q^s$ 也可以表示为 $\boldsymbol{f}_q^s = K^s \boldsymbol{i}_q^s$。$\boldsymbol{i}_q^s$ 的模为 $|i_q^s|$，并且它也沿着相 q 轴方向，如图 10-1 所示；其中 OB' 是 $\overline{\boldsymbol{i}}_q^s$ 在 Ox 上的投影。M 点处的磁通密度由 $\lambda_{00} K^s OB'$ 给出。如 $\boldsymbol{i}_q^s$ 可以表征气隙磁场在空间的重新分配，$\boldsymbol{i}_q^s$ 定义为电流空间矢量。

对于时间相量，可以将复数量 $\underline{i}_q^s$ 与 $\boldsymbol{i}_q^s$ 相关联，这需要引入复数参考系 $(\mathfrak{R}^s, \mathfrak{I}^s)$，例如 $\mathfrak{R}^s$ 实轴与 d^s 混淆。为了从复数中区分与时间相量相关联的 $\underline{i}_q^s$，将 $\underline{i}_q^s$ 表示为复数。引入余弦函数的复数方程，$\underline{i}_q^s$ 可以表示为

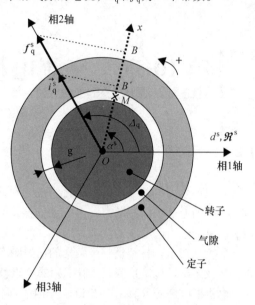

$$\underline{i}_q^s = i_q^s \mathrm{e}^{j\Delta_q} \tag{10-2}$$

结果是

$$f_q^s = K^s \mathfrak{R}^s \left[\underline{i}_q^s \mathrm{e}^{-j\alpha^s} \right] \tag{10-3}$$

图 10-1   电流空间矢量定义

式中，$\mathfrak{R}^s[\ ]$ 表示必须考虑的复数的实部。

10.2.2　三相供电情况

考虑三相电流 i_q^s 流过三相定子绕组。引入复数项 "a" 如 $a = \mathrm{e}^{j\frac{2\pi}{3}}$，式（10-2）可以定义三个基波电流空间矢量。然而，从实际的原因看来，定义这些量的关系是根据所考虑的系统相数进行调整的。对于三相系统，引入 2/3 这个系数，产生

$$
\left.
\begin{aligned}
\underline{i}_1^s &= \frac{2 i_1^s}{3} \\
\underline{i}_2^s &= \frac{2 a i_2^s}{3} \\
\underline{i}_3^s &= \frac{2 a^2 i_3^s}{3}
\end{aligned}
\right\}
\tag{10-4}
$$

由此产生气隙基波 mmf 为 f^s，再加上每相产生的效应，$\underline{i}^s$ 定义为

$$\underline{i}^s = \sum_q \underline{i}_q^s = \frac{2}{3}(i_1^s + a i_2^s + a^2 i_3^s) \tag{10-5}$$

根据式（10-3），定义 f^s 如下：

$$f^s = \frac{3}{2} K^s \mathfrak{R}^s \left[\underline{i}^s \mathrm{e}^{-j\alpha^s} \right] \tag{10-6}$$

图 10-2 考虑到 i_q^s 电流相等给出了 i^s 测定原理，在这个例子中，$i_1^s = 2A$，$i_2^s = 1A$，$i_3^s = -3A$。

我们定义，此后，三角方向将被视为位移的正方向。设相应的角速度为正；它的相反方向为负。

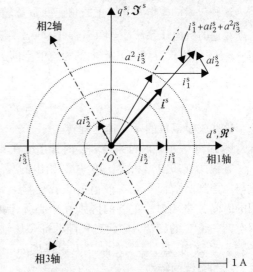

10.2.3 备注

① "a" 运算符与空间位移角有关，而不与时间相位角有关。

② 如果考虑了 p 对极电机，则按照先前的方法定义 p 的复数矢量 i^s 表示 p 气隙北方向。这些复数矢量具有相同的模，并且在空间上偏移 $2\pi/p$。实际上，由于电机的每个极对下的现象是相同的，所以只表示一个极对下的一个矢量，如图 10-1 和图 10-2 所示。考虑到 p 对极的电机不会改变由式（10-5）给出的电流空间矢量的定义，只改变 f^s 的表达式，变为

$$f^s = \frac{3}{2} K^s \mathcal{R}^s \left[\underline{i}^s e^{-jp\alpha^s} \right] \tag{10-7}$$

图 10-2 三相电流空间矢量测定

若 n^s 表示每相极对线圈匝数，则常数 K^s 不变。

③ 已经进行了电流空间矢量的定义，但没有关于电流波形的任何假设。因此，即使考虑的变量是非正弦的，也可以定义该空间矢量。

④ 对于所有复数，$\underline{i}^s$ 可以由其极坐标或其实部和虚部定义，如图 10-3 所示：

$$\left.\begin{array}{l} \underline{i}^s = |\underline{i}^s| e^{j\gamma^s} \\ \underline{i}^s = i_{d^s}^s + j i_{q^s}^s \end{array}\right\} \tag{10-8}$$

⑤ 如果 $\underline{i}^s$ 是已知的，则可以通过 $\underline{i}^s$ 和 $\underline{i}^{s*}$（共轭）确定实际变量 i_1^s、i_2^s 和 i_3^s。由 $a^* = a^2$ 和 $a^{2*} = a$，可以得到 $\underline{i}^{s*} = 2/3(i_1^s + a^2 i_2^s + a i_3^s)$。结果可以得到 $i_1^s = (\underline{i}^s + \underline{i}^{s*})/2$，$i_2^s = (a^2 \underline{i}^s + a \underline{i}^{s*})$，$i_3^s = (a \underline{i}^s + a^2 \underline{i}^{s*})/2$。这些量分别对应于 $\underline{i}^s$ 在相 1、相 2 和相 3 轴上的投影。

⑥ $\underline{i}^s$ 是从物理上的考虑来定义的。然而，类似于式（10-5）的方程可用于表征其他空间矢量，如电压或磁链，尽管这些量不具有任何特定的物理性质。

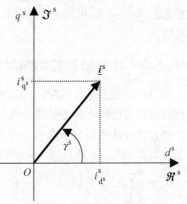

图 10-3 电流空间矢量表征

10.3 使用空间矢量进行三相系统的表征

10.3.1 三相正弦平衡系统

考虑一个角频率为 ω 的正弦、平衡、顺时针、三相电压系统：$v_q^s = V^s \sqrt{2} \cos(\omega t - \Delta_q - \varphi_v)$，应用于平衡负载。线电流可以表示为 $i_q^s = I^s \sqrt{2} \cos(\omega t - \Delta_q - \varphi_v - \varphi_i)$。我们注意到，这些量可以通过时间矢量 $\bar{v}^s$ 和 $\bar{I}^s$ 来表征，其模对应变量的有效值。使用式（10-5）表示电压和电流空间矢量如下：

$$\left.\begin{array}{l} \underline{v}^s = V^s \sqrt{2} e^{j(\omega t - \varphi_v)} \\ \underline{i}^s = I^s \sqrt{2} e^{j(\omega t - \varphi_v - \varphi_i)} \end{array}\right\} \tag{10-9}$$

这些矢量的模恒定并以正的角速度 ω 旋转。

在逆时针电压系统 $v_q^s = V^s\sqrt{2}\cos\left(\omega t + \Delta_q - \varphi_v\right)$ 的情况下，i_q^s 表达式变为 $i_q^s = I^s\sqrt{2}\cos(\omega t + \Delta_q - \varphi_v - \varphi_i)$。使用式（10-5）产生的相应的空间矢量可以写成

$$\left.\begin{aligned} \underline{v}^s &= V^s\sqrt{2}e^{-j(\omega t - \varphi_v)} \\ \underline{i}^s &= I^s\sqrt{2}e^{-j(\omega t - \varphi_v - \phi_i)} \end{aligned}\right\}\tag{10-10}$$

这些矢量以负的 ω 角速度旋转。

图 10-4 表示顺时针系统和逆时针系统在 $t=0$，$\varphi_v = \pi/4$ 和 $\varphi_i = \pi/2$ 的 $\underline{i}^s$ 和 $\underline{V}^s$ 的空间矢量。

方程式（10-9）和式（10-10）给出的空间矢量与考虑到峰值而不是有效值的正弦变量通常使用的时间矢量相似。主要的区别在于必须考虑根据空间矢量 i^s 的旋转，它代表气隙北部磁场轴线，沿着一个方向或另一个方向以恒定速度 ω 旋转，具有三相系统的特性。

10.3.2　三相正弦不平衡系统

三相不平衡系统是顺时针、逆时针和同极系统的统称。由于 $1 + a + a^2 = 0$，同极系统在仅由两个分量组成的相应空间矢量中没有出现。它们以相同的角频率在相反方向旋转，一般具有不同的模。

10.3.3　非正弦系统的情况

对于正弦变量，空间矢量与时间矢量相似。空间矢量变换的有趣之处在于可以应用于非正弦变量。由于存在随时间变化的对称性，傅里叶级数分解被认为只有奇次谐波存在。考虑一个具有顺时针基波项的三相定子电流系统。用 $2k+1$ 表示谐波次数（k 从 0 到 $+\infty$ 变化），i_q^s 电流可以表示为

$$i_q^s = \sum_{k=0}^{+\infty} I_{2k+1}^s \cos\left\{(2k+1)\left[\omega t - (q-1)\frac{2\pi}{3}\right]\right\}$$

$$\tag{10-11}$$

根据上一段关于单相系统的描述，方程式（10-5）可以定义 $\underline{i}^s$ 如下：

$$\underline{i}^s = \sum_{k=-\infty}^{+\infty} \underline{i}_{(6k+1)}^s = \sum_{k=-\infty}^{+\infty} I_{(6k+1)}^s \sqrt{2}e^{j(6k+1)\omega t}$$

$$\tag{10-12}$$

可以注意到，公式中 k 必须从 $-\infty$ 到 $+\infty$ 变化。可以看到，$\underline{i}^s$ 来自两项的总和。第一项为 $k \geqslant 0$（$6k+1 = 1, 7, 13, \cdots$）时的所有顺时针谐波分量相关项，在正方向以角频率 $(6k+1)\omega$ 旋转。第二个是 $k < 0$（$6k+1 = -5, -11, -17, \cdots$）时的逆时针谐波分量，在负方向上以角频率 $(6k+1)\omega$ 旋转。图 10-5 给出了定子电流谐波空间矢量分量的图示。为

图 10-4　给出了 $t=0$，$\varphi_v = \pi/4$ 和 $\varphi_i = \pi/2$ 的三相顺时针和逆时针系统的 $\underline{i}^s$、$\underline{V}^s$ 空间矢量

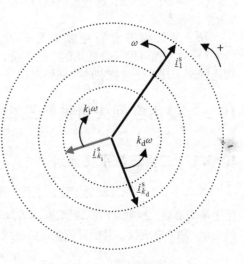

图 10-5　非正弦系统的情况

了区分这些项，与 $k \geqslant 0$ 相关联的阶数记为 k_d，$k < 0$ 的阶数记为 k_i。

10.4 旋转电机的初步考虑

10.4.1 转子空间参考坐标系的介绍

对于定子，可以引入与转子相关的空间参考坐标 d^r。它与一个复数参照系 $(\Re^\mathrm{r}, \Im^\mathrm{r})$ 相关。d^r 是 d^s 的空间偏移 θ，$\theta = \theta_0 + \Omega t$，其中 Ω 是转子的角速度。考虑到绕线转子的绕组是由与穿过转子电流相交（crossed）的 n^r 匝对角线圈组成，使其有可能参考定子的分析方法，引入图 10-6a 所示的电流空间矢量 $\underline{i}^\mathrm{r}$。

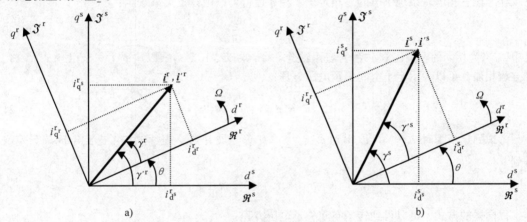

图 10-6　空间转子参考坐标系

a）转子变量　b）定子变量

$\underline{i}^\mathrm{r}$ 可以由极坐标或转子参考坐标中的实部和虚部来定义：

$$\left.\begin{array}{l} \underline{i}^\mathrm{r} = |\underline{i}^\mathrm{r}| e^{j\gamma^\mathrm{r}} \\ \underline{i}^\mathrm{r} = i_{\mathrm{d}^\mathrm{r}}^\mathrm{r} + j i_{\mathrm{q}^\mathrm{r}}^\mathrm{r} \end{array}\right\} \tag{10-13}$$

转子产生的气隙基波 mmf f^r 可从式（10-6）推导出：

$$f^\mathrm{r} = A^\mathrm{r} K^\mathrm{r} \Re^\mathrm{r} [\underline{i}^\mathrm{r} e^{-j\alpha^\mathrm{r}}] \tag{10-14}$$

式中，$K^\mathrm{r} = 2\, n_\mathrm{e}^\mathrm{r}/\pi$，$n_\mathrm{e}^\mathrm{r}$ 通过 n^r 乘以转子基波分布因数得到；A^r 是取决于转子相数的系数（对于三相系统是 2/3）；α^r 是相对于 d^r 气隙中的任意点 M 的角位置。

为了获得由定子和转子的作用而产生的基波气隙 mmf，建议对每个电枢产生的作用合成。然而，f^s 和 f^r 并不是在相同的参考系下表示。因此，人们必须定义例如与 d^s 相关参考坐标系中的转子 mmf。令 f'' 表示这些用变量 α^s 表示的量。当 $\alpha^\mathrm{s} = \alpha^\mathrm{r} + \theta$ 时，得到

$$f''^\mathrm{r} = A^\mathrm{r} K^\mathrm{r} \Re^\mathrm{s} [\underline{i}^\mathrm{r} e^{j\theta} e^{-j\alpha^\mathrm{s}}] \tag{10-15}$$

引入空间矢量 $\underline{i}''^\mathrm{r}$，定义为

$$\underline{i}''^\mathrm{r} = \underline{i}^\mathrm{r} e^{j\theta} \tag{10-16}$$

然后，f''^r 可以表示为

$$f''^\mathrm{r} = A^\mathrm{r} K^\mathrm{r} \Re^\mathrm{s} [\underline{i}''^\mathrm{r} e^{-j\alpha^\mathrm{s}}] \tag{10-17}$$

式（10-16）给出的 $\underline{i}''^\mathrm{r}$ 表达式也可以从图 10-6a 推导出来。它显然是 $\underline{i}''^\mathrm{r} = |\underline{i}^\mathrm{r}| e^{j\gamma'^\mathrm{r}}$。由于 $\gamma'^\mathrm{r} = \gamma^\mathrm{r} + \theta$，根据式（10-13）给出的 $\underline{i}^\mathrm{r}$ 定义，可以在式（10-15）中找到。我们也可以使用实部和虚

部来表示 i''，如图 10-6a 所示：

$$\boldsymbol{i'}^{\,r} = i_{d^r}^{r} + j i_{q^r}^{r} \tag{10-18}$$

以同样的方式，可以用与 d^r 相关的参考系的方式来表示 $\underline{i}^s$，用 i'^s 来表示这些定义的量。考虑图 10-6b，可以得到

$$\left.\begin{array}{l}\boldsymbol{i'}^{\,s} = \underline{i}^{s} e^{-j\theta} \\[4pt] \boldsymbol{i'}^{\,s} = \left|\underline{i}^{s}\right| e^{j\gamma'^{s}} \\[4pt] \boldsymbol{i'}^{\,s} = i_{d^r}^{s} + j i_{q^r}^{s}\end{array}\right\} \tag{10-19}$$

10.4.2　电压方程：瞬时功率

让考虑三相电压系统供电的三相定子。相 q 运行可以由以下关系表示：

$$v_{q}^{s} = r^{s} i_{q}^{s} + \frac{d\psi_{q}^{s}}{dt} \tag{10-20}$$

式中，$r^s i_q^s$ 为相 q 的电阻压降，$\boldsymbol{\Psi}_q^s$ 为该相磁链。将 v_1^s 乘以"1"，v_2^s 乘以"a"，v_3^s 乘以"a^2"，将三个方程相加，可以表示定子空间矢量电压方程：

$$\underline{v}^{s} = r^{s}\,\underline{i}^{s} + \frac{d\underline{\psi}^{s}}{dt} \tag{10-21}$$

考虑到定子瞬时功率，可以得到 $p^{s} = \sum_{q} v_{q}^{s}\, i_{q}^{s}$。展开这个表达式，考虑到空间矢量定义，得到

$$p^{s} = \frac{3}{2}\Re^{s}\left[\underline{i}^{s}\,\underline{v}^{s*}\right] = \frac{3}{2}\Re^{s}\left[\underline{v}^{s}\,\underline{i}^{s*}\right] \tag{10-22}$$

以同样的方式，可以得到转子空间矢量电压方程：

$$\underline{v}^{r} = r^{r}\,\underline{i}^{r} + \frac{d\underline{\psi}^{r}}{dt} \tag{10-23}$$

和转子瞬时功率：

$$p^{r} = \frac{3}{2}\Re^{r}\left[\underline{i}^{r}\,\underline{v}^{r*}\right] = \frac{3}{2}\Re^{r}\left[\underline{v}^{r}\,\underline{i}^{r*}\right] \tag{10-24}$$

式（10-21）和式（10-23）以各自的参考系表示。为了利用它们，必须在相同的参考系中定义这些电压空间相量。考虑与定子相关的坐标系。根据式（10-16）给出的变量变化，得到以下系统：

$$\left.\begin{array}{l}\underline{v}^{s} = r^{s}\,\underline{i}^{s} + \dfrac{d\underline{\psi}^{s}}{dt} \\[10pt] \overline{v}'^{r} = r^{r}\,\underline{i}'^{r} + \dfrac{d\underline{\psi}'^{r}}{dt} - j\,\dfrac{d\theta}{dt}\,\underline{\psi}'^{r}\end{array}\right\} \tag{10-25}$$

整个机电系统的瞬时功率表示为

$$p = p^{s} + p^{r} = \frac{3}{2}\Re^{s}\left[\underline{v}^{s}\,\underline{i}^{s*} + \underline{v}'^{r}\,\underline{i}^{r*}\right] \tag{10-26}$$

10.4.3　电磁转矩定义

考虑给旋转电机的 n 相绕组供电，每个 k 绕组由 v_k 电压供电。令 i_k 和 $\boldsymbol{\Psi}_k$ 表示相应的绕组电流和磁链。相 k 的运算方式如下：

$$v_{k} = r_{k} i_{k} + \frac{d\psi_{k}}{dt} \tag{10-27}$$

如前所述，θ 可以将移动部分相对于静止部分定位，因此，来表征可变气隙磁导率。所以，可以写为

$$\psi_k = \psi_k(i_1, i_2, \cdots, i_h, \cdots, i_n, \theta) \tag{10-28}$$

这意味着变量 i_k 和 θ 是独立的。

相反，它变成了

$$i_k = i_k(\psi_1, \psi_2, \cdots, \psi_h, \cdots, \psi_n, \theta) \tag{10-29}$$

因此，从这个表达式得到，变量 Ψ_k 和 θ 被认为是独立的。

考虑式（10-28），Ψ_k 可以表示为

$$\psi_k = \sum_{h=1}^{n} L_{kh}(i_h, \theta) i_h \tag{10-30}$$

因此，式（10-27）可以写

$$v_k = r_k i_k + \frac{\mathrm{d}\theta}{\mathrm{d}t} \sum_{h=1}^{n} i_h \frac{\partial L_{kh}}{\partial \theta} + \sum_{h=1}^{n} i_h \frac{\mathrm{d}i_h}{\mathrm{d}t} \frac{\partial L_{kh}}{\partial i_h} + \sum_{h=1}^{n} L_{kh} \frac{\mathrm{d}i_h}{\mathrm{d}t} \tag{10-31}$$

对于 $h = k$，L_{kk} 表示包括漏电感的自感系数，对于 $h \neq k$，L_{kh} 表示绕组 k 和 h 之间的互感系数。

在下文中，考虑线性磁路（L_{kh} 不取决于 i_h，仅取决于 θ），所以 $\frac{\partial L_{kh}}{\partial i_h} = 0$ 和式（10-31）变成

$$v_k = r_k i_k + \frac{\mathrm{d}\theta}{\mathrm{d}t} \sum_{h=1}^{n} i_h \frac{\partial L_{kh}}{\partial \theta} + \sum_{h=1}^{n} L_{kh} \frac{\mathrm{d}i_h}{\mathrm{d}t} \tag{10-32}$$

考虑在时间间隔 $\mathrm{d}t$ 内施加到系统的总能量 $\mathrm{d}W_t = p\mathrm{d}t$：

$$\sum_{k=1}^{n} v_k i_k \mathrm{d}t = \sum_{k=1}^{n} r_k i_k^2 \mathrm{d}t + \sum_{k=1}^{n} i_k \mathrm{d}\psi_k \tag{10-33}$$

令 $\mathrm{d}W$ 表示施加到理想系统的能量（没有铜损的初始系统），则 $\mathrm{d}W$ 表示为

$$\mathrm{d}W = \sum_{k=1}^{n} i_k \mathrm{d}\psi_k \tag{10-34}$$

$\mathrm{d}W$ 转化为

- 一部分，$\mathrm{d}W_m = \Gamma_e \mathrm{d}\theta$，对应于机械能；
- 另一部分，$\mathrm{d}W_{mag}$，产生储存磁能的电荷：

$$\mathrm{d}W = \mathrm{d}W_{mag} + \mathrm{d}W_m = \mathrm{d}W_{mag} + \Gamma_e \mathrm{d}\theta \tag{10-35}$$

为了定义 $\mathrm{d}W_{mag}$ 数学公式，可以考虑运动部分被阻断，使得 $\mathrm{d}\theta = 0$ 和 $\mathrm{d}W_m = 0$。结果是

$$\mathrm{d}W_{mag} = \sum_{k=1}^{n} i_k \mathrm{d}\psi_k \tag{10-36}$$

考虑式（10-29）可以定义与 W_{mag} 有关的变量：$W_{mag}(\Psi_1, \Psi_2, \cdots, \Psi_h, \cdots, \Psi_n, \theta)$。

因此，采用偏导数，$\mathrm{d}W_{mag}$ 也可以表示为

$$\mathrm{d}W_{mag} = \sum_{k=1}^{n} \frac{\partial W_{mag}}{\partial \psi_k} \mathrm{d}\psi_k + \frac{\partial W_{mag}}{\partial \theta} \mathrm{d}\theta \tag{10-37}$$

考虑式（10-34）和式（10-35），得到

$$\mathrm{d}W_{mag} = \sum_{k=1}^{n} i_k \mathrm{d}\psi_k - \Gamma_e \mathrm{d}\theta \tag{10-38}$$

因此，通过等效系数，式（10-37）和式（10-38）的第二项变为

$$\Gamma_e = -\frac{\partial W_{mag}}{\partial \theta} \tag{10-39}$$

可以引入共能 W'_{mag}，定义为

$$W_{mag} + W'_{mag} = \sum_{k=1}^{n} i_k \psi_k \tag{10-40}$$

利用式（10-28）来定义 $W'_{mag} : W'_{mag}$ (i_1, i_2, $\cdots$, i_h, $\cdots$, i_n, θ)。从而将 dW'_{mag} 定义为

$$dW'_{mag} = \sum_{k=1}^{n} \psi_k di_k \tag{10-41}$$

使用与实现 W_{mag} 类似的方法定义 Γ_e 如下：

$$\Gamma_e = \frac{\partial W'_{mag}}{\partial \theta} \tag{10-42}$$

10.5 感应电机建模

考虑一台三相两对极感应电机。无论转子（绕线式或笼型）结构如何，电机应该由三相绕组构成，每个绕组有 n_e^r 有效匝数的 180° 的开放线圈。假定转子空间参考 d^r 与转子相位 1 轴重合。

f^s 由式（10-6）得到，f^r 从式（10-17）得到，在式（10-17）中将 3/2 替换为 A^r。当 $K^r/K^s = n_e^r/n_e^s$ 时，得到的 f 气隙 mmf 可以表示为

$$f = \frac{3}{2} K^s \Re^s \left[\underline{i}_m e^{-j\alpha^s} \right] \tag{10-43}$$

式中，磁化电流 $\underline{i}_m$ 定义为

$$\underline{i}_m = \underline{i}^s + \frac{n_e^r}{n_e^s} \underline{i}'^r \tag{10-44}$$

因此，径向气隙磁通密度 b 可以表示为

$$b = f\Lambda \tag{10-45}$$

式中，Λ 是单位面积的磁导率。

为了表达磁链空间矢量，必须确定定子和转子相 q 的磁链。ψ_q^s 由 $\psi_q^s = \psi_{qm}^s + \psi_{ql}^s$ 给出，其中磁链 ψ_{qm}^s 与主要效应（穿过气隙的磁通密度波形，由定子与转子效应引起）相关，以及由于定子电流引起的漏磁链 ψ_{ql}^s 相关。ψ_{qm}^s 由 $\psi_{qm}^s = n_e^s \int_S b dS$ 给出。S 表示线圈开口相关的面积。考虑位于角坐标 α^s 以及包含在 $d\alpha^s$ 角度内的面积元 dS，$dS = R L_a d\alpha^s$。R 是平均气隙半径（与定子内径或转子外径基本相同），L_a 是定子和转子电枢的长度。在这些条件下，可以写成

$$\psi_{qm}^s = n_e^s R L_a \int_{-\frac{\pi}{2}+\Delta_q}^{\frac{\pi}{2}+\Delta_q} b d\alpha^s \tag{10-46}$$

关于 ψ_{qm}^r，可以写为

$$\psi_{qm}^r = n_e^r R L_a \int_{-\frac{\pi}{2}+\Delta_q+\theta}^{\frac{\pi}{2}+\Delta_q+\theta} b d\alpha^s \tag{10-47}$$

主要的 $\underline{\psi}_m^s$ 和 $\underline{\psi}_m^r$ 磁链空间矢量可以表示为

$$\left.\begin{array}{l} \underline{\psi}_m^s = L^s \underline{i}^s + M \underline{i}'^r \\ \underline{\psi}_m^r = L^r \underline{i}^r + M \underline{i}'^s \end{array}\right\} \tag{10-48}$$

L^s、L^r 和 M 考虑了气隙可变磁导链。关于漏磁链，可以认为与可变磁阻效应无关。因此，相应的漏磁链空间矢量定义为 $\underline{\psi}_l^s = l^s \underline{i}^s$，$\underline{\psi}_l^r = l^r \underline{i}^r$，其中 l^s 和 l^r 是常数。得到

$$\left.\begin{array}{l} \underline{\psi}^s = (L^s + l^s) \underline{i}^s + M \underline{i}'^r \\ \underline{\psi}^r = (L^r + l^r) \underline{i}^r + M \underline{i}'^s \end{array}\right\} \tag{10-49}$$

为了表达电磁转矩，我们考虑方程（10-25）和式（10-26）。它们为

$$dW = \frac{3}{2}\Re^s\left[\underline{i}^{s*}d\underline{\psi}^s + \underline{i}'^{r*}d\underline{\psi}'^r - j\underline{i}'^{r*}\underline{\psi}'^r d\theta\right] \tag{10-50}$$

根据方程式（10-36），磁能的变化 dW_{mag} 可以写为

$$dW_{max} = \frac{3}{2}\Re^s\left[\underline{i}^{s*}d\underline{\psi}^s + \underline{i}'^{r*}d\underline{\psi}'^r\right]$$

由于系统是线性的，在给定 θ 处对 dW_{mag} 求积分，得到

$$W_{mag} = \frac{3}{4}\Re^s\left[\underline{i}^{s*}\underline{\psi}^s + \underline{i}'^{r*}\underline{\psi}'^r\right]$$

那么，当 $\dfrac{\partial \underline{i}'^{r*}}{\partial \theta} = -j\underline{i}'^{r*}$ 时，根据式（10-39），Γ_e 可以表示为

$$\Gamma_e = -\frac{3}{2}\Re^s\left[\underline{i}^{s*}\frac{\partial\underline{\psi}^s}{\partial\theta} + \underline{i}'^{s*}\frac{\partial\underline{\psi}'^r}{\partial\theta} - j\underline{i}'^{s*}\underline{\psi}'^r\right] \tag{10-51}$$

利用以前定义的变量，使 $\underline{\psi}'^r$ 表示为 $\underline{\psi}'^r = L^r\underline{i}'^r + M\underline{i}^s$。式（10-51）展开如下：

$$\Gamma_e = -\frac{3}{2}\Re^s\left[\underline{i}^{s*}\,\underline{i}^s\frac{\partial L^s}{\partial\theta} + \underline{i}'^{r*}\,\underline{i}'^r\frac{\partial L^r}{\partial\theta} + \frac{\partial M}{\partial\theta}(\underline{i}'^{r*}\,\underline{i}^s + \underline{i}^{s*}\,\underline{i}'^r) + j\underline{i}'^r(M\underline{i}^{s*} + L^r\underline{i}'^{r*}) - j\underline{i}'^{s*}\underline{\psi}'^r\right] \tag{10-52}$$

微积分定义以下等式：$(\underline{i}'^{r*}\,\underline{i}^s + \underline{i}^{s*}\,\underline{i}'^r) = 2|\underline{i}'^r|\,|\underline{i}^s|\cos(\gamma^s - \gamma'^r)$。另一方面，$j\underline{i}'^r(M\underline{i}^{s*} + L^r\underline{i}'^{r*}) = jM\underline{i}'^r\underline{\psi}'^{r*} = j\underline{i}'^r\underline{\psi}'^{r*}$。引入叉乘 "×"，展开 $\Re^s(j\underline{i}'^r\underline{\psi}'^{r*} - j\underline{i}'^{r*}\underline{\psi}'^r)$ 得到 $-2\underline{\psi}'^r \times \underline{i}'^r$。因此，电磁转矩可以表示为

$$\Gamma_e = -\frac{3}{4}\left\{|\underline{i}^s|^2\frac{\partial L^s}{\partial\theta} + |\underline{i}^r|\frac{\partial L^r}{\partial\theta} + 2\frac{\partial M}{\partial\theta}|\underline{i}'^r|\,|\underline{i}^s|\cos(\gamma^s - \gamma'^r)\right\} + \frac{3}{2}\underline{\psi}'^r \times \underline{i}'^r \tag{10-53}$$

10.6　平滑气隙感应电机的建模

考虑一个恒定厚度 g 的平滑气隙。Λ 被定义为 $\Lambda = \Lambda_{00} = \mu_0/g\,(\mu_0 = 4\pi\,10^{-7}\text{H/m})$。

10.6.1　磁链空间矢量

由式（10-46）和式（10-47）定义 $\underline{\psi}_{qm}^s$ 和 $\underline{\psi}_{qm}^r$

$$\psi_{qm}^s = n_e^s RL_a\lambda_{00}\int_{-\frac{\pi}{2}+\Delta_q}^{\frac{\pi}{2}+\Delta_q} f d\alpha^s,\quad \psi_{qm}^r = n_e^r RL_a\lambda_{00}\int_{-\frac{\pi}{2}+\Delta_q+\theta}^{\frac{\pi}{2}+\Delta_q+\theta} f d\alpha^s$$

展开这些项并使用空间矢量定义［见式（10-5）］得到

$$\left.\begin{array}{l}\underline{\psi}^s = (L_{00}^s + l^s)\,\underline{i}^s + M_{00}\,\underline{i}'^r \\[2mm] \underline{\psi}^r = (L_{00}^r + l^r)\,\underline{i}^r + M_{00}\,\underline{i}'^s\end{array}\right\} \tag{10-54}$$

其中主环路自感和互感系数是常数，定义为

$$\left.\begin{array}{l}L_{00}^s = 6n_e^{s2}RL_a\Lambda_{00}/\pi \\[2mm] M_{00} = 6n_e^s n_e^r RL_a\Lambda_{00}/\pi \\[2mm] L_{00}^r = 6n_e^{r2}RL_a\Lambda_{00}/\pi\end{array}\right\} \tag{10-55}$$

我们引入匝数比 $m = n_e^s/n_e^r$，这些系数之间存在以下对应关系：$L_{00}^s = M_{00}m$，$L_{00}^r = M_{00}/m$，所以 $M_{00} = \sqrt{L_{00}^s L_{00}^r}$。

考虑式（10-53），在这种情况下电磁转矩简化为

$$\Gamma_e = \frac{3}{2}\underline{\Psi}'^r \times \underline{i}'^r \tag{10-56}$$

10.6.2　电磁转矩的其他公式

式（10-56）也可以写成

$$\Gamma_e = \frac{3}{2}\underline{\psi}^r \times \underline{i}^r = \frac{3}{2}\left[(L_{00}^r + l^r)i^r + M_{00}\,\underline{i}'^s \times \underline{i}^r\right] = -\frac{3}{2}M_{00}\,\underline{i}'^r \times \underline{i}^s = -\frac{3}{2}(L_{00}^s\,\underline{i}^s + M_{00}\,\underline{i}'^r) \times \underline{i}^s$$

引入 $\underline{\psi}_m$ 励磁磁通空间矢量

$$\underline{\psi}_m = L_{00}^s\,\underline{i}_m \tag{10-57}$$

式中，$\underline{i}_m$ 磁化电流空间矢量由下式给出

$$\underline{i}_m = \underline{i}^s + \frac{\underline{i}'^r}{m} \tag{10-58}$$

Γ_e 可以表示为

$$\Gamma_e = -\frac{3}{2}\underline{\psi}_m \times \underline{i}^s \tag{10-59}$$

这表明：正如公认的一样，漏磁链不会产生转矩。

10.6.3　正弦三相平衡供电：稳态运行模式

对于 ω 角脉冲电源，转子短路（$\underline{v}^r = 0$），并以 $(1-s)\omega$ 的角速度旋转，其中 s 为转差率。各种空间矢量可以表示为

$$\underline{i}^s = I^s\sqrt{2}e^{j\omega t},\quad \underline{v}^s = V^s\sqrt{2}e^{j(\omega t + \varphi^s)},\quad \underline{i}'^r = I^r\sqrt{2}e^{j(\omega t + \vartheta^r)}$$

因此，时间矢量可用于表示式（10-25）给出的电压系统，如下：

$$\left.\begin{array}{l} \bar{V}^s = r^s\,\bar{I}^s + jl^s\omega\,\bar{I}^s + jL_{00}^s\omega\,\bar{I}^s + jM_{00}\omega\,\bar{I}^r \\[2mm] 0 = r^r\,\bar{I}^r + jl^r s\omega\,\bar{I}^r + jL_{00}^r s\omega\,\bar{I}^r + jM_{00}s\omega\,\bar{I}^s \end{array}\right\} \tag{10-60}$$

式（10-60）的第二个方程式所有项都除以 s，会变为

$$\left.\begin{array}{l} \bar{V}^s = r^s\,\bar{I}^s + jl^s\omega\,\bar{I}^s + jL_{00}^s\omega\,\bar{I}^s + jM_{00}\omega\,\bar{I}^r \\[2mm] 0 = \dfrac{r^r}{s}\,\bar{I}^r + jl^r\omega\,\bar{I}^r + jL_{00}^r\omega\,\bar{I}^r + jM_{00}\omega\,\bar{I}^s \end{array}\right\} \tag{10-61}$$

这可以认为系统式（10-61）的所有变量都是角频率 ω 的函数。引入 $\bar{I}^{or} = \bar{I}^r/m$，式（10-61）可以重写为

$$\left.\begin{array}{l} \bar{V}^s = r^s\,\bar{I}^s + jl^s\omega\,\bar{I}^s + jM_{00}\omega m(\bar{I}^s - \bar{I}^{or}) \\[2mm] 0 = -\dfrac{r^r}{s}m\,\bar{I}^{or} - jl^r\omega m\,\bar{I}^{or} - jM_{00}\omega(\bar{I}^{or} - \bar{I}^s) \end{array}\right\} \tag{10-62}$$

式（10-62）的第二个方程的两项均乘以 m，并注意到 $r'^r = m^2 r^r$，$l'^r = m^2 l^r$，$L_\mu = m M_{00} = L_{00}^s$，$x^s = l^s\omega$，$x'^r = l'^r\omega$，$X_\mu = L_\mu\omega$，$\bar{I}_\mu = \bar{I}^s - \bar{I}^{or}$，式（10-62）变为

$$\left.\begin{array}{l} \bar{V}^s = r^s\,\bar{I}^s + jx^s\,\bar{I}^s + jX_\mu\,\bar{I}_\mu \\[2mm] \dfrac{r'^r}{s}\,\bar{I}^{or} + jx'\,\bar{I}^{or} = jX_\mu\,\bar{I}_\mu \end{array}\right\} \tag{10-63}$$

根据图 10-8 相应的时间图，它产生了图 10-7 的经典等效单相电路。可以注意到，根据转子电流位移的变化，$\bar{I}_N$ 电流用式（10-58）$\underline{i}_m$ 给出的类似形式表示。另一方面，可以注意到，用 L_{00}^s 定义的 L_μ，用于表征由式（10-57）给出的励磁磁链矢量。

从单相等效电路推导出的电机转矩，是根据以下关系式传递给转子的有功功率 P^r 得出的：$\Gamma_e = P^r/\Omega_s$。Ω_s 此时与同步速度相等，为 ω。P^r 由 $P^r = 3\,E^s I^{or}\cos\varphi''$ 得到。因为 $\bar{I}^{or}\cos\varphi'' = \bar{I}^s\sin\delta^s$，$P^r$ 可以表示为 $P^r = 3\,E^s I^s\sin\delta^s$。目前看来因为 δ^s 是 $-\bar{I}^s$ 和 $-\bar{I}_u$ 之间的角度（由此产生 ψ_u），这个 Γ_e

表达式与式（10-57）给出的表达式似乎相同，根据空间矢量的模，由它们的幅度定义其模值（参见第 10.5.1 节），另一方面，转子电流位移变化需要使用以下关系定义 $\varGamma_\mathrm{e}$：

$$\varGamma_\mathrm{e} = \frac{3}{2}\,\underline{\psi}_\mathrm{m} \times \underline{i}^\mathrm{s} \tag{10-64}$$

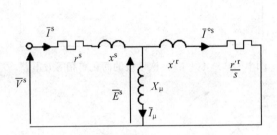

图 10-7 单相等效电路

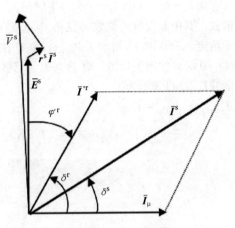

图 10-8 对应时间图

10.6.4 非正弦电源：转矩谐波

这些由电源产生的转矩谐波尤其重要，特别是当它们的频率接近于机械系统的固有频率时。在文献［12 – 14］中涉及这个问题，即关于转矩谐波的最小化[15 – 17]。

考虑一个非正弦、三相、f 频率、平衡的、顺时针旋转的电压系统。定子电压空间矢量可以表示如下：

$$\underline{v}^\mathrm{s} = \sum_{k=-\infty}^{+\infty} \underline{v}^\mathrm{s}_{(6k+1)} = \sum_{k=-\infty}^{+\infty} V^\mathrm{s}_{(6k+1)} \sqrt{2}\mathrm{e}^{\mathrm{j}(6k+1)\omega t} \tag{10-65}$$

从式（10-64）可以推断出

$$\varGamma_\mathrm{e} = \frac{3}{2}\Big(\sum_{k=-\infty}^{+\infty} \underline{\psi}_{m(6k+1)}\Big) \times \Big(\sum_{k'=-\infty}^{+\infty} \underline{i}^\mathrm{s}_{(6k'+1)}\Big) \tag{10-66}$$

由相同角速度（$k = k'$）的空间矢量的乘积定义平均转矩 $\varGamma_{e0k}$。同理，对于 $k = 0$，电磁转矩表示为 $\varGamma_{e01}$。对于 $k \neq 0$，电磁转矩被认为是寄生平均转矩。

空间矢量的乘积，如 $k \neq k'$，产生谐波转矩 $\varGamma_{ek'k}$。

为了表达谐波和寄生平均转矩，建议考虑谐波相关的单相感应电机等效电路，见图 10-9。

对于 $(6k + 1)$ 次电压谐波，同步速度等于 $(6k + 1)\omega$。相应的转差率 $s_{(6k+1)}$ 表示为

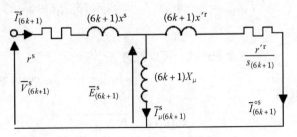

图 10-9 $(6k + 1)$ 次谐波的单相等效电路

$$s_{(6k+1)} = \frac{(6k + 1)\omega - (1 - s_1)\omega}{(6k + 1)\omega} = \frac{6k + s_1}{6k + 1} \tag{10-67}$$

式中，s_1 表示基波项的转差率。对于正常运行时，s_1 只有百分之几。所以 $s_{(6k+1)}$ 接近 1。由于

$|r'^r + j (6k+1) x'^r| \ll 6 (k+1) X_u$，$I_{\mu(6k+1)}$ 对于 $I_{(6k+1)}^{or}$ 可忽略不计。

得到两个结论：

- 与基波转矩 Γ_{e01} 相比，转矩 Γ_{e0k} 可以忽略不计。
- 所考虑的谐波单相等效电路变为图 10-10 所示电路，结果可以将 $\Gamma_{ek'k}$ 简化为 Γ_{e1k}。

考虑 $k_d = 6h+1$ 和 $k_i = -6h+1$ 时的两个电压谐波，其中 h 仅取正整数（见第 10.3.3 节）。对于给定 h，图 10-11 给出了 $\underline{\Psi}_{m1}$、$\underline{i}_{k_d}^s$ 和 $\underline{i}_{k_i}^s$ 在 $t = 0$ 和 $t \neq 0$ 时的空间矢量图。对于 $t = 0$，得到的转矩谐波 $\Gamma_{e1(6h)}$ 可表示为

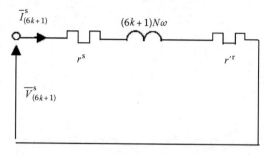

$$\Gamma_{e1(6h)} = \Gamma_{e1k_d} + \Gamma_{e1k_i}$$
$$= \frac{3}{2} |\underline{\Psi}_{m1}| \{|\underline{i}_{k_d}^s| \sin\delta_{k_d} + |\underline{i}_{k_i}^s| \sin\delta_{k_i}\}$$

（10-68）

图 10-10　$(6k+1)$ 次谐波的简化单相等效电路

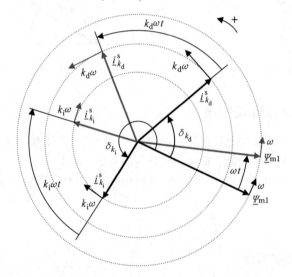

图 10-11　谐波转矩：空间矢量位置。$(-)$ $t = 0$，$(-)$ $t \neq 0$

在 $t \neq 0$ 时，空间矢量的模值不变，只有 δ_{k_d} 和 δ_{k_i} 变化。根据空间矢量位移法，尽管 δ_{k_d} 增加 $6h\omega t$，但 δ_{k_i} 减少 $6h\omega t$，因此对于任何时刻 t，式（10-68）可以写成

$$\Gamma_{e1(6h)} = \frac{3}{2} |\underline{\Psi}_{m1}| \{|I_{(6h+1)}^s| \sqrt{2}\sin(\delta_{(6h+1)} + 6h\omega t) + |I_{(-6h+1)}^s|\sqrt{2}\sin(\delta_{(-6h+1)} - 6h\omega t)\}$$

（10-69）

展开这个表达式，可以得到

$$\Gamma_{e1(6h)} = \hat{\Gamma}_{e1(6h)} \cos(6h\omega t + \beta_{(6h)})$$

（10-70）

其中

$$\left.\begin{array}{l} \hat{\Gamma}_{e1(6h)} = 3L_\mu I_{m1} \sqrt{I_{(-6h+1)}^{s2} + I_{(6h+1)}^{s2} - 2I_{(-6h+1)}^s I_{(6h+1)}^s \cos(\delta_{(-6h+1)} + \delta_{(6h+1)})} \\ \tan\beta_{(6h)} = \dfrac{I_{(-6h+1)}^s \cos\delta_{(-6h+1)} - I_{(6h+1)}^s \cos\delta_{(6h+1)}}{I_{(-6h+1)}^s \sin\delta_{(-6h+1)} + I_{(6h+1)}^s \sin\delta_{(6h+1)}} \end{array}\right\}$$

（10-71）

通过这些展开式，可知转矩谐波与感应电机负载无关。这意味着从实验的角度来看，它们在空载时测定更有效[18]。

10.6.5　数值应用

考虑通过以下参数定义的两对极感应电机：$r^s = 3.6\Omega$，$r^r = 1.8\Omega$，$l^s = 18\text{mH}$，$l^r = 9\text{mH}$，$L^s_{00} = 0.4\text{H}$，$L^r_{00} = 0.2\text{H}$。

定子由输入直流电压 $E = 300\text{V}$ 的三相电压源逆变器供电。相 1 的 v^s_1 如图 10-12 所示，电源频率为 50Hz。目的是进行 $h = 1$ 的 $\hat{\Gamma}_{\text{el}(6h)}$ 的测定。

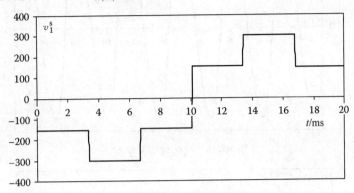

图 10-12　单相电压波形

电压傅里叶级数展开为

$$V^s_{2k+1} = \frac{\sqrt{2}E}{\pi(2k+1)}\Big[(-1)^k + \sin(2k+1)\frac{\pi}{6}\Big]$$

然后得到 $V^s_1 = 202.56\text{V}$，$V^s_5 = 40.51\text{V}$，$V^s_7 = -28.93\text{V}$。

磁化电流 I_{m1} 由图 10-7 中推导。实际上，由于存在 r^s 和 x^s 引起的电压降，I_{m1} 稍微依赖于负载。在这里，计算 $s = 0$ 时的磁化电流，得到 $\underline{i}_{\text{m1}} = \sqrt{2}I_{\text{m1}}\text{e}^{j\omega t + \varphi^s_{\text{m1}}}$，其中 $I_{\text{m1}} = 1.54\text{A}$，$\varphi^s_{\text{m1}} = -88.43°$。

第 5 和第 7 次电流谐波的空间矢量电流从图 10-10 推导。它们定义如下：

$$\underline{i}^s_5 = \sqrt{2}I^s_5\text{e}^{-j[5\omega t + \varphi^s_5]}，\text{这里 } I^s_5 = 0.707\text{A}，\varphi^s_5 = 82.72°$$

$$\underline{i}^s_7 = \sqrt{2}I^s_7\text{e}^{-j[7\omega t + \varphi^s_7]}，\text{这里 } I^s_7 = 0.364\text{A}，\varphi^s_7 = 95.2°$$

φ^s_5 和 φ^s_7 分别是 v^s_5 和 v^s_7 的 $\underline{i}^s_5$ 和 $\underline{i}^s_7$ 的相位角，它们与 δ_5 和 δ_7 的关系如下：

$$\delta_5 = -\varphi^s_5 - \varphi^s_{\text{m1}} = 171.15°$$

$$\delta_7 = -\varphi^s_7 - \varphi^s_{\text{m1}} = 183.15°$$

最后，式（10-71）的第一个方程必须乘以 $p = 2$，得到 $\hat{\Gamma}_{\text{el}(6)} = 1.28\text{N·m}$。

10.6.5.1　仿真结果

现在，通过求解电压方程式（10-25）和考虑机械方程，即 $\Gamma_e - \Gamma_r = J\ (\text{d}^2\theta/\text{d}t^2)$，可以对整个系统进行全局仿真。$\Gamma_r$ 是负载施加的转矩，J 是机械系统的转动惯量。图 10-13 和图 10-14 给出空载时的电磁转矩和相 1 绕组电流波形。对这些变量应用 FFT，得到 $I^s_1 = 1.52\text{A}$，$I^s_5 = 0.717\text{A}$，$I^s_7 = 0.374\text{A}$，$\hat{\Gamma}_{\text{el}(6)} = 1.29\text{N·m}$。

通过仿真获得的 6 次谐波转矩的大小与仅考虑 5 次和 7 次谐波电流的等效电路推导的值相同。

对于运行的电机，如 $\Gamma_r = 7\text{N·m}$，与额定转矩相对应，仿真得到 $I^s_1 = 2.51\text{A}$，$I^s_5 = 0.707\text{A}$，$I^s_7 = 0.368\text{A}$，$\hat{\Gamma}_{\text{el}(6)} = 1.24\text{N·m}$。

转矩和电流波形如图 10-15 和图 10-16 所示。可以看出，有负载时，谐波转矩略微减小，这是由于负载中磁化电流的减小导致的。

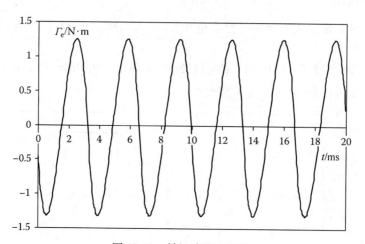

图 10-13　转矩波形 – 空载

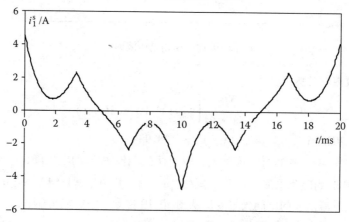

图 10-14　电流波形 – 空载

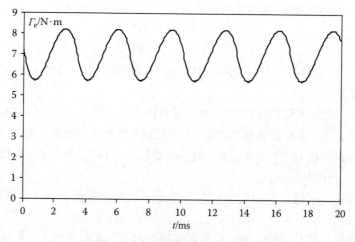

图 10-15　转矩波形 – 额定负载

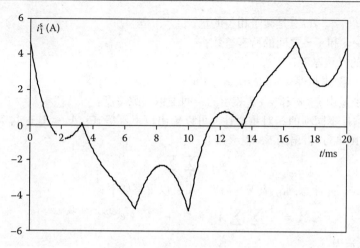

图 10-16 电流波形 – 额定负载

10.7 磁阻转矩

磁阻转矩通常被认为与凸极同步电机或磁阻电机相关[19-21]。在本章中，磁阻转矩将被考虑到感应电机中，来解释感应电机的齿槽效应，假定定子和转子电流为正弦波。

10.7.1 电机建模

式（10-43）~式（10-47）总是有效的，只有 Λ，即单位面积的磁导率，发生变化。引入在 $-\infty$ 和 $+\infty$ 之间的所有整数 k_s 和 k_r，对于两极电机 Λ 可以写成[2,22]

$$\Lambda = \sum_{k_s=-\infty}^{+\infty} \sum_{k_r=-\infty}^{+\infty} \Lambda_{k_s k_r} \cos\left[\left(k_s N^s + k_r N^s\right)\alpha^s - k_r N^s \theta\right] \tag{10-72}$$

N^s 和 N^r 分别表示定子槽和转子槽（或导条）的数量。$\Lambda_{k_s k_r}$ 定义如下：

$$\left. \begin{aligned} \Lambda_{00} &= \mu_0 \Lambda_{00} \\ \Lambda_{k,0} &= \mu_0 A_{s0} f(k_s) \\ \Lambda_{0k_r} &= \mu_0 A_{0r} f(k_r) \\ \Lambda_{k_s k_r} &= \mu_0 A_{sr} f(k_s) f(k_r) \end{aligned} \right\} \tag{10-73}$$

式中，不同的参数具有以下含义：

$$\left. \begin{aligned} A_{00} &= \frac{\left[1 + d_s^s r_t^r/g^r + d_t^r r_t^r/g^s + d_s^s d_s^r(g + g_M) r_t^s r_t^r/(gg^s g^r)\right]}{g_M} \\ A_{s0} &= 2d_s^s \frac{\left[1 + d_s^r(g + g_M) r_t^r/(gg^s)\right]}{\pi g_M g^r} \\ A_{0r} &= 2d_s^r \frac{\left[1 + d_s^s(g + g_M) r_t^s/(gd^r)\right]}{\pi g_M g^s} \\ A_{sr} &= \frac{4 d_s^s d_s^r(g_M + g)}{\pi^2 gg^s g^r g_M} \end{aligned} \right\} \tag{10-74}$$

- w_s^s、w_t^s 分别是定子槽宽和定子齿宽；
- d_s^s 是定子槽的虚拟深度，定义[22]为 $d_s^s = w_s^s/5$；
- r_t^s 是定子开槽比：$r_t^s = w_t^s/(w_t^s + w_s^s)$；
- $f(k_s)$ 是定子开槽函数：$f(k_s) = (\sin k_s r_t^s \pi)/(2 k_s)$；

- w_s^r、w_t^r、d_s^r、r_t^r、$f(k_r)$ 是转子相关的量；
- k_s 和 k_r 是 $-\infty$ 和 $+\infty$ 之间的所有整数；
- g 是最小的气隙厚度；
- g_M 是最大气隙虚拟厚度：$g_M = g + d_s^s + d_s^r$；
- g^s 和 g^r 分别是由 $g + d_s^s$ 和 $g + d_s^r$ 表示的中间虚拟气隙厚度。

为了定性地估计不同项的相对重要性，可以给出以下不等式：$A_{s0} \cong A_{0r}$；$A_{00} > A_{s0}$ 或 A_{0r}；A_{s0} 或 $A_{0r} > A_{sr}$。由式（10-45）得出的 b，表示如下：

$$b = \sum_{k_s} \sum_{k_r} b_{k_s k_r}$$

使用指数形式，并注意到 $S_{k_s k_r} k_s N^s + k_r N^r$，$\Lambda$ 可以重写如下：

$$\Lambda = \frac{1}{2} \sum_{k_s} \sum_{k_r} \Lambda_{k_s k_r} (e^{j S_{k_s k_r} \alpha^s} e^{-j k_r N^s \theta} + e^{-j S_{k_s k_r} \alpha^s} e^{j k_r N^r \theta}) \tag{10-75}$$

所以 $b_{k_s k_r}$ 被表示为

$$b_{k_s k_r} = \frac{3}{8} K^s \Lambda_{k_s k_r} \left\{ \begin{array}{l} \left[\underline{i}_m e^{j(S_{k_s k_r} - 1)\alpha_s} + \underline{i}_m^* e^{j(S_{k_s k_r} + 1)\alpha^s} \right] e^{j k_r N^r \theta} + \\ \left[\underline{i}_m e^{-j(S_{k_s k_r} + 1))\alpha_r} + \underline{i}_m^* e^{j(S_{k_s k_r} - 1)\alpha^s} \right] e^{j k_r N^r \theta} \end{array} \right\}$$

使用式（10-46）和式（10-47）得到

$$\psi_{q k_s k_r}^s = \frac{3}{4} K^s \Lambda_{k_s k_r} n_e^s RL \left\{ \begin{array}{l} A_{k_s k_r} \left[\underline{i}_m e^{j(S_{k_s k_r} - 1)\Delta_s} e^{-j k_r N^r \theta} + \underline{i}_m^* + \underline{i}_m^* e^{-j(S_{k_s k_r} - 1)\Delta_s} e^{j k_r N^r \theta} \right] \\ + B_{k_s k_r} \left[\underline{i}_m^* e^{j(S_{k_s k_r} + 1)\Delta_s} e^{-j k_r N^r \theta} + \underline{i}_m e^{-j(S_{k_s k_r} + 1)\Delta_s} e^{j k_r N^r \theta} \right] \end{array} \right\}$$

$$\psi_{q k_s k_r}^r = \frac{3}{4} K^s \Lambda_{k_s k_r} n_e^s RL \left\{ \begin{array}{l} A_{k_s k_r} \left[\underline{i}_m e^{j(S_{k_s k_r} - 1)\Delta_s} e^{j(k_s N^s - 1)\theta} + \underline{i}_m^* e^{-j(S_{k_s k_r} - 1)\Delta_s} e^{-j(k_s N^s - 1)\theta} \right] \\ + B_{k_s k_r} \left[\underline{i}_m^* e^{j(S_{k_s k_r} + 1)\Delta_s} e^{j(k_s N^s + 1)\theta} + \underline{i}_m e^{-j(S_{k_s k_r} + 1)\Delta_s} e^{-j(k_s N^s + 1)\theta} \right] \end{array} \right\}$$

其中

$$A_{k_s k_r} = \frac{\sin\left[(S_{k_s k_r} - 1) \pi/2 \right]}{S_{k_s k_r} - 1}$$

$$B_{k_s k_r} = \frac{\sin\left[(S_{k_s k_r} + 1) \pi/2 \right]}{S_{k_s k_r} + 1}$$

$A_{k_s k_r}$ 和 $B_{k_s k_r}$ 仅在 $s_{k_s k_r} = 2n$ 时存在，其中 n 为负整数、正整数或零。

考虑空间矢量定义，可以得到

$$\underline{\psi}_{k_s k_r}^s = \frac{1}{2} K^s \Lambda_{k_s k_r} n_e^s RL \left\{ \begin{array}{l} A_{k_s k_r} \left[\underline{i}_m e^{-j k_r N^r \theta} (1 + a^{2n} + a^{4n}) + \underline{i}_m^* e^{j k_r N^r \theta} (1 + a^{2(1-n)} + a^{4(1-n)}) \right] \\ + B_{k_s k_r} \left[\underline{i}_m^* e^{-j k_r N^r \theta} (1 + a^{2(1+n)} + a^{4(1+n)}) + \underline{i}_m e^{j k_r N^r \theta} (1 + a^{-2n} + a^{-4n}) \right] \end{array} \right\}$$

$$\underline{\psi}_{k_s k_r}^r = \frac{1}{2} K^s \Lambda_{k_s k_r} n_e^r RL \left\{ \begin{array}{l} A_{k_s k_r} \left[\underline{i}_m e^{j(k_s N^s - 1)\theta} (1 + a^{2n} + a^{4n}) + \underline{i}_m^* e^{-j(k_s N^s - 1)\theta} (1 + a^{2(1-n)} + a^{4(1-n)}) \right] \\ + B_{k_s k_r} \left[\underline{i}_m^* e^{j(k_s N^s + 1)\theta} (1 + a^{2(1+n)} + a^{4(1+n)}) + \underline{i}_m e^{-j(k_s N^s + 1)\theta} (1 + a^{-2n} + a^{-4n}) \right] \end{array} \right\}$$

根据 n 值，必须考虑不同的情况。

情况 1：$(1 + a^{2n} + a^{4n})$ 和 $(1 + a^{-2n} + a^{-4n})$ 不仅对于 $n = 3n'$ 为零，n' 为 $-\infty$ 和 $+\infty$ 之间的所有整数。根据 $S_{k_s k_r}$ 的定义，$S_{k_s k_r} = 6n'$。

情况 2：当 $n = 1 - 3n'$ 时，$(1 + a^{2(1-n)} + a^{4(1-n)}) \neq 0$ 时，$S_{k_s k_r} = 2 - 6n'$。

情况 3：当 $n = -1 + 3n'$ 时，$(1 + a^{2(1+n)} + a^{4(1+n)}) \neq 0$ 时，所以 $S_{k_s k_r} = 2 - 6n'$。

当这些量不为零时，它们的取值为 3。

对三相绕线转子感应电机进行数值应用分析，如 $N^s = 6 m^s$ 和 $N^r = 6 m^r$，其中 m^s 和 m^r 是定子和转子每极每相的槽数。所以 $S_{k_s k_r} = 6 (k_s m^s + k_r m^r)$。因此，只有 $n' = k_s m^s + k_r m^r$ 时，必须考虑情况 1。

- 平滑气隙电机

在这种情况下，k_s 和 k_r 取值为 0。使 $S_{00} = 0$，$A_{00} = B_{00} = 1$。根据 K^s 表达式，得到

$$\underline{\psi}_{00}^{\mathrm{s}} = 6\,\frac{n_{\mathrm{e}}^{\mathrm{s}}}{\pi}\Lambda_{00}n_{\mathrm{e}}^{\mathrm{s}}RL\,\underline{i}_{\mathrm{m}} \left.\right\}$$
$$\underline{\psi}_{00}^{\mathrm{r}} = 6\,\frac{n_{\mathrm{e}}^{\mathrm{s}}}{\pi}\Lambda_{00}n_{\mathrm{e}}^{\mathrm{r}}RL\,\underline{i}_{\mathrm{m}} \left.\right\}$$
（10-76）

- 电感谐波

磁链空间矢量简化为

$$\underline{\psi}_{k_{\mathrm{s}}k_{\mathrm{r}}}^{\mathrm{s}} = \frac{L_{00}^{\mathrm{s}}\,\underline{i}^{\mathrm{s}} + M_{00}\,\underline{i}'^{\mathrm{r}}}{2\Lambda_{00}}(-1)^{3(k_{\mathrm{s}}m^{\mathrm{s}}+k_{\mathrm{r}}m^{\mathrm{r}})}\lambda_{k_{\mathrm{s}}k_{\mathrm{r}}}\left[\frac{\mathrm{e}^{-\mathrm{j}k_{\mathrm{r}}N^{\mathrm{r}}\theta}}{1-6(k_{\mathrm{s}}m^{\mathrm{s}}+k_{\mathrm{r}}m^{\mathrm{r}})}+\frac{\mathrm{e}^{\mathrm{j}k_{\mathrm{r}}N^{\mathrm{r}}\theta}}{1+6(k_{\mathrm{s}}m^{\mathrm{s}}+k_{\mathrm{r}}m^{\mathrm{r}})}\right]$$
（10-77）

$$\underline{\psi}_{k_{\mathrm{s}}k_{\mathrm{r}}}^{\mathrm{r}} = \frac{L_{00}^{\mathrm{r}}\,\underline{i}^{\mathrm{r}} + M_{00}\,\underline{i}'^{\mathrm{s}}}{2\Lambda_{00}}(-1)^{3(k_{\mathrm{s}}m^{\mathrm{s}}+k_{\mathrm{r}}m^{\mathrm{r}})}\lambda_{k_{\mathrm{s}}k_{\mathrm{r}}}\left[\frac{\mathrm{e}^{\mathrm{j}k_{\mathrm{s}}N^{\mathrm{s}}\theta}}{1-6(k_{\mathrm{s}}m^{\mathrm{s}}+k_{\mathrm{r}}m^{\mathrm{r}})}+\frac{\mathrm{e}^{-\mathrm{j}k_{\mathrm{s}}N^{\mathrm{s}}\theta}}{1+6(k_{\mathrm{s}}m^{\mathrm{s}}+k_{\mathrm{r}}m^{\mathrm{r}})}\right]$$
（10-78）

$\underline{\psi}_{k_{\mathrm{r}}}^{\mathrm{s}}$ 值取决于 $\mathrm{e}^{\mathrm{j}k_{\mathrm{r}}N^{\mathrm{r}}\theta}$ 或 $\mathrm{e}^{-\mathrm{j}k_{\mathrm{r}}N^{\mathrm{r}}\theta}$，是 k_{s} 从 $-\infty$ 到 $+\infty$ 变化时 $\underline{\psi}_{k_{\mathrm{s}}k_{\mathrm{r}}}^{\mathrm{s}}$ 的总和。而依赖于 $\mathrm{e}^{\mathrm{j}k_{\mathrm{s}}N^{\mathrm{s}}\theta}$ 或 $\mathrm{e}^{-\mathrm{j}k_{\mathrm{s}}N^{\mathrm{s}}\theta}$ 的 $\underline{\psi}_{k_{\mathrm{s}}}^{\mathrm{s}}$ 值，是 k_{r} 从 $-\infty$ 到 $+\infty$ 变化时 $\underline{\psi}_{k_{\mathrm{s}}k_{\mathrm{r}}}^{\mathrm{r}}$ 的总和。因此，根据这些和，仅考虑 k_{s} 和 k_{r} 取正值，可以建立以下等式：

$$\underline{\psi}_{k_{\mathrm{r}}}^{\mathrm{s}} = (L_{k_{\mathrm{r}+}}^{\mathrm{s}} + L_{k_{\mathrm{r}-}}^{\mathrm{s}})\,\underline{i}^{\mathrm{s}} + (M_{k_{\mathrm{r}+}} + M_{k_{\mathrm{r}-}})\,\underline{i}'^{\mathrm{r}} \left.\right\}$$
$$\underline{\psi}_{k_{\mathrm{s}}}^{\mathrm{r}} = (L_{k_{\mathrm{s}+}}^{\mathrm{r}} + L_{k_{\mathrm{s}-}}^{\mathrm{r}})\,\underline{i}^{\mathrm{r}} + (M_{k_{\mathrm{s}+}} + M_{k_{\mathrm{s}-}})\,\underline{i}'^{\mathrm{s}} \left.\right\}$$
（10-79）

其中

$$L_{k_{\mathrm{r}+}}^{\mathrm{s}} = \frac{L_{00}^{\mathrm{s}}}{\Lambda_{00}}\mathrm{e}^{\mathrm{j}k_{\mathrm{r}}N^{\mathrm{r}}\theta}\sum_{k_{\mathrm{s}}=-\infty}^{+\infty}\lambda_{k_{\mathrm{s}}k_{\mathrm{r}}}\left\{\frac{(-1)^{3(k_{\mathrm{s}}m^{\mathrm{s}}+k_{\mathrm{r}}m^{\mathrm{r}})}}{1+6(k_{\mathrm{s}}m^{\mathrm{s}}+k_{\mathrm{r}}m^{\mathrm{r}})}\right\}$$
$$L_{k_{\mathrm{r}-}}^{\mathrm{s}} = \frac{L_{00}^{\mathrm{s}}}{\Lambda_{00}}\mathrm{e}^{-\mathrm{j}k_{\mathrm{r}}N^{\mathrm{r}}\theta}\sum_{k_{\mathrm{s}}=-\infty}^{+\infty}\lambda_{k_{\mathrm{s}}k_{\mathrm{r}}}\left\{\frac{(-1)^{3(k_{\mathrm{s}}m^{\mathrm{s}}+k_{\mathrm{r}}m^{\mathrm{r}})}}{1-6(k_{\mathrm{s}}m^{\mathrm{s}}+k_{\mathrm{r}}m^{\mathrm{r}})}\right\}$$
$$L_{k_{\mathrm{s}+}}^{\mathrm{r}} = \frac{L_{00}^{\mathrm{r}}}{\Lambda_{00}}\mathrm{e}^{\mathrm{j}k_{\mathrm{s}}N^{\mathrm{s}}\theta}\sum_{k_{\mathrm{r}}=-\infty}^{+\infty}\lambda_{k_{\mathrm{s}}k_{\mathrm{r}}}\left\{\frac{(-1)^{3(k_{\mathrm{s}}m^{\mathrm{s}}+k_{\mathrm{r}}m^{\mathrm{r}})}}{1-6(k_{\mathrm{s}}m^{\mathrm{s}}+k_{\mathrm{r}}m^{\mathrm{r}})}\right\}$$
$$L_{k_{\mathrm{s}-}}^{\mathrm{r}} = \frac{L_{00}^{\mathrm{r}}}{\Lambda_{00}}\mathrm{e}^{-\mathrm{j}k_{\mathrm{s}}N^{\mathrm{s}}\theta}\sum_{k_{\mathrm{r}}=-\infty}^{+\infty}\lambda_{bk_{\mathrm{r}}}\left\{\frac{(-1)^{3(bm^{\mathrm{s}}+k_{\mathrm{r}}m^{\mathrm{r}})}}{1+6(bm^{\mathrm{s}}+k_{\mathrm{r}}m^{\mathrm{r}})}\right\}$$
（10-80）

以及

$$M_{k_{\mathrm{r}+}} = \frac{n_{\mathrm{e}}^{\mathrm{s}}}{n_{\mathrm{e}}^{\mathrm{r}}}L_{k_{\mathrm{r}+}}^{\mathrm{s}},\ M_{k_{\mathrm{r}-}} = \frac{n_{\mathrm{e}}^{\mathrm{s}}}{n_{\mathrm{e}}^{\mathrm{r}}}L_{k_{\mathrm{r}-}}^{\mathrm{s}},\ M_{k_{\mathrm{s}+}} = \frac{n_{\mathrm{e}}^{\mathrm{r}}}{n_{\mathrm{e}}^{\mathrm{s}}}L_{k_{\mathrm{s}+}}^{\mathrm{r}},\ K_{k_{\mathrm{s}-}} = \frac{n_{\mathrm{e}}^{\mathrm{r}}}{n_{\mathrm{e}}^{\mathrm{s}}}L_{k_{\mathrm{s}-}}^{\mathrm{r}}$$
（10-81）

磁链空间矢量定义为

$$\underline{\psi}^{\mathrm{s}} = \left[L_{00}^{\mathrm{s}} + \sum_{k_{\mathrm{r}}=1}^{+\infty}(L_{k_{\mathrm{r}+}}^{\mathrm{s}} + L_{k_{\mathrm{r}-}}^{\mathrm{s}}) + l^{\mathrm{s}}\right]\underline{i}^{\mathrm{s}} + \left[M_{00} + \sum_{k_{\mathrm{r}}=1}^{+\infty}(M_{k_{\mathrm{r}+}} + M_{k_{\mathrm{r}-}})\right]\underline{i}'^{\mathrm{r}} \left.\right\}$$
$$\underline{\psi}^{\mathrm{r}} = \left[L_{00}^{\mathrm{r}} + \sum_{k_{\mathrm{s}}=1}^{+\infty}(L_{k_{\mathrm{s}+}}^{\mathrm{r}} + L_{k_{\mathrm{s}-}}^{\mathrm{r}}) + l^{\mathrm{s}}\right]\underline{i}^{\mathrm{r}} + \left[M_{00} + \sum_{k_{\mathrm{s}}=1}^{+\infty}(M_{k_{\mathrm{s}+}} + M_{k_{\mathrm{s}-}})\right]\underline{i}'^{\mathrm{s}} \left.\right\}$$
（10-82）

由式（10-58）给出的励磁电流，可以定义这些 d^{s} 坐标系中的参考量：

$$\underline{\psi}^{\mathrm{s}} = 1^{\mathrm{s}}\,\underline{i}^{\mathrm{s}} + \left[L_{00}^{\mathrm{s}} + \sum_{k_{\mathrm{r}}=1}^{+\infty}(L_{k_{\mathrm{r}+}}^{\mathrm{s}} + L_{k_{\mathrm{r}-}}^{\mathrm{s}}) + l^{\mathrm{s}}\right]\underline{i}_{\mathrm{m}} \left.\right\}$$
$$\underline{\psi}^{\mathrm{r}} = 1^{\mathrm{r}}\,\underline{i}^{\mathrm{r}} + \left[L_{00}^{\mathrm{r}} + \sum_{k_{\mathrm{s}}=1}^{+\infty}(L_{k_{\mathrm{s}+}}^{\mathrm{r}} + L_{k_{\mathrm{s}-}}^{\mathrm{r}}) + l^{\mathrm{r}}\right]\underline{i}_{\mathrm{m}} \left.\right\}$$
（10-83）

10.7.2　磁阻转矩计算

电机传递的转矩是从式（10-51）和式（10-82）推导出来的。

可以考虑使用第 10.6.5 节中定义的电机进行数值应用。它是一个两对极电机，每极对有 18 个定子槽和 24 个转子槽（$N^s = 18$，$N^r = 12$，$m^s = 3$，$m^r = 2$）。对于磁阻转矩的计算，其他几何参数是定义 Λ_{k,k_r} 所必需的。给定 $R = 0.4$m，$L_a = 0.15$m，$n_e^s = 123$，$n_e^r = 87$。除此之外还必须引入定子和转子槽尺寸相关的其他参数。定义如下：$r_t^s = 0.4$，$r_t^r = 0.6$，$A_{00} = 1192$m^{-1}，$A_{s0} = 1651$m^{-1}，$A_{0r} = 1192$m^{-1}，$A_{sr} = 1461$m^{-1}。

为了进行与第 10.6.5 节中相同的仿真，假定电机为由正弦三相电压系统供电，频率为 50Hz，电压有效值为 203.56V。在空载条件下进行计算，使电流 $\underline{i}^s$ 等于励磁电流 $\underline{i}_{m1}$：$\underline{i}_{m1} = \sqrt{2}I_{m1}$ $e^{j\omega t + \varphi_{m1}^s}$，$I_{m1} = 1.54$A，$\varphi_{m1}^s = -88.43°$。

在空载时，仅存在由于 $\underline{\Psi}^r$ 和 $\underline{i}^{s*}$ 之间的相互作用而产生的转矩分量，产生频率 $k_r N^r f_r [f_r = (1-s)f]$ 的谐波。获得的 $\hat{\Gamma}_{e(k_r N^r)}$ 见表 10-1。

可以注意到，在非正弦电源供电的情况下，$k_r = 1$ 时的幅值高于第 10.6.5 节 6 次谐波转矩的幅值（$\hat{\Gamma}_{e1(6)} = 1.24$N·m）。

表 10-1 磁阻谐波转矩幅值

k_r	1	2	3	4
$\hat{\Gamma}_{e(k_r N^r)}/(\text{N·m})$	3.42	1.12	0.22	0.11

10.8 结论

旋转电机的切向振动来源自其电磁转矩的变化。这些变化与转矩谐波分量相关。可以定义两种转矩谐波：由于供电和磁阻效应而产生的转矩谐波。如今已经有了一种计算这些转矩谐波的方法：它基于空间矢量定义，能够非常全面地表达电磁转矩。空间矢量变换还提供了简单的电压方程。在感应电机上的应用表明，与额定转矩相比，转矩谐波具有显著的幅值。此外，磁阻转矩谐波比由于供电（在电压源逆变器供电的情况下）引起的转矩谐波更高。斜极转子是减少磁阻转矩采用的技术。

参 考 文 献

1. Ph.L. Alger. *The Nature of Induction Machines*, 2nd edn. Gordon & Breach Publishers, New York/London, U.K./Paris, France, 1970.

2. J.F. Brudny. Etude quantitative des harmoniques de couple du moteur asynchrone triphasé d'induction. Habilitation thesis, Lille, France, 1991, NH29.

3. P.L. Timar, A. Fazekas, J. Kiss, A. Miklos, and S.J. Yang. *Noise and Vibration of Electrical Machines*. Elsevier, Amsterdam, the Netherlands, 1989.

4. T. Tarhuvud and K. Riechert. Accuracy problems of force and torque calculation in FE-systems. *IEEE Transactions on Magnetics*, 24, 443–446, 1988.

5. W. Muller. Comparison of different methods of force calculation. *IEEE Transactions on Magnetics*, 26, 1058–1061, 1990.

6. N. Sadowski, Y. Lefevre, M. Lajoie-Mazenc, and J. Cros. Finite element torque calculation in electrical machine while considering the movement. *IEEE Transactions on Magnetics*, 38, 1410–1413, 1992.

7. M. Marinescu and N. Marinescu. Numerical computation of torques in permanent magnet motors by Maxwell stresses and energy method. *IEEE Transactions on Magnetics*, 24, 463–466, 1988.

8. D.O'Kelly. *Performance and Control of Electrical Machines*. McGraw-Hill Book Company, Maidenhead, U.K., 1991.

9. M. Jufer. *Electromecanique*, Vol. 9. Presses Polytechniques et Universitaires Romandes, Lausanne, Switzerland, 1995.

10. W. Leonhard. 30 tears space vectors, 20 years field orientation, 10 years digital signal processing with controlled AC-drives, a review (part 1). *European Power Electronics and Drives Journal*, 1, 13–31, July 1991.

11. P. Vas. *Vector Control of AC Machine*. Oxford Science Publication, Oxford, U.K., 1990.

12. T.M. Jahns. Torque production in permanent magnet motors drives with rectangular current excitation. *IEEE Transactions on Industry Applications*, 20, 803–813, 1984.

13. S.M. Abdulrahman, J.G. Kettleborough, and I.R. Smith. Fast calculation of harmonic torque pulsations in a VSI/induction motor drive. *IEEE Transactions on Industrial Electronics*, 40(6), 561–569, 1993.

14. J.P.G. De Abreu, J.S. De Sa, and C.C. Prado. Harmonic torques in three-phase induction motors supplied by nonsinusoidal voltages. *Eleventh International Conference on Harmonics and Quality of Power*, Sept. 2004, pp. 652–657.

15. H. Le Huy, R. Perret, and R. Feuillet. Minimization of torque ripple in brushless DC motor drives. *IEEE Transactions on Industry Applications*, 22, 748–755, 1986.

16. J.J. Spangler. A low cost, simple torque ripple reduction technique for three phase inductor motors. *Proceedings of the Applied Power Electronics Conference and Exposition (APEC 2002)*, Vol. 2, Dallas, TX, March 2002, pp. 759–763.

17. M. Elbuluk. Torque ripple minimization in direct torque control of induction machines. *Proceedings of the 38th IAS Annual Meeting*, Vol. 1, Salt Lake City, UT, Oct. 2003, pp. 11–16.

18. J.M.D. Murphy and F.G. Turnbull. *Power Electronic Control of AC Motors*. Pergamon Press, Oxford, U.K., 1988.

19. R. Romary, D. Roger, and J.F. Brudny. A current source PWM inverter used to reject harmonic torques of the permanent magnet synchronous machine. *SPEEDAM 1994*, Taormina, Italie, Juin 1994, pp. 115–120.

20. J. Zhao, M.J. Kamper, and F.S. Van der Merwe. On-line control method to reduce mechanical vibration and torque ripple in reluctance synchronous machine drives. *Proceedings of the IECON 97*, Vol. 1, New Orleans, LA, Nov. 1997, pp. 126–131.

21. T.J.E. Miller. *Brushless, Permanent-Magnet and Reluctance Motor Drives*. Clarendon Press, Oxford, U.K., 1989.

22. F.W. Carter. Air-gap induction. *Electrical World and Engineer*, 38(22), 884–888, November 1901.

23. R. Romary and J.F. Brudny, A skew shape rotor to optimize magnetic noise reduction of induction machine. *ICEM 98*, Istanbul, Turkey, 1998, pp. 1756–1760.

第三部分　变　　换

第11章 三相AC–DC变换器

11.1 概述

11.1.1 引言

目前，越来越多发出的电能通过AC–DC变换器变换之后，在最终负载中消耗。大多数系统应用二极管整流器（见图11-1）。二极管整流器简单、可靠、稳定、廉价。然而，二极管整流器只能实现单向功率流动，并产生高次谐波输入电流；此外，其性能随负载变化很大[1]。尽管通过应用输入电感可以提高其性能，但需要安装一个笨重的三相扼流圈（见图11-2）。

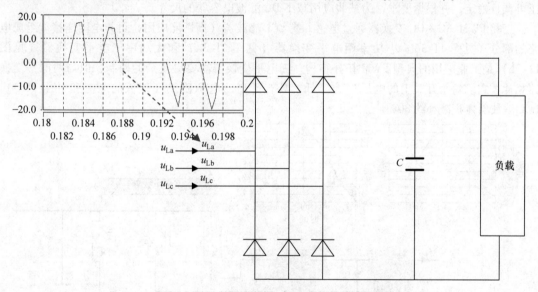

图11-1 带有线电流波形的六脉波二极管整流器

在过去的几年中，PWM变换器大大提高了其在AC–DC变换器市场中的重要性[2]。电子工业的两项技术突破使PWM变换器得到显著发展：

① 市场上IGBT的出现，使制造出可靠、稳定、低成本的PWM变换器模块成为可能。

② 实时应用的低成本微处理器（例如，数字信号处理器——DSP）和FPGA的引入，可以成功地实现PWM变换器的复杂矢量控制方案。

AC–DC电压源变换器（VSC）作为有源前端（AFE）、直流电源、电能质量改善和谐波补偿（有源滤波器）等设备广泛应用于工业交流驱动。近年来，在可再生能源和分布式能源系统中，AC–DC变换器已经成为AC–DC–AC线路接口变换器的重要组成部分。

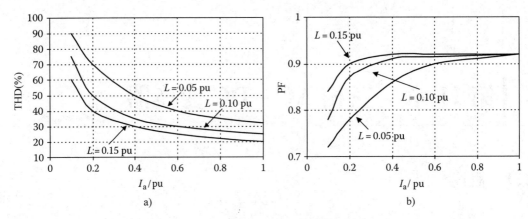

图 11-2 六脉波二极管整流器相关曲线

a）六脉波二极管整流器相电流 THD（%）随输入电感和负载变化

b）六脉波二极管整流器的功率因数（PF）随输入电感和负载的变化

如果能将大量的能量馈入电网，三相 PWM 变换器的应用会越来越广泛。此外，三相 PWM 变换器具有以下特性：如线电流低谐波畸变（遵守 IEEE519），输入功率因数可调，直流母线电压可调且稳定，并根据要求，为某些应用减小 DC 滤波电容器的尺寸。

三相 PWM AC – DC 变换器通过电感 L 或 LCL 滤波器（高性能应用）可与电网连接，组成电路的部分（见图 11-3）。小功率两电平变换器（见图 11-3a）和大功率三电平变换器（见图 11-3b）是工业应用的典型 PWM 拓扑结构。三电平变换器需要更复杂的调制，但与两电平变换器相比，它们每个开关上的电压应力降低，具有更高的电源质量（较低的电流和电压 THD），LCL 滤波器体积减小约 30%[3]。

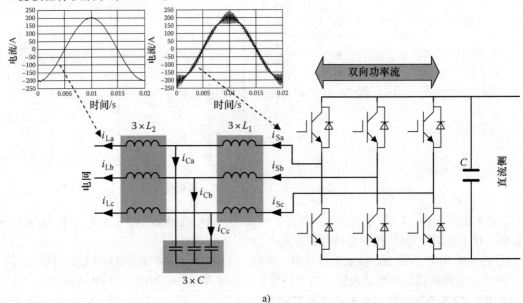

图 11-3 带有电流波形（LCL 滤波器）的三相 AC – DC 变换器的拓扑结构

a）两电平

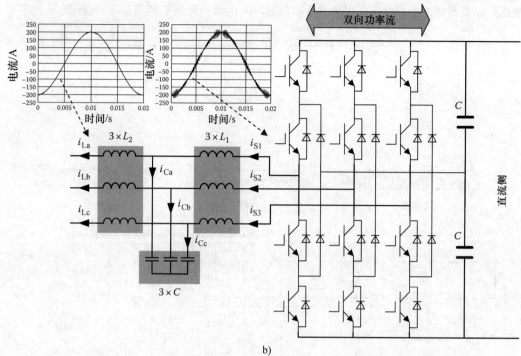

b)

图 11-3　带有电流波形（LCL 滤波器）的三相 AC – DC 变换器的拓扑结构（续）

b）三电平

11.1.2　控制策略

　　另一项重要技术是变流器控制原理方面的创新。近年来，为这类 PWM 变换器[4-9]提出了各种控制策略。间接有功功率和无功功率控制是一种熟知的方法，是基于电流矢量与线电压矢量定向的方法（电压定向控制，VOC）。VOC 通过内部电流控制回路保证高动态和静态性能。然而，VOC 系统的最终结构和性能在很大程度上取决于应用的电流控制策略的质量[10]。

　　基于瞬时直接有功功率和无功功率控制是另一种少为人知的方法，称为直接功率控制（DPC）[7,8]。当线电压畸变时，提出的两种策略都不会形成正弦电流。只有基于虚拟磁链定向的 DPC 策略，称为 VF – DPC，提供正弦线电流和低谐波畸变[4,11,12]。然而，VF – DPC 方案具有以下众所周知的缺点：

　　① 可变的开关频率（LC 输入 EMI 滤波器设计困难）。

　　② 违反极性一致性规则（避免直流链路电压 ±1 次切换）。

　　③ 用于滞环比较器数字实现的高采样频率。

　　④ 需要快速微处理器和 AD 转换器。

　　因此，在工业中难以实现 VF – DPC。当应用 PWM 电压调制器替代开关表时，可以消除上述所有缺点。使用空间矢量调制（DPC – SVM），在恒定开关频率的 DPC 中实现[13]。

11.2　三相 PWM AC – DC 变换器控制技术

11.2.1　PWM AC – DC 变换器基本控制原理

　　图 11-4a 显示了图 11-4b 所示电路的单相表示。L 和 R 表示电源线路电感和电阻，u_L 是电源

线电压，$\underline{u}_S$ 是桥式变换器电压，可从直流侧控制。$\underline{u}_S$ 的大小取决于调制系数和直流电压电平[4]。

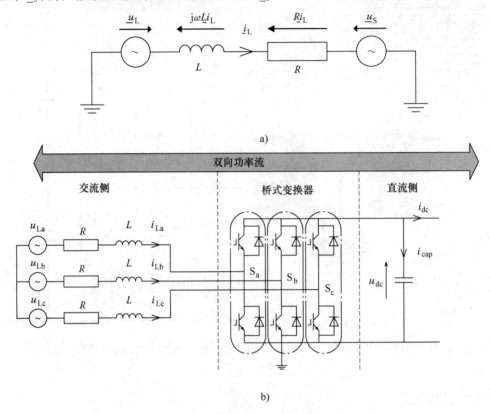

a)

图 11-4　三相 PWM AC – DC 变换器的简化表示

a）电路的单相表示　b）主电路

　　线电流i_L由互连接两个电压源（电源和变换器）的电感 L 上的电压降控制。这意味着电感电压u_1等于线电压u_L和变换器电压u_S之间的差值。当控制变换器电压u_S的相位角 ε 和幅值时，可以间接地控制线电流的相位和幅值。以这种方式，直流电流的平均值和符号的控制与变换器传导的有功功率成正比。无功功率可以根据基波电流I_L相对于电压 U_L 的偏移独立控制。

11.2.2　PWM AC – DC 变换器的数学描述

　　PWM 整流器矢量之间的基本关系如图 11-5 所示。对于三相变换，线电压和基波电流表示为

$$u_{La} = E_m \cos\omega t \tag{11-1a}$$

$$u_{Lb} = E_m \cos\left(\omega t + \frac{2\pi}{3}\right) \tag{11-1b}$$

$$u_{Lc} = E_m \cos\left(\omega t - \frac{2\pi}{3}\right) \tag{11-1c}$$

$$i_{La} = I_m \cos(\omega t + \phi) \tag{11-2a}$$

$$i_{Lb} = I_m \cos\left(\omega t + \frac{2\pi}{3} + \phi\right) \tag{11-2b}$$

$$i_{Lc} = I_m \cos\left(\omega t - \frac{2\pi}{3} + \phi\right) \tag{11-2c}$$

式中，$E_m(I_m)$ 和 ω 分别是相电压（电流）的幅值和角频率。PWM 变换器的线间输入电压可以描

述为

$$u_{Sab} = (S_a - S_b)u_{dc} \tag{11-3a}$$

$$u_{Sbc} = (S_b - S_c)u_{dc} \tag{11-3b}$$

$$u_{Sca} = (S_c - S_a)u_{dc} \tag{11-3c}$$

式中，当变换器中一个桥臂的上晶体管接通时，$S_x = 1$（$x = a$，b，c）；当变换器中一个桥臂的下晶体管接通时，$S_x = 0$（$x = a$，b，c）。

相电压为

$$u_{Sa} = f_a u_{dc} \tag{11-4a}$$

$$u_{Sb} = f_b u_{dc} \tag{11-4b}$$

$$u_{Sc} = f_c u_{dc} \tag{11-4c}$$

式中

$$f_a = \frac{2S_a - (S_b + S_c)}{3} \tag{11-5a}$$

$$f_b = \frac{2S_b - (S_a + S_c)}{3} \tag{11-5b}$$

$$f_c = \frac{2S_c - (S_a + S_b)}{3} \tag{11-5c}$$

假定f_a、f_b、f_c分别为 0、$\pm 1/3$ 和 $\pm 2/3$。

11.2.2.1　自然坐标系（*abc*）下三相 PWM AC – DC 变换器的模型

没有中性点连接的平衡三相系统的电压方程可以写成（见图 11-5）

$$\underline{u}_L = \underline{u}_I + \underline{u}_S \tag{11-6}$$

$$\underline{u}_L = R\,\underline{i}_L + \frac{d\,\underline{i}_L}{dt}L + \underline{u}_S \tag{11-7}$$

$$\begin{bmatrix} u_{La} \\ u_{Lb} \\ u_{Lc} \end{bmatrix} = R \begin{bmatrix} i_{La} \\ i_{Lb} \\ i_{Lc} \end{bmatrix} + L\frac{d}{dt}\begin{bmatrix} i_{La} \\ i_{Lb} \\ i_{Lc} \end{bmatrix} + \begin{bmatrix} u_{Sa} \\ u_{Sb} \\ u_{Sc} \end{bmatrix} \tag{11-8}$$

另一个电流方程确定了相电流（i_{La}，i_{Lb}，i_{Lc}）、负载电流（i_{dc}）和直流链路电容器电流（i_{cap}）之间的关系，即

$$C\frac{du_{dc}}{dt} = i_{cap} = S_a i_{La} + S_b i_{Lb} + S_c i_{Lc} - i_{dc} \tag{11-9}$$

例如，可以给出变换器可能的八个开关状态（$S_a = 1$，$S_b = 0$，$S_c = 0$）中的一个状态的电流方程 $i_{cap} = i_{La} - i_{dc}$。

式（11-4）~式（11-9）的组合可以用三相框图[14]表示。

11.2.2.2　静止坐标系（$\alpha - \beta$）下 PWM AC – DC 变换器的模型

没有中性点连接的平衡三相系统的电压方程可以在静止矩形 $\alpha - \beta$ 坐标系中简化表示，这里每个矢量仅由两个变量描述。α 轴（实部）和 a 轴方向相同，但 β 轴（虚部）超前 a 轴90°（见图 11-5）。它将每个矢量分解为实部和虚部 $\underline{x}_{\alpha\beta} = x_\alpha + j\,x_\beta$，应用克拉克变换定义三相系统 $a - b - c$ 和静止参考坐标系 $\alpha - \beta$ 之间的关系，可得 x_α 和 x_β：

$$\begin{bmatrix} x_\alpha \\ x_\beta \end{bmatrix} = \sqrt{\frac{2}{3}}\begin{bmatrix} 1 & -1/2 & -1/2 \\ 0 & \sqrt{3}/2 & -\sqrt{3}/2 \end{bmatrix}\begin{bmatrix} x_a \\ x_b \\ x_c \end{bmatrix} \tag{11-10}$$

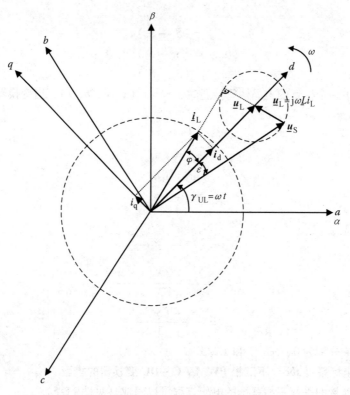

图 11-5   PWM AC – DC 变换中矢量之间的关系

那么，式（11-8）和式（11-9）可以写成

$$\begin{bmatrix} u_{L\alpha} \\ u_{L\beta} \end{bmatrix} = R \begin{bmatrix} i_{L\alpha} \\ i_{L\beta} \end{bmatrix} + L \frac{\mathrm{d}}{\mathrm{d}t} \begin{bmatrix} i_{L\alpha} \\ i_{L\beta} \end{bmatrix} + \begin{bmatrix} u_{S\alpha} \\ u_{S\beta} \end{bmatrix} \tag{11-11}$$

和

$$C \frac{\mathrm{d}u_{dc}}{\mathrm{d}t} = (i_{L\alpha} S_\alpha + i_{L\beta} S_\beta) - i_{dc} \tag{11-12}$$

式中

$$S_\alpha = \frac{1}{\sqrt{6}}(2S_a - S_b - S_c)$$

$$S_\beta = \frac{1}{\sqrt{2}}(S_b - S_c)$$

11.2.2.3   同步旋转坐标系（d – q）下 PWM AC – DC 变换器的模型

电压方程也可以在 d – q 坐标系中表示，这里矢量从静止 α – β 坐标系变转到与线电压矢量同步旋转的 d – q 坐标系。静止系统的实轴 α 与旋转系统的实轴 d 之间的夹角可以描述为 $\gamma_{UL} = \omega t$。然后，借助简单三角关系，矢量可以从 α – β 坐标变换到同步 d – q 坐标系：

$$\begin{bmatrix} k_d \\ k_q \end{bmatrix} = \begin{bmatrix} \cos\gamma_{UL} & \sin\gamma_{UL} \\ -\sin\gamma_{UL} & \cos\gamma_{UL} \end{bmatrix} \begin{bmatrix} k_\alpha \\ k_\beta \end{bmatrix} \tag{11-13}$$

这给出

$$u_{Ld} = Ri_{Ld} + L \frac{\mathrm{d}i_{Ld}}{\mathrm{d}t} - \omega Li_{Lq} + u_{Sd} \tag{11-14a}$$

$$u_{Lq} = Ri_{Lq} + L\frac{di_{Lq}}{dt} + \omega Li_{Ld} + u_{Sq} \tag{11-14b}$$

$$C\frac{du_{dc}}{dt} = (i_{Ld}S_d + i_{Lq}S_q) - i_{dc} \tag{11-15}$$

式中

$$S_d = S_\alpha\cos\omega t + S_\beta\sin\omega t$$

$$S_q = S_\beta\cos\omega t - S_\alpha\sin\omega t$$

$d - q$ 模型方框图如图 11-6 所示。

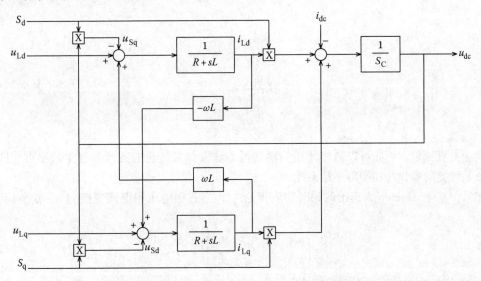

图 11-6　同步 $d - q$ 坐标下 PWM AC – DC 变换器的方框图

11.2.3　线电压、虚拟磁链和瞬时功率估计

11.2.3.1　线电压估计

电压估计器的一个重要要求是正确估计电压，也要在不平衡条件和预先存在的谐波电压失真情况下正确地估计电压。不仅要对基波分量进行正确估算，还要估计谐波分量和电压不平衡。它可以提供更高的总功率因数[7]。可以通过电流微分来计算电感两端的电压。然后，可以通过将整流器输入电压的参考值加上计算出的电感器上的电压降来估计线电压[15]。然而，这种方法的缺点是电流微分运算在电流信号中会产生噪声。为了防止这种情况发生，可以应用文献［7］中的基于功率估计器的电压估计器，有功功率 p 描述为电感器上的三相电压降和线电流之间的标量积，无功功率 q 是它们之间的矢量积，表示为：

$$p_I = \underline{u}_{I(abc)} \times \underline{i}_{L(abc)} = u_{Ia}i_{La} + u_{Ib}i_{Lb} + u_{Ic}i_{Lc} \tag{11-16a}$$

$$q_I = \underline{u}_{I(abc)} \times \underline{i}_{L(abc)} = u'_{Ia}i_{La} + u'_{Ib}i_{Lb} + u'_{Ic}i_{Lc} \tag{11-16b}$$

u'_{Ia}、u'_{Ib}、u'_{Ic} 分别滞后 u_{Ia}、u_{Ib}、u_{Ic} 90°。相同的方程式可以用矩阵形式描述，表示为

$$\begin{bmatrix} p_I \\ q_I \end{bmatrix} = \begin{bmatrix} u_{Ia} & u_{Ib} & u_{Ic} \\ u'_{Ia} & u'_{Ib} & u'_{Ic} \end{bmatrix} \begin{bmatrix} i_{La} \\ i_{Lb} \\ i_{Lc} \end{bmatrix} \tag{11-16c}$$

式中

$$\begin{bmatrix} u'_{\mathrm{Ia}} \\ u'_{\mathrm{Ib}} \\ u'_{\mathrm{Ic}} \end{bmatrix} = \frac{1}{\sqrt{3}} \begin{bmatrix} u_{\mathrm{Ic}} - u_{\mathrm{Ib}} \\ u_{\mathrm{Ia}} - u_{\mathrm{Ic}} \\ u_{\mathrm{Ib}} - u_{\mathrm{Ia}} \end{bmatrix} = \frac{1}{\sqrt{3}} \begin{bmatrix} u_{\mathrm{Icb}} \\ u_{\mathrm{Iac}} \\ u_{\mathrm{Iba}} \end{bmatrix} \tag{11-16d}$$

使用式（11-16a）~式（11-16d），估计电感有功功率和无功功率，可以表示为

$$p_{\mathrm{I}} = L\left(\frac{\mathrm{d}i_{\mathrm{La}}}{\mathrm{d}t} i_{\mathrm{La}} + \frac{\mathrm{d}i_{\mathrm{Lb}}}{\mathrm{d}t} i_{\mathrm{Lb}} + \frac{\mathrm{d}i_{\mathrm{Lc}}}{\mathrm{d}t} i_{\mathrm{Lc}} \right) = 0 \tag{11-17a}$$

$$q_{\mathrm{I}} = \frac{3L}{\sqrt{3}}\left(\frac{\mathrm{d}i_{\mathrm{Lc}}}{\mathrm{d}t} i_{\mathrm{Lc}} - \frac{\mathrm{d}i_{\mathrm{Lc}}}{\mathrm{d}t} i_{\mathrm{La}} \right) \tag{11-17b}$$

式中

$$L\frac{\mathrm{d}i_{\mathrm{La}}}{\mathrm{d}t} = u_{\mathrm{Ia}}$$

$$L\frac{\mathrm{d}i_{\mathrm{Lb}}}{\mathrm{d}t} = u_{\mathrm{Ib}}$$

$$L\frac{\mathrm{d}i_{\mathrm{Lc}}}{\mathrm{d}t} = u_{\mathrm{Ic}}$$

由于功率是直流量，因此可以通过使用简单的低通滤波器来防止电流微分产生的噪声。这确保了电压估计器的鲁棒性和噪声不敏感性。

然后，基于 Akagi 等人提出的瞬时功率理论[16]，当三相电压和电流变换到 $\alpha - \beta$ 坐标系时，可得

$$\begin{bmatrix} p_{\mathrm{I}} \\ q_{\mathrm{I}} \end{bmatrix} = \begin{bmatrix} i_{\mathrm{L}\alpha} & i_{\mathrm{L}\beta} \\ -i_{\mathrm{L}\beta} & i_{\mathrm{L}\alpha} \end{bmatrix} \begin{bmatrix} u_{\mathrm{I}\alpha} \\ u_{\mathrm{I}\beta} \end{bmatrix} \tag{11-18}$$

经式（11-18）变换后的电感上的估计电压为

$$\begin{bmatrix} u_{\mathrm{I}\alpha} \\ u_{\mathrm{I}\beta} \end{bmatrix} = \frac{1}{i_{\mathrm{L}\alpha}^2 + i_{\mathrm{L}\beta}^2} \begin{bmatrix} i_{\mathrm{L}\alpha} & -i_{\mathrm{L}\beta} \\ i_{\mathrm{L}\beta} & i_{\mathrm{L}\alpha} \end{bmatrix} \begin{bmatrix} 0 \\ q_{\mathrm{I}} \end{bmatrix} \tag{11-19}$$

应该注意的是，在这种特殊情况下，只能估计电感的无功功率。

现在可以通过将 PWM 整流器的参考电压加上电感估计电压来得到估计的线电压 $u_{\mathrm{L(est)}}$[6]，即

$$u_{\mathrm{L(est)}} = \underline{u}_{\mathrm{S}} + \underline{u}_{\mathrm{I}} \tag{11-20}$$

11. 2. 3. 2　虚拟磁链估计

可以用虚拟磁链估算器来替代交流线电压传感器，这给系统带来了技术优势和经济上的优势：简单化、隔离电源电路和控制系统之间的隔离、可靠性和成本效益。

在静止 $\alpha - \beta$ 坐标系中，电压的积分产生虚拟磁链（VF）矢量 $\underline{\psi}_{\mathrm{L}}$[4,12]：

$$\underline{\psi}_{\mathrm{L}} = \begin{bmatrix} \psi_{\mathrm{L}\alpha} \\ \psi_{\mathrm{L}\beta} \end{bmatrix} \begin{bmatrix} \int u_{\mathrm{L}\alpha} \mathrm{d}t \\ \int u_{\mathrm{L}\beta} \mathrm{d}t \end{bmatrix} \tag{11-21}$$

式中

$$\underline{u}_{\mathrm{L}} = \begin{bmatrix} u_{\mathrm{L}\alpha} \\ u_{\mathrm{L}\beta} \end{bmatrix} = \sqrt{\frac{2}{3}} \begin{bmatrix} 1 & 1/2 \\ 0 & \sqrt{3}/2 \end{bmatrix} \begin{bmatrix} u_{\mathrm{Lab}} \\ u_{\mathrm{Lbc}} \end{bmatrix} \tag{11-22}$$

当我们建立[6]

$$\underline{u}_{\mathrm{L}} = \underline{u}_{\mathrm{S}} + \underline{u}_{\mathrm{I}} \tag{11-23}$$

那么，类似于式（11-23），虚拟磁链方程可以表示为[12]

$$\underline{\psi}_{\mathrm{L}} = \underline{\psi}_{\mathrm{S}} + \underline{\psi}_{\mathrm{J}} \tag{11-24}$$

基于直流链路电压测量值 u_{dc} 和调制器的占空比 D_{a}、D_{b}、D_{c}，在静止坐标系（$\alpha - \beta$）中的虚拟磁链 $\underline{\psi}_{\mathrm{L}}$ 分量计算如下：

$$\psi_{\mathrm{L}\alpha} = \int \left\{ \sqrt{\frac{2}{3}} u_{\mathrm{dc}} \left[D_{\mathrm{a}} - \frac{1}{2}(D_{\mathrm{b}} + D_{\mathrm{c}}) \right] \right\} \mathrm{d}t + Li_{\mathrm{L}\alpha} \tag{11-25a}$$

$$\psi_{\mathrm{L}\beta} = \int \left[\frac{1}{\sqrt{2}} u_{\mathrm{dc}} (D_{\mathrm{b}} - D_{\mathrm{c}}) \right] \mathrm{d}t + Li_{\mathrm{L}\beta} \tag{11-25b}$$

11.2.3.3　基于电压估计的瞬时功率计算

无交流电压传感器系统中的有功功率（p）和无功功率（q）的瞬时值由式（11-26）估计。这两个方程的第一部分表示电感的功率，第二部分是 PWM AC - DC 变换器的功率[7]：

$$p = L\left(\frac{\mathrm{d}i_{\mathrm{L}a}}{\mathrm{d}t} i_{\mathrm{L}a} + \frac{\mathrm{d}i_{\mathrm{L}b}}{\mathrm{d}t} i_{\mathrm{L}b} + \frac{\mathrm{d}i_{\mathrm{L}c}}{\mathrm{d}t} i_{\mathrm{L}c} \right) + u_{\mathrm{dc}}(S_{\mathrm{a}} i_{\mathrm{L}a} + S_{\mathrm{b}} i_{\mathrm{L}b} + S_{\mathrm{c}} i_{\mathrm{L}c}) \tag{11-26a}$$

$$q = \frac{1}{\sqrt{3}} \left\{ 3L\left(\frac{\mathrm{d}i_{\mathrm{L}a}}{\mathrm{d}t} i_{\mathrm{L}c} - \frac{\mathrm{d}i_{\mathrm{L}c}}{\mathrm{d}t} i_{\mathrm{L}a} \right) - u_{\mathrm{dc}} \left[S_{\mathrm{a}}(i_{\mathrm{L}b} - i_{\mathrm{L}c}) + S_{\mathrm{b}}(i_{\mathrm{L}c} - i_{\mathrm{L}a}) + S_{\mathrm{c}}(i_{\mathrm{L}a} - i_{\mathrm{L}b}) \right] \right\} \tag{11-26b}$$

从式（11-26）可以看出，方程式的形式必须根据变换器的开关状态的变化而变化，而且这两个方程都需要知道线电感 L 的值。

11.2.3.4　基于虚拟磁链估计的瞬时功率计算

线电流测量值 $i_{\mathrm{L}a}$、$i_{\mathrm{L}b}$ 和虚拟磁链分量估计值 $\psi_{\mathrm{L}\alpha}$、$\psi_{\mathrm{L}\beta}$ 用于功率估计[4,11]。使用式（11-23），电压方程可以写成（实际上可以忽略 R）

$$\underline{u}_{\mathrm{L}} = L\frac{\mathrm{d}\,\underline{i}_{\mathrm{L}}}{\mathrm{d}t} + \frac{\mathrm{d}}{\mathrm{d}t}\underline{\psi}_{\mathrm{S}} = L\frac{\mathrm{d}\,\underline{i}_{\mathrm{L}}}{\mathrm{d}t} + \underline{u}_{\mathrm{S}} \tag{11-27}$$

使用复数方法，瞬时功率可以计算如下：

$$p = \mathrm{Re}(\underline{u}_{\mathrm{L}}\,\underline{i}_{\mathrm{L}}^{*}) \tag{11-28a}$$

$$q = \mathrm{Im}(\underline{u}_{\mathrm{L}}\,\underline{i}_{\mathrm{L}}^{*}) \tag{11-28b}$$

式中，$*$ 表示线电流矢量的共轭。线电压可以由虚拟磁链表示为

$$\underline{u}_{\mathrm{L}} = \frac{\mathrm{d}}{\mathrm{d}t}\underline{\psi}_{\mathrm{L}} = \frac{\mathrm{d}}{\mathrm{d}t}(\Psi_{\mathrm{L}} \mathrm{e}^{\mathrm{j}\omega t}) = \frac{\mathrm{d}\Psi_{\mathrm{L}}}{\mathrm{d}t}\mathrm{e}^{\mathrm{j}\omega t} + \mathrm{j}\omega\Psi_{\mathrm{L}}\mathrm{e}^{\mathrm{j}\omega t} = \frac{\mathrm{d}\Psi_{\mathrm{L}}}{\mathrm{d}t}\mathrm{e}^{\mathrm{j}\omega t} + \mathrm{j}\omega\,\underline{\psi}_{\mathrm{L}} \tag{11-29}$$

式中，$\underline{\psi}_{\mathrm{L}}$ 表示空间矢量；Ψ_{L} 表示幅值。对于在 $\alpha - \beta$ 坐标系中的虚拟磁链定向分量，使用式（11-28）和式（11-29）得到

$$\underline{u}_{\mathrm{L}} = \left.\frac{\mathrm{d}\Psi_{\mathrm{L}}}{\mathrm{d}t}\right|_{\alpha} + \mathrm{j}\left.\frac{\mathrm{d}\Psi_{\mathrm{L}}}{\mathrm{d}t}\right|_{\beta} + \mathrm{j}\omega(\psi_{\mathrm{L}\alpha} + \mathrm{j}\psi_{\mathrm{L}\beta}) \tag{11-30}$$

$$\underline{u}_{\mathrm{L}}\,\underline{i}_{\mathrm{L}}^{*} = \left\{ \left.\frac{\mathrm{d}\Psi_{\mathrm{L}}}{\mathrm{d}t}\right|_{\alpha} + \mathrm{j}\left.\frac{\mathrm{d}\Psi_{\mathrm{L}}}{\mathrm{d}t}\right|_{\beta} + \mathrm{j}\omega(\psi_{\mathrm{L}\alpha} + \mathrm{j}\psi_{\mathrm{L}\beta}) \right\}(i_{\mathrm{L}\alpha} - \mathrm{j}i_{\mathrm{L}\beta}) \tag{11-31}$$

可得：

$$p = \left\{ \left.\frac{\mathrm{d}\Psi_{\mathrm{L}}}{\mathrm{d}t}\right|_{\alpha} i_{\mathrm{L}\alpha} + \left.\frac{\mathrm{d}\Psi_{\mathrm{L}}}{\mathrm{d}t}\right|_{\beta} i_{\mathrm{L}\beta} + \omega(\psi_{\mathrm{L}\alpha} i_{\mathrm{L}\beta} - \psi_{\mathrm{L}\beta} i_{\mathrm{L}\alpha}) \right\} \tag{11-32a}$$

和

$$q = \left\{ -\left.\frac{\mathrm{d}\Psi_{\mathrm{L}}}{\mathrm{d}t}\right|_{\alpha} i_{\mathrm{L}\beta} + \left.\frac{\mathrm{d}\Psi_{\mathrm{L}}}{\mathrm{d}t}\right|_{\beta} i_{\mathrm{L}\alpha} + \omega(\psi_{\mathrm{L}\alpha} i_{\mathrm{L}\alpha} + \psi_{\mathrm{L}\beta} i_{\mathrm{L}\beta}) \right\} \tag{11-32b}$$

对于正弦平衡线电压，磁链幅值的导数为零。瞬时有功功率和无功功率可以计算为[11]

$$p = \omega(\psi_{L\alpha} i_{L\beta} - \psi_{L\beta} i_{L\alpha}) \tag{11-33a}$$

$$q = \omega(\psi_{L\alpha} i_{L\alpha} + \psi_{L\beta} i_{L\beta}) \tag{11-33b}$$

11.2.4 电压定向控制

传统控制系统在旋转参考系中使用闭环电流控制，VOC 方案如图 11-7 所示。该电流控制器的一个特征功能是可以处理两个坐标系中的信号。第一个是静止 $\alpha-\beta$ 坐标系，第二个是同步旋转 $d-q$ 坐标系。将三相测量值转换为两相系统 $\alpha-\beta$ 的等效值，然后在式（11-13）$\alpha-\beta/d-q$ 模块中转换到旋转坐标系中。

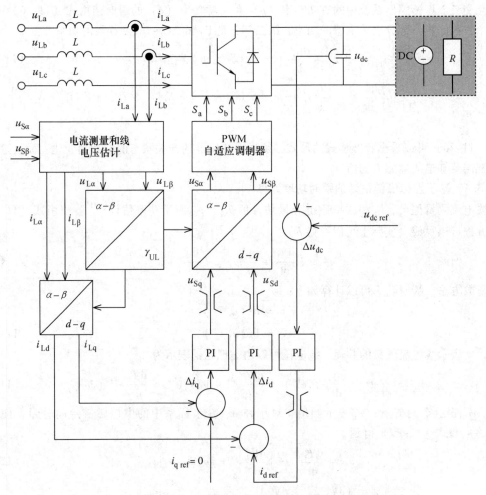

图 11-7　无交流电压传感器 VOC 的框图

得益于这种变换，控制量是直流信号。在控制系统的输出端实现了逆变换 $d-q/\alpha-\beta$，给出了静止坐标系下 AC－DC 变换器的参考信号：

$$\begin{bmatrix} u_{S\alpha} \\ u_{S\beta} \end{bmatrix} = \begin{bmatrix} \cos\gamma_{UL} & -\sin\gamma_{UL} \\ \sin\gamma_{UL} & \cos\gamma_{UL} \end{bmatrix} \begin{bmatrix} u_{Sd} \\ u_{Sq} \end{bmatrix} \tag{11-34}$$

对于两个坐标变换，电压矢量的角度 γ_{UL} 定义为

$$\sin\gamma_{UL} = \frac{u_{L\beta}}{\sqrt{(u_{L\alpha})^2 + (u_{L\beta})^2}} \tag{11-35a}$$

$$\cos\gamma_{UL} = \frac{u_{L\alpha}}{\sqrt{(u_{L\alpha})^2 + (u_{L\beta})^2}} \tag{11-35b}$$

在电压定向 $d-q$ 坐标系中，交流线电流矢量 $\boldsymbol{i}_L$ 被分解成两个矩形分量 $\boldsymbol{i}_L = [i_{Ld}, i_{Lq}]$（见图 11-8）。分量 i_{Lq} 确定无功功率，而 i_{Ld} 确定有功功率。因此，可以独立地控制无功功率和有功功率。当线电流矢量 $\boldsymbol{i}_L$ 与线电压矢量 $\underline{\boldsymbol{u}}_L$ 对齐时，满足 UPF 条件。

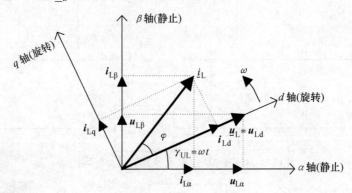

图 11-8　从静止 $\alpha-\beta$ 坐标系到旋转 $d-q$ 坐标系的线电流和线电压的坐标变换

假设在单位功率因数控制条件下 q 轴电流全部设置为零，参考电流 i_{Ld} 根据直流链路电压控制器设置，并控制电网和直流链路之间的有功功率流，式（11-14）$d-q$ 同步参考坐标系中的电压方程可以简化为 $(R \approx 0)$[4]

$$u_{Ld} = L\frac{di_{Ld}}{dt} + u_{Sd} - \omega L i_{Lq} \tag{11-36a}$$

$$0 = L\frac{di_{Lq}}{dt} + u_{Sq} + \omega L i_{Ld} \tag{11-36b}$$

假设 q 轴电流调节为零，则下列等式成立：

$$u_{Ld} = L\frac{di_{Ld}}{dt} + u_{Sd} \tag{11-37a}$$

$$0 = u_{Sq} + \omega L i_{Ld} \tag{11-37b}$$

作为电流控制器，可以使用 PI 型。然而，PI 电流控制器不具有令人满意的跟踪性能，特别是对于式（11-36）描述的耦合系统。因此，对于具有动态电流跟踪的高性能应用，PWM AC-DC 变换器的解耦控制器框图在图 11-9 中应用[4]：

$$u_{Sd} = \omega L i_{Lq} + u_{Ld} + \Delta u_d \tag{11-38a}$$

$$u_{Sq} = -\omega L i_{Ld} + \Delta u_q \tag{11-38b}$$

式中，Δu_d 和 Δu_q 是电流控制器的输出信号：

$$\Delta u_d = k_p(i_{d\_ref} - i_{Ld}) + k_i\int(i_{d\_ref} - i_{Ld})dt \tag{11-39a}$$

$$\Delta u_q = k_p(i_{q\_ref} - i_{Lq}) + k_i\int(i_{q\_ref} - i_{Lq})dt \tag{11-39b}$$

经 $dq/\alpha\beta$ 变换后的 PI 控制器的输出信号［见式（11-24）］用于空间矢量调制（SVM）产生开关信号。

11.2.5　基于虚拟磁链的直接功率控制

图 11-10 显示了基于虚拟磁链的直接功率控制（VF-DPC）的组成，其中无功功率 q_{ref}（为

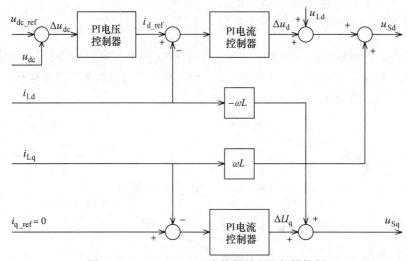

图 11-9　PWM AC – DC 变换器的电流解耦控制

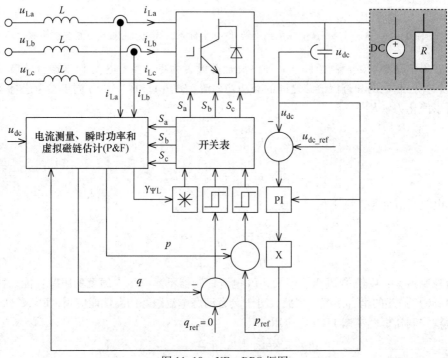

图 11-10　VF – DPC 框图

实现单位功率因数运行，q_{ref} 设置为零）和有功功率 p_{ref}（由外部 PI – 直流电压控制器传送）的命令分别与无功功率和有功功率滞环控制器的估计 q 值和 p 值［式（11-33a）和式（11-33b）］进行比较。通过访问查找表的地址，数字变量 d_p、d_q 和线电压矢量位置 $\gamma_{UL} = \arctan\ (u_{L\alpha}/u_{L\beta})$ 形成数字代码，根据开关表选择合适的电压矢量[4]。

　　然而，叠加在线电压上的扰动会直接影响控制系统中的线电压矢量位置。有时，这个问题只能通过锁相环（PLL）来克服，但受控系统的质量取决于如何有效地设计 PLL。因此，用 VF 矢量角 $\gamma_{\Psi L} = \arctan\ (\Psi_{L\alpha}/\Psi_{L\beta})$ 替换线电压矢量角 γ_{UL} 更容易，由于估计器中积分器固有的低通滤波特性［式（11-25a）和式（11-25b）］，$\gamma_{\Psi L}$ 对于线电压扰动的敏感性低于 γ_{UL}。因此，不需要通过 PLL 来实现磁链定向方案的鲁棒性。

11.2.6　直接功率控制 - 空间矢量调制

具有恒定开关频率的 DPC - SVM 采用闭环功率控制，如图 11-11a 所示[13,17]。无功功率 q_{ref} 实现（单位功率因数运行，q_{ref} 设定为零）和（从外部 PI - 直流电压控制器传送）有功功率 p_{ref}，（电源和直流链路之间的功率流）的命令值分别与估计的 q 值和 p 值〔式（11-33a）和式（11-33b）〕相比较。

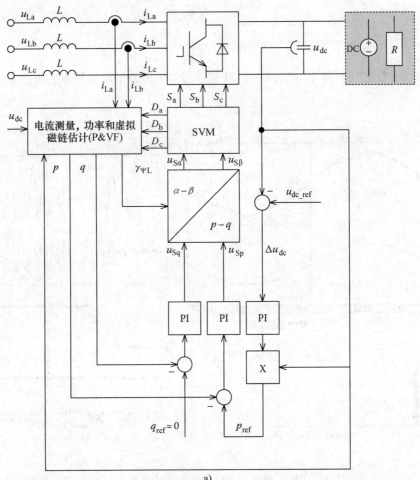

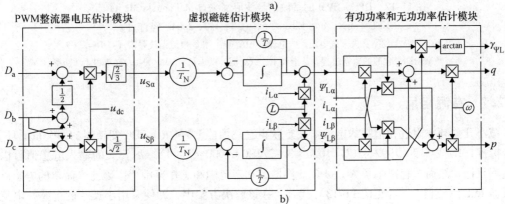

图 11-11　（a）DPC - SVM 方框图和（b）DPC - SVM 估计器方框图（P&VF）（来自 Malinowski M，et al.，*IEEE Trans. Ind. Elect.*，51（2），447，2004. 经许可）

　　此处，这些变量是直流量，它们的误差被传递给 PI 控制器，以消除了稳态误差。经变换后的 PI 控制器的输出信号描述为

$$\begin{bmatrix} u_{S\alpha} \\ u_{s\beta} \end{bmatrix} = \begin{bmatrix} -\sin\gamma_{\Psi L} & -\cos\gamma_{\Psi L} \\ \cos\gamma_{\Psi L} & -\sin\gamma_{\Psi L} \end{bmatrix} \begin{bmatrix} u_{Sp} \\ u_{Sq} \end{bmatrix} \tag{11-40}$$

式中

$$\sin\gamma_{\Psi L} = \frac{\Psi_{L\beta}}{\sqrt{(\Psi_{L\alpha})^2 + (\Psi_{L\beta})^2}} \tag{11-41a}$$

$$\cos\gamma_{\Psi L} = \frac{\Psi_{L\alpha}}{\sqrt{(\Psi_{L\alpha})^2 + (\Psi_{L\beta})^2}} \tag{11-41b}$$

用于生成 SVM 开关信号。所有 DPC – SVM 估计器的框图和基波信号波形如图 11-11b 和图 11-12 所示。

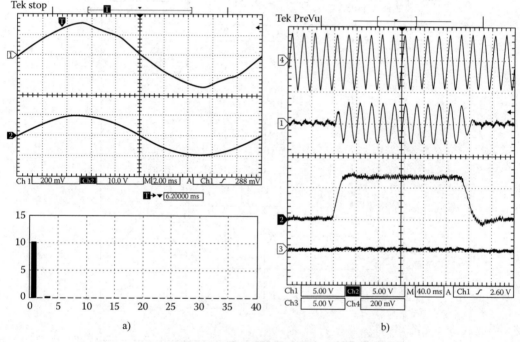

图 11-12　DPC – SVM 的基波信号波形（来自 Malinowski M，et al.，
IEEE Trans. Ind. Elect.，51（2），447，2004. 经许可）

a）稳态。从上到下：失真线电压、线电流（10A/div）和线电流谐波频谱（THD = 2.6%）
b）负载阶跃变化时的暂态过程。从上到下：线电压、线电流（10A/div）、有功和无功功率

11. 2. 7　有源阻尼

　　减小开关频率附近和倍频的电流谐波是获得它高性能 PWM AC – DC 变换器的一个重要环节，符合标准（IEEE 519 – 1992，IEC 61000 – 3 – 2/IEC 61000 – 3 – 4）。尽管大的输入电感值可以实现这一目标，然而，它减小了 AC – DC 变换器的动态范围和工作范围[4]。因此，简单的电感由三阶低通 LCL 滤波器[3,18]（见图 11-13）代替。在该解决方案中，即使采用小尺寸的电感，电流纹波衰减也非常有效的，因为容抗与电流频率成反比，并为较高次谐波提供了低阻抗路径。

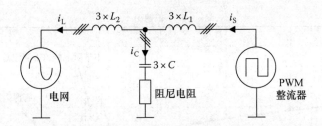

图 11-13 带有 LCL 滤波器的三相 PWM AC – DC 变换器的等效电路

（来自 Malinowski M 和 Bernet S，IEEE Trans. Ind. Elect.，55（4），1876，2008. 经许可）

然而，LCL 甚至会带来由一些不希望的谐振效应（稳定性问题），这是由一些高次谐波电流的零阻抗引起的。不稳定系统可以使用阻尼电阻来稳定，称为无源阻尼。这种解决方案简单可靠，并在工业中广泛使用，但主要缺点是：损耗增加，导致效率降低。因此，现在可以发现用有源阻尼（AD）代替无源阻尼是发展的趋势。AD 是通过修改控制算法实现的，这样可以稳定系统而不会增加损耗。基本思想可以很容易地在频域中解释（见图 11-14）。附加 AD 算法引入了一个负峰值，补偿了由 LCL 滤波器引起的正峰值[18]。本节简要介绍了适用于 VOC 的几种不同的 AD 方法。

11. 2. 7. 1 超前滞后补偿器 AD

带有附加超前滞后元件 $L(s) = k_d(T_d s + 1)/(\alpha T_d s + 1)$ 的 VOC 的一般框图如图 11-15 所示。从静止 $\alpha\beta$ 系统到同步 dq 旋转系统变换后的测量电容电压(V_{C_d}, V_{C_q})被传送到超前滞后补偿器。然后，从调制器输入信号（u_{Sd}，u_{Sq}）中减去输出信号（V_{CR_d}，V_{CR_q}）。只有进行正确的系统校正，才能实现 AD 适当的效果[19]。

11. 2. 7. 2 虚拟电阻 AD

该方法基于电容器串联的实际阻尼电阻，通过简单的模块变换，可以用附加微分控制模块，实现"虚拟电阻"功能[20]。图 11-16 给出了带有"虚拟电阻"VOC 的简单框图，测量电容电流经过静止 $\alpha\beta$ 系统到同步 dq 旋转系统变换后，再进行微分运算，得到的输出电流(i_{CR_d}, i_{CR_q})被传送给参考电流信号(i_{d_ref}, i_{q_ref})，这种方法的主要缺点是需要额外的电流传感器，这很难用估计器代替。

11. 2. 7. 3 基于带阻滤波器的 AD 方法

与许多其他 AD 技术不同，该方法没有引入任何额外的传感器[21]，而是基于调制器前端应用的带阻滤波器（见图 11-17）而开发的。然而，简单带阻滤波器可导致高频相移。因此，通过从原始电压信号中减去两个带通滤波器的输出信号来实现带阻效应。基于带通的带阻滤波器不会产生谐振频率的相移。根据 LCL 滤波器的已知值，很容易实现滤波器的调谐。

11. 2. 7. 4 高通滤波器的 AD 方法

用于 VOC 的 AD 的框图如图 11-18（虚线）所示，测量或估计的电容电压经过静止的 $\alpha\beta$ 坐标系$V_{C\alpha}$、$V_{C\beta}$到同步 dq 旋转坐标变换后（V_{C_d}，V_{C_q}）被传送到高通滤波器（HPF）中。经过变换生成（$\alpha\beta/dq$），50Hz 信号变为直流信号。利用这种变换，可以通过低通滤波器（LPF）滤除一次谐波。因此，高通滤波器可以作为V_{C_d}、V_{C_q}的减法器来实现，并且通过低通滤波器输出信号，以保证高次谐波延迟减少。然后，调制器输入信号（u_{Sd}，u_{Sq}）中减去输出信号（V_{CR_d}，V_{CR_q}），用于实现 AD 效果。因此，这种方法变得非常有前景，因为它几乎不依赖于电网参数，并且 AD 算法校正过程非常容易[22]，只需要知道电网频率。

考虑到低成本实现以及可靠运行，应去除线路和滤波电容电压传感器。可以简单地假设 LCL 滤波器在低频工作时电容阻抗非常高（$i_C \approx 0$，$i_L \approx i_S$，$L_{12} = L_1 + L_2$）。

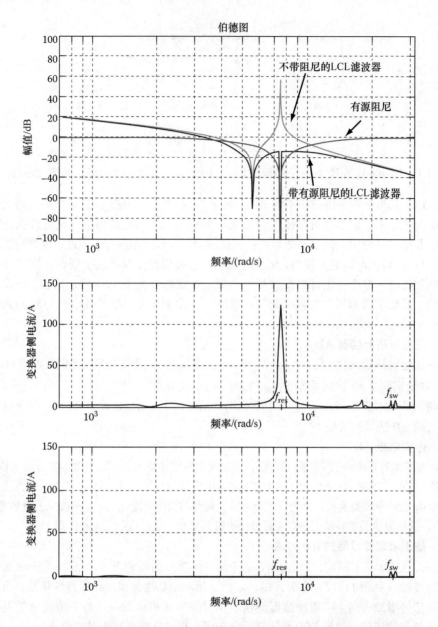

图 11-14 有源阻尼原理。从上到下：带有 LCL 滤波器的 AC – DC 变换器
的伯德图，带有谐振效应的电流谐波频谱，带有有源阻尼的电流谐波频谱

通过这些假设，可以通过将整流器电压与电感上的电压降相加来估计线电压。电感上的电
压降可以通过前面部分描述的基于功率理论的估计和电流微分进行计算[6]：

$$\underline{u}_{Line}^2 = \underline{u}_S + \underline{u}_{L12} \tag{11-42}$$

以类似的方式计算滤波电容估计电压，但估计电压是整流器电压与电感 L_1 上的电压降之和[22]：

$$\underline{u}_C = \underline{u}_S + \underline{u}_{L1} \tag{11-43}$$

考虑式（11-43）~式（11-45）：

$$p_{L1} = L_1 \left(\frac{di_{La}}{dt} i_{La} + \frac{di_{Lb}}{dt} i_{Lb} + \frac{di_{Lc}}{dt} i_{Lc} \right) = 0 \tag{11-44a}$$

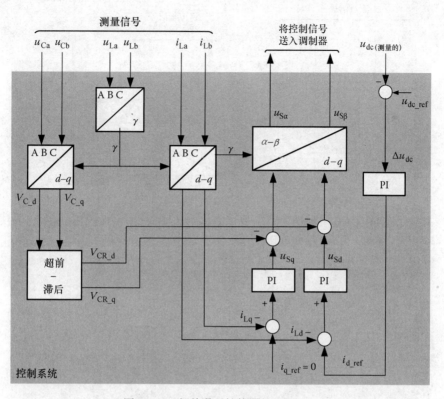

图 11-15　超前滞后补偿器 AD 的 VOC

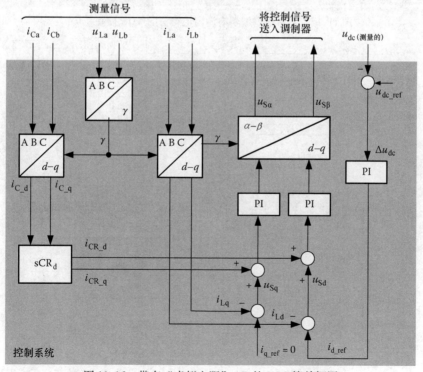

图 11-16　带有"虚拟电阻" AD 的 VOC 简单框图

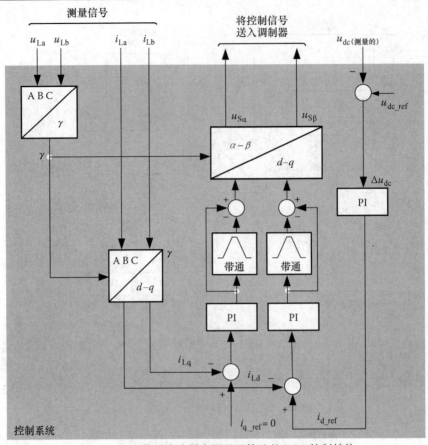

图 11-17　双带通滤波器有源阻尼算法的 VOC 控制结构

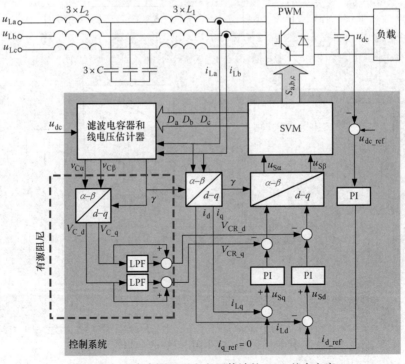

图 11-18　具有有源阻尼和电压估计的 VOC 基本方案

$$q_{L1} = \frac{3L_1}{\sqrt{3}}\left(\frac{di_{La}}{dt}i_{Lc} - \frac{di_{Lc}}{dt}i_{La} \right) \tag{11-44b}$$

$$\begin{bmatrix} u_{L1\alpha} \\ u_{L1\beta} \end{bmatrix} = \frac{1}{i_{L\alpha}^2 + i_{L\beta}^2} \begin{bmatrix} i_{L\alpha} & -i_{L\beta} \\ i_{L\beta} & i_{L\alpha} \end{bmatrix} \begin{bmatrix} 0 \\ q_{L1} \end{bmatrix} \tag{11-45}$$

我们得到描述滤波电容估计电压的方程:

$$u_{C\alpha}^* = \left\{ \sqrt{\frac{2}{3}}u_{dc}\left[D_a - \frac{1}{2}(D_b + D_c) \right] \right\} + u_{L1\alpha} \tag{11-46a}$$

$$u_{C\beta}^* = \left[\frac{1}{\sqrt{2}}u_{dc}(D_b - D_c) \right] + u_{L1\beta} \tag{11-46b}$$

基波波形如图 11-19 所示,证明了估计器可以正确地估计线电压和电容电压(AD 在 0.08s 时工作)。还看出在估计的电容电压中出现了谐振。因此,从滤波电容估计器传送到 AD 模块的信号可以正确地衰减现有的振荡。

11.2.8　PWM AC – DC 变换器控制方案总结

PWM AC – DC 变换器控制方案的优点和特点总结在表 11-1 中。

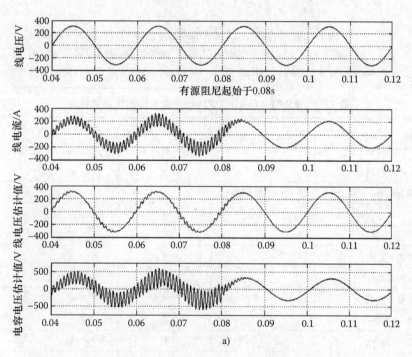

a)

图 11-19　带高通滤波器 AD 的无传感器 VOC

a)线电压 u_{Line}、线电流 i_{L2}、估计的线电压 u_{Line}^* 和

估计的电容电压 u_C^* 的仿真波形(有源阻尼函数在 0.08s 时工作开启)

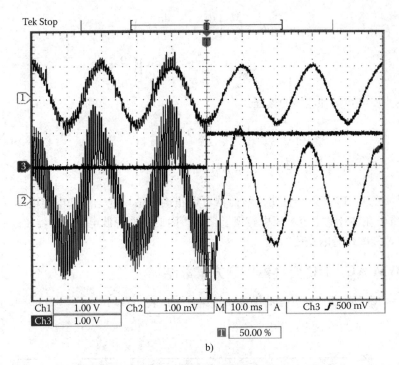

图 11-19　带高通滤波器 AD 的无传感器 VOC（续）

b）线电压 u_{Line}，当 AD 工作时的信号显示，线电流 i_{L2} 信号的实验波形

（来自 Malinowski M 和 Bernet S，IEEE Trans. Ind. Elect.，55（4），1876，2008. 经许可）

表 11-1　PWM AC‐DC 变换器控制方案的优点和特点

		VOC	VF‐DPC	DPC‐SVM
间接功率控制		有	无	无
直接功率控制		无	有	有
调制技术	空间矢量调制	有	无	有
	开关表	无	有	无
线电压定向		有	无	无
虚拟磁链定向		无	有	无
解耦模块		有	无	无
算法复杂度低		无	有	无
计算强度低		有	无	无
恒定开关频率		有	无	有
对线路电感变化的灵敏度低		有	无	无
对线电压畸变的灵敏度低	线电流 THD	无	有	有
	功率因数	有	无	无

11.3　总结和结论

　　本章回顾了目前最流行的三相电压源 AC‐DC 桥式变换器。不可控二极管整流器在简单和低成本的应用中使用，它不需要从直流侧再生能量，而且电能质量也不是关键问题。更昂贵的

PWM 控制AC – DC变换器能提供非常高的控制性能，可以在单位功率因数（UPF）条件下运行，能使线电流的低次谐波畸变减小，并可以将能量馈入电网，也减少了无源组件。

前面已经讨论了 PWM AC – DC 变换器的各种控制技术。在 VOC 方案中，通过将参考电压矢量的直轴分量与线电流矢量对齐来实现强制 UPF。VOC 方案很容易在廉价的微控制器中实现，但在线电压明显畸变的情况下不能获得好的结果。在与虚拟磁链（VF）定向控制技术相关的直接功率控制（DPC）方案中，有功和无功功率回路中采用 bang – bang 控制器选择整流器的下一个运行状态。VF – DPC 方案非常好，但它需要非常复杂的控制平台，并且由于开关频率可变，致使 LCL 输入滤波器设计困难。DPC – SVM 系统由于以下优点构成了其他控制策略的可行替代方案：简单的控制算法（廉价的微控制器），恒定的开关频率（易于 LCL 输入滤波器和有源阻尼设计）和低 THD 时正弦线电流（线电压略有畸变的情况下）。

PWM 交流 – 直流控制系统的共同趋势是去除线路侧电压传感器，并通过适当的估计器来代替它们。

此外，可以使用 AD 算法有效地解决带 LCL 线路侧滤波器的变换器的稳定性问题（参见第 11. 2. 7 节）。

相信，随着功率半导体器件和数字信号处理器技术的不断发展，电压源型 PWM AC – DC 变换器将对功率转换有很大的影响，特别是在可再生能源和分布式能源系统中。

符号列表

缩写	全称	释义
AD	Active damping	有源阻尼
ASD	Adjustable speed drives	调速驱动
DPC	Direct power control	直接功率控制
IGBT	Insulated gate bipolar transistor	绝缘栅双极型晶体管
PFC	Power factor correction	功率因数校正
PI	Proportional integral（controller）	比例积分（控制器）
PLL	Phase locked loop	锁相环
PWM	Pulse – width modulation	脉冲宽度调制
SVM	Space vector modulation	空间矢量调制
THD	Total harmonic distortion	总谐波失真
UPF	Unity power factor	单位功率因数
VF – DPC	Virtual flux – based direct power control	基于虚拟磁链的直接功率控制
VOC	Voltage – oriented control	电压定向控制
VSI	Voltage source inverter	电压源逆变器
DSP	Digital signal processor	数字信号处理

一般符号

缩写	全称	释义
f	Frequency	频率
I	Current	电流
J	Imaginary unit	虚数单位
T	Instantaneous time	瞬时时间
u, v	Voltage	电压
u_{dc}	DC link voltage	直流母线电压
i_{dc}	DC link current	直流母线电流
S_a, S_b, S_c	Switching state of the converter	变换器开关状态
D_a, D_b, D_c	Duty cycles of modulator	调制器占空比

（续）

缩写	全称	释义
C	Capacitance	电容
L	Inductance	电感
R	Resistance	电阻
ω	Angular frequency	角频率
$\cos\varphi$	Fundamental power factor	基波功率因数
P	Instantaneous active power	瞬时有功功率
Q	Instantaneous reactive power	瞬时无功功率
u_L	Line voltage vector	线电压矢量
$u_{L\alpha}$	Line voltage vector components in the Stationary α, β, coordinates	在静止 α, β 坐标系下的线电压矢量分量
$u_{L\beta}$	Line voltage vector components in the Stationary α, β, coordinates	在静止 α, β 坐标系下的线电压矢量分量
u_{Ld}	Line voltage vector components in the synchronous d, q, coordinates	在同步 d, q 坐标系下的线电压矢量分量
u_{Lq}	Line voltage vector components in the synchronous d, q, coordinates	在同步 d, q 坐标系下的线电压矢量分量
i_L	Line current vector	线电流矢量
$i_{L\alpha}$	Line current vector components in the Stationary α, β, coordinates	在静止 α, β 坐标系下的线电流矢量分量
$i_{L\beta}$	Line current vector components in the Stationary α, β, coordinates	在静止 α, β 坐标系下的线电流矢量分量
i_{Ld}	Line voltage vector components in the synchronous d, q, coordinates	在同步 d, q 坐标系下的线电流矢量分量
i_{Lq}	Line voltage vector components in the synchronous d, q, coordinates	在同步 d, q 坐标系下的线电流矢量分量
u_s	Converter voltage vector	变换器电压矢量
$u_{S\alpha}$	Converter voltage vector components in the Stationary α, β, coordinates	在静止 α, β 坐标系下的变换器电压矢量分量
$u_{S\beta}$	Converter voltage vector components in the Stationary α, β, coordinates	在静止 α, β 坐标系下的变换器电压矢量分量
u_{Sd}	Converter voltage vector components in the synchronous d, q, coordinates	在同步 d, q 坐标系下的变换器电压矢量分量
u_{Sq}	Converter voltage vector components in the synchronous d, q, coordinates	在同步 d, q 坐标系下的变换器电压矢量分量
ψ_L	Virtual line flux vector	虚拟磁链矢量
$\psi_{L\alpha}$	Virtual line flux vector components in the Stationary α, β, coordinates	在静止 α, β 坐标系下的虚拟磁链矢量分量
$\psi_{L\beta}$	Virtual line flux vector components in the Stationary α, β, coordinates	在静止 α, β 坐标系下的虚拟磁链矢量分量
ψ_{Ld}	Virtual line flux vector components in the synchronous d, q, coordinates	在同步 d, q 坐标系下的虚拟磁链矢量分量
ψ_{Lq}	Virtual line flux vector components in the synchronous d, q, coordinates	在同步 d, q 坐标系下的虚拟磁链矢量分量

索引

缩写	全称	释义
a, b, c	Phases of three − phase system	三相系统的相
d, q	Direct and quadrature component	直轴和交轴分量
α, β	Alpha, beta components	α、β 分量
ref, c	Reference	参考
rms	Root mean square value	均方根值（有效值）
m	Amplitude	幅值
est	Estimated	估计
L	Grid	电网
C, cap	Capacitor	电容器
S	Convertor	变换器
I	Inductance	电感

参 考 文 献

1. B. Wu, L. Li, and S. Wei, Multipulse diode rectifiers for high power multilevel inverter fed drives, in *Proceedings of the Power Electronics Congress,* 2004, CIEP 2004, pp. 9–14.

2. H. Kohlmeier, O. Niermeyer, and D. Schroder, High dynamic four quadrant AC-motor drive with improved power-factor and on-line optimized pulse pattern with PROMC, in *Proceedings of the EPE Conference*, Brussels, Belgium, 1985, pp. 3.173–3.178.

3. R. Teichmann, M. Malinowski, and S. Bernet, Evaluation of three-level rectifiers for low voltage utility applications, *IEEE Transactions on Industrial Electronics*, 52(2), 471–482, April 2005.

4. M. Malinowski, Sensorless control strategies for three-phase PWM rectifiers, PhD thesis, Warsaw University of Technology, Warsaw, Poland, 2001.

5. M. P. Kazmierkowski, R. Krishnan, and F. Blaabjerg, *Control in Power Electronics*, Academic Press, San Diego, CA/London, U.K., 2002.

6. S. Hansen, M. Malinowski, F. Blaabjerg, and M. P. Kazmierkowski, Control strategies for PWM rectifiers without line voltage sensors, in *Proceedings of the IEEE-APEC Conference*, Vol. 2, New Orleans, LA, 2000, pp. 832–839.

7. T. Noguchi, H. Tomiki, S. Kondo, and I. Takahashi, Direct Power Control of PWM converter without power-source voltage sensors, *IEEE Transactions on Industry Application*, 34(3), 1998, pp. 473–479.

8. T. Ohnishi, Three-phase PWM converter/inverter by means of instantaneous active and reactive power control, in *Proceedings of the IEEE-IECON Conference*, Krobe, Japan, 1991, pp. 819–824.

9. B. T. Ooi, J. W. Dixon, A. B. Kulkarni, and M. Nishimoto, An integrated AC drive system using a controlled current PWM rectifier/inverter link, in *Proceedings of the IEEE-PESC Conference*, Vancouver, Canada, 1986, pp. 494–501.

10. M. P. Kazmierkowski and L. Malesani, Current control techniques for three-phase voltage-source PWM converters: A survey, *IEEE Transactions on Industrial Electronics*, 45(5), 691–703, 1998.

11. M. Malinowski, M. P. Kaźmierkowski, S. Hansen, F. Blaabjerg, and G. D. Marques, Virtual flux based direct power control of three-phase PWM rectifiers, *IEEE Transactions on Industry Applications*, 37(4), 1019–1027, 2001.

12. M. Weinhold, A new control scheme for optimal operation of a three-phase voltage dc link PWM converter, in *Proceedings of the PCIM Conference*, Nurberg, Germany, 1991, pp. 371–383.

13. M. Malinowski, M. Jasinski, and M. P. Kaźmierkowski, Simple direct power control of three-phase PWM rectifier using space-vector modulation (DPC-SVM), *IEEE Transactions on Industrial Electronics*, 51(2), 447–454, April 2004.

14. V. Blasko and V. Kaura, A new mathematical model and control of a three-phase AC-DC voltage source converter, *IEEE Transactions on Power Electronics*, 12(1), 116–122, January 1997.

15. T. Ohnuki, O. Miyashida, P. Lataire, and G. Maggetto, A three-phase PWM rectifier without voltage sensors, in *Proceedings of the EPE Conference*, Trondheim, Norway, 1997, pp. 2.881–2.886.

16. H. Akagi, Y. Kanazawa, and A. Nabae, Instantaneous reactive power compensators comprising switching devices without energy storage components, *IEEE Transactions on Industry Applications*, 20(3), 625–630, May/June 1984.

17. M. Malinowski and M. P. Kaźmierkowski, Simple direct power control of three-phase PWM rectifier using space vector modulation—A comparative study, *EPE Journal*, 13(2), 28–34, 2003.

18. M. Liserre, F. Blaabjerg, and S. Hansen, Design and control of an LCL-filter based three-phase active rectifier, in *Industry Applications Conference (IAS'01)*, Vol. 1, Chicago, IL, 2001, pp. 299–307.

19. V. Blasko and V. Kaura, A novel control to actively damp resonance in input LC filter of a three phase voltage source converter, in *Eleventh Annual Applied Power Electronics Conference and Exposition (APEC'96), Conference Proceedings*, Vol. 2, San Jose, CA, March 3–7, 1996, pp. 545–551.

20. P. K. Dahono, A control method for DC-DC converter that has an LCL output filter based on new virtual capacitor and resistor concepts, in *IEEE 35th Annual Power Electronics Specialists Conference (PESC '04)*, Vol. 1, Aachen, Germany, June 20–25, 2004, pp. 36–42.

21. M. Liserre, A. Dell'Aquila, and F. Blaabjerg, Genetic algorithm-based design of the active damping for an LCL-filter three-phase active rectifier, *IEEE Transactions on Power Electronics*, 19(1), 76–86, January 2004.

22. M. Malinowski and S. Bernet, A simple voltage sensorless active damping scheme for three-phase PWM converters with an *LCL* filter, *IEEE Transactions on Industrial Electronics*, 55(4), 1876–1880, April 2008.

第 12 章 AC‒DC 三相/三开关/三电平 PWM 升压变换器：设计、建模与控制

12.1 引言

AC‒DC 系列变换器构成了电网和负载之间的接口电路。单相或三相有源整流器是人们熟知的变换器。它们对公用电网与负载之间的能量传输控制起着重要作用。随着对电网公共耦合点的电能质量要求的不断提高，现在需要（AC‒DC）变换器来实现不同的任务，如提供高输入功率因数，减少线电流畸变[1-3]，固定输出电压，以及对负载和电网不平衡电压的鲁棒性。为满足这些要求，已开展了多种拓扑结构的研究[4-6]。在这些结构中，可以回顾图 12-1 所示的六开关整流器，这是双向功率流应用中最常用的拓扑结构[7,8]。其特点是输入功率因数和直流电压调节方面性能高，但是需要大量硬开关器件，产生相对较高功率损耗，因此效率相对较低。在一定程度上，这种拓扑结构在双向功率流应用中没有竞争对手。

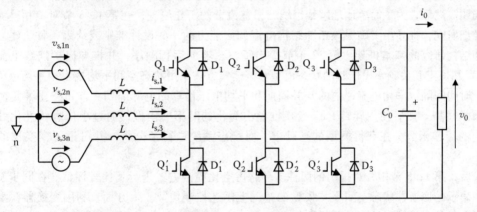

图 12-1 六开关整流器

对于单向功率流应用，用于设计高功率因数三相整流器的另一种方案是利用电流注入原理（见图 12-2）。在这种情况下，整流器将是三个模块的组合：嵌入整流过程的普通二极管电桥，用于电流波形整形和直流电压调节的调制电路，以及注入电路其主要作用是补偿间歇性，从而避免线电流波形的不规则[9-24]。大多数整流器是由双升压电路和无源注入电路组成的有源调制电路，例如耦合电感、变压器和在三次谐波下调谐的串联电感 ‒ 电容连接，然而它们体积庞大、额外费用高和功率损耗高。为了提高电流注入整流器的效率和功率密度，提出一种有源注入式电路拓扑结构，由三相星形联结的四象限开关构成[19]。然而，这种结构的可靠性会受到三相电压源轻微不平衡的影响。

本章专门研究了一种高功率因数三相/三开关/三电平脉宽调制（PWM）升压整流器，其功

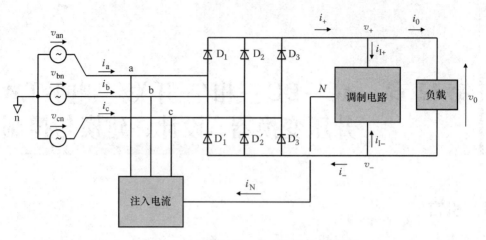

图 12-2　三相电流注入整流器的基本结构

能强大、结构简单、具有发展前景[25,26]。电力电子研究人员和工程师对该整流器表现出很高的兴趣，并且越来越多地用于具有低谐波畸变整流要求的单向中等功率应用中。除了其拓扑优点即高频有源开关、高效率、低设计成本和低电压应力以外，该变换器也以其控制复杂度低以及控制系统设计和实现容易而为人所知[27,28]。采用传统或现代控制方法对这种变换器的设计、建模和控制进行了大量的工作，以提高其在电流畸变、直流电压调节、暂态特性、功率密度、效率、成本和对外部干扰的可靠性和鲁棒性等方面的性能[29-37]。

本章分为四个部分。首先，在第 12.2 节中讨论恒定开关频率的开关模式变换器建模的一些基本问题。然后，为了简单地理解维也纳三相整流器的工作原理，在第 12.3 节对单相整流器进行了详细研究，推导出了确保该拓扑结构电流调制能力的一些设计准则或约束条件，建立了三相拓扑结构研究的基本框架。第 12.4 节提出了整流器的运行顺序，并推导出了连续电流模式（CCM）和恒定开关频率操作时的状态模型。该建模方法采用状态空间平均技术，平均过程应用于两个时间间隔：平均电流评估的开关周期和平均电压计算的电源周期。首先建立了变换器的基本数学模型。然后使用旋转 Park 变换推导出简化的时不变模型，通过小信号线性化处理计算相应的传递函数。在获得模型的基础上，对稳态系统进行了分析，并讨论了变换器的设计准则。

最后，第 12.5 节中，对提出的两种多环路占空比控制方案进行了比较评估。在同步旋转坐标系中表示的变换器状态空间平均模型的基础上阐述控制规律。一方面，利用变换器模型的小信号传递函数来设计线性调节器的控制方案，其在适当的稳态工作点附近线性化。另一方面，为了满足与线性控制系统相同的要求，还设计了一种采用输入 - 输出反馈线性化方法的非线性控制方案。为了便于比较，两种控制方案都使用 MATLAB 的 Simulink 工具实现数值计算的，并进行了仿真实验，以测试和验证每个控制规律的跟踪和调节性能，以及它们对负载或电源扰动的鲁棒性。在相同工作条件下，根据线电流总谐波畸变率（THD）和直流电压调节，对两种控制规律的性能进行了分析比较。

12.2　开关模式变换器建模技术概述

对于学术界和工业界来说，越来越需要可靠的功率变换器的数值模型，因此需要将广泛使用的变换器用高度精确的数学表示来阐述。在许多方面强调了这种虚拟模型的实用性。更具体地说，它们可以实现以下功能：

① 良好调谐控制系统的系统设计，可改善变换器的时间响应。

② 对运行状况的评估以及变换器静态和动态性能的分析。

③ 更好地选择系统参数和组件。

④ 快速仿真，使这些模型适合于实时应用，如硬件在环（HIL）和功率硬件在环（PHIL）技术，广泛应用于工业中，再将硬件控制器集成到实际设备之前测试硬件控制器。

⑤ 无须开发一个真实的实验室原型，因为这样做既费钱又费时费力。

三种建模技术已经用于表示开关模式功率转换器。第一种方法是电路平均法[38]，它是基于应用 N 状态变换器的拓扑操作。更具体地说，根据其在变换器电路中的拓扑位置，利用受控源电压或受控源电流来替换每个半导体。

第二种方法涉及状态空间平均法，这是一种基于变换器的不同状态表示的分析操作[39,40]。它首先确定电路的每种可能配置的线性状态模型，然后通过加权将所有这些基本模型组合成单个和统一模型。其中，权重表示所有可能配置发生的程度。

就低频建模而言，上述两种技术都非常相似，并具有相同的结果。这两种技术是非常简单可用的，只要变换器的所需行为被限制到低频区域，例如，它们可以很好地用于控制器设计[41-43]。另一方面，它们没有提供引起高频现象的相关信息。因此，它们对于电磁兼容性分析没有任何可信度。尽管它们的适用性有很大的限制，但是这些方法为模拟功率变换器提供了简单和省时的工具。它们还允许对这些变换器进行实时分析，在学术和研究领域被广泛推荐。

第三种方法是基于开关函数概念[44,45]。虽然它比平均技术更复杂和耗时，但是这种方法没有忽略高频运行机制。因此，一方面研究了开关现象对变换器变量波形的影响变量，另一方面，它也能够分析变换器的电磁兼容性。

本节描述了应用于恒定开关频率工作的普通单相升压型全桥AC – DC 电力变换器的三种建模方法。变换器的拓扑结构如图 12-3 所示。它由两个逆变器桥臂组成，在 AC 侧带有电流平滑电感器，在 DC 侧带有滤波电容器。电压源假设为理想的正弦波。直流负载是纯电阻。属于同一桥臂的上、下开关互补控制。门信号由恒定开关频率工作的

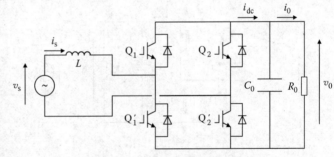

图 12-3 单相升压型全桥整流器

PWM 载波电路来传递。直流电压是可控的，假设高于交流电源电压峰值。在这种情况下，可以在整个电源周期内保持电源电流波形整形的能力。

12.2.1 平均建模技术

平均建模技术主要是在开关周期内以其平均值替换所有系统变量，并忽略其高频分量。它们特别适用于以连续模式工作的高开关频率变换器，其中可以假设所有电容电压和电感电流的时间变化在开关周期内具有恒定的斜率，甚至可以忽略不计。在这种情况下，描述采用平均或低频模型的变换器数学模型是非常简单直接的。值得注意的是，这些技术可以应用于不连续模式的情况[46]，但是所得到的模型通常呈高度非线性，不适用于控制设计。有两种策略用于推导恒定频率变换器的平均模型，如下描述。

12. 2. 1. 1 电路平均技术

电路平均法[38]是基于应用于 N 配置变换器的拓扑操作。更具体地说，通过受控源电压或受控源电流来替换每个半导体或半导体组件，取决于其在变换器电路中的拓扑位置。由 x_i（$i = 1, 2, \cdots, N$）表示，变量 x（可能是在变换器中的任意开关或开关组件中的电压或电流）是第 i 个配置的取值。并且用 d_i 表示在开关周期 T_s 中的该配置的发生程度，电路平均方法将瞬时变量 x 替换为在 T_s 内的平均值：

$$x \to \sum_{i=1}^{N} d_i x_i \tag{12-1}$$

为了说明这一技术，我们将其应用于图 12-3 的升压整流器。在需要改善功率因数的大多数应用中，该拓扑以连续模式工作，因此仅呈现两种配置：第一种配置中开关 Q_1 和 Q_2' 导通（见图 12-4a），第二个配置中 Q_1' 和 Q_2 导通（见图 12-4b）。无论开关的状态如何，电源电流 i_s 和直流电压 v_0 的时变规律由下列公式给出：

$$L\frac{di_s}{dt} = v_s - v_{AB}$$

$$C_0\frac{dv_0}{dt} + \frac{v_0}{R_0} = i_{dc} \tag{12-2}$$

式中，v_s 表示电源电压；v_{AB} 表示整流器 AC 侧的电压；i_{dc} 表示在整流器直流侧传递的电流；R_0 表示电阻。

在下文中，在开关频率处，负载侧输出电容器的电压纹波和输入侧电感的电流纹波被忽略。这种假设可通过适当选择电抗元件来实现。在这种情况下，在每个配置中，整流器输入电压 v_{AB} 和输出电流 i_{dc} 的值几乎是恒定的；在 $d_1 T_s$ 中它们分别等于 v_0 和 i_s，其中，d_1 表示开关 Q_1 的占空比，它们在开关周期剩余时间为（$-v_0$）和（$-i_s$）。

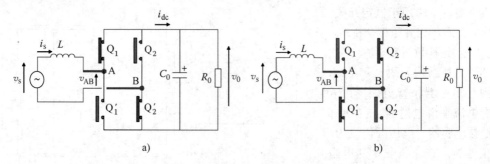

图 12-4　电路配置

a) Q_1 和 Q_2' 导通　b) Q_1' 和 Q_2 导通

将电路平均技术应用于变换器意味着将 v_{AB} 和 i_{dc} 的瞬时值替换为在开关周期 T_s（见图 12-5）中计算的平均值。可以表示为

$$v_{AB} = (2d_1 - 1)v_0$$
$$i_{dc} = (2d_1 - 1)i_s \tag{12-3}$$

将 v_{AB} 和 i_{dc} 的平均表达式（12-3）代入式（12-2），得到一个单输入双输出双线性系统：

$$L\frac{di_s}{dt} = v_s - (2d_1 - 1)v_0$$

$$C_0\frac{dv_0}{dt} + \frac{v_0}{R_0} = (2d_1 - 1)i_s \tag{12-4}$$

在控制系统视图中，占空比 d_1 被认为是控制输入量，v_0 和 i_s 是状态变量，v_s 是扰动信号。需注意的是，在系统式（12-4）中，仅考虑变量的低频分量（小于开关频率 f_s），忽略了频率高于 f_s 的谐波。

　　应用于升压整流器的电路平均技术如图 12-5 所示。可以用理想变压器方便地表示源和负载之间的耦合。可以用变压器一次侧或二次侧电路上的元件来代替变压器。如图 12-5 所示，得到具有最少部件数量的最终等效电路。上述建模方法非常简单可用，只要变换器的期望行为被限制在低频区域。例如，它可以用于控制器设计[41-43]。另一方面，它不提供引起高频现象的相关信息，因此，对电磁兼容性分析没有可信度。此外，从示例中可以注意到，对于给定拓扑，这种方法的复杂性随着开关或开关组件的数量增加而显著增加。因此，其应用通常限于具有开关数量少的简单拓扑。

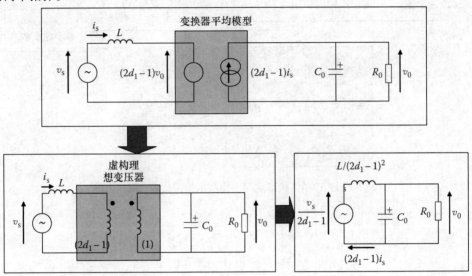

图 12-5　应用于升压整流器的电路平均技术

12. 2. 1. 2　状态空间平均技术

　　状态空间平均法[39,40]是基于使用变换器的不同状态表示的分析操作。图 12-6 对于 N 种状态变换器进行了总结，其中 x 表示状态矢量，y 表示输出矢量，v 表示扰动矢量。该建模技术首先确定电路的每个可能配置的线性状态模型，然后通过加权，将所有这些基本模型组合成单个和统一模型。权重表示所有可能配置发生的可能性。

　　例如，我们再次考虑图 12-3 所示的升压整流器的连续模式运行。回想一下，这种拓扑结构具有两种稳定的配置，如图 12-4a 和 b 所示。第一种配置（见图 12-4a）可以由以下状态空间模型表示：

$$\dot{x} = A_1 x + E_1 \nu_s \qquad (12-5)$$

式中，$x = [i_s, v_0]^T$ 是状态矢量；A_1 是状态矩阵；E_1 是扰动矩阵，表示为

$$A_1 = \begin{bmatrix} 0 & -\dfrac{1}{L} \\ \dfrac{1}{C_0} & -\dfrac{1}{R_0 C_0} \end{bmatrix} \quad 和 \quad E_1 = \begin{bmatrix} \dfrac{1}{L} \\ 0 \end{bmatrix}$$

第二种配置（见图 12-4b）在状态空间中表示为

$$\dot{x} = A_2 x + E_2 \nu_s \qquad (12-6)$$

式中

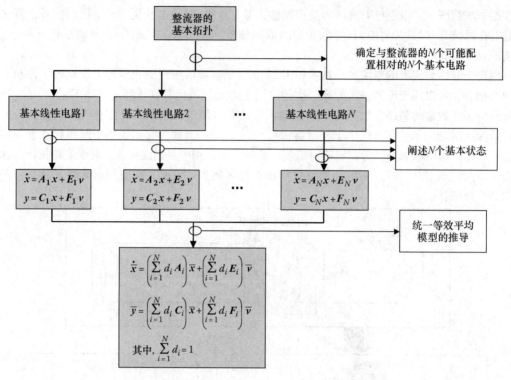

图 12-6 状态空间平均技术的图形表示

$$A_2 = \begin{bmatrix} 0 & \dfrac{1}{L} \\ -\dfrac{1}{C_0} & -\dfrac{1}{R_0 C_0} \end{bmatrix}, \ E_2 = \begin{bmatrix} \dfrac{1}{L} \\ 0 \end{bmatrix} = E_1$$

通过 d_1 表示开关 Q_1 的占空比，得到升压变换器的状态空间平均模型，表示为

$$\dot{x} = Ax + E\nu_s \tag{12-7}$$

式中

$$A = d_1 A_1 + (1 - d_1) A_2 = \begin{bmatrix} 0 & -\dfrac{2d_1 - 1}{L} \\ \dfrac{2d_1 - 1}{C_0} & -\dfrac{1}{R_0 C_0} \end{bmatrix} \tag{12-8}$$

并且

$$E = d_1 E_1 + (1 - d_1) E_2 = E_1 = E_2 = \begin{bmatrix} \dfrac{1}{L} \\ 0 \end{bmatrix} \tag{12-9}$$

可以注意到，式（12-7）与由电路平均法给出的式（12-4）等效。就低频建模而言，这两种技术非常相似，结果相同。再次，由于采用平均法处理，不可能进行开关频率下的运行机制的研究。然而，由于其系统特征，状态空间平均技术认为比电路平均法更受欢迎，这使得它可以容易地扩展到更复杂的拓扑中。

12.2.2 开关函数建模技术

与以前的平均法不同，该建模方法为变换器提供了一个状态表示，在整个频率范围内都是有效的。因此，在建模过程中，考虑了主电源（低）频率和开关（高）频率下的两种工作机制，这使得该方法更加准确，更适合于计算机仿真，特别是实时应用。

这种建模技术是与一个开关或开关组件相关联的开关函数的应用，根据这些开关状态给出二进制值。回顾图 12-3 的升压整流器的示例，并将开关 Q_1 的开关函数 s_1 定义为

$$s_1 = \begin{cases} 1, & \text{当 } Q_1 \text{ 导通} \\ 0, & \text{当 } Q_1 \text{ 关断} \end{cases} \tag{12-10}$$

我们可以设置

$$v_{AB} = (s_1 - \bar{s}_1)v_0$$
$$i_{dc} = (s_1 - \bar{s}_1)i_s \tag{12-11}$$

式中，$\bar{s}_1$ 表示 s_1 的逻辑补码。将表达式（12-11）代入式（12-2）得到

$$L\frac{di_s}{dt} = v_s - (s_1 - \bar{s}_1)v_0$$

$$C_0\frac{dv_0}{dt} + \frac{v_0}{R_0} = (s_1 - \bar{s}_1)i_s \tag{12-12}$$

注意，式（12-12）比式（12-4）或式（12-7）给出的模型更通用。实际上，通过用开关周期 T_s 中的平均值 d_1 和（$1 - d_1$）替换开关函数 s_1 及其补码 $\bar{s}_1$，式（12-4）和式（12-7）可以从式（12-12）直接获得。因此，与式（12-4）和式（12-7）不同，式（12-12）除了考虑变换器的平均或低频特性，还可以考虑开关过程对系统的影响。

12.3　基本拓扑研究：单相、单开关、三电平变换器

为了更好地理解三相/三开关/三电平（或维也纳）变换器控制的工作原理和规律，在开始阶段，只考虑这种拓扑的简单单相结构，并推导出其方程式，这是非常方便的，首先是得到与其器件变量相关的一些设计特征和约束，然后再对其性能和限制进行评估。

单相、单开关、三电平升压变换器如图 12-7 所示。Q 是一个四象限开关，要求具备电源双极性产生的电流和电压的可逆性。事实上，如图 12-8 所示，该整流器可以看作是在电源电压或电流的正或负半波期间以互补方式工作的两个 DC–DC 升压变换器的连接。两个晶体管组合在一起形成四象限开关。在变换器的正常操作下，总的直流输出电压 v_0 在分立电容上等分（即 $v_{0,h} \approx v_{0,l} \approx v_0/2$）。这种电压平衡以及总电压电平可以通过适当设计的反馈控制方案进行调整。电阻器 $R_{0,h}$ 和 $R_{0,l}$ 分别表示连接到每个输出电容器的上、下直流负载。如果 $R_{0,h} = R_{0,l}$，则负载是平衡的。

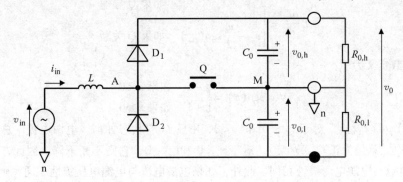

图 12-7　单相、单开关、三电平升压变换器

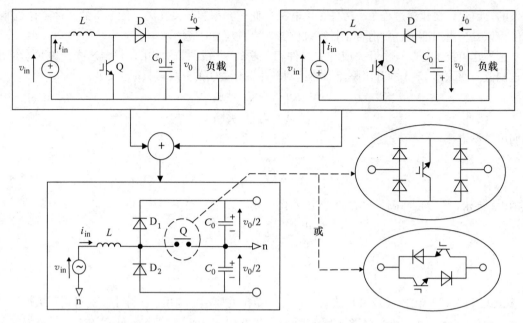

图 12-8　两个互补 DC – DC 升压变换器连接的变换器设计

图 12-7 中的变换器是一个双象限变换器，只有当电源电压和电流具有相同的极性（两者都是正或负）时，它才能正常工作，如下所述。因此，功率流总是单向的，从 AC 电源传输到 DC 负载。而且，这种拓扑结构可适用于单相应用中的功率因数的提高，这里 AC 侧电压和电流需要成比例变化（它们的正弦波具有零相位裕度），但它不适用于功率调节或补偿，因为在这些特定应用中，转换器中的功率流的双向性是强制性的。

在功率因数校正应用中，电源电流 i_{in} 应跟踪平均正弦波形，并与电源电压 v_{in} 成正比。因此，可以假设如果恰当地选择控制算法，并且适当地选择电感来降低电源电流中的高频纹波，除了电源电压或电流的过零点附近局部/区域，则变换器将在电感 CCM 下工作，该区域可能产生不连续电流模式（DCM）。实际上由于这些时间间隔与电源周期相比可以忽略不计，特别是在中等和大负载下，所以在研究中只考虑 CCM 操作，而变换器只有三种可能的配置，这取决于主开关 Q 的状态和电源电流 i_{in} 的符号，如图 12-9 所示。

根据这些考虑，输入电流变化由以下状态方程决定：

$$L\frac{di_{in}}{dt} = \begin{cases} v_{in} & \text{如果 Q 导通} \\ v_{in} - \dfrac{v_0}{2}\text{sgn}(i_{in}) & \text{如果 Q 关断} \end{cases} \tag{12-13}$$

式中，sgn 函数定义为

$$\forall x, \text{sgn}(x) = \begin{cases} -1 & \text{如果 } x < 0 \\ +1 & \text{如果 } x \geqslant 0 \end{cases} \tag{12-14}$$

从式（12-13）可以看出，对于 $v_{in} > 0$ 和 $i_{in} < 0$，不管 Q 的状态如何，电源电流 i_{in} 总是会增加的（注意输出电压 v_0 总是为正）。类似地，对于 $v_{in} < 0$ 和 $i_{in} > 0$，它则不断下降。因此，在这两种情况下，电源电流与电源电压极性相同。此外，如果电源电流与电源电压极性不同，则电源电流不能被调制，因此它不具有跟踪能力。换句话说，为了确保电流的调制能力，变换器只能在两个象限中运行，其中 v_{in} 和 i_{in} 都是正的或都是负的。因此，瞬时输入功率 $p_{in} = v_{in}i_{in}$ 应始终为正，这限制了对不需要具有双向有功功率流的应用拓扑结构的使用。

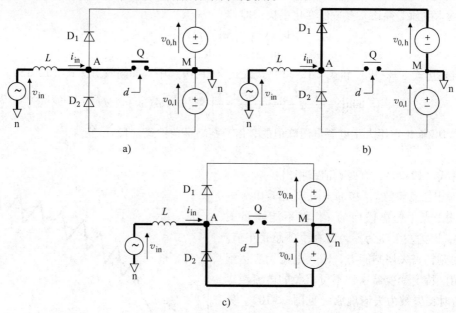

图 12-9　CCM 工作时整流器的可能配置

a) Q 导通　b) Q 关断且 $i_{in} > 0$　c) Q 关断且 $i_{in} < 0$

　　保持电流调制能力的另一个条件是选择合适的 v_0 值，每当主开关 Q 改变其状态时，使电流斜率（di_{in}/dt）的符号发生变化，表示为

$$v_0 > 2v_{in}(t)，\forall t \tag{12-15}$$

任意大于输入电压峰值两倍的直流输出电压值在理论上很容易地得到。

　　另一方面，根据 Q 的状态和 i_{in} 的符号，二极管 D_1 的阳极电位（图 12-9 中的 A 点）具有三个可能的值：0、$v_0/2$ 和 $-v_0/2$。因此，这种拓扑通常被称为三电平装置。用同样的概念，对三相/三开关/三电平（或维也纳）变换器进行描述，这将在后面进行研究。如何执行电流跟踪，如何得到单位功率因数，以及如何考虑相应的限制和设计标准，为了更详细地分析这些内容我们首先考虑一个理想的电源电压，表示为

$$v_{in}(t) = \hat{v}_{in}\sin(\omega t)，\forall t \tag{12-16}$$

式中，$\hat{v}_{in}$ 是电源电压的峰值；ω 是角频率；t 是时间变量。

　　为了获得单位功率因数的运算，输入电流 i_{in} 应跟踪一个与 v_{in} 成比例的平均参考值 i_{in}^*，即

$$i_{in}^*(t) = \hat{i}_{in}^*\sin(\omega t)，\forall t \tag{12-17}$$

为了对控制系统进行合理设计，以确保电流跟踪性能，实际输入电流 i_{in} 经过有限的过渡过程之后向其参考 i_{in}^* 收敛。在这种情况下，在 0 和 π/ω 之间的第一个正半波期间，输入电流 i_{in} 总是为正，式（12-13）变为

$$L\frac{di_{in}}{dt} = \begin{cases} v_{in} & \text{如果 Q 导通} \\ v_{in} - \dfrac{v_0}{2} & \text{如果 Q 关断} \end{cases} \tag{12-18}$$

为了保持电流的调制能力，使输入电流跟踪其平均参考值，必须同时满足以下两个条件：

　　① 在主开关 Q 每次换向时，输入电流斜率的符号必须发生改变；通过式（12-16）看出在

$0 \sim \pi/\omega$ 之间，v_{in} 取正值产生条件约束公式（12-15）。

② 输入电流必须比其参考值变化更快，即

$$\left|\frac{di_{in}(t)}{dt}\right| > \left|\frac{di_{in}^{*}(t)}{dt}\right|, \forall t \tag{12-19}$$

或将表达式（12-17）和式（12-18）代入式（12-19）中，并同时考虑式（12-15），得到

$$\min\left(\frac{v_{in}(t)}{L}, \frac{(v_0/2) - v_{in}(t)}{L}\right) > \hat{i}_{in}^{*}\omega|\cos(\omega t)|, \forall t \tag{12-20}$$

如果选择 DC 输出电压大于电源电压峰值的 2 倍，则满足条件式（12-15），即

$$v_0 > 2\hat{v}_{in} \tag{12-21}$$

关于条件式（12-20），有两点值得指出：

① 对于任意整数 k，在 $\omega t = k\pi$ 处出现电源电压 v_{in} 的过零点，选择任何的 L，都不能满足式（12-20），因为左手项为零，而右手项总是正值。在这些时刻，丧失调制能力，输入电流无法达到其参考值。特定变换器这种不可避免的电流跟踪能力的暂时丧失被为失谐现象（见图 12-10）。失谐角 γ 表示电源电压每次过零点之后失谐现象持续时间，可以很容易地计算出来，表示为

$$\gamma = 2\arctan\left(\frac{L\hat{\omega}i_{in}^{*}}{\hat{v}_{in}}\right) \tag{12-22}$$

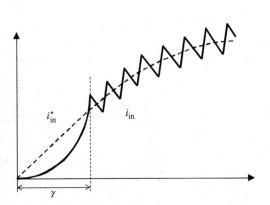

图 12-10　变换器的失谐现象

角度 γ 的限制为交流电感 L 的设计提供了准则，即

$$L \leqslant \frac{\hat{v}_{in}}{\hat{i}_{in}^{*}\omega}\tan\left(\frac{\gamma_M}{2}\right) \tag{12-23}$$

式中，γ_M 表示 γ 的最大允许值。

② 在失谐区域外，式（12-20）可以简化为

$$L < \frac{\hat{v}_{in}}{\hat{i}_{in}^{*}\omega} \tag{12-24}$$

假设

$$v_0 > 2\hat{v}_{in}(1 + \sin\gamma) \tag{12-25}$$

或者

$$v_0 > 2\hat{v}_{in}\left(1 + \frac{2L\omega\,\hat{i}_{in}^{*}\hat{v}_{in}}{\hat{v}_{in}^2 + (L\omega\,\hat{i}_{in}^{*})^2}\right) \tag{12-26}$$

通过控制环路适当地调整 v_0，可以很容易地满足以上要求。注意，在实际上，失谐角 γ 相对较小。例如，如果电源电压 RMS 值为 120V，则负载功率为 1kW，电源频率为 60Hz，则电感值为 4mH，失谐角度约为 12°或 $\pi/15$rad，对应于电源半个周期的 6.7%。与式（12-21）给出的限制相比，在这种情况下，由式（12-25）式或式（12-26）设定的直流输出电压允许的最小值增加了 21%。

在电感设计中考虑的另一个约束条件是在开关频率下的输入电流的限制。图 12-11 显示了在电源电压正半周的一个开关周期 T_s 内的输入电流的变化，其中假定式（12-25）始终成立。变换

器以恒定开关频率（通过载波 PWM）工作，并且相对于电源周期开关周期太小，电流参考值 $i_{in}*$ 的斜率认为是恒定的。输入电流的高频纹波可以表示为

$$\Delta i_{in} = d T_s (\tan\beta - \tan\alpha) \qquad (12\text{-}27)$$

或者

$$\Delta i_{in} = (1 - d) T_s (\tan\delta + \tan\alpha) \qquad (12\text{-}28)$$

式中，d 表示占空比，并且

$$\tan\alpha = \frac{di_{in}^*}{dt}, \quad \tan\beta = \frac{v_{in}}{L}, \quad \tan\delta = \frac{(v_0/2) - v_{in}}{L}$$

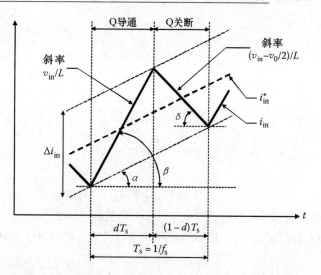

图 12-11　电源电压正半周期内一个开关周期内的输入电流

结合式（12-27）与式（12-28）可得

$$d(t) = \frac{\tan\alpha + \tan\delta}{\tan\beta + \tan\delta} = 1 - 2\frac{v_{in} - L di_{in}^*/dt}{v_0} \qquad (12\text{-}29)$$

和

$$\Delta i_{in}(t) = \frac{2}{L f_s} \frac{(v_0/2 - v_{in} + L di_{in}^*/dt)(v_{in} - L di_{in}^*/dt)}{v_0} \qquad (12\text{-}30)$$

当满足下式时电流纹波具有最大值：

$$v_{in} - L\frac{di_{in}^*}{dt} = \frac{v_0}{4} \qquad (12\text{-}31)$$

即

$$\omega t = \arcsin\left[\frac{v_0}{4\sqrt{\hat{v}_{in}^2 + (L\omega\, \hat{i}_{in}^*)^2}}\right] + \frac{\gamma}{2} \qquad (12\text{-}32)$$

我们把式（12-31）或式（12-32）代入式（12-30），可得

$$(\Delta i_{in})_{max} = \frac{v_0}{8 L f_s} \qquad (12\text{-}33)$$

小于 $(\Delta i_{in})_{admissible}$，可得

$$L > \frac{v_0}{8 f_s (\Delta i_{in})_{admissible}} \qquad (12\text{-}34)$$

最后，为了保证高品质的电流跟踪，以及容易地减小电源电流的高频纹波，L 值的选择应满足式（12-23）、式（12-24）、式（12-34），即

$$\frac{v_0}{8 f_s (\Delta i_{in})_{admissble}} < L \leqslant \frac{\hat{v}_{in}}{\hat{i}_{in}^* \omega}\tan\left(\frac{\gamma_M}{2}\right) \qquad (12\text{-}35)$$

考虑到在实践中，选择 γ_M 远小于 $\pi/2$。

选择具有公共值 C_0 的分离直流电容的标准是从变换器的平均模型中推导出的。假设以恒定开关频率工作，其中开关门极信号由载波 PWM 控制器产生，当两个电阻负载施加到两个输出电容器上时，变换器的平均模型如下所示（见图 12-7）：

$$L\frac{d\bar{i}_{in}}{dt} = \begin{cases} \bar{v}_{in} - (1 - d)\bar{v}_{0,h} & \text{如果 } \bar{i}_{in} > 0 \\ \bar{v}_{in} + (1 - d)\bar{v}_{0,l} & \text{如果 } \bar{i}_{in} < 0 \end{cases} \qquad (12\text{-}36a)$$

$$C_0 \frac{\mathrm{d}\bar{v}_{0,\mathrm{h}}}{\mathrm{d}t} = \begin{cases} (1-d)\bar{i}_{\mathrm{in}} - \dfrac{\bar{v}_{0,\mathrm{h}}}{R_{0,\mathrm{h}}} & \text{如果 } \bar{i}_{\mathrm{in}} > 0 \\[3mm] -\dfrac{\bar{v}_{0,\mathrm{h}}}{R_{0,\mathrm{h}}} & \text{如果 } \bar{i}_{\mathrm{in}} < 0 \end{cases} \quad (12\text{-}36\mathrm{b})$$

$$C_0 \frac{\mathrm{d}\bar{v}_{0,\mathrm{l}}}{\mathrm{d}t} = \begin{cases} -\dfrac{\bar{v}_{0,\mathrm{l}}}{R_{0,\mathrm{l}}} & \text{如果 } \bar{i}_{\mathrm{in}} > 0 \\[3mm] -(1-d)\bar{i}_{\mathrm{in}} - \bar{v}_{\mathrm{in}} - \dfrac{\bar{v}_{0,\mathrm{l}}}{R_{0,\mathrm{l}}} & \text{如果 } \bar{i}_{\mathrm{in}} < 0 \end{cases} \quad (12\text{-}36\mathrm{c})$$

$\bar{v}_{\mathrm{in}}$、$\bar{i}_{\mathrm{in}}$、$\bar{v}_{0,\mathrm{h}}$、$\bar{v}_{0,\mathrm{l}}$ 分别表示电源电压、电源电流、上部分直流电压和下部分直流电压在一个开关周期上取得的平均值。对于平衡负载（即 $R_{0,\mathrm{h}} = R_{0,\mathrm{l}} = R_0$），且已知 $\bar{v}_0 = \bar{v}_{0,\mathrm{h}} + \bar{v}_{0,\mathrm{l}}$，$\bar{v}_0$ 作为总平均直流电压，式（12-36b）和式（12-36c）可以组合成

$$C_0 \frac{\mathrm{d}\bar{v}_0}{\mathrm{d}t} = \begin{cases} (1-d)\bar{i}_{\mathrm{in}} - \dfrac{\bar{v}_0}{R_0} & \text{如果 } \bar{i}_{\mathrm{in}} > 0 \\[3mm] -(1-d)\bar{i}_{\mathrm{in}} - \dfrac{\bar{v}_0}{R_0} & \text{如果 } \bar{i}_{\mathrm{in}} < 0 \end{cases} \quad (12\text{-}36\mathrm{d})$$

在固定的限制性条件下，$\bar{i}_{\mathrm{in}}$ 跟踪其参考值 i_{in}^*，并且总平均输出电压 v_0 等于期望的常数值 V_0。因此，通过将式（12-16）和式（12-17）代入式（12-36a）中，得到占空比的表达式，表示为

$$d = \begin{cases} 1 - 2\dfrac{\hat{v}_{\mathrm{in}}\sin(\omega t) - L\omega\hat{i}_{\mathrm{in}}^*\cos(\omega t)}{V_0} & \left(0 < t < \dfrac{\pi}{\omega}\right) \\[3mm] 1 + 2\dfrac{\hat{v}_{\mathrm{in}}\sin(\omega t) - L\omega\hat{i}_{\mathrm{in}}^*\cos(\omega t)}{V_0} & \left(\dfrac{\pi}{\omega} < t < \dfrac{2\pi}{\omega}\right) \end{cases} \quad (12\text{-}37)$$

对于 $i_{\mathrm{in}} > 0$，其与式（12-29）类似。式（12-37）代入式（12-36d）可得

$$\bar{v}_0 = V_0 - \frac{V_0}{2R_0 C_0 \cos(\gamma/2)}\sin\left(2\omega t - \frac{\gamma}{2}\right) \quad (12\text{-}38)$$

然后推导出电压纹波，表示为

$$\rho_0 = \frac{\Delta \bar{v}_0}{V_0} = \frac{1}{R_0 C_0 \cos(\gamma/2)} \quad (12\text{-}39)$$

如果 $\rho_{0,\max}$ 是电压纹波的最大允许值，则 DC 电容的值应满足

$$C_0 > \frac{1}{R_0 \rho_{0,\max}\cos(\gamma/2)} \quad (12\text{-}40)$$

12.4 三相/三开关/三电平变换器的设计与平均建模

在本节中，从控制设计的角度出发，得到了以连续电流模式工作的三相/三开关/三电平恒定频率 PWM 变换器（或更简单的维也纳变换器）的简单数学模型。该模型描述了状态空间平均技术，通常应用于 PWM DC – DC 变换器建模问题[39,40]，并在第 12.2 节中进行了介绍。回想一下，只要变换器的输入和状态变量在时间上慢慢变化，这种建模方法就是非常有效的。此外，为了实现相同的目标，文献中已有其他建模技术，例如基于等效电路工作的平均技术[38]和基于傅里叶分析的建模方法[44]。尽管它们存在差异，但都有相同的变换器低频表示方式。

变换器首先获得的基本模型是非线性五阶时变系统，相应适当控制规律的制定和实现似乎非常困难。因此，为了简化最终的控制设计过程，通过应用以前的两个变换——Park 变换即三

轴/双轴坐标系变换[44],输入矢量非线性变换[32],得出了一个四阶时不变模型。最后,对其静态工作点周围的模型进行小信号线性化,以推导出相应的传递函数,在此基础上进行频域线性控制设计。

利用 MATLAB 和 Simulink 仿真工具,通过数值计算结果对所提出模型的可靠性进行了研究。使用开关函数方法集成了变换器的数字版本。模型参数显示,来跟踪其理论估计值。

12.4.1　三相/三开关/三电平变换器拓扑与运行

维也纳变换器方案如图 12-12a 所示。它由三个相同的桥臂组成,每个桥臂都有一个高频可控开关和六个二极管。这三个桥臂以相同的方式运行,但在时间上偏移 $2\pi/3$ 和 $4\pi/3$。从操作的角度来看,这种结构相当于图 12-12b 中给出的简化电路,后面将考虑变换器模型和控制方案的开发。该等效拓扑结构由与每相关联的三个单开关桥臂组成。Q_1、Q_2 和 Q_3 为四象限开关;控制它们以确保输入端线电流整形、直流电压调节和输出中性点电压稳定。为了简化分析,图 12-12b 的变换器可以看作是三个相同的双向升压变换器的连接,如图 12-13 中所示的第 1 相所示。注意,图 12-13 中给出的单相等效拓扑与图 12-7 类似。

参考图 12-13,我们可以写出第一相的等式:

$$v_{s,1n} = L\frac{\mathrm{d}i_{s,1}}{\mathrm{d}t} + v_{M,n} + v_{AM} \tag{12-41}$$

式中,$v_{s,1n}$ 为相电压;$i_{s,1}$ 为相电流;$v_{M,n}$ 为相对于电源中性点电压;v_{AM} 是开关电压,分别为定义上下输出电压 $v_{0,h}$ 和 $v_{0,1}$;表达式为

$$v_{AM} = \begin{cases} 0 & \text{如果 } Q_1 \text{ 导通} \\ v_{0,h} & \text{如果 } Q_1 \text{ 关断,且 } i_{s,1} > 0 \\ -v_{0,1} & \text{如果 } Q_1 \text{ 关断,且 } i_{s,1} < 0 \end{cases} \tag{12-42}$$

因此,我们可以将 v_{AM} 表达如下:

$$v_{AM} = (1 - s_1)\left[v_{0,h}\theta(i_{s,1}) - v_{0,1}\overline{\theta(i_{s,1})}\right] \tag{12-43}$$

式中,θ 是阈值函数;$\bar{\theta}$ 是 θ 的逻辑互补函数;s_1 是开关函数,表达式为

$$s_1 = \begin{cases} 0 & \text{如果 } Q_1 \text{ 关断} \\ 1 & \text{如果 } Q_1 \text{ 导通} \end{cases} \tag{12-44}$$

以同样的方式,我们可以写出其他两相的公式:

$$v_{s,2n} = L\frac{\mathrm{d}i_{s,2}}{\mathrm{d}t} + v_{M,n} + v_{BM} \tag{12-45}$$

和

$$v_{s,3n} = L\frac{\mathrm{d}i_{s,3}}{\mathrm{d}t} + v_{M,n} + v_{CM} \tag{12-46}$$

式中

$$v_{BM} = (1 - s_2)\left[v_{0,h}\theta(i_{s,2}) - v_{0,1}\overline{\theta(i_{s,2})}\right] \tag{12-47}$$

并且

$$v_{CM} = (1 - s_3)\left[v_{0,h}\theta(i_{s,3}) - v_{0,1}\overline{\theta(i_{s,3})}\right] \tag{12-48}$$

s_2 和 s_3 分别是对应于 Q_2 和 Q_3 的开关函数。

在带有平衡负载的标称稳态状态下,$v_{0,h}$ 和 $v_{0,1}$ 等于 $v_0/2$,其中 $v_0 = v_{0,h} + v_{0,1}$ 是总输出电压。因此,我们可以改写式(12-43)、式(12-47)和式(12-48),表示如下:

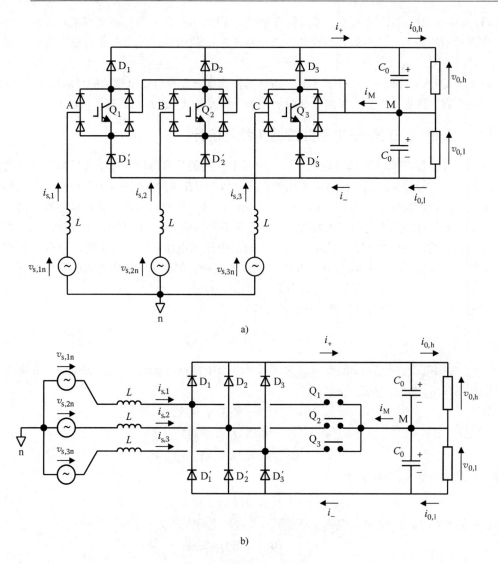

a)

b)

图 12-12　三相/三开关/三电平变换器

a）维也纳变换器　b）等效拓扑

$$v_{AM} \cong \frac{v_0}{2}\mathrm{sgn}(i_{s,1})(1-s_1)$$

$$(12\text{-}49a)$$

$$v_{BM} \cong \frac{v_0}{2}\mathrm{sgn}(i_{s,2})(1-s_2)$$

$$(12\text{-}49b)$$

$$V_{CM} \cong \frac{v_0}{2}\mathrm{sgn}(i_{s,3})(1-s_3)$$

$$(12\text{-}49c)$$

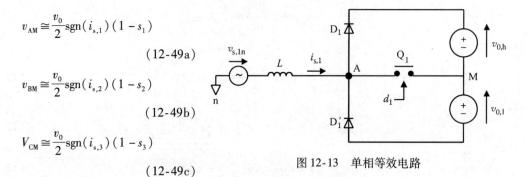

图 12-13　单相等效电路

式中，sgn 表示 signum（正负号）函数。

此外，假设电网电压是平衡正弦波，并且中性点断开，则遵循

$$v_{s,1n}(t)+v_{s,2n}(t)+v_{s,3n}(t)=0,\forall t$$

$$(12\text{-}50)$$

和

$$i_{s,1}(t) + i_{s,2}(t) + i_{s,3}(t) = 0, \forall\, t \tag{12-51}$$

在式（12-41），式（12-45）和式（12-46）中使用式（12-50）和式（12-51）得出

$$v_{M,n} = -\frac{1}{3}(v_{AM} + v_{BM} + v_{CM}) \tag{12-52}$$

可以使用表达式（12-49）将上式重写为

$$v_{M,n} = -\frac{v_0}{6}\sum_{k=1}^{3}\mathrm{sgn}(i_{s,k})(1 - s_k) \tag{12-53}$$

对应开关状态 s_k 和线电流的符号 $i_{s,k}$，$k \in \{1, 2, 3\}$，在表 12-1 给出 $v_{M,n}$ 的值。因此，$v_{M,n}$ 的值仅取决于输出电压 v_0。参考式（12-41）、式（12-45）和式（12-46），可以看出为了确保线电流波形整形，必须始终遵循以下两个条件：

$$|v_{s,kn}(t)| > v_{M,n}(t) \cdot \mathrm{sgn}[i_{s,k}(t)], \forall\, t \text{ 和 } \forall\, k \in \{1,2,3\} \tag{12-54}$$

$$|v_{s,kn}(t)| > v_{M,n}(t) \cdot \mathrm{sgn}[i_{s,k}(t)] + \frac{v_0}{2}, \forall\, t \text{ 和 } \forall\, k \in \{1,2,3\} \tag{12-55}$$

表 12-1　$v_{M,n}$ 相对于开关状态和线电流符号的值

条件	开关函数							
	111	110	101	011	100	001	010	000
$i_{s,1}>0,\ i_{s,2}<0,\ i_{s,3}>0$	0	$-v_0/6$	$v_0/6$	$-v_0/6$	0	0	$-v_0/3$	$-v_0/6$
$i_{s,1}>0,\ i_{s,2}<0,\ i_{s,3}<0$	0	$v_0/6$	$v_0/6$	$-v_0/6$	$v_0/3$	0	0	$v_0/6$
$i_{s,1}>0,\ i_{s,2}>0,\ i_{s,3}<0$	0	$v_0/6$	$-v_0/6$	$-v_0/6$	0	$-v_0/3$	0	$-v_0/6$
$i_{s,1}<0,\ i_{s,2}>0,\ i_{s,3}<0$	0	$v_0/6$	$-v_0/6$	$v_0/6$	0	0	$v_0/3$	$v_0/6$
$i_{s,1}<0,\ i_{s,2}>0,\ i_{s,3}>0$	0	$-v_0/6$	$-v_0/6$	$v_0/6$	$-v_0/3$	0	0	$-v_0/6$
$i_{s,1}<0,\ i_{s,2}<0,\ i_{s,3}>0$	0	$-v_0/6$	$v_0/6$	$v_0/6$	0	$v_0/3$	0	$v_0/6$

条件式（12-54）和式（12-55）限制了输出电压值的选择范围，表示为

$$\frac{3}{2}V_s\sqrt{6} < v_0 < 3V_s\sqrt{6} \tag{12-56}$$

即 V_o 在 $3.68\,V_s$ 与 $7.34\,V_s$ 之间，其中 V_s 是相对中性点电源电压的 RMS 值。在输出侧，变换器由以下状态方程表示：

$$C_0\frac{\mathrm{d}v_{0,h}}{\mathrm{d}t} = \sum_{k=1}^{3}(1 - s_k)i_{s,k}\theta(i_{s,k}) - i_{0,h} \tag{12-57}$$

$$C_0\frac{\mathrm{d}v_{0,l}}{\mathrm{d}t} = \sum_{k=1}^{3}(1 - s_k)i_{s,k}\overline{\theta(i_{s,k})} - i_{0,l} \tag{12-58}$$

12.4.2　三相/三开关/三电平变换器的状态 – 空间平均建模

12.4.2.1　基本模型

图 12-12 中，变换器建模方法采用状态空间平均技术[39,40]。在该方法中，所有变量在采样周期 T_s 上取平均值。系统方程式（12-41）、式（12-45）和式（12-46）中包含了式（12-43）、式（12-47）、式（12-48）和式（12-52）的内容，从交流侧看，变换器的等效平均模型表示如下：

$$\begin{bmatrix} v_{s,1n} \\ v_{s,2n} \\ v_{s,3n} \end{bmatrix} = L\frac{\mathrm{d}}{\mathrm{d}t}\begin{bmatrix} i_{s,1} \\ i_{s,2} \\ i_{3,2} \end{bmatrix} + \boldsymbol{\Gamma}\left(\frac{v_0}{2}\mathbf{SGN} + \frac{\Delta v_0}{2}\boldsymbol{I}_3\right)\begin{bmatrix} 1 - d_1 \\ 1 - d_2 \\ 1 - d_3 \end{bmatrix} \tag{12-59}$$

式中

$$\boldsymbol{\Gamma} = \begin{bmatrix} \dfrac{2}{3} & \dfrac{-1}{3} & \dfrac{-1}{3} \\[2mm] \dfrac{-1}{3} & \dfrac{2}{3} & \dfrac{-1}{3} \\[2mm] \dfrac{-1}{3} & \dfrac{-1}{3} & \dfrac{2}{3} \end{bmatrix}, \ \mathbf{SGN} = \begin{bmatrix} \mathrm{sgn}(i_{s,1}) & 0 & 0 \\ 0 & \mathrm{sgn}(i_{s,2}) & 0 \\ 0 & 0 & \mathrm{sgn}(i_{s,3}) \end{bmatrix}$$

$\Delta v_0 = v_{0,h} - v_{0,1}$，$\boldsymbol{I}_3$ 是三阶单位矩阵。d_1、d_2 和 d_3 分别是开关 Q_1，Q_2 和 Q_3 的占空比。注意，系统表达式（12-59）是一个随时间变化的模型，取决于线电流 $i_{s,1}$、$i_{s,2}$ 和 $i_{s,3}$ 的符号。因此，它不适用于平稳控制设计过程。为了克服这个缺点，提出了以下输入变换：

$$d'_k = (1 - d_k) \left[\mathrm{sgn}(i_{s,k}) + \frac{\Delta v_0}{v_0} \right], \ \forall k \in \{1,2,3\} \tag{12-60}$$

将方程式（12-60）添加到系统式（12-59）中，得到

$$v_s = L \frac{\mathrm{d}\boldsymbol{i}_s}{\mathrm{d}t} + \frac{v_0}{2} \boldsymbol{\Gamma} \boldsymbol{d}' \tag{12-61}$$

式中，$v_s = [v_{s,1n}, v_{s,2n}, v_{s,3n}]^T$ 为输入电压矢量；$\boldsymbol{i}_s = [i_{s,1}, i_{s,2}, i_{s,3}]^T$ 为输入电流矢量；$\boldsymbol{d}' = [d'_1, d'_2, d'_3]^T$ 为新的控制矢量。

此外，在负载作用下，变换器的平均模型被看作是

$$C_0 \frac{\mathrm{d}v_{0,h}}{\mathrm{d}t} + i_{0,h} = i_+ = \frac{1}{2} \sum_{k=1}^{3} (1 - d_k) i_{s,k} [1 + \mathrm{sgn}(i_{s,k})] \tag{12-62a}$$

$$C_0 \frac{\mathrm{d}v_{0,1}}{\mathrm{d}t} + i_{0,1} = i_- = -\frac{1}{2} \sum_{k=1}^{3} (1 - d_k) i_{s,k} [1 - \mathrm{sgn}(i_{s,k})] \tag{12-62b}$$

式中，$i_{0,h}$ 和 $i_{0,1}$ 为上下输出电流；i_+ 和 i_- 为二极管桥的直流侧电流。

在式（12-62a）和式（12-62b）中引入总输出电压 v_0、输出不平衡电压 Δv_0 和式（12-60）的变换，得到

$$C_0 \frac{\mathrm{d}v_0}{\mathrm{d}t} + i_{0,h} + i_{0,1} \cong \sum_{k=1}^{3} d'_k i_{s,k} \left[1 - \frac{\Delta v_0}{v_0} \mathrm{sgn}(i_{s,k}) \right] \tag{12-63a}$$

$$C_0 \frac{\mathrm{d}(\Delta v_0)}{\mathrm{d}t} + i_{0,h} - i_{0,1} \cong \sum_{k=1}^{3} d'_k i_{s,k} \left[\mathrm{sgn}(i_{s,k} - \frac{\Delta v_0}{v_0}) \right] \tag{12-63b}$$

在式（12-63a）和式（12-63b）的推导中，假设 $\Delta v_0/v_0 \ll 1$。方程式（12-61）和式（12-63）代表了静止坐标系中变换器的基本低频模型。虽然式（12-61）是时不变的，但子系统［式（12-63）］是时变的。然而，相对于电源频率，输出电压变化是较慢的；从控制设计角度来看，考虑其在电源周期 T_0 上的平均值，而不是在采样周期 T_s 上的计算平均值，这看起来似乎更方便。此外，通过应用 Park 变换，可以显著简化基本模型，将在下一节描述。

12.4.2.2 坐标变换

式（12-61）和式（12-63）定义的模型可以利用 Park 变换在新的旋转坐标中表达。Park 的矩阵定义为[44]

$$K = \frac{2}{3} \begin{bmatrix} \sin(\omega_0 t) & \sin\left(\omega_0 t - \frac{2\pi}{3}\right) & \sin\left(\omega_0 t - \frac{4\pi}{3}\right) \\ \cos(\omega_0 t) & \cos\left(\omega_0 t - \frac{2\pi}{3}\right) & \cos\left(\omega_0 t - \frac{4\pi}{3}\right) \\ \frac{3}{2} & \frac{3}{2} & \frac{3}{2} \end{bmatrix} \qquad (12\text{-}64)$$

式中，ω_0 是电源角频率。定义新矢量 $\boldsymbol{v}_s^r$、$\boldsymbol{i}_s^r$、$\boldsymbol{d}''$ 为

$$\boldsymbol{v}_s^r \triangleq \begin{bmatrix} v_{s,d} & v_{s,q} & v_{s,0} \end{bmatrix}^T = \boldsymbol{K} \boldsymbol{v}_s \qquad (12\text{-}65\text{a})$$

$$\boldsymbol{i}_s^r \triangleq \begin{bmatrix} i_{s,d} & i_{s,q} & i_{s,0} \end{bmatrix}^T = \boldsymbol{K} \boldsymbol{i}_s \qquad (12\text{-}65\text{b})$$

$$\boldsymbol{d}'' \triangleq \begin{bmatrix} d_d' & d_q' & d_0' \end{bmatrix}^T = \boldsymbol{K} \boldsymbol{d}' \qquad (12\text{-}65\text{c})$$

式（12-61）和式（12-63）可以整理为

$$v_{s,d} = L \frac{di_{s,d}}{dt} - L\omega_0 i_{s,q} + \frac{v_0}{2} d_d' \qquad (12\text{-}66\text{a})$$

$$v_{s,q} = L \frac{di_{s,q}}{dt} + L\omega_0 i_{s,d} + \frac{v_0}{2} d_q' \qquad (12\text{-}66\text{b})$$

$$C_0 \frac{dv_0}{dt} + i_{0,h} + i_{0,l} = \frac{3}{2}(d_d' i_{s,d} + d_q' i_{s,q}) - \frac{\Delta v_0}{v_0}(\boldsymbol{d}'')^T [\boldsymbol{K} \,\text{SGN}^{-1} \boldsymbol{K}^T]^{-1} \boldsymbol{i}_s^r \qquad (12\text{-}66\text{c})$$

$$C_0 \frac{d(\Delta v_0)}{dt} + i_{0,h} - i_{0,l} = -\frac{3}{2}\frac{\Delta v_0}{v_0}(d_d' i_{s,d} + d_q' i_{s,q}) + (\boldsymbol{d}'')^T [\boldsymbol{K} \,\text{SGN}^{-1} \boldsymbol{K}^T]^{-1} \boldsymbol{i}_s^r \qquad (12\text{-}66\text{d})$$

如式（12-50）和式（12-51）所示，电压和电流零序分量 $v_{s,0}$ 和 $i_{s,0}$ 被消除了。如上所述，可以通过在电源周期 T_0 求 $[\boldsymbol{K} \,\text{SGN}^{-1} \boldsymbol{K}^T]^{-1}$ 的平均值来阐述变换器的时不变等效模型。此外，如果我们假设线电流是平衡的正弦波，则将不会失去建模方法的通用性。它遵循

$$\{[\boldsymbol{K} \,\text{SGN}^{-1} \boldsymbol{K}^T]^{-1}\}_{T_0} \cong \alpha \begin{bmatrix} 0 & 0 & \cos\phi \\ 0 & 0 & \sin\phi \\ \cos\phi & \sin\phi & 0 \end{bmatrix} \qquad (12\text{-}67)$$

式中，ϕ 表示相电压和对应线电流之间的相移。这里，α 是估计的参数：

$$\alpha \cong \frac{2}{\pi} \qquad (12\text{-}68)$$

在单位功率因数运行模式下，φ 等于零，因此，我们可以重写系统表达式（12-66）如下：

$$v_{s,d} = L \frac{di_{s,d}}{dt} - L\omega_0 i_{s,q} + \frac{v_0}{2} d_d' \qquad (12\text{-}69\text{a})$$

$$v_{s,q} = L \frac{di_{s,q}}{dt} + L\omega_0 i_{s,d} + \frac{v_0}{2} d_q' \qquad (12\text{-}69\text{b})$$

$$C_0 \frac{d(\Delta v_0)}{dt} = \alpha d_0' i_{s,d} - \frac{3}{2}\frac{\Delta v_0}{v_0}(d_d' i_{s,d} + d_q' i_{s,q}) - i_{0,h} + i_{0,l} \qquad (12\text{-}69\text{c})$$

$$C_0 \frac{dv_0}{dt} = \frac{3}{2}(d_d' i_{s,d} + d_q' i_{s,q}) - \alpha \frac{\Delta v_0}{v_0} d_0' i_{s,d} - i_{0,h} - i_{0,l} \qquad (12\text{-}69\text{d})$$

系统表达式（12-69）表示变换器低频四阶时不变连续非线性状态模型，即 $i_{s,d}$、$i_{s,q}$、v_0 和 Δv_0 作为状态变量，d_d'、d_q' 和 d_0' 作为控制输入量，$v_{s,d}$ 和 $v_{s,q}$ 作为扰动输入量。请注意，电源电压和电流的零序分量 $v_{s,0}$ 和 $i_{s,0}$ 分别等于零（假设为平衡三相电源电压和非连接中性点），因此被忽略。

12.4.3　理想稳定运行状态

在下文中，在假定理想稳定状态下建立所有系统变量的理论表达式和波形，假设：

① 平衡三相电压源，即

$$v_{s,1n}^*(t) = V_s^* \sqrt{2} \sin(\omega_0 t)$$

$$v_{s,2n}^*(t) = V_s^* \sqrt{2} \sin\left(\omega_0 t - \frac{2\pi}{3}\right) \tag{12-70}$$

$$v_{s,3n}^*(t) = V_s^* \sqrt{2} \sin\left(\omega_0 t - \frac{4\pi}{3}\right)$$

式中，V_s^* 是相对中性点电源电压的期望稳态 RMS 值。

② 在单位功率因数运行条件下，即

$$i_{s,1}^*(t) = I_s^* \sqrt{2} \sin(\omega_0 t)$$

$$i_{s,2}^*(t) = I_s^* \sqrt{2} \sin\left(\omega_0 t - \frac{2\pi}{3}\right) \tag{12-71}$$

$$i_{s,3}^*(t) = V_s^* \sqrt{2} \sin\left(\omega_0 t - \frac{4\pi}{3}\right)$$

式中，I_s^* 是线电流的期望稳态 RMS 值。

③ 负载平衡，即

$$v_{0,h}^* = v_{0,1}^* = \frac{V_0^*}{2}, \ i_{0,h}^* = i_{0,1}^* = I_0^* \tag{12-72}$$

式中，V_0^* 和 I_0^* 分别是输出电压和电流的期望常数值。式（12-70）~ 式（12-72）中的星号代表期望状态。在电压和电流表达式（12-70）和式（12-71）应用 Park 变换，产生在旋转坐标系下表示的时不变矢量

$$\boldsymbol{v}_s^{r*} \triangleq \begin{bmatrix} v_{s,d}^* \\ v_{s,q}^* \\ v_{s,0}^* \end{bmatrix} = \begin{bmatrix} v_s^* \sqrt{2} \\ 0 \\ 0 \end{bmatrix}, \ \boldsymbol{i}_s^{r*} \triangleq \begin{bmatrix} i_{s,d}^* \\ i_{s,q}^* \\ i_{s,0}^* \end{bmatrix} = \begin{bmatrix} I_s^* \sqrt{2} \\ 0 \\ 0 \end{bmatrix} \tag{12-73}$$

将表达式（12-73）合并到系统表达式（12-69）中，控制输入量的稳态值为

$$d_d'^* = \frac{2V_s^* \sqrt{2}}{V_0^*}$$

$$d_q'^* = -\frac{2L\omega_0 I_s^* \sqrt{2}}{V_0^*} \tag{12-74}$$

$$d_0'^* = 0$$

另外，验证了功率守恒定律，即

$$3V_s^* I_s^* = V_0^* I_0^* \tag{12-75}$$

参考静止坐标系，稳态控制输入量表示如下：

$$\begin{bmatrix} d_1'^* \\ d_2'^* \\ d_3'^* \end{bmatrix} \triangleq \boldsymbol{K}^{-1} \begin{bmatrix} d_d'^* \\ d_q'^* \\ d_0'^* \end{bmatrix} = \begin{bmatrix} \hat{d}' \sin(\omega_0 t - \phi) \\ \hat{d}' \sin\left(\omega_0 t - \phi - \frac{2\pi}{3}\right) \\ \hat{d}' \sin\left(\omega_0 t - \phi - \frac{4\pi}{3}\right) \end{bmatrix} \tag{12-76}$$

式中

$$\hat{d}' = \frac{2V_s^* \sqrt{2}}{V_0^* \cos\phi}$$

(12-77)

和

$$\mathrm{tg}\phi = \frac{L\omega_0 I_s^*}{V_s^*}$$

(12-78)

使用方程式（12-60），因此我们可以设定

$$d_k^* = 1 - d_k'^* \mathrm{sgn}(i_{s,k}^*) = \begin{cases} 1 - \hat{d}'\sin\left[\omega_0 t - \phi - 2(k-1)\dfrac{\pi}{3}\right], & 2(k-1)\dfrac{\pi}{3} < \omega_0 t < \pi + 2(k-1)\dfrac{\pi}{3} \\ 1 + \hat{d}'\sin\left[\omega_0 t - \phi - 2(k-1)\dfrac{\pi}{3}\right], & \pi + 2(k-1)\dfrac{\pi}{3} < \omega_0 t < 2\pi + 2(k-1)\dfrac{\pi}{3} \end{cases}$$

(12-79)

其中，$k \in \{1,2,3\}$。表达式（12-79）表明，占空比 d_1^*、d_2^* 和 d_3^* 周期性变化，周期为 $T_0/2$。它还强调了控制饱和现象，该现象周期性发生并有一个持续时间角 ϕ。从表达式（12-78）可以看出，为了减少控制饱和的不良影响，电感值 L 必须最小化。

此外，根据式（12-53）和式（12-60），平均中性点电压可以表示为

$$v_{\mathrm{M,n}} \cong -\frac{v_0}{6}\sum_{k=1}^{3}\left[1 - \frac{\Delta v_0}{v_0}\mathrm{sgn}(i_{s,k})\right]d_k'$$

(12-80)

使用式（12-76），在稳定状态它遵循

$$v_{\mathrm{M,n}}^* = -\frac{V_0^*}{6}\sum_{k=1}^{3} d_k'^* = 0$$

(12-81)

关于直流侧电流 i_+ 和 i_- 的稳态表达式，可以容易地建立为

$$i_+^* = \frac{1}{2}\sum_{k=1}^{3} d_k'^* i_{s,k}^* \left[1 + \mathrm{sgn}(i_{s,k}^*)\right]$$

(12-82a)

和

$$i_-^* = \frac{1}{2}\sum_{k=1}^{3} d_k'^* i_{s,k}^* \left[1 - \mathrm{sgn}(i_{s,k}^*)\right]$$

(12-82b)

将式（12-71）和式（12-79）集成到式（12-82）中，进行一些运算之后，在式（12-83）中给出电流 i_+^* 表达式。对应于电流 i_-^* 的表达式则通过对 i_+^* 进行 π 的相移获得。注意，电流 i_+^* 和 i_-^* 实际上具有三次谐波正弦波形状，如图 12-14 所示。

$$i_+^* = \begin{cases} \dfrac{\sqrt{2}}{2}\hat{d}'I_s^*\left[2\cos\phi + \cos\left(2\omega_0 t - \phi - \dfrac{4\pi}{3}\right)\right] & 0 < \omega_0 t < \dfrac{\pi}{3} \\[2ex] \dfrac{\sqrt{2}}{2}\hat{d}'I_s^*\left[\cos\phi - \cos(2\omega_0 t - \phi)\right] & \dfrac{\pi}{3} < \omega_0 t < \dfrac{2\pi}{3} \\[2ex] \dfrac{\sqrt{2}}{2}\hat{d}'I_s^*\left[2\cos\phi + \cos\left(2\omega_0 t - \phi - \dfrac{2\pi}{3}\right)\right] & \dfrac{2\pi}{3} < \omega_0 t < \pi \\[2ex] \dfrac{\sqrt{2}}{2}\hat{d}'I_s^*\left[2\cos\phi - \cos\left(2\omega_0 t - \phi - \dfrac{4\pi}{3}\right)\right] & \pi < \omega_0 t < \dfrac{4\pi}{3} \\[2ex] \dfrac{\sqrt{2}}{2}\hat{d}'I_s^*\left[2\cos\phi + \cos(2\omega_0 t - \phi)\right] & \dfrac{4\pi}{3} < \omega_0 t < \dfrac{5\pi}{3} \\[2ex] \dfrac{\sqrt{2}}{2}\hat{d}'I_s^*\left[\cos\phi - \cos\left(2\omega_0 t - \phi - \dfrac{2\pi}{3}\right)\right] & \dfrac{5\pi}{3} < \omega_0 t < 2\pi \end{cases}$$

(12-83)

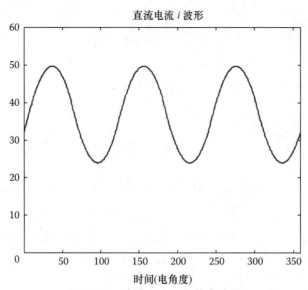

图 12-14　直流电流 i_s^* 的稳态波形

12.4.4　设计准则

12.4.4.1　电感的设计

为了确保稳态状态下的电流波形整形，电源串联电感的常用值必须满足以下条件，如图 12-15 所示：

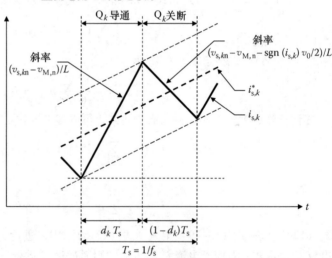

图 12-15　线电流波形整形

$$v_{s,kn}^* - v_{M,n} > L \frac{\mathrm{d}i_{s,k}^*}{\mathrm{d}t}, \text{当 } i_{s,k}^* > 0$$

$$v_{s,kn}^* - v_{M,n} - \frac{V_0^*}{2} < L \frac{\mathrm{d}i_{s,k}^*}{\mathrm{d}t}$$

（12-84）

$$v_{s,kn}^* - v_{M,n} < L \frac{\mathrm{d}i_{s,k}^*}{\mathrm{d}t}, \text{当 } i_{s,k}^* > 0$$

$$v_{s,kn}^* - v_{M,n} + \frac{V_0^*}{2} > L \frac{\mathrm{d}i_{s,k}^*}{\mathrm{d}t} \quad （12-85）$$

其中，每个 $R \in \{1, 2, 3\}$

表 12-1 给出对应于每种情况的 $V_{M,n}$ 值。经过一些数学推导，我们得到以下条件：

$$L < \min\left(\frac{V_0^* \sqrt{2} - 3V_s^* \sqrt{3}}{6\omega_0 I_s^*}, \frac{6V_s^* \sqrt{3} - V_0^* \sqrt{2}}{6\omega_0 I_s^*} \right) \tag{12-86}$$

如果下式成立，可使电感值 L 的范围最大化：

$$V_0^* = \frac{9}{4} V_s^* \sqrt{6} \cong 5.51 V_s^* \tag{12-87}$$

此外，电感设计也可用于电流纹波限制。由此，通过对线电流峰值进行推导，得到

$$L > \frac{1}{f_s (\Delta i_s)_{\max}} \left(2V_s^* \sqrt{2} - \frac{V_0^*}{4} - \frac{6V_s^{*2}}{V_0^*} \right) \tag{12-88}$$

式中，f_s 为开关频率；$(\Delta i_s)_{max}$ 为可接受的电流纹波。

最后，根据条件表达式（12-86）和式（12-88）选择电感值。

12.4.4.2 电容器的设计

在低频设计变换器的两个直流侧电容。参考表达式（12-83），可以获得 DC 侧电流纹波的幅值

$$(\Delta \hat{i}_+^*) = \frac{V_s^* I_s^*}{V_0^*}\left(\frac{2}{\cos\phi} - 1\right) \tag{12-89}$$

假设上部电流 i_+^* 的交流分量的总和由上桥臂电容导出，并且用 $(\Delta v_0)_{max}$ 表示允许的输出电压纹波，它遵循

$$C_0 > \frac{2V_s^* I_s^*}{3\omega_0 V_0^* (\Delta v_0)_{max}}\left(\frac{2}{\cos\phi} - 1\right) \tag{12-90}$$

12.4.5 状态空间小信号模型

12.4.5.1 静态工作点

在 (d, q) 坐标中，将式（12-69a）~ 式（12-69d）中的所有时间导数设置为零来实现执行静态工作点的计算。假设变换器工作在单位功率因数条件附近，线电流的稳态空间矢量认为与电源线对中性点电压的空间矢量成比例，两者均相对于 d 轴定向。这些考虑产生了以下标称静态工作点：

$$V_{s,d} = V_s \sqrt{2}$$
$$I_{s,d} = I_s \sqrt{2}$$
$$V_{s,q} = I_{s,q} = \Delta V_0 = 0$$
$$D_d' = \frac{2V_s \sqrt{2}}{V_0}$$
$$D_q' = \frac{2L\omega_0 I_s \sqrt{2}}{V_0} \tag{12-91}$$
$$D_0' = \frac{I_{0,h} - I_{0,l}}{\alpha I_s \sqrt{2}}$$

式中，V_s 表示电源线对中性点电压 RMS 值；I_s 为线电流 RMS 值；V_0 为总直流输出电压稳态值。

此外，通过假设采用一个平衡的纯阻性 DC 负载（$R_{0,h} = R_{0,l} = R_0$），我们得到

$$i_{0,h} = \frac{v_0 + \Delta v_0}{2R_0}$$
$$i_{0,l} = \frac{v_0 - \Delta v_0}{2R_0} \tag{12-92}$$

所以有

$$I_{0,h} = I_{0,l} = \frac{V_0}{2R_0} \tag{12-93}$$

和

$$D_0' = 0 \tag{12-94}$$

这意味着本节中给出的变换器输入变量和状态变量的稳态值与在期望状态下得到的稳态值相似（参见第 12.4.3 节）。可以很容易地预测这个结果，在 (d, q) 坐标系中，所有状态变量趋于稳定到恒定值。

12.4.5.2 时域小信号模型

系统的小信号线性化是通过以下两个量的叠加来表示每个时间变量 $z(t)$：①期望稳态值 z^*；②时变信号 $z\_(t)$，它表示在稳态值附近假定的变量的微小变化。

在由式（12-69a）~式（12-69d）和式（12-92）表示的变换器模型中采用一阶线性化处理，围绕由式（12-91）、式（12-93）和式（12-94）表示的期望稳态点，产生以下线性状态模型：

$$\dot{x}\_ = Ax\_ + Bd\_ + Ev\_ \tag{12-95}$$

其中，$x\_ = [\,i_{s,d\sim},\ i_{s,q\sim},\ (\Delta v_0)\_,\ v_{0\sim}\,]^{\mathrm{T}}$ 是状态矢量；$d\_ = [\,d'_{d\sim},\ d'_{q\sim},\ d'_{0\sim}\,]^{\mathrm{T}}$ 是控制或输入矢量；$v\_ = [\,v_{s,d\sim},\ v_{s,q\sim}\,]^{\mathrm{T}}$ 是扰动矢量；A、B 和 E 分别是状态矩阵、控制矩阵和扰动矩阵，定义为

$$
A = \begin{bmatrix}
0 & \omega_0 & 0 & -\dfrac{V_s\sqrt{2}}{LV_0} \\[2mm]
-\omega_0 & 0 & 0 & \dfrac{\omega_0 I_s\sqrt{2}}{V_0} \\[2mm]
0 & 0 & -\dfrac{2}{R_0 C_0} & 0 \\[2mm]
\dfrac{3V_s\sqrt{2}}{C_0 V_0} & -\dfrac{3L\omega_0 I_s\sqrt{2}}{C_0 V_0} & 0 & -\dfrac{1}{R_0 C_0}
\end{bmatrix}
$$

$$
B = \begin{bmatrix}
-\dfrac{V_0}{2L} & 0 & 0 \\[2mm]
0 & -\dfrac{V_0}{2L} & 0 \\[2mm]
0 & 0 & \dfrac{\alpha I_s\sqrt{2}}{C_0} \\[2mm]
\dfrac{3I_s\sqrt{2}}{2C_0} & 0 & 0
\end{bmatrix}
$$

$$
E = \begin{bmatrix}
\dfrac{1}{L} & 0 \\[2mm]
0 & \dfrac{1}{L} \\[2mm]
0 & 0 \\[2mm]
0 & 0
\end{bmatrix}
$$

12.4.5.3 传递函数

通过将拉普拉斯变换应用于状态方程式（12-95），可获得变换器的频域表达式，表示为

$$X(s) = (sI_4 - A)^{-1} B \cdot D(s) + (sI_4 - A)^{-1} E \cdot V(s) \tag{12-96}$$

式中，I_4 表示 4×4 单位矩阵；s 是拉普拉斯算子；$X(s) = [\,I_{s,d}(s),\ I_{s,q}(s),\ \Delta V_0(s),\ V_0(s)\,]^{\mathrm{T}}$，$D(s) = [\,D'_d(s),\ D'_q(s),\ D'_0(s)\,]^{\mathrm{T}}$，以及 $V(s) = [\,V_{s,d}(s),\ V_{s,q}(s)\,]^{\mathrm{T}}$ 分别是矢量 $x\_$、$d\_$ 和 $v\_$ 的拉普拉斯变换。

推导表达式（12-96），形成以下输入输出传递函数：

$$G_{dd}(s) = \left. \frac{I_{s,d}(s)}{D'_d(s)} \right|_{\substack{D'_q=0 \\ D'_0=0 \\ V_{s,d}=0 \\ V_{s,q}=0}} = -\frac{V_0}{2L}\frac{s(s+\omega_{z1})}{s^3 + \omega_{p1}s^2 + \omega_{p2}^2 s + \omega_{p3}^3} \tag{12-97a}$$

$$G_{dq}(s) = \left. \frac{I_{s,d}(s)}{D'_d(s)} \right|_{\substack{D'_q=0 \\ D'_0=0 \\ V_{s,d}=0 \\ V_{s,q}=0}} = -\frac{V_0}{2L} \frac{s(\omega_0 + \omega_{z1})}{s^3 + \omega_{p1}s^2 + \omega_{p2}^2 s + \omega_{p3}^3} \tag{12-97b}$$

$$G_{d0}(s) = \left. \frac{I_{s,d}(s)}{D'_0(s)} \right|_{\substack{D'_d=0 \\ D'_q=0 \\ V_{s,d}=0 \\ V_{s,q}=0}} = 0 \tag{12-97c}$$

$$G_{qd}(s) = \left. \frac{I_{s,q}(s)}{D'_d(s)} \right|_{\substack{D'_q=0 \\ D'_0=0 \\ V_{s,d}=0 \\ V_{s,q}=0}} = \left(\frac{V_0}{2L} + \frac{3I_s^2}{C_0 V_0} \right) \frac{\omega_0(s + \omega_{z2})}{s^3 + \omega_{p1}s^2 + \omega_{p2}^2 s + \omega_{p3}^3} \tag{12-97d}$$

$$G_{qq}(s) = \left. \frac{I_{s,q}(s)}{D'_q(s)} \right|_{\substack{D'_d=0 \\ D'_0=0 \\ V_{s,d}=0 \\ V_{s,q}=0}} = -\frac{V_0}{2L} \frac{s^2 + \omega_{z3}s + \omega_{z4}^2}{s^3 + \omega_{p1}s^2 + \omega_{p2}^2 s + \omega_{p3}^3} \tag{12-97e}$$

$$G_{q0}(s) = \left. \frac{I_{s,q}(s)}{D'_0(s)} \right|_{\substack{D'_d=0 \\ D'_q=0 \\ V_{s,d}=0 \\ V_{s,q}=0}} = 0 \tag{12-97f}$$

$$G_{\Delta 0d}(s) = \left. \frac{\Delta V_0(s)}{D'_d(s)} \right|_{\substack{D'_q=0 \\ D'_0=0 \\ V_{s,d}=0 \\ V_{s,q}=0}} = 0 \tag{12-97g}$$

$$G_{\Delta 0q}(s) = \left. \frac{\Delta V_0(s)}{D'_q(s)} \right|_{\substack{D'_d=0 \\ D'_0=0 \\ V_{s,d}=0 \\ V_{s,q}=0}} = 0 \tag{12-97h}$$

$$G_{\Delta 00}(s) = \left. \frac{\Delta V_0(s)}{D'_0(s)} \right|_{\substack{D'_d=0 \\ D'_q=0 \\ V_{s,d}=0 \\ V_{s,q}=0}} = \frac{\alpha I_s \sqrt{2}}{C_0} \frac{1}{s + \omega_{p4}} \tag{12-97i}$$

$$G_{dd}(s) = \left. \frac{V_0(s)}{D'_d(s)} \right|_{\substack{D'_q=0 \\ D'_0=0 \\ V_{s,d}=0 \\ V_{s,q}=0}} = \frac{3I_s \sqrt{2}}{2C_0} \frac{s(s - \omega_{z5})}{s^3 + \omega_{p1}s^2 + \omega_{p2}^2 s + \omega_{p3}^3} \tag{12-97j}$$

$$G_{0q}(s) = \left. \frac{V_0(s)}{D'_q(s)} \right|_{\substack{D'_d=0 \\ D'_0=0 \\ V_{s,d}=0 \\ V_{s,q}=0}} = \frac{3I_s \sqrt{2}}{2C_0} \frac{\omega_0(s - \omega_{z5})}{s^3 + \omega_{p1}s^2 + \omega_{p2}^2 s + \omega_{p3}^3} \tag{12-97k}$$

$$G_{00}(s) = \left. \frac{V_0(s)}{D'_0(s)} \right|_{\substack{D'_d=0 \\ D'_q=0 \\ V_{s,d}=0 \\ V_{s,q}=0}} = 0 \tag{12-97l}$$

和

$$\omega_{z1} = 2\omega_{z3} = 2\omega_{p1} = \omega_{p4} = \frac{2}{R_0 C_0} \quad \omega_{z2} = \frac{V_0^2}{R_0 C_0 V_0^2 + 6R_0 L I_s^2}$$

$$\omega_{z4} = \frac{V_s}{V_0} \sqrt{\frac{6}{LC_0}} \quad \omega_{z5} = \frac{V_s}{LI_s}$$

$$\omega_{p2} = \sqrt{\omega_0^2 + \frac{6V_s^2}{LC_0 V_0^2} + \frac{6L\omega_0^2 I_s^2}{C_0 V_0^2}} \quad \omega_{p3} = \sqrt[3]{\frac{\omega_0^2}{R_0 C_0}}$$

基于上述这些传递函数，设计出确保单位功率因数和直流电压稳定的控制方案。

此外，变换器传递函数的极点（它们是四次多项式的特征根）表示如下：

$$p_1 = -\omega_{p4} = -\frac{2}{R_0 C_0}$$

$$p_2 = \sigma + \tau - \frac{\omega_{p1}}{3}$$

$$p_3 = -\frac{1}{2}(\sigma+\tau) - \frac{\omega_{p1}}{3} + j\frac{\sqrt{3}}{2}(\sigma-\tau)$$

$$p_4 = -\frac{1}{2}(\sigma+\tau) - \frac{\omega_{p1}}{3} - j\frac{\sqrt{3}}{2}(\sigma-\tau)$$

式中

$$\sigma = \sqrt[3]{\rho + \sqrt{\mu^3 + \rho^2}}$$

$$\tau = \sqrt[3]{\rho - \sqrt{\mu^3 + \rho^2}}$$

$$\rho = \frac{1}{54}(9\omega_{p1}\omega_{p2}^2 - 27\omega_{p3}^2 - 2\omega_{p1}^3)$$

$$\mu = \frac{1}{9}(3\omega_{p2}^2 - \omega_{p1}^2)$$

类似地，扰动传递函数也可以从（12-96）推导出，表示如下：

$$F_{dd}(s) = \frac{I_{s,d}(s)}{V_{s,d}(s)}\bigg|_{\substack{D_d'=0\\D_q'=0\\D_0'=0\\V_{s,q}=0}} = \frac{1}{L}\frac{s^2+\omega_{z3}s+\omega_{z6}^2}{s^3+\omega_{p1}s^2+\omega_{p2}^2 s+\omega_{p3}^3} \tag{12-98a}$$

$$F_{dq}(s) = \frac{I_{s,d}(s)}{V_{s,q}(s)}\bigg|_{\substack{D_d'=0\\D_q'=0\\D_0'=0\\V_{s,d}=0}} = \frac{1}{L}\frac{\omega_0(s+\omega_{z1})}{s^3+\omega_{p1}s^2+\omega_{p2}^2 s+\omega_{p3}^3} \tag{12-98b}$$

$$F_{qd}(s) = \frac{I_{s,q}(s)}{V_{s,d}(s)}\bigg|_{\substack{D_d'=0\\D_q'=0\\D_0'=0\\V_{s,q}=0}} = -\frac{1}{L}\frac{\omega_0 s}{s^3+\omega_{p1}s^2+\omega_{p2}^2 s+\omega_{p3}^3} \tag{12-98c}$$

$$F_{qq}(s) = \frac{I_{s,d}(s)}{V_{s,q}(s)}\bigg|_{\substack{D_d'=0\\D_q'=0\\D_0'=0\\V_{s,d}=0}} = \frac{1}{L}\frac{s^2+\omega_{z3}s+\omega_{z4}^2}{s^3+\omega_{p1}s^2+\omega_{p2}^2 s+\omega_{p3}^3} \tag{12-98d}$$

$$F_{\Delta0d}(s) = \frac{\Delta V_0(s)}{V_{s,d}(s)}\bigg|_{\substack{D_d'=0\\D_q'=0\\D_0'=0\\V_{s,q}=0}} = 0 \tag{12-98e}$$

$$F_{\Delta0q}(s) = \frac{\Delta V_0(s)}{V_{s,q}(s)}\bigg|_{\substack{D_d'=0\\D_q'=0\\D_0'=0\\V_{s,d}=0}} = 0 \tag{12-98f}$$

$$F_{0d}(s) = \frac{V_0(s)}{V_{s,d}(s)}\bigg|_{\substack{D_d'=0\\D_q'=0\\D_0'=0\\V_{s,q}=0}} = \frac{3V_S\sqrt{2}}{LC_0 V_0}\frac{s+\omega_{z7}}{s^3+\omega_{p1}s^2+\omega_{p2}^2 s+\omega_{p3}^3} \tag{12-98g}$$

$$F_{0q}(s) = \frac{V_0(s)}{V_{s,q}(s)}\bigg|_{\substack{D_d'=0\\D_q'=0\\D_0'=0\\V_{s,d}=0}} = -\frac{3\omega_0 I_S\sqrt{2}}{C_0 V_0}\frac{s-\omega_{z5}}{s^3+\omega_{p1}s^2+\omega_{p2}^2 s+\omega_{p3}^3} \tag{12-98h}$$

式中

$$\omega_{z6} = \frac{I_s \omega_0}{V_0} \sqrt{\frac{6L}{C_0}} \quad \omega_{z7} = \frac{L\omega_0^2 I_s}{V_s}$$

12.4.6　仿真结果

为了突出所提出控制方案的稳态和暂态性能，使用 MATLAB 和 Simulink 工具进行仿真工作。从而，变换器的数字仿真版本，并且分别由两个电阻 $R_{0,h}$ 和 $R_{0,l}$ 来表示上 DC 负载和下 DC 负载。变换器的所有参数和运行条件见表 12-2。

表 12-2　系统参数和运行条件

相对中性点电压 RMS 值	$V_s = 120\text{V}$
期望总输出电压	$V_0 = 700\text{V}$
标称负载功率	$P_0 = 25\text{kW}$
电源频率	$f_0 = 60\text{Hz}$
开关频率	$f_s = 50\text{kHz}$
交流侧电感	$L = 1\text{mH}$（每个）
直流侧电容	$C_0 = 1\text{mF}$（每个）
电流反馈增益	$K_i = 0.05$
电压反馈增益	$K_v = 5/700$
PWM 动态增益	$K_{\text{PWM}} = 1$

图 12-16 和图 12-17 表示了随直流负载功率变化的模型参数 α，还有不平衡系数 σ 定义为

$$\sigma = \left| \frac{R_{0,h} - R_{0,l}}{R_{0,h} + R_{0,l}} \right| \quad (12\text{-}99)$$

注意，对于给定的 σ，即使在非常严重的不平衡条件下，参数 α 也不会随着负载功率而显著变化。相反，对于给定的负载功率，α 对 σ 的依赖性是非常明显的，并且在具有高动态性能的鲁棒控制或自适应控制电路的设计中必须考虑这种依赖性。在理论表达式（12-68）的推导中，没有考虑这种依赖性，只考虑了平衡直流负载。然而，很明显，对于小的不平衡系数 σ，参数 α 的理论值和仿真数值非常相似。

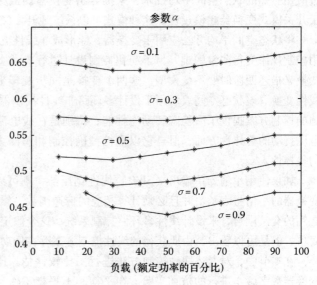

图 12-16　随负载和不平衡系数变化的参数 α

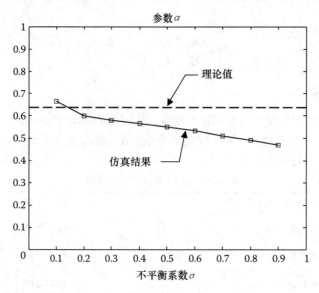

图 12-17　额定负载下参数 α 与不平衡系数 σ 之间的关系

12.5　三相/三开关/三电平 PWM 升压变换器平均模型多环路控制技术

在大多数维也纳变换器应用中，采用滞环控制[25]以确保线电流波形整形。然而，这种控制技术存在主要的缺点是时变开关频率，一方面可能由于开关装置最终的功率损耗过大而导致变换器的可靠性降低，另一方面是由于线电流较宽的谐波频谱造成滤波困难。为了避免这些不便，我们考虑了恒定频率 PWM 控制。但是这种控制技术的应用需要知道变换器的动态性能，可以通过应用熟知的状态空间平均技术，来推导出变换器的低频状态空间模型[39]。这种方法广泛应用于开关模式变换器建模过程。这种模式可以系统地开发经典或现代控制理论提供的控制规律。

将状态空间平均方法应用于变换器，能形成非线性五阶时变模型。因此，阐述和实施相应适用控制规律变得非常困难。为了简化控制设计过程，在文献［32］中通过应用之前提出的两个变换来描述四阶时变不变模型，这两个变换是同步旋转坐标系的三轴到两轴变换和输入矢量非线性变换。该状态空间表示用于设计多环路非线性控制器，它使用输入/输出反馈线性化方法实施的控制方案提供了高稳态和动态性能，特别是在线电流 THD、直流电压调节和对负载或电源电压扰动的鲁棒性方面，但是它以牺牲精确控制和感测力为代价，以对结构参数变化具有较低的鲁棒性。

如果使用单输入单输出（SISO）线性调压器，则可以大大简化控制方案。为此，必须推导变换器的小信号表示，并且必须计算相应的传递函数。然后，通过忽略变换器的输入和输出变量之间的交叉耦合，来设计线性多环路控制系统。这个假定允许独立地设计每个控制环路。尽管它简单，但是可以看出，由此获得的线性控制方案存在低功率下的不可避免的不稳定性。

在本节中，对上述两种控制方法进行了比较评估。比较是基于通过对每个控制算法相关的变换器数字版本进行的仿真实验。在平衡和不平衡工作条件下，以及在全负荷或部分负荷下进行评估和分析线电流整形和输出直流电压调节。

12.5.1　线性控制设计

提出的多回路线性控制系统如图 12-18 所示。字母 K 代表静止坐标系/同步坐标系的变换。产生的电流参考$i_{s,d,ref}$和$i_{s,q,ref}$表示为

$$i_{s,d,ref} = \frac{I_S\sqrt{2}}{\sqrt{v_{s,d}^2 + v_{s,q}^2}}\, v_{s,d}$$

$$i_{s,q,ref} = \frac{I_S\sqrt{2}}{\sqrt{v_{s,d}^2 + v_{s,d}^2}}\, v_{s,d} \tag{12-100}$$

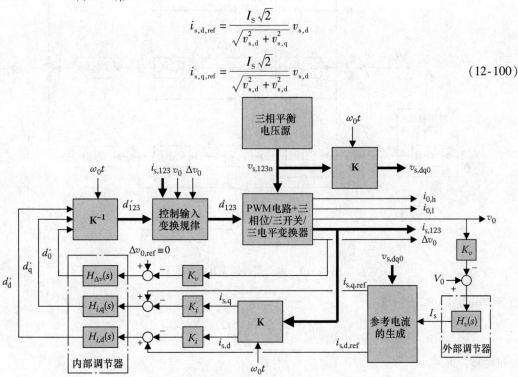

图 12-18　线性控制方案框图

K_i和K_v分别是电流和电压环路反馈比例增益。如图 12-19 所示，通过使用独立的多反馈回路方法，来设计线性内部调节器$H_{i,d}(s)$、$H_{i,q}(s)$、$H_{\Delta v}(s)$和外部调节器$H_v(s)$。换句话说，忽略了控制输入和系统输出之间的所有交叉耦合的传递函数。另外，为简单起见，忽略了扰动源电压$v_{i,d}$和$v_{i,q}$的影响，因此不考虑它们对应的传递函数。

内部回路中出现的因子K_{PWM}表示由脉宽调制器引入的动态增益。在极点－零点补偿方法的基础上选择调节器的结构和参数，以确保相应闭环的最佳二阶系统行为（即阻尼系数等于 0.707）。考虑到表 12-2 给出的数值，对于内部回路，得到为

$$H_{i,d}(s) = \frac{1128(s + 44.72)^2}{s^2(s + 6283)} \tag{12-101}$$

$$H_{i,q}(s) = -\frac{1128(s + 44.72)}{s(s + 6283)} \tag{12-102}$$

$$H_{\Delta v}(s) = \frac{44200(s + 204)}{s(s + 6283)} \tag{12-103}$$

此外，为了确保控制系统具有较高稳定性，外部回路设计得比内部环路更慢。在这种情况下，在计算$H_v(s)$时，仅考虑$G'_{0d}(s)$。给出如下表示如下：

$$G'_{0d}(s) = \frac{V_0(s)}{I_{s,d}(s)}\bigg|_{\substack{I_{s,q}=0 \\ \Delta V_0=0 \\ V_{s,d}=0 \\ V_{s,q}=0}} = \frac{G_{0d}(s)\cdot G_{qq}(s) - G_{0q}(s)\cdot G_{qd}(s)}{G_{dd}(s)\cdot G_{qq}(s) - G_{dq}(s)\cdot G_{qd}(s)} \tag{12-104}$$

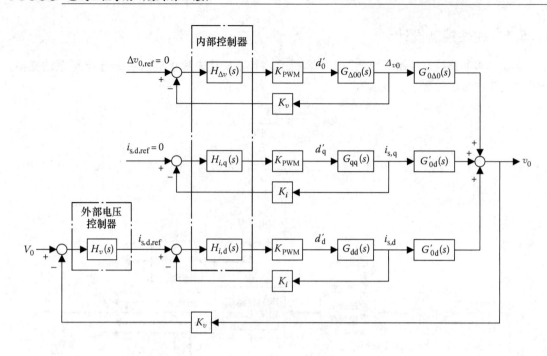

图 12-19　多回路线性调压器的设计

或者，采用式（12-97）得到

$$G'_{0d}(s) = -\frac{3LI_s\sqrt{2}}{C_0V_0}\frac{s-\omega_{z5}}{s+\omega_{p4}} \qquad (12\text{-}105)$$

经过计算，得到

$$H_v(s) = \frac{19(s+204)}{s(s+62.83)} \qquad (12\text{-}106)$$

注意，$G'_{0q}(s)$ 和 $G'_{0\Delta0}(s)$ 没有对 $H_v(s)$ 的计算产生影响，因此没有考虑。

12.5.2　非线性控制设计

提出的非线性控制方案如图 12-20 所示。首先，它包括用于电流波形整形和直流电压平衡调节的内部多输入多输出（MIMO）反馈回路，其次，它还包括用于直流电压调节的 SISO 外部反馈回路。内部和外部控制规律都是基于以式（12-69）给出的三输入 - 四输出系统的非线性补偿技术[47]。控制系统的设计步骤将在以下小节中进行描述。

12.5.2.1　内部控制规律

内部控制规律的设计是基于将非线性补偿技术，并将其应用于由方程式（12-69a）~ 式（12-69c）描述的子系统。该策略的主要目的是找到将原始子系统变换为线性解耦系统的多变量非线性函数 T。该函数表示为

$$\boldsymbol{u}_{dq0} = \boldsymbol{T}(v_{s,dq0}, \boldsymbol{i}_{s,dq0}, \boldsymbol{d}'_{dq0}, v_0, \Delta v_0, i_{0,h}, i_{0,1}) = \begin{bmatrix} \dfrac{2v_{s,d}+2L\omega_0 i_{s,q}-v_0 d'_d}{2L} \\[3mm] \dfrac{2v_{s,q}-2L\omega_0 i_{s,d}-v_0 d'_q}{2L} \\[3mm] \dfrac{2\alpha v_0 i_{s,d} d'_0 - 3\Delta v_0(i_{s,d}d'_d + i_{s,q}d'_q) - 2v_0(i_{0,h}-i_{0,1})}{2C_0 v_0} \end{bmatrix}$$

$$(12\text{-}107)$$

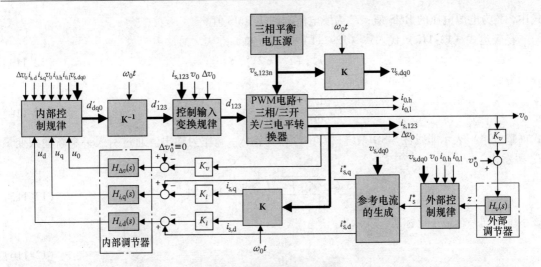

图 12-20　非线性控制方案

式中，$u_{dq0} = [u_d, u_q, u_0]^T$ 是由以下标准形表示的线性化系统的内部新输入矢量：

$$\frac{di_{s,d}}{dt} = u_d$$

$$\frac{di_{s,q}}{dt} = u_q \tag{12-108}$$

$$\frac{d(\Delta V_0)}{dt} = u_0$$

这里再次设计每个单个回路的内部调节器 $H_{i,d}(s)$、$H_{i,q}(s)$ 和 $H_{\Delta v}(s)$，使得相应的闭环传递函数等同于一个低通最优滤波器传递函数。调节器参数的计算还应考虑到两个额外的设计准则。第一个准则是内部电流回路比外部回路要快得多。第二个准则是调节器应该衰减由开关过程固有产生的控制变量的高频分量。再次考虑第 12.5.1 节给出的数值，得出

$$H_{i,d}(s) = H_{i,q}(s) = \frac{2 \times 10^5 \pi \sqrt{2}}{1 + s/2 \times 10^4 \pi \sqrt{2}} \tag{12-109}$$

$$H_{\Delta v}(s) = \frac{7000 \pi \sqrt{2}}{1 + s/100 \pi \sqrt{2}} \tag{12-110}$$

12.5.2.2　外部控制规律

当内部控制规律得到实现时，原始 MIMO 系统表达式[(12-69)]可以简化成 SISO 模型，表示为：

$$C_0 \frac{dv_0}{dt} = \frac{3}{2}(d_d'^* i_{s,d}^* + d_q'^* i_{s,q}^*) - i_{0,h} - i_{0,l} \tag{12-111}$$

式中，$d_d'^*$、$d_q'^*$、$i_{s,d}^*$ 和 $i_{s,q}^*$ 分别是 d_d'、d_q'、$i_{s,d}$ 和 $i_{s,q}$ 的期望值。它们的值为

$$d_d'^* = \frac{2}{v_0}(v_{s,d} + L\omega_0 i_{s,q}^*)$$

$$d_q'^* = \frac{2}{v_0}(v_{s,q} - L\omega_0 i_{s,d}^*)$$

$$i_{s,d}^* = \frac{I_s^*}{V_s} v_{s,d} \tag{12-112}$$

$$i_{s,q}^* = \frac{I_s^*}{V_s} v_{s,q}$$

式中，V_s 为电源电压的 RMS 值；I_s^* 为线电流的期望 RMS 值。

将表达式（12-112）代入式（12-111）中，可知

$$v_{s,d}^2 + v_{s,q}^2 = 2V_s^2, \forall t \tag{12-113}$$

我们得到

$$C_0 \frac{dv_0}{dt} = \frac{6}{v_0} V_s I_s^* - i_{0,h} - i_{0,l} \tag{12-114}$$

式（12-114）表示非线性 SISO 系统，其中 I_s^* 作为输入，v_0 作为输出。通过引入一个新输入变量 z，表示为

$$z = \frac{3\sqrt{2}\sqrt{v_{s,d}^2 + v_{s,q}^2} I_s^* - v_0(i_{0,h} + i_{0,l})}{C_0 v_0} \tag{12-115}$$

该系统等同一个最小化标准，表示为

$$\frac{dv_0}{dt} = z \tag{12-116}$$

线性调节器 $H_v(s)$ 的设计遵循前面所述的相同考虑，可得

$$H_v(s) = \frac{2800\pi\sqrt{2}}{1 + s/40\pi\sqrt{2}} \tag{12-117}$$

12.5.3 仿真结果

为了突出所提出控制方案的稳态和瞬态性能，使用 MATLAB 和 Simulink 工具进行仿真工作。从而执行了图 12-18 和图 12-20 所示的系统数字仿真版本，并且分别由两个电阻 $R_{0,h}$ 和 $R_{0,l}$ 表示上部和下部 DC 负载。变换器的所有参数和运行条件从第 12.5.1 节中选择。

图 12-21 显示了稳态状态下的电源电流和直流输出电压，这里考虑的是平衡额定负载的情况。实现了提出的两种控制方案的实际单位功率因数运行。图 12-22 和图 12-23 分别说明线性和非线性控制系统对直流负载突然变化的响应（$R_{0,l}$ 在 $t = 0.05\text{s}$ 时增加 100%）。开关 Q_1 的占空比 d_1 的给定时间响应使这两种控制方案出现控制饱和现象。最后，图 12-24 给出了两个控制方案的电源电流 THD 相对于负载功率和式（12-99）中定义的负载不平衡系数的变化。

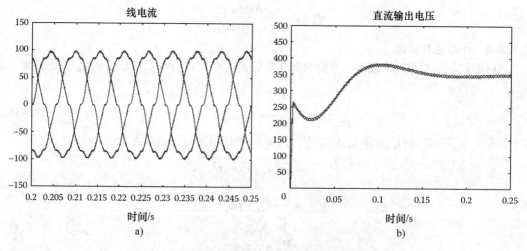

图 12-21 在额定工作条件下的线电流和直流输出电压
a) 线性控制方案的线电流　b) 线性控制方案的直流输出电压

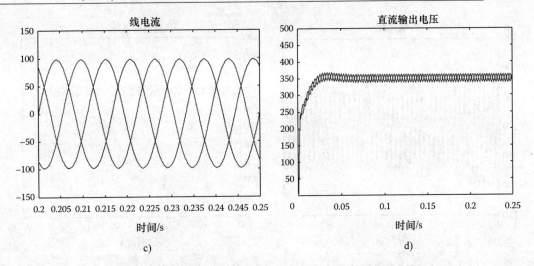

图 12-21　在额定工作条件下的线电流和直流输出电压（续）
c）非线性控制方案的线电流　d）非线性控制方案的直流输出电压

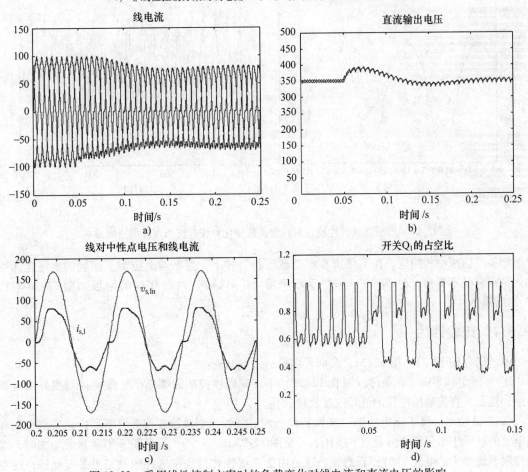

图 12-22　采用线性控制方案时的负载变化对线电流和直流电压的影响

　　输入电压扰动对系统性能的影响仅在非线性控制的情况下进行分析，因为，与线性控制相比它通常能够得到更好的结果。图 12-25a 和 b 显示了受控变换器电源电压突然减小然后重新建立时的线路电流$i_{s,1}$、$i_{s,2}$、$i_{s,3}$ 和直流输出电压$v_{0,h}$和$v_{0,l}$的响应。图 12-25c 和 d 表示系统对电源电压

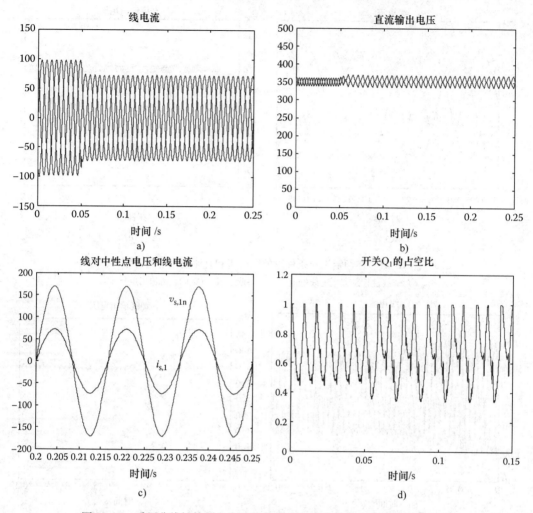

图 12-23　采用非线性控制方案时的负载变化对线电流和直流电压的影响

突然增加然后减小的响应。在不平衡直流负载运行条件下，变换器上施加了相同的电源电压扰动。负载轻微不平衡（$\delta = 0.33$）和严重不平衡（$\delta = 0.82$）时的相应的结果如图 12-26 和图 12-27 所示。

12.5.4　比较评估

通过研究图 12-21 ~ 图 12-24，我们可以得出以下结论：

① 在额定和平衡工作条件（见图 12-21）下，非线性控制能够提供比线性控制更好的电流整形；然而，直流输出电压的低频纹波比较明显。

② 在低功率（低于额定功率的 30%）运行时，线性控制系统变得非常不稳定，直流电压和线电流的波形中出现低频分量（约 8Hz）（见图 12-23a）。此外，当负载不平衡显著增加时，线性控制系统产生的电流 THD 严重恶化。这是由于在线性化过程中选择的设定点是变化的，这对传递函数的极点和零点的位置有很大的影响，大大影响了变换器小信号模型的可信度。因此，第 12.5.1 节中计算的调节器不再对变换器进行校正，并且变换器稳定性受到严重影响。另外，由式（12-69）给出的变换器模型中的结构参数 α 不是完全独立于工作条件，并且随之变化。对于较大的 σ 值（> 0.6），电流 THD 比大感性直流负载的经典三相二极管桥给出的临界值大 31%。

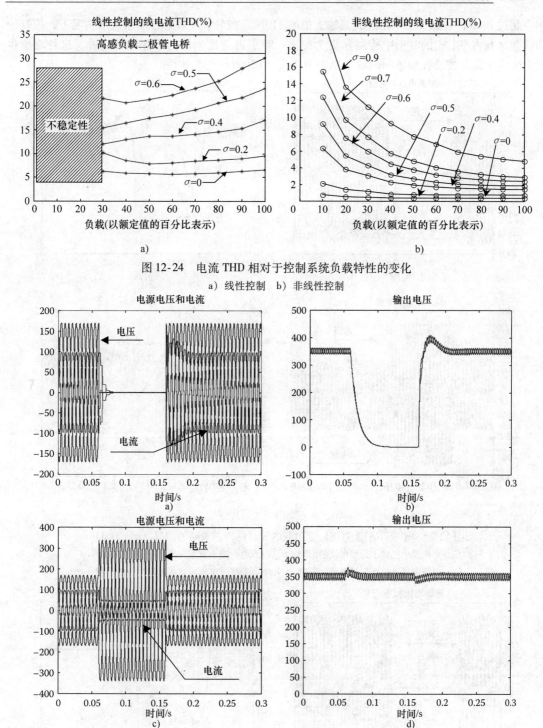

图 12-24　电流 THD 相对于控制系统负载特性的变化

a）线性控制　b）非线性控制

图 12-25　具有平衡直流额定负载的非线性控制策略的情况

a）电源电压减小对线电流的影响　b）电源电压减小对直流输出电压的影响

c）电源突然过电压对线电流的影响　d）电源突然过电压对直流输出电压的影响

③ 对于突然的负载变化，非线性控制方案具有比线性控制更好的动态性能。如图12-22和图12-23 所示，非线性控制系统的响应不超过 10ms，并且没有电压超调，而对于线性控制器，时间

响应超过 10ms，暂态直流电压达到其稳态值的 110%。此外，在线性控制系统的情况下，控制饱和问题（在占空比 d_1 的波形中检测）更为突出。除了占空比呈现的不连续性之外，这种现象也大大影响了调节器设计所依据的数学模型表达式（12-69）的有效性。

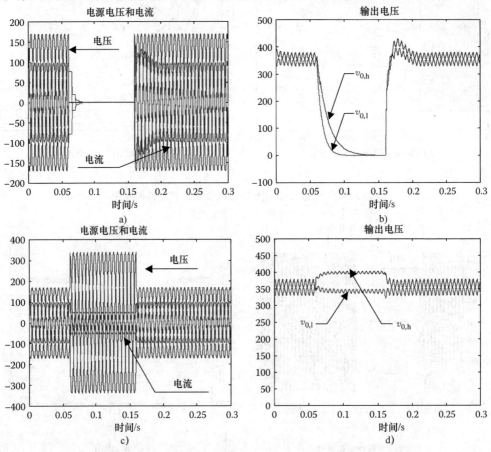

图 12-26　带有不平衡直流额定负载的非线性控制策略的情况（$\sigma = 0.33$）

a）电源电压减小对线电流的影响　b）电源电压减小对直流输出电压的影响

c）电源突然过电压对线电流的影响　d）电源突然过电压对直流输出电压的影响

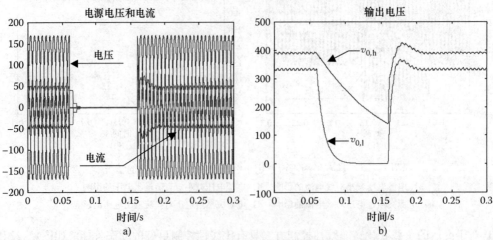

图 12-27　带有高度不平衡直流负载的非线性控制策略的情况（$\sigma = 0.82$）

a）电源电压减小对线电流的影响　b）电源电压减小对直流输出电压的影响

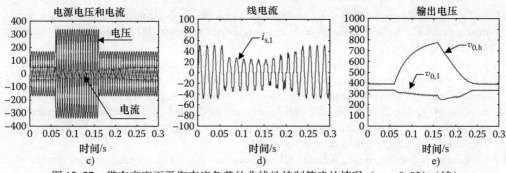

图 12-27　带有高度不平衡直流负载的非线性控制策略的情况（$\sigma = 0.82$）（续）

c）电源突然过电压对线电流的影响　d）电源突然过电压对相位 1 的电流的影响　e）电源突然过电压对直流输出电压的影响

12.6　结论

在本章中，经过讨论恒定开关频率的开关模式变换器建模相关的一些问题，作者提出了一种综合方法来解决维也纳整流器的运行情况。首先考虑和研究了单相拓扑，推导出了一些设计准则或约束条件，构建出三相拓扑结构研究的基本框架，提出了变换器的操作顺序，并为 CCM 和恒定开关频率操作推导出了相应的状态模型。建立了变换器的基本数学模型，然后使用旋转 Park 变换推导出简化的时不变模型，从而通过小信号线性化处理进行传递函数计算。最后，给出了多回路线性控制设计理论（应用于小信号模型）和输入 – 输出反馈线性化（以补偿非线性和交叉耦合）两种控制方法的实验结果。通过线电流 THD、直流电压调节、以及接近满负荷和平衡负载的工作条件下的稳定性的实验结果，以突出两种控制规律的高性能。

参 考 文 献

1. *IEEE Recommended Practices and Requirements for Harmonic Control in Electric Power Systems*, IEEE Std. 519, Institute of Electrical and Electronics Engineers, June 1992.

2. IEC Subcommittee 77A, Disturbance in supply systems caused by household appliance and similar electrical equipment, Part 2: Harmonics, IEC 555-2 (EN 60555-2), September 1992.

3. T. S. Key and J.-S. Lai, Comparison of standards and power supply design options for limiting harmonic distortion in power systems, *IEEE Trans. Ind. Appl.*, 29(4), 688–695, July/August 1993.

4. M. Rastogi, R. Naik, and N. Mohan, A comparative evaluation of harmonic reduction techniques in three-phase utility interface of power electronic loads, *IEEE Trans. Ind. Appl.*, 30(5), 1149–1155, September/October 1994.

5. H. Mao, F. C. Y. Lee, D. Boroyevich, and S. Hiti, Review of high-performance three-phase power-factor correction circuits, *IEEE Trans. Ind. Electron.*, 44(4), 437–446, August 1997.

6. J. W. Kolar and H. Ertl, Status of the techniques of three-phase rectifier systems with low effects on the mains, in *Proceedings of 21st INTELEC*, Copenhagen, Denmark, June 6–9, 1999.

7. R. Wu, S. B. Dewan, and G. R. Slemon, A PWM AC to DC converter with fixed switching frequency, *IEEE Trans. Ind. Appl.*, 26(5), 880–885, 1990.

8. W.-C. Lee, D.-S. Hyun, and T.-K. Lee, A novel control method for three-phase PWM rectifiers using a single current sensor, *IEEE Trans. Power Electron.*, 15(5), 861–870, September 2000.

9. S. Kim, P. N. Enjeti, P. Packebush, and I. J. Pitel, A new approach to improve power factor and reduce harmonics in a three-phase diode rectifier type utility interface, *IEEE Trans. Ind. Appl.*, 30(6), 1557–1564, November/December 1994.

10. W. B. Lawrance and W. Mielczarski, Harmonic current rejection in a three-phase diode bridge rectifier, *IEEE Trans. Ind. Electron.*, 39, 571–576, December 1992.

11. P. Pejovic and Z. Janda, An analysis of three-phase low harmonic rectifiers applying the third-harmonic current injection, *IEEE Trans. Power Electron.*, 14(3), 397–407, May 1999.

12. N. Mohan, M. Rastogi, and R. Naik, Analysis of a new power electronics interface with approximately sinusoidal 3-phase utility currents and a regulated DC output, *IEEE Trans. Power Deliv.*, 8(2), 540–546, April 1993.

13. R. Naik, M. Rastogi, and N. Mohan, Third-harmonic modulated power electronics interface with 3-phase utility to provide a regulated DC output and to minimize line current harmonics, *IEEE/IAS Annual Meeting Conference*, Houston, TX, 689–694, October 4–9, 1992.

14. R. Naik, M. Rastogi, and N. Mohan, Third-harmonic modulated power electronics interface with three-phase utility to provide a regulated DC output and to minimize line-current harmonics, *IEEE Trans. Ind. Appl.*, 31(3), 598–602, May/June 1995.

15. M. Rastogi, N. Mohan, and C. P. Henze, Three-phase sinusoidal current rectifier with zero-current switching, *IEEE Trans. Power Electron.*, 10(6), 753–759, November 1995.

16. R. Naik, M. Rastogi, N. Mohan, R. Nilssen, and C. P. Henze, A magnetic device for current injection in a three-phase, sinusoidal-current utility interface, *IEEE/IAS Annual Meeting*, Toronto, Ontario Canada, October 1993, vol. 2, pp. 926–930, 1993.

17. R. Naik, N. Mohan, M. Rogers, and A. Bulawka, A novel grid interface, optimized for utility-scale applications of photovoltaic, wind-electric, and fuel-cell systems, *IEEE Trans. Power Deliv.*, 10(4), 1920–1926, October 1995.

18. P. Pejovic and Z. Janda, Optimal current programming in three-phase high-power-factor rectifier based on two boost converters, *IEEE Trans. Power Electron.*, 13(6), 1152–1163, November 1998.

19. J. C. Salmon, Operating a three-phase diode rectifier with a low-input current distortion using a series-connected dual boost converter, *IEEE Trans. Power Electron.*, 11(4), 592–603, July 1996.

20. A. M. Cross and A. J. Forsyth, A high-power-factor, three-phase isolated AC-DC converter using high-frequency current injection, *IEEE Trans. Power Electron.*, 18(4), 1012–1019, July 2003.

21. N. Vazquez, H. Rodriguez, C. Hernandez, E. Rodriguez, and J. Arau, Three-phase rectifier with active current injection and high efficiency, *IEEE Trans. Ind. Electron.*, 56(1), 110–119, January 2009.

22. C. Qiao and K. M. Smedley, A general three-phase PFC controller for rectifiers with a series-connected dual-boost topology, *IEEE Trans. Ind. Appl.*, 38(1), 137–148, January/February 2002.

23. B. M. Saied and H. I. Zynal, Minimizing current distortion of a three-phase bridge rectifier based on line injection technique, *IEEE Trans. Power Electron.*, 21(6), 1754–1761, November 2006.

24. J.-I. Itoh and I. Ashida, A novel three-phase PFC rectifier using a harmonic current injection method, *IEEE Trans. Power Electron.*, 23(2), 715–722, March 2008.

25. J. W. Kolar and F. C. Zach, A novel three-phase utility interface minimizing line current harmonics of high-power telecommunications rectifier modules, *IEEE Trans. Ind. Electron.*, 44(4), 456–467, August 1997.

26. J. W. Kolar and F. C. Zach, A novel three-phase three-switch three-level unity power factor PWM rectifier, in *Proceedings of the 28th Power Conversion Conference*, pp. 125–138, Nuremberg, Germany, June 28–30, 1994.

27. J. W. Kolar, F. Stögerer, J. Miniböck, and H. Ertl, A new concept for reconstruction of the input phase currents of a three-phase/switch/level PWM (Vienna) rectifier based on neutral point current measurement, *IEEE 31st Annual Power Electronics Specialists Conference (PESC'00)*, Galway, Ireland, June 2000, vol. 1, pp. 139–146, 2000.

28. C. Qiao and K. M. Smedley, Three-phase unity-power-factor star-connected switch (VIENNA) rectifier with unified constant-frequency integration control, *IEEE Trans. Power Electron.*, 18(4), 952–957, July 2003.

29. T. Nussbaumer and J. W. Kolar, Comparison of 3-phase wide output voltage range PWM rectifiers, *IEEE Trans. Ind. Electron.*, 54(6), 3422–3425, December 2007.

30. C.-M. Young, C.-C. Wu, and C.-H. Lu, Constant-switching-frequency control of three-phase/switch/level boost-type rectifiers without current sensors, *IEEE Trans. Ind. Electron.*, 50(1), 246–248, February 2003.

31. J. Minibock and J. W. Kolar, Novel concept for mains voltage proportional input current shaping of a VIENNA rectifier eliminating controller multipliers, *IEEE Trans. Ind. Electron.*, 52(1), 162–170, February 2005.

32. H. Y. Kanaan, K. Al-Haddad, and F. Fnaiech, Modelling and control of a three-phase/switch/level fixed-frequency PWM rectifier: State-space averaged model, *IEE Proc. Electr. Power Appl.*, 152(03), 551–557, May 2005.

33. H. Y. Kanaan, K. Al-Haddad, and F. Fnaiech, A study on the effects of the neutral inductor on the modeling and performance of a four-wire three-phase/switch/level fixed-frequency rectifier, *J. Math. Comput. Simul. (IMACS)*, 71(4–6), 487–498, June 2006 (Special issue on Modeling and Simulation of Electric Machines, Converters and Systems).

34. N. Bel Hadj-Youssef, K. Al-Haddad, H. Y. Kanaan, and F. Fnaiech, Small-signal perturbation technique used for DSP-based identification of a three-phase three-level boost-type Vienna rectifier, *IET Proc. Electr. Power Appl.*, 1(2), 199–208, March 2007.

35. N. Bel Haj Youssef, K. Al-Haddad, and H. Y. Kanaan, Real-time implementation of a discrete nonlinearity compensating multiloops control technique for a 1.5 kW three-phase/switch/level Vienna converter, *IEEE Trans. Ind. Electron.*, 55(3), 1225–1234, March 2008.

36. N. Bel Haj Youssef, K. Al-Haddad, and H. Y. Kanaan, Large signal modeling and steady-state analysis of a 1.5 kW three phase/switch/level (Vienna) rectifier with experimental validation, *IEEE Trans. Ind. Electron.*, 55(3), 1213–1224, March 2008.

37. N. Bel Haj Youssef, K. Al-Haddad, and H. Y. Kanaan, Implementation of a new linear control technique based on experimentally validated small-signal model of three-phase three-level boost-type Vienna rectifier, *IEEE Trans. Ind. Electron.*, 55(4), 1666–1676, April 2008.

38. G. W. Wester and R. D. Middlebrook, Low-frequency characterization of switched DC-to-DC converters, in *Proceedings of the IEEE Power Processing and Electronics Specialists Conference*, Atlantic City, NJ, May 22–23, 1972.

39. R. D. Middlebrook and S. Cuk, A general unified approach to modeling switching-converter power stages, in *Proceedings of the IEEE Power Electronics Specialists Conference*, Cleveland, OH, June 8–10, 1976.

40. S. R. Sanders, J. M. Noworolski, X. Z. Liu, and G. C. Verghese, Generalized averaging method for power conversion circuits, *IEEE Trans. Power Electron.*, 6(2), 251–259, April 1991.

41. J. P. Noon, UC3855A/B high performance power factor preregulator, Unitrode Corporation, Merrimack, NH, Unitrode Application Notes, Section U-153, pp. 3.460–3.479, 1998.

42. H. Kanaan, K. Al-Haddad, R. Chaffaï, and L. Duguay, Susceptibility and input impedance evaluation of a single phase unity power factor rectifier, in *Proceedings of Seventh IEEE ICECS'2K Conference*, Beirut, Lebanon, December 17–20, 2000.

43. H. Kanaan and K. Al-Haddad, A comparative evaluation of averaged model based linear and nonlinear control laws applied to a single-phase two-stage boost rectifier, in *Proceedings of RTST 2002 Conference*, Beirut & Byblos, Lebanon, March 4–6, 2002.

44. R. Wu, S. B. Dewan, and G. R. Slemon, Analysis of an AC-to-DC voltage source converter using PWM with phase and amplitude control, *IEEE Trans. Ind. Appl.*, 27(2), 355–364, March/April 1991.

45. H. Y. Kanaan and K. Al-Haddad, A comparison between three modeling approaches for computer implementation of high-fixed-switching-frequency power converters operating in a continuous mode, in *Proceedings of CCECE'02*, vol. 1, pp. 274–279, Winnipeg, Canada, May 12–15, 2002.

46. J. Sun, D. M. Mitchell, M. F. Greuel, P. T. Krein, and R. M. Bass, Averaged modeling of PWM converters operating in discontinuous conduction mode, *IEEE Trans. Power Electron.*, 16(4), 482–492, July 2001.

47. J.-J. E. Slotine and W. Li, *Applied Nonlinear Control*, Prentice-Hall, Englewood Cliffs, NJ, 1991.

第 13 章 DC – DC 变换器

13.1 引言

图 13-1 所示的 DC – DC 变换器用于连接两个 DC 系统，并控制它们之间的功率流。它们在直流系统下的基本功能与交流系统中的变压器类似。与变压器不同的是，DC – DC 变换器输入与输出（电压或电流）的比率可以通过控制信号连续地变化，并且该比率可以高于或低于 1。

DC – DC 变换器在大功率应用中被称为斩波器，用于控制直流电机，如电池供电的车辆和其他不同的应用领域，如需要机载直流电源的电动汽车、飞机和宇宙飞船。通常，DC – DC 变换器用作传感器、控制器、换能器、计算机、商业电子、电子仪器中的电源，以及应用在用于等离子

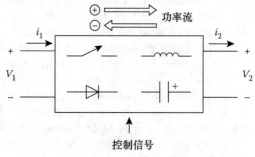

图 13-1 DC – DC 变换器

体、电弧、电子束、电解、核物理、太阳能转换、风能转换等各种技术。在 DC – DC 变换器的功率等级范围包括：①小于 1W 电池供电便携式设备中的 DC – DC 变换器；②几十、几百或几千瓦特计算机和办公设备的电源；③千瓦至兆瓦变速电动机驱动器；④大约为 100MW 直流输电线路，例如海上风电场。

DC – DC 变换器由电子开关构成，有时包括电感和电容元件，所有这些元件后面通常有一个低通滤波器。如果滤波器转折频率足够低且低于开关频率，则滤波器本质上说仅通过直流分量。这些变换器的分类取决于低通滤波器的输入阻抗 $\bar{Z}_i$，如图 13-2 所示（Rashid，1993）。$\bar{Z}_i \cong j\omega L$ 时变换器输出电流源，或 $\bar{Z}_i \cong -1/(j\omega C)$ 时变换器输出电压源。在这种情况下，输出电

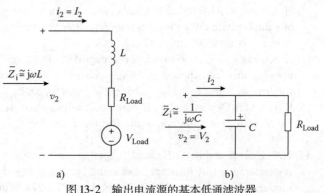

图 13-2 输出电流源的基本低通滤波器

a）电压源 b）变换器

流或电压设计为无纹波，电流式即在一个开关周期内是恒定的。一些 DC – DC 变换器仅允许功率在一个方向上流动，另一些可实现双向功率流。根据输出电流和电压的方向，变换器可分为五类，如图 13-3 所示。可以实现一个象限（A 类和 B 类）、二个象限（C 类和 D 类）和四象限运行。

硬开关和软开关或者谐振变换器则表示另一种分类。在硬开关（软开关）中，开关动作开始时刻的开关上的非零电压和电流（零电压和/或电流）造成了开关中的高（低）功率损耗。

与输入电压相比，降压或 buck 变换器只能减小平均输出电压，而升压或 boost 变换器只能增加平均输出电压。升压/降压或降压/升压变换器产生低于或高于输入电压的输出电压。DC - DC 变换器带或不带电气隔离。前者通常将 DC - AC 和 AC - DC 变换器串联在一起在 AC 信号端加变压器并联用于电气隔离。利用变压器匝数比可以得到桥接输入和输出电压之间较大差异。

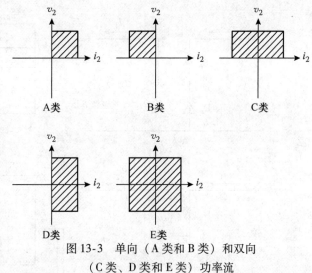

图 13-3　单向（A 类和 B 类）和双向（C 类、D 类和 E 类）功率流

直接（间接）变换器中的输入和输出端之间（不）存在直接路径。尽管这些变换器可以以连续或不连续的电流导通模式工作，但本章仅讨论电流连续导通模式。

13.2　开关模式变换概念

图 13-4a 所示的无纹波直流电压或图 13-4b 所示的无纹波电流被开关 S 周期性地斩断。通过改变占空比 $D = T_{ON}/T$，这两种波形的平均值可以连续变化。而开关频率 $f_s = 1/T$ 与外部信号频率的比值足够大，可以从信号中去除开关频率分量。

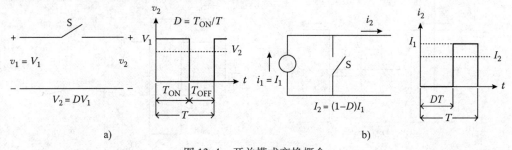

图 13-4　开关模式变换概念

13.3　输出电流源变换器

典型的负载电路如图 13-2a 所示。在所有情况下，假定输入电压 v_1 和负载电流 i_2 是无纹波的。输出电压 v_2 和输入电流 i_1 的电路配置和时间函数如图 13-5 和图 13-6 所示。A 类（B 类）的电压比为 $V_2/V_1 = D(V_2/V_1 = 1 - D)$。如果开关 $S_p(S_n)$ 在另一个开关保持关闭时导通和关断，则 C 类的电路配置如第一（第二）象限中的 A（B）类所示。如果负载通过虚线连接在正极开关 S_p-D_p 的端子上，如图 13-5c 所示，则变换器在第一或第三象限中工作。D 类和 E 类可通过双极性或单极性电压开关来工作。在第一种情况下，电路图中对角线上的两个开关同时导通和关断（见图13-5e和图13-6b）。可通过改变这些开关在半个周期中的开关过程来实现单极性电压切换（见

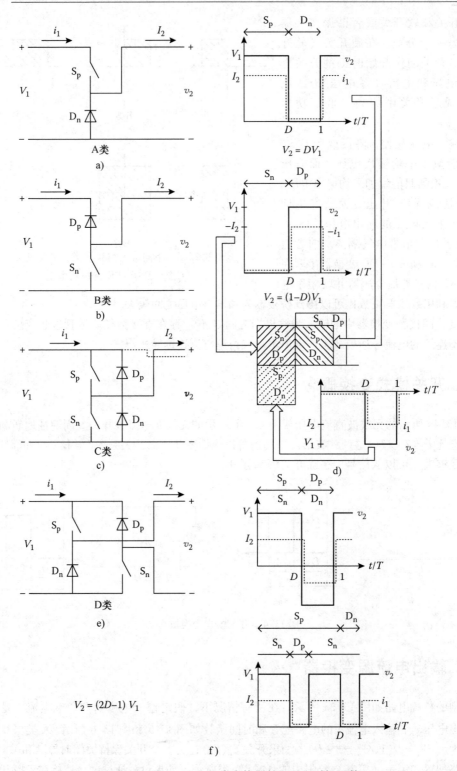

图 13-5   A、B、C 和 D 类变换器的配置和时间函数

图 13-5f 和图 13-6c）。图 13-6 显示了所有四个象限中双极性（见图 13-6b）和单极性（见图 13-6c）电压开关的时间函数。导通器件是导通的开关或是其反并联二极管。导通的开关和导电

二极管在括号里，如图 13-6b 和 c 所示。导通二极管始终与导通开关一起参与控制。对于双极性和单极性电压开关，平均输出电压为 $V_2 = (2D-1)V_1$，其中 D 是开关 S_{p1}、S_{n2} 的占空比。

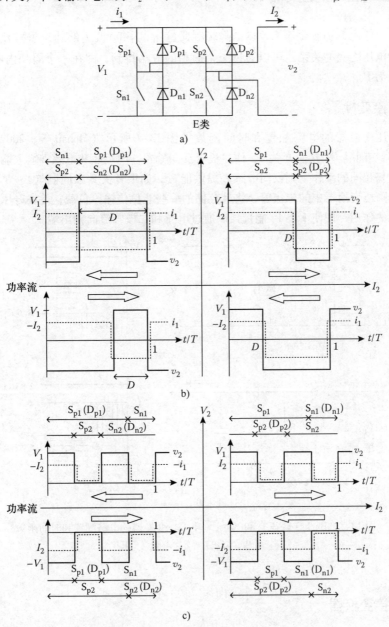

图 13-6　E 类变换器的配置和时间函数

a）E 类变换器的配置　b）双极性时间函数　c）电压切换

　　假设开关具有相同的开关频率，因为两个波形的"有效"开关频率增加 3 倍，纹波幅值减半，所以单极性电压切换能产生更好的输出电压与输入电流波形，以及更好的频率响应。

　　E 类可以通过适当的控制变换为 C 类或 D 类配置，例如持续导通 S_{n2}。反并联连接的 S_{n2} 和 D_{n2} 构成短路，S_{p2} 和 D_{p2} 相当于开路。第一象限和第二象限运行通过图 13-6a 和 b 所示的波形实现。另一方面，在 S_{n1} 持续导通的情况下，开关 S_{n1} 和 D_{n1} 构成短路，S_{p1} 和 D_{p1} 相当于开路，完成第三和第四象限运行。由于变换器在理想的情况下是没有损耗的，所有配置的电流比为 $I_2/I_1 = V_2/V_1$。

13.4　输出电压源变换器

在下文中，假定 L 和 C 足够大，以消除终端变量 v_1、i_1 和 v_2、i_2 的开关频率分量。此外，平均输入和输出电压之间的关系，可以通过一个简单的方法得到，即在一个周期内电感电压 v_2 的时间积分必须为零。

13.4.1　直接变换器

降压和升压变换器的电路配置和时间函数如图 13-7 所示（Mohan 等，2002）。通过降压（bush）变换器在间隔 DT 接通开关 S，使二极管反向偏置，向负载和电感 L 输入能量。如果在升压变换器中重复相同的动作，则仅向电感 L 提供能量。如果开关 S 在间隔 $(1-D)$ 中断开，则电感电流流过降压变换器中的二极管，将其存储的一些能量传输给负载；而在升压变换器中，由于电感器电流的作用，即使 $V_2 > V_1$ 能量强制通过电感和二极管流向输出端。

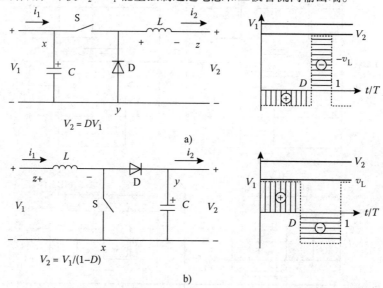

图 13-7　Buck（降压）和 Boost（升压）变换器的电路配置和时间函数

a）Buck（降压）　b）Boost（升压）

13.4.2　间接变换器

降压和升压（升压/降压）和Ǔuk 变换器的电路配置和时间函数如图 13-8 所示。请注意，输出电压的极性为负。在间隔 D 中导通开关 S，二极管反向偏置。在图 13-8a 中，能量从输入端提供给电感 L，并从电容 C 提供给负载。在图 13-8b 中，能量从输入端提供给电感 L_1，从电容 C 提供给负载以及电感 L_2。该变换器通过电容式能量传输进行工作。如图 13-8b 所示，电容 C 在二极管导通时通过 L_1 连接到输入电源，电源能量存储在 C 中。如果开关 S 在间隔$(1-D)$中关断，则二极管导通电流。当开关 S 导通时，该能量通过 L_2 释放到负载。

此外，在图 13-8a 中，能量从输入端提供给电容 C。在图 13-8b 中，能量从输入端和电感 L_1 提供给电容 C。降压/升压和Ǔuk 变换器 V_2/V_1 的关系相同。输出电压 V_2 可以小于或大于 V_1。电

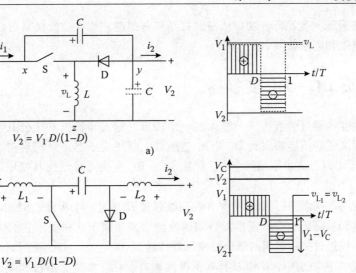

$$V_2 = V_1 D/(1-D)$$

a)

$$V_2 = V_1 D/(1-D)$$

b)

图 13-8　$D = 0.5$ 时变换器的电路配置和时间函数

a) 降压/升压变换器　b) Ćuk 变换器

容 C 可以放置在端子 x 和 y 或 y 和 z 之间，而不影响降压/升压变换器的工作。在这两种情况下，电压 v_1、v_2 和 v_{xy} 都是无纹波的。

13.5　基础拓扑关系

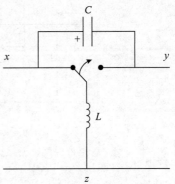

图 13-9　典型开关单元（CSC）

　　降压、升压和降压 – 升压变换器通用的基本电路，即所谓的典型开关单元（CSC）如图 13-9 所示（Kassakian 等，1992）。它使用一个双掷开关，满足四个变换器中的两个开关（晶体管和二极管）不能同时导通或关断的条件。除了上一节讨论的以外，CSC 是大量 DC – DC 变换器的基本构件。不同的变换器配置，即降压、升压和降压 – 升压取决于 CSC 连接到外部系统的方式和开关的应用。可以看出，Ćuk 变换器也可以很容易地由 CSC 构建（Kassakian 等，1992）。

13.6　双向功率流

　　功率在第 13.2.2 节中讨论的配置只能从左向右流动。然而，在一些应用中需要双向功率流。在两个外部电压（电流）的极性可以（不能）改变的条件下，图 13-10 显示了双向功率流 CSC 开关的实现。假设 $V_1 > 0$ 且 $V_2 > 0$，（$V_1 < 0$ 和 $V_2 < 0$），晶体管 S_2（S_1）可以保持连续导通。通过切换另一个晶体管实现控制。当 S_2（S_1）持续导通时，该配

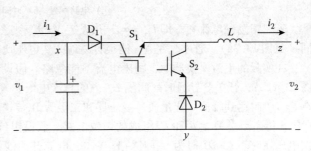

图 13-10　提供双向功率流的配置

置用作降压（升压）变换器，功率从左到右（从右到左）流动。变换器可以像 D 类变换器一样工作在第一象限和第四象限中。

13.7   隔离 DC – DC 变换器

每个基本变换器只能容纳一个输入和一个输出，输入和输出共用公共参考线。为了克服这些限制，将隔离式变压器添加到 DC – DC 变换器。应用变压器可获得容器的好处，即当变换比 V_2/V_1 远远小于 1 时，减小了部件应力。隔离 DC – DC 变换器可根据其变压器的铁心激励方式进行分类：

① 在铁心单向激励中，磁通密度 B 和磁场强度 H 只有一个极性。例如，从降压变换器得到的正激变换器和从降压 – 升压变换器得到的反激变换器属于这一类。它们也称为"单端"变换器，因为功率仅通过一次电压的单极性变压器传送。

② 在铁心双向激励中，B 和 H 具有正极性和负极性。推挽、半桥和全桥逆变器拓扑属于这一类。因为电源通过变压器以一次电压双极性转送，它们被称为"双端"变换器。

13.7.1   单端正激变换器

该变换器的基本配置及相关的时间函数如图 13-11 所示。该变换器忽略了变压器的损耗和漏感，采用匝数比 N:1 和励磁电感 L_m 的理想变压器进行建模。

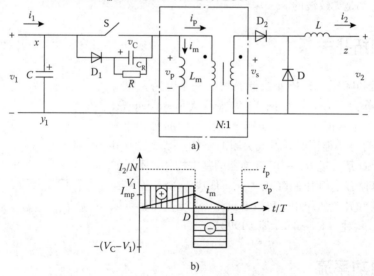

图 13-11   正激变换器的配置

a）电路配置   b）时间函数

若忽略励磁电流 i_m，即 $L_m = \infty$，并假定 $N = 1$，则图 13-1 中配置结构的操作与降压变换器相同（见图 13-7a）。通过改变 N，能很容易地改变电压比。

在实际的正激变换器中，励磁电流不能忽略。假设励磁电流 $i_m(0) = 0$，在开始时间段（见图 13-11b），开关 S 导通时间间隔 DT 内的直流电压 $v_p = V_1$，使励磁电流 i_m 和磁通密度线性增加，在 $t = DT$ 时达到峰值。能量通过变压器和二极管 D_2 传送到负载和电感 L。通过关断开关 S，电流 i_m 从 S 传递到由 D_1、R 和 C_R 组成的钳位电路。假设钳位电压 $v_C = V_C > V_1$ 近似恒定，变压器的一次电压在时间 $t \geq DT$ 时为 $-(V_C - V_1) < 0$，电流开始线性下降。二极管 D_2 和 D 分别变为反向和正向偏置。在稳定状态下，励磁电流 i_m 必须在 $t = T$ 之前或时间 $t = T$ 时达到零，铁心重新设定。

所需的最大占空比 D_{max} 决定钳位电压 $V_{C,min}$ 的最小值，这是因为必须满足电压 – 时间区域的关系，即 $(V_C - V_1)(1 - D)T \geqslant V_1 DT$。$D_{max}$ 值越大，$V_{C,min}$ 越大。

由 $i_m = I_{mp}$ 存储在励磁电感中的能量在电阻 R 中部分耗散。在大功率下，电阻 R 可以由 DC – DC 变换器代替以恢复磁化能量。钳位功能可以用稳压二极管或在变压器上添加三次绕组来实现。在后一种情况下，三次绕组必须与二极管串联连接，跨过变换器的输入或输出端子，使得磁化能量在开关 S 断开期间能提供给输入或输出电路。

13.7.2　单端混合桥式变换器

与图 13-11 所示的正激变换器的单个开关和钳位电路比较，单端混合桥式变换器有两个开关同时导通和截止，两个二极管在变压器的一次侧执行钳位功能，如图 13-12 所示。其他方面该电路与正激变换器相同。两个变换器采用类似于图 13-11b 和图 13-12b 所示的方式工作，并且变压器铁心被单向激励。然而，励磁电流 i_m 在断开间隔中流过二极管 D_1 和 D_2，并且一次电压被钳位在 $v_p = V_1$。在 $t = 2DT$ 时，i_m 衰减为零，占空比的最大值为 $D_{max} = 0.5$。

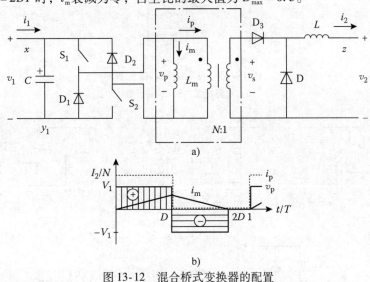

图 13-12　混合桥式变换器的配置
a）电路配置　b）时间函数

13.7.3　反激变换器

反激变换器使用与正激变换器中相同的变压器电路，图 13-13b 所示是它的时间函数，与图 13-8a 所示降压 – 升压变换器有基本相似之处。忽略变压器的漏感，除了变压器效应外，其工作方式与非隔离降压 – 升压变换器相同。与正激变换器不同，变压器励磁电感是在开关 S 的导通时间段内存储能量。该能量在关闭间隔期间通过变压器和二极管 D 传输到负载。

反激变换器应用于具有非常高匝数比的电视接收机中，产生高压以在屏幕上"回扫"出水平光束来启动下一行。反激变换器是单端的，变压器铁心是单向激励。

13.7.4　双端隔离变换器

用于这些类型变换器的变压器铁心是双向激励的。这类变换器包括图 13-14a 所示的推挽式变换器，图 13-14b 所示的半桥变换器，图 13-14c 所示的全桥变换器。所有三个变换器根据图 13-14e 所示的模式，周期性地调节开关的导通与关断，产生高频交流电压，而不会在变压器的一次侧产生直流分量。所有三个变换器中的交流电压 v_s 由二极管桥整流，如图 13-14d 所示。

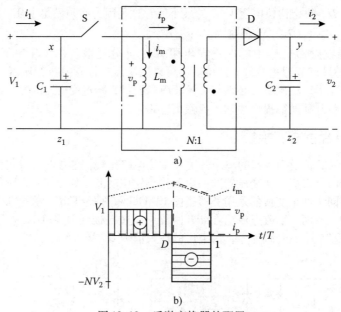

图 13-13　反激变换器的配置

a）电路配置　b）时间函数

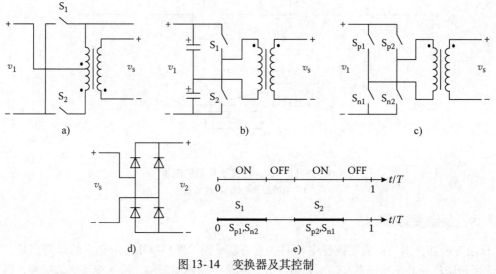

图 13-14　变换器及其控制

a）推挽　b）半桥　c）全桥　d）双端　e）控制方案

13.8　控制

基本上有三种控制方法，见表 13-1（Severns and Bloom，1985）。

表 13-1　变换器的控制方法

不变量	被控量
周期 T	T_{ON}，T_{OFF} 或占空比 T_{ON}/T
脉冲宽度 T_{ON}	T，T_{OFF} 或频率 $1/T$
脉冲中止 T_{OFF}	T，T_{ON} 或频率 $1/T$

第一控制方法称为脉宽调制（PWM）。DC - DC 变换器的 5 种 PWM 控制模式如图 13-15 所示。

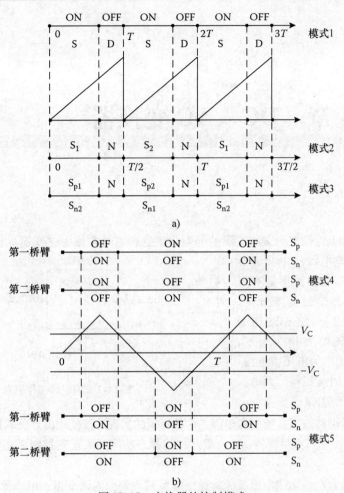

图 13-15　变换器的控制模式
a) 脉冲宽度调制模式 1、2、3　b) 脉冲宽度调制模式 4 和 5

模式 1 中仅有一个受控开关，模式 2 中有两个受控开关，模式 3、4 和 5 中有四个受控开关。控制模式 1 应用于 A 类、B 类和 C 类以及降压、升压、降压-升压、Ćuk、单端正激和反激变换器。控制模式 2 应用于隔离变换器、单端混合桥式、推挽式和半桥变换器。模式 3 应用于隔离双端全桥变换器。D 类和 E 类变换器以及用于双极性和单极性电压切断的非隔离全桥变换器分别应用模式 4 和 5。

　　请注意控制模式 2 和 3 与模式 4 和 5 之间的基本差异。当没有可控开关导通时，在模式 2 和 3 中，会有一些间隔。在模式 4 和 5 中，每个桥臂中总有一个可控开关是导通的。换句话说，在一个桥臂的两个开关从不同时关断。在模式 4 中，第二个桥臂中的开关 S_p（S_n）与第二个桥臂中的 S_n（S_p）同时控制。另一方面，第一个桥臂的开关 S_p（S_n）的控制被移动半个周期，以控制模式 5 中第二个桥臂中的开关 S_n（S_p）。

参 考 文 献

Kassakian, J. G., Schlecht, M. E., and Verghese, G. C. 1992. *Principles of Power Electronics*, Addison-Wesley, Reading, MA.

Mohan, N., Undeland, T. M., and Robinsons, W. E. 2002. *Power Electronics*, John Wiley & Sons, New York.

Rashid, M. H. 1993. *Power Electronics*, Prentice-Hall International, London, U.K.

Severns, R. R. and Blomm, G. E. 1985. *Modern DC-to-DC Switchmode Power Converter Circuits*, Van Nostrand Reinhold Electrical/Computer Science and Engineering Series, Van Nostrand Reinhold, New York.

第 14 章　DC – AC 变换器

14.1　引言

　　将直流电压和电流调整为交流波形的静态功率变换器通常称为逆变器。它们的主要功能是从一个或多个直流电源产生交流开关模式输出波形。这些波形具有可调相位、频率和振幅的基波分量，能满足特定应用的需要。描述逆变器功能的通用框图如图 14-1 所示，通用直流变量 x_{dc} 通常为电压或电流。注意，A_{dc} 是 x_{dc} 的固定振幅，而 A_{ac}、f 和 θ 分别表示开关 AC 变量（x_{ac}

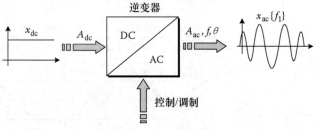

图 14-1　逆变器工作原理

$\{f_1\}$）基波分量的可调振幅、频率和相位。这种转换的实现通过使用由开关装置或拓扑提供的不同配置或导通状态，将 DC 电源与 AC 负载互连的静态功率开关正确控制（更好地称之为调制）来实现的。

　　直流电源可以是电流源或电压源，将逆变器系列主要分为两个组：电流源逆变器（CSI）和电压源逆变器（VSI），如图 14-2 所示。直流电源通常由整流器组成，之后是称为 DC 链路的能量存储或滤波环节（该转换概念称为间接转换，AC – DC/DC – AC）。典型的 DC 链路分别是用于 CSI 和 VSI 的电感器和电容器。不太常见的是其他直流电源如电池、光伏组件和燃料电池的直接转换应用。图 14-2 根据其典型的应用功率范围进一步对不同类型的 CSI 和 VSI 拓扑进行分类。虽然 CSI 以脉宽调制 CSI（PWM – CSI）和负载换相逆变器（LCI）[1] 在中压大功率范围内占主导地位，但电压源广泛存在于低压和中压、单相和三相两电平 VSI 的电源应用中。近来，VSI 在具有多电平转换器拓扑的中压大功率市场中也开始变得有吸引力[2]。

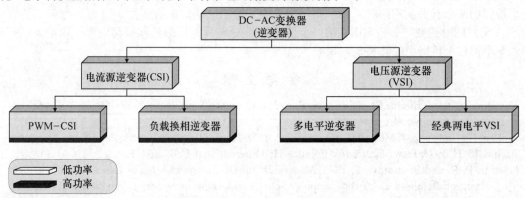

图 14-2　根据电源的类型（电压或电流）和功率范围进行的逆变器拓扑分类

本章介绍了工业上最常见的逆变器拓扑和调制方案。对效率、电能质量、功率范围和实施复杂度等基本概念、运行原理和优点都给予了特别的关注。本章的内容如下：第 14.2 节重点介绍 VSI，描述最常见的拓扑和调制方法。第 14.3 节描述专为中压大功率应用而设计的多电平变换器。最后，第 14.4 节着重描述 CSI 及其调制方法。

14.2 电压源逆变器

14.2.1 简介

为了在输出端产生具有与期望参考电压匹配的频率、相位和振幅可调的基波电压分量的开关电压波形，VSI 通常使用由电压源整流器和容性 DC 链路提供的恒定电压源。另一方面，变频器输出电流由负载定义，通常对于诸如电动机驱动器感性负载来说，输出电流是正弦的；否则使用输出滤波器。

VSI 是直流交流供电应用中最常见的电力转换系统，特别是在中低功率下，具有经典两电平拓扑的单相或三相系统。目前，随着多电平转换器的发展，它们在高功率中压市场（由 CSI 拓扑主导）也具有重要的地位。VSI 广泛应用于单相交流电源应用，如不间断电源（UPS）、D 类音频功率放大器、家用电器（洗衣机、空调等）、光伏电源变换器，以及三相系统，例如可调速驱动器、泵、压缩机、风扇、输送机、工业机器人、有源滤波器、电梯、碾磨机、搅拌机、破碎机、造纸机、起重机、柔性交流传输系统（FACTS）、列车牵引、推土机、电动汽车、风力发电和矿用运输载货车等。它们覆盖如此广泛的功率范围。它们的尺寸从可以当作手机中信号放大器的立方毫米级，到能驱动水泥行业的风扇的立方米级。

以下部分介绍了与业界最常见的 VSI 拓扑及其相应的调制方案相关的操作原理和概念。

14.2.2 VSI 拓扑

14.2.2.1 半桥 VSI（单相）

半桥是一个两电平单相逆变器，其电源电路如图 14-3a 所示。它由一个逆变器桥臂组成，包含两个半导体开关（T_1 和 T_2）和必要时通过开关提供负电流路径的反向并联续流二极管（D_1 和 D_2）。逆变器还具有直流链路中的两个电容器，用于分开总直流链路电压，为负载提供 0V 中点连接，也称为中性点（在图 14-3 中表示为节点）。负载连接在该中性点与逆变器桥臂输出相位节点 a 之间。注意，为了解释，图 14-3b 采用绝缘栅双极型晶体管（IGBT）作为功率开关；由于功率范围和应用领域，尽管 MOSFET 和 IGBT 是该拓扑中最常用的[3]，但也可以使用任何其他功率半导体［金属氧化物半导体场效应晶体管（MOSFET），门极关断晶闸管（GTO），集成门极换向晶闸管（IGCT）等］。逆变器的正母线和负母线分别由 P 和 N 表示。值得一提的是，直流侧电容器不相当于直流电压源，因为它们不能提供有功功率。相反，DC 侧电源用开路输入节点处的恒定电压 V_{dc} 表示，并且可以由任何 DC 源（整流器、电池、燃料电池等）提供。这种阐述直流电源的方法在整个章节中都是通用的。

逆变器由二进制门信号 $S_a \in \{1,0\}$ 控制，其中 1 表示开关的"开"状态（开关导通），0 表示"关"状态（开关关断）。从图 14-3 可以看出，上部开关 T_1 由 S_a 控制，而下部开关 T_2 由其逻辑互补信号 $\overline{S_a}$ 控制。这种交替控制对于避免 T_1 和 T_2 的同时导通是必要的，因为同时导通会使 DC 链路短路，或者避免两个开关产生未定义的输出电压[3]。因此，门信号 S_a 定义了两个开关状态：当 $S_a = 1$ 时，逆变器输出节点 a 连接到正母线 P，产生正输出电压 $v_{ao} = V_{dc}/2$；并且当 $S_a = 0$ 时，逆变器输出节点 a 连接到负母线 N，产生负输出电压 $v_{ao} = -V_{dc}/2$。因为只有两个可能的输出电压，所以 VSI 被归类为两电平逆变器。在不同时间段内这两个开关状态之间的交替变化称为调制，是直流电压 V_{dc} 如何转换为交流开关波形，以实现变换器的期望操作。值得一提的是，在实践中，功率器件的换向不是瞬时的；因此必须在开启之前（从 0 变为 1）添加死区时间，以避免两个开关同时导通，使直流母线电容器短路。死区时间通常比开关的关断换流时间稍长，因此取决于半导体的类型和额定功率。对于 IGBT，死区时间通常为几微秒。

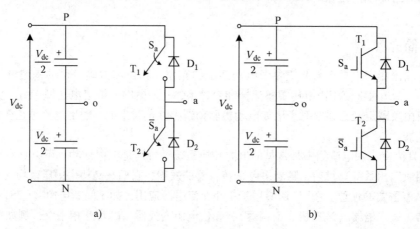

图 14-3 半桥逆变电源电路

a）普通半导体开关 b）采用 IGBT

虽然 S_a 是导致两种不同开关状态的二进制信号，但是根据负载电流极性将产生四种不同的导通状态，这决定了哪个半导体器件正在导通电流（功率晶体管或续流二极管）。这四种导通状态与开关状态如图 14-4 所示，并列在表 14-1 中。图 14-4 所示的定性示例给出了一个假设交流方波运行的逆变器给高感性负载供电，来说明不同的导通状态，并且没有说明给定电压下产生

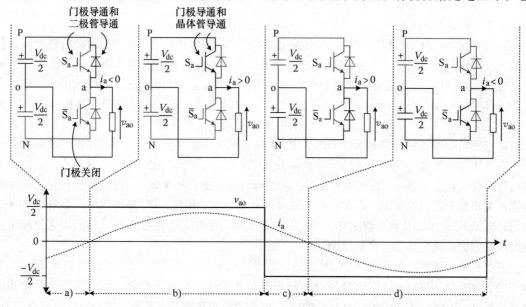

图 14-4 半桥逆变器导通状态

a）$v_{ao} = V_{dc}/2$ 和 $i_a < 0$ b）$v_{ao} = V_{dc}/2$ 和 $i_a > 0$

c）$v_{ao} = -V_{dc}/2$ 和 $i_a > 0$ d）$v_{ao} = -V_{dc}/2$ 和 $i_a < 0$

的实际电流波形。例如，在图 14-4a 和 b 中，分别示出了当开关状态 $S_a = 1$ 时，获得的负负载电流和正负载电流 i_a 的两个导通状态的等效电路。注意，为了展示电流路径，突出了电路的有效部分。在第一种情况下，负载电流通过续流二极管从负载传到上部直流母线电容器，而在第二种情况下，正电流通过功率晶体管从电容器流向负载。两个导通状态对应于相同的开关状态，输出电压 $v_{ao} = V_{dc}/2$。对于本章分析的下一个拓扑结构，我们只考虑开关状态，因为它与产生的输出电压有直接关系；在调制原理分析中，由于导通状态具有较小的相关性，它将被忽略。

表 14-1　半桥开关和导通状态

开关状态	门信号 S_a	输出电压 v_{ao}	导通状态	输出电流 i_a	导通半导体
1	1	$V_{dc}/2$	a)	<0	D_1
			b)	>0	T_1
2	0	$-V_{dc}/2$	c)	>0	D_2
			d)	<0	T_2

设计注意事项是很重要的，当拓扑中的半导体开关不导通时，阻断全部直流链路电压 V_{dc}。因此，在采用半导体技术定义的最大操作的低电压范围的应用中，这种拓扑结构更为常见。

14.2.2.2　H 桥 VSI（单相）

另一个受欢迎的单相 DC – AC 电源变换器，是 H 桥 VSI。基本上，如图 14-5 所示，H 桥由两个并联的半桥逆变器桥臂组成，提供两个输出节点 a 和 b，来连接它们之间的负载。因为负载连接在逆变器桥臂之间（给出该变换器的名称），所以不再需要直流母线的中点；因此，只需要一个电容器。每个桥臂都有自己的二进制控制信号 $S_{a,b} \in \{1, 0\}$，其中 1 表示开关的"开"状态（开关导通），0 表示"关"状态（开关断开）。半桥的半导体开关由互补信号控制，以避免同时导通和断开直流母线，并避免两个开关同时断开产生未定义的输出电压[3]。由于逆变器由两个二进制信号控制，它具有由（S_a，S_b）定义的 $2^2 = 4$ 个不同的开关状态，如图 14-6 所示，重点显示了电路的相应有效部分。例如，

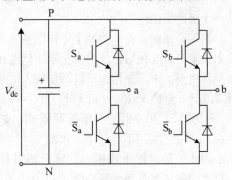

图 14-5　H 桥逆变电源电路（基于 IGBT）

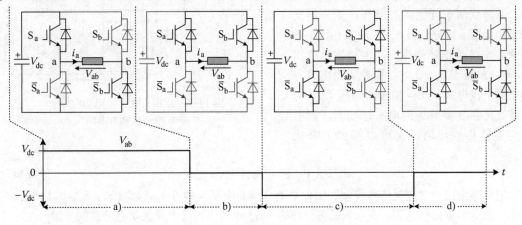

图 14-6　H 桥逆变器开关状态

a) $v_{ab} = V_{dc}$　b) $v_{ab} = 0$　c) $v_{ab} = -V_{dc}$　d) $v_{ab} = 0$

考虑图 14-6a 所示的开关状态（1，0）。桥臂 a 的输出连接到正极母线 P，而桥臂 b 的输出连接到负极母线 N，产生输出电压 $v_{ab} = V_{dc}$。输出电压的一般表达式为

$$v_{ab} = (S_a - S_b)V_{dc}, S_{a,b} \in \{0,1\} \tag{14-1}$$

通过替换式（14-1）中门信号的二进制组合，很容易获得表 14-2 中列出的不同输出电压电平，如图 14-6 所示。

表 14-2　H 桥切换状态

开关状态	门信号 S_a	门信号 S_b	输出电压 v_{ab}
a)	1	0	V_{dc}
b)	1	1	0
c)	0	1	$-V_{dc}$
d)	0	0	0

请注意，其中两个（1，1）和（0，0）都产生零电压电平。该功能称为电压电平冗余，因为它不影响负载侧产生的电压电平，也可用于其他的控制。因此，与两电平半桥相比，它有三种不同的输出电压电平（V_{dc}，0，$-V_{dc}$）。这就是为什么 H 桥被分类为三电平拓扑，也可以被认为是一个多电平逆变器[4]。

当不导通时，每个功率半导体阻断总直流链路电压 V_{dc}。因此，像半桥一样受到使用半导体技术的限制，这种拓扑结构也仅限于低电压应用。然而，如稍后将讨论的那样，H 桥具有更多的电平和更高的电压操作，可以用作较大的多电平转换器的基本模块，适用于中压应用[4]。

14.2.2.3　全桥 VSI（三相 VSI）

三相 VSI 由三相逆变器并联组成，如半桥和 H 桥中使用的一样，如图 14-7 所示。因此，其运行非常相似。每个桥臂都有自己的二进制控制信号 $S_{a,b,c} \in \{1,0\}$，其中 1 表示开关的"开"状态（开关导通），0 表示"关"状态（开关断开）。与半桥一样，一个逆变器桥臂中的半导体开关由互补信号控制，以避免同时导通和断开 DC 链路，并避免两个开关同时断开产生未定义的输出电压。因此，当 $S_x = 1$ 时，相位 x 输出节点连接到正极母线，产生相输出电压 $v_{xN} = V_{dc}$；而当 $S_x = 0$ 时，相位 x 输出节点连接到负极母线，产生相输出电压 $v_{xN} = 0$。因此，该逆变器分为两电平逆变器。所有的逆变器相输出电压都可以按如下公式得到：

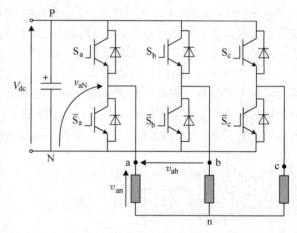

图 14-7　全桥三相 VSI 电源电路
（带 Y 型负载和 IGBT）

$$x_{xN} = S_x V_{dc}, S_x \in \{0,1\}, x = a,b,c \tag{14-2}$$

逆变器由三个二进制信号控制，因此具有 $2^3 = 8$ 个不同的开关状态（S_a，S_b，S_c）。表 14-3 列出了相应的输出相电压。本章稍后将介绍表 14-3 中列出的每个开关状态的空间矢量。

注意，与半桥和 H 桥逆变器的差异是输出相电压是 $0 \sim V_{dc}$ 之间的交流波形；即与上述将负载连接到中性点的单相逆变器不同的是，三相 VSI 输出电压的直流分量等于 $V_{dc}/2$。然而，对于三相这种直流偏移是常见的，通过三相连接可以消除，并不会出现在线电压和负载电压中[5]。

表 14-3　两电平三相 VSI 开关状态

开关状态	门控信号			输出电压			空间矢量
	S_a	S_b	S_c	v_{aN}	v_{bN}	v_{cN}	v_s
1	0	0	0	$V_0=0$	0	0	$V_0=0$
2	1	0	0	V_{dc}	0	0	$V_1=\dfrac{2}{3}V_{dc}$
3	1	1	0	V_{dc}	V_{dc}	0	$V_2=\dfrac{2}{3}V_{dc}e^{j(\pi/3)}$
4	0	1	0	0	V_{dc}	0	$V_3=\dfrac{2}{3}V_{dc}e^{j(2\pi/3)}$
5	0	1	1	0	V_{dc}	V_{dc}	$V_4=\dfrac{-2}{3}V_{dc}$
6	0	0	1	0	0	V_{dc}	$V_5=\dfrac{2}{3}V_{dc}e^{j(4\pi/3)}$
7	1	0	1	V_{dc}	0	V_{dc}	$V_6=\dfrac{2}{3}V_{dc}e^{j(5\pi/3)}$
8	1	1	1	V_{dc}	V_{dc}	V_{dc}	$V_7=0$

当不导通时，每个功率半导体会阻断总直流链路电压 V_{dc}。因此，像半桥和 H 桥一样，这种拓扑结构也仅限于低电压应用；目前它也是工业中的主导拓扑。然而，HV – IGBT – ，GTO – 和 IGCT 系列逆变器，或具有串联（用于较高电压）或并联的多个 IGBT（用于较大电流）的逆变器，也使得该拓扑结构甚至能应用在中压和高压范围。在这种功率范围内，该拓扑具有非常高的电压变化率（dv/dt）这个主要缺点，迫使滤波器生成给电机的优良波形[6]。此外，除了特殊的调制技术之外，在本章后面将要讨论的是，由于开关损耗，在负载电流中避免低次谐波所需的高开关频率不适用于高功率范围。

最后，应该注意到，建立多相变换器可以为图 14-7 所示的拓扑结构添加新的桥臂。由于更高的功率能力和更高的可靠性（容错应用）[39]，多相变速驱动器在一些特定的应用领域已经变得非常有吸引力，如电动船推进、机车牵引和军事应用。

14.2.3　调制方法

如上一节所述，像 VSI 这样的静态功率变换器能产生恒定的输出电压电平。因此，为了产生任意的电压波形，逆变器必须实现可用电压电平或矢量交替控制，使得开关电压波形的时间平均值或其基波分量近似于期望的参考电压。这个过程被称为调制，多年来已提出几种不同的方法，并应用于工业[5]。它们具有不同的操作原理、实现方案和性能，如何选择与应用类型、功率范围和动态要求直接相关。本节介绍了最经典常见的 VSI 调制方案。

14.2.3.1　方波运行

方波运行是 VSI 最基本和最容易实现的调制方案[7]。如名称所示，其主要思想是产生具有期望频率的交流方波输出波形。图 14-8a 示出了该调制方案在三相两电平 VSI 中产生的电压波形。逆变器的 a 相的输出电压 v_{aN} 在每半个基波周期进行一次 V_{dc} 和 0 电压电平之间的交替。这通过基于参考电压 v^* 和零之间比较的简单控制策略来实现，如图 14-8b 的框图所由示。因此，当参考电压为正时，产生 V_{dc}，为负值时就产生零。其他相的控制类似，每两相参考电压之间有 $2\pi/3$ 的相移。注意，例如 v_{ab} 的线电压等于两相电压的差 $v_{ab}=v_{aN}-v_{bN}$，消除了相电压 DC 偏移，产生了交流波形。当考虑星形连接负载时，也可以通过线电压的 Kirchoff 电压定律（KVL）获得负载电压，对于 a 相位为 $v_{an} = (2v_{ab} + v_{bc})/3$，这也在图 14-8a 中示出。注意，在这种情况下，负载电压是四电平阶梯波，更好地接近正弦波形，与逆变器输出相电压相比，改善了谐波失真。该电压波形的谐波含量由其傅里叶级数表示给出：

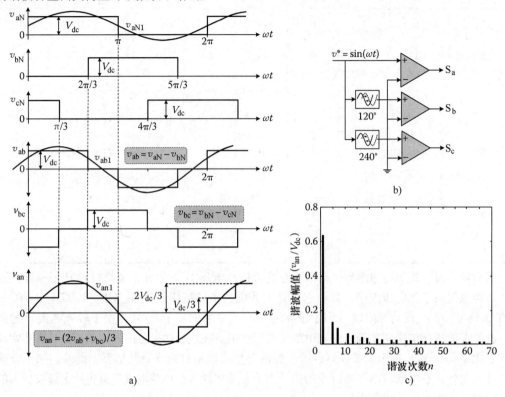

图 14-8　方波运行
a）电压波形　b）实施框图　c）负载电压谐波

$$v_{an} = \frac{2V_{dc}}{\pi}\left[\sin(\omega t) + \frac{1}{5}\sin(5\omega t) + \frac{1}{7}\sin(7\omega t) + \frac{1}{11}\sin(11\omega t) + \frac{1}{13}\sin(13\omega t) + \cdots\right] \quad (14-3)$$

并绘制在图 14-8c 所示的频谱中。线电压的总谐波畸变率为 31%。

请注意，单相半桥的方波运行与图 14-8b 所示的单相控制框图相同，逆变器输出电压等于负载电压，对应于图14-8a的第一个波形但没有直流偏移，即在 $\pm V_{dc}/2$ 之间切换。对于单相 H 桥，使用图 14-8b 所示的控制图的两相。在这种情况下，逆变器线电压等于负载电压，对应于图 14-8a所示的 v_{ab} 波形。这两个单相解决方案的 THD 都比三相情况差，但实际使用也不多。即使三相方波运行现在也被认为是过时的，并且仅用于降低动态性能系统。低电源质量是实现简单高效率的代价，因为功率开关器件在基波的开关频率下切换。该方法也用于低成本系统。

14.2.3.2　正弦 PWM：双极性 PWM 和单极性 PWM

正弦脉宽调制（PWM）也被称为基于载波的调制方法，可能是工业功率变换器中开发和应用最广泛的调制方案[5]。如本节将讨论的，主要原因是其实施简单、在线运行方便和良好的电源质量。不足之处在于更高的开关频率带来更多的开关损耗，会影响系统效率，而这并不总是适用于大功率应用。另一方面，如果开关频率低，则所需滤波器（主要是电感）的尺寸、体积和经济成本会增加。因此，必须在功率损耗和滤波器设计成本之间进行权衡。然而，这种调制从开关电源、数字音频放大器到高性能变频器都有使用，具有广泛的应用领域。

PWM 的基本思路是在逆变器的不同开关状态之间切换，使得开关电压波形的时间平均值等于期望的参考值。因为逆变器的输出电压电平是恒定的，所以可以通过改变脉冲宽度（也称为占空比）来执行调制。最初这是通过模拟电路来实现的，该电路可以实现参考信号与整个调制范围（也称为自然采样 PWM）的三角载波信号进行比较。如今，数字实现调制周期（也称为规则采样 PWM）中的采样和参考值保持然后与载波波形比较，或通过简单的平均值算法进行比较来计算驻留时间。

正弦 PWM 可以分为三种不同的类型：双极性、单极性和多载波 PWM。对于第一种类型，输出电压在负和正输出电压之间切换；而在单极性下，输出电压在零和正输出电压之间切换，或者在零和负输出电压之间切换。多载波 PWM 策略用于多电平转换器，将在第 14.3.3.2 节中讨论。

1. 单相半桥逆变器的双极性 PWM

沿着参考电压或调制信号 v^* 的三角载波信号 v_{cr} 如图 14-9 所示。通过简单比较，当参考信号超过载波信号（$v^* \geqslant v_{cr}$）时，图 14-3 中定义的逆变器门控信号 S_a 被设置为逻辑 "1"，接通上功率开关 T_1，将输出节点连接到正极，产生 $v_{ao} = V_{dc}/2$。相反，当 $v^* < v_{cr}$ 时，门号 $S_a = 0$，输出节点连接到负极产生 $v_{ao} = -V_{dc}/2$。由于三角形波形相对于时间是线性的，所以在发生这些变化的时刻，脉冲的宽度将与瞬时参考信号幅值成正比，从而得到期望的时间平均值。对应调制信号的载波频率越快，脉冲越接近于时间平均值，因此此能更好地跟踪参考值。然而，这将以更高的开关频率为代价，影响效率，也构成了设计的约束。

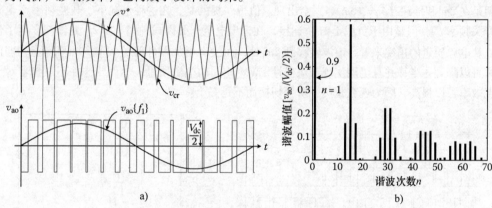

图 14-9　单相半桥逆变器的正弦双极性 PWM
a）开关波形生成　b）相电压的谐波频谱（以 pu 为单位）

有两个概念可以更好地理解和分析 PWM 方法：幅值调制系数 m_a 和频率调制系数 m_f[1]。幅值调制系数定义了基波分量幅值与开关交流波形幅值（通常为直流母线电压）之间的关系；因此对于单相半桥，它被定义为

$$m_a = \frac{\hat{v}_{ao}\{f_1\}}{V_{dc}/2} \tag{14-4}$$

式中，f_1 是基频。载波信号被定义成可以覆盖整个调制范围，并与逆变器直流链路电压成比例。以相同的方式，输出基波分量是参考电压的时间平均值。因此，幅值调制系数也可以被定义为

$$m_a = \frac{\hat{v}^*}{\hat{v}_{cr}} \tag{14-5}$$

另一方面，频率调制系数是参考电压频率与载波频率之间的关系，即

$$m_f = \frac{f_{cr}}{f_1} \tag{14-6}$$

频率调制系数有助于了解开关或 PWM 波形的谐波含量在相应频谱中的位置，如图 14-9 所示。注意，对于图 14-9 所示的定性描述，载波信号与参考信号相比有 15 个周期，$m_f = 15$。因此，最主要的或最强谐波分量位于 $n = 15$。每个主谐波伴随有一组位于 $m_f \pm 2$ 和 $m_f \pm 4$ 的边带谐波，因此在图 14-9b 的频谱中，位于 $n = 11$ 和 $n = 13$ 的一些较低次谐波是可见的。由于在由 PWM 执行比较期间基波和载波频率之间的卷积效应，出现了这些谐波。另外，由于这些效应，在中心频率的倍频 $2m_f$、$3m_f$ 等附近出现边带谐波。注意图 14-9 所示频谱中的基波分量已被截断，是为了强调输出电压中存在的谐波。值得一提的是，载波频率 f_{cr} 在这种情况下等于器件开关频率 f_{sw} 和输出电压开关模式频率 f_{ao}。

2. 单相 H 桥逆变器的单极性 PWM

单相 PWM 专用于单相 H 桥。在这种情况下，在双极性 PWM 中完成的一个参考波和一个载波之间的比较是不够的，因为这个二进制输出会使其中一个电平未定义。基本上，单极性 PWM 是两个双极性 PWM 调制的组合，每个 H 桥各一个桥臂，如图 14-5 所示。主要区别在于第二桥臂的载波是有 180° 相移或反相，比较逻辑是反相的，即当该参考值高于载波幅值时，门控信号为 0 而不是 1。该工作原理如图 14-10 所示，其中两个载波与参考波一起显示。另外还显示出每个桥臂的输出电压，并由双极性开关波形组成。因为负载连接在两个桥臂或线线之间，所以输出电压为 $v_{ab} = v_{aN} - v_{bN}$，消除了直流偏移，并产生负电压电平。注意，因为每个桥臂都使用载波频率 f_{cr} 进行调制，并且它们具有 180° 相移，所以得到的波形每周期有两次换向。这也是为什么在频谱中没有主谐波出现在 m_f，但是在 $2m_f$ 和倍频（$4m_f$、$6m_f$ 等）会出现。值得一提的是，在这种情况下，载波频率 f_{cr} 也等于器件开关频率 f_{sw}，但是由于负载是 H 桥连接，在输出电压开关模式频率 $f_{ao} = 2f_{cr}$ 处谐波产生了倍增效果。从电源质量的角度来看，谐波转移到 $2m_f$ 处，而没有增加器件开关频率[8]。事实上，器件开关频率可以降到一半，并且仍能实现与双极性 PWM 相同的电源质量。然而，这并不意味着对于半桥情况效率可以提高，因为现在是两个桥臂切换而不是一个。

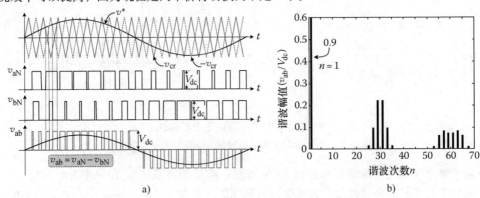

a)

b)

图 14-10　单相 H 桥逆变器的正弦单极性 PWM
a) 开关波形生成　b) 线电压的谐波频谱（归一化）

3. 三相 VSI 双极性 PWM

这是用于半桥的相同双极性 PWM 的三相扩展。唯一的区别是参考信号彼此相差 120°，以在输出端获得平衡的三相电压。图 14-11 显示了载波和参考信号，以及利用波调制产生的逆变器 a 相输出电压、线电压和负载电压。注意，由于与单极 PWM 相同的原因，线电压具有三个电平，没有 DC 偏移。唯一的区别是，由于只有一个载波，谐波不会像单极性 PWM 那样转移到 $2m_f$。注意，因为载波对于所有相是相等的（没有相移），所以三相连接消除了 m_f 处的主谐波（既然所有相都是相同的，因此它不会出现在线电压中，这降低了负载电压 THD）。此外，连接到星形负载时，三电平线电压组合在一起形成五电平电压波形，这也反映出具有更小的 THD 并降低了 dv/

$\mathrm{d}t$。注意，对于图 14-11 的示例，为了更好地理解换向，可以考虑 9 倍频的载波频率（$m_{\mathrm{f}}=9$）。然而，在实际中，特别是在低功率应用中，使用较高的载波频率（$m_{\mathrm{f}}>20$）。

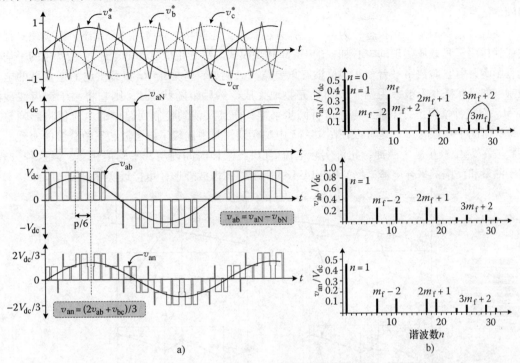

图 14-11　三相 VSI 的正弦双极性 PWM

a）开关波形生成　b）从上到下，转换器输出相电压、线电压和负载相电压的谐波频谱（以 pu 为单位）

本节介绍了实现三种 PWM 方法的框图，如图 14-12 所示。注意，三相 VSI 具有与半桥完全相同的控制方案，但对于不同的参考信号重复三次；而单极实现还需要如前所述的附加载波和逆变器第二个桥臂的比较逻辑。单极性 PWM 也可以仅使用一个载波，但需要两个参考信号（相位相反），来实现完全相同的输出电压。基于非载波 PWM 实现也是可能的；可以使用简单的算法来计算每个桥臂的导通时间（t_{on}），即每相输出节点与逆变器的正极连接时的时间，在调制周期 T_{m} 的所占部分，称为

$$t_{\mathrm{on}}=\frac{v^{*}}{V_{\mathrm{dc}}/2}T_{\mathrm{m}}=m_{\mathrm{a}}T_{\mathrm{m}} \tag{14-7}$$

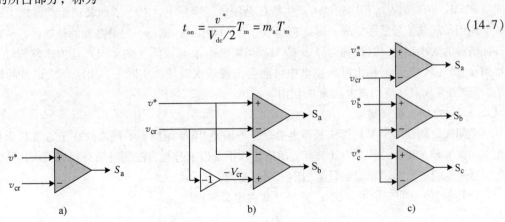

图 14-12　PWM 的实现框图

a）半桥双极性 PWM　b）H 桥单极性 PWM　c）三相 VSI 双极性 PWM

然后，在 $(T_m - t_{on})/2$ 期间产生门信号 0，在 t_{on} 期间产生 1，在 $(T_m - t_{on})/2$ 的另一半期间最后以 0 结束。以这种方式，如果调制周期 T_m 被认为等于载波信号周期 $T_{cr} = 1/f_{cr}$，则获得完全相同的结果。

注意，重要的是将 0 状态分为两个，并且在状态 1 之前和之后应用一个状态，以实现对称模式或就像用三角载波实现的中心加权的 PWM 脉冲模式。尽管生成状态的顺序对 T_m 产生的平均值没有影响，但它对数字平台和实现反馈有重要意义。例如，考虑给 R_L 负载供电的逆变器的电流控制：如果状态 0 不被分为两个，而是完整地生成，然后跟随状态 1，则它将用于锯齿波载波PWM。在这种情况下，不能对电流进行同步采样，而且反馈到控制回路中的电流值将影响整个系统的时间平均误差[5]。这可以在图 14-13 中观察到，其中比较了锯齿波和三角载波的实现。三角载波在 T_m 中产生居中脉冲，允许实际电流 $i_a(t)$ 在采样时间内与其平均值相交。以这种方式，用于测量和反馈的采样电流 $i_a(k)$ 比图 14-13b 所示的锯齿波外形，更接近实际电流 $i_a(t)$。

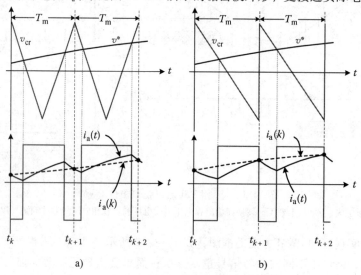

图 14-13　载波信号对同步电流采样的影响
a）三角载波 PWM　b）锯齿波载波 PWM（右加权）

如图 14-9～图 14-11 所示，载波频率是基频整数倍的，并与正弦参考信号同相；这也被称为同步 PWM，在对称边带相应频谱中产生特征谐波[8]。实际上，对于诸如调速驱动器之类的可变频率应用，载波信号是固定的，因此它们不一定是同相的，也不一定是基频的整数倍，从而产生特征谐波的微小变化，这被称为异步 PWM。当频率指标 m_f 较低（ $m_f < 20$ ）且为非整数时，必须特别注意，因为变换器输出电压频谱中可能会出现低次谐波。实际上，由于低次谐波的幅值较小，异步 PWM 只在应用较大的 m_f 时使用。

14.2.3.3　空间矢量调制

空间矢量调制（SVM）算法基本上也是一种偏差 PWM 策略，不同之处在于它是基于参考三相空间矢量和 VSI 开关状态[5]计算开关时间，而不是以前分析方法用时域每相幅值来计算的。因此，基于空间矢量的调制方法只能用于三相逆变器。

VSI 的电压空间矢量可以在 $\alpha - \beta$ 复平面内定义为

$$v_s = \frac{2}{3}(v_{aN} + a v_{bN} + a^2 v_{cN}) \tag{14-8}$$

式中，v_{aN}、v_{bN} 和 v_{cN} 分别为逆变器输出相电压，另外

$$a = -\frac{1}{2} + j\frac{\sqrt{3}}{2}$$

可以证明，无需偏差，使用负载电压 v_{an}、v_{bn} 和 v_{cn} 来计算空间矢量，与两个电压（$v_{aN} = v_{an} + v_{nN}$）相关的共模电压 v_{nN} 对于三相是相同的，当乘以 $(1 + a + a^2)$ 时，在式（14-8）给出的空间矢量变换中被消除。

如前所述，逆变器每相输出电压根据式（14-2）的门信号定义。用式（14-8）代替式（14-2），门信号 S_a、S_b 和 S_c 可以用来定义电压空间矢量，表示为

$$v_s = \frac{2}{3}V_{dc}(S_a + aS_b + a^2S_c) \tag{14-9}$$

替换式（14-9）门信号的所有二进制组合将产生 $2^3 = 8$ 个空间矢量，见表 14-3。注意，这里只有 7 个不同的矢量，因为矢量 V_0 和 V_7 均为 $\mathbf{0}$。这些称为非有效矢量，因为它们在负载下产生零电平电压，而电流通过有效开关或反并联二极管而不与 DC 母线相互作用。这些矢量可以绘制在 $\alpha-\beta$ 复平面中，产生如图 14-14a 所示的 VSI 电压空间矢量状态。从表 14-3 和图 14-14a 可以看出，所有的有效空间矢量（即不包括零矢量 V_0 和 V_7）都具有相同的幅值

$$|V_k| = \frac{2}{3}V_{dc} \quad k = 1,\cdots,6 \tag{14-10}$$

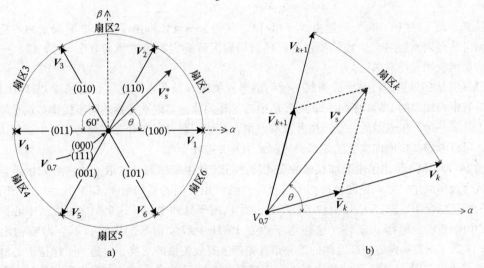

图 14-14 由三相 VSI 产生的空间矢量和一个扇区 k 的 SVM 工作原理

a) 由三相 VSI 产生的空间矢量 b) 一个扇区 k 的 SUVM 工作原理

相隔 $\pi/3$ 的角度旋转，不同的角度，表示为

$$\angle\{V_k\} = (k-1)\frac{\pi}{3} \quad k = 1,\cdots,6 \tag{14-11}$$

每个相邻的有效矢量定义了 $\alpha-\beta$ 平面中的一个区域，总共将其划分为 6 个扇区。也可以通过式（14-8）计算参考电压空间矢量 V_s^*，并将所得矢量映射到落在其中一个扇区的 $\alpha-\beta$ 平面中。对于平衡三相正弦参考信号，通常功率变换系统处于稳定状态所得到的参考矢量是具有与正弦参考值相同的幅值和角速度（ω）的固定振幅的旋转空间矢量，相对于的实轴 α 具有 $\theta = \omega t$ 的瞬时角位移。

工作原理内含的主要思想是在调制周期 T_m 上产生一个等于规则采样参考矢量（振幅和角位移）的时间平均值[5]。因此，这个问题可以简化为找到零矢量的占空比（开启和关闭时间）和定义参考矢量所在扇区的两个有效矢量。考虑图 14-14b 中扇区中 k 的一般情况，调制周期的时间平均值可以被定义为

$$V_s^* = \frac{1}{T_m}(t_k V_k + t_{k+1} V_{k+1} + t_0 V_0) \tag{14-12}$$

$$T_m = t_k + t_{k+1} + t_0 \tag{14-13}$$

式中，t_k/T_s、t_{k+1}/T_s 和 t_0/T_s 是各个矢量的占空比。使用三角函数可以很容易地发现

$$|\bar{V}_k| = \frac{t_k}{T_m}|V_k| = |V_s^*| \left\{ \cos(\theta - \theta_k) - \frac{\sin(\theta - \theta_k)}{\sqrt{3}} \right\} \tag{14-14}$$

$$|\bar{V}_{k+1}| = \frac{t_{k+1}}{T_m}|V_{k+1}| = 2|V_s^*| \frac{\sin(\theta - \theta_k)}{\sqrt{3}} \tag{14-15}$$

式中，θ_k 是 α 轴与电流空间矢量 V_k 之间的角度。由于所有的空间矢量具有相同的幅值 $|V_k| = |V_{k+1}| = 2V_{dc}/3$，它们可以代入式（14-14）和式（14-15）中。那么式（14-14）和式（14-15）中唯一未知的变量是 t_k 和 t_{k+1}。因此，可以获得以下用于求解占空比的方程组：

$$t_k = \frac{3T_m|V_s^*|}{2V_{dc}} \left\{ \cos(\theta - \theta_k) - \sin\frac{\theta - \theta_k}{\sqrt{3}} \right\} \tag{14-16}$$

$$t_{k+1} = \frac{3T_m|V_s^*|}{V_{dc}} \frac{\sin(\theta - \theta_k)}{\sqrt{3}} \tag{14-17}$$

$$t_0 = T_m - t_k - t_{k+1} \tag{14-18}$$

注意，式（14-18）可简单地由式（14-13）获得，一旦计算出了两个非零矢量的占空比时间，就可获得调制周期 T_m。前面描述的这种通用扇区解决方案通过替换数字 k（$k = 1，\cdots，6$）可以容易地应用到任意扇区。

SVM 算法的最后阶段是生成调制矢量的适当开关序列及其占空比。如在载波 PWM 中所述，期望具有中心加权的 PWM 序列，即位于 T_m 中心的开关脉冲实现逆变器的同步操作。就平均值而言，矢量第一个产生或最后一个产生并没有差别，其他问题可以在开关序列的定义中被解决。特别地，可以考虑减少换向次数的效率，从而减少开关损耗[1,5]。

图 14-15a 和 b 示出了中心加权脉冲模式的流行矢量生成序列，这取决于参考矢量是否位于偶数或奇数扇区中。零矢量被分成四个阶段，并且使用可能的零矢量 V_0 和 V_7 产生。在图 14-15 所示的特定情况下，选择 V_7 开始和结束序列，而 V_0 用于脉冲中间。这个顺序可以从中心到两侧（V_7 在中间和 V_0 在两端）反转，这相当于改变 PWM 中载波信号的极性，不会影响输出电压 THD。注意，奇数和偶数扇区之间的差异是首先产生有效矢量的交换，这是为了保持中心脉冲模式所必需的。在图 14-15c 所示的扇区 1 和 2 转换的定性示例中，这一点变得更加清楚，其中矢量序列可以跟踪到所有逆变器输出相电压（v_{aN}、v_{bN} 和 v_{cN}）、线电压（$v_{ab} = v_{aN} - v_{bN}$ 和 $v_{bc} = v_{bN} - v_{cN}$）和负载相电压（$v_{an} = [2v_{ab} - v_{bc}]/3$）。注意每个电压在每个调制周期 T_m 内是否具有对称波形。

不连续 SVM 的另一种最先进的序列[9]在减少开关频率方面具有吸引人的特征。该序列利用了这样一个事实：逆变器的一相可以保持在两个扇区的固定开关状态，或等效于 $2\pi/3$，即在基波周期的三分之一期间不切换。从图 14-15a 可以看出，如果仅考虑 $V_0 = (0,0,0)$ 作为零矢量，则以下关系成立：

- 扇区 1 和 2 生成的所有矢量的 c 相分量始终为 0。
- 扇区 3 和 4 生成的所有矢量的 a 相分量始终为 0。
- 扇区 5 和 6 生成的所有矢量的 b 相分量始终为 0。

以同样的方式，只考虑 $V_1 = (1,1,1)$ 作为零矢量，以下关系成立：

- 扇区 6 和 1 生成的所有矢量的 a 相分量始终为 1。
- 扇区 2 和 3 生成的所有矢量的 b 相分量始终为 1。

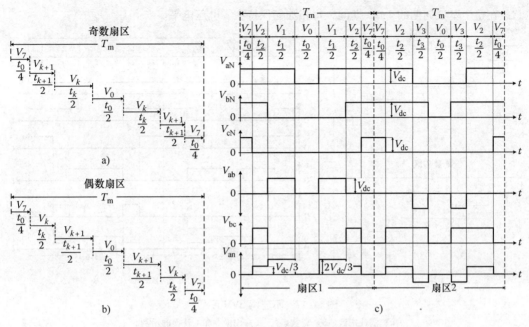

图 14-15　中心加权脉冲模式空间矢量生成序列

a）奇数扇区　b）偶数扇区　c）扇区 1 和 2 转换的示例

- 扇区 4 和 5 中生成的所有矢量的 c 相分量始终为 **1**。

通过考虑其中一种情况，可以定义一个序列，其中在相应扇区期间可以将一相保持固定。图 14-16 和图 14-17 显示了分别使用（0，0，0）和（1，1，1）作为边界矢量时要考虑的奇数和偶数扇区的矢量序列。注意，在两矢量之间进行选择等同于改变传统 PWM 中载波的极性，因此不会影响输出电压。从图 14-15c 可以看出，逆变器的一相分别保持固定在 0 和 1 且无需切换。与图 14-15 所示的 7 段序列相比，这大大减少了换向次数并提高了效率。

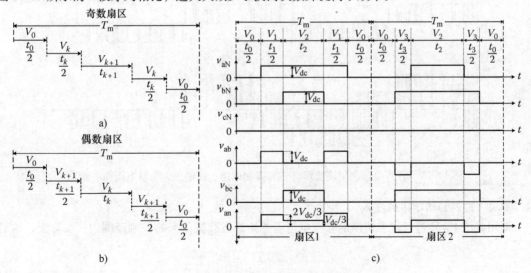

图 14-16　不连续 SVM 序列

a）奇数扇区　b）偶数扇区　c）扇区 1 和 2 转换的示例

使用 V_0 的不连续 SVM 的逆变器输出相电压、线电压、负载电压和电流如图 14-18 所示。请注意，在整个基波周期的 $2\pi/3$ 期间，每相如何保持在零电压电平。

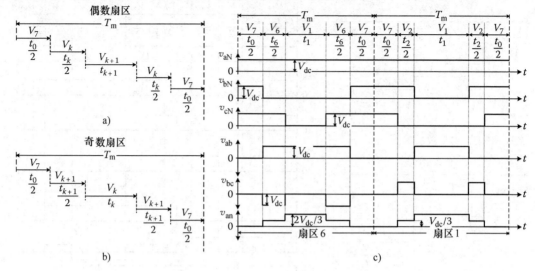

图 14-17 不连续 SVM 序列

a）偶数扇区 b）奇数扇区 c）扇区 6 和 1 转换的示例

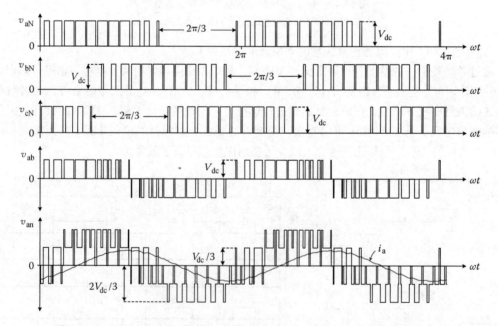

图 14-18 SVM 电压和电流波形（逆变器相电压、线电压、负载电压和电流）

14.2.3.4 过调制和零序列注入

使用载波 PWM 进行适当调制的参考电压需要始终在载波信号的调制范围内。实际上，这意味着

$$m_a = \frac{\hat{v}^*}{\hat{v}_{cr}} \leqslant 1 \tag{14-19}$$

如果参考的幅值高于载波信号的幅值，则所产生的脉冲不能再保证时间均等性，并且调制的线性度将丧失，造成饱和。过调制的概念如图 14-19 所示。因为基波分量未被适当调制，所以提供电压基准的控制回路将受到影响。此外，从图 14-19 所示的电压频谱可以看出，过调制在输

出电压中产生了不会被负载滤波消除的不必要的低次谐波，并将出现在负载电流中。这些谐波将被反馈到控制回路中，影响整体性能[1,5]。

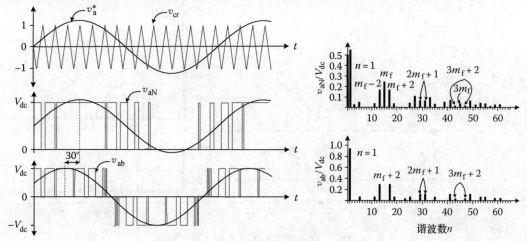

图 14-19　VSI 中的过调制概念

另一方面，过调制相应的好处是，具有 $m_a > 1$ 的逆变器可以产生较高振幅的基波分量，利用相同的直流链路电压来获得较高的负载电压，对于相同额定功率的逆变器产生更高的功率。为了克服线性损失，零序信号可以被注入过调制参考电压中，使得修改后的参考值保持在载波的调制范围内。由于零序信号在三相连接时被消除，它们不会出现在线路电压和负载电压值中，从而传递了过调参考值。因此，这个原理只适用于三相 VSI。两个最流行的零序信号是三次谐波和最小 – 最大序列[8]。

1. 三次谐波注入

图 14-20 显示了用于逆变器 a 相的传统双极性 PWM，其中参考电压 v_a^* 处于过调制状态。加上与参考电压同相的三次谐波信号 v_{a3}^*，形成一个新的参考电压 $\tilde{v}_a^* = v_a^* + v_{a3}^*$；该电压完全包含在载波范围内，没有过调制。如图 14-20 所示，在相应频谱中，逆变器输出相电压 v_{aN} 包含 $V_{dc}/2$ 直流偏移、特征载波谐波及其边带、期望的基波分量和三次谐波，它们也采用载波调制。然而，在线电压谱中，三次谐波消失，仅留下所需的基波分量。这可以通过分析得出的线电压来证明。考虑 a 相和 b 相，修改后的参考值，定义为

$$\tilde{v}_a^* = v_a^* \sin(\omega t) + v_{a3}^* \sin(3\omega t) \tag{14-20}$$

$$\tilde{v}_b^* = v_a^* \sin\left(\omega t - \frac{2\pi}{3}\right) + v_{a3}^* \sin\left[3\left(\omega t - \frac{2\pi}{3}\right)\right] \tag{14-21}$$

经调制后，对应的开关逆变器输出相电压可以表示为

$$v_{aN} = v_a^* \sin(\omega t) + v_{a3}^* \sin(3\omega t) + v_{hf} \tag{14-22}$$

$$v_{bN} = v_a^* \sin\left(\omega t - \frac{2\pi}{3}\right) + v_{a3}^* \sin\left[3\left(\omega t - \frac{2\pi}{3}\right)\right] + v_{hf} \tag{14-23}$$

式中，v_{hf} 为将所有特征谐波组合的高频分量。然后线电压 $v_{ab} = v_{aN} - v_{bN}$ 可以由式（14-22）和式（14-23）计算，得到

$$v_{ab} = v_a^* \left[\sin(\omega t) - \sin\left(\omega t - \frac{2\pi}{3}\right) \right] + v_{a3}^* \underbrace{\left[\sin(3\omega t) - \sin(3\omega t - 2\pi) \right]}_{0} \tag{14-24}$$

$$v_{ab} = \sqrt{3} v_a^* \sin(\omega t) \tag{14-25}$$

由式（14-25）可以看出，线电压中没有出现三次谐波，结果在负载电压和电流中会出现三

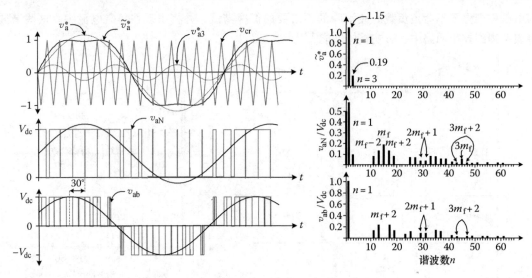

图 14-20　三次谐波注入工作原理、波形和频谱

次谐波。

要考虑的一个重要的方面是会出现基波分量的过调制限值，三次谐波需要达到必要补偿的相应幅值。为此，考虑式（14-20）的修改参考值。为了分析最大值，可以将式（14-20）对 ωt 求导并使之等于零，得

$$\frac{\mathrm{d}\tilde{v}_a^*}{\mathrm{d}\omega t} = v_a^* \cos(\omega t) + 3v_{a3}^* \cos(3\omega t) = 0 \qquad (14\text{-}26)$$

由于最大值只能出现在 $\omega t = \pi/3$ 处，当三次谐波为零时，考虑式（14-26）最大值，从而产生

$$v_{a3}^* = \frac{1}{6} v_a^* \qquad (14\text{-}27)$$

将式（14-27）代入式（14-20），并且通过考虑在 $\omega t = \pi/3$ 时 $\tilde{v}_a^*$ 的值必须等于载波最大值，即 $\tilde{v}_a^*\left(\frac{\pi}{3}\right) = \hat{v}_{cr} = 1$，得到以下解决方案：

$$\tilde{v}_a^*\left(\frac{\pi}{3}\right) = v_a^* \sin\left(\frac{\pi}{3}\right) + \frac{1}{6}v_a^* \underbrace{\sin\left(\frac{3\pi}{3}\right)}_{0} = 1 \qquad (14\text{-}28)$$

可得

$$v_a^* = \frac{2}{\sqrt{3}} = 1.1547 \qquad (14\text{-}29)$$

将式（14-29）代入式（14-27）中得

$$v_{a3}^* = 0.19245 \qquad (14\text{-}30)$$

总而言之，参考基波分量的最大值可以是附加的 15.47%，必要的三次谐波成分将是其中的 1/6。这种情况（最大允许过调制）如图 14-20 所示。

三次谐波注入方法的一个缺点是必须同步注入，并且必须知道参考电压幅值才能计算要注入的三次谐波的幅值。这使得该方法对于变速和闭环操作是不可行的。在这些情况下，最小 - 最大零序注入是更好的选择。

2. 最小 - 最大注入

最小 - 最大信号是由奇次三次谐波（主要是三次和九次谐波）组成的零序信号[5]。因此，

该方法只能用于三相逆变器，其中在线电压中将消除额外的零序信号。这些零序信号的目的是降低参考电压的幅值，使其可以完全包含在载波信号调制范围内。最小 – 最大信号采用如下定义：

$$v_{mm}(t) = \frac{\min\{v_a^*(t), v_b^*(t), v_c^*(t)\} + \max\{v_a^*(t), v_b^*(t), v_c^*(t)\}}{2} \tag{14-31}$$

修改后的参考信号为 $\tilde{v}_x^*(t) = v_x^*(t) - v_{mm}(t)$，其中 x 代表三相（a，b，c）。注意，与三次谐波注入的重要区别在于 $v_{mm}(t)$ 对时间的依赖性，可以在线计算而不考虑参考的相位；因此可以用于变速和闭环操作。三个过调制参考信号，最小和最大分量以及最小 – 最大序列如图 14-21a 所示。a 相的修正参考信号 $\tilde{v}_a^*$ 如图 14-21b 所示。

如同三次谐波注入一样，可以证明，参考值允许的最大超调量也是 15.47%。图 14-22 显示了考虑到参考值的最大允许幅值的双极性 PWM 实现，包括最小 – 最大值注入。注意，修正后的参考信号 $\tilde{v}_a^*$ 完全包含在载波范围内。从其频谱可以看出，它包括过调制基波分量以及 v_{mm} 给出的第三次和第九次谐波。所产生的逆变器输出相电压确实存在注入的谐波，但也包括完全调制的基波分量。在线电压中，最小 – 最大谐波按预期被消除。这种消除的过程类似于三次谐波注入的过程，在这里的图里不包括。

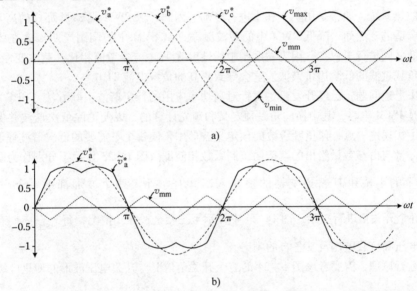

图 14-21　生成三相参考电压的最小 – 最大序列（v_{mm}）和修正或注入的参考波形（$\tilde{v}_a^*$）
a）生成三相参考电压的最小最大序列（v_{mm}）　b）修正或注入的参考波形（$\tilde{v}_a^*$）

值得一提的是，最小 – 最大序列注入的双极性 PWM 产生了与使用图 14-15 中的中心加权七段矢量序列 SVM 实现的脉冲模式完全相同的脉冲模式[8]。这意味着 SVM 可以实现 15.47% 的过调制能力，更好地利用逆变器额定值，而不需要零序注入或者基于载波的 PWM 方法。然而，考虑到载波 PWM 容易实施，并且 PWM 信号在大多数数字平台中可获得，对使用最小 – 最大的参考信号进行稍微修改，是实现与中心加权 SVM 具有相当效果的非常简单的方法，没有复杂的算法、计算和矢量生成序列。这就是为什么具有最小 – 最大的载波 PWM 现在也被认为是标准的。

14.2.3.5　特定谐波消除

在兆瓦范围内，在功率器件换向时引起的开关损耗，特别是当逆变器中包含在换向期间用于承载反向恢复电流的续流二极管时，可能导致长期运行中的高能量损耗[10]。此外，它需要更

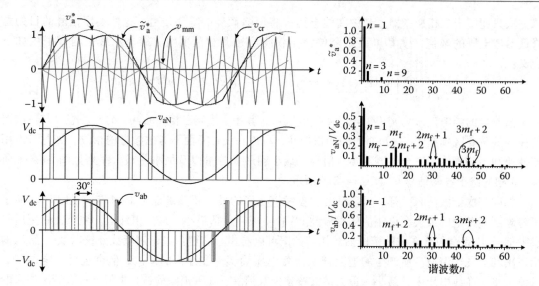

图 14-22　最小 – 最大零序注入工作原理、波形和频谱

大更复杂的散热系统，通常是用空气和水进行冷却。因此，像 PWM 或 SVM 那样的高开关频率调制方法是不合适的。然而，降低 PWM 中的载波频率（或 SVM 中的调制周期）会在效率提高和电能质量降低之间进行了权衡，因为在调制中线性度丢失（与参考值相比，载波变慢），以及会出现不能被负载过滤的低阶边带谐波。这会导致更高的负载电流 THD。

为了解决上述问题，已经开发出主要针对高功率应用的特定谐波消除方法（SHE）[1,5,11]。本质上，SHE 是 PWM 策略，其中换向角是预定义和预先计算的，以便消除低次谐波并保持基波分量跟踪。为了实现这一点，傅里叶级数的预定义波形用于使每个不需要的低次谐波等于零，并且另外将基波分量与由参考量给出的期望的调制系数相匹配。图 14-23 显示了分别称为双极性 SHE 和单极性 SHE 的半桥和 H 桥逆变器的预定 SHE 电压波形。两个波形都用一个 $\frac{1}{4}$ 基波周期（$\theta_{1,\cdots,5}$）的五个开关角进行描绘。图 14-24 中显示了三相全桥 VSI 情况，每个 $\frac{1}{4}$ 周期有三个开关角，以及线电压和负载电压及其各自的频谱。

要解释运行原理，需要考虑图 14-24 的三个开关角情况。开关电压波形的傅里叶级数由下式给出：

$$v_{aN}(t) = \frac{V_{dc}}{2} + \sum_{n=1}^{\infty} b_n \sin(n\omega t) \tag{14-32}$$

$$b_n = \frac{4}{\pi} \int_0^{\pi/2} v_{aN}(\omega t) \sin(n\omega t) \, d\omega t \tag{14-33}$$

式中，n 为谐波次数（$n = 1$，3，5，…）。由于半波对称性，没有偶次谐波。通过替换式（14-33）中的角度，获得以下系数：

$$b_n = \frac{4V_{dc}}{\pi n} [\cos(n\theta_1) - \cos(n\theta_2) + \cos(n\theta_3)] \tag{14-34}$$

由于没有偶次谐波，三次谐波及其倍频（称为零序信号）通过平衡负载的三相连接而消除，因此通常要消除 5 次和 7 次谐波。这通过在式（14-34）中代入 $n = 5$ 和 $n = 7$ 来实现，并将该系数强制为零，即

$$b_5 = 0 = [\cos(5\theta_1) - \cos(5\theta_2) + \cos(5\theta_3)] \tag{14-35}$$

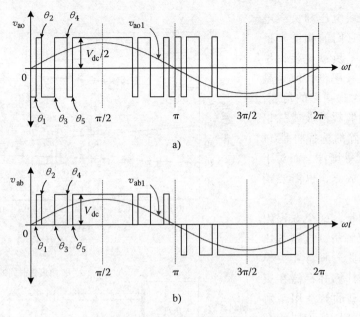

图 14-23 五角 SHE 波形

a) 半桥逆变器 b) H 桥逆变器

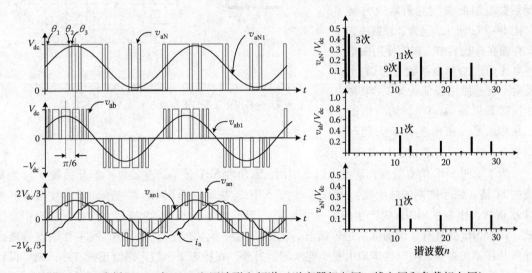

图 14-24 全桥 VSI 三角 SHE 电压波形和频谱（逆变器相电压、线电压和负载相电压）

$$b_7 = 0 = \left[\cos(7\theta_1) - \cos(7\theta_2) + \cos(7\theta_3)\right] \tag{14-36}$$

为了完成一组方程式，施加基波分量获得所需的调制系数：

$$b_1 = M\frac{V_{dc}}{2} = \frac{4V_{dc}}{\pi}\left[\cos\theta_1 - \cos\theta_2 + \cos\theta_3\right] \tag{14-37}$$

三个开关角和三个方程形成了要解决的非线性系统。注意，添加附加系数以消除另一个谐波是不可能的，因为两个方程是线性相关的。消除更多谐波的唯一方法是增加更多的角度，这增加了系统的复杂性。一般的规律是，使用 k 角时，可以消除 $k-1$ 个谐波，同时保持对基波分量的控制。图 14-24 显示了调制指数接近 1 的特定解决方案。注意在 3 次和 9 次谐波仍然出现在逆变器相电压中，消除了 5 次和 7 次谐波。然而，如前所述，它们是通过负载的三相连接消除的，并且不会出现在线电压和负载电压中；可以通过它们的频谱来证实。此外，展示了负载电流，尽管逆变器的开关频率低，但是呈高度正弦。如果考虑更多的角度，因为不需要消除偶数谐波或三倍频谐波，自然消除的选择将是 11 次、13 次、17 次等谐波。而对于单相情况，这不成立，也需要消除三次谐波。

值得一提的是，这个方程组不能在线求解或解析，这是 SHE 的主要缺点。因此，所有开关模式必须离线预先计算并存储在查找表中。许多类型的算法用于解决这些方程，主要是基于迭代数值技术，如遗传算法[12]。整个调制系数范围的典型五角解决方案如图 14-25a 所示。通常，该解决方案存储在查找表中，它们使用由参考电压给出的调制系数进行访问。然后，通过使用幅值为 $\pi/2$，频率为所需基频 ω［rad/s］的两倍的三角形波形，将角度转换为随时间变化。该实现策略如图 14-25b 所示。

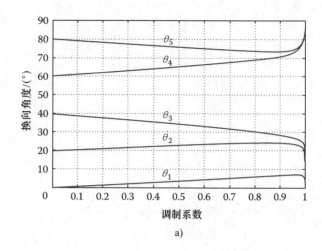

a)

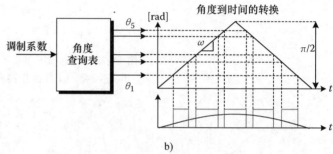

b)

图 14-25　全桥 VSI 五角 SHE 解决方案和 SHE 实现图
a）全桥 VSI 五角 SHE 解决方案　b）SHE 实现图

为了说明 SHE 的有效性，请考虑以下示例：五角度 SHE 波形产生器件平均开关频率 f_{sw} 为基波的 11 倍（每个周期的脉冲数）。因此，对于 50Hz，基频 $f_{sw}=550$Hz。三相连接的波形将产生 17 次谐波，作为在 850Hz 时产生的第一个谐波。相反，550Hz 载波 PWM 将在 550Hz 具有中心谐波，在 450Hz 处具有显著的低次边带谐波，比 SHE 几乎低两倍。然而，SHE 的主要缺点是离线计算并存储在查找表中，这本质上是不连续的。另外，在稳态下，假定是纯正弦波形，则可以计算出角度，那么在可变频率和幅值的动态运行中，开关角不再是最优的，出现了低次谐波。在闭环运行中反馈的这些谐波，也会影响系统性能[13]。因此，不推荐 SHE 用于高性能变速电动机驱动。

将低开关频率和高带宽闭环操作组合在一起工作的调制方法仍然是电力电子学发展的重要课题。

14.3　多电平电压源变换器

14.3.1　引言

由于规模经济和效率原因，个别应用需要更高的功率。为了达到高功率水平，VSI 需要将其电压提高到超过半导体技术的极限。上一节分析的两电平拓扑中的器件的串联可以提高逆变器的额定电压，但同时也产生了较大的 dv/dt。此外，串联器件之间的电压分布由于器件之间的不匹配而不均匀，这导致器件的额定功率降低，以及由于器件上可能的过电压导致的可靠性降低。这就是为什么电流源拓扑是几十年来大功率应用的唯一选择。为使电压源拓扑达到更高的电压，专门开发了多电平逆变器[28]。多电平逆变器不再是串联连接多个功率开关，其结构将半导体与附加的直流母线电容器组合，将总变换器额定电压细分到半导体的阻断极限电压。附加的直流母线电容器通过半导体布置的不同开关状态，按顺序连接到负载上，使得不仅可以增加电压，而且可以在输出端产生更多的电压电平，从而改善产生的电压波形的质量。图 14-26 显示了两电平和多电平电压波形之间的差异（九电平示例）。

从图 14-26 可以看出，THD 减少，电压波形明显改善。对于 k 电平逆变器而言，相同额定电压的 dv/dt 是两电平波形的 $1/(k-1)$，在图 14-26b 所示的九电平逆变器的情况下为 $1/8$。这也意味着给定一个特定的半导体阻断电压限制，电压额定值可以提高 $k-1$ 倍，这有效增加了变换器的额定功率。

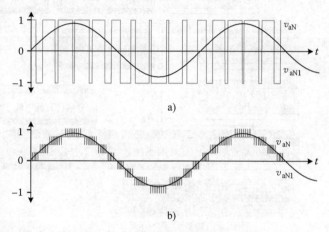

图 14-26　多电平逆变器的输出电压
a）两电平　b）九电平

这些特性使得多电平变换器对于达到中等电压（2.3~10kV）大功率应用（1~50MW）（如泵、风扇、输送机、高速牵引和船舶推进等）非常有利。目前，几种拓扑结构已经被业界认可，并被几家中压变换器制造商商业化[38]。尽管这些逆变器已经达到了成熟水平，但是多电平变换器具有更复杂的电路结构、更多的半导体，因此有更多的开关状态或控制选项，这些都带来相应的技术挑战。然而，这些附加的开关状态也可以给未知带来很大的可能性和附加的自由度。这就是为什么新的拓扑结构和调制方法在研究和开发中仍然非常热门的原因。

本节简要概述了工业中使用的最常见的多电平变换器拓扑和多电平调制方法。

14.3.2　多电平变换器

文献中介绍了大量多电平变换器拓扑[14,38]，但工业中最常见的多电平变换器拓扑是二极管钳位变换器，也称为中性点钳位（NPC）变换器、级联 H 桥（CHB）变换器和飞跨电容（FC）变换器。多电平变换器拓扑的分类如图 14-27 所示，其中包括这三个变换器以及最近引入的拓扑结构，其中一些来自传统的多电平变换器。由于 NPC、CHB 和 FC 已经成功推出十多年的商业产品，本节将进一步简要介绍其他拓扑结构（其中一些在行业中不可用）。

14.3.2.1　中性点钳位逆变器

20 世纪 80 年代初引进 NPC 多电平逆变器[15]。该变换器在经典三相二电平变换器拓扑基础上进行了一些修改。在传统的两电平变换器（见图 14-7）中，每个功率半导体必须承受大小为 V_{dc} 的电压。为获得三电平 NPC 变换器，将每相增加了两个附加的半导体，以及两个钳位二极管将直流链路分成两部分。使用这种新的拓扑结构，每个开关器件阻断电压最多等于 $V_{dc}/2$。因此，如果这些半导体具有与在两电平变换器中相同的特性，则直流母线电压理论上可以增加两倍，可以使得变换器额定功率加倍。图 14-28 所示的三相三电平 NPC，也是二极管钳位变换器的代表。在这种拓扑中，总直流母线电压（V_{dc}）必须在电容 C_1 和 C_2 上均匀分压。

为了避免直流母线电容短路，NPC 只有三种可能的开关状态，见表 14-4。这三个开关状态相对于中性点 O（直流母线的中点）产生三个输出相电压，这就是 NPC 被称为三电平逆变器的原因。

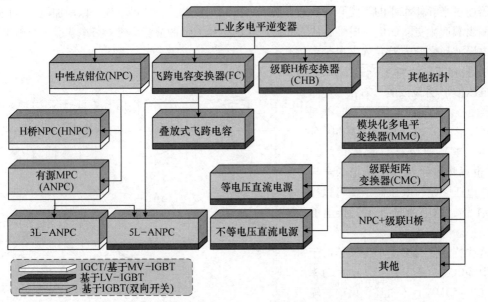

图 14-27　工业多电平变换器分类

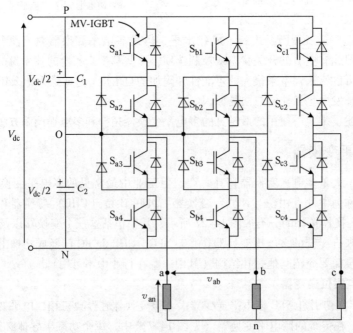

图 14-28　三相三电平二极管钳位变换器（也称为 NPC 变换器）

为了在输出相电压中实现更多的电平，可以扩展 NPC 拓扑结构，将更多的电容器串联在直流链路中，并且使用附加开关和钳位二极管将开关钳位到每个电容器上[38]。因此，在这种情况下可以更准确地称为二极管钳位变换器，因为在直流链路侧不仅有一个钳位节点，甚至不一定是具有零伏特电位的中性点（这是偶数电平的情况）。然而，具有高数量电平的 NPC 拓扑结构在半导体之间的损耗分布极不均匀，迫使功率器件额定功率降低，以及功率半导体的寿命降低。另一方面，尽管所有功率开关具备相同的阻断电压，但是钳位二极管则不同。请注意，这些电源变换器经常使用市场上的顶级器件，因此，为了更高电平的钳位二极管，需要将几个二极管串联在一起。这些问题和诸如电容器的直流电压平衡之类的问题给具有三个以上电平的 NPC 拓扑的工业实现带来了困难。

表 14-4　三电平 NPC 开关状态

S_{a1}	S_{a2}	S_{a3}	S_{a4}	相位电压，v_{ao}
1	1	0	0	$V_{dc}/2$
0	1	1	0	0
0	0	1	1	$-V_{dc}/2$

注：只给定了 a 相的电压。

三电平 NPC 拓扑结构在世界各地的行业和学术研究中非常受欢迎。作为一些商业实例，变换器如 ACS1000（ABB）、MV Simovert（西门子）、TMdrive - 70（TMEIC - GE）、Silcovert - TN（Ansaldo）、MV7000（Converteam）和 IngeDrive MV500（IngeTeam）是目前商业化的三电平 NPC 解决方案。NPC 可以在 IGCT、IEGT 和中压 IGBT（MV - IGBT）等行业中找到。

14.3.2.2　飞跨电容逆变器

在 20 世纪 90 年代开发了多电平 FC 变换器拓扑，它使用几个飞跨电容器而不是钳位二极管来共同承受器件之间的电压应力，并在输出电压中实现不同的电压电平[16]。在图 14-29 中，给出了三相 FC。电压电平的数量会随着飞跨电容器的电压而改变。在图 14-29 所示的变换器中，如果飞跨电容电压等于 $v_{a1} = v_{b1} = v_{c1} = V_{dc}/2$，则输出电压电平的数量为 3，见表 14-5。其他电压比可用飞跨电容器来增加电平数量。然而，这使得电容器的电压平衡变得困难，并且在器件之间施加

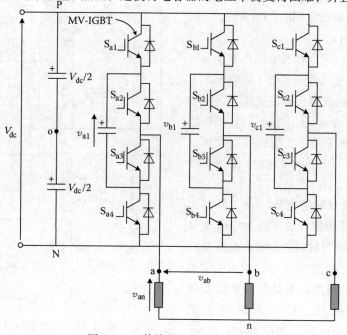

图 14-29　传统的三相 FC 变换器

了不同的阻断电压，因此这种拓扑没有得到工业界的接受。

表 14-5　三电平 FC 开关状态

S_{a1}	S_{a2}	S_{a3}	S_{a4}	相位电压，v_{ao}
1	1	0	0	$V_{dc}/2$
1	0	1	0	0
0	1	0	1	0
0	0	1	1	$-V_{dc}/2$

注：只给定了 a 相的电压。

图 14-29 所示的 FC 变换器可以用不同的方式表示，以显示其高度模块化。事实上，FC 拓扑的每个模块都由几个连接在一起的基本功率单元组成，如图 14-30 所示。每个单元由一对开关和一个电容器组成。很明显，每个功率单元的功率半导体都以相反的信号进行控制，以避免电容器的短路。因此，为了触发 FC 的每个单元的功率半导体，必须仅使用一个控制信号。

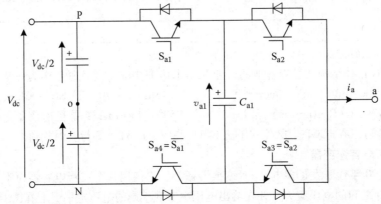

图 14-30　两电平 FC 变换器拓扑（如果 v_{a1} 等于 $V_{dc}/2$，则为三电平 FC 拓扑）

可以扩展 FC 拓扑结构，连接更多的串联电源单元，以在输出相电压中实现更多的电平。通常，对于具有 m 个单元的多电平 FC 来说，可以考虑几个 FC 电压（$v_{a1}:v_{a2}:v_{a3}:\cdots:v_{a(m-1)}$）然而，传统的 FC 拓扑的飞跨电容器电压比等于 $m-1:\cdots:2:1$，这意味着飞跨电容器 j 的电压等于 $v_{aj}=jV_{dc}/m$。使用这种常规直流电压比，m 单元 FC 的电平数量为 $m+1$。如今，FC 拓扑结构在工业应用中越来越少，但仍可以找到一些商业化的产品（Alstom 的变换器 ALSPA VDM6000）。

14.3.2.3　多级联 H 桥逆变器

多级联 H 桥变换器（通常称为 CHB 变换器）通过几个 H 桥与其相应的独立电压源的串联连接形成[17]。在图 14-5 中，给出了常规的 H 桥 VSI。该电路被认为是开发多级 CHB 变换器的基本单元，其工作原理在第 14.2.2.2 节中已经介绍。如图 14-31 所示，

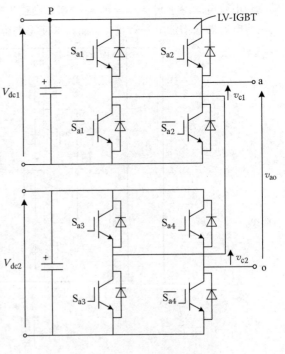

图 14-31　两单元 CHB 变换器

CHB 可以很容易地串联几个 H 桥单元，如双单元 CHB。以这种方式，CHB 拓扑结构通过串联的 H 桥单元来达到更高的电压水平。这种高模块化特性在一些达到 10kV 或甚至 13kV 中压的工业应用中是非常有吸引力的。这就是在实际应用中经常发现 CHB 多达九个单元串联[43] 的原因。因为许多单元和器件共享电压，所以使用低压 IGBT（LV - IGBT）。然而，该拓扑的主要缺点是每个基本单元需要图 14-31 中的独立电压源 V_{dc1} 和 V_{dc2}，它们通常相等（V_{dc}）。这些隔离直流电源通常由具有二极管整流器的多次级变压器提供。变压器的次级按相移动（锯齿形变），以便与二极管整流器一起实现多脉冲整流器配置，从而减小输入电流谐波。因此，变压器在设计和实现方面的复杂性以及额外的成本方面可以看作是一个缺点，但另一方面则提高了电源质量。

常规的 CHB 假设所有直流电压源 V_{dci} 大小完全相同，这对应于图 14-27 中具有相同直流电源的 CHB。假设就是这种常规直流电压比，并考虑到如图 14-31 所示的两单元级联变换器，表 14-6 列出了可能的开关状态。两单元实现五个可能的输出电压，因此它是一个五电平变换器。许多开关状态产生相同的输出电压电平（电压电平冗余），该数量随单元数量成比例增加。一般来说，具有 k 个单元的 CHB 产生的不同电压电平的数量是 $2k + 1$。

可以应用不同的直流电压源电压比，以便在输出电压中实现更多的电压电平[18]。这些变换器被称为具有不等电压直流源或不对称 CHB 的 CHB，如图 14-27 的分类所示。

表 14-6　具有等电压直流电源的五电平 CHB 开关状态（$V_{dc1} = V_{dc2}$）

单元 1		单元 2		单元 1 电压	单元 2 电压	相电压
S_{a1}	S_{a2}	S_{a3}	S_{a4}	v_{c1}	v_{c2}	$v_{ao} = v_{c1} + v_{c2}$
1	0	1	0	V_{dc}	V_{dc}	$2V_{dc}$
1	0	0	0	V_{dc}	0	V_{dc}
1	0	1	1	V_{dc}	0	V_{dc}
0	0	1	0	0	V_{dc}	V_{dc}
1	1	1	0	0	V_{dc}	V_{dc}
0	0	0	0	0	0	0
1	1	0	0	0	0	0
0	0	1	1	0	0	0
1	1	1	1	0	0	0
1	0	0	1	V_{dc}	$-V_{dc}$	V_{dc}，$-V_{dc}$
0	1	1	0	$-V_{dc}$	V_{dc}	$-V_{dc}$，V_{dc}
0	1	0	0	$-V_{dc}$	0	$-V_{dc}$
0	1	1	1	$-V_{dc}$	0	$-V_{dc}$
0	0	0	1	0	$-V_{dc}$	$-V_{dc}$
1	1	0	1	0	$-V_{dc}$	$-V_{dc}$
0	1	0	1	$-V_{dc}$	$-V_{dc}$	$-2V_{dc}$

根据直流电压比，可以使用图 14-31 所示的两单元 CHB 拓扑结构获得多达九个电平。一般来说，$CHB(V_{dc(I + 1)} = 3V_{dci})$ 的每个单元之间的电压比为 3 可以消除所有的冗余电压电平，从而使产生的电压电平的数量最大化。在这种情况下，k 个单元 CHB 将在输出电压中产生 3^k 个电平。与具有相同直流电源的 CHB 相比，4 单元非对称变换器与产生 $2 \times 4 + 1 = 9$ 电平的对称 CHB 相比将产生 $3^4 = 81$ 电平。然而，与 FC 一样，因为在不同单元的半导体之间出现不同的阻断电压，所以模块化会产生损耗。

等压 DC 电源的 CHB 最近在工业上产生了较大影响，诸如 MVD Perfect Harmony（Siemens），Tmdrive – MV（TMEIC – GE），LSMV VFD（LS Industrial Systems），AS7000（ArrowSpeed）和 FS-Drive – MV1S（Yaskawa）等。

14.3.2.4 其他多电平逆变器拓扑

在文献中已经介绍了通常源自经典多电平变换器拓扑（NPC、CHB 和 FC）的其他拓扑。其中，一个源自三电平 NPC 拓扑的称为三电平有源 NPC（ANPC）拓扑，试图提高 NPC 特性。如图 14-32所示，该拓扑结构通过钳位开关取代了钳位二极管，具有均衡总体变换器中损耗（这是常规三电平 NPC 的缺点）的能力，从而可以大大提高变换器的额定功率。在参考文献［40］中，通过附加钳位开关提供的新开关状态对损耗分布进行了详细分析，以及介绍了如何对其进行控制。

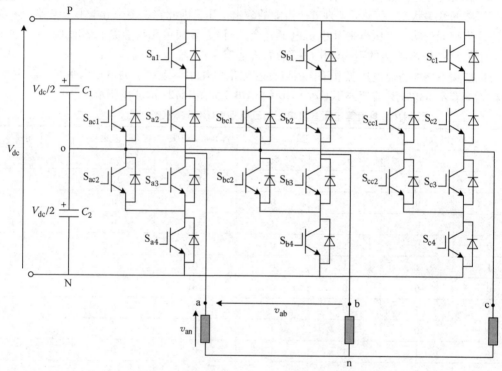

图 14-32　三电平 ANPC 变换器

最近引入了一种称为 NPC – CHB 的混合拓扑[41]，它由与单相 H 桥单元（通常为一个或两个单元）串联连接的三电平 NPC 形成。在这种拓扑中，通常 H 桥直流侧是飞跨电容器，没有任何直流电压电源。因此，H 桥单元增加了电压电平的数量，但并没有增加整个变换器的有功功率。H 桥单元的功能是有源滤波，增强了输出电压谐波畸变。

最后，另一个混合多电平变换器是模块化多电平变换器（M2C 或 MMC），特别是用于 HVDC 系统[42]，是当前工业关注的焦点。MMC 源自于 CHB 拓扑结构，通常由具有串联连接的悬浮直流侧的单相半桥形成。然而，在 MMC 情况下，一个相位桥臂被分成两部分，以便能够在交流侧产生相等数量的正电平和负电平。通常，一些电感器连接在每个桥臂的输出端，以保护短暂的短路。此外，悬浮 H 桥已经用作功率单元来实现 MMC 拓扑。因为 MMC 的单元数量过多，所以输出电压电平数量很高，同时谐波含量的水平也很高。

工业应用的另一种多电平拓扑结构是 NPC 和 H 桥的混合。基本上，该拓扑结构并行连接两个三电平 NPC 的桥臂，形成一个被称为 H – NPC 的五电平 H 桥。该拓扑每相 H 桥还需要隔离直流电源。这种拓扑由两个主要制造商（ABB 的 ACS5000 和 TMEIC - GE 的 Dura - Bilt5i MV）商业化。

14.3.3　多电平逆变器的调制技术

用于多电平变换器的最常见的调制技术已经从传统的两电平 VSI 中使用的调制方法得到了扩展。通常，由于多电平变换器特别适用于大功率应用，调制技术主要是通过降低开关频率来最大限度地减少开关损耗。用于多电平变换器的最常见的调制技术分为两大类：基于空间矢量概念的技术和基于电压电平的技术。图 14-33 中介绍了多电平变换器最常用的调制技术的分类。此外，如图 14-33 所示，调制技术可以根据调制方法的开关频率（高、混合或低开关频率）进行分类。

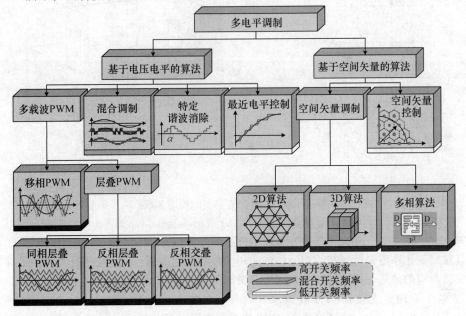

图 14-33　多电平变换器最常见的调制技术分类

14.3.3.1　基于空间矢量的多电平逆变器调制技术

通常，空间矢量调制（SVM）技术可以根据变换器的相数和坐标系（用于绘制由变换器生成的空间矢量）而分为三个主要部分，也称为变换器的控制区域。

1. 基于二维控制区域的 SVM 技术

常规的用于三相变换器的 SVM 技术的方法是基于变换器控制区域的二维（2D）表示（使用 $\alpha - \beta$ 平面）。作为示例，图 14-34a 表示三相三电平变换器的 2D 控制区域。在这些 SVM 技术中，该算法的主要目的是确定三个空间矢量、它们的占空比或开关时间，它们将产生的开关序列，以及平均调制周期内的参考电压矢量。文献［19］介绍了最常用的二维 SVM 技术。通常，空间矢量和开关时间由几何计算确定，如上一节针对两电平 SVM 的分析。这通常是在给定时刻参考空间矢量在三角形上的投影之间形成的，三角形是由转换器在产生的最接近的电压空间矢量与参考空间矢量形成的。使用简单的数学方程式可以很容易地计算出最终的开关顺序和开关时间[20]。

2. 基于三维控制区域的 SVM 技术

考虑到在 $\alpha - \beta$ 平面中表示的控制区域设计的 SVM 技术非常适合于零序电压和零序电流为零、并由此其 γ 分量为零的变换器拓扑。然而，一些变换器拓扑，例如呈现零序电压和零序电流三相四线和四相四线拓扑结构大多不是零。在这些情况下，SVM 技术必须考虑三个分量 α、β 和

γ 来进行无误差的调制。使用三个分量设计 SVM 技术的最简单方法是使用自然坐标系 *abc*，因为在这种情况下，通过常规体积形成控制区域，可以简化一些必要的计算。该概念如图 14-34b 所示，其中使用 *abc* 坐标系表示三相三电平变换器的控制区域。可以注意到，基于 3D 的 SVM 技术是基于 2D 的 SVM 技术的扩展，并且它们可以在不限于具有或不具有零序分量的任何功率变换器拓扑的情况下应用。

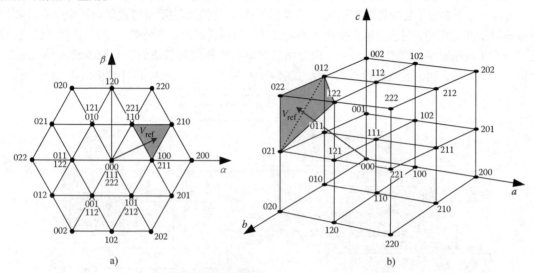

图 14-34　三电平变换器的控制区域

a）使用 α-β 平面的控制区域　b）使用 *abc* 坐标系的控制区域

　　例如，在文献［21］中介绍了使用 *abc* 坐标系的非常简单的 3D SVM，基于归一化的参考电压，并且在归一化参考矢量所在的四面体中应用简单的几何搜索。在这种情况下，用最简单的四个状态矢量形成的最终开关序列及其相应的开关时间也可用简单的数学表达式计算。

　　3. 多电平多相变换器的 SVM 技术

　　包括 2D-SVM 和 3D-SVM 在内的 SVM 技术只能应用于三相多电平变换器。当相位数增加时，存在于三相变换器上的控制区域的图形表示将不再适用。对于更多的相数，文献［22］中引入了新的调制技术。该方法通过使用矩阵计算来解决多相多电平变换器的调制问题，以确定开关顺序和开关时间，产生每相的参考电压。使用该多相 SVM 方法，在第一步中，完成参考电压的归一化，所有的计算都以矩阵格式写入。在这种调制技术中，使用简单计算确定归一化两电平参考矢量，将多相多电平调制问题降低到多相两电平问题。这种技术很简单，但是应当注意，当相数增加时，各种问题的数量也会大大增加。

　　4. 空间矢量控制

　　在空间矢量控制（SVC）中，基本思想是利用具有多数量的电压矢量（对于至少七个电平的逆变器）的变换器，简单地将参考值近似为可以产生的最接近的电压矢量。SVC 在文献［23］中，将其作为使用低开关频率提供高性能的 SVM 技术的替代方案。SVC 实际上不是一种调制方法，因为参考矢量不是通过在一个开关周期内平均切换来实现的。使用 SVC，对于由密集的 SVC 区域而多电平数量变换器，参考矢量十分近似，并且产生较小的误差。由于近似误差，输出电压中会出现一些低次谐波畸变；然而，这个缺点给非常低的开关频率带来了极大的好处，它提高了变换器的效率。

14.3.3.2　基于电压电平的多电平逆变器调制技术

　　1. 多载波层叠 PWM

　　层叠 PWM（LS-PWM）是多电平逆变器双极性 PWM 的扩展[8]。双极性 PWM 使用一个载波信号，它与参考信号相比较，以决定两个不同的电压电平，通常是 VSI 的正负母线。举一反三，对于 k 电平逆变器，需要将 $k-1$ 载波排列成垂直位移。每个载波关联到两个电平，因此可以应用与双极性 PWM 相同的原理。$k-1$ 载波涵盖由变换器产生的整个幅值范围。

载波可以以垂直位移排列，所有信号彼此同步，称为同相层叠（PD - LS - PWM）；所有正载波彼此同步并且与负载波相反，称为反相层叠（POD - LS - PWM）；最后通过交替相邻载波之间的相位获得正负反相层叠（APOD - LS - PWM）。LS - PWM 对于 NPC 变换器特别有用，因为每个载波可以容易地与变换器的两个电源开关相关联。

LS - PWM 技术会带来高质量的线电压，因为与其他多载波 PWM 方法相比，所有载波都是同相的。此外，它是基于逆变器的输出电压电平，因此该原理可以很容易地适应任何多电平变换器拓扑。然而，该方法对于 CHB 和 FC 不是优选的，因为它导致不同电池之间的功率分布不均匀。这会在 CHB 中产生输入电流畸变，并在 FC 中产生电容器不平衡。

2. 多载波相移 PWM

相移 PWM（PS - PWM）是一种多载波 PWM 方法，是特别适用于 FC 和 CHB [8] 变换器的 PWM 扩展，主要是由于这些拓扑结构具有模块化特性。使用单极或双极性 PWM 分别对每个单元进行调制，对于 CHB 和 FC，分别具有相同的参考信号。在每个单元的载波信号之间引入相移，以产生阶梯式多电平波形。对于 k 个单元 CHB 或 k 个单元 FC 变换器，在载波之间分别以 $180°/k$ 或 $360°/k$ 相移获得最低的输出电压畸变。这是因为与 CHB 的 H 桥的三个输出电平相比，FC 功率单元具有两电平输出电压。

传统的对称 k 个单元多电平变换器多使用 PS - PWM 技术，逆变器具有每个单元的额定功率的 k 倍。此外，在不增加平均开关频率的基础上，逆变器输出电压开关频率也高出 k 倍。这是由于输出开关模式中的乘法效应（由单元的串联和载波中引入的相移产生的）产生的。PS - PWM 技术使得 CHB 的不同功率单元得以均匀使用，使得 H 桥之间的功率分配和功率损耗相等。这与 FC 相同，但是通过使用 PS - PWM 使得电容电压平衡。然而，NPC 逆变器不能与 PS - PWM 一起使用，因为它没有模块化结构，因此载波不能与特定的单元相关联或独立工作。

3. 混合调制

混合调制[24] 是针对非对称 CHB 变换器（具有不等压直流电源）而设计的。其基本思想是利用单元之间的不同功率来降低开关损耗并提高变换器的效率。在大功率电池中，应用方波调制，而最低电压的单元使用传统的 PWM 技术。以这种方式，大功率单元以基频切换，产生非常低的开关损耗，同时通过在最低电压单元中使用传统 PWM 来获得输出电压的质量。

4. 特定谐波消除和特定谐波抑制

开关损耗限制了多电平变换器的最大开关频率。为了减少输出电压波形的谐波畸变，诸如 SHE 技术的调制策略已被推广应用于多电平变换器。如在传统的两电平情况下，应用于多电平变换器的 SHE 技术可以设置基波谐波的幅值，并且如果在四分之一周期使用 k 个开关角，则使 $k-1$ 个期望谐波的幅值为零[25]。

需要注意到，为满足世界各地的电力供应商实施的实际电网规范，引入了其他基于谐波的调制技术。例如，特定谐波抑制（SHM）调制是基于不必完全消除谐波幅值的思想而提出的。它们只需要把谐波幅值降低到电网规定的水平以下[26]。SHM 技术产生的输出电压波形可以完全满足特定电网，并且相比传统 SHE 具有低的开关频率。SHM 技术已经应用于三电平变换器，但是与 SHE 技术一样，它也可以应用于具有独立于特定变换器拓扑的多电平变换器中。

5. 最近电平控制

最近电平控制方法（NLC）[27] 也称为圆形方法，在某种程度上对应于时域的单相系统 SVC。

基本上，该方法通过选择可由逆变器产生的最接近的电压电平，在期望的输出电压上应用完全相同的原理。主要优点是算法非常简单，输出电压电平选择具有非常简单的表达式。在输出电压大小为 V_{dc} 的多电平变换器的情况下，期望的参考电压 v_o^* 的输出电压电平 v_o 由下列公式确定：

$$v_o = V_{dc} \cdot \text{Round}\left\{\frac{v_o^*}{V_{dc}}\right\}$$ (14-38)

定义一个最接近的整数函数或圆函数，使得 round $\{x\}$ 是最接近 x 的整数。由于这个定义对于半整数是不明确的，附加的条件是半个整数总是四舍五入到偶数。

注意，在 SVC 等情况下，NLC 不是严格的调制技术，因为参考电压是仅由最接近的电压电平来近似的。在 NLC 情况下，最大逼近误差为 $V_{dc}/2$。电压波形与使用 SHE 方法获得的电压波形非常相似。然而，这种方法不能消除特定的谐波，因此必须在高电平逆变器中使用，以避免 SVC 输出低次谐波的重要值。

14.4 电流源逆变器

14.4.1 引言

CSI 与 VSI 不同，通常使用由受控电流源整流器（CSR）和电感式直流链路提供的恒定电流源，在输出端产生频率、相位和幅值可调的开关电流波形。因此，输出电压由电流负载定义，对于诸如电动机驱动的电阻感性负载，电流负载通常是正弦的，并且不像 VSI 那样切换。因此 dv/dt 更容易求解。此外，电流不是由负载定义的，并且始终是可控制的；因此，这种拓扑提供固有的过电流和短路控制。CSI 的主要缺点是电流谐波，这需要通过电容式输出滤波器来抑制（尽管它们与感性负载一起也有助于形成高度正弦电压），另一个缺点是动态性能的下降，因为电流幅值受带有大直流扼流圈[1]的输入整流器的控制。

从图 14-2 的 DC/AC 分类可以看出，有两种基本的 CSI 拓扑：PWM - CSI 和负载整流 CSI（LCI - CSI）。第一种拓扑是 IGCT（替代 GTO），用于硬开关调制方法的功率半导体；而后者采用根据负载换流的 SCR 器件，尽管它的速度更慢，动态性能降低，但更高效可靠。因此，LCI 主要应用于高达几十兆瓦的应用中以及极高功率因数的超大功率同步电动机驱动中。以下部分给出了 CSI 的功率电路结构、工作原理、调制方法和应用。

14.4.2 PWM - CSI

14.4.2.1 工作原理

虽然单相 CSI 在概念上是可行的，但在本章中，它在工业中的应用领域主要是三相系统[29-32]，因此仅分析三相 CSI 拓扑和控制方法。CSI 电源电路如图 14-35 所示，主要是对称门复用晶闸管（SGCT）功率半导体，它目前是行业标准[33]，尽管过去几十年来许多 CSI 都采用 GTO 工作[34]。可以看出，CSI 主要有三部分：受控电流源、变换器全桥和输出电容滤波器。

如引言所述，输出滤波器会负责输出电源质量（更加趋于正弦的电压和电流波形），但更重要的是为硬开关感性负载电流提供电流路径。以这种方式，在改善电源质量的同时，克服了由于高 di/dt 导致的逆变器输出端的过电压损坏。

受控电流源通常由受控 CSR 和一对大电感电抗器或直流扼流圈提供，如图 14-36 所示。CSI 的典型整流器是全桥 SRC 整流器，它也可以与多脉冲变压器配置串联，这取决于功率电平需求和输入电源质量要求（电网规范符合性）[1]。另一个常见的整流器是具有与图 14-35 的 PWM -

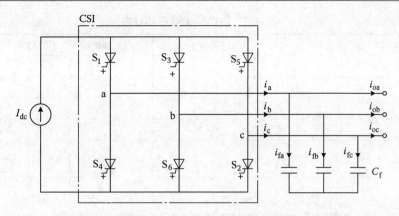

图 14-35　具有 IGCT 半导体的基本 PWM – CSI 电源电路

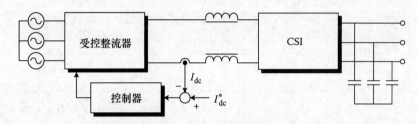

图 14-36　受控的直流电源（通用电路）（用于给 CSI 供电）

CSI 相同结构的 PWM – CSR，它们以背靠背的配置方式连接在一起[35]。在这种情况下，可以使用 IGCT 器件的串联连接，以在中压应用（整流器和逆变器侧）中达到更高的阻断电压，而电容输入滤波器则用于满足电网标准。为了克服整流线电流谐波与电网滤波器可能产生的谐振，可以应用有源阻尼方法[36]。CSR 的目的是在期望的参考 I_{dc}^*（因此需要采用大直流扼流圈）下保持电流受控以及恒定，尽管该参考值可以根据逆变器输出的电流幅值而改变。因此，逆变器只负责控制交流电流的相位和频率。这与具有固定的直流链路电压的 VSI 不同，VSI 可以实现输出电压的相位、频率和幅值的控制。

在 VSI 中，一个逆变器桥臂中的两个半导体交替工作，以避免容性直流链路短路。同样，CSI 也需要在开关限制下才能正常运行。因为逆变桥连接到恒流源（电感式 DC 链路），所以必须始终有 I_{dc} 的路径，因此，上部 IGCT 和下部 IGCT 至少有一个必须随时被接通（$S_1 + S_3 + S_5 \geq 1$，$S_2 + S_4 + S_6 \geq 1$）。另外，逆变桥的输出端子连接到电容滤波器，为避免电容器短路，在任何时刻上下两个 IGCT 最多只能有一个处于导通状态（$S_1 + S_3 + S_5 \leq 1$ 和 $S_2 + S_4 + S_6 \leq 1$）。这种限制还可以防止 I_{dc} 分成两个未定义的线电流（由负载条件确定），因为这会影响调制阶段的正常工作。将这两个限制条件联合起来，可以清楚地看出，一个上部功率开关和一个下部功率开关必须总是导通的（$S_1 + S_3 + S_5 = 1$，$S_2 + S_4 + S_6 = 1$）。这种限制在逆变器中提供正负两种电流路径，因此不需要像 VSI 那样的反并联二极管，使得电路具有更少的半导体和更简单的拓扑结构。考虑到逆变器的所有可接受的开关状态，有九种可能的开关组合，产生七种不同的三相线电流，见表14-7。三相输出电流可以用一个空间矢量表示，因此会有七个不同的空间矢量（I_0，I_1，$\cdots$，I_6），这在后面会讨论到。

从表 14-7 所示的不同开关状态可以看出，CSI 可以在每相产生三个不同的输出电流电平：$-I_{dc}$、0 和 I_{dc}。然后，调制阶段的作用是使逆变器在这些恒定电流水平之间适当地交替变化，将期望相位和频率基波分量的交流开关电流波形传送到负载。对于 CSI，有四种完善的调制方法：方波调制、梯形 PWM（T – PWM）、SHE[11] 和 SVM[37]。这将在下一节中进行分析。

表 14-7　PWM – CSI 开关状态

开关状态	上门控信号			下门控信号			输出电流			空间矢量
	S_1	S_3	S_5	S_4	S_6	S_2	i_a	i_b	i_c	
1	1	0	0	1	0	0	0	0	0	$I_{0a} = I_0 = 0$
2	0	1	0	0	1	0	0	0	0	$I_{0b} = I_0 = 0$
3	0	0	1	0	0	1	0	0	0	$I_{0c} = I_0 = 0$
4	1	0	0	0	1	0	I_{dc}	$-I_{dc}$	0	$I_1 = \dfrac{2}{\sqrt{3}} I_{dc} e^{j(-\pi/6)}$
5	1	0	0	0	0	1	I_{dc}	0	$-I_{dc}$	$I_2 = \dfrac{2}{\sqrt{3}} I_{dc} e^{j(-\pi/6)}$
6	0	1	0	0	0	1	0	I_{dc}	$-I_{dc}$	$I_3 = \dfrac{2}{\sqrt{3}} I_{dc} e^{j(\pi/2)}$
7	0	1	0	1	0	0	$-I_{dc}$	I_{dc}	0	$I_4 = \dfrac{-2}{\sqrt{3}} I_{dc} e^{j(5\pi/6)}$
8	0	0	1	1	0	0	$-I_{dc}$	0	I_{dc}	$I_5 = \dfrac{-2}{\sqrt{3}} I_{dc} e^{j(7\pi/6)}$
9	0	0	1	0	1	0	0	$-I_{dc}$	I_{dc}	$I_6 = \dfrac{2}{\sqrt{3}} I_{dc} e^{j(-\pi/2)}$

14.4.3　PWM – CSI 调制方法

14.4.3.1　方波调制

在先前分析 VSI 的方波运行中，电压波形仅具有两个电平，因为该波形定义为从逆变器输出到负极的波形。然而，输出线电压却有三个电平，如 CSI 中的输出线电流。此外，VSI 中的方波运行获得的线电压如果看作线电流波形满足 CSI 的开关限制，因此可以定义与 CSI 相同的开关模式，如图 14-37a 所示。注意，在任何时候都是一相以 $-I_{dc}$ 导通，另一相以 I_{dc} 导通。

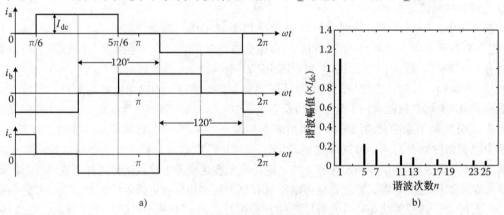

图 14-37　CSI 的方波调制

a）电流波形　b）线电流频谱

该方法的主要优点是简单，因为通过将固定开关角（相位 α 为 $\pi/6$ 和 $5\pi/6$）转换为时间就可以容易地控制相位和频率，而交流电流的幅值由 SCR 控制。事实上，相比 VSI 中的方波运行，这是一个优点。在这种情况下，无法对基波进行控制，因此这里称为“调制”而不是“操控”。

另一个重要的优点是每个功率半导体以基频开关切换，即器件开关频率 $f_{sw} = f_1$，由于较低的开关损耗，使得调制方案非常有效。这些优点是以降低电源质量为代价的。电流波形具有低次谐波而输出滤波器无法完全滤除这些低次谐波，因此降低了电源质量。根据图 14-37a 所示的线电流的傅里叶级数，每个谐波分量 h_n 可以计算为 $2\sqrt{3}I_{dc}/(n\pi)$，其中 $n = 6k \pm 1$，$k \in N$。考虑到这些谐波，在图 14-37b 中给出了线电流频谱，由直流电流幅值 I_{dc} 归一化表示。注意，由于没有附加或可变的开关角，基波分量始终为 $1.1I_{dc}$。这种调制方法引入的低次谐波可以激发电容滤波器和感应电机产生谐振，因此在可调速驱动器中的应用有限。

14.4.3.2　梯形 PWM

由于先前定义的开关限制，传统的基于载波的正弦参考 PWM 不能直接推广应用到 CSI 中。因此，使用梯形参考波形来代替并与修改的载波波形进行比较，图 14-38a 给出了 a 相的相关波形。请注意，每个半导体 v_{mi} ($i = 1, \cdots, 6$) 的参考信号仅在基波周期的一半时间内有效，可以是正或负半周期，这取决于它们以 I_{dc} 还是 $-I_{dc}$ 导通。另外，有效半周期分为由 $\pi/3$ 间隔的三段。为了满足开关限制，中间 $\pi/3$ 段对于有效相始终为"导通"状态。在该中心段期间，其他两相分别位于第一段和最后一段，其特征为具有互补的线性载波 PWM，相互交替用于有效相的电流返回路径。与方波调制相比，梯形 PWM 产生了开关电流波形并减少了换向时的谐波。用 T - PWM 获得的三相输出线电流如图 14-38a 所示。

器件在整个基波周期的 1/3 换向一次，这大大降低了开关损耗。通常，载波频率 f_{cr} 是基频 ($f_{cr} = kf_1$，k 是偶数) 的偶数倍，器件开关频率可以通过 $f_{sw} = (1 + k/3)f_1$ 计算。对于图 14-38a 所示的例子，$k = 18$，则 $f_{sw} = 7f_1$。本示例中的基频为 50Hz，将获得 350Hz 的器件开关频率，这对于大功率应用来说是非常低的。

与传统载波 PWM 相比的另一个区别是调制系数和基波分量 i_1 的幅值之间没有线性关系。这是由于 $\pi/3$ 的中心段没有被调制，总是处于"导通"状态，从而使得基频分量的幅值很高。实际上，当调制系数在其所有范围 (0 ~ 1) 之间改变时，电流基波分量的幅值仅在 $0.9314I_{dc} \leqslant i_1 \leqslant 1.0465I_{dc}$ 内变化。这是合理的，因为目前的幅值受 CSR 的控制。

与方波调制相比，T - PWM 的优点在于额外的整流可以显著降低输出电流的低次谐波。图 14-38b 给出了对于 0.85 调制系数和 36 倍基频的载波频率获得的 T - PWM 波形的电流频谱。注意，大多数谐波能量在 $n = (f_{cr}/f_1) \pm 1$ 和 $n = (f_{cr}/f_1) \pm 5$ 的载波频率附近很小。与方波调制相比，第 5 次和第 7 次谐波分别减少了 90% 和 70%。梯形输出电流低次谐波未被完全消除，因此与 VSI 中使用的传统载波 PWM 相比，第 5 次和第 7 次谐波不会完全消除。实际上，载波频率应为 $f_{cr} \geqslant 18f_1$，以允许第 5 次和第 7 次谐波的产生。这种方法的更详细的谐波分析在文献 [1] 中给出。

14.4.3.3　CSI 的特定谐波消除

在上一节 VSI 中应用的 SHE 也可以应用于 CSI，除了在 SHE 波形中加入了开关限制，其他没有概念上的差异。通过固定和设置一些相关开关角来提供开关模式中的对称性，并且这种方式也避免了两相的"导通"或"断开"状态的重叠，或者三相零电流的重叠。图 14-39a 给出了考虑五个开关角度的 SHE 产生的三相线电流，其中一个固定为 $\pi/6$，两个依赖于两个可变开关角 θ_1 和 θ_2，这两个开关角度设置为 $\pi/3 - \theta_1$ 和 $\pi/3 - \theta_2$，以此形成波形中的对称性。任何其他的开关角 θ_k 必须置于 0 和 $\pi/6$ 之间，之后就可以直接定义 $\pi/3 - \theta_k$ 范围中的相关开关角。

不是所有的开关角都可以随意定义，与 VSI 情况相比，引入低自由度的 SHE 模式，只能消除较少的谐波。例如，图 14-39a 中所示的波形在第一个 1/4 周期中具有五个开关角，但与 SHE 中的五个独立角度相比，VSI 仅有两个可控。在这种情况下，在控制基波分量的同时，只可以消除一个谐波，或者在无基波分量控制的时候，消除两个谐波。与 VSI 中的 SHE 不同，其中一个开

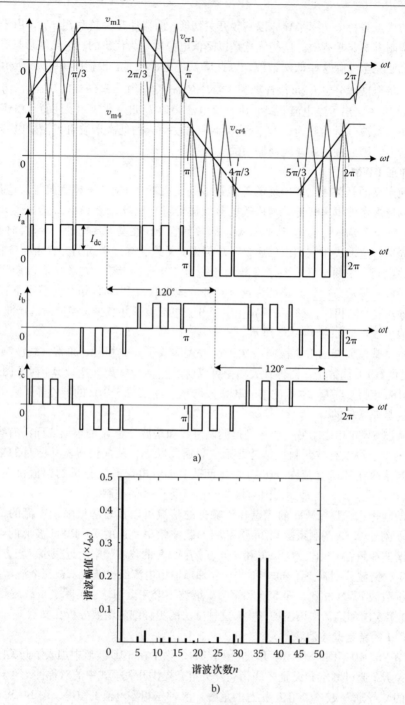

a)

b)

图 14-38　a）梯形 PWM 波形：逆变器 a 相桥臂的参考电压信号和载波，以及三相输出电流

b）调制系数 0.85 和载波 $f_{cr} = 36f_1$ 的输出电流频谱

关角被保留用于基波分量控制。在 CSI 中，角度的选择完全用于谐波消除，因为 CSR 可以在外部控制电流幅值。

图 14-39a 所示的开关电流波形的傅里叶级数由下式给出：

$$i_a(t) = \sum_{n=1}^{\infty} b_n \sin(n\omega t) \tag{14-39}$$

$$b_n = \frac{4}{\pi} \int_0^{\pi/2} i_a(\omega t) \sin(n\omega t) \, d\omega t \tag{14-40}$$

式中，n 是谐波次数（$n = 1$，3，5，$\cdots$）。对于图 14-39a 给出的两个开关角的例子而言，考虑 I_{dc} 常数求解式（14-40）得到：

$$b_n = \frac{4I_{dc}}{\pi n} \left\{ \cos(n\theta_1) + \cos\left[n\left(\frac{\pi}{3} - \theta_1\right)\right] - \cos(n\theta_2) - \cos\left[n\left(\frac{\pi}{3} - \theta_2\right)\right] + \cos\left(n\frac{\pi}{6}\right) \right\} \tag{14-41}$$

如果需要消除第 5 次和第 7 次谐波，则式（14-41）变成以下一组方程：

$$b_5 = 0 = \left\{ \cos(5\theta_1) + \cos\left[5\left(\frac{\pi}{3}\right) - \theta_1\right] - \cos(5\theta_1) - \cos\left[5\left(\frac{\pi}{3} - \theta_2\right)\right] + \cos\left(5\frac{\pi}{6}\right) \right\}$$

$$b_7 = 0 = \left\{ \cos(7\theta_1) + \cos\left[7\left(\frac{\pi}{3} - \theta_1\right)\right] - \cos(7\theta_2) - \cos\left[7\left(\frac{\pi}{3} - \theta_2\right)\right] + \cos\left(7\frac{\pi}{6}\right) \right\}$$

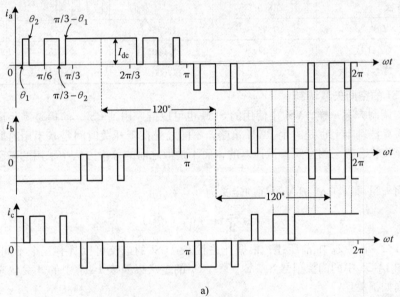

a)

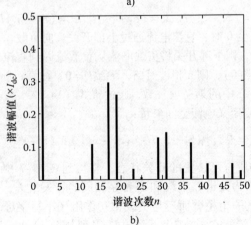

b)

图 14-39 CSI 的特定谐波消除

a）电流波形定义 b）三个独立开关角 SHE 的电流频谱，谐波消除到第 11 次

这组方程式不能在线求解（或计算），这是 SHE 的主要缺点。因此，所有开关模式必须离线预先计算并存储在查找表中。主要基于迭代数值技术，使用许多类型的算法，如遗传算法来求解这些方程。CSI 的优点是，该算法不需要对不同的调制系数都进行多次运算，因为幅值由 CSR 控制，从而减少了大量的运算时间。同样由于这个原因，对于那些不能预先计算的电流振幅值，不需要执行查表插值，而在 VSI 中的 SHE 中是需要查表插值的。考虑到从第 5 ~ 13 次谐波的消除，表 14-8 给出了四个开关角的 SHE 问题的解决方案。

SHE 问题的更多解决方案和消除谐波的不同组合的更详细的表格可以在参考文献 [1] 中查阅。具有三个独立开关角的 SHE 波形的输出电流频谱如图 14-39b 所示，其对应于表 14-8 中给出的第三个方案。

表 14-8　CSI 的特定谐波消除开关角

	开关角			
	θ_1	θ_2	θ_3	θ_4
5 次	18.0°	—	—	—
5 次，7 次	7.93°	13.75°	—	—
5 次，7 次，11 次	2.24°	5.600°	21.26°	—
5 次，7 次，11 次，13 次	0.00°	1.600°	15.14°	20.26°

14.4.3.4　CSI 的空间矢量调制

与以前的调制方案一样，VSI 中使用的 SVM 也可以推广用到 CSI，前提是满足前面提到的开关约束。SVM 算法基本上也是一个 PWM 策略，不同之处在于开关时间是基于用时间表示的参考信号和 CSI 开关状态的三相空间矢量计算的，而不是像之前的分析方法中采用的基于每相幅值的计算。

电流空间矢量可以在 $\alpha - \beta$ 复平面内定义为

$$I_s = \frac{2}{3}(i_a + ai_b + a^2 i_c) \tag{14-42}$$

式中，$a = -1/2 + j\sqrt{3}/2$。如前所述，根据开关状态，CSI 的电流可以具有三个不同的值 $-I_{dc}$、0 和 I_{dc}。根据图 14-35 中的门控信号 S_1，S_2，$\cdots$，S_6 的定义以及表 14-7 中的开关状态，对于每相电流可以得到如下关系：

$$i_a = (S_1 - S_4)I_{dc}, i_b = (S_3 - S_6)I_{dc}, i_c = (S_5 - S_2)I_{dc} \tag{14-43}$$

例如，当 S_1 为 1 且 S_4 为 0 时，直流电流通过上部开关流向负载，产生正的相电流 $i_a = I_{dc}$。相反，如果 S_1 为 0 且 S_4 为 1，则下部开关将负载电流从负载流回到直流电源，相电流为 $i_a = -I_{dc}$。最后，如果 S_1 和 S_4 都是 1（0），则 a 相被短路，导致 $i_a = 0$。注意，前一个例子中对于 a 相的四个二进制组合与式（14-43）中的第一项一致。通过将式（14-43）代入式（14-42），然后可以由门控信号 S_1，S_2，$\cdots$，S_6 定义电流空间矢量：

$$I_s = \frac{2}{3}I_{dc}[(S_1 - S_4) + a(S_3 - S_6) + a^2(S_5 - S_2)] \tag{14-44}$$

替换式（14-44）中的所有可接受的开关状态，将得到表 14-7 中列出的九个空间矢量。注意，其中七个是不同的，因为矢量 I_{0a}、I_{0b} 和 I_{0c} 都是相同的零矢量 I_0，也称为旁路矢量，因为直流链路电流通过逆变器桥的一个桥臂而不与负载相互作用（小写字母表示为逆变器的相位支路被短路）。可以将这些矢量绘制在 $\alpha - \beta$ 复平面中，得到如图 14-40a 所示的 CSI 电流空间矢量表示。

注意，所有矢量（不包括零矢量）具有相同的幅值 $|I_k| = I_{dc}2/\sqrt{3}(k = 1, \cdots, 6)$，并且相邻两个开关角间隔为 $\pi/3$，通常称为有效矢量。每个相邻的有效矢量定义 $\alpha - \beta$ 平面中的一个区域，

将其划分为六个扇区。电流参考空间矢量 I_s^* 也可以通过式（14-42）计算，并且所得到的矢量可以映射到 $\alpha-\beta$ 平面中，落在其中一个扇区中。对于在功率变换器系统中经常使用的平衡三相正弦参考量，所得到的参考矢量是与正弦参考量具有相同的幅值和角速度（ω）的且有固定幅值旋转的空间矢量，相对于实轴 α 而言，瞬时相位角为 $\theta=\omega t$。

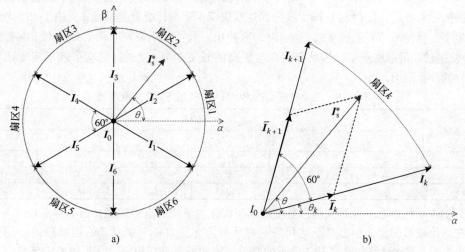

图 14-40　由 CSI 生成的电流空间矢量和扇区 k 的 SVM 工作原理

a) 由 CSI 生成的电流空间矢量　b) 扇区 k 的 SVM 工作原理

与 VSI 中使用的 SVM 一样，工作原理主要是在调制周期 T_s 上产生一个时间平均值，等于规则采样的参考矢量（幅度和角位移）。因此，该问题被简化以找到零矢量的占空比（开启和关闭时间）以及定义参考矢量所在的扇区的两个矢量。考虑图 14-40b 中扇区 k 的常用情况，那么调制周期的时间平均值可以被定义为

$$I_s^* = \frac{1}{T_s}(t_k I_k + t_{k+1} I_{k+1} + t_0 I_0) \tag{14-45}$$

$$T_s = t_k + t_{k+1} + t_0 \tag{14-46}$$

式中，t_k/T_s、t_{k+1}/T_s 和 t_0/T_s 是各个矢量的占空比。使用三角关系，可以很容易地发现

$$|\bar{I}_k| = \frac{t_k}{T_s}|I_k| = |I_s^*|\left\{\cos(\theta-\theta_k) - \frac{\sin(\theta-\theta_k)}{\sqrt{3}}\right\} \tag{14-47}$$

$$|\bar{I}_{k+1}| = \frac{t_{k+1}}{T_s}|I_{k+1}| = 2|I_s^*|\frac{\sin(\theta-\theta_k)}{\sqrt{3}} \tag{14-48}$$

式中，θ_k 是 α 轴与电流空间矢量 I_k 之间的角度。由于所有的空间矢量具有相同的幅值 $|I_k|=|I_{k+1}|=I_{dc}2/\sqrt{3}$，可以代入式（14-47）和式（14-48）。那么式（14-47）和式（14-48）中唯一未知的变量是 t_k 和 t_{k+1}。因此，可以获得以下用于求解占空比的方程组：

$$t_k = \frac{T_s|I_s^*|}{2I_{dc}}[\sqrt{3}\cos(\theta-\theta_k) - \sin(\theta-\theta_k)] \tag{14-49}$$

$$t_{k+1} = \frac{T_s|I_s^*|}{I_{dc}}\sin(\theta-\theta_k) \tag{14-50}$$

$$t_0 = T_s - t_k - t_{k+1} \tag{14-51}$$

注意，由式（14-46）可以简单地得到式（14-51），一旦计算了两个非零矢量占空比时间，就获得了调制周期 T_s。

前面提到的这种常用扇区解决方案可以通过改变 k 值（$k=1,\cdots,6$）容易地在任何一个扇

区应用。SVM 算法的最后阶段是在调制矢量与其占空比之间产生适当的开关序列。因为只考虑允许的开关状态，本质上满足开关限制，所以可以使用开关顺序来改善调制的其他方面。特别地，考虑到效率，可以减少换向数量，从而减少开关损耗（对在高功率驱动中应用的 CSI 有用）。每个调制周期只需要三个器件开关的常见开关序列就是 I_k，然后是 I_{k+1}，最后是 I_0。通过正确使用不同的旁路矢量 I_0（I_{0a}，I_{0b} 和 I_{0c}）减少换向，这取决于 VSI 运行所处的扇区，见表 14-9。考虑到这种开关顺序，器件平均开关频率由 $f_{sw} = 1/(2T_s)$ 给出。为了减小调制周期 T_s，类似于在传统载波 PWM 中使用较高的载波频率，因此它将产生更高的开关损耗。此外，它会依赖于实现该算法的数字平台的计算能力。

表 14-9　在不同扇区的 PWM – CSI 的 SVM 矢量序列

矢量序列	扇区					
	1	2	3	4	5	6
I_k	I_1	I_2	I_3	I_4	I_5	I_6
I_{k+1}	I_2	I_3	I_4	I_5	I_6	I_1
0	I_{0a}	I_{0c}	I_{0b}	I_{0a}	I_{0c}	I_{0b}

　　CSI 的 SVM 优点之一是开关输出电流的基波成分由逆变器直接控制，而不是由 CSR 控制。这是因为在电流波形的定义中，对于空间矢量表示只考虑允许的开关状态，因此该方法用于调制技术。此外，占空比计算包含了基波分量的幅值，因此可以直接控制。SHE 和 T – PWM 与方波调制相比，具有更优异的动态性能，由于直流母线采用大直流扼流圈，导致跟踪基波分量缓慢，从而产生了一个大的时间常数通过 CSR 来控制 I_{dc}。

　　图 14-41a 给出了幅值 I_{dc} 和频率 f_1 的正弦参考量的 SVM 获得的典型输出电流波形，采样周期 $T_s = 1/(18f_1)$，于是平均开关频率 $f_{sw} = 9f_1$。相应的频谱如图 14-41b 所示。这种方法的更详细的谐波分析在文献 [1] 中给出。

　　注意，与 VSI 中应用的 SVM 相比，CSI 中的 SVM 不能完全消除低次谐波。事实上，尽管 SHE 和 T – PWM 都提供更好的电源质量，但 SHE 是最好的。另一方面，SVM 具有针对 CSI 所讨论的所有方法的最佳动态性能。T – PWM 介于 SHE 和 SVM 之间，部分结合了这两种方法的有利特征。方波调制在调制方式中具有最差的电源质量和较差的动态特性，但它是最有效和最简单的实现方式。一种特定调制方式的选择将取决于应用具体要求。

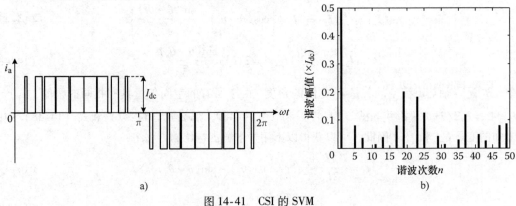

图 14-41　CSI 的 SVM
a) 输出线电流波形　b) 输出线电流频谱

　　目前，大多数 CSI 驱动型应用都面向大功率电动机驱动器，效率是一个重要问题。因此，优选 T – PWM 和 SHE 的组合。T – PWM 用于小于 30Hz 的基频，SHE 应用于 30Hz 基频及以上。另外，T – PWM 中的载波频率也随基频的增减而成比例地变化。以同样的方式，在 SHE 中使用的开关角数量与 f_1 的变化成比例地变化，以保持较低的开关频率。这样，在典型的 CSI 大功率应用中，器件平均开关频率保持在 500Hz 以下。

参 考 文 献

1. B. Wu, *High-Power Converters and AC Drives*, Wiley-IEEE Press, Piscataway, NJ, 2006.
2. J. Rodriguez, J. S. Lai, and F. Z. Peng, Multilevel inverters: A survey of topologies, controls, and applications, *IEEE Transactions on Industrial Electronics*, 49(4), 724–738, August 2002.
3. N. Mohan, T. M. Undeland, and W. P. Robbins, *Power Electronics: Converters, Applications, and Design*, 3 edn, Wiley, Hoboken, NJ, October 10, 2002.
4. J. Rodriguez, S. Bernet, B. Wu, J. O. Pontt, and S. Kouro, Multilevel voltage-source-converter topologies for industrial medium-voltage drives, *IEEE Transactions on Industrial Electronics*, 54(6), 2930–2945, December 2007.
5. J. Holtz, Pulsewidth modulation for electronic power conversion, *Proc. IEEE*, 82(8), 1194–1214, Aug. 1994.
6. D. Busse, J. Erdman, R. Kerkman, D. Schlegel, and G. Skibinski, Bearing currents and their relationship to PWM drive, *IEEE Transactions on Power Electronics*, 12, 243–252, March 1997.
7. B. K. Bose, *Modern Power Electronics and AC Drives*, Prentice Hall PTR, Upper Saddle River, NJ, October 22, 2001.
8. D. G. Holmes and T. A. Lipo, *Pulse Width Modulation for Power Converters: Principles and Practice*, 1st edn., Wiley-IEEE Press, Piscataway, NJ, October 3, 2003.
9. L. Asiminoaei, P. Rodríguez, and F. Blaabjerg, Application of discontinuous PWM modulation in active power filters, *IEEE Transactions on Power Electronics*, 23(4), 1692–1706, July 2008.
10. S. Kouro, M. A. Perez, H. Robles, and J. Rodríguez, Switching loss analysis of modulation methods used in cascaded H-bridge multilevel converters, in *39th IEEE Power Electronics Specialists Conference (PESC08)*, Rhodes, Greece, June 15–19, 2008, pp. 4662–4668.
11. J. R. Espinoza, G. Joós, J. I. Guzmán, L. A. Morán, and R. P. Burgos, Selective harmonic elimination and current/voltage control in current/voltage-source topologies: A unified approach, *IEEE Transactions on Industrial Electronics*, 48(1), 71–81, February 2001.
12. B. Ozpineci, L. Tolbert, and J. Chiasson, Harmonic optimization of multilevel converters using genetic algorithms, *IEEE Power Electronics Letters*, 3(3), 92–95, September 2005.
13. S. Kouro, B. La Rocca, P. Cortes, S. Alepuz, B. Wu, and J. Rodriguez, Predictive control based selective harmonic elimination with low switching frequency for multilevel converters, in *Proceedings of the 2009 IEEE Energy Conversion Congress and Exposition (ECCE 2009)*, San Jose, CA, September 20–24, 2009.
14. L. G. Franquelo, J. Rodriguez, J. I. Leon, S. Kouro, R. Portillo, and M. M. Prats, The age of multilevel converters arrives, *IEEE Industrial Electronics Magazine*, 2(2), 28–39, June 2008.
15. A. Nabae, I. Takahashi, and H. Akagi, A new neutral-point-clamped PWM inverter, *IEEE Transactions on Industry Applications*, 17(5), 518–523, September 1981.
16. T. A. Meynard and H. Foch, Multi-level conversion: High voltage choppers and voltage-source inverters, in *23rd Annual IEEE Power Electronics Specialists Conference, 1992 (PESC '92)*, Vol. 1, Toledo, Spain, June-29–July 3, 1992, pp. 397–403.
17. M. Marchesoni, M. Mazzucchelli, and S. Tenconi, A non conventional power converter for plasma stabilization, in *19th Annual IEEE Power Electronics Specialists Conference, 1988 (PESC '88)*, Vol. 1, Kyoto, Japan, April 11–14, 1988, pp. 122–129.
18. C. Rech and J. R. Pinheiro, Hybrid multilevel converters: Unified analysis and design considerations, *IEEE Transactions on Industrial Electronics*, 54(2), 1092–1104, April 2007.
19. A. M. Massoud, S. J. Finney, and B. W. Williams, Systematic analytical based generalised algorithm for multilevel space vector modulation with a fixed execution time, *IET Power Electronics*, 1(2), 175–193, June 2008.
20. N. Celanovic and D. Boroyevich, A fast space-vector modulation algorithm for multilevel three-phase converters, *IEEE Transactions on Industrial Applications*, 37(2), 637–641, March/April 2001.
21. M. M. Prats, L. G. Franquelo, R. Portillo, J. I. Leon, E. Galvan, and J. M. Carrasco, A 3-D space vec-

tor modulation generalized algorithm for multilevel converters, *IEEE Power Electronics Letters*, 1(4), 110–114, December 2003.

22. O. Lopez, J. Alvarez, J. Doval-Gandoy, and F. D. Freijedo, Multilevel multiphase space vector PWM algorithm, *IEEE Transactions Industrial Electronics*, 55(5), 1933–1942, May 2008.

23. J. Rodriguez, L. Moran, P. Correa, and C. Silva, A vector control technique for medium-voltage multilevel inverters, *IEEE Transactions on Industrial Electronics*, 49(4), 882–888, August 2002.

24. M. D. Manjrekar, P. K. Steimer, and T. A. Lipo, Hybrid multilevel power conversion system: A competitive solution for high-power applications, *IEEE Transactions on Industry Applications*, 36(3), 834–841, May 2000.

25. Z. Du, L. M. Tolbert, and J. N. Chiasson, Active harmonic elimination for multilevel converters, *IEEE Transactions Power Electronics*, 21(2), 459–469, March 2006.

26. L. G. Franquelo, J. Napoles, R. Portillo, J. I. Leon, and M. A. Aguirre, A flexible selective harmonic mitigation technique to meet grid codes in three-level PWM converters, *IEEE Transactions on Industrial Electronics*, 54(6), 3022–3029, December 2007.

27. M. Perez, J. Rodriguez, J. Pontt, and S. Kouro, Power distribution in hybrid multi cell converter with nearest level modulation, in *IEEE International Symposium on Industrial Electronics* (*ISIE 2007*), Vigo, Spain, June 4–7, 2007, pp. 736–741.

28. L. G. Franquelo, J. I. Leon, and E. Dominguez, New trends and topologies for high power industrial applications: The multilevel converters solution, *IEEE International Conference on Power Engineering, Energy and Electrical Drives, 2009* (*POWERENG '09*), Lisbon, Portugal, March 18–20, 2009.

29. B. Wu, J. Pontt, J. Rodríguez, S. Bernet, and S. Kouro. Current-source converter and cycloconverter topologies for industrial medium-voltage drives, *IEEE Transactions on Industrial Electronics*, 55(7), 2786–2797, July 2008.

30. M. Salo and H. Tuusa, A vector-controlled PWM current-source-inverter fed induction motor drive with a new stator current control method, *IEEE Transactions on Industrial Electronics*, 52(2), 523–531, 2005.

31. P. Cancelliere, V. D. Colli, R. Di Stefano, and F. Marignetti, Modeling and control of a zero-current-switching DC/AC current-source inverter, *IEEE Transactions on Industrial Electronics*, 54(4), 2106–2119, August 2007.

32. B. Wu, S. Dewan, and G. Slemon, PWM-CSI inverter induction motor drives, *IEEE Transactions on Industry Applications*, 28(1), 64–71, 1992.

33. N. R. Zargari, S. C. Rizzo, Y. Xiao, H. Iwamoto, K. Satoh, and J. F. Donlon, A new current-source converter using a symmetric gate-commutated thyristor (SGCT), *IEEE Transactions on Industry Applications*, 37(3), 896–903, 2001.

34. P. Espelage, J. M. Nowak, and L. H. Walker, Symmetrical GTO current source inverter for wide speed range control of 2300 to 4160 Volts, 350 to 7000HP induction motors, *IEEE Industry Applications Society Conference* (*IAS*), Pittsburgh, PA, 1988, pp. 302–307.

35. S. Rees, New cascaded control system for current-source rectifiers, *IEEE Transactions on Industrial Electronics*, 52(3), 774–784, 2005.

36. J. Wiseman, B. Wu, and G. S. P. Castle, A PWM current source rectifier with active damping for high power medium voltage applications, *IEEE Power Electronics Specialist Conference* (*PESC*), Cairns, Australia, 2002, pp. 1930–1934.

37. J. Ma, B. Wu, and S. Rizzo, A space vector modulated CSI-based ac drive for multimotor applications, *IEEE Transactions on Power Electronics*, 16(4), 535–544, 2001.

38. J. Rodriguez, L. G. Franquelo, S. Kouro, J. I. Leon, R. Portillo, and M. M. Prats, Multilevel converters: An enabling technology for high power applications, *Proceedings of the IEEE*, 97(11), 1786–1817, November 2009.

39. E. Levi, Multiphase electric machines for variable-speed applications, *IEEE Transactions on Industrial Electronics*, 55(5), 1893–909, May 2008.

40. T. Bruckner, S. Bernet, and H. Guldner, The active NPC converter and its loss-balancing control,

IEEE Transactions on Industrial Electronics, 52(3), 855–868, June 2005.

41. P. Steimer and M. Veenstra, Converter with additional voltage addition or substraction at the output, U.S. Patent No. 6,621,719 B2, Filed 17 April 2002 Granted 16 September 2003.

42. R. Marquardt, Stromrichterschaltungen mit verteilten energiespeichern, German Patent No. DE10103031A1, Filed 25 July 2002 Issued 24 January 2001.

43. S. Kouro, M. Malinowski, K. Gopakamar, J. Pou, L. G. Franquelo, B. Wu, J. Rodriguez, M. A. Pérez, and J. I. Leon, Recent advances and industrial applications of multilevel converter, *IEEE Transactions on Industrial Electronics*, 57(8), 2553–2580, 2010.

第 15 章   AC – AC 变换器

15.1   矩阵变换器

15.1.1   引言

矩阵（或直接）变换器为 AC – AC 电能变换提供一种"应用更多硅的解决方案"。该拓扑结构包括一个双向开关阵列，其使变换器的任意输出线可以连接到任意输入线。图 15-1 显示了一个典型的三相到三相矩阵变换器，其中有九个双向开关。开关允许任意输入相连接到任意输出相。然后使用类似于常规逆变器脉冲宽度调制（PWM）模式产生输出波形，输入是三相电源而不是固定的直流电源。

当矩阵变换器拓扑在 1976 年首次提出时，它被称为强迫换流周波变换器[1]。当时没有完全可控的功率半导体器件可用，所以早期的原型电路依赖于强制换向晶闸管。当 BJT（双极结型晶体管）可用时，矩阵变换器开始被认为是二极管桥/逆变器的一种可行替代方案[2,3]。然而，关于器件数量和电流换向问题使矩阵变换器成为近十年学术上的研究热点。近年来，半导体应用使成本降低，以及一些实际问题得以解决，这意味着该拓扑结构已成为有些应用的"竞争者"。

矩阵变换器具有优于传统拓扑结构的许多优点。因为拓扑本身是双向的，所以可以将能量再回收到电源。变换器吸收正弦输入电流，并且根据调制技术，无论负载类型如何，都可以在供电侧看到单位位移因数[4]。与传统技术相比，电源电路的尺寸可大大减小，因为不需要大的电容器或电感器来存储能量。

在器件数量方面，可以对矩阵变换器和背对背逆变器进行比较，后者具有相同的双向功率流和正弦输入电流的功能特性。可以看出，与背对背逆变器相关的直流链路电容器和输入电感器被替换为矩阵变换器解决方案中的额外六个开关器件和一个小型高频滤波器。还可以看出，矩阵变换器的器件损耗与等效二极管电桥/背对背

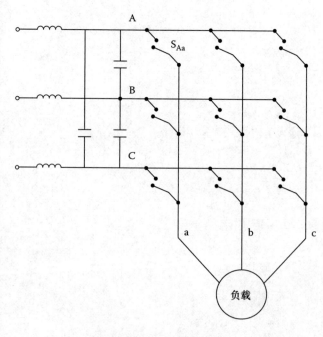

图 15-1   矩阵变换器电路

328

逆变器电路中的器件损耗相似。

矩阵变换器经常被提到的一个问题是基波最大电压传输比为 86%。这种限制实际上是由于电路中没有能量存储功能，因此输出电压波形必须落在输入电压的包络区域内。超出此限制的任何尝试将导致输入和输出波形中产生不需要的低频分量[5]。如果设计工程师不能控制负载的设计，这将会成为一个问题。例如，在将矩阵变换器用作电动机驱动器的应用中，电动机可以被设计成以略微降低的输出电压工作。

15.2　矩阵变换器的概念

矩阵变换器通过依次选择每个输入相定义的时间段，形成输出波形。图 15-2 给出了非常低开关频率的典型的输出电压和输入电流波形。输出电压由三个输入电压组成，而不是逆变器中的两个恒定的直流电平。因此，输出电压的谐波频谱在开关频率附近比较丰富。

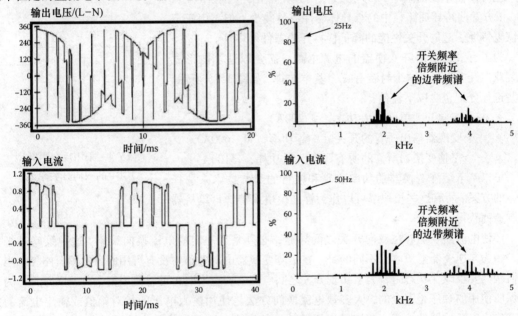

图 15-2　典型的矩阵变换器波形和频谱

输入电流由三个输出电流阶段加上输出电流通过开关矩阵进行续流的空白周期组成。然后可以用小输入滤波器对电流波形进行滤波，以提供高质量的输入电流。为了使该输入滤波器足够小，并且为了充分实现矩阵变换器的优点，变换器必须具有相对较高的开关频率，至少是最高输入或输出工作频率的 15 倍。

15.2.1　电源电路的实现

构建任意形式的矩阵变换器电源电路，都是需要双向开关元件。双向开关必须能够在导通时导通两个方向的电流，并且在关闭时阻断两个方向的电压。目前，只有单个半导体器件是不具备双向开关功能的；因此，双向开关必须由分立器件构建，并以矩阵变换器拓扑的形式封装起来。与其他变换器拓扑结构相同，IGBT 通常是矩阵变换器结构的首选半导体器件。

这些双向开关单元的构造可以有多种选择。双向开关可以使用具有串联二极管的一对反并联 IGBT 实现，如图 15-3 所示。如图所示，IGBT 可以是共集电极结构或共发射极结构。可以根据封

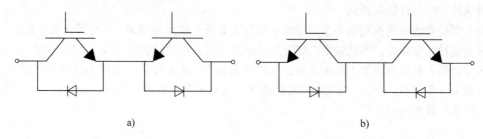

图 15-3　采用反并联 IGBT 和二极管的双向开关单元

a）共发射极结构　b）共集电极结构

装选择[5]，来选择这些方案，以便减少所需的栅极驱动电源数量。这两种选型都可以控制开关中可能的电流流向，这是解决电流换向问题的有用工具。

也可以使用反向阻断 IGBT 形成双向开关单元，如图 15-4 所示。该方案使得导通路径中的半导体器件数量减少，但是由于反向恢复特性引起的开关性能的降低使得开关器件增多。

为了有效构造矩阵变换器的电源电路，需要以适当的形式封装双向开关单元。这个封装有三个基本选择。如图 15-5 所示，这些选择分别包含以下器件：

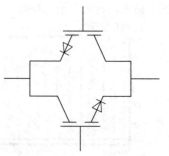

- 一个双向开关单元（大功率，＞200A）；
- 一个变换器输出桥臂的开关（中等功率，50～600A）；
- 一个完整变换器所需的所有开关（低功耗，＜100A）。

图 15-4　采用反向阻断型 IGBT 的双向开关单元

可以基于矩阵变换器的功率级别和推行的封装技术来选择具体的方案。所有这些模块都可以作为标准模块或特殊订单从器件制造商获得。

要使电流路径能够在双向开关之间导通，必须采用一定的电流换向策略。这种策略是必要的，因为与逆变器电源电路不同的是，在矩阵变换器电源电路中没有可用的自然续流路径。当变换器调制要求改变状态时，为了实现开关之间电流的安全换向，可以使用安全的开关顺序。为了确保所使用的顺序是安全的，大多数电流换向方法是使用输入电压的相对幅值或输出电流的方向来确定安全的器件状态，并推导出所需的开关顺序。这些安全换向序列确保在换向期间输入线路不会短路或变换器输出线路上不会断路，因为任何一种情况都可能导致变换器产生过电流或过电压。

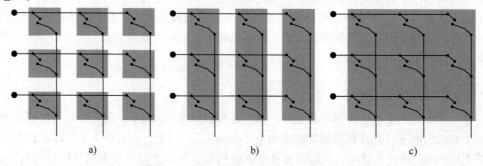

图 15-5　矩阵变换器双向开关单元的模块布置

a）每个开关一个模块　b）每个输出桥臂一个模块　c）每个变换器一个模块

　　因为电流换向路径之间没有连接，所以在矩阵变换器中对每个输出桥臂独立地考虑电流换向问题。为了调制的目的，我们研究了两个双向开关之间传递电流的路径，如图 15-6a 所示。考虑到两个双向开关，可以根据图 15-6b 所示的输出电流方向和两个输入电压的相对幅值，找到式（15-1）给出的四个器件的所有可能状态。然后，可以画出所有器件状态，并链接这些状态，为形成换向映射，其中只有一个器件的状态改变，如图 15-7 所示。该图代表所有可能的电流换向策略，其取决于输出电流方向或相对输入电压幅值。

　　矩阵变换器的两种常用电流换向策略是输出电流换向和相对输入电压换向技术。图 15-8a 所示的输出电流换向技术，根据输出电流方向的信息来确定器件的安全工作顺序。当变换器调制请求切换状态时，不在电流导通路径的输出开关中的器件被关断，如图 15-8a 所示。输入开关器件 β_2 被接通时，有电流通过。输入线之间没有短路，因为两个器件只能沿相同的方向导通，并保持负载电流路径不变。随着输入开关第二个器件 β_1 的导通，输出开关的第二个器件 α_2 关断。

　　其中，α_x、$\beta_y = 1$ 表示导通的装置，α_x、$\beta_y = 0$ 表示关断的装置。

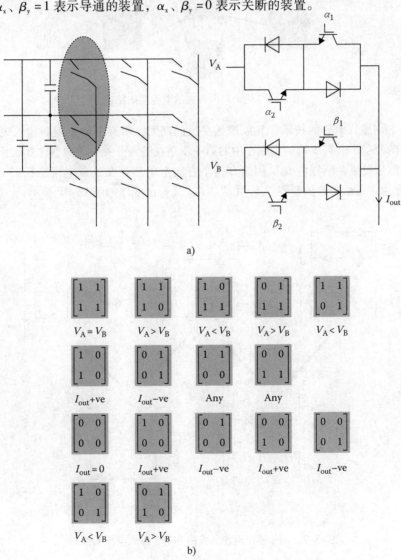

a)

b)

图 15-6　两个双向开关的电流换向

a）用于电流换向的两个开关　b）一定条件下器件的安全状态

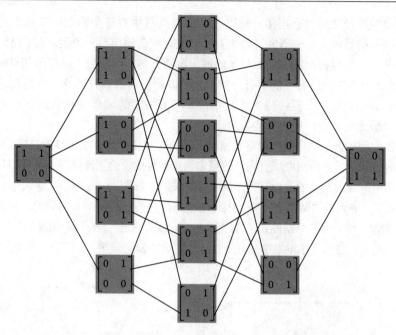

图 15-7　两个双向开关的电流换向路径

对于基于相对输入电压的技术，其原理是在换向期间，所有不需要阻断输入短路的器件都可以导通。如图 15-8b 中 $V_A > V_B$，则顺序中的第一步是在输入开关中导通器件 β_2，而不会导致输入线路短路。然后可以关断器件 α_2，因为在两个方向上仍然存在一条电流路径。一旦 α_2 关断，器件 β_1 可以导通，最后通过关断器件 α_1 完成序列。完整的顺序如图 15-8b 所示。

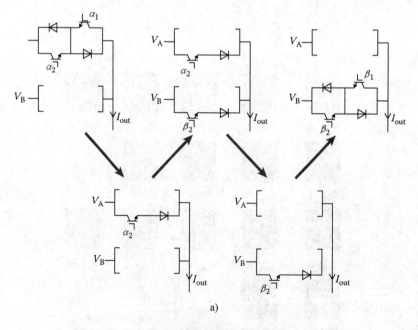

a)

图 15-8　基于输出电流的换向和基于输入电压的换向

a）基于输出电流的换向

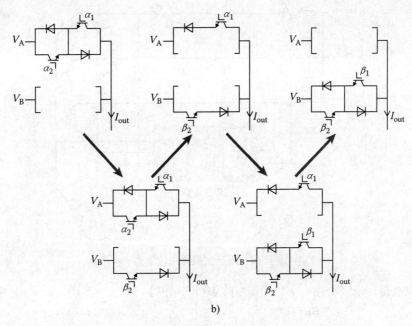

b)

图 15-8 基于输出电流的换向和基于输入电压的换向（续）

b）基于输入电压的换向

该技术的一个缺点是换向序列比基于输出电流的技术需要更长的时间。而且，如果发生错误，输入线路将会短路，而输出线路不会开路断开，这将导致输入电流序列发生错误。可以有效防止输出线路开路，而不能防止输入线路短路。基于输入电压的技术的优点在于，变换器的调制必须测量输入电压幅值，而输出电流方向必须使用专用电路进行测量。这两种基本技术都可以扩展到三相输入变换器，并且为大多数实际矩阵变换器提供了基本工作原理。

15.2.2 电源电路的保护

为了保护矩阵变换器电源电路免受过电压风险，使用二极管钳位电路，如图 15-9 所示。当变换器中的所有开关瞬时关断并且负载中的电流突然中断时，例如在输出过载情况下，可能会出现过电压。存储在电动机电感中的能量必须被安全地释放，很小的钳位电路可以完成这一功能。钳位电路通常使用 12 个快速二极管，由连接到输入和输出端子的两个二极管桥以及一个容值较小的直流链路电容器组成。电容器的大小设定是为了确保存储在负载电感中的最大能量不会导致电容器电压高于矩阵变换器功率电路半导体器件的额定值。

15.2.3 调制算法

矩阵变换器有许多调制技术，受到很多研究者的关注。在本章中，考虑两种最流行的技术：Venturini 调制技术[4]和空间矢量调制技术[6]。

为了检测矩阵变换器的基本调制问题，可以假设一组输入电压和输出电流：

$$\boldsymbol{v}_i = V_{\text{im}} \begin{bmatrix} \cos(\omega_i t) \\ \cos\left(\omega_i t + \dfrac{2\pi}{3}\right) \\ \cos\left(\omega_i t + \dfrac{4\pi}{3}\right) \end{bmatrix}, \quad \boldsymbol{i}_o = I_{\text{om}} \begin{bmatrix} \cos(\omega_o t + \phi_o) \\ \cos\left(\omega_o t + \phi_o + \dfrac{2\pi}{3}\right) \\ \cos\left(\omega_o t + \phi_o + \dfrac{4\pi}{3}\right) \end{bmatrix} \tag{15-1}$$

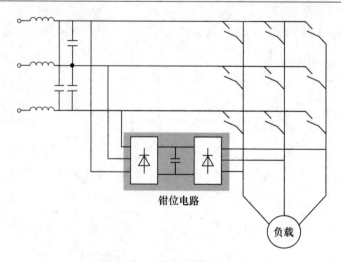

图 15-9　矩阵变换器钳位电路

然后可以获得一个（构建一个）调制矩阵 $\boldsymbol{M}(t)$，使得

$$v_{\mathrm{o}} = qV_{\mathrm{im}} \begin{bmatrix} \cos(\omega_{\mathrm{i}}t) \\ \cos\left(\omega_{\mathrm{o}}t + \dfrac{2\pi}{3}\right) \\ \cos\left(\omega_{\mathrm{o}}t + \dfrac{4\pi}{3}\right) \end{bmatrix}, \quad \boldsymbol{i}_{\mathrm{i}} = q\cos(\phi_{\mathrm{o}})I_{\mathrm{om}} \begin{bmatrix} \cos(\omega_{\mathrm{i}}t + \phi_{\mathrm{i}}) \\ \cos\left(\omega_{\mathrm{i}}t + \phi_{\mathrm{i}} + \dfrac{2\pi}{3}\right) \\ \cos\left(\omega_{\mathrm{i}}t + \phi_{\mathrm{i}} + \dfrac{4\pi}{3}\right) \end{bmatrix} \tag{15-2}$$

式中，q 是输出和输入电压之间的电压增益。

这个问题有两个基本的解决方案：

$$\boldsymbol{M}_1 = \frac{1}{3}\begin{bmatrix} 1 + 2q\cos(\omega_{\mathrm{m}}t) & 1 + 2q\cos\left(\omega_{\mathrm{m}}t - \dfrac{2\pi}{3}\right) & 1 + 2q\cos\left(\omega_{\mathrm{m}}t - \dfrac{4\pi}{3}\right) \\ 1 + 2q\cos\left(\omega_{\mathrm{m}}t - \dfrac{4\pi}{3}\right) & 1 + 2q\cos(\omega_{\mathrm{m}}t) & 1 + 2q\cos\left(\omega_{\mathrm{m}}t - \dfrac{2\pi}{3}\right) \\ 1 + 2q\cos\left(\omega_{\mathrm{m}}t - \dfrac{2\pi}{3}\right) & 1 + 2q\cos\left(\omega_{\mathrm{m}}t - \dfrac{4\pi}{3}\right) & 1 + 2q\cos(\omega_{\mathrm{m}}t) \end{bmatrix} \tag{15-3}$$

$$\omega_{\mathrm{m}} = \omega_{\mathrm{o}} - \omega_{\mathrm{i}}$$

和

$$\boldsymbol{M}_2 = \frac{1}{3}\begin{bmatrix} 1 + 2q\cos(\omega_{\mathrm{m}}t) & 1 + 2q\cos\left(\omega_{\mathrm{m}}t - \dfrac{2\pi}{3}\right) & 1 + 2q\cos\left(\omega_{\mathrm{m}}t - \dfrac{4\pi}{3}\right) \\ 1 + 2q\cos\left(\omega_{\mathrm{m}}t - \dfrac{2\pi}{3}\right) & 1 + 2q\cos\left(\omega_{\mathrm{m}}t - \dfrac{4\pi}{3}\right) & 1 + 2q\cos(\omega_{\mathrm{m}}t) \\ 1 + 2q\cos\left(\omega_{\mathrm{m}}t - \dfrac{4\pi}{3}\right) & 1 + 2q\cos(\omega_{\mathrm{m}}t) & 1 + 2q\cos\left(\omega_{\mathrm{m}}t - \dfrac{2\pi}{3}\right) \end{bmatrix} \tag{15-4}$$

$$\omega_{\mathrm{m}} = -(\omega_{\mathrm{o}} + \omega_{\mathrm{i}})$$

第一个解决方案是在输入和输出端口提供相同的相移，而第二个解决方案给出相反的相移。结合这两种解决方案，提出了一种控制输入位移因子的方法。

这种方法是直接传递函数方法；在每个开关序列时间（t_{seq}）内，平均输出电压等于期望电压。为了实现这一点，很明显，任何频率的目标输出电压必须在输入电压包络内，将最大电压比限制在 50%，如图 15-10 所示。

通过添加共模电压，其频率是输入或输出电压的三次谐波的频率，可将电压传输比提高到

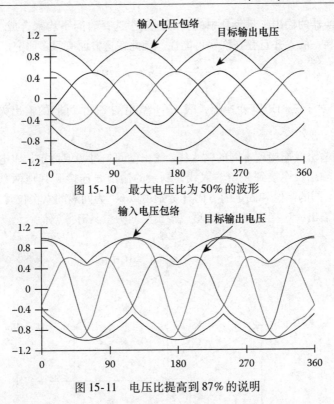

图 15-10　最大电压比为 50% 的波形

图 15-11　电压比提高到 87% 的说明

87%。共模电压对线电压没有影响，但可以更好地利用输入电压包络，如图 15-11 所示。应该注意，87% 的电压比是任何调制方法的固有最大值，其中目标输出电压等于每个开关序列时间内的平均输出电压：

$$
\boldsymbol{v}_{\mathrm{o}} = qV_{\mathrm{im}}
\begin{bmatrix}
\cos(\omega_{\mathrm{o}}t) - \dfrac{1}{6}\cos(3\omega_{\mathrm{o}}t) + \dfrac{1}{2\sqrt{3}}\cos(3\omega_{\mathrm{i}}t) \\[2mm]
\cos\left(\omega_{\mathrm{o}}t + \dfrac{2\pi}{3}\right) - \dfrac{1}{6}\cos(3\omega_{\mathrm{o}}t) + \dfrac{1}{2\sqrt{3}}\cos(3\omega_{\mathrm{i}}t) \\[2mm]
\cos\left(\omega_{\mathrm{o}}t + \dfrac{4\pi}{3}\right) - \dfrac{1}{6}\cos(3\omega_{\mathrm{o}}t) + \dfrac{1}{2\sqrt{3}}\cos(3\omega_{\mathrm{i}}t)
\end{bmatrix}
\tag{15-5}
$$

在实际中用上述等式直接计算开关时序是很麻烦的。Venturini 最优方法采用式（15-5）中定义的共模叠加技术，以达到 87% 的最大电压比。包括位移因子控制的算法表达式是相当复杂的，不适合实时计算。实际上，如果需要单位输入位移因子，则可以用式（15-6）的形式更简单地表示算法：

$$
m_{Kj} = \frac{1}{3}\left[1 + \frac{2v_K v_j}{V_{\mathrm{im}}^2} + \frac{4q}{3\sqrt{3}}\sin(\omega_{\mathrm{i}}t + \beta_K)\sin(3\omega_{\mathrm{i}}t)\right] \quad \text{其中 } K = A, B, C \text{ 及 } j = a, b, c
$$

$$
\beta_K = 0, \frac{2\pi}{3}, \frac{4\pi}{3}; K = A, B, C
\tag{15-6}
$$

注意，目标输出电压 v_j 包括在式（15-5）中定义的共模附加项。

在传统 PWM 逆变器中建立的空间矢量调制（SPVM）方法是我们熟知的，它在矩阵变换器中的应用在概念上是相同的，空间矢量的概念可以应用于输出电压和输入电流控制。矩阵变换器的目标输出电压空间矢量是根据线电压来定义的。

在复平面中，$V_{\mathrm{o}}(t)$ 是以恒定角频率旋转的矢量（见图 15-12）。在 SPVM 中，$V_{\mathrm{o}}(t)$ 通过在

每个采样周期中变换器的输出矢量集合中的相邻矢量中选择时间平均来合成。对于矩阵变换器，矢量的选择绝不是唯一的，并且存在许多可能性，因此在这方面有很多研究。

$$V_o(t) = \frac{2}{3}(\boldsymbol{v}_{ab} + a\boldsymbol{v}_{bc} + a^2\boldsymbol{v}_{ca}) \tag{15-7}$$

式中，$a = e^{\left(\frac{\text{j}2\pi}{3}\right)}$。对于三相矩阵变换器，表15-1给出的27个可能的输出矢量可以分为三组，具有以下特征：

- 组 I：每条输出线连接到不同的输入线。输出空间矢量幅值恒定，以电源频率旋转。
- 组 II：两条输出线连接到一条输入线，剩余的输出线连接到其他两条输入线中的一条。输出空间矢量具有不同的幅值和固定的方向（分别占以60°为间隔的六个位置之一）。
- 组 III：所有输出线连接到公共输入线。输出空间矢量具有零幅值。

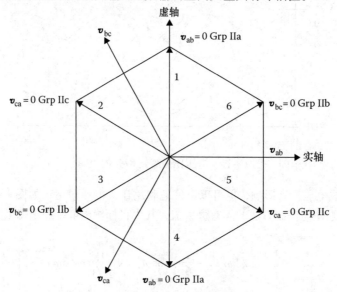

图 15-12　输出电压空间矢量

在 SPVM 中，通常不使用组 I 中的矢量，并且期望输出由组 II 中的有效矢量和组 III 中的零矢量合成的，这与用于逆变器的技术类似。然而，在矩阵变换器中，必须考虑输入电流以及输出电压矢量。然后，可以计算矢量的时间加权。在开关序列中分配时间的方法不是唯一的，一种流行的方法如图 15-13 所示。

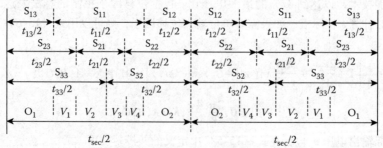

图 15-13　在开关序列中可能的状态分配方式

15.2.4　两阶矩阵变换器（稀疏矩阵变换器）

除了矩阵变换器的标准形式之外，最近又对可替代的两级直接变换器拓扑的研究十分感兴趣。直接变换器拓扑系列通常被称为稀疏矩阵变换器，但是这个术语通常被不正确地使用，如下所述。两级直接变换器的基本形式由三相到两相的矩阵变换器和标准逆变桥组成，如图 15-14 所示。

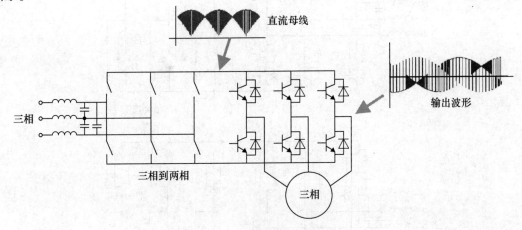

图 15-14　两级直接变换器拓扑

　　三相到两相矩阵变换器用于产生开关"直流"母线电压。必须以确保正"直流"母线电压的方式调制三相到两相矩阵变换器，以避免逆变桥的二极管短路。然后，由逆变桥切换该"直流"母线电压以产生所需的输出波形。利用这种拓扑结构，在不使用旋转矢量的前提下，可以创建与标准矩阵变换器中相同的所有输出矢量。旋转矢量是标准矩阵变换器的每个输出端连接到不同输入相而形成的矢量，见表 15-1。在大多数常用的标准矩阵变换器的调制技术中，不使用旋转矢量。

表 15-1　矩阵变换器矢量

矢量数	导通开关			输出相电压			输出线电压			输入线电压		
				v_a	v_b	v_c	v_{ab}	v_{bc}	v_{ca}	I_A	I_B	I_C
+1	S_{Aa}	S_{Bb}	S_{Bc}	v_A	v_B	v_B	v_{AB}	0	$-v_{AB}$	I_a	I_b+I_c	0
-1	S_{Ba}	S_{Ab}	S_{Ac}	v_B	v_A	v_A	$-v_{AB}$	0	v_{AB}	I_b+I_c	I_a	0
+2	S_{Ba}	S_{Cb}	S_{Cc}	v_B	v_C	v_C	v_{BC}	0	$-v_{BC}$	0	I_a	I_b+I_c
-2	S_{Ca}	S_{Bb}	S_{Bc}	v_C	v_B	v_B	$-v_{BC}$	0	v_{BC}	0	I_b+I_c	I_a
+3	S_{Ca}	S_{Ab}	S_{Ac}	v_C	v_A	v_A	v_{CA}	0	$-v_{CA}$	I_b+I_c	0	I_a
-3	S_{Aa}	S_{Cb}	S_{Cc}	v_A	v_C	v_C	$-v_{CA}$	0	v_{CA}	I_a	0	I_b+I_c
+4	S_{Ba}	S_{Ab}	S_{Bc}	v_B	v_A	v_B	$-v_{AB}$	v_{AB}	0	I_b	I_a+I_c	0
-4	S_{Aa}	S_{Bb}	S_{Ac}	v_A	v_B	v_A	v_{AB}	$-v_{AB}$	0	I_a+I_c	I_b	0
+5	S_{Ca}	S_{Bb}	S_{Cc}	v_C	v_B	v_C	$-v_{BC}$	v_{BC}	0	0	I_b	I_a+I_c
-5	S_{Ba}	S_{Cb}	S_{Bc}	v_B	v_C	v_B	v_{BC}	$-v_{BC}$	0	0	I_a+I_c	I_b
+6	S_{Aa}	S_{Cb}	S_{Ac}	v_A	v_C	v_A	$-v_{CA}$	v_{CA}	0	I_a+I_c	0	I_b
-6	S_{Ca}	S_{Ab}	S_{Cc}	v_C	v_A	v_C	v_{CA}	$-v_{CA}$	0	I_b	0	I_a+I_c
+7	S_{Ba}	S_{Bb}	S_{Ac}	v_B	v_B	v_A	0	$-v_{AB}$	v_{AB}	I_c	I_a+I_b	0
-7	S_{Aa}	S_{Ab}	S_{Bc}	v_A	v_A	v_B	0	v_{AB}	$-v_{AB}$	I_a+I_b	I_c	0
+8	S_{Ca}	S_{Cb}	S_{Bc}	v_C	v_C	v_B	0	$-v_{BC}$	v_{BC}	0	I_c	I_a+I_b
-8	S_{Ba}	S_{Bb}	S_{Cc}	v_B	v_B	v_C	0	v_{BC}	$-v_{BC}$	0	I_a+I_b	I_c
+9	S_{Aa}	S_{Ab}	S_{Cc}	v_A	v_A	v_C	0	$-v_{CA}$	v_{CA}	I_a+I_b	0	I_c
-9	S_{Ca}	S_{Cb}	S_{Ac}	v_C	v_C	v_A	0	v_{CA}	$-v_{CA}$	I_c	0	I_a+I_b

　　详细分析三相到两相矩阵变换器的工作情况，可以看出，并不是所有的矩阵变换器中的器件都是实际需要的。如图 15-15b 所示，可以去除三个 IGBT，并完整保留变换器的全部功能。

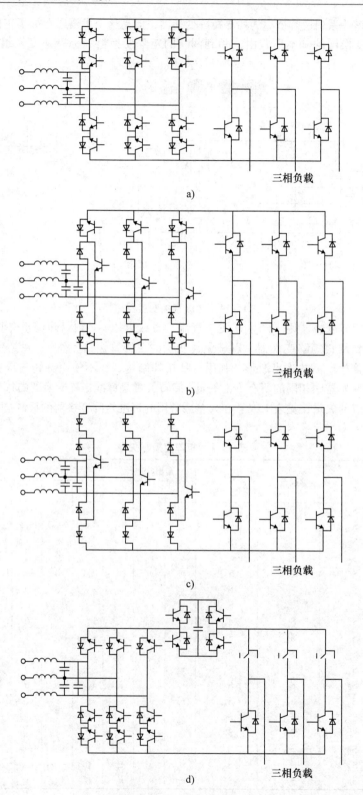

图 15-15　变换器拓扑

a）两级直接电源变换器　b）稀疏变换器

c）非常稀疏的矩阵变换器　d）混合两级直接电源变换器

该拓扑通常称为稀疏矩阵变换器。如果仅需要单向功率流，则可以进一步减少器件数量，如图 15-15c 所示。在单向功率流情况下，不需要三相矩阵变换器中的外侧 IGBT，产生被称为非常稀疏矩阵变换器的拓扑。表 15-2 中给出了这些电路的半导体器件数量与标准矩阵变换器和背对背逆变器的比较。

为了克服所有直接变换器拓扑的一些限制，可以使用 H 桥在"直流"母线中实现能量存储，如图 15-15d 所示。通过这种拓扑结构，可以增加最大输出电压并补偿输入电压波形畸变，但这通常以输入电流波形质量为代价。

表 15-2　各拓扑结构中器件数量的比较

	矩阵变换器	两级直接变换器	稀疏直接变换器	非常稀疏直接变换器	背对背逆变器	混合两级直接变换器
IGBT	18	18	15	9	12	22
二极管	18	18	18	18	12	22
电解电容	0	0	0	0	大	小

15.2.5　应用

其实际应用范围已经证明了矩阵变换器技术可用于电动机驱动应用。这些应用包括使用碳化硅器件、开关频率 150kHz 的 2kW 矩阵变换器（用于瑞士苏黎世 ETH 的航空航天应用），以及 600A IGBT 的 150kV·A 矩阵变换器，其由美国陆军研究实验室与英国的诺丁汉大学合作研制。

大多数现在关于矩阵变换器的前沿研究都是专注于一些潜在的应用。许多潜在应用存在于功率密度较高的地方，例如集成电机驱动器、电梯和起重机、航空航天应用和船舶推进。在这些高价值行业中，矩阵变换器的优势非常明显，可能会首先找到其首个商业应用。随着半导体的价格不断下降，在需要正弦输入电流或真正的双向功率流的应用中，矩阵变换器也将成为背对背逆变器更有吸引力的替代品。利用诸如高温碳化硅器件的未来技术，矩阵变换器可以是理想的变换器拓扑。这些器件将在高达 300℃ 的温度下工作，因此矩阵变换器不使用大型电解电容器（通常在逆变器中使用）的这一特点将再次成为显著的优势。

致谢

作者要感谢 Jon Clare 教授和 Lee Empringham 博士对诺丁汉大学正在进行的矩阵变换器研究工作的贡献，以及他们对本章内容提出的观点、看法和做出的贡献。

参 考 文 献

1. Gyugi, L. and Pelly, B., *Static Power Frequency Changers: Theory, Performance and Applications*, John Wiley & Sons, New York, 1976.
2. Daniels, A. and Slattery, D., New power converter technique employing power transistors, *IEE Proc.* 25(2), 146–150, February 1978.
3. Venturini, M., A new sine wave in sine wave out, conversion technique which eliminates reactive elements, *Proceedings of the POWERCON 7*, San Diego, CA, 1980, pp. E3/1–E3/15.
4. Alesina, A. and Venturini, M.G.B., Analysis and design of optimum-amplitude nine-switch direct AC-AC converters, *IEEE Trans. Power Electron.* 4(1), 101–112, January 1989.
5. Wheeler, P.W., Rodriguez, J., Clare, J.C., and Empringham L., Matrix converters: A technology review, *IEEE Trans. Ind. Electron.* 49(2) 276–288, 2002.
6. Apap, M., Wheeler, P.W., Clare, J.C., and Bradley, K.J., Analysis and comparison of AC-AC matrix converter control strategies, *IEEE Power Electronics Specialists Conference*, Acapulco, Mexico, June 2003.

第16章 AC - DC - AC 变换器控制与应用的基本原理

16.1 引言

AC - DC - AC 变换器是 AC - AC 变换器的一部分。通常，AC - AC 变换器从一个交流系统获取能量，然后以不同幅值、频率和相位的波形将能量传送给其他系统。这些系统可以是单相或三相系统。电压源 AC - AC 变换器主要应用于调速驱动电机（ASD）[5,18,19,41] 和调速发电机（ASG）（变速发电系统）。

广泛应用的电压源 AC - AC 变换器利用两个 AC 系统之间的直流链路，如图 16-1a、b 所示，提供直流功率变换，如图 16-1c 所示。

在 AC - DC - AC 变换器中，输入交流电源被整流为直流波形，然后逆变输出交流波形。直流链路中的电容（和/或电感）存储输入与输出功率之间的瞬时差。AC - DC 和 DC - AC 变换器可以被单独控制。

矩阵变换器（AC - AC 变换器）通过将输入的交流波形直接转换为期望输出波形（见图 16-1c）[16]，避免了中间直流链路。

虽然 100 多年前就有了三相感应电机，但这一领域的研究和开发仍在进行中。而且，近二三十年来，新型功率半导体器件和电力电子变换器的发展显著，并持续增长。在 20 世纪 80 年代中期，绝缘栅双极晶体管（IGBT）是功率半导体器件历史上的一个重要里程碑。类似地，在 20 世纪 90 年代开发出的数字信号处理器（DSP）是功率变换驱动先进控制策略实施和应用的里程碑。因此，ASD 系统广泛应用于泵、风扇、造纸厂和纺织厂、电梯、电动车辆和地铁牵引、家用电器、风力发电系统（ASG）、伺服驱动器和机器人、计算机外围设备、钢铁厂

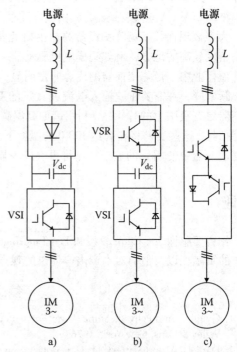

图 16-1　用于 ASD 的 AC - AC 变换器

a）具有二极管整流器　b）具有 VSR

c）直流变换器（矩阵或 AC - AC 变换器）

VSI - 电压源逆变器　IM - 感应电机

PWM - 脉冲宽度调制（数据来自文献［11］）

和水泥厂，以及船舶推进[5]。如今，大多数 ASD 系统由不可控二极管整流器（见图 16-1a）或线路整流相控晶闸管组成。尽管这些变换器可靠性高、结构简单，但它们也有严重的缺点。例如，

二极管整流器的直流母线电压不受控制且不稳定。因此，通常需要体积庞大的直流母线电容和直流扼流圈。此外，功率流是单向的，并且输入电流（线电流）严重畸变。根据标准如美国的 IEEE Std 519－1992 和欧盟的 IEC 61000－3－2／IEC 61000－3－4，这些缺点是不容忽视的。当大量非线性负载连接到一个公共连接点（PCC）时，即使小功率 ASD 也可能导致出现供电线路的总谐波畸变率（THD）问题。表 16-1 列出了基于负载大小与线路电源大小的关系的谐波电流限值。

表 16-1 一般配电系统的电流畸变限值（最高 69kV）

I_{Lm} 的最大谐波电流畸变率（需要 15min 或 30min）

I_{SC}/I_{Lm}	各谐波次数（奇次谐波）					
	$h<11$	$11 \leqslant h<17$	$17 \leqslant h<23$	$23 \leqslant h<35$	$35 \leqslant h$	TDD
$I_{SC}/I_{Lm}<20$	4.0	2.0	1.5	0.6	0.3	5.0
$20<I_{SC}/I_{Lm}<50$	7.0	3.5	2.5	1.0	0.5	8.0
$50<I_{SC}/I_{Lm}<100$	10.0	4.5	4.0	1.5	0.7	12.0
$100<I_{SC}/I_{Lm}<1000$	12.0	5.5	5.0	2.0	1.0	15.0
$I_{SC}/I_{Lm}>1000$	15.0	7.0	6.0	2.5	1.4	20.0

注：TDD 是电流总需量畸变系数（Root Sum Square，RSS）。

资料来源：IEEE Std 519－1992 "IEEE 电力系统谐波控制推荐方法与要求"，美国电气与电子工程师学会，1993 年。

通常由 THD 指数表示推荐的电压畸变限值见表 16-2，其中 THD 是总谐波电压（和的平方根，RSS），用标称基频电压占的百分比表示。该术语已普遍用来定义电压或电流的畸变（DF）[见式（16-1）]。DF 是谐波分量的 RSS 与基波分量的方均根（RMS）值的比值，以百分比表示[13]：

表 16-2 电压畸变限值

PCC 总线电压	各谐波电压/V	畸变率（%）
69kV 及以下	3.0	5.0

资料来源：IEEE Std 519－1992 "IEEE 电力系统谐波控制推荐方法与要求"，美国电气与电子工程师学会，1993 年。

$$\text{THD} = \sqrt{\frac{\sum_{h=2}^{50} U_{L(h)}^2}{U_{L(1)}^2}} \times 100\% \qquad (16\text{-}1)$$

一些类型的电子接收机可能会受到设备电源的交流电源谐波的影响或电磁耦合到设备组件[电磁干扰（EMI）问题]的谐波的影响。诸如可编程序控制器之类的计算机和相关设备要求 AC 电源的谐波不超过 5% 的 THD，其中最大单次谐波不超过基波的 3%。更高次的谐波将会导致设备的不稳定，有时微小的故障在某些情况下可能会产生严重的后果。此外，一些仪器也可能受到类似的影响。其中最严重的是医疗仪器的故障。因此，许多医疗仪器都配有特殊的电力电子器件（线路调节器）。对于 AC－DC－AC 变换器，应用范围很广，如不间断电源（UPS）系统。

因此，大量消除电力系统谐波畸变的方法得到了开发并实施[31]。此外，近年来，美国（纽约、底特律）和加拿大（多伦多）在 2003 年 8 月，俄罗斯（莫斯科）在 2005 年 5 月，美国（洛杉矶）在 2005 年 9 月的几次停电以及石油价格的高涨都说明"清洁能源"越来越符合时代的发展。

抑制谐波的方法主要分为两类（见图 16-2）：

① 无源滤波器和有源滤波器：用于非线性负载的谐波抑制。

② 多脉波整流器和 VSR（有源整流器）：电网友好型变换器（有限制的 THD）[22]。

此外，节能是非常重要的，VSR 保证了具备节能能力的再生制动，稍加修改就可以实现有源滤波功能[1]。

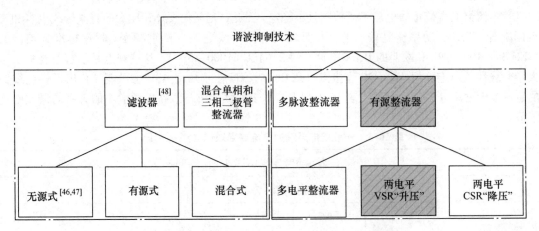

图 16-2　谐波抑制技术（其中 CSR 是电流源整流器）

　　VSR 的典型应用如图 16-1b 所示。由于 IGBT 和 DSP 的成本降低，市场上出现了从几千伏安到几兆伏安的 VSR 系列产品。一个独立的 VSR 可以给几个 VSI 供电的 IM 提供 DC 链路电压（用于降低成本）[43]。此外，VSR 可以补偿与 VSR 与 PCC 并联的非线性负载电流。

　　本章重点介绍由两个相同电压源变换器（VSC）和 IGBT 逆变桥组成的三相 AC – DC – AC 变换器，如图 16-1b 所示。第一个 VSC（在线路侧）用作电压源整流器（VSR），以电动模式供电给直流链路或以发电模式供电，而第二个 VSC（在电机侧）作为电压源逆变器（VSI）［也称为电机侧变换器（MSC）］，在电动模式下给感应电机（IM）供电或在发电模式下从 IM 回收能量。有时，VSR 称为有源整流器、PWM 整流器或有源前端或电网侧变换器（GSC）。

　　一般来说，给 IM 驱动供电的高性能、频率控制的 AC – DC – AC 变换器应具备以下特点和能力：

　　MSC：
- 四象限工作。
- 磁链和转矩响应快。
- 在宽范围的速度运行区域可获得最大输出转矩。
- 恒定开关频率。
- 单极性电压 PWM，从而降低开关损耗。
- 磁链和转矩波动小。
- 调速范围广。
- 参数变化的鲁棒性。

　　GSC：
- 双向功率流。
- 几乎正弦的输入电流（THD 低，通常低于 5%）。
- 可控无功功率［达到单位功率因数（UPF）］。
- 可控直流母线电压（稳定在期望的电平）。
- 减小直流母线电容和直流电压波动。
- 对电源电压变化不敏感[26,35,40]。
- 通过 UPF 降低变压器和电缆成本。

　　这些特征主要取决于应用的控制策略。所选控制策略的主要目标是为 ASD 提供最优参数，同时降低成本和最大限度地简化整个系统。此外，控制系统的鲁棒性非常重要。

　　IM 控制方法可以分为标量控制和矢量控制。变频方法的一般分类如图 16-3 所示。根据文献 [19] 中的定义，可以说"在基于对稳态关系有效的标量控制中，仅控制电压、电流和磁链空间矢量的幅值和频率（角速度）是有效的"。因此，标量控制在瞬变过程中不会对空间矢量位置起作用。相反，在基于对动态关系有效的矢量控制中，其不仅控制电压、电流和磁链空间矢量的幅值和频率（角速度），还要控制它们的瞬时位置。因此，矢量控制作用空间矢量的位置，并在稳态和瞬态过程提供其正确的定位。

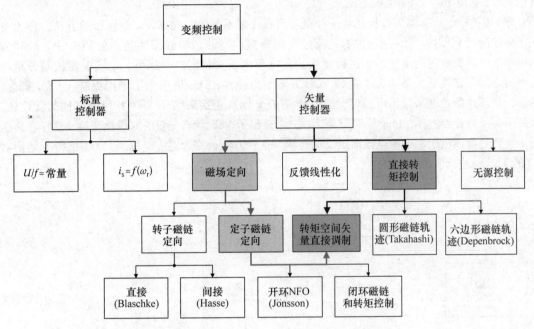

图 16-3　IM 控制方法分类，其中 NFO 是自然场定向［数据来自文献［45］］

　　因此，矢量控制可以采用多种不同的方式实现。Hasse（间接 FOC）和 Blaschke（直接 FOC）[3] 提出了非常著名的方法，称为磁场定向控制（FOC）[4,7,31] 或矢量控制[5]（另见文献［5，18，41]），使感应电机获得良好性能。在 FOC 中，IM 方程被变换到转子磁链矢量定向坐标系中。在转子磁链矢量定向坐标（假定转子磁链幅值恒定）中，电流矢量分量与电机转矩之间存在线性关系。此外，像直流电机一样，磁链参考幅值在弱磁区减小，以便在高于标称速度时限制定子电压。在磁链矢量定向坐标中表示的 IM 方程具有良好的物理关系，因为它们对应于他励磁直流电机解耦转矩的产生。然而，理论上，可以选择另一种类型的数学变换来实现 IM 方程的解耦和线性化。这些方法被称为现代非线性控制[16]。Marino 等人和 Krzeminski（见 Kazmierkowski 等人在文献［19］中描述）提出一种电机状态变量的非线性变换，使得在新坐标系中，速度和转子磁链幅值通过反馈解耦；该方法称为反馈线性化控制（FLC）。此外，最近还研究了一种基于变异理论和能量成形的方法，称为无源控制（PBC）[17]。

　　20 世纪 80 年代中期，基于 FOC 方法的控制系统有标准化的趋势。然而，Depenbrock、Takahashi 和 Nogouchi[36] 提出了一种新的策略，放弃了原先坐标系变换的理念和模拟直流电机的控制。这些作者提出用瞬时 bang - bang 控制替代基于平均方法的解耦控制，这相当于 VSI 半导体功率器件的开关操作。这些策略被称为直接转矩控制（DTC）。DTC 方案的主要优点是结构简单和动态性能好，而且它本质上是一种无运动传感器控制方法。然而，它具有非常严重的缺点，即开关频率变化、转矩脉动大、起动不可靠和低速操作性能差。因此，为了克服这些缺点，空间矢量调制器（SVM）被引入到 DTC 结构[9]，给出了 DTC – SVM 控制方案。在这种方法中，消除了经典 DTC 的缺点。

　　然而，应该指出的是，DTC 和 DTC – SVM 是两种不同的术语。从形式上考虑，DTC – SVM 也可以称为定子磁场定向控制（SFOC）。在本章中，DTC 和 DTC – SVM 方案是指在没有电流控制器的情况下，使用闭环转矩和磁链回路工作的控制方案。

　　VSR 控制被认为是感应电机的矢量控制的对偶问题。简单的标量控制是基于三相系统（AC 波形）[5]（见图 16-4）的电流调节。

　　像 IM 一样，VSR 的矢量控制是一种概念，有许多不同的实现方式。最流行的方法，称为电压定向控制（VOC）[25,28]，通过内部电流控制回路提供高动态和静态性能。在 VOC 中，VSR 方程在电源电压矢量定向坐标系中进行变换。在电源电压矢量定向坐标下，电流矢量控制分量与功率流之间存在线性关系。为了提高 VOC 方案的鲁棒性，Duarte 引入了虚拟磁链（VF）概念。然而，从理论的角度来看，可以定义其他类型的坐标系变换来实现 VSR 方程的解耦和线性化。这源于非线性控制方法。Jung[15] 和 Lee 等人[23] 提出了 VSR 状态变量的非线性变换，这样在新坐标中，直流母线电压和电源电流通过反馈解耦。这种方法也称为感应电机的 FLC。此外，他们对 IM 的 VSR 也进行了 PBC 研究[19]。

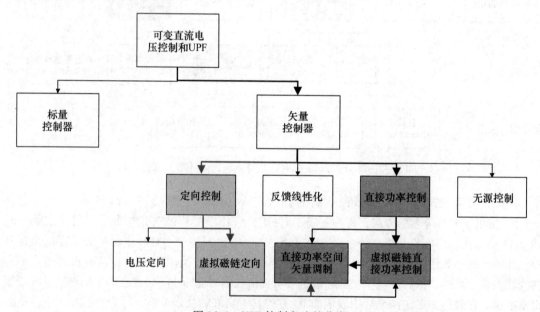

图 16-4　VSR 控制方法的分类

　　在 20 世纪 90 年代中期，Manninen[30] 和 Nogouchi 等人[33] 扩展了 VSR 的 DTC 思想，称为直接功率控制（DPC）。从那时起，DPC 一直不断完善。然而，这些控制原理类似于 IM 的 DTC 方案，并且具有相同的缺点。为了克服这个缺点，空间矢量调制器（SVM）[12] 被引入 DPC 结构中，给出了新的 DPC – SVM 控制方案[29]。因此，提出的 DPC – SVM 和 DTC – SVM 结合了 SVM 的重要优点（例如恒定开关频率，单极性电压脉冲），还同时具有 DPC 和 DTC 的优点（例如，结构简单坚固，没有内部电流控制回路，良好的动态性能等）。然而，当 VSR 的控制结构独立于 IM 的控制时，直流母线电压稳定速度不够快，因此需要大的直流母线电容来实现瞬时功率平衡。因此，为了提高直流母线电压的动态性能，需要一个附加的有功功率前馈（PF）环路，从 VSI 供电 IM 侧到 VSR 供电直流母线控制侧。结果得到了一种空间矢量调制（DPTC – SVM）的直接功率和转矩控制方案[14]。这种具有 PF 环路的新型控制方案可以显著减少直流链路电容的数量，保持快速的瞬时功率平衡。这对于工业应用是极具吸引力的。因此，本章专注于 PF 回路的 DPTC－SVM 方案的分析和研究（见图 16-4）。

16.2　VSI 供电感应电机的数学模型

为了介绍 VSI 供电 IM 的基本控制方法（见图 16-5 和图 16-6），本节将介绍和讨论基于空间矢量的 IM 数学模型。基波 IM 模型是在以下理想假设下建立的[18]：

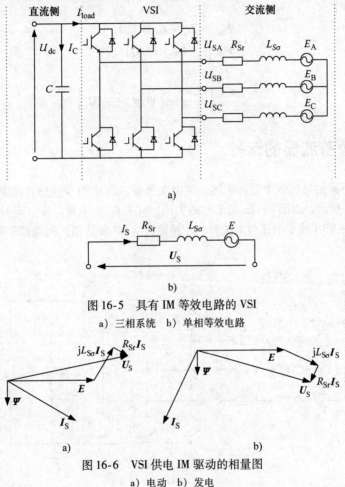

a)

b)

图 16-5　具有 IM 等效电路的 VSI

a）三相系统　b）单相等效电路

a)　　　　　　　　　　　　　　b)

图 16-6　VSI 供电 IM 驱动的相量图

a）电动　b）发电

- 一个对称的三相电机。
- 只考虑基本谐波，而不考虑气隙中的空间磁场分布和磁动势（MMF）的较高次谐波。
- 空间分布的定子和转子绕组由一个虚拟的集中线圈表示。
- 忽略各向异性、磁饱和、铁损耗和涡流的影响。
- 线圈电阻和电抗被认为是恒定的。
- 电流和电压被认为是正弦波（在许多情况下，特别是考虑稳态时）。

16.2.1　任意角速度旋转坐标系下的 IM 数学模型

自然 ABC 坐标系中 IM 的模型非常复杂。为了将方程组从 12 个减少到 4 个，使用复数空间矢量。此外，在具有任意角速度 $\varOmega_k$ 的公共旋转坐标系下的变换基础上，在定子电路中引入转子变量，可以写出以下方程组[18]：

电压方程：

$$U_{SK} = R_S I_{SK} + \frac{\mathrm{d}\boldsymbol{\varPsi}_{SK}}{\mathrm{d}t} + \mathrm{j}\varOmega_K \boldsymbol{\varPsi}_{SK} \tag{16-2}$$

$$U_{rK} = R_r I_{rK} + \frac{\mathrm{d}\boldsymbol{\varPsi}_{rK}}{\mathrm{d}t} + \mathrm{j}(\varOmega_K - p_b \varOmega_m) \boldsymbol{\varPsi}_{rK} \tag{16-3}$$

磁链电流方程：

$$\boldsymbol{\varPsi}_{SK} = \boldsymbol{L}_S + I_{SK} + L_M I_{rK} \tag{16-4}$$

$$\boldsymbol{\varPsi}_{rK} = L_r I_{rK} + L_M I_{SK} \tag{16-5}$$

运动方程：

$$\frac{\mathrm{d}\varOmega_m}{\mathrm{d}t} = \frac{1}{J}\left[p_b \frac{m_s}{2}\mathrm{Im}(\boldsymbol{\varPsi}_{SK}^* I_{SK}) - M_L \right] \tag{16-6}$$

16.3　电压源整流器的运行

　　VSR 可以在不同的坐标系中进行描述。带有交流输入扼流圈和输出直流侧电容的 VSR 的基本方案如图 16-7a 所示，而图 16-7b 是单相的表示，其中 U_L 是电源电压空间矢量，I_L 是电源路电流空间矢量，U_P 是 VSR 输入电压空间矢量，U_i 是输入（AC 线路侧）扼流圈 L 和其电阻 R 上的电压降的空间矢量。

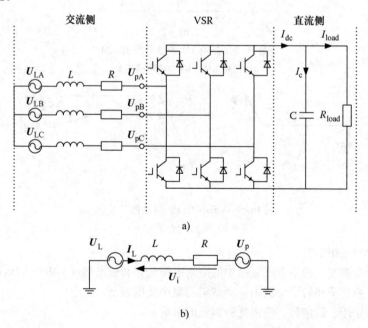

图 16-7　VSR 拓扑

a）三相系统　b）单相等效电路

　　电压 U_P 是可控的，并且取决于开关信号模式和直流母线电压电平。根据控制电压 U_P 的幅值和相位，可以通过改变输入扼流圈上的电压 U_i 降来控制电源电流。因此，电源和 VSR AC 侧之间的电感是必不可少的。这些电感创建了一个电流源并提供 VSR 升压特性。通过控制变换器 AC 侧

电压 U_P 的相位和幅值，间接地控制线电流矢量 I_L 的相位和幅值。

此外，图 16-8 显示了 VSR 的电动和发电相量图。从该图可以看出，在发电模式的 U_P 幅值比整流模式大。假设具有很大的电源功率（即 U_L 是具有零内部阻抗的纯电压源），VSR 的端电压 U_P 在电动和发电模式之间相差约 3%。

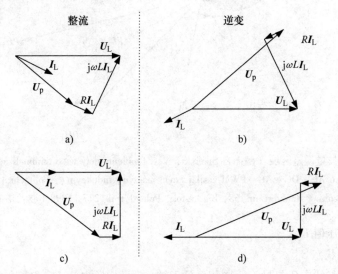

图 16-8　VSR 的图解相量图

a)，b) 无 UPF 运行　c)，d) UPF 运行

16.3.1　电压源整流器的工作极限

图 16-9 表示对于固定的线电压、直流母线电压以及输入扼流圈的 VSR 负载电流的限制。超出此限制，VSR 不能运行和维持 UPF 要求。较低的线路电感和较高的电压储能（电源电压和直流侧电压之间）可以增加这一限制。然而，最小直流母线电压的限制定义为

$$U_{dc} > \sqrt{2}\sqrt{3}U_{LRMS} \tag{16-7}$$

该限制由 VSR 中的续流二极管引起的，续流二极管作为二极管整流器工作。然而，文献中也考虑了 VSR 输入功率（电流值）的其他限制[34]。

假设线电流指令值与实际电流之差为

$$\Delta I_{Lxy} = I_{Lxyc} - I_{Lxy} \tag{16-8}$$

线电流矢量变化的方向和速率由该电流的导数（$\mathrm{d}\Delta I_{Lxy}/\mathrm{d}t$）描述。它可以由同步旋转 xy 坐标中的方程表示：

$$L\frac{\mathrm{d}I_{Lxy}}{\mathrm{d}t} + R(I_{Lxyc} - \Delta I_{Lxy}) = U_{Lxy} - U_{dc}S_{1xy} + \mathrm{j}\omega_L L(I_{Lxyc}\Delta I_{Lxy}) \tag{16-9}$$

假设输入扼流圈的电阻 $R \cong 0$，实际电流接近指令值（$\Delta I_{Lxy} \cong 0$），则上述方程可以简化为

$$L\frac{\mathrm{d}I_{Lxy}}{\mathrm{d}t} = U_{Lxy} - U_{dc}S_{1xy} + \mathrm{j}\omega_L L I_{Lxyc} \tag{16-10}$$

基于这个方程，线电流矢量的方向和变化速度取决于：

- 输入扼流圈的值 L。
- 电源电压矢量 U_{Lxy}。
- 电源电流矢量 I_{Lxy}。

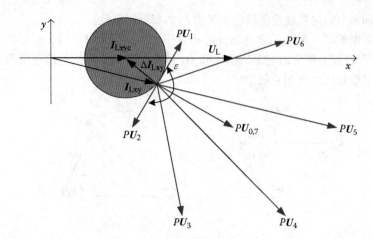

图 16-9　电源电流矢量误差区域（翻译自 Sikorski, A., Problemy dotyczące minimalizacjistrat łączeniowych
w przekształtniku AC – DC – AC – PWM zasilającym maszynę indukcyjną, Politechnika Białostocka,
Rozprawy Naukowe nr. 58, Białystok, Poland, pp. 217, 1998（波兰语））

- 直流母线电压值 U_{dc}。
- VSR 的开关状态 S_{1xy}。

电流指令 I_{Lxyc} 与线电压矢量 U_{Lxy} 同相，位于轴 x 上。实际电流 I_{Lxy} 和指令电流 I_{Lxyc} 间的偏差由式（16-8）定义，如图 16-9 所示。

当电流保持在期望的误差区域内（图 16-9）时，可以进行全电流控制。当角度达到 $\varepsilon = \pi$ 时，VSR 处于临界操作。图 16-9 显示，对于由 PU_1、PU_2 形成 ε 的这种情况，矢量 U_{pc1} 和 U_{pc2} 是等边三角形的臂。因此，根据它的高度方程，边界条件可以定义为

$$\left| U_{Lxy} + j\omega_L L I_{Lxyc} \right| = \frac{\sqrt{3}}{2} \left| U_{pxy} \right| \tag{16-11}$$

假设 $U_{Lxy} = U_{Lm}, I_{Lxyc} = I_{Lmc}$ 和 $U_{Pxy} = (2/3)U_{dc}$，则可以推导出以下表达式：

$$\sqrt{U_{Lm}^2 + (\omega_L L I_{Lmc})^2} = \frac{\sqrt{3}}{2}\frac{2}{3}U_{dc} \tag{16-12}$$

重新整合后，得到最小直流母线电压的依赖关系：

$$U_{dc\_min} = \sqrt{3(U_{Lm}^2 + (\omega_L L I_{Lmc})^2)} \tag{16-13}$$

（例如，参数 $U_{Lm} = 230\sqrt{2}$ V，$\omega_L = 2\pi \times 50$ rad，$L = 0.01$ H，$I_{Lmc} = 10$ A，则 $U_{dc\_min} \geq 566$ V）。

基于该关系，可以计算输入电感的最大值

$$L_m = \frac{\sqrt{1/3 U_{dc}^2 - (U_{Lm})^2}}{\omega_L I_{Lmc}} \tag{16-14}$$

（例如，参数 $U_{Lm} = 230\sqrt{2}$ V，$\omega_L = 2\pi \times 50$ rad，$I_{Lmc} = 10$ A，$U_{dc\_min} = 566$ V，则最大输入线电感为 $L_m = 0.01$ H。）

16.3.2　同步旋转 xy 坐标下的 VSR 模型

使用复数空间矢量表示法在同步旋转 xy 坐标下的两相模型可以表示为

$$L\frac{dI_{Lxy}}{dt} + RI_{Lxy} = U_{Lxy} - U_{dc}S_{1xy} + j\omega_L L I_{Lxy} \tag{16-15}$$

$$C \frac{\mathrm{d}U_{\mathrm{dc}}}{\mathrm{d}t} = \frac{3}{2}\mathrm{Re}[\boldsymbol{I}_{\mathrm{Lxy}}\boldsymbol{S}_{\mathrm{1xy}}^{*}] - I_{\mathrm{load}} \tag{16-16}$$

16.4　AC – DC – AC 馈电式变换器感应电机的矢量控制方法：综述

VSI：关于逆变器矢量控制（FOC）的第一篇论文在 30 年前发表[3]，并从那时起被广泛应用于工业。如上所述，FOC 可以分为直接磁场控制（DFOC）和间接磁场控制（IFOC）。第二个似乎更有吸引力，因为不需要磁链估计。基于这种能力，实施起来更容易。因此，进一步考虑，选择了 IFOC。

DTC 由 Takahashi 提出[36]。

VSR：VSR 的控制可以被认为是感应电机的矢量控制的对偶问题。

除了第 16.1 节中的分类外，VSR 的控制技术还可以根据电压和 VF 基准进行分类。总体而言，可以区分四种类型的技术：

- 电压定向控制（VOC）。
- 基于电压的直接功率控制（DPC）。
- 虚拟磁链定向控制（VFOC）。
- 基于虚拟磁链的直接功率控制（VF – DPC）。

所有这些方法在文献［19，28］中有很好的描述，清楚地显示出了基于 VF 方法的优越性。因此，这里仅描述基于 VF 的方法。

本章主要讨论两个部分：介绍了各种控制技术的理论背景和简要比较（见图 16-10）。

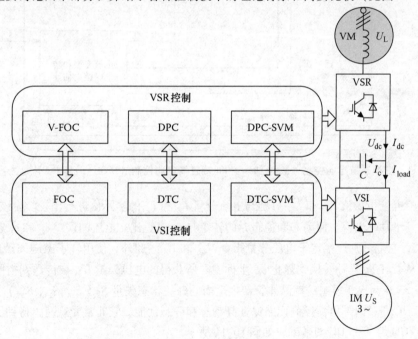

图 16-10　VSR 和 VSI 供电 IM 的控制方法之间的关系

16.4.1　磁场定向控制和虚拟磁链定向控制

VSI：IFOC 的框图如图 16-11 所示。根据机械速度误差 $e_{\Omega\mathrm{m}}$，从外部 PI 速度控制器传递电磁转矩指令 M_{ec}。

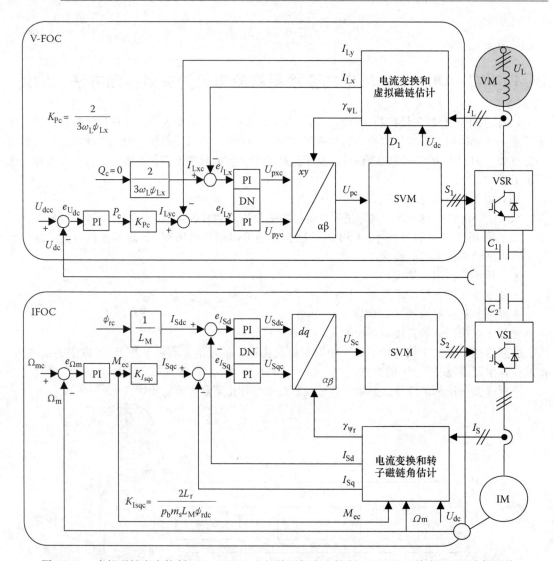

图 16-11　虚拟磁链定向控制（V–FOC）和间接磁场定向控制（IFOC）；其中 DN 是去耦网络

　　然后，将电流指令值 I_{Sdc} 和 I_{Sqc} 分别与电流分量 I_{Sd} 和 I_{Sq} 的实际值进行比较。应该强调，（对于稳态）I_{Sd} 等于励磁电流，而动态和稳态时的转矩与 I_{Sq} 成正比。电流的误差 $e_{I_{Sd}}$ 和 $e_{I_{Sq}}$ 被传送到两个 PI 控制器，它们分别产生定子电压分量指令 U_{Sqc} 和 U_{Sdc}。此外，使用转子磁链矢量位置角 γ_{ψ_r}，将电压指令从旋转 dq 坐标转换到静止 $\alpha\beta$ 坐标中。所获得的电压矢量 $\boldsymbol{U}_{Sc}$ 被传送到空间矢量调制器（SVM），SVM 为 VSI 控制功率晶体管产生适当的开关状态矢量 $\boldsymbol{S}_2$（S_{2A}，S_{2B}，S_{2C}）。

　　VSR：VOC 通过内部电流控制回路保证高动态和静态性能。它非常受欢迎，得到了发展和改进。因此，VOC 是 V–FOC 的基础，如图 16-11 所示。

　　控制系统的目标是将直流母线电压 U_{dc} 维持在期望的电平，同时来自电力系统的电流应该是正弦的，并且与线电压相同，以满足 UPF 条件。当线电流矢量 $\boldsymbol{I}_L = I_{Lx} + j\,I_{Ly}$ 与电源的相电压矢量 $\boldsymbol{U}_L = U_{Lx} + jU_{Ly}$ 对齐时，满足 UPF 条件。

　　已经提出了 VF 的想法，利用积分器的低通滤波器特性，来改善在电源电压畸变和/或不平衡条件下的 VSR 控制[30]。

因此，使用与 ψ_L 对齐的旋转参考系，VF 矢量滞后电压矢量 90°。对于 UPF 条件，直接分量电流矢量 I_{Lxc} 的指令值被设置为零。I_{Lyc} 的指令值是线电流矢量的有效分量。比较后，带实际值的电流指令和偏差被传递给 PI 电流控制器。用 VF 位置角 γ_{ψ_L} 将控制器产生的电压变换到 $\alpha\beta$ 坐标。用于 VSR 的开关信号矢量 S_1 由空间矢量调制器产生。

16.4.2　直接转矩控制和基于 VF 的直接功率控制

VSI：方法的框图如图 16-12 所示。电磁转矩指令 M_{ec} 由外部 PI 速度控制器传送。然后，M_{ec} 和定子磁通指令 ψ_{Sc} 幅值分别与 M_e 和 ψ_S 的估计值进行比较。转矩偏差 e_M 和磁链误差 e_ψ 被馈送到两个滞环比较器。

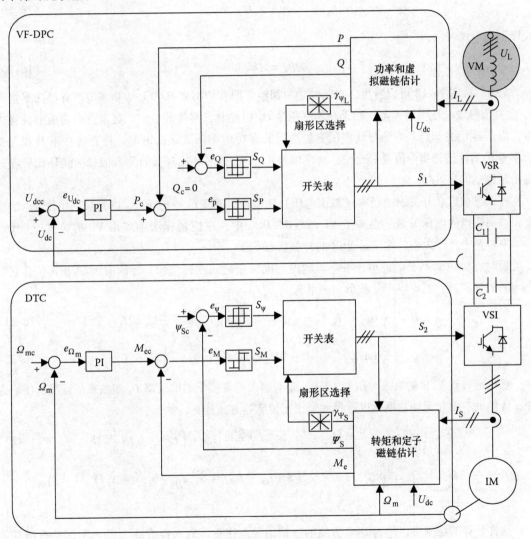

图 16-12　基于开关表的传统 DPC 和 DTC

根据预定义的开关表，基于数字化的偏差信号 S_M 和 S_ψ 以及定子磁链位置角 γ_{ψ_S}，选择合适的电压矢量。来自预定义开关表的输出是用于 VSI 的开关状态 S_2。然后，将 DTC 的电压空间矢量平面分为六个扇区，如图 16-12 所示，这些扇区可以以不同的方式定义[18]。

DTC 是控制相对于转子磁链矢量位置的定子磁链矢量位置，表达式为

$$M_e = p_b \frac{m_S}{2} \frac{L_M}{L_r} \frac{1}{\sigma L_S} \Psi_r \Psi_S \sin\gamma_\Psi \tag{16-17}$$

其中定子和转子磁链矢量之间的角度定义为

$$\gamma_\Psi = \gamma_{\Psi_S} - \gamma_{\Psi_r} \tag{16-18}$$

从式（16-17）可以看出，电磁转矩取决于定子和转子磁链的幅值以及它们之间的角度 γ_ψ。由于转子时间常数大，可以通过定子磁通矢量位置的快速变化来控制角度 γ_ψ。在假定定子电阻 R_S 为零的情况下，定子磁链可以容易地表示为定子电压的函数：

$$\frac{d\Psi_S}{dt} = U_S \tag{16-19}$$

或以下列形式表示：

$$\Psi_S = \int U_S dt \tag{16-20}$$

VSR：从图 16-12 可以看出，有两种功率回路，即有功功率 P 和无功功率 Q。有功功率指令 P_C 由直流母线电压回路控制，而无功功率指令 Q_C 由控制方案外部给出。通常将无功功率设置为零，以获得 UPF 运行。直流母线电压通过适当的有功功率调节保持恒定。将有功功率 P 和无功功率 Q 的估计值与指令值进行比较。功率偏差 e_P 和 e_Q 是滞环比较器的输入信号。滞环比较器的输出是数字信号 S_P 和 S_Q。

在来自预定义开关表的经典（基于电压）DPC 中，基于信号 S_P 和 S_Q 以及线路电压 γ_{U_L} 的位置，选择适当的电压矢量。在基于 VF 的 VF – DPC 中，在控制算法中应用 VF 的位置 γ_{ψ_L} 代替 γ_{U_L}，来自预定义开关表的输出是 VSR 的开关状态 S_2。

瞬时有功功率 P 是电源电压和电流瞬时空间矢量之间的标量积，而瞬时无功功率 Q 是它们之间的矢量积，它们可以用复数形式表示为

$$P = \frac{3}{2} \mathrm{Re}\{U_L I_L^*\} = \frac{3}{2}(U_{L\alpha} I_{L\alpha} + U_{L\beta} I_{L\beta}) = \frac{3}{2} U_L \times I_L \tag{16-21}$$

$$Q = \frac{3}{2} \mathrm{Im}\{U_L I_L^*\} = \frac{3}{2}(U_{L\beta} I_{L\alpha} - U_{L\alpha} I_{L\beta}) = \frac{3}{2} U_L \times I_L \tag{16-22}$$

可以通过将 VSR 的输入电压 $U_P = U_{dc} S_1$ 与输入扼流圈上的电压降 U_I 相加来估计线电压。因此，线路的有功和无功功率可以通过线电压无传感器方式计算，如下：

$$P = \left(U_{dc} S_A + L \frac{dI_{LA}}{dt}\right) I_{LA} + \left(U_{dc} S_B + L \frac{dI_{LB}}{dt}\right) I_{LB} + \left(U_{dc} S_C + L \frac{dI_{LC}}{dt}\right) I_{LC} \tag{16-23}$$

$$Q = \frac{1}{\sqrt{3}} \left\{ 3L \left(\frac{dI_{LA}}{dt} I_{LC} - \frac{dI_{LC}}{dt} I_{LA} \right) + \left(- U_{dc} [S_A(I_{LB} - I_{LC}) + S_B(I_{LC} - I_{LA}) + S_C(I_{LA} - I_{LB})] \right) \right\}$$

$$\tag{16-24}$$

这样计算的功率可以作为 DPC 方案的反馈信号。注意，输入扼流圈 R 的电阻的功率损耗被忽略，因为它们与总有功功率相比较小。

缺点是，这样计算在 DSP 实现中出现一些问题。电流的微分运算是根据有限微分进行的，并产生噪声。因此，为了抑制电流波动，需要较大的电感。此外，电流有限微分的计算应尽可能准确（每个开关周期约为 10 次），应避免在开关瞬间进行[33]。

为了避免这个问题，在文献［28，30］中引入了线路 VF。线路中的电压可以由公式表示为

$$\frac{d\boldsymbol{\Psi}_L}{dt} = \boldsymbol{U}_L \tag{16-25}$$

整合后，VF 可以表示为

$$\boldsymbol{\Psi}_L = \int \boldsymbol{U}_L dt + \boldsymbol{\Psi}_{L0} \tag{16-26}$$

此外，当旋转 VF 的频率恒定时，VF 的幅值与电压成比例。此外，VF 和电压之间的相位角为 90°（滞后）。

根据与 IM 的类比，瞬时有功功率可以表示为

$$P = M\omega_L \tag{16-27}$$

其中 M 是瞬时虚拟转矩（VT），并且可以表示为[18]

$$M = \frac{3}{2}\text{Im}\{\boldsymbol{\Psi}_L^* \boldsymbol{I}_L\} \tag{16-28}$$

那么瞬时有功功率描述为

$$P = \frac{3}{2}\text{Im}\{\boldsymbol{\Psi}_L^* \boldsymbol{I}_L\}\omega_L \tag{16-29}$$

此外，瞬时无功功率可以从以下公式得出：

$$Q = \frac{3}{2}\text{Re}\{\boldsymbol{\Psi}_L^* \boldsymbol{I}_L\}\omega_L \tag{16-30}$$

经过在静止 $\alpha\beta$ 坐标中的计算后，瞬时有功和无功功率可以表示为

$$P = \frac{3}{2}\omega_L(\Psi_{L\alpha}I_{L\beta} - \Psi_{L\beta}I_{L\alpha}) \tag{16-31}$$

$$Q = \frac{3}{2}\omega_L(\Psi_{L\alpha}I_{L\alpha} + \Psi_{L\beta}I_{L\beta}) \tag{16-32}$$

16.4.3　带空间矢量调制的直接转矩控制和带有空间矢量调制的直接功率控制

VSI：为了避免基于开关表 DTC 的缺点，而不是滞环控制器和开关表，在 IFOC 中引入了具有 SVM 模块的 PI 控制器。因此，带有 SVM（DTC - SVM）的 DTC 将 DTC 和 IFOC 特点结合在一个控制结构中，如图 16-13 所示。

从外部 PI 速度控制器传送电磁转矩指令 M_{ec}（见图 16-13）。然后，将 M_{ec} 和定子磁通指令 ψ_{Sc} 幅值与 M_e 和 ψ_S 估计的实际值进行比较。转矩 e_M 和磁通误差 e_ψ 传送到两个 PI 控制器。输出信号分别是定子电压分量指令 U_{Syc} 和 U_{Sxc}。

此外，旋转 xy 坐标系中的电压分量利用磁链位置角 γ_{Ψ_S} 转换到 $\alpha\beta$ 静止坐标。获得的电压矢量 $\boldsymbol{U}_{Sc}$ 被传送到空间矢量调制器（SVM），为 VSI 产生适当的开关状态矢量 S_2（S_{2A}, S_{2B}, S_{2C}）。

VSR：具有空间矢量调制（DPC - SVM）的直接功率控制[29]通过内部功率控制回路保证高动态和静态性能。这在文献中还不为人所提及。这种方法加入了 DPC 和 V - FOC 的概念。有功功率和无功功率代替线电流作为母线控制变量。

具有恒定开关频率的 DPC - SVM 采用有功和无功功率闭环控制回路（见图 16-13）。有功功率指令 P_c 由外部直流母线电压控制器产生，而无功功率 Q_c 在 UPF 运行时设置为零。将这些值分别与估计的 P 和 Q 值进行比较。计算出的误差 e_P 和 e_Q 被传递给 PI 功率控制器。功率控制器产生的电压为 DC 量，消除了稳态误差（PI 控制器特性），与 V - FOC 类似。然后，在转换为静止 $\alpha\beta$

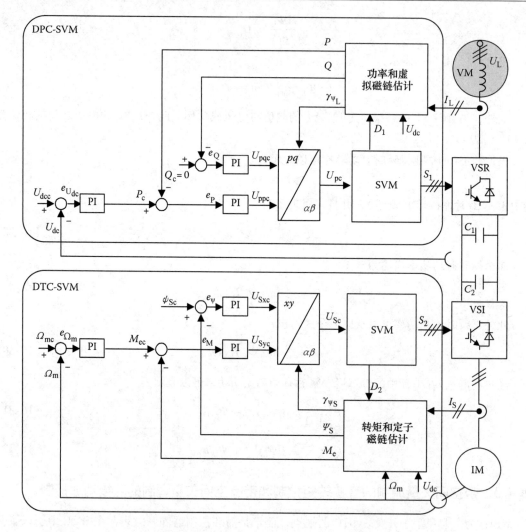

图 16-13 带有空间矢量调制（DPC – SVM）的直接功率控制和
带有空间矢量调制的直接转矩控制（DTC – SVM）

坐标之后，电压用于 SVM 模块开关信号的生成。电源控制器参数的正确设计非常重要。因此，分析和总结将在后续部分进行描述。

根据本章的讨论，AC – DC – AC 变换器供电 IM 驱动控制技术的简要比较见表 16-3。

在所讨论的控制方法中，DTC – SVM 和 DPC – SVM 似乎是最有吸引力的，因为这些方法将 FOC 和 V – FOC 众所周知的优点与基于滞环的 DTC 和 DPC 等新策略的吸引力联系起来。因此，进一步考虑，使用较短的名称作为全控 AC – DC – AC 变换器的通用控制方法：DPTC – SVM。

表 16-3　AC – DC – AC 变换器供电 IM 驱动控制技术比较

特征	IFOC/V – FOC	DTC/VF – DPC	DPC – SVM/DTC – SVM
恒定开关频率	有（5kHz）	无	有（5kHz）
SVM 模块	有	无	有
坐标转换	有	无	有（只有一个）

（续）

特征	IFOC/V - FOC	DTC/VF - DPC	DPC - SVM/DTC - SVM
直接控制（VSI 侧）	定子电流	转矩，定子磁链	转矩，定子磁链
估计（VSI 侧）	转子磁链角	转矩，定子磁链	转矩，定子磁链
坐标定向（VSI 侧）	转子磁链	定子磁链	定子磁链
直接控制（VSR 侧）	线电流	线路功率	线路功率
估计（VSR 侧）	虚拟磁链	功率，虚拟磁链	功率，虚拟磁链
坐标定向（VSR 侧）	虚拟磁链	虚拟磁链	虚拟磁链
线路电压无传感器	是	是	是
采样频率	5kHz	50kHz	5kHz
与转子参数无关；IM 和 PMSM 通用	否	是	是

16.5 电源侧变换器控制器设计

VSR 和 VSI 决定了能量流动方向，因此最好将这些变换器描述为电源侧变换器（LSC）（曾称 VSR）和电机侧变换器 MSC（曾称 VSI）。

16.5.1 电源电流和电源功率控制器

第16.3 节提出的模型在 VSR 电流调节器的合成和分析中非常方便。然而，存在的耦合需要采用解耦网络（DN），如图 16-14 所示。

因此，可以清楚地看出，解耦整流电压指令 $U_{pxyc} = U_{dc}S_{xy}$ 将由如下式子产生：

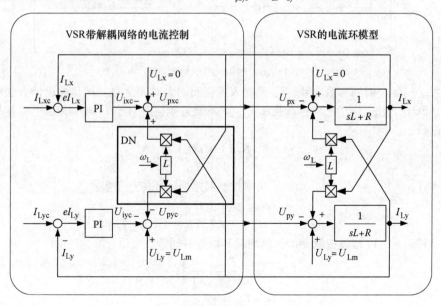

图 16-14 V - FOC 控制的 VSR 带 DN 的电流控制

$$U_{\text{pxc}} = U_{\text{Lx}} - L\frac{\mathrm{d}I_{\text{Lx}}}{\mathrm{d}t} - RI_{\text{Lx}} + \omega_{\text{L}}LI_{\text{Ly}} \tag{16-33}$$

$$U_{\text{pyc}} = U_{\text{Ly}} - L\frac{\mathrm{d}I_{\text{Ly}}}{\mathrm{d}t} - RI_{\text{Ly}} - \omega_{\text{L}}LI_{\text{Lx}} \tag{16-34}$$

x 轴和 y 轴解耦会将同步旋转电流控制装置降低为一阶延迟环节。

因而简化了分析，并且能够推导出电流调节器的参数解析表达式。

控制结构将在不连续的环境中运行（完全的仿真模型，并在 DSP 中实现），因此需要考虑采样周期 T_{S}。可以通过采样和保持（S&H）模块来完成。此外，应考虑 PWM 生成的统计延迟时间 $T_{\text{PWM}} = 0.5T_{\text{S}}$（VSC 块）。在文献 [4，25] 中，PWM 的延迟近似为从零到两个采样周期 T_{S}。此外，$K_{\text{C}} = 1$ 是 VSC 增益，τ_0 是 VSC 的死区时间（理想变换器 $\tau_0 = 0$）。

在图 16-15 中，给出了同步 xy 旋转坐标中的功率控制回路的简化框图。由于同样的框图适用于 P 和 Q 功率控制器，因此仅对 P 有功功率控制回路进行说明。

图 16-15 的模型经修改后，如图 16-16 所示，其中小时间常数定义为

$$\tau_{\Sigma p} = T_{\text{S}} + T_{\text{PWM}} \tag{16-35}$$

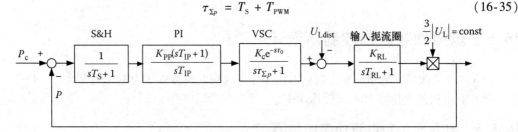

图 16-15　同步旋转参考系中的有功功率控制回路的简化框图

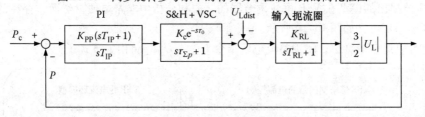

图 16-16　图 16-15 的修改框图

请注意，$\tau_{\Sigma p}$ 是小时间常数之和，T_{RL} 是输入扼流圈的大时间常数。从几种设计方法中，选择对称最优（SO）方法，因为它对阶跃扰动 U_{Ldist} 具有良好响应。对于 $U_{\text{L}} = \text{const}$，可以推导出以下开环传递函数：

$$G_{\text{OP}}(s) = \frac{K_{\text{RL}}K_{\text{PP}}(1 + sT_{\text{IP}})}{sT_{\text{IP}}(s\tau_{\Sigma p} + 1)(sT_{\text{RL}} + 1)}\frac{3}{2}\mid U_{\text{L}}\mid \tag{16-36}$$

简化 $(sT_{\text{RL}} + 1) \approx sT_{\text{RL}}^{[18]}$，给出了功率控制回路的闭环传递函数：

$$G_{\text{ZP}}(s) = \frac{K_{\text{RL}}K_{\text{PP}}(1 + sT_{\text{IP}})}{K_{\text{RL}}K_{\text{PP}}(1 + sT_{\text{IP}}) + s^2T_{\text{IP}}T_{\text{RL}} + s^3T_{\text{IP}}\tau_{\Sigma p}T_{\text{RL}}}\frac{3}{2}\mid U_{\text{L}}\mid \tag{16-37}$$

对于这种关系，PI 电流控制器的比例增益和积分时间常数可以计算为

$$K_{\text{PP}} = \frac{T_{\text{RL}}}{2\tau_{\Sigma p}K_{\text{RL}}}\frac{2}{3\mid U_{\text{L}}\mid} \tag{16-38}$$

$$T_{\text{IP}} = 4\tau_{\Sigma p} \tag{16-39}$$

代入式（16-36）中，得到以下形式的开环传递函数：

$$G_{\text{OP}}(s) = \frac{K_{\text{RL}}K_{\text{PP}}(1 + sT_{\text{IP}})}{sT_{\text{IP}}(s\tau_{\Sigma p} + 1)(sT_{\text{RL}} + 1)}\frac{3}{2}\mid U_{\text{L}}\mid \tag{16-40}$$

$$G_{OP}(s) = \frac{2T_{RL}}{2\tau_{\Sigma p}K_{RL}3\mid U_L\mid}\frac{K_{RL}(1 + s4\tau_p)}{s4\tau_{\Sigma p}(s\tau_{\Sigma p} + 1)(sT_{RL} + 1)}\frac{3}{2}\mid U_L\mid$$

$$\approx \frac{T_{RL}}{2\tau_{\Sigma i}}\frac{(1 + s4\tau_{\Sigma p})}{s4\tau_{\Sigma p}(s\tau_{\Sigma p} + 1)sT_{RL}} = \frac{1 + s4\tau_{\Sigma p}}{s^2 8\tau_{\Sigma p}^2 + s^3 8\tau_{\Sigma p}^3} \tag{16-41}$$

对于闭环传递函数：

$$G_{CP}(s) = \frac{1 + s4\tau_{\Sigma p}}{1 + s4\tau_{\Sigma p} + s^2 8\tau_{\Sigma p}^2 + s^3 8\tau_{\Sigma p}^3} \tag{16-42}$$

基于式（16-38）和式（16-39）调节器的校正给出具有 40% 超调的功率跟踪性能，如图 16-18 所示，由分子中的强加环节［见式（16-42）］引起。因此，为了减小超调（补偿分子中的强加环节），可以使用参考信号的一阶预滤波器：

$$G_{pfp}(s) = \frac{1}{1 + sT_{pfp}} \tag{16-43}$$

式中，T_{pfp} 通常等于几个 $\tau_{\Sigma p}$。进一步发现，预滤波器的时间延迟设定为 $4\tau_{\Sigma p}$。因此，式（16-42）采取以下形式表示：

$$G_{CPf}(s) = G_{CP}(s)G_{pfp}(s) = \frac{1}{1 + s4\tau_{\Sigma p} + s^2 8\tau_{\Sigma p}^2 + s^3 8\tau_{\Sigma p}^3} \tag{16-44}$$

因此，控制回路的框图采取一种形式，如图 16-17 所示。关系式（16-44）可以采用一阶传递函数，近似为

$$G_{CPf}(s) \cong \frac{1}{1 + s4\tau_{\Sigma p}} \tag{16-45}$$

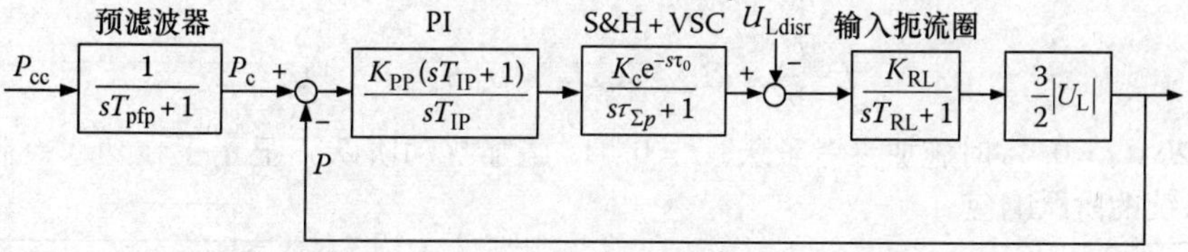

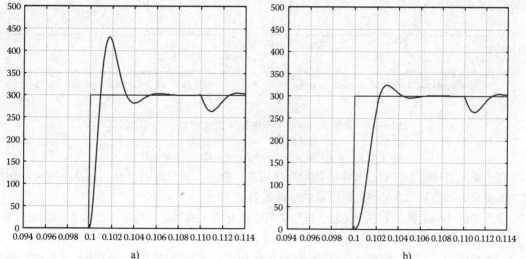

图 16-17 带前置预滤波器的功率控制回路

没有预滤波器和有预滤波器控制回路的阶跃响应的比较如图 16-18 和图 16-19 所示。第一个表示在时间 $t = 0.1\text{s}$ 时（在 MATLAB 和 Simulink 中）有功功率阶跃参考变化的响应，而在 $t = 0.11\text{s}$ 中施加了阶跃扰动。

a)

b)

图 16-18 根据 SO 设计的控制器参数，有功功率跟踪性能（在 MATLAB 和 Simulink 中仿真）

a）无预滤波器 b）有预滤波器

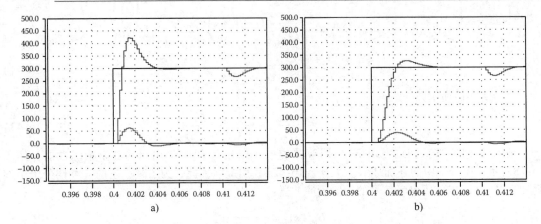

图 16-19　不带解耦的有功功率跟踪性能（在 Saber 中仿真）

a）无预滤波器　b）有预滤波器

从上向下：有功功率指令估计和无功功率指令和估计值

离散仿真（在 Saber 中）表明结果有差异。

图 16-19 给出了在完整 Saber 模型中对参考阶跃变化的响应（$t = 0.4\text{s}$）。在时间 $t = 0.41\text{s}$，施加阶跃扰动。差异是由于非线性耦合引起的。

因此，应该引入功率控制反馈中的解耦。可以清楚地看出，电源电压指令应该生成如下：

$$L\frac{\mathrm{d}I_{\text{Lx}}}{\mathrm{d}t} + RI_{\text{Lx}} + \omega_{\text{L}}LI_{\text{Ly}} + U_{\text{dc}}S_{\text{x}} = U_{\text{Lxc}} \tag{16-46}$$

$$L\frac{\mathrm{d}I_{\text{Ly}}}{\mathrm{d}t} + RI_{\text{Ly}} - \omega_{\text{L}}LI_{\text{Lx}} + U_{\text{dc}}S_{\text{y}} = U_{\text{Lyc}} \tag{16-47}$$

图 16-20（$t = 0.4\text{s}$ 时施加参考阶跃，$t = 0.41\text{s}$ 施加扰动阶跃）显示了在功率控制回路中实现解耦的系统的阶跃响应。

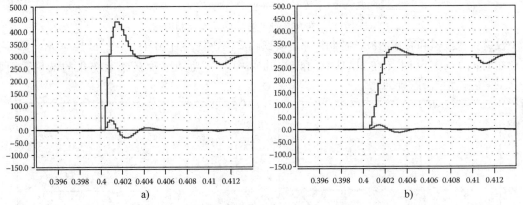

图 16-20　带解耦的有功功率跟踪性能（在 Saber 中仿真）

a）无预滤波器　b）有预滤波器

从上到下：有功功率指令和估计值，无功功率指令和估计值

以上响应更接近于 MATLAB 中获得的理想响应；但是，仍然存在差异。这是由离散控制系统的未完全解耦信号和离散控制系统采样时间 T_{s} 引起。

为了更好地与实验结果进行比较，进行了畸变线电压下的测试。功率指令从实际系统的 $1 \sim 2.5\text{kW}$ 变化。这种情况的仿真结果如图 16-21 所示。

请考虑图 16-21 中的振荡，它们是由线电压畸变（五次谐波的 $\text{THD}_{\text{UL}} = 4\%$）产生的。将坐标转换为旋转坐标后得到的谐波交流分量的频率比电源电压频率（300Hz）高 6 倍，振幅为 U_{m6}

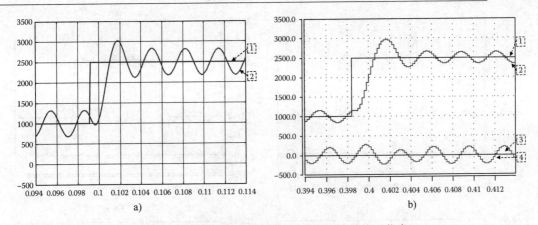

图 16-21　带前置预滤波器的有功功率跟踪性能（仿真）

a) MATLAB 和 Simulink 仿真　b) Saber 仿真

（1）有功功率指令　（2）有功功率估计值　（3）无功功率指令　（4）无功功率估计值

$=6.9V$。因此，出现了一个问题：采样频率如何影响控制参数和功率控制器的设计？进而考虑图 16-22 和图 16-23 给出的以下仿真结果。图 16-22 显示了不同采样频率下的有功功率和无功功率跟踪性能：图 a、b 中，$f_s = 2.5kHz$；图 c、d 中，$f_s = 5kHz$。图 16-23 给出了不同采样频率下的结果：图 a、b 中，$f_s = 10kHz$；图 c、d 中，$f_s = 20kHz$。

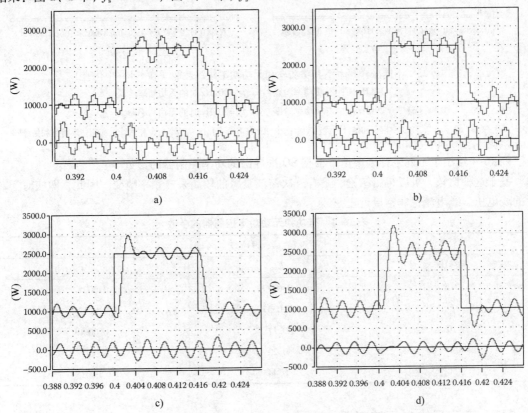

图 16-22　不同采样频率下的有功功率和无功功率跟踪性能（在 Saber 中仿真）

a) $f_s = 2.5kHz$ 时的有功功率阶跃信号　b) $f_s = 2.5kHz$ 时的无功功率阶跃信号

c) $f_s = 5kHz$ 时的有功功率阶跃信号　d) $f_s = 5kHz$ 时的无功功率阶跃信号

由上往下：a)、c) 有功功率指令和估计值、无功功率指令和估计值　b)、d) 无功功率指令和估计值、有功功率指令和估计值

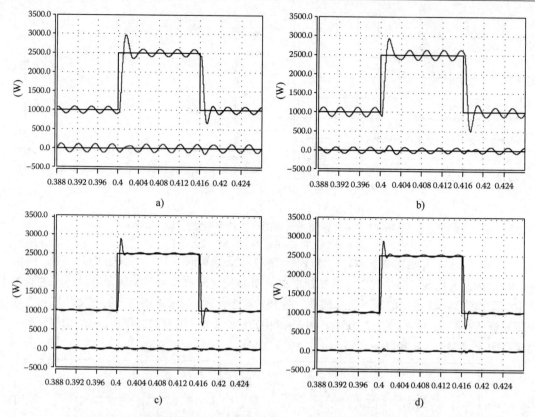

图 16-23　不同采样频率下有功功率和无功功率跟踪性能（在 Saber 中仿真）

a) $f_s = 10\text{kHz}$ 时的有功功率阶跃　b) $f_s = 10\text{kHz}$ 时的无功功率阶跃

c) $f_s = 20\text{kHz}$ 时的有功功率阶跃　d) $f_s = 20\text{kHz}$ 时的无功功率阶跃

从上往下：a)、c) 有功功率指令和估计、无功功率指令和估计 b)、d) 无功功率指令和估计、有功功率指令和估计

表 16-4 给出了不同采样频率值下根据 SO 推导出的功率控制器的参数。

基于这种比较，可以得出结论，具有五次谐波衰减的较高采样频率畸变。因此，即使对于畸变的线电压，线电流也非常接近正弦。

表 16-4　有功和无功功率控制器的参数

$U_{\text{LRMS}} = 141\text{V}$		
f_s/kHz	K_{PP}	T_{IP}/s
2.5	0.0279	0.0024
5	0.0557	0.0012
10	0.11	0.0006
20	0.22	0.0003
50	0.44	0.00015

16.5.2　直流母线电压控制器

对于直流母线电压控制器设计，内部电流或功率控制回路可以用一阶传递函数（第 16.5.1 节）进行建模。

VSR 的功率控制环可以通过带有等效时间常数 T_{IT} 的一阶模块进一步近似，表示为

$$G_{\mathrm{pz}}(s) = \frac{1}{1 + sT_{\mathrm{IT}}} \qquad (16\text{-}48)$$

式中，$T_{\mathrm{IT}} = 2\tau_{\Sigma p}$ 用于采用 MO 规则设计的功率控制器，或 $T_{\mathrm{IT}} = 4\tau_{\Sigma p}$ 用于采用 SO 标准设计的功率控制器。因此，直流母线电压控制回路可以建立，如图 16-24 所示的模型。

图 16-24 的框图修改后，如图 16-25 所示。

为了简单起见，可以假设

$$T_{\mathrm{UT}} = T_{\mathrm{U}} + T_{\mathrm{IT}} \qquad (16\text{-}49)$$

式中，T_{U} 为直流母线电压滤波器的时间常数；T_{UT} 为小时间常数的总和；CU_{dcc} 等效为积分时间常数。

因此，可以推导出开环传递函数：

$$G_{\mathrm{Uo}}(s) = \frac{K_{\mathrm{PU}}(sT_{\mathrm{IU}} + 1)}{sT_{\mathrm{IU}}(sT_{\mathrm{UT}} + 1)sCU_{\mathrm{dcc}}} \qquad (16\text{-}50)$$

以下为闭环传递函数：

$$G_{\mathrm{Uz}}(s) = \frac{K_{\mathrm{PU}}(sT_{\mathrm{IU}} + 1)}{K_{\mathrm{PU}} + sT_{\mathrm{IU}}K_{\mathrm{PU}} + s^2 T_{\mathrm{IU}}CU_{\mathrm{dcc}} + s^3 T_{\mathrm{IU}}CT_{\mathrm{UT}}U_{\mathrm{dcc}}} \qquad (16\text{-}51)$$

采用对称最优方法对直流母线电压控制器进行合成。因此，对式（16-51）中模块取平方表示：

$$G_{\mathrm{Uz}}(\omega) = \frac{K_{\mathrm{PU}}^2(\omega^2 T_{\mathrm{IU}}^2 + 1)}{M_{\mathrm{z}}(\omega)} \qquad (16\text{-}52)$$

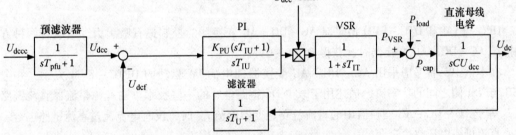

图 16-24　简化的直流母线电压控制回路框图

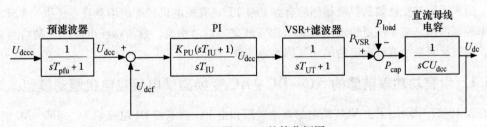

图 16-25　图 16-24 的简化框图

其中

$$M_{\mathrm{z}}(\omega) = K_{\mathrm{PU}}^2 + \omega^2 T_{\mathrm{IU}}K_{\mathrm{PU}}(T_{\mathrm{IU}}K_{\mathrm{PU}} - 2CU_{\mathrm{dcc}}) + \omega^4 T_{\mathrm{IU}}^2 CU_{\mathrm{dcc}}(CU_{\mathrm{dcc}} - 2K_{\mathrm{PU}}T_{\mathrm{UT}}) + \omega^6(T_{\mathrm{IU}}CU_{\mathrm{dcc}}T_{\mathrm{UT}})^2$$

式中，ω 为频域变量。

因此，直流母线电压控制器的比例增益 K_{PU} 和积分时间常数 T_{IU} 可以计算如下：

$$K_{\mathrm{PU}} = \frac{C}{2T_{\mathrm{UT}}}U_{\mathrm{dcc}} \qquad (16\text{-}53)$$

$$T_{IU} = 4T_{UT} \tag{16-54}$$

考虑到必须确定直流母线电压滤波器时间常数 T_U 的值。理论上，T_U 可以等于一个采样周期 T_s。然而，实际上需要在直流母线电压环路中加入低通滤波器。因此，进一步考虑，$T_U = 0.003\,\text{s}$（结果见图 16-26）。

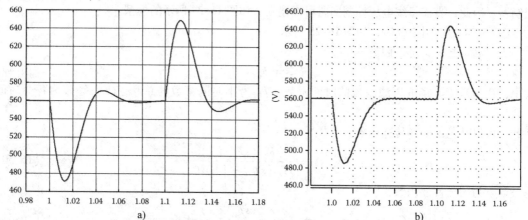

图 16-26　根据 SO 计算的控制器参数的电压扰动补偿性能（仿真）。负载从零到标称值（$t = 1.0\,\text{s}$），
从标称值到零（$t = 1.1\,\text{s}$）

a）MATLAB 和 Simulink 仿真　b）Saber 仿真

16.6　直接功率和转矩控制与空间矢量调制

DPC – SVM 和 DTC – SVM 似乎对 AC – DC – AC 变换器的控制最有吸引力。当联合两种方法来控制 AC – DC – AC 变换器时，获得 DPTC – SVM。

在本章中，将考虑采用 AC – DC – AC 变换器馈电的 IM 驱动的 DPTC – SVM 方案，并分析 VSR 与 VSI 侧之间的功率流，描述用于减少 DC 链路电容的一些技术。当有源整流器直流链路电流 I_{dc} 等于 AC – DC – AC 变换器中的直流链路逆变器电流 I_{load} 时，没有电流流过直流链路电容。因此，直流母线电压将恒定。

然而，尽管 DPTC – SVM 方案具有非常好的动态特性，但是会改善直流母线电压的控制[8,24]。因此，引入了从逆变器侧到整流器侧的有源 PF。PF 将有关电机状态的信息直接提供给 VSR 的有功功率控制回路。由于能更快地控制 VSR 和 VSI 之间的功率流，直流母线电压的波动将会减小。因此，可以显著减小直流电容的尺寸（因为电压波动减小）。

16.6.1　带有功功率前馈的 AC – DC – AC 变换器供电感应电机驱动模型

在图 16-27 中示出了由 VSR 馈电的直流链路和由 VSI 馈电的 IM 组成的 AC – DC – AC 变换器的简化图。VSR 和 VSI 都是 IGBT 桥式变换器。

VSR 和 VSI 的数学模型在第 16.2 节和 16.3 节给出，DPC – SVM 和 DTC – SVM 的描述已经在第 16.4 节中给出。在这里，将讨论和研究整个 PF 系统。

再次注意，用于控制 VSR 的坐标系采用 VF 向量。

因此，将 I_{Lxc} 设置为零以满足 UPF 条件。通过这种假设，VSR 输入功率可以计算为

$$P_{\text{VSR}} = \frac{3}{2}(I_{\text{Lx}}U_{\text{px}} + I_{\text{Ly}}U_{\text{py}}) = \frac{3}{2}I_{\text{Ly}}U_{\text{py}} \tag{16-55}$$

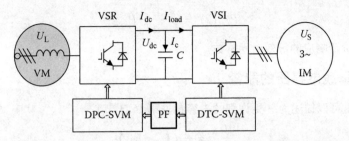

图 16-27　带有 PF 回路的 AC–DC–AC 变换器供电感应电机驱动

在稳态运行下，I_{Ly} 为常数。并且，假设输入扼流圈的电阻为 $R=0$，则可以写出下列等式：

$$R_{VSR} = \frac{3}{2} I_{Ly} U_{Ly} \tag{16-56}$$

另一方面，由 VSI 供电 IM 消耗/产生的功率定义如下：

$$P_{VSI} = \frac{3}{2}(I_{Sx} U_{Sx} + I_{Sy} U_{Sy}) \tag{16-57}$$

可以基于功率［见式（16-29）］推导出上述等式的另一形式，其中清楚地看到 VSR 的有功功率与虚拟转矩（VT）成比例。因此，式（16-55）可以写成

$$P_{VSR} = \frac{3}{2}\omega_L(\Psi_{Lx} I_{Ly} - \Psi_{Ly} I_{Lx}) = \frac{3}{2}\omega_L \Psi_{Lx} I_{Ly} \tag{16-58}$$

在 VSI 供电 IM 侧，电机的电磁功率定义为

$$P_e = M_e \Omega_m \tag{16-59}$$

由式（16-6）得到

$$P_e = p_b \frac{m_S}{2}\Omega_m \Psi_{Sx} I_{Sy} \tag{16-60}$$

此外，可以假设（忽略功率损耗）IM 的电磁功率等于输送到电机的有功功率 $P_e = P_{VSI}$，因此，得到

$$P_{VSI} = p_b \frac{m_S}{2}\Omega_m \Psi_{Sx} I_{Sy} \tag{16-61}$$

但是由于在实际系统中存在功率损耗，以上假设不充分，所以应该写成

$$P_{VSI} = p_b \frac{m_S}{2}\Omega_m \Psi_{Sx} I_{Sy} + P_{losses} \tag{16-62}$$

此外，当施加额定转矩时，电机处于静止状态（$\Omega_m = 0$）。在这种情况下，电磁功率将为零，但是 IM 功率 P_{VSI} 将有很大的值。估计这种功率是相当困难的，因为需要 IM 和功率开关的参数。因此，为了简化控制结构，将考虑基于定子电压指令 U_{Sc} 和实际电流 I_S 的功率估计器：

$$P_{VSI} = \frac{3}{2}(I_{Sx} U_{Sxc} + I_{Sy} U_{Syc}) \tag{16-63}$$

16.6.2　功率响应时间常数的分析

根据式（16-48），确定 VSR 响应的延迟时间 T_{IT}。假设变换器的功率损耗可以忽略，功率跟踪性能可以表示为

$$P_{VSR}(s) = \frac{1}{1 + sT_{IT}} P_{VSRc} \tag{16-64}$$

同样，对于 VSI，它可以写成

$$P_{\mathrm{VSI}}(s) = \frac{1}{1 + sT_{\mathrm{IF}}}P_{\mathrm{VSIc}} \tag{16-65}$$

式中，T_{IF} 是 VSI 阶跃响应的等效时间常数。

16.6.3 直流母线电容器的能量

直流母线电压可以描述为（更详细的内容参见第 16.3 节）

$$\frac{\mathrm{d}U_{\mathrm{dc}}}{\mathrm{d}t} = \frac{1}{C}(I_{\mathrm{dc}} - I_{\mathrm{load}}) \tag{16-66}$$

所以

$$U_{\mathrm{dc}} = \frac{1}{C}\int(I_{\mathrm{dc}} - I_{\mathrm{load}})\mathrm{d}t \tag{16-67}$$

假设初始状态处于稳定状态，因此实际直流母线电压 U_{dc} 等于直流母线电压指令 U_{dcc}。因此，式（16-67）可以重写为

$$U_{\mathrm{dc}} = \frac{1}{CU_{\mathrm{dcc}}}\int(U_{\mathrm{dcc}}I_{\mathrm{dc}} - U_{\mathrm{dcc}}I_{\mathrm{load}})\mathrm{d}t = \frac{1}{CU_{\mathrm{dcc}}}\int(P_{\mathrm{dc}} - P_{\mathrm{load}})\mathrm{d}t \tag{16-68}$$

其中，$P_{\mathrm{dc}} - P_{\mathrm{load}} = P_{\mathrm{cap}}$；因此，上述等式可以写成

$$U_{\mathrm{dc}} = \frac{1}{CU_{\mathrm{dcc}}}\int P_{\mathrm{cap}} \tag{16-69}$$

如果忽略 VSR 和 VSI 的功率损耗（为简单起见），直流母线电容器的储能变化将是输入功率 P_{VSR} 与输出功率 P_{VSI} 之差的积分。因此，可以写成

$$P_{\mathrm{VSR}} = P_{\mathrm{cap}} + P_{\mathrm{VSI}} \tag{16-70}$$

从该方程可以得出结论：为了正确（精确）控制 VSR 功率 P_{VSR}，功率指令 P_{VSRc} 应表示如下：

$$P_{\mathrm{VSRc}} = P_{\mathrm{capc}} + P_{\mathrm{VSIc}} \tag{16-71}$$

式中，$P_{\mathrm{capc}} = P_{\mathrm{c}}$ 表示直流母线电压反馈控制回路的功率；P_{VSIc} 表示瞬时有功 PF 信号。

输出功率指令可以基于提供额外的时间常数 T_2[8,10,15,20,21,24,39] 的不同方法来估计。因此

$$P_{\mathrm{VSIc2}}(s) = \frac{1}{1 + sT_2}P_{\mathrm{VSIc}} \tag{16-72}$$

此外，应该强调的是，具有时间常数 T_{U} 的一阶滤波器应该被添加到直流母线电压反馈中，这样能较强地延迟信号 P_{c}（见第 16.5.2 节）：

$$U_{\mathrm{dcf}}(s) = \frac{1}{1 + sT_{\mathrm{u}}}U_{\mathrm{dc}} \tag{16-73}$$

在直线母线电压控制器设计中应考虑这种延迟。因此

$$P_{\mathrm{c}}(s) = \frac{K_{\mathrm{PU}}(sT_{\mathrm{IU}} + 1)}{sT_{\mathrm{IU}}}eU_{\mathrm{dcf}}U_{\mathrm{dcc}} \tag{16-74}$$

其中

$$eU_{\mathrm{dcf}} = U_{\mathrm{dcc}} - U_{\mathrm{dcf}}$$

因此，式（16-71）可以重写为

$$P_{\mathrm{VSRc}}(s) = P_{\mathrm{c}} + P_{\mathrm{VSIc2}} \tag{16-75}$$

将式（16-72）和式（16-74）代入式（16-75）得到

$$P_{\mathrm{VSRc}}(s) = \frac{K_{\mathrm{PU}}(sT_{\mathrm{IU}} + 1)}{sT_{\mathrm{IU}}}eU_{\mathrm{dcf}}U_{\mathrm{dcc}} + \frac{1}{1 + sT_2}P_{\mathrm{VSIc}} \tag{16-75a}$$

根据式（16-64）和式（16-65），输入功率（VSR）和输出功率（VSI）的开环传递函数可以写为

$$G_{\text{VSRo}}(s) = \frac{P_{\text{VSR}}}{P_{\text{VSRc}}} = \frac{1}{1 + sT_{\text{IT}}} \qquad (16\text{-}76)$$

$$G_{\text{VSIo}}(s) = \frac{P_{\text{VSI}}}{P_{\text{VSIc}}} = \frac{1}{1 + sT_{\text{IF}}} \qquad (16\text{-}77)$$

基于这些方程，具有有源 PF 的 AC – DC – AC 变换器供电 IM 驱动的分析模型可以定义如图 16-28 所示。这样的系统可以通过开环传递函数描述为

$$G_{\text{Ao}}(s) = \frac{U_{\text{dc}}}{M_{\text{ec}}} \qquad (16\text{-}78)$$

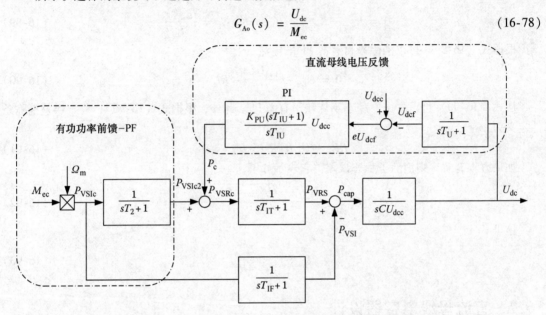

图 16-28 带有源 PF 的 AC – DC – AC 变换器供电 IM 的框图

假设初始稳态运行，$\Omega_{\text{m}} = \Omega_{\text{mc}}$ 为常数，$U_{\text{dc}} = U_{\text{dcc}}$ 为常数，可以得出 AC – DC – AC 变换器供电 IM 驱动的传递函数。

基于上述考虑，可以得出结论，引入的有源 PF 对线电流没有负面影响。这可以通过分析得出。同时考虑与 VF 同时旋转的参考系。假设系统是解耦的，并满足 UPF 条件，即 $I_{\text{Lx}} = 0$，则可推导出以下等式：

$$L\frac{\mathrm{d}I_{\text{Ly}}}{\mathrm{d}t} = U_{\text{Ly}} - U_{\text{py}} - RI_{\text{Ly}} \qquad (16\text{-}79)$$

$$C\frac{\mathrm{d}U_{\text{dc}}}{\mathrm{d}t} = I_{\text{Ly}}\frac{U_{\text{py}}}{U_{\text{dc}}} - I_{\text{load}} \qquad (16\text{-}80)$$

$$L\frac{\mathrm{d}I_{\text{Ly}}}{\mathrm{d}t} = \frac{K_{\text{Pi1}}}{I_{\text{Ii1}}}(I_{\text{Lyc}} - I_{\text{Ly}}) \qquad (16\text{-}81)$$

$$L\frac{\mathrm{d}I_{\text{Lyc}}}{\mathrm{d}t} = \frac{K_{\text{PU}}}{T_{\text{IU}}}(U_{\text{dcc}} - U_{\text{dc}}) \qquad (16\text{-}82)$$

$$I_{\text{Lyc}} = K_{\text{PU}}(U_{\text{dcc}} - U_{\text{dc}}) \qquad (16\text{-}83)$$

然后，VSR 电压为

$$U_{\text{py}} = K_{\text{Pi1}}\big[K_{\text{PU}}(U_{\text{dcc}} - U_{\text{dc}}) + I_{\text{PF}} - I_{\text{y}}\big] \qquad (16\text{-}84)$$

式中，I_{PF} 是与有源 PF 的信号成比例的电流。

因此，在稳态运行中，由上述方程式得到

$$0 = U_{\text{Ly}} - K_{\text{Pi1}}\big[K_{\text{PU}}(U_{\text{dcc}} - U_{\text{dc}}) + I_{\text{PF}} - I_{\text{y}}\big] - RI_{\text{Ly}} \qquad (16\text{-}85)$$

$$0 = I_{Ly} \frac{1}{U_{dc}} \{ K_{Pi1} [K_{PU} (U_{dcc} - U_{dc}) + I_{PF} - I_y] \} - I_{load} \qquad (16\text{-}86)$$

$$0 = \frac{K_{Pi1}}{T_{Ii1}} [K_{PU} (U_{dcc} - U_{dc}) - I_{Ly}] = K_{PU} (U_{dcc} - U_{dc}) - I_{Ly} \qquad (16\text{-}87)$$

将式（16-87）代入方程式（16-85）和式（16-86）得到

$$0 = U_{Ly} - K_{Pi1} I_{PF} - R I_{Ly} \qquad (16\text{-}88)$$

$$0 = I_{Ly} \frac{1}{U_{dcc}} K_{Pi1} I_{PF} - I_{load} \Rightarrow K_{Pi1} I_{PF} = \frac{I_{load} U_{dcc}}{I_{Ly}} \qquad (16\text{-}89)$$

根据式（16-89）可以消除来自有源 PF 的电流：

$$0 = U_{Ly} - \frac{I_{load} U_{dcc}}{I_{Ly}} - R I_{Ly} \qquad (16\text{-}90)$$

从式（16-90）可以看出，稳态不依赖于有源 PF。此外，根据式（16-90），稳定误差消除条件定义为

$$R I_{Ly}^2 - U_{Ly} I_{Ly} - I_{load} U_{dcc} = 0 \qquad (16\text{-}91)$$

如果方程有解，则消除了稳态误差。它表示如下：

$$I_{Ly1/2} = \frac{U_{Ly} \pm \sqrt{U_{Ly}^2 - 4 R I_{load} U_{dcc}}}{2R} \qquad (16\text{-}92)$$

这里

$$I_{load} U_{dcc} < \frac{U_{Ly}^2}{4R} \qquad (16\text{-}93)$$

16.7 直流母线电容器设计

在本章中，讨论了 AC – DC – AC 变换器的无源元件的设计方法。它们是输入滤波器（L 或 LCL）和直流母线电容器，对 AC – DC – AC 变换器的尺寸、重量和最终价格都有很大的影响。

为了尽量减小 VSR 电路的无源滤波器要求，需要对某些端口进行限制：输入和输出电压，输入和输出电流（分别记作 I_L、I_{dc}）的 THD。滤波器的要求通常根据滤波器成本和/或尺寸来决定。这里讨论了直流母线电容器的选择，而 L 和 LCL 滤波器超出了本文的范围。但是，L 和 LCL 滤波器的设计是非常重要的，并且在许多出版物中已经被仔细地讨论过，例如文献 [25, 37, 38]。

Al 电解电容器的优点使得它们具有广泛的应用范围，它们的容积效率高（体积比电容量），可以形成高达 1 F 的电容器，并且 Al 电解电容器能够提供高纹波电流抑制能力以及高可靠性和出色的性价比。然而，直流母线电容器体积的优化和最小化对于产品的成本、功率密度和可靠性非常重要。因此，已经研究了先进的控制策略来更好地控制直流母线电压。

16.7.1 直流母线电容器额定值

除了直流链路电容器的各种设计准则[32,42]外，最小电容值旨在将直流母线电压波动限制在指定的电平，通常 ΔU_{dc} 为 U_{dc} 的 1% 或 2%。因此，采用直流母线的峰 – 峰电压波动作为直流母线电容器尺寸的设计准则。

假设有一个三相平衡线路并忽略功率开关中的功率损耗，VSR 的直流母线部分电流可以描述为

$$C \frac{dU_{dc}}{dt} = I_{dc} - I_{load} = \sum_{k=A}^{C} = I_{Lk} S_k - I_{load} \approx I_{LA} S_A + I_{LB} S_B + I_{LC} S_C - \frac{P_{load}}{U_{dc}} \qquad (16\text{-}94)$$

对于给定的允许峰值波动电压和开关频率，图 16-27 中变换器的最小电容可以从文献 [6] 中找到：

$$C_{\text{min\_VSR1}} = P_{\text{load\_max}} \frac{\sqrt{2} + (\sqrt{3}U_{\text{LL}}/U_{\text{dc}})}{2\sqrt{3}\Delta U_{\text{dc}} f_s U_{\text{LL}}} \tag{16-95}$$

式中，U_{LL} 为线间电压；$P_{\text{load\_max}}$ 为最大负载功率；ΔU_{dc} 为稳态期间直流母线中指定的峰－峰电压波动。

直流母线电容器设计的另一种方法考虑到以下情况：

- 由于两个变换器（即 VSR 和 VSI）直流母线调制电流的高频分量引起的电压波动必须保持在期望的限度内。

- 当 VSR 的所有开关都断开时，电感的能量流入电容器，从而升高其电压。

- 在直流母线电压控制回路的一段时间延迟内、电容器能量必须维持输出功率需求。

以上第一种和第二种情况不太重要，而第三种情况实际上确定了电容值。假定了直流母线电压控制回路的时间延迟 T_{UT} 和最大负载功率的变化 $\Delta P_{\text{\_load\_max}}$，则直流母线电容进行的能量交换可以估计为

$$\Delta W_{\text{dc}} = \Delta P_{\text{load\_max}} T_{\text{UT}} \tag{16-96}$$

式中，T_{UT} 在第 16.3 节中定义。

根据该方程式，瞬态过程中的最大直流母线电压变化表示为

$$\Delta U_{\text{dc\_max}} = \frac{\Delta W_{\text{dc}}}{C_{\text{min\_VSR2}} U_{\text{dc}}} \tag{16-97}$$

考虑到瞬态过程中 $\Delta U_{\text{dc\_max}}$ 的最大电压变化，重新整合式（16-97），最小电容可以计算为[27]

$$C_{\text{min\_VSR2}} = \frac{T_{\text{UT}} \Delta P_{\text{load\_max}}}{U_{\text{dc}} \Delta U_{\text{dc\_max}}} \tag{16-98}$$

根据由最大负载功率二次方（$P_{\text{load\_max}}^2$）和最大允许直流母线电压变化量 $\Delta U_{\text{dc\_max}}$ 给出的最大功率阶跃模型，可以得到最小电容的其他表达式为

$$C_{\text{min\_VSR3}} = \frac{2LP_{\text{load\_max}}^2}{U_{\text{dc}} \Delta U_{\text{dc\_max}} U_{\text{L}}^2} \tag{16-99}$$

由于在式（16-99）中做了一些简化（$P_{\text{load\_max}}^2$、T_{UT}、T_s 未被考虑），计算的电容稍微过大。

为了进行比较，具有二极管整流器的 AC－DC－AC 变换器的直流母线电容值由文献 [6] 给出：

$$C_{\text{di}} = P_{\text{load\_max}} \frac{\pi^2}{54\sqrt{2}\Delta U_{\text{dc}} f_{\text{L}} U_{\text{LL}}} \tag{16-100}$$

图 16-29 显示了具有二极管整流器和 VSR 的 AC－DC－AC 变换器中的直流母线电容器的值。可以看出，电容的变化与额定功率成比例。只有具有更高的功率，安装 VSR 才更具成本效益。

因此，可以得出结论，对于给定的额定功率，直流母线电容值仅取决于所应用的控制方法的开关模式和质量。在所考虑的情况下，开关频率等于采样频率。对于较高的 T_s，直流母线电容值可以较小，因为直流母线电压误差被显著降低，如图 16-30 所示。然而，开关频率受到 VSC 使用的器件的开关损耗限制。因此，为了进一步减少直流母线滤波器，器件损耗应与开关频率无关。可以通过使用诸如直流母线谐振变换器的软开关 VSC 来实现。

从图 16-30 可以得出结论，对于理想的控制方法，采用足够小的采样时间，采用较小电容值

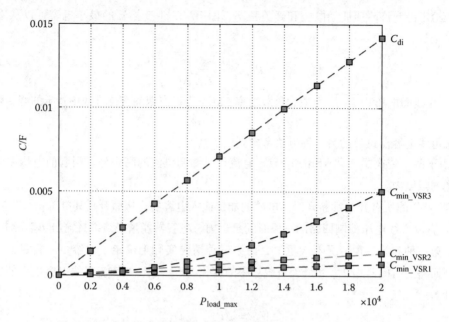

图 16-29　直流电容器的值与额定负载功率（高达 20kW）的关系

（C_{di} 的电容值由式（16-100）给出；C_{min_VSR1} 的电容值由式（16-95）给出；
C_{min_VSR2} 的电容值由式（16-98）给出；C_{min_VSR3} 的电容值由式（16-99）给出）

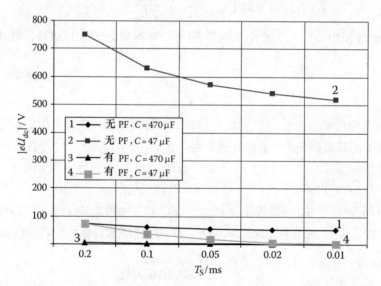

图 16-30　直流母线电压波动模块 | eU_{dc} | 作为采样时间 T_S 的函数

（在 0～3kW 的负载变化过程中，直流母线电压指令 U_{dcc} = 560V。DPTC–SVM 的 Saber 模型的仿真结果）

的瞬态过程中的直流母线电压波动［有源 PF（PF C = 47μF）］可以比采用更高电容值［无有源 PF（无 PF C = 470μF）］的波动更小。此外，仅考虑 PF 的情况，可以看出，对于较高的采样时间，C = 470μF 和 C = 47μF 的瞬态过程中的直流母线电压的波动几乎相等（见图 16-31）。在此基础上，可以成立如下假设：具有晶体管桥式整流器（VSR）的 AC–DC–AC 变换器中的直流母线电压的稳定主要取决于所使用的直流母线电压和输入/输出功率流控制方法的质量。

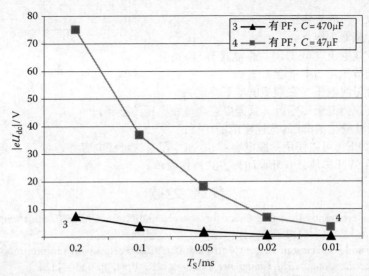

图 16-31　在控制结构中实现有源 PF 的情况下，作为采样时间 T_S 的函数的直流母线电压波动调节，
在 $0 \sim 3kW$ 的负载变化过程中，直流母线电压指令 $U_{dcc} = 560V$。DPCP – SVM 的 Saber 模型的仿真结果

16.8　摘要和结论

　　本章基于 DSP 控制和工业系列制造，研究了一种电源功率优好型的 AC – DC – AC VSC 供电感应电机驱动控制系统。这种控制系统应满足以下要求：UPF 运行，线电流 THD 低，直流母线电压稳定性好，四象限运行，适用于不同类型的驱动应用（开环控制、无传感器控制和运动传感器控制）。此外，对于系列制造，具有简单、可靠、低成本的驱动器参数可重复的解决方案非常重要。

　　文献对其进行研究后，选择了两种控制策略：用于电机侧 DC – AC 变换器（VSI）的带空间矢量调制的（DTC – SVM）DTC 和电源侧 AC – DC 变换器（VSR）的带空间矢量调制的直接功率控制（DPC – SVM）。作为结果，提出了 AC – DC – AC 变换器供电感应电动机（IM）控制的新颖方案（参见图 16-13）。

　　仿真研究表明，当 VSR 供电直流母线的控制结构独立于 VSI 供电 IM 的控制运行时，直流母线电压的稳定不足以平衡瞬时直流母线的功率流。因此，需要电容值较高的直流母线电容器。然而，如果将一种新型详尽的有源 PF 估计器引入整个控制结构，则电容值可能会显著降低。如本章第 16.6 节所示，由于 PF 回路，直流母线电容器的值已经减少为 1/10，同时保持了动态和稳态下的直流母线电压的良好稳定性以及低线电流 THD。然而，应该强调的是，该系统必须配备快速 PF 回路和/或直流母线斩波器。

　　为了正确运行 DPTC – SVM 方案中的闭环控制回路，数字 PI 控制器的设计非常重要。因此，在第 16.5 节中讨论了有功功率和无功功率合成以及直流母线电压控制器。这种设计是基于连续传递函数法（对称最优 [SO]），这是因为系统采用了快速采样（电感 T_{RL} 的主导时间常数比采样时间 T_s 要大得多），并且已通过仿真和实验结果证实。磁链和转矩控制设计也是类似的。

　　开发的 DPTC – SVM 方案（见图 16-13）对于 AC – DC – AC 变换器供电 IM 的主要特点和优点可概括如下：

- 四象限工作（双向功率流）；
- 磁链和转矩响应快；
- 在宽范围的速度运行区域内可获得最大输出转矩；
- 恒定开关频率和单极性电压脉冲（由于使用 SVM）；
- 磁链和转矩波动小；

- 转子参数变化的鲁棒性；
- 无运动传感器工作；
- 近似正弦线电流（低 THD，通常低于 5%）；
- 直接可调节无功功率（含 UPF）；
- 可控直流母线电压（在期望电平下稳定）；
- 消除了交流侧电压传感器（只需要直流母线电压传感器）；
- 连接到 VSI 输出的 IM 的宽速度范围运行；
- 由于有源 PF（可以使用薄膜电容器），减少了直流母线电容器；
- 独立使用 SVM 模块，开环或闭环方式操作简单。

参 考 文 献

1. H. Akagi, New trends in active filters for power conditioning, *IEEE Transactions on Industry Applications*, 32, 1312–1332, 1996.

2. M. Alakula and J. E. Persson, Vector Controlled AC/AC converters with a minimum of energy storage, in *Proceedings of the IEEE Conference*, London, U.K., 1994, pp. 1130–1134.

3. F. Blaschke, A new method for the structural decoupling of A.C. induction machines, in *Proceedings of the Conference Record IFAC*, Duesseldorf, Germany, October 1971, pp. 1–15.

4. V. Blasko and V. Kaura, A new mathematical model and control of a tree-phase AC-DC voltage source converter, *IEEE Transactions on Power Electronics*, 12(1), 116–123, January 1997.

5. B. K. Bose, *Modern Power Electronics and AC Drives*, Prentice-Hall, Upper Saddle River, NJ, 2002.

6. M. Cichowlas, PWM rectifier with active filtering, PhD thesis, Warsaw University of Technology, Warsaw, Poland, 2004.

7. R. W. De Doncker and D. W. Novotny, The universal field oriented controller, *IEEE Transactions on Industry Applications*, 30(1), 92–100, January/February 1994.

8. B.-G. Gu and K. Nam, A DC link capacitor minimization method through direct capacitor current control, in *Conference Record of the Industry Applications Conference, 2002, 37th IAS Annual Meeting*, Pittsburgh, Vol. 2, October 13–18, 2002, pp. 811–817.

9. T. G. Habatler, F. Profumo, M. Pastorelli, and L. M. Tolbert, Direct torque control of induction machines using space vector modulation, *IEEE Transactions on Industrial Applications*, 28(5), 1045–1053, September/October 1992.

10. T. G. Habatler and D. M. Divan, Rectifier/inverter reactive component minimalization, *IEEE Transactions on Industrial Applications*, 25(2), 307–316, March/April 1989.

11. D. G. Holmes and T. A. Lipo, *Pulse Width Modulation for Power Converters, Principles and Practice*, Wiley-Interscience, Hoboken, NJ/IEEE Press, Piscataway, NJ, 2003.

12. J. Holtz, Pulsewidth modulation for electronics power conversion, in *Proceedings of the IEEE*, 82(8), 1194–1214, August 1994.

13. IEEE, IEEE recommended practices and requirements for harmonic control in electrical power systems, IEEE Std 519-1992, The Institute of Electrical and Electronics Engineers, New York, 1993.

14. M. Jasinski, Direct power and torque control of AC/DC/AC converter-fed induction motor drives, PhD-thesis, Warsaw University of Technology, Warsaw, Poland, 2005.

15. J. Jung, S. Lim, and K. Nam, A feedback linearizing control scheme for a PWM converter-inverter having a very small DC-link capacitor, *IEEE Transactions on Industry Applications*, 35(5), 1124–1131, September/October 1999.

16. J. G. Kassakian, M. F. Schlecht, and G. C. Verghese, *Principles of Power Electronics*, Addison-Wesley Publishing Company, Reading, MA, 1991, p. 738.

17. M. P. Kazmierkowski and L. Malesani, Current control techniques for three-phase voltage-source PWM converters: A survey, *IEEE Transactions on Industrial Electronics*, 45(5), 691–703, October 1998.

18. M. P. Kazmierkowski and H. Tunia, Automatic control of converter-fed drives, Elsevier, Amsterdam, the Netherlands/London, U.K., New York/Tokyo, Japan/PWN Warszawa, Poland, 1994, p. 559.

19. M. P. Kazmierkowski, R. Krishnan, and F. Blaabjerg, *Control in Power Electronics*, Academic Press, San Diego, CA/London, U.K., 2002, pp. 579.

20. J. S. Kim and S. K. Sul, New control scheme for ac–dc–ac converter without dc link electrolytic capacitor, in *Proceedings of the IEEE PESC'93*, Seattle, WA, 1993, pp. 300–306.

21. S. Kim, S.-K. Sul, and T. A. Lipo, AC/AC power conversion based on matrix converter topology with unidirectional switches, *IEEE Transactions on Industry Applications*, 36(1), 139–145, January/February 2000.

22. J. W. Kolar, H. Ertl, K. Edelmoser, and F. C. Zach, Analysis of the control behaviour of a bidirectional three-phase PWM rectifier system, in *Proceedings of the EPE 1991 Conference*, Florence, Italy, 1991, pp. (2-095)–(2-100).

23. D.-C. Lee, K.-D. Lee, and G.-M. Lee, Voltage control of PWM converters using feedback linearization, in *Industry Applications Conference, 1998. 33rd IAS Annual Meeting. The 1998 IEEE*, Vol. 2, St Louis, MO, October 12–15, 1998, pp. 1491–1496.

24. J. Ch. Liao and S. N. Yen, A novel instantaneous power control strategy and analytic model for integrated rectifier/inverter systems, *IEEE Transactions on Power Electronics*, 15(6), 996–1006, November 2000.

25. M. Liserre, Innovative control techiques of power converters for industrial automation, Politecnico di Bari, PhD thesis, Politecnico di Bari, Bari, Italy, 2001.

26. K. J. P. Macken, M. H. J. Bollen, and R. J. M. Belmans, Mitigation of voltage dips through distributed generation systems, *IEEE Transactions on Industrial Applications*, 40(6), 1686–1693, November/December 2004.

27. L. Malesani, L. Rossetto, P. Tenti, and P. Tomasin, AC-DC-AC PWM converter with minimum energy storage in the dc link, in *Applied Power Electronics Conference and Exposition, 1993 (APEC '93), Eighth Annual Conference Proceedings 1993*, San Diego, CA, March 7–11, 1993, pp. 306–311.

28. M. Malinowski, Sensorless control strategies for three-phase PWM rectifiers, PhD thesis, Warsaw University of Technology, Warszawa, Poland, 2001.

29. M. Malinowski, M. Jasinski, and M. P. Kazmierkowski, Simple direct power control of three-phase PWM rectifier using space-vector modulation (DPC-SVM), *IEEE Transactions on Industrial Electronics*, 51(2), 447–454, April 2004.

30. V. Manninen, Application of direct torque control modulation technology to a line converter, in *Proceedings of the EPE 1995 Conference*, Seville, Spain, 1995, pp. 1.292–1.296.

31. N. Mohan, T. M. Undeland, and W. P. Robbins, *Power Electronics: Converters, Applications, and Design*, John Wiley & Sons, Singapore, 1989, p. 667.

32. L. Moran, P. D. Ziogas, and G. Joos, Design aspects of synchronous PWM rectifier-inverter systems under unbalanced input voltage conditions, *IEEE Transactions on Industry Applications*, 28(6), 1286–1293, November/December 1992.

33. T. Noguchi, H. Tomiki, S. Kondo, and I. Takahashi, Direct power control of PWM converter without power-source voltage sensors, *IEEE Transactions on Industry Applications*, 34(3), 473–479, 1998.

34. A. Sikorski, Problemy dotyczące minimalizacji strat łączeniowych w przekształtniku AC-DC-AC-PWM zasilającym maszynę indukcyjną, Politechnika Białostocka, Rozprawy Naukowe nr. 58, Białystok, Poland, 1998, pp. 217 (in Polish).

35. K. Stockman, M. Didden, F. D'Hulster, and R. Belmans, Embedded solutions to protect textile processes against voltage sags, *IEEE Industrial Applications Magazine*, 10(5), 59–65, September/October 2004.

36. T. Takahashi and T. Noguchi, A new quick-response and high efficiency control strategy of an induction machine, *IEEE Transactions on Industrial Applications*, 22(5), 820–827, September/October 1986.

37. R. Teodorescu, F. Blaabjerg, M. Liserre, and A. Dell'Aquila, A stable three-phase LCL-filter based active rectifier without damping, *Conference Record of the Industry Applications Conference, 2003, 38th IAS Annual Meeting*, Vol. 3, Salt Lake City, UT, October 12–16, 2003, pp. 1552–1557.

38. E. Twining and D. G. Holmes, Grid current regulation of a three-phase voltage source inverter with LCL input filter, *IEEE Transactions on Power Electronics*, 18(3), 888–895, May 2003.

39. R. Uhrin and F. Profumo, Performance comparison of output power estimators used in AC-DC-AC converters, in *20th International Conference on Industrial Electronics, Control and Instrumentation, 1994 (IECON'94)*, Vol. 1, Bologna, Italy, Sept. 5–9, 1994, pp. 344–348.

40. A. van Zyl, R. Spee, A. Faveluke, and S. Bhowmik, Voltage sag ride-through for adjustable-speed drives with active rectifiers, *IEEE Transactions on Industrial Applications*, 34(6), 1270–1276, November/December 1998.

41. P. Vas, *Sensorless Vector and Direct Torque Control*, Oxford University Press, New York, 1998, p. 729.

42. M. Winkelnkemper and S. Bernet, Design and optimalization of the DC-link capacitor of PWM voltage source inverter with active frontend for low-voltage drives, in *Proceedings of the EPE 2003 Conference*, Toulouse, France, 2003.

43. K. Xing, F. C. Lee, J. S. Lai, Y. Gurjit, and D. Borojevic, Adjustable speed drive neutral voltage shift and grounding issues in a DC distributed system, in *Proceedings of the Annual Meeting of the IEEE-IAS*, New Orleans, LA, 1997, pp. 517–524.

44. IEEE Std 519-1992, IEEE Recommended Practices and Requirements for Harmonic Control in Electrical Power Systems, The Institute of Electrical and Electronics Engineers Inc., USA, 1993.

45. M. P. Kazmierkowski, R. Krishnan, and F. Blaabjerg. *Control in Power Electronics*, Academic Press, San Diego, CA, 2002, pp. 579.

46. A. R. Prasad, P. D. Ziogas, and S. Manias, An Active Power Factor Correction Technique for Three-Phase Diode Rectifiers, *IEEE Transactions on Power Electronics*, 6(1), 83–92, January 1991.

47. A. R. Prasad, P. D. Ziogas, and S. Manias, Passive input current waveshaping method for three-phase diode rectifiers, *IEEE Transactions Proceedings-B.*, 139(6), 512–520, November 1992.

48. R. Stzelecki and H. Supronowicz, *Power Factor Correction in AC Current Systems*, OWPW, 2000, p. 451. (in Polish)

第 17 章 电 源

17.1 引言

"电源"一词是指以下几类电力变换系统：

① AC – DC 变换器，通常为单相或三相有源整流器。

② DC – DC 变换器，它们是硬或软开关（谐振变换器）运行的降压、升压或降压 – 升压变换器。

③ DC – AC 变换器，例如不间断电源（UPS）、AC 电源和电机驱动器。最近开发了一些新的电源应用领域，如电子镇流器、脉冲电源和高压电容充电电源。

商用电源目录，直流输出功率范围为 10W ~ 15kW，输出电压为 3.3V ~ 15kV，UPS 中的交流输出达到 60kV · A。通用直流电源可能包含电压固定或可调节的单输出或多输出端子。

初步分类表明，功率变换系统的技术解决方案需满足三个规定。首先要满足输入电源要求，这意味着要符合电源电压电平、电流限制、动态性能和适用标准。其次要满足负载要求，即稳态精度、纹波限值以及动态特性。第三，根据变换率和设备的重量和体积，应获得最大效率和最高功率密度，同时满足电磁干扰和射频干扰（EMI 和 RFI）法规的要求。

虽然线性电源仍然应用在负载规定非常严格的领域（例如实验室、高保真音频等），但是开关模式变换技术涵盖了大多数实用规格，并且随着功率器件和磁性元件的性能提高，控制技术变得更为复杂并具有更快的响应，该技术也正在获得新的应用领域。

本章重点介绍符合这三个规范的现代开关模式电源和控制技术。电源系统的基本模块如图 17-1 所示，其中电源为市政电源或者直流电流，如电池或太阳能电池板。这里，AC – DC 功率因数校正（PFC）环节使得系统满足市政标准，并使输入电流 i_g 最小化。原则上，PFC 需要输入电流和输出电压控制。在标准的两级方法中，PFC 部分通过 n 个输入滤波器连接到电源，以防止高频（HF）噪声的注入，而随后的变换器（DC – DC 或 DC – AC）工作在电压或电流模式，满足负载规格。

开关变换技术基于开关组合调节能力和理想零损耗的原理。在图 17-2 中，提出了第一象限 v 对 i 的基本变换技术，其中开关周期 T 上的平均输出电压 $\langle v \rangle_T$ 由占空比 d 和平均输入电压 $\langle v_g \rangle_T$ 控制：

$$\langle v \rangle_T = d \langle v_s \rangle_T \tag{17-1}$$

章节安排如下。引言过后，第 17.2 节介绍单相整流器。第 17.3 节着重介绍直流输入功率变换阶段，根据功率等级和负载要求详细说明关键部件和变换技术。第 17.4 节介绍了电源设计人员可获得的最新进展，然后进行了总结。

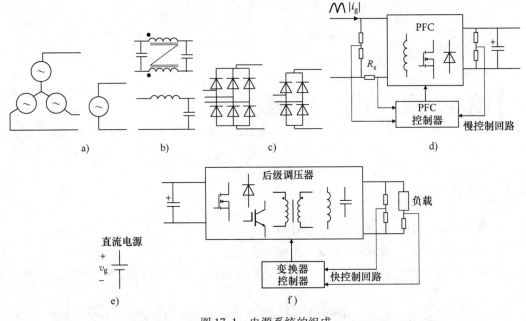

图 17-1　电源系统的组成

a）多相或单相电源　b）共模和差模滤波器　c）多相或单相无源整流器

d）有源 PFC 环节　e）直流电源　f）后端调压器 - 直流负载变换阶段

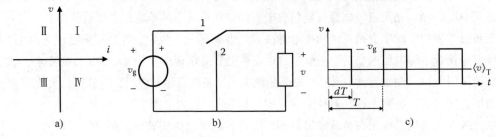

图 17-2　第一象限 v 对 i 的变换技术

a）四个工作象限　b）第一象限电压斩波器　c）受控平均输出电压

17.2　单相整流器

当需要满足功率因数和电流谐波含量限制的标准时，前端交流电源到直流输出的功率变换器便应运而生。IEC 1000 - 3 - 2（EN 61000 - 3 - 2）是相电流低于 16 A ［LHCE95］的设备的标准。设备分类和相应的谐波限值如图 17-3 所示。

20 世纪 90 年代报道了符合标准规范的各种解决方案 ［GCPAU03］。目前，新的二极管和晶体管具有更高的电压和电流应力，并能实现更好的开关性能。新的磁性材料则用于在开关模式电源中构建具有直流偏置电流的电感，可以在比间隙铁氧体磁心更小的尺寸下获得更高的储能能力，简化了非线性和自校定控制策略，并改进了内外电流控制回路的动力性能参数。所有这些都是在 PFC 环节设计方面取得的进步。

接下来介绍 PFC 技术的几个例子。它们按照输入电流是否受控分类。

17.2.1　无内部输入电流控制回路的 PFC 环节

PFC 环节可以在电源频率的每半周期内延长从电源吸收电流的时间。这可以通过使用基于线性感应滤波器的无源解决方案或谷底填充电路来实现，如图 17-4［BAB02］所示。

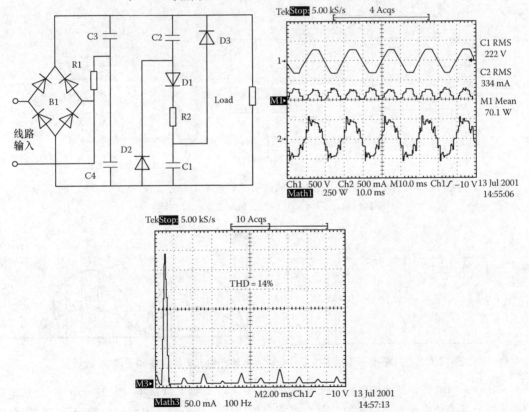

n	A类 (A rms)	B类 (A rms)	C类 (% fun.)	D类 (mA/W)
3	2.3	3.45	30PF	3.4
5	1.14	1.71	10	1.9
7	0.77	1.155	7	1.0
9	0.40	0.60	5	0.5
2	1.08	1.62	2	—
4	0.43	0.645	—	—
6	0.30	0.45	—	—
$8 < n < 40$	$1.84/n$	$2.76/n$	—	—

图 17-3　IEC 1000 – 3 – 2 规定的设备分类和谐波限值（根据 IEC，Limits for harmonic current emissions（＜16A 每相），IEC 1000/3/2 Int. Std. , 1995. 经许可）

图 17-4　左上角：谷底填充电路示例。右上方：上曲线是电源电压，中曲线是电源功率，下曲线是电源电流。底部：电源电流频谱（来自 Branas C, et al. , Evaluation of an electronic ballast for HID lamps with passive power factor correction, in Proceedings of the 28th Annual Conference of the Industrial Electronics Society（IECON2002），Sevilla, Spain, November 2002, pp. 371 – 376. 经许可）

谷底填充电路应用于低功率变换阶段。其输出电压具有 50% 的纹波，应由后级电路补偿。

升压变换器拓扑优于有源 PFC，因为它能提供最高的开关利用率，包括在连续导通模式下工作时产生连续电源电流的电感。当与规范中的欧洲公共电源连接时，典型的升压变换器输出电压 $V_o = 400V$。升压变换器在 PFC 应用中的作用通过使用高阻抗网络（HIN）[VSSJ07] 进行推广，高阻抗网络放置在输入整流器和向 DC–DC 变换器提供输入直流电压的电容器之间，如图 17-5 所示。与两级解决方案（PFC + 后级处理器）相比，当目标不是单位功率因数而是符合规范时，该解决方案可以使单级 PFC 的尺寸减小。

许多应用领域优先使用降压–升压型拓扑，因为其在非连续导通模式（DCM）中的控制非常简单，或因为需要可变输出电压。当电源频率的每个半周期的大部分时间内输出电压低于电源电压时，降压变换器也可以作为 PFC 来控制。例如，图 17-6 显示了在恒定的开关周期 T 和占空比 d 下，DCM 中作为电阻模拟器工作的降压–升压变换器。输入电流 i_g、峰值输入电流 i_{gpk} 和平均输入电流 $\langle i_g \rangle_T$，在式（17-2）和式（17-3）中给出：

$$i_{gpk} = \langle v_g \rangle_T \frac{dT}{L} \tag{17-2}$$

$$\langle i_g \rangle_T = \langle v_g \rangle_T \frac{d^2 T}{2L} \tag{17-3}$$

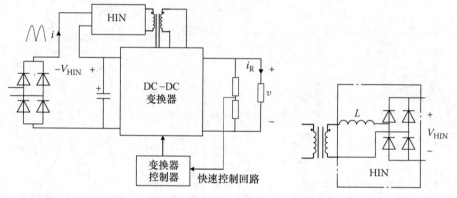

图 17-5　左：带 HIN 的单级 PFC。右：HIN 的例子（来自 Villarejo, J. A. et al., IEEE Trans. Ind. Electron., 54 (3), 1472, June 2007. 经许可）

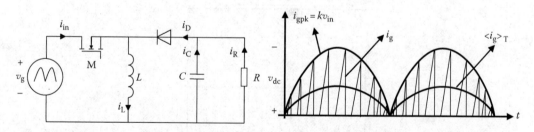

图 17-6　左：降压–升压拓扑。右：输入电流、输入电流包络和平均输入电流

不连续导通模式在晶体管中产生零电流导通。此外，它需要低电感（小尺寸电感）。当得到的电流纹波（峰值电流）不过大时，就会有相应的应用。对于 PFC 电路，一种广泛应用的解决方案是将 CCM 和 DCM 之间的边界处的工作模式进行修正，这是一个高达 200W 的合理解决方案。图 17-7 说明了升压变换器的这种工作模式。在这种情况下，需要零电流检测，并且开关周期不是恒定的。如果施加恒定的导通时间，则可以获得电阻模拟器的功能，可以从式（17-4）和式（17-5）中的输入电流 i_g、峰值输入电流 i_{gpk} 和平均输入电流 $\langle i_g \rangle_T$ 得出：

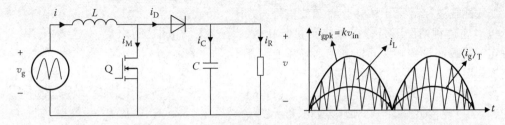

图 17-7 左：升压拓扑。右：在 DCM－CCM 边界条件下工作的输入电流、输入电流包络和平均输入电流

$$i_{\text{gpk}} \cong <v_g>_T \frac{t_{\text{on}}}{T} \tag{17-4}$$

$$<i_g>_T = <v_g>_T \frac{\mathrm{d}T}{2L} \tag{17-5}$$

17.2.2 内部控制电流环的 PFC 环节

输入电流控制旨在保证电阻模拟器的功能——内部电流回路与外部回路组合，外部回路由输出功率限制的输出电压控制或输出电压限制的输出功率控制组成。根据功率变换率，可以找到用于 DCM 和 CCM 之间的边界以及 CCM 工作的商业化解决方案［VSSJ07，PB09］。电流控制器使开关周期内的峰值或平均电流跟随正弦的电源电压值变化，而电源周期电流幅值由外部回路控制。图 17-8 展示了通过平均电流或滞环控制器，CCM 中的输入电流控制的影响。

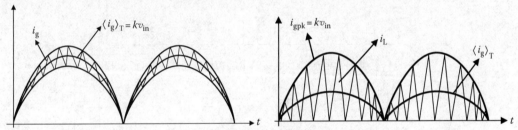

图 17-8 PFC 应用的电流控制

左：CCM 中的平均或滞环控制 右：在 CCM－DCM 边界条件工作下的峰值电流模式控制

平均电流控制可以在恒定的开关频率操作下实现，这是使电感器设计更容易并能够用来预测 RFI 和 EMI 的理想特性。然而，平均控制的固有动态性能在远低于开关频率的带宽内受到限制。

非线性控制器［MJE96］在固定的开关频率工作，响应速度快，并且操作简单。它们可以应用于不同的拓扑结构［LS98，ZM98，SLARF08］，可以在数字电路中实现，用来统一电源控制器，如图 17-9 所示。

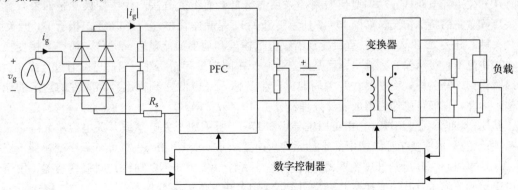

图 17-9 具有统一数字控制器的电源架构

非线性载波控制器［SC88］将载波信号与控制变量（在这种情况下是输入电流）进行比较，以确定开关瞬间没有开关周期延迟。升压变换器的情况如图 17-10 所示。关断瞬间对应于

$$V_m(1 - d) = r_s i_{Lpk} \qquad (17\text{-}6)$$

式中，r_s 为电流传感器；V_m 为外环控制的最大载波信号值。

因此，在升压变换器的每个开关周期中，峰值电流随输入电压变化。

非线性载波控制可以调整从而适应其他拓扑。例如，在降压 – 升压型变换器中，如 SEPIC（见图 17-11），关断时间由下式给出以实现在每个开关周期内峰值电流随输入电压变化。

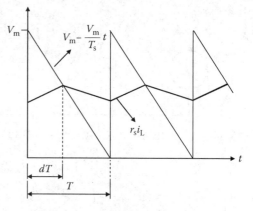

图 17-10 非线性载波控制 PFC 升压变换器的载波信号和采样电流

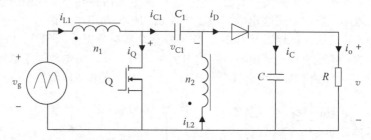

图 17-11 具有耦合电感 PFC 电路的单端初级电感式变换器（SEPIC）

$$V_m - V_m \frac{t}{T} = r_s i_{Lpk} \frac{t}{T}$$

$$V_m \frac{1 - d}{d} = r_s i_{Lpk} \qquad (17\text{-}7)$$

17.3 直流负载功率变换

使用诸如开关矩阵电路（K88）、基本三端子单元和起源于降压变换器（EMO1）的拓扑操作方法可以获得不同功率变换器拓扑的推导方法。

从开关矩阵电路推导功率变换器拓扑采用的是自上而下的方法。降压变换器是四象限直接开关矩阵电路的特殊情况，如图 17-12 所示。开关 11 是晶体管 M，开关 21 是二极管 D，开关 12 永久关断，开关 22 永久接通。直接变换器仅包括输入和输出的能量存储元件，而在间接变换器中，功率流不直接从输入到输出，而是经过了一个中间能量存储元件。它们可以通过直接变换器的级联得到。开关模式变换器在开关周期内产生从输入（电源）到输出存储元件的给定的能量传输。因此，它们可以作为离散能量处理器分析［MZ07，LYR05］。

从 3D 标准单元［KSV91］中可以推导出图 17-13 所示的开关电感或开关电容单元。它是图 17-14所示的基本变换拓扑结构中的常见元件。连接 a – A、b – B 和 c – C 可得降压变换器，连接 b – A、a – C 和 c – B 得到升压变换器，而连接 c – A、a – B 和 b – C 则得到间接变换器，用于开关电感单元的降压 – 升压变换器，以及用于开关电容单元的 Cuk 变换器。

功率变换器也可以从降压变换器的操作中得到（自下而上的方法）。电源和负载的反相将降

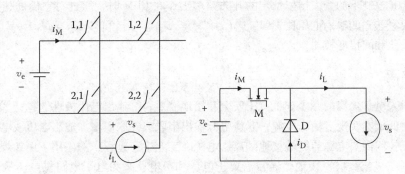

图 17-12　左：两输入线两输出线直接矩阵变换器。右：降压变换器

（来自 Krein P T, Elements of Power Electronics, Oxford University Press, Oxford, U. K., 1988. 经许可）

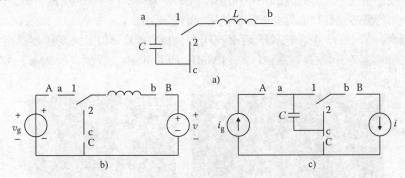

图 17-13　三端单元

a）标准单元　b）开关电感单元　c）开关电容单元

（来自 Erickson R W and Maksimovic D, Fundamentals of Power Electronics, 2nd edn.,
Kluwer Academic Publishers, Secaucus, NJ, 2001. 经许可）

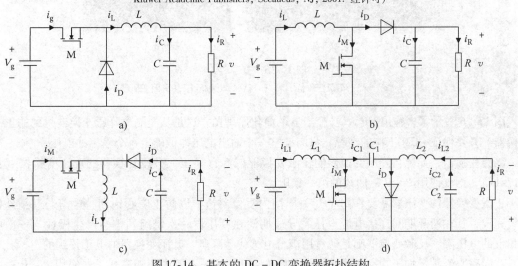

图 17-14　基本的 DC - DC 变换器拓扑结构

a）降压　b）升压　c）降压 - 升压　d）Cuk

压变换器转换为升压变换器，降压和升压变换器的级联连接形成降压 - 升压变换器，级联升压
和降压变换器则可得到 Cuk 变换器，升压和降压 - 升压变换器形成 SEPIC 等。双极性变换器是
基本变换器与负载差分连接的结果。逆变器（DC - AC 变换器）是双极性变换器，其中控制器根
据目标输出电压修改其每个开关周期内的参考值。

当占空比 d 控制下的变换器以恒定的开关频率工作在 CCM 时，通过对它们的拓扑结构稳态分析给出了大家熟知的输入电压比 $V/V_g = d$，$V/V_g = 1/(1-d)$ 和 $V/V_g = d/(1-d)$，这些分别对应降压、升压和间接变换器。

17.3.1 隔离

变换器引入电气隔离的原因如下：①安全和接地需要；②输出电压极性选择；③提高调节参数分辨率；④低成本实现多输出电源；⑤将电源输出串联或并联以增加输出电压或电流。

输出电压控制需要电源与终端接地隔离。电源在工业生产过程中的应用，例如焊接，需要一个输出端子（正极或负极）接地。通常需要正电压和负电压来为电子电路供电。从整流后的电源直接调节标准低输出电压，例如 12V 或 5V，将导致占空比利用范围十分有限。先前的降压电压变换提高了控制精度，从而提高了开关利用率。HF 开关频率产生 HF 电压，根据法拉第定律，它进行转换使用的磁芯比低频电源电压转换使用的磁芯更小。

作为示例，在图 17-15 中，比较了两个变压器：1kV·A、50Hz 的变压器，高 125mm，宽 150mm，深 170mm，重 14kg；1.3kV·A，125kHz 的平面变压器，高 22mm，宽 64mm，深 106mm，重 0.45kg。

a)   b)

图 17-15   变压器

a）1kV·A、50Hz 变压器   b）1.3kV·A、125kHz（平面变压器）

图 17-16 显示了多输出 DC – DC 变换器的简化原理图，这是从非隔离降压变换器得到的正激变换器。只要保证 CCM 工作的情况，只需调整一个输出电压即可确定每个输出的电压。

隔离变换器，如源自降压变换器的正激变换器或源自降压 – 升压变换器的反激变换器（见图17-17），均仅使用 $B-H$ 磁曲线的第一象限。

正激变换器的变压器需要在每个开关周期内复位磁链，以防止磁心饱和。这需通过额外的绕组完成，其在断开期间连接电源电压，导通期间在变压器一次绕组两端会产生极性与一次电压相反的电压降。反激变换器则是通过用耦合电感代替降压 – 升压变换器的电感得到的。

双向磁心激励增加了功率变换密度。如图 17-18 所示，示例中的隔离变压器使用 $B-H$ 磁曲线的两个象限并具有相同开关利用率。它们源于降压或升压拓扑。在第一阶段，产生 HF 交流电压或电流，然后将其转换并最终整流供给直流负载。

第一种方法中，磁性部件设计顺序是为了将电感器或变压器尺寸最小化，防止由磁心的磁滞回线包围的区域产生的磁饱和和涡流产生的过度损耗，这是由它的电阻、趋肤效应和间隙效应引起的。[L04，BV05，K09，APCU07]。

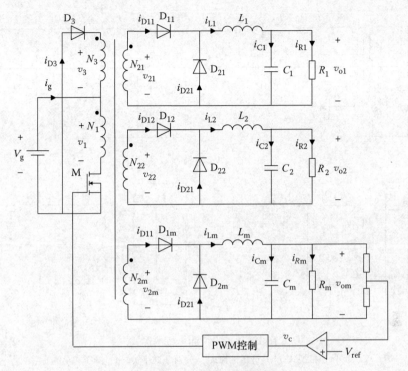

图 17-16 多输出正激变换器

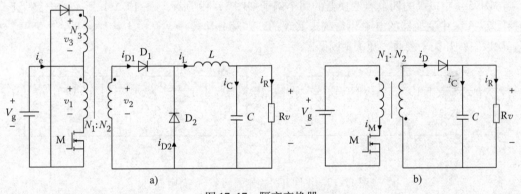

a)   b)

图 17-17 隔离变换器
a) 正激变换器 b) 反激变换器

17.3.2 开关电容变换器

磁性元件使得电源的集成变得困难,这限制了尺寸和成本的减小。一些商业单片电路集成了有源部件即开关和控制器,并且需要连接无功部件来组成电源。完全或部分集成在单片电路开关电容器(SC)中的电源变换器在低功耗应用中也有使用[I01]。

如[M97]所述,基于 Makowski 电池的空载两相 SC 变换器的转换比是

$$M[k] = \frac{V}{V_g} = \frac{P}{Q} \tag{17-8}$$

其中

$$\text{Max}[\text{Abs}[P], \text{Abs}[Q]] \leq F_k, \text{Min}[\text{Abs}[P], \text{Abs}[Q]] \leq 1 \tag{17-9}$$

式中,k 为包括输出端的电容器总数;F_k 为第 k 个斐波那契数。

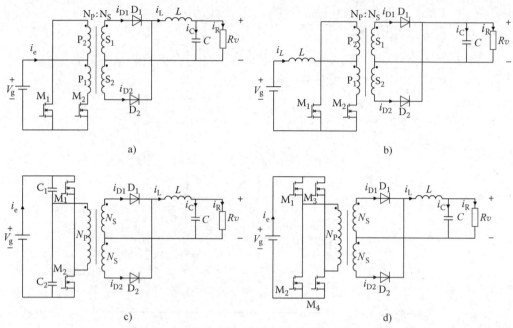

图 17-18　半桥和全桥的形式

a）降压推挽式　b）升压推挽式　c）降压式半桥　d）降压式全桥

因此，升压和降压变换以及正负极性取决于每一阶段的不同开关的状态。

［MM95］中提供的四电容变换器的两个例子如图 17-19 所示。图 17-19b 所示的电路是通过倒换图 17-19a 中变换器的电源和负载来实现的。在第一阶段中，开关 1 接通，开关 2 断开，在第二阶段中，开关 2 接通，开关 1 断开。

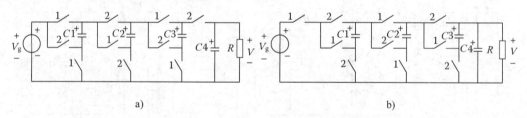

图 17-19　不同开关控制的两个 SC 变换器

a）V / V_g =5　b）V/ V_g =1/5 （来自 Makowski M S and Maksimovic D, Performance limits of

switched – capacitors DC – DC converters, Proceedings of the Power Electronics

Specialist Conference, Atlanta, GA, June 18 – 22, vol. 2, pp. 1215—1221, 1995. 经许可）

如果在充电之后，电容器只能少量放电，那么在第一阶段，图 17-19a 中的变换器将给 C_1 充电到 V_g，V_g 和 C_1 在阶段 2 中将 C_2 充电到 $2V_g$，因此 C_2 和 V_g 在阶段 1 将 C_3 充电到 $3V_g$，同样 C_4 在阶段 2 中由 C_3 和 C_2 充电至 $5 V_g$（V/ V_g =5）。图 17-19b 中变换器的倒换使 V_g/V = 5。

对开关转换、集成电路实现和调节功能的改进以减小输出负载依赖性是基于 SC 技术的低功耗电源的研究工作和工业发展的主题。

17.3.3　软开关变换器

通过提高开关频率可以减小电感电容和变压器的尺寸，然而，开关损耗对开关频率的依赖限制了这些元件的尺寸减小。

零电压开关（ZVS）在开关转换开始时两端的电压为零。而零电流开关（ZCS）在开关转换开始时通过的电流为零。软开关转换的结果是实现理想的零开关损耗。

谐振、准谐振和多谐振变换器是实现 ZVS、ZCS 或两者同时实现的拓扑结构，这些拓扑结构允许增加开关频率。因此，磁性元件和开关导通的损耗决定了变换器尺寸减小的限制。

通过将电压和电流的二次方曲线修改为正弦或部分正弦形状，并通过添加额外的电感器、电容器或谐振（LC）器以在过零时间产生一些延迟来实现软开关转换。对于给定的恒定暂态时间，由开关电流与开关电压 $[i_D(v_{DS})]$ 包围的面积代表能量损耗。在图 17-20 中通过使用函数 $[i_D(v_{DS})]$ 比较了硬开关和软开关。

软开关导通和关断是通过将 L 和 C 元件分别串联和并联连接到经典开关，产生谐振开关 [L88]（见图 17-21）或通过设计包括附加开关的特定开关布置来实现。文献 [VCVFF96] 介绍了通过用谐振开关器件代替传统开关得到的新系列变换器的例子。

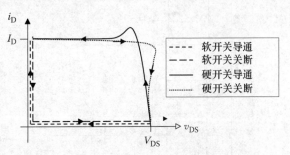

图 17-20　通过硬开关和软开关切换的电流与电压

通过在经典拓扑的开关和负载之间插入谐振回路（LC 网络），方波波形基本上被转换为基波模式。当开关频率高于谐振频率时，则可以实现 ZVS 导通，当开关频率低于谐振频率时，则可以实现 ZCS 关断。当功率 MOSFET 用作开关时，尤其是在桥式拓扑结构中，由于集成在 MOSFET 结构中的二极管的开关性能差，其在谐振频率时的工作状态如图 17-22 所示。不同的谐振网络是谐振变换器（RC）[S88，KC95] 的起源。图 17-23 展示了 LC 网络的不同布置，形成了以下谐振变换器电路：LC 串联 RC、LC 并联 RC、LCC 串 - 并联 RC、LCC 并 - 串联 RC 和 $LLCRC$。负载 R_{AC} 代表可能的最终负载，变换器是 DC - 高频 AC 的变换器，或由随后的变压器和整流器实现的隔离 DC - DC 变换器。

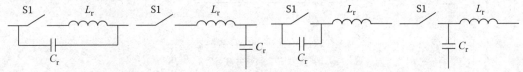

图 17-21　左：ZC 谐振开关。右：ZV 谐振开关

（来自 Lee, F. C., Proc. IEEE, 76（4），377，April, 1988. 经许可）

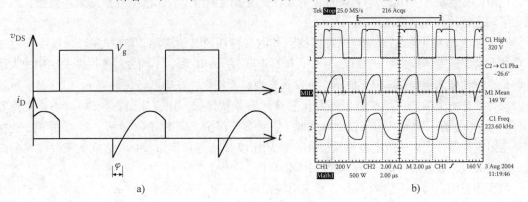

图 17-22　谐振运行

a）漏极 - 源极电压（v_{DS}）和漏极电流（i_D）

b）D 类 LCC 并 - 串联谐振变换器。上：中点电压。下：电感电流。中间：中点电压电流的乘积（中点功率）

　　RC 的设计不仅为了保证软开关，还要使谐振回路中的功率因数最大化，也就是使图 17-22 中的角度 φ 最小化，以使引起导通损耗的谐振电流幅值最小化，以及使关断瞬间的开关损耗最小化。

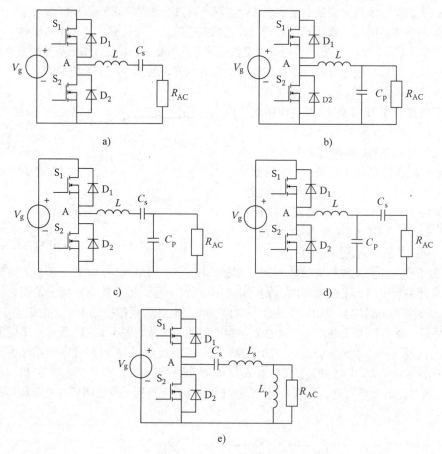

图 17-23　不同的 *RC* 变换器

a）串联 *RC*　b）并联 *RC*

c）串 – 并联 *RC*　d）并 – 串联 *RC*　e）*LLC RC*

　　包络变量模型［WHE9I，YZGE03］是方波变换器的平均模型的谐振变换器对应模型，用于确定其动态特性和控制器设计。

　　除了降低开关损耗之外，*RC* 还可以找到其电气特性的其他应用。串联/并联谐振变换器是 *LCC* 和 *LLC* 变换器的特例。在图 17-24 中，*LCC* 串联/并联 *RC* 时，不同变量不同开关频率的大信号的稳态特性如文献［CBA10］所示。可以观察到以下特性：在串联谐振频率 ω_s（见图17-24a）下，变换器是一个输入电压控制电压源，它被开路负载保护。在空载谐振频率 ω_0 下，变换器（见图 17-24b）是一个输入电压控制电流源，它被短路保护。图 17-24c 显示了频率 ω_L 时，变换器是电阻模拟器，因为输入电流不受负载影响。图 17-24d 显示了 ω_s 和 ω_0 之间的开关频率的区域，变换器行为接近输入电压控制电源［AZB07］。

　　由于固有的高输出阻抗 Z_0 属性，作为电流源或功率源，分别有 $Z_0 = \infty$ 和 $Z_0 = R_{Load}$，谐振变换器用于气体放电灯控制的电子镇流器［A01］、臭氧发生器［AGCRC05］、电火花加工、电弧焊［FR98，MMRTMP95］等。最近的研究主要集中在 *LLC* 变换器上，因为谐振回路和随后的变压器可以集成在单个磁性器件中［C07］。

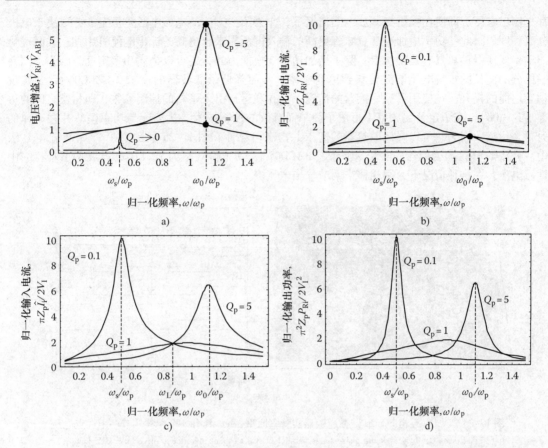

图 17-24　作为负载（并联品质因数 Q_p）和开关频率 ω 的函数的 LCC 串并联 RC 的大信号状态分析
（来自 Casanueva R，et al.，IEEE Trans. Ind. Elec.，57，3355，2010. 经许可）

17.4　趋势

电源设计人员面临的挑战在于实现更高的功率密度、速度控制和负载变化的适应性。

17.4.1　新器件和新磁芯

新的商用功率器件简化了电源电路，并提高了效率，预示着在将性能接近理想型开关过程中向前迈进了一步。CoolMOS™ 晶体管随 BV_{BR} 电压阻断能力其导通电阻线性增加，而传统 MOSFET 的导通电阻取决于 $BV_{BR}^{2.5}$。这些器件可以承受高达 900V 的电压。沟槽 MOSFET 提供比以前的同步 MOSFET 更低的导通电阻和栅极电荷，允许增加开关频率并减少导通损耗。

SiC 功率器件技术减少了 n^- 层，因为它的击穿电场，$E_{BR} = 2 \times 10^6 V/cm$，是 Si 器件的击穿电场 $E_{BR} = 3 \times 10^5 V/cm$ 的几倍。GaN 具有更高的击穿电场，约是 Si 的 10 倍。具有比快速硅二极管更优异的开关性能和更高结温的 600V SiC 肖特基二极管，可改善 PFC 效率、开关频率和尺寸 [SBCCP03]。

具有集成间隙的高磁通饱和度和软饱和磁芯具有比间隙铁氧体更高的能量存储能力，减小了尺寸，并增加了 CCM 的负载范围。

17.4.2　并联工作

在大多数情况下，初始电源是电压源，例如电网电压和电池。同时，大多数指定的电源输出都是输出电压。即使在控制气体放电的情况下，作为第一方法的电弧电压是恒定的，取决于电极分离程度。因此，功率增加通常意味着更高的输入电流需求和更高的输出电流可用性。并联优化的功率变换器模块具有几个优点。除了增加功率变换能力外，还可以提高功率密度，因为不同并联部分的交叉同步将电流谐波转移到更高频率，从而降低了滤波器的需求［GZCC06］，并实现动态性能的提升。在使用谐振变换器的情况下，并联运行引入了新的控制参数，即相位之间的重叠［BAC08］，在恒定开关频率下形成了简单而有效的控制技术。热分配是功率模块并联工作的另一个优点，因为它可以降低散热器的需求并提高可靠性。图 17-25 展示了一个 1kW 五相 D 级串 – 并联 LCC 谐振变换器的实验室原型［BACD07］，其工作频率为 125kHz，还展示了每相的中性点电压。在这种情况下，用相移来调节输出电压。

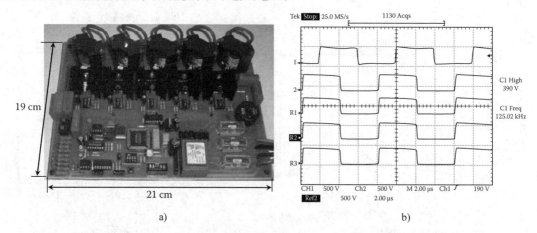

图 17-25　a）五相 LCsCp 谐振逆变器实验室原型　b）具有一个相移调节的中性点电压
（来自 Branas C，et al.，Penta phase series parallel LCsCp resonant in verter to drive 1kW HPS Lamps，in Conference Record of the 47th Annual Meeting，New Orleans，September 2007，pp. 839 – 845. With permission. ）

17.4.3　节能

每个能量转换阶段都会造成总体效率的降低，但是必须满足电源规范。经典且更昂贵的解决方案级联不同的有源和无源阶段，以整形、存储能量、消除谐波，修正电压和电流水平，从而在电源或负载变化的情况下得到所需的响应。完成两组或多组规格的功率环节的集成可以改善功率密度特性，如间接变换器的情况，但这并不意味着功率处理环节的减少。迄今提出的功率变换技术和电力电子元件都集中在提高每个能量转换阶段的效率。每个阶段没有 100% 的能量转化时，整体效率也会增加。对于 n 个变换阶段的电源，总效率 η 可以表示为

$$\eta = \sum_m k_m \left(\prod_{i=j}^{n} \eta_i \right) \tag{17-10}$$

式中，k_m 是通过 j 到 n 个阶段处理的电源能量的第 m 部分。处理的能量的减少也能实现动态性能的改善。

部分功率处理的一个例子是双输入降压变换器（TIbuck）。图 17-26 显示了［SVHNF99］中分析的其中一个电路以及 TIbuck 的原理图，区分了功率变换器的两个结构。

该原理通常应用于将 PFC 和后级处理器集成在单级环节的电源级联和并联能量处理，［QSO1］介绍了推导出的拓扑结构。通常，快速输出响应所需的能量部分是在级联功率变换器环节进行转换的，同时通过将能量直接传递到负载（旁路转换级）来提高效率，尽管此时并联能量处理可能需要更多的半导体开关和复杂的控制电路。

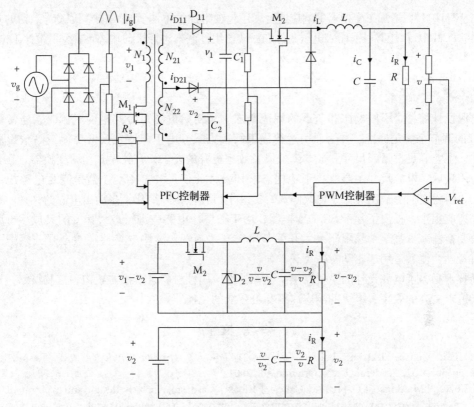

图 17-26　上图：基于具有 TIbuck 后级处理器的反激拓扑的双输出功率因数校正器

下图：TIbuck 结构的细节（来自 Sebastian J，et al.，IEEE Trans. Ind.

Electron.，46（3），569，June 1999. 经许可）

17.4.4　数字建模与控制

直接数字变换器建模［MZ07］克服了平均连续时间建模的带宽限制，并能够获得精确的小信
号离散模型，因为它考虑了数字控制变换器中的采样、调制器影响和延迟，便于直接数字补偿器
（$G_c(z)$）设计（见图 17-27）。非线性控制器［RS08］，如电流编程和电压调节器（v_2），在数字电路

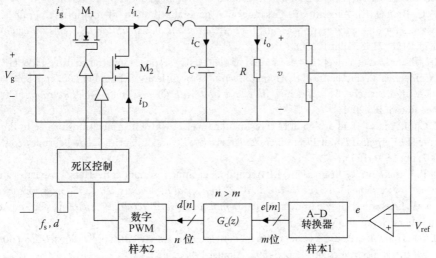

图 17-27　［LYRO5］中提出的数字控制降压变换器的框图（来自 Prodic A，et al.，

IEEE Trans. Power Electron.，18（1），420，January 2003. 经许可）

的预测［TMT08］，增加了变换器的响应速度，还包含附加的电源管理功能［WD06］。新的自调节控制器［PCME03］能够根据输入电压条件和滤波器组件调整运行状态，从而减少了设计工作量。

17.5　结论

电源设计需符合不同电源和负载的规范要求。当初始电源是公共电网电源时，通常需要有源 PFC 的调节来满足标准，并为通用运行提供解决方案。由于即使在极低功耗或高输出质量的电源中，也能满足重量、尺寸和成本降低以及效率提升的要求，开关模式功率变换器正在获得更多的应用领域。电源尺寸主要取决于功耗需求和磁性元件尺寸。磁变压器是满足电源规范的关键因素，因为它们为输出提供了电气隔离，提高了可控性，并简化了多输出电源的设计。在低功率非隔离应用中，提出了基于 SC 的变换器，用于在单片电路中进行最大程度的集成。可以通过软开关变换器减少甚至消除限制最大开关频率的开关损耗。这些变换器在给定开关频率下也具有固有特性，使其适用于驱动特殊负载，如气体放电。

新技术涵盖了电源设计的主要需求：电源器件，磁性材料，变换器架构和控制策略，这些都有助于追求更高的效率、更快的响应速度和更智能的变换器。

参 考 文 献

[A01] J.M. Alonso, Electronic ballasts Chapter 21, *Power Electronics Handbook*, M.H. Rashid (ed.), pp. 507–532, Academic Press, Orlando, FL, 2001.

[AGCRC05] J.M. Alonso, J. Garcia, A.J. Calleja, J. Ribas, J. Cardesin, Analysis, design, and experimentation of a high-voltage power supply for ozone generation based on current-fed parallel-resonant push-pull inverter, *IEEE Transactions on Industry Applications* 41(5), 1364–1372, September–October 2005.

[APCU07] R. Asensi, R. Prieto, J.A. Cobos, J. Uceda, Modeling high-frequency multiwinding magnetic components using finite-element analysis, *IEEE Transactions on Magnetics,* 43(10), 3840–3850, October 2007.

[AZB07] F.J. Azcondo, R. Zane, C. Branas, Design of resonant inverters for optimal efficiency over lamp life in electronic ballast with phase control, *IEEE Transactions Power Electronics* 22 (3, Part Special Section on Lighting Applications), 815–823, May 2007.

[BAB02] C. Brañas, F.J. Azcondo, and S. Bracho, Evaluation of an electronic ballast for HID lamps with passive power factor correction, in *Proceedings of the 28th Annual Conference of the Industrial Electronics Society (IECON 2002)*, Sevilla, Spain, November 2002, pp. 371–376.

[BAC08] C. Branas, F.J. Azcondo, R. Casanueva, A generalized study of multiphase parallel resonant inverters for high-power applications, *IEEE Transactions on Circuits and Systems I: Regular Papers*, 55(7), 2128–2138, August 2008.

[BACD07] Branas, C. et al., Penta phase series parallel LCsCp resonant inverter to drive 1 kW HPS lamps, in *Conference Record of the 47th Annual Meeting*, New Orleans, September 2007, pp. 839–845.

[BV05] A.V. den Bossche, V.C. Valchev, *Inductors and Transformers for Power Electronics*, CRC Press, Boca Raton, FL, 2005.

[C07] H. Choi, Analysis and design of LLC resonant converter with integrated transformer, in *Proceedings of the IEEE Applied Power Electronics Conference (APEC)*, Palm Springs, CA, February 25–March 1, 2007, pp. 1630–1635.

[CBA10] R. Casanueva, C. Brañas, and F.J. Azcondo, Teaching resonant converters: Properties and applications for variable loads, *IEEE Tranctions on Industrial Electronics*, 57, 3355–3363, October 2010.

[EM01] R.W. Erickson, D. Maksimovic, *Fundamentals of Power Electronics*, 2nd edn., Kluwer Academic Publishers, Secaucus, NJ, 2001.

[FR98] J.A. Ferreira, J.A. Roux, A series resonant converter for arc-striking applications, *IEEE Transactions on Industrial Electronics*, 45(4), 585–592, August 1998.

[GCPAU03] O. Garcia, J.A. Cobos, R. Prieto, P. Alou, J. Uceda, Single phase power factor correction: a survey, *IEEE Transactions on Power Electronics,* 18(3), 749–755, May 2003.

[GZCC06] O. García, P. Zumel, A. de Castro, J.A. Cobos, Automotive DC-DC bidirectional converter made with many interleaved stages, *IEEE Transactions on Power Electronics,* 21(3), 578–586, May 2006.

[I01] A. Ioinovici, Switched-capacitor power electronics circuits, *IEEE Circuits and Systems Magazine,* 1(3), 37–420, July 2001.

[K09] M.K. Kazimierczuk, *High-Frequency Magnetic Components,* John Wiley & Sons, Chichester, U.K., 2009.

[K88] P.T. Krein, *Elements of Power Electronics.* Oxford University Press, Oxford, U.K., 1988.

[KC95] M. K. Kazimierzuk, D. Czarkowski, *Resonant Power Converters,* Wiley, New York, 1995.

[KSV91] J.G. Kassakian, M. Schlecht, G. Verghese, *Principles of Power Electronics,* Addison-Wesley Publishing Company, Reading, MA, 1991.

[L04] Colonel Wm. T. McLyman, *Transformer and Inductor Design Handbook,* 3rd edn., Marcel Dekker, Inc., New York, 2004.

[L88] F.C. Lee, High-frequency quasi-resonant converter technologies, *Proceedings of the IEEE,* 76(4), 377–390, April 1988.

[LHCE95] IEC, Limits for harmonic current emissions (equipment input current <16A per phase), IEC 1000/3/2 Int. Std., 1995.

[LS98] Z. Lai, K.M. Smedley, A family of continuous-conduction-mode power-factor-correction controllers based on the general pulse-width modulator, *IEEE Transactions on Power Electronics,* 13(3), 501–510, May 1998.

[LYR05] F.L. Luo, H.Y.M. Rashid, *Digital Power Electronics and Applications,* Elsevier Academic Press, Oxford, U.K., 2005.

[M97] M.S. Makowski, Realizability conditions and bounds on synthesis of switched-capacitor DC-DC voltage multiplier circuits, *IEEE Transactions on Circuits and Systems I: Fundamental Theory and Applications,* 44(8), 684–691, August 1997.

[MJE96] D. Maksimovic, Y. Jang, R.W. Erickson, Nonlinear-carrier control for high-power-factor boost rectifiers, *IEEE Transactions on Power Electronics,* 11(4), 578–584, July 1996.

[MM95] M.S. Makowski, D. Maksimovic, Performance limits of switched-capacitor DC-DC converters, in *Proceedings of the IEEE Power Electronics Specialist Conference,* Atlanta, GA, June 18–22, 1995, vol. 2, pp. 1215–1221.

[MMRTMP95] L. Malesani, P. Mattavelli, L. Rossetto, P. Tenti, W. Marin, A. Pollmann, Electronic welder with high-frequency res sonant inverter, *IEEE Transactions on Industry Applications,* 31(2), 273–279, April 1995.

[MZ07] D. Maksimovic, R. Zane, Small-signal discrete-time modeling of digitally controlled PWM converters, *IEEE Transactions on Power Electronics,* 22(6), 2252–2256, November 2007.

[PB09] A.I. Pressman, K. Billings. *Switching Power Supply Design,* 3rd edn., Mc Graw Hill, New York, 2009.

[PCME03] A. Prodic, J. Chen, D. Maksimovic, R.W. Erickson, Self-tuning digitally controlled low-harmonic rectifier having fast dynamic response, *IEEE Transactions on Power Electronics,* 18(1), 420– 428, January 2003.

[QS01] C. Quiao, K.M. Smedley, A topology survey of single stage power factor corrector with a boost type input-current-sharper, *IEEE Transactions on Power Electronics,* 16(3), 360–368, May 2001.

[RS08] R. Redl, T. Schiff, A new family of enhanced ripple regulators for power-management applications, in *Proceedings of the Power Electronics Control and Intelligent Motion PCIM 2008,* Nürnberg, Germany, May 27–29, 2008.

[S88] R.L. Steigerwald, A comparison of half-bridge resonant converter topologies, *IEEE Transactions on Power Electronics,* 3(2), 174–182, April 1988.

[SBCCP03] G. Spiazzi, S. Buso, M. Citron, M. Corradin, R. Pierobon, Performance evaluation of a Schottky SiC power diode in a boost PFC application, *IEEE Transactions on Power Electronics,* 18(6), 1249–1253, November 2003.

[SC88] K.M. Smedley, S. Cuk, One-cycle control of switching converters, *IEEE Transactions on Power Electronics*, 10(6), 625–633, April 1988.

[SLARF08] J. Sebastian, D.G. Lamar, M. Arias, M. Rodriguez, A. Fernandez, The voltage-controlled compensation ramp: A new waveshaping technique for power factor correctors, in *Proceedings of the IEEE Applied Power Electronics Conference (APEC)*, Austin, TX, pp. 722–728, February 24–28, 2008.

[SVHNF99] J. Sebastian, P.J. Villegas, M. Hernando, F. Nuño, F. Fernandez Linera, Average-current-mode control of two-input buck postregulators used in power-factor correctors, *IEEE Transactions on Industrial Electronics*, 46(3), 569–576, June 1999.

[TMT08] D. Trevisan, P. Mattavelli, P. Tenti, Digital control of single-inductor multiple-output step-down DC–DC converters in CCM, *IEEE Transactions on Industrial Electronics*, 55(9), 3476–3483, September 2008.

[VCVFF96] M.S. Vilela, E.A.A. Coelho, J.B. Vieira Jr., L.C. de Freitas, V.J. Farias, A family of PWM soft-switching converters without switch voltage and current stresses, in *Proceedings of the IEEE International Symposium on Circuits and Systems*, Atlanta, GA, May 12–15, 1996, vol. 1, pp. 533–536.

[VSSJ07] J.A. Villarejo, J. Sebastian, F. Soto, E. de Jodar, Optimizing the design of single-stage power-factor correctors, *IEEE Transactions on Industrial Electronics*, 54(3), 1472–1482, June 2007.

[WD06] R.V. White, D. Durant, Understanding and using PMBus™ data formats, in *Proceedings of the IEEE Applied Power Electronics Conference (APEC)*, Austin, TX, March 2006, pp. 834–840.

[WHE91] A.F. Witulski, A.F. Hernandez, R.W Erickson, Small signal equivalent circuit modeling of resonant converters, *IEEE Transactions on Power Electronics*, 6(1), 11–27, January 1991.

[YZGE03] Y. Yin, R. Zane, J. Glaser, R.W. Erickson, Small-signal analysis of frequency-controlled electronic ballast, *IEEE Transactions on Circuit and Systems-I: Fundamental Theory and Applications*, 50(8), 1103–1110, August 2003.

[ZM98] R. Zane, D. Maksimovic, Nonlinear-carrier control for high-power-factor rectifiers based on up-down switching converters, *IEEE Transactions on Power Electronics*, 13(2), 213–221, March 1998.

第 18 章 不间断电源

18.1 引言

因为日益增多的重要负载如电信系统、计算机设备和医院设备，不间断电源（UPS）系统变得越来越重要。近几年来，出现了越来越多关于 UPS 系统研究的出版物，同时市场上引入了不同种类的工业 UPS 单元。此外，新型储能系统、电力电子拓扑、快速电气器件、高性能数字处理器以及其他等技术进步的发展为 UPS 系统带来了新的机遇［King03，Bekiarov02］。

诸如分布式发电（DG）和微电网等新型电能概念，要求储能系统能够管理消耗点附近的能源。换句话说，分布式 UPS 系统正在变得越来越重要，将不同可再生能源如光伏或风力发电机组合在一起［Guerrero07］。电力电子的使用有助于控制 UPS 系统的部件，提高电源质量和可靠性。如今，使用 UPS 的情况非常多，不仅因为它的额定功率范围宽，还因为能源存储系统种类多种多样。此外，数字信号处理器正在完成过去无法实现的实际控制技术，实现新的电力系统配置。

UPS 系统领域是一个多学科领域，其中包括功率级拓扑、控制技术、技术存储解决方案和复杂的电力系统等。根据世界各地 UPS 系统工程师、制造商、研究人员和用户的兴趣，撰写了本章的内容。此章节将按照以下主题进行组织：UPS 系统分类、储能系统、分布式 UPS 系统和基于 UPS 分布式系统的微电网。

18.2 UPS 系统分类

UPS 是一种设备：当公共电源不可用时，它通过单独的电源供电，维持对连接设备的连续供电。UPS 通常布置在公共电源和重要负载之间。当发生电源故障或异常时，UPS 几乎能在一瞬间从公用电源切换到自己的电源。有各种额定功率的 UPS 单元：从为没有监视器的大约 300W 的单个计算机提供备用的单元，到通常与发电机一起工作的，为整个数据中心或几兆瓦的建筑物提供电力的单元。

UPS 系统通常分为静止和旋转（动态）两类，静止型使用具有半导体器件的电力电子变换器，旋转型是诸如电动机和发电机之类的机电发动机。静态和旋转 UPS 系统的组合通常称为混合 UPS 系统［Kusko96］。

旋转式 UPS 系统已经存在了很长时间，其额定功率可达几兆瓦［Dugan03］。图 18-1 展示了由具有重型飞轮和发动机的电动机 – 发电机组组成的旋转式 UPS 的结构。这个概念非常简单：由公用电源供电的电机驱动发电机为重要负载供电。装在轴上的飞轮提供更大的惯量，以增加穿越时间。在电源干扰的情况下，电机和飞轮的惯量能保持几秒钟给电源供电。这些系统由于其高可靠性仍在使用中，而且新的系统正在工业环境中安装。虽然这种 UPS 概念简单，但它有一些缺点，例如与电动机–发电机组相关的损耗、整个系统的噪声以及维护需求。为了减少这些损失，提出了离线配置，如图 18-2 所示。在正常运行状态下，同步电机用于补偿无功功率。当公共电源发生故障时，静态开关打开，同步电机开始作为发电机运行，注入有功功率和无功功率。当飞轮释放储存的能量时，柴油发动机才有时间起动。

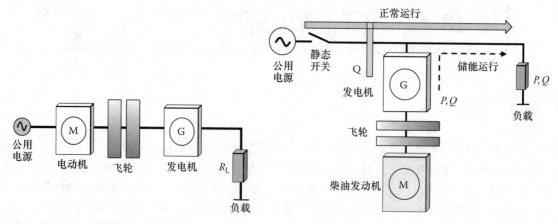

<table>
<tr><td>图 18-1　由带有飞轮的 M – G 组组成
　　　　　的旋转 UPS 的框图</td><td>图 18-2　具有柴油发动机的备用离线 UPS</td></tr>
</table>

关于动态或旋转 UPS 系统，必须牢记，如果没有安装离合器，则柴油发电机必须以备用电源方式在所有的模式运行。然而，如果安装了离合器，例如 Piller 旋转式 UPS 或 Eurodiesel 公司的产品，则发电机可以正常停止，并且当发生电力损失时，飞轮具有足够的动能在几秒钟内使柴油发电机以电子方式起动。此时，电磁离合器接合，并且飞轮能量用于将发电机提高至适当的速度。

另一方面，飞轮 UPS 系统设计成能在几秒钟范围内工作，但请记住，如果我们增加从发电机获取的功率，则这个时间会相应缩短。在这个例子中，作者展示了飞轮 UPS 的设计：提供 85kW 的功率，支持近 40s 的穿越时间。此外，在业界，我们可以找到商用飞轮 UPS 系统，例如 SocomecSicon。这种商用 UPS 能够与其他模块以及静态 UPS 的直流母线并行工作。飞轮在真空中磁悬浮，以高达 54000r/min 的速度旋转。该系统在额定功率下提供 190kW 的 13s 穿越时间。

此外，旋转 UPS 系统可与电力电子变换器组合成混合系统，如图 18-3 所示。由 AC – AC 变换器组成的变速驱动器调节与电机相关的飞轮的最佳速度。如果转子在 3150 ~ 3600r/min 转速之间旋转，当机械减速时写极发电机（或可充磁发电机）就会产生恒定的电源频率。当公共电源出现故障时，飞轮惯性允许发电机转子保持转速高于 3150r/min［Dugan03］。

静态 UPS 系统是基于电力电子设备的系统。绝缘栅双极型晶体管（IGBT）等器件的不断发展使其可实现在高频下工作，这会带来输出电压快速瞬态响应和低总谐波畸变率（THD）。根据国际标准 IEC 62040 – 3 和 ENV 500091 – 3，UPS 系统可分为三大类：［Karve00，Bekiarov02］：

① 离线式（被动后备式或电源优先）。图 18-4a 展示了离线 UPS 的配置，也称为电源优先 UPS 或被动后备式。它由电池组、充电器和开关组成，通常将公用电源连接到负载和电池，以使它们保持充电（正常工作）。然而，当公共电源出现故障或功能异常时，静态开关将负载连接到逆变器，以便从电池供电（储能运行）。从正常操作到存储能量操作的传递时间通常小于 10ms，这不会影响典型的计算机负载。当发生电源故障、电压下降或出现尖峰时，UPS 能通过这种配置将公用电源传输给负载；同时，UPS 将负载切换连接到电池电源，并断开公用电源，直到其恢复到可接受的水平。离线 UPS 系统完全解决问题 1 ~ 3。然而，对于功率问题 4 ~ 9，它们只能通过

切换到存储能量的操作来解决。在这种情况下，即使存在线路电压，电池也会放电［Tsai03］。
离线 UPS 在小型个人计算机和家庭应用中的额定功率通常为 600V・A。

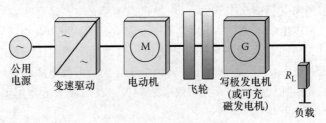

图 18-3 混合 UPS 系统

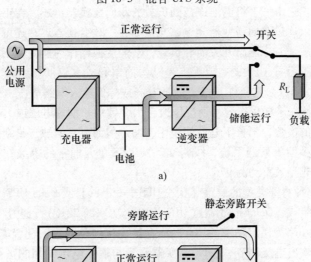

a)

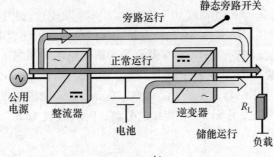

b)

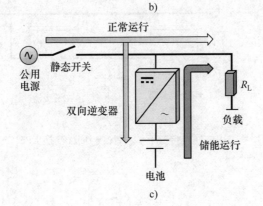

c)

图 18-4 UPS 系统分类

a）离线式 b）在线式 c）在线互动式

② 在线式（双变换或逆变器优先）。图 18-4b 描述了在线 UPS 的配置，也称为双变换 UPS
［Liang04］。在正常甚至异常电源条件下，逆变器通过整流器从电源提供能量，整流器对电池连

续充电，还可以校正功率因数。当电源发生故障时，逆变器仍向负载供电，但从电池供电。因此，在从正常模式转换到存储能量模式期间，不存在转移时间。一般来说，这是最可靠的 UPS 配置，因为它的组成简单（只有三个部件）、电池可以连续充电，这意味着它们总是准备好应对下次断电。UPS 输入和输出电压幅度和频率之间完全独立，因此可以获得高质量的输出电压。当发生过载时，旁路开关将负载直接连接到公用电源，以确保负载的连续供电，从而避免对 UPS 模块的损坏（在旁路操作）。在这种情况下，输出电压必须与市政电源相位同步，否则不允许旁路运行。由于双变换影响而受到限制，典型效率达 94%。在线 UPS 通常用于敏感设备或环境中。5kV·A 以上的商用 UPS 几乎全部在线。

③ 线路交互式。图 18-4c 示出了线路交互式 UPS 配置，它可以认为是在线和离线配置之间的中间路径 [Jou04]。它由一个将电池连接到负载的双向变换器组成。在正常工作状态下，电源供电给负载，电池可以通过双向逆变器充电，充当 DC – AC 变换器。它还可以具有有源电力滤波的功能。当电源出现故障时，静态开关断开负载，双向变换器作为逆变器工作，从电池供电。与在线 UPS 相比，线路交互式 UPS 的主要优点是结构简单和成本较低。线路交互单元通常包含一个自动电压调节器（AVR），它允许 UPS 有效地升高或降低输入线路电压，而不需要切换到电池电源。因此，UPS 能够在不耗尽电池的情况下改善大多数的长期过电压或欠电压。另一个优点是它减少了传输到电池的次数，延长了电池的使用寿命。然而，它的缺点是在正常工作时不能调节输出电压频率。对于小型服务器系统，线路交互式 UPS 单元通常的等级在 0.5 ~ 5kV·A 之间。当电源没有问题时，典型效率约为 97%。

图 18-5 展示了一种特殊类型的线路交互式 UPS——串并联或 Delta UPS [Silva02]。它由连接到电池的两个逆变器组成：Delta 逆变器（功率为额定功率的 20%），通过串联变压器连接到公共电源，主逆变器（功率为额定功率的 100%）直接连接到负载。该配置能实现功率因数校正、负载谐波电流抑制和输出电压调节。Delta 逆变器作为与输入电压同相的正弦电流源工作。主变频器在与输入电压同相的低 THD 正弦电压源下工作。通常，只有一小部分的额定功率（高达 15%）从 Delta 逆变器流向主逆变器，实现了高效率。然而，这种配置需要复杂的控制算法。此外，与在线 UPS 不同，负载和公用电源没有连续的分离。Delta 变换 UPS 系统提供了除频率变化外的所有电源问题的保护。

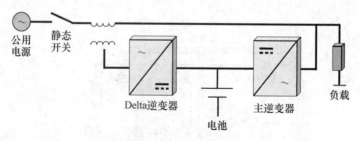

图 18-5　串并联电源交互式 UPS 或 Delta 变换 UPS

18.3　储能系统

未来 UPS 系统要解决的问题之一是如何储存能量。针对这个问题提出了可以单独使用或组合使用的几种解决方案。一些存储能源技术总结如下 [Roberts05]：

① 电池储能系统（BESS）。典型的 UPS 系统使用化学电池来储存能量。由于其可用性和可靠性，可充电电池如阀控铅酸（VRLA）或镍镉（Ni – Cd）电池是最受欢迎的。铅酸电池反应是

可逆的，允许电池重复使用。还有一些先进的钠－硫，锌－溴和锂－空气电池也即将商业化，并为未来的实际应用提供了前景。另一方面，液流电池通过两个电解质溶液之间的可逆电化学反应来储存和释放能量。有四种主要的液流电池技术：多硫化物（PSB）、全钒氧化还原（VRB）、溴化锌（ZnBr）和氢溴（H－Br）电池。但是，含有重金属的电池如 Cd 和 Hg 可能会对环境造成污染。大部分 UPS 设计使用的是具有限流特性的恒压充电系统。

② 飞轮。该系统本质上是一种动态电池，它通过围绕轴旋转的质量块以动能形式机械地存储能量。输入电使飞轮转子旋转，并让其保持旋转，直到被要求通过发电机［例如磁阻电动发电机（Lawrence03）］释放存储的能量。有时飞轮被封闭在真空或氦气中，以避免摩擦损失。可用能量的多少及其持续时间由飞轮的质量和速度决定。有两种类型的飞轮：采用基于钢转子的低速（小于 40000r/min）飞轮，以及使用碳纤维转子和磁性轴承的高速（40000～60000r/min）飞轮。飞轮提供 1～30s 的穿越时间。此外，现代电力电子和低速飞轮的组合可以提供防止多电力线干扰的保护。

③ 超导磁能储存（SMES）。该系统将电能存储在超导线圈中。超导体的电阻为零，因此流动电流幅度不减小。通过超导线圈的可变电流转换为恒定电压，可以连接到逆变器。图 18-6 所示的超导线圈由铌钛（NbTi）制成，并通过液氦将其冷却至 4.2K［Mito06］。此应用的典型功率高达 4MV·A。

④ 燃料电池（FC）。这些装置将燃料的化学能直接转化为电能。它们是在稳定状态下提供可靠电力的良好能源。然而，由于其内部缓慢的电化学和热力学特性，它们不能像期望的那样快速地响应电瞬变。这个问题可以通过使用超级电容器或 BESS 来解决，以提高系统的动态响应［Nehrir06］。燃料电池可分为质子交换膜（PEMFC）、固体氧化物（SOFC）和熔融碳酸盐（MCFC）。PEMFC 更适用于 UPS 应用，因为它更紧凑、重量轻，并且在室温下提供高功率密度，而 SOFC 和 MCFC 需要温度高达在 800～1000℃才能实现最佳操作。

图 18-6　来自 ACCEL 的 0.6kW·h 容量的 SMES
（由 ACCEL Instruments GmbH 提供）

⑤ 压缩空气能量储存（CAES）。该技术采用中间机械液压转换，也称为液柱活塞原理［Lemofouet06］。这些设备之所以引起人们的兴趣，是因为它们不会产生任何浪费。由于与气体的压缩和膨胀相关的热过程，它们也可以与热电联产系统集成在一起，还可以通过使用电力电子或将 CAES 与其他存储系统相结合来优化其效率。

18.4　分布式 UPS 系统

为了进一步提高 UPS 系统的可靠性，使用几台并联连接的 UPS 机组是一个具有吸引力的选择。

UPS 系统在一个集中单元的优点是可以灵活地提高功率容量、增强可用性、使用 $N+1$ 模块（N 个支持负载的模块加上 1 个预留备用的模块）的容错性以及由于冗余配置［Sears01］的易维护性。

并行运行是高性能工业 UPS 系统的特点。UPS 逆变器的并联连接是一个具有挑战性的问题，比直流电源并联更复杂，因为每个模块必须在保持同步的同时共享负载。理论上，如果每个模块的输出电压具有相同的幅值、频率和相位，则电流负载可以均匀分布。然而，由于模块之间的物理差异和线路阻抗的不匹配，负载将无法均匀共享。这个事实导致了单元之间的循环电流，如图 18-7 所示。循环电流在空载或轻载条件下尤为危险，因为一个或多个模块可以吸收在整流模

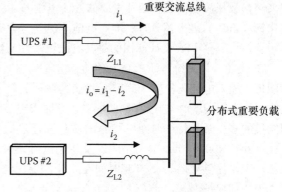

图 18-7　循环电流概念

式下工作的有功功率。这会增加直流母线电压电平，可能会导致直流电容器的损坏或由于过载导致的关断。一般来说，并联 UPS 系统必须实现以下功能：

- 相同的输出电压幅值、频率和相位。
- 机组间均流。
- 灵活地增加单元数量。
- 随时即插即用（热插拔操作功能）。

数字信号处理器（DSP）的快速发展使 UPS 逆变器并联运行控制技术快速提升。对于使用控制线互连，这些控制方案主要可以分为两种。第一种是基于主动负载共享技术，可分为以下几种［Shanxu99，Kawabata88］（见图 18-8）：

① 集中控制：总负载电流除以模块数量 N，使该值成为每个模块的电流参考值。中央控制器中的外部控制回路调节负载电压。该系统通常用于具有多个并联连接的输出逆变器的普通 UPS 设备中［Holtz90］。

② 主从控制：主机模块调节负载电压。因此，主机电流可以修复其余模块（从机）［Broeck98］的电流参考。主机可以由带有最大有效值或峰值电流的模块确定，也可以是旋转主机。如果主机发生故障，另一个模块将扮演主控角色，以避免系统的整体故障。当使用安装在机架中的不同 UPS 单元时，通常采用该系统。

③ 环链控制（3C）：每个模块的电流参考取自上个模块，形成一个控制环［Wu00］。注意，第一单元的电流参考值是从最后一个单元获得的。该方法是基于交流电源环的分布式电力系统［Chandorkar00］。

④ 平均负载分配：所有模块的电流通过对公共电流总线［Tao03］进行均分。所有模块的平均电流是每个模块的参考。这种控制方案是高度可靠的，因为这是真正的平等，没有主从思想。此外，该方法是高度模块化和可扩展的，使其对于工业 UPS 系统而言也很有用。一般来说，该方案是上述控制器方案中最强大和最有用的。

通常，最后两个控制方案要求模块共享两个信号——输出电压参考相位（可以通过专用线路实现，或通过使用锁相环（PLL）电路来实现所有 UPS 模块的同步）和电流信息（负载电流的一部分，主电流或平均电流）。在典型的 UPS 应用中，当不存在参考电压时，参考电压与外部旁路电源同步或与内部振荡器信号同步。另一种可能性是使用有功和无功功率信息，而不是电流。因此，我们使用有功和无功功率来调整每个模块的相位和幅值，但是使用三种相同的控制

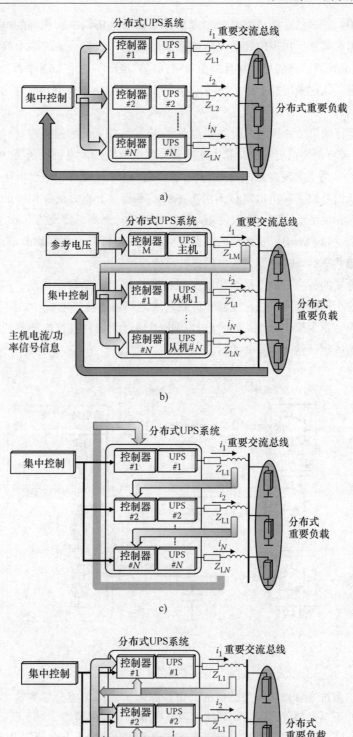

图 18-8 分布式 UPS 系统并行运行的主动负载共享控制方案

a) 集中控制 b) 主从控制 c) 环链控制 d) 平均负载共享

方案［Guerrero04］。虽然这些控制器能实现良好的输出电压调节和相等的电流共享，但是模块间互通线路的需求降低了物理位置的灵活性及其可靠性（因为一条线路中的故障可能导致系统关闭）。为了提高控制线路的可靠性且避免噪声问题，提出了使用 CAN 总线或其他数字总线进行数字通信的方案。从这个层面上讲，当使用有功/无功平均功率代替瞬时输出电流时，可以进行低带宽通信。

　　UPS 并行运行的第二种控制方案主要是基于下垂方式（也称独立控制、自主控制或无线控制）。这个概念源自电力系统理论，其中连接到公用电源线的发电机在所需功率增加时降低其频率［Tuladhar00］。为了实现良好的功率共享，控制回路对逆变器和输出电压频率的幅值进行了严格的调整，从而补偿了有功功率和无功功率的不平衡。下垂方法在模块的物理安装位置上实现更高的可靠性和灵活性，因为它仅使用本地功率测量。然而，传统的下垂方法存在限制其应用的几个缺点，如［Guerrero04］：缓慢的瞬态响应、功率分配精度与频率和电压偏差之间的权衡、不平衡谐波电流共享以及对逆变器输出阻抗的高依赖性。

　　标准下垂方式的另一个缺点是如果输出阻抗和线路阻抗之和不平衡，则功率共享性能会降低。为了解决这个问题，可以在逆变器和负载总线之间放置接口电感，如图 18-9 所示，但它们很重且体积庞大。作为替代方案，如今已经提出了通过无损耗模拟电阻器或电抗器来固定单元输出阻抗的新型控制回路［Guerrero05］。

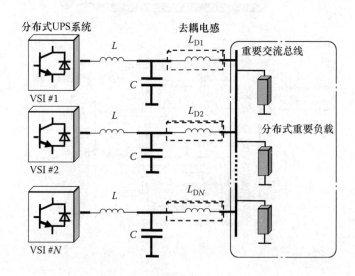

图 18-9　分布式 UPS 系统的等效电路

　　逆变器输出阻抗通常被认为是感性的，由线路阻抗的高电感分量和输出滤波器的大电感所验证。然而，并不总是如此，因为闭环输出阻抗也取决于控制策略，对于低压电缆，线路阻抗主要是电阻。闭环逆变器的输出阻抗影响功率共享精度，并决定了下垂控制策略。此外，该输出阻抗的正确设计可以减少线路阻抗不平衡的影响。图 18-10 说明了与其余控制回路相关的概念。输出阻抗角在很大程度上决定了下垂控制规则。表 18-1 展示了可用于控制输出阻抗功能中的有功/无功功率流的参数。图 18-11 显示了根据输出阻抗［Guerrero06］确定的下垂控制功能。

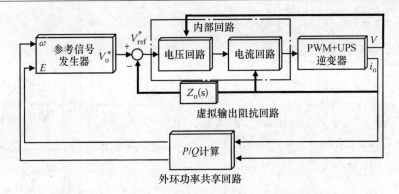

图 18-10 具有虚拟输出阻抗路径的闭环系统框图

另一方面，已经广泛研究了并联 DC 变换器的下垂方法。在这些情况下，容易通过从参考电压中减去输出电流的比例项，实现电阻输出阻抗。电阻下降法可应用于并联 UPS 逆变器。这种方法的优点如下：①整体系统是阻尼系统；②提供谐波电流的自动共享；③相位误差几乎不影响有功功率共享。

表 18-1 输出阻抗对功率流可控性的影响

输出阻抗	感抗（90°）	阻抗（0°）
有功功率（P）	频率（ω）	幅度（E）
无功功率（Q）	幅度（E）	频率（ω）

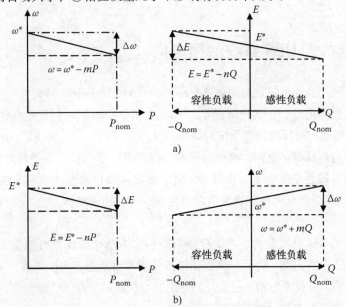

图 18-11 UPS 独立并联运行的下垂功能

然而，虽然可以很好地建立逆变器的输出阻抗，但是线路阻抗是未知的，这可能导致不平衡的无功功率流。通过电源线 ［Tuladhar00］注入高频信号或通过添加外部数据通信信号 ［Marwali04］可以解决这个问题。还有一些控制解决方案，通过引入谐波共享回路，减小非线性负载时输出电压的谐波畸变。该方法在虚拟阻抗回路中加入一组带通滤波器，提取电流谐波分量，以使输出参考电压与这些电流谐波成比例地下降 ［Guerrero07］。图 18-12 展示了在共享非线性负载时双并联 UPS 系统的表现。注意，供电给非线性负载时，由于具有良好的负载分担能力，循环电流非常低。

上述并行 UPS 系统的自主控制正在市场上得到推广，凸显出其在实际分布式电力系统中的适用性。

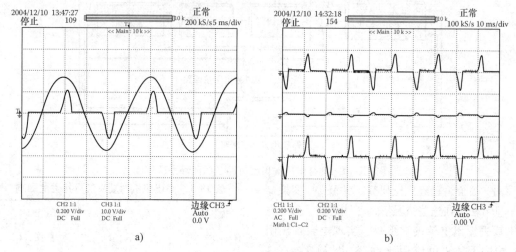

图 18-12 共享非线性负载的并联系统的波形

a）输出电压和负载电流（X 轴：5ms/div，Y 轴：40A/div）

b）输出电流和循环电流（X 轴：10ms/div，Y 轴：20A/div）

18.5 基于分布式 UPS 系统的微电网

在接下来的几年中，电网将从目前非常集中的模式向更为分散的模式发展。目前，发电、用电和存储地点相互距离很远。在这种情况下，在运输和分配能源时会发生相对频繁的电力供应故障和重大损失；因此，可以说供电系统的效率很低。

电力公司和政府都瞄准了电网。将分布式发电机占有一定规模，使消耗地点接近发电地点，避免了输电线路的高损耗并减小了短路机率。总而言之，用户追求小功率发电（这个概念在原发电地称为微型发电），不仅将他们视为电力消耗者，而且还应负责发电，这样就变成了电网的一部分。

微电网可以定义为微型发电机、能量存储系统和作为单个系统运行的负载的总和。大多数发电机应由电力电子设备控制，为系统提供足够的灵活性。从这个角度来看，未来的电网将由集中式发电和 DG 构成。应该考虑到，在公共配电网发生故障的情况下，微电网应断开连接，能够自主工作，管理好能源的产生、储存和消耗。

在这种情况下，有必要开发一种柔性电网的新概念，即具有重新配置能力，在有或没有连接到电源的情况下的运行。未来的微电网应纳入监管控制系统，从而有效管理各种能源发电机，如光伏电池板和小型风力发电机、储能系统和本地负荷。因此，与公共电网相互作用的所有前述设备的管理是一个重要问题。在这种情况下，当微电网检测到主电源中出现重大故障时，它将能够断开连接并自主地继续工作。类似地，当它与电网隔离时，它将监控公共电源，以便在满足适当条件时重新连接。智能微电网通过监控、管理和控制元件，能够实时重新配置其运行模式并做出决策。

在过去的几年中，有人提出了关于微电网控制和管理的几点想法。目前正在研究的一个问题是如何将微电网从隔离模式软切换到电网连接模式，反之亦然。有关微电网其他特别重要的

问题如下:

● 基于有功功率和无功功率计算的新控制方法 [Villeneuve04],目的是减少微电网与电力变换器之间的循环电流。这一领域的研究已经取得了旨在提高这些控制器的动态和静态效能的新成果 [Guerrero04,Guerrero05,Guerrero06,Guerrero07]。

● 电压骤降的鲁棒性,同时保证微电网的额定电压,并通过估算电网阻抗来检测孤网运行 [Guerrero09]。

● 微电网能量管理,应考虑到能量存储系统和两种运行模式(是否连接到公共电网)的能量流控制。

● 微电网并网逆变器的新功能,作为一个周围条件函数实现其最佳运行。一个示例是用根据微电网状态的逆变器的操作来作为并联有源滤波器,其能够校正连接到微电网的非线性负载产生的电流谐波 [Wekesa02,Borup01]。

● 微电网中电源变换器的启动过程(黑启动),或孤网运行时负载的断开(来自电源的可用能量低的时候),这是这些系统管理和控制考虑的主要方面相关的例子 [Degner04]。

● 在微电网的每个电力转换系统中,可以区分与输入级(可再生能源的来源)和与输出或微电网连接级相关的方面。在风能系统或光伏系统中,已经针对能量源最大功率跟踪的控制算法提出了许多建议。电力变换器的逆变器与微电网连接成为微电网概念可行的关键要素之一 [Tsikalakis08]。

● 电网同步技术 [Blaabjerg06,Svensson01],例如 PLL 和电网估计器 [Karimi04],可以从电源电压开始测量计算电网相位和频率。在不理想条件下(不平衡、下垂、畸变)的正确运行是科学文献中研究的一个重要问题。

因此,在可再生能源、DG 和分布式存储系统可以结合并集成到电网中的情况下,微电网正在成为现实。不仅因为环保方面,还因为社会、经济和政治利益因素上都导致了对这些概念的关注。一些可再生能源系统如光伏或风能的可变性依赖于自然现象,如阳光或风。因此,难以预测以这些为主要能量来源获得的功率,并且功率需求的峰值与发电峰值不一致。

因此,如果我们要以 UPS 方式给本地负载供电,则需要能存储系统量。为此,可以使用一些小型分布式的能量存储系统,例如液流电池、燃料电池、飞轮、超导电感器或压缩空气装置。

DG 概念越来越重要,未来的公用电源将由相互联系的分布式能源和小型电网(微型电网或微电网)组成。事实上,最终用户的责任在于生产和存储整个系统的部分电力。因此,微电网可以通过共同耦合点(PCC)向公共电网输出或输入能量。而且,当公共电网有故障时,微电网仍然可以作为一个自主的电网工作。因此,这两个经典应用——并网和孤网运行——可以在同一个应用中使用。在这个意义上,下垂控制方法可以成为多个并联逆变器在孤网模式下的良好解决方案。然而,虽然已经对这种方法进行了调查和改进,但本身并不适用于即将到来的柔性微电网。此外,虽然市场上有线路交互式 UPS,但是一些能够并行组建微电网的 UPS 系统正在开发中。

柔性的微电网必须能够从/向电网输入/输出能量,控制有功/无功功率流,并管理能量存储。图 18-13 展示了一个微电网,包括小型发电机、存储设备和局部重要和非重要负载,它可以连接到电网或在孤岛模式下自主运行。这样,电源(光伏阵列、小风力发电机或燃料电池)或存储设备(飞轮、超导电感器或压缩空气系统)在它们与微电网之间使用电子接口。通常这些接口是 AC/AC 或 DC/AC 电力电子变换器，也叫逆变器。

传统上，如果逆变器连接到电网或作为电压源且能自主地工作，则它作为电流源具有两个独立的工作模式。在最后一种情况下，为了安全起见，避免孤岛运行。在发生电网故障时，逆变器必须与电网断开连接。然而，为了推广使用分散式电力发电，如果用户完全断开电网，那么应接受 DG、微电网的引入和孤岛运行。在这种情况下，微电网可以使用以下三个控制级别［Guer-rero09］作为自主电网运行。

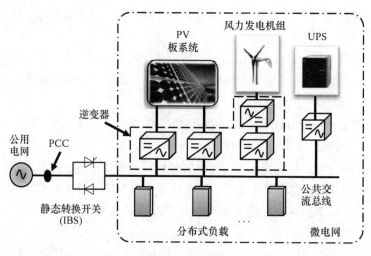

图 18-13　柔性微电网图

① 主控制：通过采用下垂法，逆变器通过编程作为包含虚拟惯性的发电机，这确保了有功和无功功率在逆变器之间正确共享。

② 二级控制：主要通过牺牲频率和幅值调节控制来实现功率共享。为了将微电网电压恢复到标称值，监控器使用低带宽通信发送适当的信号。此控制也可用于在将微电网与公共电网互连之前将其同步，从而有助于从孤岛模式到并网模式的过渡。

③ 三级控制：可以调整微电网逆变器的设定点，以控制全局域（微电网进口/出口能量）或本地条件（消耗能量等级）的功率流。通常，能量流动优先权取决于经济问题。必须在微电网中处理经济数据并做出决定。

图 18-13 展示了微电网的示意图。在这个例子中，它包括连接到一组线路交互式 UPS 的几个光伏串，形成一个本地交流微电网，它可以通过智能旁路开关（IBS）连接到公用电源。IBS 持续监控电源和微电网。如果电源出现故障，IBS 将从电网断开微电网，创造出一个充满能量的孤网。当主机恢复时，IBS 会建议所有 UPS 机组与电源同步，以适当地管理能量重新建立连接。

微电网具有两种主要的操作模式：并网和孤岛模式。两个模式之间的转换和 UPS 模块的连接或断开，应该是无缝操作的（热插拔或即插即用）。在这个意义上，下垂控制方法可以很好地用于孤岛微电网。考虑到下垂方法的特点和局限性，微电网的控制结构应允许在并网和孤岛模式下运行。在这种情况下，与使用主从原理的其他微电网配置相反，逆变器的操作是自主的。仅需要低带宽通信就能控制微电网功率流，并与公用电网同步。

18.6 下垂法概念

如前所述，下垂法的目的是连接多个并联逆变器，而无需控制互通。这种控制的应用通常是工业 UPS 系统或孤岛式微电网。传统的下垂法是基于可以用逆变器的相位和幅值控制有功/无功功率流的原理。因此，传统的下垂法可以表示为 [Chandorkar94]

$$\omega = \omega^* - mP \tag{18-1}$$

$$E = E^* - nQ \tag{18-2}$$

式中，E 为逆变器输出电压的幅值；ω 为逆变器的频率；ω^* 和 E^* 为空载时的频率和幅值；m 和 n 为比例下垂系数。

通过电感从逆变器流向电网的有功和无功功率可以表示为 [Bergen 86]

$$P = \left(\frac{EV}{Z}\cos\phi - \frac{V^2}{Z}\right)\cos\theta + \frac{EV}{Z}\cos\phi\sin\theta \tag{18-3}$$

$$Q = \left(\frac{EV}{Z}\cos\phi - \frac{V^2}{Z}\right)\sin\theta - \frac{EV}{Z}\sin\phi\cos\theta \tag{18-4}$$

式中，Z 和 θ 为输出阻抗的值和相位；V 为公共总线电压；ϕ 为逆变器输出电压与微电网电压之间的相位角。

应注意，$P-\omega$ 和 $Q-E$ 之间没有解耦。但是，下垂法主要基于两个非常重要的假设：

① 假设 1：输出阻抗为纯电感（$Z=X$），$\theta=90°$。通过使用式（18-3）和式（18-4）产生

$$P = \frac{EV}{X}\sin\phi \tag{18-5}$$

$$Q = \frac{EV}{X}\cos\phi - \frac{V^2}{X} \tag{18-6}$$

由于滤波器逆变器的大电感器和电源线的阻抗存在，使得这通常是成立的。然而，逆变器的输出阻抗取决于控制回路，电源线的阻抗在低电压应用中主要是阻性的。可以通过添加输出电感，组成 LCL 输出滤波器或通过控制回路对虚拟输出阻抗进行编程来克服此问题。

② 假设 2：角度 ϕ 值很小，我们可以得出 $\sin\phi \approx \phi$ 和 $\cos\phi \approx 1$，因此

$$P \approx \frac{EV}{X}\sin\phi \tag{18-7}$$

$$Q \approx \frac{V}{X}(E - V) \tag{18-8}$$

注意，考虑到这些，P 和 Q 与 ϕ 和 E 呈线性关系。如果输出阻抗不像在大多数实际情况下的那么大，则该近似为成立的。

在下垂法中，每个单元使用频率而不是相位来控制有功功率流，因为它们不知道其他单元的初始相位值。然而，空载的初始频率可以很容易地设定为 ω^*。因此，下垂法在有功功率共享和频率精度之间具有内在的权衡，从而导致频率偏差。[Chandorkar94] 提出了频率恢复回路以消除这些频率偏差。然而，一般来说，这是不现实的，因为逆变器的输出频率不准确会导致循环电流增加，致使系统变得不稳定。

18.7 通信

下垂法不需要 UPS 逆变器之间的任何通信链路。当孤岛逆变器必须共享总负载时，这可能

是有趣的。但是，尝试应用时有几个问题：

- 在线分布式 UPS 系统：在这种情况下，UPS 逆变器工作时必须与市政电源相位同步。一个额外的环路可以以 PLL 方式调整频率和相位。通信可以减少该类问题。此外，非常小的测量相位误差会导致逆变器之间的大循环电流。另外，如果其中一个静态旁路开关打开，还有其他紧急设置，则需要与 UPS 单元进行通信。

- 线路交互式分布式 UPS 系统：当市政电源断开连接时，UPS 机组平衡良好；但是，当故障被清除时，它们必须与市政电网重新同步。一些学者提出等待与电网相位匹配或使 UPS 单元过载，使其更靠近市政开关。这两种解决方案都不可靠，其危害可能导致系统关闭。

- 大面积 UPS 系统：在如微电网的应用中，单元设备可以位于远处。因此，电力线可能高度不平衡，并且测量误差更容易产生大循环电流。

所有这些问题都可以通过使用通信来克服。将低带宽通信与下垂法结合可以成为真正的分布式 UPS 系统的高性能解决方案。

18.8 虚拟输出阻抗

已知线路阻抗对 P/Q 下垂法的功率共享精度有很大的影响。作为使用信号通信的替代或补充，它通常用作虚拟输出阻抗的快速控制环路，可用于固定逆变器的输出阻抗。

该阻抗应大于 UPS 逆变器的输出阻抗与最大电源线路阻抗的组合值。通过使用以下表达式可以求得虚拟输出阻抗 [Guerrero05]：

$$V^* = V_{ref}^* - i_o Z_o(s) \tag{18-9}$$

式中，$Z_o(s)$ 为虚拟输出阻抗的传递函数；V_{ref}^* 为由 P/Q 共享回路计算的参考电压；V^* 为提供给内部控制回路的输出电压。

图 18-14 给出了带有虚拟输出阻抗回路的下垂控制器的框图。

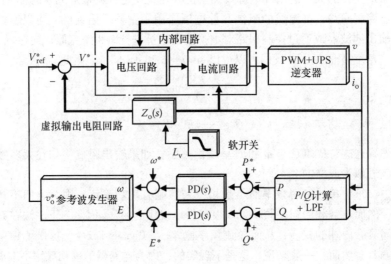

图 18-14 逆变器控制回路框图

根据每个 UPS 单元 i 的标称视在功率 S_i，输出阻抗值必须以与 m 和 n 系数类似的方式进行选择：

$$Z_{o1}S_1 = Z_{o2}S_2 = \cdots = Z_{oN}S_N \tag{18-10}$$

在这一点上，我们应该记住，输出阻抗已经成为系统的控制变量。另一个实际问题是所需热插拔的即插即用能力，其中包括当 UPS 逆变器突然连接到公共 AC 总线时的无缝操作。在这种情况下的输出电流峰值在［Guerrero05］中表示为

$$I_{\mathrm{pk}} \approx \frac{E}{X}\Delta\phi \tag{18-11}$$

式中，$\Delta\phi$ 为是 PLL 误差。

为了减小这个初始电流峰值，我们可以将 PLL 误差降低到有限的小角度，但是这还不够，因为这个误差难以控制（这是由于 PLL 精度取决于传感器误差和其他非理想参数）。考虑到输出阻抗是一个新的可调控制参数，通过式（18-11），我们可以推断出减小电流峰值的另一种方法是增加输出电感 L_D。因此，提出了通过输出阻抗的软起动操作来减轻该初始瞬态峰值的方法，实现逆变器与公共总线的无缝连接（热插拔操作）［Guerrero06］：

$$L_{\mathrm{D}}^* = L_{\mathrm{Df}}^* + (L_{\mathrm{Do}}^* - L_{\mathrm{Df}}^*)\,\mathrm{e}^{-t/T_{\mathrm{st}}} \tag{18-12}$$

式中，L_{Do}^* 和 L_{Df}^* 是输出阻抗的初始值和最终值；T_{ST} 是软起动操作的时间常数。

软起动操作包括使用高输出阻抗将逆变器连接到公共总线，并将其缓慢降低到额定值。这样，尽管出现 PLL 误差，但可以避免初始电流峰值。比例控制器检测直流母线电压的误差信号。控制算法增加了该逆变器模块的正弦参考值，以阻止这种能量反馈。

18.9 微电网控制

理想情况是，微电网的控制结构允许其在并网和孤岛模式下运行，并且能够在两种模式之间进行软切换［Guerrero09］。

● 并网运行。微电网通过 IBS 连接到电网。在这种情况下，所有的 UPS 都被编程为有相同的下垂功能：

$$\omega = \omega^* - m(P - P^*) \tag{18-13}$$
$$E = E^* - n(Q - Q^*) \tag{18-14}$$

式中，P^* 和 Q^* 是期望的有功和无功功率。通常，P^* 应与每个逆变器的额定有功功率一致，$Q^* = 0$。

然而，我们必须区分两种可能：从电网输出能源或将能源输入到电网。第一种情况，其中逆变器未完全提供总负载功率，IBS 必须通过使用低带宽通信来调整 P^* 以吸收 PCC 中的电网的额定功率。这通过使用慢速 PI 控制器，用 P^* 的小增量或小减量作为被测量电网功率的函数，如下所示：

$$P^* = k_{\mathrm{p}}(P_{\mathrm{g}}^* - P_{\mathrm{g}}) + k_{\mathrm{i}}\int(P_{\mathrm{g}}^* - P_{\mathrm{g}})\mathrm{d}t + P_{\mathrm{i}}^* \tag{18-15}$$

式中，P_{g} 和 P_{g}^* 分别为电网的测量和参考有功功率；P_{i}^* 为逆变器 i 的额定功率。

这样，电池电量低的 UPS 可以通过使用 $P^* < 0$ 来切换到充电器模式。同样，我们提出无功功率控制定律可以定义为

$$Q^* = k'_{\mathrm{p}}(Q_{\mathrm{g}}^* - Q_{\mathrm{g}}) + k'_{\mathrm{i}}\int(P_{\mathrm{g}}^* - P_{\mathrm{g}})\mathrm{d}t + Q_{\mathrm{i}}^* \tag{18-16}$$

式中，Q_{g} 和 Q_{g}^* 分别为电网的测量和参考无功功率；Q_{i}^* 为额定无功功率。

第二种情况发生在原动机（例如 n 个 PV 板）的功率远高于负载所需的功率，并且在电池充满电的情况下。在这种情况下，IBS 可能会强制将其余电力注入电网。此外，IBS 必须调整参考

功率。

• 孤网运行。当电网不存在时，IBS 将微网与公共电网断开连接，开始自主运行。在这种情况下，下垂法足以保证 UPS 之间的功率正常共享。但是，功率分配应考虑到每个模块的电池充电水平。在这种情况下，可以将下垂系数 m 调整为与电池充电水平成反比（见图 18-15）：

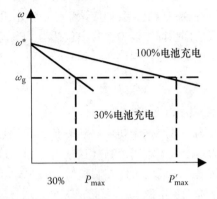

$$m = \frac{m_{\min}}{\alpha} \qquad (18\text{-}17)$$

式中，$m_{\min}$ 为完全充电时的下垂系数；α 为电池的充电水平（充满电时 $\alpha = 1$，电量为空时 $\alpha = 0.001$）。

图 18-15　作为电池充电水平
的函数的下垂特性

• 并网和孤岛运行之间的转换。当 IBS 检测到电网中的某些故障时，它会将微电网与电网断开连接。在这种情况下，IBS 可以将功率参考值重新调整为标称值，但此操作不是强制性的。相反，IBS 可以测量微电网内的电压的频率和幅值，并移动设定点（P^* 和 Q^*），以避免出现下垂法的相应频率和幅值偏差。相比之下，当微电网工作在孤岛模式时，若 IBS 检测到微电网外的电压是稳定的和无故障的，则可以使微电网与电网的频率、幅值和相位重新同步，以便无缝地将微电网重新连接到电网。

图 18-16 显示了与电网共享电源的双 UPS 微电网的有功和无功功率，向孤岛运行转换，并与 UPS#2 断开连接。系统开始连接到电网，$P_g^* = 1000\text{W}$，$Q_g^* = 0\text{var}$。在 $t = 4\text{s}$ 时，系统与电网断开连接，两个 UPS 单元在孤岛模式下共同工作分享整个负载。在 $t = 6\text{s}$ 时，UPS#2 断开，UPS#1 向微电网供电。注意适当的瞬态响应以及系统良好的功率调节。

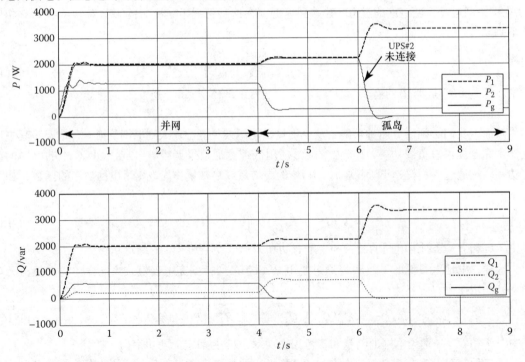

图 18-16　并网和孤岛模式之间的有功和无功功率瞬变（Y 轴：$P = 1\text{kW/div}$，$Q = 1\text{kvar/div}$）

18.10　结论

在未来几年，DG 系统的渗透将会导致集中式发电模式发生变化。预计市政电网将会由多个互连的基于 UPS 的微电网组成。然而，如果不能通过新型 UPS 来管理能源，则在消费点附近的现场发电可能是一个问题。其中一个问题是经典的可再生能源如光伏和风能是变化的，因为它们依赖自然现象如太阳和风。为了将这些可变能源变为负载所需的能量，有必要适当地调节能量流。另一方面，与并网和孤岛运行的交互将是对这些新型 UPS 提出的要求。此外，使用诸如压缩空气能量装置、再生燃料电池和飞轮系统的技术将与可再生能源集成在一起，以确保连续可靠的电力供应。

参 考 文 献

[Bekiarov02] S. B. Bekiarov and A. Emadi, Uninterruptible power supplies: Classification, operation, dynamics, and control, in *Proceedings of the IEEE APEC'02*, Dallas, TX, 2002, pp. 597–604.

[Bergen86] A. R. Bergen, *Power Systems Analysis*, Prentice-Hall, Englewood Cliffs, NJ, Ed, 1986.

[Blaabjerg06] F. Blaabjerg, R. Teodorescu, M. Liserre, and A. V. Timbus, Overview of control and grid synchronization for distributed power generation systems, *IEEE Trans. Ind. Electron.*, 53, 1398–1409, October 2006.

[Borup01] U. Borup, F. Blaabjerg, and P. N. Enjeti, Sharing of nonlinear load in parallel-connected three-phase converters, *IEEE Trans. Ind. Appl.*, 37(6), 1817–1823, November/December 2001.

[Broeck98] H. van der Broeck and U. Boeke, A simple method for parallel operation of inverters, in *Proceedings of the IEEE INTELEC'98 Conference*, San Francisco, CA, 1998, pp. 143–150.

[Chandorkar94] M. C. Chandorkar, D. M. Divan, Y. Hu, and B. Barnajee, Novel architectures and control for distributed UPS systems, in *Proceedings of the IEEE APEC'94*, Orlando, FL, 1994, pp. 683–689.

[Degner04] T. Degner, P. Taylor, D. Rollinson, A. Neris, and S. Tselepis, Interconnection of solar powered mini-grids—A case study for Kythnos Island, in *Proceedings of the European Photovoltaic Solar Energy Conference and Exhibition*, Bangkok, Thailand, 2004, pp. 1–4.

[Dugan03] R. C. Dugan, M. F. McGranaghan, S. Santoso, and H. W. Beaty, *Electrical Power System Quality*, New York: McGraw-Hill, 2003.

[Guerrero04] J. M. Guerrero, L. García de Vicuña, J. Matas, M. Castilla, and J. Miret, A wireless controller to enhance dynamic performance of parallel inverters in distributed generation systems, *IEEE Trans. Power Electron.*, 19(5), 1205–1213, September 2004.

[Guerrero05] J. M. Guerrero, L. García de Vicuña, J. Matas, M. Castilla, and J. Miret, Output impedance design of parallel-connected UPS inverters with wireless load-sharing control, *IEEE Trans. Ind. Electron.*, 52(4), 1126–1135, August 2005.

[Guerrero06] J. M. Guerrero, J. Matas, L. Garcia de Vicuña, M. Castilla, and J. Miret, Wireless-control strategy for parallel operation of distributed-generation inverters, *IEEE Trans. Ind. Electron.*, 53(5), 1461–1470, October 2006.

[Guerrero07] J. M. Guerrero, J. Matas, L. García de Vicuña, M. Castilla, and J. Miret, Decentralized control for parallel operation of distributed generation inverters using resistive output impedance, *IEEE Trans. Ind. Electron.*, 54(2), 994–1004, April 2007.

[Guerrero09] J. M. Guerrero, J. C. Vasquez, J. Matas, M. Castilla, and L. Garcia de Vicuna, Control strategy for flexible microgrid based on parallel line-interactive UPS systems, *IEEE Trans. Ind. Electron.*, 56(3), 726–736, March 2009.

[Holtz90] J. Holtz and K. H. Werner, Multi-inverter UPS system with redundant load sharing control, *IEEE Trans. Ind. Electron.*, 37(6), 506–513, December 1990.

[Jou04] H.-L. Jou, J.-C. Wu, C. Tsai, K.-D. Wu, and M.-S. Huang, Novel line-interactive uninterruptible power supply, *IEE Proc.-Electron. Power Appl.*, 151(3), 359–364, May 2004.

[Karimi04] M. K. Ghartemani and M. R. Iravani, Method for synchronization of power electronic converters in polluted and variable-frequency environments, *IEEE Trans. Power Syst.*, 19(3), 1263–1270, August 2004.

[Karve00] S. Karve, Three of a kind, *IEE Rev.—Power Syst.*, 46(2), 27–31, 2000.

[Kawabata88] T. Kawabata and S. Higashino, Parallel operation of voltage source inverters, *IEEE Trans. Ind. Appl.*, 24(2), 281–287, March/April 1988.

[King03] A. King and W. Knight, *Uninterruptible Power Supplies and Standby Power Systems*. New York: McGraw-Hill, 2003.

[Kusko96] A. Kusko and S. Fairfax, Survey of rotary uninterruptible power supplies, in *Proceedings of the IEEE Telecommunications and Energy Conference*, Boston, MA, 1996, pp. 416–419.

[Lawrence03] R. G. Lawrence, K. L. Craven, and G. D. Nichols, Flywheel UPS, *IEEE Ind. Appl. Mag.*, 9, 44–50, May/June 2003.

[Lemofouet06] S. Lemofouet and A. Rufer, A hybrid energy storage system based on compressed air and supercapacitors with maximum efficiency point tracking (MEPT), *IEEE Trans. Ind. Electron.*, 53(4), 1105–1115, August 2006.

[Liang04] T.-J. Liang and J.-L. Shyu, Improved DSP-controlled online UPS system with high real output power, *IEE Proc.-Electron. Power Appl.*, 151(1), 121–127, January 2004.

[Marwali04] M. N. Marwali, J.-W. Jung, and A. Keyhani, Control of distributed generation systems—Part II: Load sharing control, *IEEE Trans. Power Electron.*, 19(6), 1551–1561, November 2004.

[Mito06] T. Mito et al., Validation of the high performance conduction-cooled prototype LTS for UPS-SMES, *IEEE Trans. Appl. Supercond.*, 19(2), 608–611, June 2006.

[Nehrir06] M. H. Nehrir, C. Wang, and S. R. Shaw, Fuel cells: promising devices for distributed generation, *IEEE Power Energy Mag.*, 4(1), 47–53, January/February 2006.

[Roberts05] B. Roberts and J. McDowall, Commercial successes in power storage, *IEEE Power Energy Mag.*, 3, 24–30, March/April 2005.

[Sears01] J. Sears, High-availability power systems: Redundancy options, Power Pulse, Darnell.Com Inc., Angel, CA, 2001.

[Shanxu99] D. Shanxu, M. Yu, X. Jian, K.Yong, and C. Jian, Parallel operation control technique of voltage source inverters in UPS, in *Proceedings of the IEEE PEDS'99*, Hong Kong, China, 1999, pp. 883–887.

[Silva02] S. A. O. da Silva, P. F. Donoso-Garcia, P. C. Cortizo, and P. F. Seixas, A three-phase line interactive UPS system implementation with series-parallel active power-line conditioning capabilities, *IEEE Trans. Ind. Appl.*, 38(6), 1581–1590, November/December 2002.

[Svensson01] J. Svensson, Synchronization methods for grid-connected voltage source converters, in *Proceedings of the IEEE Generation, Transmission, Distribution*, vol. 148, May 2001, pp. 229–235.

[Tao03] J. Tao, H. Lin, J. Zhang, and J. Ying, A novel load sharing control technique for paralleled inverters, in *Proceedings of the IEEE PESC'03 Conference*, Acapulco, México, 2003, pp. 1432–1437.

[Tsai03] M. T. Tsai and C. H. Liu, Design and implementation of a cost-effective quasi line-interactive UPS with novel topology, *IEEE Trans. Power Electron.*, 18(4), 1002–1011, July 2003.

[Tsikalakis08] A. G. Tsikalakis and N. D. Hatziargyriou, Centralized control for optimizing microgrids operation, *IEEE Trans. Energy Conversion*, 23(1), 241–248, March 2008.

[Tuladhar00] A. Tuladhar, H. Jin, T. Unger, and K. Mauch, Control of parallel inverters in distributed AC power systems with consideration of line impedance, *IEEE Trans. Ind. Appl.*, 36(1), 131–138, January/February 2000.

[Villeneuve04] P. L. Villeneuve, Concerns generated by islanding, *IEEE Power Energy Mag.*, 2, 49–53, May/June 2004.

[Wekesa02] C. Wekesa and T. Ohnishi, Utility interactive AC module photovoltaic system with frequency tracking and active power filter capabilities, in *Proceedings of the IEEE-PCC'02 Conference*, Osaka, Japan, 2002, pp. 316–321.

[Wu00] T. F. Wu, Y.-K. Chen, and Y.-H. Huang, 3C strategy for inverters in parallel operation achieving an equal current distribution, *IEEE Trans. Ind. Electron.*, 47(2), 273–281, April 2000.

第 19 章 多电平逆变器发展趋势

19.1 引言

多电平逆变器在工业中越来越受到关注，对于大功率应用的电子功率变换器而言，多电平逆变器是首选。它适用于涉及运输和能源管理的各种行业的实际应用。越来越多的研究工作表明，多电平变换器的重要性日益增加[1-4]。本章介绍了这一领域近期的一些发展趋势。本章组织如下：在简要介绍了基础知识之后，讨论了多电平逆变器最常见的拓扑结构。本章的主要重点是给读者介绍多种新型多电平逆变器拓扑结构，以解决各种应用问题。另外还详细说明了用于多电平逆变器的简单脉宽调制（PWM）技术。结论部分讨论了多电平逆变器的未来发展趋势。

19.2 多电平逆变器基础

图 19-1 所示为多电平逆变器的基本工作原理。它由许多串联的电压源和一个选择开关组成。根据开关的位置，可以对负载施加特定的电压。点 A 相对于参考点的电压被定义为极点电压。如果有 n 个直流电源串联，则在任意时刻，极点电压可认为是 n 个电压中的一个。这些电压幅值定义为电平，因此可以在极点上施加 n 个电平。多电平是一个术语，表示在任意时刻，可以在极点上选择许多电压电平中的一个。根据直流电源的数量，可以是 2 电平、3 电平，或者通常可以称为 n 电平逆变器。如果直流电源电压都相等，那么所有的电平幅值都是相等的；然而，对于一般情况，这些电平幅值是不相等的。

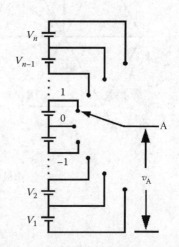

图 19-1　多电平逆变器的基本工作原理

对于涉及驱动或电网的大多数多电平逆变器供电的应用，需要通过切换固定直流电源来产生正弦基波电压。图 19-2 给出了 2 电平、3 电平和 5 电平逆变器的典型极点电压，其中使用了正弦脉宽调制（SPWM）。随着电平数量的增加，极点电压越接近于期望的正弦波电压。这是多电平逆变器的主要优点之一。如果 5 电平逆变器的开关频率与 2 电平逆变器的开关频率相同，则在使用 5 电平逆变器的情况下，输出电压波形更接近于正弦波。这意味着波形中的谐波含量将减少或移动到频谱的高频段，高频段谐波可以很容易地被滤除。开关频率越高，产生的正弦波质量越好。然而，与低功率应用不同，多电平逆变器的开关频率会受到限制。这是因为多电平逆变器主要用于高压直流电源，除了产生较高的开关损耗之外，器件的高开关频率会对器件产生较大的 $\mathrm{d}v/\mathrm{d}t$ 应力和电缆中的波反射。通常，在设计多电平逆变器时，需要综合考虑开关频率和产生的输出电压的质量。

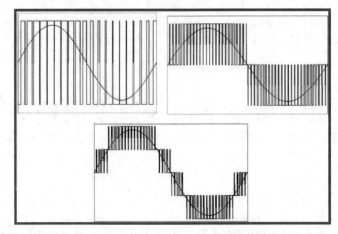

图 19-2　2 电平、3 电平和 5 电平逆变器的极点电压

从电压空间矢量图中可以看出多电平逆变器的各种运行问题。电压空间矢量图或简单的空间矢量图是空间电压矢量在 $\alpha - \beta$ 平面中的二维表示。三相 2 电平逆变器的空间矢量图如图19-3a所示，其中 $2^3 = 8$ 个开关状态分布在空间矢量平面中。对于 3 电平和 5 电平逆变器（见图19-3b

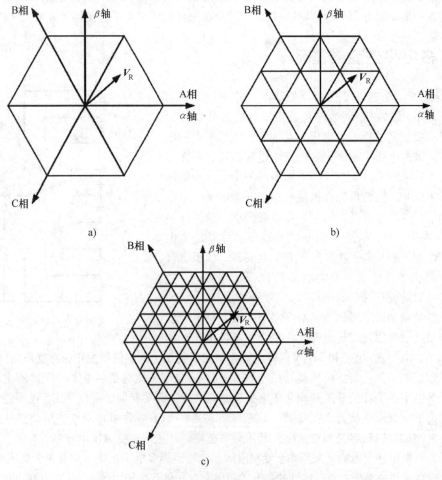

a)   b)

c)

图 19-3　逆变器的空间矢量图
a) 2 电平　b) 3 电平　c) 5 电平

和 c)，位置数分别增加到 $3^3 = 27$ 和 $5^3 = 125$，使图中空间矢量密度增加。为了得到旋转参考矢量，需要切换包围参考矢量顶点的三个空间矢量。这些开关矢量与参考矢量顶点之间的瞬时误差决定了相电压中谐波的大小。瞬时误差越大，输出电压中谐波的百分比越大。显然，与 2 电平逆变器相比，具有较高密度的空间矢量的 5 电平逆变器将产生较少的谐波。

19.3 多电平逆变器的拓扑结构

目前，多电平逆变器有许多电路拓扑。根据具体的应用要求，总有一种拓扑结构比其他拓扑结构更经济可靠。其中，三种拓扑结构相对更受欢迎：中性点钳位（NPC）拓扑、级联 H 桥（CHB）拓扑和飞跨电容（FC）拓扑。这里将介绍这些拓扑的性能比较。除此之外，还将讨论一些新的拓扑，如开放式绕组结构和驱动应用的级联结构。

19.3.1 中性点钳位逆变器

NPC 逆变器也称为二极管钳位逆变器，由 Nabae 等 首次提出[5]，并且已经成为近年来流行的多电平逆变器的拓扑。3 电平和 5 电平 NPC 逆变器如图19-4所示。

对于平衡的三相系统，相电压和极点电压通过以下式子转换，其中 v_{xo} 和 v_{xn}（$x = A$，B，C）分别是逆变器的极点电压和相电压。

$$\begin{bmatrix} v_{AN} \\ v_{AN} \\ v_{AN} \end{bmatrix} = \begin{bmatrix} 2/3 & -1/3 & -1/3 \\ -1/3 & 2/3 & -1/3 \\ -1/3 & -1/3 & 2/3 \end{bmatrix} \begin{bmatrix} v_{AO} \\ v_{BO} \\ v_{CO} \end{bmatrix}$$

$$(19\text{-}1)$$

逆变器电压空间矢量以三相电压来表示：

$$\boldsymbol{V}_R = \boldsymbol{v}_{AN} + \boldsymbol{V}_{BN} e^{j120} + \boldsymbol{v}_{CN} e^{j240} \quad (19\text{-}2)$$

对于所有 $3^3 = 27$ 种组合，电压空间矢量如图 19-5所示。一些位置上例如内六边形上的矢量，具有不止一种极点电压组合来实现同一空间矢量。

如果一个空间矢量通过不止一种极点电压组合来实现空间矢量，那么这样的空间矢量被称为具有开关状态多重性。在这种情况下，内六边形上的矢量具有 2 重性。这些开关状态多重性用于解决 NPC 逆变器的各种运行问题，最常见的是控制直流母线的中点电压，以使两个电容器上电压各占总直流母线电压的一半[6]。

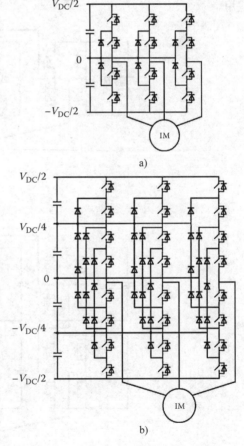

图 19-4 3 电平和 5 电平 NPC 逆变器

这种拓扑已成为 3 电平逆变器最流行的拓扑，因为它提供了一个简单的功率电路来扩展现有的 2 电平电压源逆变器（VSI）的电压和功率范围。所有半导体工作电压为直流链路电压的一半。前端简单的变压器整流器结构以及同一公用直流母线，使得该逆变器特别适用于中压应用。

3 电平 NPC 逆变器的主要缺点是器件的损耗分布不均匀。在一个基波周期中，内部器件的导通周期大于外部器件。这导致单桥臂器件的损耗不均匀。为了减轻这个问题，器件的开关模式应该交替循环。建议使用有源开关代替钳位二极管来控制 NPC 的不均匀损耗分布[7]。直流母线中点电压的波动是另一个问题，但是有一些技术可以使这个问题的影响最小化[1,2]。

19.3.2 级联 H 桥逆变器

具备基本四象限变换器（也称为 H 桥逆变器）的基本知识，就可以很容易地理解这种拓扑结构。参考图 19-6，每个 H 桥单元可以在输出端产生三个电平电压。一些 H 桥单元可以级联在一起形成一个 CHB 结构，5 电平 CHB 结构如图 19-7 所示。每个 H 桥单元需要四个开关和一个由整流器或电池构建的直流链路。通常整流器是三相不受控桥式整流器；然而，有源前端可用于再生应用。

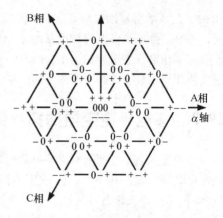

图 19-5　标有开关状态组合 3 电平 NPC 逆变器的空间矢量图

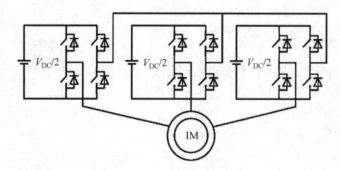

图 19-6　3 电平 H 桥逆变器

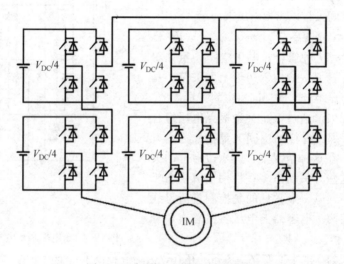

图 19-7　级联 5 电平 H 桥逆变器

CHB 单元可以产生许多开关状态的多重性。此多重性以及有效的 PWM 技术可以有效地用于各种的控制，例如所有器件损耗的均匀分布，以改善变换器提取的输入电流[1]。这种逆变器结构的缺点是需要多个隔离电源，每个隔离的电源给一个功率单元供电。每个直流电源需要一个变压器、一个整流器和一个电容，因此增加了系统的整体尺寸、重量和成本。然而，这些直流电源通常由多脉波二极管整流器得到，整流器使用星形－三角形或星形－三角形连接的变压器，从而改善了从电源获取的输入电流波形。

　　为了在 CHB 拓扑结构中产生更多输出电平的电压，可以使用不等压直流电源。例如，如果图 19-7 的 CHB 逆变器的两个单元的直流母线电压为 E 和 $3E$，则可以在极点产生 9 个电压电平，即 $4E$，$3E$，$2E$，E，0，$-E$，$-2E$，$-3E$ 和 $-4E$ [8,9]。如果两个直流电源电压相等，那么只能产生五个电平。因此，使用相同的拓扑，可以获得更多的相电平电压。在这种情况下，逆变器模块化丢失，开关冗余度减小，必须使用不同等级的开关器件。然而，从输出波形质量考虑，由于所产生的输出波形，接近于正弦波，所以这些缺点是可以接受的。

19.3.3　飞跨电容逆变器

　　已经商业化生产的第三种拓扑是 FC 逆变器[1-4]。4 电平 FC 拓扑如图 19-8 所示。与 CHB 逆变器类似，FC 拓扑对于每个空间矢量具有多重性。

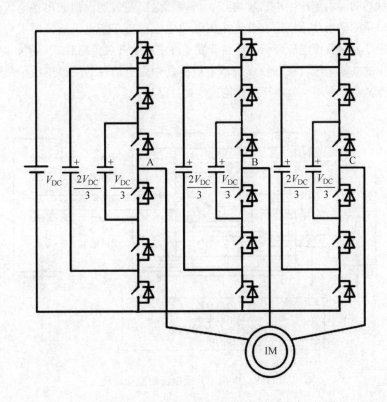

图 19-8　4 电平 FC 逆变器拓扑结构

　　在施加任何特定开关状态之前，电容电压必须保持在期望值，这就需要给电容预充电[10]。空间矢量的许多开关状态用于平衡 FC 的电容电压。当负载电流流过电容时，会产生快速充放电电压。根据电容电压恢复情况，交替使用互补开关状态，以维持电容的电压电平。然而，这导致逆变器的开关频率增加。同时，电路中增加了大体积电容。在这种类型的逆变器中，典型开关频率[1]通常为 1kHz。这有助于在更短的持续时间内对电容电压采取校正措施。

19.4 多电平逆变器运行问题

多电平逆变器最重要的运行问题之一是直流母线的电容均压问题。在 NPC 变换器中，详细研究了电容均压问题，并提出了许多建议。在 FC 拓扑，使用开关状态多重性将电容电压问题最小化。此外，需要附加电路来将电容预充电到期望的电平。电容均压问题对于更多电平的 NPC 和 FC 拓扑来说更为复杂，因为需要选择互补开关状态来平衡电容电压。同时，出现异常或故障时，电容电压也可能偏离其正常允许限值。在这种情况下，重复使用特定的一组开关状态恢复电压，而不会对基波输出电压造成干扰。

驱动应用的共模电压的消除是多电平逆变器的另一个重要的运行问题。共模电压定义为逆变器三相的三个极点电压的平均值，即 $v_{CM} = (v_{AO} + v_{BO} + v_{CO})/3$。由于逆变器的开关频率较高，该电压形成一个低阻抗回路，该回路通过寄生电容经过定子绕组到定子和转子铁心（见图 19-9）。流到转子或定子铁心的漏电流产生电机轴电压。当该轴电压超过润滑油的击穿电压时，会导致由于闪络引起的过早的轴承故障。逆变器产生的共模电压是近年来电机故障的主要原因之一。尽管使用多电平逆变器时共模电压降低，还是开发了许多新的开关策略和 PWM 技术以完全消除多电平逆变器产生的共模电压。在开放式绕组电机驱动中完全消除共模电压后，两侧逆变器可以使用同一个直流链路。在下一节将详细讨论这些拓扑结构。

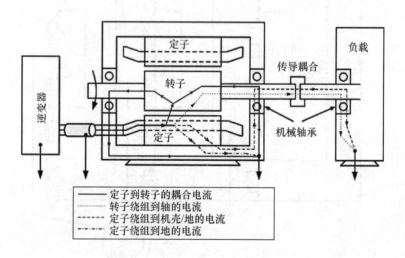

图 19-9　电机中共模电流的流动路径

19.5 感应电机驱动多电平拓扑的发展趋势

虽然多电平逆变器比传统的 2 电平逆变器有很多好处，但多电平逆变器的市场占有率仍然很低。因此，在多电平逆变器领域中许多新拓扑得以开发并在文献中报道。这些拓扑尝试优化诸如逆变器的开关器件的数量、控制、信号改善、可靠性和逆变器容错能力等各种问题。这些新拓扑包括级联逆变器连接、开放式绕组感应电机结构和非对称直流链路结构。这些拓扑将在下一节中进行说明，以解决逆变器的各种运行问题。

19.6　逆变器供电开放式绕组驱动

严格来说，这不是一个新型逆变器拓扑，而是使用传统逆变器，并且断开电机中性点，可以形成不同的空间矢量图[11]。然而，这属于新型逆变器供电驱动系统。在常规感应电机中，定子绕组的一端连接到电源，而另一端短接。在开放式绕组电机中，短接被去除，并且绕组连接到从绕组两侧供电的两个电压源。因此，电机上的总负载可以由两个逆变器共用。

对于每侧由 2 电平逆变器供电的开放式绕组感应电机，一个特定空间矢量的每个开关状态都是通过六个电压（v_{AO}, v_{BO}, v_{CO}, $v_{A'O'}$, $v_{B'O'}$, $v_{C'O'}$）组合产生，其中 v_{AO} 和 $v_{A'O'}$ 分别是 INV1 和 INV2 的"A"相极电压（见图 19-10）。开放式绕组异步电机的相电压由下式给出：

$$v_{AA'} = v_{AO} - v_{A'O'}, \quad V_{BB'} = v_{BO} - v_{B'O'}, \quad V_{BB'} = v_{CC'} = v_{CO} - v_{C'O'} \tag{19-3}$$

最终的空间矢量表示为

$$V_R = v_{AA'} + v_{BB'}e^{j120°} + v_{CC'}e^{j240°} \tag{19-4}$$

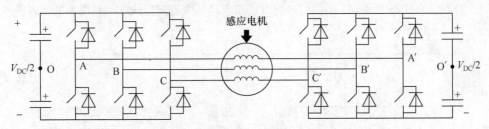

图 19-10　开放式绕组感应电机驱动

因此，可以通过两个 2 电平逆变器[12]给开放式绕组感应电机供电来形成 3 电平空间矢量图。因为每个 2 电平逆变器产生 8 个开关状态，所以在这里总共有（$8 \times 8 = 64$）个开关状态，而传统的 3 电平逆变器具有 27 个开关状态。与 3 电平 NPC 逆变器和 FC 拓扑相比，该逆变器拓扑不需要任何电容均压技术。同时，与 NPC 逆变器不同，该逆变器没有六个钳位二极管。因此，串联的导电器件数量减少，总体损耗减小。通过适当地切换两个逆变器，可以使两个逆变器中的负载和损耗相等。在这种情况下，需要两个隔离直流电压源来限制零序环流循环，但与 CHB 逆变器相比，此拓扑中隔离直流电源的数量较少。在许多情况下，它们由星形 - 三角形变压器供电，因此会改善由该逆变器产生的输入电流。

直流电源的数量甚至可以减少到一个，但同时带来逆变器直流母线电压利用率的下降[13]。电路结构如图 19-11 所示。这是通过消除两个逆变器中的共模电压来实现的。由于存在各种开关状态，逆变器产生了共模电压。在开放式绕组感应电机驱动的 3 电平空间矢量图（见图 19-12）

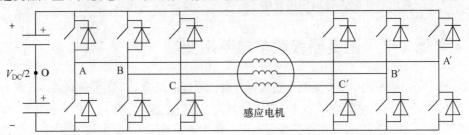

图 19-11　具有单直流母线的开放式绕组感应电机驱动

中，显示了六个空间矢量，在相绕组上产生零共模电压。通过观察这些空间矢量可以看出，两个逆变器产生的共模电压之差为零。如果两个直流电源如图 19-11 所示那样短接，并且切换除了这 6 个之外的任意空间矢量，那么这将产生一个大的零序环流流过绕组。然而，如图 19-12 所示，切换这 6 个位置的空间矢量会使直流母线电压利用率降低，其开关策略与 2 电平逆变器类似。

在文献 [14] 中提出了全直流母线电压利用率，其中四个双向开关与两个逆变器一起使用（见图 19-13）。在切换空间矢量位置时会产生零序电压，双向开关被关断以阻断零序电流流通路径。其他时候这些开关导通。以这种方式，仅通过使用一个直流电源并且不会有任何电容不平衡问题，就可以实现具有全直流母线电压利用率的 3 电平空间矢量图。

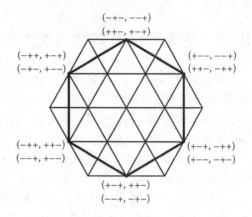

图 19-12　不产生共模电压的开放式绕组感应电机驱动的 3 电平空间矢量

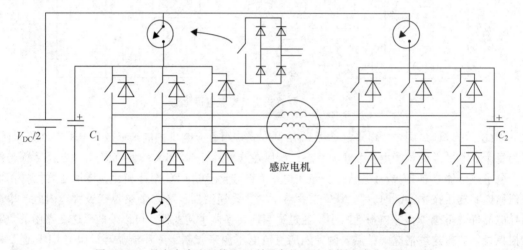

图 19-13　具有全直流母线电压利用率的开放式绕组感应电机驱动

定子中性点的断开在控制电机相绕组上施加电压时引入另一个自由度。一侧的逆变器可以在低开关频率下工作，从而限制开关损耗，而另一侧逆变器可用于消除该逆变器产生的谐波。以这种方式，可以在电机相绕组上施加高度正弦的电压。请注意，开放式结构不仅限于电机驱动应用，也可以应用到前端开放式绕组变压器中。

19.7　常规 2 电平逆变器级联多电平逆变器

在文献 [15] 中给出了一个 3 电平逆变器方案，通过级联两个 2 电平逆变器，如图 19-14 所示。如表 19-1 所示，通过接通 INV1 和 INV2 的开关，极点电压 v_{A2O} 为 $V_{DC}/2$、0 或 $-V_{DC}/2$。通过钳位 2 电平逆变器中的一个，3 电平逆变器也可以作为低速范围内使用的 2 电平逆变器。其优点是在 3 电平 NPC 逆变器中不需要钳位二极管，而且使用常规 2 电平逆变器，逆变器电源总线结构非常简单。从图 19-14 可以看出，每个桥臂开关的额定电压必须承受全直流电压，并且额定电

压为 V_{DC}。已经出现了许多级联逆变器结构[16-18]，并且与开放式绕组配置在一起，它们可以产生具有很多功能的不同的逆变器电路，下面将解释其中一种电路。

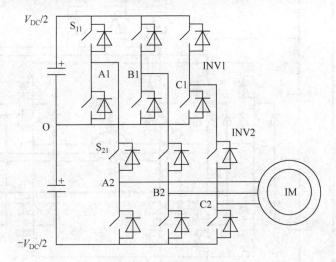

图 19-14 常规 2 电平逆变器级联的 3 电平逆变器

表 19-1 基于 A 相开关状态生成的三种不同电压电平（见图 19-14）

极电压 v_{A2O}	电压电平	开关状态	
		S_{11}	S_{21}
$V_{DC}/2$	+	1	1
0	0	0	1
$-V_{DC/2}$	−	0	0

文献［19］（见图 19-15 和图 19-16）提出了多电平逆变器一种最优化拓扑。这种 5 电平逆变器拓扑电容电压平衡，消除了共模电压，并且是前面讨论的不同概念的组合。有两台 3 电平 NPC 逆变器和两台 2 电平逆变器给开放式绕组电机供电。两台 3 电平 NPC 逆变器给开放式绕组电机供电，产生 5 电平空间矢量图，而附加的两台 2 电平逆变器则使得空间矢量图可以达到 9 电平。然而，为了消除电机端部及相绕组的共模电压，将 9 电平结构降低到 5 电平结构。通过从驱动两端选择逆变器开关状态组合来实现共模电压的消除，从而不会产生三次谐波电压。这可以通过对 3 电平电压电平求和来验证。例如，（10 - 1，2' - 1' - 1'）的开关组合将不具有任何三次谐波，因为来自左侧（10 - 1）和右侧（2' - 1' - 1'）的极点电压之和加起来为零。这也使得逆变器可以使用同一个直流链路，并且通过使用适当的开关策略，可以使两侧逆变器的负载和损耗相等。此外，级联逆变器结构有助于通过电机两侧共用 2 电平逆变器，从而减少开关数量。在该方案中，直流母线的四个电容均可在稳态和瞬态下实现电容电压均衡。在出现故障/异常状态之后，电容电压也可恢复到其标称值。所有器件的额定值为 $V_{DC}/8$。5 电平运行的相电压和电流波形如图 19-16 所示。从相电压的归一化谐波频谱可以看出，电机可以由接近正弦的电压供电。需要解释一下逆变器的电容电压均衡策略。它涉及使用空间矢量图中的冗余开关状态，这会对电容电压电平产生反作用。图 19-17 显示了 5 电平空间矢量图中特定空间矢量的电机绕组的连接，具有两个开关状态（01 - 1，- 110）和（1 - 10，0 - 11）。这些电平也被标记在直流母线上。对于任意开关状态组合，相绕组都连接在直流母线上的左右电平点之间。图中显示了电流的假定正方向。

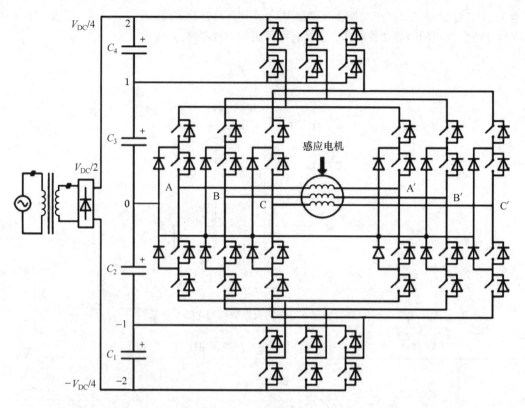

图 19-15　具有共模消除和电容电压平衡的 5 电平逆变器拓扑

图 19-17a 显示了开关状态（$01-1$，-110）。这里，电流（$i_A + i_C$）将流过电容 C_4、C_3 和 C_1。流过这三个电容的电流幅值等于流过 C_2 的电流幅值，这将导致 C_2 上的电压不平衡。图 19-17b 显示了同一空间矢量的另一个开关状态。这里，相同的电流流过电容 C_1、C_2 和 C_4，导致 C_3 上的电压不平衡。如果在这两个开关状态期间，电流的大小保持不变，则相同的开关时间作用将造成 C_2 和 C_3 上的电压不平衡。另一方面，C_1 和 C_4 上的电压同样受到这两种开关状态的影响。

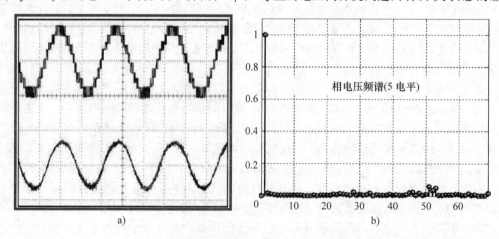

图 19-16　5 电平逆变器运行的实验结果

a）相电压（上）和相电流（下）[Y 轴：1div＝200V，1div＝5A，

X 轴：1div＝10ms] 　b）相电压归一化谐波频谱

因此，如果在连续的采样周期中，这两个开关状态（1－10，0－11）和（01－1，－110）的作用时间相同，电流在此周期保持不变，则 C_2 和 C_3 之间的任何电压不平衡都可以恢复到标称值。相同的概念可以扩展到其他电容以保持电压平衡，这在文献［19］中给出了详细的解释。图 19-17b 给出了电容电压不平衡和随后通过调整开关状态达到平衡的实验结果。

对于多电平逆变器供电驱动应用，已经开发了许多新型拓扑和逆变器。特别引起人们兴趣的是一个这样的应用：向具有不对称直流源的开放式绕组电机供电。事实上，通过适当选择直流母线电压比，可以从相电压中完全消除所有 5 次和 7 次谐波，而只剩下 11 和 13 次谐波。这接下来会介绍。

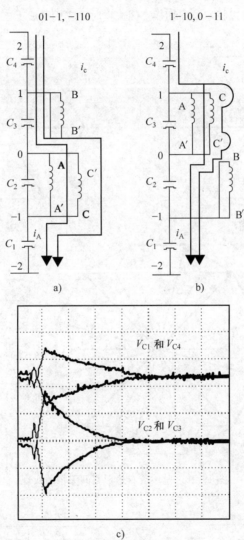

图 19-17 a）、b）将电机绕组与电容连接形成一个双重性空间矢量
c）电容电压不平衡和后续调整到平衡的实验结果［Y 轴：1div＝10V，X 轴：1div＝1s］

19.8 十二边形空间矢量结构

如前所述，大功率应用要求以最小逆变器开关频率产生接近正弦波电压。这是一个相互矛

盾的要求。使用传统 PWM 技术，逆变器的开关频率保持较高，以使开关频率及其边带附近的谐波发生偏移。但高开关频率在器件上产生更大的 $\mathrm{d}v/\mathrm{d}t$ 应力，并且波反射远远大于损耗。在大功率应用中选择最佳开关频率是一个颇具争议的问题。从在这方面来考虑，设计了十二边形空间矢量结构，从而消除了相电压的所有 $6n \pm 1$ 次谐波，其中 n 为奇数。

十二边形空间矢量图（见图 19-18）最先是在文献 [20] 中引入的。在这种情况下，两个 2 电平逆变器供电给开放式绕组感应电机，但是这两个逆变器由两个隔离的直流电源供电，电压比例为1:0.366（见图 19-19）。由于直流链路的不对称性，可以对六边形空间矢量图进行修改，形成一个十二边形空间矢量图。每个 2 电平逆变器产生各自的六边形空间矢量图，其半径不等。当组合这两个矢量图，并且以特定顺序切换空间矢量时，它们形成十二边形上的顶点。注意，由于

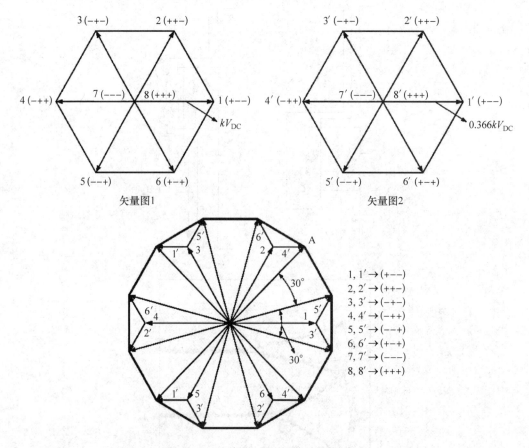

图 19-18　基波十二边形空间矢量图实现

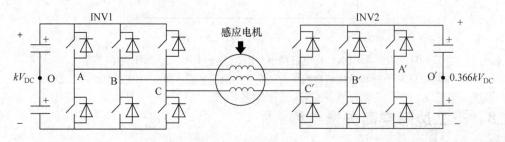

图 19-19　功率电路实现

开放式绕组结构，通过从 INV1 的空间矢量减去 INV2 的空间矢量来获得十二边形矢量。为了在多边形的顶点上得到一个这样的位置（例如，点 A），所选择的空间矢量是 INV1 的矢量 2 和 INV2 的矢量 4′（见图 19-18）。"k" 值决定空间矢量图的半径。通过选择适当的 k 值，可以使十二边形空间矢量图的半径等于六边形空间矢量图的半径。为了在开关周期中实现伏秒平衡，选择十二边形顶点的空间矢量和中心零矢量。这种在十二边形上切换空间矢量的方法不会在相电压中产生 $6n \pm 1$（n = 奇数）次的谐波。通过增加扇区中的采样数量，也可以抑制较低次谐波，并且可以获得接近正弦的电压。与此同时，十二边形比六边形更接近于圆；因此与六边形结构相比，十二边形结构的线性调制范围扩展了约 6.6%。对于 50Hz 的额定工作频率，在恒定的 V/f 下，线性调制可以达到 48.3Hz 的频率。此外，在过调制区域中不存在 $6n \pm 1$（n = 奇数）次的谐波，从而避免了在过调制区域中需要特殊的电流补偿方案[21]。在过调制区域结束时获得最大电压，其中相电压变为 12 电平波形。相电压、其归一化谐波频谱和相电流的实验结果如图 19-20 所示。注意，在谐波谱中，所有 $6n \pm 1$（n = 奇数）次谐波被消除。

除了开放式绕组感应电机外，也可以通过传统电机实现相同的空间矢量图，但结构中却增加了不对称直流链路的 4 电平逆变器（见图 19-21）[22]。逆变器的整体结构由三个 2 电平逆变器的级联组合而成，由非对称隔离直流电压供电。两个逆变器的直流电压为 $0.366kV_{DC}$（INV1 和 INV3），而第三个逆变器由 $0.634kV_{DC}$（INV2）的直流电源供电。由于 $0.634kV_{DC} : 0.366kV_{DC} = \sqrt{3} : 1$，这种电压比可以通过星形 – 三角形变压器的组合实现。可以选择合适的 "k" 值来实现十二边形空间矢量图的半径与六边形空间矢量图的半径相等。基于 INV3 的底部母线，该逆变器结构的极点电压可以在

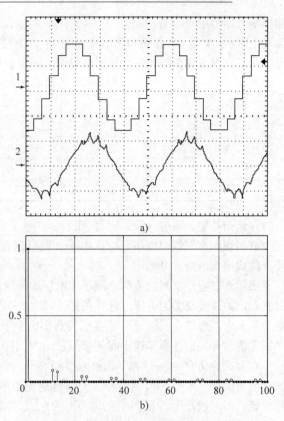

图 19-20　波形和谐波谱

a) 12 电平运行的实验波形　b) 相电压归一化谐波谱

1—相电压　2—相电流

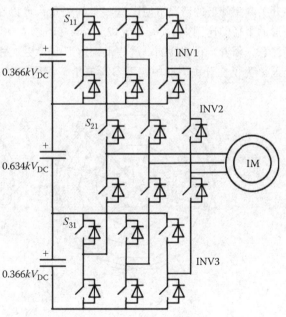

图 19-21　用于单端供电感应电机的
十二边形空间矢量图的功率电路

输出端有四个电平。它们是 0、$0.366kV_{DC}$、kV_{DC} 和 $1.366kV_{DC}$。在本节的讨论中，分别定义它们为 0 电平、1 电平、2 电平和 3 电平。表 19-2 中列出了用于实现这些电压电平的不同开关的状态。注意，组成逆变器的每个桥臂中的开关需要彼此互补地运行，以防止直流母线短路。

表 19-2　不同电平极点电压的开关状态

极点电压	电平	S_{11}	S_{21}	S_{31}
$1.366kV_{DC}$	3	1	1	1
kV_{DC}	2	0	1	1
$0.366kV_{DC}$	1	0	0	1
0	0	0	0	0

在该拓扑中，通过（320）开关组合，实现了在十二边形上的相同点 A（见图 19-18），其中三个数字表示在三相中施加的电压电平。也可以使用消除共模电压的逆变器结构，从而不再需要开放式结构的隔离电源[23]。

虽然十二边形空间矢量图消除了相电压的一组谐波，但是却出现了与 2 电平逆变器类似的开关状态。为了实现参考电压，选择使用十二边形顶点上的空间矢量。通过使用传统 3 电平 NPC 逆变器，十二边形空间矢量图可以扩展到多电平十二边形空间矢量图[24]。这有助于使用只有一半额定值的开关器件来实现空间矢量图。

在最近的研究中，$\alpha-\beta$ 平面被六个同心十二边形划分（见图 19-22）[25]。这个空间矢量图是通过使用两个 3 电平 NPC 逆变器（直流链路幅值比为 1:0.366）的开关组合而成（见图 19-23）。每个逆变器可以产生 3 电平电压：INV1 的 0、1 和 2 和 INV2 的 0′、1′和 2′。在两个逆变器的所有可能的开关状态组合中，存在位于六个同心十二边形上的空间矢量。这些空间矢量用于运行中的切换。因为存在六个十二边形，所以这些开关矢量彼此靠近，输出电压中的谐波被最小化。同时，整个调制范围内的相电压都不存在 $6n\pm1$（$n=$ 奇数）次的谐波，包括过调制区域。因此，在开关频率降低的情况下使用这些空间矢量，可以在相绕组中产生非常高质量的正弦波。十二边形的半径的比例为 $1:\cos(\pi/12):\cos(2\pi/12):\cos(3\pi/12):\cos(4\pi/12):\cos(5\pi/12)$。请注意，随着半径的增加，这些十二边形变得更加相似。这将有助于在更高的电压电平下抑制谐波。为了在开关周期中实现参考矢量，使用相邻十二边形上的三个最近的空间矢量进行切换

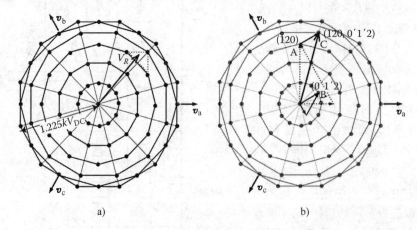

图　19-22

a) 多电压十二边形空间矢量图　b) 用于实现空间矢量的 INV1 和 INV2 的开关状态组合

（见图 19-22a）。用于实现空间矢量的一种开关组合如图 19-22b 所示。空间矢量 **A** 由 INV1 通过开关状态（120）产生。空间矢量 **B** 由 INV2 的开关状态（$0'1'2'$）产生，该状态从 INV1 侧测量。当空间 **A** 和 **B** 矢量组合时，形成空间矢量 **C**（120，$0'1'2'$）。文献［25］中给出了整个空间矢量图的其他开关状态的多重性。在所有调制系数下，包括过调制区域的相电压，都不存在 $6n \pm 1$（$n =$ 奇数）次的谐波。

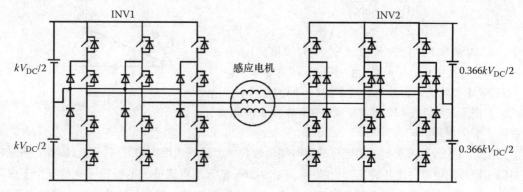

图 19-23　实现图 19-22 空间矢量图的功率电路

19.9　多电平逆变器 PWM 策略

2 电平逆变器 PWM 策略已经扩展应用到多电平逆变器的通断。在 2 电平逆变器中，将调制正弦波与高频三角波进行比较。根据正弦波和三角波的瞬时幅值，单相桥臂中的上或下开关被接通或关断。这被称为正弦三角 PWM。代替纯调制正弦波，可以在正弦波中加入不同的偏移量，以增加逆变器的直流母线利用率［26］。同样的概念已经扩展到多电平逆变器通断应用。这里，不再使用一个三角载波，而是使用多个不同的三角载波［27］。在载波移位 PWM 中，n 电平逆变器有（$n-1$）个相同的载波。对载波进行垂直排列，使它们分布在相邻垂直区域（见图 19-24）。

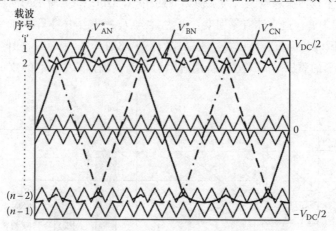

图 19-24　多个载波的多电平逆变器 PWM 策略

多电平逆变器最流行的 PWM 策略之一是空间矢量 PWM（SVPWM）。SVPWM 技术在开关周期中使用伏秒平衡的概念来计算逆变器中各个开关的占空比。六边形空间矢量图分为六个三角形区域（见图 19-25）。为了实现参考矢量，选择封闭三角形内的空间矢量以维持开关周期中的伏秒平衡。这在数学上表示为

$$V_R^* T_s = V_1 T_1 + V_2 T_2 + V_0 T_0 \qquad (19\text{-}5)$$

有效矢量和零矢量的作用时间由下式给出：

$$T_1 = \frac{V_R^*}{V_{DC}} T_s \frac{\sin(60° - \alpha)}{\sin 60°}$$

$$T_2 = \frac{V_R^*}{V_{DC}} T_s \frac{\sin\alpha}{\sin 60°}$$

$$T_0 = T_s - (T_1 + T_2) \qquad (19\text{-}6)$$

式中，V_R^* 为参考电压空间矢量（$\boldsymbol{V}_R^*$）的幅值；V_{DC} 为逆变器的直流母线电压；α 为 $\boldsymbol{V}_R^*$ 相对于 $\boldsymbol{V}_1$ 的角度（°）。

SVPWM 曾经被认为是与载波 PWM 不同的技术；但是之后，人们发现 SVMPWM 技术是载波 PWM 技术的延伸。这在接下来会解释。

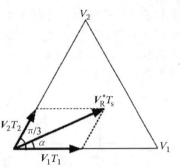

图 19-25　基于伏秒平衡的传统 SVPWM

对于三相平衡正弦波形，相电压的瞬时幅值包含由上述等式给出的时序信息。因此，将采样值乘以采样时间可以将电压转换到时域中。图 19-26a 显示了直流母线电压归一化的三个正弦调制波形。通过将这些值乘以采样时间 T_s，即 $T_a = (v_a/V_{dc}) T_s$ 等，可以从这些波形获得时序信息。时序值如图 19-26b 所示，其中作用持续时间从零轴开始计算。在这一点上，时序值可能是负数，在之后将会变成正数。这里，当参考矢量位于扇区 1 中时，选择采样时刻。应当注意，由上述等式描述的 T_1 和 T_2 的表达式类似于扇区 1 波形的线电压表达式，其中都有一定的增益因子。因此，最大和中间采样波形、中间和最小采样波形之间的偏差直接给出了 T_1 和 T_2 的时序信息。在该采样时刻，$T_{max} = T_a$ 和 $T_{min} = T_c$，T_c 的瞬时值为负值。因此，有效周期定义为 $T_{eff} = (T_1 + T_2)$，应为 $T_{max} - T_{min}$。下一步是使零周期在开关周期的开始和结束时相等。这是 SVPWM 的最重要的要求，与正弦 PWM 相比，可以确保直流利用率提高 15%[28]。为了使零周期相等，需要在时序图上添加一定的偏移，该偏移以电压表示，为附加的共模电压相加值。由于电机中性点不接地，附加的共模电压不产生任何循环电流。为了使零周期相等，图 19-26b 所示的周期 T_{eff} 需要准确地定位在开关周期 T_s 的中心。这意味着零周期计算为 $T_0 = T_s - T_{eff}$，并将 $T_0/2$ 加到所有时序波形上。此外，因为 T_{min} 的瞬时值为负，所以在所有时序波形中增加了（$-T_{min}$）的偏差，三个时序全部变为正。对所有波形的添加（$-T_{min}$）特别适用于 DSP 实现，其中所有的数字必然是正的。

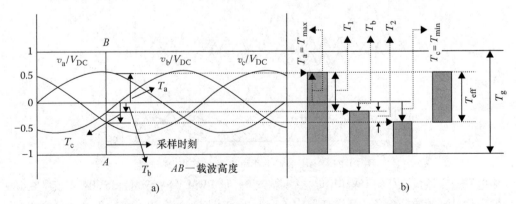

图 19-26　扇区 1 参考相电压采样和等效时间信号产生

a）修改的参考相电压　b）扇区 1 各相等效时间信号

　　用于多电平逆变器空间矢量 PWM 开关也遵循与上述相同的原理，但偏移量相加有稍微的变化。多电平逆变器的空间矢量图由多个相同的六边形构成，它们位于 $\alpha - \beta$ 矢量平面内，距中心不同的距离。多电平 SVPWM 的开关策略将外六边形映射到中心六边形，然后使用 2 电平 SVPWM 伏秒平衡概念。从调制波形的角度来看，这意味着向调制波形增加偏移量。例如，图 19-27a 给出了任意相位的 3 电平逆变器的初始调制波形。在增加偏移量（称为第一偏移量）之后，调制波形如图 19-27b 所示。这里另一个约束是在周期的开始和结束平均分配开始和结束矢量。这是通过给调制波形增加附加偏移量（称为第二偏移量）来实现的，以将零矢量时间平均安放在开关周期开始和结束，这将在下一段中解释。请注意，在外六边形映射到内六边形之后，零周期的空间矢量不再是（＋＋＋）或（－－－）或（000）。事实上，零矢量此时位于被映射的外六边形的中心。

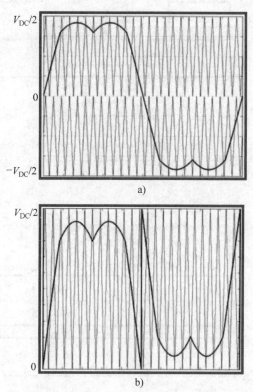

图 19-27　3 电平逆变器 SVPWM 参考波形的生成

a）在添加第一个偏移量之前　b）添加第一个偏移量之后

　　添加 T_{offset1} 后的 3 电平调制波形如图 19-28a 所示。注意，上、下调制波形对称位于 $V_{\text{dc}}/2$ 和 $- V_{\text{dc}}/2$ 的顶部和底部边界之间；另外也给出了此条件下的极点电压。用于切换极点电压的逻辑如下：如果调制波为正，并且大于三角形，则极点电压为 $V_{\text{dc}}/2$，否则为 0；如果调制波为负，并且大于三角形，则极点电压为 0，否则为 $- V_{\text{dc}}/2$。根据这个逻辑，一个周期的开始和结束的两个时间段是不相等的。开始和结束时间段称为零周期，但是它们不表示零矢量的存在。因此，需要附加偏移量 T_{offset2} 来使零周期在一个周期的开始和结束时相等，如图 19-28b 所示。

　　下面给出了用于生成有效矢量和零矢量时间的整个算法。在文献［29］中给出了该算法包括过调制区域在内的所有细节。

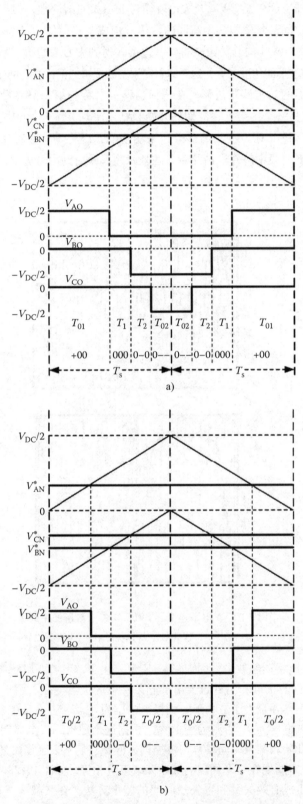

图 19-28　将零矢量对称放置在周期的开始和结束时刻

a）在零矢量对称放置之前　b）在零矢量对称放置之后

算法描述：

① 读取当前采样间隔的采样幅值 v_{AN}、v_{BN} 和 v_{NC}。确定相电压的等效时间，即 T_{as}、T_{bs} 和 T_{cs}，其中 n 是电平数。

$$T_{as} = v_{AN} \frac{T_s}{V_{DC}/(n-1)}, T_{bs} = v_{BN} \frac{T_s}{V_{DC}/(n-1)}, T_{cs} = v_{CN} \frac{T_s}{V_{DC}/(n-1)}$$

② 找出 $T_{offset1}$。$T_{offset1} = -(T_{max} + T_{min})/2$，其中 T_{max}、T_{min} 分别对应于 T_{as}、T_{bs} 和 T_{cs} 中的最大值和最小值。

③ 确定 T_{as}^*、T_{bs}^*、T_{cs}^*。$T_{as}^* = T_{as} + T_{offset1}$；$T_{bs}^* = T_{bs} + T_{offset1}$；$T_{cs}^* = T_{cs} + T_{offset1}$；分别确定 A、B 和 C 相的载波 I_a、I_b 和 I_c。

④ 确定 T_{a_cross}、T_{b_cross}、T_{c_cross}。当 n 为奇数时：

$$T_{a\_cross} = T_{as}^* + \left[(I_a - (n-1)/2)T_s \right]$$
$$T_{b\_cross} = T_{bs}^* + \left[(I_b - (n-1)/2)T_s \right]$$
$$T_{c\_cross} = T_{cs}^* + \left[(I_c - (n-1)/2)T_s \right]$$

当 $n =$ 偶数时：

$$T_{a\_cross} = T_s/2 + T_{as}^* + \left[(I_a - (n/2))T_s \right]$$
$$T_{b\_cross} = T_s/2 + T_{bs}^* + \left[(I_b - (n/2))T_s \right]$$
$$T_{c\_cross} = T_s/2 + T_{cs}^* + \left[(I_c - (n/2))T_s \right]$$

⑤ 将 T_{a_cross}、T_{b_cross}、T_{c_cross} 排序，确定 T_{first_cross}、T_{second_cross}、T_{third_cross}，最大值为 T_{third_cross}，最小值为 T_{first_cross}，剩下的那个就是 T_{second_cross}。

⑥ 根据确定 T_{first_cross}、T_{second_cross}、T_{third_cross} 的相，来分配 first_cross 相、second_cross 相和 third_cross 相。

⑦ 计算 $T_{offset2}$：

$$T_0 = T_s - T_{middle}$$

所以

$$T_{offset2} = T_0/2 - T_{first\_cross}$$

$$T_{ga} = T_{a\_cross} + T_{offset2}, T_{gb} = T_{b\_cross} + T_{offset2}, T_{gc} = T_{c\_cross} + T_{offset2}$$

确定实际门信号的作用时间为（T_{ga}、T_{gb} 和 T_{gc}）

19.10 多电平逆变器的未来趋势

多电平逆变器的未来是具有前景的。多电平逆变器的发展趋势表明，使用多个小额定功率的功率器件比使用一个大额定功率的器件更受欢迎。在苛刻的应用环境中，这个因素尤为重要，其中可靠性和容错性至关重要。虽然高压的新型器件正在不断开发中，但使用经历了时间检验、技术成熟的多个低压器件更具吸引力。作为大功率应用的选择，这有助于多电平逆变器的发展。随着器件技术的进步，器件的尺寸和成本将会降低。这将有助于在较小的封装中容纳更多数量更便宜的器件，从而构建类似于 Power VLSI 结构。许多具有大量器件的高电平的多电平逆变器到那时将变得经济可行。

多电平逆变器的许多新应用领域正在兴起。特别是用于输电配电的多电平逆变器尚未得到充分的探索。类似地，为了将可再生能源与公用设施连接起来，也可以有效地使用多电平逆变器。在驱动方面，使用多个低压小电流器件的新型电机和多电平逆变器供电多相电机的设计也是一个具有吸引力的研究领域。

参 考 文 献

1. J. Rodriguez, S. Bernet, B. Wu, J. O. Pontt, and S. Kouro, Multilevel voltage-source-converter topologies for industrial medium-voltage drives, *IEEE Trans. Ind. Electron.*, 54(6), 2930–2945, Dec. 2007.

2. R. Klug and N. Klaassen, High power medium voltage drives: Innovations, portfolio, trends, *Proceedings of the Conference Rec. EPE*, vol. 34, Lausanne, Switzerland, Sept. 2005.

3. J. Rodriguez, J. O. Pontt, P. Lezana, and S. Kouro, Tutorial on multilevel converters, *Proceedings of the Conference Rec. PELINCEC 2005*, Warsaw, Poland, Oct. 2005.

4. L. G. Franquelo, J. Rodriguez, J. I. Leon, S. Kauro, R. Portillo, and M. A. M. Prats, The age of multi-level converters arrives, *IEEE Ind. Electron. Mag.*, 49, 28–39, June 2008.

5. A. Nabae, I. Takahashi, and H. Akagi, A new neutral point clamped PWM inverter, *IEEE Trans. Ind. Appl.*, 17, 518–522, 1981.

6. N. Celanovic and D. Boroyevich, A comprehensive study of neutral point voltage balancing problem in three-level-neutral-point-clamped voltage source PWM inverters, *IEEE Trans. Power Electron.*, 15, 242–249, Mar. 2000.

7. P. Barbosa, P. Steimer, J. Steinke, M. Winkelnkemper, and N. Celanovic, Active neutral point clamped (ANPC) multilevel converter technology, *Proceedings of the Conference Rec. EPE 2005*, Dresden, Germany, 2005.

8. A. Rufer, M. Veenstra, and K. Gopakumar, Asymmetrical multilevel converters for high resolution voltage phasor generation, *Proceedings of the Conference Rec. EPE 1999*, Salt Lake City, UT, pp. 1–10, 1999.

9. M. Veenstra and A. Rufer, Control of a hybrid asymmetric multilevel inverter for competitive medium-voltage industrial drives, *IEEE Trans. Ind. Electron.*, 41(2), 655–664, Mar.–Apr. 2005.

10. T. A. Meynard and H. Foch, Electronic device for electrical energy conversion between a voltage source and a current source by means of controllable switching cells, *IEEE Trans. Ind. Electron.*, 49(5), 955–964, Oct. 2002.

11. H. Stemmler and P. Geggenbach, Configurations of high power voltage source inverter drives, *Proceedings of the Conference Rec. EPE 1993*, vol. 5, Brighton, U.K., pp. 7–14, 1993.

12. E. G. Shivakumar, K. Gopakumar, and V. T. Ranganathan, Space vector PWM control of dual inverter fed open-end winding induction motor drive, *EPE J.*, 12(1), 9–18, Feb. 2002.

13. V. T. Somasekhar, K. Gopakumar, E. G. Shivakumar, and S. K. Sinha, A space vector modulation scheme for a dual two level inverter fed open-end winding induction motor drive for the elimination of zero sequence currents, *EPE J.*, 12(2), 26–36, May 2002.

14. V. T. Somasekhar, K. Gopakumar, and M. R. Baiju, Dual two-level inverter scheme for an open-end winding induction motor drive with a single DC power supply and improved DC bus utilization, *IEE Proc. Electron. Power Appl.*, 151(2), 230–238, Mar. 2004.

15. V. T. Somasekhar and K. Gopakumar, Three-level inverter configuration cascading two two-level inverters, *IEE Proc.-Electron. Power Appl.*, 150(3), 245–254, May 2005.

16. K. A. Corzine, S. D. Sudhoff, and C. A. Whitcomb, Performance characteristics of a cascaded two-level inverter, *IEEE Trans. Energy Conversion*, 14(3), 433–439, Sept. 1999.

17. K. A. Corzine, M. W. Wielebski, F. Z. Peng, and J. Wang, Control of cascaded multilevel inverters, *IEEE Trans. Power Electron.*, 19(3), 732–738, May 2004.

18. P. Xiao, G. K. Venayagamoorthy, and K. A. Corzine, Seven-level shunt active power filter for high-power drive systems, *IEEE Trans. Ind. Electron.*, 24(1), 6–13, Jan. 2009.

19. G. Mondal, F. Sheron, A. Das, K. Sivakumar, and K. Gopakumar, A DC-link capacitor voltage balancing with CMV elimination using only the switching state redundancies for a reduced switch count multi-level inverter fed IM Drive, *EPE J.*, 19(1), 5–15, Mar. 2009.

20. K. K. Mohapatra, K. Gopakumar, V. T. Somasekhar, and L. Umanand, A harmonic elimination and suppression scheme for an open-end winding induction motor drive, *IEEE Trans. Ind. Electron.*, 50(6), 1187–1198, Dec. 2003.

21. M. Khambadkone and J. Holtz, Compensated synchronous PI current-controller in overmodulation range with six-step operation of space vector modulation based vector controlled drives, *IEEE Trans. Ind. Electron.*, 50(6), 1187–1198, 2003.

22. S. Lakshminarayanan, R. S. Kanchan, P. N. Tekwani, and K. Gopakumar, Multilevel inverter with 12-sided polygonal voltage space vector locations for induction motor drive, *IEE Proc. Electr. Power Appl.*, 153(3), 411–419, May 2006.

23. S. Lakshminarayanan, G. Mondal, P. N. Tekwani, K. K. Mohapatra, and K. Gopakumar, Twelve-sided polygonal voltage space vector based multilevel inverter for an induction motor drive with common-mode voltage elimination, *IEEE Trans. Ind. Electron.*, 54(5), 2761–2768, Oct. 2007.

24. A. Das, K. Sivakumar, R. Ramchand, C. Patel, and K. Gopakumar, A pulse width modulated control of induction motor drive using multilevel 12-sided polygonal voltage space vectors, *IEEE Trans. Ind. Electron.*, 56(7), 2441–2449, July 2009.

25. A. Das, K. Sivakumar, R. Ramchand, C. Patel, and K. Gopakumar, A high resolution pulse width modulation technique using concentric multilevel dodecagonal voltage space vector structures, *Proceedings of the Conference Rec. ISIE 2009*, Montreal, Canada, 2009.

26. Dae-Woong Chung, Joohn-Sheok Kim, and Seung-Ki Sul, Unified voltage modulation technique for real-time three phase power conversion, *IEEE Trans. Ind. Appl.*, 34(2), 374–380, 1998.

27. G. Carrara et al., A new multilevel PWM method: A theoretical analysis, *IEEE Trans. Power Electron.*, 7(3), 497–505, July 1992.

28. D. G. Holmes, The significance of zero space vector placement for carrier-based PWM schemes, *IEEE Trans. Ind. Appl.*, 32(5), 1122–1129, Sept. 1996.

29. R. S. Kanchan, M. Baiju, K. K. Mohapatra, P. P. Ouseph, and K. Gopakumar, Space vector PWM signal generation for multi-level inverters using only the sampled amplitudes of reference phase voltages, *IEE Proc. Electr. Power Appl.*, 152(2), 297–309, Apr. 2005.

第 20 章　谐振变换器

20.1　引言

谐振变换器将一个 DC 系统连接到 AC 系统或另一个 DC 系统，控制两个系统之间的电力传输，并输出电压或电流[2,4]。它们可用于感应加热、DC－DC 高频电源、声呐发射器、荧光灯镇流器、激光切割机的电源和超声波发生器[3,5]。

可以用一些共同特点来描述一些谐振变流器大部分或者至少一部分的工作特征。当开关器件以开关模式工作时，DC－DC 和 DC－AC 变换器具有两个基本缺点。在开关导通和关断时间内，大电流和高电压同时出现在开关上，产生高功率损耗，即高开关应力。功率损耗随着开关频率的增加而线性增加。为了确保功率转换具有合理效率，开关频率保持低于一定的最大值。在开关模式工作中的第二个缺点是由开关变量的大 dv/dt 和 di/dt 产生的电磁干扰（EMI）。为了减小变换器的尺寸和重量，开关频率范围越来越大，这使上述这些缺点越来越严重。

谐振变换器可以减少以上的缺点。谐振变换器中的开关产生方波电压或电流脉冲群，它们有或没有直流分量。$L-C$ 谐振电路总是包含在谐振变换器中。其谐振频率可能接近开关频率，或者可能偏离很大。如果 $L-C$ 谐振电路被近似调谐至开关频率，则不希望的谐波可被该电路消除。在两种情况下，开关频率的变化是用于控制输出功率和电压的一种方法。

谐振变换器的优点可以从它们的 $L-C$ 电路得到，优点如下：正弦波形、固有的滤波器功能、较小的 dv/dt 和 di/dt 和电磁干扰、开关零电流关断的便利性，通过改变开关频率可实现输出功率和零电压。此外，一些谐振变换器，例如，准谐振变换器，可以在开关瞬间实现开关零电流和/或零电压，大幅减少开关损耗。文献将这些变换器分类为硬开关变换器和软开关变换器。与硬开关变换器中的开关不同，软开关变换器、准谐振变换器和谐振变换器具有较低的开关应力。请注意，并非所有的谐振变换器都要通过提供零电流开关（ZCS）和/或零电压开关（ZVS），来减少开关功率损耗。相反，谐振变换器开关比相同功率的非谐振结构的开关可承受更高的正向电流和反向电压。工作频率的变化是另一个缺点。

首先，给出了串联和并联两个基本的谐振电路的简短回顾。然后讨论以下三种类型的谐振变换器：

- 负载谐振变换器；
- 谐振开关变换器；
- 谐振直流链路变换器。

双通道谐振 DC－DC 变换器系列的描述可以在文献［1］中找到。

20.2　二阶谐振电路

并联谐振电路是两个串联谐振电路的对偶电路构成的（见图 20-1）。串联（并联）电路由电压（电流）源驱动。电压和电流的模拟量变量对应图20-1中的电流和电压。

$$v_i = v_L + v_R + v_C = i_i\left(sL + R + \frac{1}{sC}\right) \tag{20-1}$$

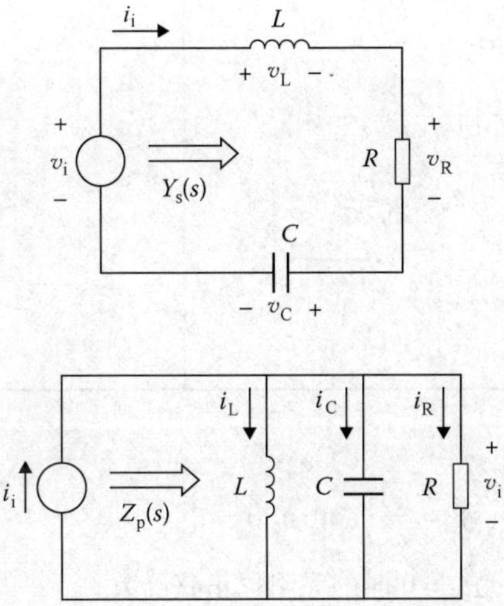

串联		并联
v_i	$\rightarrow$	i_i
v_L	$\rightarrow$	i_L
v_R	$\rightarrow$	i_L
v_C	$\rightarrow$	i_C
i_i	$\rightarrow$	v_i
sL	$\rightarrow$	$\frac{1}{sL}$
R	$\rightarrow$	$\frac{1}{R}$
$\frac{1}{sC}$	$\rightarrow$	sC
$Z_p(s)$	$\rightarrow$	$Y_s(s)$

图20-1　对偶电路

必须使用串联电路的基尔霍夫电压定律和并联电路的基尔霍夫电流定律：

$$i_i = i_L + i_R + i_C = v_i\left(\frac{1}{sL} + \frac{1}{R} + sC\right) \tag{20-2}$$

阻抗的模拟参数是相应的导纳（见图20-1）。串联电路的输入电流为

$$i_i = Y_s(s)v_i = \frac{1}{Z_p(s)}v_i \tag{20-3}$$

并联电路的输入电压为

$$v_i = Z_p(s)i_i \tag{20-4}$$

其中输入导纳

$$Y_s(s) = \frac{1}{R}\frac{2\xi_s Ts}{1 + 2\xi_s Ts + T^2s^2} \tag{20-5}$$

和输入阻抗

$$Z_p(s) = R\frac{2\xi_p Ts}{1 + 2\xi_p Ts + T^2s^2} \tag{20-6}$$

时间常数T和阻尼系数ξ以及一些其他参数由表20-1给出。式（20-5）和式（20-6）中ξ必须小于1，在分母中具有复数根，以获得振荡响应。

当v_i为单位阶跃函数时，$v_i(s) = 1/s$，根据式（20-3）和式（20-5），串联谐振电路中R两端的电压的时间响应为

$$Ri_i(t) = 2\xi_s \underbrace{T\frac{1}{T\sqrt{1-\xi_s^2}}e^{-\xi_s t/T}\sin\left(\frac{t\sqrt{1-\xi_s^2}}{T}\right)}_{f(t/T)} \tag{20-7}$$

表 20-1　参数

	串联	并联
时间常数	$T = \sqrt{LC}$	$T = \sqrt{LC}$
谐振角频率	$\omega_0 = 2\pi f_0 = \dfrac{1}{T}$	$\omega_0 = 2\pi f_0 = \dfrac{1}{T}$
阻尼系数	$\xi_s = \dfrac{1}{2}\dfrac{R}{\omega_0 L} = \dfrac{1}{2}\omega_0 CR$	$\xi_p = \dfrac{1}{2}\dfrac{\omega_0 L}{R} = \dfrac{1}{2}\dfrac{1}{\omega_0 CR}$
特性阻抗	$Z_0 = \sqrt{\dfrac{L}{C}}$	$Z_0 = \sqrt{\dfrac{L}{C}}$
阻尼谐振角频率	$\omega_d = \omega_0\sqrt{1 - \xi_s^2}$	$\omega_d = \omega_0\sqrt{1 - \xi_p^2}$
品质因数	$Q_s = \dfrac{1}{2\xi_s}$	$Q_p = \dfrac{1}{2\xi_p}$

或对于 $\xi_s = 0$

$$i_i(t) = \frac{1}{\omega_0 L}\sin(\omega_0 t) \tag{20-8}$$

也就是说，响应是一个阻尼函数，或者是 $\xi_s = 0$ 时的无阻尼正弦函数。

当电流在并联电路中以阶跃函数变化时，$Ri_i(s) = 1/s$，电压响应 v_i 的表达式由式（20-7）给出，因为为 $RY_s = Z_p/R$。当然，现在 ξ_s 必须被 ξ_p 代替。各种阻尼系数 ξ 的时间函数 $f(t/T)$ 如图 20-2 所示。

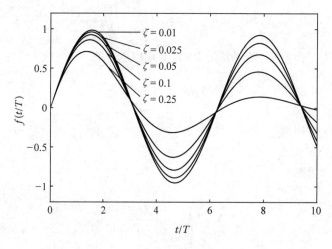

图 20-2　时间响应 $f(t/T)$ （$T = 1$）

假设输入为正弦输入变量，串联电路的频率响应为

$$\frac{R\,\overline{i}_i}{\overline{v}_i} = R\overline{Y}_s(jv) = \frac{1}{1 + jQ_s(v - 1/v)} = \frac{1}{\overline{D}_s(v)} \tag{20-9}$$

并联电路的频率响应是

$$\frac{\overline{v}_i}{R\overline{i}_i} = \frac{1}{R}\overline{Z}_p(jv) = \frac{1}{1 + jQ_p(v - 1/v)} = \frac{1}{\overline{D}_p(v)} \tag{20-10}$$

式中，$v = \omega/\omega_0$。两个电路在谐振时都是纯阻性的：$v = 1$ 时 $\overline{v}_i = R\,\overline{i}_i$。

式（20-9）和式（20-10）的幅值和相位作为 v 的函数的曲线如图 20-3 所示。可以通过改变 v 来改变 R 上的电压及其功率。当 Q 较高时，v 的小幅变化可以产生很大的输出变化。

储能元件的电压，例如串联电路中 L 两端的电压

$$\frac{\overline{v}_{\mathrm{L}}}{\overline{v}_{\mathrm{i}}} = \frac{\mathrm{j}vQ_{\mathrm{s}}}{\overline{N}_{\mathrm{s}}(v)} \tag{20-11}$$

以及储能元件中的电流，例如并联电路中 L 上的电流

$$\frac{\overline{i}_{\mathrm{L}}}{\overline{i}_{\mathrm{i}}} = \frac{Q_{\mathrm{p}}}{\mathrm{j}v\overline{N}_{\mathrm{p}}(v)} \tag{20-12}$$

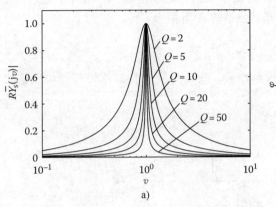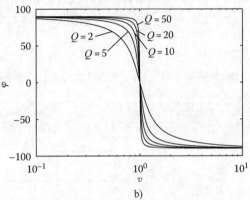

图 20-3　$[R\,\overline{Y}_{\mathrm{s}}(\mathrm{j}v)]$ 的频率响应

a)　幅值　b)　相位

在 $v = 1$ 时，串联（并联）谐振电路的储能元件的电压（电流）是输入电压（电流）的 Q 倍（见表 20-2）。如果 $Q = 10$，则电容或电感电压（电流）是源电压（电流）的 10 倍。

L 和 C 的值及其额定功率与品质因数 Q 有关。Q 值越高，滤波器作用越好，即谐波的衰减越好，通过开关频率的微小变化，可以更容易地控制输出电压和功率。Q 的定义是

$$Q = \frac{2\pi \cdot 峰值储能}{每个周期消耗的能量} \tag{20-13}$$

表 20-2　谐振，$\omega = \omega_0$

串　　联	并　　联
$\dfrac{\overline{v}_{\mathrm{C}}}{\overline{v}_{\mathrm{i}}} = -\mathrm{j}\,Q_{\mathrm{s}}$	$\dfrac{\overline{i}_{\mathrm{C}}}{\overline{i}_{\mathrm{i}}} = \mathrm{j}\,Q_{\mathrm{p}}$
$\dfrac{\overline{v}_{\mathrm{L}}}{\overline{v}_{\mathrm{i}}} = \mathrm{j}\,Q_{\mathrm{s}}$	$\dfrac{\overline{i}_{\mathrm{L}}}{\overline{i}_{\mathrm{i}}} = -\mathrm{j}\,Q_{\mathrm{p}}$
$Q_{\mathrm{s}} = \dfrac{2\pi\left(\frac{1}{2}L\,I_{\mathrm{s}}^2\right)}{\left(\frac{1}{2}R\,I_{\mathrm{s}}^2\right)\frac{1}{f_0}}$	$Q_{\mathrm{p}} = \dfrac{2\pi\left(\frac{1}{2}C\,V_{\mathrm{p}}^2\right)}{\left(\frac{1}{2}\frac{V_{\mathrm{p}}^2}{R}\right)\frac{1}{f_0}}$

利用该定义，表 20-2 给出了 Q 的表达式，其中 I_{p} 和 V_{p} 分别是电感中的峰值电流和电容两端的峰值电压。对于给定的输出功率，每个周期消耗的能量是确定的。获得更高 Q 值的唯一方法是增加峰值储能。高 Q 值的实现即是对电感和电容高峰值储能的需求。

20.3　负载 – 谐振变换器

在此类变换器中，谐振 L – C 电路与负载连接。由于在负载电路中形成振荡，开关半导体中的电流衰减为零。讨论了四个典型的变换器：

① 电压源串联谐振变换器（SRC）。

② 电流源并联谐振变换器（PRC）。

③ E 类谐振变换器。

④ 串并联负载谐振 DC – DC 变换器。

20.3.1　输入时间函数

由于开关器件的通断动作，在振铃负载电路端子处产生随输入变量频繁变化的时间函数如图 20-4 所示。输入变量 x_i 是 SRC 中的电压或 PRC 中的电流，可以是单向的（见图 20-4a），也可以是双向的（见图 20-4b 和图 20-4c）。振铃负载由一个变量（见图 20-4a）激励，该变量在间隔 $\alpha \leqslant \omega_s t \leqslant \pi - \alpha$ 中是恒定的，该负载在间隔 $\pi + \alpha \leqslant \omega_s t \leqslant 2\pi - \alpha$ 中是被短路，其中 ω_s 是开关角频率。电路在周期的其余时间内是断开的。当 $\omega_s \geqslant \omega_d$ 时，中断间隔缩小到零。输入变量分别为图 20-4b 和图 20-4c 中的方波和准方波。基波分量的 RMS 值为

$$X_{\text{irms}} = \frac{4}{\pi\sqrt{2}}X_p\cos\alpha \qquad (20\text{-}14)$$

输出变量与输入成正比变化。除了开关频率 f_s 外，变化角度 α 提供了另一种控制输出的方法。

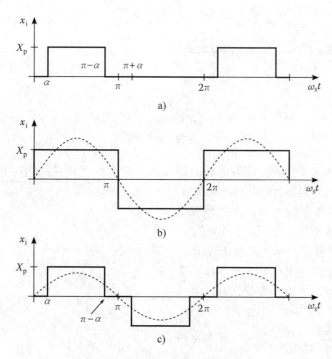

图 20-4　频繁使用的输入时间函数
a）单向开关　b）、c）双向开关

20.3.2　串联谐振变换器

SRC 可以通过单向（见图 20-5）或双向（见图 20-6）开关来实现。单向开关可以是晶闸管、门极关断（GTO）晶闸管、双极晶体管和绝缘栅双极型晶体管（IGBT）等，而具有反向并联二极管或反向导通晶闸管（RCT）的器件可以用作双向开关。

根据开关频率 f_s，输出电压 v_o 的波形可以采用图 20-7 所示的任何一种形式，电路图如图 20-5 所示。阻尼谐振频率 f_d 在图 20-7a 中大于 f_s，$f_s < f_d$；在图 20-7b 中等于 f_s，$f_s = f_d$；在图 20-7c 中小于 f_s，$f_s > f_d$。S_1 和 S_2 交替导通。串联谐振电路的端子通过 S_1 连接到电源电压 V_{DC} 或被 S_2 短路。当两个开关都不导通时，电路断开。串联谐振电路两端的电压分别遵循图 20-4a

$(f_s < f_d)$ 和图 20-4b ($f_s \geq f_d$) 所示的时间函数。通过导通其中一个开关，另一个开关将通过两个电感的紧耦合而强制换向。

图 20-6 所示的结构可以在低于谐振频率点时，即 $f_s < f_d$（见图 20-8a）、产生谐振时即 $f_s = f_d$（见图 20-8b）和高于谐振频率点即 $f_s > f_d$（见图 20-8c）时运行。串联谐振电路端子间的电压 v_i 为方波。高 Q 值时，负载电流的谐波可以忽略。输出电压 v_o 等于其基波分量 v_{ol}。$L-C$ 网络可以在低于（高于）谐振频点时用等效电容（电感）替代，在谐振频点时用短路来替代。该电路在低于（高于）谐振频点时是容（感）性的，在谐振频点时是阻性的（见图 20-8）。输出电压 $v_o \cong v_{ol}$ 在低于（高于）谐振频点超前（滞后）输入电压基波分量 v_{il}，并且在谐振时与 v_{il} 同相。在二极管导通期间，开关 S_1 和 S_2 两端产生负电压，可用于辅助开关 S_1 和 S_2 的关断过程。

当 $f_s = f_d$（见图 20-8b），开关中不会产生开关损耗，因为负载电流将在开关改变状态（ZCS）时精确地通过零点。然而，当 $f_s < f_d$ 或 $f_s > f_d$ 时，开关变换是有损耗变换。例如，如果 $f_s < f_d$，则当电流改变极性时，负载电流将在每半个周期开始时流过开关，然后再换向流过二极管（见图 20-8a）。这些变换是无损耗的。然而，当开关导通或者当二极管关断时，它们承受电压和电流的阶跃变化。因此，这些变换是有损耗的。结果就是，四个器件中的每个器件在每个周期仅经受一次有损耗变换。

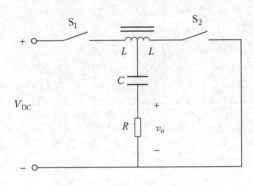

图 20-5 带单向开关的 SRC

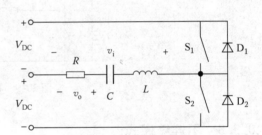

图 20-6 带双向开关的 SRC

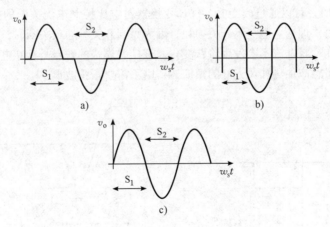

图 20-7 图 20-5 所示电路输出电压波形
a) $f_s < f_d$ b) $f_s = f_d$ c) $f_s > f_d$

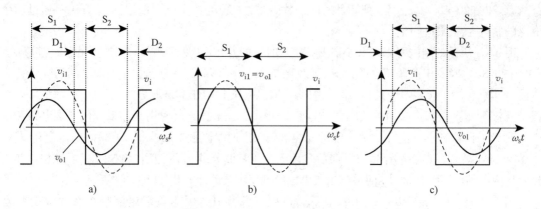

图 20-8　图 20-6 所示电路输出电压波形

a）电容式：$f_s < f_d$　b）电阻式：$f_s = f_d$　c）电感式：$f_s > f_d$

桥式拓扑（见图 20-9）将输出功率扩展到更大的范围，并提供了改变输出功率和电压的另一种控制模式（见图 20-10）。

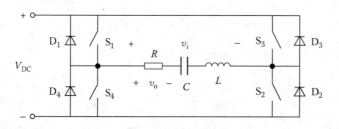

图 20-9　桥式拓扑 SRC

20.3.3　不连续模式

具有单向或双向开关的变换器也可以以不连续模式进行控制。在这种模式下，使用单向开关时，谐振电流每半个周期关断一次（见图 20-7a），使用双向开关时，谐振电流在每个周期关断一次（见图 20-11）。可以通过改变 DC – DC 变换器占空比控制电流关断的持续时间来控制功率。注意，该控制模式理论上避免了开关损耗，因为每当开关导通或关断时，它的电流为零，并且由于电感 L 的存在，其电流不会发生阶跃变化。该控制模式的缺点是存在电流波形畸变。在一些应用中，例如用于感应加热和荧光灯的镇流器，则不需要正弦波形。

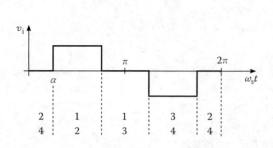

图 20-10　输出控制的准方波电压

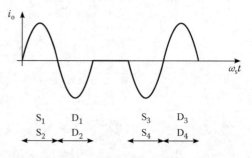

图 20-11　桥式拓扑不连续模式

20.3.4　并联谐振变换器

PRC 是 SRC 的对偶结构（见图 20-12）。双向开关必须同时阻断正电压和负电压，而不导通双向电流。它们由电流源供电，并且变换器会产生方波输入电流 i_i 流过并联谐振电路（见图 20-13）。在故障条件下，它们提供了比电压源供电的 SRC 更好的短路保护。

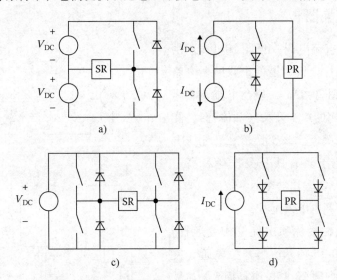

图 20-12　SRC 和 PRC 是对偶的，四象限 SRC 和 PRC 拓扑

a）、b）两个对称电源　c）、d）桥式连接的四个双向开关

当品质因数 Q 较高且 f_s 接近谐振频率时，$R-L-C$ 电路中的谐波可以忽略不计。对于 $f_s < f_d$，并联 $L-C$ 网络实际上是感性的。有效电感分流了一些输入电流的基波分量 i_{i1}，并且以降低的超前电流 I_1 流入负载电阻（见图 20-13a）。对于 $f_s = f_d$，并联 $L-C$ 滤波器看起来像无限大的阻抗。总电流 i_i 通过 R，输出电压为 v_{o1}，并与 i_{i1} 同相（见图 20-13b）。在开关瞬间，$v_{o1} = 0$，开关器件不会产生开关损耗。对于 $f_s > f_d$，对应基波分量 i_{i1} 的 $L-C$ 网络是等效电容。输入电流的一部分流过等效电容，仅剩余部分通过电阻器 R，从而产生滞后电压 v_{o1}（见图 20-13c）。尽管在所有三种情况下，i_{i1} 是相同的，但由于通过等效的 L_e 和 C_e 的电流分流的结果，图 20-13a 和图 20-13c 中的电压 v_{o1} 比图 20-13b 中的小。电流源通常通过直流电压源和大电感器的串联连接来实现（见图 20-14a）。双向开关实际上是通过 SRC 与一个晶体管二极管对或晶闸管二极管对反并联（见图 20-14b）和 PRC

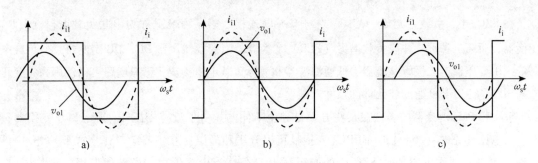

图 20-13　PRC 波形

a）容性：$f_s < f_d$　b）阻性：$f_s = f_d$　c）感性：$f_s > f_d$

与晶体管二极管对或晶闸管的串联来实现的。为了实现晶闸管整流，PRC 必须满足条件 $f_s > f_d$。通过导通其中一个晶闸管，则在先前导通的晶闸管上施加负电压，强制其关断（见图 20-12b 和图 20-13c）。如果 $f_s > f_d$ 且使用串联晶体管 – 二极管对，则二极管在关断时将产生开关损耗，晶体管将在导通时产生损耗（见图 20-13c）。

20.3.5 E 类变换器

E 类变换器由直流电源（见图 20-14a）供电，其负载 R 通过一个锐调谐的串联谐振电路（$Q \geq 7$）供电（见图 20-15a）。输出电流 i_o 实际上是正弦波。它使用的单个开关（晶体管），能在零电压下导通和关断。该变换器在几十 kHz 的工作频率下理论上具有低开关损耗和高于 95% 的高效率特点。其输出功率通常较低，小于 100W，主要用于高频电子镇流器。

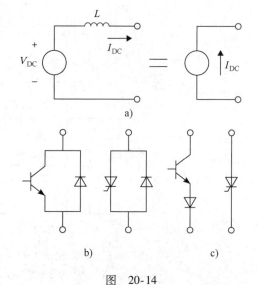

图 20-14

a）电流源的实现 b）SRC 双向开关的实现

c）PRC 双向开关的实现

该变换器可以在最优和次优模式下运行。第一种模式如图 20-15 所示。当开关导通（关断）时，等效电路如图 20-15b 和 c 所示。在最优工作模式下，开关（电容）电压 $v_T = v_{C1}$，电流以零斜率延时到零：$I_{DC} + i_o = i_{C1} = 0$。在 t_0 时导通开关，电流脉冲 $i_T = I_{DC} + i_o$ 将以高峰值流过开关：$\hat{I}_T \cong 3I_{DC}$（见图 20-15d）。在 $t = t_1$ 时关断开关，电容器电压达到相当高的值，$V_C = 3.5V_{DC}$，在 $t = t_0 + T$ 时最终回落到零（见图 20-15e 和 d）。v_T 的平均值和电容电压 v_C 的平均值为 V_{DC}。i_T 的平均值为 i_{DC}，而 i_o 中没有直流电流分量。在次优工作模式下，当 v_T 达到零值时，$i_{CO} < 0$，二极管是必需的。

E 类变换器的优点是结构简单、输出电流为正弦波、高效率、高输出频率和低电磁干扰（EMI）。其缺点是开关的峰值电压和电流大，以及谐振 L – C 元件上的电压大。

20.3.6 串并联负载谐振 DC – DC 变换器

在 SRC$_s$ 中，负载 R 与 L – C 串联或与 C 并联连接。第一种情况称为串联负载谐振（SLR）变换器，而第二种称为并联负载谐振（PLR）变换器。当变换器用作 DC – DC 变换器时，负载电路依次由变压器、二极管整流器、低通滤波器和实际负载电阻构成。谐振电路可以使用高频变压器来减小本身以及低通滤波元件的尺寸。

SLR 和 PLR 变换器的属性在某些方面是完全不同的。由于没有变压器作用，SLR 变换器只能降低电压［见式（20-9）］，而 PLR 变换器可以升压和降压（在不连续工作模式下）。升压可以理解为电容两端的电压比 SRC 中的电压高出 Q 倍。当电容器由于负载短路而出现故障时，PLR 变换器具有固有的短路保护功能，且其电流受到电感 L 的限制。

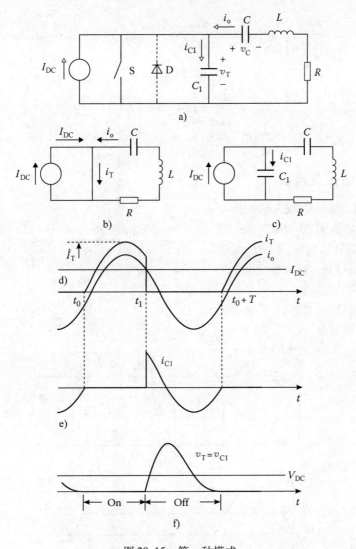

图 20-15　第一种模式

a) E 类谐振变换器　b)、c) 开关 S 的两种状态下的等效电路

d)、e)、f) 转换器在最优模式下的时间函数

20.4　谐振开关变换器

提高开关频率、减小尺寸和重量以及抑制 EMI 使 ZCS 或 ZVS 开关结构得到发展。由于 ZCS（ZVS）导通和关断时为零电流（电压），开关功率损耗大大降低。L – C 谐振电路在半导体开关旁边建立，以确保 ZCS 或 ZVS。有时，不期望的寄生元件，例如变压器的漏电感和半导体开关的电容用作谐振电路的元件。两个 ZCS 和一个 ZVS 结构如图 20-16 所示。开关 S 可以实现单向和双向电流流通（见图 20-17）。使用 ZCS 或 ZVS 拓扑的变换器称为谐振开关变换器或准谐振变换器。

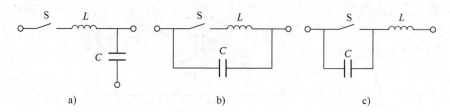

图 20-16　ZCS（a，b）和 ZVS（c）结构

20.4.1　ZCS 谐振变换器

使用图 20-16a 所示的 ZCS 结构的降压 DC – DC 变换器如图 20-18a 所示。开关 S 的实现如图 20-17a 所示。L_f – C_f 足够大以滤除谐波电流分量。可以假设电流 I_o 在一个开关周期内是恒定的。与每个工作周期的四个时间间隔相关的四个等效电路如图 20-18b 和 c 所示。

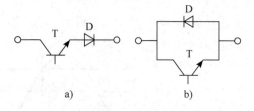

图 20-17　单向 a）和双向 b）电流开关

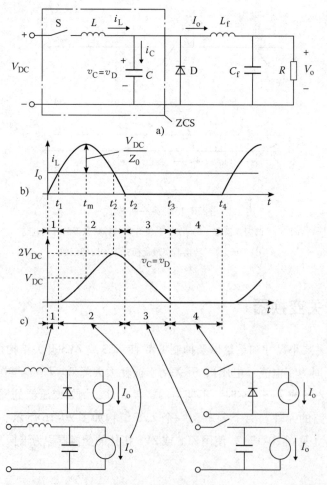

图 20-18　a）ZCS 谐振变换器，b），c）谐振分量的时间函数和与四个工作时间间隔相关的等效电路

① 间隔 1（$0 \leqslant t \leqslant t_1$）：在 $t = 0$ 时，在开关导通之前，L 中的电流 i_L 和 C 两端的电压 v_C 都为零。输出电流流过续流二极管 D。在开关导通后，总输入电压施加在 L 上，i_L 线性上升，以确保 ZCS 和软开关电流变化。当 i_s 达到 I_o 时，间隔 1 结束，并且在 t_1 时，D 上的电流导通截止。

② 间隔 2（$t_1 \leqslant t \leqslant t_2$）：$L - C$ 谐振电路开始出现谐振，i_L 和 v_C 为正弦变化（见图 20-18b 和 c）。间隔 2 有两个子间隔。在 $t_1 \leqslant t \leqslant t_2'$，电容电流 $i_C = i_L - I_o$，为正，v_C 上升；而在 $t_2' \leqslant t \leqslant t_2$，$i_C$ 为负，v_C 下降。在 $t = t_m$ 时，峰值电流为 $\hat{I}_L = I_o + V_{DC}/Z_0$；在 $t = t_2'$ 时，峰值电压为 $\hat{V}_C = 2 V_{DC}$。V_{DC}/Z_0 必须大于 I_o，否则 i_L 不会回到零。

③ 间隔 3（$t_2 \leqslant t \leqslant t_3$）：在 t_2 时，电流 i_L 达到零，开关 ZCS 关断。电容器提供负载电流，其自身电压线性下降。

④ 间隔 4（$t_3 \leqslant t \leqslant t_4$）：输出电流以续流方式通过 D。开关在 t_4 再次导通，重复循环。

输出电压 V_o 等于电压 v_C 的平均值。可以通过改变间隔 $t_4 - t_3$，即开关频率，来改变 V_o。

应用图 20-16b 所示的 ZCS 结构，而不用图 20-16a 所示的结构时，变换器的工作也基本相同。开关电流和二极管 D 电压的时间函数不会改变。C 电容电压将为 $v_C = V_{DC} - v_D$。

20.4.2 ZVS 谐振变换器

ZVS 谐振和降压 DC – DC 变换器如图 20-19a 所示，是在图 20-18a 中，用图 20-18c 中的 ZVS 结构替换 ZCS 结构获得的。注意，需要使用双向电流开关。该变换器的操作与 ZCS 变换器的操作非常相似。v_C 的波形与图 20-18b 中 i_L 的波形相同，当使用图 20-16b 所示的 ZCS 结构时，i_L 的波形与 v_C 的波形相同。在一个周期中可以再次假定 I_o 为常数。

① 间隔 1（$0 \leqslant t \leqslant t_1$）：在 $t = 0$ 时，S 关断。电流是恒定的，$i_L = I_o$，电流开始通过电容器 C。其电压 v_C 从零线性上升到 V_{DC} 产生 ZVS。

② 间隔 2（$t_1 \leqslant t \leqslant t_2$）：在 t_1 时，二极管 D 导通。$L - C$ 电路通过 D 和电源形成谐振。v_C 和 i_L 都正弦变化。当 i_L 下降到零时，v_C 达到峰值：$v_C = V_{DC} + Z_0 I_o$。电压 v_C 在 t_2 时达到零。负载电流必须足够高，以便 $Z_0 I_o > V_{DC}$；否则 v_C 将不会达到零，且开关只能在非零电压下导通。

③ 间隔 3（$t_2 \leqslant t \leqslant t_3$）：双向开关的二极管 D_S 导通。它将 v_C 钳位到零并导通 i_L。门信号再次施加在开关上。在 L 上产生 V_{DC}，i_L 线性增加，在 t_3 时达到 I_o。在此之前，电流 i_L 在 t_3' 改变其极性，通过 S 开始导通。

④ 间隔 4（$t_3 \leqslant t \leqslant t_4$）：在 t_3 时，续流二极管 D 关断。由于电流 i_D 的负斜率较小，这是一个软开关。当 S 关断并且下一个周期开始时，在 t_4 时，电流 I_o 流过 S。

二极管电压 v_D 仅在间隔 1 和 4（见图 20-19d）的 D 上形成。它的平均值等于 V_o，可以通过间隔 4 改变，或换句话说，可通过改变开关频率来实现。

20.4.3 ZCS 和 ZVS 变换器的总结与比较

ZCS 和 ZVS 的主要特性如下：

- 零电流或零电压导通和关断开关，这显著降低了开关损耗。
- 在 ZCS 和 ZVS 中避免了开关中电流和电压的突然变化。di/dt 和 dv/dt 值相当小。EMI 也会降低。
- 在 ZCS 中，由 S 传导的峰值电流 $I_o + V_{DC}/Z_0$ 必须是负载电流 I_o 的最大值的 2 倍以上。
- 在 ZVS 中，开关必须承受正向电压 $V_{DC} + Z_0 I_o$，并且 $Z_0 I_o$ 必须超过 V_{DC}。
- 输出电压可以通过开关频率改变。
- 开关的内部电容在 ZCS 导通时放电，在高开关频率下可以产生明显的开关损耗。ZVS 不

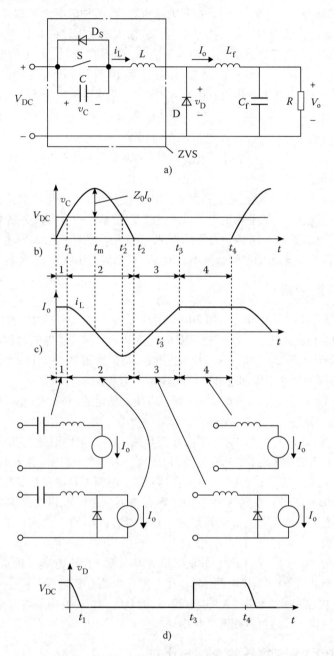

图 20-19　ZVS 谐振和降压 DC – DC 变换器

a）ZVS 谐振变换器　b）、c）波形是图 20-18b 和 c 所示的 ZCS 波形的 2 倍　d）二极管电压 v_D 的时间函数

会发生这种损耗。

20.4.4　两象限 ZVS 谐振变换器

　　如图 20-19 所示，ZVS 变换器的一个缺点是开关正向峰值电压明显高于电源电压。在两象限 ZVS 谐振变换器中，不存在这种缺点，其开关电压被钳位在输入电压。此外，该技术可以扩展到单相和三相 DC – AC 变换器中，以提供能量给感性负载。

基本原理通过图 20-20a 所示的 DC – DC 降压变换器来描述。使用两个开关、两个二极管和两个谐振电容器 $C_1 = C_2 = C$。由于 C_f 较大，在一个开关周期中可以假定电压 V_o 为恒定。电流 i_L 必须大幅度地波动，并且必须在一个开关周期中出现正值和负值。要实现这个操作，L 必须相当小。一般来说，一个周期由 6 个时间间隔组成。

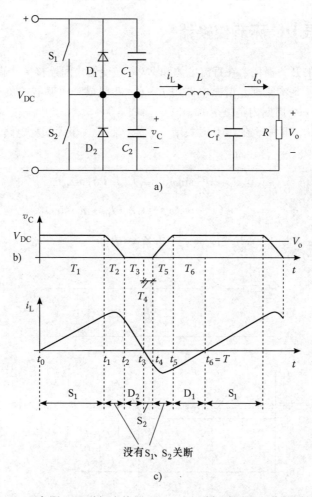

图 20-20　a）两象限 ZVS 谐振变换器　b）、c）谐振分量和工作间隔的时间函数

① 间隔 1：S_1 导通。电感电压为 $v_L = V_{DC} - V_o$，i_L。其中，i_L 从零线性上升。

② 间隔 2：在 t_1 时关断 S_1。四个半导体都没有导通。由 L 和并联的两个电容器组成的谐振电路通过电源和负载形成振荡。此时，阻抗 $Z_0 = \sqrt{2L/C}$ 很高（C 很小），峰值电流变小。C_2 上的电压近似线性变化，在 t_2 时达到零。由于 C_1 的存在，S_1 上的电压从零开始缓慢变化。

③ 间隔 3：D_2 导通 i_L。电感电压 v_L 为 $-v_o$。在 t_3 时，i_L 线性减小到零。当电压为零时，S_2 在此间隔中导通。

④ 间隔 4：S_2 开始导通，v_L 仍然是 $-v_o$，i_L 在负方向上线性增加。

⑤ 间隔 5：S_2 在 t_4 关断。四个半导体都没有导通。类似的谐振过程发生在间隔 2 中。由于 C_2 的作用，S_2 上的电压从零上升到 V_{DC}。

⑥ 间隔 6：v_c 在 t_5 到达 V_{DC}。D_1 开始导通 i_L。电感电压 $v_L = V_{DC} - v_o$ 和 i_L 以与间隔 1 相同的正斜率线性上升，并在 t_6 达到零。一次循环完成。

输出电压可以通过脉宽调制（PWM）以恒定的开关频率进行控制。假设两个谐振过程的间隔，即间隔 T_2 和 T_5 与周期 T 相比较小，则 v_C 的波形为矩形。V_o 是 v_C 的平均值，因此 $V_o = d\,V_{DC}$，其中 d 是占空比：$d = (T_1 + T_6)/T$。这里 T 是周期，$T \cong T_1 + T_3 + T_6$。在此期间，S_1 或 D_1 导通。类似地，输出电流等于 i_L 的平均值。

20.5　ZVS 谐振 DC 环节变换器

为了避免变换器的开关损耗，在直流电源和 PWM 逆变器之间连接一个谐振电路。图 20-21a 所示的简单电路说明了基本原理。谐振电路由 $L-C-R$ 组成。逆变器的负载由 I_o 电流源模拟。假定 I_o 在谐振电路的一个周期内是恒定的。

当 $i_L = I_{L0} > I_o$ 时，开关 S 在 $t = 0$ 时关断。首先，假设一个无损耗电路（$R = 0$），谐振电路的方程如下：

$$i_L = I_o + \frac{V_{DC}}{Z_0}\sin\omega_0 t + (I_{L0} - I_o)\cos\omega_0 t \tag{20-15}$$

$$v_C = v_{DC} + (1 - \cos\omega_0 t) + Z_0(I_{L0} - I_o)\sin\omega_0 t \tag{20-16}$$

式中

$$\omega_0 = \frac{1}{\sqrt{LC}} \quad Z_0 = \sqrt{\frac{L}{C}}$$

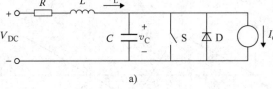

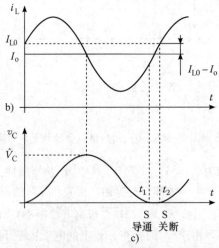

图 20-21　谐振电路的工作原理

a）谐振 DC 环节变换器　b）、c）谐振分量和工作间隔的时间函数

要在零电压下导通和关断开关，电容器电压 v_C 必须从零开始，并且必须在每个周期结束时返回到零（见图 20-21c）。没有损耗且当 $I_{L0} = I_o$ 时，电压刚刚开始振荡，在 $2\,V_{DC}$ 时峰值恢复为零。然而，当 $R \neq 0$ 表示有损耗时，电压振荡被抑制，并且在 $I_{L0} = I_o$ 条件下，v_C 永远不会返回到零。要使 v_C 恢复为零，必须选择 $I_{L0} > I_o$ 的一个值（见图 20-21b）。将 $Z_0(I_{L0} - I_o)\sin\omega_0 t$ 该项加到式（20-16）的右侧，因此 v_C 可以再次达到零。通过控制时间间隔 $t_2 - t_1$，换句话说，控制

开关 S 的导通时间，可以调节 $I_{L0} - I_o$ 和峰值电压 $\hat{V}_C$（见图 20-21c）。

该原理可以扩展到图 20-22
所示的三相 PWM 电压源逆变器
（VSI）。三条交叉线表示该结构
有三个桥臂。一个桥臂中的任意
两个开关和两个二极管可以执行
与图 20-21a 反并联连接的 S – D
电路相同的功能。所有六个开关
都可以在零电压下导通和关断，
如图 20-22 所示。

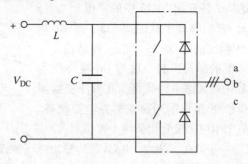

图 20-22　用于三相 PWM – VSI 的谐振直流链路变换器

20.6　双通道谐振 DC – DC 变换器

20.6.1　基本结构

变换器可以由两个基本模块 B_{to}（见图 20-23a）和 B_{off}（见图 20-23b）组成。两个模块都包括
两个受控开关 S_1 和 S_2 以及一个电感 L。受控开关可以将电流导入 B_{to} 的 P 点，并从 B_{off} 的 P 点流
出（见开关的箭头）。

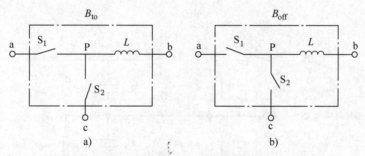

图 20-23　基本结构模块。控制开关可以将电流 a）流到 B_{to} 中的 P 点，
b）电流从 B_{off} 中 P 点流出

（来自 Hamar J，EPE J.，17（3），5，2007. 经许可）

变换器的一般结构如图 20-24 所示，其中在模
块旁边使用两个开关电容 C 和 βC。有两个通道，
上部分或 B_p 的 p 正通道和下部分或 B_n 的 n 负通
道。变换器的两个输入电压 v_{ip} 和 v_{in} 既可以由两个
独立的电压源，也可由电容分压器组成的一个电
源提供。输入和输出端子之间的电容未显示出来，
用于短路输入和输出电流的高频分量。

表 20-3 总结了三个基本结构的布置——降压、
升压、降压和升压（B&B）——通过连接两个结构
模块及其与端子 x、y 和 z 而成。正和负通道中的端
子 x 和 y 是不同的（见图 20-24）。下标 i 和 o 分别
是输入和输出，而下标 p 和 n 分别表示正负。

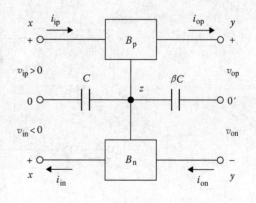

图 20-24　转换器的一般结构

（来自 Hamar J，EPE J.，17（3），5，2007. 经许可）

图 20-25 给出了结构模块的降压、B&B 和升压基本结构。注意图 20-25 中的字母 x、y、z 和 a、b、c。它们解释了从图 20-23、图 20-24 和表 20-3 中得出的图 20-25 中的三种结构，形成了一些简单的结构，其中电容 βC 在降压和 B&B 变换器中被短路电路代替，在升压变换器中由端子 0 和 0' 形成的断路或短路电路代替。通过连接两个钳位二极管代替两个钳位开关 S_{cp}

表 20-3　设置变换器

	x	y	z	B_p	B_n
降压	a	b	c	B_{to}	B_{off}
降压 – 升压	c	a	b	B_{to}	B_{off}
升压	b	c	a	B_{to}	B_{off}

资料来源：Hamar, J., EPE J., 17（3），5，2007. 经许可。

和 S_{cn} 可以进一步简化。注意，B&B 结构输出电压的极性相反（见图 20-25b）。这表明建立 12 个基本结构的可行性。从现在起，我们仅考虑去除电容 βC 的那些结构。

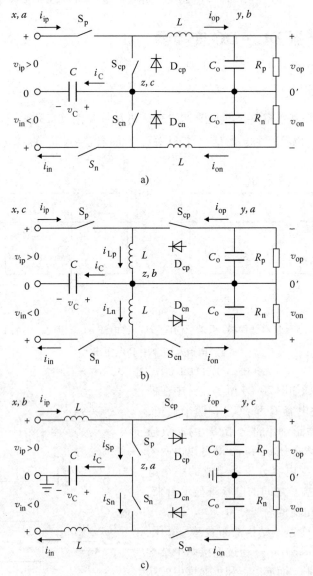

图 20-25　降压 a) B&B, b) 和升压, c) 基本结构
（来自 Hamar J, EPE J., 17（3），5，2007. 经许可）

20.6.2 稳态运行

首先，为了简单起见，两个所谓的钳位开关 S_{cp} 和 S_{cn} 由二极管 D_{cp} 和 D_{cn} 代替。假定采用电感 L 不连续电流导通模式（DCM）和无损对称运算（$v_{ip} = -v_{in} = V_i = \text{const}$; $v_{op} = v_{on} = V_o = \text{const}$; 并且 $R_p = R_n = R$）。由于大电容（输入电容未显示），输出 V_{op} 和 V_{on} 以及输入 V_{ip} 和 V_{in} 电压恒定且无纹波。可以通过使用图 20-25、图 20-26 和表 20-4 共同描述图 20-25 中绘制的三种结构的工作。

通过导通开关 S_p，在任意一个子电路 1（定义见表 20-4）中，从 $\omega t = 0$ 到 $\alpha_p = \alpha$，形成正弦电流脉冲 $i_1 = i_{sp}$（见图 20-26a，$\omega = 2\pi f_r = 1/\sqrt{LC}$）。它使电容器电压 v_C 从 V_{Cn} 上升到 V_{Cp}（$V_{Cn} < 0$）（见图 20-26b 和表 20-4）。二极管 D_{cp} 从 $\omega t = 0$ 反向偏置到 $\omega t = \alpha$。在 $\omega t = \alpha$ 处达到 $v_C = V_{Cp}$，钳位二极管 D_{cp} 导通，并将 v_C 钳位在 V_{Cp}（见表 20-4）上，扼流电流从 S_p 换向到 D_{cp}。

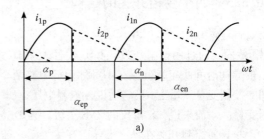

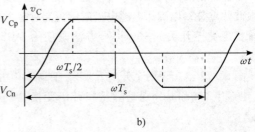

图 20-26　a）输入和输出电流的时间函数和 b）电容器电压 v_C（不连续运行）

（来自 Hamar J，EPE J.，17（3），5，2007. 经许可）

在子电路 2（见表 20-4）中，电流 $i_2 = i_{Scp}$ 类似于从 α 到熄弧角 $\alpha_{ep} = \alpha_e$ 的斜坡上减小到零（在连续导通模式［CCM］中，在下一个周期的初始化之前，扼流电流不会达到零）。三个变换器的输入电流 i_i，输出电流 i_o 和电容电流 i_C 由 i_1 和 i_2 组成（见表 20-4）。

表 20-4　电流组成（$V_i I_i = V_o I_o$）

	子回路 1	子回路 2	V_{Cp}	i_i	i_o	i_C	备注
降压	S_p, L, V_{op}, C, V_{ip}	D_{cp}, L, V_{op}	V_{ip}				$I_o/I_i \geqslant 1$ $V_o/V_i \leqslant 1$
降压 - 升压	S_p, L, C, V_{ip}	D_{cp}, L, V_{op}	$V_{ip} + V_{op}$				$I_o/I_i < 1$ 或 > 1 $V_o/V_i < 1$ 或 > 1
升压	L, S_p, C, V_{ip}	V_{ip}, L, D_{cp}, V_{op}	V_{op}				$I_o/I_i \leqslant 1$ $V_o/V_i \geqslant 1$

资料来源：Hamar J，EPE J.，17（3），5，2007. 经许可。

在三个结构变换器负通道的下一个半周期 $T_s/2$ 中进行类似的过程。

若忽略损耗，则功率平衡为 $V_i I_i = V_o I_o$，其中 I_i 和 I_o 为平均值。i_i 和 i_o 在降压（$I_o \geqslant I_i$）和升压（$I_o \leqslant I_i$）变换器中彼此重叠，而在降压 - 升压变换器中没有重叠（见表 20-4）。考虑到 $V_o/V_i = I_i/I_o$，降压变换器的电压比为 $V_o/V_i \leqslant 1$，升压变换器 $V_o/V_i \geqslant 1$，降压变换器 $I_o \geqslant I_i$ 和升压变换器 $I_o \leqslant I_i$。降压 - 升压变换器的 V_o/V_i 可以高于或低于 1。

电容电压的峰值被钳位在降压变换器正通道 V_{ip}、B&B 变换器的（$V_{ip} + V_{op}$）和升压变换器的 V_{op}（见表 20-4）。负通道也有类似的描述。

DCM 中的 S 和 D 软开关是一个重要的优点。S 中的正弦电流从零开始（零电流导通）。在

CCM 和 DCM 中，从 S 到 D 的换流是在 S 和 D 零电压条件下进行的。

20.6.3 四个受控开关的结构

将二极管用作钳位开关（D_{cp}，D_{cn}）时，开关频率f_s和输入电压V_i是改变输出电压的控制变量。然而，通过用控制开关S_{cp}和S_{cn}代替D_{cp}和D_{cn}，S 和 S_c 之间的电流换向由独立于电容电压值的 S_c 的导通时间决定，确保在不对称运行中有两个控制变量（α_p和α_n），在对称运行中只有一个附加的控制变量（α）。换句话说，电容电压 $V_c = V_{cp} = V_{cn}$ 的峰值可以是除f_s和V_i外的第三个控制变量。一般来说，S 和 S_c 的 ZVS 失去，在 DCM 运行中仍然保留 ZCS。

非导通控制开关在另一个导通开关关闭之前，必须在短时间内导通。两个开关 S 和 S_c 的导通必须彼此重叠，以确保电感电流的续流路径，并抑制电压尖峰。

实现受控开关的一个可行方法是使用 MOSFET 和二极管串联连接，仅在一个方向上传导电流。

图 20-27 给出了两个开关 S_p 和 S_{cp} 在 DCM 中的电压和电流波形，该波形有点复杂。

图 20-27a 和 b 分别是降压和升压变换器的波形。电压波形用粗线绘制，电流波形用细线绘制。

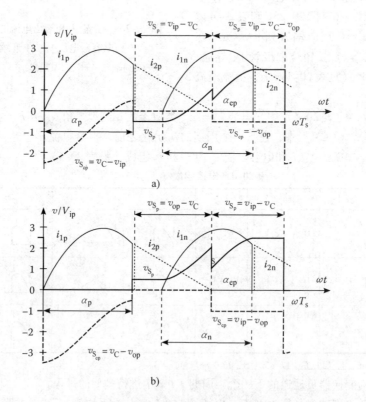

图 20-27　DCM 中开关的电压和电流波形

a）降压变换器（$v_{op} = 0.5\,V_{ip}$；$V_{Cp} = |V_{Cn}| = 1.5\,V_{ip}$）　b）升压变换器（$V_{op} = 2\,V_{ip}$；$V_{Cp} = |V_{Cn}| = 1.5\,V_{ip}$）

（来自 Hamar J，EPE J.，17（3），5，2007. 经许可）

假设受控开关通过理想 MOSFET 和二极管的串联连接实现。电流只能通过它们在一个方向流动。两个受控开关处于互补状态，当一个处于关断状态时，另一个则处于导通状态。唯一的例外是在换向过程中有非常短的重叠间隔。

降压变换器中 v_{Sp} 和 $v_{\mathrm{S_{\varphi}}}$ 的电压时间函数如下：当 S_{p} 导通时，$v_{\mathrm{Sp}}=0$（见图 20-27a）。在 S_{Sp} 电流导通期间，$v_{\mathrm{Sp}}=v_{\mathrm{ip}}-v_{\mathrm{C}}$（见图 20-25a），当 v_{C} 随电流 i_{1n} 而减小时，V_{Sp} 开始增加。在电流 i_{2p} 下降到零之后，电压 v_{Sp} 突然变成 $v_{\mathrm{Sp}}=v_{\mathrm{ip}}-v_{\mathrm{op}}-v_{\mathrm{C}}$。另外，当 S_{p} 导通时，由于存在电流 i_{1p}，$v_{\mathrm{S_{\varphi}}}=v_{\mathrm{C}}-v_{\mathrm{ip}}$ 随 v_{C} 增加（见图 20-25a）。S_{cp} 导通时，电压 $v_{\mathrm{S_{\varphi}}}=0$ 直到 α_{ep}。根据 $\omega_{\mathrm{t}}=\alpha_{\mathrm{ep}}$，$S_{\mathrm{cp}}$ 两端总输出电压为 $v_{\mathrm{S_{\varphi}}}=-v_{\mathrm{op}}$。

升压变换器类似于降压变换器，v_{Sp} 和 $v_{\mathrm{S_{\varphi}}}$ 都有三个不同的间隔。在 $0\le\omega_{\mathrm{t}}\le\alpha_{\mathrm{p}}$，开关 S_{p} 导通时，$v_{\mathrm{Sp}}=0$（见图 20-25c），电压 $v_{\mathrm{S_{\varphi}}}=v_{\mathrm{C}}-v_{\mathrm{op}}$ 时随 v_{C} 增加。在第二间隔 $\alpha_{\mathrm{p}}\le\omega_{\mathrm{t}}\le\alpha_{\mathrm{ep}}$ 时，S_{cp} 导通，$v_{\mathrm{S_{\varphi}}}=0$，$v_{\mathrm{Sp}}=v_{\mathrm{op}}-v_{\mathrm{C}}$。在第三个区间 $\alpha_{\mathrm{ep}}\le\omega_{\mathrm{t}}\le\omega T_{\mathrm{s}}=2\pi$ 时，没有电流。在启动时，两个电压突然发生变化，$v_{\mathrm{Sp}}=v_{\mathrm{ip}}-v_{\mathrm{C}}$ 和 $v_{\mathrm{S_{\varphi}}}=v_{\mathrm{ip}}-v_{\mathrm{op}}$。

由此可以得出结论，受控开关两端的电压的峰值主要取决于峰值电容电压 V_{cp}，在升压变换器输出电压 v_{op} 的最大值。

图 20-27 中的波形描述了 D 通道变量的时间函数。类似的波形也适用于对称运行的 n 通道。

20.6.4　控制特性

应用统一的数学处理方法。引入用于降压（Buck）和升压（Boost）变换器的二进制变量 $u_{\mathrm{d}}u_{\mathrm{u}}$，用相同的统一方程来描述三个基本变换器，对于降压变换器，$u_{\mathrm{d}}=1$，其他变换器的 $u_{\mathrm{d}}=0$。u_{u} 的描述类似。假设为无损耗元件。

电压比 $V_{\mathrm{o}}/V_{\mathrm{i}}$ 的推导基于能量守恒。在正通道或负通道的一个开关周期内，由一个输入电流脉冲输送的输入脉冲能量是（$V_{\mathrm{i}}=\mathrm{const}$；$V_{\mathrm{o}}=\mathrm{const}$）

$$w_{\mathrm{i}}=w_{\mathrm{ip}}=w_{\mathrm{in}}=V_{\mathrm{i}}\int_{0}^{\alpha/\omega}i_{\mathrm{C}}\mathrm{d}t+V_{\mathrm{i}}\int_{\alpha/\omega}^{T_{\mathrm{s}}}i_{\mathrm{o}}\mathrm{d}t=2CV_{\mathrm{i}}V_{\mathrm{C}}+u_{\mathrm{u}}\frac{V_{\mathrm{i}}V_{\mathrm{o}}}{Rf_{\mathrm{s}}}\tag{20-17}$$

一个周期的输出能量是

$$w_{\mathrm{o}}=w_{\mathrm{i}}=\frac{V_{\mathrm{o}}^{2}}{Rf_{\mathrm{s}}}=2CV_{\mathrm{i}}V_{\mathrm{C}}+u_{\mathrm{u}}\frac{V_{\mathrm{i}}V_{\mathrm{o}}}{Rf_{\mathrm{s}}}\tag{20-18}$$

在式（20-18）中将每项除以 V_{i}^{2}，用 $V_{\mathrm{o}}/V_{\mathrm{i}}$ 表示，作为 $V_{\mathrm{c}}/V_{\mathrm{i}}$ 和 f_{s} 的函数的输出电压比为

$$\frac{V_{\mathrm{o}}}{V_{\mathrm{i}}}\left(\frac{V_{\mathrm{C}}}{V_{\mathrm{i}}},f_{\mathrm{s}}\right)=\frac{u_{\mathrm{u}}}{2}+\sqrt{\frac{u_{\mathrm{u}}}{4}+2RCf_{\mathrm{s}}\frac{V_{\mathrm{C}}}{V_{\mathrm{i}}}}\tag{20-19}$$

请注意，式（20-19）适用于 CCM 和 DCM 的三种结构。通过已知的 $V_{\mathrm{o}}/V_{\mathrm{i}}$，电流比也可从功率平衡 $V_{\mathrm{i}}I_{\mathrm{i}}=V_{\mathrm{o}}I_{\mathrm{o}}$ 中得到。假设恒定输入电压 $V_{\mathrm{i}}=1$，有两个控制变量：开关频率 f_{s} 和峰值电容电压 V_{C}（或换向角 α）。

表 20-5 根据式（20-19）得出。表 20-5 中的最后一列是指当钳位开关 S_{cp} 和 S_{cn} 被二极管 D_{cp} 和 D_{cn} 代替时的情况。

表 20-5　电压比 $V_{\mathrm{o}}/V_{\mathrm{i}}$ 和电流比 $I_{\mathrm{i}}/I_{\mathrm{o}}$（$V_{\mathrm{i}}=1$）

	$V_{\mathrm{o}}/V_{\mathrm{i}}$ $(f_{\mathrm{s}}^{*},V_{\mathrm{C}})=I_{\mathrm{i}}/I_{\mathrm{o}}$	
	CCM 和 DCM 钳位开关	CCM 和 DCM 钳位二极管
	$\dfrac{u_{\mathrm{u}}}{2}+\sqrt{\dfrac{u_{\mathrm{u}}}{4}+2R^{*}f_{\mathrm{s}}^{*}V_{\mathrm{C}}}$ 参见等式（20-19）	
降压 $u_{\mathrm{u}}=0$		$\sqrt{2R^{*}f_{\mathrm{s}}^{*}}$
降压-升压 $u_{\mathrm{u}}=0$	$2\sqrt{2R^{*}f_{\mathrm{s}}^{*}V_{\mathrm{C}}}$	$R^{*}f_{\mathrm{s}}^{*}\left[1+\sqrt{1+2/(R^{*}f_{\mathrm{s}}^{*})}\right]$
升压 u_{u}	$\dfrac{1}{2}+\sqrt{\dfrac{1}{4}+2R^{*}f_{\mathrm{s}}^{*}V_{\mathrm{C}}}$	$1+2R^{*}f_{\mathrm{s}}^{*}$

通过用二进制变量 u_u 替换从三个变换器的一般方程［见式（20-19）］推导各自的关系是很简单的。使用单位量：

$$R^* = RCf_r; \quad f_s^* = \frac{f_s}{f_r}; \quad f_r = \frac{1}{2\pi \sqrt{LC}}$$

f_s^* 和 V_C 是控制变量，参数 $R^* = RCf_r = R/(2\pi Z)$，其中 $Z = \sqrt{L/C}$ 是特征阻抗。

致谢

本章由匈牙利科学院（HAS）János Bolyai 研究奖学金、匈牙利研究基金（OTKA K72338）和 HAS 控制研究小组以及匈牙利科技基金会的 JP－25/2006 项目和 IT－20/2007 项目的经费支持。非常感谢哈马尔和布蒂在第 20.6 节给予的合作。这项工作与"BME 质量导向和 R＋D＋I 合作战略与功能模型开发"项目的科学计划相结合。该项目得到新匈牙利发展计划（项目编号：TÁMOP－4.2.1/B－09/1/KMR－2010－0002）的支持。

参 考 文 献

1. J. Hamar, B. Buti, and I. Nagy. Dual channel resonant DC–DC converter family. *EPE (European Power Electronics and Drives) Journal*, 17(3):5–15, Sept. 2007.

2. J. G. Kassakian, M. F. Schlecht, and G. C. Verghese. *Principles of Power Electronics*. Addison-Wesley, Reading, MA, 1992.

3. N. Mohan, T. M. Undeland, and W. P. Robbins. *Power Electronics*: *Converters, Applications and Design*, 3rd edn. John Wiley & Sons, New York, 2003.

4. E. Ohno. *Introduction to Power Electronics*. Clarendon Press, Oxford, U.K., 1988.

5. M. H. Rashid. *Power Electronics*: *Circuits, Devices and Applications*, 3rd edn. Prentice Hall, Englewood Cliffs, NJ, 2003.

第四部分　电机驱动

第21章 变换器供电感应电机驱动控制

21.1 引言

感应电机（IM）由于其简单的结构（笼型转子）、可靠的操作性、耐用性和低成本等众所周知的优点，广泛应用于许多不同类型的工业用电动车辆和家用电器。此外，与机械换向的直流有刷电机相比，因为没有火花和腐蚀的问题，感应电机还可以用于易爆易腐蚀的环境。然而，当在调速驱动（ASD）中使用IM时，会相应产生控制方面的问题。这是因为IM作为反馈控制系统的设备具有耦合和非线性结构。IM转矩和速度控制有不同的方法，导致其性能、复杂性和成本都有所不同。

最经济的方法是基于定子频率和电压控制，允许在较大范围内进行无级调速，包括弱磁控制（额定电压下），其中转子速度可以达到其额定值的2~4倍。然而，它需要使用电力电子变频器[17]。因此，ASD由连接电源和IM的电力电子变换器组成。电力电子变换器可以由AC或DC电源供电。对于交流供电的变换器，直流母线变频器分为两个环节：整流器（AC－DC）和电压源逆变器（DC－AC）。在交流线路侧，主要采用带有直流母线制动电阻的二极管整流器。然而，在需要再生制动的情况下，有源绝缘栅双极晶体管IGBT晶体管整流器是必需的，因为它允许能量双向流动（电动机/发电机运行）。电压源逆变器（DC－AC变换器）使用正弦脉宽调制（PWM）或空间矢量调制（SVM）将直流母线电压转换为可变频率和可变幅度交流电压源。由于半导体功率开关以开关模式（ON/OFF）工作，PWM逆变器的特点是效率非常高，运行非常快，创造了高品质的功率放大器。在直流电源或电池供电的驱动器中，只需要逆变器。

"直流母线变频器/感应电机"的成本比在2~5的范围内；然而，在大多数使用情况下，通过节能，可在4~8年的时间内收回额外的投资。此外，功率半导体器件和廉价、功能强大的数字处理电路（如数字信号处理器（DSP）、专用集成电路（ASIC）和现场可编程门阵列（FPGA））的不断发展降低了成本，并改进现代变频器的功能。结果，在过去十年中，全球市场的年增长率为7%~8%，对未来的预测也大体一致。

本章系统地介绍了适用于小功率和中等功率的电压源逆变器供电笼型转子IM的主要控制策略。首先简要介绍了IM理论，包括基于空间矢量的方程，为进一步讨论标量和矢量控制方法提供了依据。主要侧重于高性能矢量控制方法：磁场定向控制（FOC）、直接转矩控制（DTC）和带有SVM的DTC（DTC－SVM）。它们在市场上应用广泛，其重要性不断增加，应用领域也不断扩大。最后，简要讨论了这些控制方案典型参数的概述和所得结论。

21.2 变换器供电感应电机分析中使用的符号

$a = e^{j2\pi/3} = -(1/2) + j(\sqrt{3}/2)$ 复数单位矢量

f_s	定子频率
I_A, I_B, I_C	定子相电流的瞬时值
$\boldsymbol{I}_r$	转子电流空间矢量
$\boldsymbol{I}_s$	定子电流空间矢量
$I_{s\alpha}$, $I_{s\beta}$	静止 $\alpha-\beta$ 坐标系上的定子电流矢量分量
I_{sd}, I_{sq}	旋转 $d-q$ 坐标系上的定子电流矢量分量
$I_{r\alpha}$, $I_{r\beta}$	静止 $\alpha-\beta$ 坐标系上的转子电流矢量分量
J	转动惯量
L_M	主励磁电感
L_s	定子绕组自感
L_r	转子绕组自感
M_e	电磁转矩
M_L	负载转矩
m_s	相绕组数
p_b	极数对
S_A, S_B, S_C	电压源逆变器的开关状态
R_r	转子相绕组电阻
R_s	定子相绕组电阻
$T_r = \dfrac{L_r}{R_r}$	转子时间常数
T_s	采样时间
U_A, U_B, U_C	定子相电压的瞬时值
$\boldsymbol{U}_s$	定子电压空间矢量
$\boldsymbol{U}_v$	逆变器输出电压空间矢量，$v=0$, $\cdots$, 7
$U_{s\alpha}$, $U_{s\beta}$	静止 $\alpha-\beta$ 坐标系上的定子电压矢量分量
U_{sd}, U_{sq}	旋转 $d-q$ 坐标系上的定子电压矢量分量
U_{dc}	逆变器直流母线电压
Ψ_A, Ψ_B, Ψ_C	定子相绕组的磁链
$\boldsymbol{\Psi}_s$	定子磁链的空间矢量
$\boldsymbol{\Psi}_r$	转子磁链的空间矢量
Ψ_s	定子磁链
Ψ_r	转子磁链
$\Psi_{s\alpha}$, $\Psi_{s\beta}$	静止 $\alpha-\beta$ 坐标系上的定子磁链矢量分量
$\Psi_{r\beta}$, $\Psi_{r\beta}$	静止 $\alpha-\beta$ 坐标系上的转子磁链矢量分量
γ_m	静止 $\alpha-\beta$ 坐标系上的电机轴位置角
γ_{sr}	静止 $\alpha-\beta$ 坐标系上的转子磁链矢量角
γ_{ss}	静止 $\alpha-\beta$ 坐标系上的定子磁链矢量角
Ω_K	坐标系的角速度
Ω_m	电机轴的角速度，$\Omega_m = \mathrm{d}\gamma_m/\mathrm{d}t$
Ω_{sr}	转子磁链矢量的角速度，$\Omega_{sr} = \mathrm{d}\gamma_{sr}/\mathrm{d}t$
Ω_{ss}	定子磁链矢量的角速度，$\Omega_{ss} = \mathrm{d}\gamma_{ss}/\mathrm{d}t$

Ω_{sl}	转差频率
σ	总漏磁因数，$\sigma = 1 - (L_M^2 / L_s L_r)$

矩形坐标系：

$\alpha - \beta$	定子定向静止坐标系
$d - q$	转子磁链定向旋转坐标系

21.3　感应电机理论基础

21.3.1　空间矢量方程

IM 的建模是基于复杂的空间矢量，它们是在坐标系 K 中定义的，以角速度 Ω_K 旋转。在绝对单位和实时表示中，用以下等式描述了理想笼型转子 IM 的特性[1,10,12,26]：

$$U_{sK} = R_s I_{sK} + \frac{d\Psi_{sK}}{dt} + j\Omega_K \Psi_{sK} \tag{21-1}$$

$$0 = R_r I_{rK} + \frac{d\Psi_{rK}}{dt} + j(\Omega_K - p_b\Omega_m)\Psi_{rK} \tag{21-2}$$

$$\Psi_{sK} = L_s I_{sK} + L_M I_{rK} \tag{21-3}$$

$$\Psi_{rK} = L_r I_{rK} + L_M I_{sK} \tag{21-4}$$

$$\frac{d\Omega_m}{dt} = \frac{1}{J}[M_e - M_L] \tag{21-5}$$

电磁转矩 M_e 可以用下式表示：

$$M_e = p_e \frac{m_s}{2}(\Psi_{sK}^* I_{sK}) \tag{21-6}$$

应注意：

- 式（21-1）~式（21-4）中出现的定子量和转子量是公共参考系中表示的复数空间矢量，以角速度 Ω_K 旋转（因此在这些量中用下角 K 表示）。它们以与三相 IM 的固有分量相关的方式可以表示为（例如用于电流）

$$I_{sK} = \frac{2}{3}[I_A(t) + aI_B(t) + a^2 I_C(t)] \cdot e^{-j\Omega_K t} \tag{21-7}$$

$$I_{rK} = \frac{2}{3}[I_a(t) + aI_b(t) + a^2 I_c(t)] \cdot e^{-j(\Omega_K - \Omega_m)t} \tag{21-8}$$

式中，I_A、I_B 和 I_C 为定子绕组电流的瞬时值；I_a、I_b 和 I_c 为参考定子电路的转子绕组电流的瞬时值。

类似的公式适用于电压 U_{sK} 和磁链 Ψ_{sK} 和 Ψ_{rK}。

- 运动方程式（21-5）是一个实数方程。
- 由于将方程转换为一个公共参考系，IM 参数可被视为与转子位置无关。
- 电磁转矩公式［式（21-6）］与表示空间矢量的坐标系的选择无关。这是因为对于任何坐标系，有

$$\Psi_{sK} = \Psi_s e^{-j\Omega_K}t, I_{sK} = I_s e^{-j\Omega_K}t \tag{21-9}$$

- 将式（21-9）代入电磁转矩公式［式（21-6）］，得到

$$M_e = \text{Im}(\Psi_{sK}^* I_{sK}) = \text{Im}(\Psi_s^* e^{j\Omega_K t} \cdot I_s e^{-j\Omega_K t}) = \text{Im}(\Psi_s^* I_s) \tag{21-10}$$

- 由于使用了复数空间矢量，并且假定涉及对称的正弦波，可以在稳态采用符号法，从而

为经典的 IM50/60Hz 电源理论提供了方便的桥梁。

21.3.2 框图

式（21-1）~ 式（21-6）中描述的关系可以用复数形式[10,26]的空间矢量表示为框图方案，或者分解为两个轴分量后，用实数形式表示[12,16]。在求解矢量方程时，考虑到电机对称性，可以采用任意坐标系。此外，利用磁链和电流之间的线性相关性，可以用多种方式写出转矩表达式。因此，IM 不止一个框图模式，而是基于矢量等式式（21-1）~ 式（21-6）的集合，构造这种框图的各种版本[12]。在双轴模型中，各种模型之间的基本差异取决于参考坐标、输入信号和输出信号的速度和位置。根据图示法，我们考虑以下两种情况。

情况 1：在定子固定坐标系（α，β）表示的电压控制 IM

常规笼型转子 IM 描述呈现在定子固定坐标系（$\Omega_\text{K} = 0$）中，其中复数空间矢量可以分解成分量 α 和 β：

$$\boldsymbol{U}_\text{sK} = U_{s\alpha} + jU_{s\beta} \tag{21-11}$$

$$\boldsymbol{I}_\text{sK} = I_{s\alpha} + jI_{s\beta} \tag{21-12a}$$

$$\boldsymbol{I}_\text{rK} = U_{r\alpha} + jU_{r\beta} \tag{21-12b}$$

$$\boldsymbol{\Psi}_\text{sK} = \Psi_{s\alpha} + j\Psi_{s\beta} \tag{21-13a}$$

$$\boldsymbol{\Psi}_\text{rK} = \Psi_{r\beta} + j\Psi_{r\beta} \tag{21-13b}$$

考虑到式（21-11）~ 式（21-13），重新排列后的电机方程式（21-1）~ 式（21-5）的集合可以写为

$$\frac{\text{d}\Psi_{s\alpha}}{\text{d}t} = U_{s\alpha} - R_s I_{s\alpha} \tag{21-14a}$$

$$\frac{\text{d}\Psi_{s\beta}}{\text{d}t} = U_{s\beta} - R_s I_{s\beta} \tag{21-14b}$$

$$\frac{\text{d}\Psi_{r\alpha}}{\text{d}t} = -R_r I_{r\alpha} - p_b \Omega_m \Psi_{r\alpha} \tag{21-15a}$$

$$\frac{\text{d}\Psi_{r\beta}}{\text{d}t} = -R_r I_{r\beta} - p_b \Omega_m \Psi_{r\alpha} \tag{21-15b}$$

$$I_{s\alpha} = \frac{1}{\sigma L_s}\Psi_{s\alpha} - \frac{L_M}{\sigma L_s L_r}\Psi_{r\alpha} \tag{21-16a}$$

$$I_{s\beta} = \frac{1}{\sigma L_r}\Psi_{s\beta} - \frac{L_M}{\sigma L_s L_r}\Psi_{r\beta} \tag{21-16b}$$

$$I_{r\alpha} = \frac{1}{\sigma L_r}\Psi_{r\alpha} - \frac{L_M}{\sigma L_s L_r}\Psi_{s\alpha} \tag{21-17a}$$

$$I_{r\beta} = \frac{1}{\sigma L_r}\Psi_{r\beta} - \frac{L_M}{\sigma L_s L_r}\Psi_{s\beta} \tag{21-17b}$$

$$\frac{\text{d}\Omega_m}{\text{d}t} = \frac{1}{J}\left[p_b \frac{m_s}{2}(\Psi_{s\alpha}I_{s\beta} - \Psi_{s\beta}I_{s\alpha}) - M_L\right] \tag{21-18}$$

式中，σ 是总漏磁因数。式（21-14）~ 式（21-18）构成 IM 的框图，如图 21-1 所示。

如此获得的模型［式（21-14）~ 式（21-18）］直接对应于两相电机的描述，并可用于构建 IM 的仿真模型。从图 21-1 可以看出，作为控制对象的笼型转子 IM 具有耦合的非线性动态结构，并且两个状态变量（转子电流和磁链）不可测量。此外，IM 电阻和电感变化很大，对稳态和动态性能都有显著的影响。

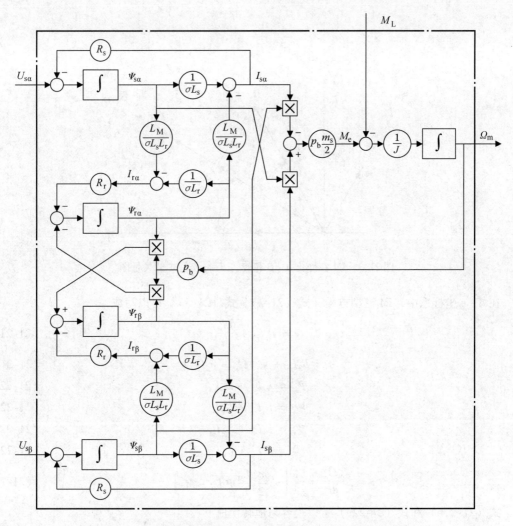

图 21-1　对应于式（21-14）~式（21-18）的 $\alpha-\beta$ 坐标系中
的电压控制笼型转子 IM 框图，其中 σ 为泄漏系数

情况 2：在同步坐标系（$d-q$）中表示的电流控制 IM

让我们采用与转子磁链矢量的角速度等速旋转的坐标系 $d-q(\Omega_{\mathrm{K}}=\Omega_{\mathrm{sr}})$，定义如下：

$$\Omega_{\mathrm{sr}} = \frac{\mathrm{d}\gamma_{\mathrm{sr}}}{\mathrm{d}t} \tag{21-19}$$

我们还假设这个坐标系与转子磁链矢量 $\boldsymbol{\Psi}_{\mathrm{r}}$ 同时旋转，其中分量 $\Psi_{\mathrm{rq}}=0$（见图 21-2），并且 IM 是电流控制的。在实际的独立驱动系统中，当电流源逆变器（CSI）和电流控制（CC）的 CC–PWM 晶体管逆变器[12,18,26]供电给 IM 时，电流控制是十分常见的。当以这种假设构造电机的方框图时，可以通过省略定子电路电压方程式（21-1）来进行简化。

在这些假设下，电流和磁链复数空间矢量可以被分解成 d 和 q 分量：

$$\boldsymbol{I}_{\mathrm{sK}} = I_{\mathrm{sd}} + \mathrm{j}I_{\mathrm{sq}} \tag{21-20a}$$

$$\boldsymbol{I}_{\mathrm{rK}} = I_{\mathrm{rd}} + \mathrm{j}I_{\mathrm{rq}} \tag{21-20b}$$

$$\boldsymbol{\Psi}_{\mathrm{sK}} = \Psi_{\mathrm{sd}} + \mathrm{j}\Psi_{\mathrm{sq}} \tag{21-20c}$$

$$\boldsymbol{\Psi}_{\mathrm{rK}} = \Psi_{\mathrm{rd}} + \mathrm{j}\Psi_{\mathrm{r}} \tag{21-20d}$$

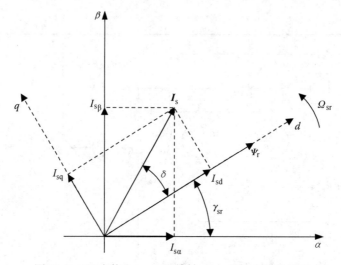

图 21-2 IM 在静止 $\alpha - \beta$ 和旋转 $d - q$ 坐标中的矢量图

在 $d - q$ 坐标系中，IM 模型方程［式（21-2）~式（21-5）］可以写成

$$0 = R_r I_{rd} + \frac{d\Psi_r}{dt} \tag{21-21a}$$

$$0 = R_r I_{rq} + \Psi_r (\Omega_{sr} - p_b \Omega_m) \tag{21-21b}$$

$$\Psi_{sd} = L_s I_{sd} + L_M I_{rd} \tag{21-22a}$$

$$\Psi_{sq} = L_s I_{sq} + L_M I_{rq} \tag{21-22b}$$

$$\Psi_r = L_r I_{rd} + L_M I_{sd} \tag{21-22c}$$

$$0 = L_r I_{rq} + L_M I_{sq} \tag{21-22d}$$

$$\frac{d\Omega_m}{dt} = \frac{1}{J} \left[p_b \frac{m_s}{2} \frac{L_M}{L_r} \Psi_r I_{sq} - M_L \right] \tag{21-23}$$

式（21-21b）和式（21-22c）可以很容易地转换成

$$\frac{d\Psi_r}{dt} = \frac{L_M R_r}{L_r} I_{sd} - \frac{R_r}{L_r} \Psi_r \tag{21-24}$$

电动机转矩可以由转子磁链幅值 Ψ_r 和定子电流分量 I_{sq} 表示如下：

$$M_e = p_b \frac{m_s}{2} \frac{L_M}{L_r} \Psi_r I_{sq} \tag{21-25}$$

式（21-24）和式（21-25）用于构建 $d - q$ 坐标系中笼型转子 IM 的框图，如图 21-3 所示。

该图中的输入量是定子电流矢量的分量 I_{sd} 和 I_{sq}。输出量是轴的角速度 Ω_m 和电磁转矩 M_e，而扰动量是负载转矩 M_L。

21.3.3 稳态特性

从同步坐标系中的 IM 矢量方程（即 $\Omega_K = \Omega_s$）可以看出，在稳态条件下，所有矢量保持不变。

因此，必须忽略电压方程式（21-1）、式（21-2）以及运动方程［式（21-5）］中与时间相关的导数，从而获得描述电机稳态运行的一组代数方程。此外，从电压和磁链电流方程的代数形式可以看出，可以通过将其表示为只有定子电压幅值的函数来得到电机产生的转矩：

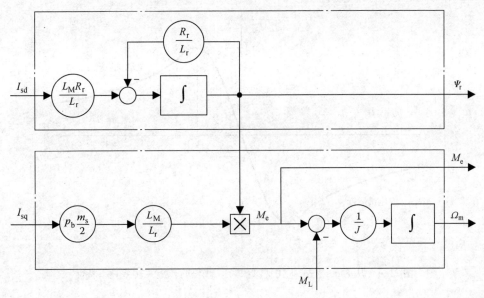

图 21-3　对应于式（21-24）和式（21-25）的 $d-q$ 坐标系中的电流控制 IM 的框图

$$M_e(R_s = 0) = \frac{L_M^2 R_r \Omega_{sl}}{(\Omega_{sl}\sigma L_s L_r)^2 + (R_r L_s)^2}\left(\frac{U_s}{\Omega_s}\right)^2 \tag{21-26}$$

通过式（21-26），我们将 $dM_e/d\Omega_{sl}$ 与零相比，得到临界转差频率为

$$\Omega_{slk}(R_{s=0}) = \pm\frac{R_r}{\sigma L_r} \tag{21-27}$$

对于式（21-27），式（21-26）可以用以下简化的 Kloss 公式表示：

$$M_e = M_{ek}\frac{2}{(\Omega_{sl}/\Omega_{slk})^2 + (\Omega_{slk}/\Omega_{sl})^2} \tag{21-28}$$

式中，M_{ek} 是临界转矩，

$$M_{ek} = p_b\frac{m_s}{2}\frac{1-\sigma}{2\sigma}\frac{1}{L_s}\left(\frac{U_s}{\Omega_s}\right)^2 \tag{21-29}$$

由上述方程可得出以下性质：

• 临界转矩与转子电阻无关［式（21-29）］。
• 临界转差频率与转子电阻成正比［式（21-27）］。
• 在恒定的 U_s/f_s 模式下，临界转矩保持不变［式（21-29）］。

从 Kloss 公式［式（21-28）］获得的转矩曲线如图 21-4 所示。

在许多应用中，IM 在低于或高于额定速度的情况下运行。这是可能的，因为大多数 IM 能被驱动达到 2 倍的额定速度而没有任何机械问题。

典型特性如图 21-5 所示。低于额定转速时，磁链幅值保持不变；在额定转差频率下，电机可以产生额定转矩。因此，该区域称为恒定转矩区域。在恒定额定电压（U_{sN}）下，定子频率 Ω_s 高于其基准（额定值），即 $\Omega_s > \Omega_{sbase}$，可以将电机速度提高到额定转速以上。但是，与 U_s/f_s 成比例的电动机磁链将被削弱。因此，当转差频率增量与定子频率成比例时，$\Omega_{sl} \sim \Omega_s$，电磁功率

$$P_e = \Omega_m \cdot M_e \approx \Omega_s\left(\frac{\Omega_{sl}}{R_r}\right)\left(\frac{\Psi_r}{\Omega_s}\right)^2 \tag{21-30}$$

可以保持不变，将该区域命名为"恒定功率"（见图 21-5）。

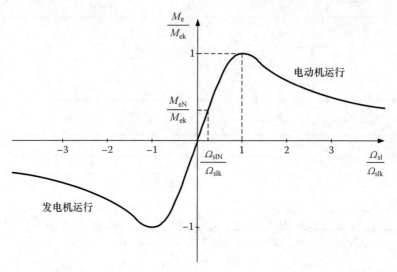

图 21-4　从 Kloss 公式〔式（21-28）〕获得的转矩 – 转差频率特性

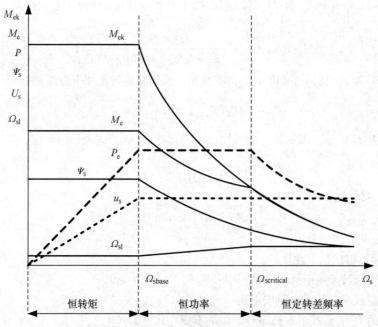

图 21-5　IM 在恒定区域和弱磁区域中的控制特性

　　随着定子电压恒定和定子频率的增加，电机的转速达到高速区，在此区域磁链量减小，以至于 IM 接近其临界转矩，并且转差频率不能再增加。因此，转矩能力根据临界转矩特性 $M_e \sim M_{ek} \sim (U_s/\Omega_s)^2$ 减小。这个高速区称为恒定转差频率区域（见图 21-5）。

21.4　IM 控制方法分类

　　基于空间矢量的描述，IM 控制方法分为标量控制和矢量控制。频率控制器的一般分类如图 21-6 所示。在标量控制中（其基于对稳态有效的关系），仅控制电压、电流和磁链空间矢量的幅值和频率（角速度）。因此，标量控制系统在瞬态期间不对空间矢量的位置起作用，并且属于开环方式实现的低性能控制。与此相反，在矢量控制中，其基于对动态状态有效的关系——不仅控制幅值和频率（角速度），而且控制电压、电流和磁链空间矢量的瞬时位置。因此，矢量控制系统作用于空间矢量的位置，并为稳态和瞬态提供正确的方向。这保证了磁链和转矩的快速动态解耦控制，属于闭环方式实现的高性能控制。

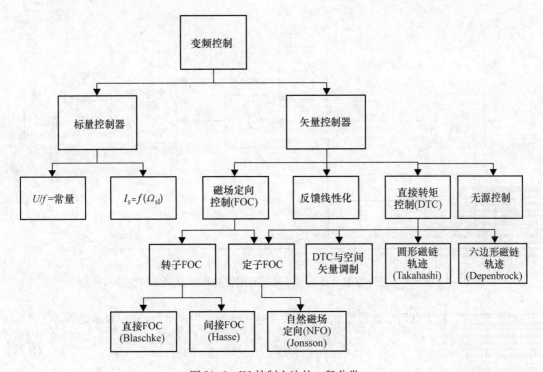

图 21-6　IM 控制方法的一般分类

根据上述定义，矢量控制可以用许多不同的方式实现。但是，市场上只有几种基本方案。其中最受欢迎的策略是 FOC、DTC、DTC – SVM 及其变体结构。这里没有讨论另外一组现代的非线性控制策略，它包括了反馈线性化控制[12,16,21]和无源控制[20]方案，因为从目前的工业观点来看，这些仅代表了现有 FOC 和 DTC 方案的替代解决方案。

21.5　标量控制

21.5.1　开环恒定电压/频率控制

在许多工业应用中，与驱动控制的动态特性有关的要求是次要的。特别是在不需要电动机速度快速变化并且没有突然的负载转矩变化的情况下。在这种情况下，也可以使用开环恒定电压/频率（U/f）控制系统（见图 21-7）。该方法基于在稳态运行中磁链幅值恒定的假设，并且根据式（21-1），对于 $\Omega_K = \Omega_s$ 和 $\mathrm{d}\boldsymbol{\Psi}_s/\mathrm{d}t = 0$，得到定子电压矢量方程为

$$\boldsymbol{U}_s = R_s\boldsymbol{I}_s + \mathrm{j}2\pi f_s\boldsymbol{\Psi}_s \tag{21-31}$$

式中，$f_s = \Omega_s/2\pi$。因此，可以从式（21-31）计算定子矢量幅值，得

$$U_s = \sqrt{(R_s I_s)^2 + (2\pi f_s \Psi_s)^2} \tag{21-32}$$

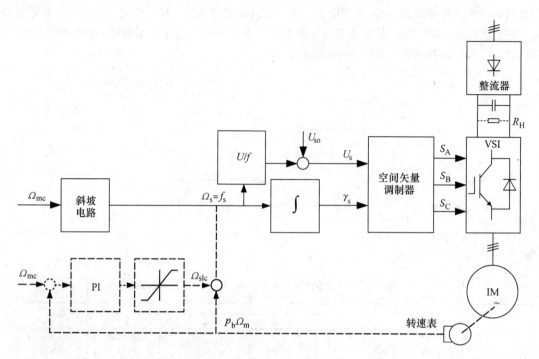

图 21-7　恒定 U/f 控制方案（虚线显示具有有限转差频率 Ω_{slc} 和速度控制的版本）

对于 $R_{\text{s}} = 0$，定子电压幅值和频率之间的关系是线性的，用式（21-32）表示如下：

$$\frac{U_{\text{s}}}{f_{\text{s}}} = 2\pi \Psi_{\text{s}} = \text{常量} \tag{21-33}$$

这种方法的名称为"恒定 V/Hz"（在欧洲，称为恒定 U/f）。

然而，为了实际应用，式（21-32）的关系可以表示为

$$U_{\text{s}} = U_{\text{so}} + 2\pi f_{\text{s}} \Psi_{\text{s}} \tag{21-34}$$

式中，$U_{\text{so}} = I_{\text{s}} R_{\text{s}}$，是用于补偿定子电阻降的偏移（升压）电压。

由 PWM 逆变器供电的 IM 驱动器按照式（21-34）实现的开环恒定 U/f 控制框图如图 21-7 所示。控制算法计算与速度指令成比例的电压幅值，通过该速度的积分获得角度 γ_{s}。极坐标中的电压矢量是空间矢量调制器（SVM）的参考值，它将开关信号传递给 PWM 逆变器。速度指令信号 Ω_{mc} 确定逆变器频率 $f_{\text{s}} \approx \Omega_{\text{s}}$，同时根据恒定的 u/f 定义定子电压指令。

然而机械速度 Ω_{m} 以及由此得到的转差频率 $\Omega_{\text{sl}} = \Omega_{\text{s}} - p_{\text{b}}\Omega_{\text{m}}$ 不能被精确控制。这可能导致电机在转矩转差频率曲线的不稳定区域运行（见图 21-4），导致过电流问题。因此，为了避免在瞬变期间的高转差频率值，将斜坡电路加到定子频率控制路径上。该方案基本上是用于无速度传感器的；然而，当需要稳定的速度时，可以采用转差调节（图 21-7 中的虚线）进行速度控制。转差频率指令 Ω_{slc} 由速度比例积分（PI）控制器产生。该信号加到转速表信号中，并确定逆变器频率指令 $\Omega_{\text{s}} = 2\pi f_{\text{s}}$。由于转差频率指令 Ω_{slc} 的限制，电机不会在速度指令快速变化或负载转矩变化的情况下立即随之变化。快速减速导致负转差指令，电机进入发电机断路范围（见图 21-4）。然后，再生能量必须由反馈变换器返回到电源，或者在直流母线动态制动电阻器 R_{H} 中消散。

21.6　磁场定向控制

21.6.1　简介

磁场定向控制（FOC）的原理与基于机械换向直流有刷电机的原理类似。在直流有刷电机中，由于励磁绕组和电枢绕组分开，通过励磁电流控制磁链，并通过调整电枢电流独立控制转矩。因此，磁链和转矩电流是电磁分离的。相反，笼型转子 IM 在定子中只有三相绕组，而定子电流矢量 I_s 用于磁链和转矩控制。因此，励磁电流和电枢电流在定子电流矢量中耦合（未解耦），不能单独控制。通过将瞬时定子电流矢量 I_s 分解成转子磁场定向坐标系（R - FOC）$d - q$ 中的磁链电流 I_{sd} 和转矩电流 I_{sq} 可以实现解耦（见图 21-2）。以这种方式，IM 的控制变得与他励有刷电机相同，并且可以使用具有线性 PI 控制器的级联结构来实现[1,12,15,26]。

21.6.2　电流控制的 R - FOC 方案

结合电流控制的 PWM 逆变器完成了 R - FOC 方案的最简单实现。合适的电流控制方法的选择会影响所获得的参数和整个系统的最终配置。在标准版本中，PWM 电流控制回路在同步磁场定向坐标系 $d - q$ 中工作，如图 21-8 所示。反馈定子电流 I_{sd} 和 I_{sq} 经过三相到两相的相变后从测量值 I_A 和 I_B 获得：

$$I_{s\alpha} = I_A \tag{21-35a}$$

$$I_{s\beta} = (1/\sqrt{3})(I_A + 2I_B) \tag{21-35b}$$

随后进行坐标变换 $\alpha - \beta/d - q$：

$$I_{sd} = I_{s\alpha}\cos\gamma_{sr} + I_{s\beta}\sin\gamma_{sr} \tag{21-36a}$$

$$I_{sq} = -I_{s\alpha}\sin\gamma_{sr} + I_{s\beta}\cos\gamma_{sr} \tag{21-36b}$$

PI 电流控制器产生电压矢量命令 U_{sdc} 和 U_{sqc}，在坐标变换 $d - q/\alpha - \beta$ 之后传递给 SVM。

$$U_{s\alpha c} = U_{sdc}\cos\gamma_{sr} - U_{sqc}\sin\gamma_{sr} \tag{21-37a}$$

$$U_{s\beta c} = U_{sdc}\cos\gamma_{sr} + U_{sqc}\sin\gamma_{sr} \tag{21-37b}$$

最后，SVM 计算 PWM 逆变器的功率晶体管的开关信号 S_A、S_B 和 S_C。

FOC 方案的主要信息，即坐标变换所需的磁链矢量位置 γ_{sr}，可以通过两种不同的方式传递，通常称为间接和直接 FOC 两种类型的 FOC（方案）。间接 FOC 是指通过参考值（前馈控制）和机械速度（位置）测量（见图 21-8a）计算磁链矢量角 γ_{sr}，而直接 FOC 是指磁链矢量角 γ_{sr} 被测量或估计的情况（见图 21-8b）[1,3,13,25,26]。

21.6.2.1　间接 R - FOC 方案

对于由 Hasse[8]（见图 21-8a）提出的间接 FOC 方案，转子磁链矢量角 γ_{sr} 由电流指令 I_{sdc} 和 I_{sqc} 获得。转子磁链矢量的角速度可以计算为

$$\Omega_{rs} = \Omega_{sl} + p_b\Omega_m \tag{21-38}$$

式中，Ω_{sl} 为转差角速度；Ω_m 为电机轴的角速度（由运动传感器测量或从测量的电流和电压估计[22]）；p_b 为极对数。

转差角速度可以从式（21-21a）和式（21-21b）计算为

$$\Omega_{sl} = \frac{1}{I_{sdc}}\frac{1}{T_r}I_{sqc} \tag{21-39}$$

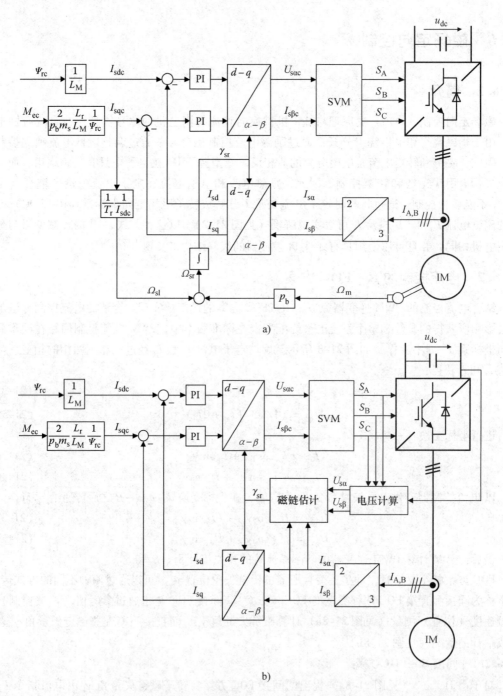

图 21-8　恒磁链区域的转子 FOC 方案

a）间接 FOC　b）直接 FOC

式中，$T_r = L_r/R_r$，为转子时间常数。通过对式（21-38）积分，获得相对于定子磁链矢量角 γ_{sr} 为

$$\gamma_{sr} = \int_0^i (p_b \Omega_m + \Omega_{sl})\,\mathrm{d}t = \int_0^i \Omega_s\,\mathrm{d}t \qquad (21\text{-}40)$$

旋转坐标系中的指令电流 I_{sdc} 和 I_{sqc} 根据磁链和转矩指令值计算。考虑到在磁场定向坐标系中描述 IM 的式（21-24）和式（21-25），参考电流的公式可以写成

$$I_{sdc} = \frac{1}{L_M}\left(\Psi_{rc} + \frac{1}{T_r}\frac{d\Psi_{re}}{dt} \right) \tag{21-41}$$

$$I_{sqc} = \frac{2}{p_b m_s}\frac{L_r}{L_M}\frac{1}{\Psi_{rc}}M_{ec} \tag{21-42}$$

式（21-39）、式（21-41）和式（21-42）形成了恒定磁场区域和弱磁区域控制的基础（见图 21-9）。对于恒定磁链运行，式（21-41）被简化为

$$I_{sdc} = \frac{\Psi_{re}}{L_M} \tag{21-43}$$

这对应于图 21-8a、b 所示的情况。

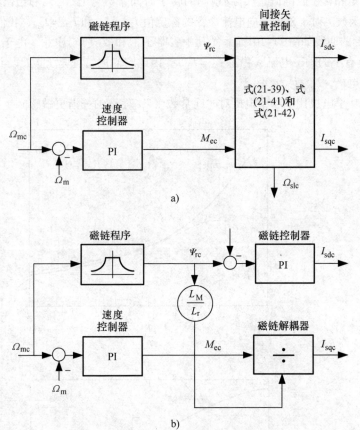

图 21-9　弱磁工作的 FOC 控制方案的变结构
a）间接 FOC　b）直接 FOC

1. 参数敏感性

当矢量控制器中电动机参数的设定值等于实际的电动机参数值时，间接 R - FOC 方案才有效。对于恒定转子磁链运行区域，转子时间常数 T_r 的变化会导致转差频率值 Ω_{sl} 的偏差，由式（21-39）计算得出。

预测的转子磁链角 $\gamma_{src} = \int (p_b \Omega_m + \Omega_{slc})\,dt$，偏离实际的位置角 $\gamma_{sr} = \int (p_b \Omega_m + \Omega_r)\,dt$，它产生一个转矩角度（见图 21-2）偏差 $\Delta\delta = \gamma_{src} - \gamma_{sr}$。因此，导致不正确地将定子电流矢量 I_s 分为 I_{sd} 和 I_{sq} 两个分量。磁链和转矩控制的解耦条件无法实现。这导致

● 在稳态工作点（M_{ec} 为常数），转子磁链 Ψ_r 和转矩电流分量 I_{sq} 不正确。

● 产生二阶（非线性）系统对转矩指令 M_{ec} 变化的瞬态响应。

对于由转矩和磁通电流指令值 I_{sqc} 和 I_{sdc} 定义的预定操作点，可以确定 T_r 变化对电机的实际转矩和转子磁链的影响。这些关系由式（21-42）和式（21-43）导出，用于稳定状态，可以方便地表示为[12]

$$\frac{M_e}{M_{ec}} = \frac{T_r}{T_{rc}} \frac{1 + (I_{sqc}/I_{sdc})^2}{1 + [(T_r/T_{rc})(I_{sqc}/I_{sdc}]^2} \qquad (21\text{-}44)$$

$$\frac{\Psi_r}{\Psi_{rc}} = \sqrt{\frac{1 + (I_{sqc}/I_{sdc})^2}{1 + [T_r/T_{rc}(I_{sqc}/I_{sdc})]^2}} \qquad (21\text{-}45)$$

归一化的转矩和转子磁链值是实际/预测的转子时间常数（T_r/T_{rc}）和给出的电机运行点的 I_{sqc}/I_{sdc} 的非线性函数。对于磁场定向电流命令的额定值 $I_{sqc} = I_{sqN}$ 和 $I_{sdc} = I_{sdN}$，我们从式（21-44）和式（21-45）得到的曲线如图 21-10 所示（其中省略了饱和效应）。注意，由于大功率电机相对于额定电流 I_{sN} 具有小的励磁电流（稳态 $I_{sd} = I_{Mr}$），因此它们的特征是 $I_{sqN}/I_{sdN} = 2 \sim 3$，此比值较大；对于小功率电机，$I_{sqN}/I_{sdN} = 1 \sim 2$。

请注意，大功率电机比小功率电机对时间常数（T_r/T_{rc}）的失谐更敏感。

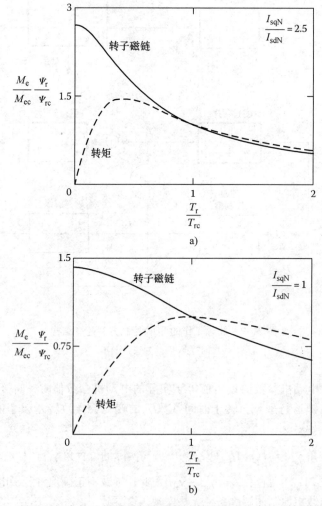

图 21-10　转子时间常数 T_r 失谐对额定磁链和转矩电流指令的稳态特性的影响

a) 大功率电机　b) 小功率电机

以类似的方式，可以考虑由磁路饱和引起的励磁电感 L_M 的变化的影响[1,15]。

2. 参数自适应

间接 FOC 方案的解耦条件的关键参数是转子时间常数 T_r。它主要在转子电阻（R_r）的温度变化和由转子电感（L_r）引起的饱和效应影响下发生变化。R_r 的温度变化非常慢时，L_r 的变化可以非常快。例如，当电机在额定转速和弱磁区域之间迅速变化时，出现速度反转的情况。假设 T_r 在 $0.75T_{r0} < T_r < 1.5T_{r0}$ 范围内变化，其中 T_{r0} 是 75℃ 时额定负载下的值。

参数校正通过在线调整进行。从图 21-10 的曲线可以看出，时间常数变化的修正信号（$1/\Delta T_r$）可以根据测量的实际转矩或磁链值，或者从诸如转矩电流或磁链电流这样熟悉的量中得到。然而，在直接 FOC 系统中，这些量在整个速度控制范围内是难以测量或计算的，难度与在直接 FOC 系统中进行磁链矢量估计（参见第 21.6.2.3 节）所涉及的难度相当。

图 21-11 显示了 T_r 自适应方案[7]的基本思想，其对应于模型参考自适应系统（MRAS）的结构。

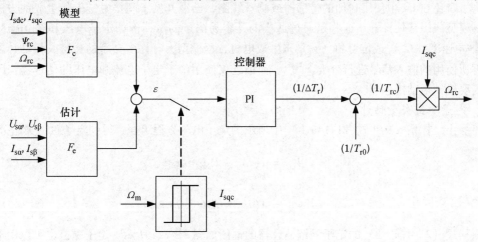

图 21-11　基于模型参考自适应系统（MRAS）的 T_r 自适应方案的基本框图

参考函数 F_c 根据磁场坐标系 $d-q$ 中的命令量（用 c 表示）计算。估计函数 F_e 由测量值计算，通常用定子定向坐标系 $\alpha-\beta$ 表示。误差信号 $\varepsilon = F_c - F_e$ 传递到 PI 控制器，产生校正信号（$1/\Delta T_r$）。该校正信号被添加到初始值（$1/T_{r0}$）中，给出更新后的时间常数（$1/T_{rc}$），其最终用于计算转差频率 Ω_{slc}。在稳态下，当 $\varepsilon \to 0$ 时，则 $T_{rc} \to T_r$。各种标准函数（F）被用于识别 T_r 变化（见表 21-1）。它们中的大多数既不空载工作，也不在零速度下工作。因此，在接近零速度区域和空载工况工作中，误差计算器的输出信号 ε 必须被阻止。（$1/\Delta T_r$）的最后一个值存储在 T_r 的 PI 控制器中。

也有很多基于观测器技术的在线参数识别方法[1,19]被提出。

表 21-1　T_r 变量的适应算法（见图 21-11）

	F_c	F_e	参数敏感度	备　注
1	$-\left(\dfrac{L_M}{L_r}\right)\Omega_{slc}\Omega_{sc}I_{sdc}$	$(U_{s\alpha}I_{s\beta} - U_{s\beta}I_{s\alpha}) - \sigma L_s(pI_{s\alpha}I_{s\beta} - pI_{s\beta}I_{s\alpha})$	σL_s	没有纯积分问题
2	$-\left(\dfrac{L_M}{L_r}\right)\Omega_{slc}\Omega_{sc}I_{sdc}$	$(U_{sd}I_{sq} - U_{sq}I_{sd}) - \sigma L_s\Omega_s(I_{sd}^2 - I_{sq}^2)$	σL_s	U_{sd} 和 U_{sq} 是电流控制器的输出
3	$\left(\dfrac{L_M}{L_r}\right)\Psi_{rc}I_{sqc}$	$\Psi_{s\alpha}I_{s\beta} - \Psi_{s\beta}I_{s\alpha}$	R_s	初始条件和漂移问题（纯积分）
4	I_{sqc}	$\dfrac{\Psi_{s\alpha}I_{s\beta} - \Psi_{s\beta}I_{s\alpha}}{(L_r/L_M)\sqrt{\Psi_{s\alpha}^2 + \Psi_{s\beta}^2}}$	R_s	
5	0	$U_{sd} - R_sI_{sd} + \Omega_s\sigma L_sI_{sq}$	$R_s,\ \sigma L_s$	具有简单且优异的收敛性

21.6.2.2 直接 R – FOC 方案

该方案的主要部分（由 Blaschke[2] 提出并由西门子公司使用）是磁链矢量估计器，其产生转子磁链矢量 Ψ_r 的角位移 γ_s 和幅值 Ψ_r。磁链幅值 Ψ_r 由闭环控制，磁链控制器产生磁链电流指令 I_{sdc}。高于额定转速时，通过使用磁链程序发生器产生的与速度相关的磁链指令 Ψ_{rc} 实现弱磁，如图 21-9b 所示。在弱磁区域中，转矩电流指令 I_{sqc} 根据式（21-42）计算出在磁链解耦器中的转矩和磁链指令 M_{ec} 和 Ψ_{rc}。如果估计的转矩信号 M_e 可用，则可以通过 PI 转矩控制器代替磁链解耦器，该转矩控制器产生转矩电流指令 I_{sqc}。在这两种情况下，补偿了可变磁链对转矩控制的影响。然而，定子电流矢量幅值必须被限制为

$$\sqrt{I_{sdc}^2 + I_{sqc}^2} \leq I_{smax} \tag{21-46}$$

21.6.2.3 磁链矢量估计

为了避免在 IM 中使用附加的传感器或测量线圈，已经开发了间接磁链矢量生成的方法，称为磁链模型或磁链估计器。这些是通过适当的、容易测量的量，例如定子电压和/或电流（U_s、I_s）、轴角速度（Ω_m）或位置角（γ_s）来生成电机方程模型。有许多类型的磁链矢量估计器，通常根据所使用的输入信号进行分类[1,12,26]。而最近仅使用基于定子电流和电压的估计器，因为它们不需要机械运动传感器。

1. 定子磁链矢量估计

将静止坐标系 $\alpha - \beta$[式(21-14a、b)]中所示的定子电压方程组合，得到定子磁链矢量分量

$$\Psi_{s\alpha} = \int_0^t (U_{s\alpha} - R_s I_{s\alpha})\,\mathrm{d}t \tag{21-47a}$$

$$\Psi_{s\beta} = \int_0^t (U_{s\beta} - R_s I_{s\beta})\,\mathrm{d}t \tag{21-47b}$$

根据式（21-47a、b）的定子磁链估计器的框图如图 21-12a 所示。定子磁链也可以用极坐标

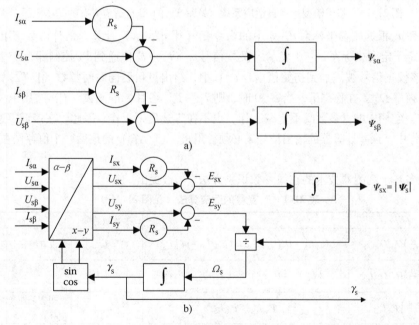

图 21-12　定子磁链矢量估计器
a）笛卡儿坐标　b）极坐标

下运行的如图 21-12b 所示的方案来计算。在该方案中，使用坐标变换 $\alpha - \beta / x - y$ [式（21-13a、b）] 和磁场坐标中的电压方程。

为了避免开环积分的 DC 偏移问题，纯积分器（$y = x/s$）可以重写为

$$y = \frac{1}{s + \omega_c} x + \frac{\omega_c}{s + \omega_c} y \tag{21-48}$$

式中，x 和 y 分别为系统输入和输出信号；ω_c 为截止频率。

式（21-48）的第一部分表示低通（LP）滤波器，而第二部分实现了用于补偿输出误差的反馈。根据式（21-48）改进的积分器框图如图 21-13 所示。它包括一个饱和模块，当输出信号超过参考定子磁链幅值时，它将停止积分。

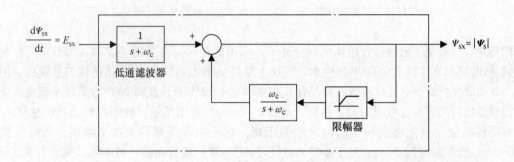

图 21-13　图 21-12b 中改进幅值估计的框图

在基于 DSP 的实现中，不测量电压矢量分量，而是根据逆变器开关信号 S_A、S_B 和 S_C 以及测量的直流母线电压 U_{dc} 进行如下计算：

$$U_{s\alpha} = \frac{2}{3} U_{dc} \left[S_A - \frac{1}{2}(S_B + S_C) \right] \tag{21-49a}$$

$$U_{s\beta} = \frac{\sqrt{3}}{3} U_{dc} (S_B - S_C) \tag{21-49b}$$

然而，在极低速运行中，必须补偿逆变器非线性（死区时间、直流母线电压脉动和功率半导体的电压降）的影响。

2. 转子磁链矢量估计器

当定子磁链矢量 $\boldsymbol{\Psi}_s$ 已知时，转子磁链矢量可以容易地计算为

$$\Psi_{r\alpha} = \frac{L_r}{L_m} (\Psi_{s\alpha} - \sigma L_s I_{s\alpha}) \tag{21-50a}$$

$$\Psi_{r\beta} = \frac{L_r}{L_m} (\Psi_{s\beta} - \sigma L_s I_{s\beta}) \tag{21-50b}$$

式（21-50a、b）如图 21-14 所示，在静止 $\alpha - \beta$ 坐标系中用框图表示。

基于速度或位置测量的转子磁链估计还有其他许多方法。此外，观测器技术得到广泛应用（参见文献 [1, 26]）。

21.6.3　电压控制定子磁场定向控制方案：自然磁场定向

电流控制定子磁场定向坐标（S - FOC）的实现比 PWM 逆变器的电压控制要简单得多。当定子 EMF（而不是定子磁链）作为电流和/或电压定向（见图 21-15）的基础时，可以实现进一

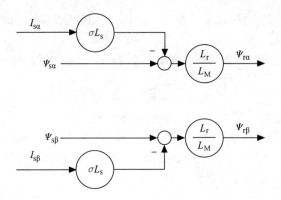

图 21-14　根据式（21-50a、b）的基于定子磁链的转子磁链估计器

步的简化。这避免了磁链计算所需的积分环节。采用这种称为自然磁场定向（NFO）的控制方案的 ASIC 可以在市场上购买[11]。注意，NFO 方案是从图 21-12b 的定子磁链模型开发的，用于 $E_{sd} = 0$ 的情况。缺少电流控制回路和仅有 R_s 相关的定子 EMF 评估使得 NFO 方案对于低成本无速度传感器应用而言是有吸引力的。然而，如图 21-16 的波形图所示，转矩控制动态特性受到 IM 固有特性的限制（主要是转子时间常数的限制，对于中等功率和大功率电机，时间常数在 200ms ~ 1s 的范围内）。因此，对于小功率电机（达 10kW）或低动态性能应用（如开环恒定 U/f 控制），NFO 是可行的。可以通过附加的转矩控制回路（见图 21-16）来实现改进，这需要在线估计转矩。所以，最终的控制方案配置就像 DTC – SVM 一样（参见第 21.8 节）。

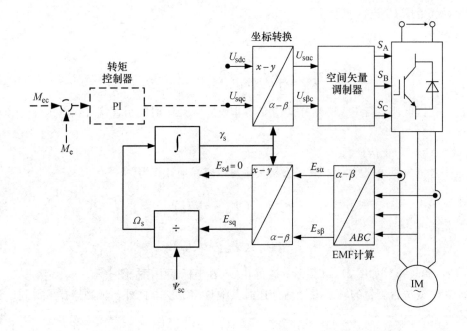

图 21-15　带可选外部转矩控制回路（虚线）的 NFO（电压控制 S – FOC）框图

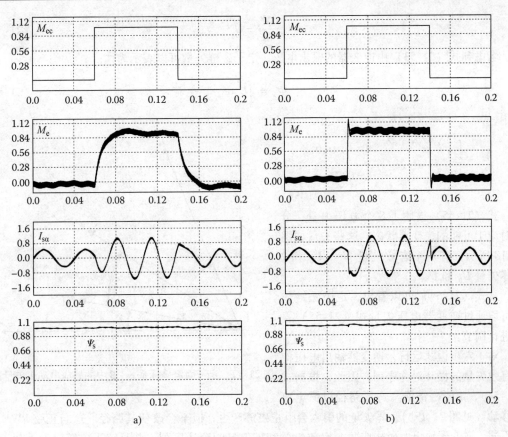

图 21-16　图 21-15 的 NFO 控制方案中的恒定磁链运行时的转矩瞬变

a）常规　b）外部转矩控制回路

21.7　直接转矩控制

21.7.1　基本原则

在 FOC 策略中，转矩由定子电流分量 I_{sq} 根据式（21-25）控制。这个方程也可以写成

$$M_e = p_b \frac{m_s}{2} \frac{L_M}{L_r} \Psi_r I_s \sin\delta \tag{21-51}$$

式中，δ 为转子磁链矢量与定子电流矢量之间的转矩角。

这使得电流控制 PWM 逆变器对于实现 R-FOC 方案非常方便（见图 21-8），并且能通过调整定子电流矢量来控制转矩。然而，在电压源 PWM 逆变器为 IM 供电的情况下，不仅可以使用定子电流，还可以使用定子磁链矢量作为转矩控制量，即

$$M_e = p_b \frac{m_s}{2} \frac{L_M}{L_r L_s - L_M^2} \Psi_s \Psi_r \sin\delta_\Psi \tag{21-52}$$

式中，δ_Ψ 为转子磁链矢量和定子磁链矢量之间的转矩角。

从式（21-52）可以看出，转矩取决于定子和转子磁链以及角度 δ_Ψ 的正弦值。两个转矩角 δ 和 δ_Ψ 如图 21-17 的矢量图所示。角度 δ 是 FOC 算法中的转矩角，而 δ_Ψ 用于 DTC 技术。

定子静止坐标系中的电机电压公式［式（21-1）］中，$\Omega_K = 0$，并忽略定子电阻，即 $R_s = 0$，电机电压降至

$$\frac{\mathrm{d}\boldsymbol{\varPsi}_s}{\mathrm{d}t} = \boldsymbol{U}_s \tag{21-53}$$

考虑到式（21-53）中逆变器的输出电压，定子磁链矢量可以表示为

$$\boldsymbol{\varPsi}_s = \int_0^t \boldsymbol{U}_v \mathrm{d}t \tag{21-54}$$

式中，

$$\boldsymbol{U}_v = \begin{cases} \dfrac{2}{3}U_{\mathrm{dc}}e^{j(v-1)\pi/3} & v = 1,\cdots,6 \\ 0 & v = 0,7 \end{cases}$$

$$\tag{21-55}$$

式（21-55）描述了8个电压矢量，分别对应于可能的逆变器状态。这些矢量如图21-18所示，有6个有效矢量 $\boldsymbol{U}_1 \sim \boldsymbol{U}_6$ 和2个零矢量 $\boldsymbol{U}_0$ 和 $\boldsymbol{U}_7$。

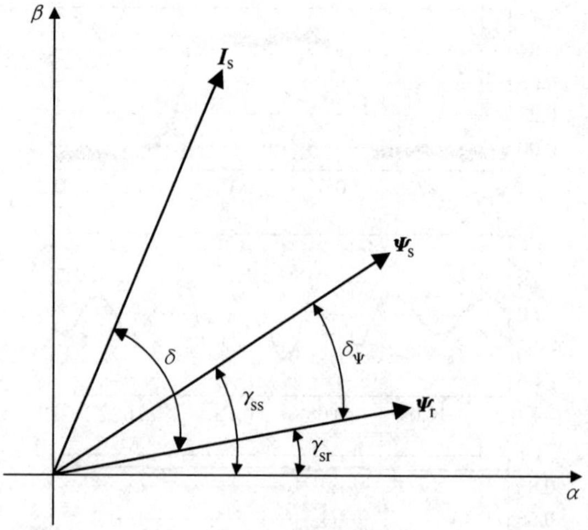

从式（21-54）可以看出，定子磁链矢量可以通过逆变器电压矢量式（21-55）直接进行调节。

对于六步模式运行，逆变器输出电压构成有效矢量的循环对称序列；因此，根据式（21-54），定子磁链沿六边形路径以恒定速度移动（见图21-19b）。零矢量的引入会阻止磁链产生，但不会改变其路径。这与正弦PWM操作不同，逆变器输出电压构成两个有效矢量和零矢量的合适序列，并且定子磁链沿着类似于圆的轨迹移动（见图21-20b）。磁链矢量轨迹的放大部分如图21-21所示。

图21-17　定子固定坐标系 $\alpha-\beta$ 中的感应电动机矢量图

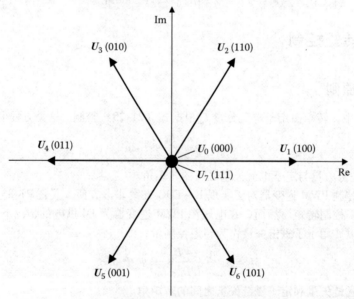

图21-18　用空间矢量表示的逆变器输出电压

在任意情况下，因为转子电流滤波使转子磁链平滑，所以转子磁链沿近似圆形的路径以实际的同步速度连续旋转。从转矩产生的角度来看，两个矢量的相对运动是很重要的，因为它们会

形成转矩角 δ_ψ（见图 21-17）根据式(21-52)确定瞬时电机转矩。通过有效矢量和零矢量的循环切换，可以控制电机转矩。在弱磁区域中，不能使用零矢量。然后通过超前（增加转矩）或延迟（减小转矩）定子磁链矢量相位，通过转矩角 δ_ψ 产生快速变化来实现转矩控制[6,12]。

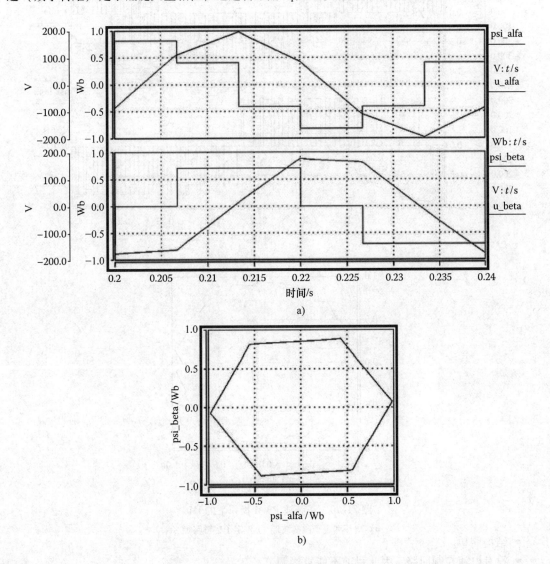

图 21-19　六步模式运行下的 IM

a) 电压和定子磁链波形　b) 定子磁链路径

21.7.2　通用 DTC 方案

通用 DTC 方案含有两个滞环控制器（见图 21-22）。定子磁链控制器施加有效电压矢量的持续时间，该有效电压矢量使定子磁链沿着指令的轨迹移动；转矩控制器确定零电压矢量的持续时间，使电机转矩保持在限定的滞环偏差范围内。

在每个采样时刻，电压矢量选择模块选择逆变器开关状态（S_A，S_B，S_C），降低瞬时磁链和转矩误差。与常规 FOC 方案（见图 21-8b）相比，DTC 方案具有以下特点：

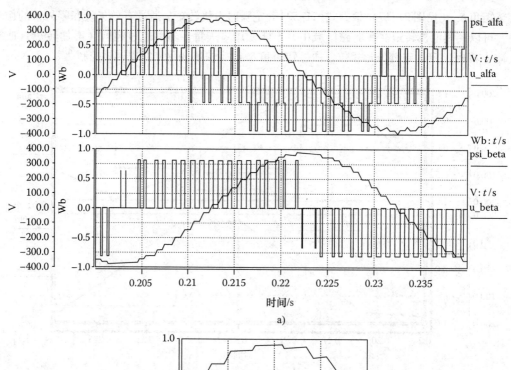

图 21-20 正弦波 PWM 操作下的 IM

a）电压和定子磁链波形 b）定子磁链路径

- 结构简单。
- 没有电流控制回路，因此目前不能直接调节。
- 不需要坐标转换。
- 不需要速度传感器。
- 没有单独的电压脉宽调制器（PWM）。
- 需要定子磁链矢量和转矩估计。

根据开关扇区的选择方式，可以使用两种不同的 DTC 方案：第一种是由 Takahashi 和 Noguchi[23] 提出，由圆形定子磁链矢量路径运行；第二种是由 Depenbrock[6] 提出，以六边形定子磁链矢量路径运行。

21.7.3 基于查表的 DTC：圆形定子磁链矢量路径

21.7.3.1 基本方案

经典 DTC（由 ABB 公司[24]使用）框图如图 21-23 所示。

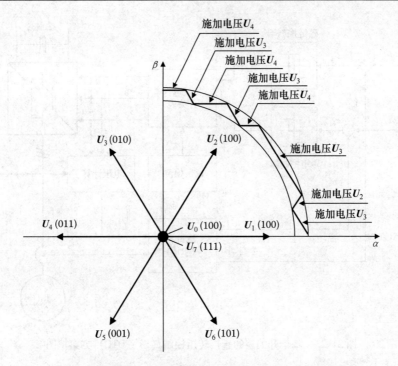

图 21-21 通过选择合适的电压矢量序列形成定子磁链轨迹

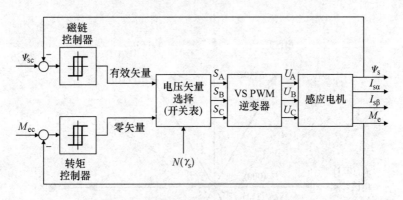

图 21-22 直接转矩控制（DTC）的通用框图

定子磁链 $\boldsymbol{\Psi}_{sc}$ 和电机转矩 M_{ec} 是命令信号，分别与估计的 $\hat{\boldsymbol{\Psi}}_s$ 和 $\hat{M}_e$ 值进行比较。磁链误差 e_Ψ 和转矩误差 e_M 传递给滞环控制器。数字化输出变量 d_Ψ 和 d_M 以及从角位移 $\gamma_{ss} = \arctan(\boldsymbol{\Psi}_{s\beta}/\boldsymbol{\Psi}_{s\alpha})$ 获得的定子磁链矢量位置扇区 $N(\boldsymbol{\gamma}_s)$，会从开关表中选择合适的电压矢量。因此，从开关表中生成了脉冲 S_A、S_B 和 S_C，以控制逆变器中的功率开关。

滞环控制器 d_Ψ 和 d_M 的输出信号定义为

$$\left\{\begin{array}{ll} d_\Psi = 1 & e_\Psi > H_\Psi \end{array}\right. \tag{21-56a}$$
$$\left. d_\Psi = 0 \qquad e_\Psi < -H_\Psi \right. \tag{21-56b}$$

$$\left\{\begin{array}{ll} d_M = 1 & e_M > H_M \end{array}\right. \tag{21-57a}$$
$$\left. d_M = 0 \qquad e_M = 0 \right. \tag{21-57b}$$
$$\left. d_M = -1 \qquad e_M < -H_M \right. \tag{21-57c}$$

式中，$2H_\Psi$ 和 $2H_M$ 分别为磁链和转矩控制器的偏差带。

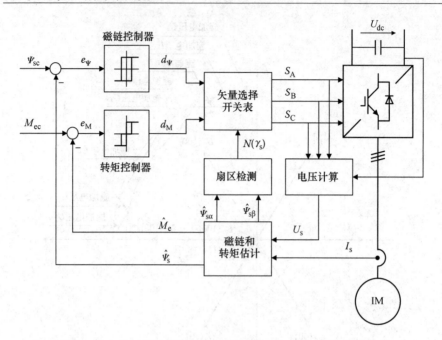

图 21-23　基于开关表的直接转矩控制（ST – DTC）方案框图

在经典 ST – DTC（基于开关表的 DTC）方案中，平面被划分为六个扇区，如图 21-24 所示。

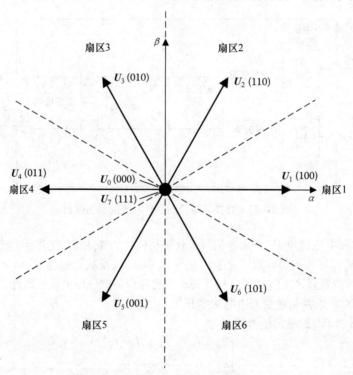

图 21-24　经典 ST – DTC 方案中的区域划分

为了增加位于扇区 1（见图 21-25）的定子磁链矢量的幅值，可以选择电压矢量 U_1、U_2 和 U_6；相反，选择 U_3、U_4 和 U_5 可以减少它的幅值。通过应用其中一个零向量 U_0 或 U_7，可以中止式（21-54）中的积分，同时不会产生定子磁链矢量。

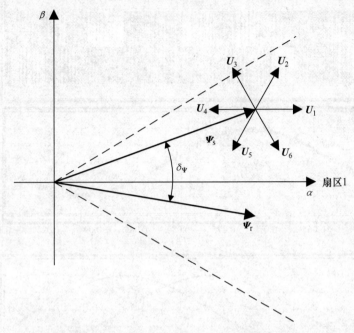

图 21-25 选择位于扇区 1 中的定子磁链矢量的最佳电压矢量

对于转矩控制，转矩角 δ_Ψ 根据式（21-52）使用。因此，为了增加电机转矩，可以选择电压矢量 U_2、U_3、U_4；为了减小电机转矩，可以选择 U_1、U_5、U_6。根据上述考虑，构建选择规则见表 21-2。

表 21-2 经典 DTC 的最佳开关表

d_Ψ	d_M	扇区 1	扇区 2	扇区 3	扇区 4	扇区 5	扇区 6
	1	U_2	U_3	U_4	U_5	U_6	U_1
1	0	U_7	U_0	U_7	U_0	U_7	U_0
	-1	U_6	U_1	U_2	U_3	U_4	U_5
	1	U_3	U_4	U_5	U_6	U_1	U_2
0	0	U_0	U_7	U_0	U_7	U_0	U_7
	-1	U_5	U_6	U_1	U_2	U_3	U_4

ST – DTC 方案稳态运行的典型信号波形如图 21-26 所示。图 21-23 的 ST – DTC 方案特征如下：

• 接近正弦曲线的定子磁链和电流波形；谐波含量由磁链和转矩控制器滞环带 H_Ψ 和 H_M 决定。

• 优良的转矩动态性能。

• 磁链和转矩滞环带决定了逆变器的开关频率，随着同步转速和负载条件的变化而变化。

21.7.3.2 ST – DTC 改进方案

在过去十年中，已经提出了许多基于 ST – DTC 的改进方案，旨在改善起动性能和过载状态，极低速运行，降低转矩脉动，改善可变开关频率功能和降低噪声等级。

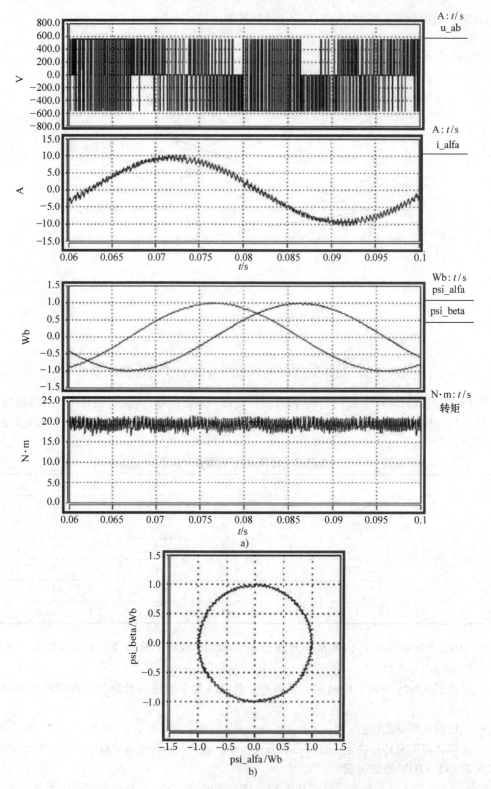

图 21-26　经典 ST – DTC 方案的稳态运行（$f_s = 40\text{kHz}$）

a）时域信号　b）定子磁链路径

在起动和极低速运行期间，由于定子电阻下降，基本的 ST – DTC 方案会多次选择零电压矢量导致磁链电平降低。可以通过使用抖动信号或修正的开关表来避免这个缺点[4,26]。

可以通过在两个或三个[5]等时间间隔内对采样周期进行细分来实现转矩波动的减小。这会分别产生 12 个或 56 个电压矢量。增加电压矢量的数量能将转矩和磁链控制器的滞环细分为更多取值，并且还能创建考虑速度值的更精确的开关表。

为了增加 ST – DTC 方案的转矩过载能力，应该调整转子磁链而不是定子磁链。对于转子磁链（Ψ_{rc}）和转矩（m_c）的给定命令，ST – DTC 方案所需的定子磁链指令可以计算为

$$\Psi_{sc} = \sqrt{\left(\frac{L_s}{L_M}\Psi_{rc}\right)^2 + (\sigma L_s)^2 \left(\frac{L_r}{L_M}\frac{M_{ec}}{\Psi_{rc}}\right)^2} \tag{21-58}$$

然而，提高过载能力的代价是提高转子磁链幅值控制的参数敏感性。

21.7.4　直接自控：六边形定子磁链矢量路径

21.7.4.1　基本直接自控方案

直接自控（DSC）方法框图如图 21-27 所示。基于定子磁链指令 Ψ_{sc} 和实际相位分量 Ψ_{sA}、Ψ_{sB}、Ψ_{sC}，磁链比较器产生对应于有效电压矢量（$U_1 \sim U_6$）的数字变量 d_A、d_B 和 d_C。

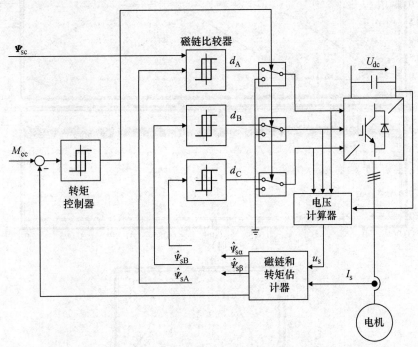

图 21-27　直接自控（DSC）方案框图

滞环转矩控制器产生信号 d_m，其确定零状态。对于恒定磁链区域，控制算法如下：

$$d_m = 1: \quad S_A = d_C, \quad S_B = d_A, \quad S_C = d_B \tag{21-59a}$$
$$d_m = 0: \quad S_A = 0, \quad S_B = 0, \quad S_C = 0 \tag{21-59b}$$

DSC 方案稳态运行的典型信号波形如图 21-28 所示。可以看出，磁链轨迹与六步模式相同（见图 21-19）。这是因为零电压矢量中止了磁链矢量的产生，但不影响其轨迹。DSC 的转矩控制动态性能与 ST – DTC 类似。

图 21-27 的 DSC 方案的特征如下：

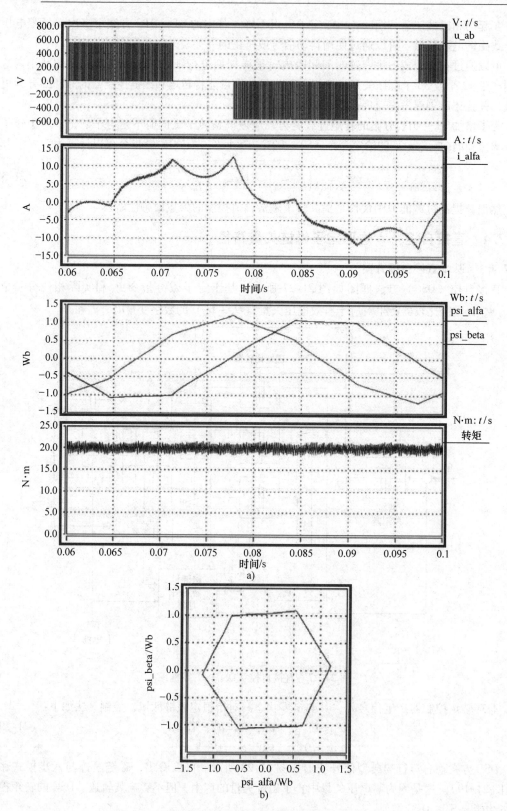

图 21-28 DSC 方案的稳态运行

a）时域信号 b）定子磁链路径

- 除了谐波之外，非正弦定子磁链和电流波形对于 PWM 和六步模式都是相同的。
- 定子磁链矢量也沿着 PWM 操作下的六边形路径移动。
- 不需要电压供应，并充分利用逆变器的功能。
- 逆变器的开关频率低于图 21-23a 的 ST – DTC 方案，因为通过比较图 21-26b 和图 21-28b 的电压模式，可以看出 PWM 不是正弦波形。
- 在恒转矩区和弱磁区域具有优良的转矩动力学特性。

即使在弱磁区域，低开关频率和快速转矩控制也是 DSC 方案在大功率牵引驱动中应用方便的主要原因。

21.7.4.2　间接自控

为提高低速区域的 DSC 性能，提出了一种称为间接自控（ISC）方案[9]。刚被提出时，该方案用于 DSC 驱动器，仅用于起动和运行，最高可达额定转速的 20% ~ 30%。后来，它被改进为一种新的控制策略，提供给高开关频率（ > 2kHz）下运行的逆变器。然而，ISC 方案产生与电压 PWM 相关联的圆形定子磁链路径，因此属于第 21.8.3 节中提出的 DTC – SVM 方案。

21.8　空间矢量调制的 DTC 方案

21.8.1　基于滞环 DTC 方案的关键评估

基于滞环 DTC 方案的缺点是开关频率变化、极性一致性规则过于严格（避免 ±1 次直流母线链电压切换）、由扇区变化引起的电流和转矩失真、起动和低速运行问题以及滞环控制器数字实现所需的高采样频率。

当在数字信号处理器（DSP）中实现滞环控制器时，其操作与模拟控制器方案的操作非常不同。图 21-29 说明了模拟和离散（也称为采样滞后）控制实现中的典型开关序列。在模拟控制实现中，转矩纹波保持在滞环带内，开关瞬间为不等间隔。相比之下，离散系统在固定采样时间 T_s 运行，如果

$$2H_m >> \frac{d_{mmax}}{dt} \cdot T_s \tag{21-60}$$

那么离散控制器像模拟控制器一样操作。然而，它需要快速采样。对于较低的采样频率，当估计转矩超过滞环带时，不会在开关时刻发生，但会在采样时刻发生（参见图 21-29b）。

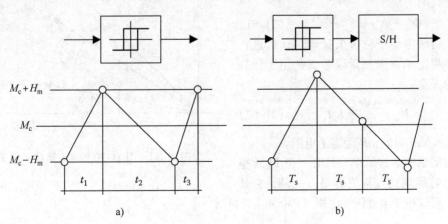

图 21-29　转矩滞环控制器的工作原理

a）模拟控制　b）离散控制

当使用电压PWM代替开关表时，可以消除所有上述困难。基本上，以恒定开关频率工作的DTC策略可以通过PI控制器、预测/无差拍控制器或神经–模糊控制器的闭环方案来实现。控制器计算所需的定子电压矢量，在采样周期内进行平均。电压矢量最终通过PWM技术合成，在大多数情况下，这是一种SVM。因此，与传统的DTC不同，滞环控制器对瞬时值进行操作，DTC–SVM方案中线性控制器对采样周期内的平均值进行操作。在DTC–SVM方案中，采样频率可以从ST–DTC中的约40kHz降低到DTC–SVM方案中的2~5kHz。

21.8.2 具有闭环转矩控制的 DTC–SVM 方案

具有闭环转矩控制的DTC–SVM框图如图21-30所示。

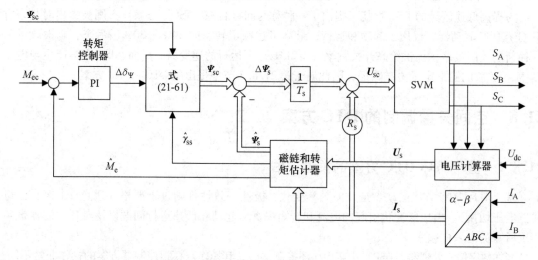

图21-30 具有闭环转矩控制的 DTC–SVM 方案

对于转矩调节，应用PI控制器。该PI控制器的输出产生转矩角增量 $\Delta\delta_\Psi$（见图21-31）。假设转子磁链大致相等，则只能通过改变转矩角 δ_Ψ 来控制转矩。参考定子磁链矢量计算如下：

$$\boldsymbol{\Psi}_{sc} = \Psi_{sc}e^{j(\hat{\gamma}_{ss}+\Delta\delta_\Psi)} \qquad (21\text{-}61)$$

接下来，将参考定子磁链矢量与估计值进行比较，并将定子磁链矢量误差 $\Delta\boldsymbol{\Psi}_s$ 用于计算电压指令矢量：

$$\boldsymbol{U}_{sc} = \frac{\Delta\boldsymbol{\Psi}_s}{T_s} + R_s\boldsymbol{I}_s \qquad (21\text{-}62)$$

式中，T_s 为采样时间；R_s 为定子电阻。

该方案结构非常简单，只有一个PI转矩控制器。它使调试过程更容易。此外，它是通用的，可以用于永磁同步电机（PMSM）的控制[27]。

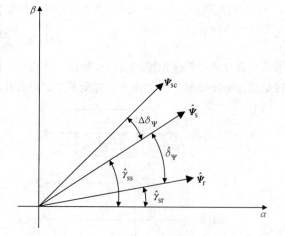

图21-31 图21-30控制方案的矢量图

21.8.3 具有闭环转矩和磁链控制的 DTC–SVM 方案

笛卡儿定子磁链坐标下闭环转矩和磁链控制[1,4]的DTC–SVM方案如图21-32所示。PI磁链控制器和转矩控制器的输出被定义为 S – FOC（$d - q$）中的参考定子电压分量 U_{sdc} 和 U_{sqc}。

然后将这些直流电压指令转换到静止坐标系（$\alpha - \beta$）上将指令值 $U_{s\alpha c}$ 和 $U_{s\beta c}$ 传递给 SVM 模块。注意，因为电压指令矢量由磁链控制器和转矩控制器产生，所以图 21-32 所示方案对噪声反馈信号的敏感度相对于图 21-30 所示方案更低，其中电压指令由磁链误差微分计算[式(21-62)]。恒定磁链区和弱磁区速度反转时的典型波形如图 21-33 所示。

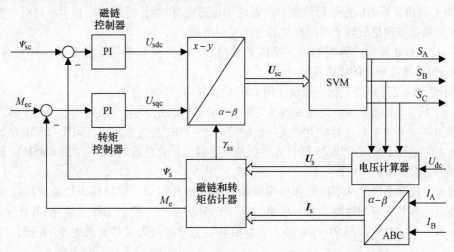

图 21-32 DTC – SVM 方案在定子磁链笛卡儿坐标系 $d - q$ 中运行

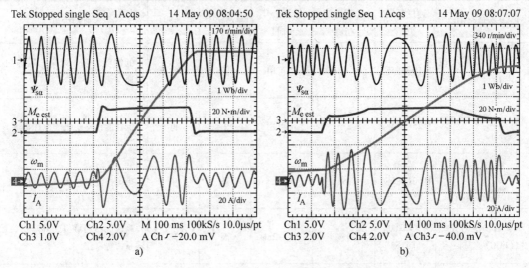

图 21-33 图 21-32 所示 DTC – SVM 方案中的速度反转

a）恒定磁链运行 b）弱磁区域

21.9 总结和结论

当今，开发了许多用于 IM 的精确磁链和转矩控制的不同控制方案。本章回顾了由 PWM 逆变器供电的 IM 中低功耗驱动的基本控制策略。从 IM 的空间矢量描述开始，控制策略通常分为标量和矢量方法。

- 标量控制基于稳态工作点的 IM 方程，通常以保持恒定 U/f 的开环方案实现。然而，这种应用于诸如 IM 的多变量耦合系统的方案不能执行输入和输出之间的解耦，在输出量独立控制方面存在问题，例如转矩和磁链。

• 为了在高性能 IM 驱动器中实现解耦，已经开发了矢量控制，即定向控制以及直接转矩控制。在高动态性能的 IM 工业驱动器中，FOC 和 DTC 已成为实际应用的规范。

• R – FOC 可与电流控制 PWM 逆变器结合使用。

• 为了获得良好的低速运行性能，推荐使用带速度/位置传感器的间接 R – FOC。然而，该方案对于必须在线调整的转子时间常数的变化反应敏感。

• DTC 具有非常快的转矩响应，结构非常简单，不需要轴端运动传感器，并且与 FOC 相比，其对于 IM 参数变化的敏感度较低。

• 对于无速度传感器工况，建议使用 DTC 或直接 R – FOC 方案。

• 为了减少转矩波动并固定逆变器开关频率，SVM 已被引入 DTC 结构中，产生了名为 DTC – SVM 的新方案。基本上，这是没有电流控制回路的 S – FOC 方案。然而，DTC – SVM 方案结合了两者的优点，消除了传统 DTC 和 FOC 方案的缺点。因此，它是通用 IM（也是 PMSM）驱动器的一个很好的解决方案。

所讨论的控制策略的基本参数和应用领域的概述见表 21-3。可以得出结论，高性能控制方案具有类似的参数和应用领域。在 FOC 和 DTC – SVM 方案中，控制动作通常与 PWM 生成同步，采样时间等于开关时间，即 $50 \sim 500 \mu s$。典型的转矩上升时间为采样时间的 $4 \sim 6$ 倍，受开关频率的限制。

表 21-3　中低功率主要 IM 控制策略概述

	参数控制策略	速度控制范围	稳态速度精度	转矩上升时间	起动转矩	花费	典型应用
1	标量控制（恒定 U/f）	1:10（开环）	$5\% \sim 10\%$	不可用	低	非常低	低性能：泵、风扇、压缩机、暖通空调等
2	标量控制与转差补偿	1:25（开环）	2%	不可用	中	低	低性能：输送机、搅拌机等
3	自然磁场定向（NFO）	1:50（开环）	1%	>10ms	高	中	中等性能：包装、起重机等
4	磁场定向控制（FOC）	>1:200（闭环）	0%	<1~2ms	高	高	高性能：起重机、升降机、运输系统等
5	直接转矩控制（DTC）	>1:200（闭环）	0%	<1~2ms	高	高	高性能：起重机、升降机、运输系统等
6	DTC 与空间矢量调制（DTC – SVM）	>1:200（闭环）	0%	<1~2ms	高	高	高性能：起重机、升降机、运输系统等
7	伺服驱动器	1:10000（闭环）	0%	<1ms	高	高	高性能，加速时间 <10ms：机器人、操纵器、自动化等

当前 IM 控制的趋势是结合诸如模型预测控制（MPC）[14]和神经 – 模糊方案等技术，以实现对参数变化的鲁棒性，增加功能，提高自我调试和故障监测能力。

参 考 文 献

1. I. Boldea and S. A. Nasar, *Electric Drives*, 2nd edn., CRC Press, Boca Raton, FL/Ann Arbor, London, U. K./Tokyo, Japan, 2006.

2. F. Blaschke, The principle of field-orientation as applied to the Transvector closed-loop control system for rotating-field machines, *Siemens Review*, 34, 217–220, 1972.

3. B. K. Bose, *Modern Power Electronics and AC Drives*, Prentice-Hall, Englewood Cliffs, NJ, 2001.

4. G. S. Buja and M. P. Kazmierkowski, Direct torque control of PWM inverter-fed ac motors—A survey, *IEEE Transactions on Industrial Electronics*, 51(4), 744–757, Aug. 2004.

5. D. Casadei, F. Profumo, G. Serra, and A. Tani, FOC and DTC: Two viable schemes for induction motors torque control, *IEEE Transactions on Power Electronics*, 17(5), 779–787, 2002.

6. M. Depenbrock, Direct self control of inverter-fed induction machines, *IEEE Transactions on Power Electronics*, 3(4), 420–429, Oct. 1988.

7. L. Garces, Parameter adaptation for the speed controlled static ac drive with a squirrel cage induction motor, *IEEE Transactions Industrial Applications*, 16, 173–178, 1980.

8. K. Hasse, Drehzahlgelverfahren fur schnelle Umkehrantriebe mit stromrichtergespeisten Asynchron—Kurzchlusslaufermotoren, *Reglungstechnik*, 20, 60–66, 1972.

9. F. Hoffman and M. Janecke, Fast torque control of an IGBT-inverter-fed three-phase ac drive in the whole speed range—Experimental Result, in *Proceedings of the EPE Conference*, Sevilla, Spain, 1995, pp. 3.399–3.404.

10. J. Holtz, The representation of ac machines dynamic by complex signal flow graphs, *IEEE Transactions on Industrial Electronics*, 42(3), 263–271, 1995.

11. R. Jönsson and W. Leonhard, Control of an induction motor without a mechanical sensor, based on the principle of natural field orientation (NFO), in *Proceedings of the IPEC'95*, Yokohama, Japan, 1995.

12. M. P. Kazmierkowski and H. Tunia, *Automatic Control of Converter Fed Drives*, Elsevier, Amsterdam, the Netherlands, 1994.

13. M. P. Kazmierkowski, R. Krishnan, and F. Blaabjerg, *Control in Power Electronics*, Academic Press, San Diego, CA, 2002.

14. M. P. Kazmierkowski, R. M. Kennel, and J. Rodrigue, Special section on predictive control in power electronics and drives, *IEEE Transactions on Industrial Electronics*, Part I, 55(12), 4309–4429, Dec. 2008; Part II, 56(6), 1823–1963, June 2009.

15. R. Krishnan, *Electric Motor Drives*, Prentice Hall, NJ, 2001.

16. Z. Krzeminski, Nonlinear control of induction motors, in *Proceedings of the 10th IFAC World Congress*, Munich, Germany, 1987, pp. 349–54.

17. N. Mohan, T. M. Undeland, and B. Robbins, *Power Electronics*, 3rd edn., John Wiley & Sons, New York, 2003.

18. D. W. Novotny and T. A. Lipo, *Vector Control and Dynamics of AC Machines*, Clarendon Press, Oxford, U.K., 1996.

19. T. Orłowska-Kowalska, Application of extended Luenberger observer for flux and rotor time-constant estimation in induction motor drives, *IEE Proceedings*, 136(Pt. D), 6, 324–330, 1989.

20. R. Ortega and A. Loria, P. J. Nicklasson, and H. Sira-Ramirez, *Passivity-Based Control of Euler-Lagrange Systems*, Springer Verlag, London, U.K., 1998.

21. M. Pietrzak-David and B. de Fornel, Non-linear control with adaptive observer for sensorless induction motor speed drives, *EPE Journal*, 11(4), 7–13, 2001.

22. K. Rajashekara, A. Kawamura, and K. Matsue, *Sensorless Control of AC Motor Drives*, IEEE Press, New York, 1996.

23. I. Takahashi and T. Noguchi, A new quick-response and high efficiency control strategy of an induction machine, *IEEE Transactions on Industrial Application*, 22(5), 820–827, Sept./Oct. 1986.

24. P. Tiiten, P. Pohjalainen, and J. Lalu, Next generation motion control method: Direct torque control (DTC), *EPE Journal*, 5(1), Mar. 1995.

25. A. M. Trzynadlowski, *Control of Induction Motors*, Academic Press, San Diego, CA, 2000.

26. P. Vas, *Sensorless Vector and Direct Torque Control*, Clarendon Press, Oxford, U.K., 1998.

27. L. Xu and M. Fu, A sensorless direct torque control technique for permanent magnet synchronous motors, in *IEEE Industry Applications Conference*, Vol.1, Phoenix, AZ, 1999, pp. 159–164.

第 22 章　双馈感应电机驱动

22.1　引言

双馈感应电机（DFM）是定子绕组直接连接到电力系统、转子绕组通过电力变换器连接到电力系统的滑环感应电机。如果变换器实现了双向功率流，则 DFM 将成为通用机电变换器。这样的电机可以在同步转速以上或低于同步转速的情况下分别作为电动机或发电机工作。转速范围取决于变换器和电机转子绕组的额定值，通常转速范围有限（约为 1∶2）。这个限制导致 DFM 不经常用作电动机，而主要用作变速发电机。

作为恒速发电机的同步电机，是电力产生的主要来源。在一些应用中，机械能到电能的最佳转换往往通过具有电力变换器和复杂控制系统的变速发电机来实现。如今，变速发电技术通常用于例如风力发电厂、具有高速燃气轮机的分布式发电系统、具有飞轮的 UPS 和船用轴带发电机中。采用变速发电的主要原因是变速发电具有更高的能量转换效率和更好的原动机能量提取性能。

变速发电机可以在下列不同的电力系统中工作：

① 单电源的自主电力系统。

② 具有柔性电压和频率的小功率系统（具有两个或多个相似额定功率的发电机）。

③ 具有恒定电网电压和频率的大功率系统。

在不同的系统中，发电机控制系统的要求是不同的。在自主电力系统中，发电机单独工作，控制电网电压和频率。发电机是负载所需的有功和无功功率的来源。在柔性电力系统中，发电机影响系统的电压和频率，反之亦然。同时需要变速发电机和例如具有相似功率的同步发电机能够稳定正确地运行，在大型电力系统中，电网电压和频率是电力系统强制规定的。现在的大多数应用中，变速发电机只作为电源连接到电网，它不直接参与电压和频率控制。

DFM 是有限速度范围条件下变速发电机的一个很好的方案。与同步和感应电机相比，DFM 的主要优点是变换器的尺寸不会过大。这取决于电机的转差率；并且因为 DFM 可以在次同步和超同步区域中作为发电机工作，所以在速度范围是 1∶2 时，变换器的功率通常不超过额定值的 25% 或 30%。为了使电机在低于和高于同步速度时运行，转子中需要四象限变换器［通常为直流链路的双向电压源逆变器（VSI）］，如图 22-1 所示。

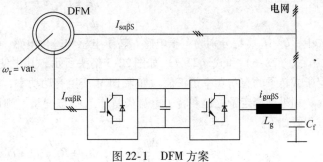

图 22-1　DFM 方案

电机由转子侧进行控制。控制系统的主要任务是机械功率转换和以所需的功率因数将功率传输到电网。转子电路中有两个 VSI

分别称为电机侧逆变器和电网侧逆变器。电机侧逆变器负责控制电机状态，电网侧逆变器负责控制直流母线电压。与电网并联的应用 DFM 方案的发电机是有功和无功功率的受控源。要实现高电源质量需要独立控制这两种功率。理想情况是在无轴传感器的情况下运行。

22.2 电机模型

从空间矢量理论基础上得到的 DFM 微分方程如下：

$$u_s = R_s i_s + \frac{\mathrm{d}\psi_s}{\mathrm{d}\tau} + \mathrm{j}\omega_x \psi_s \tag{22-1}$$

$$u_r = R_r i_r + \frac{\mathrm{d}\psi_r}{\mathrm{d}\tau} + \mathrm{j}(\omega_x - \omega_r)\psi_r \tag{22-2}$$

$$J\frac{\mathrm{d}\omega_r}{\mathrm{d}\tau} = \mathrm{Im}|\psi_s^* i_s| - m_0 \tag{22-3}$$

式中，ψ_s、ψ_r 分别为定子和转子磁链矢量；i_s、i_r 分别为定子和转子电流矢量；u_s、u_r 分别为定子和转子电压矢量；R_s、R_r 分别为定子和转子电阻；m_0 为负载转矩；J 为转动惯量；ω_r 为转子角速度；ω_x 为参考坐标系的角速度；τ 为相对时间。

以上所有变量可以在标幺值系统中表示。

空间矢量可以用不同的坐标表示。以角速度 ω_x 旋转的坐标的角度位置由角度 θ 定义，如图 22-2 所示。旋转坐标系中的矢量表示如下：

$$u_{sxy} = u_{s\alpha\beta}\mathrm{e}^{\mathrm{j}\theta},\ i_{sxy} = i_{s\alpha\beta}\mathrm{e}^{\mathrm{j}\theta},\ \psi_{sxy} = \psi_{s\alpha\beta}\mathrm{e}^{\mathrm{j}\theta} \tag{22-4}$$

式中，下标 xy 表示以任意角速度旋转的坐标系的矢量；下标 αβ 表示不转动的坐标系。

例如，相对于定子不转动的坐标系 α、β 中的式（22-1）具有以下形式（式中 $\omega_x = 0$）：

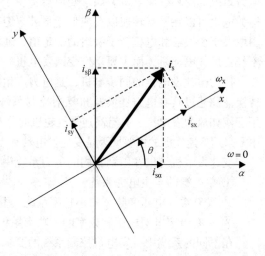

图 22-2 在不同坐标系下的矢量

$$u_{s\alpha\beta} = R_s i_{s\alpha\beta} + \frac{\mathrm{d}\psi_{s\alpha\beta}}{\mathrm{d}\tau} \tag{22-5}$$

在式（22-1）~式（22-3）中出现了 4 个变量：ψ_s、ψ_r、i_s、i_r。定子和转子磁链的相互关系使得可以从式（22-1）~式（22-3）中消除两个变量：

$$\psi_s = L_s i_s + L_m i_r \tag{22-6}$$

$$\psi_r = L_m i_s + L_r i_r \tag{22-7}$$

式中，L_s、L_r、L_m 分别为定子电感、转子电感和磁化电感。

式（22-6）和式（22-7）如图 22-3 箭头所示，其中使用复数符号。根据这个符号表示，到定子或转子的有功功率是正值。如果 DFM 产生有功功率，则此值为负值。

如果选择定子磁链和转子电流矢量作为状态变量，则以速度 ω_x 旋转的坐标系中矢量分量的方程式如下：

$$\frac{\mathrm{d}\psi_{sx}}{\mathrm{d}\tau} = -\frac{R_s}{L_s}\psi_{sx} + R_s\frac{L_m}{L_s}i_{rx} + \omega_x\psi_{sy} + u_{sx} \tag{22-8}$$

$$\frac{\mathrm{d}\psi_{sy}}{\mathrm{d}\tau} = -\frac{R_s}{L_s}\psi_{sy} + R_s\frac{L_m}{L_s}i_{ry} - \omega_x\psi_{sx} + u_{sy} \tag{22-9}$$

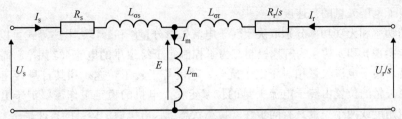

图 22-3　DFM 的等效电路

$$\frac{\mathrm{d}i_{\mathrm{rx}}}{\mathrm{d}\tau} = -\frac{1}{T_{\mathrm{d}}}i_{\mathrm{rx}} + \frac{R_{\mathrm{s}}L_{\mathrm{m}}}{L_{\mathrm{s}}W_{\delta}}\psi_{\mathrm{sx}} + (\omega_{\mathrm{x}} - \omega_{\mathrm{r}})i_{\mathrm{ry}} - \frac{L_{\mathrm{m}}}{W_{\delta}}\omega_{\mathrm{r}}\psi_{\mathrm{sy}} + \frac{L_{\mathrm{s}}}{W_{\delta}}u_{\mathrm{rx}} - \frac{L_{\mathrm{m}}}{W_{\delta}}u_{\mathrm{sx}} \tag{22-10}$$

$$\frac{\mathrm{d}i_{\mathrm{ry}}}{\mathrm{d}\tau} = -\frac{1}{T_{\mathrm{d}}}i_{\mathrm{ry}} + \frac{R_{\mathrm{s}}L_{\mathrm{m}}}{L_{\mathrm{s}}W_{\delta}}\psi_{\mathrm{sy}} - (\omega_{\mathrm{x}} - \omega_{\mathrm{r}})i_{\mathrm{rx}} + \frac{L_{\mathrm{m}}}{W_{\delta}}\omega_{\mathrm{r}}\psi_{\mathrm{sx}} + \frac{L_{\mathrm{s}}}{W_{\delta}}u_{\mathrm{ry}} - \frac{L_{\mathrm{m}}}{W_{\delta}}u_{\mathrm{sy}} \tag{22-11}$$

$$J\frac{\mathrm{d}\omega_{\mathrm{r}}}{\mathrm{d}t} = -\frac{L_{\mathrm{m}}}{L_{\mathrm{s}}}(\psi_{\mathrm{sx}}i_{\mathrm{ry}} - \psi_{\mathrm{sy}}i_{\mathrm{rx}}) - m_{0} \tag{22-12}$$

式中,

$$\frac{1}{T_{\mathrm{d}}} = \frac{R_{\mathrm{s}}}{L_{\mathrm{s}}} + \frac{L_{\mathrm{s}}^{2}R_{\mathrm{r}} + L_{\mathrm{m}}^{2}R_{\mathrm{s}}}{L_{\mathrm{s}}W_{\delta}} \tag{22-13}$$

$$W_{\delta} = L_{\mathrm{s}}L_{\mathrm{r}} - L_{\mathrm{m}}^{2} \tag{22-14}$$

考虑电机用作连接到电网的发电机,定子绕组的瞬时有功功率和无功功率定义如下:

$$p = u_{\mathrm{sx}}i_{\mathrm{sx}} + u_{\mathrm{sy}}i_{\mathrm{sy}} \tag{22-15}$$

$$q = -u_{\mathrm{sx}}i_{\mathrm{sy}} + u_{\mathrm{sy}}i_{\mathrm{sx}} \tag{22-16}$$

式 (22-8) ~式 (22-12) 和式 (22-15)、式 (22-16) 共同形成了以角速度 ω_{x} 旋转的坐标系中 DFM 的数学模型。

上述模型对于仿真来说非常方便,因为所有变量都在相同的坐标系中定义。在真实的 DFM 中,转子变量在与转子相连的参考系中定义和测量,定子变量在与定子相连的参考系中定义和测量。从定子坐标到转子坐标的转换方程为

$$i_{\mathrm{xR}} = i_{\mathrm{xS}}\cos\varphi_{\mathrm{RS}} + i_{\mathrm{yS}}\sin\varphi_{\mathrm{RS}} \tag{22-17}$$

$$i_{\mathrm{yR}} = -i_{\mathrm{xS}}\sin\varphi_{\mathrm{RS}} + i_{\mathrm{yS}}\cos\varphi_{\mathrm{RS}} \tag{22-18}$$

式中,φ_{RS} 为转子 (R) 和定子 (S) 坐标系之间的角度。同理,在转子中测量的变量以类似的方式变换到与定子相连的参考系中。

22.3　DFM 的特性

要分析电机的属性,首先应选择坐标系。对于与定子电压矢量相连的参考系,有

$$\boldsymbol{u}_{\mathrm{s}} = u_{\mathrm{sx}} + ju_{\mathrm{sy}} = u_{\mathrm{sx}} \tag{22-19}$$

考虑从式 (22-6) 到

$$\boldsymbol{i}_{\mathrm{s}} = \frac{1}{L_{\mathrm{s}}}\boldsymbol{\psi}_{\mathrm{s}} - \frac{L_{\mathrm{m}}}{L_{\mathrm{s}}}\boldsymbol{i}_{\mathrm{r}} \tag{22-20}$$

并且在稳定状态下,假设 $R_{\mathrm{s}} = 0$,有功功率和无功功率的表达式简化为

$$p = -\frac{L_{\mathrm{m}}}{L_{\mathrm{s}}}u_{\mathrm{sx}}i_{\mathrm{rx}} \tag{22-21}$$

$$q = \frac{u_{\mathrm{sx}}^{2}}{L_{\mathrm{s}}\omega_{\mathrm{s}}} + \frac{L_{\mathrm{m}}}{L_{\mathrm{s}}}u_{\mathrm{sx}}i_{\mathrm{ry}} \tag{22-22}$$

式中，ω_s 为定子电压矢量的角速度。

定子有功功率和无功功率分别取决于转子电流矢量分量 i_{rx} 和 i_{ry}。从上述等式可以看出，只有在稳态下才能实现 p 和 q 功率的解耦控制。为了控制定子绕组中的电流（功率），需要控制转子绕组中的电流。转子电流矢量相对于定子旋转，速度等于转子转速 ω_r 和其自身转速 ω_{ir} 的和。因此，定子电流矢量的位置由转子电流矢量的位置定义。电机的稳定工作需要定子电流和电压矢量之间为恒定角度或两个矢量具有同步性。稳态状态下，电机稳定运行的条件是

$$\omega_r + \omega_{ir} = \omega_s \tag{22-23}$$

式中，ω_s 为定子电压矢量的旋转速度。

如果将转子电流矢量分量作为输入变量，可以最好地理解 DFM 属性。如果 DFM 由电流控制的 VSI 供电，这在物理上是可行的。假设转子电流矢量分量 i_{rx}、i_{ry} 可控，为了便于分析，可以省略转子电路动态特性式（22-10）和式（22-11）。根据式（22-8）和式（22-9），现在可由以下等式描述电机：

$$\frac{\mathrm{d}\psi_{sx}}{\mathrm{d}\tau} = -\frac{R_s}{L_s}\psi_{sx} + R_s\frac{L_m}{L_s}i_{rx} + \omega_s\psi_{sy} + u_{sx} \tag{22-24}$$

$$\frac{\mathrm{d}\psi_{sy}}{\mathrm{d}\tau} = -\frac{R_s}{L_s}\psi_{sy} + R_s\frac{L_m}{L_s}i_{ry} - \omega_s\psi_{sx} \tag{22-25}$$

在式（22-24）和式（22-25）的基础上，可以构造 DFM 的简化模型，其中转子电流矢量分量 i_{rx}、i_{ry} 是输入，p、q 是输出，并且电网电压是不受控制的输入（见图22-4）。

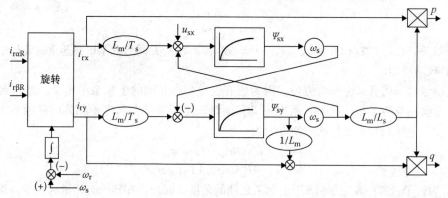

图 22-4　基于电压定向的参考系中的电流调节 DFM 的模型

如果输入变量 i_{rx}、i_{ry} 变化很快（见图22-5），则式（22-24）和式（22-25）中响应的振荡衰减时间常数等于

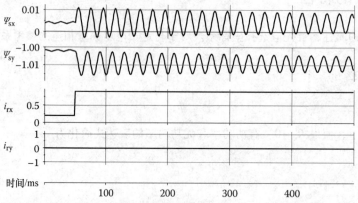

图 22-5　转子电流矢量分量产生阶跃变化后的图 22-4 系统的瞬态变化

$$T_\mathrm{s} = \frac{L_\mathrm{s}}{R_\mathrm{s}} \tag{22-26}$$

从式（22-24）和式（22-25）可以看出，通过 ω_s 可以得到振荡频率，并且可以通过定子磁链矢量的幅值和定子磁链矢量与定子电压矢量之间的角度，观测存在的振荡频率。这些振荡是 DFM 的内在特性。在仿真系统和实际系统中也可以观测到类似的瞬变；特别是对于快速变化的系统。

如前所述，在电机的不受控部分出现振荡，这是由于定子与电网的直接连接。电机控制系统不可能在没有抑制内部振荡时调节到非常快。由于振荡幅度小，在许多控制系统中不可能观测到它们。无论如何，如果考虑去耦和无传感器控制，则存在定子磁链振荡是非常不利的。

22.4　电机稳态运行

考虑稳态，必须假设仅考虑基波。DFM 稳态方程可以从与定子电压矢量关联的参考系中的式（22-8）～式（22-11）获得。在这些坐标中，矢量是静止的。转化后变为

$$\boldsymbol{E} = \mathrm{j}\omega_\mathrm{s} L_\mathrm{m}(\boldsymbol{I}_\mathrm{s} + \boldsymbol{I}_\mathrm{r}) \tag{22-27}$$

$$\boldsymbol{U}_\mathrm{s} = R_\mathrm{s}\boldsymbol{I}_\mathrm{s} + \mathrm{j}\omega_\mathrm{s} L_{\sigma\mathrm{s}}\boldsymbol{I}_\mathrm{s} + \mathrm{j}\omega_\mathrm{s} L_\mathrm{m}(\boldsymbol{I}_\mathrm{s} + \boldsymbol{I}_\mathrm{r}) \tag{22-28}$$

$$\boldsymbol{U}_\mathrm{r} = R_\mathrm{r}\boldsymbol{I}_\mathrm{r} + \mathrm{j}s\omega_\mathrm{s} L_{\sigma\mathrm{r}}\boldsymbol{I}_\mathrm{r} + \mathrm{j}s\omega_\mathrm{s} L_\mathrm{m}(\boldsymbol{I}_\mathrm{s} + \boldsymbol{I}_\mathrm{r}) \tag{22-29}$$

式中，大写字母的物理量表示稳态值；s 表示转差率，$s = (\omega_\mathrm{s} - \omega_\mathrm{r})/\omega_\mathrm{s}$。等效电路如图 22-3 所示。

电机可以在以下条件下运行：

① 低于同步转速：$\omega_\mathrm{r} < \omega_\mathrm{s}$，$0 < s < 1$。

② 高于同步转速：$\omega_\mathrm{r} > \omega_\mathrm{s}$，$s < 0$。

③ 同步转速：$\omega_\mathrm{r} = \omega_\mathrm{s}$，$s = 0$。

④ 在转差率 $s > 1$ 时，转子转速的方向与定子磁链矢量速度方向相反。如果 P_s、P_r、P_m 和 ΔP 分别表示定子功率、转子功率、机械功率和功率损耗，则功率平衡方程为

$$P_\mathrm{s} + P_\mathrm{r} = P_\mathrm{m} + \Delta P \tag{22-30}$$

$$P_\mathrm{r} = -sP_\mathrm{s} \tag{22-31}$$

图 22-6 所示为简化的功率流图：

- 发电机低于同步转速运行：从轴（$P_\mathrm{m} < 0$）获得的机械功率和从转子绕组获得的电功率（$P_\mathrm{r} > 0$）通过定子绕组（$P_\mathrm{s} < 0$）传输到电网。

- 发电机高于同步转速运行：从轴（$P_\mathrm{m} < 0$）获得的机械功率通过定子和转子绕组（$P_\mathrm{s} < 0$，$P_\mathrm{r} < 0$）传输到电力系统。在这种情况下，传输的功率可以超过定子额定功率。

图 22-7 给出了所选发电机状态下 DFM 的矢量图。如果 DFM 作为发电机连接到电网，电机定子电压是恒定的，则主磁链 $\boldsymbol{\varPsi}_\mathrm{m} = L_\mathrm{m}\boldsymbol{I}_\mathrm{m}$ 几乎是恒定的。在稳态下，定子和转子之间的电流矢量大小依赖关系为

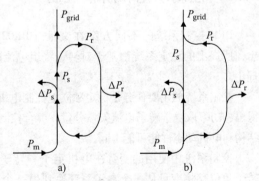

图 22-6　功率流图

a）低于同步转速，$s > 0$

b）高于同步转速，$s < 0$

$$\boldsymbol{I}_\mathrm{m} = \boldsymbol{I}_\mathrm{s} + \boldsymbol{I}_\mathrm{r} = 常数 \tag{22-32}$$

式中，I_m 为磁化电流。图 22-8 显示了不同定子功率因数的定子和转子电流的轨迹，其中有电动

机和发电机两种模式。可以看出，电机可以作为具有不同定子功率系数的电动机和发电机运行。它取决于相对于定子电压或磁链矢量的转子电流矢量相位。电机可以从定子或/和转子侧激励。这意味着，对于确定的定子有功功率，也定义了定子电流的有功分量，但是无功分量取决于控制规则和定子功率因数的要求。例如，如果需要定子 $\cos\varphi = 1$，则定子电流无功分量等于零，转子电流矢量由点 B 定义。铜损最小的点在 B 和 C 之间，并且取决于定子和转子电阻。

相同的有功功率可以用不同的功率因数和不同的无功功率值来表达。DFM 产生的无功功率存在限制。转子电流幅值的额定值限制了可达到的定子电压与定子电流之间 φ 角的范围。最后，无功功率产生的可能性取决于实际产生的有功功率。增加无功功率（或功率因数）值会带来不良影响：增加电机转子电流和变换器额定值。

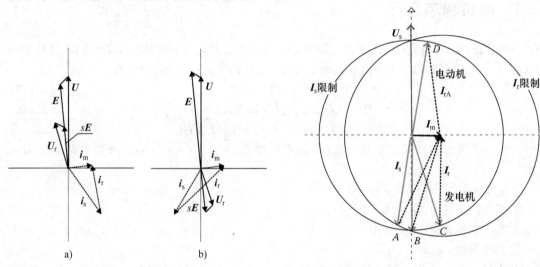

图 22-7　DFM 矢量图
a) $s > 0$，$P < 0$，$Q > 0$　b) $s < 0$，$P < 0$，$Q < 0$

图 22-8　定子和转子电流矢量的轨迹和限制

22.5　控制规则和解耦控制

DFM 控制系统的不同方案在文献［BK02，QDL05，MDD02，BDO06，P05，ESPF05］中提出，所提出的稳定系统都基于对转子绕组电流的控制。为了设计控制系统的结构，采用空间矢量理论。

控制系统的主要任务是稳定独立地控制电机的有功和无功功率。从式（22-21）、式（22-22）中得出，功率取决于转子电流矢量分量。综合控制系统需要选择参考系。在每个系统中，控制系统的结构和电机动态性能可能不同。

控制系统中使用的变量在电机定子和转子侧进行测量，但控制系统仅应用于转子侧。采用转子角位移将变量从一个参考系变换到另一个参考系，反之亦然［式（22-17）、式（22-18）］。控制系统必须配备转子位置传感器或转子角度估计算法。首选无传感器系统。

对于控制转子绕组中的电流，最简单的方法是通过 VSI 应用的滞环电流控制器来实现。但是在这种情况下，VSI 的开关频率不是恒定的。如果开关频率恒定，则可以满足电量质量要求。可以使用电流矢量分量预测电流控制器或标准比例积分（PI）控制器和采用电压脉宽调制（PWM）算法的逆变器替代。从式（22-10）和式（22-11）可以看出需要解耦网络（见第 22.5.3 节）。

因为系统是非线性的、多维的和倾向于振荡的，所以解耦是必要的。文献［KS01］提出了一些减阻结构。

22.5.1　基于 MM 电机模型的解耦控制

大多数已知的 DFM 控制系统都是基于电机的矢量模型。且做了许多简化假设以对控制系统进行设计。DFM 是强非线性的，为了精确控制，需要解耦。现代的数字信号处理器（DSP）为实现复杂的控制算法提供了可能性，因此采用基于非线性控制理论的新型控制方法，见文献［GK05，G07，QDL05］。在第 27 章现代非线性控制应用中，介绍了一种称为"多尺度模型"（MM）的感应电机的新模型（见第 27.4.2 节），适用于文献［K90］的 DFM。定义以下状态变量以获取 MM 模型：

$$z_{11} = \omega_{\mathrm{r}},\ z_{12} = \psi_{\mathrm{sx}} i_{\mathrm{ry}} - \psi_{\mathrm{sy}} i_{\mathrm{rx}},\ z_{21} = \psi_{\mathrm{s}}^{2},\ z_{22} = \psi_{\mathrm{sx}} i_{\mathrm{rx}} + \psi_{\mathrm{sy}} i_{\mathrm{ry}} \tag{22-33}$$

变量 z_{12} 和 z_{22} 是定子磁链矢量和转子电流矢量的标量及矢量积。由式（22-33）定义的变量不依赖于参考系。

将新的 $z = [z_{11},\ z_{12},\ z_{21},\ z_{22}]^{\mathrm{T}}$ 变量通过式（22-8）~式（22-12）应用于电机模型，得到非线性反馈形式：

$$u_{\mathrm{r1}} = \frac{w_{\delta}}{L_{\mathrm{s}}}\left[-z_{11}\left(z_{22} + \frac{L_{\mathrm{m}}}{w_{\delta}} z_{21} \right) + \frac{L_{\mathrm{m}}}{w_{\delta}} u_{\mathrm{sf1}} - u_{\mathrm{si11}} + \frac{1}{T_{\mathrm{v}}} m_{1} \right] \tag{22-34}$$

$$u_{\mathrm{r2}} = \frac{w_{\delta}}{L_{\mathrm{s}}}\left(-\frac{R_{\mathrm{s}} L_{\mathrm{m}}}{L_{\mathrm{s}} w_{\delta}} z_{21} - \frac{R_{\mathrm{s}} L_{\mathrm{m}}}{L_{\mathrm{s}}} i_{\mathrm{r}}^{2} + z_{11} z_{12} + \frac{L_{\mathrm{m}}}{w_{\delta}} u_{\mathrm{sf2}} - u_{\mathrm{si2}} + \frac{1}{T_{\mathrm{v}}} m_{2} \right) \tag{22-35}$$

其中：

$$u_{\mathrm{r1}} = u_{\mathrm{ry}} \psi_{\mathrm{sx}} - u_{\mathrm{rx}} \psi_{\mathrm{sy}},\ u_{\mathrm{sf1}} = u_{\mathrm{sy}} \psi_{\mathrm{sx}} - u_{\mathrm{sx}} \psi_{\mathrm{sy}},\ u_{\mathrm{si1}} = u_{\mathrm{sx}} i_{\mathrm{ry}} - u_{\mathrm{sy}} i_{\mathrm{rx}} \tag{22-36}$$

$$u_{\mathrm{r2}} = u_{\mathrm{rx}} \psi_{\mathrm{sx}} + u_{\mathrm{ry}} \psi_{\mathrm{sy}},\ u_{\mathrm{sf2}} = u_{\mathrm{sx}} \psi_{\mathrm{sx}} + u_{\mathrm{sy}} \psi_{\mathrm{sy}},\ u_{\mathrm{si2}} = u_{\mathrm{sx}} i_{\mathrm{rx}} + u_{\mathrm{sy}} i_{\mathrm{ry}}$$

将 DFM 模型转换为两个线性独立子系统（见图 22-9）：

- 机械子系统

$$\frac{\mathrm{d}z_{11}}{\mathrm{d}\tau} = \frac{L_{\mathrm{m}}}{J L_{\mathrm{s}}} z_{12} - \frac{1}{J} m_{0} \tag{22-37}$$

$$\frac{\mathrm{d}z_{12}}{\mathrm{d}\tau} = \frac{1}{T_{\mathrm{v}}}(-z_{12} + m_{1}) \tag{22-38}$$

- 电磁子系统

$$\frac{\mathrm{d}z_{21}}{\mathrm{d}\tau} = -2\frac{R_{\mathrm{s}}}{L_{\mathrm{s}}} z_{21} + 2\frac{R_{\mathrm{s}} L_{\mathrm{m}}}{L_{\mathrm{s}}} z_{22} + 2 u_{\mathrm{sf2}} \tag{22-39}$$

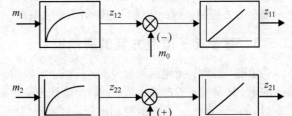

图 22-9　非线性去耦后的 DFM 模型

$$\frac{\mathrm{d}z_{22}}{\mathrm{d}\tau} = \frac{1}{T_{\mathrm{v}}}(-z_{22} + m_{2}) \tag{22-40}$$

式中，m_{1}、m_{2} 为新的输入；u_{sf2} 为扰动；$T_{\mathrm{v}} = w_{\delta}/(L_{\mathrm{s}} R_{\mathrm{r}} + R_{\mathrm{s}} L_{\mathrm{r}})$ 为时间常数。

式（22-37）~式（22-40）描述了基于新变量和非线性反馈的 DFM 模型。输入量 m_{1} 控制电机转矩 z_{12}，输入量 m_{2} 控制变量 z_{22}。从 m_{1} 和 m_{2} 的角度来看，系统是线性解耦的。但是，在电磁子系统式（22-39）中，出现扰动 u_{sf2}。这种干扰的影响主要出现在瞬变过程，并且使得电机定子磁链出现欠阻尼振荡。

$$u_{\mathrm{sf2}} = u_{\mathrm{sx}} \psi_{\mathrm{sx}} + u_{\mathrm{sy}} \psi_{\mathrm{sy}} \tag{22-41}$$

定子绕组在稳定状态（对于新的 z 变量）的瞬时有功功率 p 和无功功率 q 的表达式：

$$p = -\frac{L_{\mathrm{m}}}{L_{\mathrm{s}}} \omega_{\mathrm{s}} z_{12},\ q = \frac{\omega_{\mathrm{s}}}{L_{\mathrm{s}}} z_{21} - \frac{L_{\mathrm{m}}}{L_{\mathrm{s}}} \omega_{\mathrm{s}} z_{22} \tag{22-42}$$

这意味着有功功率主要取决于变量z_{12}，无功功率取决于变量z_{22}。瞬变过程的表达式（22-42）变得更复杂。

22.5.2 基于矢量模型的解耦控制

在定子电压矢量相关的参考系中描述的电机方程式（22-2）形式如下：

$$\frac{\mathrm{d}\boldsymbol{\psi}_\mathrm{r}}{\mathrm{d}\tau} = -R_\mathrm{r}\boldsymbol{i}_\mathrm{r} - \mathrm{j}(\omega_\mathrm{s} - \omega_\mathrm{r})L_\mathrm{r}\boldsymbol{i}_\mathrm{r} - \mathrm{j}(\omega_\mathrm{s} - \omega_\mathrm{r})L_\mathrm{m}\boldsymbol{i}_\mathrm{s} + \boldsymbol{u}_\mathrm{r} \tag{22-43}$$

文献［BDO06］可以根据转子磁链矢量分量的微分方程计算解耦反馈量。通过以下反馈形式可以消去式（22-43）中的前三项：

$$u_\mathrm{rx} = -L_\mathrm{m}i_\mathrm{sy}(\omega_\mathrm{s} - \omega_\mathrm{r}) - L_\mathrm{r}i_\mathrm{ry}(\omega_\mathrm{s} - \omega_\mathrm{r}) + R_\mathrm{r}i_\mathrm{rx} + v_\mathrm{x} \tag{22-44}$$

$$u_\mathrm{ry} = L_\mathrm{m}i_\mathrm{sx}(\omega_\mathrm{s} - \omega_\mathrm{r}) + L_\mathrm{r}i_\mathrm{rx}(\omega_\mathrm{s} - \omega_\mathrm{r}) + R_\mathrm{r}i_\mathrm{ry} + v_\mathrm{y} \tag{22-45}$$

转子方程转换为

$$\frac{\mathrm{d}\psi_\mathrm{rx}}{\mathrm{d}\tau} = v_\mathrm{x} \tag{22-46}$$

$$\frac{\mathrm{d}\psi_\mathrm{ry}}{\mathrm{d}\tau} = v_\mathrm{y} \tag{22-47}$$

式中，v_x、v_y为由 PI 调节定义的控制变量：

$$v_\mathrm{x} = k_\mathrm{P}\varepsilon_\mathrm{y} + k_\mathrm{I}\int\varepsilon_\mathrm{y}\mathrm{d}\tau \tag{22-48}$$

$$v_\mathrm{y} = -k_\mathrm{P}\varepsilon_\mathrm{x} - k_\mathrm{I}\int\varepsilon_\mathrm{x}\mathrm{d}\tau \tag{22-49}$$

式中，$\varepsilon_\mathrm{x} = i_\mathrm{sx} - i_\mathrm{sx-set}$，$\varepsilon_\mathrm{y} = i_\mathrm{sy} - i_\mathrm{sy-set}$。

这种（或类似的）解耦可以直接控制没有内部控制环路的定子电流矢量分量（或定子有功功率和无功功率）。解耦也可以从其他微分方程计算得到。无论如何，这样设计的系统的一部分仍可能会失去控制，因此系统可能倾向于发生振荡。

22.5.3 基于转子电流方程的解耦控制

为了独立控制转子电流矢量分量，应减小 x 轴和 y 轴之间的耦合。可以使用文献［TTO03］中表达的定子磁链静止参考坐标系下的转子电流矢量分量的微分方程的部分补偿［见表（22-10）、式（22-11）］。变量v_x、v_y是新的控制信号。这种解耦网络仅补偿主耦合，但是可提高转子电流矢量分量动态性能。

$$\frac{\mathrm{d}i_\mathrm{rx}}{\mathrm{d}\tau} = -\frac{1}{T_\mathrm{d}}i_\mathrm{rx} + \frac{R_\mathrm{s}L_\mathrm{m}}{L_\mathrm{s}w_\delta}\psi_\mathrm{sx} + (\omega_\mathrm{s} - \omega_\mathrm{r})i_\mathrm{ry} - \frac{L_\mathrm{m}}{w_\delta}\omega_\mathrm{r}\psi_\mathrm{sy} + \frac{L_\mathrm{s}}{w_\delta}u_\mathrm{rx} - \frac{L_\mathrm{m}}{w_\delta}u_\mathrm{sx} \tag{22-50}$$

$$\frac{\mathrm{d}i_\mathrm{ry}}{\mathrm{d}\tau} = -\frac{1}{T_\mathrm{d}}i_\mathrm{ry} + \frac{R_\mathrm{s}L_\mathrm{m}}{L_\mathrm{s}w_\delta}\psi_\mathrm{sy} - (\omega_\mathrm{s} - \omega_\mathrm{r})i_\mathrm{rx} + \frac{L_\mathrm{m}}{w_\delta}\omega_\mathrm{r}\psi_\mathrm{sx} + \frac{L_\mathrm{s}}{w_\delta}u_\mathrm{ry} - \frac{L_\mathrm{m}}{w_\delta}u_\mathrm{sy} \tag{22-51}$$

$$u_\mathrm{rx} = \frac{w_\delta}{L_\mathrm{s}}(\omega_\mathrm{s} - \omega_\mathrm{r})i_\mathrm{ry} + v_\mathrm{x} \tag{22-52}$$

$$u_\mathrm{ry} = -\frac{w_\delta}{L_\mathrm{s}}(\omega_\mathrm{s} - \omega_\mathrm{r})i_\mathrm{rx} + \frac{L_\mathrm{m}}{L_\mathrm{s}}\omega_\mathrm{r}(L_\mathrm{s}i_\mathrm{sx} + L_\mathrm{m}i_\mathrm{rx}) + v_\mathrm{y} \tag{22-53}$$

22.6 总体控制系统

变速发电系统由直接连接到电网的定子和通过逆变器连接电网的转子的 DFM 组成。具有有功功率和无功功率控制系统的 DFM 通过 *LC* 滤波器（见图 22-1）与电网进行耦合连接，这里电网视为电压源。在这种系统中，可能会出现依赖于两个系统参数并通过滤波器功率（方向和大小）传输的欠阻尼振荡。电机变换器由电网侧逆变器和通过直流电容器连接在一起的转子侧逆变器组成。这两种逆变器都配有 PWM 算法和控制系统。电网侧逆变器控制直流链路电压和无功电流分量。电机侧逆变器控制整个系统（定子绕组、转子绕组和滤波器）的有功功率，并控制定子无功功率。在 DFM 控制系统中，也可以控制其他重要变量，例如定子和/或转子电流分量。

目前没有控制双馈感应发电机的单一方法，只提出了许多控制结构。控制系统的主要任务是有功功率和无功功率解耦控制，但在许多应用中提出了额外的要求：

- 速度和位置无传感器控制。
- 在原动机转矩扰动（例如风力发电厂的阵风）下能够平稳地产生有功功率。
- 微处理器控制板采样时间相对较长下的稳定运行。

式（22-21）和式（22-22）定义了仅限定子绕组的有功功率和无功功率的控制方法。在实际系统中，电机通过定子和转子绕组消耗/传递电力（见图 22-6），并且必须控制整个系统的功率。电机定子和转子的无功功率是独立控制的，而定子有功功率取决于转子有功功率[式（22-31）]。定子端子的无功功率由转子电流矢量分量控制，但转子侧无功功率由电网侧逆变器控制。在许多应用中，需要整个系统的单位功率因数。因此，将转子侧功率因数设定为 1，将转子侧的无功功率参考值设定为零，将定子无功功率参考值设定为零。因为定子和转子的有功功率取决于彼此，所以只要控制定子有功功率就足够了，而转子有功功率可以被当作干扰。

DFM 控制系统的结构如图 22-10 所示。转子侧逆变器控制系统负责整个系统有功功率和无功功率的控制。功率在单独的回路中控制。有功功率和无功功率控制器的输出作为在内部回路中控制的变量的设定值。这些变量来自式（22-42）、式（22-21）和式（22-22）。正确选择内部变量和坐标系直接决定了控制系统的质量。电机的有功功率和无功功率也可以不用任何内部回路直接控制（见文献[KG05]）（见图 22-11）。每个结构都需要额外的解耦控制（见第 22.5 节）。在适当转换控制变量后，转子电压矢量分量 $u_{r\alpha R}$、$u_{r\beta R}$ 用于 PWM 算法。在控制系统中还有其他模块：变量变换、计算和估计模块。这样就可以稳定、快速地获得两个功率的解耦控制（见图 22-12）。

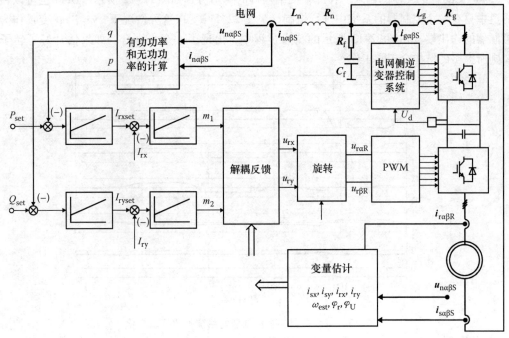

图 22-10　总体控制系统结构

电网侧逆变器控制系统的结构更简单。外部回路控制直流链路电压u_d。内部回路控制的是通常与电网电压相连的坐标系中的电网侧逆变器的电流矢量分量。

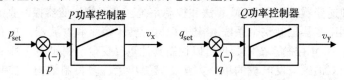

图 22-11　直接功率控制的控制系统的结构

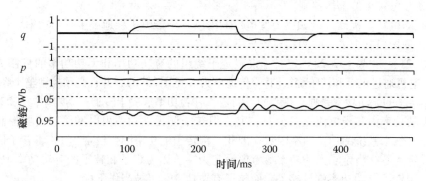

图 22-12　图 22-10 所示系统中的瞬时功率控制

22.6.1　基于 MM 模型的控制系统

第 5.1 节描述的 MM 模型用于控制系统合成。基于该模型的非线性反馈实现了z_{12}和z_{22}变量的解耦控制［参见式(22-42)］以及定子绕组有功和无功功率的解耦控制（处于稳定状态）。功率控制器输出作为在内回路中控制的z_{12}和z_{22}变量的设定值。m_1、m_2变量是由式（22-34）和式(22-35)定义的解耦反馈的输入。在此系统中获得的瞬态仿真如图 22-12 所示。DFM 也可以在每个通道中只有一个控制器的系统中进行控制（见图 22-11）。在这种情况下，m_1、m_2变量作为功率控制器的输出端。在图 22-13 所示的瞬态过程中，出现了一个小耦合。如果估计好了转子位置，则所提出的结构会正常工作。

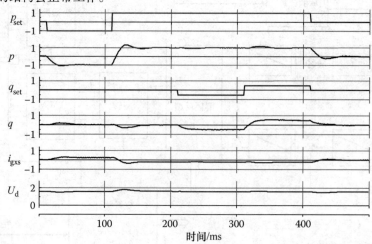

图 22-13　每个通道一个控制器的系统中的瞬态变化

应该指出，系统的一部分是不受控制的。如前所述，在瞬态定子磁链矢量的欠阻尼振荡下，出现了z_{21}[式(22-39)、式(22-41)]。虽然振幅很小，但是会产生小的有功功率和无功功率振荡。在每次更改功率参考值后，z_{21}变量的振荡就会出现，并且它们缓慢消失。这为 PI 型控制器提供了仿真结果，但是不可能通过简单地改变控制器的设定来消除振荡。通过限制参考值导数（斜坡函数），可以减少不良影响，但系统速度较慢。另一种方法是使用不同于 PI（例如神经控制器）的控制器结构，或者使用基于定子磁链幅值导数［SV06］的附加阻尼反馈。

22.6.2　基于矢量模型的控制系统

基于矢量模型的控制系统的结构如图 22-10 所示，但变量的含义不同。与定子磁链或定子电压矢量相连的参考系下的转子电流矢量分量i_{rx}、i_{ry}作为功率控制器输出。可以使用第 22.5.2 节提出的或类似的解耦方法。因为选择解耦算法和参考系(见文献[MDD02, BDO06])的可能性很小，所以系统特征可能会有所不同。最终结果与图 22-12 和图 22-13 中的结果没有显著差异。

22.7　变量估计

22.7.1　计算定子与转子之间的角度

为了控制系统的正确运行，明确定子和转子之间的角度以及转子角速度是必要的。最简单的方法是应用编码器来测量转子角位置，但是在许多应用中是不方便的，例如用于大功率风力发电机时。为了避免使用转子位置编码器，优选无传感器系统来估计转子位置的角度。

使用观测器技术以实现笼型感应电机的无速度传感器控制。在 DFM 中，速度观测器不是必需的，因为定子绕组可以通过接入集电环进行测量。

估计双馈感应电机的转子速度和角位置有几种方法。DFM 的无传感器控制方法之一是基于不同参考系中相同电流（例如转子电流）来测定（测量、计算）。第一个参考系与不移动的定子连接，另一个参考系与转子连接。不同参考系中所选择的矢量具有相同的幅值和不同的角度，表示如下（见图 22-14）：

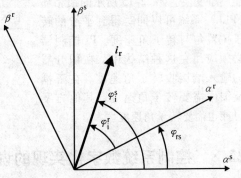

图 22-14　不同坐标系下的转子电流矢量

$$\varphi_i^s = \varphi_i^r + \varphi_{rs} \qquad (22\text{-}54)$$

式中，φ_i^s、φ_i^r分别为定子和转子参考系中的电流矢量的角度。坐标系之间的角度φ_{rs}等于定子和转子之间的角度。

两矢量之间角度的三角函数可以计算如下：

$$\cos(\varphi_{rs}) = \frac{i_{r\alpha}^r i_{r\alpha}^s + i_{r\beta}^r i_{r\beta}^s}{i_r^2} \qquad (22\text{-}55)$$

$$\sin(\varphi_{rs}) = \frac{i_{r\alpha}^r i_{r\beta}^s - i_{r\beta}^r i_{r\alpha}^s}{i_r^2} \qquad (22\text{-}56)$$

式中，上标 r、s 分别表示在连接到转子和定子的参考系中确定的电流矢量分量。

转子电流矢量分量$i_{r\alpha}^r$、$i_{r\beta}^r$可以直接测量，但是$i_{r\alpha}^s$、$i_{r\beta}^s$必须估计。任何感应电机的主要相互关系如下（见图 22-3）：

$$i_m = i_s + i_r \qquad (22\text{-}57)$$

式中，i_m、i_s、i_r分别为磁化电流、定子电流和转子电流矢量。磁化电流定义如下：

$$i_m = \frac{\psi_m}{L_m} \qquad (22\text{-}58)$$

式中，ψ_m 为主磁链矢量；L_m 为互感。

ψ_m 大小如下：

$$\psi_m = \psi_s - L_{\sigma s} i_s \qquad (22\text{-}59)$$

式中，ψ_s 为定子磁链；$L_{\sigma s}$ 为定子漏感。

定子磁链可以从以下微分方程计算：

$$\frac{d\psi_s}{dt} = -R_s i_s + u_s \qquad (22\text{-}60)$$

式中，u_s 为定子磁链矢量。从式（22-57）~ 式（22-60），可以根据定子电流和电压测量值计算定子 $\alpha - \beta$ 坐标系中的转子电流矢量分量。式（22-57）中的定子电流矢量直接测量。可以从式（22-60）或基于假设 $R_s = 0$ 得到的稳态方程来简单地估计定子磁链矢量。

在定子参考系中稳态下的转子电流矢量分量为

$$i_{r\alpha}^s = -\frac{1}{\omega_s L_m} u_{s\beta}^s - \frac{L_s}{L_m} i_{s\alpha}^s, \quad i_{r\beta}^s = \frac{1}{\omega_s L_m} u_{s\alpha}^s - \frac{L_s}{L_m} i_{s\beta}^s \qquad (22\text{-}61)$$

如果根据简化的相互关系计算电流矢量，则计算的定子与转子之间的角度误差较小。

定子电流的相互关系类似式（22-55）和式（22-56）。在这种情况下，定子电流必须在与转子相连的参考系中计算。

22.7.2 用于估计转子速度和位置的锁相环的应用

干扰可能会破坏控制系统的稳定性，因此在第7节中导出的方程中所计算的转子位置角度不能用于变换。图 22-15 所示的锁相环（PLL）系统可以同时得到平滑的转子位置角与转子角速度。PI 控制器必须应用在这种结构中，在积分器的输入端接收转子角速度。在解耦反馈中需要转子角速度。其他方案可能也需要转子角速度。

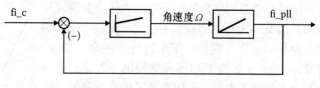

图 22-15　用 PLL 估算转子位置

22.8　控制系统数字化实现的说明

22.8.1　采样引起的延迟时间的补偿

在大功率转换器中，由于开关损耗限制，调制脉冲的载波频率为 2 ~ 3kHz。因此，控制系统中出现高采样周期。通过仿真发现采样周期引起的延迟不影响非线性反馈。出现在非线性反馈中的变量在稳态中是恒定的，在动态时缓慢变化，并且控制器可补偿延迟。

估计的定子磁链矢量必须根据在采样周期内其旋转产生的角度进行相应的旋转以补偿延迟。

22.8.2　电流和电压的测量

因为应用 PWM 策略来产生转子电压，所以必须同时对定子和转子电流进行采样。如图 22-16 所示，当零电压矢量出现在逆变器输出端时，必须在中间时刻精确选择采样点。原因是第 22.7 节中导出的简化关系只适用于基波。从图 22-16 可以看出，转子电流的瞬时值等于其在零电压矢量中间的基波。

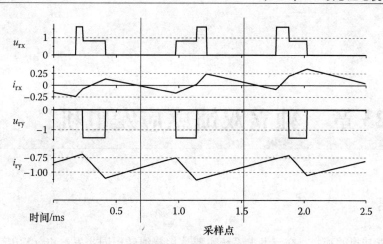

图 22-16　采样点的选择

第 22.7 节提出的方法可以在瞬间时刻 k 中确定转子和定子之间的角度。控制系统中的瞬间时刻 $k+1$ 中该角度的值可以从以下等式中预测：

$$\varphi_{rs}(k+1) = 2\varphi_{rs}(k) - \varphi_{rs}(k-1) \tag{22-62}$$

参 考 文 献

[BDO06] C. Battle, A. Doria-Cereza, R. Ortega, A robustly adaptive PI controller for the double fed induction machine, *Proceedings of the 32nd Annual Conference IECON*, Paris, France, pp. 5113–5118, 2006.

[BK02] E. Bogalecka, Z. Krzeminski, Sensorless control of double fed machine for wind power generators, *Proceedings of the EPE-PEMC Conference*, Croatia, 2002.

[ESPF05] S. El Khil, I. Slama-Belkhodja, M. Pietrzak-David, B. de Fornel, Rotor flux oriented control of double fed machine, *11th European Conference on Power Electronics and Applications* (*EPE'2005*), Dresden, Germany, 2005, pp. A73713.

[G07] A. Geniusz, Power control of an induction machine, U.S. Patent Application Publication, No. US2007/0052394/A1, 2007.

[GK05] A. Geniusz, Z. Krzeminski, Control system based on the modified MM model for the double fed machine, *Conference PCIM'05*, Nurenberg, Germany, 2005.

[K90] Z. Krzeminski, Control system of doubly fed induction machine based on multiscalar model, *IFAC 11th World Congress on Automatic Control*, Tallinn, Estonia, vol. 8, 1990.

[KS01] C. Kelber, W. Schumacher, Active damping of flux oscillations in doubly fed AC machines using dynamic variations of the systems structure, *9th European Conference on Power Electronics and Applications* (*EPE'2001*), Graz, Austria, 2001.

[MDD02] S. Muller, M. Deicke, R. W. De Doncker, Double fed induction generator systems for wind turbines, *IEEE Industry Applications Magazine*, 3, 26–33, May/June 2002.

[P05] A. Peterssonn, Analysis, modelling and control of double fed induction generators for wind turbines, PhD thesis, Chalmers University of Technology, Goteborg, Sweden, 2005.

[QDL05] N. P. Quang, A. Dittrich, P. N. Lan, Doubly fed induction generator in wind power plant: Nonlinear control algorithms with direct decoupling, *Proceedings of the EPE Conference*, Dresden, Germany, 2005.

[SV06] I. Schmidt, K. Veszpremi, *Field oriented current vector control of double fed induction wind generator*, 1-4244-0136-4/06, 2006 IEEE.

[TTO03] A. Tapia, G. Tapia, J. X. Ostolaza, J. R. Saenz, Modelling and control of a wind turbine driven doubly fed induction generator, *IEEE Transactions on Energy Conversion*, 18(2), 194–204, June 2003.

第 23 章 独立双馈感应发电机

23.1 引言

用于机械能转换的独立式交流发电系统主要使用绕线转子同步发电机（WRSG），该同步发电机以固定转速运行，该转速与参考频率（例如 50Hz 或 60Hz）相关。风力涡轮机或水力发电机等电力系统等难以采用固定速度运行，其可以通过独立变速地运行来产生标准的固定频率交流电压。通过使用全范围电力电子变换器作为变速发电机和隔离负载之间的耦合器接口，可获得归一化电压（见图 23-1）。基于 WRSG 或永磁同步发电机（PMSG）的系统可以配备一个 AC – DC 二极管整流器（见图 23-1a），该二极管整流器可配备 DC – DC 变换器或 DC – AC 变换器。在笼型感应发电机（CIG）（见图 23-1b）中，需要背对背变换器（可控 AC – DC 和 DC – AC）。电源逆变器负责生成标准交流电压，在独立模式下需要 L_f – C_f 输出滤波器，以获得高质量的发电电压[1-3]。

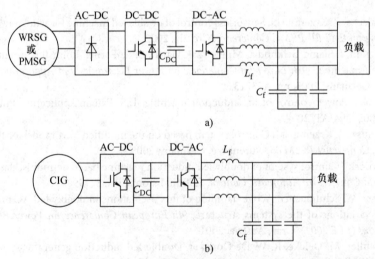

图 23-1 具有全范围变换器的独立变速发电系统
a）同步发电机 b）笼型感应发电机

最近经常应用在并网风力发电机中的其他变速发电系统由双馈感应发电机（DFIG）和与转子连接的电力电子变换器组成（见图 23-2）[4-6]。DFIG 发电系统的典型转速范围约等于同步转速的 ±33%。对于该速度范围，电力电子变换器被限制在 DFIG 额定功率的 33%。

与总系统功率相比，DFIG 对应于最大功率的 75%，变换器对应于最大功率的 25%，这是因为在超同步转速运行期间，功率通过定子和转子以及电力电子变换器传递。由风力涡轮机驱动的 DFIG 的变速系统如果不受能量存储单元或其他电源的支持，则仅限用于并网系统。

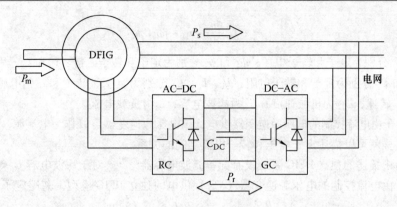

图 23-2　基于 DFIG 的并网发电系统的典型功率拓扑结构

23.2　独立 DFIG 拓扑

与定子和电力电子变换器必须连接到固有电压参数的电网的并网运行 DFIG 系统相反，独立的 DFIG 系统可为隔离负载供电（见图 23-3）。由转子电流激励的集电环感应电机的定子产生归一化电压。转子电流由 AC - DC 转子侧变换器（RC）控制，其 DC 侧连接到 DC - AC 电网侧变换器（GC）。不受约束于负载功率和实际速度，转子侧变换器（RC）必须保持定子侧的固定电压幅值和频率，而与并网系统类似，电网侧变换器（GC）必须保持直流母线电压于参考值。C_f 电容器对定子交流输出电压进行滤波。

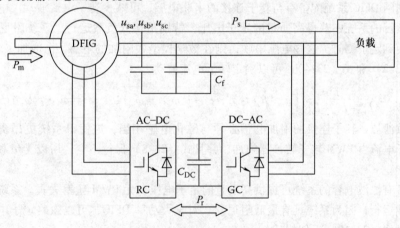

图 23-3　独立 DFIG 拓扑

23.2.1　独立 DFIG 模型

在与定子电压矢量相连的参考系中，配有连接到定子的滤波电容 C_f 的 DFIG 的基本电气方程如下：

$$u_s = R_s i_s + \frac{\mathrm{d}\psi_s}{\mathrm{d}t} + \mathrm{j}\omega_s \psi_s \tag{23-1}$$

$$u_r = R_r i_r + \frac{\mathrm{d}\psi_r}{\mathrm{d}t} + \mathrm{j}(\omega_s - p_b \omega_m)\psi_r \tag{23-2}$$

$$\psi_s = L_s i_s + L_m i_r \tag{23-3}$$

$$\psi_r = L_m i_s + L_r i_r \tag{23-4}$$

$$i_s = -C_f \frac{du_s}{dt} + i_{ld} - j\omega_s C_f u_s \qquad (23\text{-}5)$$

式中，u_s 和 u_r 分别为定子和转子电压；ψ_s 和 ψ_r 分别为定子和转子磁链；i_s 和 i_r 分别为定子和转子电流；R_s 和 R_r 分别为定子和转子电阻；L_s、L_r、L_m 分别为定子、转子和磁化电感；p_b 为极数对；ω_s 为同步转速；ω_m 为机械速度；C_f 为滤波电容；i_{ld} 为负载电流。

考虑到转子由电流控制的电压源逆变器供电，该电压源逆变器可以作为电流源，则式（23-2）可以忽略，这样就可以描述定子电压和转子电流之间的关系。

一些书籍中描述的独立 DFIG 系统没有配备滤波电容器[7-9]。对于滤波电容 C_f 等于零和阻性负载的情况，由电流控制的电压源逆变器（VSI）供电的独立 DFIG 模型（忽略定子电阻）是

$$u_s = \frac{R_o L_m}{Z_s} \frac{di_r}{dt} + j\left(\frac{\omega_s R_o L_m}{Z_s}\right)i_r - \frac{L_s}{Z_s} \frac{du_s}{dt} \qquad (23\text{-}6)$$

式中，R_o 为负载电阻；Z_s 分别为定子和负载阻抗，

$$Z_s = R_o + j\omega_s L_s \qquad (23\text{-}7)$$

存在于式（23-6）中的转子电流的微分表示电压 u_s 产生失真。该失真由转子侧的 PWM 转换器产生的转子电流纹波引起。定子电压导数的负号表示使得电压失真的局部阻尼。然而，低功率情况，电压失真是显著的。在有限的情况下空载运行，R_o 和 Z_s 是无穷大的，式（23-6）简化为

$$u_s = L_m \frac{di_r}{dt} + j\omega_s L_m i_r \qquad (23\text{-}8)$$

这表明具备 PWM 频率的转子电流纹波使得定子电压产生失真。

大功率并网 DFIG 系统配备有与转子连接的串联电感，可减少转子电流波动。电感滤波器不足以在独立运行的系统中获得高质量的定子电压，特别是在低负载运行、系统阻尼比低、PWM 频率畸变转换到定子侧时。这些电感串联，则在数学模型中附加的电感 L_{radd} 增加了转子漏电感。考虑到式（23-2）和式（23-4），可以确定转子电流波动。

$$\frac{di_r}{dt} = \frac{1}{L_m + L_{r\sigma} + L_{radd}}\left[u_r - R_r i_r - L_m \frac{di_s}{dt} - j(\omega_s - p_b\omega_m)L_m i_s\right] - j(\omega_s - p_b\omega_m)i_r \qquad (23\text{-}9)$$

为了有效滤波，转子连接的附加电感必须与磁化电感相当，这使得系统更昂贵且更重。然而，因为转子电流由 PWM 转子转换器施加，并且式（23-8）保持不变，所以无负载发电机的电压仍然会变形。

定子上带有滤波电容的系统可提供高质量的定子电压，无 PWM 频率失真。系统稳定性最差的情况是空载运行，因为系统具有最低阻尼比。对于大功率 DFIG，可以忽略定子电阻，产生的电压可以通过式（23-10）近似描述：

$$u_s = \frac{L_m}{W} \frac{di_r}{dt} + j\frac{\omega_s L_m}{W}i_r - j\frac{2\omega_s L_s C_f}{W} \frac{du_s}{dt} - \frac{L_s C_f}{W} \frac{d^2 u_s}{dt^2} \qquad (23\text{-}10)$$

式中，

$$W = 1 - \omega_s^2 L_s C_f \qquad (23\text{-}11)$$

定子电压[式(23-10)]的二阶导数的负号分量是使得电压失真的有效阻尼。

23.2.2　滤波电容器的选择

对于高频谐波而言，无负载 DFIG 的模型可以简化为 LC 滤波器，由等效发电机漏感 $L_{rs\sigma}$ 和 C_f 组成。需要选择滤波电容器以获得高质量和稳定的发电电压。第一个准则则是 LC 滤波器的谐振频率。在对数刻度上，必须在工作频率（50Hz 或 60Hz）和开关频率之间选择谐振频率。第二个标

准是电容器 C_f 不能完全补偿发电机磁化无功功率。在无功功率的计算中，不考虑工作频率（50 Hz 或 60 Hz），而必须考虑最大机械速度对应的频率。

在某些情况下，感应电机全补偿会引起自励。对于 DFIG，剩磁通随机械转速旋转，而由转子电流引起的磁通以同步转速旋转。通常，由转子电流引起的转子磁通比剩磁通大得多，但在自励时（全补偿或过补偿），两者大小相当，且无法协调，定子感应电压不稳。

对于典型的感应电机，漏磁系数接近 $0.04 \sim 0.06$。高频下的定子和转子泄漏电感可以通过等效漏电感 $L_{rs\sigma}$ 表示为

$$L_{r\sigma} + L_{s\sigma} = L_{rs\sigma} \approx \sigma L_m \qquad (23\text{-}12)$$

式中，σ 为漏磁系数，

$$\sigma = 1 - \frac{L_m^2}{L_r L_s} \qquad (23\text{-}13)$$

式（23-12）中的近似误差是可以忽略的。

滤波电容器 C_f 不应过度补偿 DFIG 的无功功率，在与可能的最大机械速度有关的频率 f_m 下，必须满足要求

$$C_f < \frac{1}{4\pi^2 f_m^2 L_m} \qquad (23\text{-}14)$$

同时，为了获得必须明显小于开关频率的输出滤波器 $L_{rs\sigma} C_f$ 的给定谐振频率 f_r，电容必须等于

$$C_f = \frac{1}{4\pi^2 f_r^2 \sigma L_m} \qquad (23\text{-}15)$$

23.2.3　独立 DFIG 的初始励磁

在并网系统中，不存在系统启动的问题，因为电网为定子磁化和电力电子变换器中的直流母线电容器的预充电提供了电能。基于感应发电机的独立电力系统需要一些初始电能来获得产生定子电压所需的励磁。它可以使用许多方法获得。

获得初始励磁的一般方式是连接附加的电容器（见图23-4），它可以完全补偿感应电机的无功功率。自励来自固定速度的独立 CIG。然而，在独立的 DFIG 中，可通过定子开关（SS）连接附加的电容器，这仅用于起始自励和直流母线的预充电；稳态运行时，自励现象可能会干扰由电力电子转换器控制的电压。当负载功率非常高时，可以使用附加的电容器。自励将被负载消除，而电容器可以改善非线性负载供电时的电压质量。在低负载运行期间，剩磁的影响和转子电流

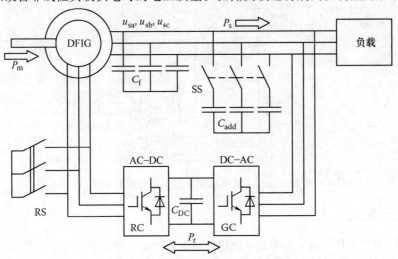

图 23-4　用于自励具有附加电容器 G_{add} 的 DFIG 的电源电路

产生的磁链的影响可能相似，但是因为转速不同，这些磁链不能同步。与 CIG 的情况类似，额外的电容器可以在定子侧提供高电压。但是，可能需要在转子侧短路。它可以采用转子开关 RS 或用来保护电力电子变换器免受电网短路的影响的晶闸管撬棒来实现。

图 23-5[10,11] 描述了具有永磁发电机（PMG）的系统。PGM 与 DFIG 机械耦合在同一轴上，PMG 定子与 DFIG 转子的电气耦合由功率变换器实现。尽管消除了初始励磁的问题，但可能产生的功率不超过 DFIG 定子的功率。对于超同步转速，电力供电给 PMG 作为电动机运行，并且只有 DFIG 定子功率是可用的。

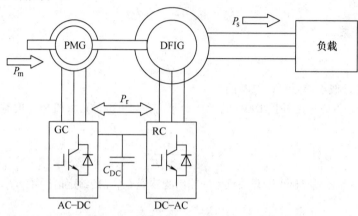

图 23-5　具有附加 PMG 功能的 DFIG 电源电路

将经典 DFIG 拓扑结构和分数幂 PMG 组合，把它们耦合在同一根轴上，仅用于对电力变换器中的直流链路充电，这保留了带有分别与转子和电网相连的背对背变换器的 DFIG 的优点，并消除了初始励磁问题（见图 23-6）。PMG 可以被小容量储能装置（电池）代替用于给直流链路充电。当发电系统运行时，可以给该电池进行充电，并在下一次系统启动时重新使用。

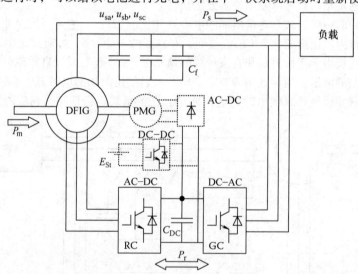

图 23-6　带有附加的低功率永磁励磁机或电池的 DFIG 电源电路

23. 2. 4　定子配置

独立 DFIG 可以采用两种主要的定子绕组连接配置：第一种是转子和定子侧的三线制（见图 23-7a）；第二种是在转子侧的三线制和定子侧（见图 23-7b）的四线制。这两种系统都可用于平衡和不平衡的独立运行。在定子侧的三线制中，需要接入中性点的负载且必须通过三线到四线变压器连接。其他平衡和不平衡负载可以直接从定子[12]供电。对于低功率 DFIG 系统，当负载靠近发电机时，在定子侧可以使用四线制[13]。DFIG 是旋转变压器，星形联结的定子可以提供对称电压，即使在转子侧使用三线制也是如此。

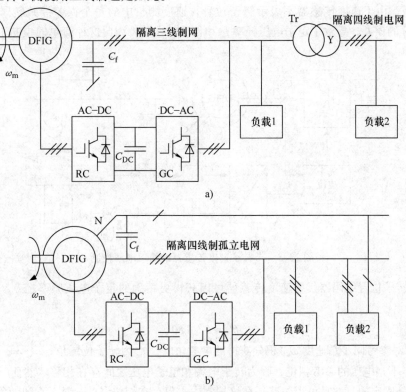

图 23-7　具有隔离电网的独立 DFIG
a）三线制　b）四线制

23.3　控制方法

由式（23-6）可以看出，在稳定状态下，独立 DFIG 中转子电流与输出电压成比例关系。对于具有电阻负载的系统，输出电压也与转子电流成比例，为了获得参考电压矢量，转子电流必须满足

$$i_\mathrm{r} = \left(\frac{1}{R_0} - \mathrm{j} \frac{1 - \omega_\mathrm{s}^2 L_\mathrm{s} C_\mathrm{f}}{\omega_\mathrm{s} L_\mathrm{m}} \right) u_\mathrm{sref} \tag{23-16}$$

实部分量足以承受负载电流，而虚部分量表示励磁电流，该电流也由与定子连接的电容器进行部分补偿。对于其他负载（例如 R_L），可以导出类似的方程，并且定子电压相对转子电流性总是成比例关系。因此，定子电压幅值的简单 PI 控制器可以产生代表转子电流矢量 $|i_\mathrm{r}|^*$ 的参考幅值的输出信号。转子电流幅值与输出电压幅值的线性关系可以从传统的同步发电机得知。实际上，WRSG 是双馈电机的特殊情况[14]。

固定频率与定子电压幅值控制无关，必须独立获得。定子电压由励磁电流产生，并注入转子。所获得的频率 f_s 对应于与定子相关的磁场角速度，并且是由转子电流频率引起的旋转与机械旋转共同产生的结果［式(23-17)］。

$$f_s = \frac{1}{2\pi}(p\omega_m + \omega_{ir}) \qquad (23\text{-}17)$$

式中，p 为极数对；ω_m 为转子角速度；ω_{ir} 为转子电流矢量的角速度。

使用式（23-17），可以应用基于机械速度传感器的简单控制系统，使定子电压稳定（见图 23-8）。然而，由于速度传感器不表示转子位置，速度测量中的每个误差导致转子电流角速度 ω_{ir}^* 和相角 θ_{ir}^* 的误差，导致了定子电压频率 f_s 和相位的误差，因此这种简单的控制不能控制定子电压相位。

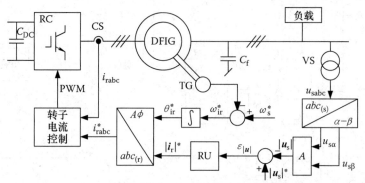

图 23-8 带转子速度传感器的简单电压控制

通过用转子位置编码器代替速度传感器可以获得更精确的定子电压频率控制。参考转子电流角度 θ_{ir}^* 为

$$\theta_{ir}^* = \theta_s^* - p\theta_m \qquad (23\text{-}18)$$

式中，θ_s^* 为对参考同步角速度 ω_s^* 积分获得的参考角度；θ_m 为转子位置角。

角度 θ_s^* 不是电压的参考相位，因为转子电流和定子电压之间存在相移。然而，该相移对于给定的负载是固定的，并且可以忽略。在该控制中，仅存在相位误差，对于不同的负载，转子电流和定子电压之间存在不同的相移，但是不会发生频率的误差。基于转子位置编码器的控制方法如图 23-9 所示。

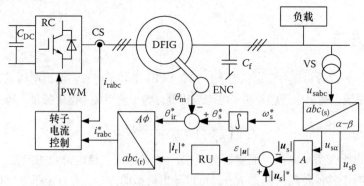

图 23-9 带转子位置编码器的简单电压控制

现代发电系统必须被设计成无传感器形式，这显著提高了其可靠性。在发电系统中，并不需要高精度的转子位置，但是这在一些其他驱动应用领域中可能是需要的。此外，变速独立 DFIG 系统不需要确定的转子位置。对于给定的机械速度，输出定子频率 f_s 与转子电流频率 f_{ir} 的关系，与机械速度的恒定分量是线性的（见图 23-10）。

负 f_{ir} 频率表示磁场相对于转子的反向旋转：超同步转速运行；0 表示在转子的每相中注入直

流电流的同步操作：同步转速运行。定子电压幅值和频率与转子电流幅值和频率的线性关系可用于原始标量电压控制方法中[11]。标量电压控制方法的例子如图 23-11 所示。对于给定的未知机械速度，PI 频率控制器 RF 调节转子电流频率，以获得固定参考电平上的定子频率。然而，每个周期两次的基于过零检测的频率计算使得频率环不准确，即使频率变化较慢。

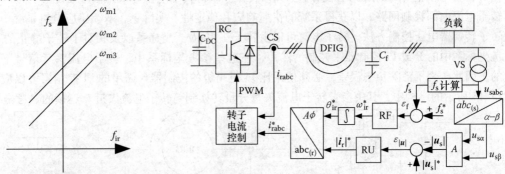

图 23-10　不同的机械速度 $\omega_{m1} \sim \omega_{m3}$ 的
转子电流频率 f_{ir} 与输出频率 f_s 关系

图 23-11　独立 DFIG 定子电压的简单无传感器标量控制

23.3.1　定子电压矢量的无传感器控制

定子电压矢量的无传感器控制需要两个坐标系。由于控制电压矢量幅值 $|u_s|$ 的需要，应使用极坐标系，其中第二坐标是矢量角 α_{us}，与参考坐标系的一个轴相关。电压矢量幅值的控制使用在每个开关周期中计算的正交分量，并且该幅值在静止和旋转系中是相同的。作为 RU 控制器的输出信号，转子电流矢量的参考幅值 $|i_r|^*$ 与电压矢量幅值 $|u_s|$ 的控制是线性的。剩下的问题是电压矢量角的控制。它需要确定转子电流矢量 i_r 的参考角速度 ω_{ir}^* 及其相位 θ_{ir}^*。

采用无传感器控制方法可以确定转子电流矢量 i_r 的适当角度 θ_{ir}^*，以提供定子电压矢量 u_s 的固定频率 f_s 和参考相位 θ_{us}^*，如图 23-12 所示。频率控制环路与 PLL 结构类似。然而，在经典 PLL 中，两个信号具有相同的频率，并且仅采用一个信号的相位以获得与第二信号的同步。在 DFIG 中，转子和定子频率不同，必须采用转子电流的频率和相位来实现实际与参考定子电压矢量的同步。

在 $d-q$ 系统中，以参考频率 f_s^* 为参考角速度 ω_s^* 旋转，参考电压矢量 u_s^* 与 d 轴（参考角 θ_{us}^* 等于零）重叠。使用 $d-q$ 分量计算电压矢量 u_s 的实际角 α_{us}：

$$\alpha_{us} = \arctan \frac{u_{sq}}{u_{sd}} \tag{23-19}$$

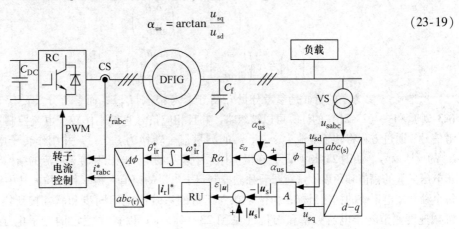

图 23-12　独立运行的 DFIG 中实际和参考定子电压矢量的同步方法

角位移需要转子电流矢量 i_r 的适当移动，并且通过转子电流矢量 i_r 的参考角速度 ω_{ir}^* 的变化来获得。转子电流角速度 ω_{ir}^* 由 PI 型 $R\alpha$ 调节器改变，然后速度被积分，以获得转子电流矢量 i_r 的参考绝对位置 θ_{ir}^*。因此，转子电流的适当频率和相位可以被确定。极坐标 $A\phi$ 中的转子电流矢量 i_r 的参考幅值 i_r^* 和相位 θ_{ir}^* 可用于坐标系转换。获得转子电流分量的参考信号可以进一步用于转子电流内部控制回路，以获得系统的快速响应和稳定性。实际上，双馈感应电机系统中不采用转子转换器电压控制方法。转子电流可以由转子三相 $abc_{(r)}$ 坐标系以及相对于转子静止的 $\alpha\beta_{(r)}$ 参考坐标系中的 P 或 PI 控制器来控制。然而，在这些参考坐标系中，转子电流参考信号不是固定的。因此，为了消除稳态误差，必须使用比 PI 更高级的控制器。简单的 PI 控制器可以应用于图23-13 所示的结构中，其中参考转子电流矢量分量转换到与转子电流矢量 i_r 连接的参考坐标系。

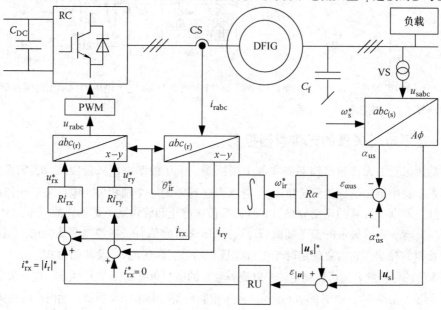

图 23-13　在极坐标系中定子电压和转子电流控制

式（23-20）和式（23-21）描述了参考转子电流矢量 i_r^* 在极坐标系下的分量 $|i_r|^*$、θ_{ir}^* 到与转子电流矢量相连的 $x-y$ 参考坐标系的变换。

$$\begin{pmatrix} i_{r\alpha}^* \\ i_{r\beta}^* \end{pmatrix} = |i_r^*| \begin{pmatrix} \cos\theta_{ir}^* \\ \sin\theta_{ir}^* \end{pmatrix} \tag{23-20}$$

$$\begin{pmatrix} i_{rx}^* \\ i_{ry}^* \end{pmatrix} = i_{r\alpha}^* \begin{pmatrix} \cos\theta_{ir}^* \\ \sin\theta_{ir}^* \end{pmatrix} + i_{r\beta}^* \begin{pmatrix} \sin\theta_{ir}^* \\ -\cos\theta_{ir}^* \end{pmatrix} = \begin{pmatrix} |i_r|^* \\ 0 \end{pmatrix} \tag{23-21}$$

所选 $x-y$ 参考系的特征是参考分量 i_{rx}^* 等于参考幅值 $|i_r|^*$，而参考分量 i_{ry}^* 等于零。因此，式（23-20）和式（23-21）的计算可以被忽略，并且相应信号直接用作转子电流控制器 R_{irx}、R_{iry} 的参考信号。通过方程将转子电流 i_{ra}、i_{rb}、i_{rc} 的测量信号转换为 i_{rx}、i_{ry}，并用作转子电流控制器 R_{irx}、R_{iry} 的反馈信号。如图 23-13 所示，在极坐标系中表示的定子电压和转子电流的结构允许独立控制定子电压矢量的幅值和角度。这意味着独立控制定子电压的幅值、频率和相位，其中幅值、频率也是每个独立发电系统的控制目标，相位是独立运行的系统与电网同步和软连接所需的[15]。根据机械速度调节转子电流频率和相位（见图 23-14a、c）以提供恒定的定子电压的幅值和频率（见图 23-14b、d）。

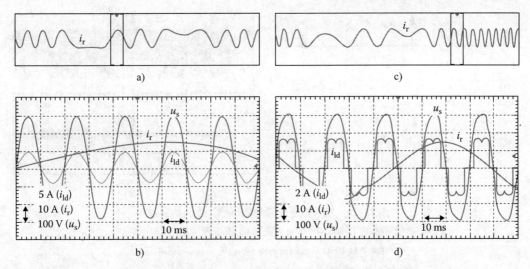

图 23-14　带有线性负载和非线性负载的独立 DFIG 的变速运行期间的转子相电流 i_r、

定子电压 u_s 和负载电流 i_u 的波形图

a)、b) 带有线性负载　c)、d) 带有非线性负载

与定子连接的电容器 C_f 提供了高质量的定子电压，尽管负载具有非线性特性（见图 23-14d）。控制极坐标系中的振幅 $|u_s|$ 允许在独立 DFIG 中的阶跃加载（见图 23-15a～c）和阶跃卸载（见图 23-15d～f）期间获得系统的快速响应。

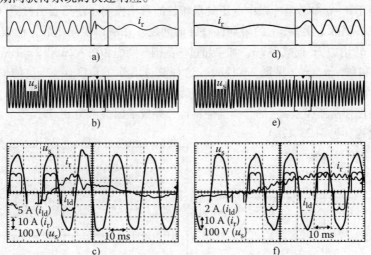

图 23-15　阶跃载荷作用下和阶跃载荷卸除时的独立 DFIG 的转子相

电流 i_r、定子电压 u_s 和非线性负载电流 i_{ld} 的波形图

a)、b)、c) 阶跃加载　d)、e)、f) 阶跃卸载

极坐标系中定子电压 u_s 的无传感器控制具有鲁棒性。然而，频率控制不是线性的，更重要的是，其与来自转子电流频率 f_r 的定子电压相位 α_{us} 的关系不是精确的。对于正确的转子电流频率，定子电压 u_s 的相位 α_{us} 仅取决于转子电流的相位。然而，不正确的转子电流频率造成了在旋转 $d-q$ 参考坐标系中表示的定子电压矢量 u_s 的相位 α_{us} 的永久增大或减小。使用函数计算 $d-q$ 参考坐标系中的电压矢量相位，该函数返回 $-\pi\sim\pi$ 范围内的值。结果，对于不正确的转子电流频率，电压矢量的相位 α_{us} 与矢量的绝对相位 α_{abs} 具有周期性关系（见图 23-16a）。

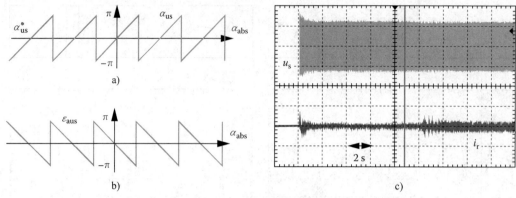

图 23-16　定子电压矢量的无传感器控制的参数

a) 参考角度 α_{us}^* 和实际溢出的角度 α_{us}　b) 角度控制器的周期性误差 ε_α

c) 在无负载 DFIG 启动期间的转子相电流 i_r 和定子相电压 u_s

具有串联 PI 控制器和积分模块的结构通常能够处理这个问题，如变速运行，包括加载系统的启动；可以在 α_{us} 信号的第一个周期内确定合适的转子电流角速度 ω_{ir}。因为负载不应由不正确的初始参数的电压提供，所以必须通过空载的 DFIG 来启动系统。因为 α_{us} 溢出后的误差 $\varepsilon_{\alpha us}$ 的符号变化，使线性控制器确定转子电流矢量的适当角速度成为一个问题，误差 $\varepsilon_{\alpha us}$ 具有平均值等于零的周期性特征（见图 23-16b）。据观察，在空载启动 DFIG 发电系统的情况下，确定适当的转子电流频率需要 10s 以上（见图 23-16c）。

可以修正基于 $d-q$ 参考坐标系中电压矢量相位的频率控制。使用溢出检测（从 $-\pi$ 到 π 或相反的相位变化）消除了误差 $\varepsilon_{\alpha us}$ 的周期性特征的问题。在溢出检测之后，根据角度 α_{us} 的符号变化，参考角度 θ_{us}^* 增加 2π 或减小 2π。如果超过该范围，则饱和在 -2π 和 2π（见图 23-17a）。相位误差 $\varepsilon_{\alpha us}$ 也饱和在 $-\pi$，π（见图 23-17b）。这种改进消除了角度误差 $\varepsilon_{\alpha us}$ 的周期分量（锯齿波），并引入两个范围内的恒定分量和角度误差 $\varepsilon_{\alpha us}$ 与 $d-q$ 参考系电压矢量角 α_{us} 的绝对值之间的线性关系。角度控制器误差 $\varepsilon_{\alpha us}$ 的非周期性特征，导致了因参考角 θ_{us}^* 和误差 $\varepsilon_{\alpha us}$ 的修正而出现的较短的瞬态过程（见图 23-17c）。

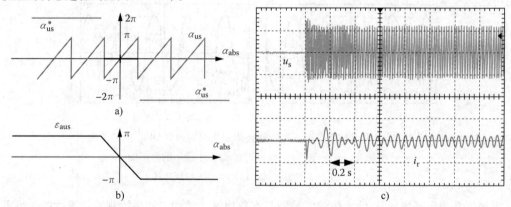

图 23-17　修正后的参数

a) 参考角度 α_{us}^* 和带溢出检测的实际角度 α_{us}　b) 角度控制器的
非周期性误差 $\varepsilon_{\alpha us}$　c) 在具有改进的角度控制回路的空载 DFIG
启动期间的转子相电流 i_r 和定子相电压 u_s

参 考 文 献

1. W. Koczara and N. Al Khayat, Variable speed integrated generator VSIG as a modern controlled and decoupled generation system of electrical power, *European Conference on Power Electronics and Applications*), Aalborg, Denmark, September 11–14, 2007, 10 pp.

2. A. Roshan, R. Burgos, A.C. Baisden, F. Wang, and D. Boroyevich, A D-Q frame controller for a full-bridge single phase inverter used in small distributed power generation systems, in *Proceedings of the IEEE APEC*, Anaheim, CA, February 2007, pp. 641–647.

3. A. Kulka, T. Undeland, S. Vazquez, and L.G. Franquelo, Stationary frame voltage harmonic controller for standalone power generation, *European Conference on Power Electronics and Applications (EPE'07)*, Aalborg, Denmark, September 2–5, 2007, pp. 1–10.

4. R. Datta and V.T. Ranganathan, Direct power control of grid connected wound rotor induction machine without rotor position sensors, *IEEE Transactions on Power Electronics*, 16(3), 390–399, May 2001.

5. T.K.A. Brekken and N. Mohan, Control of a doubly fed induction wind generator under unbalanced grid voltage conditions, *IEEE Transaction on Energy Conversion*, 22(1), 129–135, March 2007.

6. G. Abad, M.A. Rodriguez, and J. Poza, Two-level VSC-based predictive direct power control of the doubly fed induction machine with reduced power ripple at low constant switching frequency, *IEEE Transactions on Energy Conversion*, 23(2), 570–580, June 2008.

7. R. Cardenas, R. Pena, J. Proboste, G. Asher, and J. Clare, MRAS observer for sensorless control of standalone doubly fed induction generators, *IEEE Transactions on Energy Conversion*, 20, 710–718, December 2005.

8. A.K. Jain and V.T. Ranganathan, Wound rotor induction generator with sensorless control and integrated active filter for feeding nonlinear loads in a stand-alone grid, *IEEE Transactions on Industrial Electronics*, 55(1), 218–228, January 2008.

9. Y. Kawabata, T. Oka, E. Ejiogu, and T. Kawabata, Variable speed constant frequency stand-alone power generator using wound-rotor induction machine, *Fourth International Power Electronics and Motion Control Conference (IPEMC 2004)*, Xian, China, 2004, Vol. 3, pp. 1778–1784.

10. S. Breban et al., Variable speed small hydro power plant connected to AC grid or isolated loads, *European Power Electronics and Drives Association Journal*, 17(4), 29–36, January 2008.

11. C. Mi, M. Filippa, J. Shen, and N. Natarajan, Modeling and control of a variable-speed constant-frequency synchronous generator with brushless exciter, *IEEE Transactions on Industrial Applications*, 40(2), 565–573, March 2004.

12. M. Chomat, L. Schreier, and J. Bendl, Control method for doubly fed machine supplying unbalanced load, *9th European Conference on Power Electronics and Applications (EPE)*, Toulouse, France, 2003 (CD Proceedings).

13. G. Iwanski and W. Koczara, Sensorless direct voltage control of the stand-alone slip-ring induction generator, *IEEE Transactions on Industrial Electronics*, 54(2), 1237–1239, April 2007.

14. L. Jiao, B.T. Ooi, G. Joos, and F. Zhou, Doubly-fed induction generator (DFIG) as a hybrid of asynchronous and synchronous machines, *Electric Power System Research*, 76(1–3), 33–37, September 2005.

15. G. Iwanski and W. Koczara, DFIG based power generation system with UPS function for variable speed applications, *IEEE Transactions on Industrial Electronics*, 55(8), 3047–3054, August 2008.

第 24 章　FOC：磁场定向控制

24.1　引言

现在，变速电驱动器几乎在生活中每个领域都要使用，从最基本的设备（如手持式工具和其他家用电器）到更复杂的设备（如游轮电动推进系统和高精度制造技术）。根据应用情况，控制变量可以是电机的转矩、转速或转子轴的位置。在要求最苛刻的应用中，要求能够控制电机的电磁转矩，以便能够提供从一个运行速度（位置）到另一个速度（位置）的受控转换。这意味着驱动器的控制必须能够在最小时间间隔内实现受控变量的期望动态响应。实际上，只有当电机的电磁转矩从前一个稳态值可以瞬时阶跃转变到最大允许值时，才能实现这个目的，而最大允许值又由最大允许电流控制。能够实现这种性能的变速电驱动器通常被称为高性能驱动器，因为该控制不仅在稳态有效，在瞬态也是有效的。所有高性能驱动器的共同特征是它们需要瞬时转子位置（速度）的信息，运行采用闭环控制，并且由电力电子变换器供电。需要使用高性能驱动器的应用领域众多，包括机器人、机床、电梯、滚轧机、造纸机、纺纱机、矿山卷绕机、电力牵引、电动和混合电动车辆等。

高性能电驱动器的工作示意图如图 24-1 所示，它同样适用于所有类型的电机。电机的电磁转矩可以表示为磁链电流和转矩电流的乘积，使得图 24-1 所示的控制系统具有两条并行路径。磁链电流参考值为常数；然而，是否存在这种情况，如后所述。转矩电流原则上是转矩控制器的输出量。然而，图 24-1 所示转矩控制器通常不存在于高性能驱动器中，因为转矩电流参考值可以通过简单的比例运算直接从转矩参考值中获得（或者速度控制器的输出可以被直接作为转矩电流参考值）。这是因为当应用高性能控制算法时，转矩和转矩电流是通过一个常数关联的。图 24-1 所示的控制结构由级联控制器［通常为比例积分（PI）型］组成。星号 * 表示参考量，而

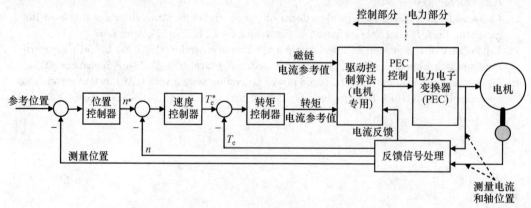

图 24-1　高性能电驱动器的工作示意图 $[n=(60/2\pi)/\omega]$

512

θ、ω 和 T_e 表示转子电气位置瞬时值、转子电气角速度（速度以 n 表示，以 r/min 为单位表示，注意不要与相数 n 混淆）和电机产生的电磁转矩。级联结构基于控制转子旋转的基本方程，这些方程适用于具有 P 极对数的电机（T_L 为负载转矩，k 为摩擦系数，J 为转动惯量）

$$T_e - T_L = \frac{J}{P}\frac{\mathrm{d}\omega}{\mathrm{d}t} + \frac{1}{P}k\omega \qquad (24\text{-}1a)$$

$$\theta = \int\omega\mathrm{d}t \qquad (24\text{-}1b)$$

　　高性能驱动器通常包括转子位置（转速）和电机供电电流的测量，如图 24-1 所示。电机的转矩由电流控制而不是由电压控制，因此在"驱动控制算法"中使用了测量的电流，并入闭环电流控制（CC）算法。这意味着电力电子变换器是由电流控制的，施加的电压可以使电流跟踪中的误差最小化。

　　直到 20 世纪 80 年代初，他励直流电机是唯一可用于高性能驱动器的电机。直流电机凭借其结构非常适合于满足高性能的控制规范。然而，由于具有许多缺点，直流电机驱动器现在尽可能的情况下被交流驱动器替代。为了解释高性能控制的需求，这里考虑了他励直流电机。这种电机的定子可以配备绕组（励磁绕组）或永磁体。定子的作用是在电机中提供励磁磁链，在永磁体恒定的情况下，如果存在励磁绕组励磁则是可以控制的。为了说明，假设定子装有永磁体，其提供恒定的磁链 ψ_m，不存在图 24-1 中的"驱动控制算法"模块的上部输入。如图 24-2 所示，其中表示出

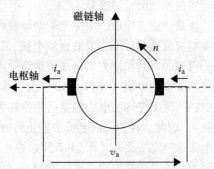

图 24-2　电机的横截面

了电机的横截面，永磁体磁链在空间中是静止的，并且沿着磁链轴作用，电机的转子带有绕组（电枢绕组），通过静止电刷和转子上称为换向器的组件连接。电源来自直流电源（原则上是 DC – DC 或 AC – DC 型的电力电子变换器，这取决于应用），提供直流电枢电流作为转子绕组的输入。电刷放置在与磁链轴正交的电枢轴上（见图 24-2）。由于电刷是静止的，磁链和电枢电流始终保持 90°。正是通过转矩电流（电枢电流 i_a）和永磁体磁链 ψ_m 的位置正交，通过电枢电流瞬时变化，实现电机的瞬时转矩控制。以下方程是从电机的电磁转矩方程得到的（式中，K 是结构常数）：

$$T_e = K\psi_m i_a \qquad (24\text{-}2)$$

　　因此，由于转矩（电枢）电流与转矩通过一个常数相关联，图 24-1 中的电枢电流参考值可以用这个常数通过缩放转矩参考值（该常数通常嵌入在速度控制器 PI 增益中）获得，因此不需要转矩控制器。在这些说明的基础上，式（24-2）显而易见。如果电枢电流是阶跃变化的，则电机的转矩也是阶跃变化的。这当然需要电枢直流电源的电流控制操作，使得电枢电压根据电枢电流要求而变化。

　　重要的是，在转子绕组内部，电流实际上是交流电。它的频率等于转子旋转频率，因为换向器将直流输入转换为交流输出电流，所以与固定电刷一起起着机械逆变器的作用（在电动运行中；在发电运行中是它的另一种方式，换向器作为整流器）。转子绕组在固定永磁体磁链中旋转时，根据电磁感应的基本定律，转子绕组中产生旋转电动势（emf），$e = K\psi_m\omega$。

　　图 24-2 中具有恒定永磁体励磁的电机只能在基速区域（即达到额定转速）下变速运行，因为基速以上（弱磁区域）的运行需要在电机中减少磁链。这是因为电枢电压不能超过电机的额定电压，额定电压对应于额定转速和额定转矩运行。要以高于额定速度运行，必须保持感应电动势为额定转速运行时的感应电动势。由于速度上升，磁通必须下降；如果使用永久磁铁，则是不

可能的；但如果有励磁绕组，则可实现。在这种情况下，图 24-1 所示的"磁链电流参考值"保持恒定额定值，直到额定转速，然后逐渐减小，以达到高于额定转速（因此称为弱磁区域）的运行。然而，由于磁链轴和电枢轴的位置正交，只要磁链电流保持恒定，磁链和转矩控制就不会相互影响。因此，所谓转矩和磁链控制是解耦的（或独立的），这是基速区域中采用的正常工作模式。进入弱磁区域后，因为磁链减小会对转矩产生影响，所以磁链和转矩动态解耦控制是不可能的。

上述讨论可概括如下：高性能运行要求电机的转矩可实时控制；他励直流电动机的瞬时转矩直接由电枢电流控制，因为磁链和转矩控制本质上是解耦的；由于其特定的结构，换向器与电刷连接，电刷位置在空间中固定并垂直于磁链位置，电机可以进行独立的磁链和转矩控制。瞬时磁链和转矩控制需要使用电流控制型直流电源；电流和位置（速度）的检测是必要的，以获得用于实时控制的反馈信号。

在高性能应用中，用交流驱动器替代直流驱动器最近才成为可能的。从控制的角度来看，有必要将交流电机转换为等效直流电机，以便独立控制两个电流实现磁链和转矩解耦控制。实现这一目标的一套控制方案通常被称为"磁场定向控制（FOC）"或"矢量控制"方法。主要困难在于所有多相电机（相数 $n \geqslant 3$）的工作原理是基于电机旋转场（磁链）（注意，通常称为的两相电机本质上是四相电机的空间相位移为 90°；在两相电机中，空间位置相反的一对相被连接成一相）。因此，在他励的电机中静止的磁链现在以同步速度在电机的横截面中旋转，由定子绕组供电频率确定。因此，图 24-2 所示静止磁链轴现在变为以同步速度旋转的轴。由于磁链和转矩解耦控制要求磁链电流与磁链轴对齐，而转矩电流处于垂直于磁链轴的轴线上时，必须使用一组以同步速度（电机中磁链的转速）旋转的正交坐标。由于在多相电机中原理上存在三种不同的磁链：定子、气隙和转子磁链，情况变得更加复杂。在稳态运行中，它们都具有同步转速，但瞬变时的瞬时速度不同。因此，必须决定应该执行哪种磁链的控制。驱动器的基本构成仍然如图 24-1 所示。然而，在直流驱动情况下，"驱动控制算法"本质上仅包含电流控制器，在多相交流电机的情况下，该模块变得更加复杂。原因是在使用直流电机的驱动控制的设计中，存在磁链和转矩电流参考量，意味着控制将在旋转坐标系（旋转参考系）下运行。换句话说，在控制中使用的电流分量（磁链和转矩电流）不是电机在物理上存在的电流。相反，这些是通过坐标变换与物理存在的交流相电流相关的虚拟电流分量。该坐标变换通过直流电流参考值产生供给多相电机定子绕组的交流电流参考值。因此，交流电机通过使用实时数学变换实现直流电机有刷换向器的功能。

矢量控制（FOC）的基本原理，使交流多相电机转换成等效直流电机，在 20 世纪 70 年代初为感应电机和同步电机奠定了基础[1~5]。对于直流和交流高性能的驱动器，常见电源是电流控制型电力电子变换器，需要电流反馈和位置（速度）反馈，对转矩实时控制。然而，多相交流电机的定子绕组供电是交流电流，其特征在于幅值、频率和相位，而不是像在直流情况下的幅值。因此，交流电机必须由可变输出电压和可变输出频率的电源供电。直流－交流型（逆变器）电力电子变换器是高性能交流电源中最常见的电源。电力电子和微处理器领域的发展使矢量控制交流电机在高性能驱动器中的应用在 20 世纪 80 年代初成为现实。在交流电动机驱动器中实现磁链和转矩解耦控制的控制系统相对复杂，因为它们涉及必须实时执行的坐标变换。因此微处理器或数字信号处理器的应用是必要的。

以下是 FOC 的基本原理。这里讨论仅限于具有正弦磁动势分布的多相电机。可用的多相交流电机类型的范围非常广泛，包括单馈和双馈（带或不带集电环）的电机。覆盖范围仅限于单馈电机，它由定子侧供电。所考虑的电机类型包括具有笼型转子绕组的感应电机、永磁同步电机

（PMSM）（具有表面安装和内嵌永磁体并且没有转子笼，即阻尼绕组）和同步磁阻（Syn‐Rel）电机（无阻尼绕组）。就伺服（高性能）驱动器而言，这基本上涵盖了最重要的交流电机类型。因此，没有包括具有励磁和阻尼绕组（用于大功率应用）的同步电动机和集电环（绕线转子）感应电机（用作风力发电的发电机）的 FOC，读者根据参考文献可获得更多信息。这里考虑涵盖了定子具有三相或更多相（$n \geqslant 3$）的多相电机的一般情况，因为基本磁场定向控制原理是同样有效的，而不管实际的相数。必须注意的是，矢量控制的完整理论是在理想的可变电压、可变频率、以及对称平衡的正弦定子绕组多相供电的假设下开发的。因此，这样一个电源不存在，必须使用非理想（电力电子）电源，这是一个麻烦的事情，这对控制原则没有影响（这与多相电驱动器的另一组高性能控制方案即直接转矩控制（DTC）方案形成鲜明对比，其中控制的整体思想是利用非理想电力电子变换器作为电源；DTC 超出了本章的范围）。

自 20 世纪 80 年代以来，FOC 已经得到广泛的研究，到现在已经到了一个成熟的阶段，被广泛应用于需要高性能的工业中。许多教科书[6-25]对 FOC 进行了不同程度的复杂性和细节的处理。假设电机作为速度控制驱动器运行，闭环速度控制模式下的磁场定向多相单馈电机的一般原理框图如图 24-3 所示。由于电机仅由定子侧提供，所以磁通和转矩电流参考值是指定子电流分量，并用符号 d 和 q 表示。这里符号 d 表示磁链轴，符号 q 表示垂直于磁链轴的电枢轴，而符号 s 表示定子。该方案适用于同步电机和感应电机，电机类型对磁通电流参考值的设置和"矢量控制器"模块的结构有影响。在图 24-3 中，假设 CC 算法采用电机定子相电流（所谓的静止参考系中的电流控制；相数用数字 1~n 标记）。如图 24-3 所示，模块"CC 算法""矢量控制器""旋转变换""2/n"是图 24-1"驱动控制算法"模块的组成部分。通过执行控制信号（产生磁通和转矩的定子电流参考值）的 DC‐AC 变换（逆变），模块"旋转变换"和"2/n"在直流电机中起到电刷换向器的作用。

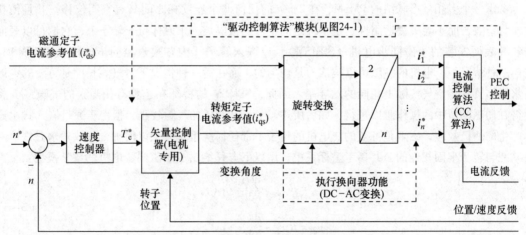

图 24-3 在静止参考系中具有 CC 的多相电机基本矢量控制方案

原理上，同步电机的矢量控制方案比感应电机的等效电路简单。这是因为定子绕组供电的频率唯一地确定了同步电机的转速。如果有励磁，则由永磁体提供（或在转子绕组中提供励磁电流）。转子在转动时，携带励磁磁链一起旋转，转子磁链的瞬时空间位置始终固定在转子上。因此，如果测量转子位置，就能知道励磁通链的位置。这种情况形成了 PMSM 的相对简单的矢量控制算法，因此首先考虑这些算法。这些情况更多出现在 Syn‐Rel 电机中。转子具有凸极结构，但没有永磁体或励磁绕组，使得励磁磁链来源于多相定子绕组的交流电源。到目前为止，最复杂的情况为感应电机，其中不仅励磁磁链来源于定子绕组电源，而且转子与旋转磁场异步旋转。这意味着，即使测量转子位置，电机中旋转磁场的位置仍然未知。因此感应电机的矢量控制是最复杂的情况，最后被考虑。

推导 FOC 方案的出发点是，无论多相电机的类型如何，都是使用电机一般理论转换获得的数学模型。对于所有同步电机类型，这种模型总是固定在转子上的公共参考系中开发，而对于感应电机，公共参考系的速度可任意选择。一般理论应用的所有标准假设如下：最相关的假设是电机磁场（磁链）在空间正弦分布和所有的参数是恒定的，包括磁化电感（如适用）（意思是忽略铁磁材料的非线性）。

如已经指出的那样，在假定的电机理想正弦电源供电下开发 FOC 方案，如果控制方案是图 24-3 所示的形式，其中使用定子相电流执行 CC，则电流控制电压源（如逆变器）被视为理想电流源，并且电机由电流供电。简单来说，假设多相电源可以提供任何所需的定子电压，使得实际的定子电流完全跟踪图 24-3 的参考电流。由于忽略了定子（定子电压方程式）的动态特性，大大简化了矢量控制方案。注意，对于具有单个中性点的 n 相电机，图 24-3 的控制方案意味着存在（$n-1$）个电流控制器。这些通常是滞环或斜坡比较类型，无论交流电机类型如何，都是相同的。在这里不考虑电源的 CC，也不考虑当 CC 不在静止参考系时相关的 PWM 控制方案。因此，进一步假设的是，无论使用什么电机类型和实际的 FOC 方案，电源都能够提供理想的正弦定子电流（或如稍后讨论的电压）。

24.2 多相永磁同步电机的磁场定向控制

考虑一个多相星形联结的 PMSM，在 $2\pi/n$ 的任何两个连续相之间具有空间位移，并且使相数 n 为奇数，而不会失去通用性。定子绕组的中性点被隔离。永磁体位于转子上，它们可以表面安装 ［表面安装的永磁同步电机（SPMSM）］或嵌入转子 ［内置式永磁同步电机（IPMSM）］。在前一种情况下，电机的气隙可以被认为是均匀的，而在后一种情况下，气隙长度是可变的，因为永磁体具有与空气实际上相同的磁导率。因此，SPMSM 的特征在于具有相当大的气隙（其将使得在弱磁区域中的操作难以进行，如后所述），而 IPMSM 的气隙较小，但由于通过嵌入式永磁体产生的凸极效应，磁阻是可变的。电机的转子不带任何绕组，无论以何种方式放置永磁铁。

在与转子牢固相连的公共参考坐标系中，用以下方程给出了永磁同步电机的数学模型：

$$\begin{cases} v_{ds} = R_s i_{ds} + \dfrac{d\psi_{ds}}{dt} - \omega\psi_{qs} \\[2mm] v_{qs} = R_s i_{qs} + \dfrac{d\psi_{qs}}{dt} + \omega\psi_{ds} \end{cases} \tag{24-3}$$

$$\begin{cases} v_{xis} = R_s i_{xis} + \dfrac{d\psi_{xis}}{dt} & i=1,\cdots,(n-3)/2 \\[2mm] v_{yis} = R_s i_{yis} + \dfrac{d\psi_{yis}}{dt} & i=1,\cdots,(n-3)/2 \\[2mm] v_{0s} = R_s i_{0s} + \dfrac{d\psi_{0s}}{dt} \end{cases} \tag{24-4}$$

$$\begin{cases} \psi_{ds} = L_d i_{ds} + \psi_m \\[2mm] \psi_{qs} = L_q i_{qs} \end{cases} \tag{24-5}$$

$$\begin{cases} \psi_{xis} = L_{ls}i_{xis} & i = 1, \cdots, (n-3)/2 \\ \psi_{yis} = L_{ls}i_{yis} & i = 1, \cdots, (n-3)/2 \\ \psi_{0s} = L_{ls}i_{0s} \end{cases} \tag{24-6}$$

$$T_e = P\left[\psi_m i_{qs} + (L_d - L_q)i_{ds}i_{qs}\right] \tag{24-7}$$

式中，下标 l 代表漏电感；v、i 和 ψ 分别表示电压、电流和磁链；d 和 q 分别表示沿着永磁体磁链轴（d）和垂直于其的轴（q）的分量；s 表示定子；电感 L_d 和 L_q 是沿 d 轴和 q 轴的定子绕组自感。

电压和磁链联立方程式（24-3）~ 式（24-6）代表了一个 n 相电机，关于 n 个新变量的集合，通过原相变量与新变量之间关联的一个功率不变变换矩阵，将原始电机模型在相域中变换

$$f_{dq} = DCf_{1,2,\cdots,n} = Tf_{1,2,\cdots,n}$$
$$T = DC \tag{24-8}$$

式中，f 代表电压、电流或磁链；D 和 C 分别是定子变量的旋转变换矩阵和解耦变换矩阵（图 24-3 中的模块 "2/n"）。对于具有奇数相的 n 相电机，这些矩阵是

$$D = \begin{array}{c} ds \\ qs \\ x_{1s} \\ y_{1s} \\ \cdots \\ 0_s \end{array} \begin{pmatrix} \cos\theta_s & \sin\theta_s & 0 & 0 & \cdots & 0 \\ -\sin\theta_s & \cos\theta_s & 0 & 0 & \cdots & 0 \\ 0 & 0 & 1 & 0 & \cdots & 0 \\ 0 & 0 & 0 & 1 & \cdots & 0 \\ \cdots & \cdots & \cdots & \cdots & \cdots & 0 \\ 0 & 0 & 0 & 0 & \cdots & 1 \end{pmatrix} \tag{24-9}$$

$$C = \sqrt{\frac{2}{n}} \begin{array}{c} \alpha \\ \beta \\ x_1 \\ y_1 \\ x_2 \\ y_2 \\ \cdots \\ x_{(n-3)/2} \\ y_{(n-3)/2} \\ 0 \end{array} \begin{pmatrix} 1 & \cos\alpha & \cos 2\alpha & \cos 3\alpha & \cdots & \cos(n-1)\alpha \\ 0 & \sin\alpha & \sin 2\alpha & \sin 3\alpha & \cdots & \sin(n-1)\alpha \\ 1 & \cos 2\alpha & \cos 4\alpha & \cos 6\alpha & \cdots & \cos 2(n-1)\alpha \\ 0 & \sin 2\alpha & \sin 4\alpha & \sin 6\alpha & \cdots & \sin 2(n-1)\alpha \\ 1 & \cos 3\alpha & \cos 6\alpha & \cos 9\alpha & \cdots & \cos 3(n-1)\alpha \\ 0 & \sin 3\alpha & \sin 6\alpha & \sin 9\alpha & \cdots & \sin 3(n-1)\alpha \\ \cdots & \cdots & \cdots & \cdots & \cdots & \cdots \\ 1 & \cos[(n-1)/2]\alpha & \cos 2[(n-1)/2]\alpha & \cos 3[(n-1)/2]\alpha & \cdots & \cos[(n-1)^2/2]\alpha \\ 0 & \sin[(n-1)/2]\alpha & \sin 2[(n-1)/2]\alpha & \sin 3[(n-1)/2]\alpha & \cdots & \sin[(n-1)^2/2]\alpha \\ 1/\sqrt{2} & 1/\sqrt{2} & 1/\sqrt{2} & 1/\sqrt{2} & \cdots & 1/\sqrt{2} \end{pmatrix} \tag{24-10}$$

因为变换矩阵采用功率不变的形式，所以逆变换为 $T^{-1} = T^T$，$D^{-1} = D^T$，$C^{-1} = C^T$

式（24-9）中的转换角 θ_s 与转子电气位置相同，因此

$$\theta_s = \theta = \int \omega dt \tag{24-11}$$

当公共参考系的 d 轴与永磁磁链的瞬时位置一致时，意味着给定的模型已经在与永磁体磁链相连的公共参考系中表达。

d - q 方程组式（24-3）和式（24-5）构成了模型的磁链/转矩产生部分，从转矩方程式（24-7）可以看出。在星形联结绕组中，中性点不接地，没有零序电流，因此可以省略式（24-4）和式（24-6）的最后一个方程。除了 dq 方程之外，该模型还包含式（24-4）和式（24-6）中的 $(n-3)/2$ 对 xy 分量方程，这对于转矩产生没有贡献，因此不能用旋转变换式（24-9）（即它们

的形式仅在应用解耦变换式（24-10）之后获得）。然而，必须注意的是，所有这些分量（其将存在于 $n \geqslant 5$ 的模型中）的参考值为零，隐含在图 24-3 所示的控制方案中，因为参考相电流仅由 dq 电流参考值来构建。对于这里考虑的所有多相交流电机（所有类型的同步和感应电机），式（24-4）和式（24-6）都是相同的。

对于 SPMSM，因为气隙被认为是均匀的，所以式（24-3）、式（24-5）和式（24-7）的集合进一步简化，$L_s = L_d = L_q$。则式（24-3）和式（24-5）变为

$$\begin{cases} v_{ds} = R_s i_{ds} + L_s \dfrac{di_{ds}}{dt} - \omega L_s i_{qs} \\ v_{qs} = R_s i_{qs} + L_s \dfrac{di_{qs}}{dt} + \omega(L_s i_{ds} + \psi_m) \end{cases} \tag{24-12}$$

而转矩方程采取形式

$$T_e = P\psi_m i_{qs} \tag{24-13}$$

通过比较式（24-13）与式（24-2），显然转矩方程的形式与他励直流电动机相同。唯一重要的区别是电枢电流的作用现在由 q 轴定子电流分量来实现。假设电机是电流供电的（即 CC 在静止参考坐标系中执行），则式（24-12）的定子电流动态特性受快速 CC 回路影响，图 24-3 的全局控制方案如图 24-4 所示。由于电机具有提供励磁磁链的永磁体，不需要从定子侧提供磁链，并且沿着 d 轴的定子电流参考值设置为零。根据式（24-11），测得的转子电气角度是式（24-9）的变换角。

图 24-4 的控制方案是永磁励磁直流电动机的相应控制方案的直接模拟，其中换向器与电刷的作用现在被数学变换 $\boldsymbol{T}^{-1}$ 取代。速度控制器后面包括一个限幅器。该模块总是存在于高性能驱动器中（为了简单起见，它不包括在图 24-1 和图 24-3 中），并且限制确保不超过允许的最大定子电流（通常由电力电子变换器控制）。接下来，如已经指出的那样，根据式（24-13）与转矩和定子 q 轴电流参考值相关联的常数，在图 24-4 中通常被并入速度控制器增益中，使得速度控制器的有限输出实际上直接作为定子 q 轴电流参考值。

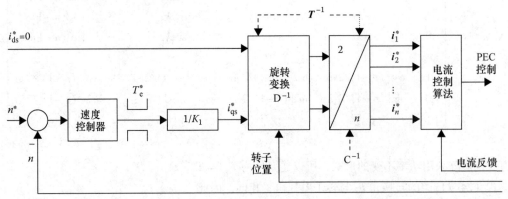

图 24-4　带有表面安装永磁体的基速区域中的 PMSM 的矢量控制（$K_1 = P\psi_m$）

图 24-4 所示的控制方案满足基速区域的控制。如果需要以高于额定值的速度操作电机，则需要削弱磁链，使得施加到电机的电压不超过额定值。然而，永磁体磁链不能改变，并且在高于额定值的转速下实现运行的唯一方法是保持式（24-12）的项 $\omega(L_s i_{ds} + \psi_m)$ 恒定、并等于其额定转速下的值 $\omega_n \psi_m$（下角 n 代表额定值）。因此在任何高于额定速度下，定子 d 轴电流参考值必须取一个负值，即

$$i_{ds}^* = -\frac{|\omega_n - \omega|}{\omega}\frac{\psi_m}{L_s} \quad \omega > \omega_n \tag{24-14}$$

因为有大的有效气隙（因此电感值较小），只有在基速以上的相当低的速度下［式（24-14）］的 d 轴电流参考值变得显著，所以可实现具有 SPMSM 的弱磁区域是相当有限的。这意味着可用的电流限制很快被 d 轴电流充分利用，因此不会为 q 轴电流留下裕量（因此产生转矩）。

图 24-4 所示 FOC 方案中使用的电机绕组和轴的位置示意图如图 24-5 所示。假设三相电机，定子相位标记为 a、b、c（而不是 1、2、3）。永磁体用沿 d 轴的虚拟磁场（f）绕组表示，定子电流空间矢量，定义为

$$\begin{cases} \underline{i}_s = i_{ds} + j i_{qs} = \sqrt{i_{ds}^2 + i_{qs}^2}\,e^{j\delta} \\ i_s = \sqrt{i_{ds}^2 + i_{qs}^2} \end{cases} \tag{24-15}$$

式（24-15）显示，在任意位置，它具有 d 轴和 q 轴分量。如上所述，在基速区域中，定子 d 轴电流分量为零，意味着式（24-15）的完整的定子电流空间矢量与 q 轴对齐。因此，在电动运行期间，定子电流相对于电机磁链轴为 90°（$\delta = 90°$），而在制动期间角度为 $-90°$（$\delta = -90°$）。在弱磁 d 轴电流为负的情况下，提供减小定子绕组磁链的人为作用，驱动时达到 $\delta > 90°$。如果电机在弱磁区域运行，则图 24-4 中的简单的 q 轴电流限制不够，因为式（24-15）的总定子电流不能超过规定的极限，而 d 轴电流现在不再为零。因此，q 轴电流必须具有由最大允许定子电流 i_{smax} 和式（24-14）d 轴电流指令值决定的可变限值。文献［19］提供了更详细的讨论。

在 PMSM 中，由于没有转子绕组，认为气隙和转子中的磁链是相同的，这是在图 24-4 中用于 FOC，与参考系对准的磁链。只要 CC 被实现（见图 24-4），不管定子相数多少，图 24-5 的原理就是相同的。唯一的变化是定子绕组相数及其空间位移。

下面给出了从实验装置获得的三相 SPMSM 性能的图示。PI 速度控制算法在 PC 中实现，研究了在基速区域中的操作。因此，定子 d 轴电流参考值始终设置为零，驱动器仅在基速区域运行（电机额定转速为 3000r/min）。速度控制器的输出是定子 q 轴电流指令，经过 D/A 转换后提供给专用集成电路，执行坐标变换 $\mathbf{T}^{-1}$，如图 24-4 所示。坐标变换芯片输出定子相电流参考值，用于控制

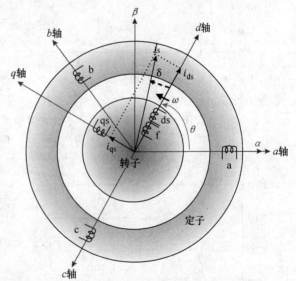

图 24-5　三相 SPMSM 的定子绕组和 FOC 中使用的公共参考系的图示

10kHz 开关频率 IGBT 电压源逆变器的滞环电流控制器。使用霍尔效应探头测量定子电流。使用旋转变压器测量位置，该旋转变压器的输出被提供给数字转换器（另一个集成电路）。R/D 转换器的其中一个输出是速度信号（以模拟形式），作为速度控制回路的速度反馈信号被送到 PC（A/D 转换后）。速度参考以阶跃的方式应用。在速度 PI 控制器设计中使用 SPMSM 的惯量，在空载条件下给出了额定转速参考值（3000r/min）的非周期性速度响应。图 24-6 显示了 3000r/min 和 2000r/min 的参考阶跃速度的速度响应记录。速度指令发出始终在 0.25s。从图 24-6 可以看

出，速度响应非常快，并且在 0.25～0.3s 内达到设定速度，没有任何超调。

接下来，电枢端子保持开路，SPMSM 与永磁发电机（带载）机械耦合，因此惯性得到有效增加，从三阶变为一阶。由于电动机的额定转速为 2000r/min，所以用这个转速参考进行测试，如图 24-7 所示。此时在电流限制下的运行会延时一段时间，这可以从 2000r/min 参考速度下伴随的 q 轴电流参考值和 a 相电流参考轨迹中看出。从转子运动的一般方程（24-1a）可以看出，由于惯量的增加，加速瞬变的持续时间明显变长，在最终稳定状态下，定子 q 轴电流参考值为非零值，因为电动机必须产生一些转矩（消耗一些实际功率）以克服由式（24-1a）算出的机械损耗以及在定子的铁磁材料中的铁心损耗。

如果一台电机的电磁转矩可以从一个常数值瞬时上升到最大允许值，那么速度响应实际上是线性的，如式（24-1a）所示。转矩的阶跃上升需要在电机中快速增大 q 轴电流。由于 SPMSM 中定子绕组的时间常数非常小（电感非常小），定子 q 轴电流分量变化非常快（尽管不是瞬时的），因此，在转矩（定子 q 轴电流）限制下，速度参考值的阶跃变化的速度响应实际上是线性的。这在图 24-6 和图 24-7 中是显而易见的。

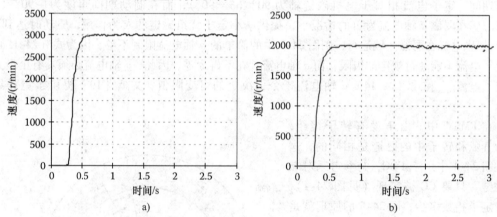

图 24-6　在空载条件下，SPMSM 参考速度阶跃响应的实验记录

a）3000r/min　b）2000r/min。

（来自 Ibrahim Z 和 Levi E，EPEJ.，12（2），37，2002. 经许可）

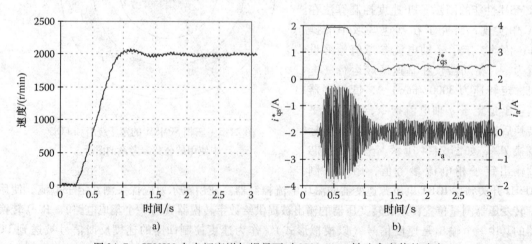

图 24-7　SPMSM 在大幅度增加惯量下对 2000r/min 转速参考值的响应

a）速度　b）定子 q 轴电流参考值和相电流参考值

（来自 Ibrahim Z 和 Levi E，EPEJ，12（2），37，2002. 经许可）

　　所有高性能驱动器的重要性质是其抛负载特性（即对阶跃加载/卸载的响应）。为此，在具有 1500r/min 的恒定速度参考值的 SPMSM 的运行中，作为负载的电机的电枢端子突然连接到电枢电路中的电阻，从而产生阶跃负载转矩应用的效果。在参考速度 1500r/min 下突然加载时记录的速度响应如图 24-8 所示。负载转矩施加是一种干扰，因此在瞬态过程中速度不可避免地会下降。速度将从参考值下降多少取决于速度控制器的设计参数和最大允许的定子电流值，因为这与最大电磁转矩值成正比。

　　图 24-4 所示的控制方案对应于图 24-1，其中，假设 CC 位于静止参考系，应用于电机的相电流。这是 20 世纪 80 年代和 90 年代初期的首选解决方案，它基于在控制部分应用数字电子，直到定子相电流基准的建立。用于电力电子变换器（PEC）控制的 CC 算法通常使用模拟电子器件实现。因为现代微处理器和 DSP 速度的快速发展使成本的降低，所以现在主要采用完全数字化的解决方案。这意味着 DSP（或微处理器）的输出基本上是 PEC 半导体开关的触发信号。这种解决方案通常涉及不同的 CC 方案，现在在旋转坐标系中实现。简单来说，不是控制交流

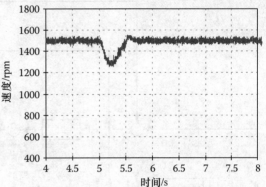

图 24-8　给 SPMSM 施加阶跃负载时的恒定
速度参考值 1500r/min 的速度响应
（来自 Ibrahim Z 和 Levi E, EPEJ.,
12（2），37，2002. 经许可）

相电流，而是控制它们的 $d-q$ 轴分量。这要求考虑定子电压方程式（24-12），因为控制系统的最终输出基本上是半导体开关控制信号。因此，矢量控制系统以与图 24-4 相同的方式首先在 $d-q$ 轴上产生定子电流参考值，但现在在旋转参考系中采用定子 $d-q$ 轴 CC 上。式（24-12）表明，定子 $d-q$ 电流和电压分量之间存在耦合。因此，使用式（24-12）定义定子 $d-q$ 电流控制器的输出为

$$\begin{cases} v'_{ds} = R_s i_{ds} + L_s \dfrac{di_{ds}}{dt} \\ v'_{qs} = R_s i_{qs} + L_s \dfrac{di_{qs}}{dt} \end{cases} \quad (24\text{-}16)$$

并且通过将 PI 电流控制器的输出与解耦电压求和来建立总定子电压 $d-q$ 参考值：

$$\begin{cases} v^*_{ds} = v'_{ds} + e_d \\ v^*_{qs} = v'_{qs} + e_q \end{cases} \quad (24\text{-}17)$$

式（24-16）、式（24-17）与式（24-12）的比较表明，解耦电压 e 在一般情况下由下式计算：

$$\begin{cases} e_d = -\omega L_s i_{qs} \\ e_q = \omega(L_s i_{ds} + \psi_m) \end{cases} \quad (24\text{-}18)$$

　　如果电机仅在基速区域运行，定子 d 轴电流参考值设置为零，则沿 q 轴的解耦电压仅包含由于永磁体磁链产生的旋转感应电动势。根据式（24-18）计算需要有关旋转速度（可用）、定子电感和定子 $d-q$ 轴电流分量的信息。从测量的相电流或参考值获得的任一值均可作为式（24-18）中的 $d-q$ 轴电流分量。在这种情况下，重要的是要注意，因为 CC 现在基于定子 $d-q$ 轴电流分量，所以需要使用坐标变换 $\boldsymbol{T}$ 将测量的定子相电流转换到旋转参考系。这意味着控制系统需要两个坐标变换，而不是如图 24-4 所示。相电流被变换为 $d-q$ 轴分量，而 $d-q$ 轴参考定子电压被变换为参考相电压（即在每个方向上需要一次变换）。

　　另一个重要的提醒是，至少在理论上看来，当在旋转参考系中实现 CC 时，无论电机的相数如何，都只需要使用两个电流控制器（$d-q$ 对）。然而，这实际上还不够。在 n 相电机中，存在 $(n-1)$ 个独立电流，因此如果只有两个电流控制器，则电机/PEC 的任何非理想行为将导致不

良控制。感应电机FOC部分将详细讨论此问题（问题是相同的，与电机类型无关）。

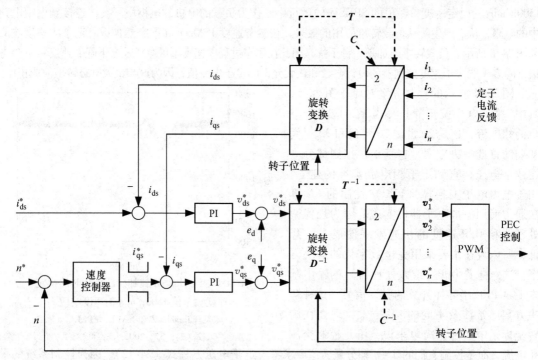

图24-9　在旋转参考系中具有CC的多相SPMSM驱动器的全数字控制

在旋转参考系中实现CC时矢量控制方案的图示如图24-9所示。解耦电压项经常被省略，如果驱动电源以高开关频率运行并使用快速电流控制器，则这是一个令人满意的解决方案。如上所述，这种CC方案在实践中只有在电机是三相时才满足要求，尽管再次说明了一般n相情况。

根据式（24-5），IPMSM的FOC实质上与SPMSM相同，现在必须考虑电机的不同电感。如果定子d轴电流参考值设置为零，则对于静止参考系中的CC和旋转参考系中的CC，控制方案分别保持与图24-4和图24-9中的相同［唯一的区别在于解耦电压式（24-18），其中沿着两个轴具有不同的电感］。然而，使用零定子d轴电流参考设置的IPMSM不是最佳的，因为式（24-7）中的转矩的第二分量磁阻转矩为零并且没有被利用。因此，在基速区域中，通常使用非零定子d轴电流参考设置来操作IPMSM。参考值取决于观测到的所需转矩值，存在使总定子电流最小化的d轴电流的最佳设置。换句话说，以这样的方式进行控制，以获得具有每安培定子电流的最大转矩的操作（该策略通常称为MTPA）。为了解释这个想法，请参考图24-5和式（24-15）。定子电流$d-q$轴分量可以作为总定子电流和角度δ的函数给出：

$$\begin{cases} i_{ds} = i_s \cos\delta \\ i_{qs} = i_s \sin\delta \end{cases} \tag{24-19}$$

然后可以给出式（24-7）表示的电机的电磁转矩，为

$$T_e = P[\psi_m i_{qs} + (L_d - L_q) i_{ds} i_{qs}] \tag{24-20}$$

$$T_e = Pi_s[\psi_m \sin\delta + \Delta L i_s \times 0.5\sin2\delta]$$

式中，$\Delta L = L_d - L_q$。在一定的角度δ上实现MTPA运行，通过对式（24-20）中的δ微分并将一阶导数等于零，于是得到

$$\psi_m \cos\delta + \Delta L i_s \cos2\delta = 0$$

$$\cos^2\delta + \left[\frac{\psi_m}{(2\Delta L i_s)}\right]\cos\delta - 0.5 = 0 \tag{24-21}$$

这里有一个重要的说法。与具有励磁绕组和 Syn – Rel 电机的凸极转子结构的同步电机相反，其中 $L_d > L_q$，因此 $\Delta L > 0$，这在 IPMSM 中是相反的。因为永磁体处于 d 轴，而且其磁导率低，呈现高磁阻，使得 d 轴电感变小。因此，对于 IPMSM，$L_d < L_q$，$\Delta L < 0$。这样做的最终结果是，只有定子 d 轴电流参考值为负值时，式（24-20）中的磁阻转矩分量才能对转矩产生积极的贡献。因此，导致 MTPA 操作的二次方程式（24-21）的解是定子 d 轴电流负值解。

24.3　多相同步磁阻电机的磁场定向控制

用于高性能变速驱动的 Syn – Rel 电机具有凸极转子结构，无任何励磁装置，无笼型绕组。这种电机的模型可以通过将永磁体磁链设置为零直接从式（24-3）~式（24-7）获得。如果超过三相，则模型中也存在定子方程式（24-4）和式（24-6），但保持不变，这里不再重复。因此，从式（24-3）、式（24-5）和式（24-7）可以看出，Syn – Rel 电机的模型再次在参考坐标系中给出，该参考坐标系牢固地连接到转子的 d 轴（最小磁阻或最大电感的轴线）：

$$v_{ds} = R_s i_{ds} + L_d \frac{di_{ds}}{dt} - \omega L_q i_{qs} \tag{24-22}$$

$$v_{qs} = R_s i_{qs} + L_q \frac{di_{qs}}{dt} + \omega L_d i_{ds}$$

$$T_e = P(L_d - L_q) i_{ds} i_{qs} \tag{24-23}$$

从式（24-23）可以看出，电机产生的转矩完全取决于沿 d 轴与 q 轴的电感差。因此，通过使 L_d/L_q 比值尽可能高，使这种结构的差异最大化是有必要的，以使 Syn – Rel 电机成为实际应用的可行选择。事实表明，通过使用轴向叠片的转子而不是径向叠片的转子结构，可以显著提高该比值。从 FOC 的角度来看，它与实际的转子结构不相关（关于更多细节参见文献 [13]）。

由于电机的模型再次在参考系中给出，并且参考系的实轴线与转子磁链轴 d 轴重合，实际相变量与定子 $d – q$ 变量相关的变换表达式（24-9）~式（24-11）与 PMSM 相同。再次测量的转子位置是转换矩阵（24-9）中所需的角度。因此，人们得出结论，Syn – Rel 电机的 FOC 方案必然与 TPMSM 的方案非常相似。

在 Syn – Rel 电机中没有转子励磁装置，因此与 PMSM 驱动器相比，必须从定子侧提供励磁磁链，这是主要的差异。这里再次出现了如何将可用的定子电流再分为相应的 $d – q$ 轴电流参考值的问题。与 IPMSM 一样使用 MTPA 控制的相同。使用式（24-19）和电磁转矩式（24-23）可以写为

$$T_e = 0.5P(L_d - L_q) i_s^2 \sin 2\delta \tag{24-24}$$

通过对式（24-24）中的角度 δ 进行求导，这次直接得到解 $\delta = 45°$ 作为 MTPA 条件。这意味着如果定子 d 轴和 q 轴电流参考值始终保持相等，则能够得到 MTPA 结果。因此，图 24-4 的 FOC 方案仅对定子 d 轴电流参考值设置进行更改，如图 24-10 所示。现在设置 q 轴电流限值为 $\pm i_{smax}/\sqrt{2}$，因为 MTPA 算法将 d 轴和 q 轴电流参考值设置为相同的值。

在图 24-9 中需要进行相同的修改，此外，在解耦电压计算式（24-18）中，另外需要将永磁体磁链设置为零；否则 FOC 方案与图 24-9 中相同。

应该注意的是，上面获得的简单的 MTPA 解决方案只有忽略电机铁磁材料的饱和时才有效。然而，实际上，通过使用适当的修正的 Syn – Rel 电机模型，大大改善控制（并且也变得更加复杂），该模型考虑电机在两轴上的非线性磁化特性。

作为例证，以下给出了从五相 Syn – Rel 电机实验装置获得的一些响应。为了在低负载转矩值下使电机能够充分磁化，修改 MTPA 并根据图 24-11 实现，在初始部分中具有恒定的 d 轴参考

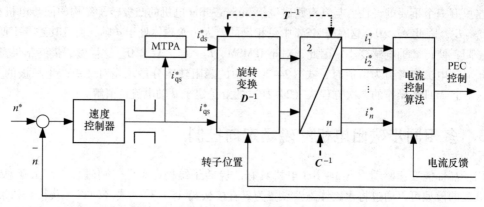

图 24-10　在静止参考系中使用 CC 的多相 Syn – Rel 电机的 FOC

值。设置 d 轴电流参考值的上限，以避免磁路的严重饱和。使用 LEM 传感器测量相电流，DSP 在静止参考系中使用斜坡比较法的数字形式执行闭环逆变器相 CC。逆变器开关频率为 10kHz。五相 Syn – Rel 电机是 4 极、60Hz，定子上有 40 个槽。它是由 7.5hp（1hp = 745W）、460V 三相感应电机通过设计新的定子叠片、五相定子绕组，并通过切割原转子（无斜槽，28 个槽）而获得的，给出 d 轴与 q 轴磁化电感的比值大约为 2.85。电机配备了旋转变压器，控制器始终以速度检测模式运行。

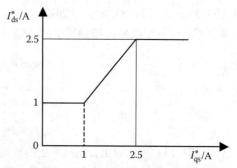

图 24-11　实验装置中五相 Syn – Rel 电机的定子 d 轴电流参考值随 q 轴电流参考值（有效值）的变化

（来自 Levi, E. et al., IEEE Trans. Energ. Conveys., 22（2），281. 2007. 经许可）

　　图 24-12 示出了在空载条件下转速参考值从 800 到 –800r/min 阶跃变化的反转瞬态过程的驱动器的响应，其中测量的速度轨迹、定子 q 轴电流参考值（这又决定了定子电流 d 轴参考值，如图 24-11）、相电流的参考值和测量值如图 24-12 所示。可以看出，瞬态速度响应的质量与 SPMSM（图 24-6 和图 24-7）几乎相同，因为再次可以观察到速度变化曲线的相同线性变化。在 –800r/min 的最终稳态运行中，尽管没有任何负载，但电机的 q 轴电流参考值大于 1A。这是电机中存在的机械损耗和铁心损耗的结果，但是在矢量控制方案中没

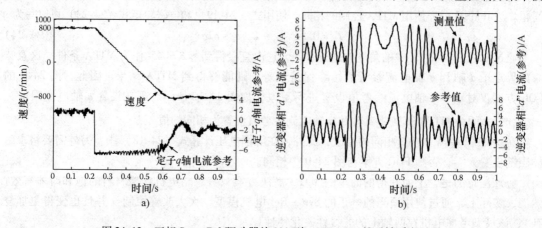

图 24-12　五相 Syn – Rel 驱动器从 800 到 –800r/min 的反转瞬变过程
a）速度响应和定子 q 轴电流参考值（峰值，$\sqrt{2}I_{qs}^*$）　b）相电流的参考值和测量值
（来自 Levi E, et al., IEEE Trans. Energ. Conveys., 22（2），281. 2007. 经许可）

有考虑到机械损耗（根据式（24-1a），非零负载转矩导致了机械损耗）。相电流的测量值和参考值表现出良好的一致性，表明逆变器的 CC 运行良好。

24.4　多相感应电机的磁场定向控制

类似于同步电机，感应电机的 FOC 方案也使用通过交流电机的一般理论获得的数学模型来开发。n 相笼型感应电机可以在与模型的磁链－转矩产生部分在以任意旋转速度 ω_a 旋转的公共参考系中描述

$$\begin{cases} v_{ds} = R_s i_{ds} + \dfrac{\mathrm{d}\psi_{ds}}{\mathrm{d}t} - \omega_a \psi_{qs} \\[2mm] v_{qs} = R_s i_{qs} + \dfrac{\mathrm{d}\psi_{qs}}{\mathrm{d}t} + \omega_a \psi_{ds} \end{cases} \tag{24-25a}$$

$$\begin{cases} v_{dr} = 0 = R_r i_{dr} + \dfrac{\mathrm{d}\psi_{dr}}{\mathrm{d}t} - (\omega_a - \omega)\psi_{qr} \\[2mm] v_{qr} = 0 = R_r i_{qr} + \dfrac{\mathrm{d}\psi_{qr}}{\mathrm{d}t} + (\omega_a - \omega)\psi_{dr} \end{cases} \tag{24-25b}$$

$$\begin{cases} \psi_{ds} = (L_{ls} + L_m) i_{ds} + L_m i_{dr} \\[2mm] \psi_{qs} = (L_{ls} + L_m) i_{qs} + L_m i_{qr} \end{cases} \tag{24-26a}$$

$$\begin{cases} \psi_{dr} = (L_{lr} + L_m) i_{dr} + L_m i_{ds} \\[2mm] \psi_{qr} = (L_{lr} + L_m) i_{qr} + L_m i_{qs} \end{cases} \tag{24-26b}$$

$$T_e = P(\psi_{ds} i_{qs} - \psi_{qs} i_{ds}) = P \frac{L_m}{L_r}(\psi_{dr} i_{qs} - \psi_{qr} i_{ds}) \tag{24-27}$$

这是三相笼型感应电机的完整模型。如果定子具有三相以上，则该模型还包括非磁链/转矩产生方程式（24-4）和式（24-6），对于所有具有正弦磁动势分布的 n 相电机，其形式相同。当转子短路时，转子中不会出现非零值的 $x-y$ 电压（因为定子和转子 $x-y$ 方程之间没有任何耦合[26]），所以转子的 $x-y$（以及零序）方程总是多余的，可以省略。下角 l 代表漏电感，下角 s 和 r 表示定子和转子，L_m 表示磁化电感。

相位变量和公共参考系中的变量之间的关系再次受含有定子量的式（24-9）和式（24-10）的限制。然而不同的是，因为转子速度与同步转速不同，所以根据式（24-11）的定子转换角度的设置将不起作用。简单来说，转子与旋转磁场异步旋转，这意味着转子位置与电机中旋转磁链的位置不一致。与 PMSM 相比，另一个差异在于，转子不具有产生励磁的任何装置。因此，电机中的磁链必须从定子供电侧产生，这与 Syn-Rel 电机相似。

转矩方程可以以不同的方式给出，包括定子磁链和转子磁链 $d-q$ 轴分量，这是式（24-27）表达的 FOC 最相关两个分量。从式（24-27）可以看出，如果任一定子磁链或转子磁链的 q 分量被强制为零，那么感应电机的转矩方程将与直流电机的转矩方程式（24-2）相同。因此，为了将感应电机转换成等效直流电机，需要选定定子或转子磁链的 q 分量将保持在零值的参考系［有第三种可能性，具有很低的实用价值，选择气隙磁链（磁化）代替定子或转子磁链，并保持其 q 轴分量为零］。因此，可以通过将参考系与所选择的磁链的 d 轴分量对准来开发用于感应电机的 FOC 方案。为此，定子磁链的选择确实有一定的应用价值，形成了更复杂的 FOC 方案，在这里不被考虑。到目前为止，广泛应用于工业驱动的最频繁的选择是 FOC 方案，它将公共参考系的 d 轴与转子磁链对齐。

与同步电机驱动一样，电源的 CC 可以在静止或旋转参考系中使用 CC 来实现。因为 CC 在静

止参考系中，所以可以假设电源是理想的电流源。因此有

$$i_1^* = i_1 , \; i_2^* = i_2 , i_n^* = i_n \tag{24-28}$$

电压方程式（24-25a）可以忽略。现在执行控制的公共参考系是转子磁链参考系，故 FOC 通常被称为转子磁链定向控制（RFOC）。参考系的特征在于

$$\theta_s = \phi_r \quad \omega_a = \omega_r \quad \omega_r = \frac{\mathrm{d}\phi_r}{\mathrm{d}t} \tag{24-29}$$

式中，ω_r 和 ϕ_r 代表电机横截面中的旋转转子磁链的瞬时速度和位置。因此，式（24-9）中的变换角成为瞬时转子磁链位置。

因为公共参考系的 d 轴与转子磁链的 d 轴分量重合，所以当转子磁链的 q 轴分量保持为零时，在该特定参考系中，

$$\psi_{dr} = \psi_r , \psi_{qr} = 0 , \frac{\mathrm{d}\psi_{qr}}{\mathrm{d}t} = 0 \tag{24-30}$$

在这个给定的参考系中，转子电压方程式（24-25b）为

$$\begin{cases} 0 = R_r i_{dr} + \dfrac{\mathrm{d}\psi_{dr}}{\mathrm{d}t} \\[2mm] 0 = R_r i_{qr} + (\omega_r - \omega)\psi_{dr} \end{cases} \tag{24-31}$$

转子电流 d – q 轴分量可以用转子磁链方程式（24-26b）表示

$$\begin{cases} \psi_r = (L_{lr} + L_m) i_{dr} + L_m i_{ds} \Rightarrow i_{dr} = \dfrac{(\psi_r - L_m i_{ds})}{L_r} \\[2mm] 0 = (L_{lr} + L_m) i_{qr} + L_m i_{qs} \Rightarrow i_{qr} = -\left(\dfrac{L_m}{L_r}\right) i_{qs} \end{cases} \tag{24-32}$$

将式（24-32）代入式（24-31），将式（24-30）代入式（24-27）中，得到电流型馈电转子磁链定向感应电机的完整模型，形式如下：

$$\psi_r + T_r \frac{\mathrm{d}\psi_r}{\mathrm{d}t} = L_m i_{ds} \tag{24-33}$$

$$(\omega_r - \omega)\psi_r T_r = L_m i_{qs} \tag{24-34}$$

$$T_e = P\left(\frac{L_m}{L_r}\right)\psi_r i_{qs} \tag{24-35}$$

式中，$T_r = L_r / R_r$，为转子时间常数。

从式（24-35）可以看出，只要转子磁链保持恒定，电磁转矩就可以通过逐步改变定子 q 轴电流参考值产生瞬间变化。式（24-33）表明，转子磁链与转矩 q 轴电流无关，其值由定子 d 轴电流设定值唯一确定。转子磁链对定子 d 轴电流的响应呈指数变化，并且在大约经过三个转子时间常数之后，转子磁链达到稳态恒定值。因此，在所有的工业驱动中，在给驱动系统上电时，立即施加定子 d 轴电流，使得在应用速度参考值时，电机已经完全被磁化（即，转子磁链已经稳定在额定值）。

式（24-33）～式（24-35）的第三个方程是将电机的转差速度 $\omega_{sl} = \omega_r - \omega$ 与定子 q 轴电流分量相关联的方程。通过式（24-34）表达的 i_{qs} 代入式（24-35）中，转矩和转差速度之间的相关性表示为

$$T_e = P\left(\frac{\psi_r^2}{R_r}\right)\omega_{sl} \tag{24-36}$$

从式（24-36）可以看出，转矩和转差速度之间的关系是线性关系，理论上没有产生（最大）转矩。实际上，最大可实现的转矩由允许的最大定子电流决定。

图 24-13 给出了这种参考系中转子磁链定向参考系和定子电流 $d - q$ 轴分量的图示。定子电流及其分量仍然遵循式（24-15）和式（24-19），这与 PMSM 相同。然而，定子 d 轴电流分量现在总是非零值，正如 Syn – Rel 电机所示。

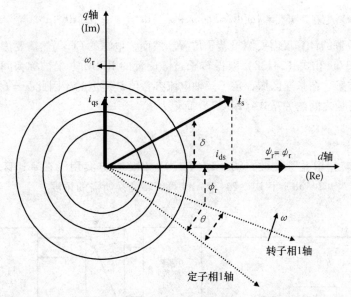

图 24-13　固定在多相感应电机的旋转转子磁链上的公共参考系的图示

在任何稳态运行中，式（24-33）的转子磁链由 $\psi_r = L_m i_{ds}$ 决定。这意味着，根据式（24-32）稳态运行转子的 d 轴电流分量为零。该表达式还提供了在转子磁链保持恒定的基速区域中如何设定定子 d 轴电流参考值的思路。本质上，定子 d 轴电流参考值设定为等于额定电压供电（可从空载试验得到）的电机空载（磁化）电流。因为在空载条件下，转子电流几乎为零，磁化磁链和转子磁链相等。

假设仅在基速区域中运行的电流馈电型多相感应电机的 RFOC 方案的基本形式如图 24-14 所示。还有待解释的是获取瞬时转子磁链位置角度的方法。这实质上是 Syn – Rel 电机（见图 24-10）的 FOC 与感应电机的 RFOC 之间唯一但重要的区别。

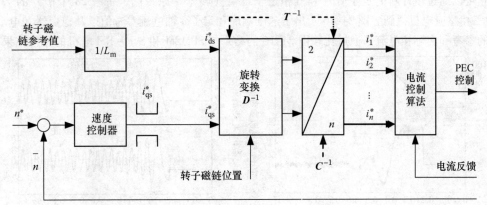

图 24-14　多相感应电机的 RFOC 方案的基本形式，CC 在静止参考系（仅限基速区域）

转子磁链空间位置不容易测量。因此，它必须基于可测量信号和正确的电机模型，以某种方式进行估计。实际上，转子磁链位置计算最重要的方法是使用定子 q 轴电流分量的参考值以前馈方式利用式（24-34）。因为 $\omega_{sl} = \omega_r - \omega$，所以转子磁链旋转速度可以计算为 $\omega_r = \omega + \omega_{sl}^*$。从式

（24-34）和式（24-29）可以看出

$$\omega_{sl}^* = \frac{L_m i_{qs}^*}{T_r \psi_r^*} \tag{24-37}$$

$$\phi_r = \int \omega_r dt = \int (\omega + \omega_{sl}^*) dt = \theta + \int \omega_{sl}^* dt \tag{24-38}$$

因此，转子磁链位置的计算仅需要测量转子位置。然而，电源的 CC 仍然需要测量定子电流。

通过式（24-37）和式（24-38）获得转子磁链位置的 RFOC 方案被称为间接转子磁链定向控制（IRFOC）方案。在基速区域，定子 d 轴电流参考值是恒定的，因此 $\psi_r = L_m i_{ds}$，转差速度与定子 q 轴电流参考值之间的关系式（24-37）简化为

$$\omega_{sl}^* = \frac{i_{qs}^*}{T_r i_{ds}^*} = SG i_{qs}^* \tag{24-39}$$

式中，SG 代表"转差增益"常数，$SG = 1/(T_r i_{ds}^*)$。IRFOC 方案用于在基速区域中运行，如图 24-15 所示。根据式（24-38）和式（24-39）计算旋转变换所需的角度。

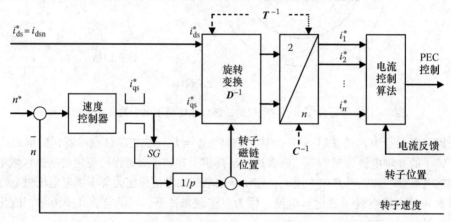

图 24-15　用于在基速区域中感应电机运行的间接 RFOC 方案（p 为拉普拉斯算子；$1/p$ 为积分器）

静止参考系中 IRFOC 方案和 CC 的五相感应电机的加速瞬变如图 24-16 所示。闭环逆变器相 CC 采用数字斜坡比较模式，逆变器开关频率为 10kHz。五相电机是 4 极，60Hz，定子有 40 个槽。它可以通过设计新的定子叠片和五相定子绕组（转子是原来的，带有 28 个槽）的 7.5hp、460V 三相感应电机得到。图 24-16 示出了速度响应和定子 q 轴电流参考值以及逆变器（电动机）一相的参考和实际相电流。通过比较图 24-16 的结果与 SPMSM 和 Syn-Rel 电机的相应结果（图

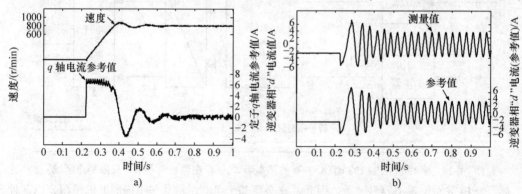

图 24-16　IRFOC 五相感应电机驱动从 0 到 800r/min 的加速

a）速度和 q 轴电流参考值　b）相电流的参考值和测量值

（来自 Levi E, et al., IEEE Trans. Energ. Conveys., 22（2），281，2007. 经许可）

24-6，图 24-7 和图 24-12）可知，已经实现了相同质量的瞬态响应。

类似的结果（速度响应和定子相电流）如图 24-17 所示，这次是三相 2.3kW、380V、4 极、50Hz 感应电机采用的 IRFOC。再次使用斜坡比较 CC，显示的是采用 10kHz 逆变器开关频率和在空载条件下的加减速瞬变。图 24-16 和图 24-17 的比较表明，与电机定子相数无关，可以实现相同质量的动态响应。

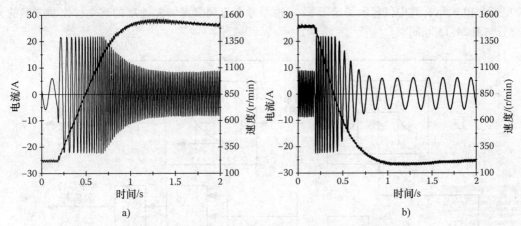

图 24-17　在空载条件下使用 IRFOC 方案的三相感应电机
a）从 200r/min 加速至 1500r/min　b）从 1500r/min 减速至 200r/min

具有 IRFOC 功能的三相 0.75kW、380V、4 极、50Hz 感应电机驱动器的负载扰动抑制特性如图 24-18 所示，在恒定参考速度 600r/min 下，首先施加额定负载转矩，然后将其移除。图 24-18 示出了定子 q 轴电流参考值和转子速度的响应。另外，突然加载/卸载时的速度变化是不可避免的，如已经结合图 24-8 所讨论的那样。

目前讨论的 IRFOC 方案足以在转子磁链（定子 d 轴电流）参考值保持恒定的基速区域中进行运行。如果驱动器运行在基速以上，则必须削弱磁场。因为从定子侧产生磁链，所以对于高于额定速度的速度现在只需要简单地减小定子的 d 轴电流参考值。在最简单的情况下，转子磁通量参考值的减少量以与 PMSM 非常相似的方式确定。由于电机的电源电压不得超过额

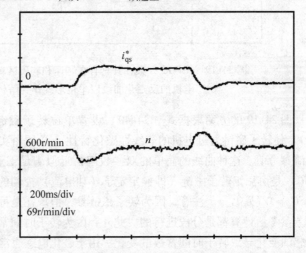

图 24-18　使用 IRFOC 的 0.75kW 三相感应电机的阶跃响应和去除额定负载转矩的响应的实际记录
（来自 Levi E, et al., Saturation compensation schemes forvector controlled induction motor drives, in IEEE Power Electronics Specialists Conference PESC, San Antonio, TX, pp. 591–598, 1990. 经许可）

定值，因此在任何高于额定速度下，转子磁链和转速的乘积应保持与额定转速时的相同，于是有

$$\omega_n \psi_m = \omega \psi_r \qquad (\omega > \omega_n)$$

$$\psi_r^* = \psi_m \left(\frac{\omega_n}{\omega} \right)$$

(24-40)

因为转子速度的变化速度比转子磁链变化的速度慢（即机械时间常数大大超过电磁时间常数），所以工业传动通常会根据弱磁区定子电流 d 轴设定值设定稳态转子磁链的关系，$i_{ds}^* = \psi_r^* / L_m$。然而，由于现代感应电机被设计成在电机的磁化曲线（即在饱和区域）的拐点附近工作，而在弱磁区域工作时，磁链减小，并且工作点朝向磁化曲线的线性部分移动，需要在宽速度运行的 IRFOC 的设计中考虑磁化曲线的非线性（即参数 L_m 变化）。一个相当简单和广泛使用的解决方案如图 24-19 所示，其中仅显示了定子 $d-q$ 轴参考电流和参考转差速度的建立。控制方案的其余部分与图 24-15 相同。

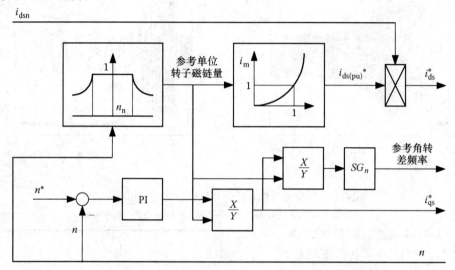

图 24-19 IRFOC 方案，其具有在基速和弱磁区域中运行的磁饱和消除的补偿。
电机的反磁化曲线以单位形式作为解析函数嵌入控制器中

图 24-19 的方案根据式（24-40）设置单位转子磁链参考值（相对于额定转子磁链值归一化）。使转子磁链通过电机的非线性磁化特性（必须由实验确定），来进一步获得单位定子 d 轴电流参考值。这种曲线的简单的双参数解析近似满足工业驱动要求[18]。图 24-19 中的转差增益（SG）是由额定转子磁链（即额定定子 d 轴电流）控制的，这反过来又对应于额定转子时间常数值 $SG_n = 1/(T_{rn}i_{dsn})$。注意，因为转子磁链参考值现在是可变量，所以定子 q 轴电流参考值计算和转差参考值计算都是分段进行的。此外，因为转子时间常数为 $T_r = L_r/R_r$ 和 $L_r = L_{lr} + L_m$，所以磁化电感的变化导致转子时间常数的变化。由于磁化电感通常为转子漏电感的 10 倍以上，则 $L_m/L_{mn} \approx L_r/L_{rn}$ 成立（这里的下角 n 再次表示额定工作条件）。使用该近似值和转差增益值 $SG_n = 1/(T_{rn}i_{dsn})$，可以根据下式确定弱磁区的参考转差速度

$$\omega_{sl}^* = \frac{L_m i_{qs}^*}{T_r \psi_r^*} = \frac{SG_n i_{qs}^*}{\psi_{r(pu)}^*} \tag{24-41}$$

类似地，定子 q 轴电流参考值由转矩参考值（速度控制器的输出）计算为

$$i_{qs}^* = \frac{T_e^*}{(P\psi_r^* L_m/L_r)} \approx \frac{T_e^*}{P(\psi_{r(pu)}^* \psi_{rn})L_{mn}/L_{rn}} = \frac{KT_e^*}{\psi_{r(pu)}^*} \tag{24-42}$$

式中，常数 K 与在基速区域 $[K = (P\psi_{rn} L_{mn}/L_{rn})^{-1}]$ 中的操作相同，并且在图 24-19 中被认为已经并入 PI 速度控制器增益中。电流限制是为了简单起见，图 24-19 中未示出，但必须保留。使用图 24-19 表示的 IRFOC 意味着，因为在定子 d 轴电流参考值计算中考虑了磁化特性的非线性，所以弱磁区域中的转子磁链参考值随适当的定子 d 轴电流调节而自动减小。

从经验可知，精确的 IRFOC 需要正确设置控制器中的转子时间常数。这是电机中一个特定的参数，它在控制方案中被视为常数。然而，不幸的是，这是在电机运行期间可能经历显著变化的参数。由于 $T_r = L_r/R_r$，转子电感和转子电阻的变化都会发生改变。转子电感的变化主要与可变定子 d 轴电流设定有关（见图 24-19），并且补偿相对简单，如上文所述的在弱磁区域中的操作。然而，转子电阻的变化是一个更难的问题，因为这是由转子的热条件确定的参数。在间歇运行的驱动器中，当操作时，它们受到临时过载，转子电阻从冷到热的变化可以很容易地达到 60%（相对于平均值是 ±30%）。控制器中的转子时间常数值与电机实际值之间的偏差导致转子磁链位置被错误地计算，使得控制系统在未对准的参考系中工作，如图 24-20 所示。基本上，实际的转子时间常数值和控制器中使用的值之间存在失谐。因此，转子磁链的 q 轴分量不为零（作为控制器的理想状态），而转矩方程为式（24-27）给出的形式，不是真实转子磁链定向的表达式（24-35）。

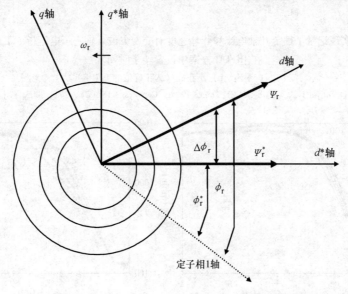

图 24-20　由于转子时间常数失谐，由 IRFOC 确定的实际转子磁链定向参考系和参考系的偏移

失谐后果的严重程度取决于电机的额定功率和运行模式。最明显的效果出现在以转矩控制模式下运行的驱动器中。而在速度或位置控制的驱动器中，由于转动惯量的滤波作用，后果将不那么严重。图 24-21 显示了 IRFOC 方案的速度响应，以开环转矩控制模式运行，转子时间常数的设置正确和不正确时的情况。电机在带有额定子 d 轴电流设定值和零负载转矩的情况下，以一定的速度运行。转矩参考值（即定子 q 轴电流参考值）的波形是正/负额定值交变的方波。如果控制器中的转子时间常数为正确值，转矩为式（24-35）给出的形式。因此，电动机产生的转矩遵循交变的参考方波，根据图 24-21a，速度响应为三角函数。然而，如果使用转子时间常数的错误值，则转矩包含与转子磁链 q 分量相关联的第二个分量，如式（24-27）所示，故实际转矩不遵循参考值。因此，速度响应偏离三角波形。由于控制器的值偏离正确值越来越大，偏差变得越来越严重。

在速度（或位置）控制的驱动器中，控制器中转子时间常数（转差增益）的不正确设置的影响通过转动惯量的滤波作用在一定程度上被抑制。如图 24-22 所示，其中已经结合图 24-17 考虑了 2.3kW 三相电机的加速瞬变（从 200r/min 到 1500r/min）。对于图 24-15 的转差增益（SG）的多个设置值，记录相同的瞬变过程。考虑两种不同的负载条件：空载加速和可变负载加速，这需要在 1500r/min 处具有额定电机转矩（100% 负载曲线）。因为负载是发电机，所以后一种情况下的负载转矩随着速度的增加而持续增加（大致呈线性）。各种速度响应利用额定转差增益设置

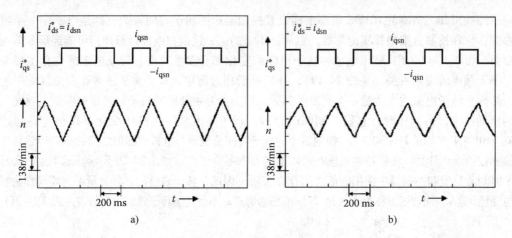

图 24-21　实现记录了额定 d 轴电流和开环速度对交变方波 q 轴定子电流指令下的速度响应，
在 IRFOC 方案中设置转子时间常数

a）正确　b）不正确（为正确值的 1.7 倍）

（来自 Toliyat H A，et al.，IEEE Trans. Energ. Conveys.，18（2），271，2003. 经许可）

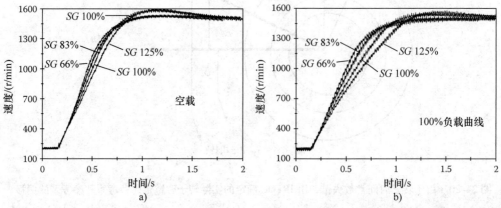

图 24-22　各种转差增益（SG 分别为 66%、83%、100% 和 125%）的加速瞬态过程中的速度响应

a）在空载条件下　b）具有 100% 负载曲线

的百分比相对于额定值来识别，$SG_n = 1/(T_{rn} i_{dsn})$。从图 24-22 可以看出，对于较高的负载转矩，转差增益的不正确设置的影响更为显著。因为定子总电流受到限制，所以可以以较低的转差增益设置来开发更高的瞬态转矩。因此，对于较小的转差增益设置值，加速更快，速度响应更快。虽然使用较小的转差增益值比正确的转差增益值产生更快的响应，但后续的稳态运行的特征是，在轻负载的整个基速区域上和重负载的大部分基速区域上具有较高的定子电流。还可以看出，在电流限制下的运行期间，速度响应与期望的线性值的偏差（参见图 24-17，其中空载条件下 $SG = 100\%$ 的响应包括了相电流迹线）相对较小，即使在实际转差增益值与控制器中使用的转差增益值之间存在显著差异。取决于转差增益设置，达到稳态运行条件所需的时间间隔可能会有显著差异。然而，建立时间也取决于 PI 控制器的设计。

这里讨论的唯一确定转子磁链位置的方法是利用测量的转子轴位置和定子 $d-q$ 轴参考电流值分量的前馈方式方法。虽然这是工业驱动的主要解决方案，但必须注意的是，还有许多其他的计算方法。为此，可以使用一些或全部容易测量的信号，例如转子位置、定子电流和定子电压（它们通常不直接测量；相反，它们使用逆变器驱动器中的测量的直流母线电压和半导体开关信号进行重构）。对这些方法的更详细的讨论超出了本章的范围。

　　类似地，对于同步电动机矢量控制驱动，RFOC 感应电动机驱动中的 CC 可以使用旋转参考系中的 CC 来实现。这就要求再次考虑定子电压方程式（24-25a）。通过使用式（24-26）表示的定子磁链 d-q 轴分量作为定子电流和转子磁链 d-q 分量的函数，然后代入式（24-25a）并应用转子磁链定向条件方程式（24-29）和式（24-30），定子 d-q 轴电压方程采取如下形式：

$$\begin{cases} v_{ds} = R_s i_{ds} + \sigma L_s \dfrac{di_{ds}}{dt} + \dfrac{L_m}{L_r} \dfrac{d\psi_r}{dt} - \omega_r \sigma L_s i_{qs} \\[2mm] v_{qs} = R_s i_{qs} + \sigma L_s \dfrac{di_{qs}}{dt} + \omega_r \dfrac{L_m}{L_r} \psi_r + \omega_r \sigma L_s i_{ds} \end{cases} \tag{24-43}$$

式中，$\sigma = 1 - L_m^2 / (L_s L_r)$，为电机的总漏磁系数；参数 $L'_s = \sigma L_s$，为瞬态定子电感。式（24-43）表明定子电压和定子电流的 d 轴和 q 轴分量没有解耦。换句话说，两个电压分量中的每一个分量都是两个定子电流分量的函数，就像同步电机一样。如果要实现定子 d 轴和 q 轴电流的解耦控制，则需要在控制系统中引入适当的解耦电路。如果电流控制器的输出变量再次定义为

$$\begin{cases} v'_{ds} = R_s i_{ds} + L'_s \dfrac{di_{ds}}{dt} \\[2mm] v'_{qs} = R_s i_{qs} + L'_s \dfrac{di_{qs}}{dt} \end{cases} \tag{24-44}$$

则获得轴电压 v^*_{ds} 和 v^*_{qs} 的期望参考值为

$$\begin{cases} v^*_{ds} = v'_{ds} + e_d \\[2mm] v^*_{qs} = v'_{qs} + e_q \end{cases} \tag{24-45}$$

式中，辅助变量 e_d 和 e_q 计算为

$$\begin{cases} e_d = \dfrac{L_m}{L_r} \dfrac{d\psi_r}{dt} - \omega_r L'_s i_{qs} \\[2mm] e_q = \omega_r \dfrac{L_m}{L_r} \psi_r + \omega_r L'_s i_{ds} \end{cases} \tag{24-46}$$

式（24-44）、式（24-45）与 PMSM 式（24-16）、式（24-17）相同，唯一的区别在于解耦电压的表达式（24-46）。如果电机在基速区域运行，则式（24-46）中第一个转子磁链的导数为零。此外，$\psi_r = L_m i_{ds}$，使得式（24-46）简化成为简单形式：

$$\begin{cases} e_d = -\omega_r \sigma L_s i_{qs} \\[2mm] e_q = \omega_r \dfrac{L_s}{L_m} \psi_r = \omega_r L_s i_{ds} \end{cases} \tag{24-47}$$

再次，可以使用从测得的相电流计算的定子电流 d-q 轴参考电流或 d-q 轴电流分量。假定根据间接磁场定向原理再次确定转子磁链位置的主要 IRFOC 方案如图 24-23 所示（为简单起见，未显示限流模块）。

　　通过使用图 24-19 所示的定子 d 轴电流和转差速度参考设置，可以再次实现弱磁区域的操作。因为转子磁链参考值将会缓慢变化，所以在式（24-46）中转子磁链的变化率通常在解耦电压计算中被忽略，因此计算依然如式（24-47）所示。然而，因为转子磁链参考值随着速度的增加而减小，所以 e_q 计算必须考虑转子磁链（定子 d 轴电流）变化。

　　如 PMSM 的 IRFOC 部分所述，只有两个电流控制器的矢量控制，如图 24-23 所示，足以用于三相电机。在理论上，这对于具有三相以上的电机也是完全适用的，实际上 PEC 电源（例如，逆变器的死区时间）和电机（定子绕组中的任何不对称性）的非理想特性都导致仅使用两个电流控制器的性能不能令人满意的情况[26]。为了说明这一说法，对于五相感应电机（已经结合图

24-16进行了描述），实验结果如图 24-24 所示。采用图 24-23 所示的控制方案，在 10kHz 的三角载波上使用正弦 PWM，定子 d 轴电流参考值设定为 2.6A，电机在空载条件下以 500r/min（16.67Hz 定子频率）运行，处于稳定状态。测量了定子电流和定子相电压，并以 1.6kHz 的滤波器截止频率进行低通滤波。

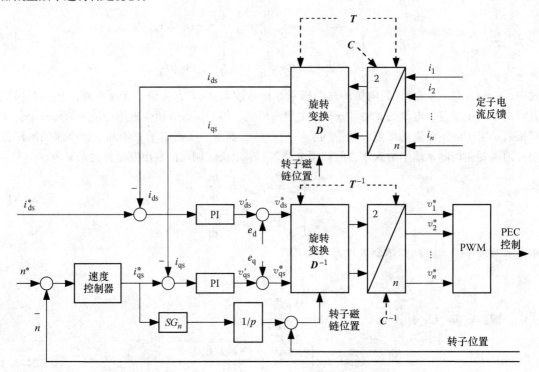

图 24-23 在旋转参考系下的 CC 多相感应电机的 IRFOC

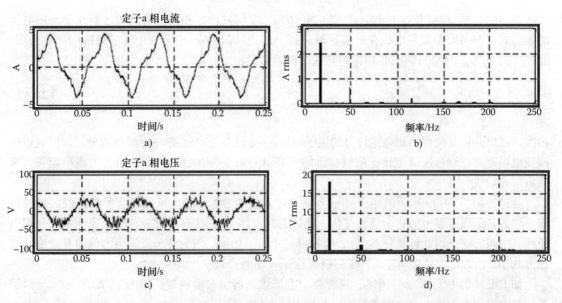

图 24-24 根据图 24-23，在 500r/min（16.67Hz）空载稳定状态下运行时的 IRFOC
五相感应电机的定子 a 相电流和电压（时域波形和频谱）

（来自 Jones M，et al.，IEEE Trans. Energ. Conveys.，24（4），860，2009. 经许可）

　　人们期望得到正弦定子相电流。然而，相电流的波形严重畸变（见图 24-24），其频谱包含显著的低次谐波，特别是第三次和第七次谐波（分别约为基波的 20% 和 10%）。虽然相应的电压谐波要小得多（分别为 9% 和 3%），但由于这些谐波的阻抗非常小，电流谐波是显著的。这些谐波是由逆变器死区引起的，它们本质上对应式（24-4）的 $x-y$ 定子电压分量[26]。从式（24-4）可以看出，这些谐波的阻抗是定子漏阻抗，它的值很小，这意味着即使这些电压谐波相对较小，也会引起相当大的定子电流谐波。为了抑制这些不需要的谐波，一般来说，必须使用 CC 模式，其中需要 $(n-1)$ 个电流控制器（与静止参考系中的 CC 一样，见图 24-15 和图 24-16）。原则上，在五相电机的情况下，需要为 $x-y$ 定子电流分量对提供两个附加的电流控制器[26]。添加第二对电流控制器后，给出了在与图 24-24 相同的工作条件下得到的定子相电流，如图 24-25 所示，现在几乎没有任何低次谐波。

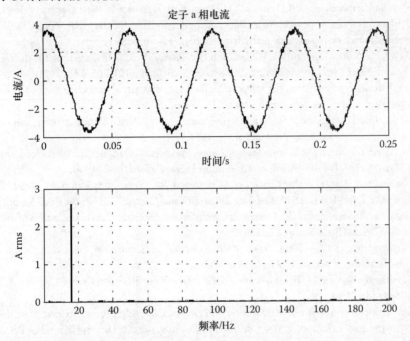

图 24-25　根据图 24-23 IRFOC 的五相感应电机运行的定子 a 相电流，
但带有一对额外的（第二）电流控制器（参考电流设置为零），工作条件与图 24-24 相同
（来自 Jones M, et al. , IEEE Trans. Energ. Conveys. , 24 (4), 860. 2009. 经许可）

24.5　结束语

　　交流电机的 FOC 是一个应用广泛的领域，近几年出版了大量的相关书籍。本章尝试通过解释 FOC 的物理背景来介绍矢量控制的思想，并介绍了从定子侧供电的同步和感应电机的基本控制方案。许多重要问题都没有提到或根本没有解决。例如，任何时候都假定电机配备位置传感器。尽管在最苛刻的应用中仍然如此，但是在许多其他应用中，位置传感器已经被转子位置（速度）估计器替代，形成所谓的无传感器 FOC（更多细节参见文献 [17]）。这是因为位置传感器是昂贵的，它需要安装电源和位置信号传输布线的空间，并且降低了驱动器的可靠性。类似地，假设 FOC 方案采用基于电机的恒定参数模型，并且参数变化的问题已经被简单地解决。目前存在许多更复杂的电机模型，其主要目的在于提供改进的矢量控制方案，自动补偿在恒定参

数模型中忽略的一些寄生现象（例如主磁链饱和和铁磁心损耗）。此外，多年来已经开发了一系列在线识别方法，在矢量控制的感应电机的运行期间提供关于转子电阻（转子时间常数）值的准确信息。在这里假设，除了弱磁区域，定子 d 轴电流参考值设置对于所有考虑的电机来说本质上是恒定的。然而，即使在基速区域中，矢量控制的电机也可以用可变磁链（可变定子 d 轴电流设定）来操作，例如用于最佳效率控制。最后但同样重要的是，存在各种更加复杂的方法使用各种现代控制理论方法（观测器、模型参考自适应控制、扩展卡尔曼滤波器等，更多细节参见文献 [7]）来估计感应电机驱动中瞬时转子磁链位置。

参 考 文 献

1. K. Hasse, *Zur Dynamik drehzahlgeregelter Antriebe mit stromrichtergespeisten Asynchron-Kurzschluβläufermaschinen*, PhD thesis, TH Darmstadt, Darmstadt, West Germany, 1969.

2. F. Blaschke, Das Prinzip der Feldorientierung, die Grundlage für die TRANSVECTOR-Regelung von Drehfeldmaschinen, *Siemens-Zeitschrift*, 45(10), 757–760, 1971.

3. K.H. Bayer, H. Waldmann, and M. Weibelzahl, Die TRANSVECTOR-Regelung für den feldorientierten Betrieb einer Synchronmaschine, *Siemens-Zeitschrift*, 45(10), 765–768, 1971.

4. K. Hasse, Drezhalregelverfahren für schnelle Umkehrantriebe mit stromrichtergespeisten Asynchron-Kurzschluβläufermotoren, *Regelungstechnik*, 20, 60–66, 1972.

5. F. Blaschke, *Das Verfahren der Feldorientierung zur Regelung der Drehfeldmaschine*, PhD thesis, TU Braunschweig, Braunschweig, West Germany, 1974.

6. H. Späth, *Steurverfahren für Drehstrommaschinen*, Springer-Verlag, Berlin, West Germany, 1985.

7. P. Vas, *Vector Control of AC Machines*, Clarendon Press, Oxford, U.K., 1990.

8. I. Boldea and S.A. Nasar, *Vector Control of AC Drives*, CRC Press, Boca Raton, FL, 1992.

9. S.A. Nasar and I. Boldea, *Electric Machines: Dynamics and Control*, CRC Press, Boca Raton, FL, 1993.

10. S.A. Nasar, I. Boldea, and L.E. Unnewehr, *Permanent Magnet, Reluctance and Self-synchronous Motors*, CRC Press, Boca Raton, FL, 1993.

11. A.M. Trzynadlowski, *The Field Orientation Principle in Control of Induction Motors*, Kluwer Academic Publishers, Norwell, MA, 1994.

12. M.P. Kazmierkowski and H. Tunia, *Automatic Control of Converter-Fed Drives*, Elsevier, Amsterdam, the Netherlands, 1994.

13. I. Boldea, *Reluctance Synchronous Machines and Drives*, Clarendon Press, Oxford, U.K., 1996.

14. D.W. Novotny and T.A. Lipo, *Vector Control and Dynamics of AC Drives*, Clarendon Press, Oxford, U.K., 1996.

15. W. Leonhard, *Control of Electrical Drives*, 2nd edn., Springer-Verlag, Berlin, Germany, 1996.

16. B.K. Bose (ed.), *Power Electronics and Variable Frequency Drives: Technology and Applications*, IEEE Press, Piscataway, NJ, 1997.

17. P. Vas, *Sensorless Vector and Direct Torque Control*, Oxford University Press, New York, 1998.

18. E. Levi, Magnetic variables control, in *Encyclopaedia of Electrical and Electronics Engineering*, Vol. 12, J.G.Webster(ed.), John Wiley & Sons, New York, 1999, pp. 242–260.

19. R. Krishnan, *Electric Motor Drives: Modeling, Analysis and Control*, Prentice Hall, Upper Saddle River, NJ, 2001.

20. A.M. Trzynadlowski, *Control of Induction Motors*, Academic Press, San Diego, CA, 2001.

21. B.K. Bose, *Modern Power Electronics and AC Drives*, Prentice Hall, Upper Saddle River, NJ, 2002.

22. J. Chiasson, *Modeling and High-Performance Control of Electric Machines*, John Wiley & Sons, Hoboken, NJ, 2005.

23. S.A. Nasar and I. Boldea, *Electric Drives*, CRC Press, Boca Raton, FL, 2006.

24. S.N. Vukosavic, *Digital Control of Electrical Drives*, Springer, New York, 2007.

25. N.P. Quang and J.A. Andreas, *Vector Control of Three-Phase AC Machines*, Springer, New York, 2008.

26. E. Levi, R. Bojoi, F. Profumo, H.A. Toliyat, and S.Williamson, Multiphase induction motor drives—A technology status review, *IET—Electric Power Applications*, 1(4), 489–516, 2007.

27. Z. Ibrahim, and E. Levi, An experimental investigation of fuzzy logic speed control in permanent magnet synchronous motor drives, *European Power Electronics and Drives Journal*, 12(2), 37–42, 2002.

28. E. Levi, M. Jones, A. Iqbal, S.N. Vukosavic, and H.A.Toliyat, An induction machine/Syn-Rel two-motor five-phase series-connected drive, *IEEE Transactions on Energy Conversion*, 22(2), 281–289, 2007.

29. E. Levi, S. Vukosavic, and V. Vuckovic, Saturation compensation schemes for vector controlled induction motor drives, *IEEE Power Electronics Specialists Conference PESC*, San Antonio, TX, 1990, pp. 591–598.

30. H.A. Toliyat, E. Levi, and M. Raina, A review of RFO induction motor parameter estimation techniques, *IEEE Transactions on Energy Conversion*, 18(2), 271–283, 2003.

31. M. Jones, S. Vukosavic, D. Dujic, and E. Levi; A synchronous current control scheme for multiphase induction motor drives, *IEEE Transactions on Energy Conversion*, 24(4), 860–868, 2009.

第 25 章　电驱动自适应控制

25.1　引言

受控驱动系统的参数和性质都随工作条件而变化。如果使用具有固定参数的经典控制器，那么这种变化可能会引起驱动器动态行为的差异。它可能导致欠阻尼或过阻尼，从而导致系统不稳定或系统响应上升时间增加的趋势。如果驱动系统规定不允许这种行为，则必须使用自适应控制器［L85，BSS90，KT94］。自适应控制可以使控制系统满足一个定义的控制指标，而不受控于系统的参数变化。许多驱动系统包含受参数变化影响的受控元件。在大多数情况下，它们的变化范围有限（例如，随着电源电压变化，转换器放大倍数的变化），或者对动态行为没有非常精确的要求。但是在某些情况下，由于驱动系统元件的温度、饱和度、磨损和损耗等原因，驱动系统的运行条件甚至会引起显著的参数变化。在本章接下来的内容将对这些会出现显著参数变化、需要自适应控制器的情况进行研究。

在受控电气驱动系统中，可能发生以下可能的参数变化［L85，BSS90，KT94］：

① 由于温度升高或材料变质导致绕组电磁时间常数的变化。

② 由于转动惯量的变化引起的机械时间常数的变化。

③ 在弱磁区运行时的磁通变化。

④ 驱动系统结构的变化（例如，由于整流器供电直流电动机驱动器中电枢电流从连续转换到不连续）。

这些情况将在本章中进行详细讨论。

25.2　自适应控制结构：基础

根据控制理论，自适应控制系统可以分为三类［ÄW95，SB89］：

- 增益调度系统（GS）。
- 自校正调节器（STR）。
- 模型参考自适应系统（MRAS）。

增益调度是 20 世纪 50 年代和 60 年代引入的最早和最直观的自适应控制方法之一。这种方法的思想包括找到与过程动态变化相关的辅助过程变量（除了用于反馈的设备输出）。如果可以测量这些变量，那么可以使用它们来改变调节器参数，从而补偿参数变化。具有这种控制概念的系统的框图如图 25-1 所示。因此，增益调度是开环补偿，可以视为一种具有反馈控制的系统，其中通过前馈补偿来调整反馈增益［ÄB95］。闭环系统的性能没有反馈，补偿了不正确的调度。

这种方法被称为增益调度，因为该方案最初用于适应过程增益的变化。关于命名，增益调度是否应被视为自适应系统是有争议的，因为它只在开环控制中改变参数，没有真正的"学习"

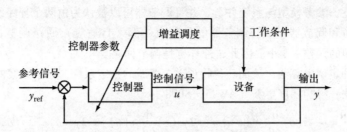

图 25-1　具有增益调度的系统框图

或具有智能［SB89］。增益调度方法在实践中应用广泛，并当辅助变量与过程动态性能相关密切时，可以有效减小由参数变化带来的影响。

如果通过更新过程参数并从设计问题的解决方案中获得调节器参数，则可以获得不同的方案。这种系统的框图如图 25-2 所示。

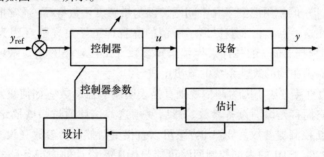

图 25-2　STR 的框图

自适应调节器可以被认为是由两个环路组成的。内环由设备和普通线性反馈调节器组成。调节器的参数由外部环路调整，外部环路由参数估计的特定算法（递归识别算法、观测器、卡尔曼滤波器、神经网络（NN））和设计的计算器组成。应该注意的是，该系统可以被视为过程建模和设计的自动化，其中在每个采样周期更新过程模型和控制设计。这种结构的控制器称为自校正调节器，以强调控制器自动调整其参数以获得闭环系统期望的性能［ÄW95，SB89］。STR方案在选择底层设计和估算方法方面非常灵活。关于 STR 已提出了许多不同的方法。通过图 25-2 所示的校正器中的设计的计算器间接更新了调节器参数。

第三种自适应控制概念称为模型参考自适应系统（MRAS），最初被提出，用于解决一个参考模型给出规范的问题，该参考模型说明输出过程如何理想地响应命令信号［ÄW95］。这种系统的框图如图 25-3 所示。

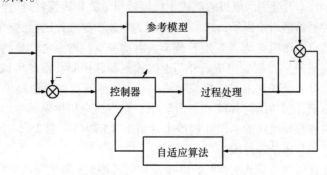

图 25-3　具有 MRAS 的系统框图

在这种情况下，参考模型与系统并行，并且调节器可以被认为由两个环路组成。内环是普通反馈回路，由设备和调节器组成。调节器的参数由外部（自适应）回路调整，使得过程输出 y 和模型输出 y_m 之间的误差 e 变小。因此，外环也是调节回路。

关键问题是确定调整算法，从而获得将误差 e 置零的稳定系统。在该方案的最早应用中，使用了以下更新方法，称为梯度更新［ÄW95，SB98］：

$$\frac{d\theta}{dt} = -\gamma e(\theta)\frac{d}{d\theta}[e^2(\theta)] = -2\gamma e(\theta)\frac{d}{d\theta}[e(\theta)] - 2\gamma e(\theta)\frac{d}{d\theta}[y(\theta)] \tag{25-1}$$

式中，e 为模型误差；θ 为控制器的可调参数；$d[e(\theta)]/d\theta$ 为误差对于可调节参数 θ 的偏导数；γ 为称为适应率的正的常数。

e 相对于 θ 的梯度等于过程输出 y 相对于 θ 的梯度，因为模型输出 y_m 独立于 θ，并且表示输出误差对控制器参数 θ 的变化的灵敏度。该规则可以解释如下：如果我们假设参数 θ 变化比其他系统变量慢得多，为了使误差的二次方小，可能会改变 e^2 的负梯度方向上的参数。但不幸的是，这种梯度更新式（25-1）的使用遇到了几个问题，因为敏感度函数 $\partial y/\partial\theta$ 通常取决于未知的设备参数，所以不可用。在这一点上，人们提出了所谓的麻省理工学院规则（因为算法是在麻省理工学院完成的），它们根据时间 t 的估计来代替未知参数［ÄW95，SB98］。敏感度导数的近似可以通过由过程输入和输出驱动的线性系统的输出生成。

MRAS 方案称为直接方法，因为调整规则直接表明调节器参数应如何更新。相反，STR 被称为间接方法，因为它们首先识别设备参数，然后使用这些估计通过一些固定变换（由控制器设计规则产生）来更新控制器参数。MRAS 方案可以直接更新控制器参数（没有明确估计或确定设备参数）。很容易看出，STR 的内部控制回路可能与 MRAS 设计的内部环路相同。换句话说，可以将 MRAS 方案视为 STR 方案的特殊情况，在更新的参数和控制器参数之间进行等同转换。因此，区分直接方案和间接方案有时比区分模型参考和自校正算法更加合理。

25.3　驱动系统中的增益调度

增益调度概念主要用于变换器供电直流驱动系统，其中电枢电流控制环路根据操作条件改变［BSS90，KT94］。直流驱动系统的常用控制结构由功率变换器、耦合到机械系统上的他励磁（或永磁体）DC 电机、基于微处理器的速度和电流控制器、用于反馈信号的电流、速度和/或位置传感器组成。通常，其使用包含两个主要控制回路的级联控制结构。这种系统的框图如图 25-4 所示，其中 i_a、u_a 是电枢电流和电压；e_m 是电动势；m_e、m_L 是电磁和负载转矩；ψ_f 是激励磁链；ω_m、ω_{ref} 是电动机速度和参考速度；K_a、K_p、K_i、K_T 分别是电枢、静态转换器、电流和速度传感器的增益系数；T_a、T_M、T_o 分别为电机的电磁、机械时间常数和转换器延时时间常数；K_{Ri}、$K_{R\omega}$ 分别为电流和速度控制器的增益因子；T_{Ri}、$T_{R\omega}$ 分别为电流和速度控制器的时间常数。

内部控制回路执行电动机电流（转矩）调节，由功率变换器、电动机的电磁部分、电流传感器和相应的电流（转矩）控制器组成。外部速度控制回路由驱动器的机械部分、速度传感器和速度控制器组成，并且级联到内部电流控制回路。它根据速度参考值提供速度控制。图 25-4 示出了两个不同的电流控制器结构（PI 和 I），说明在给直流电机供电的电力整流器的连续和不连续电流模式下的电流控制回路的不同性能产生的结果［KT94］。图 25-5 详细介绍了电流控制回路取决于运行模式的具体动态性能。

当可控整流器在连续电流模式工作时，PI 电流控制器根据系数准则被应用于图 25-5a 中给出的控制回路。其中控制器时间常数和增益系数分别调整为［BSS90，KT94］

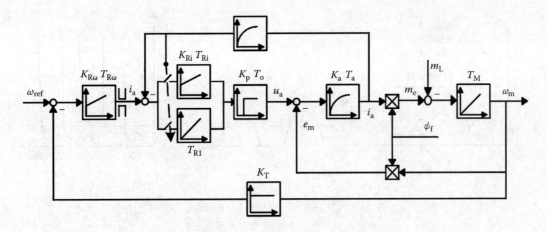

图 25-4　带有自适应（GS）电流控制器的驱动系统的控制结构

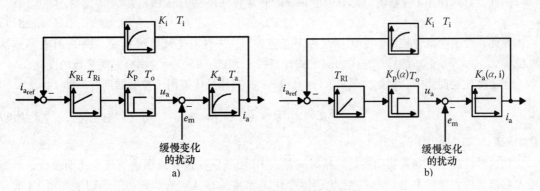

图 25-5　电流模式的电流控制回路

a）连续　b）不连续

$$T_{\mathrm{Ri}} = T_{\mathrm{a}}, \ K_{\mathrm{Ri}} = \frac{T_{\mathrm{a}}}{2T_{\sigma}K_0} \tag{25-2}$$

式中，$K_0 = K_{\mathrm{p}}K_{\mathrm{a}}K_{\mathrm{i}}$，$T_{\sigma} = T_{\mathrm{o}} + T_{\mathrm{i}}$。

具有不连续电流的电流控制系统在两个方面与具有连续电流的系统不同。

① 不存在电枢时间常数 T_{a}：在不连续模式下，如果在 t_1 时刻改变变换器 α 的延迟角，则在经过一个脉冲周期之后达到电流的新平均值（见图 25-6a）。也就是说，电枢时间常数不再有任何影响。

② 放大倍数变化：整流器和电枢电路的放大倍数 $K_{\mathrm{p}}K_{\mathrm{a}}$（其连续电枢电流几乎恒定）在转变为不连续电流时变化非常大（图 25-6b）。从特征曲线的斜率上可以获得放大倍数。它在转变为不连续电流后迅速下降。在不连续电流范围内，该放大倍数随延迟角 α 的变化而变化，并将其表示为 k_{a} $(i_{\mathrm{a}}, \ \alpha)$。

可以证明，考虑到①，不连续电流模式下的电枢电流环如图 25-6b 所示。以前设计的 PI 控制器现在不适用，因为没有具有电磁时间常数 T_{a} 的惯性元件可用于补偿 PI 控制器传递函数中的分子项。因为 k_{a} $(i_{\mathrm{a}}, \ \alpha)$ $\ll K_{\mathrm{p}}K_{\mathrm{a}}$，设计用于连续电流的控制在不连续电流下有更长的上升时间；实际在小电流值情况下，上升时间可以以秒记。如果电流控制设计为在小的不连续电流下的具有短上升时间，则在向连续电流转换时将会变得不稳定。为了避免这种不稳定性，电流控制器需要进行改变，以在连续和不连续电流下使电枢电流控制回路呈现相同的动态性能。

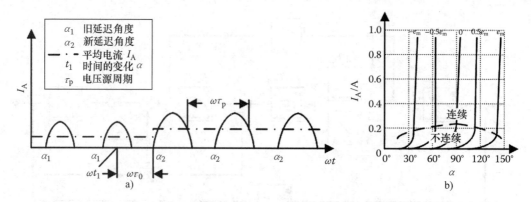

图 25-6　a）延迟角变化和 b）电枢电流与电动机 EMF 作为参数
的延迟角函数的不连续模式下的电流变化

因此，必须使用 I 控制器，具有以下积分时间常数［BSS90，KT94］：

$$T_{RI} = 2K_0 T_\sigma \tag{25-3}$$

因此，自适应电流控制器必须满足以下条件：PI——具有连续电流模式，I——具有不连续电流模式，以及在合适的操作范围内满足式（25-2）和式（25-3）的积分时间常数的变化。

在速度控制回路中，根据文献［KT94］，Kessler 对称最优值用于控制器调节，即

$$K_{R\omega} = \frac{T_M}{2K_\omega T_{\sigma i}}, \ T_{R\omega} = 4T_{\sigma i} \tag{25-4}$$

式中，$K_\omega = K_T K_{zi} \psi_f$，$T_{\sigma i} = 2T_\sigma$。

在这种情况下，如果驱动器的机械时间常数 T_M 由于例如齿轮或惯性负载变化而改变，则速度控制器的放大倍数 P 必须与 T_M 成比例地变化，如式（25-4）所示。如果确切地知道 T_M 改变的方式，则可以在线简单地修改这个增益系数。因此速度控制器将在增益调度方法的意义上是自适应的。

25.4　驱动系统的自校正调速器

根据标称数据计算的电机的机械参数仅在工业应用中是已知的。在许多情况下，轴和负载机的参数是不确定的甚至是未知的。如果这些变化是先前不知道的，如与先前电枢电流模式改变的情况相反，则参数变化不依赖于可测量的变量（即电枢电流或速度）。因此，自适应控制器的主要任务是检测驱动系统的机械参数的变化值，特别是在许多情况下都发生变化的时间常数 T_M。这可以使用基于不同参数在线估计方法完成，如 Luenberger 观测器、卡尔曼滤波器或神经估计器［OJ03，OS07，OS03，SOD06］。这样的估计器可以基于速度和/或电流测量值来实时计算机械时间常数，并且可以使用该信息来设计自校正调速控制器。这将在本章的下一部分中讨论。

无速度传感器类型系统（无速度传感器）中自适应速度控制回路的一般结构如图 25-7a 所示。

具有模糊逻辑（FL）速度控制器的驱动系统配有速度和负载转矩观测器以及基于神经建模方法的机械时间常数估计器［OJ03］。在提出的系统中，应用具有九个规则库的简单 FL 控制器，根据驱动系统的机械时间常数的变化对其输出因数 k_{du} 进行在线修改。

基于神经建模概念，可以将 NN 应用于驱动系统的机械时间常数估计［KO02］。如果将动态系统的数学描述转换为在具有单个线性神经元的简单前馈 NN 的描述中使用的形式，则可以实现

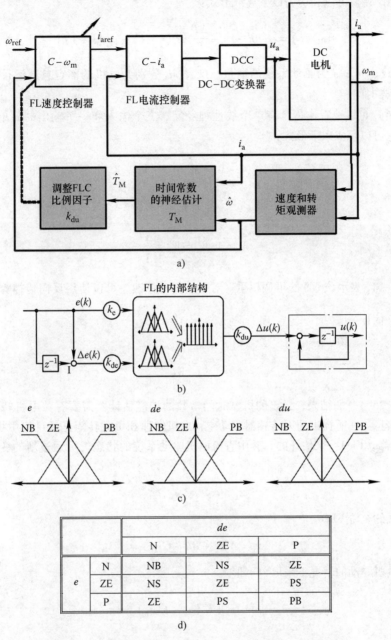

图 25-7　无传感器直流驱动的自适应速度控制回路的结构

a）FL 控制器　b）FL 控制器的内部结构　c）其隶属函数　d）规则库

该估计。

驱动系统的机械方程为［pu］

$$T_{\mathrm{M}} = \frac{\mathrm{d}\omega_{\mathrm{m}}}{\mathrm{d}t} = \psi_{\mathrm{f}} i_{\mathrm{a}} - m_{\mathrm{L}} \tag{25-5}$$

式中，m_{L} 为负载转矩；i_{a} 为电枢电流；ψ_{f} 为激励磁链（恒定标称值，每单位系统等于 1）；ω_{m} 为电机转速。

上述提到的 NN 转换可以表达为以下离散形式：

$$\omega_{\mathrm{m}}(k) = \omega_{\mathrm{m}}(k-1) + \frac{\Delta T_{\mathrm{s}}}{T_{\mathrm{M}}}[i_{\mathrm{a}}(k-1) - m_{\mathrm{L}}(k-1)] \tag{25-6}$$

式中，$T_{\mathrm{M}} = J\Omega_{\mathrm{oN}}/M_{\mathrm{N}}$；$J$ 为驱动系统的惯量；Ω_{oN}、M_{N} 分别为电机的额定怠速运行速度和额定转矩；ΔT_{s} 为采样时间。

式（25-6）可以被看作是具有单个线性神经元、三个输入和一个输出的简单 NN 的数学描述。因此，它可以写成以下形式：

$$\omega_{\mathrm{m}}(k) = W_1\omega_{\mathrm{m}}(k-1) + W_2 i_{\mathrm{a}}(k-1) - W_3 m_{\mathrm{L}}(k-1) \tag{25-7}$$

其中

$$W_1 = 1, W_2 = W_3 = \frac{\Delta T_{\mathrm{s}}}{T_{\mathrm{M}}} \tag{25-8}$$

系数 $W_1 \sim W_3$ 表示该 NN 的可调权重。对于它们的修改，可以使用反向传播算法。因此，机械时间常数可估计为

$$T_{\mathrm{M}} = \frac{\Delta T_{\mathrm{s}}}{W_2} \tag{25-9}$$

根据式（25-4）的结果，提出的机械时间常数的神经估计器需要有关电机转速和实际负载转矩的输入信息。在所提出的无传感器驱动中，电机转速和负载转矩是通过使用状态扩展的 Luenberger 观测器（ELO）来估计的，其中直流电机驱动系统的状态矢量通过新的变量——负载转矩来扩展：

$$\boldsymbol{x}_{\mathrm{E}} = \mathrm{col}(i_{\mathrm{a}}, \omega_{\mathrm{m}}, m_{\mathrm{L}}) \tag{25-10}$$

一般形式的全阶 ELO

$$\hat{\dot{\boldsymbol{x}}}_{\mathrm{E}} = \boldsymbol{A}\hat{\boldsymbol{x}}_{\mathrm{E}} + \boldsymbol{Bu} + \boldsymbol{G}(\boldsymbol{y} - \hat{\boldsymbol{y}}) \tag{25-11}$$

在直流电机驱动的情况下采取以下形式：

$$\frac{\mathrm{d}\hat{i}_{\mathrm{a}}}{\mathrm{d}t} = \frac{1}{T_{\mathrm{e}}}[-\hat{i}_{\mathrm{a}} + K_{\mathrm{t}}(u_{\mathrm{a}} - \psi_{\mathrm{f}}\hat{\omega}_{\mathrm{m}})] + g_1(i_{\mathrm{a}} - \hat{i}_{\mathrm{a}})$$

$$\frac{\mathrm{d}\hat{\omega}_{\mathrm{m}}}{\mathrm{d}t} = \frac{1}{T_{\mathrm{M}}}(\psi_{\mathrm{f}}\hat{i}_{\mathrm{a}} - \hat{m}_{\mathrm{L}}) + g_2(i_{\mathrm{a}} - \hat{i}_{\mathrm{a}}) \tag{25-12}$$

$$\frac{\mathrm{d}\hat{m}_{\mathrm{L}}}{\mathrm{d}t} = g_3(i_{\mathrm{a}} - \hat{i}_{\mathrm{a}})$$

式中，T_{e}、K_{t} 分别为电机电枢绕组的电磁时间常数和增益系数；g_1、g_2、g_3 分别为使用极点配置法或遗传算法选择的观测器的增益矩阵 $\boldsymbol{G}$ 的元素 [OS03]。

该状态观测器能够基于电枢电流测量来估计转子速度和负载转矩值。若适当地选择增益系数 g_i，状态估计是稳定和非常快速的。

提出的 FL 控制器缩放因子 $k_{du} = f(T_M)$ 的自适应调整确保了假设的驱动系统的动态性能：在机械时间常数变化的整个范围内，如假定是在标称转动惯量下的 FL 控制器的设计过程中，电机速度响应的超调等于零。相反，类似的自适应 PI 控制器的应用已经导致更大的超调（在图 25-8 中用点画线表示），这可以通过在 PI 速度控制器设计过程中使用 Kessler 对称最优来解释。没有自适应参数调整的两种类型的速度控制器都会产生更差的结果，具有更大的速度响应超调，因为时间常数 T_M 不同于标称值。

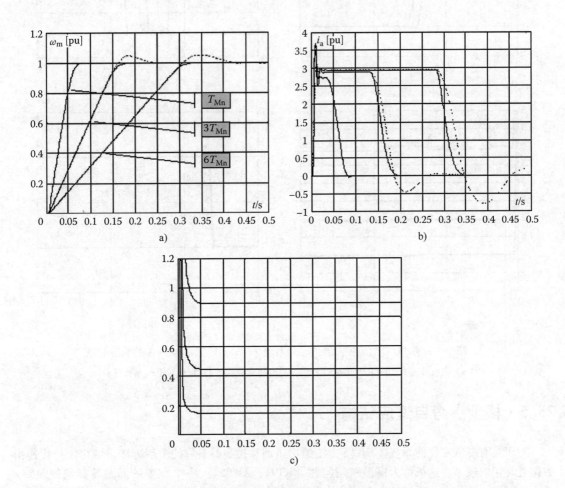

图 25-8　带有自调节 FL 控制器的直流驱动系统对于 $\omega_{ref} = 1$ 的阶跃响应

a) 电机转速的瞬变 ω_m　b) 电枢电流瞬变 i_a（虚线表示没有自适应调节的系统）　c) NN 在线估计的结果

图 25-9 展示了在加载额定转矩和速度反向模式下起动期间驱动系统无传感器运行的瞬变过程。神经惯性估计器在瞬变过程中重构机械时间常数。速度估计是在线执行的，但负载转矩估计仅限于转子速度恒定的驱动运行模式。这样的操作确保神经惯性识别器和速度观测器的平滑瞬变以及自适应无传感器结构的正常工作，其中速度控制器参数根据驱动器的机械时间常数的实际值进行调整。具有弹性联轴器的驱动系统采用的间接自适应控制方法，有类似的控制概念，与之不同的是采用了卡尔曼滤波器对状态变量和机械时间常数进行估计，获得了非常好的驱动性能［SO08］。

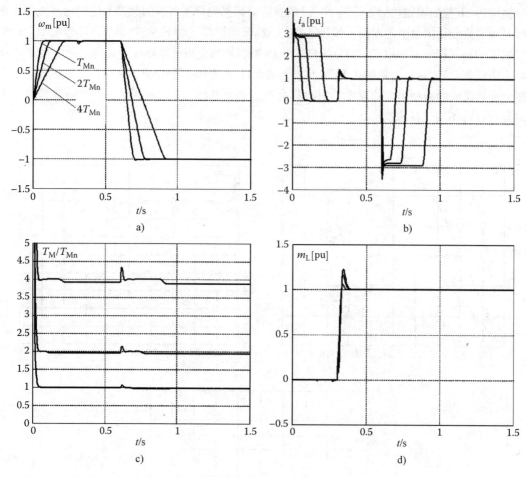

图 25-9　具有 FL 自适应控制器的驱动系统从 $\omega_{ref} = 1$ 至 $\omega_{ref} = -1$ 的瞬态响应

a）电机转速 ω　b）电机电流瞬变 i_a　c）时间常数 T_M　d）负载转矩 m_L 估计过程

25.5　模型参考自适应结构

对于具有参数变化的系统，MRAS 方法给出了调整控制器参数的一般方法，使得闭环传递函数接近规定的模型。这被称为模型跟随问题［KT94，ÄW95］。一个重要的问题是如何使误差 e 最小，这取决于模型、系统和命令信号的类型。通常，对于所有命令信号，都难以将误差设置为零，这将在下面说明。

在许多驱动系统的情况下，惯性力矩根据操作条件而变化。所以速度控制器必须在线更新。下面介绍了基于相同自适应算法的 MRAS 系统的两个示例，用于感应和直流电动机驱动［JO04，ODS06，OS07］。

具有在线调速控制器的 MRAS 结构如图 25-10 所示。

该控制结构对于电驱动系统是一般性的，在转矩控制回路设计为提供足够快的转矩控制的条件下，可以用于交流/直流电机驱动，可以通过一阶等效项来近似。如果确保此控制，则驱动电机可以是交流电机或直流电机，而无须对外部速度控制回路［ODS06，OS07］进行改变。最近，在许多应用［JO04，ODS06，OS07，CT98，LWC98，LFW98，LLS01，OS08］中提出了其神经模糊或滑模神经模糊型，而不是经典的 PI 速度控制器。

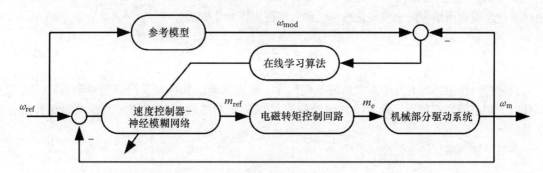

图 25-10　电气驱动系统的自适应控制系统的结构

下面介绍了具有自动调整规则的自适应模糊速度控制器。调整控制规则使实际输出可以跟随参考模型的输出。期望输出 ω_{mod} 与实际输出 ω_m 之间的跟踪误差信号 e_m 用作校正信号。

在本研究中，使用 PI 型神经模糊控制器 [JO04]。它描述了速度误差 $e(k)$、其变化 $\Delta e(k)$ 和控制信号 $\Delta u(k)$ 的变化之间的关系。控制器的规则库由以下形式的 IF – THEN 规则集合组成：

$$R_j : \text{IF } x_1 \text{ is } A_1^j \text{ and } x_2 \text{ is } A_2^j \text{ THEN } y = w_i \tag{25-13}$$

式中，x_i 是系统的输入变量；A_1^j 是具体的隶属函数；w_i 是结果函数。

九规则控制器可以实现为图 25-11 所示的神经 – 模糊系统的一般结构。

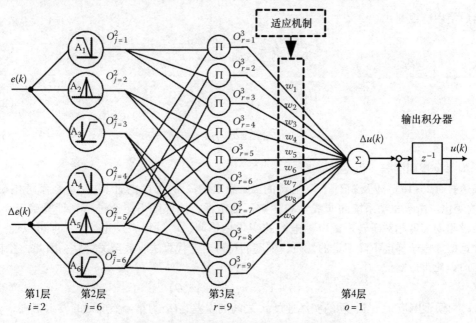

图 25-11　神经 – 模糊控制器的一般结构

每层的功能如下：

第一层：该层中的每个输入节点对应于特定输入变量 $[x_1 = e(k); x_2 = \Delta e(k)]$，这些节点仅将输入信号传递到第二层。

第二层：每个节点执行可被称为模糊化过程的隶属函数 A_1^j。

第三层：该层中的每个节点表示模糊规则的前提条件部分，并用 Π 表示输入信号相乘并将结果发送出去。

第四层：这个层作为一个解模糊器。单节点由 Σ 表示，代表所有输入信号的总和。式（25-14）

描述了神经模糊网络中的去模糊化过程，称为单例去模糊化方法。

$$\Delta u = \frac{\sum_{j=1}^{M} w_j u_j}{\sum_{j=1}^{M} u_j} \qquad (25\text{-}14)$$

模糊神经控制器具有九个要素的简单规则库。输入隶属函数具有常用的三角形形状（见图 25-11）。调整模糊控制器，使实际的驱动输出可以跟随参考模型的输出。跟踪误差用作校正信号。

参考模型通常被选为标准二阶项：

$$G_{mod}(s) = \frac{\omega_n^2}{s^2 + 2\zeta \omega_n s + \omega_n^2} \qquad (25\text{-}15)$$

式中，ζ 为阻尼比；ω_n 为谐振频率。

监督梯度下降法用于在最小化成本函数如

$$J(k) = \frac{1}{2}(\omega_{mod} - \omega_m)^2 = \frac{1}{2}e_m^2 \qquad (25\text{-}16)$$

的方向上调整参数 $w_1, \cdots, w_M$。

参数自适应可由下式实现：

$$w_r(k+1) = w_r(k) - \gamma \frac{\partial J(k)}{\partial w_r(k)} \qquad (25\text{-}17)$$

然后使用链规则：

$$\frac{\partial J(k)}{\partial w_r(k)} = \frac{\partial J(k)}{\partial \omega_m} \frac{\partial \omega_m}{\partial \Delta u} \frac{\partial \Delta u}{\partial w_r} \qquad (25\text{-}18)$$

其中

$$\frac{\partial J(k)}{\partial \omega_m} = -(\omega_{mod} - \omega_m) = -e_m \qquad (25\text{-}19)$$

$$\frac{\partial \Delta u(k)}{\partial w_r} = O_{Nr}^3 \qquad (25\text{-}20)$$

O_{rj}^3 为每个规则的归一化发射强度。

表达式（25-18）涉及相对于控制器的 Δu 输出的 ω_m 的梯度的计算，Δu 是参考电磁转矩 Δm_{Lref} 的变化。由于驱动系统的非线性和参数不确定性，该梯度不能通过精确计算确定。然而，可以假设驱动速度相对于转矩或电枢电流的变化是单调递增过程。因此，该梯度可以通过一些正常数近似。由于梯度下降搜索的性质，梯度的符号对迭代算法收敛至关重要。因此，控制器参数的适应规律可以写成

$$w_r(k+1) = w_r(k) + \gamma e_m O_{Nr}^3 \qquad (25\text{-}21)$$

式中，e_m 为模型响应 ω_{mod} 与驱动的实际速度 ω_m 之间的误差；O_{Nr} 为第 r 个规则的发射强度；γ 为学习率。

然而，由于收敛缓慢，上述算法的学习速度不能令人满意。为了克服这个弱点，使用基于局部梯度 PD 控制的修正算法［LWC98］：

$$w_r(k+1) = w_r(k) + O_{Nr}^3 [k_p e_m(k) + k_d \Delta e_m(k)] \qquad (25\text{-}22)$$

比较式（25-21）和式（25-20），可以看出系数 k_p 等于学习率 γ。使用 k_d 的导数项用于抑制较大的梯度率。参考速度调整的质量取决于自适应法的 k_d 和 k_p 参数［式（25-21）］。这些参数的值越大，系统跟踪误差下降越快。然而，太大的适应系数值将把高频振荡引入到系统状态变量中。系数 k_p 和 k_d 可以通过"试错"方法或使用人工智能方法作为遗传算法［OS07，OS04］进行调整。

在图 25-12 中，演示了用于感应电动机驱动和直流电动机驱动的 MRAS 结构，其中包含 PI

型及以上自适应算法的神经模糊速度控制器。

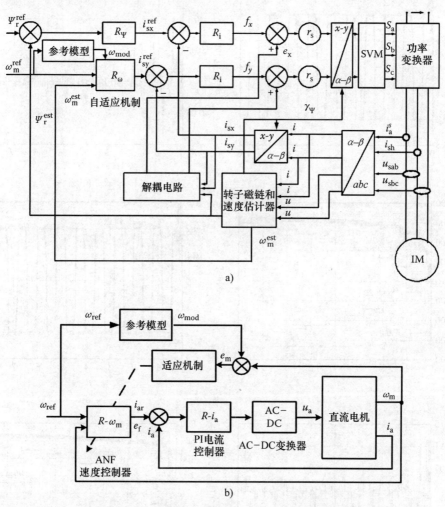

图 25-12 磁场定向控制的 MRAS 速度控制的结构

a) IM 驱动　b) 直流电机驱动, 带有在线校正自适应神经 - 模糊速度控制器

在 IM 驱动的情况下, 控制结构基于直接磁场定向控制 (DFOC) 概念, 具有用于电压馈电型感应电机线性解耦电路 [KT94]。为了实现无传感器驱动系统, 使用合适的转子磁链和速度估计器 [ODS06]。图 25-13 ~ 图 25-15 分别针对 IM [ODS06] 和 DC [JO04] 驱动系统, 展示了驱动系统矩形和正弦参考速度轨迹下的瞬态变化过程。值得一提的是, 在这两种情况下, ANF 速度控制器的初始值都设置为零 (见图 25-13c、f, 图 25-14c 和图 25-15c)。在自适应过程中, 它们的值趋向于最优, 从而确保参考模型给出的驱动系统动态特性。实际上, 在 1 ~ 2 个操作周期后, 系统速度几乎完美地跟踪参考速度。可以看出, 特别是在正弦速度参考瞬态变化情况下 (见图 25-14a 和图 25-15a), 控制器参数自适应算法的运行效果非常好, 在参考模型跟踪性能方面系统瞬变特性是最佳的, 即使是改变驱动系统的机械时间常数也是如此。

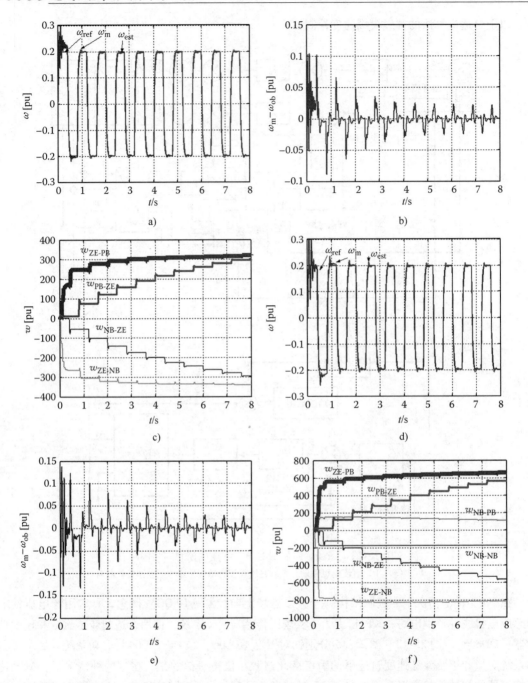

图 25-13　在参考速度阶跃变化下的 IM 驱动器与 ANF 控制器的瞬变过程，$T_M = T_{MN}$（a - c）和 $T_M = 3T_{MN}$（d - f）：参考速度和转子速度（a, d），速度误差（b, e），选择的控制器输出因子 w_i（c, f）

　　由于参考模型速度与电机转速之间的初始误差导致的驱动速度瞬变过程的快速衰减（由 NF 控制器的许多初始权重因数等于零引起的），可以使用滑模（或 PD）神经 - 模糊速度控制器实现 ［OS08］，与上述不同之处在于图 25-11 中缺少 Δu 信号的输出积分器。关于这些自适应方法的更多结果可以在文献 ［JO04，ODS06，OS07，CC98，LWC98，LFW98，LLS01，OS08］ 中看到。

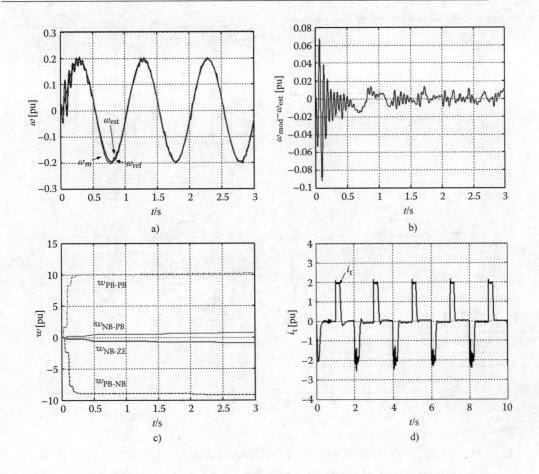

图 25-14　速度参考正弦变化时的带有 ANF 控制器的 IM 驱动器的瞬变

a) 参考速度和转子速度　b) 速度误差　c) 选择的控制器输出因子 w_i　d) 电枢电流

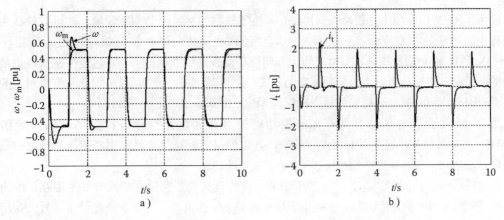

图 25-15　对阶跃（a~d）和正弦（e，f）变化和 $T_M = T_{MN}$（a~c）以及 $T_M = 2\,T_{MN}$（d~f）的带有 ANF 控制器的 DC 驱动系统的瞬态变化过程：参考速度和转子速度（a，d，e），电枢电流（b，f）和选择的控制器输出因子 w_i（c）

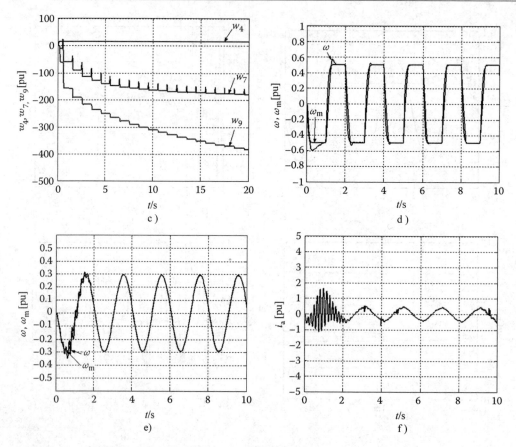

图 25-15　对阶跃（a～d）和正弦（e，f）变化以及 $T_M = T_{MN}$（a～c）和 $T_M = 2T_{MN}$（d～f）的
带有 ANF 控制器的 DC 驱动系统的瞬态变化过程：参考速度和转子速度（a，d，e），
电枢电流(b，f)和选择的控制器输出因子 w_i(c)（续）

25.6　自适应调节器的特例——电驱动神经控制

近来，NN 被广泛用于过程动力学控制，产生了被称为神经控制的新领域，这可以被认为是自适应控制理论的非常规分支。类似地，如在经典理论中，神经控制器可以用于间接（见图 25-2）和直接（见图 25-3）自适应结构。即使在设备的线性模型下，自适应控制系统也是非线性的。因此，使用分析方法的控制策略的集成产生许多问题，而 NN 提出了非常有吸引力的解决方案，因为它们具有众所周知的适应特征［NP90，FS92，HIW95，NRPH00］。

图 25-16 展示了电驱动器具有神经控制器的直接和间接自适应控制系统的一般结构［NP90］。在这些结构中存在具有延迟线的模块，这使得能够通过神经识别器和控制器记住使用一些延迟的适当信号。在这些结构中，NN 是在线训练的。

在直接结构（见图 25-16a）中，基于误差 $e_c(k)$ 直接调整控制器参数有一些困难，因为该误差在 NN 输出端不能直接访问，不能用于校正计算 NN 权重因子。对非线性设备而言，使用特别困难，因为它们的描述（传递函数）不可知或相对于工作点改变。然而，假设设备由某种函数 $f_p(u(k))$ 描述，只有计算出导数 $f_p'(u(k))$，才能使用反向传播方法。通常，对于非线性设备，该导数不是已知的（并且可访问的），因此必须使用它的近似。可以根据文献［NRP00］计算：

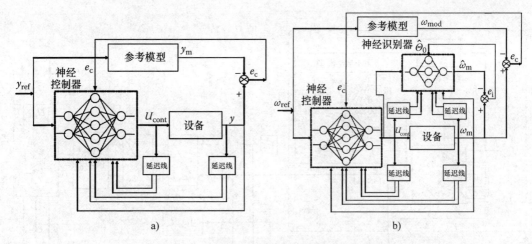

图 25-16　具有神经控制器的驱动系统的一般结构

a）直接　b）间接

$$f'_{\mathrm{p}}[u(k)] \approx \frac{\Delta f_{\mathrm{p}}[u(k)]}{\Delta u(k)} \qquad (25-23)$$

式中，$\Delta f_{\mathrm{p}}[u(k)] = f_{\mathrm{p}}[u(k-1)] - f_{\mathrm{p}}[u(k-2)]$，$\Delta u(k) = u(k-1) - u(k-2)$。

另一个解决方案是应用额外的 NN 对设备进行建模。基于神经模型 $\hat{y}(k)$ 的估计输出，该设备的这种神经模拟器能够使用反向传播方法生成用于神经控制器的训练样本簇。它实现了从直接到间接控制结构的自然过渡（见图 25-16b）。

在间接的情况下，假定采用合适的神经模型结构对非线性设备参数化，这些参数在识别误差 e_i 的基础上进行在线修改。然后，使用识别模型和参考模型之间的误差的反向传播方法，通过识别的模型来调整控制器参数。由于神经识别器［NP90，FS92］的实现，误差的这种反向传播是可行的。

识别算法以及控制算法可以在每个采样间隔内或在（数据转换）一定时间之后执行。在缺无外部干扰的情况下，建议使用控制器和识别器的同步调整。在其他情况下，识别算法应在每个采样间隔内实现，但控制器参数可以在较慢的时间尺度上进行调整。这样的程序使得系统对于外部干扰或噪声具有鲁棒性，并保护系统的正常运行［HIW95，NRP00］。NN 对电驱动控制的一些有趣的应用可以在文献［WE93，BBT94，FS97，S99，GW04］中找到。

以下，用简化的磁场定向控制方法（NFO 方法［JL95］）对感应电机驱动进行控制获得了部分结果［GW04］。图 25-17 展示了具有神经速度控制器的感应电机驱动器的间接自适应结构。变换器供电的感应电机驱动的神经模型是基于具有一个非线性神经元隐藏层的感知网络，如图所示。该网络使用包含转子速度和电压信号 u_{sy} 的实际值和三个延迟值的输入向量对该网络进行离线训练。

神经控制器必须使以下控制误差最小化

$$e(k) = y(k) - r(k) \qquad (25-24)$$

并形成驱动系统的控制信号：

$$u(k) = u_{\mathrm{sy}}(k) = f_{\mathrm{R}}[x_{\mathrm{R}}(k)] \qquad (25-25)$$

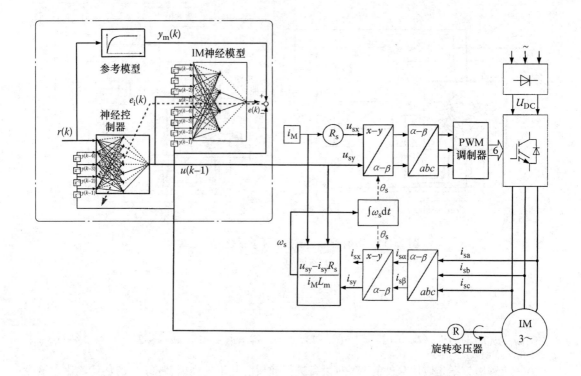

图 25-17 NFO 控制 IM 驱动器的间接自适应控制结构

（来自 Grzesiak L M 和 Wyszomierski D，Elect. Rev.，53（1），11，2004. 经许可）

式中

$$x_R(k) = \left[\omega_m^{ref}(k), \omega_m(k-1), \omega_m(k-2), \omega_m(k-3), \omega_m(k-4)\right]^T \tag{25-26}$$

而 ω_m^{ref} 是驱动系统的参考速度。

误差 $e(k)$ 通过设备的神经模型反向传播，计算虚拟误差 $e_i(k)$，接下来用于神经速度控制器的权重修正。因此，控制器的输出和隐藏层之间的权重的修改如下：

$$\Delta w_j^{(R)}(k) = \eta e_i(k) y_j^{(R)}(k) \tag{25-27}$$

式中，$\Delta w_j^{(R)}(k)$ 为对调节器的隐层和输出层之间的权重的校正；$y_j^{(R)}(k)$ 为隐藏层的输出，并且控制器的隐藏和输入层之间的连接如下所示：

$$\begin{cases} \Delta w_{ji}^{(R)}(k) = \eta \delta_j^{(R)}(k) y_j^{(R)}(k) \\ \delta_j^{(R)}(k) = \left\{1 - \left[y_i^{(R)}(k)\right]^2\right\} w_{ji}^{(R)}(k) e_i(k) \end{cases} \tag{25-28}$$

式中，$\delta_j^{(R)}$ 为隐藏层的误差；$y_i^{(R)}$ 为输入层的输出信号；$w_{ji}^{(R)}$ 为调节器的隐藏和输入层的权重。

图 25-18 示出了驱动系统的反向操作下的驱动速度瞬变的示例。它说明了速度适应过程的有效性。

由于随机选择神经控制器的初始权重，并且由于神经控制器未被训练，驱动系统的输出速度会有初始瞬态误差。接下来，在系统运作期间在线调整权重，通过在线调整，使参考模型和驱动系统的输出之间的误差最小化，几秒钟后，没有出现速度超调。可以看出，简单的前馈 NN 可以很好地作为高度非线性感应电动机驱动系统的控制器。虽然作为过程识别器使用的附加 NN 需要额外的离线训练程序，但是它可以方便地将控制误差传送回来，并将众所周知的反向传播方法应用于神经控制器的第二个 NN 的在线训练。

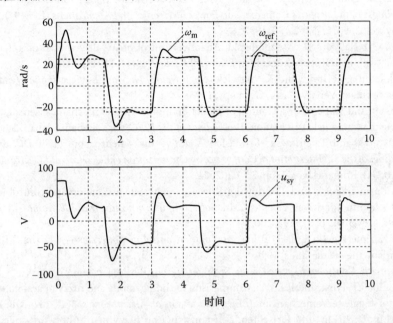

图 25-18　具有自适应神经控制器的驱动系统中反向运行期间的电机参考速度和实际速度瞬变
（来自 Grzesiak L M 和 Wyszomierski D，Elect. Rev.，53（1），11，2004. 经许可）

25.7　结束语

　　本章介绍了电气驱动中使用的自适应控制策略。从控制理论出发，对自适应控制的主要思想进行了简要的描述和评估。接下来介绍了增益调度方案、STR 和模型参考控制方案在电力驱动系统中的应用。对于每个自适应控制策略，都提出了 DC 或 AC 驱动系统的示例，并讨论了应用算法。在本章的最后部分，介绍了 NN 作为自适应控制器的特殊情况。所有讨论的系统的动态性能已经通过在实验室驱动系统中获得的实验瞬变结果进行了评估和说明。实验表明，自适应控制制概念在具有可变参数的电驱动中是非常有效的。

参 考 文 献

[ÄW95] K.J. Äström and B. Wittenmark, *Adaptive Control*, 2nd edn., Addison-Wesley, New York, 1995.

[BBT94] M. Bertoluzzo, G. Buja, and F. Todesco, Neural network adaptive control of DC drive, *Proceedings of IECON*, Bologna, Italy, pp. 1232–1236, 1994.

[BSS90] A. Buxbaum, K. Schierau, and A. Straughen, *Design of Control Systems for DC Drives*, Springer-Veralg, Berlin, Germany, 1990.

[CT98] Y.C. Chen and C.C. Teng, A model reference control structure using a fuzzy neural network, *Fuzzy Sets and Systems*, 73, 291–312, 1995.

[FS92] F. Fukuda and T. Shibata, Theory and applications of neural networks for industrial control systems, *IEEE Transactions on Industrial Electronics*, 39(6), 472–489, 1992.

[FS97] K. Fischle and D. Schröder, Stable model reference neurocontrol for electric drive systems, *Proceedings of 7th European Conference on Power Electronics and Applications (EPE'97)*, Trondheim, Norway, vol. 2, pp. 2.432–2.437, 1997.

[GW04] L.M. Grzesiak and D. Wyszomierski, Adaptive control of AC drive based on reference model structure with neural speed controller, *Electrical Review*, 53(1), 11–16, 2004.

[HIW95] K.J. Hunt, G.R. Irvin, and K. Warwick (eds.), *Neural Network Engineering in Dynamic Control Systems*, Springer-Verlag, Berlin, Germany, 1995.

[JL95] R. Jonsson and W. Leonhard, Control of induction motor without mechanical sensor, based on the principle of natural field orientation, *Proceedings of the IPEC'95*, Yokohama, Japan, 1995.

[JO04] K. Jaszczak and T. Orlowska-Kowalska, Adaptive fuzzy-neuro control of DC drive system, *Proceedings of the 8th International Conference on Optimization of Electrical and Electronic Equipment (OPTIM'04)*, Romania, vol. 3, pp. 55–62, 2004.

[KO02] M.P. Kazmierkowski and T. Orlowska-Kowalska, NN state estimation and control in converter-fed induction motor drives, Chapter 2. In: *Soft Computing in Industrial Electronics*, Physica-Verlag, Springer, New York, pp. 45–94, 2002.

[KT94] M.P. Kazmierkowski and H. Tunia, *Automatic Control of Converter-Fed Drives*, Elsevier/PWN, Amsterdam, the Netherlands, 1994.

[L85] W. Leonhard, *Control of Electric Drives*, Springer-Verlag, Berlin, Germany, 1985.

[LFW98] F.J. Lin, R.F. Fung, and R.J. Wai, Comparison of sliding-mode and fuzzy neural network control for motor-toggle servomechanism, *IEEE Transactions on Mechatronics*, 3(4), 302–318, 1998.

[LLS01] F.J. Lin, C.H. Lin, and P.H. Shen, Self-constructing fuzzy neural network speed controller for permanent-magnet synchronous motor drive, *IEEE Transactions on Fuzzy Systems*, 9(5), 751–759, 2001.

[LWC98] F.J. Lin, R.J. Wai, and H.P. Chen, A PM synchronous servo motor drive with an on-line trained fuzzy neural network controller, *IEEE Transactions on Energy Conversion*, 13(4), 319–325, 1998.

[NP90] K.S. Narendra and K. Parthasarathy, Identification and control of dynamical systems using neural networks, *IEEE Transactions on Neural Networks*, 1(1), 4–27, 1990.

[NRPH00] M. Norgaard, O. Ravn, N.K. Poulsen, and L.K. Hansen, *Neural Networks for Modeling and Control of Dynamic Systems*, Springer, London, U.K., 2000.

[ODS06] T. Orlowska-Kowalska, M. Dybkowski, and K. Szabat, Adaptive neuro-fuzzy control of the sensorless induction motor drive system, *Proceeding of 12th International Power Electronics and Motion Control Conference (PEMC'2006)*, Portoroz, Slovenia, pp. 1836–1841, 2006.

[OJ03] T. Orlowska-Kowalska and K. Jaszczak, Sensorless adaptive fuzzy-logic control of DC drive with neural inertia estimator, *Journal of Electrical Engineering*, 3, 39–44, 2003.

[OS03] T. Orlowska-Kowalska and K. Szabat, Sensitivity analysis of state variable estimators for two-mass drive system, *Proceedings of the 10th European Power Electronics Conference (EPE'03)*, CD, Toulouse, France, 2003.

[OS04] T. Orlowska-Kowalska and K. Szabat, Optimisation of fuzzy logic speed controller for DC drive system with elastic joints, *IEEE Transactions on Industrial Applications*, 40(4), 1138–144, 2004.

[OS07] T. Orlowska-Kowalska and K. Szabat, Neural networks application for mechanical variables estimation of two-mass drive system, *Transactions on Industrial Electronics*, 54(3), 1352–1364, 2007.

[OS07] T. Orlowska-Kowalska and K. Szabat, Control of the drive system with stiff and elastic couplings using adaptive neuro-fuzzy approach, *IEEE Transactions on Industrial Electronics*, 54(1), 228–240, 2007.

[OS08] T. Orlowska-Kowalska and K. Szabat, Damping of torsional vibrations in two-mass system using adaptive sliding neuro-fuzzy approach, *IEEE Transactions on Industrial Informatics*, 4(1), 47–57, 2008.

[S99] D.L. Sobczuk, Application of ANN for control of PWM inverter fed induction motor drives, PhD thesis, Warsaw University of Technology, Warsaw, Poland, 1999.

[SB89] S. Sastry and M. Bodson, *Adaptive Control: Stability, Convergence and Robustness*, Prentice-Hall Inc., Englewood Cliffs, NJ, 1989.

[SB98] R. Sutton and A. Barto, *Reinforcement Learning: An Introduction*, MIT Press, Cambridge, MA, 1998.

[SO08] K. Szabat and T. Orlowska-Kowalska, Performance improvement of industrial drives with mechanical elasticity using nonlinear adaptive Kalman filter, *IEEE Transactions on Industrial Electronics*, 55(3), 1075–1084, 2008.

[SOD06] K. Szabat, T. Orlowska-Kowalska, and K. Dyrcz, Application of extended Kalman Filters in the control structure of two-mass system, *Bulletin of Polish Academy of Sciences*, 54(3), 315–325, 2006.

[WE93] S. Weerasooriya and M. El-Sharkawi, Laboratory implementation of neural network trajectory controller for a DC motor, *IEEE Transactions on Energy Conversion*, 8(1), 107–113, March 1993.

第26章 带弹性联轴器的驱动系统

26.1 引言

本章介绍了双质量驱动系统中各种常用的减振控制方法。轴的有限刚度引起扭转振动，显著影响驱动系统的性能。扭转振动限制了许多工业驱动器的性能。它们降低了系统的可靠性和产品质量，在某些特定情况下甚至会导致整个控制结构的不稳定。扭转振动的阻尼问题源自滚轧机驱动，其中电动机的大惯量和带有长轴的负载部件形成弹性系统［HSC99，SO07，PS08，DKT93］。造纸和纺织业存在类似的问题，其中电磁转矩通过传动系统的复杂机械部件传递［VBL05，PAE00］。系统的阻尼能力也是输送机和笼型电机驱动中的一个关键问题［HJS05，HJS06］。最初，弹性系统已在大功率应用中得到认可；然而，由于电力电子和微处理器系统的发展，电磁转矩控制几乎没有延迟，扭转振动开始出现在许多中小功率应用中。今天，弹性联轴器广泛应用，在伺服驱动器、油门驱动器、机器人手臂驱动器（包括空间应用）等中得到认可［VS98，EL00，VBPP07，OBS06，FMRVR05］。

26.2 驱动器的数学模型

在柔性耦合的驱动系统分析中，可以使用以下模型［HSC99，SO07，PS08，DKT93，VBL05］：

- 具有分布参数的模型。
- 瑞利模型。
- 无惯性轴模型。

选择合适的模型是所获得的建模精度与计算复杂度之间的折中。在具有分布参数的模型中，假设电机、轴和负载机的惯量分别通过运动轴线分开。该模型可以确保结果的最佳准确性；它的特点是具有无穷的自由度。然而，描述系统的方程是具有不方便控制结构分析的形式的偏微分方程。因此，在柔性联接系统的分析中，通常使用减少三维现象的不同模型。

瑞利模型考虑了惯量的连续分布，但也假设机械应力沿着机械系统线性分布。当轴的惯量与电机和负载机的惯量相当时，可使用该模型。

当轴的转动惯量 J_s 与集中在其端部的转动惯量相比较小时，应使用无惯量轴模型。轴的转动惯量应除以 2，并根据下列公式加到电机的转动惯量 J_e 和负载机的转动惯量 J_o 上：

$$J_1 = J_e + \frac{J_s}{2} \tag{26-1}$$

$$J_2 = J_o + \frac{J_s}{2} \tag{26-2}$$

这种模型被广泛应用于柔性连接的系统的分析中（在 99% 以上的已发表论文中）。驱动系统通常由通过轴和机械变速器连接到负载机的电机组成，变速器用以降低从电机到负载侧的速度。这些变速箱的转动惯量远大于轴的转动惯量。在系统的数学模型中应该考虑这个惯量。它可以建立三或多质量无惯性轴模型。更复杂的模型可获得更好的计算精度，但它增加了计算的复杂度。在无传感器驱动中，正确选择模型顺序尤其重要，必须应用特殊的估计方法，以便重构为确保扭转振动的有效阻尼所必需的不可测量的状态变量。然而，附加自由度对驱动系统动态性能的影响通常被忽略，下面以最简单的双质量系统模型为例进行介绍。

双质量无惯性轴模型由以下等式描述：

$$T_1 \frac{d\omega_1}{dt} = m_e - m_s \tag{26-3}$$

$$T_2 \frac{d\omega_2}{dt} = m_s - m_L \tag{26-4}$$

$$T_c \frac{dm_s}{dt} = \omega_1 - \omega_2 \tag{26-5}$$

式中，ω_1 为电机转速；ω_2 为负载速度；m_e 为电磁转矩；m_s 为轴的转矩；m_L 为负载转矩；T_1 为电机的机械时间常数；T_2 为负载机器的机械时间常数；T_c 为刚度时间常数。

双质量系统的原理图如图 26-1 所示。

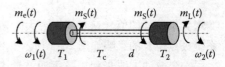

图 26-1　双质量系统的示意图

26.3　扭振阻尼方法

由于以下原因，驱动系统中可能会出现扭转振动 [HSC99，SO07，PS08，DKT93，VBL05，PAE00，HJS05，VS98]：

- 参考速度的可变性；
- 负载转矩的可变性；
- 电磁转矩波动；
- 电磁转矩的限制；
- 电机和负载机之间的机械偏移；
- 负载惯量的变化；
- 机械质量不平衡；
- 系统非线性，如摩擦力矩和齿隙（特别是在低速运行中）。

为了抑制扭转振荡，人们开发了许多从经典到先进的控制方法。避免系统状态变量振荡的最简单的方法是降低控制结构的动态性能，但这种方法忽略了驱动系统的性能，几乎不被使用。常用的方法可以分为两大类：

① 被动方法，即利用机械阻尼器 [ZFS00] 和应用数字滤波器 [PAE00，VS98，EL00，DM08]。

② 主动方法，包括基于现代控制理论的控制结构的应用 [HSC99，SO07，HJS06，SO08]。

上述两种方法均可有效地抑制扭转振动，尽管被动方法具有一些系列的缺点。机械阻尼器必须固定在驱动系统上，因此需要额外的空间。这些因素对系统的可靠性产生不利影响；此外，它们增加了系统的总成本。此外，机械阻尼器不允许在宽范围内对双质量系统的响应进行改善。

在谐振频率高的系统中，数字滤波器的应用是工业标准。虽然它们可以有效地减弱振动，但系统的动态性能可能会受到影响。此外，系统参数的更改可能会显著影响驱动器的属性。主动方法可以成功地减振，同时改善系统的响应也是它的主要优点之一。因为现代工业驱动器使用微处理器系统，所以先进控制结构的应用不会增加驱动器的成本，但是这些系统的计算复杂度有时被认为是一个严重的缺点。

26.4 被动方法

机械阻尼器在减少双质量系统扭转振动的应用中带来了驱动机械部分的复杂性，并没有得到广泛的应用。这种解决方案在文献［ZFS00］中讨论，用于抑制机器人手臂的扭转振动。从控制理论的角度来看，机械阻尼器的应用导致内阻尼系数 d 的增加。这将根据以下公式将双质量系统的极点从虚轴移动到实轴：

$$s_{1,2} = \frac{-d(T_1 + T_2) \pm (T_1 + T_2)\sqrt{d^2 - \dfrac{4T_1 T_2}{(T_1 + T_2)T_c}}}{2T_1 T_2} \tag{26-6}$$

增大系数 d 的值（从 0 到无穷大）对两个系统极点位置的影响如图 26-2 所示。

另一个被动方法是利用数字滤波器来抑制扭转振动［PAE00，VS98，EL00，DM08］。滤波器位于速度和转矩控制器之间，如图 26-3 所示。

通常，Notch 滤波器作为确保扭转振荡衰减的工具。然而，如文献［VS98］所示，仅当精确地知道系统的所有参数时，谐振模式的取消才是可能的。因此，设备的识别是Notch 补偿器校正的一个重要问题。另外，即使驱动系统参数的小变化也可能降低系统阻尼系数的限制值。因此，Notch 系列补偿器可以减少谐振模式，但不能完全消除谐振模式。

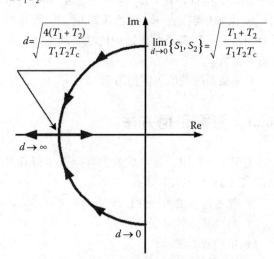

图 26-2　轴的内部阻尼系数 d 值的增加对系统极点位置的影响

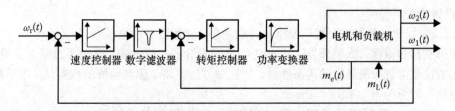

图 26-3　具有附加数字滤波器的经典控制结构

在具有谐振模式的驱动系统中广泛使用的另一个滤波器是 FIR 滤波器。FIR 滤波器应用的想法依赖于一个事实，即通过将延迟了 $T/2$ 的相同信号添加到原始信号可以消除具有周期 T 的信号中的周期性振荡。在参数变化的情况下，FIR 滤波器可以比 Notch 滤波器［VS98］更有效地抑制振荡。与文献［VS98］相反，其他作者［PAE00］声称，Notch 滤波器的实现不需要知道设备的信息，滤波器参数可以通过实验方便地进行设置。他们建议在具有中谐振频率值的系统中使用 Notch（陷波）滤波器，并且在具有高谐振频率值的系统中使用 FIR 滤波器。

文献［EL00］介绍了低通滤波器、Notch（陷波）滤波器和 Bi 滤波器的动态特性之间的比较。在谐振频率高于 1kHz 的情况下，作者建议应用低通滤波器。然而，当谐振频率较小时，它可能会造成系统动态性能的损失。Bi（双）滤波器可以确保电机具有平稳的速度瞬态过程，因为其应用确保了系统的反谐振频率和谐振频率的补偿。然而，Bi 过滤器对系统参数变化非常敏感。可以发现，Notch（陷波）滤波器是所有分析滤波器的最优方案，用于中低谐振频率的补偿。

26.5　经典控制结构的修正

双质量驱动系统的经典级联控制结构如图 26-4 所示。它由优化的内部转矩控制回路组成。驱动机械部分的机械时间常数远大于内部转矩回路的时间常数。因此，对于速度控制器的综合，这种优化的内循环的延迟通常被忽略［SO07］。

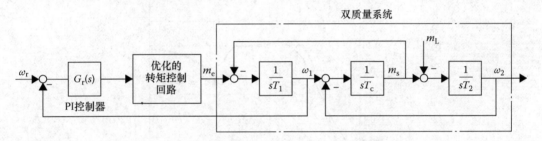

图 26-4　具有电机转速基本反馈的经典控制结构

具有 PI 控制器的闭环系统是四阶系统。因为 PI 控制器只有两个参数，所以不可能独立地配置控制结构的所有极点。通常选择极点的对称布置。在这种情况下，使用式（26-7）设置控制器的参数：

$$K_p = 2\sqrt{\frac{T_1}{T_c}}, K_1 = \frac{T_1}{T_2 T_c} \tag{26-7}$$

驱动系统的动态特性取决于负载和电机侧的惯性比，定义为 $R = T_2/T_1$。R 值的降低导致系统阶跃响应中较大和缓慢的阻尼振荡。在具有较大 R 值的系统中，消除了振荡，但丢失了动态特性。图 26-5 提出了不同 R 值下控制结构的瞬态变化（所有的结果都是针对以下机械参数驱动系统获得的：$T_1 = T_2 = 203\text{ms}$，$T_c = 2.6\text{ms}$）。

为了提高经典控制结构的性能，采用 PI 控制器，可以使用一个选定状态变量的附加反馈回路。附加的反馈允许设定阻尼系数的期望值，但不能同时实现谐振频率的任意值。额外的反馈可以引入电磁转矩控制回路或速度控制回路。

在文献［SH96］中，提出了引入到电磁转矩节点的轴转矩导数的附加反馈。作者研究了提出的方法，并将其应用于双质量和三质量系统。然而，提出的轴转矩估计器对测量噪声非常敏感，因此抑制高频振动很难，而且降低了系统的动态性能。控制结构的另一个改进是从轴转矩中引入附加的反馈。这种反馈在许多研究中使用，即文献［PAE00, OBS06］。研究表明，扭转振动被成功地抑制。

文献［PAE00］利用电动机和负载速度偏差的反馈。尽管振荡被成功地抑制，但作者声称出现了动态响应的损失和大载荷冲击的影响。文献［Z99］提出了负载速度导数的附加反馈，产生

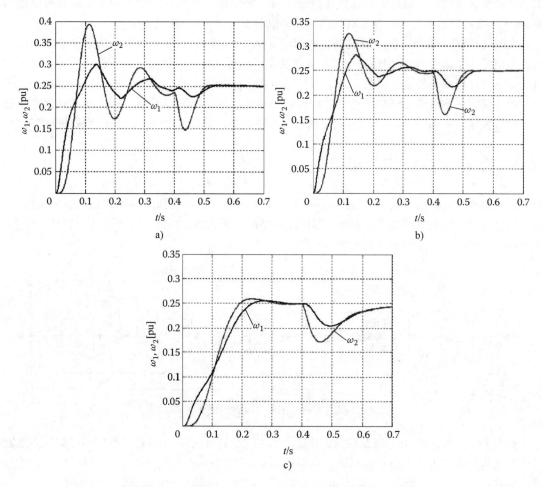

图 26-5　无附加反馈的双质量系统的电机和负载速度的瞬变

a) $R=0.5$　b) $R=1$　c) $R=2$

了与先前控制结构相同的动态性能。经典结构的另一种可能的修正是向速度控制回路引入附加反馈（例如文献［PAE00］）。作者认为，这种反馈可以确保良好的动态特性，并能有效地抑制振动。通过应用电机和负载速度偏差的反馈可以获得相同的结果。

　　文献［SO07］分析了具有一种附加反馈的 9 种不同的控制结构。结果表明，所有这些系统都可以根据动态特性分为三组。分析结果如图 26-6 所示。可以设置控制结构参数的方程式在文献［SO07］中给出。

　　在图 26-7 中，示出了 A～C 组的所有考虑的控制系统的闭环极点位置和适当的负载速度响应。这些系统是四阶的，所呈现的极点是双重的（见图 26-7a）。没有附加反馈的系统的闭环极点的位置仅取决于驱动器的机械参数。系统极点位于相对靠近虚轴的位置。驱动系统的响应具有相当大的超调和稳定时间。具有一个附加反馈的系统的闭环极点位置取决于假定的阻尼系数，其在每种情况下被设置为 $\xi_{r}=0.7$。

　　从 B 组（在这种情况下为 B_1）可以看出，系统的闭环极点具有最高的谐振频率。上述驱动器的速度响应的上升时间大约是其余系统的 2 倍。其次最快的系统是 A 组的控制结构。其余结构（C 组和 B_2 组）的动态特性非常相似。所有考虑的系统的负载速度瞬态的波形（见图 26-7b）

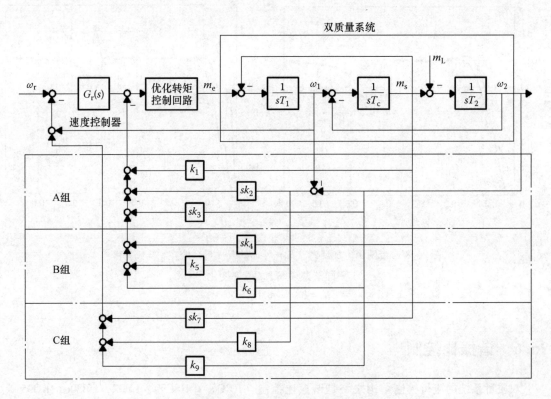

图 26-6　带有不同附加反馈的控制结构

证实了对闭环极点位置分析。应该强调的是，上述比较是针对双质量系统的选定参数的，该方法不具有普遍性。

为了实现控制结构参数（即谐振频率和阻尼系数）的自由设计，需要应用来自不同组的两个反馈。选择哪组类型的反馈不重要，因为如前所述，之前描述的组中反馈给出的结果相同。在图 26-8 中，给出了两个期望谐振频率和阻尼系数 $\xi_r = 0.7$ 的系统速度瞬变。很明显，系统动态特性可以在工作的线性范围内自由规划［SO07］。

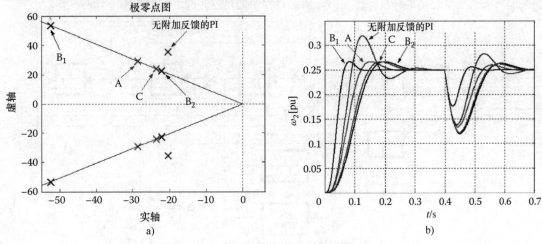

图 26-7　闭环极点位置和所有提出的系统的负载速度瞬变
a）闭环极点位置　b）系统的负载速度瞬变

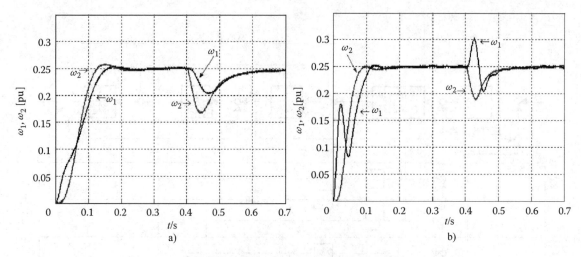

图 26-8   带两个附加反馈（k_2，k_8）的双质量系统在 $\xi_r = 0.7$ 和
不同谐振频率下的瞬态变化

a）$\omega_r = 40s^{-1}$ b）$\omega_r = 60s^{-1}$

26.6   谐振比控制

双质量系统的流行控制结构之一是谐振比控制（RRC）［HSC99，LH07，OBS06，KO05］。它通常应用于线性或非线性（含间隙）系统。该系统的基本思想是估计轴转矩并将估计值反馈给控制结构。从这个角度来看，它与上一节的结构非常相似。主要区别在于设计方法。在以前的结构中，使用极点配置法确定反馈值。然而，在 RRC 结构中，基于系统的频率特性（初始和期望的）来计算反馈增益。当谐振频率与反谐振频率的比值 H 相对较大时（约 2），该系统具有良好的抑制能力。控制结构的框图如图 26-9 所示。

控制结构由 PI 速度控制器、归一化因子 $[k_{RC}(T_1 + T_2)]$、带有适当增益的轴转矩估计的附加反馈、轴转矩估计器和优化的转矩控制回路组成。轴转矩估计器包括具有一个合适值 T_q 的高通滤波器。该值是系统中的噪声等级与估计瞬态过程中的延迟时间之间的折中［HSC99］。

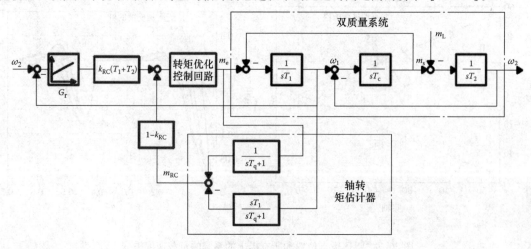

图 26-9   谐振比控制结构的框图

　　PI 控制器的参数使用一个常用方法进行设置。不同 H 值的双质量系统的假设瞬态变化如图 26-10 所示。

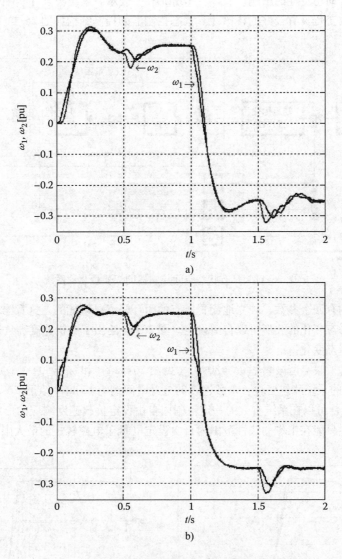

图 26-10　电机和负载转速的假设的瞬态变化，
谐振与反谐振频率比设置为
a）$H = 1.2$　b）$H = 2$

　　从图 26-10 可以得出结论，增加 H 值可以更好地减弱系统振荡，减小超调和系统振荡。但需要说明的是，由于存在轴转矩估计瞬变中的噪声，不可能设定相对较大的 H 值。

26.7　状态控制器的应用

　　迄今提出的控制特性是基于经典的级联补偿方案。20 世纪 60 年代初提出了一种完全不同的分析系统动态的方法——状态空间方法。状态空间控制器的应用可以将系统极点配置在任意位置，因此理论上可以获得系统的任意动态响应。选择闭环系统极点的合适位置成为状态空间控制器应用的基本问题之一。文献［JS95］通过线性二次型（LQ）方法实现了系统极点的选择。作者强调在系统参数变化的情况下矩阵选择非常困难。文献［QZLW02，SHPLL01］分析了闭环位置对双质量系统动态特性的影响。文献［SHPLL01］表示，系统极点在实轴上可以提高驱动系统的性能，对参数变化具有较好的鲁棒性。状态控制器的控制结构如图 26-11 所示。

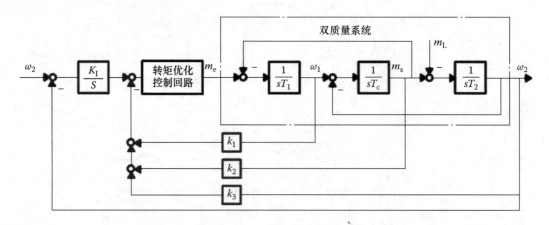

图 26-11　具有状态空间控制器的双质量驱动系统

　　因为控制结构有四个参数，独立地配置所有的闭环极点是可能的。这意味着，在线性工作范围内，负载速度瞬态变化的波形可以自由设定。图 26-12 给出了电机速度和负载速度以及电磁转矩和负载转矩的瞬态变化。

　　图 26-12 示出了假定谐振频率 $\omega_r = 30s^{-1}$（见图 26-12a）和 $\omega_r = 50s^{-1}$（见图 26-12b）在阻尼系数 $\xi_r = 0.7$ 下的系统瞬态变化。负载速度的上升时间约为 120ms（见图 26-12a）和 80ms（见图 26-12b）。因此，可以在系统参数的一定范围内自由设定负载速度响应的形状。然而，应该强调的是，动态特性只能在工作的线性范围内自由设定（低于电磁转矩的最大限制）。

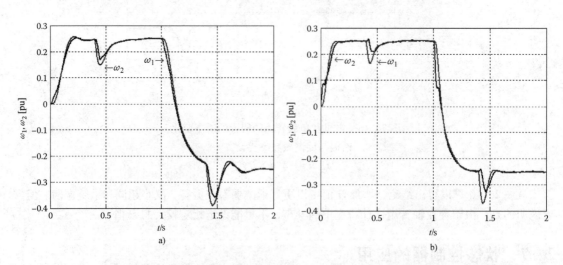

图 26-12　状态空间控制结构中的双质量系统在 $\xi_r = 0.7$ 和两个不同谐振频率值下的瞬态变化

a）$\omega_r = 30s^{-1}$　b）$\omega_r = 50s^{-1}$

26.8　模型预测控制

在工业应用中，过程限定的实现起着非常重要的作用。通常，会考虑到由于执行器饱和而导致的控制信号的限制。对于具有 PI/PID 控制器的系统，在文献［GS03］中已经研发出了不同的抗积分饱和的结构。在许多控制问题中，也会对其他变量进行约束。例如，在双质量传动系统中，由于以下原因，必须考虑轴转矩的限制。第一，处于安全运行的考虑，负载机仅能接受输入转矩的最大值，超过此值可能会损坏负载机。第二，轴可以承受由其几何形状和使用的材料决定的扭矩的特定值。更大的值也可能会损坏它并导致整个驱动系统的故障。在控制结构设计中通常会忽略输出约束的影响，尽管其确实有一定的影响。通常，通过减小控制结构的增益来满足输出约束。然而，它会造成控制结构的动态损失（在不超过约束的区域），并且在高性能应用中不能被接受。

模型预测控制（MPC）是少数几种大量用于工业的技术（除了 PI/PID 技术）之一。它通常用于化学和加工工业。MPC 算法适用于生成最优控制信号的当前操作。它能够将系统的输入和输出约束直接考虑到控制器设计过程中，这在 PI 控制器的控制结构中是不容易实现的。到目前为止，只能在具有相对较大时间常数的对象中实现 MPC 实时控制。这是因为在每个计算步骤中，需要解决复杂的优化问题。然而，由于微处理器技术的发展，MPC 控制可以在当今的系统中实现，例如双质量系统［CSO09］。MPC 控制结构的框图如图 26-13 所示（其中第二个下标"e"表示估计值）。

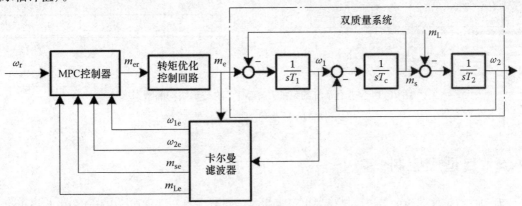

图 26-13　基于 MPC 的控制结构框图

MPC 控制器由预测器和优化器（在线或其明确的版本［CSO09］）组成。在每个计算步骤中，控制器预测（在期望的时间内）并确定假定的控制信号数。预测范围越大，取得的效果越好；然而，随着预测样本数量的增加，计算复杂度也急剧增加。

如前所述，系统的约束可以被并入控制算法中。为了说明这些性质，考虑了具有不同轴转矩约束值的系统［$|m_s| < 1.25$（见图 26-14a 和 b）和 $|m_s| < 2$（见图 26-14c 和 d）］。

控制算法将轴转矩保持在安全区域。在图 26-14b、d 中可以清楚地看到，在起动期间，电磁转矩减小，以避免超过轴转矩约束的上限。设置不同电磁转矩和轴转矩约束值也可以在驱动系统起动期间使电机速度和负载速度之间的振荡最小化。

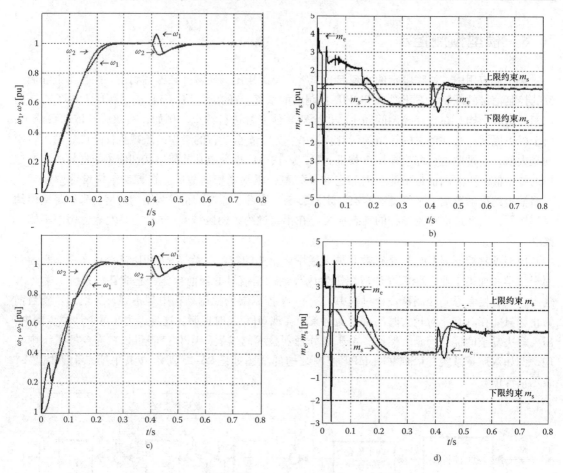

图 26-14　带有系统约束的基于 MPC 的控制结构的瞬态变化
a)、b)　$|m_s|<1.25$　c)、d)　$|m_s|<2$

26.9　自适应控制

对于具有可变参数的系统，已经提出了更先进的控制方法。在文献［IIM04］中，提出了基于H_∞的鲁棒控制理论的应用实例。在该应用中，遗传算法用于设置控制结构的参数。尽管负载机的惯量发生变化，系统仍然有良好的性能。另一个方法是应用滑模控制器。例如，在文献［EKS99］中，该方法应用于控制 SCARA 机器人。控制结构的设计基于李雅普诺夫（Lyapunov）函数。在文献［HJS05］中使用了类似的方法，其中输送机驱动系统模型是双质量系统。作者声称，该设计结构对驱动器和外部干扰的参数变化具有鲁棒性。滑动模式控制的其他应用实例可以在文献［E08］中找到。

接下来的两个控制方法依赖于使用自适应控制理论。在第一个方法中，识别设备的可变参数，然后根据当前确定的参数（间接自适应控制）重新调整控制器。应用卡尔曼滤波器来识别负载机［SO08］的惯量的变化值。该值用于校正 PI 控制器的参数和其他两个反馈。文献［HPH06］提出了类似的适应策略。

在另一个方法中，根据参考模型和输出之间的比较，在线调整控制器参数。在文献［OS08］中，比较了在 MRAS 结构中采用的两个自适应神经模糊结构。实验结果表明，所提出的概念

（直接自适应控制）相对设备参数变化更具鲁棒性。

间接自适应控制结构的框图如图 26-15 所示。控制结构的主要部分由线性 PI 控制器组成，由轴转矩的附加反馈以及电机与负载速度的偏差支持。本部分的参数采用极点配置法设计，以符合设计规范。图 26-15 所示的控制结构的识别部分基于非线性扩展卡尔曼滤波器（NEKF）。

它提供有关负载机的机械时间常数 T_2。此外，它还估计在控制结构中使用的附加状态变量，如轴转矩、负载速度和负载转矩。使用卡尔曼滤波器的数学模型在文献［SO08］中给出。图 26-16 显示了具有 NEKF 的自适应控制结构的电机和负载速度（见图 26-16a），实际和估计的负载速度（见图 26-16b），电磁、轴和负载转矩（见图 26-16c）、负载机的时间常数（见图 26-16d）和控制结构参数（见图 26-16e、f）。由自适应 NEKF 提供的轴转矩和负载速度被引入控制结构的反馈回路中。电机的时间常数的估计值用于改变速度控制器的参数和适当的反馈增益（K_I、K_P、k_1、k_2）。

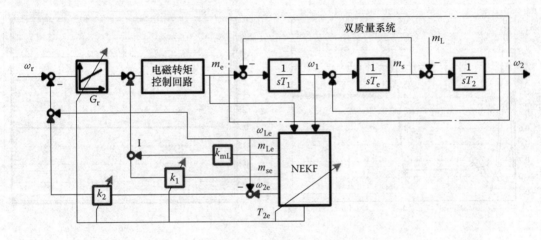

图 26-15 基于间接适应性概念的控制结构框图

负载转矩时间常数与电机时间常数耦合，因此不能同时估计。只有当控制误差大于 0.25（该值取决于具体应用）时，才会启动负载机时间常数的估计，同时停止对负载转矩的估计。m_{Le} 最近的一次估计值赋给 NEKF。在驱动系统起动期间，负载转矩的估计值假定为零。当控制误差的值下降到 0.01，停止对 T_2 的估计，然后开始对负载转矩进行估计。在 NEKF 算法中使用的时间常数 T_{2e} 的值被设置为其先前估计的值［SO08］。

直接自适应控制结构与间接适应性的概念不同，没有识别部分。控制器参数根据自适应规则进行调整，具体取决于当前测量的模型和系统输出变量。在图 26-17 中，给出了带有弹性联接的驱动系统在线调速控制器的模型参考自适应控制结构［OS08］。这种控制结构的一个有趣的特征是它只依赖于电机的转速。

调速控制器使实际的驱动输出可以随参考模型的输出而改变。跟踪误差用作调谐信号。在负载和电机时间常数两个不同比值下的系统瞬态变化，即 $R=1$（a，b，c）和 $R=0.25$（d，e，f），如图 26-18 所示。在这种情况下，使用具有输出权重可再调整的滑模神经 – 模糊控制器（SNFC）用作速度控制器［OS08］。

图 26-18a 给出了系统工作 10s 的参考速度、电机速度和负载速度。系统控制器参数初始设置为零。这意味着驱动器的参数是未知的。尽管如此，对于整个工作过程而言，初始跟踪误差很小。当负载转矩迅速变化时，负载和参考速度之间存在的差异最大（见图 26-18b 和 e）。

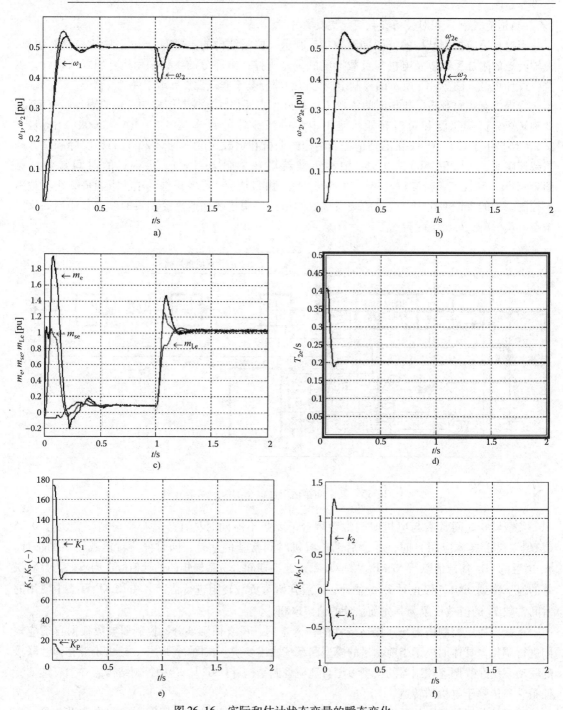

图 26-16　实际和估计状态变量的瞬态变化
a）电机和负载速度　b）负载速度及其估计值　c）电磁和估计的轴转矩和负载转矩
d）估计的负载机的时间常数　e）、f）自适应控制结构参数

　　从给出的瞬态结果可以得出结论，对于不同的惯量比值 *R*，直接自适应系统成功地抑制了扭转振荡，且具有参考模型的动态性能。这种结构非常有趣，因为它结构简单，只需要对电机转矩（电流）和速度的测量，所以不需要额外的状态变量观测。应该强调，对于一个非常快速的参考模型，它不能正常工作。

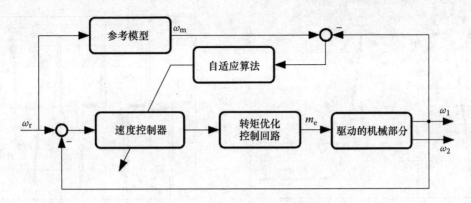

图 26-17　直接自适应控制系统结构

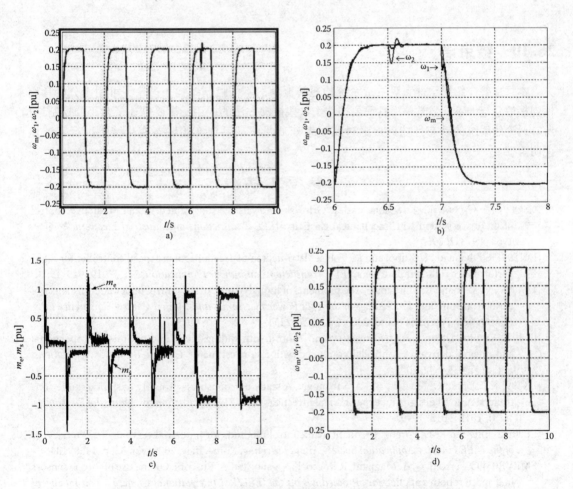

图 26-18　带有 SNFC 速度控制器的 MRAS 结构双质量系统的瞬态变化

a)、b)、c)　$R = 1$　d)　$R = 0.25$

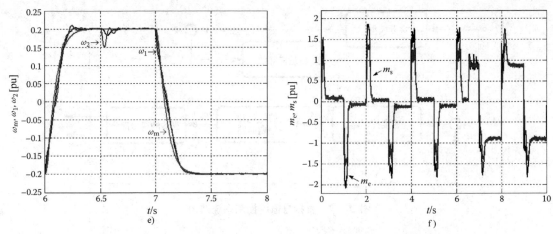

图 26-18　带有 SNFC 速度控制器的 MRAS 结构双质量系统的瞬态变化（续）

e)、f) $R = 0.25$

26.10　结束语

本章主要介绍用于抑制双质量系统的扭转振动的不同控制结构；讨论了可用于分析具有柔性连接的系统的不同数学模型；简要描述了这些被动方法的应用；简要描述了常用的控制结构。所有讨论的系统的动态性能已经通过实验室双质量驱动系统实验瞬态变化结果进行了评估和说明。

参 考 文 献

[CSO09] M. Cychowski, K. Szabat, and T. Orlowska-Kowalska, Constrained model predictive control of the drive system with mechanical elasticity, *IEEE Transactions on Industrial Electronics*, 56(6), 1963–1973, 2009.

[DKT93] R. Dhaouadi, K. Kubo, and M. Tobise, Two-degree-of-freedom robust speed controller for high-performance rolling mill drivers, *IEEE Transactions on Industry Application*, 27(5), 919–925, 1993.

[DM08] J. Deskur and R. Muszynski, The problems of high dynamic drive control under circumstances of elastic transmission, *Proceedings of the 13th Power Electronics and Motion Control Conference EPE-PEMC 2008*, Poznan, Poland, 2008, pp. 2227–2234.

[E08] K. Erenturk, Nonlinear two-mass system control with sliding-mode and optimised proportional and integral derivative controller combined with a grey estimator, *Control Theory & Applications, IET*, 2(7), 635–642, 2008.

[EKS99] K. Erbatur, O. Kaynak, and A. Sabanovic, A study on robustness property of sliding mode controllers: A novel design and experimental investigations, *IEEE Transactions on Industrial Electronics*, 46(5), 1012–1018, 1999.

[EL00] G. Ellis and R. D. Lorenz, Resonant load control methods for industrial servo drives, *Proceedings of the IEEE Industry Application Society Annual Meeting*, Rome, Italy, 2000, vol. 3, pp. 1438–1445.

[FMRVR05] G. Ferretti, G. A. Magnani, P. Rocco, L. Vigano, and A. Rusconi, On the use of torque sensors in a space robotics application, *Proceedings on the IEEE/RSJ International Conference on Intelligent Robots and Systems (IROS'2005)*, Edmonton, Canada, 2005, pp. 1947–1952.

[GS03] A. H. Glattfelder and W. Schaufelberger, *Control Systems with Input and Output Constraints*, Springer, London, U.K., 2003.

[HJS05] A. Hace, K. Jezernik, and A. Sabanovic, Improved design of VSS controller for a linear belt-driven servomechanism, *IEEE/ASME Transactions on Mechatronics*, 10(4), 385–390, 2005.

[HJS06] A. Hace, K. Jezernik, and A. Sabanovic, SMC with disturbance observer for a linear belt drive, *IEEE Transactions on Industrial Electronics*, 53(6), 3402–3412, 2006.

[HPH06] M. Hirovonen, O. Pyrhonen, and H. Handroos, Adaptive nonlinear velocity controller for a flexible mechanism of a linear motor, *Mechatronics, Elsevier*, 16(5), 279–290, 2006.

[HSC99] Y. Hori, H. Sawada, and Y. Chun, Slow resonance ratio control for vibration suppression and disturbance rejection in torsional system, *IEEE Transactions on Industrial Electronics*, 46(1), 162–168, 1999.

[IIM04] D. Itoh, M. Iwasaki, and N. Matsui, Optimal design of robust vibration suppression controller using genetic algorithms, *IEEE Transactions on Industrial Electronics*, 51(5), 947–953, 2004.

[JS95] J. K. Ji and S. K. Sul, Kalman filter and LQ based speed controller for torsional vibration suppression in a 2-mass motor drive system, *IEEE Transactions on Industrial Electronics*, 42(6), 564–571, 1995.

[KO05] S. Katsura and K. Ohnishi, Force servoing by flexible manipulator based on resonance ratio control, *Proceedings of the IEEE International Symposium on Industrial Electronics ISIE'2005*, Dubrovnik, Croatia, 2005, pp. 1343–1348.

[LH07] W. Li and Y. Hori, Vibration suppression using single neuron-based PI fuzzy controller and fractional-order disturbance observer, *IEEE Transactions on Industrial Electronic*, 54(1), 117–126, 2007.

[OBS06] T. O'Sullivan, C. C. Bingham, and N. Schofield, High-performance control of dual-inertia servo-drive systems using low-cost integrated SAW torque transducers, *IEEE Transactions on Industrial Electronics*, 53(4), 1226–1237, 2006.

[OS08] T. Orlowska-Kowalska and K. Szabat, Damping of torsional vibrations in two-mass system using adaptive sliding neuro-fuzzy approach, *IEEE Transactions on Industrial Informatics*, 4(1), 47–57, 2008.

[PAE00] J. M. Pacas, J. Armin, and T. Eutebach, Automatic identification and damping of torsional vibrations in high-dynamic-drives, *Proceedings of the International Symposium on Industrial Electronics (ISIE'2000)*, Cholula-Puebla, Mexico, 2000, pp. 201–206.

[PS08] J. Pittner and M. A. Simaan, Control of a continuous tandem cold metal rolling process, *Control Engineering Practice*, 16(11), 1379–1390, 2008.

[QZLW02] R. Qiao, Q. M. Zhu, S. Y. Li, and A. Winfield, Torsional vibration suppression of a 2-mass main drive system of rolling mill with KF enhanced pole placement, *Proceedings of the Fourth World Congress on Intelligent Control and Automation*, Chongqing, China, 2002, pp. 206–210.

[SH96] K. Sugiura and Y. Hori, Vibration suppression in 2- and 3-mass system based on the feedback of imperfect derivative of the estimated torsional torque, *IEEE Transactions on Industrial Electronics*, 43(2), 56–64, 1996.

[SHPLL01] G. Suh, D. S. Hyun, J. I. Park, K. D. Lee, and S. G. Lee, Design of a pole placement controller for reducing oscillation and settling time in a two-inertia system, *Proceedings 24th Annual Conference of the IEEE Industrial Electronics Society IECON'01*, Denver, CO, 2001, pp. 1439–1444.

[SO07] K. Szabat and T. Orlowska-Kowalska, Vibration suppression in two-mass drive system using PI speed controller and additional feedbacks—Comparative study, *IEEE Transactions on Industrial Electronics*, 54(2), 1352–1364, 2007.

[SO08] K. Szabat and T. Orlowska-Kowalska, Performance improvement of industrial drives with mechanical elasticity using nonlinear adaptive Kalman filter, *IEEE Transactions on Industrial Electronics*, 55(3), 1075–1084, 2008.

[VBL05] M. A. Valenzuela, J. M. Bentley, and R. D. Lorenz, Evaluation of torsional oscillations in paper machine sections, *IEEE Transactions on Industry Application*, 41(2), 493–501, 2005.

[VBPP07] M. Vasak, M. Baotic, I. Petrovic, and N. Peric, Hybrid theory-based time-optimal control of an electronic Throttle, *IEEE Transactions on Industrial Electronic*, 436(3), 1483–1494, 2007.

[VS98] S. N. Vukosovic and M. R. Stojic, Suppression of torsional oscillations in a high-performance speed servo drive, *IEEE Transactions on Industrial Electronics*, 45(1), 108–117, 1998.

[Z99] G. Zhang, Comparison of control schemes for two-inertia system, *Proceedings of the International Conference on Power Electronics and Drive Systems PEDS'99*, Hong-Kong, China, 1999, pp. 573–578.

[ZFS00] G. Zhang, J. Furusho, and M. Sakaguchi, Vibration suppression control of robot arms using a homogeneous-type electrorheological fluid, *IEEE/ASE Transaction on Mechatronics*, 5(3), 302–309, 2000.

第27章 基于多标量模型的交流电机控制系统

27.1 引言

设计交流电机的驱动系统是为了针对对转子速度控制有不同要求的应用场合。在闭环控制系统中，通常必须控制转矩并且限制电机电流。设计驱动控制器的一般思路是基于控制器的应用，可确保转矩所需的动态特性。在交流电机的情况下，由三相或更普遍的多相系统形成的电流和磁链之间相互作用而产生转矩。基于相位变量微分方程的交流电机模型是复杂的，不适用于控制系统的综合。已知的 AC 电机控制器合成和校正方法需要对变量的线性和非线性变换以及微分方程形式模型的推导。首先，应用相位变量到正交坐标的线性变换。通过空间矢量法得到表示为矢量分量的新变量。在这种变换之后，正交坐标中的变量是谐波，并且通过下一个变换得到不包含周期性分量的变量。在电机的经典控制理论中，使用参考坐标系的简单旋转，如果正确定向，则以稳态常数变量微分方程的形式建立电机模型。然而，在基于空间矢量法的变换之后，交流电机的微分方程保持非线性，尽管在少数情况下，其中一个方程具有线性形式。一个原则是转子角速度的微分方程保持非线性，因为电机转矩与电流和磁链矢量分量是非线性关系。

从上述考虑，AC 电机的控制需要变量的线性变换和非线性变换。为了讲述方便，使用空间矢量法。无论如何，如果以另一种方式选择线性和非线性变换产生的新变量，则生成的电机模型可能具有与电机矢量模型不同的属性。虽然新变量的数量是无限的，但是有一些简单的建议用于选择合适的变量。转矩应该是新的变量之一，应在微分方程分析的基础上选择剩余的变量，以在控制系统综合化简表达式。如果在变换之后，非线性微分方程仍然存在，则可应用非线性反馈将控制系统变换成线性形式。这被称为反馈线性化。

27.2 非线性变换与反馈线性化

使用空间矢量法和线性变换得到正交变量的交流电机模型具有以下形式：

$$\dot{x} = f(x) + Bu + Ez \tag{27-1}$$

$$y = Cx \tag{27-2}$$

式中，x 为状态变量的矢量；$\dot{x}$ 为 x 的导数；$f(x)$ 为非线性函数的矢量；B、C 分别为具有恒定参数的矩阵；E 为一个系数等于 1 的列矩阵；u 为一个控制矢量；z 为扰动的矢量；y 为输出变量的矢量。

通常，作为式（27-1）的控制变量 u，以电压矢量的分量出现，扰动变量 z 是负载转矩。

从非线性微分方程的一般形式中选择系统式（27-1）和式（27-2）的形式。非线性系统线性化控制的广泛分析可以在（Yurkevich，2004）中找到。

变量的非线性变换为

$$q = h(x) \tag{27-3}$$

应该形成以下电机模型形式：

$$\dot{q}_1 = g_1 \quad q_2 = hz \tag{27-4}$$

$$\dot{q}_{2n} = g_{2n}(q_{2n}) + Dv \tag{27-5}$$

式中，g_1 为转子的角速度，为第一个状态变量；$[g_n \cdots g_2]^T = g_{2n}$，为剩余变量的矢量；$v$ 为控制变量的矢量；g 为非线性函数的矢量；D 为常数分量的矩阵。

由于变量的特殊选择，矢量 g_{2n} 中至少一个函数是线性的。

在分析和重新整理电机模型的微分方程后，得到以下（$n-k+1$）个只考虑非线性方程式的方程：

$$\dot{q}_{kn} = g_{kn}(q_{kn}) + D_{kn}v \tag{27-6}$$

其中矩阵 D_{kn} 是非奇异的。

现在发现，控制变量 v 将受控系统转换成以下所需形式：

$$\dot{q}_{kn} = A_{kN}q_{kn} + B_{kN}m_{kn} \tag{27-7}$$

式中，q_{kn} 为新变量的矢量；m_{kn} 为新变量的矢量；A_{kN}、B_{kN} 分别为常系数的矩阵。

式（27-5）和式（27-7）中的导数必须相等以确保原始系统具有相同的动态性能，并可通过反馈线性化。由此可以看出

$$v = D^{-1}[A_{kN}q_{kn} + B_{kN}m_{kn} - g_{kn}(q_{kn})] \tag{27-8}$$

变量的变换式（27-3）和应用控制式（27-8）可使系统的线性化[式(27-1)]，并得到以下公式：

$$\dot{q} = A_N q + B_N m + Ez \tag{27-9}$$

式中，A_N 和 B_N 为常数矩阵。

原始系统方案和通过反馈线性化之后的方案，如图 27-1 所示。

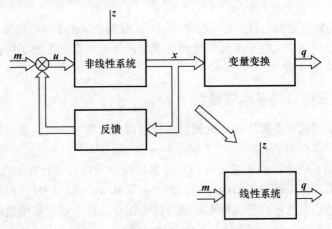

图 27-1　原始系统和线性化系统的方案

上述算法是一般性的，但在电机模型中的应用需要在每种情况下进行特殊分析。

根据变量的非线性变换，可以为每种类型的交流电机导出不同的且不是唯一的多标量模型。而且，转换次数是无限的。通常，每个控制系统都有特殊要求，新变量应满足特殊需要。驱动器需要简化的非线性反馈、所选状态变量和所有控制变量的限制以及变量之间的依赖关系。非线性变换的选择的重要性在于这是对新变量和它们之间关系的一种简单易懂的物理解释。

下面进一步介绍变量变换和反馈线性化的电机广泛分析的应用示例。

27.3　笼型感应电机模型

27.3.1　笼型感应电机矢量模型

笼型感应电机的矢量模型可以经过相位变量的线性变换，以下列形式表示在静止参考系下定子电流矢量和转子磁链矢量的微分方程：

$$\dot{\pmb{i}}_s = a_1 \pmb{i}_s + a_2 \pmb{\psi}_r + \mathrm{j} a_3 \omega_r \pmb{\psi}_r + a_4 \pmb{u}_s \tag{27-10}$$

$$\dot{\pmb{\psi}}_r = a_5 \pmb{i}_s + a_6 \pmb{\psi}_r + \mathrm{j}\omega_r \pmb{\psi}_r \tag{27-11}$$

$$\dot{\omega}_r = \frac{1}{J}(T_e - m_0) \tag{27-12}$$

式中，$\pmb{u}_s$、$\pmb{i}_s$、$\pmb{\psi}_r$ 分别为定子电压、定子电流和转子磁链矢量；T_e 为电机的转矩；m_0 为电机负载；τ 为相对时间；ω_r 为转子角速度；$\mathrm{j} = \sqrt{-1}$；J 为转动惯量；a_1，$\cdots$，a_6 是取决于电机参数的系数：

$$a_1 = -\frac{R_s L_r^2 + R_r L_m^2}{w L_r}; \quad a_2 = \frac{R_r L_m}{w L_r}; \quad a_3 = \frac{L_m}{w}$$

$$a_4 = \frac{L_r}{w}; \quad a_5 = \frac{R_r L_m}{L_r}; \quad a_6 = -\frac{R_r}{L_r}; \quad w = L_s L_r - L_m^2$$

式中，R_s、R_r 分别为定子和转子电阻；L_s、L_r、L_m 分别为定子电感、转子电感和互感。

电机模型中使用的所有变量均在 p. u. 系统中表示。

电机转矩表示为

$$T_e = \frac{L_m}{L_r} \mathrm{Im} | \pmb{\psi}_r^* \pmb{i}_s | \tag{27-13}$$

在矢量 $\pmb{i}_s$、$\pmb{\psi}_r$ 的线性变换之后，可以获得另一对矢量并将其用于电机模型的推导。

将矢量分量变换应用于以转子磁链矢量角速度旋转的坐标系，形成了广泛使用的磁场定向控制的式（27-10）～式（27-12）。

27.3.2　笼型感应电机的多标量模型

非线性变换后获得的模型称为感应电机的多标量模型，因为状态变量是标量。在微分方程分析的基础上得到了多标量模型。它在文献［Krzeminski，1987］中提出并在文献［Krzeminski 等人，2006］中总结了基于控制变量出现最高导数的微分方程线性化在非线性控制中的应用。通过应用微分几何方法可以得到类似的结果，如文献［Marino 等，1993］所示。非线性控制的主要优点是将被控感应电机系统分为两个解耦线性子系统。基于多标量模型感应电机控制方法的总结已经在文献［Kazmierkowski 等人，2002］中介绍。

文献［Dong 和 Ojo，2006］和文献［Balogun 和 Ojo，2009］提出了类似的变量，用于感应电机的多标量模型。

得到解耦子系统的最简单方法是将电机转矩定义为状态变量，而不是如文献［Krzeminski，1987］和文献［Mohanty 和 De，2000］中所示的 q 轴中的电流矢量分量。矢量模型在磁场定向坐标系中的其他变量仍然未被转换。

文献［Lee 等，2000］提出了更复杂的变量，即简单的多标量变量的线性组合。仿真结果与使用多标量模型获得的结果相似。

非线性反馈可以用于文献［Krzeminski 等人，2006］中的一阶方程或文献［Zaidi 等，2007］和文献［Salima 等，2008］中提出的一阶和二阶方程的系统。在最后一种情况下，内部变量都是可以直接出现的，很难限制控制系统中的变量。

非线性解耦控制需要精确估算电机参数。参数估计方法包括在感应电机的非线性自适应控制中，如文献（Jeon 等，2006）所示。参数估计的另一种方法是基于文献［Kaddouri 等，2008］提出的模型参考自适应方案在非线性控制系统的应用。

笼型感应电机的多标量模型有两种类型，如文献［Krzeminski 等，2006］所示。类型 1 的多标量模型的一般形式如下：

$$\dot{x} = A_x x + g_x(x) + B_x u_x + m \tag{27-14}$$

式中，$\dot{x}$ 为 x 的导数，$x = [x_{11},\ x_{12},\ x_{21},\ x_{22}]^T$；$g_x(x) = [0,\ g_{x12}(x),\ 0,\ g_{x22}(x)]^T$；$B_x = \begin{bmatrix} 0 & 0 & 0 & b_{x42} \\ 0 & b_{x21} & 0 & 0 \end{bmatrix}^T$；$u_x = [u_{x1},\ u_{x2}]^T$；$m = [0\ \ 0\ \ 0\ \ m_0]$；$A_x$ 为系数矩阵；m_0 为负载转矩。

变量 x 定义为转子速度、感应电机矢量模型中两个矢量的标量积和矢量积，以及磁链矢量的二次方。

类型 2 的多标量模型可以基于定子磁链矢量，得到以下形式：

$$\dot{z} = A_z z + g_z(z) + B_z u_z + m \tag{27-15}$$

式中，$z = [z_{11}, z_{12}, z_{21}, z_{22}]^T$；$g_z(z) = [0, g_{z12}(z), 0, g_{z22}(z)]^T$；$B_Z = \begin{bmatrix} 0 & b_{z22} & b_{z32} & b_{z42} \\ 0 & b_{z21} & b_{z31} & b_{z42} \end{bmatrix}^T$，元素 b_{z31} 和 b_{z32} 之一可以等于零；$u_z = [u_{z1},\ u_{z2}]^T$；$A_z$ 为系数的矩阵。

状态变量 z 与类型 1 感应电机模型的变量 x 类似。

类型 1 和类型 2 的主要区别在于矩阵 B_x 和 B_z 的形式。矩阵 B_x 只有两个系数不为零，而在矩阵 B_z 中，非零系数出现在除第一列之外的所有列中。

多标量模型的形式不依赖于定义原始矢量的参考系。

如果在多标量模型中选择转子磁链矢量的二次方作为变量，则会出现类型 1 的模型。类型 1 模型的所有变量如下所示：

$$x_{11} = \omega_r \tag{27-16}$$

$$x_{12} = \psi_{r\alpha} i_{s\beta} - \psi_{r\beta} i_{s\alpha} \tag{27-17}$$

$$x_{21} = \psi_{r\alpha}^2 + \psi_{r\beta}^2 \tag{27-18}$$

$$x_{22} = \psi_{r\alpha} i_{s\alpha} + \psi_{r\beta} i_{s\beta} \tag{27-19}$$

式中，$i_{s\alpha}$、$i_{s\beta}$、$\psi_{r\alpha}$、$\psi_{r\beta}$ 为定子电流和转子磁链矢量分量。

式（27-16）~式（27-19）的微分方程如下：

$$\dot{x}_{11} = \frac{L_m}{JL_r} x_{12} - \frac{1}{J} m_0 \tag{27-20}$$

$$\dot{x}_{12} = a_{1m} x_{12} - x_{11}(x_{22} + a_3 x_{21}) + a_4 u_{x1} \tag{27-21}$$

$$\dot{x}_{21} = 2a_5 x_{22} - 2a_6 x_{21} \tag{27-22}$$

$$\dot{x}_{22} = a_{1m} x_{22} + x_{11} x_{12} + a_2 x_{21} + a_5 i_s^2 + a_4 u_{x2} \tag{27-23}$$

式中，

$$a_{1m} = -\frac{R_r L_s + R_s L_r}{w} \tag{27-24}$$

$$i_s^2 = \frac{x_{12}^2 + x_{22}^2}{x_{21}} \tag{27-25}$$

$$u_{x1} = \psi_{r\alpha} u_{s\beta} - \psi_{r\beta} u_{s\alpha} \tag{27-26}$$

$$u_{x2} = \psi_{r\alpha} u_{s\alpha} + \psi_{r\beta} u_{s\beta} \tag{27-27}$$

式中，$u_{s\alpha}$、$u_{s\beta}$是定子电压矢量分量。

变量u_{x1}和u_{x2}是新的控制变量。定子电压矢量分量由下式计算：

$$u_{s\alpha} = \frac{\psi_{r\alpha} u_{x2} - \psi_{r\beta} u_{x1}}{\psi_r^2} \tag{27-28}$$

$$u_{s\beta} = \frac{\psi_{r\alpha} u_{x1} + \psi_{r\beta} u_{x2}}{\psi_r^2} \tag{27-29}$$

变量x_{21}的导数不直接取决于任何控制变量。必须控制x_{21}，因为转子磁链矢量的二次方值决定了电机中能量转换的效率和定子电压的值。

选择定子电流和定子磁链矢量作为初始变量的类型2模型的多标量变量表示如下：

$$z_{11} = \omega_r \tag{27-30}$$

$$z_{12} = \psi_{s\alpha} i_{s\beta} - \psi_{s\beta} i_{s\alpha} \tag{27-31}$$

$$z_{21} = \psi_{s\alpha}^2 + \psi_{s\beta}^2 \tag{27-32}$$

$$z_{22} = \psi_{s\alpha} i_{s\alpha} + \psi_{s\beta} i_{s\beta} \tag{27-33}$$

式中，$\psi_{s\alpha}$、$\psi_{s\beta}$是定子磁链矢量分量。

式（27-30）~式（27-33）的微分方程如下：

$$\dot{z}_{11} = \frac{1}{J} z_{12} - \frac{m_0}{J} \tag{27-34}$$

$$\dot{z}_{12} = a_{1m} z_{12} + z_{11}(z_{22} - a_4 z_{21}) + a_3 u_{x1} \tag{27-35}$$

$$\dot{z}_{21} = -2R_s z_{22} + 2u_{z2} \tag{27-36}$$

$$\dot{z}_{22} = a_{1m} z_{22} - R_s i_s^2 + \frac{R_r}{w} z_{21} - z_{11} z_{12} + a_3 u_{x2} \tag{27-37}$$

式中，

$$i_s^2 = \frac{z_{12}^2 + z_{22}^2}{z_{21}} \tag{27-38}$$

$$u_{z2} = \psi_{s\alpha} u_{s\alpha} + \psi_{s\beta} u_{s\beta} \tag{27-39}$$

变量u_{x1}、u_{x2}由式（27-26）和式（27-27）定义。另一方面，控制变量u_{x2}取决于变量u_{z2}，如下所示：

$$u_{x2} = \frac{(\psi_{r\alpha}^2 + \psi_{r\beta}^2) u_{z2}}{\psi_{s\alpha}\psi_{r\alpha} + \psi_{s\beta}\psi_{r\beta}} \tag{27-40}$$

变量u_{x1}和u_{z2}是新的控制变量。从以下表达式计算定子电压矢量分量：

$$u_{s\alpha} = \frac{\psi_{r\alpha} u_{z2} - \psi_{s\beta} u_{x1}}{\psi_{s\alpha}\psi_{r\alpha} + \psi_{s\beta}\psi_{r\beta}} \tag{27-41}$$

$$u_{s\beta} = \frac{\psi_{r\beta} u_{z2} + \psi_{s\alpha} u_{x1}}{\psi_{s\alpha}\psi_{r\alpha} + \psi_{s\beta}\psi_{r\beta}} \tag{27-42}$$

可以在式（27-41）和式（27-42）中方便地保留转子磁链矢量分量。

变量 z_{21} 的微分方程取决于控制变量 u_{z2}。必须控制该变量，因为定子磁链矢量的二次方值决定了电机中能量转换的效率。另一方面，在三个方程式[式(27-40)~式(27-42)]中出现了控制变量。这意味着变量 z_{22} 保持不直接受控制，式（27-37）描述了控制系统的内部动态性能。状态变量 z_{21} 和 z_{12} 稳定在稳态，并在式（27-37）中形成常数系数，确保内部动态性能的稳定性。

27.3.3　感应电机多标量模型的反馈线性化

按照第 27.2 节描述的程序，应用非线性控制的形式如下：

$$u_{x1} = \frac{1}{a_4}\left[x_{11}(x_{22} + a_3 x_{21}) - a_{1m} m_{x1} \right] \tag{27-43}$$

$$u_{x2} = \frac{1}{a_4}\left[-x_{11} x_{12} - a_2 x_{21} - a_5 i_s^2 - a_{1m} m_{x2} \right] \tag{27-44}$$

类型 1 的系统式（27-20）~式（27-23）转换为两个独立的线性子系统：

1. 机械子系统

$$\dot{x}_{11} = \frac{L_m}{J L_r} x_{12} - \frac{1}{J} m_0 \tag{27-45}$$

$$\dot{x}_{12} = a_{1m}(x_{12} - m_{x1}) \tag{27-46}$$

2. 电磁子系统

$$\dot{x}_{21} = 2a_6 x_{21} + 2a_5 x_{22} \tag{27-47}$$

$$\dot{x}_{22} = a_{1m}(x_{22} - m_{x2}) \tag{27-48}$$

以类似的方式，非线性控制的形式为

$$u_{z1} = \frac{1}{a_3}\left[m_{z1} - z_{11}(z_{22} - a_4 z_{21}) \right] \tag{27-49}$$

$$u_{z2} = \frac{1}{2T}(m_{z2} - z_{21}) + R_s z_{22} \tag{27-50}$$

将系统式（27-34）~式（27-37）转换为两个子系统：

1. 机械子系统

$$\dot{z}_{11} = \frac{1}{J} z_{12} - \frac{m_0}{J} \tag{27-51}$$

$$\dot{z}_{12} = a_{1m}(z_{12} - m_{z1}) \tag{27-52}$$

2. 电磁子系统

$$\dot{z}_{21} = \frac{1}{T}(-z_{21} + m_{z2}) \tag{27-53}$$

$$\dot{z}_{22} = a_{1m} z_{22} - R_s i_s^2 + \frac{R_r}{w} z_{21} - z_{11} z_{12} + a_3 \frac{(\psi_{r\alpha}^2 + \psi_{r\beta}^2)}{\psi_{s\alpha}\psi_{r\alpha} + \psi_{s\beta}\psi_{r\beta}}\left[\frac{1}{2T}(-z_{21} + m_{z2}) + R_s z_{22} \right] \tag{27-54}$$

式（27-54）保持非线性，但是如前所述，变量 z_{22} 保持不受控制。

根据式（27-53），变量 z_{21} 被直接控制。

27.4　双馈感应电机模型

27.4.1　双馈感应电机的矢量模型

近来，作为发电机使用的双馈感应电机（DFM）直接从定子侧与电网连接，并从转子侧由逆变器供电。如果该电机应用于电动机模式，则使用相同的供电方案。设计这种系统是出于成本效益的考虑，特别是大功率驱动器，因为只有部分电机功率由电力电子变换器转换。转子电流可以在控制系统中测量，并在 DFM 的矢量模型中使用。如果选择转子电流和定子磁链矢量作为状态变量，并使用与转子定向的参考系，则 DFM 的矢量模型将是适合于控制系统综合的形式。DFM 的微分方程在这种情况下具有以下形式：

$$\dot{\boldsymbol{i}}_r = b_1\boldsymbol{i}_r + b_2\boldsymbol{\psi}_s + \mathrm{j}b_3\omega_r\boldsymbol{\psi}_s - b_3\boldsymbol{u}_s + b_4\boldsymbol{u}_r \tag{27-55}$$

$$\dot{\boldsymbol{\psi}}_s = b_5\boldsymbol{i}_r + b_6\boldsymbol{\psi}_s + \mathrm{j}\omega_r\boldsymbol{\psi}_s + \boldsymbol{u}_s \tag{27-56}$$

$$\dot{\omega}_r = \frac{1}{J}(T_e - m_0) \tag{27-57}$$

式中，$\boldsymbol{u}_r$、$\boldsymbol{i}_r$、$\boldsymbol{\psi}_s$ 分别为定子电压、定子电流和转子磁链矢量；b_1，b_2，$\cdots$，b_6 为依赖于电机参数的系数：

$$b_1 = -\frac{R_r L_s^2 + R_s L_m^2}{wL_s}; \quad b_2 = \frac{R_s L_m}{wL_s}; \quad b_3 = \frac{L_m}{w}$$

$$b_4 = \frac{L_s}{w}; \quad b_5 = \frac{R_s L_m}{L_r}; \quad b_6 = -\frac{R_s}{L_s}$$

DFM 转矩表示如下：

$$T_e = \mathrm{Im}\left|\boldsymbol{\psi}_s^* \boldsymbol{i}_s\right| \tag{27-58}$$

类似于笼型电机，在经过矢量 $\boldsymbol{i}_r$、$\boldsymbol{\psi}_s$ 的线性变换之后，可以获得另一对矢量，并用于 DFM 模型的推导。

27.4.2 DFM 的多标量模型

文献［Krzeminski（2002）］分析了 DFM 的多标量模型。

以下形式的变量的非线性变换可得到 DFM 的多标量模型：

$$z_{11} = \omega_r \tag{27-59}$$

$$z_{12} = \psi_{sx} i_{ry} - \psi_{sy} i_{rx} \tag{27-60}$$

$$z_{21} = \psi_s^2 \tag{27-61}$$

$$z_{22} = \psi_{sx} i_{rx} + \psi_{sy} i_{ry} \tag{27-62}$$

式（27-59）~式（27-62）的微分方程如下：

$$\dot{z}_{11} = \frac{L_m}{JL_s} z_{12} - \frac{1}{J} m_0 \tag{27-63}$$

$$\dot{z}_{12} = b_{1m} z_{12} + z_{11} z_{22} + b_3 z_{11} z_{21} - b_3 u_{sf1} + b_4 u_{r1} + u_{si1} \tag{27-64}$$

$$\dot{z}_{21} = -2b_6 z_{21} + 2b_5 z_{22} + 2u_{sf2} \tag{27-65}$$

$$\dot{z}_{22} = b_{1m} z_{22} + b_2 z_{21} + b_5 i_r^2 - z_{11} z_{12} - b_3 u_{sf2} + b_4 u_{r2} + u_{si2} \tag{27-66}$$

式中，

$$u_{r1} = u_{ry} \psi_{sx} - u_{rx} \psi_{sy} \tag{27-67}$$

$$u_{r2} = u_{rx} \psi_{sx} + u_{ry} \psi_{sy} \tag{27-68}$$

$$u_{sf1} = u_{sy} \psi_{sx} - u_{sx} \psi_{sy} \tag{27-69}$$

$$u_{sf2} = u_{sx} \psi_{sx} + u_{sy} \psi_{sy} \tag{27-70}$$

$$u_{si1} = u_{sx} i_{ry} - u_{sy} i_{rx} \tag{27-71}$$

$$u_{si2} = u_{sx} i_{rx} + u_{sy} i_{ry} \tag{27-72}$$

27.4.3　DFM 的反馈线性化

按照 27.2 节所述的程序，应用如下的非线性控制的形式

$$u_{r1} = \frac{1}{b_4} \left[-z_{11}(z_{22} + b_3 z_{21}) + b_3 u_{sf1} - u_{si1} - b_{1m} m_1 \right] \tag{27-73}$$

$$u_{r2} = \frac{1}{b_4} \left(-b_2 z_{21} - b_5 i_r^2 + z_{11} z_{12} + b_3 u_{sf2} - u_{si2} - b_{1m} m_2 \right) \tag{27-74}$$

将系统式（27-63）~式（27-66）转换为两个线性的系统：

1. 机械子系统

$$\dot{z}_{11} = \frac{L_m}{J L_s} z_{12} - \frac{1}{J} m_0 \tag{27-75}$$

$$\dot{z}_{12} = b_{1m}(z_{12} - m_1) \tag{27-76}$$

2. 电磁子系统

$$\dot{z}_{21} = b_6 z_{21} + 2 b_5 z_{22} + 2 u_{sf2} \tag{27-77}$$

$$\dot{z}_{22} = b_{1m}(z_{22} - m_2) \tag{27-78}$$

转子电压矢量的分量由下式计算：

$$u_{rx} = \frac{u_{r1} \psi_{sy} + u_{r2} \psi_{sx}}{z_{21}} \tag{27-79}$$

$$u_{ry} = \frac{u_{r2} \psi_{sy} - u_{r1} \psi_{sx}}{z_{21}} \tag{27-80}$$

变量 u_{sf2} 是定子磁链矢量和电压矢量的标量积。从一般来看，这是控制变量，因为定子电压矢量出现在微分方程中作为控制变量。如果定子连接到电网，则电网电压的恒定幅值和频率可以作为参数。电压矢量的分量是随时间变化的参数。在这种情况下，u_{sf2} 是由状态变量变换产生的变量。

27.5　内嵌式永磁同步电机模型

27.5.1　内嵌式永磁同步电机矢量模型

内嵌式永磁同步电机（IPMSM）是一种具有磁路结构的同步电机，允许弱磁并利用磁阻转矩。相对于定子固定的参考系中的定子电流矢量分量的微分方程是非常复杂的，因此通常使用转子定向的参考系。IPMSM 状态变量的微分方程如下：

$$\dot{i}_d = \frac{1}{L_d} \left(-R i_d + \omega_r \psi_q + u_d \right) \tag{27-81}$$

$$\dot{i}_q = \frac{1}{L_q} \left(-R i_q - \omega_r \psi_d + u_q \right) \tag{27-82}$$

$$\dot{\omega}_r = \frac{1}{J} \left(T_e - m_0 \right) \tag{27-83}$$

$$\psi_d = \psi_f + L_d i_d \tag{27-84}$$

$$\psi_q = L_q i_q \tag{27-85}$$

式中，i_d、i_q、ψ_d、ψ_q、u_d、u_q 分别为定子电流、定子磁链和电压矢量分量；ψ_f 为励磁磁链；

R 为定子电阻；L_d、L_q 分别为直轴和交轴电感；J 为转动惯量。

转矩表示为

$$T_e = \psi_f i_q + (L_d - L_q) i_d i_q \tag{27-86}$$

IPMSM 矢量模型的主要缺点是转矩的表达形式。如果电机转矩需要快速控制，则定子电流的 d 轴和 q 轴分量的参考值必须根据复杂的关系来计算从而确保最大的效率。电流的矢量分量应同时并且非常快速地被控制以实现高性能驱动。通常，d 轴分量作为 q 轴分量的函数来控制，这可以在快速性和效率之间得到折中处理。

27.5.2　IPMSM 的多标量模型

对于 IPMSM，以下的变量变换具有快速控制的优点和简单的辅助表达式：

$$w_{11} = \omega_r \tag{27-87}$$

$$w_{12} = \psi_f i_q + (L_d - L_q) i_d i_q \tag{27-88}$$

$$w_{22} = \psi_f i_d + (L_d - L_q) i_d^2 \tag{27-89}$$

$$w_{21} = [\psi_f + (L_d - L_q) i_d]^2 \tag{27-90}$$

与其他类型的交流电机相反，它仅需要三个多标量来形成 IPMSM 的模型，而式（27-89）则用于简化表达式。另外，对于多标量变量，会出现以下关系：

$$i_s^2 = \frac{w_{12}^2 + w_{22}^2}{w_{21}} \tag{27-91}$$

式中，i_s 为定子电流的幅值。

需要转子位置将定子电流分量从静止参考系转换到与转子连接的参考坐标系。

式（27-87）~ 式（27-89）的微分方程如下：

$$\dot{w}_{11} = \frac{1}{J} x_{12} - \frac{1}{J} m_0 \tag{27-92}$$

$$\dot{w}_{12} = -\frac{R}{L_q} w_{12} - \left(1 - \frac{L_q}{L_d}\right) R i_d i_q - w_{11}\left(\frac{1}{L_q} w_{21} + w_{22}\right) + w_{11}\left(1 - \frac{L_q}{L_d}\right) L_q i_q^2 + u_1 \tag{27-93}$$

$$\dot{w}_{21} = 2\frac{L_d - L_q}{L_d}(-Rw_{22} + L_q w_{11} w_{12} + u_2) \tag{27-94}$$

式中，

$$u_1 = [\psi_f + (L_d - L_q) i_d]\frac{1}{L_d} u_q + \left(1 - \frac{L_q}{L_d}\right) i_q u_d \tag{27-95}$$

$$u_2 = [\psi_f + (L_d - L_q) i_d] u_d \tag{27-96}$$

定子电流的 d、q 轴分量出现在式（27-93）和式（27-94）中，以简化方程的表达方式。

27.5.3　IPMSM 的反馈线性化

对于 IPMSM，线性化反馈表示如下：

$$u_1 = -L_q\left(\frac{1}{L_d} - \frac{1}{L_q}\right) R i_d i_q + w_{11}\left(\frac{1}{L_q} w_{21} + w_{22}\right) + w_{11}\left(\frac{1}{L_d} - \frac{1}{L_q}\right) L_q^2 i_q^2 + \frac{R}{L_q} m_1 \tag{27-97}$$

$$u_2 = Rw_{22} - L_q w_{11} w_{12} + \frac{L_d}{2T(L_d - L_q)}(-w_{21} + m_2) \tag{27-98}$$

式中，T 为时间常数。

定子电压矢量分量由下式计算：

$$u_d = \frac{1}{x_{22}} i_d u_2 \tag{27-99}$$

$$u_q = \frac{L_q}{x_{22}} i_d u_1 - \frac{L_d - L_q}{L_d x_{21}} L_q i_q u_2 \tag{27-100}$$

式（27-97）、式（27-98）、式（27-93）和式（27-94）的结果可以计算出以下线性子系统：

1. 机械子系统

$$\dot{w}_{11} = \frac{1}{J} w_{12} - \frac{1}{J} m_0 \tag{27-101}$$

$$\dot{w}_{12} = \frac{R}{L_q} (-w_{12} + m_1) \tag{27-102}$$

2. 电磁子系统

$$\dot{w}_{21} = \frac{1}{T} (-w_{21} + m_2) \tag{27-103}$$

27.5.4　IPMSM 的高效控制

如果定子磁链减少，则电机转矩的产生会有更高的效率。根据最大转矩的 q 轴分量，定子电流矢量的 d 轴分量的函数可以经过简单的计算之后得到

$$i_{dM} = \frac{\psi_f}{2(L_q - L_d)} - \sqrt{\frac{\psi_f^2}{4(L_d - L_q)^2} + i_{qM}^2} \tag{27-104}$$

式中，下标 M 表示最大转矩。

如果由式（27-86）表示的机械转矩得以快速控制，必须根据式（27-104）计算定子电流的 d 轴和 q 轴分量的参考值以确保最大效率。应同时并且非常快速地控制电流的矢量分量以实现高性能驱动。通常，d 轴分量作为 q 轴分量的函数来控制，以确保快速性和效率之间的折中。

通过替换式（27-104）中的变量，更简便的多标量模型公式如下：

$$w_{21M} = 0.5 \left[\psi_f^2 + \sqrt{\psi_f^4 + 16 w_{12M}^2 (L_d - L_q)^2} \right] \tag{27-105}$$

电机转矩根据式（27-102）独立于磁链进行控制。式（27-105）的应用可以简单地控制变量 x_{21}，从而确保电机的高效率。

27.6　反馈线性化的交流电机控制系统结构

第 27.3.3 节、第 27.4.3 节和第 27.5.3 节提到的每台电机的机械子系统具有类似的结构，都是选择转子速度和电机转矩作为受控变量。模型中不同的时间常数取决于电机的类型和额定值。因为在驱动系统中必须限制电机转矩，所以可以应用级联控制器来控制转子速度和转矩。具有 PI 控制器的简单机械子系统如图 27-2 所示。可以通过应用已知的线性系统方法来调节控制器。

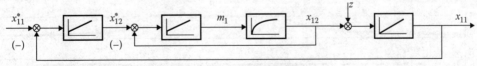

图 27-2　机械子系统控制器

对于电磁子系统，包括了线性子系统的两个基本结构。第一种结构由串联的两个惯性元件组成。两个串联的控制器是图 27-3 所示中最简单的控制系统解决方案。第二种结构由两个惯性元件组成，只有一个可以被直接控制。如果所有受控变量都是稳定的，并且不需要额外的控制修正，剩下的元件通常是稳定的。对于这种结构一个控制器就足够了，如图 27-4 所示。

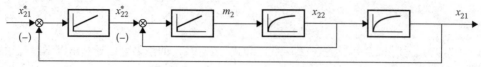

图 27-3　电磁子系统控制器

由于供电逆变器的功率有限，作用在子系统中的控制变量必须受到限制。有两种限制控制变量的方法。简单的方法是将控制器输出限制在恒定值上，这由稳定状态下的逆变器电压

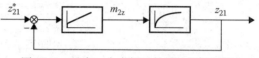

图 27-4　具有一个内部元件结构的控制器

和由受控变量的期望动态性能的裕度形成。子系统之间逆变器功率裕度的分配量是必须单独解决的问题。另一种方法是根据可用的逆变器输出电压矢量和稳态的实际电压矢量来动态计算控制器限值。在这种情况下，电机变量的动态性能取决于工作点。

变频器的输出电流必须在驱动系统中受到限制，以免损坏功率器件。通常，电机转矩受限，并且根据电流表达式计算第二个变量的限制。依赖关系可能很复杂，特别是在弱磁区域工作时。例如，在 IPMSM 以最大效率模式工作的情况下，变量 w_{21} 是电机转矩的函数，只能限制一个变量。

感应电机控制系统的基本结构如图 27-5 所示。在速度观测器中估计转子转速和剩余变量。用^表示的速度观测器估计的变量，用于计算估计的标量变量。为了在弱磁区域控制驱动，增加了额外的限制函数。图 27-6 给出了基于多标量模型控制的感应电机驱动速度反转过程。可以观察到良好的动态特性和定子电流的限制。

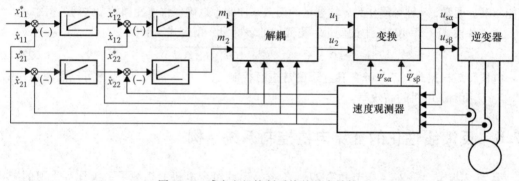

图 27-5　感应电机控制系统的基本结构

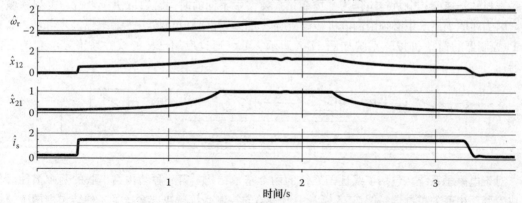

图 27-6　基于多标量模型控制的感应电机驱动速度反向旋转时的瞬变状态

IPMSM 控制系统的基本结构如图 27-7 所示。与感应电机类似，在速度观测器中估计转子转速

和剩余变量。用^表示的速度观测器估计值用于计算估计的多标量变量值。应用非线性函数（NF）计算变量 w_{21} 的设定值。起动过程中的瞬态情况如图 27-8 所示，可以观察到定子电流的限制。

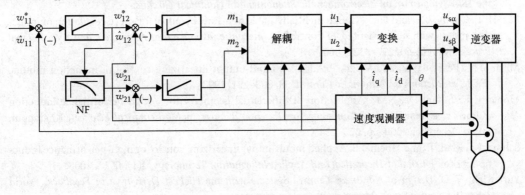

图 27-7　IPMSM 控制系统的基本结构

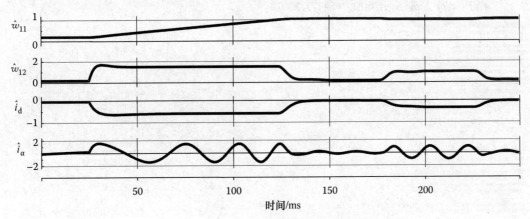

图 27-8　IPMSM 起动期间的瞬态变化

参 考 文 献

Balogun, A. and Ojo, O. Natural variable Simulation of induction machines. *IEEE AFRICON 2009*, Nairobi, Kenya, September 23–25, 2009.

Dong, G. and Ojo, O. Efficiency optimization control of induction motor using natural variables. *IEEE Transactions on Industrial Electronics*, 53(6), 1791–1798, December 2006.

Jeon, S. H., Baang, D., and Choi, J. Y. Adaptive feedback linearization control based on airgap flux model for induction motors. *International Journal of Control, Automation, and Systems*, 4(4), 414–427, August 2006.

Kaddouri, A., Akhrif, O., Ghribi, M., and Le-Huy, H. Adaptive nonlinear control of an electric motor. *Applied Mathematical Sciences*, 2(52), 2557–2568, 2008.

Kazmierkowski, M. P., Krishnan, R., and Blaabjerg, F. *Control in Power Electronics: Selected Problems*. Academic Press, London, U.K., 2002.

Krzeminski, Z. Nonlinear control of induction motor, *Proceedings of the 10th IFAC World Congress*, Munich, Germany, 1987, pp. 349–354.

Krzeminski, Z. Sensorless multiscalar control of double fed machine for wind power generators, *Proceedings of the Power Conversion Conference, 2002*, (*PCC Osaka 2002*). Vol. 1, Osaka, Japan, April 2–5, 2002, pp. 334–339.

Krzeminski, Z., Lewicki, A., and Włas, M. Properties of control systems based on nonlinear models of the induction motor. *COMPEL*, 25(1), 195–206, 2006. Special issue of *COMPEL*, Selected papers from the *18th Symposium on Electromagnetic Phenomena in Nonlinear Circuits*.

Lee, H. T., Chang, J. S., and Fu, L. C. Exponentially stable non-linear control for speed regulation of induction motor with field-oriented PI-controller. *International Journal of Adaptive Control and Signal Processing*, 14(2–3), 297–312, 2000.

Marino, R., Peresada, S., and Valigi, P. Adaptive input-output linearizing control of induction motors. *IEEE Transactions on Automatic Control*, 38, 208–221, 1993.

Mohanty, K. B. and De, N. K. Application of differential geometry for a high performance induction motor drive. *International Conference on Recent Advances in Mathematical Sciences*, Kharagpur, India, December 2000, pp. 225–234.

Salima, M., Riad, T., and Hocine, B. Applied input-output linearizing control or high-performance induction motor. *Journal of Theoretical and Applied Information Technology*, 4(1), 6–14, 2008.

Yurkevich, V. D. *Design of Nonlinear Control Systems with the Highest Derivative in Feedback*. World Scientific, Singapore, 2004.

Zaidi, S., Naceri, F., and Abdessamed, R. Non linear control of an induction motor. *Asian Journal of Information Technology*, 6(4), 468–473, 2007.

第五部分　电能应用

第28章 可持续照明技术

28.1 引言

几十年来，能源效率的提高一直是许多能源转换应用（包括照明）的主要焦点。气体放电灯的效率持续提高，如 T5 荧光灯和新的高亮二极管（LED）的使用标志着光源的显著进步。电子镇流器和新的低损耗磁镇流器也已逐渐淘汰不良镇流器。21 世纪的第一个十年是电子镇流器技术成熟的时期[1]。许多政府提出用节能灯替代白炽灯的建议给新的照明技术和市场创造了新的机会。

人们日渐意识到气候变化和电子废弃物的问题，这促使人们重新调研现有照明技术[2]。与以前将节能作为唯一标准不同，此章节旨在描述一种新的"持续照明技术"，其中包括三个现代照明产品标准的特征。这三个特征是：

① 节能。

② 产品寿命长。

③ 可循环。

可持续照明技术的含义，是在任何时间与地点需要照明时都能使用照明能量，并达到适当的照明水平。

"节能"和"环保"的概念很容易混淆。事实上，"节能"技术不一定就是"环保"的。为了真正的环保，我们必须：

① 减少温室气体排放以保护大气。

② 减少废物/污染排放以免水土流失。

这两个要求必须同时开展。节能是减少温室气体排放的一种手段。如果节能照明产品由于使用寿命过短而产生大量有毒化学物质和电子废弃物，那么它就是不环保的。电子时代的开始不可逆转，可持续照明技术的三个同步目标无法"消除"所有的电子废弃物和化学废弃物。相反，它们旨在"减少"全球能源消耗和电子废弃物和化学废弃物。

照明技术中，电解电容器是电子镇流器技术的瓶颈，提高电解电容器使用寿命的进展缓慢。图 28-1 展示了四种等级的电解电容器，其典型寿命预计在 105℃下分别为 10000h、8000h 和 5000h，在 85℃下为 2000h。由于电解电容器含有液态的电解质，因此它们对工作温度很敏感。工作温度每提高 10℃，电解电容器的寿命就会减半。这意味着在额定温度 20℃以上工作的电解电容器寿命会仅有正常寿命的 25%。对于紧凑型荧光灯（CFL）来说，这个问题尤其严重，因为它们的电子镇流器完全置于塑料盖内部，空间和散热效果都极其有限（见图 28-2）。若 CFL 放置在没有通风的灯具中，其内部的电解电容器工作温度甚至会更高。因此，CFL 的使用寿命短已经成为消费者的共识，2007 年就制造了超过 25 亿个 CFL（中国能源报告 – 紧凑型荧光灯，2007 年巴拉特书局）。因为它们的使用寿命太短，不难想象，随着越来越多的政府在试图用 CFL 取代

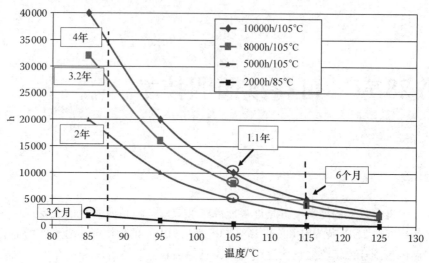

白炽灯，全球电子废物问题会日益严重。

图 28-1　电解电容器寿命曲线

（修改自文献 Hui S Y R. 和 Yan W，Re–examination on energy saving & environmental issues in lighting applications，Proceedings of the 11th International Symposium on Science 7 Technology of Light Sources，Shanghai，China，May2007（InvitedLandmarkPresentation），pp. 373–374. ）

图 28-2　带电子镇流器 CFL 和汞荧光灯泡的 CFL 照片

　　本章首先回顾了常用的照明技术（LED 除外，在其他章节有详细讲解）；特别强调了对放电灯具有调光能力的镇流器技术，因为调光能力提供了一种有效的控制照明能量的手段；并引入了节能、长寿命和可回收性的新照明理念。

28.2　调光技术

　　为了随时随地并恰当地使用照明能量，了解各种调光方法至关重要。在不同应用情况下使用各种不同类型的灯和照明系统，包括白炽灯、荧光灯、高压和低压放电灯等。为了美观和节能，现有技术对灯具的调光控制进行了各种尝试，使其可以调节灯的亮度。

调光功能特别适用于高强度放电灯（HID），因为 HID 灯具有使用寿命长、发光效率高等诸多优点，广泛应用于公共照明系统。与白炽灯不同，HID 灯通常需要长时间的预热才能达到最大亮度。关闭后，也需要一定冷却时间才能重新启动，除非使用非常高的引弧电压（>15kV）在高温下重启灯电弧。这种"重起弧（重燃）"特性的复杂性，使得调光成为一种非常有吸引力的替代方案，只需要关闭一些灯来节省能源，因为调光可以避免大量预热时间和高电压点火器的使用。尽管现有技术已经对开发各别灯的可调光电子镇流器进行了大量尝试，但常规磁镇流器仍然是高效率放电灯和大型照明系统中最可靠、鲁棒性最强、性价比最高、环保和最主流选择，如街道照明系统。调光还具有降低对峰值功率的需求、增加对多用途空间的灵活性、增加在光照交通下驾驶的安全性、避免光污染等其他优点。

现有照明系统的现有调光方法包括基于三端双向晶闸管、白炽灯和气体放电灯兼容的三端双向晶闸管调光器调光技术，用于气体灯的可调光电子镇流器调光技术，以及用于驱动调光灯的磁镇流器调光技术。

28.2.1　白炽灯调光

基于三端双向晶闸管调光器已经广泛用于爱迪生型白炽灯和可调光荧光灯[3]。其电路连接如图 28-3a 所示，三端双向晶闸管开关调光器由三端双向晶闸管及触发电路组成，触发电路控制在电源电压的一个周期内三端双向晶闸管的相位角。如图 28-3b 所示，只要调节延迟角（α），即可控制输出均方根电压，从而对灯功率进行控制。这种交流电压控制可以调节灯泡的亮度。

然而，通过三端双向晶闸管调光器的电源输入电流波形取决于延迟角。当延迟角不为零时，输入电流将偏离电源电压的正弦波形，随着延迟角的增大，晶闸管的导通时间减小。此时输入电流由高次谐波分量组成，从而在电力系统中产生多余的谐波。另外，由于输入功率因数是位移因数和畸变因数的乘积[4]，延迟角越大，输入功率因数越小。这是因为位移因子等于延迟角的余弦值（如果延迟角变大，位移因子变小），并且畸变因子随着电流谐波含量的增加而恶化。这种低输入功率因数的最终影响是交流电源与照明系统间存在无功功率。此无功功率可能对电力系统造成严重的损害。

功率因数越低，变压器的额定值越大，传输导体的尺寸就越大。换句话说，就是发电和传输的成本越高。这就是供应商一直向消费者强调提高功率因数的原因[5]。

28.2.2　频率控制电子镇流器的低压放电灯调光

近来，越来越多的荧光灯和 HID 灯等放电灯使用可调光电子镇流器。可调光电子镇流器通常在输入侧具有四线连接布置，两条连接用于交流电源的"相线"和"中性线"，另外两条连接调光电平控制信号，通常为 1~10V 的直流信号。可调光电子镇流器的一般结构如图 28-4a 所示。它由有源或无源功率因数校正电路、高频直流－交流变换器和谐振回路组成。功率因数校正电路和直流－交流变换器通过高压直流母线互联，直流－交流变换器通过谐振回路驱动灯，通常以略高于谐振回路频率的频率来切换。谐振回路用于预热电极，提供高电压以点燃灯泡并提供镇流器的电流。通过控制直流母线电压和/或直流－交流变换器的开关频率来实现调光功能，输入功率因数可以在任何功率等级下保持较高的值。如图 28-4b 所示，输入电流 i_{ac} 的波形为正弦波，且与交流电源同相。

图 28-4c 示出了用于荧光灯的电子镇流器典型电路，其中交流电源由整流器整流，功率因数校

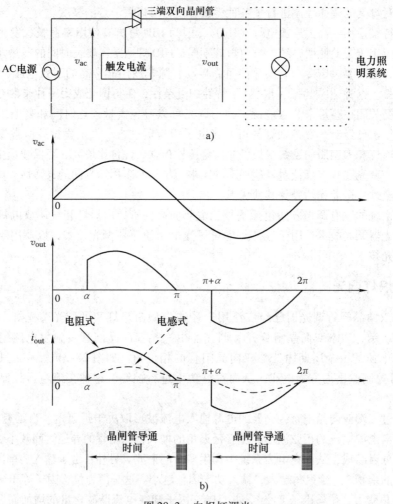

图 28-3　白炽灯调光

a）电路配置　b）电压和电流波形

正电路由升压直流 – 直流变换器实现，直流 – 交流变换器由半桥逆变电路实现，谐振回路由电感和电容构成。直流母线电压调节到略高于交流电源电压峰值的电平，直流母线电压的典型值为400V。

图 28-4d～f 展示了三种最常见的谐振回路类型。它们是串联负载谐振电路（SLR）（见图 28-4d）、并联负载谐振电路（PLR）和串并联负载谐振电路（SPLR）。基于相同基频，三种电路的传递函数如下：

对 SLR（见图 28-4d），有

$$\left|\frac{v_o(j\omega)}{v_i(j\omega)}\right| = \frac{1}{\sqrt{1 + Q^2\left(\frac{\omega}{\omega_o} - \frac{\omega_o}{\omega}\right)^2}} \tag{28-1}$$

此时 $\omega_o = 1/\sqrt{LC}$ 且 $Q = \omega_o L/R$。

对 PLR（见图 28-4e），有

$$\left|\frac{v_o(j\omega)}{v_i(j\omega)}\right| = \frac{1}{\sqrt{\left[1 - \left(\frac{\omega}{\omega_o}\right)^2\right]^2 + \left(\frac{\omega}{\omega_o Q}\right)^2}} \tag{28-2}$$

此时 $\omega_o = 1/\sqrt{LC}$ 且 $Q = R\omega_o/L$。

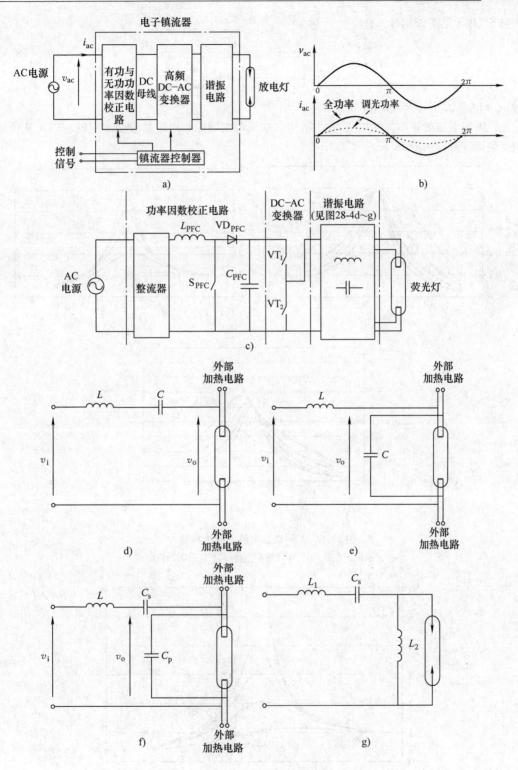

图 28-4　放电灯的镇流器

a) 总体结构　b) 关键电压和电流波形　c) 电路原理图

d) 串联负载谐振电路　e) 并联负载谐振电路　f) 串并联负载谐振电路　g) HID 灯谐振电路

对 SPLR（见图 28-4f），有

$$\left| \frac{v_o(j\omega)}{v_i(j\omega)} \right| = \frac{1}{\sqrt{\left[2 - \left(\dfrac{\omega}{\omega_s} \right)^2 \right]^2 + Q_s^2 \left(\dfrac{\omega}{\omega_s} - \dfrac{\omega_s}{\omega} \right)^2}} \tag{28-3}$$

此时 $\omega_s = 1/\sqrt{LC_s}$ 且 $Q = \omega_s L/R$。

三个谐振电路的频率特性如图 28-5 所示。这三种电路中，PLR 是最受欢迎的。PLR 从预热到调光的运行阶段如图 28-6 所示。

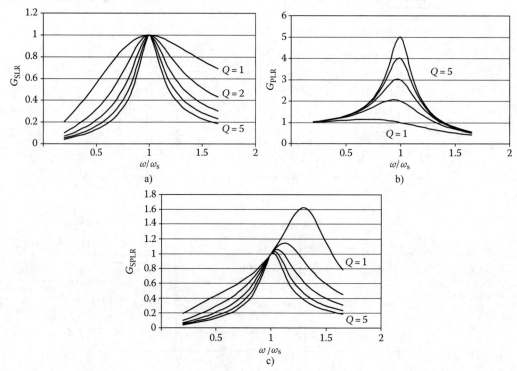

图 28-5　不同谐振电路的频率特性

a）并联谐振电路　b）串联谐振电路　c）串并联谐振电路

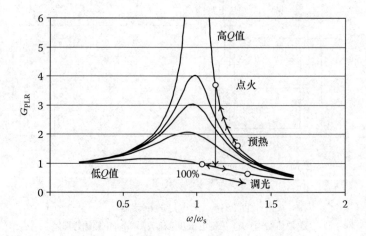

图 28-6　操作顺序说明

预热阶段：灯不接通，其等效电阻非常高。所以，Q 值非常高。开关频率保持恒定，并在一定时间内高于谐振频率，以使用预定电极电流对电极进行加热。

点火阶段：开关频率降低到谐振频率，以在灯两端产生高电压。

调光：开关频率进一步降低到灯处于额定功率（100%）的频率，通过增加开关频率可以降低灯的功率。

荧光灯电子镇流器（低压放电灯）已得到广泛应用，并已证明其使用具有整体经济效益[6]。高频工作（通常高于 20kHz）时，电子镇流器可以消除荧光灯的闪烁效应，并实现比主频（50Hz 或 60Hz）工作的磁镇流器更高的功效。因此，和磁镇流器驱动的灯相比，在相同亮度输出的前提下，电子镇流器驱动的荧光灯消耗能量更少。

电子镇流器通常由集成电路（IC）驱动。然而，由于成本压力，有很多电子镇流器不含 IC。驱动图 28-4c 中的 VT_1 和 VT_2 可以通过两种可行方法实现。第一种方法是使用自振荡电路（见图 28-7）。VT_1 和 VT_2 是双极晶体管（BJT）或 MOSFET，但 BJT 还是最主要和可行的选择。基极驱动电流或栅极电压通过可饱和或不饱和变压器从谐振电感中获得。第二种方法是使用 IC 镇流器。VT_1 和 VT_2 通常都是 MOSFET。不过，自振荡逆变器还是主要解决方案，因为电路简单、鲁棒性强、性价比高。

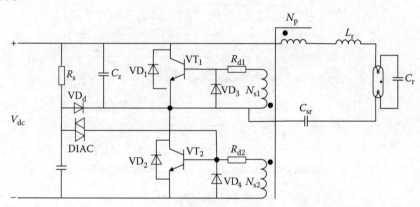

图 28-7　具有自激栅极驱动的 DC – AC 变换器（逆变器）

28.2.3　直流母线电压控制电子镇流器的低压放电灯调光

频率控制调光方法需要相当宽的逆变器频率（通常为 45～110kHz）来进行灯功率控制。典型的调光范围可以是灯功率的 100% 到百分之几。不过，较宽带宽的输入电磁感应（EMI）滤波器设计还是必要的，并且随着灯功率的降低，开关损耗和磁心损耗都将增加。对于需要高能效和严格热要求的应用，可以使用直流母线电压控制。直流母线电压控制使用具有输出降压功能的交流－直流前端电源电路（如反激式，SEPIC 转换器）来改变图 28-4a 中的直流母线电压作为调光控制。调光电压控制的一个应用实例是台灯，其中的镇流器通常完全封闭在小型固定装置内，没有通风（出于安全考虑）和强制冷却。

使用可变逆变器直流母线电压可以为荧光灯系统提供平滑和理想的调光控制。该专利方案[7]控制前端转换器的输出直流电压 V_{dc} 以控制灯功率；用恒定占空比（接近 0.5）进行半桥逆变器的切换，以确保软开关操作的连续电感电流有宽功率范围。开关控制和 EMI 滤波器设计很容易，因为逆变器可以在恒定的开关频率（或如果采用自励栅极/基极驱动器时的负载谐振频率）下工作。L_r – C_r 回路可以针对给定类型的灯进行优化。用于驱动荧光灯的标准半桥 L – C 谐振逆变器可以轻易地设计成在固定频率下采用零电压开关（ZVS）工作。因为开关频率可以在 20~30kHz 范围内选择，不会接近 34kHz 左右的红外频带，所以可以获得高效率。ZVS 条件可以很容易地保持在一个较宽的调光范围内（灯功率的 5%~10%）。

对于图 28-4e 中的并联负载谐振（PLR）电路，灯电流大致与高频交流电压 V_{ac} 的大小成正比，其大小由可控逆变器直流母线电压 V_{dc} 决定。因此，有

$$I_{lamp} \propto V_{dc} \tag{28-4}$$

电压控制和频率控制能够从两个 220V，2 × 36W T8 的可调光镇流器实际比较中得出根本区别。电压控制（产品 - V）和频率控制（产品 - F）的镇流器损耗如图 28-8 所示。两个产品都具有一个前端交 - 直流功率因数校正环节和电源逆变环节，每个镇流器用于驱动两台 T8 36W 灯。如预期的那样，由于调光过程中开关损耗和铁心损耗随着逆变器频率的增加而增加，频率控制镇流器的损耗随着系统总功率的降低而增加。相反的是，由于减小直流母线电压将导致开关损耗和铁心损耗的降低，电压控制镇流器的损耗也会降低。电压控制和频率控制的镇流器的详细的功率损耗分析，分别如图 28-9a、b 所示。

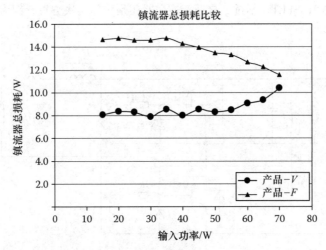

图 28-8　用于 220V，2 × 36W T8 照明系统的可调光电子镇流器电压控制（产品 - V）和频率控制（产品 - F）的总损耗

（来自 Hui S Y F, et al., IEEE Trans. Power Electron., 21 (6), 1769, November 2006. 经许可）

28.2.4　带电子镇流器的高强度放电灯调光

各种光源中，HID 灯具是高光效、良好显色性和高功率紧凑型光源特性的最佳组合。通过适当剂量选择，可以产生具有优异的显色性能的全光谱（白光）源，其效率高、尺寸紧凑。HID 灯已被广泛用于许多地方，如大面积泛光照明、舞台、演播室、娱乐型紫外线灯。

使用高频电子镇流器可以减小镇流器的重量和体积，提高系统效率。该功能对于低功率的 HID 灯特别有吸引力，因为整个照明系统都被希望是小尺寸。此外，随着工作频率的增加，二次点火和消光峰消除，会延长灯泡寿命[11]。HID 灯的负载特性可以近似为纯电阻，灯（功率）因数接近 1。在光的输出中没有任何闪烁效果和频闪效果并且光通量会提高。然而，具有高频电流波形的高压 HID 灯的操作因为驻波（声波共振）会发生偏置。这种声波共振可导致电弧位置和光色发生变化，或使得电弧不稳定。电弧中的不稳定性有时会导致电弧熄灭。

声波共振的一般解释是，来自调制放电电流的周期性电源输入会导致灯容积内的气体的压力波动。如果电源频率达到或是接近灯的固有频率，则会出现行波。这些波形沿着放电管

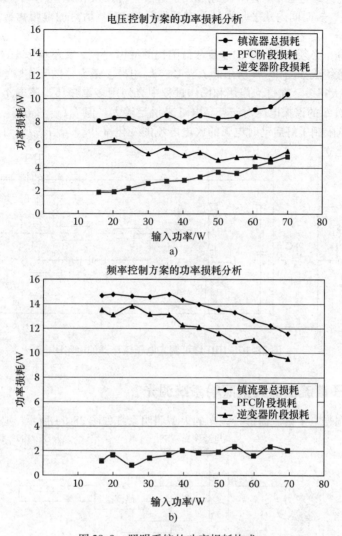

图 28-9　照明系统的功率损耗构成

a）220V，2×36W T8 的电压调光控制照明系统　b）220V，2×36W T8 的频率调光控制照明系统

壁传播并在壁上进行反射，产生大幅值的驻波。气体密度的强烈振荡可能使放电路径扭曲，会进而扭曲影响驱动压力波的热输入。灯的固有频率取决于电弧容器的几何形状、气体填充和气体热力学状态变量（如压力、温度和气体密度）。

　　许多关于镇流器电路拓扑或者控制方法的文章已经提出了要避免由声共振引起的不稳定性。典型的电路结构类似于图 28-4a 所示。解决声共振有两种基本方法：

　　① 输出逆变器的工作频率远离灯泡的声共振频率范围。这些镇流器可以进一步分类为：直流型镇流器、调谐高频镇流器和超高频镇流器。

　　② 输出逆变器的开关频率以固定频率或随机频率进行调制，输入的能量分布在很宽的频谱范围，以便在一定频率段上将输入能量的幅度最小化。

　　图 28-10 展示了 HID 可调光电子镇流器的电路原理图[8]。它控制灯泡的电流大小，并有两种操作模式。在第一模式中，S_3 导通，S_2 断开。因此，通过检测电阻 R_{sense2} 两端电压（也是灯电流）来调节通过灯的电流，然后控制 S_1 和 S_4 的占空比。在第二模式中，S_4 导通，S_1 断开。计算通过检测电阻 R_{sense1} 的电压，然后控制 S_2 和 S_3 的占空比。灯电流的基频低，通常为 200～400Hz，可避

免声波共振。在点火的过程中，HID 灯经过几个阶段。转换如下所示：HID 灯的电弧电阻开始非常大（近似开路），短时间内几乎归零（瞬态短路转变），然后灯的电阻再次增加，直到达到稳定状态。

为了快速放电，必须获得足够的能量和低阻抗的放电路径。文献 [9] 的作者用串联电感电容电路和并联电感组成如图 28-4f 所示的 $L_1 - C_1 - L_2$ 电路。镇流器的工作频率非常高，并联电感 L_2 比串联电感 L_1 大得多。在灯泡启用和操作过程中会使用多重频移，该电路主要限制使用过大电感值的 L_2。虽然 L_2 的谐振电压对于点亮电灯来说足够大，但 $L_2 (= 2\pi f L_2$，其中 f 是电感的工作频率）的大阻抗限制了灯启动时电弧的放电电流的变化率 di/dt。所以，灯电弧可能要持续多次高压冲击才能建立。

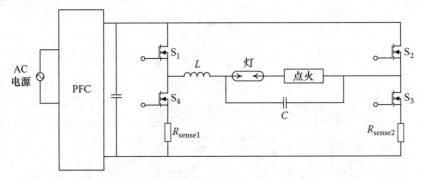

图 28-10　HID 灯可调光电子镇流器的电路图

28.2.5　带电子镇流器的大型照明系统调光

可以使用可调光电子镇流器进行调光的大型照明系统如图 28-11 所示，必须向所有可调光电

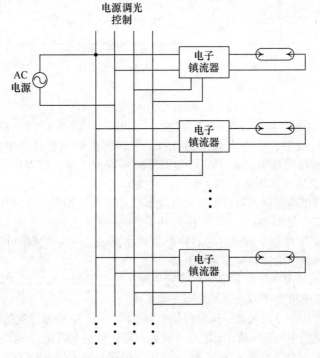

图 28-11　大型可调光电子镇流器系统示意图

子镇流器提供额外的 1 ~ 10V 调光控制信号,还提出了诸如 DALI 系统等更复杂的系统。然而,大型可调光电子镇流器系统适用于一些照明控制至关重要的特殊应用场所中。可调光电子镇流器和相关控制系统的高成本仍是将其广泛应用的主要障碍。

28.3　可持续调光系统——可回收磁镇流器的放电灯调光

要符合可持续发展技术的条件,调光系统应满足 28.1 节中所阐述的三个标准。由于放电灯的电子镇流器不可回收,最终会变成电子废弃物,很有必要研究出遵循可持续发展原则的磁镇流器。

和电子镇流器不同,磁镇流器具有极高的可靠性和使用寿命,以及对瞬态电压浪涌(例如闪电)和恶劣工作环境(例如高湿度和巨大温差)具有较强的鲁棒性等优点。尤其是,它们在 HID 灯中提供良好的电弧稳定性。此外,磁镇流器的电感磁心材料和绕组材料是可回收的,而电子镇流器使用更多有毒且不可回收的材料。

最常见的带启动器的灯电路如图 28-12 所示。普通启动器是由一个小双金属电极和一个固定电极组成的辉光启动器。两个电极最初分开,当电路被激活时,整个线电压施加在启动器两端,使得电极之间放电。然后,电流会流过扼流线圈和电极,从放电电弧产生的热能会将双金属电极弯曲并分离。由于扼流线圈的电流突然变化,灯上会产生足以点火的高压。还有其他类型的启动器,包括热启动器和电子启动器,非辐射启动器同样可以在市场上采购。

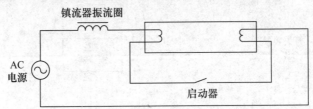

图 28-12　带磁镇流器的典型灯电路结构

过去,磁镇流器在实现调光控制方面缺乏灵活性。不仅是技术问题,由一组或网络组成的照明系统中,让每个单独的灯都使用调光装置也很不经济。值得关注的举措是,通过调光器件替换所有调光控制装置,将不可调光照明系统转成可调光照明系统。如图 28-11 所示,布线和电气安装变得更复杂,因为需要重新设计电力线和控制信号的电气网络。在具有多个区域的系统中,情况会更加复杂。因此,在道路照明系统的每个灯柱中都安装可调光电子镇流器,会涉及高昂的安装成本,而且,由于电子镇流器对极端天气的抵抗力相对较低,还将成为道路照明管理公司的维护噩梦。

因此,如果磁镇流器可调光,则其长寿命、高可靠性和节能的综合特点会让这种“调光镇流器”成为室内外都能应用的有效解决方案。此外,用磁镇流器来调光多个灯的技术会很有用。图 28-13a 展示了具有磁镇流器的一般不可调光灯系统结构,其中镇流器的输入通过开关直接连接到交流电源,这些开关用于开启灯泡,并通过各种手段进行控制,例如手动控制、自动定时器控制和光电传感器控制。迄今,已经发表了很多带磁镇流器的灯该如何调光的文章,最终目的是控制灯电流,从而控制灯功率,进而改变灯亮度。该策略主要用于镇流器的输入侧或者灯泡侧,如图 28-13b 所示,可分为几种方法。

28.3.1　方法 I:控制灯的电源电压或电流

降低镇流器电压是调光的直接方式。如图 28-13b 所示,当电源电压 v_L 减小时,电源电流 i_L、

灯电流 i_{lamp} 和灯功率都将降低。该方法可以通过各种电压变换方法实现，如低频变压器或是高频开关逆变器。

　　改变镇流器输入电压最显著的方法之一是改变系统中电源变压器的电压比。电压比取决于匝数比，如果匝数比可以改变，则电压比也会被改变相同的值[10]。已经采取了各种方法来实现这一转换率中所需的变化，最简单的方法是在变压器的一侧使用抽头绕组，从而可以有效改变匝数比。另一种是使用自耦变压器，匝数比可以连续变化。文献［12］中，双绕组自耦变压器提供实现两级调光的两个电压电平；文献［13］提出了一种用更复杂的变压器的多电平调光系统。这些方法涉及机械装置的使用，如用于改变匝数比的电流接触器和用于连续调节匝数比的电动机。

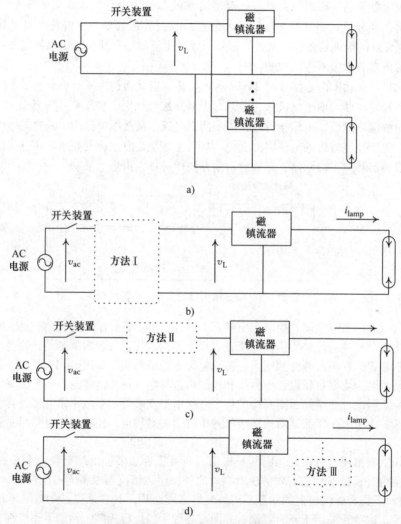

图 28-13　几种调光方法原理图

　　另一种方法是使用高频开关变换器。交流电源电压由交流－直流变换器转换成直流电压，直流电压再由直流－交流变换器转换成交流电压[4]。这样，整个系统可以提供高质量可变电压和在 v_L 下的可变频率输出。然而，由于交流电源的输入能量被处理过两次，总效率较低。例如，如果交流－直流和直流－交流变换器的效率分别为 0.95，那么总效率为 $0.95 \times 0.95 = 0.90$。

　　除了使用交流－直流－交流变换方法外，还可以使用交流－直流变换器，例如交流－交流变频器，以提供电源频率的可控电压。在文献［14］中，电源逆变器用于将交流正弦电压斩波成具有正弦包络线的电压脉冲。相似的方法也在文献［15，16］中使用。但是，在此过程中会产生相当大的电流谐波，从而导致电力系统中的谐波污染问题。它不适用于那些对激励电压敏感的灯，如 HID 灯，这可能会引起不良的声波共振和闪烁效应。另一种方法[17]是使用外部电流控制电源电路，同时控制电源频率下的输入电流的幅值。该方法不改变电压幅值，而是调节从交流电源所获取的输入电流。从交流电源获得的有功功率与交流电源的电压和电流乘积成比例，因此可以控制传递给灯的总功率。

28.3.2 方法Ⅱ：镇流器灯阻抗路径的控制

为避免直接改变交流电源电压，图 28-13c 展示了另一个调光方法，该装置与灯系统串联。它所连接的是一种可变电抗，在理想状态下，它不会消耗任何有功功率。因为灯系统的总体阻抗可调，v_L 和输入电流的大小都变得可调。

如文献［19］所述，一个由两个串联电感组成的两级电感器用于镇流器中的扼流圈。有一个开关可以旁路任一电感，可以以离散的方式改变整体电感。

在文献［20］中，镇流器中使用了一个饱和电抗器，可以在有限的范围内连续调光。通过向电抗器里添加额外绕组并注入直流电，可以使电抗器磁芯饱和，从而可以改变镇流器中的电感阻抗，以此来调整灯电流。文献［21］中使用可变电抗，其中由多抽头自耦变压器供给控制绕组的电流，从而实现等效串联阻抗的不同组合。

为代替无源元件，文献［21，22］提出另一种方法，创建一个电压源与灯路径串联。在文献［22］中，直流–交流变换器与灯系统串联。变换器的直流侧连接到交流电源供电的另一个变换器。两个变换器都必须处理有功功率和无功功率，换句话说，两个变换器之间存在循环电能。类似的方法也在文献［21］中使用，基于变压器耦合而实现。然而，这种循环的能量将带来能量损耗，除了降低效率外，还需要处理热问题。

28.3.3 方法Ⅲ：灯端阻抗的控制

如图 28-13d 所示，第三种方法是用一个装置从镇流器分流电流，整体效果是降低灯电流 i_{lamp}。文献［23］中，一个可切换电容连接在灯上。如果需要调光，则电容被接通，来自镇流器的电流一部分将从灯分流到电容。以这种方法，能够以离散方式控制调整灯电流和功率。

与上述方法比较，方法Ⅰ和Ⅱ适合对多个灯进行调光，特别是对现有安装灯具。方法Ⅲ需要在每个单独的灯上修改或安装调光装置。尽管上述所有方法都可以使用磁镇流器来调光，但它们有各自的限制：

① 需要昂贵而笨重的机械结构[12,13]。
② 会对电力系统造成不良谐波污染[14-18]。
③ 不适用于多个灯具的调光[19,20,23]。
④ 处理负载的所有有功功率和无功功率[12-18]。
⑤ 仅提供离散式调光[12,13,19-21,23]。
⑥ 中央或自动控制几乎难以实现[12,13,19,20,22]。
⑦ 灯泡调节时，会降低整个照明系统的输入功率因数[19-21]。
⑧ 耗散循环能量的处理[21,22]。

28.3.4 可持续照明技术的实例

可持续照明技术可用于大型公共照明网络，如街道、多层停车场、走廊和建筑物过道。在这些公共照明系统中，闪烁效应不是一个严重的问题，所以高频灯运行不是必需的。因此，可以保留已有的可回收磁镇流器。为了使电子废弃物的数量最小化，可以考虑用单独一个控制器对一大组镇流器灯组进行中央调光。举个例子，如果一个中央调光系统可以控制超过 100 个磁驱动的镇流器灯，可以显著降低电子废弃物的数量，同时可以实现节能。随着交流电压的降低，磁心损耗也会减小。实现大型照明系统中央调光的一个理想选择是设计一个无功率损耗的交流 – 交流变换器。在可行的技术中，变流技术和电力电子技术提供了两种可能性。

如 28.3 节所讨论的，方法 I 和 II 适用于多个灯调光。但是，在实际操作时必须要考虑能源效率。如果方法 I 采用的是传统交流 – 交流变换器，这个变换器必须同时处理有功功率和无功功率。典型的电源能效是 90% 左右，所以大概有 10% 的能量在这个过程中会消耗。由于道路照明系统的典型功率等级可能在几十千瓦，这些功率损耗非常重要。如果用电源变压器为大型照明系统提供离散式输出电压电平，会存在类似的问题。离散式电压输出不适用于 HID 灯，因为交流电压的突然变化会影响到 HID 灯的稳定性。成功完成的一个测试方案是用无功功率控制器作为中央调光系统[24]。图 28-14 展示了这个概念的原理图，功率逆变器作为无功功率控制器，可以提供可控的辅助电压 V_a。因此，输出电压 V_o 等于向量 V_s 和 V_a 的差，成为照明系统的可控交流电压。

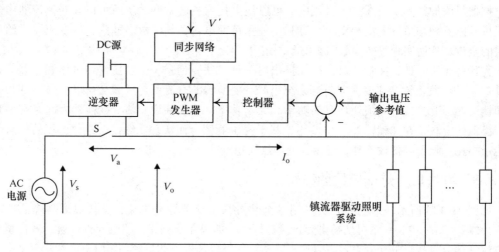

图 28-14　用于大型照明网络的中央调光系统示意图

因为无功功率控制不涉及有功损耗，所以这个概念理论上是没有损耗的。从本质上讲，这个方法允许有功功率直接从交流电源到负载，无功功率控制器仅处理系统无功功率的一部分。在软切换和功率器件改进的情况下，该中央调光系统的能量效率可以接近 99%，唯一的功率损耗主要来自电力电子器件和无源电路组件的非理想特性（如导通和磁心损耗）。图 28-15 显示了 28kW 路灯照明系统 4 天的测量结果。照明系统在下午 6 点左右启动，经过 20min 的短暂预热时间，照明系统功率通过编程设置为全功率的 80% 左右。从午夜到凌晨 5 点，系统功率进一步降低到全功率的 70%。之后，它会恢复到 80% 的功率，直到系统在早上关闭，平均节能达到 24.2W。该应用实例说明了可持续照明技术的原理，它能够随时随地使用照明能量并保持恰当的光度。单个中央调光系统可以控制大量的灯（典型的超过 100 个），这种照明技术可有效节约能源，并保留使用寿命长又可回收利用的磁镇流器。当然，也可以避免大量的电子废弃物。

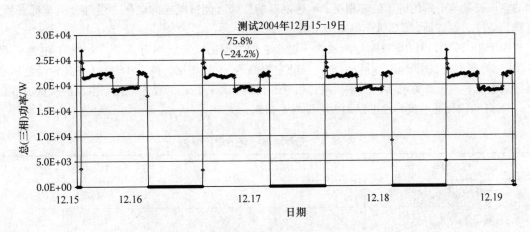

图 28-15　中央调光控制下对 28kW 大型磁镇流驱动道路照明系统的功率测量

28.4　未来可持续照明技术——T5 荧光灯超低损耗无源镇流器

　　节省照明能源的一个有效方法是用 T5 灯代替 T8 荧光灯。过去 20 年中，大家都相信电子镇流器比磁镇流器更节能高效。但是对 T5 灯，这个说法不成立。T5 灯最初设计为电子镇流器驱动，可以用谐振回路产生高点火电压。对 T5 28W 和 35W 型号灯来说，在高频工作导通的灯电压分别为 167V 和 209V。这些高电压电平接近 220～240V 的电源电压。一直以来，磁镇流器都被认为不适合用于驱动高压灯，如 T5，开发比 T5 灯电子镇流器更好的磁镇流器的技术面临的挑战是：

① 充足的点火电压。

② 老化灯或故障灯的寿命终止检测。

③ 在灯点火后，提供高电压以维持灯电弧。

④ 比其他电子镇流器更少的镇流损耗。

　　使用启动器要满足条件①和②。20 世纪 90 年代末开发的 T8 灯的电子启动器一般可应用于 T5 灯。寿命检测在一些电子启动器中成为常见的流程[25]。由于 T5 灯具有接近电源电压的导通电压，可以用此前提出的用于高压灯的串联电感电容（LC）镇流器（见图 28-16）[25,26]。电容两

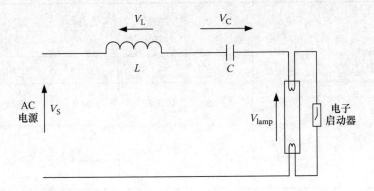

图 28-16　用于 T5 28W 灯的 ULL 磁镇流器（LC 镇流器）

端的电压矢量与电感的电压矢量相反，电感两端的压降可能被电容的电压矢量部分或全部抵消。这样，条件 3 可以通过 LC 镇流器来满足。

　　由于 T8 36W 灯被 T5 28W 灯所取代，那么它们之间的比较就很有意义。表 28-1 包含了 T5 和 T8 灯的典型的数据比较。可以看出，与功率相似的 T8 灯相比，高压 T5 灯具有高导通电压和低导通电流。对于磁镇流器，功率损耗包括导通损耗和磁心损耗。导通损耗与电流的二次方成正比，T5 灯的低导通电流特性可以大大降低导通损耗。

表 28-1　元件功率损耗的理论评估

灯的型号	T8 6W	T5 28W
额定电压(V_{rms})/V	103	167
额定电流(A_{rms})/A	0.44	0.175
导通损耗 (i^2R)/W	100%	16%
磁心损耗 ($\propto I$ 或 φ)	100%	40%

　　在表 28-1 中，以 T8 磁镇流器的导通损耗作为参考（100%）。假设 T5 和 T8 灯的磁镇流器的绕组电阻相同，T5 磁镇流器的导通损耗仅为 T8 磁镇流器导通损耗的 16%，导通损耗减少 84%。磁心损耗与磁通成正比，磁通又和磁镇流器中的电流成比例，在这方面，T5 28W 磁镇流器的磁心损耗仅为 T8 36W 镇流器的 40%，使得磁心损耗降低 60%。基于这一理论评估，T5 灯的磁镇流器可以显著降低导通损耗和磁心损耗。因此，值得在实际操作中评估 T5 灯磁镇流器的节能潜力，特别是知道磁镇流器可以持续使用数十年，可回收而不会产生有毒或是不可生物降解的电子废物。表 28-1 中的信息为开发比电子镇流器更有效的磁镇流器提供了基础，以满足条件④。

　　文献［27］描述了超低损耗（ULL）磁技术专利的计算机辅助分析和实施方法。表28-2展示了 230V 下 T5 高效灯中 ULL 磁镇流器与电子镇流器的实际比较。磁镇流器损耗小于 2.5W。高压灯（如 T5 灯）的低电流特性是在镇流器上实现低损耗的主要原因。图 28-16 中的 ULL 镇流器不含电解电容、有源电子部件和电子控制，因此它们为 T5 灯提供了高效、可靠且环保的解决方案。通过 ULL 镇流器工作的 T5 28W 灯的典型电压和电流波形如图 28-17 所示。

表 28-2　基于使用相同飞利浦 TL5 28 W/865 型灯的电气性能和发光性能比较

型号	输入功率/W	灯功率/W	镇流器损耗/W	光通量/lm	能效（%）	系统光视效能/(lm/W)
ULL LC 镇流器	31.01	28.59	2.42	2318.3	92.20	74.76
飞利浦 EB - S128 TL5 230	30.95	26.30	4.65	2188.1	84.98	70.70
欧司朗 QT - FH 1X14 - 35 230240 CW	30.90	27.62	3.28	2263.8	89.39	73.26

数据来源：Hui S Y R, et al. , A 'class - A2' magnetic ballast for T5 fluorescent lamps, IEEE Applied PowerElectronicsConference（APEC）, TechnicalSession：GeneralLighting, PalmSprings, CA, February 25, 2010.

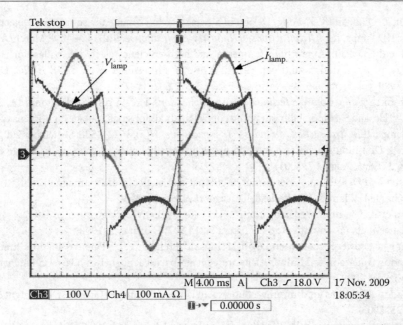

图 28-17　$V_s = 230V$ 时全功率运行的 ULL 镇流器的测量灯电压 V_{lamp} 和灯电流 I_{lamp}

28.5　结束语

过去 20 年来，人们为提高照明系统的能源效率做了很多努力。现在是时候来扩大研究范围了，不仅要涵盖照明产品的节能问题，还要涵盖其使用寿命和可回收性。本章从气体放电灯的磁镇流器和电子镇流器的基本原理出发，介绍了"可持续照明技术"的概念，不仅强调节能，而且强调产品寿命和可回收性。重要的是未来照明技术的研发将会更全面地看待环境保护问题。在未来的照明控制中，预计会使用更多没有电解电容的镇流器[28-30]，甚至可能没有电子开关和电子控制[27,31]。最新出现的可回收的 ULL 无源镇流器，可能会在某种程度上影响电子镇流器的使用趋势，特别是在公共照明系统中。无源镇流器概念在原则上可应用于 LED 技术，以便使 LED 驱动器寿命能够与 LED 器件的寿命相匹配。

参 考 文 献

1. J. Marcos Alonso, Chapter 22 Electronic ballasts, *Power Electronics Handbook*, Academic Press, Burlington, MA, 2007, pp. 565–591.
2. S.Y.R. Hui and W. Yan, Re-examination on energy saving & environmental issues in lighting applications, *Proceedings of the 11th International Symposium on Science 7 Technology of Light Sources*, Shanghai, China, May 2007 (Invited Landmark Presentation), pp. 373–374.
3. J. Janczak et al., Triac dimmable integrated compact fluorescent lamp, *Journal of the Illuminating Engineering Society*, 144–151, Winter 1998.
4. N. Mohan, T. Undeland, and W. Robbins, *Power Electronics: Converters, Applications, and Design*, John Wiley & Sons, Inc., New York, 2003.
5. B. M. Weedy, *Electric Power Systems*, John Wiley & Sons, Inc., New York, 1988.
6. Darnell Group, *Global Electronic Ballast Markets Technologies, Applications, Trends and Competitive Environment*, Darnell Group Inc., Corona, CA, December 2005.
7. S.Y.R. Hui, W. Yan, H. Chung, and P.W. Tam, Practical evaluation of dimming control methods for electronic ballasts, *IEEE Transactions on Power Electronics*, 21(6), 1769–1775, November 2006.

8. M. Shen, Z. Qian, and F. Z. Peng, Design of a two-stage low-frequency square-wave electronic ballast for HID lamps, *IEEE Transactions on Industry Applications*, 39(2), 424–430, March/April 2003.

9. R. Redl and J. D. Paul, A new high-frequency and high-efficiency electronic ballast for HID lamps: Topology, analysis, design, and experimental results, *Proceedings of the IEEE APEC*, Dallas, TX, March 1999, vol. 1, pp. 486–492 (also US Patent 5,677,602, 1997).

10. R. Simpson, *Lighting Control: Technology and Applications*, Focal Press, Burlington, MA, 2003.

11. W. Yan, Y. Ho, and S. Hui, Stability study and control methods for small wattage high-intensity-discharge (HID) lamps, *IEEE Transactions on Industrial Applications*, 37(5), 1522–1530, September 2001.

12. E. Daniel, Dimming system and method for magnetically ballasted gaseous discharge lamps, US Patent 6,271,635, August 7, 2001.

13. E. Persson and D. Kuusito, A performance comparison of electronic vs. magnetic ballast for power gas-discharge UV lamps, *Rad Tech'98*, Chicago, IL, 1998, pp. 1–9.

14. J.S. Spira et al., Gas discharge lamp control, US Patent 4,350,935, September 21, 1982.

15. L. Lindauer et al., Power regulator, US Patent 5,714,847, February 3, 1998.

16. J. Hesler et al., Power regulator employing a sinusoidal reference, US Patent 6,407,515, June 18, 2002.

17. B. Szabados, Apparatus for dimming a fluorescent lamp with a magnetic ballast, US Patent 6,121,734, September 19, 2000.

18. B. Szabados, Apparatus for dimming a fluorescent lamp with a magnetic ballast, US Patent 6,538,395, March 25, 2003.

19. L. Abbott et al., Magnetic ballast for fluorescent lamps, US Patent 5,389,857, February 14, 1995.

20. D. Brook, Wide range load current regulation in saturable reactor ballast, US Patent 5,432,406, July 11, 1995.

21. R. Scoggins et al., Power regulation of electrical loads to provide reduction in power consumption, US Patent 6,486,641, November 26, 2002.

22. E. Olcina, Static energy regulator for lighting networks with control of the quantity of the intensity and/or voltage, harmonic content and reactive energy supplied to the load, US Patent 5,450,311, September 1995.

23. R. Lesea et al., Method and system for switchable light levels in operating gas discharge lamps with an inexpensive single ballast, US Patent 5,949,196, July 11, 1999.

24. H.S.-H Chung, N.-M. Ho, W. Yan, P.W. Tam, and S.Y. Hui, Comparison of dimmable electromagnetic and electronic ballast systems—An assessment on energy efficiency and lifetime, *IEEE Transactions on Industrial Electronics*, 54(6), 3145–3154, December 2007.

25. D.E. Rothenbuhler, S.A. Johnson, G.A. Noble, and J.P. Seubert, Preheating and starting circuit and method for a fluorescent lamp, US Patent 5,736,817, April 7, 1998.

26. D.E. Rothenbuhler and S.A. Johnson, Resonant voltage multiplication, current-regulating and ignition circuit for a fluorescent lamps, US Patent 5,708,330, January 13, 1998.

27. S.Y.R. Hui, D.Y. Lin, W.M. Ng, and W. Yan, A 'class-A2' magnetic ballast for T5 fluorescent lamps, *IEEE Applied Power Electronics Conference (APEC)*, Technical Session: General Lighting, Palm Springs, CA, February 25, 2010.

28. Y.X. Qin, H.S.H. Chung, D.Y. Lin, and S.Y.R. Hui, Current source ballast for high power lighting emitting diodes without electrolytic capacitor, *34th Annual Conference of the IEEE Industrial Electronics, 2008 (IECON 2008)*, Orlando, FL, 2008, pp. 1968–1973.

29. P.T. Krein and R.S. Balog, Cost-effective hundred-year life for single-phase inverters and rectifiers in solar and LED lighting applications based on minimum capacitance requirements and a ripple power port, *IEEE Applied Power Electronics Conference and Exposition, 2009 (APEC 2009)*, Washington, DC, February 15–19, 2009, pp. 620–625.

30. G. Linlin, R. Xinbo, X. Ming, and Y. Kai, Means of eliminating electrolytic capacitor in AC/DC power supplies for LED lightings, *IEEE Transactions on Power Electronics*, 24, 1399–1408, 2009.

31. S.Y.R. Hui, W. Chen, S. Li, X.H. Tao, and W.M. Ng, A novel passive lighting-emitting diode (LED) driver with long lifetime, *IEEE Applied Power Electronics Conference*, Technical Session: LED Lighting I, Palm Springs, CA, February 24, 2010.

第29章 光－电－热的一般理论及对发光二极管系统的影响

29.1 引言

用电照明是现代生活的核心，消耗了全球约20%的电力，值得注意的是，相对原始的白炽灯（19世纪40年代）和荧光灯（20世纪40年代）技术在当今仍占领主导地位。发光二极管（LED）已成为未来最有前途的照明器件。但是，目前LED的主要用途仍然限于装饰、显示、标牌和信号应用，还没有达到大规模进入普通公共照明市场的阶段。虽然人们都希望LED技术将来能取代效率低下的白炽灯和高汞高毒性的线性紧凑型荧光灯（CFL），但科学家和工程师们必须以客观的态度检测这些技术。

在LED的各种局限性中，最重要的两个就是散热和光视效能的热降解（即由于结点温度升高而导致lm/W的降低），这些关键问题是文献［1-6］的焦点。尽管LED具有高效能，但这些高能效仅在低结温时才是真实的，在高温下不可持续。在正常的工作状态下，LED除非使用昂贵的散热器和/或强制冷却来保持结点温度在一个较低的水平。图29-1显示了LED的发光输出和恒定LED电流下的结点温度的典型关系（即几乎恒定的功率，假设LED电压无显著变化）[7,8]。基于这些特性，LED的散热设计和管理已有多项研究报告[9-13]。而LED的热阻建模和热阻测量也得到了研究[14-18]。

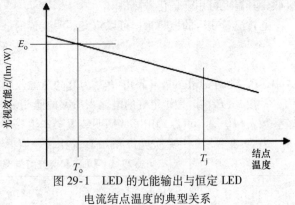

图29-1 LED的光能输出与恒定LED电流结点温度的典型关系

在光度测定中，用于比较不同照明装置的一个常见参数是光视效能（lm/W）[19]。妨碍LED灯应用于一般照明和公共照明的主要原因是LED的光通量受LED结点温度的影响而降低[7,9,11]。这种现象反映在许多LED系统设计中，而且在LED的额定功率不会出现最大发光量。实际上，空穴和电子的重组导致光子（光）或声子（原子振动或发热）的发射[20]。效能的下降是由随着电流增加而显著的非辐射载流子的损耗机制引起的，上述这种减少的原因包括泄电流、空穴注入效率低、载流子离域化、俄歇复合、缺陷和结点过热[30]。

很显然，LED的量子效率和结点热阻是LED技术的两个限制因素[21]。各种LED的发光效率通常在温度每升高一摄氏度时降低0.2%～1%[7]。由于老化效应，发光效率的降低可能比引用的数字还要多。最近的研究报告强调了效能降低与LED结温的关系，文献［22］中进行的加速寿命测试表明，光能输出可以下降45%。对于老化的LED，1℃有效降解率可达1%。在一些汽车前灯和紧凑型灯的使用中，环境温度会非常高，而且散热器的尺寸有限。这个严重的问题已经在文献［12，23］中得到解决。由发热引起的光视效能下降非常严重，会导致光通量输出的降低[13]。

光参数（如光通量和发光效率）、电参数（如电功率、电流和 LED 电压）以及热参数（如散热器温度和热阻参数等），都是密切相关的。在文献[7，8]中，已经写明光通量（光度变量）和热行为之间的关系。文献[13]强调了带有电力消耗 LED 的结到壳热阻的高度非线性热行为。结到壳的热阻受许多因素的影响，如安装和冷却方式[14,15]、散热器的尺寸甚至是散热器朝向[13]。因此，关于结节热阻[13,16,17]和热管理[18,19]的分析已经成为主要的 LED 研究课题。为处理影响光能输出的各种因素，提出了控制 LED 系统光能输出的方法[20,21]。文献[22]提出了 LED 器件模型来作为为热结电阻和光输出的建模，但这个模型是针对 LED 器件而不是整个 LED 系统，所以不包括散热器和电力控制的散热设计。

本节总结了 LED 和荧光灯之间的发热与发光比较[24]，介绍了 LED 系统光电热方面相关的一般理论[25]。该理论是基于 LED 和散热器的简单热模型，可用于预测最佳工作点（即光输出最大化），并为最佳热设计提供了相关参数，已经通过测试验证了这些理论，这些测试也清楚地说明了为什么一些 LED 系统的最佳工作点发生在小于 LED 额定功率处。实验结果也突出了现有 LED 的主要局限性。理论和实际结果均为 LED 系统设计人员提供了有用的见解，也让用户明确了在不同应用中 LED 的优缺点。

29.2　白色高亮度 LED 和荧光灯的热与光比较

29.2.1　散热比较

照明装置的散热可以通过文献[24]中描述的简单方法来获得。将照明装置浸入带透明盖、盛满硅油的隔热容器中，使光线透出；可以在没有额外供电的情况下操作它。散出热量通过硅油吸收，其温度可用于量化散热量。

通过测量获得的散热量，可以定义照明装置的散热系数 $k_h(P_{lamp})$ 为

$$k_h(P_{lamp}) = \frac{P_{heat}}{P_{lamp}} \tag{29-1}$$

式中，P_{heat} 为灯的散热量（W）；P_{lamp} 为灯的总输入功率（W）。

系数 $k_h(P_{lamp})$ 是给定灯的电输入功率的照明装置发出多少热量的一个指标。因此，通过比较系数 $k_h(P_{lamp})$，可以确定哪些照明装置会产生更多的热量。

表 29-1 展示了一些荧光灯和 LED 的比较。值得注意的是：

表 29-1　LED 和荧光灯的光视效能和散热比较

全功率	18W T8 荧光灯 （欧司朗）	14W T5 荧光灯 （飞利浦）	1W LED （飞利浦 LuxeonLXHL - PW01）	3W LED （飞利浦 LuxoenLXK2 - PW14 - V00）	LED（CREE） WREWHT - L1 - 0000 - 00D01
额定效能 /（lm/W）	61	96	45（结点温度25℃）	40（结点温度25℃）	107（结点温度25°）
实测效能 /（lm/W）	60.3	96.7	31（1W，散热器温度70℃）	30（3W，散热器温度80℃）	78.5（3W，散热器温度76℃）
散热系数	0.77	0.73	0.9	0.89	0.87

数据来源：Qin Y X et al.，IEEE Trans. Power Electron.，24（7），1811，July 2009. 经许可。

① 荧光灯的光视效能与灯温度的改变没有太大关系，而 LED 的光视效能随着工作温度的升高显著降低。

② 荧光灯散热会消耗 73% ~ 77% 的输入功率，但 LED 散热会消耗几乎 90% 的输入功率。

③ 在相同类型的照明装置中，如果发光效率较高，则会有较低的散热系数。

④ 在带有空调系统的建筑中，必须考虑散热因素，因为空调系统的能源消耗会影响整个建筑的能源消耗。

29.2.2 热损失机理比较

照明装置的热损耗通常来自辐射、对流和传导。然而，解决传导热损耗是需要成本的，这意味着需要大散热器和/或风扇冷却。文献［13］提供了不同光源热量损失的比较，LED 中超过 90% 的热量损失都是传导导致的（见表29-2）。因此，热设计和热管理都是 LED 技术的重要问题。

图 29-2 展示了过去十年 LED 器件典型结壳热阻的变化。结壳热阻是限制 LED 发光的重要因素，例如，高亮度 LED 的热阻为 $10℃/W$，若在 5W 下工作，半导体硅片和壳体之间会存在 $50℃$ 的温度差。因此，LED 装置的结构设计会影响到整体性能。

表 29-2 各照明装置的热损耗机理比较

光源	辐射热损耗（%）	对流热损耗（%）	传导热损耗（%）
白炽灯	>90	<5	<5
荧光灯	40	40	20
高强度放电灯	>90	<5	<5
LED	<5	<5	>90

数据来源：Petroski J, Spacing of high – brightness LEDs on metal substrate PCB's forproperthermalperformance, inProceedingsoftheNinthIntersocietyConference onThermalandThermomechanicalPhenomenainElectronicSystems （ITHERM'04），LasVegas，NV，June2004，pp. 507 – 514. 经许可。

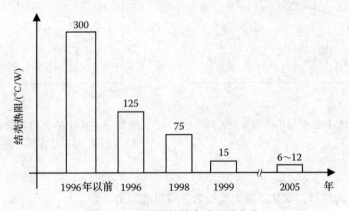

图 29-2 LED 器件结壳热阻的变化

29.3 LED 系统的一般光电热理论

本节总结 LED 系统的一般光电热理论[25]，这个理论将光、热、电的相互作用结合在了一起。

29.3.1 总体分析

将 Φ_v 定义为 N 个 LED 器件组成的 LED 系统的总光通量：

$$\Phi_v = NEP_d \tag{29-2}$$

式中，E 为光视效能（lm/W）；P_d 为每个 LED 的实际功率（W）。

图 29-1 展示了 LED 的光能输出和恒定 LED 电流的结点温度的典型关系，该曲线遵循指数衰减[20]，但由于工作温度很少高于 120℃，可以近似为

$$E = E_o\left[1 + k_e(T_j - T_o)\right] \qquad T_j \geqslant T_o,\ E \geqslant 0 \tag{29-3}$$

式中，E_o 为在额定温度 T_o 下的额定效能（一些 LED 数据表通常为 25℃）；k_e 为效能随温度升高而降低的相对速率，举个例子，如果 E 在升高 100℃ 时降低 40%，则 $k_e = -0.004$。

总体来说，LED 功率可以定义为 $P_d = V_d I_d$，但只有部分功率作为热损耗。因此，每个 LED 中产生的热功率定义为

$$P_{heat} = k_h P_d = k_h V_d I_d \tag{29-4}$$

此时 k_h 是个小于 1 的常数，而它代表 LED 的一部分功率，而不是热量。如果 LED 功率中有 85% 作为热量消耗，则 $k_h = 0.85$。k_h 的测量能在文献[24]中找到（见图 29-3）。

图 29-4[27,28] 所示为 LED 系统的简化稳态热等效电路，假设①N 个 LED 都具有热阻 R_{hs} 且放置在相同的散热器上；②LED 有它们的结壳热阻 R_{jc}；③用于隔离 LED 与散热器的绝缘材料（例如导热硅脂）热阻可忽略不计。

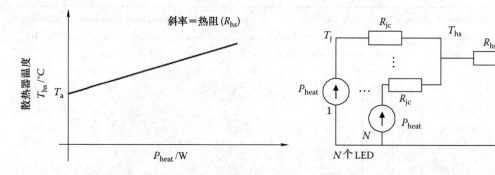

图 29-3　散热器温度与功耗的典型关系　　　　图 29-4　具有 N 个 LED 的简化稳态热等效
　　　　　　　　　　　　　　　　　　　　　　　　　电路安装在同一散热器上

基于图 29-4 的模型，LED 系统的光视效能可以表示为

$$E = E_o\left[1 + k_e(T_a - T_o) + k_e k_h(R_{jc} + NR_{hs})P_d\right] \tag{29-5}$$

所以，总光通量 Φ_v 为

$$\Phi_v = NE_o\left\{\left[1 + k_e(T_a - T_o)\right]P_d + k_e k_h(R_{jc} + NR_{hs})P_d^2\right\} \tag{29-6}$$

因为 k_e 小于 1 且为负数，式（29-6）变为 $\Phi = \alpha_1 P - \alpha_2 P^2$，其中 α_1 和 α_2 为两个正系数。当 P_d 从 0 开始增加时，Φ_v 几乎呈线性增加，因为当 P_d 足够小时，第二项可忽略不计。随着 P_d 的增加，与 P_d 的二次方成比例的第二个负项将显著降低 Φ_v。达到最大值后，随着 P_d 和 R_{jc} 的增加，Φ_v 会下降更快（由于式（29-6）中负值的增加）。这意味着 Φ_v 的抛物线不是对称的。因此，光

通量函数是抛物线，会有最大值，最大值可以通过 $\mathrm{d}\Phi_v/\mathrm{d}P_d=0$ 得到。

29.3.2　简化方程

根据 LED 制造商的数据表[5]，结点温度与能效降低都是线性的，因此 k_e 被认为是常数。k_e 和 k_h 初始的近似值是可以接受的，而且在后续分析中会放宽范围以适应 R_{jc} 的变化。基于此假设，只要使 $\mathrm{d}\Phi_v/\mathrm{d}P_d=0$ 可以得到最大 Φ_v 点，且

$$P_d^* = -\frac{\left[1 + k_e(T_a - T_o)\right]}{2k_e k_h(R_{jc} + NR_{hs})} \tag{29-7}$$

此时 P_d 是最大 Φ_v 值时的 LED 功率（注意，k_e 是负值）。

从式（29-4）中，可获得最大 Φ_v 值时的相应 LED 电流

$$I_d^* = -\frac{\left[1 + k_e(T_a - T_o)\right]}{2k_e k_h(R_{jc} + NR_{hs})V_d} \tag{29-8}$$

29.3.3　LED 的结壳热阻 R_{jc} 的影响

一般理论在原理上适用于非线性结壳热阻 R_{jc}，但 R_{jc} 是热损耗 P_{heat}（等于 $k_h P_d$）与结构热设计的复杂非线性函数，理论预测是基于以下一个简化的线性函数：

$$R_{jc} = R_{jco}(1 + k_{jc}P_d) \tag{29-9}$$

式中，R_{jco} 为 25℃ 下额定的结壳热阻；k_{jc} 为正系数。

R_{jc} 的典型线性近似如图 29-5 所示。结合随温度而变化的 R_{jc}，光通量方程为

$$\Phi_v = NE_o\left\{\left[1 + k_e(T_a - T_o)\right]P_d + \left[k_e k_h(R_{jco} + NR_{hs})\right]P_d^2 + \left[k_e k_h k_{jc}R_{jon}\right]P_d^3\right\} \tag{29-10}$$

29.3.4　在 LED 系统设计中使用的一般理论

采用热阻为 6.3℃/W 的散热片上安装 8 个 LuexonK2 Cool – White 3W 的 LED 作为一般理论的应用示例。参数 k_h 在暗淡情况下为 0.85，LED 的额定功率为 0.9[24]。因其相对变化较小，它保持在 0.85 的恒定值，尽管用 P_d 的函数表示 k_h 可以获得更准确的结果。式（29-6）所需要的参数为 $k_e = -0.005$，$k_h = 0.85$，$T_a = 28℃$，$T_0 = 25℃$，$E_0 = 41\mathrm{lm/W}$，$N = 8$，$R_{hs} = 6.3℃/W$，$R_{jco} = 10℃/W$ 以及 $k_{jc} = 0.1℃/W^2$。

8 个 LED 测量出的总光通量和图 29-6a 中的计算值进行比较。绘制总光通量的测量值和计算值，不是针对八个 LED 的总功率和而是单个 LED 功率（注意：这 8 个 LED 是相同的，并且串联）。在 x 轴上用一个 LED 的功率可以容易地检查工作点 P^* 是否位于 LED 额定功率。效能测量值和计算值如图 29-6b 所示。需要注意的是，计算值通常与测量值一致，除非在光输出低且相对测量误差非常大的低功率状态下测量。

还有很重要的是，当 $P_d = 1.9\mathrm{W}$ 时，其效能仅为 20lm/W。如果这些 LED 都在额定功率（3W）下工作，效能甚至会降到 8lm/W，比效能为 10～15lm/W 的白炽灯还差。式（29-10）的预测比式（29-6）更准确。

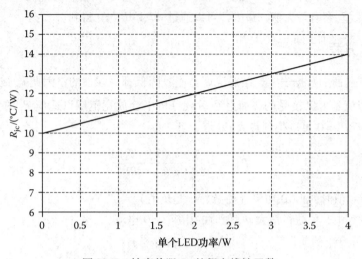

图 29-5 结壳热阻 R_{jc} 的假定线性函数

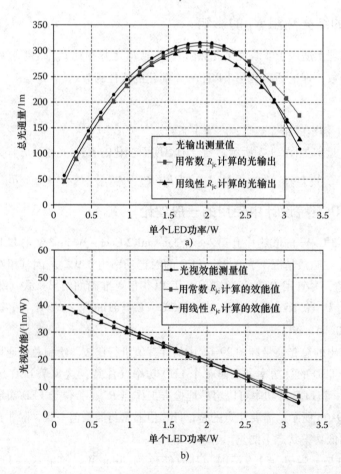

a)

b)

图 29-6 安装在（热阻为 6.3℃/W 的）散热片上的 8 个 Luxeon 3W LED 的总光通量或光视效能的
计算值和测量值与灯功率的关系

a）总光通量 b）光视效能

（转载自 Hui S Y R，et al.，IEEE Trans. Power Electron.，24（8），1967，August2009. 经许可）

29.4　一般理论的含义

29.4.1　增加冷却效果可提高光输出

最大光通量会在式（29-7）规定的功率 P_d^* 附近出现。如果（$R_{jc} + NR_{hs}$）增加，则该 P_d^* 将变成较小的值，这导致 P_d 可能出现在小于 LED 额定功率 $P_{d(rated)}$ 的情况。若用较低 R_{hs} 的更大的散热片，P_d^* 可以调到更高功率水平。诸如车辆前照灯和紧凑型 LED 灯（用于替换白炽灯）的许多应用，散热器的尺寸被高度限制，且工作环境温度很高。在这些情况下，除非采用很恰当的设计，否则 P_d^* 将会低于额定功率。为了提高光能输出，可以使用更好的散热器。图 29-7 展示了三种不同尺寸的散热片上八个 LED 的预测和测量的光输出。由此可见，冷却效果越好，光输出越高。在冷却系统完美的前提下，LED 系统光输出的理想限值如图 29-7 中的虚线所示。

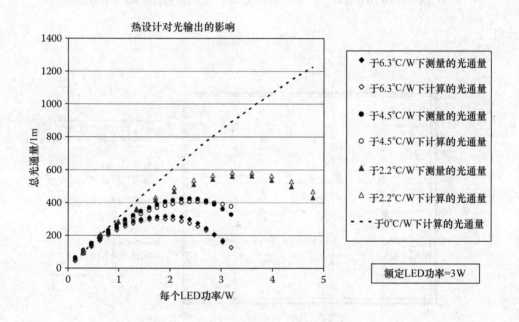

图 29-7　不同热阻 R_{hs} 的光通量曲线

29.4.2　多芯片与单芯片的 LED 器件[25,29]

为减小式（29-7）中的分母（$R_{jc} + NR_{hs}$），可以用多芯片 LED 结构，这样可以增加接触面积，从而降低 LED 封装的有效结壳热阻 R_{jc}。举个例子，SHARP GW5 C15L00 LED 的封装由 30 个 0.1W LED 芯片构成（热阻为 6℃/W），而一个 CREE X 灯 XR - E LED（热阻为 8℃/W）由一个大功率 LED 芯片组成。SHARP LED 多芯片结构的接触面积大于 CREE LED 单芯片结构的接触面积。因此，该 SHARP LED 样品有较低的热阻（见图 29-8）。

图 29-9 展示了这两种 LED 分别安装在相同类型散热片且热阻均为 30℃/W 时的发光性能。结果表明，与单芯片 LED 相比，多芯片 LED 在发光性能方面可能会更好，因为它具有较低的结

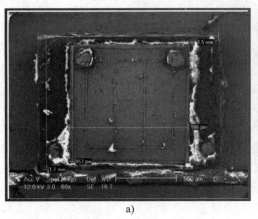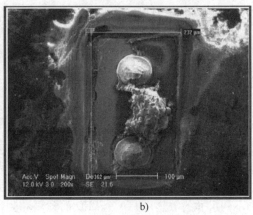

a)   b)

图 29-8　芯片的接触面积

a）单芯片 CREE LED 的接触面积　b）SHARP LED 中 30 个芯片中的一个芯片的接触面积

壳热阻。

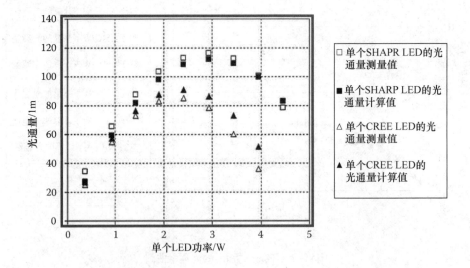

图 29-9　在相同热阻 30℃/W 的独立散热片上具有相同总功率的一个 SHARP 和
一个 CREE LED 的光通量的测量值与计算值的比较

29.4.3　多个低功率 LED 与单个大功率 LED 的使用

基于使用更大的接触面积进行传热的相同论点，该理论还有利于单个大功率 LED 和多个低功率 LED 的使用比较。在相同散热片上用一个 5W LED 和 5 个 1W LED，热阻均为 8.5℃/W 的例子可以说明这一点。结果记录如图 29-10 所示。可以看出，在相同的功率下，多个低功率 LED 的系统比单个大功率 LED 系统产生更多的光通量。

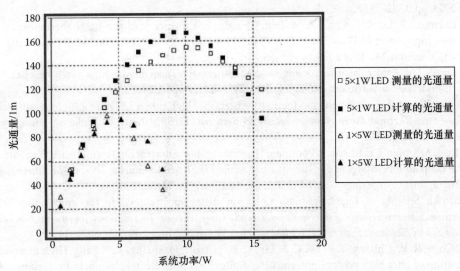

图 29-10 在相同热阻 8.5℃/W 的单独散热片上具有相同总功率的
5W LED 和 1W LED 的光通量的测量值与计算值的比较

29.5 结束语

 本章阐述了一个 LED 系统的光电热结合的理论，给出了荧光灯和白光 LED 的简要比较，并强调了 LED 技术的热问题。通过理论和实验数据来解释一般光电热理论及其含义，希望这个理论能够帮助 LED 制造商、科学家、工程师和设计师优化 LED 技术。文献 [30] 正在研究提高光视效能的方法，预计 LED 将在不久的将来在普通照明方面发挥更重要的作用。

参 考 文 献

1. B. Ackermann, V. Schulz, C. Martiny, A. Hilgers, X. Zhu, Control of LEDs, in *Proceedings of the IEEE IAS'06*, Tampa, FL, October 2006, pp. 2608–2615.

2. J. M. Zhou, W. Yan, Experimental investigation on the performance characteristics of white LEDs used in illumination application, in *Proceedings of the PESC'07*, Orlando, FL, June 2007, pp. 1436–1440.

3. B. Cathy, LED light emission as a function of thermal conditions, in *IEEE Semiconductor Thermal Measurement and Management Symposium*, San Jose, CA, March 16–20, 2008, pp. 180–184.

4. P. Baureis, Compact modeling of electrical, thermal and optical LED behavior, in *Proceedings of 35th European Solid-State Device Research Conference* (*ESSDERC'05*), Grenoble, France, September 2005, pp. 145–148.

5. Z. T. Ma, X. J. Wang, D. Q. Zhu, S. Liu, Thermal analysis and modeling of LED arrays integrated with an innovative liquid-cooling module, in *6th International Conference on Electronic Packaging Technology, 2005* (*ICEPT'05*), Shenzhen, China, August 2005, pp. 542–545.

6. J. Petroski, Thermal challenges facing new generation LEDs for lighting applications, *Proceedings of SPIE*, 4776, 215–222, 2003.

7. Datasheet of Luxeon Emitter, DS51, LUEXON POWER LEDS. http://www.lumileds.com/pdfs/DS51.pdf

8. J. Garcia, D. G. Lamar, M. A. Costa, J. M. Alonso, M. R. Secades, An estimator of luminous flux for

enhanced control of high brightness LEDs, in *Proceedings of the IEEE PESC'08*, Rhodes, Greece, June 2008, pp. 1852–1856.

9. J. H. Cheng, C. K. Liu, Y. L. Chao, R. M. Tain, Cooling performance of silicon-based thermoelectric device on high power LED, in *Proceedings of the 24th International Conference on Thermoelectrics (ICT'05)*, Clemson, SC, June 2005, pp. 53–56.

10. X. B. Luo, S. Liu, A microjet array cooling system for thermal management of high-brightness LEDs, *IEEE Transactions on Advanced Packaging*, 30(3), 475–484, August 2007.

11. T. Zahner, Thermal management and thermal resistance of high power LEDs, in *13th International Workshop on Thermal Investigation of ICs and Systems (THERMINIC'07)*, Budapest, Hungary, September 2007, pp. 195–195.

12. J. Bielecki, A. S. Jwania, E. Khatib, T. Poorman, Thermal considerations for LED components in an automotive lamp, in *Proceedings of the Twenty Third Annual IEEE Semiconductor Thermal Measurement and Management Symposium (SEMI-THERM'07)*, San Jose, CA, March 2007, pp. 37–43.

13. J. Petroski, Spacing of high-brightness LEDs on metal substrate PCB's for proper thermal performance, in *Proceedings of the Ninth Intersociety Conference on Thermal and Thermomechanical Phenomena in Electronic Systems (ITHERM'04)*, Las Vegas, NV, June 2004, pp. 507–514.

14. K. C. Chen, R. W. Chuang, Y. K. Su, C. L. Lin, C. H. Hsiao, J. Q. Huang, K. F. Yang, High thermal dissipation of ultra high power light-emitting diodes by copper electroplating, in *Proceedings of the Electronic Components and Technology Conference, 2007 (ECTC'07)*, Reno, NV, May 2007, pp. 734–736.

15. C. Yin, Y. Lee, C. Bailey, S. Riches, C. Cartwnght, R. Sharpe, H. Ott, Thermal analysis of LEDs for liquid crystal display's backlighting, in *Proceedings of the 8th International Conference on Electronic Packaging Technology (ICEPT'07)*, Shanghai, China, August 2007, pp. 1–5.

16. Z. L. Ma, X. R. Zheng, W. J. Liu, X. W. Lin, W. L. Deng, Fast thermal resistance measurement of high brightness LED, in *Proceedings of the 6th International Conference on Electronic Packaging Technology, 2005 (ICEPT'05)*, Shenzhen, China, August 2005, pp. 614–616.

17. Q. Cheng, Thermal management of high-power white LED package, in *Proceedings of the 8th International Conference on Electronic Packaging Technology (ICEPT'07)*, Shanghai, China, August 2007, pp. 1–5.

18. J. Lalith, Y. M. Gu, N. Nadarajah, Characterization of thermal resistance coefficient of high-power LEDs, in *Sixth International Conference on Solid State Lighting*, San Diego, CA, August 2006, pp. 63370–63377.

19. R. Simpson, *Lighting Control: Technology and Applications*, Focal Press, Boston, MA, 2003.

20. E. F. Schubert, *Light-Emitting Diodes*, 2nd edn., Cambridge University Press, Cambridge, U.K., 2006.

21. S. Buso, G. Spiazzi, M. Meneghini, G. Meneghesso, Performance degradation of high-brightness light emitting diodes under DC and pulsed bias, *IEEE Transactions on Device and Materials Reliability*, 8(2), 312–322, June 2008.

22. L. Trevisanello, M. Meneghini, G. Mura, M. Vanzi, M. Pavesi, G. Meneghesso, E. Zanoni, Accelerated life test of high brightness light emitting diodes, *IEEE Transactions on Device and Materials Reliability*, 8(2), 304–311, June 2008.

23. J. F. Van, D. Michele, M. Colgan, White LED sources for vehicle forward lighting, *Proceedings of SPIE*, 4776, 195–205, 2002.

24. Y. X. Qin, D. Y. Lin, S. Y. R. Hui, A simple method for comparative study on the thermal performance of light emitting diodes (LED) and fluorescent lamps, *IEEE Transactions on Power Electronics*, 24(7), 1811–1818, July 2009.

25. S. Y. R. Hui, Y. X. Qin, General photo-electro-thermal theory for light emitting diode (LED) systems, *IEEE Transactions on Power Electronics*, 24(8), 1967–1976, August 2009.

26. Y. X. Qin, S. Y. R. Hui, Analysis of structural designs of LED devices and systems based on the general photo-electro-thermal theory, in *IEEE Energy Conversion Congress and Exposition, 2009 (ECCE)*, San Jose, CA, September 20–24, 2009, pp. 2833–2839.

27. C. J. Adkins, *An Introduction to Thermal Physics*, Cambridge University Press, Cambridge, U.K.,

1987.

28. M. Arik, J. Petroski, S. Weaver, Thermal challenges in future generation solid state lighting application: Light emitting diodes, in *2002 International Society Conference on Thermal Phenomena*, Orlando, FL, 2002, pp. 113–120.

29. S. Y. R. Hui, Y. X. Qin, Analysis of the structural designs of LED devices and systems based on the general photo-electro-thermal theory, *IEEE ECCE*, City University of Hong Kong, Hong Kong, China, 2009.

30. J. Xu, M. F. Schubert, A. N. Noemaun, D. Zhu, J. K. Kim, Reduction in efficiency droop, forward voltage, ideality factor, and wavelength shift in polarization-matched GalnN/GalnN multi-quantum-well light-emitting diodes, *American Physics Letters*, 94, 01113-1–01113-3, 2009.

第 30 章　太阳能转换

30.1　引言

一天照射在地球表面上的太阳能足以使全世界人类活动持续将近一年。地球上可用的太阳能随着纬度变化，美国亚利桑那州沙漠地区估计为 $7kW \cdot h/m^2/$日[1]，俄罗斯则为 $2kW \cdot h/m^2/$日[2]。到目前为止，这种天然免费的资源在很大程度上没有充分利用，因为石油、碳、天然气等化石燃料还能够充分供应，而且人们的环保意识还没觉醒。除此之外，如果与从电网汲取的能量相比，利用太阳辐射，尤其是通过光伏（PV）、风（此能量能追溯到太阳辐射引起的温差），或热太阳能系统，产生电能和产生热能的成本很高。这类系统固有的不稳定性恶化了这种平衡，这是由任何新技术都需要极高的研究和开发成本以及市场需求低造成的。对于光伏系统来说，由于硅材料的缺乏导致成本高而引起的。关于电能生产，全球市场受到上网电价的大力鼓励，此政策由德国和日本政府推出，被许多其他国家所采纳；这些奖励措施用于鼓励电厂提高发电产能，而不是添置不带安保的装置，从而间接支持了高效的能源转换系统的开发。这项政策也对太阳能变换物理与工程领域的工作研究带来了益处，在著名期刊和世界各地的国际会议上出版的论文数量都以指数增长。近年来，大量国际专利提出了采用太阳能的新技术和电路拓扑以及控制方案等新思想，旨在提高设备性能、效率和可靠性。这些令人难以置信的活动的增多，也促进了许多太阳能转换和电力电子系统的新公司成立，以适应在应用领域日益加剧的竞争，全球太阳能光伏市场安装量在 2007 年达到历史新高 2826MW，同比增长 62%[3-7]。然而，这种情况还没有使得系统组件的价格出现大幅度下降，这可能是由于已有的激励措施导致的。预计在不久的将来会出现革新，因为市场的成熟会取消新工厂的上网电价。这项政策决定将改变竞争者之间的平衡，因为领先的公司就像在任何成熟市场上那样，以最优惠价格展示产品的最佳性能，从而达到所谓的 "电网平价"，即生产电能的价格与从电网获取电能的价格相同。本章的目的是向读者介绍现有的利用光伏系统将太阳能转换为电能的技术，首先回顾全球市场上占据最大份额的不同类型的电池，一些技术目前还不能保证显著的效率和/或表现出可靠性低和使用寿命短，但在未来应用中也有很大的潜力。再者是系统的平衡问题，特别是光伏发电的最佳控制和电网接口处理问题。

30.2　太阳能电池：现状与未来

世界上 87% 的太阳能电池是用晶体硅制成的。2007 年，全球超过半数的电子级硅用于生产太阳能电池[7]。然而，直到那时，硅工业也仅为半导体产业生产电子级硅，只有一小部分给了光伏产业。近年来，情况发生了变化，随着光伏产业的大幅发展，光伏产业的硅短缺，太阳能的发电成本从 2000 年代初的每瓦约 4 美元提高到了 2005 年后每瓦超过 4.8 美元[7]。据一些研究发现，2005 年可用于太阳能电池的 1.5 万 t 硅在 2010 年会达到 12.3 万 t，从而降低光伏组件价格。由于半导体硅片的成本最高，硅的短缺和降低光伏系统价格的需求带来了不同技术的发展，其目的是达到最高效率，但同时用最小量的硅甚至不用最纯净的硅。

单晶硅电池需要完全纯净的半导体材料制造。从熔融的硅中提取单晶硅，然后锯成薄板，以保证其效率会高于多晶硅电池。此时，效率是电池产生的电能与电池表面的太阳能功率之比。通过成本更低的方法生产多晶硅电池：将液态硅倒模成块状，随后锯成板。这类太阳电池的效率较低是因为当形成不同尺寸的晶体结构时，材料在凝固过程中会在边界处出现晶体缺陷。平均来讲，2003年，用于生产这种电池的晶片厚度为0.32mm，2008年下降到0.17mm，效率从同期的14%提升至16%。到2010年，预计目标达到0.15mm的晶片厚度和16.5%的效率[8]。

非晶或者薄膜模块通过把非常薄的硅层沉积到如玻璃、不锈钢或塑料等另一种具有基底作用的材料上，它们延展性很好，因此应用更广泛。与要求材料密度较高的晶体技术相比，目前使用1μm的厚度降低生产成本，带来的价格优势目前被显著降低的效率所抵销。有三种薄膜模块可以商业购买：它们由非晶体硅（a-Si）、铜铟硒（CIS）、铜铟镓硒（CIGS）和碲化镉（CdTe）制成。典型的a-Si效率可达8%，而CIS/CIGS和CdTe能达到11%；前者在生产和安装方面最重要（2007年占市场总量的5.2%）。

用聚光型太阳能电池也可以减少硅的使用量：它们用聚光器将太阳光聚焦于小区域，聚光比高达1000。收集聚光束的区域由元素周期表Ⅲ-Ⅴ族的化合物半导体材料制成，即多结型砷化镓，效率可达30%，实验室效率高达40%。由于此系统用的是阳光直射而非漫反射部分，它们需要一个机械跟踪系统引导整个系统朝向太阳。市场上有单轴和双轴的跟踪设备。

碳基塑料、染料和纳米结构代表了光伏发电的新领域：它们相对于硅等传统半导体而言更便宜，因为它们可以通过不需要无机材料的高温真空处理工艺来制造。有机PV电池比晶体电池更灵活，重量更轻，从而有更多的使用范围。这种技术的主要局限性为效率低下，适用于低性能、低制造成本的市场。

投资者和研究人员最感兴趣的是在20世纪90年代初发明的体异质结电池，由导电聚合物和碳纳米结构组成，称为巴基球。在正确的组合下，模拟光吸收晶体电池的pn结，例如具有液体成分特征的染料敏化电池或Grätzel电池。

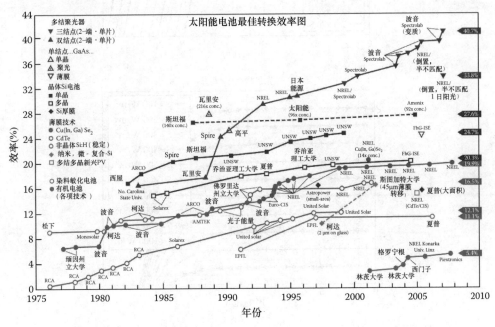

图 30-1　光伏电池技术和能源转换效率时间表：过去、现状与未来
（美国国家可再生能源实验室 www.nrel.gov/ncpv/thin_film/docs/kaz_best_research_cells.ppt）

图 30-1 全面展示了各种不同的技术。PV 电池的分析和电路模型对于重现其行为非常有用，但 EPIA 预计，到 2010 年，薄膜市场份额的增长将达到光伏总体产量的 20% 左右。虽然目前 1W 的发电成本约为 1.75 ~ 5 美元，但薄膜衬底将有助于在 2012 年之前将价格降低到更可接受的 1.3 美元/W[9]。特别是用于开发利用光伏发电机产生的能量的电路和系统。

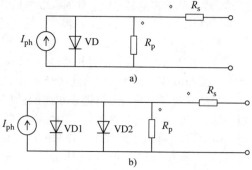

对于晶体电池，可以用两种电路模型来重现它们的行为：单二极管模型与双二极管模型[10]。如图 30-2a 所示，单二极管模型包括光电流源、与电流源并联的二极管、串联电阻和并联电阻。图 30-2b 所示的双二极管模型包括一个拟合曲线更精确的附加二极管。由于是二极管 pn 结的指数方程，等效分析模型由一个非线性方程组成。单二极管模型通过数据表获取的参数可以很好地再现太阳能电池的实际使用特性[11]。

图 30-2 太阳能电池的电路模型
a) 单二极管 b) 双二极管

图 30-3 和图 30-4 给出了一个例子，展示了 Kyocera KC120 模块[11]中的电流。该模型还可以

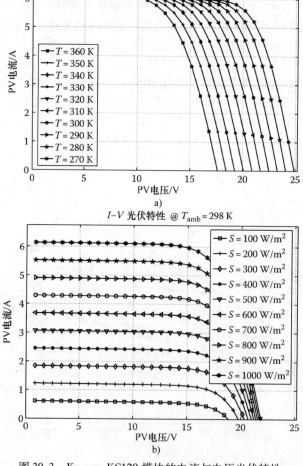

图 30-3 Kyocera KC120 模块的电流与电压光伏特性
a) 固定照射水平下温度的变化 b) 固定温度下照射水平的变化

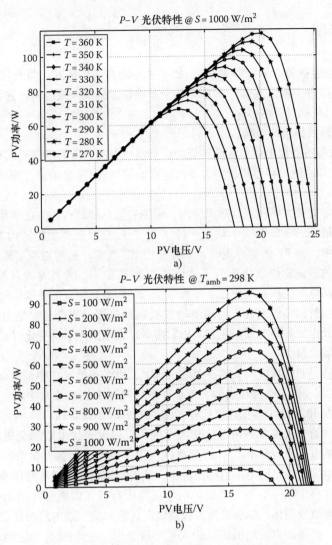

图 30-4 Kyocera KC120 模块的功率与电压光伏特性

a) 固定照射水平下温度的变化 b) 固定温度下照射水平的变化

重现电池电气特性对环境参数（比如温度和照射，分别为图 30-3 中的 T 和 S）的依赖性。

电池/模块电流为零时的电压称为开路电压（V_{oc}），当其增加使电池短路时，由 PV 电池/模块给出的电流称为短路电流（I_{sc}）。图 30-3 表明，当日照辐射 I_{sc} 升高时，对 V_{oc} 影响较小。相反地，温度升高会降低 V_{oc}，但对 I_{sc} 影响微乎其微。这种变化也会影响功率 – 电压特性的最大值，即最大功率点（MPP）。较高的照射水平和较低的温度可以提高 PV 电池/模块的功率，因为在 MPP 发生时此处的电流（I_{MPP}）和电压（V_{MPP}）会增加。填充因子给出了太阳能电池/模块质量的度量：它是实际最大功率（$P_{MPP} = V_{MPP}I_{MPP}$）与理论最大功率（$P_T = V_{oc}I_{sc}$）的比值。电流 – 电压特性越像矩形，填充因子就越高：典型值可高达 0.82。两个电阻 R_s 和 R_p 影响着填充因子：高 R_s 和低 R_p 值会降低填充因子，是低质量 PV 电池的指标。标准测试条件（STC）用于比较不同电池/模块的性能，条件分别为：太阳能辐照强度 $1000W/m^2$，电池结点温度 $25℃$，太阳参考光谱为 AM1.5。

30.3　系统平衡

完整的 PV 系统包括将太阳能转换为直流（DC）电的 PV 装置，即光伏电池、模块、阵列等。这种能量通过称为"系统平衡"或 BOS 的子系统传送到负载或电网。它包括除了 PV 板外的所有 PV 系统组件，包括以下内容：

- 安装 PV 阵列或模块的结构。
- 电力调节设备将直流电调节和转换成交流负载或电网所需的正确形式和幅值。
- 储能设备，如电池，存储用于阴天或夜间需要使用的 PV 发电量，特别是在无法连接电网的情况下。

至于结构，通常是要大体积足以防风防雨，根据它们的倾斜角和方位角确定放置位置，确保最高的能量产生。最好的方向取决于站点的纬度[1,2]，通常根据产生的平均能量来确定。然而，特别是在独立应用中，当 PV 能量产生时，最好使用 PV 电源，从而避免了能量在存储单元中双向流动，因此模块的最佳定位取决于白天的负载功率需求[12]。尤其是涉及聚光型光伏模块时，但采用它们可以提高电力生产，即使用了平板系统，结构也必须要能使模块组件移动，确保太阳光线是全天垂直地照射到模块表面。可用单轴或双轴跟踪器；前者通常是为了追踪太阳从东至西的日常线路，后者也能够跟踪太阳在北半球和南半球之间的季节性变化过程。当然，系统越复杂越昂贵，维护也需求越多。

就平板系统而言，即使将模块安装在固定结构上，也必须追求功率最大化，从而使 PV 阵列的电压/电流设置在某一值，确保在当前天气条件下从阵列中获取最大功率。为此，需要功率调节电路：这一特征在 30.4 节中会描述。此外，需要电力电子设备执行许多其他功能，例如将直流电转成交流电提供给交流负载或馈送给交流电网，以确保光伏电站和交流电网之间的电气隔离，符合注入电网的电流质量标准[13]，管理离网应用中电池等能源存储系统的充电状态，管理能量流，给本地供电即使在电网不供电的情况下，或者是需要使用孤岛操作模式时，在光伏阵列从电网中断开后或在停电期间给当地负载供电。孤岛运行模式检测是并网光伏逆变器的重要功能之一：由于发生事故或损坏，能够检测并脱离电网，但是逆变器为给当地负载供电需要继续运行。在这种情况下，必须采取恰当措施保护人员和设备[14]：它们被分为主动检测和被动检测方案。前者对电网注入干扰并检测其影响，而后者仅用于检测电网参数，而不影响电能质量，避免与电网并联的多台逆变器之间的相互作用。

因此，功率调节阶段由两个阶段组成：用于光伏阵列控制的直流－直流变换和直流－交流变换。

存储系统通常包括在 BOS 中，当光伏阵列产生的能量必须在夜间或多云的天气使用时，它们通常用于非并网发电厂。电池是用于存储能量的最常见装置，但是它们有不可忽略的环境影响，因为它们的材料是金属，而且它们的寿命比 PV 阵列要短得多。电池寿命通常为 5~10 年，取决于充/放电的循环次数：电池放电越深，寿命越短。这在光伏应用中很常见，因此最近开发了适用于光伏应用的长寿命电池的技术[15-18]。现在已经开发出合适的电力电子变换器，确保 PV 发电机的最佳使用，以及例如根据充电电流曲线对电池组进行管理。

由于电池降低了光伏系统的效率，只有 80% 左右的能量能回收，当一些能量必须以更高的效率存储，但容量较低时，就电池所保证的能量而言需要采用越来越多的应用装置，包括超级电容器。超级电容器通常用于便携式应用或汽车应用中。

30.4　最大功率点跟踪功能

根据温度和辐照程度，在正常的天气条件下光伏阵列会呈现非线性电流 - 电压特性。阵列功率性能通常通过电源电压曲线来表示，该曲线存在一个称为 MPP 的独特点，代表阵列产生的最大输出功率。图 30-1 说明了两个电特性的例子，即电流与电压和输出功率与电压的关系。这些关于 Kyocera KC120 模块[11] 的这些数字表明了模块特性对天气条件的敏感性。必须指出的是，模块在空载状态下的开路电压受温度变化的影响很大，但受辐照水平的影响很小。相反，短路电流随辐照水平的增加而增加，但受温度影响很小。这种变化是由于辐照水平和电池工作温度变化而引起的，电池工作温度取决于辐照水平、环境温度、热交换效率，以及电池的工作点，同时也会影响 MPP。这两张图片也证明，由于这种时变工作条件的影响，它会发生在不同的电压 - 电流对。因此，如果光伏阵列整天工作在固定电压下，则无法在每一瞬间传输最大功率，肯定会浪费相当多的能量。在文献中，最常见的是将 PV 阵列工作电压固定在其开路电压的 80% 左右，特别是要实现廉价可靠的光伏发电系统。这通常是简单的独立系统的情况，例如面向船舶和露营应用，通过将 PV 阵列直接连接到电池的终端，给并联的直流负载供电。尽管这样的解决方式简单，但并不能使 PV 阵列最大限度地输出功率，因它不会根据时变操作条件来持续跟踪 MPP。一个典型的例子是将以 V_{bat} 电压工作的铅酸电池与数据表上报告的以相同电压工作在 STC 条件下具有"标称" MPP 的 PV 板粗略地联系在一起，即 $V_{MPP} \approx V_{bat}$。当天气发生变化，$V_{MPP} > V_{bat}$ 时，PV 模块提供的功率将低于它可以提供的最大值。如果 $V_{MPP} < V_{bat}$，会出现最糟糕的情况，这是由在 MPP 右侧任意一个 PV 平板的功率 - 电压特性的高斜率引起的（见图 30-4），所以功率可能发生剧烈地下降，而对于 $V_{bat} > V_{oc} > V_{MPP}$，输出功率甚至为 0。

由于电力生产的限制和近年来能够完成最大功率点跟踪（MPPT）的电力电子器件的成本显著下降，几乎任何光伏系统都包括这种特性，均可通过开关转换器来工作，如图 30-5 所示。

MPPT 问题已经通过基于模糊逻辑的控制器、神经网络和进化方法等得到解决：许多相关内容的例子都可以在文献 [19 - 23] 中找到。然而，在许多应用中，特别是那些需要低成本的应用，不能使用数字信号处理器（DSP）或现场可编程门阵列（FPGA）设备实现复杂的策略，而是需要使用简单的鲁棒算法。

在这种情况下，广泛使用扰动观察法（P&O）和电导增量（INC）[19] 技术。

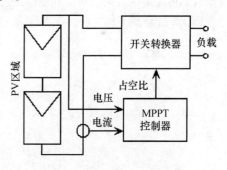

图 30-5　通过开关转换器的
MPPT 操作原理图

P&OMPPT 算法基于以下标准：如果光伏阵列的工作电压受到干扰，且光伏阵列产生的功率增加，则意味着工作点已经向 MPP 点移动，因此工作电压必须沿同一方向进一步受到扰动。否则，如果工作电压的扰动导致 PV 阵列功率降低，则工作点已经远离 MPP，因此工作电压的扰动方向必须反转。这种策略甚至可以在低成本的数字控制器上实现，而且它需要合适但廉价的传感器来检测光伏阵列的电流和电压，甚至只是实际功率。PV 阵列电压的扰动可以通过直流 - 直流变换器与带负载的 PV 阵列、DC - link 电容器或电池组连接来操作。P&O 控制器通过直接扰动占空比或是脉冲宽度调制器（PWM）的比较器终端电压来修改光伏阵列电压，即其输入端的电压。

P&O MPPT 技术的缺点是在稳定状态下，工作点会在 MPP 周围振荡，会导致一些可用能量的浪费。为了减少在稳定状态下 MPP 周围的振荡次数以及振幅，提出了几种 P&O 的改进算法。这种策略可以影响 P&O 技术动态和静态性能的两个工作参数：对系统施加的扰动的频率和幅值。如果将占空比 d 设为扰动变量，其扰动幅值可以表示为 $\Delta d = |d(kTa) - d(k-1)Ta)| > 0$，其中连续扰动之间的时间间隔称为 Ta。在 P&O 算法中，第 $(k+1)$ 个采样的占空比扰动的符号由功率 $p((k+1)Ta)$ 和功率 $p(kTa)$ 之差来决定，根据上面讨论的规则：

$$d((k+1)Ta) - d(kTa) + (d(kTa) - d((k-1)Ta)) \times \text{sgn}(p((k+1)Ta) - p(kTa)) \quad (30\text{-}1)$$

通过降低占空比扰动幅值 Δd，减少了 MPP 周围阵列工作点的振荡引起的稳态损耗。然而，这使得算法在快速变化的大气条件下效率较低，因为一个小 Δd 会导致长时间的瞬态调整，直到达到新的稳态。Ta 值的选取也会影响 P&O MPPT 性能，无论是快速改变 MPP 或是 MPP 慢速移动。为了避免 MPPT 算法的不稳定性，并减少稳定时 MPP 周围的振荡次数，采样间隔 Ta 应设置成略高于一个适当的阈值。事实上，考虑到固定的光伏阵列 MPP，如果算法对阵列电压和电流采样速度太慢，那么跟踪快速变化的辐照条件的算法就会受到影响。另一方面，若光伏阵列功率采样过快，则 P&O 控制器将受到由 PV 阵列和直流 – 直流变换器组成的整个系统瞬态特性引起的可能误动作，因此，即使在稳定运行中，PV 阵列的当前 MPP 也会丢失，即使是暂时的。因此，MPPT 效率会因算法的混淆而降低，工作点变得不稳定，进入无序和/或混乱的状态。为避免这样的差错，要确保每次占空比扰动后，在下一次的阵列电压和电流测量完成之前，系统达到稳定状态。文献 [24] 中，分析了 Ta 的选择问题，并提出了基于变换器动态特性校正 P&O 算法的优化方案，还针对快速变化的辐照条件说明了优化过程。如果影响 MPPT 算法有效性的参数可以自适应选择，即使以复杂的硬件为代价，也可以获得更好的性能。文献 [25] 提出了 P&O 参数时变设置的可能解决方案，对于其他广泛使用的 MPPT 算法，INC 算法[27] 也提出了类似的方法[26]。

INC 算法是基于观察法，在 MPP 处有

$$\frac{\mathrm{d}P}{\mathrm{d}v} = \frac{\mathrm{d}(vi)}{\mathrm{d}v} = 0 \quad (30\text{-}2)$$

因此

$$i + v\frac{\mathrm{d}i}{\mathrm{d}v} = 0 \quad (30\text{-}3)$$

于是

$$\frac{\mathrm{d}i}{\mathrm{d}v} + \frac{i}{v} = 0 \quad (30\text{-}4)$$

式中，i 和 v 分别为光伏阵列的电流和电压。当电压 – 功率面中的工作点位于 MPP 右侧时，则有

$$\frac{\mathrm{d}i}{\mathrm{d}v} + \frac{i}{v} < 0 \quad (30\text{-}5)$$

如果工作点位于 MPP 左侧，则有

$$\frac{\mathrm{d}i}{\mathrm{d}v} + \frac{i}{v} > 0 \quad (30\text{-}6)$$

以

$$\frac{\mathrm{d}i}{\mathrm{d}v} + \frac{i}{v} \quad (30\text{-}7)$$

的符号表示 MPP 扰动的正确方向。至少在理论上，INC 算法给出了控制器判别何时达到 MPP 的条件，这样就可以停止扰动，而且可以克服在 P&O 实施中围绕 MPP 振荡的工作点振荡引起的所有稳态损耗。不幸的是，如文献[27]所讨论的，影响 PV 阵列端子电气变量的噪声、测量的不确

定度和量化误差都会使式（30-4）的条件在实际中得不到完全满足，通常需要在给定精度中大致满足这类条件。因此，即使使用 INC 算法，由于 PV 阵列电压不会完全与 MPP 重合，工作电压的振荡也不能完全消除。对比 P&O，INC 算法的一个缺点在于增加了硬件和软件复杂度，同时导致计算时间的增加，以及阵列电压和电流的采样率的降低。

在大气条件变化决定时间间隔的情况下，P&O 和 INC 方法都有可能混淆，因为在这样的时间间隔内，工作点可以远离 MPP 而不是靠近 MPP[27]。

在两种方法中选出一种更好的方法，文献中至今没有普遍的一致性，即使经常说的 INC 算法的效率——实际阵列输出能量与阵列在相同温度和辐照水平下可产生的最大能量之间的比值——比 P&O 算法高。在这方面值得一提的是，文献中提出的比较是在没有适当优化 P&O 参数的条件下进行的。在文献［19］中表明当 P&O 方法被适当优化时，该算法的效率等于 INC 方法的效率。提出的优化方法基本思想是，将 P&O 中 MPPT 参数定义为反映特定逆变器和 PV 阵列组成的整个系统动态行为。用这种方法获得的结果明确表明，在设计高效的 MPPT 调节器时，可以根据具体的系统动态特性进行优化使 P&O MPPT 控制技术简单灵活。

光伏阵列在正常工作条件下，任何影响 P&O 和 INC 算法有效性的参数优化在条件不满足时都会变得无用。实际上，这样的方法，是文中提出的几乎所有 MPPT 技术的局限性，当阵列的所有模块在相同操作条件下运行时，它们都能正常工作，尽管可以通过不同的过程来检测光伏阵列的功率与电压特性的唯一峰值。然而，在许多实际情况中，PV 区接收不到均匀的光照，和/或其他部件（平板与单个电池）不能在相同的温度下工作，从而可能出现阵列不同部分之间的不匹配。这些多种情况可能是由于光伏电站的安装纬度的典型天气、邻近地区的结构和建筑元素、地形、甚至是污染引起的。关于云的遮挡，当大风吹动云移动时，会对大型光伏场产生明显的不匹配效应。建筑结构和相关元素通常会影响发电机的性能，特别是在建筑一体化光伏（BIPV）应用中。例如，放置在建筑物屋顶上的光伏场可能会受到影响：它们会在一年中的每一天都以相同的规律受到遮盖。这种可能在高纬度地区至关重要，可能是由于一些建筑在光伏电站安装后才建成。相对于环境的安装位置对瞬时 PV 场的电气特性有很大的影响。特别是大型光伏电站，为不同的场地选择不同的朝向可能很有用，如一些取决于地面结构的电站。无论现场的特性如何，经常使用这个技巧，以确保在白天太阳固定的位置下能达到能量峰值。在这种情况下，每个 PV 区能够保证在精确时间间隔内产生最大能量，这与其他部分确保能量最大值的情况不同。然而，PV 场的不同分段的不同方向也可能源于建筑约束和将面板集成到建筑物表面的需要[6]。如果上述的工作条件通常称作"失配"，而且"失配"的 PV 分段串联，则会明显限制功率产生。若 PV 场的分区、面板和电池板的额定功率、面积、生产电池的技术不同，或者仅因为生产公差和老化引起的不同漂移也可能出现这种临界条件。

通过使用旁路二极管可以减轻失配造成的光伏电站功率降低：在串联的 PV 元件中，旁路二极管分流那些同路其他电池产生的不能支持的高电流（如接收到更高辐照的部分）。产生最高功率的 PV 元件所施加的高串联电流可能高于其他部分的短路电流，因此，使其他部分的端电压反接，并吸收串联电池产生的部分功率。旁路二极管限制 PV 元件的反向电压，还代表了串联电流的另一种换流方式。旁路二极管可以与每个模块并联，与一些模块或电池组串联，以避免"热斑"，即电池烧坏。这种二极管不能等同于阻塞二极管，阻塞二极管与成组电池串联放置，避免电流逆向流入电池。

旁路二极管的存在减缓了失配，它们为各自独立的电池单元所产生的高电流提供了换流方式，这使得阴影处的电池因没有电流而失效。另一方面，旁路二极管极大地影响了 PV 场的功率－电压和电流－电压特性。匹配的 PV 场表现出非线性电流电压特性和单峰值功率－电压特性，但对于不匹配的 PV 场，这不成立。

图 30-6 显示了串联连接的两个 Kyocera KC120 模块组成的光伏组件串在正常工作与失配工作条件下的比较，每个模块都配有一个旁路二极管。在文献［28］中，已经证明表征功率 - 电压曲线的峰值高度取决于失配情况：图 30-6b 展示了最坏的情况，在绝对 MPP 出现的电压等级与在正常工作情况下 MPP 电压完全不同。因此，如图 30-6b 所示，失配的 PV 区可能会有多个模型的功率电压特性，使得普通 MPPT 技术无效，因为它们只能跟踪 $dP/dv = 0$ 的点，而不代表该点就是绝对的 MPP。

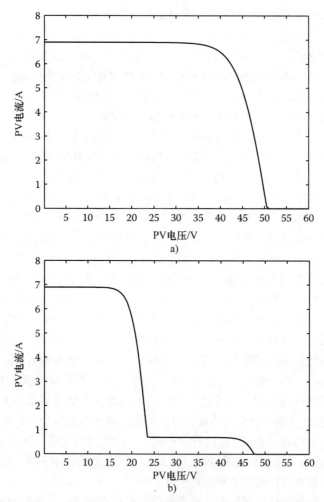

图 30-6　两个 Kyocera KC120 模块组成的光伏组件串的电流与电压特性
a）两个模块都接收辐照 $S = 1kW/m^2$　b）一个模块接收 $S = 1kW/m^2$ 而另一个接收 $S = 100W/m^2$

图 30-7 展示了控制上述两个模块光伏阵列的标准 P&O MPPT 技术的错误行为。假设阵列最初在均匀的照射和温度下工作，但在 0.1s 时，突然有阴影影响到其中一个模块，从而将其接收的辐射减少至另一个模块的 1/10，进行仿真。由于 P&O 策略的本质是基于爬山原理的局部优化技术，MPPT 控制器仍被困在 MPP 处于同样条件的电压区域，跟踪局部（而不是整体）最大值。然而，控制器无法摆脱这种状态，因为阵列行为毫无规律特性可言。实际上，如图 30-8 所示，P&O 算法可以通过三点确定法正常工作。如果能够追踪靠近 20V 的绝对 MPP，那么从 PV 阵列中流出的功率近似 25W，而不是应该获得的 120W。

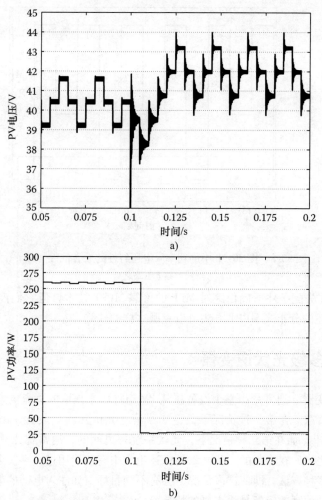

图 30-7 两组件串模型中的其中一个在辐照从 $1\mathrm{kW/m^2}$ 降至 $100\mathrm{W/m^2}$ 的对比
a）串组电压 b）串组功率

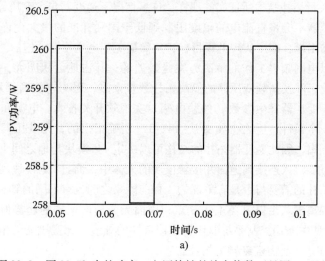

图 30-8 图 30-7b 中的功率 – 电压特性的放大倍数（见图 30-7b）
a）照射幅度下降之前

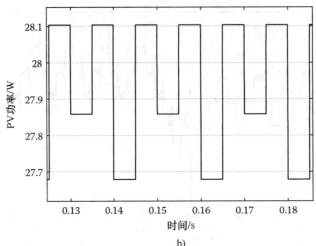

b)

图 30-8　图 30-7b 中的功率 – 电压特性的放大倍数（续）

b) 照射幅度下降之后

文献中提出了在失配条件下确保绝对 MPP 的可靠 MPPT 技术，但它们涉及很广，而非一般方法。30.5 节中描述的分布式 MPPT 方法可以克服这样的缺陷。

30.5　单级和多级光伏逆变器

术语"光伏逆变器"通常是指整个设备将从 PV 组件串中提取的直流电力转为可注入电网的交流电力或传送至负载。在第一种情况下，逆变器是"光伏并网"装置，因此要服从公用事业公司给出的标准[29 - 32]，而在第二种情况下，光伏系统是离网的，通常称为"独立"设备。这只是许多分类的其中之一，在出版的一些文献的概述论文中有被使用过。事实上，为了尽可能达到高效，已经提出很多种方法。即使许多情况下会有不同目标，如注入电网的电流要成本低、可靠性高、质量好等等，但高效依然是最主要的特征。

作者认为，光伏源和电网之间第一个重要的区别就是存在电气隔离。事实上，正如文献[33，34]中描述的大量拓扑结构所证实的那样，许多情况下逆变器包含变压器。包含在 DC – DC 变换器中的高频变压器不会将直流电的幅度限制到低于国际标准的最大允许量，如果将工频变压器放置在逆变器输出端，即可实现上述目标，从而避免配电变压器的饱和。但将低频变压器置于逆变器输出端并以电网频率工作的解决方案是最差的，其占地面积庞大，还会降低直流 – 交流的变换效率。因此，涉及高频变压器的隔离拓扑数量众多，因为它们确保效率和重量/体积的平衡，甚至可以基于变压器寄生参数（如漏电感）实现软开关技术。电源和电网间的电隔离确保了光伏源的最佳安全条件，反之，如文献[14，35]明确指出的，无变压器的逆变器不能保证电网和模块之间的隔离，因此逆变器拓扑的结构可以决定 PV 模块与地之间可能的电位波动。于是，不仅电容电流可能流入连接到地面并接触模块的人体中，而且 PV 模块周围可能也会出现电磁干扰。电气隔离拓扑的需要与否是有争议的，目前国家之间也有不同的管制。然而，复杂的逆变器控制和可靠的隔离模块足以避免上述缺点，因而无变压器架构的趋势似乎很有前途。文献[14] 中，报告了一些关于用控制系统取代变压器特性的细节。无变压器的拓扑结构数量急剧增加，文献 [35] 中描述了更有趣新颖的拓扑。

虽然电气隔离通常出现在单串或多串的逆变器中，即专用于将一个或多个光伏组件串连接到交流电网的设备中，但在需要专用模块的逆变器中也常常会使用隔离拓扑，也称为"AC 模块"。这是 PV 逆变器的一个新的领域，因为它让 PV 模块成为一个自主实体，几乎是一个"即插即用"设备，能够直接产生电能并将其注入电网，而无需其他组件。这一理念也阐述了模块化的优势，因为任何光伏发电厂都可以根据电力需求的增加或资金可用性简单地扩大。此外，AC 模块还能克服与工作条件失配的相关问题，由于每个 AC 模块中都有分布式 MPPT，极大地促进了串联 PV 模块的传统光伏站的电力生产。图 30-9 清楚地阐明了集中型逆变器、串型逆变器、模块逆变器间的差异。

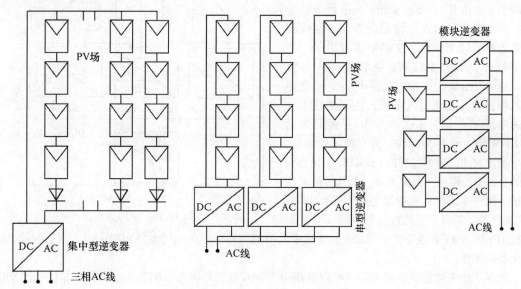

图 30-9　不同的光伏逆变器架构

集中型逆变器表现出高效率和每 kWp 的成本较低的特点，但如果出现不匹配因素（如 PV 场的阴影部分），那它们从 PV 场吸收的功率显著下降。串型逆变器是基于集中型和模块逆变器之间的理论。事实上，与集中型逆变器相比，它们减少了光伏电场失配的不利影响，减少了直流电缆数量，且不需要在每个光伏组件串中插入串联二极管去避免电流逆流。串型逆变器的缺点在于它们比中央逆变器的成本更高，更复杂。

多重串型逆变器相对于单串型逆变器成本更低，且确保了专用于每个串联的 MPPT。该特点保证了每串的最大功率输出，即使它们与太阳的方向有所不同，和/或是其中一些被遮蔽。因此，这种架构在 BIPV 应用中很实用，但如果获得白天几乎平坦的光伏发电量曲线，则必须通过将光伏电场分段，（每个分段具有不同朝向角度）获得，那么这样的方式也是有效益的（见图 30-10）。

多重串型逆变器的基本思想分布式最大功率点跟踪（DMPPT）方法[36]的概念基础。通过专用于每个模块的 DC - DC 变换器来实现 MPPT 目标，该逆变器可能专用于特定 PV 模块的定制产品，且在该模块的电压和电流范围，可达到最佳工作状态；或是独立于模块销售的通用产品，在给定的电压和电流范围内性能良好。PV 模块专用的 DC - DC 变换器必须表现出高效率，因为高损耗器件无法完成 DMPPT，同时它要具有高可靠性，特别是当它内置于光伏模块中时，将需要具有与光伏模块的寿命相当的寿命。效率和可靠性都是设计这种 DC - DC 变换器的难题。其原因是市场上实际可用的 PV 模块功率相对较低（<400W）且电流较高（5～9A），以及逆变器的输出需要在 DC - AC 环节输入端并联连接，以便它们要把 PV 模块的电压提高至几百伏。为了提高 DMPPT 的 DC - DC 变换器的效率和使用寿命，文献[36]中提出在其输出端口的串联连接。此方案引发了进一步的控制问题，但即使在低频失配的情况下，它依然有吸引力，利用为实际天气提供最大功率的自适应设备开辟了推广光伏技术的新前景。这种光伏发电机的概念通过 AC 模块或

逆变器模块达成，旨在为 PV 模块配备 DC – AC 变换器，从而简化交流电网和/或交流负载的模块接口。

在文献中，用于 AC 模块的几乎所有拓扑结构都包含一个变压器，采用变压器除了上述优点外，它能保证高电压增益以提升模块端子处的电压（通常 <50V）达到电网电压。即使在这种情况下使用高频变压器保证了紧凑性但效率较低，文献中也提出了一些基于软开关的技术技巧，能够提高一些效率。在 AC 模块应用中，如果 DC – AC 变换器既要管理高直流输入电压，还要使注入电网的电流正弦化，那么 DC – AC 变换器为高频 PWM 全（半）桥结构。另一种可能性是，逆变器接收通过适当控制的 DC – DC 变换器获得的全波整流电流，因此需要一个低频换相展开桥。前一种情况在逆变器之前不需要 DC – DC 变换器，提高了紧凑性，但桥的高开关频

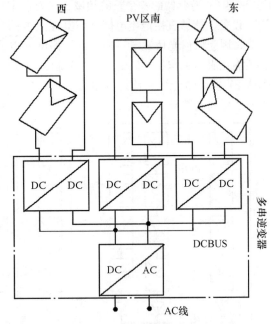

图 30-10　多串逆变器

率抵消了 DC – DC 在效率方面的缺失。文献中提出的两种方法所用的大量实例证明了频率和效率间平衡的重要性。

利用 MPPT 功能级联的 DC – DC 以及用 DC – AC 变换器将正弦电流注入电网或是供电给交流负载都是常见的做法。然而，这两个功能可能集中在某种 DC – AC 变换器中，从而产生单级逆变器，或用多级装置来获得一些额外功能。图 30-11 显示了单级系统和双级功率处理系统之间的差异，它们代表了市场上可用的和文献中提出的架构解决方案的最大部分。

图 30-11 中所示的两种架构的其中一种主要区别与管理注入电网的波动能量和来自光伏源的

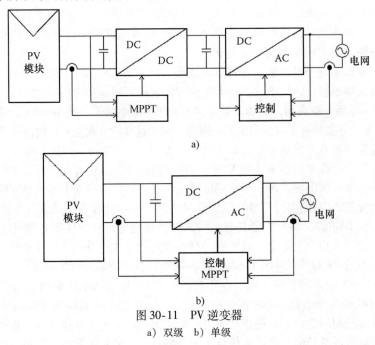

图 30-11　PV 逆变器

a）双级　b）单级

恒定能量的大容量电容器的存在和位置有关。这个电容在 PV 源和电网间的任意电力电子接口中的作用都至关重要，因为它可以充当从 PV 源提取的直流功率和注入电网的脉动功率之间的缓冲器。

因此，其电容取决于 PV 源的额定功率 P_{PV}、电网频率 ω_{grid} 及其两端电压的平均值和脉冲振幅[35] V_c 和 ΔV_c：

$$C = \frac{P_{PV}}{2\omega_{grid} V_c \Delta V_c} \qquad (30-8)$$

式（30-8）基于以下假设：来自 PV 源的电流是纯直流，且逆变器输出电流与电网电压同相，两者为纯粹的正弦波，以使电网注入功率具有恒定分量和频率为电网频率两倍的正弦分量。式（30-8）揭示了 PV 源和交流电网接口单级拓扑的主要缺点之一，这种逆变器用的是与 PV 源并联的解耦电容。这样，如果单级逆变器是 AC 模块，那么电容工作在 18V 内的低电压电平，即市场上实际可用的典型 MPP 光伏组件电压。如式（30-8）所示，就一般而言，电容电压值较低，较高的 P_{PV}/V_c 比值使电容值上升，这样电解电容器的使用成为强制性的。这是基于单级拓扑的 AC 模块的一个缺陷，因为电解电容使用寿命很短[32]。另一方面，如果用单级逆变器将大型 PV 场与交流电网连接，根据 P_{PV}/V_c 的比值可能需要较大的电容，而且为了确保较小的 ΔV_c，当电容和 PV 源并联时，ΔV_c 代表了 PV 电压振荡的幅度。这是增加了 MPPT 算法所用的 PV 电压变化/扰动，所以必须尽量减少，因为它可能是干扰 MPPT 和/或引起功率损失的 MPP 周期性偏差的来源[37]。

与多级逆变器中大容量电容设计相关的问题也同样具有挑战性：电容值越低，其两端的电压振荡幅度越高。这增加了电容中的电流幅值，从而潜在增加了其寄生串联电阻的欧姆损耗，如果在大电容后接有降压 DC - AC 环节并将能量注入交流电网，则电容还需要更高的电压平均值。利用图 30-11 中展示的非标准架构拓扑可解决 DC - link 型电容的缺点，文献[14] 报告了可选转换器的明确分类。

光伏逆变器的整体性能通常在特定的工作点进行评估，但根据欧洲定义的效率，六个不同工作点计算的平均值代表了有效功率信息，以及照射水平下的不同的控制策略。此计算采用的加权总和如下[35]：

$$\eta_{european} = 0.03\eta_{5\%} + 0.06\eta_{10\%} + 0.13\eta_{20\%} + 0.10\eta_{30\%} + 0.48\eta_{50\%} + 0.20\eta_{100\%} \qquad (30-9)$$

其中百分比值为额定功率。

30.6 结束语

来自太阳的能源足以支撑未来人类的发展，但必须通过有效的措施和可靠的系统开发，以使这种方式生产的电能价格与化石燃料的价格相同，并且通过与能源电网的简单连接就可以获得电能。本文概述了将太阳能转换成电力的主要光伏技术，30.2 节～30.5 节专门用于比较实现能量转换的实际的和正在兴起的技术和材料，并说明 BOS 中包含的组件特性，特别强调了专门用于控制光伏阵列的功率电子系统及其朝向大电网和负载的接口，阐述了不同拓扑结构和功率处理的解决方案以及各种控制策略的特点和缺点。DV 功率处理系统的两个主要特征（即效率和寿命）之间的权衡将是未来技术突出的设计准则。

参 考 文 献

1. NREL: Dynamic maps, GIS data, and analysis tools-solar maps (available online: http://www.nrel. gov/gis/solar.html)
2. Photovoltaic Geographical Information System (PVGIS) (available online: http://sunbird.jrc.it/pvgis/)
3. Technology Review: A Price Drop for Solar Panels (available online http://www.technologyreview. com/Biztech/20702/?nlid = 1041)
4. A strategic research agenda for photovoltaic solar energy technology, EU PV Technology Platform,

ISBN 978-92-79-05523-2, June 2007 (available online: http://www.eupvplatform.org/fileadmin/Documents/PVPT_SRA_Complete_070604.pdf).

5. Greenpeace-EPIA, Solar Generation V 2008 (available online: http://www.epia.org/fileadmin/EPIA_docs/documents/EPIA_SG_V_ENGLISH_FULL_Sept2008.pdf).

6. IEA Photovoltaic Power Systems Programme (www.iea-pvps.org).

7. Portal to the World of Solar Energy (www.solarbuzz.com).

8. P. Fairley, Solar-cell squabble, *IEEE Spectrum*, 45(4), 36–40, April 2008.

9. S. Upson, How free is solar energy?, *IEEE Spectrum*, 45(2), 72, February 2008.

10. S. Liu and R. A. Dougal, Dynamic multiphysics model for solar array, *IEEE Transactions Energy Conversion*, 17(2), 285–294, June 2002.

11. Kyocera KC120 Data Sheet (available online: http://www.kyocerasolar.com/pdf/specsheets/kc120_1.pdf)

12. N. Femia, G. Petrone, G. Spagnuolo, and M. Vitelli, Load matching of photovoltaic field orientation in stand-alone distributed power systems, *IEEE International Symposium on Industrial Electronics (ISIE04)*, Vol. 1, Ajaccio, France, May 4–7, 2004, pp. 1011–1016.

13. IEEE Std. 1547, IEEE Standard for Interconnecting Distributed Resources with Electric Power Systems, IEEE, New York, 2003.

14. F. Blaabjerg, R. Teodorescu, M. Liserre, and A. V. Timbus, Overview of control and grid synchronization for distributed power generation systems, *IEEE Transactions on Industrial Electronics*, 53(5), 1398–1409, Oct. 2006.

15. Battery Testing for Photovoltaic Applications (available online: http://photovoltaics.sandia.gov/docs/battery1.htm)

16. B. Hariprakash, S. K. Martha, S. Ambalavanan, S. A. Gaffoor, and A. K. Shukla, Comparative study of lead-acid batteries for photovoltaic stand-alone lighting systems, *Journal of Applied Electrochemistry*, 38(1), 77–82, Jan. 2008.

17. IEEE 1013-2007, Recommended practice for sizing lead-acid batteries for photovoltaic (PV) systems, Institute of Electrical and Electronics Engineers, New York, 2007.

18. EUROBAT, The Association of European Automotive and Industrial Battery Manufacturers (http://www.eurobat.org/)

19. V. Salas, E. Olías, A. Barrado, and A. Lázaro, Review of the maximum power point tracking algorithms for stand-alone photovoltaic systems, *Solar Energy Materials and Solar Cells*, 90(11), 1555–1578, July 6, 2006.

20. C. Hua, J. Lin, and C. Shen, Implementation of a DSP-controlled photovoltaic system with peak power tracking, *IEEE Transactions on Industrial Electronics*, 45(1), 99–107, Feb. 1998.

21. N. Khaehintung, T. Wiangtong, and P. Sirisuk, FPGA implementation of MPPT using variable step-size P&O algorithm for PV Applications, *International Symposium on Communications and Information Technologies (ISCIT'06)*, Bangkok, Thailand, Oct. 18–Sept. 20, 2006, pp. 212–215.

22. B. M. Wilamowski and X. Li, Fuzzy system based maximum power point tracking for PV system, *IEEE 2002 28th Annual Conference of the Industrial Electronics Society*, Vol. 4, Seville, Spain, Nov. 5–8, 2002, pp. 3280–3284.

23. N. Patcharaprakiti and S. Premrudeepreechacharn, Maximum power point tracking using adaptive fuzzy logic control for grid-connected photovoltaic system, *IEEE Power Engineering Society Winter Meeting 2002*, Vol. 1, Chicago, IL, Jan. 27–31, 2002, pp. 372–377.

24. N. Femia, G. Petrone, G. Spagnuolo, and M. Vitelli, Optimization of perturb and observe maximum power point tracking method, *IEEE Transactions on Power Electronics*, 20(4), 963–973, July 2005.

25. N. Femia, D. Granozio, G. Petrone, G. Spagnuolo, and M. Vitelli, Predictive & adaptive MPPT perturb and observe method, *IEEE Transactions on Aerospace and Electronic Systems*, 43(3), 934–950, July 2007.

26. F. Liu, S. Duan, F. Liu, B. Liu, and Y. Kang, A variable step size INC MPPT method for PV systems, *IEEE Transactions on Industrial Electronics*, 55(7), 2622–2628, July 2008.

27. K. H. Hussein, I. Muta, T. Hoshino, and M. Osakada, Maximum photovoltaic power tracking: An algorithm for rapidly changing atmospheric conditions, *IEE Proceedings on Generation, Transmission*

and Distribution, 142(1), 59–64, Jan. 1995.

28. H. Patel and V. Agarwal, MATLAB-based modeling to study the effects of partial shading on PV array characteristics, *IEEE Transaction on Energy Conversion*, 23(1), 302–310, Mar. 2008.

29. NREL, A Review of PV Inverter Technology Cost and Performance Projections, NREL Subcontract Report NREL/SR-620–38771, Navigant Consulting Inc., Burlington, MA, Jan. 2006.

30. NFPA, *National Electrical Code*, National Fire Protection Association, Inc., Quincy, MA, 2008.

31. J. Wiles and W. Bower, Changes in the National Electrical Code for PV installations, *Conference Record of the 2006 IEEE Fourth World Conference on Photovoltaic Energy Conversion*, Vol. 2, Waikoloa, HI, May 2006, pp. 2331–2334.

32. G. Petrone, G. Spagnuolo, R. Teodorescu, M. Veerachary, and M. Vitelli, Reliability issues in photovoltaic power processing systems, *IEEE Transactions on Industrial Electronics*, 55(7), 2569–2580, July 2008.

33. Q. Li, and P. Wolfs, A review of the single phase photovoltaic module integrated converter topologies with three different DC link configurations, *IEEE Transactions on Power Electronics*, 23(3), 1320–1333, May 2008.

34. J. M. Carrasco, L. G. Franquelo, J. T. Bialasiewicz, E. Galvan, R. C. Portillo Guisado, M. A. M. Prats, J. I. Leon, and N. Moreno-Alfonso, Power-electronic systems for the grid integration of renewable energy sources: A survey, *IEEE Transactions on Industrial Electronics*, 53(4), 1002–1016, June 2006.

35. S. B. Kjaer, J. K. Pedersen, and F. Blaabjerg, A review of single-phase grid-connected inverters for photovoltaic modules, *IEEE Transactions on Industry Applications*, 41(5), 1292–1306, Sept.–Oct. 2005.

36. N. Femia, G. Lisi, G. Petrone, G. Spagnuolo, and M. Vitelli, Distributed maximum power point tracking of photovoltaic arrays. Novel approach and system analysis, *IEEE Transactions on Industrial Electronics*, 55(7), 2610–2621, July 2008.

37. N. Femia, G. Petrone, G. Spagnuolo, and M. Vitelli, A technique for improving P&O MPPT performances of double stage grid-connected photovoltaic systems, *IEEE Transactions on Industrial Electronics*, 56(11), 4473–4482, Nov. 2009.

第31章 混合动力电动汽车与纯电动汽车的电池管理系统

31.1 引言

随着车辆燃油经济性和环保方案的需求量不断增加，近十年来，电动汽车（EV）、混合动力电动汽车（HEV）和插电式混合动力电动汽车（PHEV）越来越受到重视。混合动力车辆被定义为使用两个或多个车载能源来驱动车辆。这些能源可以是内燃机（ICE）、燃料电池、超级电容、电池、飞轮等。混合动力汽车能结合电动机和ICE来节约能源、减少污染，从而可以利用各自可取的特性。

本章分为两部分：混合动力电动汽车的分类与电动汽车及混合动力电动汽车的电池管理技术。

31.2 HEV分类

HEV成功实施所面临的挑战是提高效率和耐用性、减小尺寸、降低电力电子设备的成本、优化设计电机和控制电子。HEV的广泛分类如图31-1所示。

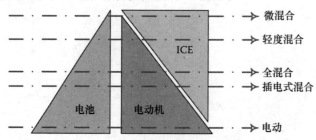

图31-1 基于混合度的混合动力车辆分类

31.2.1 微混合

在微型混合动力车辆中，电机不会增加车辆推进力。相反，它作为起动器/发电机，控制ICE停止并重新启动，避免空转。它也用于再生制动为电池充电。目前尚不清楚微型混合动力传动系统能否像轻度或者全混合动力传动系统一样，提高燃油经济性。

31.2.2 轻度混合

轻度混合动力是当今最流行的配置。这些车辆中的电机通常不能单独用来提供车辆推进动力，而是用电机辅助 ICE 工作。除了它们给变速器提供辅助动力外，轻度混合动力还有一个发动机在空转时自动关闭，当驾驶人踩加速踏板时重新起动。空转会浪费大量的燃料，所以这是其很大的优点。

31.2.3　全混合

全混合动力车无需 ICE 辅助就能以低速行驶一定距离。这种类型的车辆用于城市驾驶，因为它们通过在短时间内使用电机（其效率远高于 ICE）来节省大量的资源。

31.2.4　强混合

强混合动力车辆用电机来提高车辆性能，并提高动力。这种车辆的燃油效率略高，性价比不是很高。

31.2.5　插电式混合

插电式混合动力车辆是市场上最基本的混合动力汽车。这种类型的车辆使用高功率电池（通常是锂离子或锂聚合物）工作。该电池结构设计可接受电源插座充电。电池充电时，车辆具有电力。如果驱动器中的电能耗尽，则由 ICE 驱动。这种驱动配置具有混合动力车辆的所有优点，同时还有 EV（充电桩充电的能力）的优点。

31.2.6　纯电动汽车

EV 是仅靠电力输入运行的车型。没有 ICE，该车型使用插入式连接为大功率电池充电。用合理尺寸的电动机提供推进动力。

EV 的使用面临几项挑战：

- 续驶里程：EV 在需要充电前驱动的距离通常少于汽油动力车辆再次加油之前可以行驶的距离。
- 加油时间：电池完全充电花费时间多于重新加满油箱的时间。
- 电池成本：电池组不具有成本效益。
- 体积：车辆中相当大的空间分配给电池组，但正在考虑开发几种化学电池，这是一个研究热点（见表 31-1）。

31.2.7　增程式电动汽车

增程式 EV（E-REV）的本质是带 ICE 的串联插电式混合动力汽车。此车的动力由电动机提供。主要电源是可用充电桩充电的电池，一旦电量耗尽，ICE 转动车载发电机为电池提供额外能量，从而延长其驱动范围。

31.2.8　燃料电池汽车

燃料电池车（FCV）由电动机驱动。它们由高功率电池和附加的车载发电单元——燃料电池组成。燃料电池通过氢燃料和空气中氧气的化学过程产生动力，车辆所需的氢气可以用电解法从车载高压氢气罐或碳氢燃料获得。

表 31-1　驱动能力不同的混合动力车辆配置比较

特　性	HEV 类型						
	微混合	轻度混合	强混合	全混合	插电式混合	纯电动汽车	增程型电动汽车
空余功能	⊡	⊡	⊡	⊡	⊡	⊡	⊡
二次制动	⊡	⊡	⊡	⊡	⊡	⊡	⊡
电辅助常规 ICE		⊡	⊡	⊡	⊡		
全电动驱动				⊡	⊡	⊡	⊡
电网充电能力					⊡	⊡	⊡

31.3　混合动力传动结构

HEV 大致可分为两类：串联混合动力与并联混合动力。串联混合动力车中，发动机驱动发电机，发电机为电动机供电。并联混合动力车中，发动机和电动机共同驱动车辆。串联混合动力车辆在城市驾驶中燃料消耗较少，使 ICE 在频繁停车/起动过程中始终为最高效率。并联混合动力车辆在高速行驶中燃料消耗较少，其中 ICE 在车辆以恒定速度行驶时为最高效率。

31.3.1　串联混合动力汽车

串联混合推进系统的典型配置如图 31-2 所示。串联混合动力车本质上是含有可充电电池车载电源的 EV。发动机与发电机相连，为电池充电提供电力，还可以这样设计系统，让发电机作为提供推动力的负载调整装置。在这种情况下，可以减小电池尺寸，但要增加发电机和电动机的尺寸。典型的串联混合动力汽车系统的电力电子部件是：①将交流发电机输出转换为直流电给电池充电的整流器；②逆变器将直流转换为交流，用于推进电动机。还需要一个直流–直流变换

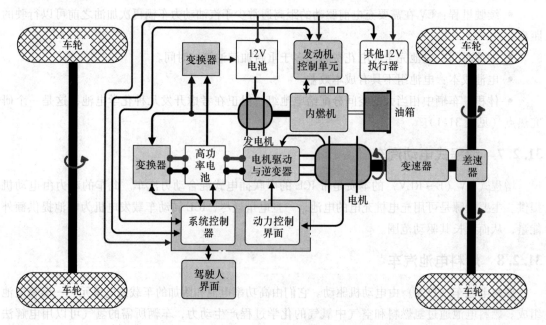

图 31-2　串联混合动力车推进系统的典型结构

器来为车中的 12V 电池充电。此外，电动空调也需要逆变器和相关的控制系统。

31.3.2　并联混合动力汽车

并联混合动力车成本较低，发动机、电池和电动机的现有制造能力的选项也多。然而，并联混合动力车需要复杂的控制系统，根据电动机/发电机和发动机的作用，并联混合动力车有各种结构。在并联混合动力车中，发动机和电动机可以单独使用，或一起驱动车辆。丰田普锐斯（Toyota Prius）和本田（Honda）Insight 是并联混合动力系统的一些商用例子。并联混合驱动系统的典型配置如图 31-3 所示。

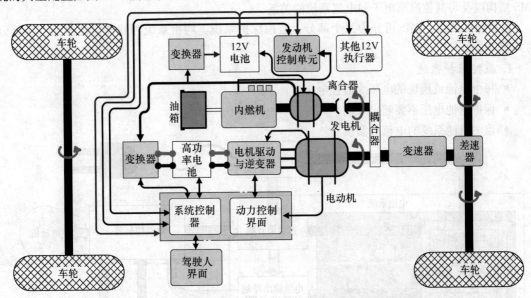

图 31-3　并联混合动力车推进系统的典型结构

31.4　EV 与 HEV 的电池与电子系统

现在 HEV 和 EV 的电池系统都是十分复杂的。它由许多串联电池组成，来提供汽车驱动系统所需的高功率水平。在传统汽车中，单个电池用于起动机、车前灯和风窗玻璃刮水器等低功率电气部件的供电。EV 与 HEV 中的系统不同，因为电池不仅要为低功率电气元器件供电，还要为动力系统供电，保证驱动系统的复杂电池系统稳定工作。

虽然 EV 和 HEV 系统中的串联电池的制造标准统一，但它们在体积、内阻、自放电率方面还是会有些差异。当它们组合在一起增加容量时，电池均衡会成为一个难点。当蓄电池中储存的能量越大时，驾驶人和乘客的安全也会成为一个问题。于是，车辆的起停特性让电池的工作状态和负载特性出现显著变化。上述所有问题对复杂电池管理系统（BMS）提出了需求。通常，BMS 根据用途的不同而不同，从基本型到高度复杂型都有。对手机中的电池，BMS 只需监控充电和放电过程中的关键操作参数，如电压电流和电池内部温度。监控电路向保护电路发出指令，如果任何监控的参数超出预设，则将电池与负载或充电器断开连接。BMS 也用于发电厂的不间断电源（UPS）。UPS 是电源中断的最后一道防线，UPS 的 BMS 不仅监控和保护电池，还包括电池电子设备，以确保电池能够提供全功率并延长电力系统寿命。

EV 和 HEV 的 BMS 的要求更高，因为负载特性随道路状况和驾驶人操作而迅速变化。因此，车辆需要一个快速反应的电力管理系统，该系统必须能够与其他控制系统，如发动机动力管理系统相接。此外，由于电池系统的工作环境比其他在恒温工作环境的系统要求严格，对电池的保护也是一项挑战。在这种情况下，不仅是为了保护电池，还是为了保护车上的乘客。

31.4.1 汽车电池管理系统

与其他应用相比，汽车 BMS 更加重要。电池必须与混合动力控制器或动力传动系统控制器进行协调工作，在车辆加速和制动时能迅速提供动力或吸收能量。图 31-4 展示了典型的汽车 BMS 结构以及与其他汽车电子和电气系统的关系。

根据硬件结构，BMS 可分为三个部分：监控保护系统、均衡系统和智能电池单元。各部分的共同功能如下：

1. 监控保护系统
- 每个电池或模块的电压为监控电压。
- 保护电池电压不要超出限制。
- 监测电池系统的电流与温度。

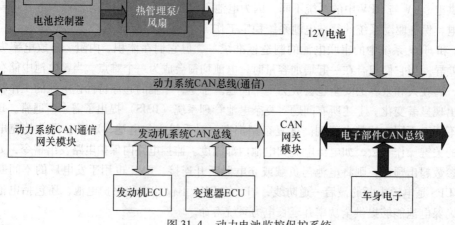

图 31-4　动力电池监控保护系统

- 保护系统不要超出电流与温度限制。
- 提供保护电池免受失控的机制。

2. 均衡系统

- 提供均衡机制，平衡电池间的电压差。

3. 智能电池单元

- 保持电池的荷电状态（SoC），让电池组不会在充满电的情况下再吸收电能，当电池满电时会禁用再生制动。
- 记录电池的充电与放电以估计电池的 SoC 情况，并向上层控制器提供 SoC 信息。
- 跟踪电池性能，估计电池的运行健康状况（SoH），并向上层控制器报告 SoH 信息。
- 将电池信息状态提供给用于车辆显示的上层控制器。
- 诊断期间向上层控制器报告电池的错误代码。
- 根据 SoC 预测所有电驱动车辆行驶范围。
- 根据充电器指令调节电池模式。
- 根据汽车控制系统状态调整电池模式。

HEV 或 EV 的动力电池中存储了大量能量。保护电池不超出其工作极限，不仅能避免电池早期失效，而且也是保护驾驶人和乘客安全的基础。从经济上讲，电池组件占某些 EV 成本的一半左右。因此，电池早期失效不仅是安全问题，还意味着维修成本超过车辆价值。在汽车恶劣工况下的高压和高功率运行存在潜在的危害，使得电池系统保护成为很重要的问题。

电池保护可分为两类：主动和被动。通常，主动保护由 BMS 完成。BMS 与车辆的功率控制器协调工作，使功率控制器的指令不会超出电池能力范围，可以防止电池过电流。BMS 与热管理系统协调工作，使电池不在过热条件下工作。BMS 还与再生制动控制器和车外充电器协调工作，防止电池过电压。

被动保护是当电池即将超过极限时，将电池系统与车辆其他系统隔离。要使电池系统恢复正常，需要驱动程序或技术人员重新设置电池控制器或是其他设备。电池的被动保护依赖于电池参数的监控，监控系统监测电池/模块电压、电池电流和温度。任何超过极限值都会引起电池保护。

31.4.2 过电流保护

过电流保护对电池寿命和车辆安全性都非常重要。最好的情况下，电池过电流保护失效会破坏电机控制器中的电力电子设备；在最坏的情况下，整辆车都会处于危险状况。监控系统通过电流传感器感测电流，如果连续和瞬时电流超过预设值，则 BMS 通过控制输出设备（通常为接触器）将电池从车上断开。

除了智能控制器的保护，还使用熔丝保护电池免受极端环境的影响。与智能保护相比，熔丝保护更直观可靠，因为它在正常工作时不需要传感电路来实现保护。通常，熔丝串联在电池串中间。该结构比熔丝与电池组输出端串联更好。因为极端情况发生时，熔丝会将整个电池串断开，变成两个低电压串，使整个系统更安全。

31.4.3 过电压与欠电压保护

通常，过电压和欠电压保护由控制电池输出接触器的智能控制器完成。动力电池由连接在一起的数百个电池单元组成，因此测量每个电池的电压以确保它们都处于安全电压范围内，该方法费用高且复杂。最常见的方法是将电池组装在模块中，并实时测量每个或多个模块的电压。例如，2004～2009 年生产的丰田普锐斯具有 6 个电池组成的单个模块，额定电压为 7.2V。电池保护/管理系统测量每两个模块的电压（即 14.4V，额定电压）。2003~2005 年生产的本田思域混合动力也是具有相同的电压检测策略。电池保护系统监控每两个模块的电压是否工作在正常范围内，如果监测到可能会损坏电池的异常电压，则保护系统关断输出接触器，保护电池组不受进一步损坏。

31.4.4 过热与欠温保护

多个热敏电阻或其他温度传感器安装在电池上用于检测温度。如果任何检测点的温度超过预设限制，则保护系统通过控制输出设备，断开连接到电池的负载。

31.4.4.1 其他保护

手动开关通常串联在电池组中间作为维护开关。维护开关和熔丝放在车辆轻易接触到的位置，如有需要，技术人员可以打开维护开关并更换熔丝。打开维护开关后，电池被分为两个低压串。

31.4.5 HEV 动力电池检测系统实例

丰田普锐斯和本田思域混合动力汽车是市场上最畅销的两款混合动力车。图 31-5 展示了

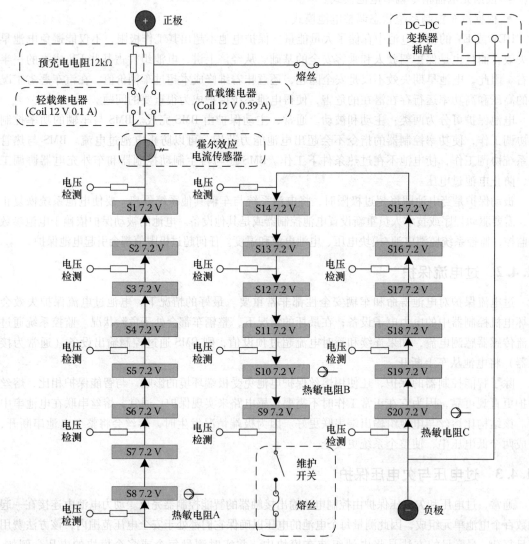

图 31-5 2003~2005 年生产的本田思域混合动力汽车电池组结构

2003~2005年生产的本田思域混合动力电池组的结构，该电池组中用的是 D 镍 – 金属氢化物（Ni – MH）电池。D 型 Ni – MH 电池额定电压为 1.2V，额定容量为 6.0A · h，6 个 D 型 Ni – MH 电池串联形成 7.2V 标称模块。20 个 7.2V 模块串联连接，形成总电池系统，标称电压为 144V，额定容量为 6.0A · h。电池管理和保护系统监控每两个 7.2V 模块的电压，三个热敏电阻在 20 个模块之间平均分配，以监测电池温度。模块 8 和 9 之间连接一个可用作手动开关和熔丝的断路器。如果熔丝或断路器工作，则 144V 电池串断开分为两个低压串。在继电器之前，有一个电流传感器安装在电池正极附近。在电池组的输出端使用两个继电器——主输出继电器和轻载继电器。轻载继电器与 12Ω 枢纽电阻串联，带电阻的继电器用来对电机驱动器中的电容进行预充电。

图 31-6 展示了 2004~2009 年生产的丰田普锐斯混合动力汽车的电池组内部结构。普锐斯有比思域具有更高的电池电压：28 个 7.2V 的电池模块串联，形成标称电压为 201.6V 的电池系统。

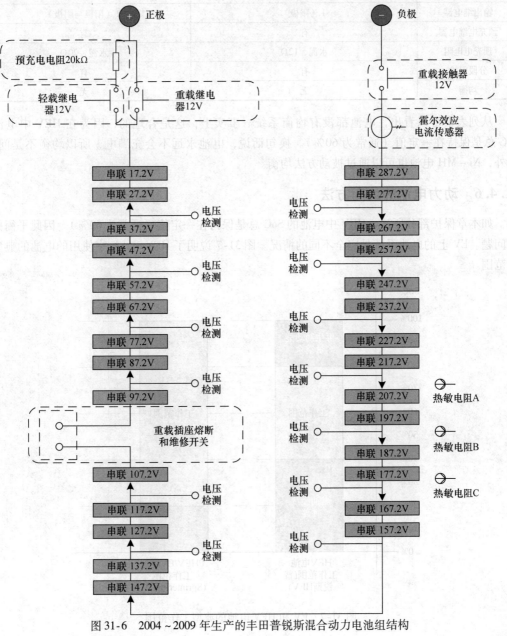

图 31-6　2004~2009 年生产的丰田普锐斯混合动力电池组结构

对于保护，普锐斯车用电池和思域混合动力车辆用电池策略很相似。表 31-2 列出了两个电池系统的相似之处。

表 31-2 本田思域混合动力车辆与丰田普锐斯动力车辆电池组的相似之处

电池	本田思域混合动力电池组（144V）	丰田普锐斯混合动力电池组（201.6V）
电池单元	Ni – MH D 型 1.2V	Ni – MH 松下 Prismatic 1.2V
组件	6 个串联	6 个串联
结构	120s（20 个组件串联）	168s（28 个组件串联）
热敏电阻	3	3
电流传感器	1 个位于正极	1 个位于负极
电压传感器	每两个组件	每两个组件
输出继电器	1（阳极）	2（阳极与阴极）
预充电继电器	有	有
预充电电阻	水泥，12Ω	水泥，20Ω
分段保护	有	有
均衡	无	无

从列表中可以看出，电池都没有均衡系统。事实上，这是合理的，因为在 HEV 中电池的 SoC 总是保持在一定值（通常为 60%）。换句话说，电池永远不会充满电，所以均衡不是问题。此外，Ni – MH 电池也可以通过被动方法均衡。

31.4.6 动力电池的均衡方法

如本章保护部分所述，HEV 中电池的 SoC 总是保持在一定值（通常为 60%）。因此平衡并不是问题。EV 上的电池系统是完全不同的情况。图 31-7 说明了 HEV 和 EV 中使用的电池的典型工作范围。

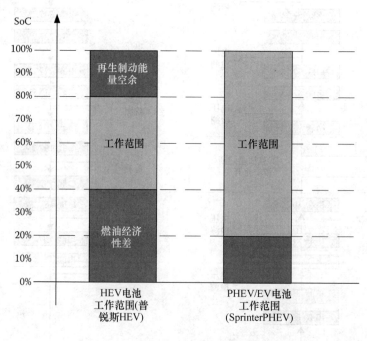

图 31-7 EV 和 HEV 电池的典型工作范围

在 EV 中，电池除了为二次电气系统供电外，主要是为汽车提供电力。电池为汽车驱动系统单独提供动力。虽然没有维护良好的电池，HEV 也可以跑起来，但对 EV 来说是不可能的。因此，EV 的电池至关重要，只要充电就要充满。当电池组需要完全充电时，均衡问题就很明显了，特别是锂离子电池。到目前为止，还没有批量生产的 HEV 或 EV 配备电池均衡设施。本节中讨论了可能的均衡方法，并给出了比较分析，以找出它们对 EV 的适用性。

31.4.6.1　为什么电池需要均衡

均衡是有关电池系统寿命的最重要概念。没有均衡系统，单个电池电压会随着时间推移而相差巨大。整个电池组的容量在运行期间会快速下降，从而导致电池系统的故障。当电池为多组串联（高压电池系统）并频繁地出现再生制动（充电）时，这种情况尤其严重。

电池系统中的不均衡是非常常见的，也是多方作用的结果，原因分为两类——内部和外部。内部原因包括物理体积的制造差异、内部阻抗变化和自放电率的不同。外部原因主要是包装中按照不同系列的多级封装保护 IC。封装的热差异是另一个外部原因，它会导致电池自放电速率不同。

均衡方法采用被动方法或主动方法。被动均衡只能用于铅酸电池和镍基电池。因为铅酸和镍基电池在过电压条件下也不会损坏电池内部单元。过充不是很严重时，多余能量被电池升温而散掉；过充过大时，能量通过电池上的放气阀放气释放。这是均衡串联单元电池的纯自然方法，然而，过充电均衡只对串联个数少的电池有效，均衡问题会随着电池串联的数量呈指数增长。一般来说，此方法是可用于低电压铅酸和镍基电池系统的经济性高效方案。

主动均衡的基本思想是用外部电路在电池之间主动传输能量以均衡电池。主动均衡法可用于大多数现代电池系统，因为它们不依赖于电池的均衡特性。此方法是锂基电池唯一适用的均衡方法，必须在安全操作时严格控制锂基电池的温度。主动均衡法一般应用于三个或更多串联的锂离子电池组。

本节讨论各种主动均衡法。按能量流排序，主动均衡法可分为四类，分别为耗散法、单电池 – 成组法、成组 – 单电池法、单电池 – 单电池法。

按电路拓扑分类，均衡法有三大类，分别是分流法、穿梭法和能量转换法。在以下讨论中，均衡法将按其电路拓扑结构进行排序。

31.4.7　分流主动均衡法

分流主动均衡法是电池均衡最简洁的概念。该方法从较高的电压单元中去除多余能量，等待低电压电池能量增长。根据是否有耗散，分流法可以分为两类。使用耗散法时，会根据应用必须在散热和均衡有效性间取得良好平衡，因耗散过多的热量会增加热管理难度。此外，电池的温度不等加剧了电池单元间的不均衡，本节将介绍五种分流方法。

31.4.7.1　耗散分流电阻

耗散分流电阻是一种特殊的均衡法，其简单、可靠。图 31-8 展示了基本的耗散分流电阻均衡电路的拓扑。相同的拓扑可以工作在两种模式——连续模式和检测模式。在连续模式下，所有的继电器都由相同的信号控制，即同时导通或关闭。在充电期间它们处于导通状态，具有较高电压的电池充电电流较少，便于其他电池充电。这在整个充电过程中是有效的，如果选择适当的电阻值，效果更佳。此模式的优点是不需要复杂的控制。

在检测模式下，将电压监测器添加到每个单元，智能控制器监测不均衡条件，并确定是否需要连接耗散电阻以消除电池中的过多能量。

在任一模式下，应根据具体应用来确定电阻值。如果选择的电阻值让散热电流小于

10mA/A·h，则电阻的物理尺寸可能很小。一个 10mA/A·h 的电阻可以以每小时 1% 的速率均衡电池，这个电路可能会在几天之内耗尽电池组能量。当电池处于独立模式时，应控制继电器将耗散电阻从电池组中断开。尽管这种拓扑结构不是个非常有效的主动均衡法，但它可以应用在许多低成本方案的应用中。

31.4.7.2 模拟耗散分流

模拟耗散分流与电阻分流的思路相同。唯一的区别在于，模拟耗散分流不使用电阻而是使用晶体管作为耗散元件。典型的模拟分流电路如图 31-9 所示。

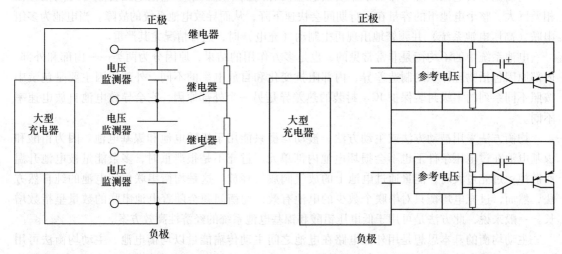

图 31-8 基本耗散分流电阻原理图　　　　图 31-9 模拟分流电路的概念布局

在模拟分流电路中，当电池达到最大充电电压（由参考电压和分压器设置）时，电流在电池周围成比例地分流，并以恒定电压充电。充电持续到串联中的最后一个电池达到最大充电电压。此法中电流仅在充电结束时分流，因此与连续模式下的耗散电阻相比，能量损失较少。与检测模式下的耗散电阻相比，该方法不需要智能控制，成本较低。此外，它还可以扩展到具有更多电池单元的容量大的电池组。

31.4.7.3 脉宽调制控制分流

脉宽调制（PWM）控制分流是一种无耗散分流方式。该法中 BMS 检测两个相邻单元的电压差。通过在一对金属氧化物半导体场效应晶体管（MOSFET）的门极上施加 PWM 方波，BMS 控制两个相邻单元的电流差。结果，流过较高电压电池的平均电流会低于正常电池。PWM分流电路如图 31-10 所示。该电路的缺点是需要精确的电压检测，而且相对复杂。对 n 个电池需要 $2(n-1)$ 个开关和 $n-1$ 个电感器。

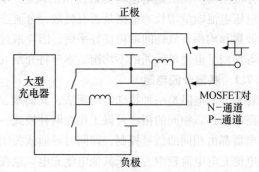

31.4.7.4 谐振转换器

谐振转换器是 PWM 分流法的另一种形式，并非使用智能控制来检测和产生 PWM 门控信号，而是使用谐振电路来传输能量并驱动 MOSFET。

图 31-10 PWM 控制分流技术的概念布局

图 31-11 展示了谐振转换器的均衡电路。电感 L1 和电容 C1 传输能量并驱动 MOSFET。该电

路需要启动电路来启动谐振。当 L1 的电压为正时，V2 导通；随着电感电压的降低，V2 关断。当电压在负极上升高时，V1 导通，L1 和 C1 与第一个电池产生谐振。谐振导致 L1 产生反向电流，V2 关断且 V1 导通，这是另一个谐振周期的开始。若电池 1 的电压高于电池 2，则流过电感器 L2 的平均电流为正，以平衡两个电池。每对相邻电池需要一组谐振电路，该电路很复杂，需要一个谐振启动电路。

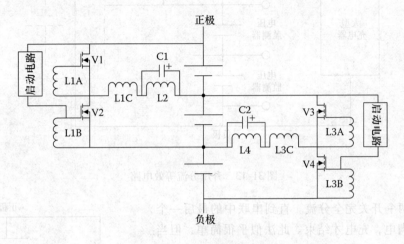

图 31-11　谐振转换器

31.4.7.5　升压分流

在升压分流的方法中，测量单个电池电压时，具有较高电压的电池开关将被主控制器激活，开关由 PWM 信号控制。图 31-12 所示升压分流电路的原理图。

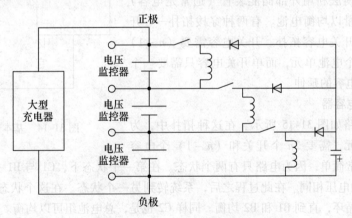

图 31-12　升压分流电路原理图

当它运行时，该电路充当升压变换器。升压变换器将额外的能量转移到电池串中的其他电池，等效电路如图 31-13 所示。

与其他先进的均衡方法相比，该电路相对简单，组件较少。

31.4.7.6　完全分流

为了在昂贵的 UPS 中获得最佳效果，电池系统内的电池单独充电。然而，这需要昂贵的并联充电器。完整的分流方法可以代替这些系统，完全分流如图 31-14 所示。

这个电路中只需要一个大型充电器。大型充电器是电流控制变换器，当一个电池达到最大

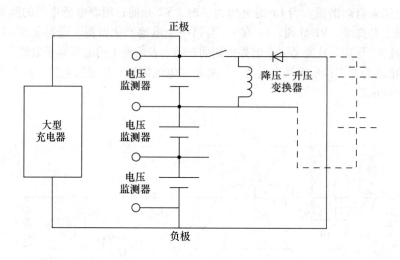

图 31-13　升压分流等效电路

电压时，用两个开关完全分流。直到串联中的最后一个
电池单元充满电，充电才结束。此法似乎很简单，但当
串联个数很多时，它可能需要一个级联的降压变换器，
输出电压范围非常宽。

31.4.8　穿梭主动均衡法

穿梭主动均衡法利用外部储能装置（通常是电容）
在电池间传输能量以均衡电池。有两种穿梭拓扑——开
关电容拓扑和单开关电容拓扑。开关电容需要（$n-1$）
个电容来均衡 n 个电池单元，而单开关电容只需要一个
电容，它是开关电容的延伸。

31.4.8.1　开关电容器

开关电容电路如图 31-15 所示。在这种拓扑中，为
均衡 n 个电池单元，需要 $2n$ 个开关和（$n-1$）个电容

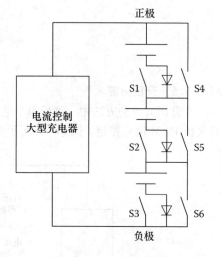

图 31-14　基本耗散电阻

器。控制策略非常简单，因为电路只有两个状态。在第一个状态下，C1 与 B1 并联。C1 充电或
放电保证和 B1 的电压相同。在此过程之后，系统转到另一个状态。在这个状态下，C1 与 B2 并
联。此过程不断循环，直到 B1 和 B2 均衡。同样 C2 也是，总电池组可以均衡。

开关电容拓扑的优点是不需要智能控制，可以在充电和放电中工作，对于没有充电结束状
态电池的 HEV 来说非常重要。

31.4.8.2　单开关电容

单开关电容拓扑如图 31-16 所示。单开关电容电路是开关电容的延伸，不同之处在于该方法
仅需要一个电容传递能量。

控制策略很简单，均衡速度仅为常规开关电容方法的 $1/n$（n 是电池数）。然而，这种拓扑
可以用更先进的控制策略在最高和最低电压电池之间切换，这也叫电池 - 电池法。均衡速度也
高得多，这种拓扑需要 n 个开关和一个电容来均衡 n 个单元。

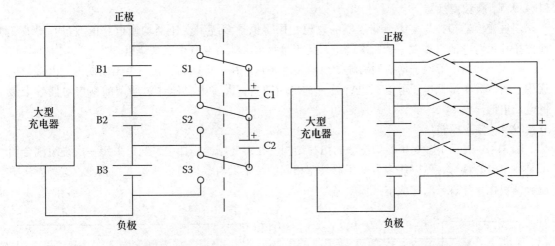

图 31-15　开关电容均衡的概念结构　　　　　　　　　图 31-16　单开关电容

31.4.9　能量变换器主动均衡法

这里的能量变换器定义为隔离转换器，这些变换器的输入和输出端带有隔离接地。

31.4.9.1　升压变换器

升压变换器均衡电路如图 31-17 所示。该方法用隔离变换器将多余的能量从单电池转移到总电池组。变换器的输入端连接到每个电池进行均衡，升压变换器的输出连接到一起并连到总电池组。通过检测电池电压，智能控制器控制变换器操作来均衡电池。

此方法成本很高，但适合模块化设计。从能量流的角度看，这是单电池 - 成组的方法。若电池组串联个数非常多，则需要特殊考虑，升压变换器需要将单电池电压提高到电池组的总电压。

31.4.9.2　多绕组变压器

在多绕组变压器拓扑中，共用变压器具有单个磁心，每个电池都有次级抽头。从电池堆的电流切换到变压器一次侧，并在每个二次侧中感应出电流，电抗最小的二次感应电流最大。多绕组变压器均衡电路拓扑图如图 31-18 所示。该电路的主要部分是多绕组变压器，必须根据电池数量进行定制。这种特性限制了它的模块化，而且电路复杂，成本高，因此多绕组变压器仍在研究中。

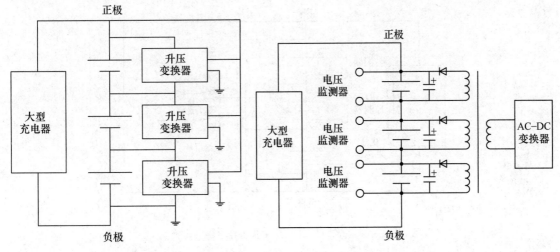

图 31-17　用于主动均衡的升压变换器结构　　　　　　图 31-18　多绕组变压器布局

31.4.9.3　斜坡变换器

斜坡变换器拓扑与多绕组变压器的思想相同，也是多绕组变压器均衡电路的改进。斜坡变换器拓扑每对电池只需要一个二次绕组，而不是每个电池需要一个二次绕组。

图31-19展示了用于均衡的斜坡变换器技术布置。在运行期间，在一个半周期内，大多数电流用于对奇数个最低电压电池充电；另一个半周期内，大多数电流通过所谓的斜坡对偶数个最低电压电池充电。

31.4.9.4　多变压器

图31-20展示了多变压器均衡法的拓扑结构。在多变压器拓扑中，通过采用一次绕组耦合而不是单个磁心耦合，可以使多台变压器具有相同的结果。与多绕组变压器方案相比，这种方法更适合模块化设计，虽然它成本依旧较高。

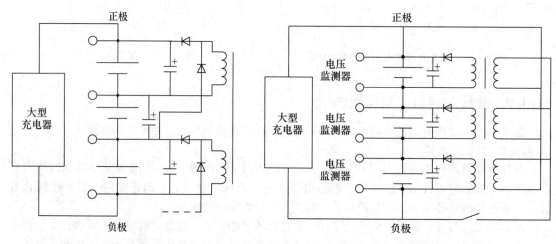

图31-19　斜坡变换器设置　　　　　　　　图31-20　多变压器结构

31.4.9.5　开关变压器

开关变压器实际上是可选的能量变换器。变换器的输入是总电池组，而输出连接到一系列开关，用于选择输出连接到哪个电池。图31-21展示了单变压器均衡法的拓扑结构。

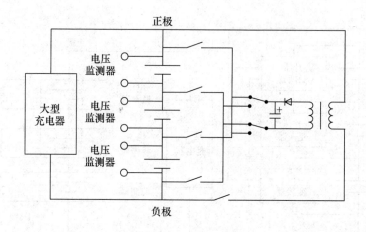

图31-21　开关变压器

该拓扑实际上是一个成组 – 电池的拓扑。控制器检测不均衡（较低电压）电池，然后控制开关将变压器（隔离转换器）连接。

31.4.10　对比分析

均衡法的比较见表 31-3。在所有这些方法中，耗散分流电阻、升压分流和开关电容是三种不同应用的好方法。连续模式下的耗散电阻很适合低功耗应用，因为在连续模式工作时电阻很小，不需要进行热管理。此方法的另一个优点是成本低。升压分流适用于高或低功率应用，它的成本相对较低、控制简单，是许多应用的理想选择。开关电容适用于 HEV，不仅因为它可以在充电和放电两种情况下工作，而且其控制方法非常简单。

表 31-3　均衡法比较

均衡方法	均衡性质	主要组件需要均衡 n 个电池串联	最佳有效时期	模块化设计能力
耗散分流电阻	分流	n 个开关，n 个电阻	充电	轻易
模拟分流	分流	n 个晶体管	充电	非常轻易
PWM – 控制分流	分流	$2(n-1)$ 个开关，$n-1$ 个电感	充电	一般
升压分流	分流	n 个开关，n 个电感	充电	一般
全分流	分流	$2n$ 个开关，n 个二极管	充电	一般
开关电容	穿梭	$2n$ 个开关，$n-1$ 个电容	充电与放电	轻易
单开关电容	穿梭	$2n$ 个开关，1 个电容	充电与放电	不容易
升压变换器	能量变换器	n 个隔离升压变换器	充电	轻易
多绕组变压器	能量变换器	$1n$ 个绕组变压器	充电	非常不容易
斜坡变换器	能量变换器	$1n/2$ 个绕组变压器	充电	非常不容易
多变压器	能量变换器	n 个变压器	充电	轻易
开关变压器	能量变换器	$n+3$ 个开关，1 个变压器	充电	一般
谐振变换器	能量变换器	$2(n-1)$ 个开关，$2n$ 个电感	充电	轻易

31.4.11　智能电池单元

智能电池是 BMS 的大脑，用它的"智能"来确定电池工作条件并给出保护、均衡和通信系统的指令。在汽车电池设计中，智能电池单元通常包括以下重要部件或功能：电池模型、SoC 确定和控制、SoH 确定、历史记录功能和通信。

31.4.12　电池模型

电池模型嵌入电池控制器内部，描述电池在所有可能的工作条件下的特性，如温度、电压、放电率和 SoH。图 31-22 所示为电池的一般放电特性，图 31-23 所示为电池放电时间如何受环境温度的影响。这两个图只是电池特性的大框架，在实际的电池模型中，因为已知目标电池及其特性，所以电池模型包含了具体特性。该模型可用于预测电池在任何外部和内部条件下的反应。

嵌入电池模型最有用的功能是帮助估计电池系统的 SoC，当使用基于电压的 SoC 测定方法时，电池的特性曲线为电池放电率、SoH、电压、温度，甚至环境湿度的函数。借助电池模型，可以获得更准确的 SoC，因为电池模型可用于根据电池的工作条件进行校准误差，这在本章的 SoC 确认部分会进一步阐述。当使用库仑计数 SoC 测定法时，电池模型描述了充电效率、自放电率以及其他误差源的影响。因此，SoC 确定法可以用电池模型提供的信息来校准结果。

除了历史记录功能，电池模型也可用于估计电池的 SoH。SoH 的确定将在本章后面讨论。

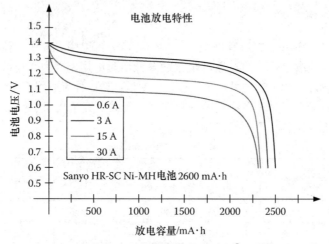

图 31-22　锂电池的放电特性[一]

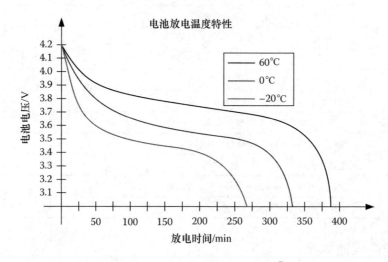

图 31-23　锂电池的放电温度特性[一]

31.4.13　荷电状态测定

SoC 是用于描述电池组中剩余能量的术语，通常用百分比表示。当新电池充满电时，SoC 被认为是其额定容量的 100%。另一方面，当能量耗尽时，SoC 为 0。EV 中的 SoC 类似汽油车的燃油表，用于告知驾驶人在需要充电前还剩余多少里程。SoC 信息对于车辆其他功能模块也很重要，例如 HEV 的混合控制策略和 EV 的充电控制。确定电池组 SoC 的方法有很多，下面解释和讨论了一些广泛使用的方法。

31.4.13.1　直接测量

电池的 SoC 可以在实验室条件下直接用电池的额定放电电流测量。该方法很准确但不实用，整个电池必须在显示 SoC 之前放电，因此直接测量法仅由制造商用于电池测试。

[一]　原著为镍氢电池，译者认为这是锂电池的放电特性。

31. 4. 13. 2　基于电压的荷电状态测定

基于电压的 SoC 测定法非常简单，它基于放电时电池电压下降的原理。虽然 SoC 不会随着电压的降低线性减小，但可以选择几个点，采用分段线性化来逼近 SoC。该方法用于许多低成本电池指示器：使用几段 LED 来显示电池的 SoC。用几个阈值电压来确定电池的 SoC，从而接通相应的 LED 显示 SoC。

该方法的一个问题是，对一些化学电池，SoC 曲线很平坦，而不容易线性化。图 31-24 所示为镍氢电池（Ni－MH）、锂离子电池和铅酸电池的典型放电特性曲线。从图中可以看出，Ni－MH 电池的放电曲线比锂离子电池和铅酸电池的放电曲线更为平坦。因此，基于电压所计算的 SoC 在 Ni－MH 电池上使用会比在锂离子电池和铅酸电池上出现更多问题。

电池的放电特性在很大程度上取决于电池温度、放电速率和 SoH。所以，只有电池维护良好，特性曲线不偏离预设曲线时，负载消耗才对应恒定的电流。而且电池的工作温度相对恒定时，SoC 估计法可提供有效信息；否则还是需要一个电池模型来估计 SoC。

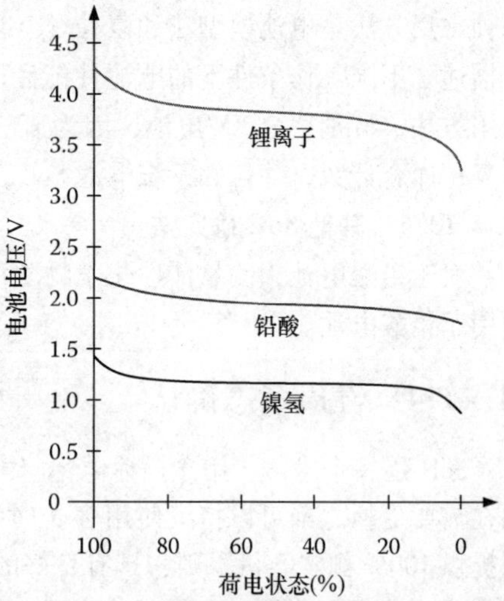

图 31-24　各种化学电池的放电曲线比较

31. 4. 13. 3　基于库仑计数的荷电状态确认

该方法测量流入电流和流出电流来确定电池组中的剩余容量，随着时间的推移进行电流积分。当使用内置模－数转换器（A－D 转换器，ADC）的微控制器进行库仑计数时，用采样法。电流测量可以用分流电阻或者霍尔传感器完成，霍尔传感器在汽车电池组中被广泛应用，因为与分流电阻相比，其功率损耗可忽略不计。图 31-25 所示为基于库仑计数法的抽样方法实现过程。

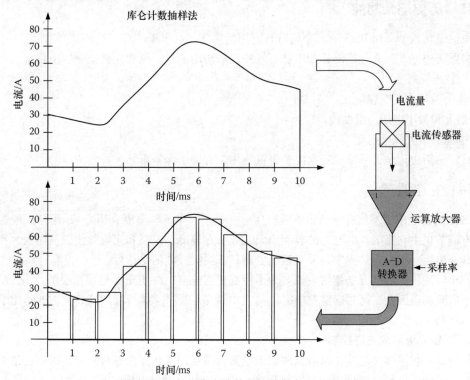

图 31-25　基于库仑计数法的抽样方法实现过程

库仑计数法在数次充放电循环中都比较准确。随着充放电周期的增加，此方法并不能计算能量的自放电部分，所以会产生误差。

必须考虑的另一个影响是充电效率。使用库仑计数法测量输入电荷能量时会出现误差，因为充电效率取决于电池的状态而不是 100%。可以用几种方法消除自放电和其他误差源的影响，两种常用方法是电池模型法和复位法。电池模型法已在本章的电池模型部分进行了讨论，基本上描述了不同工作条件下的电池性能和随时间变化的电池性能。复位校准是库仑计数法的一种实用方法，特别适合 EV 电池，因为 EV 的电池可能完全充电。当电池满电时，复位校准方法可以复位库仑计数，并告知系统电池 SoC 已达 100%。

31.4.13.4　其他 SoC 确定法

对于铅酸电池，测量活性化学物质重量变化的方法可以有效确定电池的 SoC 状态，但此法只适用于铅酸电池。

31.4.14　健康状态确认

SoH 是一个术语，用于描述电池将能量传递给负载的能力，可以表明电池是否需要更换、电池在需要更换之前可以持续使用多长时间。关注能量传递能力的时候，假设一个全新的电池可以提供 100% 额定容量，则它具有良好的 SoH。在电池行业中，如果一个电池只能传递 70% 的额定容量，表明电池的 SoH 较差。实际上，电池的制造商声称电池的循环寿命也是基于 70% 容量值，意味着电池在降到 70% 额定容量以前一直可以循环使用。

SoH 的测量可以通过比较电池组的电流容量与新电池的容量进行，这需要 SoH 确认系统可以获得容量的历史信息，或者提供一些预设的容量值。其他确定 SoH 的方法是测量内部电阻变化、自放电率变化等，这些参数也会随着电池 SoH 而变化。

31.4.15　历史记录功能

历史记录功能是车用 BMS 的一个可行且有用的功能。在 BMS 中，专用的存储器芯片或存储器区用来做历史记录，通过外部诊断工具可轻松获取历史信息。该功能会记录以下信息：

- 充放电循环。
- 每个循环的放电容量。
- 最大和最小电压与温度值。
- 电池的最大放电电流。

通过评估历史记录，可以确定电池是否被滥用，有助于保修索赔或其他争议。

31.4.16　充电调节

BMS 上的智能单元不仅有电池组的所有信息（电压、电流、温度、历史），而且还能控制电池，充电调节也由它完成。电池上的智能单元完成所有检测、控制和充电终止，从而极大地简化了非车载充电器。在充电过程中，非车载充电器只需要响应电池组指令。

在汽车应用中，电池充电越快越好。为了控制快速充电，终止充电是很重要的。"失控"的充电是很危险的。因此，何时确定充电终止是充电调节中的重要环节。表 31-4 是不同化学电池的终止方法列表。

31.4.16.1　镍基电池的充电控制

任何电池，包括镍基电池，都可以用恒定电流以适当的终止方法进行充电。镍基电池的终止方法是基于电池充电特性的负增量电压（NDV）终止法和零增量电压（ZDV）终止法。

表 31-4 充电方法和终止方法列表

	Ni – Cd	Ni – MH	铅酸	锂离子
慢充	CC + 涓流/定时器	CC + 定时器	CC – CV + 涓流/定时器	CC + 电压限制
快充 1	CC + NDV	CC + ZDV	CC – CV + I_{min}	CC – CV + I_{min}
快充 2	CC + dT/dt	CC + dT/dt		
备份终止 1	温度截止	温度截止	定时器	切断温度
备份终止 2	定时器	定时器		定时器

注：CC 为恒流；CC – CV 为恒流 – 恒压；NDV 为负增量电压；ZDV 为零增量电压。

1. 负增量电压终止法

NDV 终止法适用于 Ni – Cd 电池，因为只有 Ni – Cd 电池在充满电时才呈现负的 dV/dt。换句话说，当电池未完全充电时，电池电压随着充电时间的延长而增加。然而，当电池满电时，如果持续充电，电压会下降。NDV 法检测电池的 dV/dt，如果 dV/dt 达到预设的负值，则充电终止。图 31-26 展示了 NDV 法和 ZDV 法的主要内容。

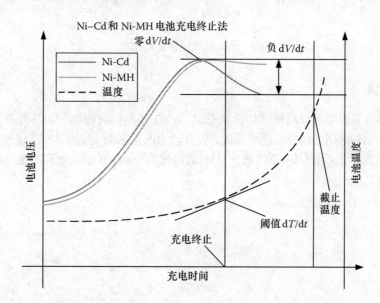

图 31-26 Ni – Cd 与 Ni – MH 两种类型电池的充电终止方法

2. 零增量电压终止法

与 Ni – Cd 电池不同，Ni – MH 电池充满电后，不会出现明显的负值 dV/dt，dV/dt 通常很小甚至为零。这也是个能够确定何时终止的有效特性，当 dV/dt 在一段时间内等于或小于零时，ZDV 法检测 dV/dt 完成，终止充电过程。

31.4.16.2 锂离子和锂聚合物电池的充电控制

在没有电压限制的情况下给锂离子电池或锂聚合物电池充电可能发生危险，当电压超过最大值时，额外的能量会损坏电池甚至引起火灾。锂电池通常用恒流恒压（CC – CV）充电法。CC – CV 充电法含有两阶段：恒流阶段和恒压阶段。电池电压低时，电池以恒定电流充电。在电压达到最大值前，受控充电器将充电阶段切换到恒压状态，此时电流降至涓流电流。当电流下降到预设的最小值（I_{min}）以下时，表示电池已经满电，充电过程终止。图 31-27 所示为 CC – CV 法的概念图。CC – CV + I_{min} 的方法也是铅酸电池快速充电的推荐方法。

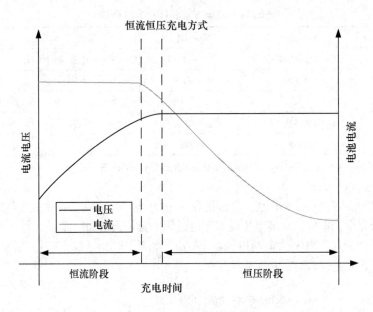

图 31-27　恒流恒压充电方式

31. 4. 17　通信

车辆通信标准是控制器局域网（CAN）总线。1983 年由德国博世公司最先开发，用于解决车辆上多个微控制器之间的通信问题。因此，混合动力汽车 BMS 通过 CAN 总线与车上其他控制器进行通信。通常混合系统 CAN 总线通过 CAN 通信网关与动力传动控制器、显示模块与安全控制装置共享信息。

第 32 章 汽车系统电力负载

32.1 引言

随着电力电子技术的快速发展，车辆技术标准要求也大幅度提高，汽车电子产品已经适应消费者的需求。图 32-1 所示为当今汽车中常使用的负载，下面简要介绍电力电子设备和电机驱动系统负载的作用。

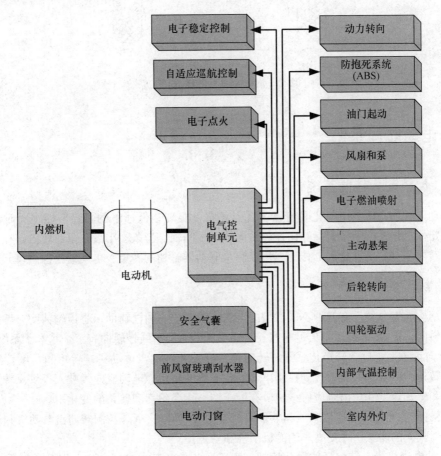

图 32-1 汽车电气系统目前常使用负载

辅助电动机将作为辅助转矩的附加转矩施加到转向柱上，用车载传感器采集的转矩和车速反馈，控制单元计算电动机的相关转矩和电流指令。然后将该计算得到的转矩量通过电动机的减速齿轮施加到转向柱。电动机只在车辆转向期间向驾驶人提供辅助转矩，一般不使用，其效果比液压辅助系统更好。典型的转向系统配置图如 32-2 所示。

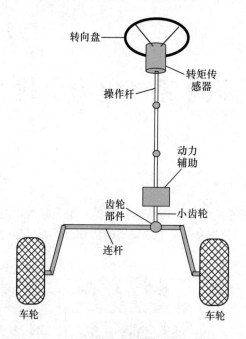

转向盘

转矩传感器

操作杆

动力辅助

齿轮部件

小齿轮

连杆

车轮

车轮

图 32-2　汽车中典型的动力转向系统

32.2　电动转向系统

32.2.1　传统动力转向系统

汽车动力转向系统的电气化具有以下优点：它可实现在低速下的轻型转向，同时具备高速下的高稳定性。该系统通常包括转向盘、转向柱、中间轴、齿条、小齿轮以及转向连杆，转矩传感器位于转向盘和转向柱之间。传感器用于测量驱动器施加的转矩，再反馈给控制单元。

32.2.2　线控转向系统

基于结构类型分类，有四种不同类型的电动转向系统：圆柱辅助、小齿轮辅助、齿条辅助和完全线控转向。图 32-3 展示了典型的线控转向系统的布局。线控转向有三个基本子系统：

● 转向盘子系统包含转矩传感器、转向角传感器和转向盘电动机。转矩和角度传感器用于发出指令转角，以及从驾驶人传到控制单元的角位置变化率。电动机向驾驶人提供反转矩，使其提高路感和感知速度并做出响应。该响应有助于调整指令角度和转角的变化率。

● 控制子系统包括车速传感器和电子控制单元（ECU）。ECU 控制转向盘电动机和前轮电动机，提高驾驶人的路感，并提高车辆的机动性和稳定性。

● 前轮电动机子系统包括位置传感器、齿条小齿轮、其他减速装置，以及前轮电动机，其根据转向盘子系统的驾驶人给定数据来定位轮胎。转向盘子系统和前轮子系统将传感器信息发送到 ECU，ECU 计算出所需响应转矩和前轮转角。

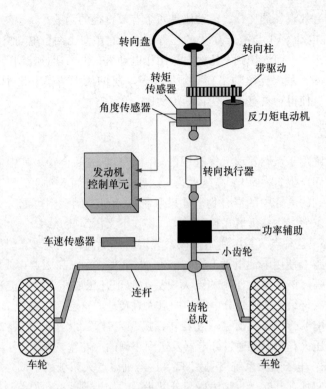

图 32-3　汽车转向线的概念框图表示

32.3　电子稳定控制系统

　　电子稳定控制（ESC）系统是一种用于检测和避免汽车打滑的安全功能，这是一个主要用于保护车内乘客的基于软件的控制。该系统使用转矩角、车速、横摆角等信息来确定车辆命令转向的方向。它将这些数据与车辆移动的方向进行比较，然后做出明智的决定。如果 ESC 系统感知到可能的滑行，它对各个车轮施加制动，使系统能够重新获得控制。该系统通常设计成能够分别对每个车轮施加制动力，这是对手动控制的改进，主要是因为驱动器对所有四个车轮可以实现集中控制。

32.3.1　无级变速传动系统

　　在常规传动系统中，通过设置传动比将机械动力从发动机传递到车轮，可调节车轮的速度。可用的组合数量是有限的，所以发动机通常被迫调节速度，这会影响发动机功率输出和效率。无级变速器（CVT）能够在有限范围内实行连续变速。这使得发动机可以最高效率或最佳性能的速度持续运行。在机械系统到电气系统的过渡中，CVT 已有多项应用。以下分类说明了纯电气CVT 系统中的使用方法及其等效机械 CVT 的简要概述。

　　● 液压 CVT：这些传动系统由液压泵和电动机组成。通常，电动机驱动泵并用高压油传输动力。液压马达将此功率转换成机械动力，将其传递到负载。泵的压力可以调节，因此该传动系统具有无限的传动比。此类型的 CVT 通常用于农业机械。

　　● 带驱动 CVT：该系统最常用于汽车。顾名思义，它包括滑轮和传动带组件。当一个滑轮连接到发动机轴时，另一个连接到输出轴。传动带用于连接两个滑轮，两个半滑轮之间的距离变化可以带来传动带的有效直径的变化，传动比是两个有效直径的函数。

● 电气 CVT：纯电动 CVT 与液压 CVT 的运行相似。它主要由两台电动机组成。连接到发动机的电机作为发电机工作，而连接到车轮的电机用作电动机，电力通过控制传送。该系统的一个要求是两台电机的功率（最大连续功率）必须等于发动机的最大功率。此外，电动机和发电机之间没有刚性连接，这使得它具有无限变化的传动比。

32.3.2　点火系统

汽车中的点火系统用于点燃发动机气缸中的燃料——空气混合物。其中电力电子电路负责在火花塞尖端的气隙间产生 20 ~ 50kV 高压火花。这些高压火花每分钟可达数千次，必须非常准确地计时才能点燃正确的气缸中的混合物。如果系统的计时关闭，则可能会大大降低发动机的性能。有两种基本的点火方法：机械式和电子式，将在下文做简要介绍。

● 机械点火系统：这种点火系统使用机械系统定时产生高压火花来点燃燃料。它可以大致分为两部分：低压电路（使用电池电平工作），产生火花塞信号；高压点火线圈，负责将电池电压提高到所需电压范围。该系统中使用的点火线圈类似于升压变压器，电流从电池通过限流电阻或电阻施加到一次绕组，并通过分电器中的点火点接地。这会产生通过二次绕组的电流，从而形成磁场。随着分配器凸轮与发动机一起旋转，接触点被强制分开，电路断开，电流停止流动。这种中断产生高压火花，火花通过分电器发送到正确的火花塞。

● 电子点火系统：电子点火系统（见图 32-4）与机械点火系统的不同之处在于，它们不使用分电器。相反，它们具有电枢（也称为磁阻分配头）、感应线圈和电子控制模块。电子点火的设置类似于机械单元。来自电池的电流通过点火开关流过一次绕组，导致强磁场的积聚。当旋转

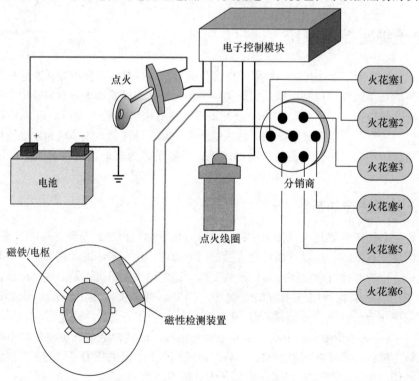

图 32-4　电子点火的概念与布局

电枢靠近感应线圈时，命令电子模块关闭一次电流，使磁场崩溃。这导致二次绕组中的高压火花通过分配器传递给火花塞。

● 无分电器点火系统：顾名思义，该点火技术不使用分电器把高电压传输到火花塞，也没有移动部件。相反，火花塞直接从线圈输出点火。火花的定时由车载电脑、点火控制单元（ICU）和发动机控制模块控制。

举个例子，在有一个点火线圈连接两个气缸的四冲程发动机中，每个气缸和具有相反点火顺序的另一个点火线圈配对。基本布置如图 32-5 所示。对于这种发动机配置，当一个气缸（称作项目气缸）处于压缩行程时，另一个气缸（也成为废气缸）处于排气行程。线圈放电时，两个火花塞同时点火，形成完整的电路。一次和二次绕组的极性是固定的，因此这两个火花塞的点火顺序总是相反的。这个系统因为不含移动部件，所以不存在磨损问题。此外，由于没有使用分电器，发动机上也不会有阻力。

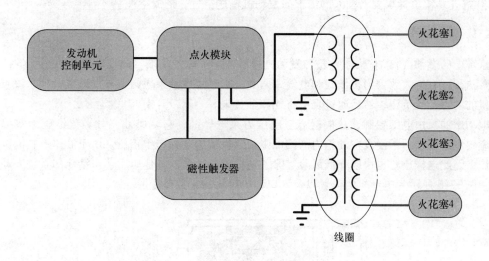

图 32-5　无分电器点火系统的基本布置

32.3.3　防抱死制动

信号处理能力和电力电子技术的迅速发展，给车辆的安全性和可靠性提高增加了几个附加功能。防抱死制动系统（ABS）非常有用，用于避免特定道路状况下突然减速引起的轮胎打滑。当车辆减速太快时，一个或多个轮胎可能失去牵引力，导致车轮"锁定"。这导致驾驶人在停车制动过程中失去转向能力，这是非常危险的。ABS 会感知到突然减速，并向锁定的车轮施加制动力脉冲，同时向剩余的车轮施加正常的制动力。驾驶人在车辆（带 ABS）的制动踏板上会感受到这种"脉冲"。此操作使得驾驶人在异常驾驶条件下制动也能保持控制。该系统对每个车轮内置轮毂电机的电动汽车和混合动力汽车更有效。ABS 通过四个主要组成部分来有效完成其操作过程。

① 速度传感器：速度传感器能够估算车速并检测驾驶人发起的任何突然减速，让控制单元能按预期车轮"锁定"。这些传感器通常放置在车轮或车辆的差速器上。

② 阀门：ABS 中的阀门用于三个目的：将压力从主缸传递至制动器；如果驾驶人对踏板施加额外压力，则要关闭线路并防止制动压力进一步提高；从制动器中释放压力。

③ 泵：该泵用于 ABS，以便在阀门释放后再重新建立管路中的压力。

④ 电气控制单元：此单位是 ABS 的"大脑"，它负责监控速度传感器、驾驶人的命令以及管路中的压力，用于控制泵与阀。

32.4　电子燃油喷射

电子燃油喷射器代替了旧版发动机驱动车辆中的常规化油器。简单来说，电子燃油喷射器是一个受控机电阀，其控制信息基于各种车载传感器，它确保发动机的燃料与空气之间的适当组合。燃油喷射器有三个主要要点。

① 燃油喷射量：基于大容量空气流量传感器、氧气传感器、节气门位置传感器、冷却剂温度传感器、车辆发动机转速传感器的电子信号输入。

② 燃油输送系统负责维持喷射器的压力，这对于发动机操作期间维持适量的燃料很有用。

③ 进气系统负责根据驾驶人的需求向发动机输送空气，形成空气 – 燃料混合物。

32.4.1　汽车泵

汽车中的燃油（汽油/柴油）箱和发动机通常位于车体的两端。向发动机提供燃油的任务由燃油泵执行，它们大致分为机械式和电气式两类。机械式燃油泵通常位于发动机附近，该泵使用发动机的动力产生负压，然后通过真空将气体抽过来。

电动燃油泵由电脑控制，并根据节气门压力泵送燃油，它将燃油充分雾化给压缩室提供恒定的燃料流。该泵通常浸没在油箱内的汽油中，以保持冷却并产生正压。由于液体形式的汽油不易爆炸，因此这样放置也可以降低风险。除了这种应用，泵的其他应用还包括冷却系统、动力转向等。图 32-6 所示为电动机的位置以及入口和出口阀的大致位置图。

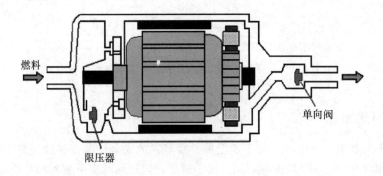

图 32-6　车用电动机在燃油泵系统的布置原理

32.4.2　电动门窗

连接电动门窗有许多不同的方法，基本控制系统如图 32-7 所示。该系统通过断路器将动力供电给驾驶人侧车门上的中控锁单元。当开关断开（关闭）时，电源分配到四个车窗开关中心的触点。这个触点让每位乘客都能自由控制车门。每个人按下的按钮决定电动机旋转的极性，用于向上或向下升降窗户。

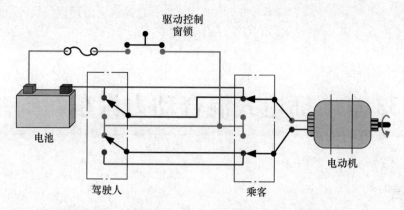

图 32-7 基本电动车窗系统控制流程的概念示意图

参 考 文 献

1. Emadi, A., *Handbook of Automotive Power Electronics and Motor Drives*, Boca Raton, FL: CRC Press, ISBN: 0-8247-2361-9, May 2005.

2. Emadi, A., M. Ehsani, and J. M. Miller, *Vehicular Electric Power Systems: Land, Sea, Air, and Space Vehicles*, New York: Marcel Dekker, ISBN: 0-8247-4751-8, December 2003.

3. Ehsani, M., Y. Gao, S. E. Gay, and A. Emadi, *Modern Electric, Hybrid Electric, and Fuel Cell Vehicles: Fundamentals, Theory, and Design*, Boca Raton, FL: CRC Press, ISBN: 0-8493-3154-4, December 2004.

4. Emadi, A., Y.-J. Lee, and K. Rajashekara, Power electronics and motor drives in electric, hybrid electric, and plug-in hybrid electric vehicles, *IEEE Transactions on Industrial Electronics*, 55(6): 2237–2245, 2008.

5. Lukic, S. M., and A. Emadi, Performance analysis of automotive power systems: Effects of power electronic intensive loads and electrically-assisted propulsion systems, *56th IEEE Vehicular Technology Conference (VTC)*, Vancouver, Canada, 2002, Vol. 3, pp. 1835–1839.

第33章 插电式混合动力汽车

33.1 引言

近年来，混合动力和插电式混合动力电动汽车（HEV/PHEV）由于其环保和节能的特点而被广泛应用为常规车辆的替代品。以改装 HEV 的形式，PHEV 配备了足够的车载电能，以全电动模式支持日常驾驶（北美平均每天 40mile，1mile = 1.609km），仅使用电池中储存的能量而不消耗一滴燃油。这又使得内燃机（ICE）可使用最少量的化石燃料来支持超过 40mile 的行驶。于是，温室气体（GHG）排放量大幅减少。PHEV 可通过电网给电池充电来减少燃料消耗，在不久的将来，可以从绿色能源和可再生能源给电池充电[1,2]。

从结构的角度来看，PHEV 是具有足够大的车载充电电池组的 HEV，它允许采用串联拓扑、并联拓扑或串并联组合拓扑，如图 33-1 和图 33-2 所示。

基本上，PHEV 可以在全电动模式下运行，直到车载电池完全耗尽。燃料用于里程更长的驾驶或其他需要，如在恶劣驾驶条件下。因此，PHEV 被认为是高度电力密集型的车辆，可能具有比常规串联的 HEV 更优异的性能。

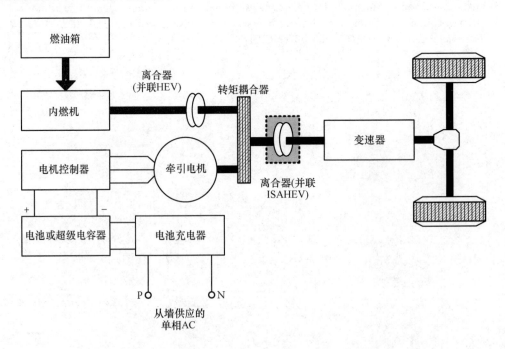

图 33-1　并联 PHEV 传动拓扑结构的典型布局

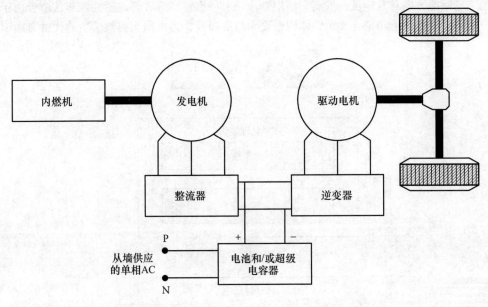

图 33-2　串联 PHEV 传动拓扑结构的典型布局

33.2　PHEV 技术

　　PHEV 传动系统涉及几个环节的耗能部件。传动系统主要包括高能密度型储能系统、总控制器、电力电子变换器和电动机。从分析的角度看，图 33-3 展示了并联 PHEV 传动系统拓扑结构的典型布局。

　　串联 PHEV 如图 33-2 所示，两个不同的能量源串联组合在一起。需要注意的是，电动机提供唯一的牵引力，让 PHEV 成为电力密集型车辆而更适合城市驾驶。ICE 要满足预定的荷电状态（SOC）需求，在最佳工作点作为车载发电机工作，维持电池电量。

　　并联 PHEV 如图 33-1 所示，车辆有两个牵引动力源，分别为电动式和机械式。这种配置为选择合适的牵引动力源组合提供了极大的自由。通过组合两种不同的牵引动力源，可用一个更小的发动机。此外，与串联 PHEV 相比，并联 PHEV 的布置需要的电池容量更小，使得传动系统质量更轻。

33.2.1　PHEV 能量储存

　　PHEV 需要可靠和恒定的电能来支撑全电动模式运行。因此与常规 HEV 相比，车载电池应具有较高的能量密度，以便在小体积内存储足够的能量，并具有较长的循环寿命，从而可以频繁充电和放电。铅酸（PbA）电池曾是受青睐的能量储存装置，但它的低能量密度意味着它不能成为 PHEV 动力的最佳选择。

　　PHEV 能量存储有三种类型的先进电池，镍氢电池（Ni‐MH）是其中一个，因为它的能量密度高、充电时间短、使用寿命长。同时，它还拥有一套不是很成熟的循环回收系统。锂离子（Li‐ion）电池是未来的发展趋势，但与 Ni‐MH 相比，它的耐久性很低，这是汽车电池制造商很关注的一个问题。第三种是超级电容器（UC）/飞轮储能系统。超级电容器也称为"双层"电容器，通常具有较小电阻和较高功率密度，其电容量通常为 600~2500F。另一方面，环保材料构成的飞轮储能方案具有能量密度高、使用寿命长、可靠性高等良好的特性，非常适合用于重型车辆及城市公交车。近年来，飞轮的体积密度大幅度提高，为乘用车提供了新的代替方案[3]。

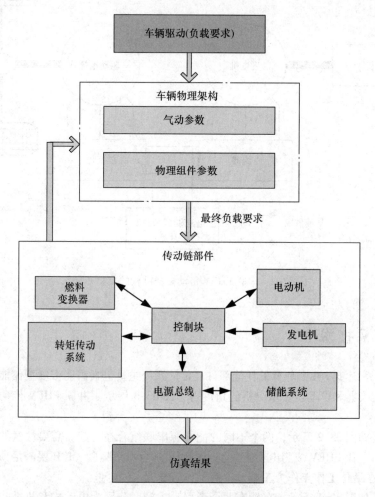

图 33-3 并联 PHEV 传动系统中的能量流动

33.2.2 PHEV 控制策略

PHEV 控制策略是一个复杂的系统，同时满足所有功能最优的优化控制策略几乎不可能制定出来，不同的控制策略只能通过牺牲某些功能来实现某些目标。如在并联 PHEV 拓扑中，并联电动辅助策略旨在车辆需要时能随时使用电动机获得附加功率，并将电池 SoC 保持在一定的预定水平。换句话说，当驱动转矩低于设定值时才会用电动机，或者是需要将 ICE 工作点转移到更高效率的地方[4,5]。然而本章介绍了一种优化控制策略，通过提高再生制动效率来实现更高的电机控制效率。

总之，在满足必要的要求情况下，PHEV 控制策略的主要目标是确保电能是驾驶的第一能量消耗。燃料仅用于电能耗尽后的更长里程的驾驶，要满足电池 SoC 和车辆负载要求的临界约束。

33.2.3 功率电子和驱动电机

PHEV 发展面临的最大挑战除了将现有和未来的技术结合外，还要使其具有稳定可靠的性能，同时以合理成本提供最舒适的驾驶体验。先进的电力电子设备和电动机具有上述优点、可靠性和可购性高，在将 PHEV 引入市场方面发挥了重要作用[6]。

DC-DC 和 DC-AC 变换器是为 PHEV 应用策略设计的。展望未来，当 PHEV 向纯电动推进系统（EV）发展时，电力电子将在传动系统中发挥不可或缺的作用。因此，电力电子设备的效率、可靠性、成本效益和紧凑设计等问题成为主要挑战。先进的电力电子变换器设计和控制技术已经在原型 PHEV 中实现。例如，软开关技术用于降低开关应力并降低总体损耗[7]。此外，最新的文献中提出了先进的通用变换器，以确保 PHEV 充电器具有较小的尺寸，便于在各种可能情况下进行有效的充电。

对于电机而言，一般来说市场上有四大类型，包括永磁直流电机（PM）、交流感应电机（IM）、PM 无刷电机和开关磁阻电机（SRM）。最近的研究指出，IM 和 PM 是最受欢迎的两个选择[8]。IM 具有高可靠性、低维护性、低成本和恶劣环境下的操作能力，使 IM 成为一个理想的选择。然而，PM 无刷电机重量轻、体积小、效率更高、散热快，因此广泛应用于 PHEV 设计中。SRM 具有更高的效率和更好的转矩－速度特性，未来会成为很有潜力的一个选择。SRM 开发的主要挑战包括固有转矩波动最小化和相关控制问题。

33.3 PHEV 充电基础设备

基本上，可以从电网预充电的 HEV 被普遍称作 PHEV。PHEV 作为改进的 HEV 模型，其先进属性就是控制策略保证了电能的使用，并将电能作为首要优先考虑事项。如上所述，在电能耗尽之后，燃料仅用于进一步的行驶。

33.3.1 从电网充电

为了实现充电，PHEV 可以直接连接到任何住宅或商业建筑物的插座上为车载电池充电。若车辆支持每日全电驾驶模式，从常规住宅电源插座充电，电池完全充满电需要 6 ~8h。对典型 PHEV 的驾驶特性，电池 SoC 的上限通常设定为 95% 的较高值，而 SoC 的下限设定低至 20%。换句话说，平常只能使用约 75% 的总电池电量，需要注意的是，电池不能过充电或过放电。因此，电池组的实际容量可以简单地由式（33-1）计算，其中 SoC_{hi} 和 SoC_{low} 分别为 SoC 的上限和下限：

$$E_{real} = \frac{E_{req}}{SoC_{hi} - SoC_{low}} \tag{33-1}$$

然而，从环境角度看，温室气体排放量不能完全消除。在这种条件下，从公共电网长时间给 PHEV 充电有利于减少油井到车轮（WTW）的温室气体排放。

33.3.2 从可再生能源充电

假设 PHEV 只能从传统的公用电源充电，从将来看这是一个合理的假设，因为将来 PHEV 会有大量的使用者。所以，对车载 PHEV 储能系统（ESS）进行充电的总体影响不容忽视。作为传统充电基础设施的补充，考虑到它对温室气体排放总量的影响，利用可再生能源充电的 PHEV 在不久的将来会成为一个非常实际的选择。

以太阳能充电（PV）为例，基于 PHEV 能源需求，可设计适当尺寸的 PV 板，考虑在情况最坏的一天（一天内收到的太阳辐射最小）充电。在特定充电地点，这可以基于平均太阳辐射（每月）的变化量来计算。考虑到典型的 PV 阵列效率（$\eta_{PV} = 15\%$）和 DC-DC 变换器效率（$\eta_{DC-DC} = 95\%$），PV 阵列的面积可以通过式（33-2）计算：

$$A = \frac{E_{req}}{R_{day} \eta_{PV} \eta_{DC-DC}} \tag{33-2}$$

33.3.3 功率流控制策略

PHEV 不仅能够从电网吸收能量，还能将其视为移动式储能装置；它也能在适当的时候将能量注入电网。此外，停电期间使用 PHEV 作为不间断电源（UPS），也将有助于提高单体房屋、智能建筑或是电网的可靠性。在单体房屋或智能建筑中实施此策略很容易。因为需要高度复杂的功率流策略用于计算电力需求量，所以难以在电网层面上实施该策略。最近的文献对智能电力系统设计进行了详尽研究，以便使 PHEV 同时应用电网到车辆（G2V）和车辆到电网（V2G）的功率流，以及在 UPS 应用中的使用。

33.4 PHEV 效率

PHEV 的总体效率分析可分为两部分：油井 - 油箱（WTT）效率和油箱 - 车轮（TTW）效率（也称为动力传动系统效率）。总的来说，WTT 和 TTW 效率代表燃料循环的总体 WTW 效率。更具体来说，在 TTW 阶段，PHEV 效率的计算涉及原料提取和运输期间的损耗；在 WTT 阶段，涉及充放电损耗计算、控制策略损失和再生制动损耗。

33.4.1 PHEV 油井 - 油箱效率

PHEV 的 WTT 分析是一个复杂的过程，涉及许多方面。如在原料/化石燃料提取阶段，WTT 效率分析包括提取、运输和储存损失。同时，基于所使用的发电燃料类型，需要考虑实用发电效率。然而，WTT 方法通常描绘出的效率为 88% ~92%，远高于车辆的 TTW 能量效率。

33.4.2 PHEV 油箱 - 车轮效率

要确定特定 PHEV 传动系的有效性，必须进行详细的 TTW 效率分析（传动系统效率）。通常，利用计算串联或并联的 PHEV 传动系结构中每个功率环节的损耗，可以简单地得出传动系统效率。然而，为了对效率进行公平的比较，应考虑直接影响燃料消耗的一些参数，如充放电效率、再生制动效率以及控制策略设计。

33.4.2.1 充电和放电效率

图 33-4 所示为 PHEV 的典型电力系统布局。充电器插入电网，为高能量车载电池单元充电。双向 DC - DC 变换器将电池连接到高压 DC 总线，并且在再生制动期间将能量传递回电池。传动系统的充放电效率反映了能量储存系统能量交换的效率。因此，电池效率和电力电子变换器的效率包括在整体计算中。

33.4.2.2 PHEV 控制策略

控制策略的设计对传动系统效率的影响是不可忽略的。在 PHEV 中，控制策略更像是常规 HEV 中的电量耗尽（CD）模式。在 CD 模式中，电能并不是从燃料中获得的，因此计算 CD 模式中的传动系损耗变得非常简单。为此需要检测电池的输出能量，并与实际测试的驱动模式下的能量需求进行比较。

33.4.2.3 再生制动效率

人们引入再生制动效率来评估 PHEV 传动系统在现有机械牵引用能量下的性能，从而产生电能[9]。

再生制动将车辆动能转换成电能并将其存储在储能装置中，从而在提高整体动力系统效率方面发挥重要的作用。再生制动效率可以广泛地定义为再生制动回收能量与用于制动的总能量

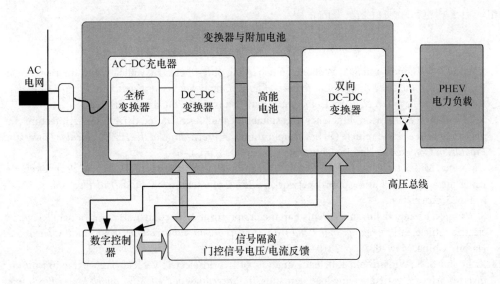

图 33-4　PHEV 电力系统原理图

的比率，如式（33-3）所示。然而，为了计算再生制动效率，必须先表征用于制动的总能量，它基本上是负牵引能量的总和，如式（33-4）所定义。第二，再生制动的回收能量可以通过检测再生电流乘以总线电压（V_{bus}）来计算，如式（33-5）所述：

$$\eta_{REGEN} = \frac{E_{regen}}{E_{neg.\,trac}} \times 100\% \tag{33-3}$$

$$E_{neg.\,trac} = \sum_{i=1}^{n} (|P_i| \Delta t), P_i < 0 \tag{33-4}$$

$$E_{regem} = I_{regen} V_{bus} = (I_{battery.\,regen} + I_{acces}) V_{bus} \tag{33-5}$$

式中，η_{REGEN} 为再生制动效率；$E_{neg.\,trac}$ 为负的牵引能量；E_{regem} 为再生制动回收能量；$I_{battery.\,regen}$ 为再生制动产生的流向电池组的电流；I_{acces} 为汽车辅助设备使用的电流。

33.5　结束语

正如本章所强调的，PHEV 系统涉及许多机械和电气部件和概念。就像 33.1 节中介绍的那样，存在两种主流的 PHEV 拓扑。虽然目前串联 PHEV 拓扑是 PHEV 应用的主要选择，但它是否为最好的选择还未可知。因此，对 PHEV 传动系统效率的全面研究成为一个很有趣的方向。

目前，保持更环保、高效的 PHEV 设计，汽车行业取得了显著进步。从典型的 PHEV 传动系统配置到轮毂电机，都可以实现燃油经济性的改善和温室气体排放的减少[10]。例如，为了提高传动系统效率，已经成功地设计和测试了改进的行星齿轮系统，由此将轴放置在电动机内部，避免机械动力传递期间的损失。虽然这样一个微小的变化会以较低的成本提高传动系统的效率且成本影响很小，但是需要不断研究，去发现创新型传动系统结构，可以集成额外的电力推进使用，并减少机械损失。

作为一个快速发展的行业，很难对 PHEV 技术做出明确的结论。但是，全球发展的巨大潜力无疑代表了先进的电力推进型车辆技术的广阔前景。据预测，未来的车辆技术会包含混合动力/插电式混合动力推进系统。纯电动（EV）系统也许是未来的最终车辆系统，目前 PHEV 有自己的使命，为未来的潜在顾客提供更环保、更节能的驾驶体验。汽车的未来发展很难预测，但它确实是电力电子和电机驱动行业发展的希望。

参 考 文 献

1. X. Li, L. A. C. Lopes, and S. S. Williamson, Charging plug-in electric vehicles with solar energy, in *Proceedings of the 33rd Annual Conference of Solar Energy Society of Canada & the 3rd Canadian Solar Building Research Network Conference*, New Brunswick, Canada, August 2008.

2. X. Li and S. S. Williamson, Efficiency and suitability analyses of varied drive train architectures for plug-in hybrid electric vehicle (PHEV) applications, in *Proceedings of the IEEE Vehicular Power and Propulsion Conference*, Harbin, China, September 2008, pp. 1–6.

3. J. Moreno, M. E. Ortuzar, and J. W. Dixon, Energy-management system for a hybrid electric vehicle, using ultracapacitors and neutral networks, *IEEE Transactions on Industrial Electronics*, 53(2), 614–623, April 2006.

4. S. Wang, K. Huang, Z. Jin, and Y. Peng, Parameter optimization of control strategy for parallel hybrid electric vehicle, in *Proceedings of the 2nd IEEE Conference on Industrial Electronics and Applications*, Harbin, China, May 2007, pp. 2010–2012.

5. X. Li and S. S. Williamson, Efficiency analysis of hybrid electric vehicle (HEV) traction motor-inverter drive for varied driving load demands, in *Proceedings of the IEEE Applied Power Electronics Conference*, Austin, TX, February 2008, pp. 280–285.

6. K. Rajashekara, Power electronics applications in electric/hybrid electric vehicles, in *Proceedings of the 29th Annual Conference of the IEEE Industrial Electronics Society*, Roanoke, VA, November 2003, vol. 3, pp. 3029–3030.

7. M. Ehsani, K. M. Rahman, M. D. Bellar, and A. J. Severinsky, Evaluation of soft switching for EV and HEV motor drives, *IEEE Transactions on Industrial Electronics*, 48(1), 82–89, February 2001.

8. X. Li and S. S. Williamson, Assessment of efficiency improvement techniques for future power electronics intensive hybrid electric vehicle drive trains, in *Proceedings of the IEEE Electrical Power Conference*, Montreal, Canada, October 2007, pp. 268–273.

9. M. Ehsani, Y. Gao, S. E. Gay, and A. Emadi, *Modern Electric, Hybrid Electric, and Fuel Cell Vehicles: Fundamentals, Theory, and Design*, Boca Raton, FL: CRC Press, December 2004.

10. X. Li and S. S. Williamson, Comparative investigation of series and parallel hybrid electric vehicle (HEV) efficiencies based on comprehensive parametric analysis, in *Proceedings of the IEEE Vehicle Power and Propulsion Conference*, Arlington, TX, September 2007, pp. 499–505.

第六部分　电力系统

第 34 章　三相电力系统

34.1　平衡多相电力系统示例

　　如图 34-1a 电路所示，电功率通过该电路从电源传输到负载，并且与端电压方均根（RMS）V 和电流方均根 I 成比例。某些电压由 IEEE/ANSI 标准确定，可以从中选择。对于给定应用的选择，要基于几个因素，包括可用性、成本、功率等级和安全性。确定电压后，传输功率与电流成正比；因此，传递给负载的功率越大，电流也越大。导线的载流容量（即载流量）的上限也与横截面积（A）成比例，成本亦然。因此，对于给定的负载，需要"2A"的导线，其中，A 是将电流传输到负载所需的导线横截面积。

　　现在假设负载增加到原来的 3 倍，如图 34-1b 所示，将电路修改为由三个电源分别给三个相同电路中的负载供电，负载为总负载的 1/3。尽管传输容量增加了两倍，但是因为需要总共"6A"截面尺寸的导线，所以导线成本也增加了两倍。可以通过增加一个公共回线来进一步修改系统，如图 34-1c 所示。显然，这样成效甚微，因为公共回线必须具有"3A"的尺寸以承载 3 倍的载流量，所以需要总共截面为"6A"的导线。

　　假设通过使用三个电压幅值相等，相位相差 120° 的电源来代替原有电源。分析表明，导线 a、b 和 c 中的电流相等，而公共回线（n）中的返回电流为零！因此，只需要截面为"3A"的导体来承担与图 34-1b 相同的负载，可节省 50% 的成本！

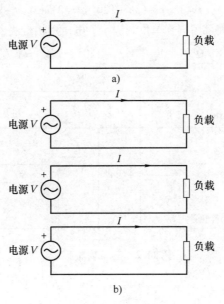

图 34-1　单相电力传输基本方案

a）电力传输电路　b）具有 3 倍容量的改进系统

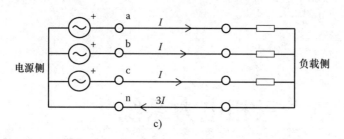

图 34-1　单相电力传输基本方案（续）

c）带有公共回线的系统

　　只有在完全对称的情况下，才能完全实现成本的巨大节约，而大多数系统通过安装中性线以适应负载不对称。然而，经验表明，即使对于较差的不对称，导线 n 通常不会比导线 a、b 或 c 流过更多的电流，因此截面积不需要大于 A。即便如此，这显著地节省了 33%，且导线 n 的尺寸通常更小。这对任何多相系统都有利；通常来说，选择"三"的原因是它可以实现设备（变压器、发电机、电动机、传输线）的经济设计。

　　我们来定义一些术语。将导线 a、b 和 c 称为相线，将导线 n 称为中性线。图 34-1c 所示的接线型式称为"三相四线"系统。三相系统的电压幅值相等，相位各差 120°，或近似情况。

34.2　平衡三相电路分析

　　本节讨论的三相系统的基本电路如图 34-2 所示。

　　在平衡运行状态下，如图 34-3 所示，电压定义如下：

$$v_{an}(t) = V_{max}\cos(\omega t) = \sqrt{2}V\cos(\omega t)$$
$$v_{bn}(t) = V_{max}\cos(\omega t - 120°) = \sqrt{2}V\cos(\omega t - 120°) \tag{34-1}$$
$$v_{cn}(t) = V_{max}\cos(\omega t + 120°) = \sqrt{2}V\cos(\omega t + 120°)$$

　　除特别说明外，所有物理量用国际单位制表示。电压用相量法表示如下：

$$\bar{V}_{an}^{\ominus} = V\underline{/0°} \qquad \bar{V}_{bn} = V\underline{/-120°} \qquad \bar{V}_{cn} = V\underline{/+120°} \tag{34-2}$$

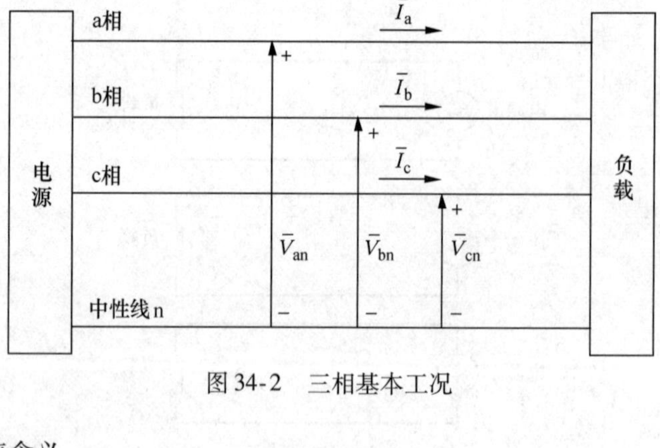

图 34-2　三相基本工况

符号与术语代表含义：

　㊀　国标中相量是用字母上的小圆点来表示的，如此处应为 $\dot{V}_{an} = V\underline{/0°}$。本书沿用英文版原书的表示方法。

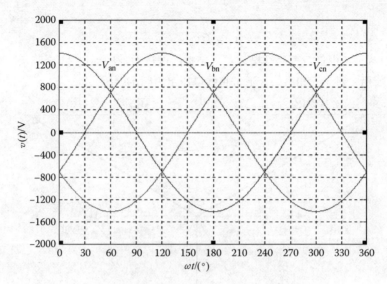

图 34-3　瞬时相对中性点电压［式（34-1）］

$$v(t) = \sqrt{2}\cos(\omega t + \alpha) = 瞬时电压$$

$$\bar{V} = V \underline{/\alpha} = 相电压 \tag{34-3}$$

$$V = |\bar{V}| = \bar{V} 的幅值（有效值）$$

$$V_{相} = V_p = V_{an} = V_{bn} = V_{cn} \tag{34-4}$$

对称运行对于三相系统运行性能至关重要，因为系统不对称的程度会削弱三相系统的优势。幸运的是，实际上大多数系统基本上是对称的，很少出现极度不对称的情况（见图 34-3）。

在平衡运行下，有两种可能性，称为"相序"：

● "b 相"电压滞后"a 相"电压 120°（顺序 abc）。

● "b 相"电压超前"a 相"电压 120°（顺序 acb）。

在整个讨论中，与大多数其他情况一样，给定 abc 的相序。如果给定应用不是在这种情况下运行，则交换 b 相和 c 相的顺序（见图 34-4）。

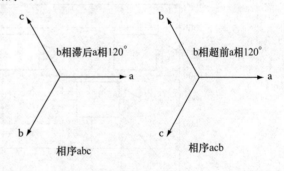

图 34-4　相序

除了相电压之外，在三相系统中，还有另外三个至关重要的电压。基于基尔霍夫电压定律（KVL），可得

$$\bar{V}_{ab} = \bar{V}_{an} - \bar{V}_{bn} = V \underline{/0°} - V \underline{/-120°} = \sqrt{3}V \underline{/30°}$$

$$\bar{V}_{bc} = \bar{V}_{bn} - \bar{V}_{cn} = \sqrt{3}V \underline{/-90°} \tag{34-5}$$

$$\bar{V}_{cb} = \bar{V}_{cn} - \bar{V}_{bn} = \sqrt{3}V \underline{/150°}$$

总的来说，我们称之为"线"电压，这样有

$$V_{线} = V_L = V_{ab} = V_{bc} = V_{ca} \tag{34-6}$$

注意到

$$V_L = \sqrt{3}V_P = \sqrt{3}V \tag{34-7}$$

这是三相对称分析中最重要的结果之一。完整的电压波形图如图34-5所示。六个电压的曲线图如图34-6所示。对于三相系统，通常将线电压定为额定电压。

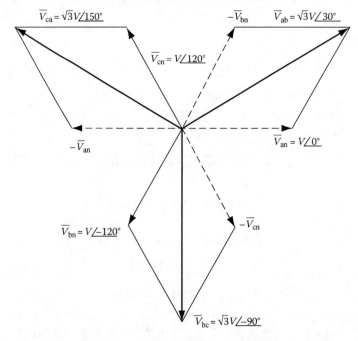

图 34-5　三相对称系统的电压相量图

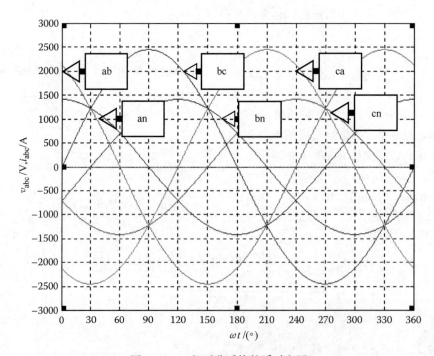

图 34-6　三相对称系统的瞬时电压

【例 34-1】　给定一个 1732V 的三相系统，相电压和线电压表示如下：

$$\bar{V}_{an} = 1000 \angle 0° \text{V} \quad \bar{V}_{bn} = 1000 \angle -120° \text{V} \quad \bar{V}_{cn} = 1000 \angle 120° \text{V}$$

$$\bar{V}_{ab} = 1732 \angle 30° \text{V} \quad \bar{V}_{bc} = 1732 \angle -90° \text{V} \quad \bar{V}_{cb} = 1732 \angle 150° \text{V} \tag{34-8}$$

$$V_{P} = 1000\text{V} \quad V_{L} = 1732\text{V}$$

注意，除非另有说明，在对称运行下，默认相序为 abc 和使用 a 相电压作为参考相电压。

34.2.1　星形三角形联结

系统中的电流由负载阻抗决定。如果三相电流（a 相、b 相、c 相）对称（即幅值相等，各相电流相位差为 120°），那么阻抗必须满足两个条件：

- 三相连接必须是对称的。
- 三相阻抗必须相等。

满足第一个条件的两种连接方式如图 34-7 所示。

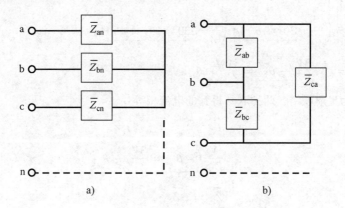

图 34-7　三相对称连接方式

a）星形（Y）联结　b）三角形（△）联结

注意，在 Y 联结中，中性线可以被 "拉出" 并连接到一个四线制系统中，而在三角形联结中，中性线总是开路。

Y 联结中的电流满足

$$\bar{I}_{a} = \frac{\bar{V}_{an}}{Z_{an}}, \ \bar{I}_{b} = \frac{\bar{V}_{bn}}{Z_{bn}}, \ \bar{I}_{c} = \frac{\bar{V}_{cn}}{Z_{cn}} \tag{34-9}$$

在对称运行下，阻抗相等：

$$\bar{Z}_{Y} = \bar{Z}_{an} = \bar{Z}_{bn} = \bar{Z}_{cn} = Z_{Y} \angle \theta_{Y} \tag{34-10}$$

所以

$$\bar{I}_{a} = \frac{\bar{V}_{an}}{Z_{Y}} = \frac{V \angle 0°}{Z_{Y} \angle \theta_{Y}} = \frac{V}{Z_{Y}} \angle -\theta_{Y} \tag{34-11}$$

假设对三相 Y 联结负载施加三相对称电压，则可以直观地发现，a 相、b 相、c 相的电流对称。

在三角形联结中的电流为

$$\overline{I}_{ab} = \frac{V_{ab}}{Z_{ab}}, \quad \overline{I}_{bc} = \frac{V_{bc}}{Z_{bc}}, \quad 则 \quad \overline{I}_{ca} = \frac{V_{ca}}{Z_{ca}}$$

$$\overline{I}_a = \overline{I}_{ab} - \overline{I}_{ca} \quad \overline{I}_b = \overline{I}_{bc} - \overline{I}_{ab} \quad \overline{I}_c = \overline{I}_{ca} - \overline{I}_{bc}$$

(34-12)

在对称运行下，阻抗相等：

$$\overline{Z}_\triangle = \overline{Z}_{ab} = \overline{Z}_{bc} = \overline{Z}_{ca} = Z_\triangle \underline{/\theta_\triangle}$$

(34-13)

所以

$$\overline{I}_{ab} = \frac{\overline{V}_{ab}}{\overline{Z}_\triangle} = \frac{\sqrt{3}V \underline{/30°}}{Z_\triangle \underline{/\theta_\triangle}} = \frac{\sqrt{3}V}{Z_\triangle} \underline{/30° - \theta_\triangle}$$

(34-14)

给定三相对称电压施加到三相三角形联结的对称负载上，显然，a 相、b 相和 c 相的电流对称。

$$\begin{aligned}
\overline{I}_a &= \overline{I}_{ab} - \overline{I}_{ca} \\
&= \left(\frac{\sqrt{3}V}{Z_\triangle} \underline{/30° - \theta_\triangle}\right) - \left(\frac{\sqrt{3}V}{Z_\triangle} \underline{/30° - \theta_\triangle + 150°}\right) \\
&= \sqrt{3}\frac{\sqrt{3}V}{Z_\triangle} \underline{/-\theta_\triangle} = \frac{3V}{Z_\triangle} \underline{/-\theta_\triangle}
\end{aligned}$$

(34-15)

现将其等效为星形联结，两种联结得到的电流相等：

$$\overline{I}_a(\Upsilon) = \overline{I}_a(\triangle)$$

$$\frac{V}{Z_\Upsilon} \underline{/-\theta_\Upsilon} = \frac{3V}{Z_\triangle} \underline{/-\theta_\triangle}$$

(34-16)

$$\overline{Z}_\triangle = 3\overline{Z}_\Upsilon$$

【例 34-2】 将给定的星形联结等效为三角形联结：

$$Z_\triangle = 3\overline{Z}_\Upsilon = 3(8 + j6) = 24 + j18\Omega$$

(34-17)

在三线制（a、b、c）下，三角形联结接不对称阻抗可以转换为星形联结，反之亦然。

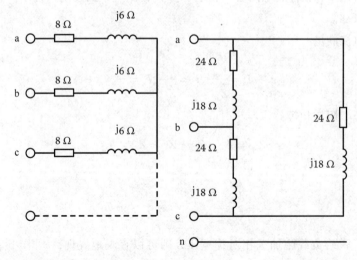

三角形联结可按此转换为星形联结：

$$\begin{cases} \overline{Z}_{an} = \dfrac{\overline{Z}_{ab}\overline{Z}_{ca}}{\overline{Z}_{ab} + \overline{Z}_{bc} + \overline{Z}_{ca}} \\[4mm] \overline{Z}_{bn} = \dfrac{\overline{Z}_{bc}\overline{Z}_{ab}}{\overline{Z}_{ab} + \overline{Z}_{bc} + \overline{Z}_{ca}} \\[4mm] \overline{Z}_{cn} = \dfrac{\overline{Z}_{ca}\overline{Z}_{bc}}{\overline{Z}_{ab} + \overline{Z}_{bc} + \overline{Z}_{ca}} \end{cases} \tag{34-18}$$

星形联结可按此转换为三角形联结：

$$\begin{cases} \overline{Z}_{ab} = \dfrac{\overline{Z}_{an}\overline{Z}_{bn} + \overline{Z}_{bn}\overline{Z}_{cn} + \overline{Z}_{cn}\overline{Z}_{an}}{\overline{Z}_{cn}} \\[4mm] \overline{Z}_{bc} = \dfrac{\overline{Z}_{an}\overline{Z}_{bn} + \overline{Z}_{bn}\overline{Z}_{cn} + \overline{Z}_{cn}\overline{Z}_{an}}{\overline{Z}_{an}} \\[4mm] \overline{Z}_{ca} = \dfrac{\overline{Z}_{an}\overline{Z}_{bn} + \overline{Z}_{bn}\overline{Z}_{cn} + \overline{Z}_{cn}\overline{Z}_{an}}{\overline{Z}_{bn}} \end{cases} \tag{34-19}$$

常使用对称分量法分析三相不对称系统，这已超出本节的讨论范围。

【例 34-3】 将例 34-1 中的电压施加到例 34-2 中的负载，计算所有电流的值。

星形联结：

$$\overline{I}_a = \frac{\overline{V}_{an}}{\overline{Z}_{an}} = \frac{1000\underline{/0°}}{8 + j6}\text{A} = 100\underline{/36.9°}\text{A}$$

$$\overline{I}_b = \frac{\overline{V}_{bn}}{\overline{Z}_{bn}} = \frac{1000\underline{/-120°}}{8 + j6}\text{A} = 100\underline{/-156.9°}\text{A} \tag{34-20}$$

$$\overline{I}_c = \frac{\overline{V}_{cn}}{\overline{Z}_{cn}} = \frac{1000\underline{/120°}}{8 + j6}\text{A} = 100\underline{/83.1°}\text{A}$$

三角形联结：

$$\overline{I}_{ab} = \frac{\overline{V}_{ab}}{\overline{Z}_{ab}} = \frac{1732\underline{/30°}}{24 + j18}\text{A} = 57.73\underline{/-6.9°}\text{A}$$

$$\overline{I}_{bc} = \frac{\overline{V}_{bc}}{\overline{Z}_{bc}} = \frac{1732\underline{/-90°}\text{A}}{24 + j18} = 57.73\underline{/-126.9°}\text{A}$$

$$\overline{I}_{ca} = \frac{\overline{V}_{ca}}{\overline{Z}_{ca}} = \frac{1732\underline{/-150°}}{24 + j18}\text{A} = 57.73\underline{/113.1°}\text{A} \tag{34-21}$$

$$\overline{I}_a = \overline{I}_{ab} - \overline{I}_{ca} = 100\underline{/-36.9°}\text{A}$$

$$\overline{I}_b = \overline{I}_{bc} - \overline{I}_{ab} = 100\underline{/-156.9°}\text{A}$$

$$\overline{I}_c = \overline{I}_{ca} - \overline{I}_{bc} = 100\underline{/83.31°}\text{A}$$

注意，除非另有说明，在对称运行下，默认相序为 abc 和使用 a 相电压作为参考相电压。

34.3 功率因素考虑

常用五种功率用于交流电路的分析。在单相的情况下：

$$
\begin{aligned}
p(t) &= v(t)i(t) \\
&= \left[V\sqrt{2}\cos(\omega t + \alpha) \right] \cdot \left[I\sqrt{2}\cos(\omega t + \beta) \right] \\
&= VI\cos(\alpha - \beta) + VI\cos(2\omega t + \alpha + \beta) \\
&= 瞬时功率
\end{aligned}
$$

$$
\begin{aligned}
\overline{S} &= P + jQ = \overline{V} \cdot \overline{I}^{*} = 复功率 \\
S &= \left| \overline{S} \right| = VI = 视在功率 \\
P &= \mathrm{Re}\left[\overline{S} \right] = 有功功率（实部）\\
Q &= \mathrm{Im}\left[\overline{S} \right] = 无功功率（虚部）
\end{aligned}
\tag{34-22}
$$

假定电压、电流的单位分别为 V 和 A，功率的单位为 W。不过传统上，"W" 仅用于 $p(t)$ 和 P，"V·A"（伏安）用于视在功率 S，"var"（伏安无功部分）用于无功功率 Q。

定义

则
$$
\theta = \alpha - \beta
$$
$$
p(t) = VI\cos(\theta) + VI\cos(2\omega t + \alpha + \beta)
$$
$$
\overline{S} = \overline{V}\,\overline{I}^{*} = VI\,\underline{/\theta}
$$
$$
= VI\cos\theta + jVI\sin\theta
$$

$$
S = VI \qquad P = VI\cos(\theta) \qquad Q = VI\sin(\theta) \qquad \overline{S} = VI\,\underline{/\theta} \tag{34-23}
$$

这里引入功率因数的概念，并定义如下：

$$
功率因数 = \mathrm{pf} = \frac{P}{S} \tag{34-24}
$$

正弦情况下：

$$
\mathrm{pf} = \frac{P}{S} = \frac{VI\cos\theta}{VI} = \cos\theta \tag{34-25}
$$

根据电流相对电压的相角差，功率因数常用 "滞后" 和 "超前" 来描述，如图 34-8 所示。

注意到 $R-C$ 负载具有超前的功率因数；R 负载的功率因数为 1，而 $R-L$ 负载具有滞后的功率因数。

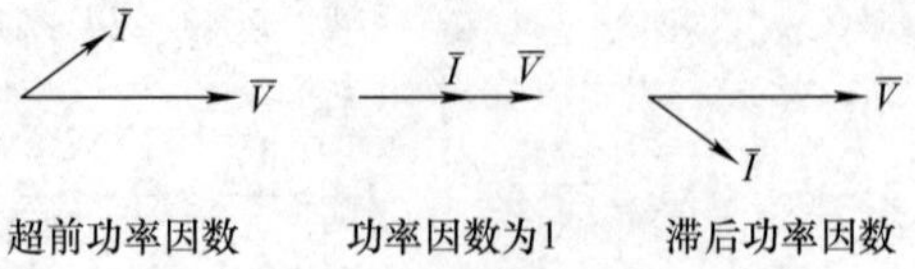

超前功率因数　　　功率因数为 1　　　滞后功率因数

图 34-8　功率因数超前与滞后

【例 34-4】　假定例 34-1 ~ 例 34-3 中的系统，a 相功率与功率因数计算如下：

$$
\begin{aligned}
p_{\mathrm{a}}(t) &= v_{\mathrm{an}}(t)i_{\mathrm{a}}(t) \\
&= \left[80 + 100\cos(2\omega t - 36.9°) \right] \mathrm{kW}
\end{aligned}
$$

$$
\overline{S}_{\mathrm{a}} = \overline{V}_{\mathrm{an}} \overline{I}_{\mathrm{a}}^{*} = (1000\,\underline{/0°}) \cdot (100\,\underline{/-36.9°})^{*}
$$

$$
= 80\mathrm{kW} + j60\mathrm{kvar}
$$

$$S_a = \left| \overline{S}_a \right| = \left| 80 + j60 \right| kV \cdot A = 100 kV \cdot A$$

$$P_a = \mathrm{Re}\left[\overline{S} \right] = 80 kW$$

$$Q_a = \mathrm{Im}\left[\overline{S} \right] = 60 kvar$$

$$pf = \cos\theta = 0.8, 滞后 \tag{34-26}$$

假设我们在复平面上画出复功率（如作出一个阿干特图），则得到的图如图 34-9 所示，称作"功率三角形"。

【例 34-5】 画出例 34-4 中的功率三角形。

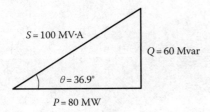

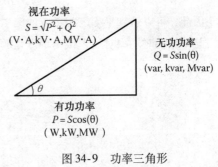

图 34-9　功率三角形

在一般的三相四线制（abcn）中，

$$p_{3\Phi}(t) = p_{an}(t) + p_{bn}(t) + p_{cn}(t)$$

$$= v_{an}(t)i_a(t) + v_{bn}(t)i_b(t) + v_{cn}(t)i_c(t)$$

$$\overline{S}_{3\phi} = \overline{S}_a + \overline{S}_b + \overline{S}_c \tag{34-27}$$

$$= \overline{V}_{an}\overline{I}_a^* + \overline{V}_{bn}\overline{I}_b^* + \overline{V}_{cn}\overline{I}_c^*$$

如果系统平衡，则显然可得图 34-10 所示的波形。

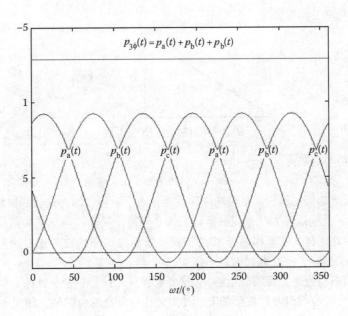

图 34-10　三相对称下的瞬时功率

$$p_{3\phi}(t) = p_{an}(t) + p_{bn}(t) + p_{cn}(t)$$
$$= VI\cos\theta + VI\cos(2\omega t + \alpha + \beta) + VI\cos\theta + $$
$$VI\cos(2\omega t + \alpha + \beta + 240°) + \tag{34-28}$$
$$VI\cos(2\omega t + \alpha + \beta - 240°)$$
$$= 3VI\cos\theta$$

因此，可以看到平衡三相系统的第二个优点：三相瞬时功率恒定！

与单相瞬时功率对比，该功率以角频率 2ω 振荡。进而直接说明

$$\overline{S}_{3\phi}(t) = 3\overline{V}_{an}\overline{I}_a^*$$
$$\overline{S}_{3\phi}(t) = 3VI_L = 3\frac{V_L}{\sqrt{3}}I_L$$
$$= \sqrt{3}V_L I_L \tag{34-29}$$
$$P_{3\phi} = \sqrt{3}V_L I_L \cos\theta$$
$$Q_{3\phi} = \sqrt{3}V_L I_L \sin\theta$$

【例 34-6】 假定例 34-1～例 34-3 代表平衡三相情况下的一相，那么三相功率可表示为

$$S_{3\phi} = \sqrt{3}V_L I_L = \sqrt{3} \times 1732 \times 100 \text{V} \cdot \text{A} = 300 \text{kV} \cdot \text{A}$$
$$P_{3\phi} = \sqrt{3}V_L I_L \cos\theta = 300 \times 0.8 \text{kW} = 240 \text{kW}$$
$$Q_{3\phi} = \sqrt{3}V_L I_L \sin\theta = 300 \times 0.6 \text{kvar} = 180 \text{kvar} \tag{34-30}$$
$$P_{3\phi}(t) = 240 \text{kW}$$
$$\overline{S}_{3\phi} = 240 \text{kW} + j180 \text{kvar}$$

例 34-6 中的功率三角形为

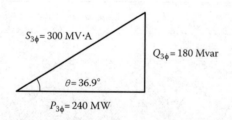

例 34-4 中的功率因数为

$$\text{pf} = \cos\theta = \cos 36.9° = 0.8 \text{ 滞后} \tag{34-31}$$

供电公司更喜欢他们的用户在单位功率因数（pf）下运行，因为这代表以最小电流传输最大（实际）功率。为了鼓励以最大功率因数运行，供电公司计量部门对低功率因数运行的用户会进行相应的处罚。因此，将其功率因数"校正"到接近单位功率因数，这对用户是有利的。这称为"功率因数校正问题"，并在此讨论。

通常负载的功率因数是滞后的（电感），这要求校正元件必须是容性的，因此术语为"功率因数校正电容器"。电容器组并联在负载上，并安装在计量点的负载侧，如图 34-11a 所示。

【例 34-7】 为用户的一个三相负载供电：1000kV · A@ 12.47kV；pf = 0.6 滞后。用户希望通过安装校正电容器，从而把功率因数修正至 0.92（滞后）。电容器的容量为

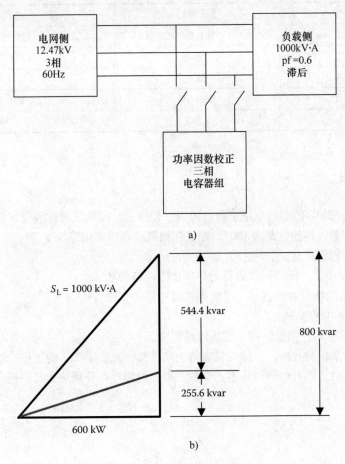

a)

b)

图 34-11　功率因数校正

a）系统组件　b）在 $P-Q$ 坐标平面上的复功率

$$\overline{S}_\mathrm{L} = 负载功率 = P_\mathrm{L} + jQ_\mathrm{L} = 600 + j800$$

$$\overline{S}_\mathrm{C} = 补偿功率（容性）= 0 - jQ_\mathrm{c}$$

$$\overline{S}_\mathrm{s} = 电源功率 = P_\mathrm{s} + jQ_\mathrm{s}$$

$$\overline{S}_\mathrm{s} = \overline{S}_\mathrm{L} + \overline{S}_\mathrm{C} = 600 + j800 + 0 - jQ_\mathrm{c}$$

$$= 600 + j(800 - Q_\mathrm{c})$$

(34-32)

因为要求 pf = 0.92 滞后，$\theta = 23.07°$，所以

$$\overline{S}_\mathrm{s} = 600 + j(800 - Q_\mathrm{c}) = S_\mathrm{s}\ \underline{/23.07°}$$

$$= 600 + j255.6$$

(34-33)

因此 $Q_\mathrm{c} = (800 - 255.6)\ \mathrm{kvar} = 544.4\mathrm{kvar}$。

输出数据：需要容性补偿

电抗器额定值

线电压为 12470V，全部 $Q = 544.401\mathrm{kvar}$。

单相额定值	星形联结	三角形联结
无功功率额定值/kvar	181.467	181.467
额定电压/V	7199.6	12470.0
额定电流/A	25.2	14.6
电抗器阻抗/Ω	285.64	856.91
电抗器容抗/μF	9.287	3.096

34.4　结束语

功率等级超过 10kW 的电力系统中通常应用三相概念。该系统对称运行，意味着各相施加的电压和电流幅值相等，各相位差为 120°，并且各相阻抗和功率相等。

三相对称运行的优点有：

① 与单相情况相比，使用同样数目的导体传输两倍的功率。

② 与单相输电的振荡特性相比，可实现瞬时功率的直流传输。

③ 可选择两种电压电平。

④ 即使丢失了两相，仍能保持一定的传输能力。

对于三相对称系统的分析，对称性具有很大的优势，减少了 2/3 的工作，使计算不至于像单相系统计算那么复杂。不对称运行是不正常的，最好使用对称分量法进行分析。

第35章 非接触式能量传输

35.1 引言

近来,非接触式能量传输(CET)系统已被深入研究(参见参考文献列表)。这项创新技术创造了新的可能性,能为移动设备供电。同时因为去除了电缆、连接器和/或集电环,能提高可靠性,在航空航天、生物医学和机器人应用等重要领域实现免维护运行。图35-1给出了CET系统的分类。

CET系统可以使用电磁波,包括光、声波(声音)以及电场作为"媒介"。在最广泛普及的应用设备里,CET系统的核心是电源和负载之间的电感或电容耦合,以及高开关频率的变换器。

电容耦合(见图35-2b)应用于低功率领域(例如,用于传感器供电系统),而电感性耦合(见图35-2a)能传输从几毫瓦到几百千瓦的功率[20]。注意,CET系统没有一个公认的命名法。有些作者使用术语"无线"[1,5,16,21,32-34],而不是"非接触式"能量传输或供电。然而,术语"无线"能量传输(或电源)大多用于描述更长距离(几米)的能量传输,如用于手机或无线传感器技术[5,20,34]。

本章只对电感耦合CET系统进行了讨论。对于这样的潜在应用技术应用前景十分广阔,可以在低功耗家用设备、办公设备和高功耗工业设备上实现能量传输。

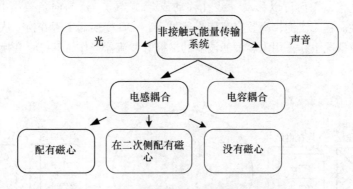

图35-1 非接触式/无线能量传输系统分类

(摘自 Sonntag C L W, et al., Load position detection and validation on variable – phase contactless energy transfer desktops < http: //repository. tue. nl/661798 >. In Proceedings of the IEEE Energy Conversion Congress and Exposition, ECCE 2009, San Jose, 20 – 24 September, 2009, pp. 1818 – 1825. 已获授权)

在医学、海事和其他领域中,采用物理电气接触可能会带来危险(电池充电器)。这为采用CET系统带来了应用前景。

在CET系统规范中使用的许多参数必须设计成可以适用于各种工况,但并没有一个通用的解决方案。虽然许多研究成果提出了电感耦合CET系统的个别解决方案[3,7-14,18,19,22,23,29-31,38],但没有

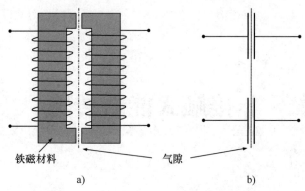

铁磁材料　　　　　气隙

a)　　　　　　　　　　　　　b)

图 35-2　CET 系统中的电感耦合与电容耦合

a）电感耦合　b）电容耦合

（摘自 Sonntag C L W，et al.，Load position detection and validation on variable – phase contactless energy transfer desktops < http：//repository. tue. nl/661798 >. In Proceedings of the IEEE Energy Conversion Congress and Exposition，ECCE 2009，San Jose，20 – 24 September，2009，pp. 1818 – 1825. 已获授权）

得出能广泛应用的设计和控制方法。由于 CET 变换器采用高开关频率（$f_{sw} \geq 20\text{kHz}$），在硬件中构建了这些系统[22,23,29,30]，并采用与硬件特性相匹配的控制与保护方案。然而，最近一次更成熟的方案是在数字信号处理器或可编程序逻辑控制器中开发实现的，如在文献[25，26]中描述的现场可编程门阵列电路（FPGA）。

35. 2　基本运行准则

典型的感应耦合 CET 系统的框图如图 35-3 所示。它由一次侧的 DC – AC 谐振变换器把直流变换到高频交流。接着，以电压比 k 表示，通过变压器把交流电能变换到二次侧。二次侧与一次侧之间没有电气连接，因而可以移动（线性移动或/和旋转）。这为向负载供电增加了灵活性、可移动性和安全性。在二次侧，高频交流能量通过 AC – DC 变换器实现变换，从而满足负载参数的要求。在大多数情况下，采用电容型滤波器的二极管整流器当作 AC – DC 变换器。

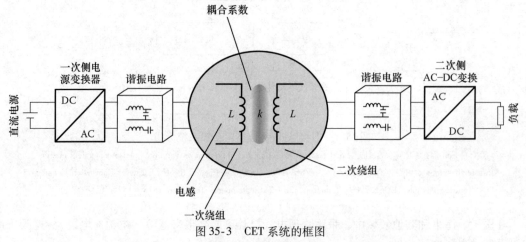

图 35-3　CET 系统的框图

（Reproduced from Sonntag C L W，et al.，Load position detection and validation on variable – phase contactless energy transfer desktops < http：//repository. tue. nl/661798 >. In *Proceedings of the IEEE Energy Conversion Congress and Exposition ECCE* 2009，San Jose，20 – 24 September，2009，pp. 1818 – 1825. With permission.）

不过，某些设备需要有源整流器或逆变器（用于稳定交流或直流负载）[12-14]。因此，感应耦合 CET 系统常主要由大气隙变压器和谐振变换器组成。

35.2.1　补偿拓扑

在常规的应用中，变压器用于电源和负载之间的电气隔离，其工作基于一次绕组和二次绕组之间的高磁耦合系数 k。由于使用了两半磁心和/或气隙，CET 变压器通常在较低的磁耦合系数下运行。因此，主电感 L_{12}（见表 35-1）是非常小的，而漏电感（L_{11}、L_{22}）与传统的变压器相比是比较大的，故磁化电流的增加会引起更高导通损耗。此外，较大的漏感会增加绕线损耗。大气隙变压器的另一个缺点是电磁兼容性（EMC）问题（强辐射）。现已有几种电力变换器拓扑结构，可最大限度地减少 CET 变压器的上述缺点。可以分为以下几类结构：反激式、谐振、准谐振和自谐振。所有这些拓扑结构都是利用存储在变压器中的能量。因为谐振软开关技术可补偿变压器的漏感和减少功率变换器的开关损耗，所以谐振软开关技术在大多数设备中得到了运用。为了形成谐振电路和补偿 CET 变压器大漏感，可采用两种方法[16,17]：S – 串联或 P – 并联，并给出四种基本拓扑结构：SS、SP、PS 和 PP（首字母表示一次补偿，第二个字母表示二次补偿，见表35-1）。

PS 和 PP 拓扑需要一个额外的串联电感器，以调节逆变器电流流入并联谐振腔。该附加电感器增加了 EMC 畸变、变换器的尺寸和 CET 系统的总成本。

假设一次和二次绕组匝数相等，$N_1 = N_2$，SS 和 SP 拓扑的基本参数见表 35-2，其中 $G_v = U_2/U_1$，U_2 为 CET 系统的输出电压，G_v 为 CET 系统的输入传递函数；$\omega = \omega_s/\omega_0$，为标幺化频率；$k$ 为电压比；R_0 为二次侧的负载电阻。

表 35-1　多种漏感补偿电路

简化电路	缩　写	注　释	对耦合方式和负载变化的灵敏度
	串联 –串联（SS）	带有中间直流电压母线的系统	对负载变化敏感
	串联 –并联（SP）	（电流源输出）蓄电池充电	对耦合方式变化敏感
	并联 –串联（PS）	带有中间直流电压母线的系统	对耦合方式变化敏感

（续）

简 化 电 路	缩 写	注 释	对耦合方式和负载变化的灵敏度
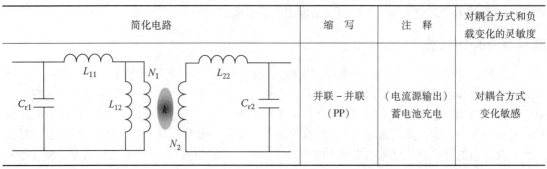	并联 – 并联（PP）	（电流源输出）蓄电池充电	对耦合方式变化敏感

表 35-2　补偿电路的基本参数

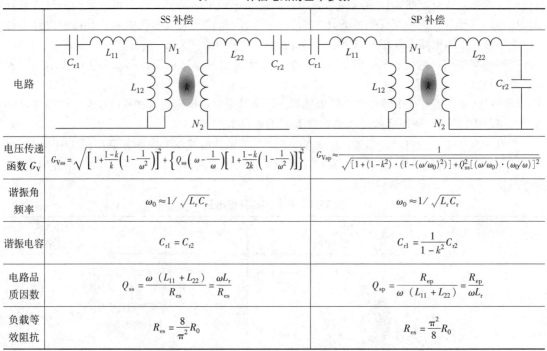

	SS 补偿	SP 补偿
电路		
电压传递函数 G_V	$G_{\mathrm{Vss}} = \sqrt{\left[1 + \dfrac{1-k}{k}\left(1 - \dfrac{1}{\omega^2}\right)\right]^2 + \left\{Q_{\mathrm{ss}}\left(\omega - \dfrac{1}{\omega}\right)\left[1 + \dfrac{1-k}{2k}\left(1 - \dfrac{1}{\omega^2}\right)\right]\right\}^2}$	$G_{\mathrm{Vsp}} \approx \dfrac{1}{\sqrt{\left[1 + (1-k^2)\cdot(1 - (\omega/\omega_0)^2)\right]^2 + Q_{\mathrm{ss}}^2\left[(\omega/\omega_0)\cdot(\omega_0/\omega)\right]^2}}$
谐振角频率	$\omega_0 \approx 1/\sqrt{L_r C_r}$	$\omega_0 \approx 1/\sqrt{L_r C_r}$
谐振电容	$C_{r1} = C_{r2}$	$C_{r1} = \dfrac{1}{1-k^2} C_{r2}$
电路品质因数	$Q_{\mathrm{ss}} = \dfrac{\omega\,(L_{11} + L_{22})}{R_{\mathrm{es}}} = \dfrac{\omega L_r}{R_{\mathrm{es}}}$	$Q_{\mathrm{sp}} = \dfrac{R_{\mathrm{ep}}}{\omega\,(L_{11} + L_{22})} = \dfrac{R_{\mathrm{ep}}}{\omega L_r}$
负载等效阻抗	$R_{\mathrm{es}} = \dfrac{8}{\pi^2} R_0$	$R_{\mathrm{es}} = \dfrac{\pi^2}{8} R_0$

对比 SS 和 SP 的参数，可以发现所选择的拓扑结构会严重影响主电容的正确选择。SS 拓扑的一个重要优点是主电容与电压比或负载无关。与此相反，SP 拓扑取决于电压比，并且需要较高的电容值才能实现更强的磁耦合。

35.2.2　电力谐振变换器

电力谐振变换器包含谐振 $L - C$ 网络，也称为谐振电路（RC）或谐振回路网络，其电压和电流波形在每个开关周期的一个或多个子周期期间正弦变化。这些变换器包含低总谐波畸变，因为开关频率等于一次谐波频率。CET 系统中使用的基本电力变换器拓扑如图 35-4 所示。全桥逆变器（见图 35-4c）由四个开关和一个 RC 组成，通常用于大功率应用。半桥逆变器（见图 35-4a）只有两个开关，另外两个可以由电容器代替（见图 35-4b）。与半桥拓扑相比，全桥变换器的输出电压 u_1 翻了一倍。

谐振技术的主要优点是通过称为零电流开关（ZCS）和零电压开关（ZVS）的机制来减少开关损耗。导通和/或关断变换器半导体元件只能出现在谐振准正弦波形的零交叉处出现。这消除

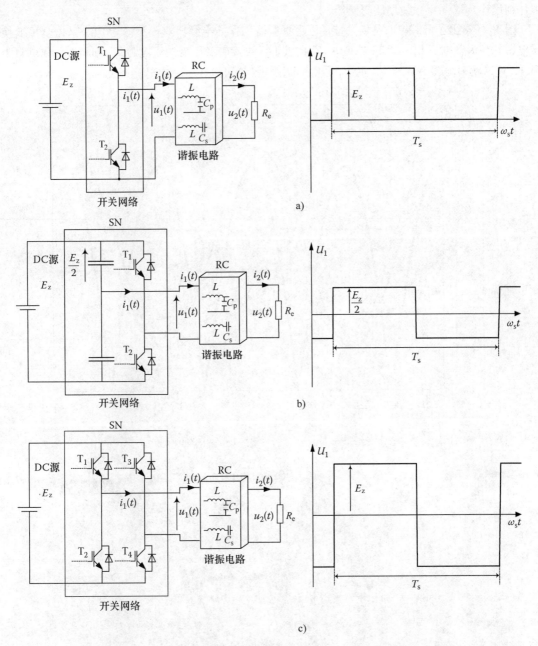

图 35-4　串联谐振变换器的基本拓扑和谐振电路电压 $u_1(t)$ 的波形图

a）半桥单极变换器　b）半桥双极变换器　c）全桥变换器

了一些开关损耗。因此，开关损耗减小，并且谐振变换器可以在比类似的脉冲宽度调制（PWM）硬开关变换器高得多的开关频率下工作。ZVS 也可以消除或减少一些电磁辐射源，即电磁干扰。另一个优点是 ZVS 和 ZCS 变换器都可以利用变压器漏电感和二极管结电容以及电源开关的输出寄生电容。

　　然而，谐振变换器也有一些缺点。尽管可以选择 RC 组件，以在单个工作点获得高效率的良好性能，但通常很难优化谐振组件，不能在负载电流和输入电压大幅度变化的情况下获得良好性能。即使去除负载，显著的电流也可能通过箱内组件循环，导致轻负载时效率低下。因此，必须仔细设计 CET 系统中使用的变换器[9,11,23]。

图 35-5 给出了具有串联补偿功能的在谐振频率工作的绝缘栅双极晶体管 CET 谐振全桥变换器电压 u_1、u_2，电流 i_1、i_2 和一次功率 P_1 的波形。可旋转变压器的气隙为 25.5mm，负载电阻为 10Ω，传递功率为 2.5kW[25,26]。可以看出，谐振变换器可以在零一次电流开关时工作。

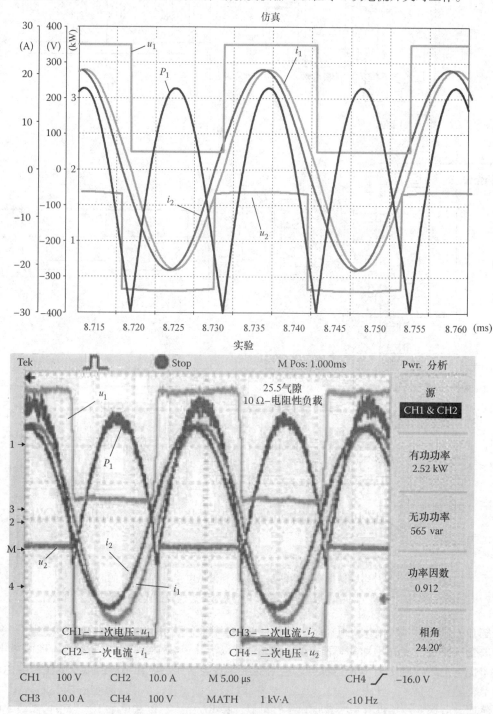

图 35-5　具有串联 – 串联补偿的 IGBT 组成的 CET 谐振
全桥变换器电压 u_1、u_2，电流 i_1、i_2 和一次功率 P_1（在谐振频率下工作）的稳态波形图

35.3　CET 系统概述

根据功率范围和气隙长度，可以使用不同的变压器磁心。表示在 CET 系统中使用的电感耦合的典型结构的一般俯视图如图 35-6 所示。可以看出，对于高功率和小气隙，应用一次侧和二次侧皆带磁心的变压器。与此相反，对于大气隙和低功率，优先选择空气变压器（无心）。特殊情况可以选择具有直线或圆形运动的结构（见第 35.6 节）的滑动变压器。CET 系统的最终配置也在很大程度上取决于要供电的负载数量。在这种情况下，使用一次侧或二次侧具有多绕组的变压器。在下一小节中，介绍了电感耦合 CET 系统的一些选型示例。

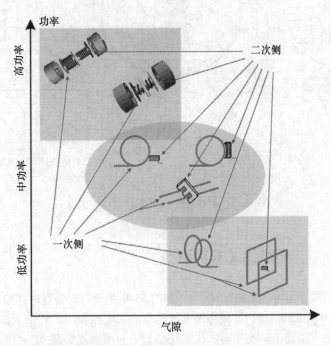

图 35-6　随气隙宽度变化的电感耦合 CET 系统的功率范围

35.4　配有多个二次绕组的 CET 系统概述

图 35-3 所示的 CET 系统可以配备多个二次绕组，如图 35-7 所示。这是一个非常灵活的解决方案，可以为多个隔离和/或移动的负载供电。当需要稳定的交流或直流负载时，必须添加一个附加的有源 DC – AC 或 DC – DC 变换器（见图 35-7）。当然，这会导致额外的损耗和效率的降低。基于这个想法，在文献［12，13］中，提出了一种可以类比插头和插座延长电缆的 CET 系统。通过使用 CET 建立供电线（电缆）和负载（夹钳）之间的连接来代替插头插入插座。此外，德国拉登堡的 ABB 企业研究院还开发了一种名为 WISA 的传感器和执行器来实现一个工厂的通信和无线供电系统[1,27,33,34]。在这个方案中，无心单绕组一次侧（以框架形式构成）与分布式多个二次绕组耦合，从而为每个输出功率为 10mW 的传感器和执行器供电。图 35-7 所示系统中使用的变压器可以具有不同的结构：固定式、旋转式、可旋转式、带磁心或无磁心。作为示例，在 CET 系统中采用具有双并联的二次绕组的旋转变压器用于航空雷达系统的电源[29]。

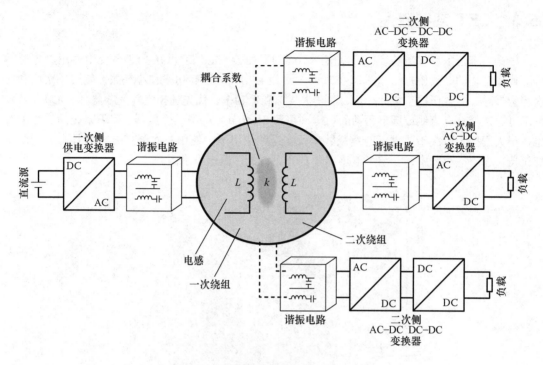

图 35-7　配有多个二次绕组的 CET 系统

35.5　配有级联变压器的 CET 系统

用于机器人和机械手电源的 CET 系统[10,11] 如图 35-8 所示。间接直流连接 AC - DC - AC 供电变换器产生 200 ~ 600V 和 20 ~ 60kHz 频率的方波电压。该电压被馈送到位于机器人的第一轴上的第一个旋转变压器的一次绕组。变压器二次侧连接到下一个直流链路 AC - DC - AC 电力变换器，该方式采用 PWM 技术生成变频交流电压来为第一台三相电动机供电。变压器二次侧也连接到下一个旋转变压器的一次侧，该变压器位于机器人的第二个节点处。

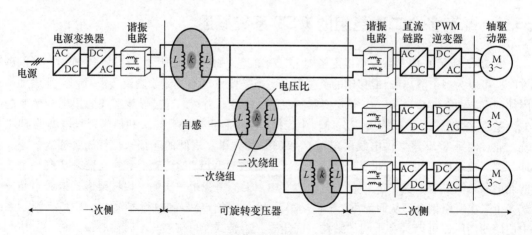

图 35-8　配有滑动变压器的 CET 系统

如同上述第一个机器一样，该变压器以同样的方式为第二个轴驱动器供电。为了更好地布置机器人中的交流总线，可以添加更多的变压器。类似的系统应用于在数据存储系统中使用的多层光盘[14]。然而，光盘中的输出功率在 20 ~ 30mW 的范围内，而机器人的供电量为10 ~ 20kW。

35.6　配有滑动式变压器的 CET 系统

长距离使用的非接触式电能传输系统需要有具有较长一次绕组的滑动变压器[4,22,24]。基本上采用两种配置：一次绕组形成细长的环，只要接收器有一定的移动范围（见图 35-9a）或圆周运动的圆周（见图 35-9b）。输出变换器和负载直接连接到可移动磁心上的二次绕组。

滑动磁心结构能够使二次绕组沿着一次绕组移动（见图 35-9 和图 35-10）。滑动变压器可以为移动接收器构建长距离的非接触式电能传输系统。这些变压器磁心由许多磁条组成。考虑到磁性和机械性能，优先选择非晶或纳米晶磁性材料。然而，当需要高动态性能的移动接收机时，由于磁心的惯量，可能会出现一些问题。重磁心用能量接收器固定（见图 35-10），因此增加了二次侧的质量。一次绕组的长度范围为 1 ~ 70m，输出功率为 1 ~ 200kW[24]。

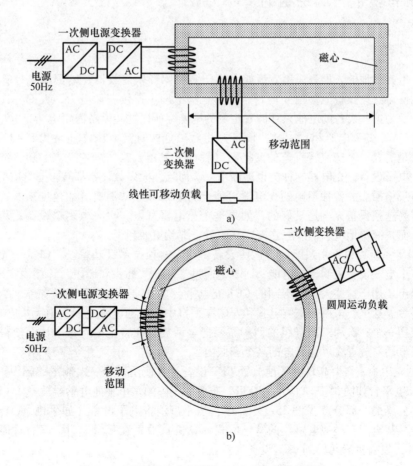

图 35-9　配有滑动变压器的 CET 系统的基本结构
a）线性运动　b）圆周运动

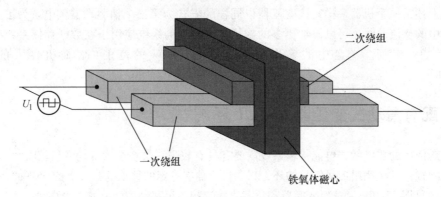

图 35-10　针对线性移动二次绕组配置的滑动式变压器的结构示例

（Reproduced from Sonntag C L W, et al., Load position detection and validation on variable – phase contactless energy transfer desktops < http：//repository. tue. nl/661798 >. In *Proceedings of the IEEE Energy Conversion Congress and Exposition ECCE* 2009, San Jose, 20 – 24 September, 2009, pp. 1818 – 1825. With permission. ）

35.7　配有多个一次绕组的 CET 系统

35.7.1　引言

　　每天，世界各地的人们都使用着诸如手机、多媒体音乐播放器、笔记本式计算机等电子设备。为了能使得这些设备能够独立运行，而不是从电网中持续获取电力，大部分设备都配有电池。然而，因为这些设备的电池只存储着定量的电能，所以这些设备需要定期充电。与 AC 240V（美国 AC 120V）的高电压相比，这些设备在相对较低的直流电压（通常为 5～12V）下工作，因此几乎总是需要一个交流转直流的变换器（称为充电器）来实现这一点。随着世界各地涌现越来越多的电子设备，充电器的种类也逐渐增多。而且，大多数设备都有自己对应的充电器，使用具有特定规格插头的各种不同的充电器可能会带来麻烦。从消费者的角度来看，能使用一个通用充电器为这些设备充电是最好的；如果这个充电器可以一次充电多个设备，甚至不将它们插入插座，而是简单地将它们放置在充电器附近，那就更便利了。

　　使用 CET 系统可以不用适配器为这些设备供电，这项技术日趋普及。CET 是通过感应耦合在两个或多个电气设备之间传输电能，而不是通过常规的“插头和插座”连接器实现能量传输。

　　已经提出了用于这些设备的不同的 CET 充电平台。一种方法是基于具有单个螺旋电感器的CET 充电平台。这里，采用一次侧电感和安装在手机中类似的电感之间的电感耦合来传输功率。然而，仅使用一个一次和二次绕组的话，需要把电话放置在特定的位置，从而使得绕组完全重叠。因此，电话需放置在可以充电的某个区域内。

　　在 CET 应用中，需要高自由度地放置 CET 设备，常使用多个一次侧电感器[1,35-37]。一个这样的 CET 充电平台如图 35-11a 所示。这里，布置成矩阵的多个平面电感器被嵌入 CET 充电平台中或嵌入办公桌的一部分（见图 35-11b）中。当小型消费电子设备（如手机、PDA、多媒体和音乐播放器，甚至配有类似电感器的笔记本式计算机）放置在平台上时，电力将通过感应耦合从 CET 平台（发射机）传输到 CET 设备（接收机）。

35.7.2　平面电感绕组

　　任何 CET 系统的核心在于形成电感链路的一次侧电感和二次侧电感，并能使功率在发射机

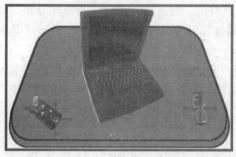
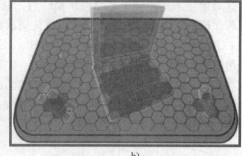

a)   b)

图 35-11 物体随机放置在启用 CET 的平台上充电

a）CET 系统接收器 b）CET 平台下的多个电感器

和接收机之间传输。它们的几何形状在确定系统的功率传递能力和效率方面起着至关重要的作用。在这样的应用中，电感特别是二次侧电感的尺寸非常有限，通常使用螺旋平面绕组电感器。特别地，六角螺旋绕组能有效地使用可用的表面区域，并且可以放置在二维六边形格子或矩阵中，而绕组之间没有任何开口。此外，由这些绕组产生的磁场分布是独特的，由于它们产生强的 z 分量，特别适合于一次侧和二次侧电感彼此平行放置时的应用。因为可以在（柔性）PCB 上生成铜线，所以它们生产容易又价格便宜。

图 35-12a 显示了在 PCB 上生产的实际六边形螺旋绕组，图 35-12b 展示了其图形，图 35-12c 显示了六角螺旋绕组的矩阵。

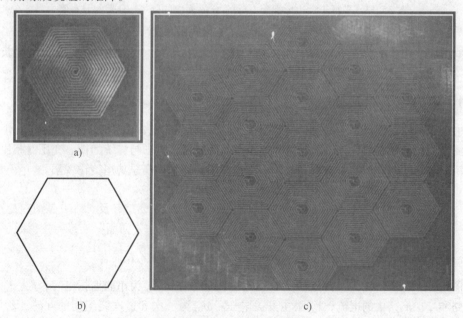

a)

b)   c)

图 35-12 六边形螺旋绕组

a）PCB 上的六边形螺旋线圈铜线 b）本书中使用的图形表示 c）六边形线圈的矩阵

（Reproduced from Sonntag C L W, et al. , Load position detection and validation on variable – phase contactless energy transfer desktops < http：//repository. tue. nl/661798 >. In *Proceedings of the IEEE Energy Conversion Congress and Exposition ECCE* 2009，San Jose，20 – 24 September，2009，pp. 1818 – 1825. With permission. ）

35. 7. 3 电磁设计

CET 系统的设计本质上是跨多个学科的，聚焦在各种研究领域。首先，也许最重要的是电磁研究。这里建立了多种 CET 电感器重要参数的建模方法，包括用于估计磁场强度分布、绕组自互电感和交流电阻的建模方法。对于没有任何软磁材料的 CET 系统，如文献［35］中提出的可变相位 CET 桌面，可以使用磁矢量电位和 Biot – Savart 方法。

采用用于屏蔽的软磁材料的 CET 系统中，不能再直接使用这些方法。在这里，优选有限元法。

图 35-13a、b 展示出了由开发的模型计算的磁场分布。这里图 35-13a 展示出了在绕组上方 1mm 的高度处平行于绕组的 xy 平面中的磁场分布，图 35-13b 示出了 5mm 处的磁场。

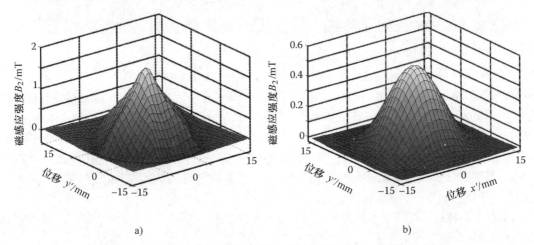

a)   b)

图 35-13 平行于六边形螺旋电感的 xy 平面中的磁场 z 分量的分布值

a）电感上方 1mm 处计算值   b）电感上方 5mm 处计算值

一般来说，用于这些应用的 CET 平台使用半径在 $10 \sim 30mm$ 之间的平面电感，开关频率在 500kHz 和几兆赫之间，气隙通常限制在 $1 \sim 10mm$ 之间。

35.7.4 电力电子的应用

电力电子的研究重点是通过电感链路传输和控制功率的电力电子系统的设计与实现。使用从电磁测量获得的集总参数，CET 链路等效为有损变压器模型。与传统的铁心变压器相比，一次和二次绕组之间的耦合通常要弱得多，并且通常使用谐振来提高总功率传输效率。

从一次绕组到二次绕组的功率传输方程可用下式表示：

$$V_{A} = j\omega L_{A}I_{A} + \frac{I_{A}}{j\omega C_{A}} + R_{A}I_{A} - j\omega M_{AB}I_{B} \tag{35-1}$$

$$j\omega M_{AB}I_{B} = j\omega L_{B}I_{B} + \frac{I_{B}}{j\omega C_{B}} + R_{B}I_{B} + Z_{L}I_{B} \tag{35-2}$$

如图 35-14 所示，L_{A}、L_{B} 为电感；R_{A}、R_{B} 为电阻；C_{A}、C_{B} 为串联谐振电容；I_{A}、I_{B} 分别为一次回路和二次回路中的电流；V_{A} 为主开关电压；M_{AB} 为一次和二次绕组间的互感；Z_{L} 为二次侧负载，施加在它上面的电压是 V_{L}。

如果选择串联 – 串联电容补偿，使它们各自的绕组共振，式（35-1）和式（35-2）可以进一步推导为

$$V_{A} \approx \left(R_{A} + \frac{\omega^{2}M_{AB}^{2}}{R_{B} + Z_{L}} \right)I_{A} \tag{35-3}$$

开关电压由一个半桥逆变器（见图 35-4b）、一个 MOSFET 驱动器和一个 BUCK 变换器生成。这里，串联谐振电容器充当带通滤波器，仅允许基波开关电流通过一次绕组。

为了控制一次电流，并带载和空载运行期间使其保持恒定，也可以采用 PI 或滞环电流控制

器。这可以在微控制器中通过编程实现。

线圈换相电路也用于某些 CET 平台，用于将电流切换到不同的一次绕组。

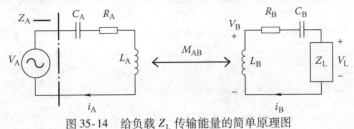

图 35-14　给负载 Z_L 传输能量的简单原理图

35.7.5　运行特点

CET 平台的运行特点是指在系统中需要采用的某些技术和非技术特性，从而使其在工作环境中对用户友好，能安全和有逻辑地运行。

这些重要的运行特点之一是在 CET 平台上的有效 CET 设备的定位和认证。实际上，在办公环境中使用的 CET 平台也可能包含不支持 CET 的物体，不能对其充电。有些物体在本质上可能是金属的，例如一串钥匙、软饮料罐、笔、硬币等。励磁一次绕组靠近这些导电物体时，可能产生涡流并导致物体意外加热。具有高磁导率的其他物体（如磁铁和铁氧体）也可能干扰 CET 桌面或平台的正常运行，因此应避免这些情况的发生。在文献［37］中，设计了一种方法来定位并区分放置在 CET 平台上的三种可能的物体类型。这些是金属物体、磁性物体和有效的 CET 设备。图 35-15a 展示了放满各种 CET 和非 CET 设备的 CET 平台。图 35-15b 展示了放置在实施的 CET 平台上用于测试的实际金属和磁性材料。这里的物体 A 是一条 60mm 的铝制办公室钥匙，物体 B 为环形铁氧体磁心，物体 C 为两个铁氧体 E 形磁心，物体 D 为一片铜片。由于它们对一次绕组阻抗的影响不一样，都可以定位和区分出来。

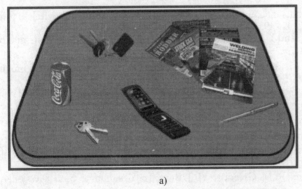

a)　　　　　　　　　　　　　　　　　　　　b)

图 35-15　CET 平台

a）随机放置各种 CET 和非 CET 物体的 CET 平台　b）实际 CET 平台的图片显示了 CET 平台上可区分的金属和铁氧体材料

在 CET 平台中可以实现的其他操作包括定期扫描 CET 平台以定位新放置的 CET 设备。此外，可以实现可听见的用户反馈声，以便在新的 CET 设备定位和供电或设备完全充电或从平台中移除时通知用户。从安全角度来看，对励磁一次绕组电流和电压水平的持续监测，可以揭示超出允许监测值范围之外的潜在问题。

35.8　结束语

本章简要回顾了基本的 CET 系统，重点讨论电感耦合解决方案。表 35-3 总结了几组典型规格的应用。

表 35-3　电感耦合 CET 系统概述

	变压器结构		DC - AC 变换器		输出功率	输出电压	气隙长度/nm	最大效率
	一次侧	二次侧	拓扑	频率/kHz				
1	单绕组铁氧体心	单绕组铁氧体磁心	全桥 MOSFET/IGBT	20 ~ 100	1 ~ 150kW	15 ~ 350V	0.2 ~ 1, 1 ~ 300	≥90%, ≥80%
2	单绕组无心	三绕组铁氧体磁心，可移动	正激 MOSFET	125	0.1W	DC3.0V	—	
3	单绕组铁氧体心	双绕组铁氧体磁心，可旋转	全桥 MOSFET	100	1000W	DC54V	0.25 ~ 2	≥90%
4	单绕组无心	多绕组铁氧体磁心，可移动	全桥 MOSFET	80	2×240W	AC240V, 50Hz	2 ~ 5	≈90%
5	单绕组无心	多绕组无心，可移动	全/半桥 MOSFET	120	每个负载 0.01W	5 ~ 15V	1000 ~ 7000	—
6	单绕组铁氧体心	单绕组铁氧体磁心，旋转/线性移动	全桥 IGBT	20 ~ 40	10 ~ 60kW	AC 3× 230V	0.2 ~ 2	≥92%
7	多绕组无心（桌面）	单绕组无心，可移动	半桥 MOSFET	100 ~ 400	30 ~ 300W	12V	2 ~ 5	≈92%

主要结论如下：

- CET 系统的功率范围从毫瓦（生物医学、传感器、执行器等）到几百千瓦（起重机、电池快速充电）。
- 通过电感耦合 CET 系统在低功率和高功率设备中实现的最终效率分别达到 60% 和 90%。
- 在大功率（>1kW）的情况下，应用具有铁心绕组的变压器。
- 在低功率（<100mW）下，优选气隙耦合和从 100kHz 到几兆赫的高传输频率。
- 对于长距离移动负载，使用带滑动变压器的 CET 系统。
- CET 系统没有一个标准的解决方案；每个设计都要考虑几个具体参数和用户条件。

参 考 文 献

1. Ch. Apneseth, D. Dzung, S. Kjesbu, G. Scheible, and W. Zimmermann. Introduction wireless proximity switches, *ABB Rev.*, 4, 2002, 42–49.
2. T. Bieler, M. Perrottek, V. Nguyer, and Y. Perriard. Contactless power and information transmission, *IEEE Trans. Ind. Appl.*, 38(5), 2002, 1266–1272.
3. J. de Boeij, E. Lomonova, J. Duarte, and A. Vandenput. Contactless energy transfer to a moving actuator, in *Proceedings of IEEE-ISIE 2006*, Montreal, Canada, 2006 (CD).
4. J. T. Boys and G. A. J. Elliot. An appropriate magnetic coupling co-efficient for the design and comparison of ICPT pickups, *IEEE Trans. Power Electron.*, 22(1), January 2007, 333–335.
5. D. Bess. Fuel cells and wireless power transfer at the 2008 International Consumer Electronics Show, *Bodo's Power, Electronics in Motion and Conversion*, Laboe, Germany, February 2008, pp. 16–17.
6. K. W. E. Cheng and Y. Lu. Development of a contactless power converter, in *Proceedings of IEEE ICIT'02*, Bangkok, Thailand, 2002 (CD).
7. G. A. Covic, G. Elliot, O. H. Stielau, R. M. Green, and J. T. Boys. The design of a contact-less energy transfer system for a people mover system, in *Proceedings of the International Conference on Power System Technology (PowerCon)*, Perth, Australia, Vol. 2, December 4–7, 2000, pp. 79–84.
8. G. A. Covic, J. T. Boys, M. L. G. Kisin, and H. G. Lu. A three-phase inductive power transfer system for roadway-powered vehicles, *IEEE Trans. Ind. Electron.*, 54(6), 2007, 3370–3378.
9. A. Ecklebe and A. Lindemann, Analysis and design of a contactless energy transmission system with flexible inductor positioning for automated guided vehicles, in *Proceedings of the 32nd Annual Conference of the IEEE Industrial Electronics Society, IECON 2006—*, Paris, France, November 7–10, 2006, pp. 1721–1726.
10. A. Esser and H. Ch. Skudelny. A new approach to power supply for robots, *IEEE Trans. Ind. Appl.*, 27(5), 1991, 872–875.
11. A. Esser. Contactless charging and communication for electric vehicles, *IEEE Ind. Appl. Mag.*, November/December, 1995, 4–11.
12. F. F. A. Van der Pijl, P. Bauer, J. A. Ferreira, and H. Polinder, Design of an inductive contactless power system for multiple users, in *Proceedings of IEEE IAS Annual Meeting*, Tampa, Florida, October 8–12, 2006, pp. 343–349.

13. F. F. A. Van der Pijl, P. Bauer, J. A. Ferreira, and H. Polinder. Quantum control for an experimental contactless energy transfer system for multiple users, in *Proceedings of IEEE IAS Annual Meeting*, New Orleans, Louisiana, September 23–27, 2007, pp. 1876–1883.

14. Y. Fujita, A. Hirotsune, and Y. Amano. Contactless power supply for layer-selection type record-able multi-layer optical disk, in *Proceedings of IEEE Optical Data Storage Topical Meeting*, Montreal, Quebec City, Canada, 23–26 April, 2006 (on CD).

15. J. G. Hayes, M. G. Egan, J. M. Murphy, S. E. Schulz, and J. T. Hall. Wide-load-range resonant con-verter supplying the SAE J-1773 electric vehicle inductive charging interface, *IEEE Trans. Ind. Appl.*, 35(4), 884–895, 1999.

16. J. Hirai, T. W. Kim, and A. Kawamura. Wireless transmission of power and information and information for cable less linear motor drive, *IEEE Trans. Power Electron.*, 15(1), 2000, 21–27.

17. J. Hirai, T. W. Kim, and A. Kawamura. Study on intelligent battery charging using inductive trans-mission of power and information. *IEEE Trans. Power Electron.*, 15(2), 2000, 335–344.

18. Y. Jang and M. M. Jovanovic. A contactless electrical energy transmission system for portable-telephone battery chargers, *IEEE Tran. Ind. Electron.*, 50(3), 520–527, 2003.

19. C.-G. Kim, D.-H. Seo, J.-S. You, J.-H. Park, and B. H. Cho, Design of a contactless battery charger for cellular phone, *IEEE Trans. Ind. Electron.*, 48(6), 1238–1247, 2001.

20. K. W. Klontz et al. An electric vehicle charging system with universal inductive interface, in *Proceedings of the PCC-Yokohama*, Yokohama, Japan, 19–21 April, 1993, pp. 227–232.

21. A. Kurs et al. Wireless power transfer via strongly couplet magnetic resonances, *Sciencexpress*, www.sciencexpress.org, Published online 7 June 2007; 10.1126/science.114354.

22. J. Lastowiecki and P. Staszewski. Sliding transformer with long magnetic circuit for contactless electrical energy delivery to mobile receivers, *IEEE Trans. Ind. Electron.*, 53(6), 2006, 1943–1948.

23. R. Mecke and C. Rathage. High frequency resonant converter for contactless energy transmission over large air gap, in *Proceedings of IEEE-PESC*, Aachen, Germany, 20–25 June, 2004, pp. 1737–1743.

24. J. Meins, R. Czainski, and F. Turki. Phase characteristics of resonant contactless high power supplies, *Przeglad Elektrotechniczny*, 11, 2007, 10–13.

25. A. Moradewicz and M. P. Kazmierkowski. Resonant converter based contactless power supply for robots and manipulators, *J. Autom. Mobile Robot. Intell. Syst.*, 2(3), 20–25, 2008.

26. A. Moradewicz and M. P. Kazmierkowski. FPGA based control of series resonant converter for con-tactless power supply, in *Proceedings of IEEE-ISIE Conference*, Cambridge, U.K., 2008 (on CD).

27. K. O'Brien, G. Scheible, and H. Gueldner. Analysis of wireless power supplies for industrial automa-tion systems, in *Proceedings of IEEE-IECON'03*, Roanoke, VA (CD).

28. K. Onizuka et al. Chip-to-chip inductive wireless power transmission system for SiP applications, in *Proceedings of IEEE-CICC*, San Jose, California, 10–13 September, 2006, pp. 15-1-1–15-1-4.

29. K. D. Papastergiou and D. E. Macpherson. An airborne radar power supply with contactless transfer of energy—Part I: Rotating transformer; Part II: Converter design, *IEEE Trans. Ind. Electron.*, 54(5), October 2007, 2874–2893.

30. A. G. Pedder, A. D. Brown, and J. A. Skinner. A contactless electrical energy transmission system, *IEEE Trans. Ind. Electron.*, 46(1), 1999, 23–30.

31. M. Ryu, Y. Park, J. Baek, and H. Cha. Comparison and analysis of the contactless power transfer sys-tems using the parameters of the contactless transformer, in *Proceedings of IEEE Power Electronics Specialists Conference*, Jeju, South Korea, 18–22 June, 2006 (CD).

32. N. Samad et al. Design of a wireless power supply receiver for biomedical applications, in *Proceedings of IEEE-APCCAS*, 2006, pp. 674–677.

33. G. Scheible, J. Endersen, D. Dzung, and J. E. Frey. Unplugged but connected: Design and implemen-tation of a truly-wireless real-time sensor/actuator interface, *ABB Rev.*, 3 and 4, 2005, 70–73; 65–68.

34. G. Scheible, J. Schutz, and C. Apneseth. Novel wireless power supply system for wireless communi-cation devices in industrial automation systems, in *Proceedings of IEEE-IECON*, Seville, Spain, 5–8 November, 2002.

35. C. L. W. Sonntag, E. A. Lomonova, and J. L. Duarte, Variable-phase contactless energy transfer desktop. Part I: Design, in *Proceedings of The International Conference on Electrical Machines and Systems, ICEMS 2008*, Wuhan, China, October 2008, pp. 1–6 (on CD).

36. C. L. W. Sonntag, E. A. Lomonova, and J. L. Duarte, Implementation of the Neumann formula for calculating the mutual inductance between planar PCB inductors, in *Proceedings of the 18th International Conference on Electrical Machines, ICEM 2008*, Vilamoura, Portugal, September 2008, pp. 1–6 (on CD).

37. C. L. W. Sonntag, J. L. Duarte, and A. J. M. Pemen, Load position detection and validation on variable-phase contactless energy transfer desktops <http://repository.tue.nl/661798>. In *Proceedings of the IEEE Energy Conversion Congress and Exposition, ECCE 2009*, San Jose, 20–24 September, 2009, pp. 1818–1825.

38. Ch-S. Wang, O. H. Stielau, and G. A. Covic. Design considerations for contactless electric vehicle battery charger, *IEEE Trans. Ind. Electron.*, 52(5), 2005, 1308–1313.

39. W. Lim, J. Nho, B. Choi, and T. Ahn. Low-profile contactless battery charger using planar printed circuit board. Windings as energy transfer device, *IEEE Trans. Ind. Electron.*, 2002, 579–584.

第36章 智能能源分配

能源分配主要应用于电力电子领域，而不是过去的工业通信系统。然而考虑到气候变化和大力减少二氧化碳排放量的影响，出现了"智能"能源分配和"智能电网"的概念。智能电网的概念通过综合功率、信息以及通信技术来定义，而后者采用了智能控制算法。本章介绍智能电网的发展的动力、驱动因素、发展趋势和影响。

36.1 智能能源分配的发展

现代电力系统是100多年技术发展的产物。自从爱迪生的第一次安装试验以来，其指导性设计原则是大型中央电站和大量小型分布式用户，通过电网与发电站连接到一起。由于可用性的需求，孤立的系统相互连接，进而发展成大型国家和跨国电网。

即便电力电网不是由计算机组成，而是由发电机和负荷组成的，电力电网仍是一种经典的分布式系统 [TS06，p. 2]。从抽象的角度来看，它由大量与通信信道、电力线连接的交互实体（节点或能源）组成。通过观察和改变无处不在的物理参数（如功率流或电网频率）来实现通信。电力系统与电话系统 [CD04，C04] 几乎同期发展，第一个最大的分布式系统是由电气工程师设计的。从19世纪八九十年代开始至今，重要基础设施系统仍然存在双重性作用：一个用于电能；另一个用于通信。然而，虽然电话系统已经融入互联网，由此产生一系列革命性的技术变革，但电力系统的变化仍然相对较小。其主要原因是，电网的变化与非常高的投资成本（与电信行业的较小组件相比）相关联，投资周期长达几十年。

电网不能长时间大量存储电能，所产生的功率必须始终与消耗的功率相等。在某种程度上，目前的需求必须反馈给发电站，以便发电站做出调整（理论上，也可将发电量信息传达给负荷，以便它们做出调整）。此外，需要在发电机之间建立负荷分担的方式，这可以被看作是详细确定哪个发电机什么时候发电和发多少电的协议。这一切需要在数百甚至数千公里的范围内完成。这一技术挑战通过引入功率频率调节，无须使用任何明确的数据通信，便可得到解决 [K04]。然而，目前信息和通信技术（ICT）被认为是维持有效和安全供电的关键概念之一。其原因是模式的转变：除了集中式发电之外，较大数量的小型发电机组也越来越多地并入电网，即所谓的分散式或分布式发电机组 [JAC00]。来自可再生能源的发电通常只能作为分布式发电实现，这是因为与传统的化石资源相比，可再生能源的能源密度较低，而发电机组的数量相对较多，但与大型集中发电站相比，它们的输出功率相对较低。机组安装在能源可用性良好的地方（例如强风、流水），这导致发电机组以空间分布的方式分散在电网基础设施中。可以认为，更分散的电力基础设施组织数量也随着可靠性的提高而增加，即使骨干网发生故障，也可通过使用本地资源维持区域电力供应，从而避免电力阻塞。然而，只能通过自动化基础设施的广泛应用，才能实现更复杂的系统操作。

将高密度分布式发电机组并入现有电网衍生了许多不同的问题。最突出的两点是，发电机在最初只在为负载进行设计的位置并入电网和可再生能源发电的不确定性。中压电网发电量大幅增长，其中大多数电力由分布式发电机发电，从而导致电网电压问题［JAC00］。在需求低的时候，馈电点的电网电压达到电网运营商和监管机构设定的极限，因此如果没有重大的电网投资，就不会再安装更多的发电机组［KBP07］。第二个问题是由于可再生能源发电的不确定性，预测发电量变得越来越困难。因此，将来对于平衡能源的需求将会更加强烈［S02］。特别是分布式发电机组的增加将显著加大平衡预测的不确定性，对平衡能源的需求也因此增加［SIF07］。

因此，不断上升的能源需求和能源效率提高及可再生能源发电的必要性意味着：如果电网的基本管理机制能适应不断变化的情况，那么电能质量和供电安全便能维持在当前状况（之前甚至能得到改善）。这意味需要大量投资和一些创新的技术解决方案。"智能电网"作为"保护伞"协调应用这些新技术方案，这些新技术解决方案严重依赖于 ICT（见图 36-1）。

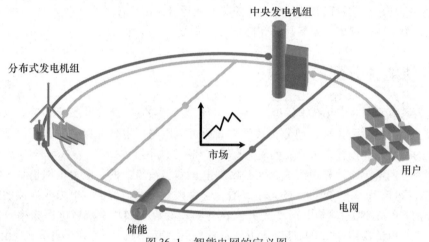

图 36-1　智能电网的定义图

（国家技术平台——奥地利智能电网。见 http：//smartgrids. at，2009/02）

智能电网在文献［LFP09］中被定义为："智能电网是电网的一种，基于电网组件、发电机、储能和用户之间的双向通信的协调管理，使系统能够高效节能、低成本运行，为能源系统未来的挑战做好准备。"

智能电网的发展有两个关键的驱动力：一是将可再生能源整合到电网中，如前所述；二是ICT 的进步。通信系统的创新，特别是在信号处理和生产技术领域的革新，已促进通信系统的进一步利用，从而实现了低成本下吞吐相对较多的数据。数据的无线传输是现阶段在中压电网远程控制中最先进的技术，表明这种技术已经达到了足够的成熟度，并被电网运营商所接受，传统电网运营商非常关心应用于电网中的信息技术的可靠性。一方面信息技术方面的技术进步，另一方面，能源供应开始短缺（包括二氧化碳减排的需求）也导致经济模式的转变：由于能源成本和通信成本下降，两者之间的关系开始变化，能源的单位成本最终变得高于许多应用领域的通信单位成本（见图 36-2）。

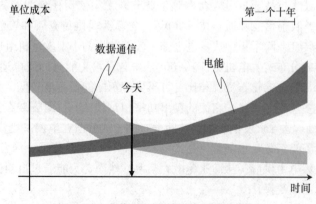

图 36-2　通信和能源的成本的估计发展

36.2　智能电网的关键概念

智能电网是通过应用以下文中讨论的若干关键概念来制定的。所有这些都需要一个潜在的工业通信基础设施，这些基础设施可以承担多个应用。

监控和数据采集（SCADA）和变电站自动化是电网特别是中高压电网窄带自动化基础设施的传统领域。SCADA 基础设施用于连接现场网络组件与控制中心，从而可以对其进行监管和远程控制。用于 SCADA 的媒介可以是非常多样化的，从无线解决方案中的玻璃光纤到配电线载波，这是一种用于中压电网的特殊形式的电力线通信。

变电站目前是公用电源自动化基础设施的终端。从这一点上来看，电网通常没有更多的在线数据，这种情况将由于采用自动计量基础设施（AMI）或类似举措而发生变化。然而，问题在于现有的变电站自动化和通信许多是基于专有技术，这种情形现在由 IEC 61850［IEC05］改变。现今，正努力将几项标准（EPRI UCA 2.0，IEC 60870）统一为用于遥测和遥控的一个标准，它是专门为局域网（如以太网）设计的，因此不仅仅是控制命令的封装。它使用变电站总线（10Mbit/s ~ 1Gbit/s）和过程总线（100Mbit/s ~ 10Gbit/s）连接仪表、协议继电器、变换器、人机界面和变电站设备；它使用严格的面向对象的方法来对应用程序建模，并具有所有必要数据的类型和格式；对等体处于客户端－服务器或多播组件中，并通过消息交换信息；协议栈提供了微少实时传输以及可互操作的基于 IP 的服务；快速服务可以直接访问数据链路层，而所有其他用户都使用成熟的协议栈来确保易于管理和调试。

有源配电网允许通过基于电网关键点处的电压或潮流测量的发电功率的有源控制，在现有的中压基础设施中集成高密度的分布式发电。如图 36-3 所示，将新的发电机连接到电网的主要障碍是电力馈入增加了馈入点处的电网电压，在任何情况下，电压必须保持在允许范围内（例如，标称值的 ±10%），最坏的情况发生在空载时，但在馈线上产生强大的能量时，如图 36-3 例 B 所示，在有源配电网中，分布式发电机的发电是根据临界处处的电压进行管理的。如果电压上升太高，则执行无功功率管理，如果这还不够有效，即使是有功功率也可以缩减［KBP07］。

这种对中压馈线发电功率的有效管理，本质上是一种多目标控制的形式。传感器、控制器和执行器彼此之间相距甚远，这是管理面临的一项挑战。电压和功率信息必须每隔 6s 左右进行一次数十千米的通信。

所使用的自动化基础设施必须高度可靠。通常，根据可用的通信链路，通过各种不同的媒体传输协议。

智能电表可以是智能电网的一部分，但它们与智能电网不同。虽然智能计量技术源于远程抄表，但除了计量消耗电能外，它在智能计量其他方面也发挥着重要作用，如消耗概况、电能质量监测和负荷远程切换。

可以预计，电网今后将会比现在更接近其极限状态下运行。其中一个原因是随着电力市场的自由化，对电力基础设施的投资模式和种类将会改变。为了维持电能质量的高标准，目前已经认为有必要使用电网在线测量来监测电压质量变量，如电压、闪变和谐波。这是电网在线测量数据不断增加的另一个驱动因素。

智能计量系统可以生成整个电网的消耗状态的快照，以便电网运营商可以详细检查在快照瞬间流入多少电力。因此，智能电表通过通信链路相互连接，通常通过窄带电力线与变电站数据中心通信。从这里，骨干网络（例如玻璃纤维）将数据传输到控制中心。通信基础设施是智能

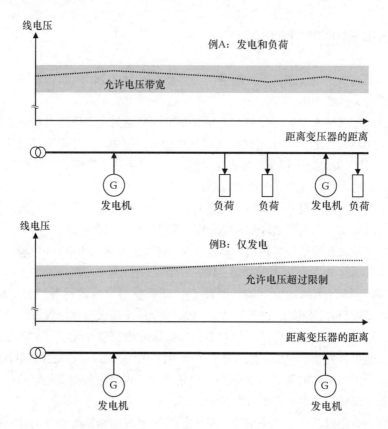

图 36-3　负荷和发电机上的馈线电压。在例 A 中，不超过电压限制。
在例 B 中，空载降低了电压，但是仍然存在发电（例如，在强风的夜晚）。
如果没有主动发电管理，那么发电机将通过电压保护开关与线路断开连接

计量系统的基本特征，但在许多电网中它们仍然不存在。

　　智能电表在某些国家全区范围内部署，但在其他一些国家，关于智能电表的益处仍在讨论中。从积极的角度来看，这些系统简化了计量工作，消费者可以及时了解其能源消耗；更多的数据可从电网中获得，网络开发计划可以基于真实数据而不是最坏情况模型进行；故障检测变得更容易，并且可以更有效地调整电压范围。从消极的角度来看，其成本非常高，消费者会为此承担相应代价；此外，也存在标准严重缺乏的问题，而长期的可靠性和数据安全问题也尚未完全解决。

　　美国智能计量最大的项目之一是 AMI 计划；全球有类似的项目［AMI08］。AMI 被视为远程计量的下一步举措：公用设施、用户和电网运营商之间的双向通信。AMI 的主要关注点是承担得起的安全采购和与计费有关的数据管理。虽然常被认为是非关键性的传输，但对精度和可靠性要求很高。对 AMI 的期望如下：

- 减少计费管理成本。
- 对消费模式的深刻理解。
- 通过对用户进行即时反馈信息，减少能源消耗。
- 泄露和损失的辨识和修正。
- 通过集成需求响应程序，提高电网稳定性。

AMI 的通信技术通常分为两部分。基于互联网技术的广域链路；通过 UMTS、DSL 和其他可用的互联网连接传输。在用户的设施内，通常选择无线家庭网络，例如基于 ZigBee 或 Z-Wave。

自动化需求响应（DR）（即客户电器的远程切换）在大多数智能电网概念中起着关键作用。在这种情况下使用了许多不同的术语，例如需求管理、DR 或削峰填谷。一般的想法是对电网负荷侧产生影响，并在能源消耗时进行灵活性的使用。这种措施被视为在可再生能源供应波动的条件下，用于匹配供需的支持工具，其发电模式与需求曲线不一致。在停电频率较高的国家，DR 是一个重要的概念，可以更好地分配可用发电量和传输量。

特别地，负荷分配并不是长期降低能源消耗，而是通过将消耗转移到非高峰时段来减少峰值负荷。作为一种短期方法，它可以改善供需平衡，而不会影响终端用户侧的正常运行。现代负荷分配以隐藏方式实现，能源使用者并未参与其中。削峰填谷控制、分布式存储和可中断负荷削减是该策略的主要措施。根据具体的性能和储能目标，可以重新调整某些负荷的能耗。能量可以存储在实际能量存储器中，例如热存储器，或者作为概念能量存储器，可以通过重新安排进程到稍后的时间点（负荷转移）来利用［KR07］。削峰填谷可以在各种过程中进行，例如洗涤、清洗、加热、冷却和泵送等。这些耗电过程取决于应用的时间表中具有某种程度的自由度。这些类型的潜在可分配负荷可以在建筑物内，特别是在多功能建筑物中找到。

DR 受负荷影响，有利于生成电网或用户的能源账单。虽然需求响应可以指用激励驱动（例如，通过使用时间计算价格）或自动化手段来改变电力负荷的性能，但是自动需求响应是从"电网"到"电网"的能量消耗设备的通信。要减少这种通信的颗粒度，应从整个建筑物而不是设备的单个部分来考虑。功能性建筑占能源消耗的很大一部分，同时通常具有较大的负荷分配潜能。此外，它们通常配备有楼宇自动化和控制系统，其可以诠释来自电网的需求响应命令，并将其转化为建筑物内的电力消费者的专用操作。因此，"建筑-电网"的需求响应方法（见图 36-4）应用前景广阔。

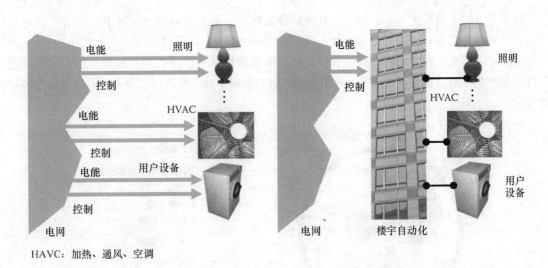

HAVC：加热、通风、空调

图 36-4　"设备-电网"与"建筑-电网"方案。从整个建筑物
而不是设备的单个部分来考虑，可减少通信的粒度

自动 DR 主要是以自动方式完成抛去负荷、设定值调整、工作循环和负荷分配。所谓的"整合者"——服务提供商，在电力部门和用户之间调整——通常安装这样的系统来管理用户的设施。开放式自动 DR 规范是这些系统标准化的首次尝试。其核心组件是自动化服务器需求响应

（DRAS，见图 36-5）和一组标准化消息（事件）。

电力部门或电网运营商可以发出"需求响应事件"（例如，电网紧急情况），并且根据谁订购了哪个需求响应程序，DRAS 以安全可靠的方式将所需信息分配给用户（能源管理控制系统、聚合器或负载）。这个概念可以扩展到服务开发，如"建筑物联网"或"混合动力车辆"。

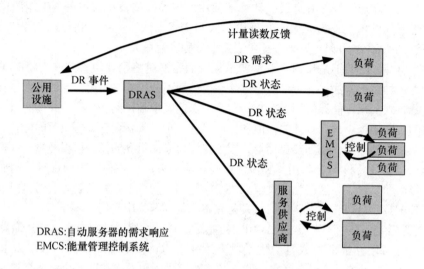

图 36-5　开放式自动需求响应结构

36.3　智能电网展望

与最先进的电网相比，未来的智能电网的特征将在于信息流的增加，其中主要的能源流只伴随着零星（每月或每年）的电表读数。通信系统将用于许多不同的应用（见图 36-6），这完全证明了基础设施建立需要大量投资。这种发展所面临的挑战不仅是技术和经济问题，而且是组织性质的挑战。通过智能基础设施，有望实现高效和低成本的电网运行，为未来能源系统的挑战做好准备。

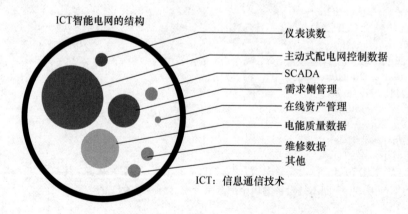

图 36-6　智能电网通信基础设施的期望应用数据流

　　然而，智能电网的实现目前受到一种类似于鸡与蛋的问题的阻碍——至少在中欧是这样。一方面，通用通信基础设施是智能电网的定义要素，适用于许多智能应用。这是要做的一项重要投资。然而，这笔投资似乎因为没有直接利润而被推迟。此外，可由电网运营商充当投资者，只投资一项基础设施，以满足他或她自己的关注点（如智能计量）。他或她可以为自由化电力市场的其他利益相关者（如工厂运营商、供应商或能源消费者）提供进一步服务，但大多因为缺乏这种服务的标准而无法得到重视。

　　另一方面，潜在的智能应用程序在没有通信基础设施的情况下，无法有效地实现。此外，由于缺乏通信基础设施，投资被延迟。

　　摆脱这种僵局的一种方法是开发一种模块化的分步走战略，为智能电网的基础和可升级的ICT 服务奠定根基，从而供所有潜在应用程序使用。根据应用程序的通信要求，一些应用程序可以与基本版本一起使用，一些应用程序仅与 ICT 服务设备的升级版一起使用。例如，对于智能计量，只需要尽最大努力的小带宽连接服务，而对于有源电压控制，则需要更高的带宽和实时服务。然后，可以确定电网运营商在 ICT 基础设施服务中的战略投资。这种方法将使具有中等服务要求的应用程序得以实现，并进一步降低应用程序的门槛，以提高信息通信技术的服务需求。该方法需要智能服务的标准化和 ICT 基础设施具有可升级性，以确保以前的投资在基础架构扩展时仍然有用。它还需要智能电网的实际通信组件，从而实现 ICT 基础设施的逐步扩展。

参 考 文 献

[AMI08] D.G. Hart, Using AMI to realize the smart grid. Conversion and delivery of electrical energy in the 21st century, *2008 IEEE Power and Energy Society General Meeting*, Pittsburgh, PA, 2008.

[C04] H.N. Casson, *The History of the Telephone*, Kessinger Publishing, Fairfield, IA, 2004, pp. 1–5, ISBN 1419166.

[CD04] J. Casazza and F. Delea, *Understanding Electric Power Systems*, IEEE Press, Piscataway, NJ, 2004, pp. 1–10, ISBN 0471446521.

[IEC05] R.E. Mackiewicz, Overview of IEC 61850 and Benefits, IEEE PES TD, 2005.

[JAC00] N. Jenkins, R. Allan, P. Crossley, D. Kirschen, and G. Strbac, *Embedded Generation*, The Institution of Electrical Engineers, London, U.K., 2000, ISBN 0 85296 774 8.

[K04] P. Kundur, *Power System Stability and Control*, McGrawHill, New York, 1994, pp. 581–592.

[KBP07] F. Kupzog, H. Brunner, W. Prüggler, T. Pfajfar, and A. Lugmaier, DG DemoNet-concept—A new algorithm for active distribution grid operation facilitating high DG penetration, *5th International IEEE Conference on Industrial Informatics* (*INDIN 2007*), Vienna, Austria, July 2007.

[KR07] F. Kupzog and C. Roesener, A closer look on load management, *Fifth International IEEE Conference on Industrial Informatics* (*INDIN 2007*), Vienna, Austria, July 2007.

[LFP09] A. Lugmaier, H. Fechner, W. Prueggler, and F. Kupzog, National technology platform—Smart grids Austria, *20th International Conference on Electricity Distribution*, Prague, Czech Republic, June 8–11, 2009 (to be published).

[S02] G. Strbac, *Quantifying the System Costs of Additional Renewables in 2020,* Manchester Centre of Electrical Energy, UMIST, Manchester, U.K., Technical Report, October 2002, Report to the U.K. Department of Trade and Industry (available online: www.berr.gov.uk/files/file21352.pdf).

[SIF07] J.A. Short, D.G. Infield, and L.L. Freris, Stabilization of grid frequency through dynamic demand control, *IEEE Transactions on Power Systems*, 22(3), 1284–1293, August 2007.

[TS06] A.S. Tanenbaum and M. van Steen, *Distributed Systems: Principles and Paradigms*, Pearson Prentice Hall, 2006, Upper Saddle River, NJ, ISBN 0132392275.

第37章 柔性交流输电系统

37.1 引言

电力系统是最大最复杂的人造系统之一，包括数十亿个组件、数千万公里的输电线路、数千台发电机，以及大量用户。电力系统的作用是以绿色、经济地产生电能，并高效和可靠地通过传输线和配电网络将能量以一定的电压和频率传送到用户。传统的电力系统结构是高度分层的，其中功率流通常是单向的（即从发电厂到终端用户）。由于规模经济和资源位置（如煤、水）的原因，大部分电力仍然由大型集中管理的电站产生，并通过网状输电线路将其批量运输到各个区域（通过配置冗余以提高安全性和可用性），并最终通过无源径向分布系统传递给用户。终端用户通常是非响应的用户，不参与系统运行。

这些年来，电力需求持续增长导致电力输送走廊出现"瓶颈"（即可以从网络一个节点传到另一个节点的能量开始变得越来越有限，这是因为传输线的物理容量限制），并且越来越难以确保通过适当的调节以控制电力传输的关键参数，以满足用户对高质量电力供应的不断增长的需求（即电力传输效率、供电的可靠性和向用户提供几乎恒定的电压和频率）。电网公司很快就意识到，受经济、环境和公众接受程度等因素影响，仅依靠建设新的初级电站来解决这个问题并不可行。新建电站和输电线路的投资非常高昂，要耗时几年才能完成。传输线、电站和大型存储设施对视觉和环境存在影响，使其不易为公众所接受。

过去，可靠、安全和可控地传输电能在很大限度上仍然取决于输电系统的监督控制。这主要通过诸如调压变压器，并联、串联电抗器，电容器组，保护装置和系统等控制设备来实现。随着输电系统的发展，由于不同（地理）区域互联增加以及为满足越来越多的环境和经济意识的日益增长和更多样化的需求提出的更为严格的运行要求，常规设备控制系统的能力有限，需要在系统运行中引入附加自由度的快速、频繁的自操作设备。灵活的交流传输系统通常被称为柔性交流传输系统（FACTS），它是在新的运行环境中完成对传输系统进行高级控制任务的可靠解决方案。术语"FACTS"和"FACTS 设备"将在本章其余部分交替使用，在公开文献中通常也是这样。电力研究所（EPRI）最早在 20 世纪 80 年代引入了这种技术，从此不断发展[1]。FACTS技术主要基于高压电力电子开关的应用，通过快速而复杂的控制，可以调节控制传输系统运行的关键参数，包括串联和并联阻抗、电流、电压、相位角、有功和无功功率流。除了先进的控制能力，FACTS 也是环境友好型设备。这些设备由安全的材料制成，在运行过程中不会产生任何污染环境的排放物或废物[2]。

37.2 FACTS 的基本技术

两种不同的技术方法影响了 FACTS 设备的发展：第一组设备采用无功元件或带有晶闸管开

关的抽头变压器作为可控元件；第二组设备使用自换相静止整流器作为受控电压源。

自从第一个晶闸管出现以来，电力半导体的主要设计目标是低开关损耗、高开关频率和最小传导损耗。这些设计目标驱动 FACTS 技术的后续创新[1,3,4]。

37. 2. 1　电力半导体

FACTS 技术使用最广泛的功率半导体是普通晶闸管、门极关断（GTO）晶闸管和绝缘栅双极晶体管（IGBT）。

普通晶闸管是一种可以在门极处由脉冲触发（导通）的器件，之后保持导通模式（导通）直到下一个电流过零点。因此，每半周期只能进行一次切换。该属性限制了设备的可控性。普通晶闸管在常规电力半导体中具有最大的允许电流和阻断电压，因此，应用中需要较少数量的半导体。它们用作电容器或电感器的开关，仍是具有最高电压和功率等级的应用的首选器件。晶闸管是最常用的 FACTS 设备的重要组成部分，包括最大的高压直流（HVDC）传输系统，其电压等级超过 500kV，额定功率为数千 MV・A[4]。

GTO 晶闸管是可用门极电流脉冲关断的器件。它们用于提高普通晶闸管的可控性。这项技术发展非常迅速，目前大功率 GTO 已经可用。大功率 GTO 可由集成门极换向晶闸管（IGCT）代替，其结合了普通晶闸管的优点，即低导通损耗和低开关损耗[4]。

IGBT 可以用正电压信号导通，并通过去除电压信号关断。因此，可以使用非常简单的栅极驱动单元来控制 IGBT。FACTS 技术变得越来越重要。对于具有电压源变换器（VSC）的 HVDC 传输，应用的电压和功率等级分别提高到 300kV 和 1000MV・A[4]。现代 IGBT 的功能使其适用于在电力系统中广泛应用。

37. 2. 2　基于晶闸管的 FACTS 设备

在大功率应用中，半导体器件主要用作开关。为了适应交流系统中的切换，两个单向导通器件反并联连接。这组 FACTS 控制器采用普通晶闸管。它们大多数具有共同的特征，即补偿所需的无功功率由传统的电容器或电抗器组产生或吸收。晶闸管开关仅用于控制各组器件向交流系统提供组合无功阻抗，如图 37-1 所示。

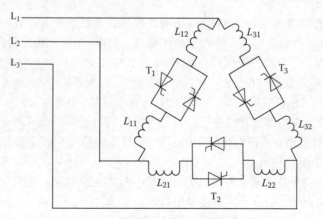

图 37-1　三相晶闸管控制电抗器的简图

37. 2. 3　基于变换器的 FACTS 设备

第二组 FACTS 设备采用自换相 VSC。VSC 基本上是一种快速可控的静止同步交流电压源。

与第一组 FACTS 设备相比，基于 VSC 的设备通常具有优异的性能特征。图 37-2 说明了两电平三相 VSC 的基本方案，其中包括六个功率晶体管，反并联六个功率二极管，另外一个电容接在直流侧。因此，必须为导通和关断能力定义合适的开关模式。最简单的解决方案是将三角形电压和参考电压进行组合作为控制变量，即脉宽调制（PWM）[1,4]。

可以通过三电平变换器实现三电平输出电压（正、负和零）。然而，增加开关频率不仅减少了注入电网的谐波，而且还增加了开关损耗。在实际应用中必须综合考虑谐波注入（以及输出谐波滤波器的相应要求）和开关损耗。在大功率应用中，需使用更复杂（多脉冲）变换器。在这些变换器中，大量半导体器件的使用被认为是更多地增加了设备成本，而不是降低开关损耗或谐波注入。

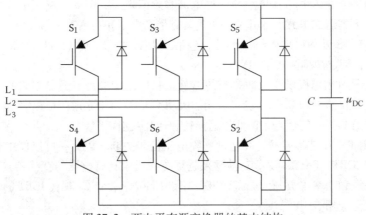

图 37-2　两电平有源变换器的基本结构

37.3　FACTS 的种类和建模

如上述所示，FACTS 可以根据其控制行为的物理性质分成两大类：一类设备作用于电抗（无功阻抗），即通过控制阻抗来改变功率流；另一类则使用静止换流器作为电压源，以适当地注入或吸收电力系统中的功率。

第一类包括静止 VAR 补偿器（SVC）、晶闸管控制器串联电容器（TCSC）和晶闸管控制的移相变压器（TCPST）等器件。SVC 作用于电压幅值，TCSC 作用于传输线阻抗，TCPST 作用于传输角度。可以看出，每个设备控制功率传输的三个参数中的一个。静止同步补偿器（STATCOM），静止同步串联补偿器（SSSC，有时称为固态串联控制器），统一潮流控制器（UPFC）和线间潮流控制器（IPFC）组成第二类 FACTS 设备。这些是基于变换器的 FACTS 控制器，具有同步电压源 VSC，能够产生内部无功功率，以及与电网交换的有功功率。与 SVC 类似，STATCOM 作用于电压，SSSC 有效地对传输电抗起作用。UPFC 可以影响任何三个参数，而 IPFC 能够提供有功功率传输和无功串联补偿。

以下简要介绍了世界各地输电系统中使用的 FACTS 的主要类型。在设计和/或运行方式中使用的最广泛或独特的方式，将在不同的部分中讨论。

● SVC 是一种由电力电子控制电抗器和电容器的组合而成的并联器件组成，主要作用是通过调节电纳来改变注入的无功功率来调节连接点处的电压。

● STATCOM 是一个并联的固态同步电容器，通过改变输出电流来控制母线电压幅值或母线上的无功功率。

● SSSC 是串联的固态同步电容器，通过改变其输出电流来控制串联变压器的一个端子上的母线电压幅值或注入的无功功率（与 STATCOM 类似，但串联）。

● TCSC 是由晶闸管控制电抗器（TCR）并联的串联电容器（也可以由晶闸管控制）组成的串联装置，其主要作用是通过调节电抗实现控制，以确保平滑的可变串联补偿，从而控制线路上的功率传输（与 SVC 类似，但串联）。

● TCR 是一种并联的晶闸管控制电抗器，它通过晶闸管阀的部分导通，连续调节有效电抗，以便调节母线电压幅值。

● TCVR 是一种串联的 TCR，它通过晶闸管阀的部分导通，有效阻抗以连续方式变化，以调节串联变压器的一个端子上的电压幅值（与 TCR 类似，但串联）。

● TCPST 是一种串联的 TCR，它通过晶闸管阀的部分导通，其有效电抗以连续方式变化，以调节串联变压器的一个端子上的电压相位角（相对于 TCVR 的主要差异是如何注入所需的电压分量，即电源电压相位或角度）。

● UPFC 是一种 STATCOM 和 SSSC 的连接的组合方式，它们共有一个直流电容器。它能够同时或选择性地控制传输线阻抗、总线电压幅值以及通过传输线的有功/无功功率流。此外，它还可以提供独立可控的并联无功补偿。

37.3.1　静止无功补偿器

SVC 是一种基于普通晶闸管应用的并联器件。原则上是并联的可变电抗器，它能够以平滑控制的方式与 AC 电力系统交换无功功率，从而调节连接点的电压。假设 SVC 放置在连接两条母线的传输线路的中间（通常情况下），SVC 的主要目的是将调节点的电压幅值保持在预定值。通过在连接点注入所需的无功功率来实现电压调节。这样做可以间接提高线路的输电能力。主要通过串联线路阻抗和两母线之间的角度差实现对传输功率的实际控制，因此，传输最大功率与 SVC 作用之间的关系是间接的。图 37-3 展示了 SVC 的基本结构[3,5]。

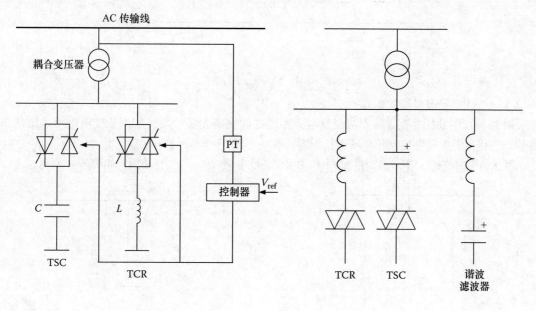

a)　　　　　　　　　　　　　　　　　　b)

图 37-3　SVC 的基本结构

a）无谐波滤波器设计　b）有谐波滤波器设计

从图 37-3 可以看出，SVC 由能有效控制注入（正或负）无功功率（Q）的两个主要元件组成，即晶闸管开关电容器（TSC）和 TCR。另外，SVC 的一个组成部分如果连接到高压母线上，则可以是变压器。SVC 可以直接连接到没有变压器的中压母线。最后，SVC 通常可以包含谐波滤波器，以确保在晶闸管的开关操作中不会向电网注入不可接受的高次谐波。TSC 和 TCR 之间的协调切换控制无功功率输出，从而将母线电压维持在指定值。基本的 SVC 结构通常包含多个 TSC 和 TCR。作为 SVC 的一部分，也可以包括固定电容（FC）组。世界各地的电力网络中安装了超过 750 个 SVC，其容量大小通常与需要解决的问题相关[3]。文献 [3，6] 描述了 SVC 容量从 +45Mvar/ −30Mvar 到 +425Mvar/ −125Mvar 的情况。

37.3.1.1　SVC $V - I$ 特性

图 37-4 显示了调节母线上的 SVC $V - I$ 特性。这表明 SVC 通过在电压下降时注入无功电流或在电压增加时吸收无功电流来调节母线电压 V_T。SVC $V - I$ 特性在电容和电感区都受到限制。在电容区域，如果电容电流达到极限，则 SVC 行为像 FC 一样，即不再受控。因为无功功率与电压的二次方成正比，所以电压的进一步下降导致所产生的无功功率显著降低。这是 SVC 的主要缺点之一，在系统需要电压时，它将不能充分地保持电压。另一方面，如果电感电流达到极限，则 SVC 成为固定电抗器。

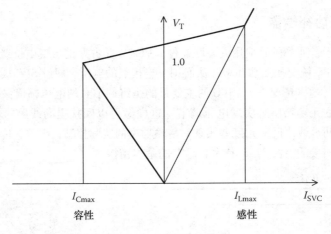

图 37-4　SVC $V - I$ 特性

37.3.1.2　SVC 稳态模型的建立

因为 SVC 的功能是在连接点与交流电力系统之间交换无功功率，所以从交流电力系统的角度看，它相当于并联电容器和并联电抗器的并联，如图 37-5 所示[5]。

基于前面的描述，SVC 可以在稳态下作为可变并联电纳（β_{SVC}）进行建模，如图 37-6 所示[7]。

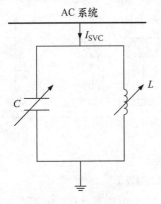

图 37-5　稳态下的 SVC

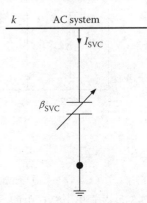

图 37-6　SVC 稳态模型

母线 k 潮流方程的一般形式是

$$P_k = \sum_{m=1}^{N} V_k V_m \left(G_m \cos\theta_{km} + B_{km} \sin\theta_{km} \right) \tag{37-1}$$

$$Q_k = \sum_{m=1}^{N} V_k V_m \left(G_{km} \sin\theta_{km} - B_{km} \cos\theta_{km} \right) \tag{37-2}$$

在式（37-1）和式（37-2）中，有功功率和无功功率的计算需要考虑连接到母线 k 的所有支路。实际上，因为仅在母线 k 处存在 SVC 可变并联电纳，所以包括 SVC 的母线 k 的潮流方程的变化只当 $m = k$ 时才有：

$$P = V_k^2 \left[G_{kk} \cos\theta_{kk} + (B_{kk} + \beta_{SVC}) \sin\theta_{kk} \right] \tag{37-3}$$

$$Q = V_k^2 \left[G_{kk} \sin\theta_{kk} - (B_{kk} + \beta_{SVC}) \cos\theta_{kk} \right] s \tag{37-4}$$

式中，G 和 B 分别是网络对应 Y 矩阵下的电导和电纳。

37.3.1.3　SVC 暂态模型的建立

以下简要讨论了暂态 SVC 的简化数学模型研究。SVC 的等效电路如图 37-7 所示。SVC 通过耦合阻抗（R_p，L_p）连接到电网母线 u_i。它包括 TCR 和 TSC 的并联组合。假设电容器是导通的，该模型没有考虑与电容器开关有关的动态过程。在动态条件下，TCR 的电抗变化通过改变因子 b_{TCR} 来建模，b_{TCR} 的值在 0 和 1 之间。该电路还包括与电抗串联的电阻，以便表示 TCR 的损耗。

为了推导数学模型，按照式（37-5）的规定采用单位制。i_B 和 u_B 分别是基波电流和电压值，ω_B 是基波网络电压分量的同步角速度。数学表达式在旋转 $d-q$ 参考系[8,9]中给出。在稳态条件下，模型中的所有量都是常数，适用于控制算法的推导：

$$i_p' = \frac{i_P}{i_B}; \ i_{TCR}' = \frac{i_{TCR}}{i_B}; \ u_{SVC}' = \frac{u_{SVC}}{u_B} \tag{37-5}$$

$$z_B = \frac{u_B}{i_B}; \ L_P' = \frac{\omega_B L_P}{z_B}; \ R_P' = \frac{R_P}{z_B}; \ C_{TSC}' = \frac{1}{\omega_B C_{TCR} z_B}; \ L_{TCR}' = \frac{\omega_B L_{TCR}}{z_B}; \ R_{TCR}' = \frac{R_{TCR}}{z_B}$$

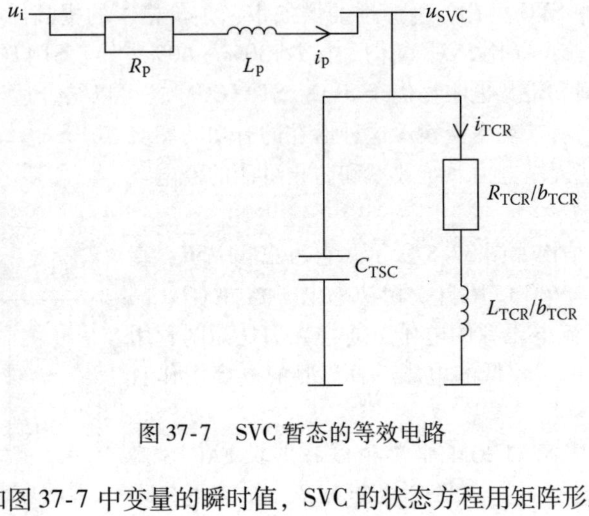

图 37-7　SVC 暂态的等效电路

考虑到上述假设和图 37-7 中变量的瞬时值，SVC 的状态方程用矩阵形式和 $d-q$ 坐标系进行描述如下：

$$\frac{d}{dt}\begin{pmatrix} i'_{pd} \\ i'_{pq} \\ i'_{TCRd} \\ i'_{TCRq} \\ u'_{SVCd} \\ u'_{SVCq} \end{pmatrix} = \begin{pmatrix} \dfrac{-R'_p \omega_B}{L'_p} & \omega & 0 & 0 & \dfrac{-\omega_B}{L'_p} & 0 \\[2mm] -\omega & \dfrac{-R'_p \omega_B}{L'_p} & 0 & 0 & 0 & \dfrac{-\omega_B}{L'_p} \\[2mm] 0 & 0 & \dfrac{-R'_{TCR}\omega_B}{L'_{TCR}} & \omega & b_{TCR}\dfrac{\omega_B}{L'_{TCR}} & 0 \\[2mm] 0 & 0 & -\omega & \dfrac{-R'_{TCR}\omega_B}{L'_{TCR}} & 0 & b_{TCR}\dfrac{\omega_B}{L'_{TCR}} \\[2mm] \omega_B C'_{TSC} & 0 & -\omega_B C'_{TSC} & 0 & 0 & \omega \\[2mm] 0 & \omega_B C'_{TSC} & 0 & -\omega_B C'_{TSC} & -\omega & \end{pmatrix}\begin{pmatrix} i'_{pd} \\ i'_{pq} \\ i'_{TCRd} \\ i'_{TCRq} \\ u'_{SVCd} \\ u'_{SVCq} \end{pmatrix} + \begin{pmatrix} \dfrac{\omega_B}{L'_p}u'_{id} \\[2mm] \dfrac{\omega_B}{L'_p}u'_{iq} \\[2mm] 0 \\ 0 \\ 0 \\ 0 \end{pmatrix}$$

$$(37\text{-}6)$$

TCR 电力电子的响应时间通过式（37-7）带有时间常数 T_{SVC} 的一阶系统建模：

$$\frac{d}{dt}b_{TCR} = -\frac{1}{T_{SVC}}b_{TCR} + \frac{1}{T_{SVC}}b_{TCRref} \qquad (37\text{-}7)$$

应注意，式（37-6）表示 SVC 的简化数学模型，而设备的整体动态性能主要取决于所用的控制系统。SVC 可以在导纳控制模式下工作，但采用电压控制更为普遍[1,6]。应用控制器的输出表示为 b_{TCRref}。用于电磁暂态研究的 SVC 的建模需要所有 SVC 非线性（半导体器件）以及不同的控制和保护功能的详细描述。

37.3.2 静止补偿器

STATCOM 也是类似 SVC 的并联设备；然而，它是一种基于 VSC 的器件，通过在变压器上注入可变的交流电流来保持母线电压，并在其端子处产生所需的无功功率。它的工作原理是，如果配备了直流能量存储装置，那么 STATCOM 可以实现与电力系统交换有功和无功功率[3,6]。STATCOM 在原理上相当于旋转同步电容器的静止等效电路，因为没有旋转部件（和这样的惯量），所以能以更快的速率与系统交换无功功率。STATCOM 与 SVC 的功能相同。它比 SVC 能维持更稳定的电压。与尺寸类似的 SVC 相比，鲁棒性的增加带来了价格[6]的提高。与 SVC 的进一步比较，STATCOM 的物理尺寸较小（比 SVC 整体尺寸减小30% ~ 40%[10]）。STATCOM 的电压闭环调节回路的可实现的响应时间和带宽也明显优于 SVC。STATCOM 还可以结合适当的能量存储，从而促进与主机交流系统进行有功功率交换。这种潜在的有功功率交换功能为增强动态性能提高电力系统效率和防止可能的停电[1]提供了新的解决方案。

STATCOM 的基本结构如图 37-8 所示。它由三相 VSC、直流电容和变压器组成。VSC 使用自换相功率电子器件 GTO 晶闸管或 IGBT 来生成直流电压源的电压。通常，GTO 晶闸管用于较高的电压，IGBT 用于较低的电压。直流侧的电容用作直流电压源[7]。

（注意：SSSC 是与 STATCOM 非常相似的串联 FACTS 器件，它是其串联连接的一部分，SSSC 实际上是一个固态同步电容器，用于控制一个端子上的母线电压幅值或串联连接的变压器所注入的无功功率。注入电压相量垂直于线路电流相量，

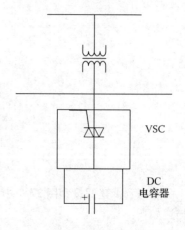

图 37-8　STATCOM 的基本结构

SSSC 作为可控电压源，其电压幅值独立于线电流进行控制。SSSC 仅通过与系统交换无功功率，影响传输线上的有功功率流[11-14]。)

37.3.2.1　STATCOM 的 $V - I$ 特性

图 37-9 展示了 STATCOM 的 $V - I$ 特性。从图中可以看出，即使在非常低的电压下，与 SVC 不同，STATCOM 可以继续以超前（或滞后）的额定电流工作，并注入/吸收所需的无功功率。相比之下，SVC 的注入电流与端电压的二次方成反比。因此，当电压严重下降时，STATCOM 能够比 SVC 提供更好的电压支持。

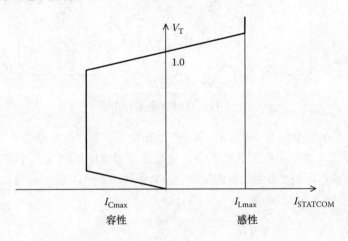

图 37-9　STATCOM 的 $V - I$ 特性

37.3.2.2　STATCOM 稳态模型的建立

由于其与旋转同步电容器等效，STATCOM 可以被建模为传统的同步发电机（见图 37-10），其有功功率输出为 0，并与连接变压器（Z_T）的阻抗串联。如果需要更高的建模灵活性，那么可以表示为可变电压源（$E = E\angle\theta = E\cos\theta + \mathrm{j}E\sin\theta$），能分别调节幅值（$E$）和相位角（$\theta$）。在这种情况下，应根据直流电容器的大小设置电压幅值，而电压相位角可以在 0°~360° 之间取任意值[7]。

或者，STATCOM 也可以表示为用于稳态短路计算的可变电流源[15]。因为它对系统的影响随其尺寸和连接的母线电压而变化，所以必须提前仔细计算注入电流。

37.3.2.3　STATCOM 暂态模型的建立

用于暂态研究的 STATCOM 模型的等效电路如图 37-11 所示。正弦电压源通过耦合变压器的电抗连接到电网。该电路还包括与电抗串联的电阻，以表示变压器的损耗。并联器件的电流大小取决于系统电压与变换器可调输出电压之差。DC 电路用一个与电容器 C 连接的电流源表示。并联的电阻 R_c 表示直流电路中的损耗。

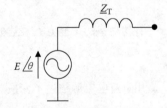

图 37-10　稳态下 STATCOM 的建模研究

同样，按照式（37-8）采用单位制，i_B 和 u_B 分别是电流和电压的基波幅值，ω_B 是电网电压基波分量的同步角速度。数学表达式建立在旋转 $d - q$ 参考系下[8,9]：

$$i_p' = \frac{i_p}{i_B}; \ u_p' = \frac{u_p}{u_B}; \ u_i' = \frac{u_i}{u_B}; \ u_{dc}' = \frac{u_{dc}}{u_B}$$

$$z_B = \frac{u_B}{i_B}; \ L_p' = \frac{\omega_B L_p}{z_B}; \ R_p' = \frac{R_p}{z_B}; \ C' = \frac{1}{\omega_B C z_B}; \ R_c' = \frac{R_c}{z_B}$$

(37-8)

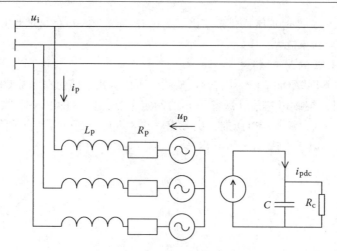

图 37-11　STATCOM 等效电路

变换器输出电压的两个分量（d 和 q）取决于直流电压。用一组方程式（37-9）定义这些电压分量，其中 k_p 是包含变压器电压比的系数，与直流和交流电压相关，并需考虑变流器类型。角 δ_p 表示变换器输出电压相对参考位置的相移，控制参数（变换因子）m_p 可以取 0 ~ 1 之间的任何值。

$$\begin{cases} u'_{pd} = u'_{dc} k_p m_p \cos\delta_p = u'_{dc} k_p d_{pd} \\ u'_{pq} = u'_{dc} k_p m_p \sin\delta_p = u'_{dc} k_p d_{pq} \end{cases} \tag{37-9}$$

从式（37-10）可以看出，变换器输出电压的两个可调参数 m_p 和 δ_p 用于确定 d 轴方向上的平均开关函数 d_{pd} 和 q 轴方向上的平均开关函数 d_{pq}：

$$d_{pd} = m_p \cos\delta_p$$
$$d_{pq} = m_p \sin\delta_p \tag{37-10}$$

直流电路动态特性用式（37-11）描述。直流电压的初始值取决于变换器的结构。当 $m_p = 1$ 时，STATCOM 在电容区域中工作，变换器输出电压高于电网电压。

$$\frac{d}{dt} u'_{dc} = -\omega_B C' \left(i'_{pdc} + \frac{u'_{dc}}{R'_C} \right) \tag{37-11}$$

有功功率的平衡方程表述如下：

$$u'_{dc} i'_{pdc} = \frac{3}{2} (u'_{pd} i'_{pd} + u'_{pq} i'_{pq}) \tag{37-12}$$

用直流电流源描述了变换器工作对小直流电容器的影响：

$$i'_{pdc} = \frac{3}{2} (k_p d_{pd} i'_{pd} + k_p d_{pq} i'_{pq}) \tag{37-13}$$

最后，STATCOM 在 $d - q$ 坐标系下的状态方程的矩阵形式可表示为

$$\frac{d}{dt}\begin{pmatrix} i'_{pd} \\ i'_{pq} \\ u'_{dc} \end{pmatrix} = \begin{pmatrix} -\dfrac{R'_p \omega_B}{L'_p} & \omega & -\dfrac{k_p \omega_B}{L'_p} d_{pd} \\ -\omega & -\dfrac{R'_p \omega_B}{L'_p} & -\dfrac{k_p \omega_B}{L'_p} d_{pd} \\ \dfrac{3 k_p \omega_B C'}{2} d_{pd} & \dfrac{3 k_p \omega_B C'}{2} d_{pd} & -\dfrac{C' \omega_B}{R'_c} \end{pmatrix} \begin{pmatrix} i'_{pd} \\ i'_{pq} \\ u'_{dc} \end{pmatrix} + \begin{pmatrix} \dfrac{\omega_B}{L'_p} u'_{id} \\ \dfrac{\omega_B}{L'_p} u'_{iq} \\ 0 \end{pmatrix} \tag{37-14}$$

可以观察到，有两个可调参数（m_p、δ_p）和三个状态变量。只有两个变量可以独立控制。

STATCOM 储能能力不高，因此只能在稳定状态下与系统进行无功功率变换，可以独立地控制无功电流分量，另一个自由变量用于在直流电容器两端保持恒定的直流电压。

仅使用一个可控参数进行控制是 STATCOM 的一个更为典型或经典的运行模式。控制因子 m_p 设置为 1，随着受时间限制的相移 δ_p 的变化，一定量的能量可以被吸收或传输到电网。在这种方式下，可以控制电容器两端的直流电压的大小，并且可以控制变流器输出交流电压或无功电流分量的幅值。

具有正弦信号源的 STATCOM 的数学模型可用于推导出合适的控制系统[8,16-18]。应用控制器的输出表示开关函数 d_{pd} 和 d_{pq} 的值。用于电磁暂态研究的 STATCOM 的数学建模需要 VSC 和相关控制系统的详细描述，其中还需要考虑可控参数的限制。

37.3.3 可控串联补偿器

可控串联补偿器（TCSC）是一种基于晶闸管阀的串联型 FACTS 器件。TCSC 的主要功能是通过适当关断晶闸管阀来平滑调节电抗以改变线路阻抗。这种改变传输线串联电抗的能力可以直接控制整个传输线上的传输功率。因此，TCSC 是一种优良的串联补偿器，对于长输电线路特别有用[1]。

图 37-12 给出了基本的 TCSC 设计[3]。它由一个串联电容器 C 与 TCR 并联。提供给线路的串联补偿程度由晶闸管导通周期控制。TCSC 的实际应用可能涉及多个这种类型的级联模块[6]。

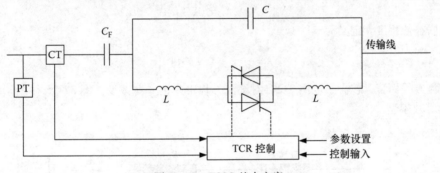

图 37-12 TCSC 基本方案

TCSC 于 20 世纪 90 年代初投入使用，在美国安装了三台这样的设备[3]。TCSC 的容量取决于在传输线路上的总功率传输。最近的 TCSC 安装示例有：巴西的一台 107.5Mvar 设备用于总发电量为 62GW 的电网和瑞典的一台 123Mvar 设备[6]。

TCSC 改变传输线阻抗的能力可以用来完成多项任务。为了控制传输线的目标参数，如有功功率流，通过控制规则改变 TCSC 控制器的参考信号，以产生串联补偿的期望值。恒功率（CP）和恒定角（CA）控制是 TCSC 控制的两个主要特征[6]。TCSC 应用的一个例子如图 37-13 所示。

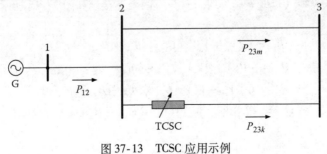

图 37-13 TCSC 应用示例

CP 控制时，目标是通过改变 TCSC 可变电抗来维持 TCSC 补偿线路中的有功功率流（P_{23k}）的期望水平。线路 $2-3k$ 中的有功功率流水平常被选作有功功率流（P_{23ko}）的参考信号。

当沿着 TCSC 补偿线路上有预定义的传输路径时，应用 CA 型控制，如图 37-13（线路 $2-3m$）所示。这种情况下的控制规律用于保持并联电路（线路 $2-3m$）传输的总功率不变。这是通过改变 TCSC 串联补偿来实现的，使得线路 $1-2$ 中的任何有功功率变化都被吸收。在这种情况下，参考信号是 $P_{12o}+P_{23ko}$。假设调节总线 2 和总线 3 的电压幅值，可以忽略传输线电阻，并且线路 $2-3m$ 的阻抗不变，则要维持线路 $2-3m$ 的有功功率流恒定，要求母线 2 和母线 3 间的电压相角差为常数[6]。

37. 3. 3. 1 TCSC 稳态模型的建立

TCSC 稳态模型可认为是与补偿传输线[1,3,6,7]阻抗串联的可变容抗，如图 37-14 所示。

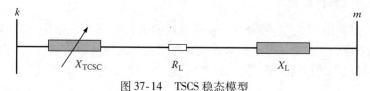

图 37-14 TSCS 稳态模型

通常，X_{TCSC} 的值只是传输线电抗 X_{L} 的一小部分。将 TCSC 添加到传输线后，线路的有效阻抗（忽略电阻）变为

$$X_{\mathrm{eff}} = X_{\mathrm{L}} - X_{\mathrm{C}} = (1-k)X_{\mathrm{L}} \qquad (37\text{-}15)$$

式中，串联补偿程度 k 定义为

$$k = \frac{X_{\mathrm{C}}}{X_{\mathrm{L}}} \qquad 0 \leqslant k < 1 \qquad (37\text{-}16)$$

就潮流方程而言，包含了电网 TCSC 对潮流方程带来的一些改变。图 37-15 显示了传输线的集总 π 形等效模型。

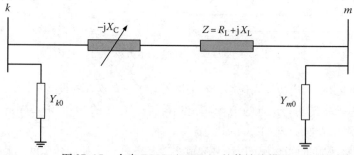

图 37-15 含有 TCSC（$-jX_{\mathrm{C}}$）的传输线模型

母线 k 和母线 m 之间的 TCSC 将对系统原始 $\boldsymbol{Y}_{\mathrm{bus}}$ 矩阵带来变化，并且这些变化将出现在功率流方程中。假设每条母线（母线 k 和母线 m）只有两个连接，如图 37-15 所示，母线 k 和母线 m 上的注入功率变为

$$P_k = G_{kk}V_k^2 + V_kV_m(G_{km}\cos\theta_{km} + B_{km}\sin\theta_{km}) \qquad (37\text{-}17)$$

$$Q_k = -B_{kk}V_k^2 + V_kV_m(G_{km}\sin\theta_{km} - B_{km}\cos\theta_{km}) \qquad (37\text{-}18)$$

$$P_m = G_{mm}V_m^2 + V_mV_k(G_{mk}\cos\theta_{mk} + B_{mk}\sin\theta_{mk}) \qquad (37\text{-}19)$$

$$Q_m = -B_{mm}V_m^2 + V_mV_k(G_{mk}\sin\theta_{mk} - B_{mk}\cos\theta_{mk}) \qquad (37\text{-}20)$$

式中，

$$Y_{kk} = Y_{k0} + Y_{km} \qquad (37\text{-}21)$$

$$Y_{mm} = Y_{m0} + Y_{mk} \tag{37-22}$$

$$Y_{k0} = G_{k0} + \mathrm{j}B_{k0} \tag{37-23}$$

$$Y_{m0} = G_{m0} + \mathrm{j}B_{m0} \tag{37-24}$$

$$Y_{km} = Y_{mk} = G_{km} + \mathrm{j}B_{km} \tag{37-25}$$

$$G_{km} = \frac{R_{\mathrm{L}}}{R_{\mathrm{L}}^2 + (X_{\mathrm{L}} - X_{\mathrm{C}})^2} \tag{37-26}$$

$$B_{km} = -\frac{X_{\mathrm{L}} - X_{\mathrm{C}}}{R_{\mathrm{L}}^2 + (X_{\mathrm{L}} - X_{\mathrm{C}})^2} \tag{37-27}$$

37.3.3.2　TCSC 暂态模型的建立

TCSC 用于建立暂态数学模型的等效电路如图 37-16 所示。线路电感由 L_{s} 表示。电路由串联电阻 R_{s} 组成，以表示线路损耗。TCSC 是一个容性电抗补偿器，由与 TCR 并联的电容器组（C_{FC}）组成，以提供平滑可变的串联容抗。通过选择 C_{FC} 和 L_{TCR} 的值，因子 b_{TCR} 可以在 0（感性 TCSC 电抗）和 1（容性 TCSC 电抗）之间取任何值，由此避免在谐振点附近取值。由线电流引起的 TCSC 电抗上的电压降用 u_{TCSC} 表示。

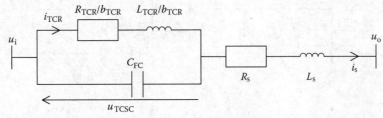

图 37-16　TCSC 等效电路

式（37-28）模型中的变量采用单位制。此外，i_{B} 和 u_{B} 分别是电流和电压的基波幅值，ω_{B} 是电网基波电压分量的同步角速度[6]。

$$i_{\mathrm{s}}' = \frac{i_{\mathrm{s}}}{i_{\mathrm{B}}}; \ i_{\mathrm{TCR}}' = \frac{i_{\mathrm{TCR}}}{i_{\mathrm{B}}}; \ u_{\mathrm{TCSC}}' = \frac{u_{\mathrm{TCSC}}}{u_{\mathrm{B}}}; \ u_{\mathrm{i}}' = \frac{u_{\mathrm{i}}}{u_{\mathrm{B}}}; \ u_{\mathrm{o}}' = \frac{u_{\mathrm{o}}}{u_{\mathrm{B}}} \tag{37-28}$$

$$z_{\mathrm{B}} = \frac{u_{\mathrm{B}}}{i_{\mathrm{B}}}; \ R_{\mathrm{TCR}}' = \frac{R_{\mathrm{TCR}}}{z_{\mathrm{B}}}; \ L_{\mathrm{TCR}}' = \frac{\omega_{\mathrm{B}} L_{\mathrm{TCR}}}{z_{\mathrm{B}}}; \ C_{\mathrm{FC}}' = \frac{1}{z_{\mathrm{B}} \omega_{\mathrm{B}} C_{\mathrm{FC}}}; \ L_{\mathrm{s}}' = \frac{\omega_{\mathrm{B}} L_{\mathrm{s}}}{z_{\mathrm{B}}}; \ R_{\mathrm{s}}' = \frac{R_{\mathrm{s}}}{z_{\mathrm{B}}}$$

如前所述，在旋转 $d-q$ 参考系中建立数学模型。考虑到图 37-16 所示的瞬时变量，TCSC 的状态方程由下式给出：

$$\frac{\mathrm{d}}{\mathrm{d}t}
\begin{pmatrix}
i_{\mathrm{sd}}' \\
i_{\mathrm{sq}}' \\
i_{\mathrm{TCRd}}' \\
i_{\mathrm{TCRq}}' \\
u_{\mathrm{TCSCd}}' \\
u_{\mathrm{TCSCq}}'
\end{pmatrix}
=
\begin{pmatrix}
\dfrac{-R_{\mathrm{s}}'\omega_{\mathrm{B}}}{L_{\mathrm{s}}'} & \omega & 0 & 0 & \dfrac{-\omega_{\mathrm{B}}}{L_{\mathrm{s}}'} & 0 \\
-\omega & \dfrac{-R_{\mathrm{s}}'\omega_{\mathrm{B}}}{L_{\mathrm{s}}'} & 0 & 0 & 0 & \dfrac{-\omega_{\mathrm{B}}}{L_{\mathrm{s}}'} \\
0 & 0 & \dfrac{-R_{\mathrm{TCR}}'\omega_{\mathrm{B}}}{L_{\mathrm{TCR}}'} & \omega & b_{\mathrm{TCR}}\dfrac{\omega_{\mathrm{B}}}{L_{\mathrm{TCR}}'} & 0 \\
0 & 0 & -\omega & \dfrac{-R_{\mathrm{TCR}}'\omega_{\mathrm{B}}}{L_{\mathrm{TCR}}'} & 0 & b_{\mathrm{TCR}}\dfrac{\omega_{\mathrm{B}}}{L_{\mathrm{TCR}}'} \\
\omega_{\mathrm{B}}C_{\mathrm{FC}}' & 0 & -\omega_{\mathrm{B}}C_{\mathrm{FC}}' & 0 & 0 & \omega \\
0 & \omega_{\mathrm{B}}C_{\mathrm{FC}}' & 0 & -\omega_{\mathrm{B}}C_{\mathrm{FC}}' & -\omega & 0
\end{pmatrix}
\begin{pmatrix}
i_{\mathrm{sd}}' \\
i_{\mathrm{sq}}' \\
i_{\mathrm{TCSCd}}' \\
i_{\mathrm{TCSCq}}' \\
u_{\mathrm{TCSCd}}' \\
u_{\mathrm{TCSCq}}'
\end{pmatrix}
+
\begin{pmatrix}
\dfrac{\omega_{\mathrm{B}}}{L_{\mathrm{s}}'}(u_{\mathrm{id}}' - u_{\mathrm{od}}') \\
\dfrac{\omega_{\mathrm{B}}}{L_{\mathrm{s}}'}(u_{\mathrm{id}}' - u_{\mathrm{od}}') \\
0 \\
0 \\
0 \\
0
\end{pmatrix}$$

$$\tag{37-29}$$

TCSC 电力电子器件的响应时间模型可以利用时间常数 T_{TCSC} 建立关系如下：

$$\frac{\mathrm{d}}{\mathrm{d}t}b_{TCR} = -\frac{1}{T_{TCSC}}b_{TCR} + \frac{1}{T_{TCSC}}b_{TCRref} \tag{37-30}$$

在 SVC 模型下，TCSC 的整体动态特性主要取决于应用的控制系统。如前所述，TCSC 以恒定电流控制模式运行，或者在并行传输路径的情况下，可以以恒定角度控制模式运行[1,6]。控制器的输出是因子 b_{TCR} 的参考值，如 b_{TCRref}。

37.3.4 晶闸管控制的调压器和移相器

TCVR 和 TCPST 是使用晶闸管阀作为基本组成元件执行快速切换任务的另外两种 FACTS 装置，因此需要确保对所需变量的平滑和连续的控制。它们在设计上非常相似，故在这里一起讨论。

TCVR 是串联的 TCR，它通过晶闸管阀的部分导通以连续的方式改变有效电抗，以调节串联变压器的一个端子上的电压幅值（其功能与 TCR 非常相似，只是串联）。另一方面，TCPST 的作用是调节串联变压器的一个端子的电压相角。TCVR 和 TCPST 之间的区别主要在于如何注入所需的电压分量，即相位（TCVR）或相对于线电压[1]的角度（TCPST），如图 37-17 所示。TCVR 和 TCPST 的运行主要基于经典的有载调压变压器的工作原理[1]。

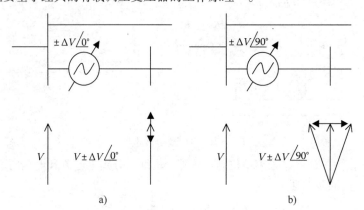

图 37-17　TCVR 和 TCPST 的电压幅值相角调制
a）电压幅值　b）相角

这两个设备的一个突出缺点是它们不能产生或吸收无功功率。在它们产生了所需的母线电压幅值和相角的变化之后，很大程度上是由电力系统自身来处理无功功率需求的变化，因此，在这种情况下，由于系统缺乏足够的无功功率，可能导致系统安全问题[1,3]。

37.3.4.1　TCVR 和 TCPST 稳态模型的建立

图 37-18 给出了传输线中 TCVR 和 TCPST 的模型，其中 a 表示匝数比，α 表示相移。传输线原来在 k_1 和 m 之间；然而，在插入 TCVR（具有 $a \neq 0$，$\alpha = 0$）或 TCPST（$a = 0$，$\alpha \neq 0$）之后，添加了一条新的母线 k，以便显示功率流方程的变化。

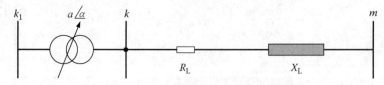

图 37-18　TCVR 和 TCPST 的通用模型

根据 TCVR 和 TCPST 的连接，注入母线 k 和母线 m 的有功功率和无功功率的功率流方程可写为[7,19]

$$P_k = G_{kk}a^2 V_k^2 + aV_k V_m \left[G_{km}\cos(\theta_{km} + \alpha) + B_{km}\sin(\theta_{km} + \alpha) \right] \tag{37-31}$$

$$Q_k = - B_{kk}a^2 V_k^2 + aV_k V_m \left[G_{km}\sin(\theta_{km} + \alpha) - B_{km}\cos(\theta_{km} + \alpha) \right] \tag{37-32}$$

$$P_m = G_{mm}V_m^2 + V_m aV_k \left[G_{mk}\cos(\theta_{mk} + \alpha) + B_{mk}\sin(\theta_{mk} + \alpha) \right] \tag{37-33}$$

$$Q_m = - B_{mm}V_m^2 + V_m aV_k \left[G_{mk}\sin(\theta_{km} + \alpha) - B_{mk}\cos(\theta_{mk} + \alpha) \right] \tag{37-34}$$

37.3.4.2　TCVR 和 TCPST 暂态模型的建立

TCVR/TCPST 暂态下的等效电路图如图 37-19 所示。变压器串联支路电感和线路电感的和用 L_s 来表示。该装置的模型可用两个具有均衡有功功率和无功功率交换的可控正弦电压源所表示。

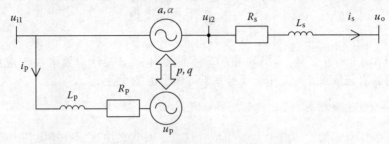

图 37-19　TCVR/TCPST 的等效电路

忽略在两个支路之间的电路动态过程。串联电压源的控制参数 a 或 α 可实现 TCVR/TCPST 电压或功率流控制的主要功能。由并联电压源（i_p，u_p）实现有功功率和无功功率与电网的零交换。该电路还包含一个串联电阻，代表线路损耗。并联支路的电感和损耗分别用 L_p 和 R_p 表示。

采用单位制的模型如下所述：

$$i'_p = \frac{i_p}{i_B}; \quad i'_s = \frac{i_s}{i_B}; \quad u'_{i1} = \frac{u_{i1}}{u_B}; \quad u'_{i2} = \frac{u_{i2}}{u_B}; \quad u'_o = \frac{u_o}{u_B}$$

$$z_B = \frac{u_B}{i_B}; \quad L'_p = \frac{\omega_B L_p}{z_B}; \quad R'_p = \frac{R_p}{z_B}; \quad L'_s = \frac{\omega_B L_s}{z_B}; \quad R'_s = \frac{R_s}{z_B} \tag{37-35}$$

考虑到在旋转 $d-q$ 参考坐标系下，控制参数的电压分量为

$$\begin{aligned}
u'_{i1d} &= m_i\cos\delta_i \\
u'_{i1q} &= m_i\sin\delta_i \\
u'_{i2d} &= m_i(1 + a)\cos(\delta_i + \alpha) \\
u'_{i2q} &= m_i(1 + a)\sin(\delta_i + \alpha) \\
u'_{od} &= m_o\cos\delta_o \\
u'_{oq} &= m_o\sin\delta_o
\end{aligned} \tag{37-36}$$

式中，m_i、m_o 分别为输入和输出电压的单位幅值；δ_i、δ_o 为相角。考虑到图 37-19 中的瞬时变量，TCVR/TCPST 的状态方程可以写作

$$\frac{\mathrm{d}}{\mathrm{d}t}\begin{pmatrix} i'_{pd} \\ i'_{pq} \\ i'_{sd} \\ i'_{sq} \end{pmatrix} = \begin{pmatrix} \dfrac{-R'_p \omega_B}{L'_p} & \omega & 0 & 0 \\[2ex] -\omega & \dfrac{-R'_p \omega_B}{L'_p} & 0 & 0 \\[2ex] 0 & 0 & \dfrac{-R'_s \omega_B}{L'_s} & \omega \\[2ex] 0 & 0 & -\omega & \dfrac{-R'_s \omega_B}{L'_s} \end{pmatrix}\begin{pmatrix} i'_{pd} \\ i'_{pq} \\ i'_{sd} \\ i'_{sq} \end{pmatrix} + \begin{pmatrix} \dfrac{\omega_B}{L'_p}(u'_{i1d} - u'_{pd}) \\[2ex] \dfrac{\omega_B}{L'_p}u'_{iq}(u'_{i1q} - u'_{pq}) \\[2ex] \dfrac{\omega_B}{L'_s}(u'_{i2d} - u'_{od}) \\[2ex] \dfrac{\omega_B}{L'_s}(u'_{i2q} - u'_{oq}) \end{pmatrix}$$

$$0 = \begin{pmatrix} u'_{pd} & u'_{pq} & (u'_{i1d} - u'_{i2d}) & (u'_{i1q} - u'_{i2q}) \\ -u'_{pq} & u'_{pd} & -(u'_{i1q} - u'_{i2q}) & (u'_{i1d} - u'_{i2d}) \end{pmatrix} \begin{pmatrix} i'_{pd} \\ i'_{pq} \\ i'_{sd} \\ i'_{sq} \end{pmatrix} \quad (37\text{-}37)$$

TCVR 和 TCPST 电力电子器件的响应时间利用时间常数 T_{TCVR}、T_{TCPST} 可建立一阶系统如下：

$$\begin{cases} \dfrac{\mathrm{d}}{\mathrm{d}t}a = -\dfrac{1}{T_{TCVR}}a + \dfrac{1}{T_{TCVR}}a_{ref} \\ \dfrac{\mathrm{d}}{\mathrm{d}t}\alpha = -\dfrac{1}{T_{TCPST}}\alpha + \dfrac{1}{T_{TCPST}}\alpha_{ref} \end{cases} \quad (37\text{-}38)$$

如前所述 FACTS 装置一样，TCVR 和 TCPST 的整体动态特性主要取决于应用控制系统。TCVR 控制器的输出是参考值 a_{ref}，TCPST 控制器的输出是参考值 α_{ref}。

37.3.5 统一潮流控制器

UPFC 由含有 GTO 晶闸管的两个 VSC 组成，这些晶闸管在由直流存储电容组成的公共直流电路中工作，如图 37-20[1] 所示。它可认为是由并联和串联组成的设备。每个变换器可以独立地产生或吸收无功功率。这种布置使得能够在两个变换器的 AC 端之间的任一方向上实现有功功率的自由流动。

并联变换器的功能是提供或吸收串联分支所需的有功功率。该变换器通过并联的变压器连接到交流电源端。如果需要，它也可以产生或吸收无功功率，这可以为电路提供独立的并联无功补偿。串联变换器通过注入幅值和相角可控的交流电压来实现 UPFC 的主要功能。传输线电流流经该电压源，从而与 AC 系统交换有功功率和无功功率。并联支路与交流电源交换有功功率，而无功功率交换由变换器内部实现。

37.3.5.1 UPFC 稳态模型的建立

稳态下 UPFC 的等效电路如图 37-21 所示。等效电路由 2 个理想电压源组成：

$$\underline{V}_p = V_p(\cos\theta_p + j\sin\theta_p)$$
$$\underline{V}_s = V_s(\cos\theta_s + j\sin\theta_s) \quad (37\text{-}39)$$

基于图 37-21 中的等效电路，节点 k 的有功功率和无功功率方程如下所述：

$$\begin{aligned} P_k =\ & V_k^2 G_{kk} + V_k V_m[G_{km}\cos(\theta_k - \theta_m) + B_{km}\sin(\theta_k - \theta_m)] + \\ & V_k V_s[G_{km}\cos(\theta_k - \theta_s) + B_{km}\sin(\theta_k - \theta_s)] + \\ & V_k V_p[G_p\cos(\theta_k - \theta_p) + B_p\sin(\theta_k - \theta_p)] \end{aligned} \quad (37\text{-}40)$$

$$\begin{aligned} Q_k =\ & -V_k^2 B_{kk} + V_k V_m[G_{km}\sin(\theta_k - \theta_m) - B_{km}\cos(\theta_k - \theta_m)] + \\ & V_k V_s[G_{km}\sin(\theta_k - \theta_s) - B_{km}\cos(\theta_k - \theta_s)] + \\ & V_k V_p[G_p\sin(\theta_k - \theta_p) - B_p\cos(\theta_k - \theta_p)] \end{aligned}$$

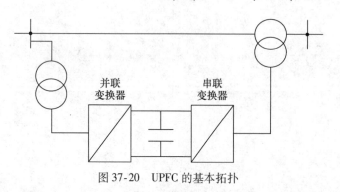

图 37-20　UPFC 的基本拓扑

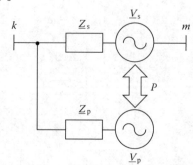

图 37-21　UPFC 的稳态等效电路

节点 m 的有功功率和无功功率方程如下所述：

$$
\begin{aligned}
P_m = {} & V_m^2 G_{mm} + V_m V_k \left[G_{mk} \cos(\theta_m - \theta_k) + B_{mk} \sin(\theta_m - \theta_k) \right] + \\
& V_m V_s \left[G_{mm} \cos(\theta_m - \theta_s) + B_{mm} \sin(\theta_m - \theta_s) \right]
\end{aligned}
\tag{37-41}
$$

$$
\begin{aligned}
Q_m = {} & -V_m^2 B_{mm} + V_m V_k \left[G_{mk} \sin(\theta_m - \theta_k) - B_{km} \cos(\theta_m - \theta_k) \right] + \\
& V_m V_s \left[G_{mm} \sin(\theta_m - \theta_s) - B_{mm} \cos(\theta_m - \theta_s) \right]
\end{aligned}
$$

串联变换器的有功功率和无功功率方程如下所述：

$$
\begin{aligned}
P_s = {} & V_s^2 G_{mm} + V_s V_k \left[G_{mk} \cos(\theta_s - \theta_k) + B_{km} \sin(\theta_s - \theta_k) \right] + \\
& V_m V_s \left[G_{mm} \cos(\theta_s - \theta_m) + B_{mm} \sin(\theta_s - \theta_m) \right]
\end{aligned}
\tag{37-42}
$$

$$
\begin{aligned}
Q_s = {} & -V_s^2 B_{mm} + V_s V_k \left[G_{mk} \sin(\theta_s - \theta_k) - B_{km} \cos(\theta_s - \theta_k) \right] + \\
& V_m V_s \left[G_{mm} \sin(\theta_s - \theta_m) - B_{mm} \cos(\theta_s - \theta_m) \right]
\end{aligned}
$$

并联变换器的有功功率和无功功率方程如下所述：

$$
P_p = -V_p^2 G_p + V_p V_k \left[G_p \cos(\theta_p - \theta_k) + B_p \sin(\theta_p - \theta_k) \right]
\tag{37-43}
$$

$$
Q_p = V_p^2 B_p + V_p V_k \left[G_p \sin(\theta_p - \theta_k) - B_p \cos(\theta_p - \theta_k) \right]
$$

式中，

$$
\begin{aligned}
\underline{Y}_{kk} &= G_{kk} + \mathrm{j} B_{kk} = \underline{Z}_s^{-1} + \underline{Z}_p^{-1} \\
\underline{Y}_{mm} &= G_{mm} + \mathrm{j} B_{mm} = \underline{Z}_s^{-1} \\
\underline{Y}_{km} &= G_{km} + \mathrm{j} B_{km} = -\underline{Z}_s^{-1} \\
\underline{Y}_p &= G_p + \mathrm{j} B_p = -\underline{Z}_p^{-1}
\end{aligned}
\tag{37-44}
$$

假设变换器工作中无损耗，UPFC 既不从 AC 系统吸收有功功率也不向 AC 系统注入有功功率。直流电压保持不变。因此，提供给并联变换器的有功功率必须满足串联变换器所需的有功功率。

$$
P_p + P_s = 0
\tag{37-45}
$$

37.3.5.2　UPFC 暂态模型的建立

如上所述，UPFC 由与公共直流电路一起工作的并联和串联的 VSC 组成。两个变换器可以各自产生或吸收无功功率。这种结构使得两个变换器[9,11,21] 的 AC 端之间的任意方向上都存在有功功率的自由流动。图 37-22 显示了 UPFC 的等效电路。

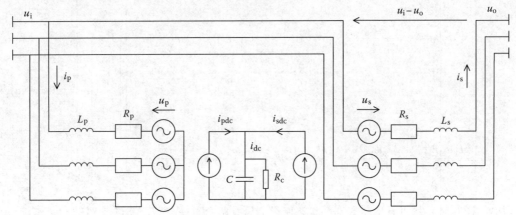

图 37-22　使用正弦电压源的 UPFC 等效电路

在交流侧，UPFC 可以由具有幅值和相角可控的正弦电压源表示。该电路还包括代表耦合变压器的串联和并联阻抗。串联和并联到 DC 系统的两个变换器的影响可以通过连接到电容器 C 的公共直流电路中的两个电流源来表示。电阻 R_c 表示直流电路中的损耗。

根据平衡三相系统到正交同步旋转坐标系（$d-q$）的变换进行推导和数学表述。采用的单位制的系统表述如下：

$$i'_p = \frac{i_p}{i_B}, \ i'_s = \frac{i_s}{i_B}, \ i'_{dc} = \frac{i_{dc}}{i_B}, \ u'_p = \frac{u_p}{u_B}, \ u'_s = \frac{u_s}{u_B}, \ u'_i = \frac{u_i}{u_B}, \ u'_o = \frac{u_o}{u_B}, u'_{dc} = \frac{u_{dc}}{i_B}$$

$$z_B = \frac{u_B}{i_B}, \ L'_p = \frac{\omega_B L_p}{z_B}, \ R'_p = \frac{R_p}{z_B}, \ L'_s = \frac{\omega_B L_s}{z_B}, \ R'_s = \frac{R_s}{z_B}, \ C' = \frac{1}{\omega_B C z_B}, \ R'_c = \frac{R_c}{z_B} \tag{37-46}$$

两个变换器的输出电压取决于直流电压。可以将各自电压写入式（37-47）和式（37-48），其中 k_p 和 k_s 是包含并联和串联变压器电压比的因子，并且在考虑变换器类型的同时考虑每个变换器的 DC 和 AC 电压。角度 δ_p 和 δ_s 表示每个变换器输出电压相对于参考位置的相移。并联变换器的控制因子 m_p 和串联变换器的 m_s 可以在 $0 \sim 1$ 之间取任意值。

$$u'_{pd} = u'_{dc} k_p m_p \cos\delta_p = u'_{dc} k_p d_{pd}$$

$$u'_{pq} = u'_{dc} k_p m_p \sin\delta_p = u'_{dc} k_p d_{pq} \tag{37-47}$$

$$u'_{sd} = u'_{dc} k_s m_s \cos\delta_s = u'_{dc} k_s d_{sd}$$

$$u'_{sq} = u'_{dc} k_s m_s \sin\delta_s = u'_{dc} k_s d_{sq} \tag{37-48}$$

可以使用变换器输出电压的可调参数 m_p、δ_p、m_s 和 δ_s 来确定在并联变换器的 d 轴方向和 q 轴方向上的平均开关函数 d_{pd} 和 d_{pq}，并且类似地确定串联变换器的平均开关函数为 d_{sd} 和 d_{sq}。

使用 $d-q$ 分量的有功功率的常用平衡方程由下式给出：

$$u'_{dc} i'_{dc} = \frac{3}{2}(u'_{pd} i'_{pd} + u'_{pq} i'_{pq} + u'_{sd} i'_{sd} + u'_{sq} i'_{sq}) \tag{37-49}$$

在旋转参考坐标系 $d-q$ 中，DC 电容器的两个变换器可用一个 DC 电流源表示：

$$i'_{dc} = i'_{pdc} + i'_{sdc} = \frac{3}{2}(k_p d_{pd} i'_{pd} + k_p d_{pq} i'_{pq} + k_p d_{sd} i'_{sd} + k_s d_{sq} i'_{sq}) \tag{37-50}$$

在参考坐标系 $d-q$ 下的 UPFC 状态方程的数学模型用矩阵可表示为

$$\frac{d}{dt}\begin{pmatrix} i'_{pd} \\ i'_{pq} \\ i'_{sd} \\ i'_{sq} \\ u'_{dc} \end{pmatrix} = \begin{pmatrix} \frac{-R'_p \omega_B}{L'_p} & \omega & 0 & 0 & \frac{-k_p \omega_B}{L'_p} d_{pd} \\ -\omega & \frac{-R'_p \omega_B}{L'_p} & 0 & 0 & \frac{-k_p \omega_B}{L'_p} d_{pq} \\ 0 & 0 & \frac{-R'_s \omega_B}{L'_s} & \omega & \frac{-k_s \omega_B}{L'_s} d_{sd} \\ 0 & 0 & -\omega & \frac{-R'_s \omega_B}{L'_s} & \frac{-k_s \omega_B}{L'_s} d_{sq} \\ \frac{3 k_p \omega_B C'}{2} d_{pd} & \frac{3 k_p \omega_B C'}{2} d_{pq} & \frac{3 k_s \omega_B C'}{2} d_{sd} & \frac{3 k_s \omega_B C'}{2} d_{sq} & \frac{-C' \omega_B}{R'_c} \end{pmatrix} \begin{pmatrix} i'_{pd} \\ i'_{pq} \\ i'_{sd} \\ i'_{sq} \\ u'_{dc} \end{pmatrix} + \begin{pmatrix} \frac{\omega_B}{L'_p} u'_{id} \\ \frac{\omega_B}{L'_p} u'_{iq} \\ \frac{\omega_B}{L'_s}(u'_{id} - u'_{od}) \\ \frac{\omega_B}{L'_s}(u'_{iq} - u'_{oq}) \\ 0 \end{pmatrix}$$

$$\tag{37-51}$$

从式（37-51）可以看出，有五个状态变量，只有四个可控参数。串联支路的两个电流分量和并联支路的无功电流分量可以独立控制。间接地，使用并联变换器的第二个自由参数（电流 d 轴分量），维持公共直流电容器两端的恒定直流电压。

UPFC 还可以在可变直流电压模式下工作，其中串联支路仍然能够与系统进行有功功率交换，并且可以通过适当设置串联变换器控制因子 m_s 来补偿直流电压变化的影响。

具有正弦电压源的 UPFC 的数学模型可用于推导合适的控制系统[22-24]。应用控制器的输出表示并联变换器的平均开关函数 d_{pd} 和 d_{pq} 以及串联变换器的平均开关函数 d_{sd} 和 d_{sq} 的值。

37.4　FACTS 在电力系统中的应用

FACTS 最初是为了更好地控制和运行在日常运行中开始面临越来越多的限制的输电网络（以及最终整个电力系统）而开发的。多年来，由于环境和社会因素以及电力市场规则的制约进一步扩大，这些限制进一步加剧。

现代 FACTS 设备能够执行一系列不同的任务和功能，以促进电力系统的安全和经济运行。FACTS 设备对电力系统各种性能的影响大致分为四个方面：

- 电压稳定性和无功补偿。
- 潮流控制（阻塞控制）。
- 暂态小扰动稳定性。
- 可靠性。

接下来将分别讨论 FACTS 设备在各个方面中的影响。然而，这并不意味着任何特定 FACTS 设备的影响仅限于单个方面，而其他方面则不受影响。实际上，这些设备通常同时影响电力系统运行的几个方面。如文献所述那样，对系统运行的"非故意"影响，即它们可能是有利的或是不利的，这些不是最初为它们设计的。

37.4.1　电压稳定性和无功补偿

TCSC 和 SVC 在文献［25］中用于电力系统网络的先进的无功规划，以防止紧急情况下的电压崩溃，同时确保总线电压保持在限制范围内。文献［26］采用相同的器件来提高电网的电压稳定性。发现除了提高电压稳定性外，这些器件显著地扩大了小扰动电压稳定区域。文献［27］表明 SVC 能增强电压支撑能力。文献［28］通过比较 TCSC 与 SVC，发现虽然两者都能够很好地支撑电网电压，但 TCSC 有助于在较宽的负载条件下改善电力系统电压稳定性。在文献［29，30］中使用 UPFC 和 STATCOM 来提高电网的电压稳定性。除了提高电压稳定性外，UPFC 还表现出优良的电压控制和串联无功功率控制能力[29]。

总之，串联和并联 FACTS 可以有效地用于电压稳定和无功补偿。它们可以在宽范围的负载条件下大幅度地扩大电压稳定范围，并对改善系统电压分布起着至关重要的作用。

37.4.2　潮流控制和可用传输容量（阻塞控制）

UPFC 在文献［31-37］中用于提高可用输电容量（ATC）和潮流控制。可以发现，在多种情况下，UPFC 是一种经济的阻塞管理解决方案[33]，其先进的潮流控制有助于最大限度地减少发电成本[36]。文献［38］也解决了通过各种 FACTS 设备（TCSC、TCPST、UPFC 和 SVC）的参数的最优设置来实现发电成本最小化的问题。

文献报道通过一个 TCSC[39,40]、TCPST[40] 或 FACTS 设备（SVC 和 TCSC）的组合提高 ATC[41-43]。文献［41］发现 FACTS 设备的容量在确定其对阻塞管理的贡献方面起着至关重要的作用，并且应该仔细选择电网中设备的位置[43]。它们的位置不同，可能会对系统稳定性有正面或负面的影响。

总而言之，各种FACTS设备可以有效地用于提高ATC和降低发电成本。因为它们在对所选电网属性的总体影响中发挥着重要作用，所以必须仔细确定它们在电力系统中的容量和位置。

37.4.3 暂态小扰动稳定性

除了电压调节、稳定性优化和阻塞管理外，FACTS装置也广泛用于改善电力系统的角度稳定性。独立的UPFC用于提高系统角度稳定性[44-46]和抑制振荡[46]。类似地，文献[47]使用STATCOM抑制振荡。SVC、TCSC、STATCOM和晶闸管控制相角调节器（TCPAR）[41,48-51]也用于改善暂态稳定性。文献[48]表明，尽管SVC比TCSC更受其位置限制，SVC对暂态稳定性的影响大于TCSC。有趣的是，TCSC相当小的补偿度（4%~5%）足以抑制区域间电力系统振荡。这些基本类型的FACTS设备的许多其他衍生设备也用于抑制电力系统振荡[52-55]。在大多数情况下，传统的电力系统阻尼控制器（例如电力系统稳定器）已经添加到FACTS的辅助控制回路中，以便抑制机电振荡[55-57]。

在所有研究中，毫无例外地发现FACTS设备有助于改善小扰动稳定性和暂态电力系统角度稳定性。区域间机电振荡模式对抑制方面起着重要作用，而该模式难以通过传统的发电机安装的阻尼控制器控制。

37.4.4 可靠性

除了上述FACTS对系统性能的直观影响之外，还对FACTS装置对电力系统可靠性的影响进行了验证。文献[58-60]讨论了SVC、TCPAR和UPFC对系统可靠性的影响。发现提高系统的传输能力带来的影响在很大程度上是间接的。因此，对系统可靠性的影响可以认为是由于应用FACTS设备来解决前面提到的一些问题（即阻塞管理、电压稳定性和控制、角度稳定性）而产生的附加益处。

37.5 FACTS的额定值

FACTS的额定值受其预期功能和连接到网络的方式（即串联或并联）所影响。

例如，SVC是一种并联设备，具有感性和容性。对于感性模式，应选择额定值以保护母线电压免受暂时过电压影响。另一方面，在容性模式下，应该能够注入所需的无功功率，以便在额定功率流过输电线路时将母线电压保持在法定范围内[6]。

TCSC应串联在相关传输线上。这要求TCSC在绝缘方面必须能够承受输电线路上的全线电流和其端子处的线电压。这当然会影响其成本。TCSC的额定值通常确定为全线电流下补偿传输线上兆伏安级总损耗的百分比[1,6]来确定。例如，如果全线电流为2000A，电压降为60kV，则无功总损耗120Mvar。假设TCSC应该补偿总传输线电抗的25%，TCSC额定值将为120Mvar×0.25=30Mvar。相对于补偿传输线电抗（X_L）的TCSC电抗（X_{TCSC}）变化范围通常为$0.8X_L \sim 0.2X_L$[61,62]。

TCVR和TCPST与传输线串联；然而，与TCSC不同，它们与传输线交换全部有功和无功潮流。这使得它们的额定值需要高于其他设备[3,63,64]。TCVR匝数比通常在0.9~1.1p.u之间，而由TCPST提供的相移通常在±5°[61,62]的范围内。普通移相器能以大约1°或2°[3]的离散步长在大约±30°的范围内改变角度。

37.6 FACTS的成本

前面的部分描述了FACTS设备的一些细节，并表明这些多功能、技术先进的系统可以为电力系统的运行和控制提供巨大的优势。尽管 FACTS 具有高技术性能和控制能力，但基于它们能为电力系统提供的潜在优势，实际的应用数量仍然不如人们期望的那么多。这种缓慢普及的主要缺点之一是价格非常高。以下小节更详细地介绍了 FACTS 装置的成本。

37.6.1 成本结构

FACTS 设备的成本有两个主要组成部分：初始安装成本和运行维护成本。初始安装成本包括设备成本加上交付和安装费用、专业费用和销售税。总安装成本通常表示为 FACTS 装置的额定电容量的函数。其他成本构成部分，运行成本和维护成本均在系统的使用寿命内发生。运行成本包括维护和服务、保险和任何适用的税费。经验法估计年度运行费用为初始系统成本的 5% ~ 10%。FACTS 设备的典型初始安装成本结构可以如下[65]：硬件，55%；工程和项目管理，15%；土木工程，12%；安装，10%；运费、保险，4%；调试，4%。

37.6.2 价格指南

FACTS 的安装成本取决于许多因素，如额定功率、设备类型、系统电压、系统要求、环境条件、监管要求等。由于可用于优化设计的多种选择，不可能给出安装 FACTS 的通用成本。SVC 和基于 VSC 系列设备的大概价格见表 37-1。

表 37-1　FACTS 的成本

种　　类	成本（美元/kvar）
STATCOM	40
SVC	35
UPFC	40
TCSC	50

来源：Grunbaum R, et al., Improving the efficiency and quality of AC transmission sys tems, in Joint World Bank/ABB Power Systems Paper, San Mateo, CA, March 24, 2000.

表 37-2[66] 给出粗略的指南，适用于中型（100 ~ 500kVA）设备的购买和安装成本。

表 37-2　FACTS 的价格

功率/kVA	成本（欧元/kvar）
>500	<150
100 ~ 500	150 ~ 250
<100	>250

来源：Didden, D. M., Voltage disturbances—Considerations for choosing the appropriate sag mit - igation device, in Power Quality Application Guide, Copper Devel - opment Association, Brussels, Belgium, 2005.

文献［10］中，SVC 和 STATCOM 的成本是设备容量的指数递减函数，包括有安装成本和没有安装成本两种情况。这些曲线的外推值总结见表 37-3。

表 37-3　FACTS 的价格

种　类	成本（美元/kvar）				是否包含安装成本
	100 Mvar	200 Mvar	300 Mvar	400 Mvar	
SVC	60	50	45	40	否
	100	80	70	60	是
STATCOM	90	75	68	60	否
	130	115	110	100	是

来源：Habur K and O'Leary D, FACTS—For cost effective and reliable trans – mission of electrical energy, 2004, available：http：//www. worldbank. org/html/fpd/em/transmission/facts_siemens. pdf.

基于上述数据，可以得到，FACTS 设备的价格在很大的范围内变化，并且很难给出任何一种通用成本。

37.7　结束语

FACTS 设备是多功能的、技术先进的系统，可以为电力系统的运行和控制带来巨大的优势。它具有快速有效地控制一个或多个电力系统参数的能力。该能力为未来具有可再生特征的电力网络在电力传输基础设施有限的地区（通常导致电力传输瓶颈）实现随机或间歇性发电。建设这些电力网络，是由跨境电力转移增加的需求（超出现有典型最高值10%）和对电力供应更高质量更高安全性，以及分布式分配和高峰调节储能需求的市场所驱动的。

过去阻碍 FACTS 设备增加的主要问题是成本高昂。在可预见的将来，由于电力电子器件的成本降低和效率进一步提高，预计 FACTS 设备的成本将继续下降。成本的降低将进一步有助提高其竞争力。更重要的是，FACTS 设备通常有助于同时增强多个电网的工作效能，因此，人们将重新全面评估安装所产生的好处，即同时考虑其许多作用，不难发现它们是促进未来柔性电网发展的经济有效选择。

参 考 文 献

1. N. G. Hingorani and L. Gyugyi, *Understanding FACTS: Concepts and Technology of Flexible AC Transmission Systems*, vol. 1, IEEE, Piscataway, NJ, 2000.
2. K. Habur and D. O'leary, FACTS for cost effective and reliable transmission of electrical energy (Siemens 2004, [online] available http://www.worldbank.org/html/fpd/em/transmission/facts_siemens.pdf).
3. Y. H. Song and A. T. Johns, *Flexible AC Transmission Systems (FACTS)*, The Institute of Electrical Engineering, London, U.K., 1999.
4. X. P. Zhang, C. Rehtanz, and B. Pal, *Flexible AC Transmission Systems: Modelling and Control*, Springer, Berlin, Germany, 2006.
5. P. Kundur, *Power System Stability and Control*, McGraw-Hill, New York, 1994.

6. R. M. Mathur and R. K. Varma, *Thyristor-Based FACTS Controllers for Electrical Transmission Systems*, John Wiley & Sons, Inc., New York, 2002.

7. E. Acha, C. R. Fuerte-Esquivel, H. Ambriz-Pérez, and C. Angeles-Camacho, *FACTS: Modelling and Simulation in Power Networks*, John Wiley & Sons, Chichester, U.K., 2004.

8. C. D. Schauder and H. Mehta, Vector analysis and control of advanced static VAr compensators, Conference Publication no. 345 of *the IEE Fifth International Conference on AC and DC Power Transmission*, London, U.K., pp. 266–272, September 1991.

9. I. Papič, Mathematical analysis of FACTS devices based on a voltage source converter. Part 1, Mathematical models, *Electr. Power Syst. Res.*, 56, 139–148, 2000.

10. K. Habur and D. O'Leary, FACTS—For cost effective and reliable transmission of electrical energy, 2004. Available: http://www.worldbank.org/html/fpd/em/transmission/facts_siemens.pdf.

11. I. Papič, Mathematical analysis of FACTS devices based on a voltage source converter. Part 2, Steady state operational characteristics, *Electr. Power Syst. Res.*, 56, 149–157, 2000.

12. R. Mihalič and I. Papič, Mathematical models and simulation of a static synchronous series compensator, *Proceedings of the International Conference on Electric Power Engineering PowerTech '99*, Budapest, Hungary, August 29–September 2, 1999. Budapest, Hungary: IEEE Hungary Section, cop., pp. 1–6, 1999.

13. R. Mihalič and I. Papič, Static synchronous series compensator—A mean for dynamic power flow control in electric power systems, *Electr. Power Syst. Res.*, 45, 65–72, 1998.

14. I. Papič and A. M. Gole, Enhanced control system for a static synchronous series compensator with energy storage, *Proceedings of the Seventh International Conference on AC-DC Power Transmission*, London, U.K., November 28–30, 2001 (Conference publication, no. 485). London, U.K.: Institution of Electrical Engineers, cop., pp. 327–332, 2001.

15. J. V. Milanović and Y. Zhang, Modelling of FACTS devices for voltage sag mitigation studies in large power systems, *IEEE Transactions on Power Delivery*, 25(3), 2010.

16. B. Blažič and I. Papič, STATCOM control for operation with unbalanced voltages, *EPE-PEMC 2006: Conference Proceedings*, Portoroz, Itlay: IEEE, cop., pp. 1454–1459, 2006.

17. B. Blažič and I. Papič, A new mathematical model and control of D-StatCom for operation under unbalanced conditions, *Electr. Power Syst. Res.*, 72(3), 279–287, 2004.

18. B. Blažič and I. Papič, Improved D-StatCom control for operation with unbalanced currents and voltages, *IEEE Trans. Power Deliv.*, 21(1), 225–233, 2006.

19. P. Preedavichit and S. C. Srivastava, Optimal reactive power dispatch considering FACTS devices, *Electr. Power Syst. Res.*, 46, 251–257, 1998.

20. C. R. Fuerte-Esquivel and E. Acha, Unified power flow controller: A critical comparison of Newton-Raphson UPFC algorithms in power flow studies, *IEE Proc. Gen. Trans. Distrib.*, 144(5), 437–444, 1997.

21. A. Nabavi-Niaki and M. R. Iravani, Steady-state and dynamic models of unified power flow controller (UPFC) for power system studies, *IEEE/PES Winter Meeting, 96 WM, 257-6 PWRS*, Baltimore, MD, January 1996.

22. X. Lombard and P. G. Therond, Control of unified power flow controller: Comparison of methods on the basis of a detailed numerical model, *IEEE/PES Summer Meeting, 96 SM 511-6 PWRS*, Denver, CO, July 1996.

23. I. Papič, P. Žunko, D. Povh, and M. Weinhold, Basic control of unified power flow controller, *IEEE Trans. Power Syst.*, 12(4), 1734–1739, 1997.

24. I. Papič and P. Žunko, UPFC converter-level control system using internally calculated system quantities for decoupling, *Electr. Power Energy Syst.*, 25(8), 667–675, 2003.

25. N. Yorino, E. E. El-Araby, H. Sasaki, and S. Harada, A new formulation for FACTS allocation for security enhancement against voltage collapse, *IEEE Trans. Power Syst.*, 18, 3–10, 2003.

26. X. Li, L. Bao, X. Duan, Y. He, and M. Gao, Effects of FACTS controllers on small-signal voltage stability, presented at *2000 IEEE Power Engineering Society Winter Meeting. Conference Proceedings*, Singapore, January 23–27, 2000.

27. M. H. Haque, Determination of steady state voltage stability limit of a power system in the presence of SVC, presented at *Proceedings of Power Tech*, Porto, Portugal, pp. 10–13, September 2001.

28. F. A. El-Sheikhi, Y. M. Saad, S. O. Osman, and K. M. El-Arroudi, Voltage stability assessment using modal analysis of power systems including flexible AC transmission system (FACTS), presented at *Large Engineering Systems Conference on Power Engineering (LESCOPE)*, Montreal, Que., Canada, May 7–9, 2003.

29. N. Dizdarevic and M. Majstrovic, FACTS-based reactive power compensation of wind energy conversion system, presented at *IEEE PowerTech*, Bologna, Italy, June 23–26, 2003.

30. R. A. Mukhedkar, T. S. Davies, and H. Nouri, Influence of FACTS on power system voltage stability, presented at *Proceedings of AC and DC Transmission*, London, U.K., November 28–30, 2001.

31. Y. Xiao, Y. H. Song, and Y. Z. Sun, Application of stochastic programming for available transfer capability enhancement using FACTS devices, presented at *Power Engineering Society Summer Meeting*, Seattle, WA, July 16–20, 2000.

32. K. Belacheheb and S. Saadate, Compensation of the electrical mains by means of unified power flow controller (UPFC)-comparison of three control methods, presented at *Proceedings of International Conference on Harmonics and Quality of Power*, Orlando, FL, October 1–4, 2000.

33. J. Brosda and E. Handschin, Congestion management methods with a special consideration of FACTS-devices, presented at *Proceedings of Power Tech*, Porto, Portugal, September 10–13, 2001.

34. C. Bulac, M. Eremia, R. Balaurescu, and V. Stefanescu, Load flow management in the interconnected power systems using UPFC devices, presented at *IEEE Bologna PowerTech*, Bologna, Italy, June 23–26, 2003.

35. S. Bruno and M. La Scala, Unified power flow controllers for security-constrained transmission management, *IEEE Trans. Power Syst.*, 19, 418–26, 2004.

36. K. Belacheheb and S. Saadate, UPFC control for line power flow regulation, presented at *Proceedings of International Conference on Harmonics and Quality of Power*, Athens, Greece, October 14–16, 1998.

37. J. Brosda, E. Handschin, A. L'Abbate, C. Leder, and M. Trovato, Visualization for a corrective congestion management based on FACTS devices, presented at *IEEE Bologna PowerTech*, Bologna, Italy, June 23–26, 2003.

38. P. Bhasaputra and W. Ongsakul, Optimal power flow with multi-type of FACTS devices by hybrid TS/SA approach, presented at *International Conference on Industrial Technology on 'Productivity Reincarnation through Robotics and Automation,'* Bankok, Thailand, December 11–14, 2002.

39. C. Schaffner and G. Andersson, Value of controllable devices in a liberalized electricity market, presented at *Proceedings of AC and DC Transmission*, London, U.K., November 28–30, 2001.

40. A. Oudalov, R. Cherkaoui, A. J. Germond, and M. Emery, Coordinated power flow control by multiple FACTS devices, presented at *IEEE Bologna PowerTech*, Bologna, Italy, June 23–26, 2003.

41. C. Praing, T. Tran-Quoc, R. Feuillet, J. C. Sabonnadiere, J. Nicolas, K. Nguyen-Boi, and L. Nguyen-Van, Impact of FACTS devices on voltage and transient stability of a power system including long transmission lines, presented at *Power Engineering Society Summer Meeting*, Seattle, WA, July 16–20, 2000.

42. S. C. Srivastava and P. Kumar, Optimal power dispatch in deregulated market considering congestion management, presented at *Proceedings of International Conference on Electric Utility Deregulation and Restructuring, and Power Technologies 2000*, London, U.K., April 4–7, 2000.

43. X. Yu, C. Singh, S. Jakovljevic, D. Ristanovic, and G. Huang, Total transfer capability considering FACTS and security constraints, presented at *IEEE PES Transmission and Distribution Conference and Exposition*, Dallas, TX, September 7–12, 2003.

44. K. M. Son and R. H. Lasseter, A Newton-type current injection model of UPFC for studying low-frequency oscillations, *IEEE Trans. Power Deliv.*, 19, 694–701, 2004.

45. R. Caldon, A. Mari, A. Scala, and R. Turri, Application of modal analysis for the enhancement of the performances of a UPFC controller in power oscillation damping, presented at *Proceedings of 10th Mediterranean Electrotechnical Conference—MELECON*, Lemesos, Cyprus, May 29–31, 2000.

46. W. Bo and Z. Yan, Damping subsynchronous oscillation using UPFC-a FACTS device, presented at *PowerCon*, Kunming, China, October 13–17, 2002.

47. K. V. Patil, J. Senthil, J. Jiang, and R. M. Mathur, Application of STATCOM for damping torsional oscillations in series compensated AC systems, *IEEE Trans. Energy Conversion*, 13, 237–43, 1998.

48. Y. L. Tan and Y. Wang, Effects of FACTS controller line compensation on power system stability, *IEEE Power Eng. Rev.*, 18, 45–7, 1998.

49. D. D. Rasolomampionona, AGC and FACTS stabilization device coordination in interconnected power system control, presented at *IEEE Bologna PowerTech*, Bologna, Italy, June 23–26, 2003.

50. G. Chunlin, T. Luyuan, and W. Zhonghong, Stability control of TCSC between interconnected power networks, presented at *PowerCon*, Kunming, China, October 13–17, 2002.

51. M. H. Haque, Improvement of first swing stability limit by utilizing full benefit of shunt FACTS devices, *IEEE Trans. Power Syst.*, 19, 1894–902, 2004.

52. S. H. Hosseini and P. D. Azar, Damping of large signal electromechanical oscillations of power systems using multi-functional power transfer controller, presented at *IEEE TENCOM'02. IEEE Region 10 Conference on Computer, Communications, Control and Power Engineering*, Beijing, China, October 28–31, 2002.

53. K. Kobayashi, M. Goto, K. Wu, Y. Yokomizu, and T. Matsumura, Power system stability improvement by energy storage type STATCOM, presented at *IEEE Bologna PowerTech*, Bologna, Italy, June 23–26, 2003.

54. Y. J. Fang and D. C. Macdonald, Dynamic quadrature booster as an aid to system stability, *IEE Proc. Gen. Transm. Distrib.*, 145, 41–7, 1998.

55. S. Abazari, J. Mahdavi, M. Ehsan, and M. Zolghadri, Transient stability improvement by using advanced static VAr compensator, presented at *IEEE Bologna PowerTech*, Bologna, Italy, June 23–26, 2003.

56. A. M. Hemeida and G. El-Saady, Damping power systems oscillations using FACTS combinations, presented at *39th International Universities Power Engineering Conference (UPEC)*, Bristol, U.K., September 6–8, 2004.

57. S. Arabi, P. Kundur, P. Hassink, and D. Matthews, Small signal stability of a large power system as affected by new generation additions, presented at *Power Engineering Society Summer Meeting*, Seattle, WA, July 16–20, 2000.

58. G. M. Huang and Y. Li, Composite power system reliability evaluation for systems with SVC and TCPAR, presented at *IEEE Power Engineering Society General Meeting*, Toronto, Ont., Canada, July 13–17, 2003.

59. M. Fotuhi-Fikruzabad, R. Billinton, S. O. Faried, and S. Aboreshaid, Power system reliability enhancement using unified power flow controllers, presented at *Proceedings of International Conference on Power System Technology (POWERCON 2000)*, Perth, Australia, December 4–7, 2000.

60. S. N. Singh and A. K. David, A new approach for placement of FACTS devices in open power markets, *IEEE Power Eng. Rev.*, 21, 58–60, 2001.

61. S. Gerbex, R. Cherkaoui, and A. J. Germond, Optimal location of multi-type FACTS devices in a power system by means of genetic algorithms, *IEEE Trans. Power Syst.*, 16, 537–44, 2001.

62. L. Cai and I. Erlich, Optimal choice and allocation of FACTS devices using genetic algorithms, *CD Rom of the 12th Intelligent System Application to Power Systems Conference*, Lemnos, Greece, August 2003.

63. P. Paterni, S. Vitet, M. Bena, and A. Yokoyama, Optimal location of phase shifters in the French network by genetic algorithm, *IEEE Trans. Power Syst.*, 14, 37–42, 1999.

64. L. Ippolito and P. Siano, Selection of optimal number and location of thyristor-controlled phase shifters using genetic based algorithms, *IEE Proc. Gen. Transm. Distrib.*, 151, 630–637, 2004.

65. R. Grunbaum, R. Sharma, and J.-P. Charpentier, Improving the efficiency and quality of AC transmission systems, Joint World Bank/ABB Power Systems Paper, San Mateo, CA, March 24, 2000.

66. D. M. Didden, Voltage disturbances—Considerations for choosing the appropriate sag mitigation device, in *Power Quality Application Guide*, Copper Development Association, Brussels, Belgium, 2005.

第38章 电能质量改进的滤波技术

38.1 引言

通常根据电源电压和电流中的谐波含量对电能质量进行评估。对于一个理想的系统，谐波通常是由家用设备中的非线性负载产生的，例如开关模式下的电子换流器、荧光灯镇流器、计算机、电视机和用于第三产业应用中的其他非线性负载，例如电力电子操控的可调速驱动器、电弧炉和焊接设备。非线性负载从网络中获得非正弦电流，非正弦电流是电源电压中的重要谐波分量。系统中的这种谐波可能会对敏感的电子负载（如工业过程控制器、医院监控设备和实验室测量设备）造成不必要的影响，并当连接到谐波电压含量高的交流线路时，计算机会出现故障或无法运行的情况。此外，电力输配电设备可能会受到交流线路谐波的影响。此外，还会造成传输线、电动机和变压器产生较高的工作损耗；电容器组也可能由于电流过大而失效，保护继电器可能无法正常工作。

通常来说，在公共连接点（PCC）上，可以很容易地测量和识别负载对电源电压的影响。在连接着负载的汇流母线上，可以把两种产生谐波的负载区分出来。

- 电流型谐波源负载，这些负载是二极管整流器和相控晶闸管整流器，它们能给直流侧提供大电感。
- 电压型谐波源负载，例如二极管整流器，能提供直流滤波大电容。

这两种类型的谐波源具有完全独立的两种属性和特征。基于其自身特性，电流和电压型谐波源负载都有合适自身的滤波器配置。

随着时间的推移，已开发出各种用于减少电力系统中谐波的技术。传统上，诸如低通、高通、带通和调谐滤波器已用于消除低次和高次谐波，调谐滤波器有时可用于消除特定的谐波。此外，这些滤波器有助于提高功率因数（PF）。然而，它们的体积大，有限的补偿能力和对谐振源阻抗敏感的特点构成了该技术的主要缺点。

其他工业应用中使用功率因数校正（PFC）器件进行无功功率和电流谐波补偿。在这些电路中，开关电容器组件通常与电流源负载并联。从负载方面来看，PFC的电容和源极电感构成并联谐振电路。从源极看，PFC电容器和线路电感器构成串联谐振电路。为了克服与PFC设备集成的无源滤波器的缺点，可以使用典型的有源电力滤波器（APF）[5-6]。由于无源滤波器的滤波特性，及其通过避免滤波器部件与电源阻抗之间可能的谐振来提高系统稳定性的能力，人们更倾向用无源滤波器[7-14]。

APF是抑制谐波以及无功功率的补偿、电压调节、负载平衡和电压闪变补偿的有效工具。它们可以根据所使用的变换器类型（电压源型或电流源型）、相数（单相、三相三线制或三相四线制）以及拓扑结构进行分类。其中，拓扑结构包括并联[7-40]、串联[41-51]、混合[52-78]和统一电能质量调节器（UPQC）（串联和并联相结合的有源滤波器[79-84]）。有源滤波器与电气系统并联连接，可以大大改善电流畸变、无功功率、负载不平衡和中性线电流的问题。将与给定非线性负载产生的谐波幅值相同、方向相反的谐波电流注入电力系统中。但是，它不能补偿电压源型非线性负载。实际上，许多用于电力系统的电子设备，如变频器、开关电源、不间断电源（UPS）以及电子镇流器等都在整流电路的直流侧有一个大的滤波电容。它们本质上是电压源型非线性类型的负载。由这种电压源型线性负载产生的谐波可以通过使用串联 APF 来有效抑制。实际上，串联有源滤波器可以用来抑制和隔离基于电压的畸变，如电压谐波、电压不平衡、电压闪变以及电压骤降和波动。APF 具有抑制现有无源滤波器与电源阻抗之间的谐波谐振的能力，但它们易受高 kVA 等级的影响。并联的有源滤波器的升压变流器需要较高的直流母线电压，以便有效地补偿更高次的谐波。另一方面，串联有源滤波器需要一个能够承受满载电流的变压器，以补偿电压失真。

结合无源和有源滤波器的优点，混合滤波器拓扑结构优势更明显。通过电力有源滤波器显著减少所需功率，已经能实现所需的阻尼性能[52-78]。它是控制电压变化和畸变以及抑制谐波的高性价比的解决方案。该拓扑中还使用无源滤波器来承载串联有源滤波器中的基波电流分量和并联有源滤波器中的基波电压分量。UPQC 是提高电能质量的最有效的设备。其配置由共用电源的串联和并联有源滤波器组成。串联有源滤波器消除电压谐波，并联有源滤波器消除电流谐波。还开发了用于 DC-DC 变换器的有源滤波器系统。有源滤波器的这些配置用于两个目的：第一个目的是从变换器的输入电流中去除高频电磁干扰（EMI）；第二个目的是从变换器的输出电压中消除电压纹波。在有源滤波器的所有配置中，UPQC 是提高电能质量的最佳工具，用于消除电流和电压的畸变。

本章介绍产生谐波的负载，谐波对公共母线的影响以及谐波抑制方法，特别是有源、无源和混合滤波器；详细介绍有源滤波器的不同拓扑结构、应用、配置、控制方法、建模与分析以及稳定性问题；此外，给出了仿真结果，以展示每个拓扑结构的性能。

38.2 谐波产生和特性

谐波是具有基频的整数倍频率的周期性电压和电流信号。在单相60Hz的电力系统中，交流侧主要含有奇次谐波，如3次、5次、7次谐波，其中以3次谐波为主；而直流侧存在偶次谐波。在三相三线制60Hz电力系统中，仅存在非三次奇次谐波，如5次、7次、11次、13次谐波等。供电阻抗和住宅、商业和工业负载（如开关模式电源变换器、可调节速度驱动器、电梯、电子镇流器、空调器、电弧焊机、电池充电器、复印机/打印机、个人或大型计算机、UPS、晶闸管整流器（SCR）驱动器和X射线设备等）所产生的大量谐波电流的存在，导致电源电压的谐波畸变。术语总谐波畸变率（THD）给出信号中谐波含量的度量，并且通常用于表示电压或电流信号中存在的谐波含量水平。由于国际标准如 IEEE-519 "IEEE 电力系统谐波控制建议做法与要求"和 IEC-6002-3 的出现，电能质量成为主要关注点。标准 IEEE 519-1992 确定了公用配电系统中谐波电流和电压控制的推荐值。该标准规定了 PCC 的谐波电流和电压限值。欧洲谐波标准 IEC-555 为单个设备负载提出绝对谐波限值。

38.3 干扰特性

电力系统中常用几个参数来描述波形的谐波含量和畸变率和它们的影响：PF、THD、畸变因数（DF）、峰值因数（CF）。

非线性负载电流 i_L 如下所述：

$$i_L(\theta_s) = \sum_{h=1}^{\infty} I_{Lh}\sqrt{2}\sin(h\theta_s - \varphi_h) = I_{L1}\sqrt{2}\sin(\theta_s - \varphi_1) + \sum_{h=2}^{\infty} I_{Lh}\sqrt{2}\sin(h\theta_s - \varphi_h) \quad (38-1)$$

式中，φ_1 为负载基波电流的相角；$\theta_s = \omega t$，ω 为电网频率；I_{L1} 为负载基波电流的有效值；I_{Lh} 为负载第 h 次谐波电流的有效值；φ_h 为负载第 h 次谐波电流的相角。

负载总电流有效值为

$$I_{rms} = \sqrt{\sum_{h=1}^{\infty} I_{Lh}^2} \quad (38-2)$$

38.3.1　功率因数

电力系统的视在功率（V·A）为

$$S = V_{rms}I_{rms} = V_{rms}\sqrt{\sum_{h=1}^{\infty} I_{Lh}^2} \quad (38-3)$$

有功功率（W）为

$$P = V_{rms}I_{L1}\cos\varphi_1 \quad (38-4)$$

包含电流的谐波分量的功率因数 PF 表示为

$$PF = \frac{P}{S} = \frac{I_{L1}}{\sqrt{\sum_{n=1}^{\infty} I_{Ln}^2}}\cos\varphi_1 \quad (38-5)$$

无功功率（var）为

$$Q = V_{rms}I_{L1}\sin\varphi_1 \quad (38-6)$$

为了评估视在功率中的谐波含量，引入畸变功率并定义如下：

$$D = V_{rms}\sqrt{\sum_{h=2}^{\infty} I_{Lh}^2} \quad (38-7)$$

视在功率为

$$S = \sqrt{P^2 + Q^2 + D^2} \quad (38-8)$$

PF 因此可以修改为

$$PF = \frac{P}{\sqrt{P^2 + Q^2 + D^2}} \quad (38-9)$$

注意：PF 由于谐波的出现和电源与负载之间的无功功率交换而降低。

38.3.2　总谐波畸变率

THD 可以评估电流或电压的实际波形和正弦波形之间的差异。它用于量化配电系统中的电流或电力公司在公共连接点为客户提供的电压水平。它定义为谐波幅值的方均根值与电压或电流的基波分量幅值的方均根值的比值，如下式所示：

$$THD = \frac{\sqrt{\sum_{h=2}^{\infty} I_{Lh}^2}}{I_{L1}} \times 100\% \quad (38-10)$$

引入 THD，PF 可表述为

$$PF = \frac{\cos\varphi_1}{\sqrt{1 + THD^2}} \quad (38-11)$$

38.3.3　畸变因数

总畸变因数（DF）定义为电流基波分量的有效值和该电流有效值的比：

$$DF = \frac{I_{L1}}{I_{rms}} \qquad (38-12)$$

当电流为标准正弦波时，$DF = 1$，并随着电流畸变程度增大，DF 逐渐降低。

38.3.4 峰值因数

另一个用于描述电流源质量的参数是峰值因数（CF）。CF 是峰值相对于电流有效值的比。

$$CF = \frac{I_{peak}}{I_{rms}} \qquad (38-13)$$

对于正弦波形，$CF = 1.41$. 当波形畸变程度增大时，尤其是在整流管为容性负载馈电的情况下，CF 的值可以超过 4 或 5。

38.4 谐波源的种类

非线性负载通常可以分为电压源型非线性负载（或电压馈电型谐波负载）和电流源型非线性负载（或电流馈电型谐波负载）。这两种类型的谐波源具有完全独特的双重特性和特性。电压源型非线性负载可以由诸如二极管或晶闸管整流器的负载组成，在负载侧有大的平滑电容器。它可用于电子设备、家用电器、交流驱动器以及电力变流器，如开关电源变换器、UPS、变频驱动器（VFD）等。这些负载产生的谐波已成为突出问题。对于这种类型的谐波源，推荐使用串联无源滤波器、有源滤波器和混合滤波器（无源和有源滤波器的组合）[41-57]。

电流源型非线性负载可以包括二极管或晶闸管整流器，它在直流侧具有足够的电感，从而产生恒定的直流电流。它用于直流驱动器、电池充电器等应用中。由于整流器的开关动作，整流器输入端的电流包含大量的谐波。因为负载的直流侧高阻抗将使补偿电流流入源极侧而不是负载侧[16-40,58-78]。在文献[1]中建议使用如并联无源滤波器、有源滤波器和混合滤波器（并联或串联无源滤波器和并联或串联有源滤波器的组合）作为这些类型负载的最佳谐波补偿。图 38-1 和图 38-2 显示了典型的单相和三相电流源型非线性负载。这些桥式整流器给直流侧电感 $L_L = 10\text{mH}$ 和与之串联的电阻 $R_L = 12\Omega$ 供电。单相电源电压（v_s）、负载电流（i_L）和它们的频谱分析如图 38-3 所示。负载电流的 $THD = 11.31\%$。

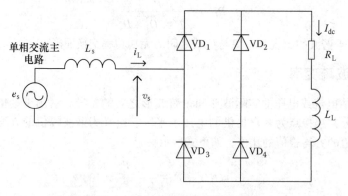

图 38-1　单相电流源型非线性负载

三相电流源非线性负载的仿真结果如图 38-4 所示。电源电压（v_{s1}）、负载电流（i_{L1}）和相 1 负载电流的频谱在同一图中描绘。非线性负载的电流 $THD \approx 27.06\%$。结果表明，电流包含大量的奇次谐波。这种畸变电流导致供电导体上的畸变电压降，引起电源系统中的电压畸变，使电源质量变差。

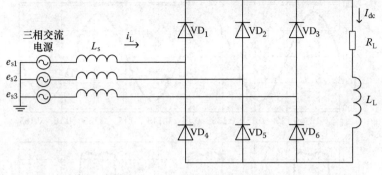

图 38-2　三相电流源型非线性负载

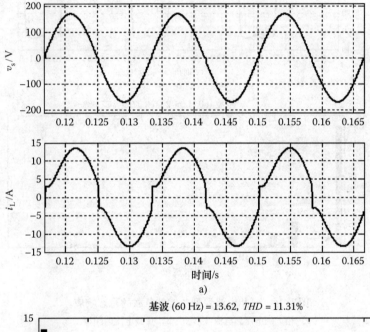

基波 (60 Hz) = 13.62, *THD* = 11.31%

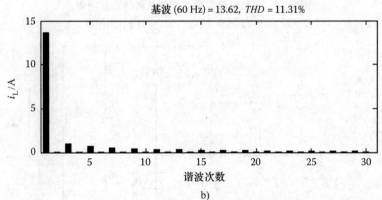

b)

图 38-3　单相电流源型非线性负载稳态响应

a）电压和电流波形图　b）负载电流频谱图

　　图 38-5 和图 38-6 分别显示了单相和三相电压源类型的非线性负载。这些整流器给一个由电阻 $R_L = 12\Omega$ 并联直流电容 $C_L = 1000\mu F$ 构成的直流负载供电。图 38-7 说明了电源电压（v_s）、负载电流（i_L）和它们的频谱分析。电源电压和负载电流的 *THD* 分别为 9.45% 和 115.98%。有趣的是，负载电流包含大量的奇次谐波，其中以三次谐波为主。

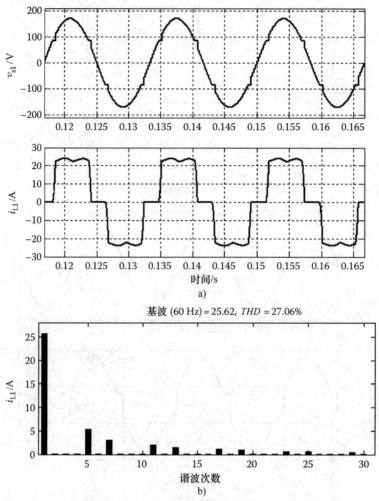

基波 (60 Hz) = 25.62, *THD* = 27.06%

图 38-4　三相电流源型非线性负载的稳态响应

a）相 1 的电压和电流波形图　b）负载电流的频谱图

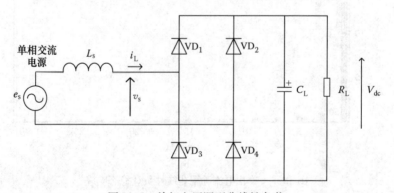

图 38-5　单相电压源型非线性负载

　　在图 38-8 中，电源电压记为 v_{s1}，负载电流记为 i_{L1}，并给出相 1 的负载电流频谱。可以看出，电源电压和相 1 中的负载电流的 *THD* 分别为 7.74% 和 72.37%。由此可知，电压源非线性负载的电流和电压波形比电流源型非线性负载的电流和电压波形畸变更多。由于电源电流的不连续性，会产生明显的电压畸变。

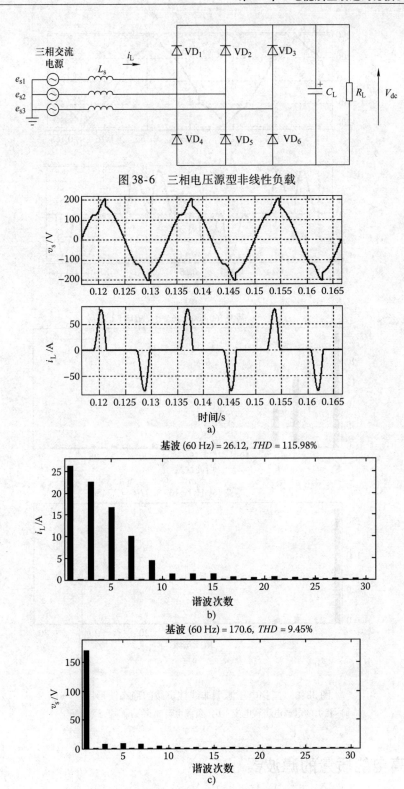

图 38-6　三相电压源型非线性负载

基波 (60 Hz) = 26.12, *THD* = 115.98%

b)

基波 (60 Hz) = 170.6, *THD* = 9.45%

c)

图 38-7　单相电压源型非线性负载的稳态响应

a) 电压和电流波形图　b) 负载电流频谱图　c) 电压源频谱图

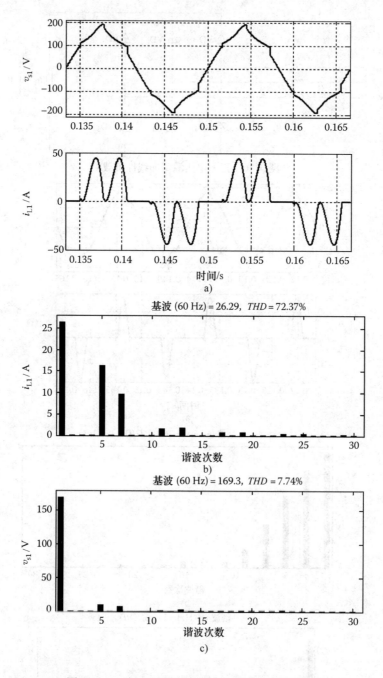

图 38-8　三相电压源型非线性负载的稳态波形图
a）相 1 的电源电压和电流　b）负载电流频谱　c）电压源频谱

38.5　提高电能质量的滤波器

　　由于 IEC 1000 – 3 – 2、EN61000 – 3 – 2 和 IEEE – 519 等国际标准的要求限制，谐波消除的研究意义日益突出。可用的几种消除方法可以大大减少谐波分量。在电力系统中安装了不同的电力滤波器，以将谐波畸变保持在可接受的范围内。传统上，无源滤波器已广泛用于谐波抑制；这些设备具有设计简单、安装方便、维修成本低的优势。

然而，它们也有一些缺点，例如体积大、负载和电网阻抗导致的串并联谐振、滤波特性受负载和电网阻抗影响较大等[1-4]。为了克服无源滤波器的缺点，已经开发了各种类型的 APF 以提高功率性能。但是，APF 拓扑结构由于变换器的高 kVA 等级导致成本高昂，而且可靠性较低。混合有源滤波器（HAF）性能进行了改进，并已成为大功率非线性负载的经济实惠的谐波消除解决方案。另一个选择是使用 UPQC，同时补偿电压和电流问题。然而，使用 UPQC 是一种费用高昂的解决方案。

38.5.1 无源滤波器

无源滤波器是电感器、电容器和阻尼电阻器的串联或并联组合，以向电流或电压谐波施加适当的高阻抗或低阻抗。无源滤波器的各种拓扑具有不同的补偿特性和应用。它们通常用作并联或串联无源滤波器。

38.5.1.1 并联无源滤波器

并联无源滤波器是在调谐频率下具有低阻抗的串联调谐谐振电路。它还可以提供有限的无功补偿和电压调节。单调谐、一阶、二阶和三阶高通无源滤波器是常用的配置。通常，一个或多个无源滤波器用于滤除低次谐波，而高通滤波器用于滤除其余的较高次谐波。并联无源滤波器对于补偿电流源型非线性负载类型产生的谐波非常有效。这些滤波器虽然非常有用，但却带来各种各样的实际问题。滤波器可能产生与源阻抗的串联或并联谐振，导致谐波的放大及其他消极影响。电力系统的频率变化和滤波器部件的公差影响其补偿特性。如果频率变化较大，则每个调谐支路中的部件大小将变得不切实际。当负载谐波含量增加时，会发生过载，从而产生大电流和电压在无源支路中循环。为了防止这种情况，通常添加保护电路。此外，源阻抗对并联无源滤波器的性能有很大的影响，因为源阻抗不易确定，所以难以评估并联无源滤波器的性能。图 38-9 ~ 图 38-12 所示为最常用的无源滤波器配置。

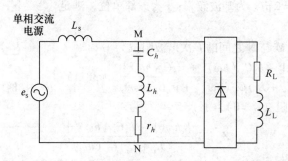

图 38-9　串联调谐二阶谐振支路（电感、电容、电阻的串联组合）

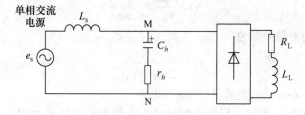

图 38-10　一阶高通无源滤波器

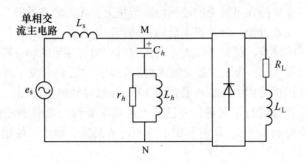

图 38-11   二阶高通无源滤波器

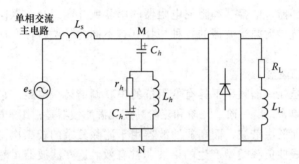

图 38-12   三阶高通无源滤波器

在点 M 和 N 之间的谐波标度下的串联调谐二阶谐振支路的等效动态电路如图 38-13 所示。

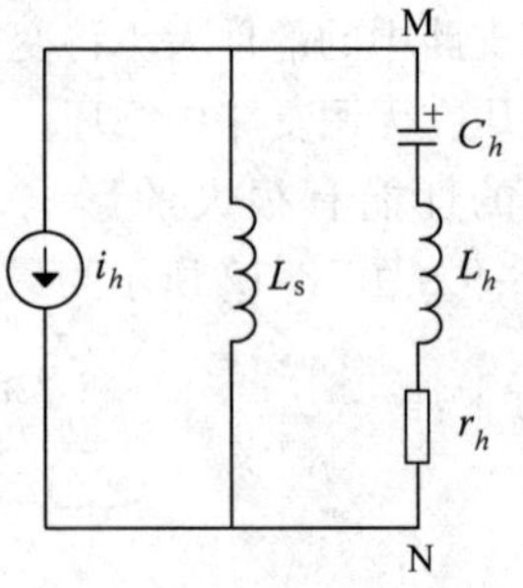

源阻抗由下式给出：

$$Z_{s1} = jL_s h\omega \qquad (38-14)$$

式中，L_s 为源阻抗；$\omega = 2\pi f$，为基波频率；j 为虚部单位，满足 $j^2 = -1$。

连接滤波器后，点 M 与 N 之间的 h 次谐波阻抗为

$$Z_{s2} = \frac{jL_s h\omega[1 - L_h C_h (h\omega)^2 + jr_h C_h (h\omega)]}{1 - (L_s + L_h) C_h (h\omega)^2 + jr_h C_h (h\omega)} \qquad (38-15)$$

如果忽略电感的电阻（$r_h = 0$），那么 Z_{s2} 可写为

图 38-13   点 M 和 N 之间的
等效电路图

$$Z_{s2} = \frac{jL_s h\omega[1 - L_h C_h (h\omega)^2]}{1 - (L_s + L_h) C_h (h\omega)^2} \qquad (38-16)$$

无源滤波器的品质因数（Q）变为无穷大，其定义为调谐频率下的电容电抗（X_c）或电感电抗（X_L）与电阻（r_h）之比。因此，Q 可以表示为

$$Q = \frac{L_h \omega}{r_h} = \frac{1}{C_h \omega r_h} \qquad (38-17)$$

因此，h 次谐波的谐振频率为

$$f_h = \frac{1}{2\pi h \sqrt{L_h C_h}} \qquad (38-18a)$$

式中，f_h 为谐振频率；C 为滤波电容；L 为滤波电感。

另一方面，并联阻抗（也称为反谐振阻抗）与在频率 f_{rh} 下的放大因数和过电压相关，可以用式（38-18a）表示。放大因数由滤波器的品质因数所决定：

$$f_h = \frac{1}{2\pi h \sqrt{(L_h + L_c)C_h}} \qquad (38\text{-}18b)$$

实际上，滤波电感的品质因数的降低减小了谐振频率处的过电压。此外，在谐振频率下，阻抗不为零，特定的 h 次谐波不会完全偏离。滤波后的阻抗与滤波前的阻抗的比值作为谐振滤波器调谐到 5 次谐波时的频率的函数，如图 38-14 所示。

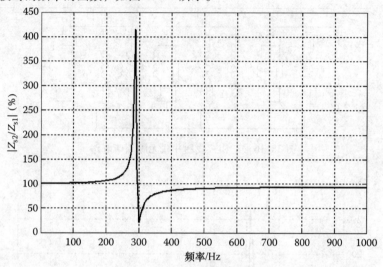

图 38-14　串联谐振电路补偿特性

为了消除多种谐波，该思想在于针对谐波配置调谐滤波器。消除 k 次谐波需要并联 k 次调谐滤波器。实际上，每个无源滤波器元件采用三个调谐滤波器，前两个用于最低次的主要谐波，随后是高通滤波器元件。图 38-15 和图 38-16 显示了单相和三相并联调谐无源滤波器。当并联谐振无源滤波器对 5 次、7 次谐波调谐时，滤波后的阻抗与滤波前的阻抗的比值作为频率的函数，如图38-17所示。

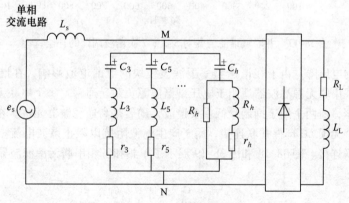

图 38-15　单相并联无源调谐电路

38.5.1.2　串联无源滤波器

串联无源滤波器由与非线性负载串联连接的并联谐振支路构成。它们为谐波电流提供高阻抗并防止它们流入电力系统。这些滤波器还有助于降低整流电路直流侧的电流纹波。它们成本低，易于实现，并且已被用于限制由大负载引起的谐波。该串联无源滤波器在整个运行范围内受到滞后 PF 运行的影响。另一方面，由于设计调谐滤波器十分困难，在基频处线圈的有限感抗和

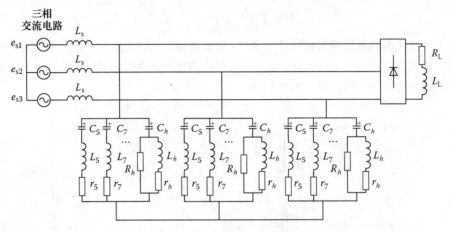

图 38-16　三相三线制并联无源调谐电路

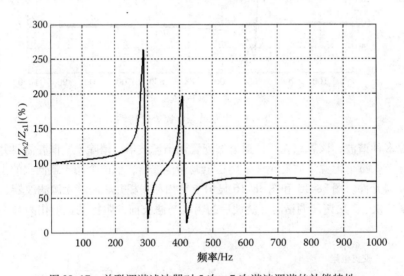

图 38-17　并联调谐滤波器对 5 次、7 次谐波调谐的补偿特性

电阻会产生较小的电压降；由于在谐振频率下滤波模块的泄漏电流影响，在谐振频率上产生较大的电压降。发现串联无源滤波器适用于电压型谐波源负载。通常，每个串联无源滤波器元件采用三个调谐滤波器，前两个用于抑制最低主要谐波，随后是高通滤波器元件。在每个串联无源滤波器元件中，两个无损 LC 部件并联连接，用于产生谐波阻抗以阻止谐波电流。串联无源滤波器的三个部件均串联连接。图 38-18 和图 38-19 展示了单相和三相串联无源滤波器的一般方案。

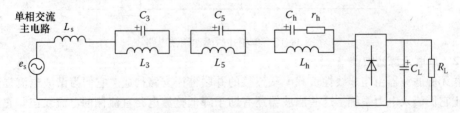

图 38-18　单相串联无源滤波器

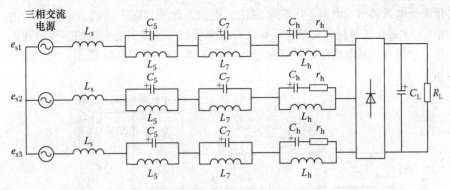

图 38-19　三相三线制串联无源滤波器

38.5.2　有源电力滤波器

得益于近年来固态开关器件和控制技术的发展，为了克服无源滤波器的局限性，提出了用 APF 能提供更好的电流谐波的控制和电压畸变控制。APF 可以根据拓扑元件参数、供电系统以及其电路中使用的变换器类型进行分类。它们是单相（双线）制、三相三线制和三相四线电压或电流源逆变器，用于产生注入线路的补偿电压或电流。电流源有源滤波器采用电感作为直流能量存储装置。在电压源有源滤波器中，电容用作储能元件。与电流源有源滤波器相比，电压源有源滤波器价格更便宜、重量更轻、更易于控制。已经提出的几个 APF 设计拓扑如图 38-20 的框图所示。它们可以分为以下几种：并联有源电力滤波器（SAPF）、串联 APF、混合并联有源滤波器、混合串联有源滤波器和 UPQC。它们分别使用带电感和电容储能元件的 PWM 控制电流型或电压型变换器。

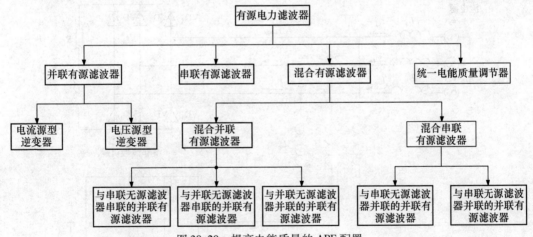

图 38-20　提高电能质量的 APF 配置

38.5.2.1　并联有源电力滤波器

并联有源滤波器通过将与给定的非线性负载产生的相同幅值的谐波电流注入到系统中而进行操作，但是相位相反，在 PCC 处以维持正弦电流。并联有源滤波器的主要目的是补偿谐波电流，从而改善 PF。它也可以用作电力系统网络中的静态无功补偿器，用于减少其他干扰，如电压闪变和不平衡。SAPF 具有以下优点：电源侧电感不影响 SAPF 系统的谐波补偿能力，对于中小 kV·A 容量负载，成本低，可以抑制谐波在配电馈线中传播，不会产生位移 *PF* 问题和电网负载；另一方面，APF 拓扑结构受功率电子逆变器高功率工业负载的高容量等级的影响。这是因为变换器必须承受电源频率、电网电压和电源谐波电流。此外，它不补偿负载电压中的谐波。图38-21 和图38-22 展示了单相和三相电压并联有源滤波器。连接到变换器的直流母线的大电容器作为电压源。单相和三相电流型并联有源滤波器如图38-23 和图38-24 所示。它们使用电感元件进行能量储存。

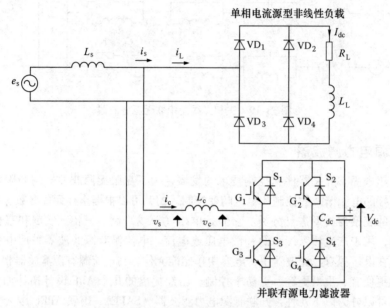

图 38-21　单相电压型并联有源滤波器

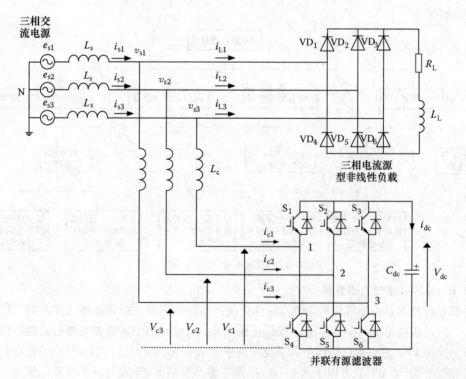

图 38-22　三相电压型并联有源滤波器

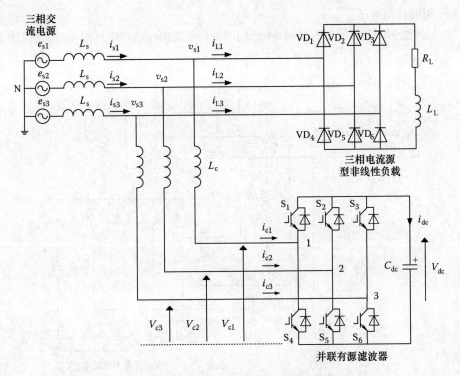

图 38-23　单相电流馈电并联有源滤波器

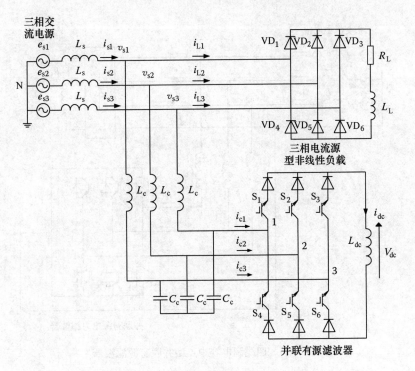

图 38-24　三相电流馈电并联有源滤波器

电感器作为可控非正弦电流源，以补偿非线性负载的谐波电流需求。二极管与自整流装置串联，用于阻断反向电压。

图 38-25 ~ 图 38-27 所示为四线制 SAPF 的四极开关类型、电容中点型和三个单相桥式结构。

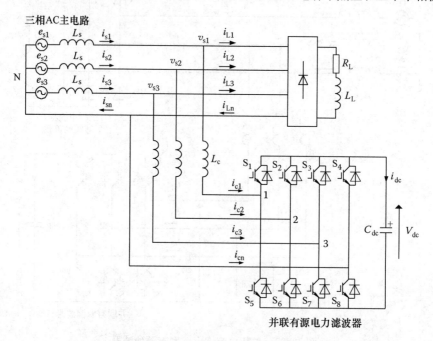

图 38-25　四线四极型并联有源滤波器

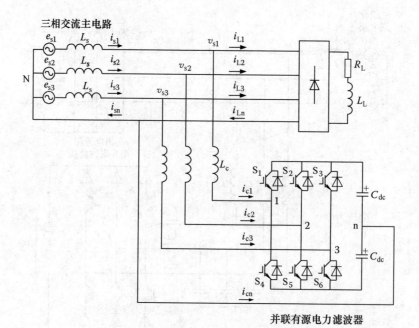

图 38-26　四线制电容中点型并联有源滤波器

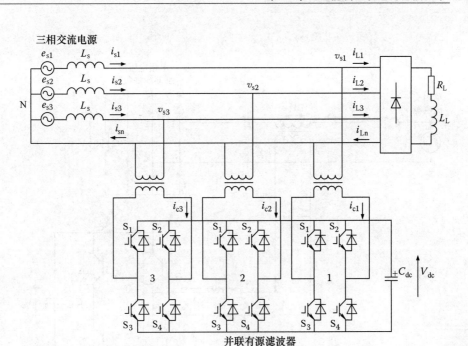

图 38-27　三个单相桥式四线并联有源滤波器

38. 5. 2. 2　串联有源电力滤波器

　　串联型 APF 通过一个匹配的变压器与供电系统串联，以防止谐波电流流入供电系统或补偿负载电压的畸变。通过控制，使得它可以在 PCC 处于基频呈现零阻抗，在谐波频率上呈现高阻抗，以防止谐波电流流入系统。需要注入电压来补偿动态电压恢复过程中产生的电压谐波、电压骤降和电压骤升，以及电压闪变和其他使在 PCC 处产生的正弦波畸变的电压扰动。它还用于消除由电源阻抗和并联无源滤波器谐振引起的谐波传播。串联有源滤波器对于补偿这种电压源非线性负载是有效的。串联有源滤波器的功能不是直接补偿负载的电流谐波，而是隔离负载和源极之间的电流谐波。串联有源补偿器的缺点是无法直接补偿电流谐波、平衡负载电流、抑制中性点电流和补偿无功功率。此外，它承载满载电流，必须承受较大的额定功率。在滤波器的变压器发生故障的情况下，负载将失去供电。串联有源滤波器设计成为可控电压源（电压馈电变换器类型）或可控电流源（电流馈电变换器类型）。单相和三相电压型串联有源滤波器如图 38-28 和图 38-29 所示。图 38-30 和图 38-31 所示为单相和三相电流型串联有源滤波器。图 38-32 所示为三相四线电压型串联有源滤波器。

38. 5. 2. 3　统一电能质量调节器

　　UPQC 是串联滤波器和 SAPF 的组合，它们背靠背连接并共享一个共用的自给直流链路。串联滤波器作为电压源控制；因此，它用于电压补偿，而并联滤波器用于补偿谐波电流。因此，UPQC 同时具有串联和并联滤波器的优点。尽管其主要缺点在于其成本高昂、控制复杂，但 UP-QC 的关注度由于其卓越的性能而不断增长。它可以补偿电压谐波、电压骤降、电压骤升、电压不平衡、电压闪变、电流谐波、负载无功功率、电流不平衡和零线电流等重大电能质量问题。单相电压馈电 UPQC 如图 38-33 和图 38-34 所示。图 38-35 和图 38-36 所示为三相三线和三相四线 UPQC 的示意图。

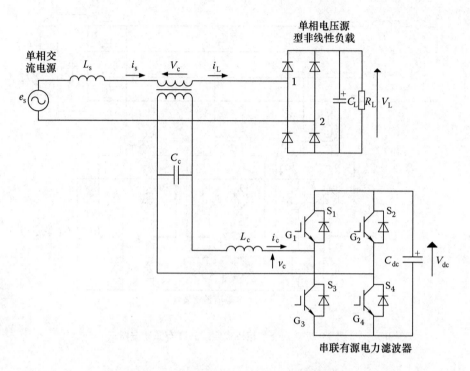

图 38-28　单相电压馈电型串联有源滤波器

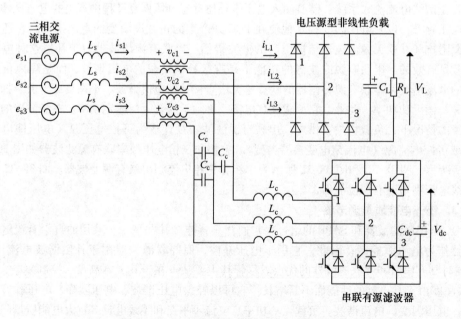

图 38-29　三相电压馈电型串联有源滤波器

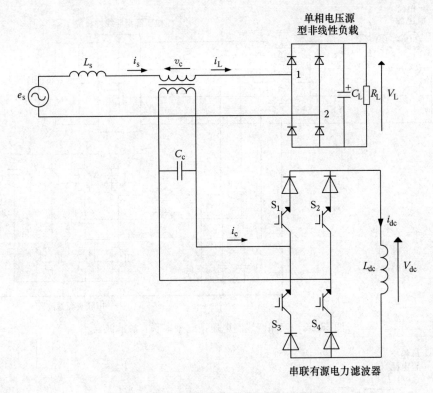

图 38-30　单相电流馈电型串联有源滤波器

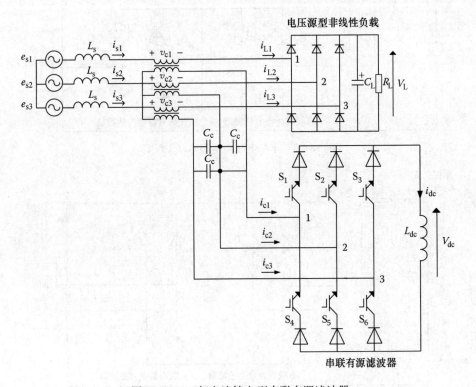

图 38-31　三相电流馈电型串联有源滤波器

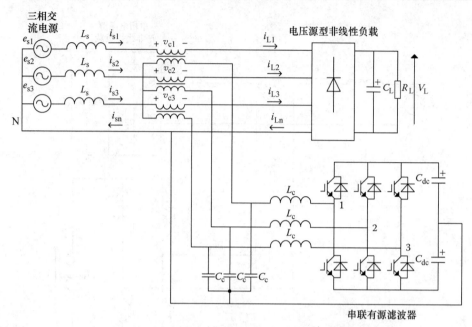

图 38-32 三相四线制电压馈电型串联有源滤波器

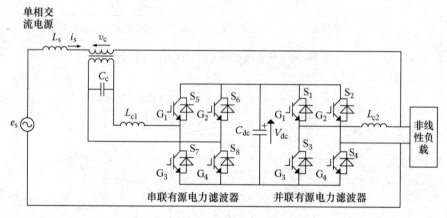

图 38-33 单相电压馈电型串联 UPQC

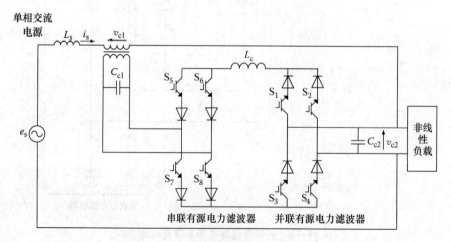

图 38-34 单相电流馈电型 UPQC

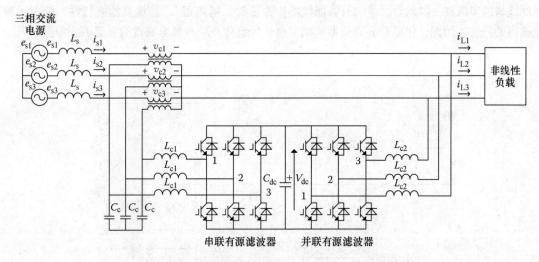

图 38-35　三相三线制电压馈电型 UPQC 电路拓扑结构

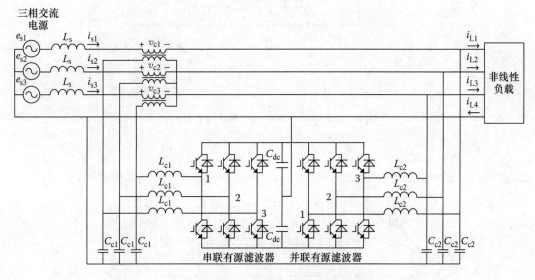

图 38-36　三相四线制电压馈电型 UPQC 电路拓扑结构

38.5.2.4　混合滤波器

APF 能减弱现有无源滤波器与电源阻抗之间的谐波谐振，但它们的额定电流较大，且效率较低和对邻近家用电器产生有害干扰。结合有源和无源滤波器优点的 HAF 拓扑结构在成本和性能方面更具吸引力。它们通过在提供谐波隔离和电压调节的同时尽可能减少有源滤波器的额定容量来降低成本。已经开发出两种类型的 HAF：并联 HAF 和串联 HAF。由并联有源滤波器和并联或串联无源滤波器组成的并联混合滤波器彼此串联或并联连接，结合了两种滤波器的优点。这是为了降低并联有源滤波器的额定容量等级而不影响其功能。单相和三相并联 HAF 如图 38-37 ~ 图 38-42 所示。减少开关后的混合滤波器以及负载布置如图 38-38 和图 38-40 所示。因为有源滤波器通过中心抽头电容器去除了一个桥臂，所以不仅消除了对门极驱动电路的要求，也去除了包含许多电流传感器的相关电子电路。因此，这些拓扑降低了系统的整体成本。图 38-43 和图 38-44 展示了三相串联混合滤波器的示意图。串联混合滤波器是串联有源滤波器和串联或并联无源滤波器的串联或并联组合。串联有源滤波器作为谐波"隔离器"，能提高滤波特性，解决无源滤波器的问题。因此，串联有源滤波器的额定值比传统的并联有源滤波器的额定值小得多。

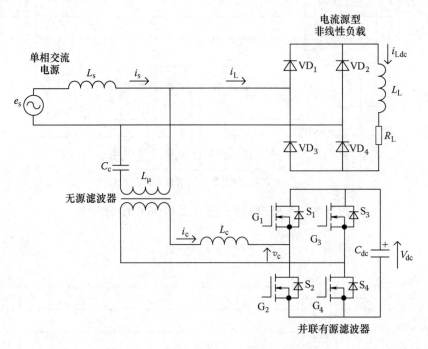

图 38-37　单相电压馈电型并联混合滤波器

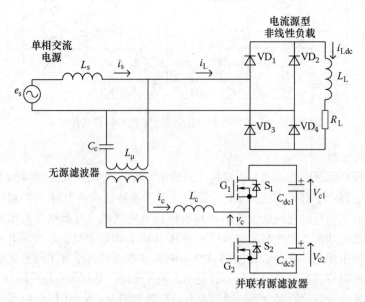

图 38-38　单相电压馈电型开关减少的并联混合滤波器

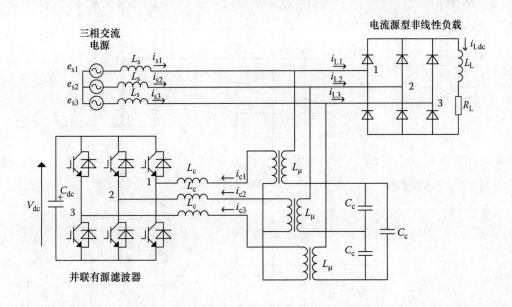

图 38-39　三相电压馈电型并联混合滤波器

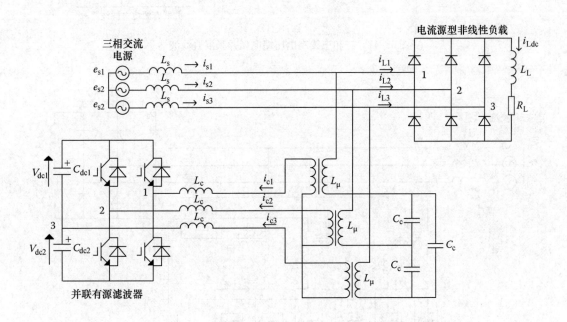

图 38-40　三相三线制电压馈电型开关减少的混合滤波器

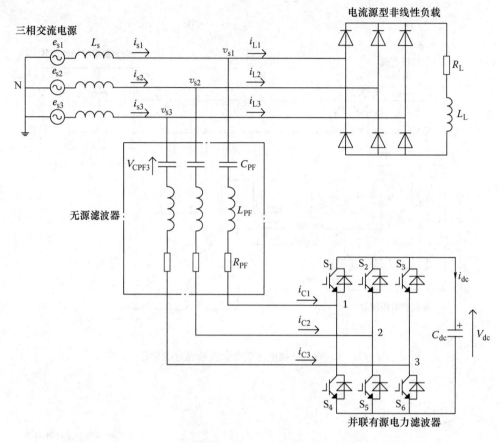

图 38-41　三相三线制电压馈电型并联混合滤波器

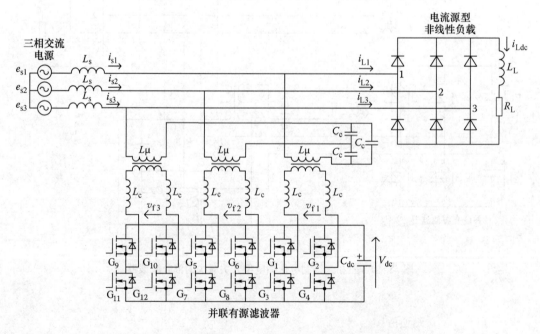

图 38-42　三个单相桥式三线制电压馈电型并联混合滤波器

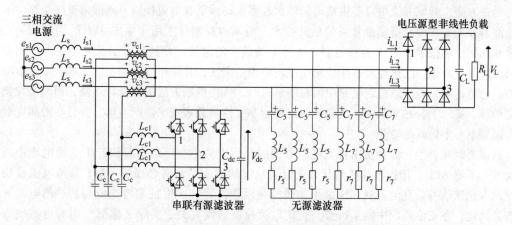

图 38-43　三相三线制电压馈电型串联混合滤波器

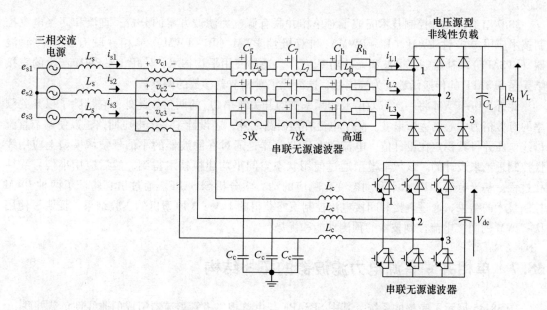

图 38-44　三相三线制电压馈电型串联混合滤波器

38.6　有源滤波器的控制

APF 的质量和性能部分取决于用于实施补偿方案的调制和控制方法。可以使用几种控制策略来调节由滤波器产生的电流：可变开关频率，例如滞环和滑模控制来直接控制电流，但这使输出滤波器的设计和噪声降低变得相当困难。

PWM 控制[12,85-88]解决了这些问题，但是电流反馈回路的动态响应降低了滤波器补偿快速电流变换的能力。文献[89-102]提出了时域和频域的许多算法来提取或估计用于控制 APF 的补偿谐波参考信号。最常用的是时域方法，如陷波滤波器，瞬时无功功率理论（IRPT），同步参考坐标（SRF）理论，高通滤波法，低通滤波法，统一 PF 法，滑模控制模式，无源控制，比例积分（PI)控制器，基于磁通的控制器和正弦相乘法。与基于快速傅里叶变换（FFT）的频域方法相比，这些时域控制方法的主要优点是获得了快速响应。

　　另一方面，频域方法可以提供精确的单次和多次谐波负载电流检测。离散傅里叶变换、卡尔曼滤波器和人工神经网络是最常见的估计技术。有两种控制技术用于生成 APF 的切换信号，即直接和间接控制技术[12-15]。直接控制方法检测负载中的谐波，并通过有源滤波器注入电流以消除谐波。另一方面，间接控制方法检测交流网络中的谐波，并使用反馈控制注入谐波电流以减少谐波。已经证明，当考虑控制电路中的时间延迟时，直接控制方法的鲁棒性不强，而间接控制方法更可靠。实际上，在文献中，当前的电流源型非线性负载表现出阶跃波形，并且在瞬间完成一个阶跃到下一个阶跃的变化。

　　这需要瞬时补偿，但是使用直流控制方案的补偿中的固有延迟会导致产生电源电流中的开关纹波。了解 APF 直接控制算法为什么受开关纹波的影响是非常必要的。APF 参考电流是快速变化的非正弦信号，直流控制算法采用前馈控制原理，其中 APF 的参考电流与其感测电流进行比较。因此，在交流周期中的某一点，直流电流控制器设有关于实际（感测）电源电流波形的准确信息。因此，即使电源电流中存在开关纹波，直流电流控制器由于缺乏精确信息而不能补偿纹波。

　　38.7 节通过两种控制技术完成了对单相并联有源电力滤波方案的分析。直流和间接电流控制技术应用单极性 PWM（U - PWM）和双极性 PWM（B - PWM）单相并联有源电力滤波器（SPSAPF）来补偿电流谐波和无功功率[12-15]。通过使用平均技术，使用 U - PWM 产生的直接结果是 SPSAPF 的传递函数变为纯增益，这简化了对调节器参数的调整。

　　此外，U - PWM 将一次有效谐波的频率推向开关频率 $2f_{\mathrm{sw}}$ 的两倍。此外，它消除了以开关频率的奇数倍为中心的边带谐波。除了电流补偿回路之外，还设计了一个电压回路，以便调节直流母线电压并将其稳定在设计值。电流和电压调节器是通过在滤波器的小信号频域模型上应用线性控制理论来设计的。该数学模型通过使用状态空间平均建模技术得到，然后应用小信号线性化过程。基于有效 THD 水平和动态变化响应的动力学分析 SPSAPF。通过仿真验证了两种 PWM 控制技术的结果，通过直接和间接电流控制策略获得的 $1\mathrm{kV \cdot A}$ 原型机的实验结果，证明了使用 U - PWM 的间接电流控制技术的预测性能和优势。

38.7　单相并联有源电力滤波器的拓扑结构

　　图 38-45 展示了完整的系统，其中 SPSAPF 与由单相二极管整流器组成的非线性负载并联。

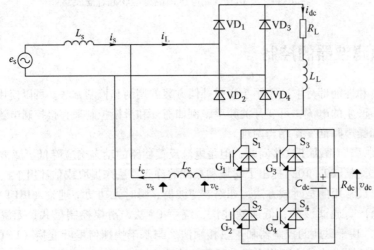

图 38-45　所研究系统的配置结构

SPSAPF 由单相 PWM 全桥电压源逆变器、直流母线电容 C_{dc} 和电感 L_c 组成，用于削弱由电压源型逆变器（VSI）产生的高频纹波。给串联 RL 电路供电的单相二极管桥式整流器代表非线性负载。整流器损耗由并联连接到直流母线电容器 C_{dc} 的并联电阻 R_{dc} 表示。

38.7.1　参考信号的提取

有源滤波器的性能深受提取电流参考值的方法的影响。有源滤波器中的线电流波形整形有两种控制技术：直接电流控制和间接电流控制。在直接电流控制技术中，闭环电流误差是并联有源滤波器的交流输入端的期望电流 i_c^* 与实际电流 i_c 之间的差值；而在间接电流控制技术中，电流误差是电源电流参考值 i_s^* 与电源电流检测值 i_s 之间的差值。

38.7.1.1　SPSAPF 间接电流控制技术

参考电流的产生是基于经典解调技术的基础上确定的基波有功电流 i_{Lf} 的幅值。非线性负载电流 i_L 的基波分量 i_{Lf} 和谐波分量 i_{Lh} 分解如下：

$$i_L(\theta_s) = \hat{i}_{L1}\sin(\theta_s - \phi_1) + \sum_{h=2}^{\infty}\hat{i}_{Lh}\sin(h\theta_s - \phi_h) = i_{Lf} + i_{Lh} \tag{38-19}$$

式中，ϕ_1 是负载电流基波的相角；$\theta_s = \omega t$，ω 是电源频率；$\hat{i}_{L1}$ 是基波电流的峰值；$\hat{i}_{Lh}$ 是 h 次负载谐波电流的峰值；ϕ_h 是 h 次负载谐波电流的相角。

$$i_{Lf} = I_{L1}\sin(\theta_s - \phi_1) \tag{38-20}$$

$$i_{Lh} = \sum_{h=2}^{\infty}\hat{i}_{Lh}\sin(h\theta_s - \phi_h) \tag{38-21}$$

另一方面，基波电流可以分解为两个分量，也就是基波电流有功分量 $i_{Lfa} = \hat{i}_{L1}\cos\phi_1\sin\theta_s$ 和基波电流无功分量 $i_{Lfr} = \hat{i}_{L1}\sin\phi_1\cos\theta_s$。

这项技术能同时实现谐波消除和无功电流的补偿。它旨在消除谐波并补偿无功电流；因此，有功滤波器的参考电流 i_s^* 与负载基波有功电流 i_{Lfa} 相等。

$$i_s^* = i_{Lfa} = i_L - (i_{Lh} + i_{Lfr}) \tag{38-22}$$

为了简化负载电流 i_{Lh} 的滤波，将基波分量 i_{Lfa} 转换为直流分量。将式（38-19）的两边乘以 $\sin\theta_s$，得

$$i_L(\theta_s)\sin\theta_s = \frac{\hat{i}_{L1}}{2}\cos\phi_1 - \frac{\hat{i}_{L1}}{2}\cos(2\theta_s - \phi_1) + \sin\theta_s\sum_{h=2}^{\infty}\hat{i}_{Lh}\sin(h\theta_s - \phi_h) \tag{38-23}$$

由该式可得，存在直流分量和最小频率等于电网频率两倍（120Hz）的交流分量。使用具有较低截止频率的低通滤波器来阻断高频分量。然而，必须在有效滤除寄生频率和提取算法的快速动态特性之间取得良好的折中方案。

补偿器有功电流 $\hat{i}_{cpl}$ 从母线电压调节回路获得。参考值 V_{dc}^* 和实际反馈值 V_{dc} 之间的误差通过输出 $\hat{i}_{cpl}$ 信号的 PI 控制器进行处理。该电流添加至 $2^*\hat{i}_{Lfilterde}$ 形成基准电流的峰值。为了重构基波有功参考电流，将电流峰值乘以 $\sin\theta_s$。i_s^* 的框图如图 38-46 所示。

38.7.1.2　SPSAPF 的直流控制技术

具有直流电流控制的有源滤波器的控制算法框图如图 38-47 所示。

38.7.2　单极 PWM 的控制原理

U – PWM 控制模式如图 38-48 所示。它基于两个比较：①控制信号 β 和三角高频载波之间；②在控制信号的反相（$-\beta$）与相同载波之间。图 38-49 给出了控制信号 β 的典型波形。通常由

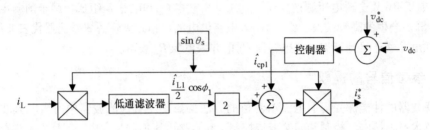

图 38-46　SPSAPF 系统的间接电流控制算法

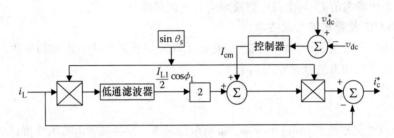

图 38-47　SPSAPF 系统的直流控制算法

闭环 PI 控制器传送这种在每个半周期宽的时间间隔内慢时变的信号，该闭环 PI 控制器连续地调节有源滤波器的输入处的电流 i_c，以跟踪参考电流 i_c^* 则有

$$i_L - i_c^* = i_s^* = \hat{i}_s \sin\omega_s t \tag{38-24}$$

式中，ω_s 表示电源的角频率。图 38-49 给出的波形允许补偿源极电流中不需要的谐波和非线性负载所需的无功功率。

考虑到控制信号 β 和三角载波的频率范围，可以认为在开关周期 T_{sw} 期间调制信号实际上是恒定的。在这种情况下，参考图 38-48，有

$$d_1 = 1 - \frac{\theta}{T_{sw}} = \frac{1}{2}\left(1 + \frac{\beta}{m}\right), \quad d_2 = \frac{\theta}{T_{sw}} = \frac{1}{2}\left(1 - \frac{\beta}{m}\right) \tag{38-25}$$

式中，d_1 和 d_2 分别为一个采样周期 T_{sw} 的开关 T_1 和 T_3 的占空比；m 为三角载波的峰值。

因此，可以在开关周期 T_{sw} 中推导出逆变器输入端的电压 V_c 的平均值为

$$\langle V_c \rangle_{T_{sw}} = (d_1 - d_2) V_{dc} = \frac{V_{dc}}{m}\beta = G\beta \tag{38-26}$$

应当注意，平均电压 $\langle V_c \rangle_{T_{sw}}$ 与控制变量 β 成正比。对于低于开关频率下的运行，可以假设 PWM 逆变器传递函数等于常数 G。

38.7.2.1　有源电力滤波器逆变器输入电压 v_c 的谐波分析

根据图 38-48 可知，电压 v_c 是一个交替调制的方波信号。其频率是 S_1 和 S_3 的控制信号的两倍，其幅值低于其基波峰值。以下，使用标准 PWM 时定义 $v_c = v_{c1}$，使用 U – PWM 时定义 $v_c = v_{c2}$。

38.7.2.2　标准 PWM 的谐波分析（$v_c = v_{c1}$）

假设电压 v_{c1} 在几个连续的开关周期内保持周期性变化，即 $d_1 T_{sw} = $ 常数，通过对图 38-50 所示的 v_c 波形应用傅里叶变换，对电压 v_{c1} 进行局部分解：

$$v_{c1}(t) = a_0 + \sum_{k=1}^{\infty} a_k \cos(k\omega_{sw}t) \tag{38-27}$$

式中

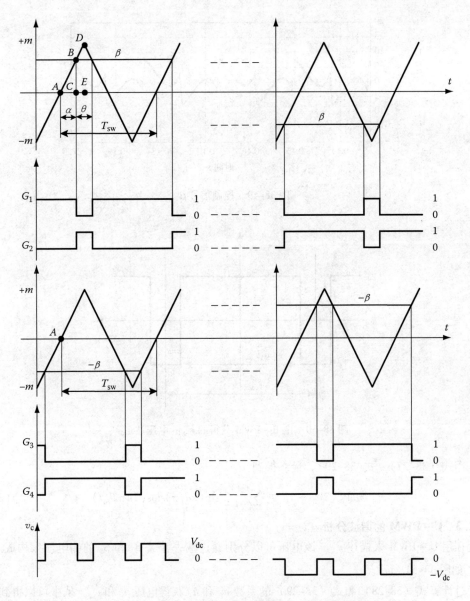

图 38-48　PWM 门控信号的产生采用 U – PWM 控制技术

$$a_0 = \langle v_{c1} \rangle = \frac{1}{T_{sw}} \int_0^{T_{sw}} v_{c1}(t)\,\mathrm{d}t \;\text{且}\; a_k = \frac{2}{T_{sw}} \int_0^{T_{sw}} v_{c1}(t) \cos(k\omega_{sw}t)\,\mathrm{d}t$$

计算代表 v_{c1} 的局部平均值的系数 a_0，可以得到

$$a_0 = \langle v_{c1} \rangle = \frac{1}{T_{sw}} \left[V_{dc} d_1 T_{sw} - V_{dc}(T_{sw} - d_1 T_{sw}) \right] = V_{dc}(2d_1 - 1) \tag{38-28}$$

由系数 a_k 的计算可以得到

$$a_k = \frac{4}{T_{sw}} \int_0^{T_{sw/2}} v_{c1}(t) \cos(k\omega_{sw}t)\,\mathrm{d}t = \frac{4V_{dc}}{k\pi} \sin(kd_1\pi) \tag{38-29}$$

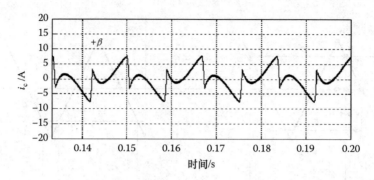

图 38-49   控制信号 β

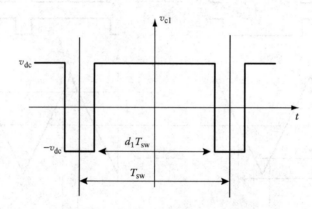

图 38-50   由 B – PWM 获得的 v_{c1} 的电压波形

运用式（38-27）~ 式(38-29)，最终得到

$$v_{c1} = V_{dc}(2d_1 - 1) + \sum_{k=1} \frac{4V_{dc}}{k\pi}\sin(kd_1\pi)\cos(2k\pi T_{sw}t) \tag{38-30}$$

38.7.2.3   U – PWM 的谐波分析（$v_c = v_{c2}$）

现在用 U – PWM 来描述 v_{c2}。该电压可以分别通过减去开关 S_2 和 S_4 的端电压来构成。电压 v_{s2} 和 v_{s4} 如图 38-51 所示。

通过计算式（38-28）和式（38-29）的系数 a_0 和 a_k 获得电压 v_{s2} 和 v_{s4}。从中可以得到

$$\begin{cases} v_{s2} = V_{dc}d_1 + \sum_{k=1} \dfrac{2V_{dc}}{k\pi}\sin(kd_1\pi)\cos(k\omega_{sw}t) \\ v_{s4} = V_{dc}d_2 + \sum_{k=1} \dfrac{2V_{dc}}{k\pi}\sin(kd_2\pi)\cos(k\omega_{sw}t) \end{cases} \tag{38-31}$$

式（38-31）给出了电压 v_{c2} 的表达式：

$$v_{c2} = v_{s2} - v_{s4} = V(d_1 - d_2) + \sum_{k=1} \frac{4V_{dc}}{k\pi}\left\{\sin\left[\frac{k\pi}{2}(d_1 - d_2)\right] - \cos\left[\frac{k\pi}{2}(d_1 + d_2)\right]\right\}\cos k\omega_{sw}t$$

$$\tag{38-32}$$

38.7.2.4 v_{c1} 和 v_{c2} 之间的关系

在下文中，我们找到 B – PWM v_{c1} 和 U – PWM v_{c2} 的电压信号之间的数学关系。

调制信号 β 必须包含两个分量：①基波有功电流（$\hat{\beta}_{1a}\sin\omega_s t$），这是保持 C_{dc} 电容两端恒定的

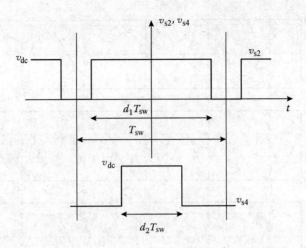

图 38-51   用 U – PWM 获得的 v_{s2} 和 v_{s4} 的电压波形

端电压所必需的；②所有用来补偿非线性负载的无功电流分量（$\hat{\beta}_1\cos\omega_s$）和谐波电流分量 $\left(\sum\limits_{h=2}^{\infty}\sin(h\omega_s t)\hat{\beta}_h\right)$。为了进一步简化，可以假设调制信号仅包含三次谐波分量。根据式 (38-26) 可以得到

$$\begin{cases} d_1 = \dfrac{1}{2}\left(1+\dfrac{\beta}{m}\right),\ \beta=\hat{\beta}_3\sin(3\omega_s t)=\hat{\beta}_3\sin(6\pi f_s t) \\ d_2 = \dfrac{1}{2}\left(1-\dfrac{\beta}{m}\right) \end{cases} \tag{38-33}$$

式中，$\hat{\beta}_3$ 是调制信号的幅值，是三次谐波电流。

因此，通过将 d_1 和 d_2 代入式 (38-30) 和式 (38-32)，得到

$$\begin{cases} v_{c1} = V_{dc}\dfrac{\hat{\beta}_3}{m}\sin3\omega_s t + \sum\limits_{k=1}\dfrac{4V_{dc}}{k\pi}\sin\left[\dfrac{k\pi}{2}\left(1+\dfrac{\hat{\beta}_3}{m}\sin3\omega_s t\right)\right]\cos k\omega_{sw}t \\ v_{c2} = V_{dc}\dfrac{\hat{\beta}_3}{m}\sin3\omega_s t + \sum\limits_{k=1}\dfrac{4V_{dc}}{k\pi}\sin\left(\dfrac{k\pi}{2}\dfrac{\hat{\beta}_3}{m}\sin3\omega_s t\right)\cos\dfrac{k\pi}{2}\cos k\omega_{sw}t \end{cases} \tag{38-34}$$

令 $z=\left[(k\pi/2)(\hat{\beta}_3/m)\right]\sin3\omega_s t$，式 (38-34) 变为

$$\begin{cases} v_{c1} = V_{dc}\dfrac{\hat{\beta}_3}{m}\sin3\omega_s t + \sum\limits_{k=1}\dfrac{4V_{dc}}{k\pi}\left(\sin\dfrac{k\pi}{2}\cos z+\cos\dfrac{k\pi}{2}\sin z\right)\cos k\omega_{sw}t \\ v_{c2} = V_{dc}\dfrac{\hat{\beta}_3}{m}\sin3\omega_s t + \sum\limits_{k=1}\dfrac{4V_{dc}}{k\pi}\sin z\cos\dfrac{k\pi}{2}\cos k\omega_{sw}t \end{cases} \tag{38-35}$$

函数 z、$\cos z$ 和 $\sin z$ 由图 38-52 表示。$\omega_3=3\omega_s$ 是三次谐波的频率。

考虑到图 38-52 函数的周期性和可观察对称性，可以将 $\cos z$ 和 $\sin z$ 的表达式写成

$$\begin{cases} \cos z = \lambda_0+\lambda_2\cos2\omega_3 t+\lambda_4\cos4\omega_3 t+\cdots \\ \sin z = \delta_1\sin\omega_3 t+\delta_3\sin3\omega_3 t+\delta_5\sin5\omega_3 t+\cdots \end{cases} \tag{38-36}$$

通过将 $\cos z$ 和 $\sin z$ 代入式 (38-35)，得到

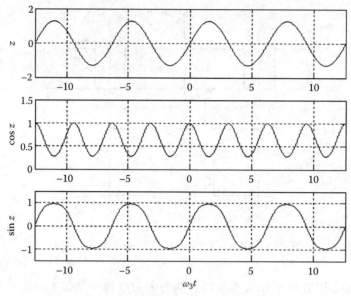

图 38-52　函数 z、$\cos z$ 和 $\sin z$ 的波形

$$\begin{cases} v_{c1} = V_{dc}\dfrac{\hat{\beta}_3}{m}\sin\omega_3 t + \sum_{i=0}\dfrac{4V_{dc}}{k\pi}\Big[\Big(\sin\dfrac{k\pi}{2}\Big)\Big(\sum_{j=0}\lambda_{2j}\cos2j\omega_3 t\Big)\cos k\omega_{sw}t + \\ \cos\dfrac{k\pi}{2}\Big(\sum_{j=0}\delta_{(2j+1)}\sin(2j+1)\omega_3 t\Big)\cos k\omega_{sw}t\Big] \\ v_{c2} = V_{dc}\dfrac{\hat{\beta}_3}{m}\sin\omega_3 t + \sum_{k=1}\dfrac{4V_{dc}}{k\pi}\Big[\Big(\cos\dfrac{k\pi}{2}\Big)\Big(\sum_{j=0}\delta_{(2j+1)}\sin(2j+1)\omega_3 t\Big)\cos k\omega_{sw}t\Big] \end{cases} \tag{38-37}$$

考虑到 k（$k = 2i$ 或 $k = 2i+1$）的奇偶性，式（38-37）变为

$$\begin{cases} v_{c1} = V_{dc}\dfrac{\hat{\beta}_3}{m}\sin\omega_3 t + \sum_{i=0}\dfrac{4V_{dc}}{(2i+1)\pi}\Big[(-1)^i\Big(\sum_{j=0}\lambda_{2j}\cos2j\omega_3 t\Big)\cos(2i+1)\omega_{sw}t\Big] + \\ \sum_{i=1}\dfrac{2V_{dc}}{i\pi}\Big[(-1)^i\Big(\sum_{j=0}\delta_{(2j+1)}\sin(2j+1)\omega_3 t\Big)\cos(2i\omega_{sw}t)\Big] \\ v_{c2} = V_{dc}\dfrac{\hat{\beta}_3}{m}\sin\omega_3 t + \sum_{i=1}\dfrac{2V_{dc}}{i\pi}\Big[(-1)^i\Big(\sum_{j=0}\delta_{(2j+1)}\sin(2j+1)\omega_3 t\Big)\cos(2i\omega_{sw}t)\Big] \end{cases} \tag{38-38}$$

最后，v_{c1} 和 v_{c2} 的频谱关系式如下：

$$\begin{cases} v_{c1} = V_{dc}\dfrac{\hat{\beta}_3}{m}\sin\omega_3 t + \sum_{i=0}\dfrac{4V_{dc}}{(2i+1)\pi}\Big\{(-1)^i\Big[\sum_{j=0}\dfrac{\lambda_{2j}}{2}\Big[\begin{matrix}\cos((2i+1)\omega_{sw}+2j\omega_3)t \\ +\cos((2i+1)\omega_{sw}-2j\omega_3)t\end{matrix}\Big]\Big]\Big\} + \\ \sum_{i=1}\dfrac{2V_{dc}}{i\pi}\Big\{(-1)^i\Big[\sum_{j=0}\dfrac{\delta_{(2j+1)}}{2}\Big[\begin{matrix}\sin(2i\omega_{sw}+(2j+1)\omega_3)t \\ -\sin(2i\omega_{sw}-(2j+1)\omega_3)t\end{matrix}\Big]\Big]\Big\} \\ v_{c2} = V_{dc}\dfrac{\hat{\beta}_3}{m}\sin\omega_3 t + \sum_{i=1}\dfrac{2V_{dc}}{i\pi}\Big\{(-1)^i\Big[\sum_{j=0}\dfrac{\delta_{(2j+1)}}{2}\Big[\begin{matrix}\sin(2i\omega_{sw}+(2j+1)\omega_3)t \\ -\sin(2i\omega_{sw}-(2j+1)\omega_3)t\end{matrix}\Big]\Big]\Big\} \end{cases}$$

$$\tag{38-39}$$

由式（38-39）能够用 v_{c1} 表达出 v_{c2}：

$$v_{c2} = v_{c1} - \sum_{i=1} \frac{4V_{dc}}{(2i+1)\pi} \left\{ (-1)^i \left[\sum_{j=0} \frac{\lambda_{2j}}{2} \left[\begin{matrix} \cos((2i+1)\omega_{sw} + 2j\omega_3)t \\ + \cos((2i+1)\omega_{sw} - 2j\omega_3)t \end{matrix} \right] \right] \right\} \quad (38\text{-}40)$$

考虑到所有谐波、有功分量和无功分量，调制频率等于电网频率 ω_{sw}，推导出以下关系：

$$v_{c2} = v_{c1} - \sum_{i=1} \frac{4V_{dc}}{(2i+1)\pi} \left\{ (-1)^i \left[\sum_{j=0} \frac{\lambda_{2j}}{2} [\cos((2i+1)\omega_{sw} + 2j\omega_s)t + \cos((2i+1)\omega_{sw} - 2j\omega_s)t] \right] \right\}$$

$$(38\text{-}41)$$

从式（38-41）可以推断出，除了以开关频率的奇数倍为中心的边带谐波消失外，对于相同的 $(2h+1)$ 次谐波频率 f_{2h+1}、开关频率 f_{sw} 和调制深度 $\hat{\beta}_{2h+1}/m$，v_{c2} 的频谱与 v_{c1} 的频谱相同。图 38-53a 展示了 v_{c1} 的频谱，图 38-53b 展示了 v_{c2} 的频谱。

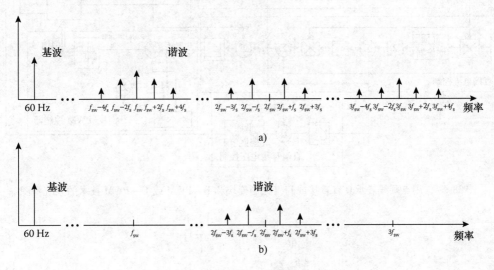

图 38-53　获得的电压 v_c 的频谱之间的比较

a）B – PWM　b）U – PWM

38.7.3　PWM 门控信号的产生原理

将从控制算法获得的参考电源（谐波）电流与感测电源（滤波器）电流进行比较。如上所述，误差信号在其输出端被馈送到具有限制器的控制器。因此，如图 38-54 所示，将控制信号 β 及其相反的 $-\beta$ 与三角载波进行比较，得到 VSI 的固态开关器件的门极的切换信号。

38.7.4　有源电力滤波器的控制

图 38-54 展示了用于识别有功基波负载电流的完整图。该图包括使用 B – PWM 和 U – PWM 控制器实现的直接和间接电流控制算法。除了有源基波负载电流的估计外，如图 38-54 所示，实际电流参考分量来自 PI 调节器，用于控制逆变器的直流母线电压。将分量相加以产生内部电流调节器回路所需的参考电源电流。

38.7.5　单相有源电力滤波器的小信号模型

38.7.5.1　平均模型

通过将平均建模技术应用于图 38-54 中的滤波器，获得以下状态方程：

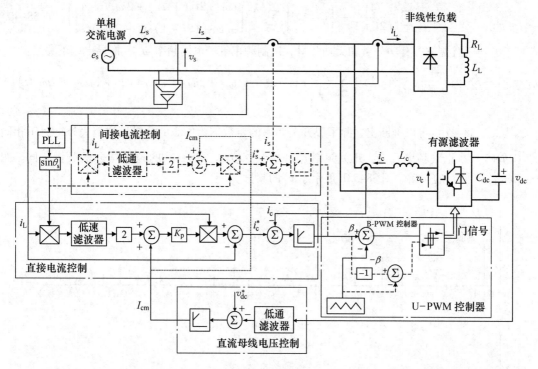

图 38-54　用点画线表示具有直接或间接控制模块和 B – PWM 或 U – PWM 技术的系统框图

$$L_{c} \frac{\mathrm{d}\, \overline{i_{c}}}{\mathrm{d}t} = (d_{1} - d_{2}) \overline{v_{dc}} - \overline{v_{s}} \qquad (38\text{-}42)$$

$$C_{dc} \frac{\mathrm{d}\, \overline{v_{dc}}}{\mathrm{d}t} + \frac{\overline{v_{dc}}}{R_{dc}} = -(d_{1} - d_{2}) \overline{i_{c}} \qquad (38\text{-}43)$$

式中，$\overline{i_{c}}$、$\overline{v_{s}}$ 和 $\overline{v_{dc}}$ 分别表示基于开关周期计算的滤波器输入电流 $\overline{i_{c}}$、滤波器输入电压 $\overline{v_{s}}$ 和滤波器直流侧的电压 $\overline{v_{dc}}$ 的平均值；d_{1} 和 d_{2} 分别为滤波器的第一和第二支路上部开关的占空比。

考虑到 d_{1} 和 d_{2} 之间的关系为

$$d_{1} + d_{2} = 1 \qquad (38\text{-}44)$$

可以重新排列式（38-43）和式（38-44）以获得具有两个输出量（它们也是状态变量）$\overline{i_{c}}$ 和 $\overline{v_{dc}}$ 的系统以及单一控制输入量 d_{1} 的系统：

$$L_{c} \frac{\mathrm{d}\, \overline{i_{c}}}{\mathrm{d}t} = (2d_{1} - 1) \overline{v_{dc}} - \overline{v_{s}} \qquad (38\text{-}45)$$

$$C_{dc} \frac{\mathrm{d}\, \overline{v_{dc}}}{\mathrm{d}t} + \frac{\overline{v_{dc}}}{R_{dc}} = -(2d_{1} - 1) \overline{i_{c}} \qquad (38\text{-}46)$$

38.7.5.2　线性控制系统

控制系统如图 38-54 所示。采用连续的双回路策略。在内部环路嵌入间接电流控制技术。与控制电流为滤波器输入的直接控制方法不同，它是在内部反馈系统中检测和注入电源电流，最终形成电源电流。这种方法可以大大简化电流参考信号的产生，并由于不存在电流参考波形的不连续性，从而能提供更好的动态特性。出于稳定性考虑，外部回路设计的速度比内部回路慢得多，并通过补偿半导体和滤波器的电抗元件中的功率损耗，来确保滤波器直流侧的电压调节（这些损耗用图 38-45 中的虚构电阻 R_{dc} 表示）。

为了恰当地选择内外调节器，需要了解滤波器的小信号传递函数。如图 38-54 所示，在计算调节器的基础上确定传递函数遵循两个步骤（建立内部子系统传递函数和外部子系统传递函数）。

1. 内部子系统传递函数

首先，考虑内部控制回路。这里，必须建立将内部输出变量 $\bar{i_s}$ 与控制输入量 d_1 相关联的传递函数。这很容易通过对式（38-45）应用小信号线性化来完成，得到

$$L_c \frac{d(\delta \bar{i_c})}{dt} = (2D_1 - 1)V_{dc} + (2D_1 - 1)\delta \bar{v_{dc}} + 2(\delta d_1)V_{dc} - (V_s + \delta \bar{v_s}) \tag{38-47}$$

式中，δx 表示时间变量 x 在其静态值附近的微小变化。此外，通过将所有时间导数和小变化设置为零来获得静止状态。由它可得

$$0 = (2D_1 - 1)V_{dc} - V_s \tag{38-48}$$

式中

$$D_1 = \frac{V_s}{2V_{dc}} + \frac{1}{2} = \frac{1}{2} \tag{38-49}$$

可知，滤波器交流侧的电压的静态值 V_s 为零。

将式（38-49）代入式（38-47）中得到

$$L_c \frac{d(\delta \bar{i_c})}{dt} = 2(\delta d_1)V_{dc} - \delta \bar{v_s} \tag{38-50}$$

显然很容易计算内部子系统所需的传递函数。从式（38-50）可得到

$$G_{d,i_c}(s) \equiv \frac{\bar{i_c}(s)}{d_1(s)}\bigg|_{\bar{v_s}(s)=0} = \frac{2V_{dc}}{L_c s} \tag{38-51}$$

式中，$x(s)$ 表示时间变量 δx 的拉普拉斯变换；s 是拉普拉斯变量。

现在，考虑到

$$\bar{i_s} = \bar{i_L} - \bar{i_c} \tag{38-52}$$

式中，i_L 为注入非线性负载的电流。直接表达电源电流 i_s 和占空比 d_1 之间的传递函数为

$$G_{d,i_c}(s) \equiv \frac{\bar{i_s}(s)}{d_1(s)}\bigg|_{\substack{\bar{v_s}(s)=0 \\ i_L(s)=0}} = -\frac{2V_{dc}}{L_c s} \tag{38-53}$$

注意，在控制设计过程中，输入电压 v_s 和负载电流 i_L 被认为是扰动信号。因此，内部子系统显然表现出类似积分器的行为，这使得非常容易确定内部调节器传递函数，这将确保内部电流回路的最佳动态特性。典型的调节器是一阶低通滤波器，这将在后面得到证实。选择调节器的参数，以便首先确保带宽中的最大开环增益，从而确保调节器输入电流误差的最小化，其次，确保在多个开关频率下衰减电流谐波。

2. 外部子系统传递函数

用于外部控制环路设计的系统传递函数是在考虑了内部控制环路的情况下研究的。此外，假设适当地选择内部调节器，使得内部控制变量 $\bar{i_s}$ 能较好地跟随参考电流 i_s^*：

$$\bar{i_s} \cong i_s^* = \hat{i_s} \sin \omega_s t \tag{38-54}$$

式中，$\hat{i_s}$ 表示电源电流的峰值；ω_s 为电源角频率。

如图 38-54 所示，峰值 $\hat{i_s}$ 由外部调节器传递，因此被认为是外部子系统的输入信号。那么下一步是研发将外部控制变量 $\bar{v_{dc}}$ 与输入控制变量 $\hat{i_s}$ 相关联的传递函数，在此基础上进行线性外部调节器的设计。将式（38-52）和式（38-54）代入式（38-55），得到占空比的稳态时间表达式为

$$d_1^*(t) = \frac{1}{2} + \frac{1}{2\overline{v_{dc}}}\left[\overline{v_s} + L_c\frac{d(\overline{i_L} - i_s^*)}{dt}\right] \tag{38-55}$$

式中，

$$\overline{v_s} = \hat{v}_s\sin(\omega_s t) \tag{38-56}$$

$$\overline{i_L} = \sum_{k=1,3,5,\cdots}^{\infty} \hat{i}_{Lpk}\sin(k\omega_s t) + \hat{i}_{Lqk}\cos(k\omega_s t) \tag{38-57}$$

在式（38-57）中，$\hat{i}_{Lpk}$ 和 $\hat{i}_{Lqk}$ 表示由信号 $\overline{i_L}$ 的傅里叶级数分解得到的 k 次谐波的系数。通过将式（38-56）和式（38-57）代入式（38-55），得到

$$d_1^*(t) = \frac{1}{2} + \frac{1}{2\overline{v_{dc}}}\left[\hat{v}_s\sin(\omega_s t) - L_c\omega_s\hat{i}_s\cos(\omega_s t) + L_c\omega_s\sum_{k=1,3,5,\cdots}^{\infty} k(\hat{i}_{Lpk}\cos(k\omega_s t) - \hat{i}_{Lqk}\sin(k\omega_s t))\right]$$
$$\tag{38-58}$$

实际上，滤波电感器 L_c 的值很小，如果开关频率增加，则可以进一步降低。因此，可近似为

$$d_1^*(t) \approx \frac{1}{2} + \frac{\hat{v}_s}{2\overline{v_{dc}}}\sin(\omega_s t) \tag{38-59}$$

回顾式（38-46），并引用式（38-52）、式（38-54）、式（38-57）和式（38-59），得到

$$C_{dc}\frac{d\overline{v_{dc}}}{dt} + \frac{\overline{v_{dc}}}{R_{dc}} = \frac{\hat{v}_s}{2\overline{v_{dc}}}\sin(\omega_s t)\left[\hat{i}_s\sin(\omega_s t) - \sum_{k=1,3,5,\cdots}^{\infty}\hat{i}_{Lpk}\sin(k\omega_s t) + \hat{i}_{Lqk}\cos(k\omega_s t)\right] \tag{38-60}$$

根据三角函数的性质重写如下：

$$C_{dc}\frac{d\overline{v_{dc}}}{dt} + \frac{\overline{v_{dc}}}{R_{dc}} = \frac{\hat{v}_s}{2\overline{v_{dc}}}\Big\{(\hat{i}_s - \hat{i}_{Lp1})[1 - \cos(2\omega_s t)] - \hat{i}_{Lp1}\sin(\omega_s t) -$$
$$\sum_{k=1,3,5,\cdots}^{\infty}\hat{i}_{Lpk}\{\cos[(k-1)\omega_s t] - \cos[(k+1)\omega_s t]\} + \tag{38-61}$$
$$\hat{i}_{Lpk}\{\sin[(k+1)\omega_s t] + \sin[(k-1)\omega_s t]\}\Big\}$$

出于稳定性考虑，外部环路设计的速度比内部环路慢得多。此外，为了避免电流参考 i_s^* 的畸变，并且从而消除向电源产生附加谐波的可能性，外部调节器传送的外部回路控制信号必须没有谐波，特别是电源频率的两倍的谐波，该谐波普遍存在于滤波器直流侧的电压 v_{dc} 中。这可以通过将外部回路的开环带宽限制在低于电源频率两倍的频率内来实现。考虑到这一假设，式（38-61）中出现的所有谐波对直流电压 v_{dc} 的影响可以忽略。因此，式（38-61）可以近似表示为

$$C_{dc}\frac{d\overline{v_{dc}}}{dt} + \frac{\overline{v_{dc}}}{R_{dc}} = \frac{\hat{v}_s}{2\overline{v_{dc}}}(\hat{i}_s - \hat{i}_{Lp1}) = -\frac{\hat{v}_s}{2\overline{v_{dc}}}\hat{i}_{cp1} \tag{38-62}$$

式中，$\hat{i}_{cp1} \equiv \hat{i}_{Lp1} - \hat{i}_s$ 表示滤波器吸收的有功基波电流的峰值，它与输入电压 v_s 相位一致并且用于补偿滤波器中的功率损耗，将直流电压电平维持在期望值。

式（38-62）也可以写成如下：

$$C_{dc}\frac{d(\overline{v_{dc}}^2)}{dt} + 2\frac{\overline{v_{dc}}^2}{R_{dc}} = \hat{v}_s(\hat{i}_s - \hat{i}_{Lp1}) \tag{38-63}$$

通过将小信号线性化应用于式（38-63），并假设 $\hat{i}_{Lp1}$ 为外部回设计的扰动信号，则有

$$C_{dc}\frac{d(\delta\overline{v_{dc}})}{dt}+2\frac{\delta\overline{v_{dc}}}{R_{dc}}=\frac{\hat{v}_s}{2V_{dc}}\delta\hat{i}_s \tag{38-64}$$

将直流电压$\overline{v_{dc}}$与外部控制输入$\hat{i}_s$相关联的传递函数向前推导如下:

$$G_{\hat{i}_s v_{dc}}(s)\equiv\frac{\overline{v_{dc}}(s)}{\hat{i}_s(s)}\bigg|_{\hat{i}_{tol}(s)=0}=\frac{R_{dc}\hat{v}_s}{4V_{dc}}\frac{1}{1+\frac{R_{dc}C_{dc}}{2}s} \tag{38-65}$$

当认为滤波器中的功率损耗可以忽略不计(即R_{dc}趋于无穷大)时,式(38-65)简化为

$$G_{\hat{i}_s v_{dc}}(s)=\frac{\hat{v}_s}{2V_{dc}C_{dc}s} \tag{38-66}$$

这也是一个类似积分器的特性,这使得外部调节器传递函数的计算变得非常容易,这将确保外部电压回路能获得最佳动态特性。典型的调节器是一阶低通滤波器,后面将证实这一点。选择稳压器的参数是为了首先确保零频率处的开环增益无限大,从而确保稳压器输入端的稳态电压误差为0。其次,确保电压谐波在电源频率的两倍处衰减。

3. 调节器设计

执行电路的框图如图38-54所示。将控制算法获得的参考电流i_s^*与检测电流i_s进行比较。如上所述,误差信号在其输出端被馈送到具有限制器的电流控制器。因此,控制信号与三角形载波相比较,得到门控信号。

(1)直流母线电压控制器

如果直流母线电压的调节正常工作,则电容器的端电压等于其参考电压V_{dc}^*,从中可以得出以下关系:

$$G_{\hat{i}_s v_{dc}}(s)=\frac{\hat{v}_s}{2V_{dc}^*C_{dc}s} \tag{38-67}$$

因为式(38-67)给出的开环传递函数呈现积分作用,所以控制器的比例作用可以满足要求。因此,控制器传递函数可以写为$K_v/(1+\tau_v s)$,其中K_v表示一阶低通滤波的增益。

电压控制闭环中的传递函数写为

$$\frac{V_{dc}}{V_{dc}^*}=\frac{K_v\hat{v}_s}{2\tau_v C_{dc}V_{dc}^* s^2+2C_{dc}V_{dc}^* s+K_v\hat{v}_s} \tag{38-68}$$

这是一个二阶系统的形式

$$\frac{V_{dc}}{V_{dc}^*}=\frac{w_v^2}{s^2+2\zeta_v w_v s+w_v^2} \tag{38-69}$$

式中

$$\begin{cases}w_v=\sqrt{\dfrac{K_v\hat{v}_s}{2\tau_v C_{dc}V_{dc}^*}}\\[3mm]\zeta_v=\sqrt{\dfrac{C_{dc}V_{dc}^*}{2\tau_v K_v\hat{v}_s}}\end{cases} \tag{38-70}$$

式中,w_v为固有频率;ζ_v为阻尼系数。

计算调节器的参数(K_v和τ_v),确保系统得到期望的响应,即以最佳方式选择阻尼系数和脉冲。值见表38-1。

表 38-1　用于仿真的系统参数

电源电压和频率	$V_s = 120V$（rms），$f_s = 60Hz$
电源阻抗	$L_s = 0.3mH$，$R_s = 0.1\Omega$
负载阻抗	$L_L = 20mH$，$R_L = 20\Omega$
有源滤波器参数	$L_c = 5mH$，$R_{dc} = 5000\Omega$，$C_{dc} = 2000\mu F$
滤波直流母线电压	$V_{cd} = 350V$
开关频率	$f_{sw} = 5kHz$
电流调节器的参数	$K_i = 0.14$，$\tau_i = 10\mu s$
电压调节器的参数	$K_v = 206$，$\tau_v = 10\mu s$

（2）电源电流调节器

电源电流控制器传递函数可以写为 $K_i/(1+\tau_i s)$，其中 K_i 表示带有一阶低通滤波的增益。电流控制闭环中的传递函数可以写为

$$\frac{i_s}{i_s^*} = \frac{2K_i V_{dc}^*}{\tau_i L_c s^2 + L_c s + 2K_i V_{dc}^*} \tag{38-71}$$

这是一个二阶系统的形式

$$\frac{i_s}{i_s^*} = \frac{w_i^2}{s^2 + 2\zeta_i w_i s + w_i^2} \tag{38-72}$$

式中

$$\begin{cases} w_i = \sqrt{\dfrac{2K_i V_{dc}^*}{\tau_i L_c}} \\ \zeta_i = \dfrac{1}{2}\sqrt{\dfrac{L_c}{2\tau_i K_i V_{dc}^*}} \end{cases} \tag{38-73}$$

计算调节器的参数（K_i 和 τ_i），使系统确保快速的动态响应，电流的电流采用正弦形式，并与电压同相。K_i 和 τ_i 的值在表 38-1 中给出。

38.7.6　仿真结果

为了验证这些控制器的准确性，使用表 38-1 给出的参数对系统进行仿真。图 38-54 的电路在 MATLAB® 的 Simulink® 工具箱中实现其不同条件下的运行状况。

38.7.6.1　用双极性 PWM 控制器实现直接和间接电流控制技术的补偿

具有 B – PWM 控制器实现的直接和间接电流控制算法的 SPSAPF 仿真结果分别如图 38-55a、b所示，它们分别是负载电流（i_L）、SPSAPF 电流（i_c）、电源电压（v_s）、电源电流（i_s）和 SPSAPF 的直流母线电压（v_{dc}）。在使用 B – PWM 控制器实现的直接和间接电流控制方案中，补偿前后的电源电流谐波频谱分别如图38-56a~c所示。电源电流的 *THD* 从补偿前的28.5%降至补偿后的10.4%（直流电控制技术）和6.3%（间接电流控制技术）。这些结果表明，当使用间接电流控制技术时，电流的纹波得到消除。此外，据观察，B – PWM 控制器受电源电流中高频谐波的影响。

38.7.6.2　直接和间接电流技术的补偿用单极 PWM 控制器实现

图 38-57a、b 所示为使用 U – PWM 控制器实现的直接和间接电流控制技术的 SPSAPF 的稳态运行。使用 U – PWM 控制器实现的直接和间接电流控制技术补偿后的电源电流谐波分别如图 38-58a、b 所示。电源电流的 *THD* 从补偿前的28.5%降低到由直流控制技术补偿后的4.4%和由

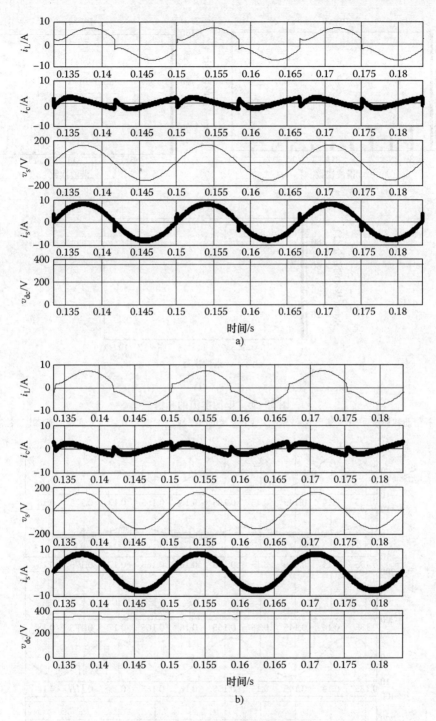

图 38-55 SPSAPF 系统的稳态波形
a）使用 B – PWM 实现的直接电流控制 b）使用 B – PWM 实现的间接电流控制

间接电流控制技术补偿后的 1%。为了显示关于电源电流高频成分的 U – PWM 控制器的效率，可以比较两种技术的谐波频谱，如图 38-59 所示。注意，这种比较是在开关频率 f_{sw} 和 $2f_{sw}$ 附近进行的。

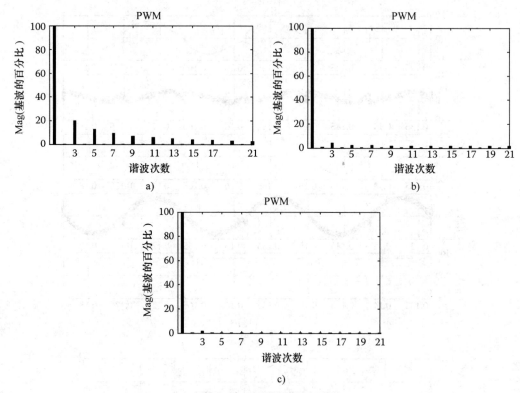

图 38-56 电源电流的频谱

a）补偿前和补偿后 b）使用 B‒PWM 实现的直接电流控制 c）使用 B‒PWM 实现的间接电流控制

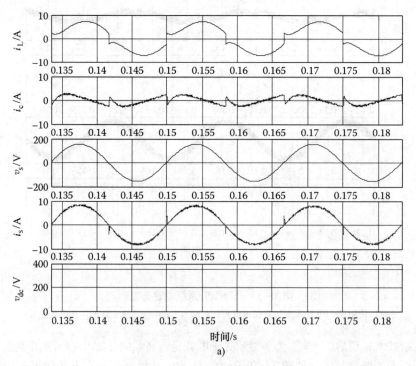

图 38-57 SPSAPF 系统的稳态波形

a）使用 U‒PWM 实现的直接电流控制

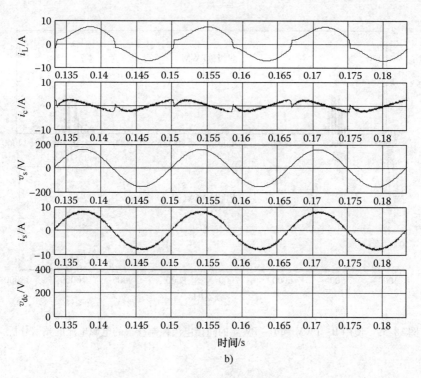

图 38-57　SPSAPF 系统的稳态波形（续）
b）使用 U – PWM 实现的间接电流控制

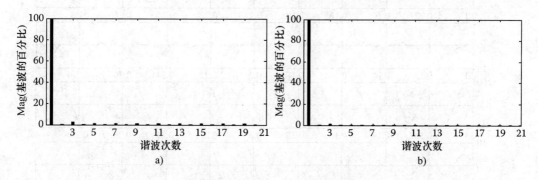

图 38-58　补偿后的电源电流频谱
a）使用 U – PWM 实现的直流电流控制　b）使用 U – PWM 实现的间接电流控制

　　实际上，负载功率需求通常会发生变化。因此，有必要检查在这种干扰下用 U – PWM 控制器实现的间接电流控制技术的性能。图 38-60 显示了在 $t = 166.7\text{ms}$ 时，SPSAPF 系统对 100% 的负载电流的逐步增加的响应。负载状态变化时，系统保持单位 PF 运行，SPSAPF 的直流母线电压也调整为参考值。这些结果证实，通过使用间接电流控制技术与 U – PWM 控制策略，电源电流的谐波含量以及 SPSAPF 的动态响应有了明显改善。

　　观察到用 U – PWM 控制器实现的 SPSAPF 的间接电流控制算法没有电源电流中的开关波纹和高频谐波。参考电源电流是一个缓慢变化的信号（60Hz），因此在一个交流周期的任何时刻，间接电流控制器都具有关于电源电流波形的准确信息，因此需要采取所需的纠正措施，以充分补偿电源电流中的开关波纹。观察到电源电流非常接近正弦波，并且与电源电压保持同相位，因此

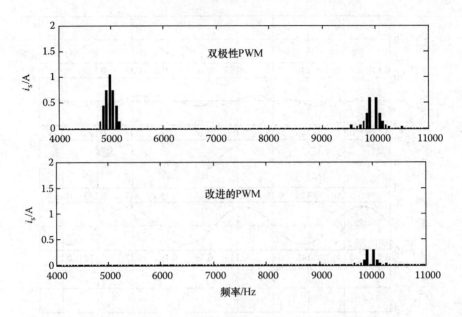

图 38-59　使用 B – PWM 和 U – PWM 的间接电流控制获得的电源电流的频谱分析

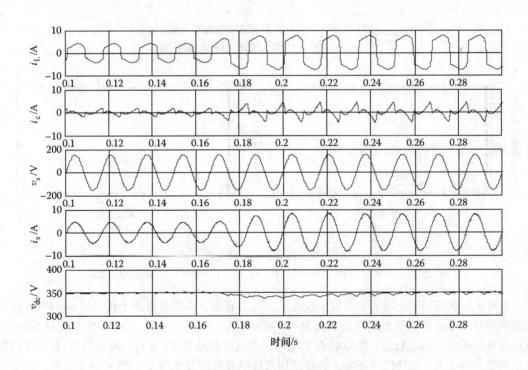

图 38-60　系统对负载增加 100% 的响应

在交流电源上维持单位 PF 运行。SPSAPF 提供局部负载的无功功率需求，并且还补偿其谐波。
表 38-2 总结了不同控制技术的电源电流 *THD*。

表 38-2　补偿源电流的值

补偿前	28.5%
使用 B - PWM 实现的直接电流控制补偿后	10.4%
使用 B - PWM 实现的间接电流控制补偿后	6.3%
使用 U - PWM 实现的直接电流控制补偿后	4.4%
使用 U - PWM 实现的间接电流控制补偿后	1%

38.7.7　实验验证

为了对 SPSAPF 的开发模型进行实验验证，人们进行了各种测试。已经实现了两个 PWM 控制器的直接和间接电流控制技术。将 574V·A 二极管整流器作为非线性负载进行实验参数设置；电源电压为 110V，频率为 60Hz。SPSAPF 由 Ixys 的 4 - IGBT 模块 IXGH 40 N60 组成。直流电压设置为 350V，滤波电感选择为 5mH，直流母线电容为 2000μF，IGBT 器件的开关频率为 5kHz。

38.7.7.1　用双极型 PWM 控制器实现直接和间接电流控制技术的补偿

使用 B - PWM 控制器实现的直接控制技术的稳态结果如图 38-61a 所示，B - PWM 控制器实现的间接电流控制技术的波形如图 38-61b 所示。这些结果证明了直接电流控制技术消除纹波的能力。负载和电源电流的低频分析如图 38-62a ~ c 所示。使用 B - PWM 控制器实现的直流控制技术，该电源电流的 THD 从 28.83% 降至 10.9%；使用 B - PWM 控制器实现的间接电流控制技术，THD 从 28.83% 降至 6.7%。

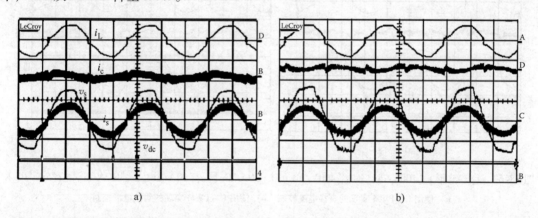

a)　　　　　　　　　　　　　　　　b)

图 38-61　稳态波形 v_s[100V/div]，v_{dc}[400V/div]，i_s[10A/div]，i_L[10A/div]，i_c[10A/div]t(5ms/div)

a) 使用 B - PWM 实现的直接电流控制　b) 使用 B - PWM 实现的间接电流控制

38.7.7.2　用单极型 PWM 控制器实现直接和间接电流控制技术的补偿

图 38-63a、b 显示了使用 U - PWM 控制器实现的直接电流控制技术的稳态结果以及使用 U - PWM 控制器实现的间接电流控制技术的波形。这些结果证明了 U - PWM 控制器能够更好地补偿低频谐波。电源电流的低频分析如图 38-64a、b 所示。使用 U - PWM 控制器实现的直接电流控制技术，该电源电流的 THD 从 28.83% 降至 4.9%；使用 U - PWM 控制器实现的间接电流控制技术，THD 从 28.83% 降至 2.2%。

为了评估 U - PWM 控制器的影响，必须在同一开关频率下进行相同的稳态波形的频谱分析。分析结果如图 38-65a ~ c 所示。

为了测试 SPSAPF 系统的性能，以增加 70% 的负载电流来设置负载的阶跃变化。直流母线电

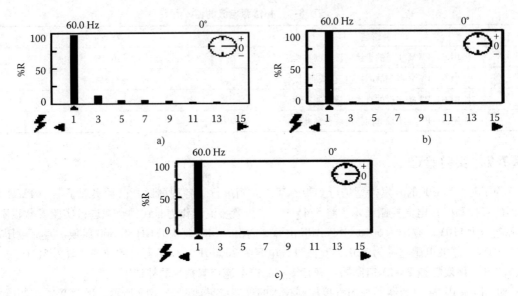

图 38-62　电源电流的频谱

a）补偿前　b）使用 B – PWM 实现的直接电流控制补偿后　c）使用 B – PWM 实现的间接电流控制补偿后

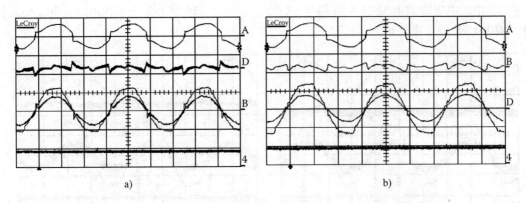

图 38-63　稳态波形 $v_{\rm s}[100{\rm V/div}]$，$v_{\rm dc}[400{\rm V/div}]$，$i_{\rm s}[10{\rm A/div}]$，$i_{\rm L}[10{\rm A/div}]$，$i_{\rm c}[10{\rm A/div}]$，$t(5{\rm ms/div})$

a）使用 U – PWM 实现的直接电流控制　b）使用 U – PWM 实现的间接电流控制

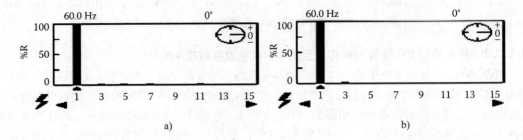

图 38-64　补偿后的电源电流频谱

a）使用 U – PWM 实现的直接电流控制　b）使用 U – PWM 实现的间接电流控制

压控制器的响应如图 38-66 所示。直流母线上的电压波动取决于调节直流母线电压的外部环路的补偿速度。整流器负载的负载功率的突然增加导致有源滤波器的直流侧电压的降低，它在几个

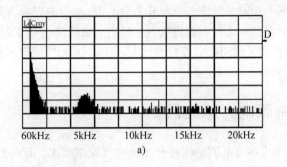

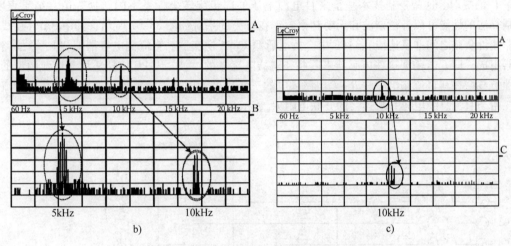

图 38-65　涵盖低频和高频分量的电源电流频谱

a）在补偿前　b）使用 B – PWM 实现的间接电流控制补偿后（上图的幅度标识为 9.2dB/div，
下图的幅度标识为 5.5dB/div）　c）使用 U – PWM（上图的幅度标识为 9.2dB/div，
下图的幅度标识为 9.2dB/div）实现的间接电流控制补偿后

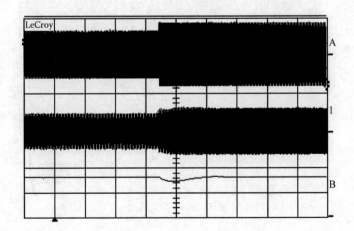

图 38-66　非线性负载瞬态工况下的直流电源控制行为 $i_L[10A/div]$, $i_s[10A/div]$, $v_{dc}[200V/div]$

周期内得到恢复。

　　从实验结果可以看出，通过这两种方法可以有效地补偿由非线性负载产生的谐波电流和无功功率。此外，SPSAPF 的间接电流控制技术不产生开关纹波，U – PWM 控制器具有将谐波推向高频范围的优点。v_c 的第一个有效频谱线位于开关频率 $2f_{sw}$ 两倍的邻域。此外，U – PWM 控制器消除了以开关频率的奇数倍为中心的谐波谱线，并且它会衰减位于频率 $2f_{sw}$ 周围的谐波谱线。因此，通过采用 U – PWM 控制器的间接电流控制技术，SPSAPF 的性能得到显著提高。补偿后的电源电流接近正弦波。

38.8　三相并联有源电力滤波器

本节将介绍为 APF 生成参考电流的间接和直接电流控制技术。这些技术基于瞬时有功电流分量 i_d 的提取。这些控制技术基于来自电源电压的同步旋转坐标系下的转换。仿真结果表明，控制算法的性能可以补偿谐波和无功功率。正在研究的系统如图 38-67 所示，其中 SAPF 在线性和非线性负载之间并联连接。SAPF 由全桥电压源 PWM 逆变器、直流侧电容器 C_{dc} 和三个线路电感器组成，即 L_c。需要这些电感器来限制补偿器电流 i_c 的纹波。SAPF 拓扑适用于电流源型的非线性负载。在其直流侧给串联 $R – L$ 电路供电的三相二极管桥式整流器代表非线性负载。变流器损耗由与直流总线电容并联连接的并联电阻 R_{dc} 表示。

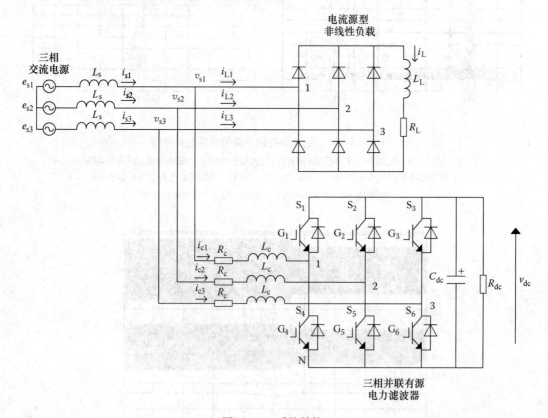

图 38-67　系统结构

38.8.1　参考电流提取

通常，并联 APF 的控制由两个互连回路组成。内部回路用于控制电流，以实现基于感测负载电流、实际滤波器电流、电源电压等而形成的期望的滤波电流。外部回路用于调节直流母线电压。根据所使用的控制算法和逆变器的损耗，该电压可能在瞬态过程发生变化。整个滤波器控制

回路应符合以下标准:

- 从谐波负载电流提取过程中确定合适的电流基准设定点。
- 将合适的开关信号模式发送到可控半导体器件的门极,以使滤波电流跟踪其参考电流。
- 实现对直流母线电压的良好调节。

为了确定负载谐波含量,采用 SRF 谐波法[19,20]。这体现出对电源频率波动具有鲁棒性的优点,并保证了电气幅值(电流和电压)不变(守恒);锁相环(PLL)允许 SRF 频率与电网频率同步。此外,该方法在稳定性和瞬态性能(加载过程中的响应的速度和质量)方面具有良好的品质。最后,它直接提供派克电流参考分量。

38.8.1.1 锁相环电路

数字 PLL(见图 38-68)确定了电源电压的相位角 θ,这是 $d-q$ 变换所需要的[19]。因此,测量三相电压 v_{s1}、v_{s2} 和 v_{s3},并计算这些电压的无功分量或 q 轴分量 v_{sq}。PI 控制器用于控制角频率。因此,如果 q 轴分量为零,则相电压和角度 θ 同相位。

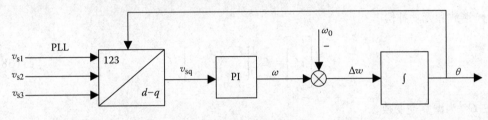

图 38-68　锁相环

38.8.1.2 SAPF 的直接电流控制技术

在直接电流控制技术中,SAPF 器件的开关信号通过比较参考电流(i_{c1}^*、i_{c2}^*、i_{c3}^*)与检测电流(i_{c1}、i_{c2}、i_{c3})得到。这种技术可以补偿谐波、无功功率或两者兼而有之。这是因为由无功功率得到沿 q 轴的非零直流分量($\bar{i}_q$)。通过使用以下矩阵变换将派克参考坐标系中感测到的三相负载电流 i_{L1}、i_{L2} 和 i_{L3} 变换到旋转参考系 $d-q$:

$$\begin{bmatrix} i_d \\ i_q \end{bmatrix} = C \begin{bmatrix} i_{L1} \\ i_{L2} \\ i_{L3} \end{bmatrix} \tag{38-74}$$

变换矩阵 C 由下式给出:

$$C = \frac{2}{3} \begin{bmatrix} \cos\theta & \cos\left(\theta - \dfrac{2\pi}{3}\right) & \cos\left(\theta + \dfrac{2\pi}{3}\right) \\ \sin\theta & \sin\left(\theta - \dfrac{2\pi}{3}\right) & \sin\left(\theta + \dfrac{2\pi}{3}\right) \end{bmatrix} \tag{38-75}$$

式中,θ 表示线电压空间矢量的实际相位角;i_d 和 i_q 是电源基波频率旋转坐标系中得到的电源电流空间矢量的分量。获得的瞬时电流 i_d 和 i_q 的直流和交流分量为

$$\begin{cases} i_d = \overline{i_d} + \tilde{i}_d \\ i_q = \overline{i_q} + \tilde{i}_q \end{cases} \tag{38-76}$$

有功直流分量 $\overline{i_d}$ 表示检测负载电流的基频处的正序分量。无功直流分量 $\overline{i_q}$ 表示基波无功功率的正序分量。交流分量 $\tilde{i}_d$ 和 $\tilde{i}_q$ 表示负载电流的总谐波含量。这些 $d-q$ 轴分量在以 i_d 和 i_q 作为输入的高通滤波器的输出中获得。

具有减法前向作用的低通滤波器合成了高通滤波器。消除直流分量，只有交流分量保留在输出信号 $\tilde{i}_d$ 和 $\tilde{i}_q$ 中。通过 PI 控制器处理参考值 v_{dc}^* 和检测到的反馈值 v_{dc} 之间的误差信号，以获得 I_{cm}。I_{cm} 加到产生参考电流 i_d^* 的振荡谐波电流分量 $\tilde{i}_d$ 中。用于补偿的 SAPF 参考电流定义如下：

- 谐波补偿

$$\begin{bmatrix} i_{c1}^* \\ i_{c2}^* \\ i_{c3}^* \end{bmatrix} = \boldsymbol{C}^{-1} \begin{bmatrix} I_{cm} - \tilde{i}_{Ld} \\ - \tilde{i}_{Lq} \end{bmatrix} \tag{38-77}$$

- 无功功率补偿

$$\begin{bmatrix} i_{c1}^* \\ i_{c2}^* \\ i_{c3}^* \end{bmatrix} = \boldsymbol{C}^{-1} \begin{bmatrix} 0 \\ - \bar{i}_{Lq} \end{bmatrix} \tag{38-78}$$

- 谐波和无功补偿

$$\begin{bmatrix} i_{c1}^* \\ i_{c2}^* \\ i_{c3}^* \end{bmatrix} = \boldsymbol{C}^{-1} \begin{bmatrix} I_{cm} - \tilde{i}_{Ld} \\ - \tilde{i}_{Lq} - \bar{i}_{Lq} \end{bmatrix} \tag{38-79}$$

式中，$\boldsymbol{C}^{-1}$ 为派克逆变换，

$$\boldsymbol{C}^{-1} = \begin{bmatrix} \cos\theta & \sin\theta \\ \cos\left(\theta - \dfrac{2\pi}{3}\right) & \sin\left(\theta - \dfrac{2\pi}{3}\right) \\ \cos\left(\theta + \dfrac{2\pi}{3}\right) & \sin\left(\theta + \dfrac{2\pi}{3}\right) \end{bmatrix} \tag{38-80}$$

注意，信号 I_{cm} 是用于补偿 APF 损耗的基波电流 I_c 的峰值。在这种情况下，有源滤波器需要补偿谐波和无功功率。SAPF 直接电流控制算法的同步旋转 $d-q$ 参考系框图如图 38-69 所示。

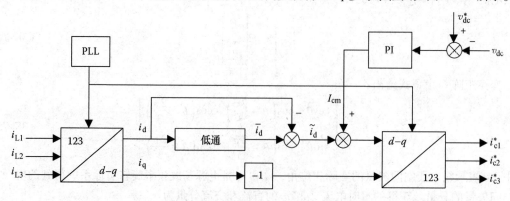

图 38-69　SAPF 系统的直接电流控制算法

38.8.1.3　SAPF 的间接电流控制技术

在间接电流控制技术中，通过比较参考电流（i_{s1}^*、i_{s2}^*、i_{s3}^*）和检测电源电流（i_{s1}、i_{s2}、i_{s3}）来获得 SAPF 器件的开关信号[19,20]。d 轴和 q 轴参考电源电流表示如下：

$$\begin{cases} i_{sd}^* = \bar{i}_d + I_{cm} \\ i_{sq}^* = 0 \end{cases} \tag{38-81}$$

有源滤波器的间接电流控制框图如图38-70所示。

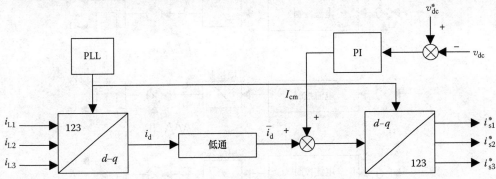

图38-70　SAPF系统的间接电流控制算法

38.8.2　控制技术原理

逆变器控制技术采用 B－PWM 原理。将控制信号 （β_i，$i = 1$，2，3 和 $-1 < \beta_i < 1$，参见图 38-73）与三角载波 V_{PWM} 进行比较。三条支路中的每一条都具有独立的功能，同一条支路的开关以互补的方式工作。根据 $\beta_i - V_{PWM}$ 的符号相对于点 N 估计的逆变器输出电压取两个值，即 v_{dc} 和零。如果 PWM 频率足够高，可以认为在一个开关周期内的瞬时 PWM 电压的输出平均值非常接近于 $\beta_i v_{dc}$[25]。

此外，如果 $\beta_1 + \beta_2 + \beta_3 = 0$，则以下电流方程式成立：

$$\begin{cases} L_c \dfrac{\mathrm{d}i_{c1}}{\mathrm{d}t} = v_{s1} - R_c i_{c1} - \beta_1 v_{dc} \\[2mm] L_c \dfrac{\mathrm{d}i_{c2}}{\mathrm{d}t} = v_{s2} - R_c i_{c2} - \beta_2 v_{dc} \\[2mm] L_c \dfrac{\mathrm{d}i_{c3}}{\mathrm{d}t} = v_{s3} - R_c i_{c3} - \beta_3 v_{dc} \end{cases} \tag{38-82}$$

38.8.2.1　逆变器开关的信号产生

在直接电流控制中，将控制算法设计的参考电流（i_{c1}^*、i_{c2}^*、i_{c3}^*）与检测电流（i_{c1}、i_{c2}、i_{c3}）进行比较得到差压信号送入在其输出端具有限幅器的控制器。控制算法则提供的调制信号 β_i 作为逆变器输入端的电压平均值的直接图形，它与三角形载波相比较，得到门控开关信号（见图38-71）。

在间接电流控制中，从滤波器输出电流调节器获得调制信号 β_i，如图38-72所示。

38.8.2.2　电流控制回路设计

假设 $\beta_1 + \beta_2 + \beta_3 = 0$，换句话说，给定相位的电流仅取决于同相位的输出调节器。应注意，该假设仅在双回路结构中有效，但可认为是对三回路结构的简化，特别是当系统不完全对称且不在其稳定状态时。图38-73给出了单相电流控制回路的框图。

在不同环路中使用的调节器是 PI 型。典型的 PI 调节器的传递函数由下式给出：

$$C(s) = k_p + \frac{k_i}{s} = k_p \left(1 + \frac{1}{\rho s} \right) \tag{38-83}$$

一相的电流表达式可以分解为

$$i_c = F_1 i_c^* + F_2 v_{s1} \tag{38-84}$$

式中，F_1 和 F_2 分别为电流参考信号和扰动信号的闭环传递函数，确切表达如下：

$$F_1(s) = \frac{1 + \rho s}{1 + \left(\rho + \dfrac{1}{k} \right)s + \dfrac{1}{k} \tau_e s^2} \tag{38-85}$$

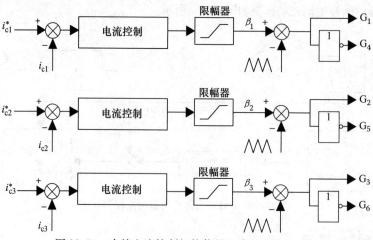

图 38-71 直接电流控制门控信号生成的 PWM 原理

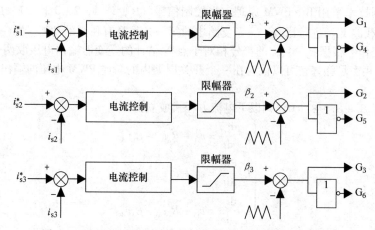

图 38-72 用于间接电流控制的门控信号生成的 PWM 原理

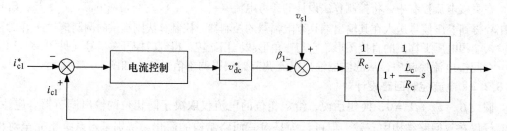

图 38-73 单相电流控制回路的框图

$$F_2(s) = -\frac{1}{v_{dc}k_i}\frac{s}{1 + \left(\rho + \dfrac{1}{k}\right)s + \dfrac{1}{k}\tau_e s^2} \tag{38-86}$$

$$\tau_e = \frac{L_s}{R_c}, \ \rho = \frac{k_p}{k_i}, \ k = \frac{v_{dc}k_i}{R_c}$$

选择系数 k_p 和 k_i，使得整个闭合系统表现为具有阻尼系数 $\xi = 0.707$ 的两个复共轭极点的最优二阶系统。它们可以用阻尼系数和固有频率 ω_n 表示，如式（38-87）。例如，系统由几个互联回路表示，内部快速电流 i_c 回路和外部慢速电压 v_{dc} 回路。

$$\begin{cases} k_i = \dfrac{L_s \omega_n^2}{v_{dc}} \\[3mm] k_p = \dfrac{2\xi}{\omega_n} k_i - \dfrac{R_c}{v_{dc}} \end{cases} \qquad (38\text{-}87)$$

考虑理想的电流跟踪，在典型基础模型上设计了外部电压回路的 PI 调节器。而内部电流回路的 PI 调节器独立于外部电流回路设计。换句话说，假定电压 v_{dc} 已经稳定。因此，PI 调节器是两个传递函数 $F_1(s)$ 和 $F_2(s)$ 合成的。谐波频率范围为 $1 < h < 40$。给定参数：阻尼比 $\xi = 0.707$，固有频率 $\omega_n = 50000 \mathrm{rad/s}$，可以得到：$k_p = 0.1167$，$k_i = 4167$，调节器的带宽应该能够响应这些标准。

38.8.3　仿真结果

为了验证直接和间接控制算法的准确性，建立之前描述的系统模型并进行仿真。已经分析了仿真结果的电源电流波形，以在变化的负载条件下获得其 THD。使用表 38-3 中给出的参数进行仿真。仿真的目的包括四个方面：①直接电流控制技术的谐波和无功功率的补偿；②间接电流控制技术的谐波和无功功率的补偿；③间接电流控制对负载变化的响应；④在畸变交流电源下的间接电流控制中的谐波和无功功率的补偿。

表 38-3　用于仿真的系统参数

电源电压和频率	$V_s = 120\mathrm{V}$（rms），$f_s = 60\mathrm{Hz}$
电源阻抗	$L_s = 0.3\mathrm{mH}$
负载阻抗	$L_L = 10\mathrm{mH}$，$R_L = 12\Omega$
有源滤波器参数	$L_c = 5\mathrm{mH}$，$R_c = 0.1\Omega$，$R_{dc} = 5000\Omega$，$C_{dc} = 500\mu\mathrm{F}$
滤波直流母线电压	$V_{dc} = 350\mathrm{V}$
开关频率	$f_{sw} = 5\mathrm{kHz}$

38.8.3.1　直接电流控制的谐波和无功功率补偿

其直接电流控制算法的仿真结果如图 38-74 所示，其中给出了 SAPF 的负载电流（i_{ll}）、SAPF

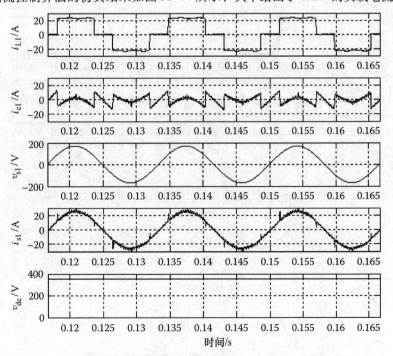

图 38-74　具有直接电流控制的 SAPF 系统的稳态波形

电流（i_{c1}）、电源电压（v_{s1}）、电源电流（i_{s1}）和直流母线电压（v_{dc}）。直流母线的输出电压稳定在350V。可以看出，直接电流控制算法存在由负载电流不连续引起的不良控制响应带来的开关波动过大的问题。因此，有必要对负载谐波进行瞬时补偿，从而避免这样的控制损失。

　　电流谐波频谱测量 THD 为 29.17%，而补偿电源电流 THD 为 3.68%。负载和电源电流频谱如图 38-75a、b 所示。

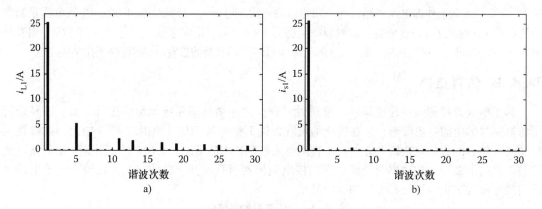

a)　　　　　　　　　　　　　　　　b)

图 38-75　相 1 的频谱

a）负载电流　b）SAPF 的直接电流控制补偿后的电源电流

38.8.3.2　间接电流控制的谐波和无功功率补偿

　　使用间接电流控制算法的系统的仿真结果如图 38-76 所示，其中给出了 SAPF 的负载电流（i_{L1}）、SAPF 电流（i_{c1}）、电源电压（v_{s1}）、电源电流（i_{s1}）和直流母线电压（v_{dc}）。该图可以看出，电源电流呈现无纹波的正弦形状。电源电流的谐波谱如图 38-77 所示。电源电流的 THD 从补偿前的 29.17% 降至补偿后的 1.94%。

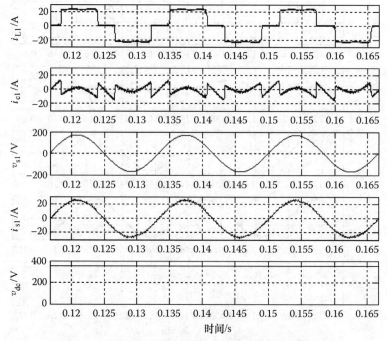

时间/s

图 38-76　具有间接电流控制的 SAPF 系统的稳态仿真波形

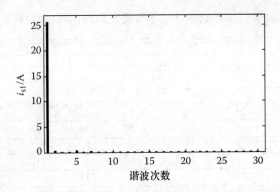

图 38-77　采用 SAPF 的间接电流控制补偿后的 1 相源电流频谱

38.8.3.3　SAPF 对间接电流控制负载变化的响应

实际上，负载功率需求通常会发生变化。因此，有必要在这种扰动下检查系统的性能。图 38-78 给出了 SAPF 系统在 $t = 116.7\text{ms}$，负载电流阶跃变化增加 100% 时的响应。换句话说，负载电阻的值从 24Ω 变为 12Ω，在此期间，系统通过强制单位 PF 操作来维持完全补偿，而不会在电源电流中产生开关纹波。结果证实了补偿器对负载电流快速变化具有良好性能。因此，间接电流控制算法提供了更好的响应。

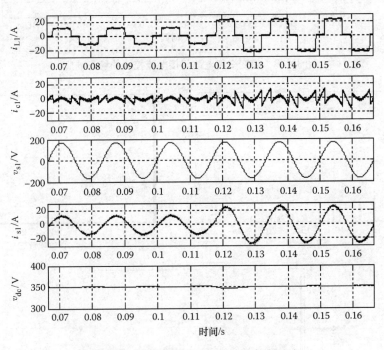

图 38-78　对负载变化的间接电流控制响应

38.8.3.4　畸变交流电源间接电流控制的谐波和无功功率补偿

无论电源电压中的畸变程度如何，补偿的目的是获得正弦电流。在稳态运行期间，三相负载电流（i_{L123}）、SAPF 电流（i_{c123}）、畸变电源电压（v_{s123}）、电源电流（i_{s123}）和直流母线电压如图 38-79 所示。这些波形体现了控制器在这种严重畸变的三相电源电压下补偿非线性负载电流的能力。重要的是，供电电流保持平衡，没有谐波。图 38-80 说明了相 1 电源电压，负载和电源电流的谐波频谱。对电源电压施加的 THD 为 13.78%。因此，相 1 电源电流的测量 THD 从补偿前的

29.17%降至补偿后的1.66%。这些结果证明了所提出的控制器的鲁棒性。

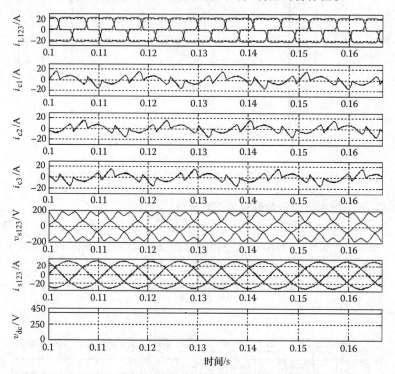

图 38-79　畸变交流电源间接电流控制的稳态响应

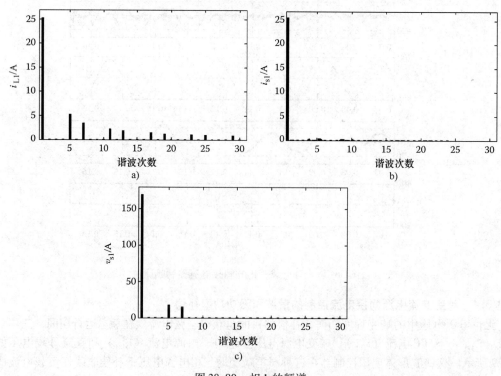

图 38-80　相1的频谱

a）负载电流　b）补偿后的电源电流　c）电源电压

38.9　结束语

本章介绍了电能质量相关问题和一些改善电能质量的技术；讨论了当前电能质量问题，并说明了相关问题；定义了谐波，并解释了其产生的原因和影响；确定和提出了各种缓解电能质量问题的方法。大量有源滤波器配置可用于补偿谐波电流、无功功率、中性点电流、不平衡电流、电压骤降、骤升和闪变。已经对 SPSAPF 进行了两种电流控制算法的研究，以补偿由非线性负载产生的电流谐波和无功功率。结果表明，间接电流控制方法提供无纹波和无畸变的电源电流。通过简化，它需要更少的硬件，并提供更好的性能。它对于负载突然变化是可靠的。此外，双极和 U-PWM 技术用于产生开关的栅极信号。U-PWM 技术具有消除奇数倍开关频率附近谐波的主要优点。此外，由于可以在开关频率附近选择高截止频率，因此需要相对减少输出滤波器的数量。仿真和实验结果证实了当应用于 SPSAPF 时间接电流控制技术性能比直接电流控制技术具有优势，U-PWM 控制器相对于 B-PWM 控制器具有良好预测性能。应用三相 SAPF 的两种控制方法对谐波进行了补偿，讨论了畸变交流电源下的无功功率。在稳态和瞬态工作条件下，间接电流控制的结果表明电源电流没有失真。独立电流控制对于负载和畸变交流电源的突然变化是具有鲁棒性的。此外，间接电流控制应用很容易实现，并且在稳态和瞬态操作期间表现出鲁棒性和非常好的性能。

参 考 文 献

1. B. Singh, K. Al-Haddad, and A. Chandra, A review of active filters for power quality improvement, *IEEE Transactions on Industrial Electronics*, 46(5), 960–971、Oct. 1999.
2. S. Rahmani, A. Hamadi, and K. Al-Haddad, A new three phase hybrid passive filter to dampen resonances and compensate harmonics and reactive power for any type of load under distorted source conditions, *Specialists Conference IEEE-PESC*, Orlando, FL, June 17–21, 2007.
3. Ab. Hamadi, S. Rahmani, and K. Al-Haddad, A hybrid passive filter configuration for VAR control and harmonic compensation, *IEEE Transactions on Industrial Electronics*, 57(7), 2419–2434, July 2010.
4. Y.-M. Chen, Passive filter design using genetic algorithms, *IEEE Transactions on Industrial Electronics*, 50(1), 202–207, Feb. 2003.
5. H. Akagi, Trends in active power line conditioners, *IEEE Transactions Power Electronics*, 9(3), 263–268, May 1994.
6. H. Akagi, New trends in active filters for power conditioning, *IEEE Transactions on Industry Applications*, 32(6), 1312–1322, Nov.–Dec. 1994.
7. S. Kim and P. N. Enjeti, A modular single-phase power-factor-correction scheme with a harmonic filtering function, *IEEE Transactions on Industrial Electronics*, 50(2), 328–335, Apr. 2003.
8. H. Komurcugil and O. Kukrer, A new control strategy for single-phase shunt active power filter using a Lyapunov function, *IEEE Transactions on Industrial Electronics*, 53(1), 305–312, Feb. 2006.
9. M. Cirrincione, M. Pucci, and G. Vitale, A single-phase DG generation unit with shunt active power filter capability by adaptive neural filtering, *IEEE Transactions on Industrial Electronics*, 55(5), 2093–2110, May 2008.
10. J. Miret, M. Castilla, J. Matas, J. M. Guerrero, and J. C. Vasquez, Selective harmonic-compensation control for single-phase active power filter with high harmonic rejection, *IEEE Transactions on Industrial Electronics*, 56(8)、3117–3127, Aug. 2009.
11. M. Cirrincione, M. Pucci, G. Vitale, and A. Miraoui, Current harmonic compensation by a single-phase shunt active power filter controlled by adaptive neural filtering, *IEEE Transactions on Industrial Electronics*, 56(8), 3128–3143, Aug. 2009.

12. S. Rahmani, K. Al-Haddad, and H. Y. Kanaan, A comparative study of two PWM techniques for single-phase shunt active power filters employing direct current control strategy, *Journal IET Proceedings—Electric Power Applications*, 1(3), 376–385, September 2008.

13. S. Rahmani, K. Al-Haddad, H. Y. Kanaan, and F. Fnaiech, A comparative study of two PWM techniques for single-phase shunt active power filters employing direct current control strategy, *Specialists Conference IEEE-PESC*, Recife, Brazil, June 12–16, 2005, pp. 2758–2763.

14. S. Rahmani, K. Al-Haddad, and H. Y. Kanaan, Experimental design and simulation of a modified PWM with a new indirect current control technique applied to a single-phase shunt active power filter, *International Symposium on Industrial Electronics IEEE ISIE2005*, Dubrovnik, Croatia, June 20–23, 2005, pp. 519–524.

15. S. Rahmani, K. Al-Haddad, H. Y. Kanaan, and F. Fnaiech, Implementation and simulation of a modified PWM with a two current control techniques applied to a single-phase shunt hybrid power filter, *Specialists Conference IEEE-PESC*, Recife, Brazil, June 12–16, 2005, pp. 2345–2350.

16. V. Soares, P. Vedelho, and G. D. Marques, An instantaneous active and reactive current component method for active filters, *IEEE Transactions on Power Electronics*, 15(4), 660–669, July 2000.

17. P. Mattavelli, A closed-loop selective harmonic compensation for active filters, *IEEE Transactions on Industry Applications*, 37(1), 81–89, Sept./Oct. 2001.

18. A. Chandra, B. Singh, B. N. Singh, and K. Al-Haddad, An improved control algorithm of shunt active filter for voltage regulation, harmonic elimination, power-factor correction, and balancing of nonlinear loads, *IEEE Transactions on Power Electronics*, 15(3), 495–507, May 2000.

19. S. Rahmani, K. Al-Haddad, and F. Fnaiech, A new indirect current control algorithm based on the instantaneous active current for reduced switch active filters, *Tenth European Conference on Power Electronics and Applications EPE 2003*, Toulouse, France, September 2–4, 2003.

20. S. Rahmani, K. Al-Haddad, and F. Fnaiech, A general algorithm applied to three phase shunt active power filter to compensate for source and load perturbations simultaneously, *International Symposium on Industrial Electronics IEEE (ISIE 2004)*, Ajaccio, France, May 4–7, 2004, pp. 777–782.

21. Y. G. Jung, W.-Y. Kim, Y.-Ch. Lim, S.-H. Yang, and F. Harashima, The algorithm of expanded current synchronous detection for active power filters considering three-phase unbalanced power system, *IEEE Transactions on Industrial Electronics*, 50(5), 1000–1006, Oct. 2003.

22. C. Qiao, T. Jin, and K. M. Smedley, One-cycle control of three-phase active power filter with vector operation, *IEEE Transactions on Industrial Electronics*, 51(2), 455–463, Apr. 2004.

23. P. Mattavelli and F. P. Marafao, Repetitive-based control for selective harmonic compensation in active power filters, *IEEE Transactions on Industrial Electronics*, 51(5), 1018–1024, Oct. 2004.

24. S. J. Ovaska and O. Vainio, Evolutionary-programming-based optimization of reduced-rank adaptive filters for reference generation in active power filters, *IEEE Transactions on Industrial Electronics*, 51(4), 910–916, Aug. 2004.

25. S. Rahmani, K. Al-Haddad, and F. Fnaiech, A model reference generating an optimal dc voltage for a three phase shunt active power filter, *Eleventh International Conference on Harmonics and Quality of Power (ICHQP'04)*, New York, September 12–15, 2004, pp. 22–27.

26. M. Salo and H. Tuusa, A new control system with a control delay compensation for a current-source active power filter, *IEEE Transactions on Industrial Electronics*, 52(6), 1616–1624, Dec. 2005.

27. M. Cichowlas, M. Malinowski, M. P. Kazmierkowski, D. L. Sobczuk, P. Rodriguez, and J. Pou, Active filtering function of three-phase PWM boost rectifier under different line voltage conditions, *IEEE Transactions on Industrial Electronics*, 52(2), 410–419, Apr. 2005.

28. O. Abdeslam, P. Wira, J. Merckle, D. Flieller, and Y.-A. Chapuis, A unified artificial neural network architecture for active power filters, *IEEE Transactions on Industrial Electronics*, 54(1), 61–76, Feb. 2007.

29. S.-Y. Kim and S.-Y. Park, Compensation of dead-time effects based on adaptive harmonic filtering in the vector-controlled AC motor drives, *IEEE Transactions on Industrial Electronics*, 54(3), 1768–1777, June 2007.

30. S. A. Gonzalez, R. Garcia-Retegui, and M. Benedetti, Harmonic computation technique suitable for active power filters, *IEEE Transactions on Industrial Electronics*, 54(5), 2791–2796, Oct. 2007.

31. K. Gulez, A. A. Adam, and H. Pastaci, Torque ripple and EMI noise minimization in PMSM using active filter topology and field-oriented control, *IEEE Transactions on Industrial Electronics*, 55(1), 251–257, Jan. 2008.

32. L. Asiminoaei, P. Rodriguez, F. Blaabjerg, and M. Malinowski, Reduction of switching losses in active power filters with a new generalized discontinuous-PWM strategy, *IEEE Transactions on Industrial Electronics*, 55(1), 467–471, Jan. 2008.

33. L. Asiminoaei, E. Aeloiza, P. N. Enjeti, and F. Blaabjerg, Shunt active-power-filter topology based on parallel interleaved inverters, *IEEE Transactions on Industrial Electronics*, 55(3), 1175–1189, March 2008.

34. Z. Shu, Y. Guo, and J. Lian, Steady-state and dynamic study of active power filter with efficient FPGA-based control algorithm, *IEEE Transactions on Industrial Electronics*, 55(4), 1527–1536, Apr. 2008.

35. M. Malinowski and S. Bernet, A simple voltage sensorless active damping scheme for three-phase PWM converters with an LCL filter, *IEEE Transactions on Industrial Electronics*, 55(4), 1876–1880, Apr. 2008.

36. C. Lascu, L. Asiminoaei, I. Boldea, and F. Blaabjerg, Frequency response analysis of current controllers for selective harmonic compensation in active power filters, *IEEE Transactions on Industrial Electronics*, 56(2), 337–347, Feb. 2009.

37. S. K. Jain, P. Agarwal, and H. O. Gupta, Simulation and experimental investigations on a 3-phase 4-wire shunt active power filter for power quality improvement, in *Proceedings of the ElectrIMACS'02*, Montreal, Canada, August 18–21, 2002.

38. H. Y. Kanaan, A. Hayek, S. Georges, and K. Al-Haddad, Averaged modelling, simulation and linear control design of a PWM fixed frequency three-phase four-wire shunt active power filter for a typical industrial load, in *Proceedings of the Third IEE International Conference on Power Electronics, Machines and Drives (PEMD'06)*, Dublin, Ireland, April 04–06, 2006.

39. R. Grino, R. Cardoner, R. Costa-Castello, and E. Fossas, Digital repetitive control of a three-phase four-wire shunt active filter, *IEEE Transaction on Industrial Electronics*, 54(3), 1495–1503, June 2007.

40. S. Orts-Grau, F. J. Gimeno-Sales, S. Segui-Chilet, A. Abellan-Garcia, M. Alcaniz-Fillol, and R. Masot-Peris, Selective compensation in four-wire electric systems based on a new equivalent conductance approach, *IEEE Transactions on Industrial Electronics*, 56(8), 2862–2874, Aug. 2009.

41. D. le Roux, H. du, T. Mouton, and H. Akagi, Digital control of an integrated series active filter and diode rectifier with voltage regulation, *IEEE Transactions on Industry Applications*, 39(6), 1814–1820, Nov./Dec. 2003.

42. A. Hamadi, K. Al-Haddad, and S. Rahmani, Series active filter to mitigate power quality for medium size industrial loads: Multi pulses transformers and modern AC drives, *International Symposium on Industrial Electronics IEEE ISIE 2006*, Montréal, Canada, July 9–13, 2006.

43. L. A. Morán, I. Pastorini, J. Dixon, and R. Wallace, A fault protection scheme for series active power filters, *IEEE Transactions on Power Electronics*, 14(5), 928–938, Sept. 1999.

44. H. Fujita and H. Akagi, An approach to harmonic current-free AC/DC power conversion for large industrial loads: The integration of a series active filter with a double-series diode rectifier, *IEEE Transactions on Industry Applications*, 33(5), 1233–1240, Sept./Oct. 1997.

45. Z. Pan, F. Z. Peng, and S. Wang, Power factor correction using a series active filter, *IEEE Transactions on Power Electronics*, 20(1), 148–153, Jan. 2005.

46. S. Srianthumrong, H. Fujita, and H. Akagi, Stability analysis of a series active filter integrated with a double-series diode rectifier, *IEEE Transactions on Power Electronics*, 17(1), 117–124, Jan. 2002.

47. J. W. Dixon, G. Venegas, and L. A. Moran, A series active power filter based on a sinusoidal current-controlled voltage-source inverter, *IEEE Transactions on Industrial Electronics*, 44(5), 612–620, Oct. 1997.

48. G.-M. Lee, D.-C. Lee, and Jul-Ki Seok, Control of series active power filters compensating for source voltage unbalance and current harmonics, *IEEE Transactions on Industrial Electronics*, 51(1), 132–139, Feb. 2004.

49. S. Inoue, T. Shimizu, and K. Wada, Control methods and compensation characteristics of a series active filter for a neutral conductor, *IEEE Transactions on Industrial Electronics*, 54(1), 433–440, Feb. 2007.

50. Z. Wang, Q. Wang, W. Yao, and J. Liu, A series active power filter adopting hybrid control approach, *IEEE Transactions on Power Electronics*, 16(3), 301–310, May 2001.

51. Y. Kanaan, K. Al-Haddad, M. Aoun, A. Abou Assi, J. Bou Sleiman, and C. Asmar, Averaged modeling and control of a three-phase series active power filter for voltage harmonic compensation, in *Proceedings of the IEEE IECON'03*, Vol. 1, Roanoke, VA, November 2–6, 2003, pp. 255–260.

52. W. Wu, L. Tong, M. Y. Li, Z. M. Qian, Z. Y. Lu, and F. Z. Peng, A novel series hybrid active power filter, in *35th Annual IEEE Power Electronics Specialists Conference* (*PESC'04*), Aachen, Germany, 2004, pp. 3045–3049.

53. F. Z. Peng, H. Akagi, and A. Nabae, Compensation characteristics of the combined system of shunt passive and series active filters, *IEEE Transactions on Industry Applications*, 29(1), 144–152, Jan./Feb. 1993.

54. S. Rahmani, K. Al-Haddad, and F. Fnaiech, A series combination of series active and series passive filters adopting hybrid control, in *IEEE-SMC 2002*, Hammamet, Tunisia, October 6–9, 2002.

55. S. Rahmani, K. Al-Haddad, and F. Fnaiech, A series hybrid power filter to compensate harmonic currents and voltages, *IEEE Industrial Electronics Conference* (*IECON 2002*), Seville, Spain, November 5–8, 2002, pp. 644–649.

56. H. Fujita and H. Akagi, A practical approach to harmonic compensation in power systems—Series connection of passive and active filters, *IEEE Transactions on Industry Applications*, 27(6), 1020–1025, Nov./Dec. 1991.

57. Ab. Hamadi, S. Rahmani, and K. Al-Haddad, A new hybrid series active filter configuration to compensate voltage sag, swell, voltage and current harmonics and reactive power, in *IEEE International Symposium on Industrial Electronics* (*ISIE 2009*), Seoul, Korea, July 5–9, 2009.

58. M. Rastogi, N. Mohan, and A.-A. Edris, Hybrid-active filtering of harmonic currents in power systems, *IEEE Transactions on Power Delivery*, 10(4), 1994–2000, Oct. 1995.

59. S. Rahmani, K. Al-Haddad, and F. Fnaiech, A new control technique based on the instantaneous active current applied to shunt hybrid power filters, in *Specialists Conference IEEE-PESC 2003*, Accopulco, Mexico, June 15–19, 2003, pp. 808–813.

60. S. Rahmani, K. Al-Haddad, and F. Fnaiech, A three phase shunt hybrid power filter adopted a general algorithm to compensate harmonics, reactive power and unbalanced load under nonideal mains voltages, in *International Conference on Industrial Technology* (*IEEE ICIT04*), Hammamet, Tunisia, December 8–10, 2004, pp. 651–656.

61. Ab. Hamadi, S. Rahmani, W. Santana, and K. Al-Haddad, A novel shunt hybrid power filter for the mitigation of power system harmonics, in *Proceedings of the Electrical Power Conference, 2007* (*IEEE-EPC 2007*), Montreal, Canada, October 25–26, 2007, pp. 117–122.

62. S. Rahmani, A. Hamadi, and K. Al-Haddad, A new combination of shunt hybrid power filter and thyristor controlled reactor for harmonics and reactive power compensation, in *Ninth Annual Electrical Power and Energy Conference* (*EPEC 2009*), October 22–23, 2009, Montreal, Canada.

63. F. Z. Peng, H. Akagi, and A. Nabae, A new approach to harmonic compensation in power systems—A combined system of shunt passive and series active filters, *IEEE Transactions on Industry Applications*, 26(6), 983–990, Nov./Dec. 1990.

64. M. Al-Zamil and D. A. Torrey, A passive series, active shunt filter for high power applications, *IEEE Transactions on Power Electronics*, 16(1), 101–109, Jan. 2001.

65. J.-H. Sung, S. Park, and K. Nam, New hybrid parallel active filter configuration minimising active filter size, *IEE Proceedings—Electric Power Applications*, 147(2), 93–98, Mar. 2000.

66. S. Kim and P. N. Enjeti, A new hybrid active power filter (APF) topology, *IEEE Transactions on Power Electronics*, 17(1), 48–54, Jan. 2002.

67. P.-T. Cheng, S. Bhattacharya, and D. M. Divan, Control of square-wave inverters in high-power hybrid active filter systems, *IEEE Transactions on Industry Applications*, 34(3), 458–472, May/June 1998.

68. H. Fujita, T. Yamasaki, and H. Akagi, A hybrid active filter for damping of harmonic resonance in industrial power systems, *IEEE Transactions on Power Electronics*, 15(2), 215–222, Mar. 2000.

69. D. Basic, V. S. Ramsden, and P. K. Muttik, Harmonic filtering of high-power 12-pulse rectifier loads with a selective hybrid filter system, *IEEE Transactions on Industrial Electronics*, 48(6), 1118–1127, Dec. 2001.

70. D. Alexa and A. Sirbu, Optimized combined harmonic filtering system, *IEEE Transactions on Industrial Electronics*, 48(6), 1210–1218, Dec. 2001.

71. S. Senini and P. J. Wolfs, Analysis and design of a multiple-loop control system for a hybrid active filter, *IEEE Transactions on Industrial Electronics*, 49(6), 1283–1292, Dec. 2002.

72. G. van Schoor, J. D. van Wyk, and I. S. Shaw, Training and optimization of an artificial neural network controlling a hybrid power filter, *IEEE Transactions on Industrial Electronics*, 50(3), 546–553, June 2003.

73. Luo, C. Tang, Z. K. Shuai, W. Zhao, F. Rong, and K. Zhou, A novel three-phase hybrid active power filter with a series resonance circuit tuned at the fundamental freque, *IEEE Transactions on Industrial Electronics*, 56(7), 2431–2440, July 2009.

74. V. F. Corasaniti, M. B. Barbieri, P. L. Arnera, and M. I. Valla, Hybrid active filter for reactive and harmonics compensation in a distribution network, *IEEE Transactions on Industrial Electronics*, 56(3), 670–677, Mar. 2009.

75. N. He, D. Xu, and L. Huang, The application of particle swarm optimization to passive and hybrid active power filter design, *IEEE Transactions on Industrial Electronics*, 56(8), 2841–2851, Aug. 2009.

76. V. F. Corasaniti, M. B. Barbieri, P. L. Arnera, and M. I. Valla, Hybrid power filter to enhance power quality in a medium-voltage distribution network, *IEEE Transactions on Industrial Electronics*, 56(8), 2885–2893, Aug. 2009.

77. S. Senini and P. J. Wolfs, Hybrid active filter for harmonically unbalanced three phase three wire railway traction loads, *IEEE Transactions on Power Electronics*, 15(4), 702–710, July 2000.

78. D. Detjen, J. Jacobs, R. De Doncker, and H.-G. Mall, A new hybrid filter to damped resonances and compensate harmonic currents in industrial power systems with power factor correction equipment, *IEEE Transactions on Power Electronics*, 16(6), 821–827, Nov. 2001.

79. H. Fujita and H. Akagi, The unified power quality conditioner: The integration of series- and shunt-active filters, *IEEE Transactions on Power Electronics*, 13(2), 315–322, Mar. 1998.

80. A. Elnady, W. El-khattam, and M. M. A. Salama, Mitigation of AC arc furnace voltage flicker using the unified power quality conditioner, in *IEEE Power Engineering Society Meeting*, Chicago, IL, 2002, pp. 735–739.

81. M. Forghani and S. Afsharnia, Online wavelet transform-based control strategy for UPQC control system, *IEEE Transactions on Power Delivery*, 22(1), 481–491, 2007.

82. B. Han, B. Bae, H. Kim, and S. Baek, New configuration of UPQC for medium voltage application, *IEEE Transactions on Power Delivery*, 21(3), 1438–1444, 2006.

83. N. Jayanti, M. Basu, F. Conlon, and G. Kevin, Rating requirements of a unified power quality conditioner (UPQC) for voltage ride through capability enhancement, in *Third IET International Conference on Power Electronics, Machines and Drives*, Dublin, Ireland, 2006, pp. 632–636.

84. A. Jindal, A. Ghosh, and A. Joshi, Interline unified power quality conditioner, *IEEE Transactions on Power Delivery*, 22(1), 364–372, 2007.

85. J. Holtz, Pulsewidth modulation—A survey, *IEEE Transactions on Industrial Electronics*, 39, 410–420, Dec. 1992.

86. J. Holtz, Pulsewidth modulation for electronic power conversion, *Proceedings of the IEEE*, 82(8), 1194–1214, Aug. 1994.

87. G. Amler, A PWM current-source inverter for high quality drives, *EPE Journal*, 1(1), 21–32, July 1991.

88. A. Khambadkone and J. Holtz, Low switching frequency high-power inverter drive based on field-oriented pulsewidth modulation, in *EPE European Conference on Power Electronics and Applications*, Florence, Italy, 1991, pp. 4/672–677.

89. M. K. Mishra and K. Karthikeyan, An investigation on design and switching dynamics of a voltage source inverter to compensate unbalanced and nonlinear loads, *IEEE Transactions on Industrial Electronics*, 56(8), pp. 2802–2810, Aug. 2009.

90. Lavopa, P. Zanchetta, M. Sumner, and F. Cupertino, Real-time estimation of fundamental frequency and harmonics for active shunt power filters in aircraft electrical systems, *IEEE Transactions on Industrial Electronics*, 56(8), 2875–2884, Aug. 2009.

91. W. Lenwari, M. Sumner, and P. Zanchetta, The use of genetic algorithms for the design of resonant compensators for active filters, *IEEE Transactions on Industrial Electronics*, 56(8), 2852–2861, Aug. 2009.

92. M. Sani and S. Filizadeh, An optimized space vector modulation sequence for improved harmonic performance, *IEEE Transactions on Industrial Electronics*, 56(8), 2894–2903, Aug. 2009.

93. R. S. Herrera, P. Salmeron, and H. Kim, Instantaneous reactive power theory applied to active power filter compensation: Different approaches, assessment, and experimental results, *IEEE Transactions on Industrial Electronics*, 55(1), 184–196, Jan. 2008.

94. G. Escobar, P. G. Hernandez-Briones, P. R. Martinez, M. Hernandez-Gomez, and R. E. Torres-Olguin, A repetitive-based controller for the compensation of 6l ± 1 harmonic components, *IEEE Transactions on Industrial Electronics*, 55(8), 3150–3158, Aug. 2008.

95. F. Defay, A. M. Llor, and M. Fadel, A predictive control with flying capacitor balancing of a multicell active power filter, *IEEE Transactions on Industrial Electronics*, 55(9), 3212–3220, Sept. 2008.

96. K. K. Shyu, M. J. Yang, Y. M. Chen, and Y. F. Lin, Model reference adaptive control design for a shunt active-power-filter system, *IEEE Transactions on Industrial Electronics*, 55(1), 97–106, Jan. 2008.

97. K. Drobnic, M. Nemec, D. Nedeljkovic, and V. Ambrozic, Predictive direct control applied to AC drives and active power filter, *IEEE Transactions on Industrial Electronics*, 56(6), 1884–1893, June 2009.

98. B. Singh and J. Solanki, An implementation of an adaptive control algorithm for a three-phase shunt active filter, *IEEE Transactions on Industrial Electronics*, 56(8), 2811–2820, Aug. 2009.

99. F. D. Freijedo, J. Doval-Gandoy, O. Lopez, P. Fernandez-Comesana, and C. Martinez-Penalver, A signal-processing adaptive algorithm for selective current harmonic cancellation in active power filters, *IEEE Transactions on Industrial Electronics*, 56(8), 2829–2840, Aug. 2009.

100. B. Kedjar and K. Al-Haddad, DSP-based implementation of an LQR with integral action for a three phase three-wire shunt active power filter, *IEEE Transactions on Industrial Electronics*, 56(8), 2821–2828, Aug. 2009.

101. P. Kirawanich and R. M. O'Connell, Fuzzy logic control of an active power line conditioner, *IEEE Transactions on Power Electronics*, 19(6), 1574–1585, Nov. 2004.

102. N. Mendalek, K. Al Haddad, L. A-Dessaint, and F. Fnaiech, Nonlinear control technique to enhance dynamic performance of a shunt active power filter, *IEE Proceedings—Electric Power Applications*, 150(4), 373–379, July 2003.

The Industrial Electronics Handbook：Power Electronics and Motor Drives
(second edition)/ISBN：978 - 1 - 4398 - 0285 - 4

Copyright ⓒ 2015 by Taylor & Francis Group，LLC.

Authorized translation from English language edition published by Apple
Academic Press，part of Taylor & Francis Group LLC；All rights reserved；本
书原版由 Taylor & Francis 出版集团旗下，Apple Academic 出版公司出版，
并经其授权翻译出版。版权所有，侵权必究。

China Machine Press is authorized to publish and distribute exclusively the
Chinese (Simplified Characters) language edition. This edition is authorized for
sale throughout Mainland of China. No part of the publication may be repro-
duced or distributed by any means，or stored in a database or retrieval system，
without the prior written permission of the publisher. 本书中文简体翻译版授
权由机械工业出版社独家出版并限在中国大陆地区销售。未经出版者书面
许可，不得以任何方式复制或发行本书的任何部分。

Copies of this book sold without a Taylor & Francis sticker on the cover are
unauthorized and illegal. 本书封面贴有 Taylor & Francis 公司防伪标签，无
标签者不得销售。

北京市版权局著作权合同登记图字：01 - 2015 - 2211 号。

图书在版编目 (CIP) 数据

电气工程手册：电力电子·电机驱动：原书第2版/（美）博格丹·M.
维拉穆夫斯基（Bogdan M. Wilamowski），（美）J. 大卫·欧文（J. David Ir-
win）编著；翟丽译. —北京：机械工业出版社，2018.9

（汽车先进技术译丛. 汽车技术经典手册）

书名原文：The Industrial Electronics Handbook – Power Electronics and Mo-
tor Drives（second edition）

ISBN 978-7-111-61571-2

Ⅰ. ①电… Ⅱ. ①博… ②J… ③翟… Ⅲ. ①电工技术 – 技术手册
Ⅳ. ①TM – 62

中国版本图书馆 CIP 数据核字（2018）第 289777 号

机械工业出版社（北京市百万庄大街 22 号　邮政编码 100037）
策划编辑：何士娟　　　　　　责任编辑：张利萍　王　荣　何士娟
责任校对：张晓蓉　杜雨霏　封面设计：鞠　杨
责任印制：张　博
北京铭成印刷有限公司印刷
2019 年 6 月第 1 版第 1 次印刷
184mm×260mm·51.25 印张·2 插页·1291 千字
0 001—1 900 册
标准书号：ISBN 978-7-111-61571-2
定价：198.00 元
凡购本书，如有缺页、倒页、脱页，由本社发行部调换
电话服务　　　　　　　　　　网络服务
服务咨询热线：010 - 88361066　机 工 官 网：www.cmpbook.com
读者购书热线：010 - 68326294　机 工 官 博：weibo.com/cmp1952
　　　　　　　　　　　　　　　金 书 网：www.golden - book.com
封面无防伪标均为盗版　　　　教育服务网：www.cmpedu.com